CARL CHRISTENSEN

INDEX FILICUM.

SUPPLEMENTUM
I - III
1906 - 1933

HAFNIAE 1913–1934
APUD H. HAGERUP

Reprint
by

 OTTO KOELTZ ANTIQUARIAT
Koenigstein - Ts./B.R.D.
1973

Printed in Western Germany
ISBN 3-87429-049-2

CARL CHRISTENSEN

INDEX FILICUM.

SUPPLEMENTUM

1906—1912

HAFNIAE 1913
APUD H. HAGERUP

Published Dec. 20. 1913

PREFACE

Dᴜʀɪɴɢ the last year several pteridologists have asked me to compile already now a supplement to my ›Index Filicum‹, although but seven years have gone since the publication of the Index. The number of new species described since 1905 are increased to a degree, that the lack of a supplement was felt grievously by all botanists, who have had to do with ferns. Originally I intended to prepare a supplement not till ten years after the publication of the Index, but I agreed in making the work now, as HIS HIGHNESS, PRINCE ROLAND BONAPARTE ffered me a pecuniary support, without which I hardly should succeed in bringing the tedious and time-claiming work to a good end. For this I owe HIS HIGHNESS my most sincere thanks. My best thanks I shall also render to the Directors of the ›Raben-Levetzau'ske Fond‹ for the aid received from that Fund. To not a few pteridologists I am indebted for their informing me of errors and omissions of the Index; a special thank I owe Herr H. WOYNAR of Graz, who have contributed largely to fill out the holes found in the Index.

The present volume is divided into two parts:

I. SUPPLEMENTUM, which contains all names of ferns published in the years 1906—1912 together with some older names that were omitted in the Index,

II. CORRIGENDA, containing corrections and additional synonyms to several species adopted in the Index.

The descriptive fern-literature published since 1905 is very comprehensive, and our knowledge of several older species is much widened. A considerable number of forms, in Index adopted as valid species, are now justly reduced to synonyms, and not a few older species, in Index treated as synonyms, are now by authors considered good species. All such changes in the conception of the species are listed in the first part, the Supplementum, if the alteration has caused a new combination, in the second part, the Corrigenda, if the restored species was named previously by the right combination by an earlier author and subsequently the name is to be found in the Index.

Some of the g e n e r i c names adopted in the Index have been subject of heavy criticisms and in several cases I agree with tne criticisers; still I have preferred to let the supplement follow the Index in the nomenclature of the genera, fearing that changes in generic names should cause a confusion,

which searcely is wished by anyone, who has to do with the arrangement of fern-herbaria. An eventual new edition of the Index, and not a supplement, should be the right place for a thorough revision of the generic nomenclature. The supplement, therefore, closely follows the Index as well as to generic nomenclature, as to the delimitation of the genera, excepting only a few smaller genera (f. inst. *Cyrtomium, Lomagramma, Schizostege*), that are here removed from the larger genera with which they were united in the Index.

In the first part of the Supplement are enumerated 33 names of proposed new genera and subgenera and 2611 specific names. The number of species described as new 1906—1912 and adopted in the Supplement are **1644.**

In the Corrigenda 248 species in Index adopted as valid ones are reduced to synonyms, while 75 older species are restored. The number of species adopted in Index is 5940, which number now should be reduced to 5767. The number of species of ferns adopted end 1912 is thus: 5767 + 1644 = **7411.**

Copenhagen, Dec. 1913.

CARL CHRISTENSEN.

SUPPLEMENTUM

I.

SUPPLEMENTUM

ACROSORUS Copeland, Phil. Journ. Sci. **1.** Suppl. II. 158. 1906.
exaltata Cop. l. c. 159. t. 15. = Davallia.
frederici et pauli Cop. l. c. 159 = Davallia.
Merrilli Cop. Phil. Journ. Sci. Bot. **2.** 136. 1907 = Davallia.
Reineckei Cop. Phil. Journ. Sci. Bot. **2.** 136. 1907 = Davallia.
Schlechteri Christ, Geogr. d. Farne 221, 238. 1910.
triangularis Cop. Phil. Journ. Sci. Bot. **8.** 347. 1909 = Polypodium.
ACROSTICHUM L.
Antisanae Sod. Sert. Fl. Ecuad. II. 30. 1908 = Elaphoglossum.
austrosinicum Tutcher, Fl. Kwantung and Hongkong 355. 1912 = Elapho-
Chodatii Sod. Sert. Fl. Ecuad. II. 40. 1908 = Elaphoglossum.   [glossum.
cinereum Sod. Sert. Fl. Ecuad. II. 38. 1908 = Elaphoglossum.
diversifolium Sod. Sert. Fl. Ecuad. II. 32. 1908 = Elaphoglossum diversifrons.
ellipsoideum Sod. Sert. Fl. Ecuad. II. 30. 1908 = Elaphoglossum.
Éngleri Sod. Sert. Fl. Ecuad. II. 33. 1908 = Elaphoglossum.
fulvum Sod. Sert. Fl. Ecuad. II. 34. 1908 = Elaphoglossum subandinum.
gossypinum Sod. Sert. Fl. Ecuad. II. 38. 1908 = Elaphoglossum.
Guamanianum Sod. Sert. Fl. Ecuad. II. 35. 1908 = Elaphoglossum.
Hikenii Sod. Sert. Fl. Ecuad. II. 35. 1908 = Elaphoglossum.
limbellatum Sm., Rees Enc. add. 1818 = Elaphoglossum sp.
molle Sod. Sert. Fl. Ecuad. II. 37. 1908 = Elaphoglossum.
muriculatum Sod. Sert. Fl. Ecuad. II. 40. 1908 = Elaphoglossum.
mutabile Nadeaud, Enum. pl. Tahiti nr. 192. 1873 = Polybotrya Wilkesiana.
Pichinchae Sod. Sert. Fl. Ecuad. II. 39. 1908 = Elaphoglossum.
pruinosum Sod. Sert. Fl. Ecuad. II. 32. 1908 = Elaphoglossum.
rupicolum Sod. Sert. Fl. Ecuad. II. 41. 1908 = Elaphoglossum.
sinense Bak. Kew Bull. **1906.** 14 = Polybotrya.
spectabile Sod. Sert. Fl. Ecuad. II. 42. 1908 = Elaphoglossum.
trichomallum Rovirosa, Pteridogr. Mex. 252. 1909 = Elaphoglossum.
Urbani Sod. Sert. Fl. Ecuad. II. 36. 1908 = Elaphoglossum.
viscidulum Sod. Sert. Fl. Ecuad. II. 31. 1908 = Elaphoglossum.
viscosum var. glabrescens Bak. Fl. Maur. 512. 1877 = Elaphoglossum Hornei.
ADENOGRAMME ›Link‹, Engl. Veg. d. Erde **9.** 36. 1908 (err.) = **Anogramma.**
ADIANTOPSIS Fée.
rupicola Maxon, Contr. U. S. Nat. Herb. **10.** 485. 1908 — Cuba.

ADIANTUM L.

aculeolatum v. A. v. R. Bull. Dépt. agric. Ind. néerl. **18.** 10. 1908 — Amboyna.
americanum Nieuwland, Midland Naturalist **2.** 280. 1912 = A. pedatum.
aristatum Christ, Bot. Gaz. **51.** 356. 1911 — China.
Baenitzii Ros., Fedde Repert. **5.** 230. 1908 — Bolivia.
boliviense Christ et Ros., Fedde Repert. **5.** 230. 1908 — Bolivia.
capillaceum Dulac, Fl. Hautes-Pyrenées 36. 1867 = A. capillus veneris.
caryotideum Christ, Bull. Soc. bot. Genève II. **1.** 230, fig. 1909 — Costa Rica.
Chevalieri Christ, Bull. Soc. Fr. **55.** mém. 8 b. 105. 1908 — Senegal.
cupreum Cop., Leaflets Phil. Bot. **4.** 1152. 1911 — Ins. Philipp. (Sibuyan).
hollandiae v. A. v. R. Bull. Jard. bot. Buit. II. Nr. VII. 1. 1912 — N. Guinea.
induratum Christ, Journ. de Bot. **21.** 233, 265. 1908 — Annam.
Leveillei Christ, Bull. Géogr. Bot. Mans **1906.** 245 — China.
Michelii Christ, Bull. Géogr. Bot. Mans **1910.** 12 — China.
mindanaoense Cop. Phil. Journ. Sci. **1.** Suppl. II. 154 t. 10. 1906 — Mindanao.
opacum Cop. Phil. Journ. Sci. **1.** Suppl. IV. 255 t. 3. 1906 — Palawan.
orosiense Christ, Fedde Repert. **8.** 17. 1910 — Costa Rica.
palmense Christ, Bull. Soc. bot. Genève II. **1.** 230. 1909 — Costa Rica.
paraense Hieron. Hedwigia **48.** 233 t. 11 f. 10. 1909 — Brasilia.
pulcherrimum Cop. Phil. Journ. Sci. Bot. **6.** 138 t. 22. 1911 — Borneo.
scabripes Cop. Phil. Journ. Sci. Bot. **7.** 55 t. 5. 1912. — Mindanao.
Schmalzii Ros., Fedde Repert. **8.** 277. 1910 — Brasilia austr.
serratifolium v. A. v. R. Bull. Jard. bot. Buit. II. nr. VII. 1. 1912 — Borneo.
Spencerianum Cop. Phil. Journ. Sci. **1.** Suppl. II. 154 t. 11. 1906 — Luzon.
Stübelii Hieron. Hedwigia **48.** 235 t. 11 f. 11. 1909 — Columbia.
suborbiculare v. A. v. R. Bull. Dépt. agric. Ind. néerl. **18.** 11. 1908 — Sumatra.
AGLAOMORPHA Schott. — conf. COPELAND: Phil. Journ. Sci. Bot. **6.** 140—
Brooksii Cop. l. c. 141 t. 25. 1911 = Polypodium.   [141. 1911.
pilosa Cop. l. c, 141. 1911 = Dryostachyum splendens var.
splendens Cop. l. c. 141. 1911 = Dryostachyum.
ALCICORNIUM Gaudichaud.
Wilhelminae Reginae v. A. v. R. Bull. Dépt. agric. Ind. néerl. **18.** 24. 1908
ALLANTODIA Wallich.   [= Platycerium.
Cavaleriana Christ, Bull. Géogr. Bot. Mans **1906.** 243 c. fig. = Diplaziopsis.

ALSOPHILA R. Brown.

acutidens Christ, Bull. Boiss. II. **6.** 186. 1906 — Costa Rica.
atropurpurea (Cop.) C. Chr. Ind. Suppl. 4. 1913 — N. Guinea.
Cyathea Cop. Phil. Journ. Sci. Bot. **3.** 354. 1909.
biformis Ros., Fedde Repert. **9.** 423. 1911 — N. Guinea.
Cyathea Cop. 1911.
bilineata Sod. Sert. Fl. Ecuad. II. 13. 1908 — Ecuador.
calocoma Christ, Phil. Journ. Sci. Bot. **2.** 182. 1907 — Luzon.
Cyathea Cop. 1909.
canelensis Ros., Fedde Repert. **7.** 290. 1909 — Ecuador.
Christii Sod. Sert. Fl. Ecuad. II. 12. 1908 — Ecuador.
A. pruinata β conspicua Sod. Cr. vasc. quit. 546. 1893.
Christii v. A. v. R. Mal. Ferns 42. 1909 = A. subcomosa.
Clementis Cop. Phil. Journ. Sci. **1.** Suppl. II. 143. 1906 — Mindanao.
Cyathea Cop. 1909.

Confucii Christ, Bull. Géogr. Bot. Mans **1906.** 102 — Tibet or. (Mt. Omi).
Cyathea Cop. 1909.
contracta Hieron. Hedwigia **45.** 236 t. 15 f. 18. 1906 = A. revoluta.
coriacea Ros. Mém. soc. neuchâteloise **5.** 50 t. 2 f. 1. 1912 — Columbia.
costularis Bak. Kew Bull. **1906.** 8 — Yunnan.
crassifolia Wercklé; Christ, Bull. Boiss. II **6.** 184. 1906 — Costa Rica.
Curranii (Cop.) C. Chr. Ind. Suppl. 5. 1913 — Luzon.
Cyathea Cop. Phil. Journ. Sci. Bot. **3.** 356. 1909.
Elmeri Cop. Leaflets Phil. Bot. **2.** 419. 1908 — Negros.
Cyathea Cop. 1909.
Fenicis (Cop.) C. Chr. Ind. Suppl. 5. 1913 — Ins. Batanes.
Cyathea Cop. Phil. Journ. Sci. Bot. **3.** 354. 1909.
Francii Ros., Fedde Repert. **10.** 158. 1911 — N. Caledonia.
Hieronymi Brause, Engl. Jahrb. **49.** 14. 1912 — N. Guinea.
ichtyolepis Christ, Bull. Boiss. II. **6.** 186. 1906 — Costa Rica.
incana v. Geert, Rev. Hort. Belge **1906.** 242. **1908.** 172, 179 — Congo (hort.).
inciso-serrata (Cop.) C. Chr. Ind. Suppl. 5. 1913 — Sarawak.
Cyathea Cop. Phil. Journ. Sci. Bot. **6.** 361. 1911.
jivariensis Hieron. Hedwigia **45.** 233 t. 14 f. 5. 1906 — Ecuador.
Kuhnii (Hieron.) C. Chr., Fedde Repert. **10.** 213. 1911 — Columbia.
Nephrodium Hieron. Engl. Jahrb. **34.** 440. 1904; Dryopteris C. Chr. Ind.
?**latisecta** Christ, Bull. Boiss. II. **6.** 185. 1906 — Costa Rica.   [273. 1905.
leucocarpa (Cop.) C. Chr. Ind. Suppl. 5. 1913 — Sarawak.
Cyathea Cop. Phil. Journ. Sci. Bot. **6.** 362. 1911.
longipinna (Cop.) C. Chr. Ind. Suppl. 5. 1913 — Sarawak.
Cyathea Cop. Phil. Journ. Sci. Bot. **6.** 363. 1911.
Matthewii Christ, Journ. Linn. Soc. **39.** 213. 1909 — Luzon.
Maxoni Ros., Fedde Repert. **6.** 179. 1908 = A. aquilina var.?
melanorachis Cop. Phil. Journ. Sci. Bot. **2.** 146. 1907 — Mindoro.
Cyathea Cop. 1909.
Mildbraedii Brause, Deutsche Zentralafr. Exp. **2.** 2 t. 1 f. A—C. 1910 —
Africa centr. (Ruwenzori).
obliqua (Cop.) C. Chr. Ind. Suppl. 5. 1913 — Ins. Philipp.
Cyathea Cop. Leaflets Phil. Bot. **4.** 1150. 1911.
ochroleuca Christ, Bull. Soc. bot. Genève II. **1.** 232. 1909 — Costa Rica.
pastazensis Hieron. Hedwigia **45.** 232 t. 12 f. 4. 1906 — Ecuador.
paulistana Ros. Hedwigia **46.** 67. 1906 — Brasilia austr.
peladensis Hieron. Hedwigia **45.** 232 t. 13 f. 3. 1906 — Columbia.
phalaenolepis C. Chr., Fedde Repert. **10.** 213. 1911 — Ecuador.
piligera Hieron. Hedwigia **45.** 234 t. 14 f. 6. 1906 — Brasilia. (Pará?).
revoluta C. Chr. Ind. Suppl. 5. 1913 — Peru.
A. contracta Hieron. Hedwigia **45.** 236 t. 15 f. 8. 1906 (non Fée 1869).
saparuensis v. A. v. R. Bull. Dépt. agric. Ind. néerl. **18.** 2. 1908 — Saparua
sarawakensis C. Chr. Ind. Suppl. 5. 1913 — Sarawak.   [(Malesia).
Cyathea Brooksi Cop. Phil. Journ. Sci. Bot. **6.** 135 t. 16. 1911 (non Maxon 1909).
Schlechteri Brause, Engl. Jahrb. **49.** 15 f. 1 D. 1912 — N. Guinea.
Stübelii Hieron. Hedwigia **45.** 235 t. 15 f. 7. 1906 — Ecuador.
subcomosa C. Chr. Ind. Suppl. 5. 1913 — Celebes.
A. comosa Christ. Ann. Buit. **15.** 80. 1897 (non Wall.); A. Christii v. A.
v. R. Mal. Ferns 42. 1909 (non Sod. 1908).

tarapotensis Ros., Fedde Repert. **7.** 291. 1909 = A. lasiosora.
verruculosa Ros. Hedwigia **46.** 66. 1906 — Brasilia austr.
A. radens Mett. 'Fil. Lips. 109. 1856 (non Klf. 1824).
wengiensis Brause, Engl. Jahrb. **49.** 13 f. 1 C. 1912 — N. Guinea.
ANANTHACORUS Underwood et Maxon, Contr. U. S. Nat. Herb. **10.** 487. 1908.
angustifolius Und. et Maxon l. c. = Vittaria.
ANEIMIA Swartz.
barbatula Christ, Denkschr. Akad. Wien **79.** 48. 1907 — Brasilia austr.
Damazii Christ, Bull. Boiss. II. **7.** 792. 1907 — Brasilia austr.
Donnell-Smithii Maxon, N. Amer. Fl. **16.** 43. 1909 — Honduras.
Gardneriana Christ, Bull. Boiss. II. **2.** 694. 1902 = A. lanuginosa.
Gomesii Christ, Bull. Boiss. II. **7.** 791. 1907 — Brasilia austr.
grossilobata Christ, Denkschr. Akad. Wien **79.** 46 f. 1—2, t. 7 f. 2. 1907
   = A. flexuosa × phyllitidis.
guatemalensis Maxon, N. Amer. Fl. **16.** 46. 1909 — Guatemala.
jaliscana Maxon, N. Amer. Fl. **16.** 44. 1909 — Mexico.
lancea Christ, Bull. Boiss. II. **7.** 791. 1907 — Matto Grosso.
Munchii Christ, Bull. Boiss. II. **7.** 792. 1907 — Mexico.
myriophylla Christ, Bull. Boiss. II. **7.** 793. 1907 — Bolivia.
nipeensis Benedict, Amer. Fern Journ. **1.** 41 t. 2. 1911 — Cuba
obovata (Und.) Maxon, N. Amer. Fl. **16.** 42. 1909 — Cuba.
   Ornithopteris Und. ms.
Phyllitidis × flexuosa Christ, Denkschr. Akad. Wien **79.** 46. 1907 (syn.) =
   A. flexuosa × phyllitidis.
portoricensis Maxon, N. Amer. Fl. **16.** 48. 1909 — Porto Rico.
Rosei Maxon, N. Amer. Fl. **16.** 46. 1909 — Mexico.
Sanctae Martae Christ, Bull. Boiss. II. **7.** 791. 1907 — Columbia.
sessilis (Jeanpert) C. Chr., Fedde Repert. **9.** 371. 1911 — Guinea.
   A. tomentosa var. sessilis Jeanpert, Bull. Mus. nat. d'hist. **1910.** 403.
Spannagelii Ros. Hedwigia **46.** 160. 1907 = **A.** flexuosa × phyllitidis.
Underwoodiana Maxon, N. Amer. Fl. **16.** 40. 1909 — Haiti, Cuba, Jamaica.
Wettsteinii Christ, Denkschr. Akad. Wien **79.** 48 t. 9 f. 3—6. 1907 —
ANGIOPTERIS Adanson = **Onoclea.** [Brasilia austr.
sensibilis Nieuwland, Midl. Naturalist **2.** 275. 1912.
ANGIOPTERIS Hoffmann.
Brooksii Cop. Phil. Journ. Sci. Bot. **6.** 133 t. 12 A. 1911 — Borneo.
crinita Christ, Nova Guinea **8.** 162. 1909 — N. Guinea.
ferox Cop. Phil. Journ. Sci. Bot. **6.** 134 t. 12 B. 1911 — Borneo.
Lorentzii Ros. Nova Guinea **8.** 732. 1912 — N. Guinea.
Antrophyopsis Benedict, Bull. Torr. Club **34.** 447. 1907 (*Antrophyum* §) =
ANTROPHYUM Kaulfuss. [**Antrophyum.**
Clementis Christ, Phil. Journ. Sci. Bot. **2.** 175. 1907 — Mindanao.
costatum v. A. v. R. Bull. Dépt. agric. Ind. néerl. **18.** 17 t. 2 f. 2. 1908 — Borneo.
Dussianum Benedict, Bull. Torr. Cl. **34.** 453. 1907 — Ind. occ.
   Polytaenium Benedict 1911.
Jenmani Benedict, Bull. Torr. Cl. **34.** 454. 1907 — Guiana.
   Polytaenium Benedict 1911.
lacantunense Rovirosa, Pteridogr. Mex. 240 t. 38 A. f. 10—11. 1909 — Chiapas.
ovatum v. A. v. R. Bull. Dépt. agric. Ind. néerl. **18.** 17 t. 2. f. 1. 1908 —
   Sumatra.

quadriseriatum (Benedict) C. Chr. Ind. Suppl. 1913 — S. Domingo.
Polytaenium Benedict, Bull. Torr. Cl. **38**. 170. 1911.

spathulatum v. A. v. R. Bull. Dépt. agric. Ind. néerl. **18**. 17. 1908 (non Fée
1851 – 52) — Lingga Ins.

stenophyllum Rovirosa, Pteridogr. Mex. 242 t. 7 A. f. 4—5. 1909 (non Baker
1898) — Chiapas.

superficiale Christ, Journ. de Bot. **21**. 240, 273. 1908 — Annam.

Williamsii Benedict, Amer. Fern Journ. **1**. 72 t. **4**. 1911 — Luzon.

ARTHROPTERIS J. Smith.

caudata Ros., Fedde Repert. **8**. 163. 1910 — N. Guinea.

Kingii Cop. Phil. Journ. Sci. Bot. **6**. 80. 1911 — N. Guinea.

ASPIDIUM Swartz.

adiantiforme Cheesem. Tr. N. Zeal. Inst. **40**. 465. 1908 = Polystichum.

(T) **aequatoriense** Hieron. Hedwigia **46**. 353. 1907 — Ecuador.

africanum Aschers. u. Graebn. Syn. Mitteleur. Fl. ed. II. **1**. 28. 153. 1912
= Dryopteris.

alloeopteron Christ, Denkschr. Akad. Wien **79**. 16. 1907 = Dryopteris Carrii.

(T) **Amesianum** (A. A. Eaton) Christ, Geogr. d. Farne 301. 1910 — Florida.
Tectaria A. A. Eaton, Bull. Torr. Cl. **33**. 479. 1906.

Angilogense Christ, Bull. Boiss. II. **6**. 1003. 1906 = A. Leuzeanum.

angulare × Braunii Aschers. u. Graebner, Syn. Mitteleur. Fl. ed. II. **1**. 65.
1912 = Polystichum aculeatum × Braunii.

(S) **angustius** (Christ), C. Chr. Ind. Suppl. 7. 1913 — Costa Rica.
A. cicutarium var. angustius Christ, Bull. Boiss. II. **4**. 964. 1904; Sagenia
angustior Christ, Bull. Boiss. II. **6**. 165. 1906; Tectaria Cop. 1907.

Arendsii F. Wirtg.; Christ, Allg. Bot. Zeitschr. **12**. 4. 1906 = Polystichum
lobatum × munitum.

asplenioides Christ, Denkschr. Akad. Wien **79**. 16. 1907 = Dryopteris ptarmica.

Bakeri v. A. v. R. Bull. Dépt. agric. Ind. néerl. **21**. 3. 1908 = A. Trimeni.

(T) **Bamlerianum** Ros., Fedde Repert. **10**. 338. 1912 — N. Guinea.

Batjanense Christ, Bull. Boiss. II. **6**. 996. 1906 = Polystichum aculeatum var. 34.

biseriatum Christ, Bull. Boiss. II. **6**. 1002. 1906 = A. siifolium.

Blackwellianum Tenore, Atti Ist. Incor. Napoli **5**. 133. 1830 = Dryopteris

blechnoides Sm. Rees Enc. add. — 1818 —? [filix mas.

(A) **Bolsteri** Cop. Phil. Journ. Sci. **1**. Suppl. IV. 252. 1906 — Mindanao.
Dictyopteris v. A. v. R. 1909 — (an A. Bryanti f. major?).

(S) **Brooksii** (Cop.) C. Chr. Ind. Suppl. 7. 1913 — Borneo.
Tectaria Cop. Phil. Journ. Sci. Bot. **6**. 137 t. 20 b. 1911.

(T?) **Buchtienii** Ros., Fedde Repert. **11**. 55. 1912 — Bolivia. Brasilia.

bullatum Christ, Bull. Boiss. II. **6**. 53. 1906 — Dryopteris.

Caesarianum Christ, Denkschr. Akad. Wien **79**. 14 t. 3 f. 1. 1907 = Dryo-
caucaense Christ, Bull. Boiss. II. **6**. 58. 1906 = Dryopteris. [pteris scabra.

caudatum var. contractum Christ, Bull. Boiss. II. **6**. 162. 1906 = Dryopteris contracta.

(S) **Christii** (Cop.) C. Chr. Ind. Suppl. 7. 1913 — Ins. Philipp. — Tectaria Cop.
1907; Leafl. Phil. Bot. **4**. 1151. 1911; Aspidium coadunatum Christ
Phil. Journ. Sci. Bot. **2**. 187. 1907 (descr. non Wall.).

connexum Christ., Denkschr. Akad. Wien **79**. 16. 1907 = Dryopteris.

culcita Christ, Bull. Boiss. II. **6**. 54. 1906 = Dryopteris.

(S?) **de Castroi** v. A. v. R. Bull. Jard. bot. Buit. II. nr. VII. 3. 1912 — Timor.

decussatum Christ, Denkschr. Akad. Wien **79**. 16. 1907 = Dryopteris.
diplazioides Christ, Bull. Boiss. II. **6**. 159. 1906 = Dryopteris.
diversifolium Christ, Denkschr. Akad. Wien **79**. 15. 1907 = Dryopteris
(S) **Esquirolii** (Christ) C. Chr. Ind. Suppl. 8. 1913 — China.　　[vipipara.
　　Sagenia Christ, Bull. Géogr. Bot. Mans **1906**. 249.
filix mas × dilatatum Christ, Farnkr. d. Schweiz 138. 1900 = Dryopteris
　　dilatata × filix mas.
frigidum Christ, Bull. Boiss. II. **6**. 160. 1906 = Dryopteris caucaensis.
glabrum var. pusillum Hill. Fl. Haw. 577. 1888 = Dryopteris parvula.
guatemalense Christ, Bull. Boiss. II. **6**. 56. 1906 = Dryopteris.
gymnogrammoides Christ, Bull. Géogr. Bot. Mans **1906**. 120 = Dryopteris.
hemiotis Christ, Hedwigia **45**. 191. 1906 — Amazonas = (Dryopteris sp. dub.).
Hemsleyanum Christ, Bull. Boiss. II. **6**. 57. 1906 = Dryopteris.
Huberi Christ, Hedwigia **45**. 192. 1906 = Dryopteris.
Karstenianum Christ, Bull. Boiss. II. **6**. 56. 1906 = Dryopteris.
(S) **Kawakamii** v. A. v. R. Bull. Jard. bot. Buit. II. nr. VII. 4. 1912 — Celebes.
(S) **Kunzei** Hieron. Hedwigia **46**. 353. 1907 (non Fée 1865) — Ecuador.
　　A. macrophyllum β decurrens Kze. Linn. **9**. 89. 1834.
lamprocaulon Christ, Bull. Géogr. Bot. Mans **1906**. 117 = Dryopteris.
Leprieurii Christ, Bull. Boiss. II. **6**. 161. 1906 = Dryopteris.
(S) **leptophyllum** (Wright) C. Chr. Ind. Suppl. 8. 1913 — Tonkin.
　　Nephrodium C. H. Wright, Kew Bull. **1906**. 11.
lobatum × angulare Aschers. u. Graebner, Syn. ed. II. **1**. 61. 1912 =
　　Polystichum aculeatum × lobatum.
lobatum × munitum Christ, Allg. Bot. Zeitschr. **12**. 4. 1906 = Polystichum.
lonchitis × angulare Aschers. u. Graebner, Syn. ed. II. **1**. 65. 1912 = Poly-
　　stichum aauleatum × lonchitis.
(S) **longicrure** Christ, Bull. Géogr. Bot. Mans **1909**. Mém. XX. 169. — China.
　　Sagenia Christ, Bnll. Géogr. Bot. Mans **1906**. 250.
Lunense Christ, Bull. Boiss. II. **6**. 55. 1906 = Dryopteris.
(S) **malayense** Christ, Phil. Journ. Sci. Bot. **2**. 187. 1907 — Malakka. Luzon.
　　Tectaria Cop. 1907.
Mercurii A. Br.; Christ, Bull. Boiss. II. **6**. 58. 1906 = Dryopteris.
(T) **minimum** (Und.) Christ, Geogr. d. Farne 297. 1910 — Florida. Bahama. Cuba.
　　Tectaria Und. Bull. Torr. Cl. **38**. 199. 1906.
(S) **Morsei** (Bak.) C. Chr. Ind. Suppl. 1913 — China.
　　Nephrodium Bak. Kew Bull. **1906**. 11.
Murbeckii Raimann, Wien. Ill. Gartenzeit. **16**. 417. 1891 = Polystichum
　　lobatum × lonchitis.
Navarrense Christ, Bull. Boiss. II. **6**. 160. 1906 = Dryopteris oligocarpa var.
nervosum Christ, Bull. Boiss. II. **6**. 161. 1906 = Dryopteris.
nigrovenium Christ, Bull. Boiss. II. **6**. 162. 1906 = Dryopteris.
nutans Christ, Bull. Boiss. II. **6**. 286. 1906 = Dryopteris Eggersii.
(T) **oligophyllum** Ros., Fedde Repert. **5**. 13. 1908 — Sumatra.
(S) **orosiense** (Christ) C. Chr. Ind. Suppl. 1913 — Costa Rica.
　　Sagenia Christ, Bull. Boiss. II. **6**. 164. 1906.
(S) **papuanum** (Cop.) v. A. v. R. Bull. Jard. bot. Buit. II. nr. VII. 3. 1912 —
　　　　Tectaria Cop. Phil. Journ. Sci. Bot. **6**. 76. 1911.　　　　[N. Guinea.
pedicellatum Christ, Denkschr. Akad. Wien **79**. 14. 1907 = Dryopteris.

pentaphyllum v. A. v. R. Bull. Dépt. agric. Ind. néerl. **18.** 16. 1908 =
A. quinquefoliolatum.

(S) **pinfaënse** Christ, Bull. Géogr. Bot. Mans 1909. Mém. XX. 169 — China.

profereoides Christ, Phil. Journ. Sci. Bot. **2.** 158. 1907 = A. ambiguum.

Purusense Christ, Hedwigia **45.** 192. 1906 — Dryopteris mollis.

pycnopteroides Christ, Bull. Géogr. Bot. Mans **1906.** 116.

(A) **quinquefoliolatum** C. Chr. Ind. Suppl. 9. 1913 — N. Guinea.
Dictyopteris pentaphylla v. A. v. R. Bull. Dépt. agric. Ind. néerl. **18.**
16. 1908; Aspidium v. A. v. R. (non Willd. 1810'; Tectaria v. A. v. R. l. c.

rufescens Klf. in Sieb. Syn. Fil. exs. nr. 187; Hieron. Hedwigia **46.** 353.
1907 = A. cicutarium var.

Sancti Pauli Christ, Denkschr. Akad. Wien **79.** 15. 1907 = Dryopteris

scalare Christ, Bull. Boiss. II. **6.** 159. 1906 = Dryopteris. [submarginalis.

serrulatum Opiz, Kratos 2[1]. 6. 1820 = Polystichum lobatum juv.? (t. Woynar).

Sloanei Christ, Bull. Boiss. II. **6.** 162. 1906 = Dryopteris oligophylla.

sphaeropteroides Christ, Bull. Géogr. Bot. Mans **1906.** 119 = Dryopteris.

subalpinum Handel-Mazzetti, Oest. Bot. Zeit. 58. 291. 1903 = Dryopteris
dilatata × filix mas.

(T) **subcaudatum** v. A. v. R. Bull. Dépt. agric. Ind. néerl. **18.** 9. 1908 — Borneo.
Tectaria v. A. v. R. l. c.

subincisum Christ, Bull. Boiss. II. **6.** 56. 1906 = Dryopteris.

subsageniaceum Christ, Bull. Géogr. Bot. Mans **1906.** 240 c. fig. = Dryopteris.

(T) **ternatense** v. A. v. R. Bull. Dépt. agric. Ind. néerl. **18.** 9. 1908 — Ternate.
Tectaria v. A. v. R. l. c.

(S) **trifolium** v. A. v. R. Bull. Jard. bot. Buit. II. nr. VII. 4. 1912 — Luzon.

viviparum sub sp. caudatum Jenm. Bull. Dept. Jam. **2.** 268. 1895 = Polystichum Harrisii.

viviparum sub sp. rhizophorum Jenm. l. c. = Polystichum rhizophorum.

(S) **Weberi** (Cop.) C. Chr. Ind. Suppl. 9. 1913 — Mindanao.
Tectaria Cop. Phil. Journ. Sci. Bot. **7.** 54. 1912.

xanthomelas Christ, Bull. Géogr. Bot. Mans **1906.** 117 = Dryopteris.

(S) **yunnanense** (Bak.) Christ, Not. syst. **1.** 37. 1909 — Yunnan.
Nephrodium Bak. Kew. Bull. **1906.** 11.

ASPLENIUM L.

acrobryum Christ, Nova Guinea **8.** 150. 1909 — N. Guinea.

adiantum nigrum × ruta muraria Christ, Farnkr. d. Schweiz 74 f. 4—5.
1900 — Europa centr. — A. ruta muraria × nigrum Aschers. u. Graebn.
1912. — A. Christii Hahne 1904 (non Hieron. 1895). A. Perardii Litard.
1910. A. Lingelsheimii Seymann 1910.

adiantum nigrum *cuneifolium × ruta muraria Christ, Allg. Bot. Zeitschr.
9. 29. 1903 — Hungaria. Saxonia. — A. ruta muraria × cuneifolium
Aschers. u. Graebn. 1912; A. murariaeforme Waisb. 1899; A. germanicum
× Ruta muraria Waisb. 1899; C. Chr. Ind. 662; A. Ruta muraria ×
Forsteri? Waisb. 1902.

adiantum nigrum × septentrionale Litard. Bull. Soc. bot. Deux-Sèvres
1909—10. 100 t. 1 et 2, f. 1—2. 1910 — Gallia. — A. Souchei Litard. l. c.;
A. septentrionale × adiantum nigrum Aschers. u. Graebn. 1912. — ?A.
paradoxum Beauverd 1911 (non Bl. 1828).

adiantum nigrum *cuneifolium × trichomanes Christ, Allg. Bot. Zeitschr.

9. 30. 1903 — Austria. — A. trichomanes $\times$ cuneifolium Aschers u.
Graebn. 1912; A. Wachaviense Aschers. u. Graebn. 1912.

adiantum nigrum *cuneifolium $\times$ **viride** Woynar, Mitt. naturwiss. Ver.
Steiermark **49.** 155. 1913 — Steiermark. — A. viride $\times$ cuneifolium Woynar in Aschers. u. Graebn. Syn. Mitteleur. Fl. ed. II. **1.** 126. 1912; A. Woynarianum Aschers. u. Graebn. l. c.

adnatum Cop. Phil. Journ. Sci. Bot. **8.** 280. 1909 — China.

alatum Dulac, Fl. Hautes-Pyrénées 35. 1867 = A. trichomanes.

Albersii Hieron. Engl. Jahrb. **46.** 380. 1911 — Africa orient. germ.

alvarezense Rudm. Brown, Journ. Linn. Soc. **87.** 247 c. fig. 1905 — Gough
Ins. (Tristan da Cunha).

amazonicum Christ, Hedwigia **45.** 191. 1906 — Amazonas. (Congo?)

amoenum Wright in Johnston, The Uganda Protectorate I. Chapt. XI. 1902.
(non vidi) — Uganda.

anguineum Christ, Journ. de Bot. **21.** 232, 265. 1908 — Annam.

annamense Christ, Journ. de Bot. **21.** 232, 264. 1908 — Annam.

anogrammoides Christ, Fedde Repert. **5.** 11. 1908 — Corea.

anomalum Sod. Sert. Fl. Ecuad. II. 18. 1908 = Diplazium Sodiroanum.

antrophyoides Christ, Bull. Géogr. Bot. Mans **1909** Mém. XX. 170 — China.

austrobrasiliense (Christ) Maxon, Contr. U. S. Nat. Herb. **10.** 480. 1908 —
Brasilia austr. — A. salicifolium var. austrobrasiliense Christ, Denkschr.
Akad. Wien **79.** 23 t. 5 f. 1—2, t. 8 f. 3—4. 1907.

Balliviani Ros., Fedde Repert. **11.** 55. 1912 — Bolivia.

batuense v. A. v. R. Bull. Dépt. agric. Ind. néerl. **18.** 13. 1908 — Ins. Batu.

Bertolonii Donn. Smith, Enum. Pl. Guatemala **4.** 189. 1895 = A. monanthes.

bipinnatum (Forsk.) C. Chr., Hieron. Deutsche Zentralafr. Exp. **2.** 11. 1910
— Lonchitis Forsk. Fl. Aeg. Arab. 184. 1775! Asplenium achilleifolium
(Lam.) C. Chr. Ind. 99 cum syn.

bireme Wright, Kew. Bull. **1908.** 182 = Diplazium Pullingeri.

blastophorum Hieron. Engl. Jahrb. **46.** 378. 1911 — Togo. Sudan.

Brausei Hieron. Engl. Jahrb. **46.** 359. 1911 — Kamerun.

Brooksii Cop. Phil. Journ. Sci. Bot. **6.** 137 t. 20 B. 1911 — Borneo.

bugoiense Hieron. Deutsche Zentralafr. Exp. **2.** 10 t. 2 f. A, B. 1910 —Africa trop.

Büttneri Hieron. Deutsche Zentralafr. Exp. **2.** 23. 1910 — Africa trop.

　　　— *Hildebrandtii Hieron. l. c. 25. — Africa orient. trop.

canelense Ros., Fedde Repert. **7.** 293. 1909 — Ecuador.

Cavalerianum Christ, Bull. Géogr. Bot. Mans **1909.** Mém. XX. 173 — China.

chimboanum Sod. Sert. Fl. Ecuad. II. 25. 1908 = Diplazium.

Christii Hahne, Allg. Bot. Zeitschr. **1904.** 103 = A. adiantum nigrum $\times$
ruta muraria.

colubrinum Christ, Bull. Boiss. II. **6.** 999. 1906 — Ins. Philipp.

　　　— var. taeniophyllum Cop. Phil. Journ. Sci. Bot. **2.** 131. 1907 — Mindoro.

complanatum C. Chr. Tr. Linn. Soc. II. Bot. **7.** 416 t. 45 f. 1—3. 1912 —
Ins. Sechellae.

conquisitum Und. et Maxon; Christ, Bull. Boiss. II. **7.** 270. 1907 — Jamaica.
Amer. centr.

Constanzae Brause, Urban Symb. Ant. **7.** 156. 1911 — S. Domingo.

Costei Litard. Bull. Géogr. Bot. Mans **1911.** 150 = A. foresiacum $\times$ septen

crassifolium Sod. Sert. Fl. Ecuad. II. 21. 1908 = Diplazium.　　　[trionale.

crenatifolium Hk. Bak. Syn. Ind. 534. 1874 = A. ovalescens.

Cromwellianum Ros., Fedde Repert. **10**. 327. 1912 — N. Guinea.
Curtissii Und. Bull. Torr. Cl. **33**. 194. 1906 — Florida.
cymbifolium Christ, Bull. Boiss. II. **6**. 999. 1906 — Ins. Philipp.
daghestanicum Christ, Moniteur Jard. bot. Tiflis livr. 6. 24. 1906; Fomin,
  ibid. livr. 12. 4. I. — Caucasus.
Daubenbergii Ros., Fedde Repert. **4**. 2. 1907 — Africa orient.
decorum hort., Gard. Chr. **49**. 300. 1911 = A. bulbiferum var. hort.
demerkense Hieron. Engl. Jahrb. **46**. 375. 1911 — Abyssinia.
?*diaphanum* Lojac. Fl. sicula **3**. 402 t. 6 f. 4. 1909 — Sicilia.
  (Gen. dub. an Cystopteris? an f. monstr. spec. notae?)
dimidiatum var. subaequilaterale Bak. Syn. 486. 1874 = A. subaequilaterale.
dimidiatum var. Zenkeri Hieron. Engl. Veg. d. Erde **9**. 28 f. 24. 1904. = A.
diplazisorum Hieron. Engl. Jahrb. **46**. 351. 1911 — Kamerun. [jaundeense.
dognyense Ros., Fedde Repert. **10**. 159. 1911 — N. Caledonia.
domingense Brause, Urban Symb. Ant. **7**. 157. 1911 — S. Domingo.
Dresdense Krieger, Hedwigia **46**. 255. 1907 = A. germanicum.
Ducis Aprutii Pirotta, Annali di Bot. **7**. 173. 1908 = Mt. Ruwenzori.
Elliottii C. H. Wright, Kew Bull. **1908**. 262 — Africa or. brit.
ellipticum Cop., Leaflets Phil. Bot. **3**. 819. 1910 = A. nidus*.
Elmeri Christ, Phil. Journ. Sci. Bot. **2**. 164. 1907 — Luzon. ?Celebes.
eurysorum Hier. Engl. Jahrb. **46**. 364. 1911 — Ins. S. Thomé (Afr. occ.).
falcinellum Maxon, Contr. U. S. Nat. Herb. **13**. 14. 1909 — Guatemala. Mexico.
fallax Dörfl. Herb. norm. nr. 3668. Schedae Cent. 37. 233. 1898; Waisb.
  Mag. Bot. Lapok **1**. 168, 173. 1902 = A. adulterinum.
Ferrissii Clute, Fern Bull. **16**. 1 t. 1. 1908 — Arizona.
  t. Poyser l. c. **19**. 33. 36 = A. alternans Wall. = Ceterach Dalhousiæ.
filiceps Cop. Phil. Journ. Sci. Bot. **5**. 285. 1910 — Borneo.
filipes Cop. Phil. Journ. Sci. Bot. **3**. 34. 1908 — Ins. Philipp.
floccigerum Ros., Fedde Repert. **4**. 3. 1907 — Africa orient.
foresiacum ✕ **septentrionale** Litard. Bull. Géogr. Bot. Mans **1911**. 150 —
  Gallia. — A. Costei Litard. l. c.
foresiacum ✕ **trichomanes** Litard. Bull. Géogr. Bot. Mans **1910**. 204 —
  Gallia mediterr. — A. Pagesii Litard. l. c. — A. Guichardii Litard. 1911.
Francii Ros., Fedde Repert. **10**. 161. 1911 — N. Caledonia.
Franconis Jenm. Bull. Dept. Jam. n. s. **1**. 91. 1894 = Diplazium oreophilum.
Gastoni-Gautieri Litard. Bull. Géogr. Bot. Mans. **1911**. 274 = A. fontanum
  ✕ viride.
Gjellerupii v. A. v. R. Bull. Jard. bot. Buit. II. nr. VII. 7. 1912 — N. Guinea.
glaucophyllum v. A. v. R. Bull. Jard. bot. Buit. II. nr. VII. 6. 1912 — Borneo.
gracilifolium Cop. Phil. Journ. Sci. Bot. **4**. 113. 1909 — Luzon.
Guichardii Litard. Bull. Géogr. Bot. Mans **1911**. 76 = A. foresiacum ✕
Haenkeanum (Pr.) Hieron. Hedwigia **47**. 233. 1908 — Peru. [trichomanes.
  Athyrium Pr. Tent. 98. 1836 (nomen), Epim. 66. 1849.
Hagenii v. A. v. R. Bull. Dépt. agric. Ind. néerl. **18**. 14. 1908 — Sumatra.
Hasslerianum Christ, Fedde Repert. **6**. 351. 1909 — Paraguay.
hemitomum Hieron. Engl. Jahrb. **46**. 365. 1911 — Africa occ. trop.
heterolobum Sod. Sert. Fl. Ecuad. II. 21. 1908 = Diplazium.
Hieronymi Sod. Sert. Fl. Ecuad. II. 23. 1908 = Diplazium.
Hollandii (Sim) C. Chr. Ind. Suppl. 11. 1913 — Africa austr. — Davallia
  (Loxoscaphe) Sim, Tr. S. Afr. Phil. Soc. **16**. 274 t. 4. 1906.

Holmbergi Hicken, Trabaj. Mus. Farmac. **19**. 8. 1907 — Argentina.
Holstii Hieron. Engl. Jahrb. **46**. 348. 1911 — Africa orient. trop.
humile Sod. Sert. Fl. Ecuad. II. 22. 1908 = Diplazium taulahuae.
jaundeense Hieron. Engl. Jahrb. **46**. 369. 1911 — Kamerun. — A. dimidiatum v. Zenkeri Hieron., Engl. Veg. d. Erde **9**. 28 f. 24. 1908.
Kassneri Hieron. Engl. Jahrb. **46**. 376. 1911 — Mt. Ruwenzori.
kelelense Brause, Engl. Jahrb. **49**. 29 f. 2 A. 1912 — N. Guinea.
Keysserianum Ros., Fedde Repert. **10**. 328. 1912 — N. Guinea.
Kingii Cop. Phil. Journ. Sci. Bot. **6**. 79. 1911 — N. Guinea.
Kunzeanum Kl.; Ros. Hedwigia **46**. 100. 1907 = A. lunulatum var.
laceratum The Garden **70**. 307. 1906; Gard. Chr. **40**. 263 f. 107. 1906. — Hort. (= A. nidus var. ?).
Lademannianum Ros., Fedde Repert. **6**. 177. 1908 — Africa orient. germ.
latecuneatum Christ, Bull. Géogr. Bot. Mans **1909**. Mém. XX. 171. — China.
laxivenum Cop. Phil. Journ. Sci. Bot. **2**. 132. 1907 = A. Steerei.
leptophyllum Bak. Kew Bull. **1906**. 10 = Diplazium.
Lingelsheimii Seymann, Oesterr. Bot. Zeitschr. **60**. 280, 2 f. 1910 = A. adiantum nigrum × ruta muraria.
lofouense Christ, Bull. Géogr. Bot. Mans **1910**. 142 — China.
loxogrammoides Christ, Bull. Géogr. Bot. Mans **1909**. Mém. XX. 171 — China.
majoricum Litard. Bull. Géogr. Bot. Mans **1911**. 28 — Ins. Balear.
Marlothii Hieron. Engl. Jahrb. **46**. 357. 1911 — Brit. Bechuanaland.
Matsumurae Christ, Bot. Mag. Tokyo **24**. 241. 1910 — Formosa.
megalura Hieron. Deutsche Zentralafr. Exp. **2**. 17. 1910 — Africa trop.
melanosorum Sod. Sert. Fl. Ecuad. II. 24. 1908 = Diplazium.
microtum Maxon, Contrib. U. S. Nat. Herb. **12**. 411 t. 60. 1909 — China. Japonia.
Mildbraedii Hieron. Deutsche Zentralafr. Exp. **2**. 21. 1910 — Africa trop.
militare Cop. Phil. Journ. Sci. **1**. Suppl. IV. 254. 1906 — Mindanao.
Molleri Hieron. Engl. Jahrb. **46**. 371. 1911 — Ins. S. Thomé (Afr. occ.).
morlanense Bergeret, Fl. Basses-Pyrénées, nouv. éd. 764. 1909 — Mts. pyrenaic.
Muellerianum Ros. Hedwigia **46**. 106 t. 1 f. C. 107 = A. Martianum × mucronatum.
nephrolepioides Christ, Journ. de Bot. **21**. 232, 264. 1908 — Annam.
nidiforme v. A. v. R. Bull. Jard. bot. Buit. II nr. VII. 6. 1907 — N. Guinea.
novo-guineense Ros., Fedde Repert. **5**. 40. 1908 — N. Guinea. — (Loxoscaphe).
nudicaule Dunn et Tutcher, Flora of Kwantung and Hongkong 345. 1912 = oxylobum Sod. Sert. Fl. Ecuad. II. 19. 1908 = Diplazium. [Diplazium.
Pagesii Litard. Bull. Géogr. Bot. Mans **1910**. 204 = A.foresiacum × trichomanes.
Palmeri Maxon, Contr. U. S. Nat. Herb. **13**. 39. 1909 — Mexico. Guatemala.
papuanum Cop. Phil. Journ. Sci. Bot. **6**. 79. 1911 — N. Guinea.
paradoxum Beauverd, Bull. Soc. bot. Genève II. **8**. 297 c. fig. 1911 = ?A. adiantum nigrum × septentrionale.
parallelosorum Bak. Kew Bull. **1906**. 9 = Diplazium.
paucidens v. A. v. R. Bull. Jard. bot. Buit. II. nr. VII. 6. 1912 — N. Guinea.
perakense Matthew et Christ, Journ. Linn. Soc. **39**. 214. 1909 — Perak.
Perardii Litard. Bull. Soc. bot. Deux-Sèvres **1909**—**10**. 109. 1910 = A. adiantum nigrum × ruta muraria.
Picardae Hieron. Urban Symb. Ant. **6**. 52. 1909 — Haiti.
pimpinelloides Lojac. Fl. sicula **3**. 399. 1909 — Sicilia.
pinfaënse Christ, Bull. Géogr. Bot. Mans **1909**. Mém. XX. 172 — China.
polytrichum Christ, Bull. Géogr. Bot. Mans **1909**. Mém. XX. 172 — China.

Poscharskyanum (Hoffm.) Dörfler, Herb. norm. nr. 3670, Sched. 234. 1898
= A. adulterinum × viride.
praegracile Ros., Fedde Repert. 6. 177. 1908 — Africa orient. germ.
Preussii Hieron. Deutsche Zentralafr. Exp. 2. 9 t. 1 f. D. 1910 — Africa occ.
procerum Sod. Sert. Fl. Ecuad. II. 19. 1908 = Diplazium.
pseudohorridum Hieron. Engl. Jahrb. 46. 362. 1911 — Africa orient. trop.
A. protensum var. pseudohorrida Hier. Engl. Pflanzenwelt Ostafr. C. 82
pseudolanceolatum Fomin, Moniteur Jard. bot. Tiflis Livr. 12. 10 t. 1 f. II.
1908 — Caucasus.
pulverulentum Chatenier, Bull. Soc. Fr. 58. 348. 1911 = A. lepidum*.
rahaoense Yabe; Matsum. et Hayata, Journ. Coll. Sc. Tokyo 22. 605. 1906.
(nomen) — Formosa.
Ramlowii Hieron. Engl. Jahrb. 46. 372. 1911 — Africa orient. germ.
rectangulare Maxon, Contr. U. S. Nat. Herb. 10. 478. 1908 — Cuba. Haïti.
rukaraense Hieron. Deutsche Zentralafr. Exp. 2. 12 t. 2 f. D. E. 1910 — Africa
rupium Goodding, Muhlenbergia 8. (92—94). 1912 — S. W. U. S. A.   [trop.
ruta muraria × cuneifolium Aschers. u. Graebn. Syn. ed. II.)   A. adian-
1. 115. 1912   }   tum nigrum
ruta muraria × nigrum Aschers. u. Graebn. l. c. $\Big\}=$ × ruta
ruta muraria × Forsteri? Waisb. Mag. Bot. Lapok. 1. 170. 1902)   muraria.
saigonense Matthew et Christ, Journ. Linn. Soc. 39. 215. 1909 — Saigon.
salicifolium var. austrobrasiliense Christ, Denkschr. Akad. Wien 79. 23 t. 5
f. 1—2, t. 8 f. 3—4. 1907 — A. austrobrasiliense.
sarcodes Maxon, Contr. U. S. Nat. Herb. 10. 494 t. 56 f. 3. 1908 — Cuba. Jamaica.
Schiffneri Christ, Denkschr. Akad. Wien 79. 24 t. 6 f. 7—9. 1907 — Brasilia austr.
Schoggersii v. A. v. R. Bull. Dépt. agric. Ind. néerl. 18. 14. 1908 — Java.
Schultzei Brause, Engl. Jahrb. 49. 30. 1912 — N. Guinea.
septentrionale × adiantum nigrum Aschers. u. Graebn. Syn. ed. II. 1. 117.
1912 = A. adiantum nigrum × septentrionale.
septentrionale × lanceolatum Christ, Geogr. d. Farne, Nachtr. ad p. 168 =
A. adiantum nigrum × septentrionale.
sinense Bak. Kew Bull. 1906. 9. = Athyrium.
Souchei Litard. Bull. Soc. bot. Deux-Sèvres 1909—10. 100. 1910 = A. adian-
tum nigrum × septentrionale.
sphenolobum Zenker msc. (Kze. Linn. 24. 264. 1851); Hieron. Deutsche
Zentralafr. Exp. 2. 14. 1910 — Africa trop.
spinulosum Dulac, Fl. Hautes-Pyrénées 35. 1867 = A. fontanum.
Stantoni Cop. Phil. Journ. Sci. 1. Suppl. II. 151. 1906 — Luzon.
Staudtii Hieron. Engl. Jahrb. 46. 356. 1911 — Kamerun.
Stübelianum Hieron. Hedwigia 47. 222 t. 4 f. 13. 1908 — Columbia.
subaequilaterale (Bak.) Hieron. Engl. Jahrb. 46. 360. 911 — Africa occ. trop.
A. dimidiatum var. subaequilaterale Bak. Syn. 486. 1874.
subauriculatum Hieron. Engl. Jahrb. 46. 350. 1911 — Africa occ. trop.
subemarginatum Ros., Fedde Repert. 5. 372. 1908 — N. Guinea.
subflexuosum Ros., Fedde Repert. 10. 160. 1911 — N. Caledonia.
suppositum Hieron. Engl. Jahrb. 46. 353. 1911 — Angola.
tenuiculum Ros., Fedde Repert. 7. 146. 1909 — N. Caledonia.
trichomanes × cuneifolium Aschers. u. Graebn. Syn. ed. II. 1. 125. 1912 =
A. adiantum nigrum *cuneifolium × trichomanes.
trichomanes × fontanum Christ, Geogr. d. Farne, Nachtr. ad p. 168 = A.
majoricum.

trichomanes $\times$ foresiacum Aschers. u. Graebn. Syn. ed. II. **1**. 97. 1912 =
    A. foresiacum $\times$ trichomanes.

trifoliatum Cop. Phil. Journ. Sci. Bot. **5**. 284. 1910 — Borneo.

Tuerckheimii Maxon, Contr. U. S. Bot. Herb. **13**. 15. 1909 — Guatemala.

Tungurahuae Sod. Sert. Fl. Ecuad. II. 20. 1908 = Diplazium.

Uhligii Hieron. Engl. Jahrb. **46**. 374. 1911 — Africa orient. germ.

vesiculosum Sod. Sert. Fl. Ecuad. II. 23. 1908 = Diplazium.

viride $\times$ cuneifolium Woynar; Aschers. u. Graebn. Syn. ed. II. **1**. 126. 1912
    = A. adiantum nigrum *cuneifolium $\times$ viride.

viride $\times$ fontanum Christ in Burnat, Mat. Fl. Alp. marit. 15. 1900; Aschers.
    u. Graebn. Syn. ed. II. **1**. 97. 1912 = A. fontanum $\times$ viride.

Wachaviense Aschers. u. Graebn. Syn. ed. II. **1**. 125. 1912 = A. adiantum
    nigrum *cuneifolium $\times$ trichomanes.

Wacketii Ros. Hedwigia **46**. 102. 1906 — Brasilia austr.

Warneckii Hieron. Engl. Jahrb. **46**. 367. 1911 — Africa orient. germ.

Werneri Ros., Fedde Repert. **5**. 39. 1908 — N. Guinea.

Woronowii Christ, Moniteur Jard. bot. Tiflis livr. 6. 25. 1906; Fomin, ibid.
    livr. 12. t. 1 f. II — Caucasus.

Woynarianum Aschers. u. Graebn. Syn. ed. II. **1**, 126. 1912 = A. adiantum
    nigrum *cuneifolium $\times$ viride.

zoeblitzianum Nazor, Progr. St. Gymn. Pisino 1904. 16 = A. adulterinum
                                                  [$\times$ viride.

ATHYRIUM Roth.

aristulatum Cop. Phil. Journ. Sci. **1**. Suppl. IV. 253. 1906 — Luzon.

atratum Cop. Phil. Journ. Sci. Bot. **3**. 293. 1908 = Diplazium.

Barbae Christ, Fedde Repert. **8**. 18. 1910 — Costa Rica.

Benguetense Christ, Phil. Journ. Sci. Bot. **2**. 161. 1907 = Dryopteris graci-

biserrulatum Christ, Bull. Géogr. Bot. Mans **1907**. 135 — Yunnan.   [lescens.

Blumei Cop. Phil. Journ. Sci. Bot. **3**. 294. 1908 = Diplazium polypodioides.

Bolsteri Cop. Phil. Journ. Sci. Bot. **3**. 296. 1908 = Diplazium.

brachysoroides Cop. Phil. Journ. Sci. Bot. **3**. 296. 1908 = Diplazium.

brevipinnulum Cop. Phil. Journ. Sci. Bot. **3**. 291. 1908 — Luzon.

carnosum Cop. Phil. Journ. Sci. Bot. **7**. 61. 1912 = Diplazium matangense.

Cavalerianum Christ, Bull. Géogr. Bot. Mans **1909**. Mém. XX. 174 — China.

chlorophyllum Cop. Phil. Journ. Sci. Bot. **3**. 279. 1908 = Diplazium Pullingeri.

Christii Cop. Phil. Journ. Sci. Bot. **7**. 62. 1912 = Diplazium.

confertum Cop. Phil. Journ. Sci. Bot. **7**. 62. 1912 = Diplazium.

Copelandi Christ, Phil. Journ. Sci. Bot **2**. 161. 1907 = Diplazium japonicum.

cordifolium Cop. Phil. Journ. Sci. Bot. **3**. 300. 1908 = Diplazium.

costulisorum Cop. Leaflets Phil. Bot. **3**. 815. 1910 = Diplazium.

davaoense Cop. Phil. Journ. Sci. Bot. **3**. 295. 1908 — Diplazium.

decurrenti-alatum Cop. Phil. Journ. Sci. Bot. **3**. 279. 1909 = Diplazium.

demissum Christ. Fedde Repert. **5**. 284. 1908 — Corea.

distentifolium Tausch ex Opiz, Kratos 2¹. 14. 1820 = A. alpestre.

dolichosorum Cop. Phil. Journ. Sci. Bot. **3**. 294. 1908 = Diplazium.

dolosum Christ, Bull. Géogr. Bot. Mans **1907**. 136 — Yunnan.

elatum Cop. Phil. Journ. Sci. Bot. **7**. 63. 1912 = Diplazium.

Elmeri Cop. Phil. Journ. Sci. Bot. **3**. 292. 1908 — Negros.

esculentum Cop. Phil. Journ. Sci. Bot. **3**. 295. 1908 = Diplazium.

filix femina $\times$ *alpestre?* [Christ, Farnkr. d. Schweiz 113. 1900] Aschers. u.
    Graebn. Syn ed. II. **1**. 1912 — Schwarzwald.

fimbriatum Dulac, Fl. Hautes-Pyrénées 33. 1867 = A. filix femina.

fissum Christ, Not. syst. 1. 47. 1909 — Yunnan.
flaccidum Christ, Fedde Repert. 5. 11. 1908 — Corea.
fructuosum Cop. Phil. Journ. Sci. Bot. 3. 294. 1908 = Diplazium.
geophilum Cop. Phil. Journ. Sci. Bot. 3. 296. 1908 = Diplazium.
halconense Christ, Phil. Journ. Sci. Bot. 3. 273. 1908 = A. macrocarpum.
Hewitti Cop. Phil. Journ. Sci. Bot. 7. 62. 1912 = Diplazium.
Hochreutineri Christ, Ann. Conserv. Jard. bot. Genève 15—16. 197. 1912 — Java
horizontale Ros. Nova Guinea 8. 722. 1912 — N. Guinea.
hyalostegium Cop. Phil. Journ. Sci. 1. Suppl. IV. 253. 1906 — Luzon.
imbricatum Christ, Bull. Géogr. Bot. Mans 1906. 123 — Thibet (Mt. Omi).
japonicum Cop. Phil. Journ. Sci. Bot. 3. 290. 1908 = Diplazium.
Loheri Christ, Bull. Boiss. II. 6. 1001. 1906 — Luzon.
macrosorum Cop. Leaflets Phil. Bot. 3. 815. 1910 — Mindanao.
Matsumurae Christ, Bot. Mag. Tokyo 24. 241. 1910 — Japonia.
Matthewi Cop. Phil. Journ. Sci. Bot. 3. 278. 1908 = Diplazium.
maximum Cop. Phil. Journ. Sci. Bot. 3. 295. 1908 = Diplazium.
Merrilli Cop. Phil. Journ. Sci. Bot. 3. 300. 1908 = Diplazium.
mite Christ, Bull. Acad. Géogr. Bot. Mans 1909. 36 — Sachalin.
mupinense Christ, Bot. Gaz. 51. 355. 1911 — China.
muricatum Cop. Phil. Journ. Sci. Bot. 7. 61. 1912 = Diplazium.
muticum Christ, Bull. Géogr. Bot. Mans 1907. 147 — China.
myriomerum Christ, Bull. Boiss. II. 6. 169. 1906 — Costa Rica.
Nakanoi Mak. Bot. Mag. Tokyo 23. 247. 1909 — Japonia.
nanum Christ, Phil. Journ. Sci. Bot. 2. 161. 1907 = Diplazium grammitoides.
nudicaule Cop. Phil. Journ. Sci. Bot. 3. 278. 1908 = Diplazium.
officinale Bubani, Fl. Pyr. 4. 430. 1901 = A. filix femina.
oligosorum Cop. Phil. Journ. Sci. Bot. 3. 293. 1908 = Diplazium.
opacum Cop. Phil. Journ. Sci. Bot. 3. 279. 1908 = Diplazium.
pachysorum Christ, Not. syst. 1. 48. 1909 — China.
palauanense Cop. Phil. Journ. Sci. Bot. 3. 299. 1908 = Diplazium.
pariens Cop. Phil. Journ. Sci. Bot. 8. 299. 1908 = Diplazium.
paucifrons C. Chr., Fedde Repert. 9. 371. 1911 — Mexico.
petiolosum Christ, Bull. Géogr. Bot. Mans 1907. 134 — Yunnan.
philippinense Christ; Cop. Phil. Journ. Sci. 1. Suppl. IV. 254. 1906 — Luzon.
    A. Sarasinorum var. philippinense Christ, Bull. Boiss. 6. 154. 1898.
pinnatum Cop. Phil. Journ. Sci. Bot. 3. 297. 1908 = Diplazium silvaticum.
platyphyllum Cop. Phil. Journ. Sci. Bot. 3. 292. 1908 — Ins. Philipp.
polycarpum Cop. Phil. Journ. Sci. Bot. 7. 61. 1912 = Diplazium.
porphyrorachis Cop. Phil. Journ. Sci. Bot. 3. 300. 1908 = Diplazium.
pseudo-setigerum Christ, Bull. Géogr. Bot. Mans 1907. 146 — China.
pusillum v. A. v. R. Bull. Dépt. agric. Ind. néerl. 21. 5 t. 1 f. 1. 1908 = Asplenium.
pycnocarpon Tidestrom, Elysium Marianum — 1906 = A. angustifolium.
sarawakense Cop. Phil. Journ. Sci. Bot. 7. 62. 1912 = Diplazium.
sibuyanense Cop. Leaflets Phil. Bot. 4. 1152. 1911 — Ins. Sibuyan (Philipp.).
Silvestrii Christ, Nu. Giorn. bot. It. n. s. 17. 226. 1910 — China.
sinense (Bak.) C. Chr. Ind. Suppl. 15. 1913 — China.
    Asplenium Bak. Kew Bull. 1906. 9.
stramineum Cop. Phil. Journ. Sci. Bot. 3. 292. 1908 — Negros.
tabacinum Cop. Phil. Journ. Sci. Bot. 3. 299. 1908 = Diplazium.
toppingianum Cop. Phil. Journ. Sci. Bot. 2. 127. 1907 = Diplazium grammitoides.
Veitchii Christ, Bull. Géogr. Bot. Mans 1906. 123 — China occ.

verapax Christ, Bull. Boiss. II. **6**. 292. 1906 — Guatemala.
viviparum Christ, Bull. Géogr. Bot. Mans **1910**. 13 — China.
Whitfordi Cop. Phil. Journ. Sci. Bot. **3**. 296. 1908 = Diplazium.
Williamsi Cop. Phil. Journ. Sci. Bot. **3**. 297. 1908 = Diplazium.
woodsioides Christ, Bull. Géogr. Bot. Mans **1906**. 124 — China.
yunnanense Christ, Bull. Géogr. Bot. Mans. **1907**. 134 — Yunnan.

BALANTIUM Kaulfuss.

Copelandi Christ; Cop. Phil. Journ. Sci. Bot. **3**. 301. 1908; **4**. 62 t. 19 — Luzon.
Dicksonia Christ, Phil. Journ. Sci. Bot. **2**. 183. 1907.
dubium (R. Br.) Cop. Phil. Journ. Sci. Bot. **3**. 301. 1908 — Australia.
Davallia R. Br. 1810; C. Chr. Ind. 209 cum syn.
formosae Christ, Geogr. d. Farne 155. 1910 (Formosanum) — Formosa.
Dennstaedtia Christ, Bull. Boiss. II. **4**. 617. 1904; C. Chr. Ind 217.
javanicum (Bl.) Cop. Phil. Journ. Sci. Bot. **4**. 62. 1909 — Java.
Dicksonia Bl. 1828; C. Chr. Ind. 222; Dennstaedtia Christ 1904.

BLECHNUM Linné.

(L) **arborescens** (Kl. et Karst.) Hieron. Hedwigia **47**. 239. 1908 — Columbia.
Lomaria Kl. et Karst. Linn. **20**. 347. 1844 (pt.).
(L) **Bamlerianum** Ros., Fedde Repert. **10**. 325. 1912 — N. Guinea.
(L) **Buchtienii** Ros., Fedde Repert. **5**. 231. 1908 — Bolivia.
(L) **chiriquanum** (Broadh.) C. Chr. Ind. Suppl. 16. 1913 — Panama.
Struthiopteris Broadh. Bull. Torr. Cl. **39**. 361 t. 26. 1912.
(L) **columbiense** Hieron. Hedwigia **47**. 241 t. 5 f. 17, 1908 — Columbia.
(L) **cordatum** (Desv.) Hieron. Hedwigia **47**. 239. 1908 — Columbia. Peru.
Lomaria Desv. Berl. Mag. **5**. 330. 1911. L. ornifolia Pr. 1825; Blechnum Ett. 1864; C. Chr. Ind. 157 excl. syn.
Fauriae Tokubuchi, Bot. Mag. Tokyo **19**. 231 (pars jap.) 1905 = Plagio gyria Matsumureana.
(L) **guascense** Hieron. Hedwigia **47**. 245 t. 5 f. 18. 1908 — Columbia.
(L) **hirsutum** Ros., Fedde Repert. **9**. 74. 1910 — N. Caledonia.
(L) **jamaicense** (Broadh.) C. Chr. Ind. Suppl. 16. 1913 — Jamaica.
Struthiopteris Broadh. Bull. Torr. Cl. **39**. 266 t. 21. 1912.
(L) **Kunthianum** C. Chr. Ind. Suppl. 16. 1913 — Columbia.
Lomaria angustifolia HBK. Nov. Gen. et Sp. **1**. 18. 1815; Blechnum Hieron. 1904; Hedwigia **47**. 237. 1908, cum descr. (non Willd. 1810).
(L) **lima** Ros., Fedde Repert. **11**. 53. 1912 — Bolivia.
(L) **longicauda** C. Chr. Ark. för Bot. **10²**. 10 t. 1. 1910 — Juan Fernandez.
(L) **loxense** (HBK.) Hieron. Hedwigia **47**. 240. 1908. — Columbia. Peru.
Lomaria HBK. Nov. Gen. et Sp. **1**. 18. 1815. L. squamulosa Desv. 1827; Blechnum Mett. 1864; C. Chr. Ind. 160. Lomaria stenophylla Kl. 1847 (non Blechnum Mett. 1856; C. Chr. Ind. 160). L. socialis Sod. 1893; Blechnum Sod. 1883; C. Chr. Ind. 159.
(L) **Maxonii** (Broadh.) C. Chr. Ind. Suppl. 16. 1913 — Panama.
Struthiopteris Broadh. Bull. Torr. Cl. **39**. 268 t. 22. 1912.
(L) **Moritzianum** (Kl.) Hieron. Hedwigia **47**. 245. 1908 — Columbia.
Lomacia Kl. Linn. **20**. 347. 1847.
(L) **nipponicum** (Kze.) Mak. Bot. Mag. Tokyo **11**. 82. 1897 — Japonia.
Lomaria Kze. Bot. Zeit. 1848. 508.
(L) **peruvianum** Hieron. Hedwigia **47**. 245 t. 5 f. 19. 1908 — Peru.
(L) **proliferum** Ros. Hedwigia **46**. 91. 1906 — Brasilia austr.

(L) **Raddianum** Ros. Hedwigia **46**. 91. 1906; Hieron. Hedwigia **47**. 239. 1908
— Brasilia. Columbia-Ecuador. — Lomaria brasiliensis Raddi, Pl. Bras.
1. 50 t. 72, 72 bis. 1825 (non Blechnum Desv. 1811).
(L) **Regnellianum** (Kze.) C. Chr. Ind. Suppl. 17. 1913 — Brasilia.
Lomaria Kze. Linn. **20**. 576. 1847.
robustum Hieron. Hedwigia **47**. 245. 1908 = B. rufum.
(L) **rubicundum** Hieron. Hedwigia **47**. 242 t. 4 f. 16. 1908 — Columbia.
(L) **rufum** (Spr.) C. Chr. Ind. Suppl. 17. 1913 — India occ. (Guadeloupe).
Lomaria Spr. Nova Acta **10**. 230. 1821, Struthiopteris Broadh. Bull.
Torr. Cl. **39**. 369 t. 28. 1912. Lomaria robusta Fée 1852; Blechnum
Ryani Hieron. Hedwigia **47**. 245. 1908 = B. striatum. [Hieron. 1908.
(L) **Schiedeanum** (Pr.) Hieron. Hedwigia **47**. 239. 1908 — Mexico-Ecuador.
Lomaria Pr. Tent. 143. 1836 (nomen); Blechnum (Lomaria) sp. an
nova? Schlecht. Linn. **5**. 613. 1830; Struthiopteris Schiedeana Broadh.
Bull. Torr. Cl. **39**. 370. 1912. Lomaria longifolia Schlecht. 1842. L.
spectabilis Liebm. 1849. — ? L. acrodonta Fée 1857; Blechnum C. Chr.
Ind. 150. 1905.
(L) **Schottii** (Colla) C. Chr. Ark. för Bot. **10**². 7. 1910 — Juan Fernandez. Chile.
Lomaria Colla, Mem. Ac. Torino. **39**. 44. t. 72. 1836. L. bella Phil.
1857. ? L. fernandeziana Phil. 1873.
septentrionale Sailer, Fl. Oberösterreich **2**. 306. 1841 = B. spicant.
(L) **Shaferi** (Broadh.) C. Chr. Ind. Suppl. 17. 1913 — Cuba.
Struthiopteris Broadh. Bull. Torr. Cl. **39**. 374 t. 27. 1912.
(L) **Spannagelii** Ros. Hedwigia **46**. 93. 1906 — Brasilia austr.
(L) **Stübelii** Hieron. Hedwigia **47**. 241 t. 4. f. 14. 1908 — Columbia. Ecuador.
B. stenophyllum Mett. 1856 (non Lomaria Kl. 1847).
(L) **subtile** Ros., Fedde Repert. **11**. 54. 1912 — Bolivia.
(B) **Treubii** v. A. v. R. Bull. Dépt. agric. Ind. néerl. **18**. 13. 1908, **27**. t. 5 — Java.
(L) **Tuerckheimii** Brause, Urban Symb. Ant. **7**. 159. 1911 — S. Domingo.
(L) **Underwoodianum** (Broadh.) C. Chr. Ind. Suppl. 17. 1913 — Jamaica.
Struthiopteris Broadh. Bull. Torr. Cl. **39**. 377 t. 28. 1912.
(L) **Urbani** Brause, Urban Symb. Ant. **7**. 158. 1911 — S. Domingo.
(L) **viviparum** (Broadh.) C. Chr. Ind. Suppl. 17. 1913 — Costa Rica.
Struthiopteris Broadh. Bull. Torr. Cl. **39**. 381 t. 29. 1912.

BOTRYCHIUM Swartz.
alabamense Maxon, Proc. Biol. Soc. Wash. **19**. 23. 1906 — Alabama.
Negeri Christ, Ark. för Bot. **6**³. 2 f. 1. 1906 — Chile.
racemosum Bubani, Fl. Pyr. **4**. 438. 1901 = B. lunaria.
CAMPYLONEURUM Presl.
tenuipes Maxon, Contr. U. S. Nat. Herb. **13**. 7. 1909 = Polypodium.
CASSEBEERA Kaulfuss.
Woodfordii Wright, Kew Bull. 1908. 183 = Pellaea.
CERATOPTERIS Brongniart. — (Conf. Benedict, Bull. Torr. Cl. **36**. 463-476.
1909).
deltoidea Benedict, Bull. Torr. Cl. **36**. 472 f. 3. 1909 — Florida. Ind. occ.
Guiana.
pteridoides (Hk.) Hieron. Engl. Jahrb. **34**. 561. 1905 (pteroides); Und. Tor-
reya **7**. 195. 1907; Benedict l. c. 470 — America trop. (Florida-Brasilia-
Ecuador). — Parkeria Hk. Exot. Fl. **2**. 147. 1825; Ceratopteris Parkeri J.
Sm. 1841.

CEROPTERIS Link.

adiantoides (Karst.) Hieron. Hedwigia 48. 221. 1909 — Columbia-Peru.
GymnogrammeKarst.; Mett. Ann. sc. nat. V. 2. 212. 1864; Karst. Fl. Col.
2. 169 t. 189. (an adhuc G. Hookeri J. Sm.?).

chrysosora (Bak.) v. A. v. R. Mal. Ferns 529. 1909 — Borneo.
Gymnogramme Bak. Journ. Linn. Soc. 24. 260. 1887; C. Chr. Ind. 335.

guianensis (Kl.) Hieron. Hedwigia 48. 221. 1909 (guianenensis) — Guiana-Peru.
Gymnogramme Kl. Linn. 20. 413. 1847 — G. ornithopteris Kl. 1847.

longipes (Bak.) Christ, Bull. Boiss. II. 7. 926. 1907 — Paraguay.
Gymnogramme Bak. JoB. 1878. 301; Trismeria Diels 1899; C. Chr. Ind. 652.

ochracea Hieron. Hedwigia 48. 221. 1909 = C. tartarea var.

Stübelii Hieron. Hedwigia 48. 223 t. 10 f. 9. 1909 — Columbia.

CETERACH Lam. et DC.

Phillipsianum Kümmerle, Botan. Közl. 6. 287. 1909; Mag. Bot. Lap. 8. 354
— Abyssinia, Somali, Sokotra.

CHEILANTHES Swartz.

aemula Maxon, Contr. U. S. Nat. Herb. 10. 495. 1908 — Mexico.

caesia Christ, Bull. Géogr. Bot. Mans 1906. 133. — China occ.

formosana Hayata, Enum. Pl. Formosa 61. 1906 — Formosa.

grevilleoides Christ, Not. syst. 1. 51 c. fig. 1909 — Yunnan.

Henryi Christ, Bull. Géogr. Bot. Mans 1906. 133. — Yunnan.

Hopeana C. Chr. Ind. Suppl. 18. 1913 — Yunnan.
Pellaea squamosa Hope et Wright, Journ. Linn. Soc. 35. 518. 1903.
Doryopteris C. Chr. Ind. 245. 1905 (non Gill. 1829). — (Cheilanthes f.

Jürgensii Ros. Hedwigia 46. 84. 1906 — Brasilia austr.   [Maxon in litt.).

Leveillei Christ, Bull. Géogr. Bot. Mans 1907. 149. — China.

peninsularis Maxon, Contr. U. S. Nat. Herb. 10. 496. 1908 — California inf.

sonorensis Goodding, Muhlenbergia 8. (92—94). 1912 — Sonora?

subrufa Bak. Kew Bull. 1906. 8; Christ, Bull. Géogr. Bot. Mans 1907. 131.
— Yunnan.

Wilsoni Christ, Bull. Géogr. Bot. Mans 1906. 132. — China occ.

CHRISTENSENIA Maxon.

Cumingiana Christ, Phil. Journ. Sci. Bot. 2. 186. 1907 — Mindanao.

CHRISTOPTERIS Copeland.

cantoniensis Christ, Journ. de Bot. 21. 273. 1908 = Polypodium.

Copelandi Christ, Bull. Boiss. II. 6. 990. 1906 — Ins. Philipp.

Eberhardtii Christ, Journ. de Bot. 21. 239. 272. 1908 — Annam.

tricuspis Christ, Journ. de Bot. 21. 273. 1908 = Leptochilus.

CIBOTIUM Kaulfuss.

Baranetz Christ, Phil. Journ. Sci. Bot. 2. 117. 1907 = C. barometz.

sumatranum Christ, l. c. 118 — Sumatra.

CINCINALIS Gleditsch.

acclivis Trevis. Syll. Sporoph. Ital. 1. 31. 1874 = Paesia.

aquilina Gleditsch?; Trevis. l. c. = Pteridium.

arachnoidea Trevis. l. c. = Pteridium aquilinum.

caudata Trevis. l. c. = Pteridium aquilinum*.

esculenta Trevis. l. c. = Pteridium aquilinum*.

lanuginosa Trevis. l. c. = Pteridium aquilinum.

rugulosa Trevis. l. c. = Paesia rugosula.

scaberula Trevis. l. c. = Paesia.

villosa Trevis. l. c. = Pteridium aquilinum.
viscosa Trevis. l. c. = Paesia.
COLINA Greene, Erythea 1. 247. 1893 = **Mohria**.
caffrorum Greene, l. c.
CONIOGRAMME Fée.
subcordata Cop. Leaflets Phil. Bot. 3. 823. 1910 — Mindanao.
COSTARICIA Christ, Bull. Soc. bot. Genève II. 1. 229. 1909 — (Polypodiac.
Werckleana Christ, l. c. c. fig. — Costa Rica. [gen. valde dubium).
CRASPEDODICTYUM Copeland, Phil. Journ. Sci. Bot. 6. 84. 1911 = **Syngramma**.
grande Cop. l. c. 84.
quinatum Cop. l. c. 85.
CRYPTOGRAMMA R. Brown.
fumariifolia (Phil.) Christ, Geogr. d. Farne 324. 1910 — Chile.
Pellaea Phil.; Bak. Ann. Bot. 5. 214. 1891.
Ctenitis C. Chr. Biol. Arb. tilegn. Eug. Warming 77. 1911 (*Dryopteris §*) = **Dryopteris**.
CURRANIA Copeland, Phil. Journ. Sci. Bot. 4. 112. 1909 — (Polypodiac. genus).
gracilipes Cop. l. c. — Luzon.
oyamensis Cop. l. c. 6. 147. 1911 = Dryopteris.
CYATHEA Smith.
OBS. COPELAND cum hoc genere omnes species asiaticas Alsophilae et
Hemiteliae conjunxit. (Phil. Journ. Sci. Bot. 4. 28. 1909).
adenochlamys Christ, Bull. Boiss. II. 6. 1008. 1906 — Luzon.
albosetacea Cop. Phil. Journ. Sci. Bot. 4. 55. 1909 = Alsophila.
alderwereltii Cop. l. c. 50 = Hemitelia sumatrana.
ampla Cop. l. c. 6. 361. 1911 — Sarawak.
andersoni Cop. l. c. 4. 56. 1909 = Alsophila.
aphlebioides Christ, Bull. Boiss. II. 6. 179. 1906 — Costa Rica.
apoensis Cop. Leaflets Phil. Bot. 3. 802. 1910 — Mindanao.
araneosa Maxon, N. Am. Flora 16. 74. 1909 — Cuba.
arida Christ, Bull. Boiss. II. 6. 180. 1906 = C. mexicana.
arthropoda Cop. Phil. Journ. Sci. Bot. 6. 134 t. 13. 1911 — Borneo.
asperata Sod. Sert. Fl. Ecuad. II. 9. 1908 — Ecuador.
atropurpurea Cop. Phil. Journ. Sci. Bot. 3. 354. 1909; 4. 36 t. 18 = Alsophila.
auriculifera Cop. l. c. 6. 364. 1911 — Papua.
austrosinica Christ, Bull. Géogr. Bot. Mans 1910. 141. — China.
batjanensis Cop. Phil. Journ. Sci. Bot. 4. 45. 1909 = Alsophila.
Betchei Cop. l. c. 6. 360. 1911 — Samoa.
bicolor Cop. Leaflets Phil. Bot. 3. 804. 1910 — Mindanao.
biformis Cop. Phil. Journ. Sci. Bot. 6. 364. 1911 = Alsophila.
Bonapartii Ros., Fedde Repert. 7. 289. 1909 — Ecuador.
boninsimensis Cop. Phil. Journ. Sci. Bot. 4. 38. 1909 = Hemitelia.
borneensis Cop. l. c. 6. 135. 1911 — Borneo.
brachypoda Sod. Sert. Fl. Ecuad. II. 8. 1907 — Ecuador.
Brooksii Maxon, Contr. U. S. Nat. Herb. 13. 24. 1909 — Cuba.
Brooksii Cop. Phil. Journ. Sci. Bot. 6. 135 t. 16. 1911 = Alsophila sarawakensis.
burbidgei Cop. l. c. 4. 55. 1909 = Alsophila.
caduca Christ, Bull. Boiss. II. 7. 271. 1907 — Costa Rica.
(f. Maxon = C. conspersa?).
Caesariana Christ, Denkschr. Akad. Wien 79. 12 t. 2 f. 2, t. 8 f. 5—6. 1907.
caesia Christ, Bull. Boiss. II. 7. 272. 1907 = C. Brunei. [— Brasilia austr.
2*

callosa Christ, Bull. Boiss. II. **6.** 1008. 1906 — Luzon.

calocoma Cop. Phil. Journ. Sci. Bot. **4.** 53. 1909 = Alsophila.

canescens Sod. Sert. Fl. Ecuad. II. 4. 1908 — Ecuador.

caudata (J. Sm.) Cop. Phil. Journ. Sci. **1.** Suppl. II. 144. 1906 — Ins. Philipp.
     Alsophila J. Sm. 1841 etc.; C. Chr. Ind. 41; Hemitelia Mett. 1859.

celebica v. A. v. R. Bull. Dépt. agric. Ind. néerl. **18.** 2. 1908 = C. Teysmannii.

chimborazensis (Hk.) Hieron. Hedwigia **45.** 230. 1906 — Ecuador.
     Alsophila Hk. Syn. **37.** 1866; C. Chr. Ind. 41.

chinensis Cop. Phil. Journ. Sci. Bot. **8.** 355. 1909 — Yunnan.

Christii Cop. l. c. **1.** Suppl. II. 144. 1906 — Mindanao.

clementis Cop. l. c. **4.** 59. 1909 = Alsophila.

confucii Cop. l. c. **4.** 60. 1909 = Alsophila.

conspicua Christ, Bull. Boiss. II. **4.** 178. 1906 = C. suprastrigosa.

contaminans Cop. Phil. Journ. Sci. Bot. **4.** 60. 1909 = Alsophila glauca.

crassa Maxon, Contr. U. S. Nat. Herb. **13.** 40. 1909 — S. Domingo.

crinita Cop. Phil. Journ. Sci. Bot. **4.** 40. 1909 = Alsophila.

cubensis Und. N. Am. Flora **16.** 73. 1909 — Cuba.

Currarii Cop. Phil. Journ. Sci. Bot. **8.** 356. 1909 = Alsophila.

cyclodonta (Christ) v. A. v. R. Bull. Dépt. agric. Ind. néerl. **18.** 1. 1908 —
     Alsophila Christ, Ann. Buit. II. **5.** 137. 1905; C. Chr. Ind. 661.   [Borneo.

delicatula Maxon, Contr. U. S. Nat. Herb. **13.** 4. 1909 — Guatemala.

deorsilobata Cop. Phil. Journ. Sci. Bot. **6.** 359. 1911 — Samoa.

dimorpha Cop. l. c. **4.** 34. 1909 = Alsophila.

domingensis Brause, Urban Symb. Ant. **7.** 153. 1911 — S. Domingo.

elmeri Cop. Phil. Journ. Sci. Bot. **4.** 54. 1909 = Alsophila.

Engleri Hieron. Deutsche Zentralafr. Exp. **2.** 1. 1910 — Africa centr.

fauriei Cop. Phil. Journ. Sci. Bot. **4.** 60. 1909 = Alsophila.

Fenicis Cop. l. c. **8.** 354. 1909 = Alsophila.

ferruginea Christ, Phil. Journ. Sci. Bot. **2.** 181. 1907 — Palawan.

Foersteri Ros., Fedde Repert. **10.** 321. 1912 — N. ·Guinea.

formosana Cop. Phil. Journ. Sci. Bot. **4.** 35. 1909 = Alsophila.

Foxworthyi Cop. l. c. **8.** 355. 1909 — Luzon.

fructuosa Cop. Leaflets Phil. Bot. **2.** 419. 1908 — Negros.

fugax v. A. v. R. Bull. Jard. bot. Buit. II. nr. VII. 8. 1912 — N. Guinea.

fuliginosa Cop. Phil. Journ. Sci. Bot. **4.** 43. 1909 = Alsophila.

furfuracea Sod. Sert. Fl. Ecuad. II. 7. 1908 = C. pichinchae.

geluensis Ros., Fedde Repert. **5.** 371. 1908 — N. Guinea.

glabra Cop. Phil. Journ. Sci. Bot. **4.** 35. 1909 = Alsophila.

halconensis Christ, Phil. Journ. Sci. Bot. **8.** 270. 1908 — Mindoro.

hancockii Cop. Phil. Journ. Sci. Bot. **4.** 37. 1909 = Alsophila denticulata.

Harrisii Und. N. Am. Flora **16.** 81. 1909 — Jamaica.

Hassleriana Christ, Bull. Boiss. II. **7.** 926. 1907 — Paraguay.

hemichlamydea Cop. Phil. Journ. Sci. Bot. **6.** 361. 1911 — Borneo.

hemiotis Christ, Bull. Boiss. II. **6.** 182. 1906 — Costa Rica.

henryi Cop. Phil. Journ. Sci. Bot. **4.** 38. 1909 = Alsophila.

heterochlamydea Cop. Leaflets Phil. Bot. **2.** 418. 1908 — Negros.

Hewittii Cop. Phil. Journ. Sci. Bot. **6.** 134 t. 14. 1911 — Borneo.

Hieronymi Brause, Urban Symb. Ant. **7.** 152. 1911 — S. Domingo.

hypocrateriformis v. A. v. R. Bull. Jard. bot. Buit. II. nr. VII. 9. 1912 —
     Ins. Polillo (Malesia).

inciso-serrata Cop. Phil. Journ. Sci. Bot. **6.** 361. 1911 = Alsophila.

irregularis Brause, Urban Symb. Ant. 7. 155. 1911 — S. Domingo.
junghuhniana Cop. Phil. Journ. Sci. Bot. 4. 58. 1909 = Hemitelia.
kermadecensis Oliver, Tr. N. Zeal. Inst. 42. 158. 1910 — Ins. Kermadec.
kingii Cop. Phil. Journ. Sci. Bot. 4. 56. 1909 = Alsophila.
Kingii Ros., Fedde Repert. 9. 422. 1911 = C. fusca.
lanaensis Christ, Phil. Journ. Sci. Bot. 3. 271. 1908 — Mindanao.
latebrosa Cop. Phil. Journ. Sci. Bot. 4. 52. 1909 = Alsophila.
latipinnula Cop. Leaflets Phil. Bot. 4. 1149. 1911 — Ins. Philipp.
leichardtiana Cop. Phil. Journ. Sci. Bot. 6. 360. 1911 = Alsophila.
lepifera Cop. l. c. 4. 40. 1909 = Alsophila.
leucocarpa Cop. l. c. 6. 362. 1911 = Alsophila.
Loheri Christ, Bull. Boiss. II. 6. 1007. 1906 — Luzon.
Loheri var. Tonglonensis Christ, Phil. Journ. Sci. Bot. 2. 180. 1907 = Hemitelia tonglonensis.
longipinna Cop. Phil. Journ. Sci. Bot. 16. 363. 1911 = Alsophila.
lurida Cop. l. c. 4. 45. 1909 = Alsophila.
margarethae Cop. l. c. 4. 38. 1909 = Alsophila.
Maxoni Und. N. Am. Flora 16. 82. 1909 — Costa Rica.
Mearnsii Cop. Phil. Journ. Sci. Bot. 3. 356. 1909 — Luzon.
melanopus Cop. l. c. 4. 48. 1909 = Alsophila.
melanorachis Cop. l. c. 4. 38. 1909 = Alsophila.
membranulosa Christ, Bull. Boiss. II. 7. 271. 1907 = C. onusta.
mertensiana Cop. Phil. Journ. Sci. Bot. 4. 59. 1909 = Alsophila.
mindanaensis Cop. l. c. 4. 34. 1909 = Alsophila.
mitrata Cop. l. c. 3. 354. 1909 — Mindanao.
modesta Cop. l. c. 4. 48. 1909 = Alsophila.
Munchii Christ, Bull. Boiss. II. 7. 413. 1907 = C. princeps.
muriculata Sod. Sert. Fl. Ecuad. II. 10. 1908 — Ecuador.
negrosiana Christ, Phil. Journ. Sci. Bot. 2. 181. 1907 — Negros.
nitens Sod. Sert. Fl. Ecuad. II. 3. 1908 — Ecuador.
novo-guineensis Brause, Engl. Jahrb. 49. 12 f. 1 B. 1912 — N. Guinea.
obliqua Cop. Leaflets Phil. Bot. 4. 1150. 1911 = Alsophila.
obscura Cop. Phil. Journ. Sci. Bot. 4. 37. 1909 = Alsophila.
ochroleuca Sod. Sert. Fl. Ecuad. II. 11 1908 — Ecuador.
ornata Cop. Phil. Journ. Sci. Bot. 4. 59. 1909 = Alsophila.
oxyacantha Sod. Sert. Fl. Ecuad. II. 6. 1908 — Ecuador.
paraphysata Cop. Phil. Journ. Sci. Bot. 6. 135 t. 15. 1911 — Borneo.
parvifolia Sod. Sert. Fl. Ecuad. II. 7. 1908 — Ecuador.
pichinchae C. Chr. Ind. Suppl. 21. 1913 — Ecuador.
    C. furfuracea Sod. Sert. Fl. Ecuad. II. 7. 1908 (non Bak. 1874).
podophylla Cop. Phil. Journ. Sci. Bot. 4. 33. 1909 = Alsophila.
poiensis Cop. l. c. 6. 362. 1911. — Sarawak. — (Alsophila?).
pustulosa Cop. Phil. Journ. Sci. Bot. 4. 51. 1909 = Alsophila.
raciborskii Cop. l. c. 4. 45. 1909 = Hemitelia crenulata.
ramispina Cop. l. c. 4. 36. 1909 = Alsophila.
recommutata Cop. l. c. 4. 36. 1909 = Alsophila commutata.
rheosora Cop. l. c. 4. 34. 1909 = Alsophila.
ridleyi Cop. l. c. 4. 36. 1909 = Alsophila.
Robinsonii Cop. l. c. 6. 145. 1911 — Luzon.
Rojasii Christ, Fedde Repert. 6. 348. 1909 — Paraguay.

rufopannosa Christ, Phil. Journ. Sci. Bot. **2**, 180. 1907 — Mindanao.

rûnensis v. A. v. R. Bull. Dépt. agric. Ind. néerl. **18**. 1. 1908 — Pulu Run

sangirensis Cop. Phil. Journ. Sci. Bot. **4**. 37. 1909 = Alsophila. [(Malesia).

Sellae Pirotta, Ann. di Bot. **7**. 173. 1908 — Africa centr. (Ruwenzori).

sibuyanensis Cop. Leaflets Phil. Bot. **4**. 1150. 1911 — Ins. Philipp. (Sibuyan).

squamulata Cop. Phil. Journ. Sci. Bot. **4**. 37. 1909 = Alsophila.

stipitulata Cop. l. c. **6**. 362. 1911 — Sarawak.

Stübelli Hieron. Hedwigia **45**. 229 t. 12 f. 2. 1906 — Ecuador.

subglandulosa Cop. Phil. Journ. Sci. Bot. **4**. 46. 1909 = Alsophila.

subinermis Sod. Sert. Fl. Ecuad. II. 10. 1908 — Ecuador.

subsessilis Cop. Phil. Journ. Sci. Bot. **6**. 359. 1911 — Samoa.

suprastrigosa (Christ) Maxon, N. Am. Flora **16**. 83. 1909 — Costa Rica.
> Hemitelia Christ, Prim. Fl. Costar. **3**. 44. 1901; C. Chr. Ind. 351 —
> Cyathea conspicua Christ 1906.

tenuis Brause, Urban Symb. Ant. **7**. 154. 1911 — Cuba.

Teysmannii Cop. Phil. Journ. Sci. Bot. **4**. 51. 1909 — Celebes.
> C. celebica v. A. v. R. Bull. Dépt. agric. Ind. néerl. **18**. 2. 1908 (non Bl. 1828).

trichodesma Cop. Phil. Journ. Sci. Bot. **4**. 55. 1909 = Alsophila.

trichophora Cop. l. c. **6**. 363 1911 — Luzon.

tripinnata Cop. l. c. **1**. Suppl. IV. 251. 1906 — Luzon.

truncata Cop. l. c. **4**. 39. 1909 = Alsophila.

Tuerckheimii Maxon, Contr. U. S. Nat. Herb. **13**. 4. 1909 — Guatemala.

tungurahuae Sod. Sert. Fl. Ecuad. II. 12. 1908 — Ecuador.

Underwoodii Christ, Bull. Boiss. II. **6**. 183. 1906 = C. conspersa.

Urbani Brause, Urban Symb. Ant. **7**. 151. 1911 — S. Domingo.

Vaupelii Cop. Phil. Journ. Sci. Bot. **6**. 360. 1911 — Samoa.

Versteegei Christ, Nova Guinea **8**. 161. 1909 — N. Guinea.

wallacei Cop. Phil. Journ. Sci. Bot. **4**. 48. 1909 = Alsophila.

Werckleana Christ, Bull. Bois. II. **6**. 181. 1906 — Costa Rica.

Werneri Ros., Fedde Repert. **5**. 34. 1908. — N. Guinea.

CYCLOPELTIS J. Smith.

mirabilis Cop. Phil. Journ. Sci. Bot. **3**. 346 t. 4. 1909 — Borneo.

novoguineensis Ros., Fedde Repert. **10**. 329. 1912 — N. Guinea.

CYCLOPHORUS Desvaux.

alcicornu Christ, Journ. de Bot. **21**. 238, 270. 1908 — Annam.

argyrolepis Christ, Bull. Boiss. II. **6**. 991. 1906 — Luzon.

Bamlerii Ros., Fedde Repert. **10**. 339. 1912 — N. Guinea.

dispar Christ, Nova Guinea **8**. 155. 1909; v. A. v. R. Bull. Jard. bot. Buit II
> nr. 1. 4 t. 2 f. 2—3. 1911 — N. Guinea.

Eberhardtii Christ, Journ. de Bot. **21**. 237, 270. 1908 — Annam.

induratus Christ, Journ. de Bot. **21**. 238, 271. 1908 — Annam.

Karasekii Christ, Geogr. d. Farne 112. 1910 (nomen) — Africa austr.

Liebuschii Hieron. Engl. Jahrb. **46**. 398. 1911 — Africa orient. germ.

Mechowii Brause et Hieron.; Hieron. Engl. Jahrb. **46**. 395. 1911 — Africa trop.
> Niphobolus Brause et Hieron. 1908 (nomen); N. Schimperianus Gies.
> Niph. 112. 1901 (non Polypodium Mett. 1868).

obovatus v. A. v. R. Mal. Ferns 685. 1909 = C. nummularifolius var.

pustulosus Christ, Not. syst. **1**. 187. 1910 — Tonkin.

Stoltzii Hieron. Engl. Jahrb. **46**. 396. 1911 — Africa orient. germ.
> Niphobolus Hieron. 1908 (nomen).

valleculosus v. A. v. R. Bull. Jard. bot. Buit. II nr. VII. 10. 1912 — Java.
vittarioides Christ, Bull. Géogr. Bot. Mans 1909. Mém. XX. 175. — China.
Winkleri Ros., Fedde Repert. 7. 149. 1909 — Sumatra.
CYRTOMIUM Presl.
  acutidens Christ, Bot. Mag. Tokyo 24. 241. 1910 — Japonia.
  Balansae (Christ) C. Chr. Ind. Suppl. 23. 1913 — Tonkin.
    Polystichum Christ, Acta Hort. Petrop. 28. 193. 1908.
  grossum Christ, Bull. Géogr. Bot. Mans 1906. 239. — China.
  hemionitis Christ, Bull. Géogr. Bot. Mans 1910. 138. c. fig. — China.
CYSTE Dulac, Fl. Hautes-Pyrénées 33. 1867 = **Cystopteris**.
  fragilis Dulac, l. c. — montana Dulac, l. c.
CYSTOPTERIS Bernhardi.
  Christii Hahne, Allg. Bot. Zeitschr. 10. 103. 1904 = C. fragilis × montana.
  polymorpha Bubani, Fl. Pyr. 4. 431. 1901 = C. fragilis.
  stipellata v. A. v. R. Bull. Jard. bot. Buit. II nr. I. 4. 1911 = Acrophorus.
DANAEA Smith.
  carillensis Christ, Bull. Soc. bot. Genève II. 1. 234. 1909; Fedde Repert. 8.
    20. 1910 — Costa Rica.
  excurrens Ros. Hedwigia 46. 163. 1907 — Brasilia austr.
  grandifolia Und. N. Am. Flora 16. 18. 1909 — Panama-Columbia.
  Muelleriana Ros. Hedwigia 46. 162. 1907 — Brasilia austr.
  paraguariensis Christ, Bull. Boiss. II. 7. 927. 1907 — Paraguay.
  plicata Christ, Fedde Repert. 8. 19. 1910 — Costa Rica.
  pterorachis Christ, Bull. Soc. bot. Genève II. 1. 235. 1909 — Costa Rica.
DAVALLIA Smith.
  (P) **ancestralis** (Cop.) C. Chr. Ind. Suppl. 23. 1913 — Mindanao.
    Prosaptia Cop. Leaflets Phil. Bot. 3. 835. 1910.
  (D) **brevipes** Cop. Phil. Journ. Sci. 1. Suppl. II. 147 t. 2. 1906 — Mindanao.
  (P) **cryptocarpa** (Cop.) C. Chr. Ind. Suppl. 23. 1913 — Mindanao.
    Prosaptia Cop. Phil. Journ. Sci. 1. Suppl. II. 158 t. 14 a, d. 1906;
    Polypodium v. A. v. R. 1909.
  (D) **embolostegia** Cop. Phil. Journ. Sci. 1. Suppl. II. 147 t. 3. 1906 — Luzon.
  (P) **Engleriana** Brause, Engl. Jahrb. 49. 27 f. 1 H. 1912 — N. Guinea.
  (D) **Henryana** Bak. Kew Bull. 1906. 8 — Yunnan.
    Hollandii Sim, Trans. S. Afr. Phil. Soc. 16. 274 t. 4. 1906 = Asplenium.
    hirsuta v. A. v. R. Mal. Ferns 299. 1909 = Microlepia.
  (D) **Koordersii** v. A. v. R. Bull. Jard. bot. Buit. II nr. I. 5. 1911 — Java.
  (P) **linearis** (Cop.) C. Chr. Ind. Suppl. 23. 1913 — Luzon.
    Prosaptia Cop. Phil. Journ. Sci. Bot. 4. 115. 1909.
  (P) **Merrillii** (Cop.) C. Chr. Ind. Suppl. 23. 1913 — Mindoro.
    Acrosorus Cop. Phil. Journ. Sci. Bot. 2. 136. 1907; Polypodium tortile
    v. A. v. R. 1909.
    Novae Guineae Ros., Fedde Repert. 5. 36. 1908 = Leptolepia.
  (D) **papuana** Cop. Phil. Journ. Sci. Bot. 6. 81. 1911 — N. Guinea.
  (P) **polymorpha** (Cop.) C. Chr. Ind. Suppl. 23. 1913 — Mindoro.
    Prosaptia Cop. Phil. Journ. Sci. Bot. 2. 136. 1907; Polypodium v. A.
  (D) **Pullei** Ros. Nova Guinea 8. 719. 1912 — N. Guinea.   [v. R. 1909.
  (L) **rigidula** Bak. Kew Bull. 1906. 8. — Yunnan.
  (S) **simplicifolia** (Cop.) C. Chr. Ind. Suppl. 23. 1913 — Sarawak.
    Scyphularia Cop. Phil. Journ. Sci. Bot. 7. 64. 1912.

(P) **Toppingii** (Cop.) C, Chr. Ind. Suppl. 23. 1913 — Luzon.
    Prosaptia Cop. Phil. Journ. Sci. **1**. Suppl. II. 158 t. 14 c. 1906; Polypodium v. A. v. R. 1909.

DAVALLODES Copeland, Phil. Journ. Sci. Bot. **3**. 33. 1908.
    Microlepia § Davallodes Cop. Polyp. Phil. 55. 1905.

grammatosorum Cop. Phil. Journ. Sci. Bot. **3**. 34 t. 6. 1908 = Microlepia.
gymnocarpum Cop. l. c. 34 t. 5 = Microlepia.
hirsutum Cop. l. c. 33 = Microlepia.
Kingii Cop. l. c. **6**. 147. 1911 = Davallia.
viscidulum v. A. v. R. Bull. Jard. bot. Buit. II. nr. I. 6. 1911 = Davallia.

DENDROCONCHE Copeland, Phil. Journ. Sci. Bot. **6**. 91. 1911.
    Annabellæ Cop. l. c. = Polypodium.

DENNSTAEDTIA Bernhardi.
articulata Cop. Leaflets Phil. Bot. **2**. 396. 1908 — Negros.
    articulata Ros., Fedde Repert. **10**. 322. 1912 = D. Rosenstockii.
dennstaedtioides Cop. Phil. Journ. Sci. Bot. **2**. 126. 1907 — Mindanao.
    Microlepia Cop. l. c. **1**. Suppl. II. 148 t. 4. 1906.
deparioides Ros. Hedwigia **46**. 71. 1906 — Brasilia austr.
    Dicksonia cicutaria var. deparioides Ros. Hedwigia **43**. 214. 1904.
grossa Christ, Bull. Boiss. II. **6**. 192. 1906 — Costa Rica.
Hooveri Christ, Phil. Journ. Sci. Bot. **2**. 169. 1907 — Mindanao,
Merrillii Cop. Phil. Journ. Sci. Bot. **2**. 126. 1907. — Mindoro.
pilosella Christ, Geogr. d. Farne 195. 1910 = Microlepia.
Rosenstockii v. A. v. R. Bull. Jard. bot. Buit. II nr. VII. 11. 1912 — N. Guinea.
    D. articulata Ros., Fedde Repert. **10**. 322. 1912 (non Cop. 1908).
sumatrana v. A. v. R. Bull. Dépt. agric. Ind. néerl. **18**. 6. 1908 — Sumatra.
Wilfordii Christ, Geogr. d. Farne 192, 195. 1910 = Microlepia.
Williamsii Cop. Phil. Journ. Sci. **1**. Suppl. II. 148. 1906 — Mindanao.

DICKSONIA L'Héritier.
Copelandi Christ, Phil. Journ. Sci. Bot. **2**. 183. 1907 = Balantium.
grandis Ros., Fedde Repert. **5**. 34. 1908 — N. Guinea.
lobulata Christ, Bull. Boiss. II. **6**. 187. 1906 — Costa Rica.
Navarrensis Christ, Bull. Boiss. II. **6**. 188. 1906 = D. gigantea.
Schlechteri Brause, Engl. Jahrb. **49**. 11. 1912 — N. Guinea,
Stübelii Hieron. Hedwigia **45**. 228 t. 12 f. 1. 1906 — Peru.

DICRANOPTERIS Bernhardi = Gleichenia.
arachnoides Und. Bull. Torr. Cl. **34**. 249. 1907 = G. bullata.
Bancroftii Und. l. c. 252.
bicolor Und. l. c. 252.
bifida Maxon, N. Am. Flora **16**. 60. 1909.
Brunei Und. Bull. Torr. Cl. **34**, 252. 1907 = G. Bancroftii.
costaricensis Und l. c. 253.
cubensis Und. l. c. 253 = G. bifida.
emarginata Robinson, Bull. Torr. Cl. **39**. 240. 1912 = G. linearis var.
farinosa Und. Bull. Torr. Cl. **34**. 254. 1907.
flexuosa Und. l. c. 254.
fulva Und. l. c. 255 = G. bifida.
furcata Und. l. c. 257.
gigantea Und. l. c. 249 = G. glauca.
glabra Und. l. c. 249.

glauca Und. l. c. 249.
intermedia Und. l. c. 258.
jamaicensis Und. l. c. 258
linearis Und. l. c. 250.
longissima Und. l. c. 249 — G. glauca var.
mellifera Und. l. c. 259.
orthoclada Und. l. c. 259.
owhyhensis Robinson, Bull. Torr. Cl. 39. 241. 1912.
palmata Und. Bull. Torr. Cl. 34. 259. 1907.
pectinata Und. l. c. 260.
pteridella Und. l. c. 260.
retroflexa Und. l. c. 260.
strictissima Und. l. c. 261.
trachyrhizoma Maxon, N. Am. Flora 16. 57. 1909.
Underwoodiana Maxon, l. c. 59.
Williamsii Maxon, Amer. Fern Journ. 2. 21. 1909.
DICTYOPTERIS Presl. = Aspidium.
ambigua v. A. v. R. Mal. Ferns 521. 1909.
andaiensis v. A. v. R. l. c. 514.
Beccariana v. A. v. R. l. c. 515.
Bolsteri v. A. v. R. l, c. 519.
Bryanti v. A. v. R. l. c. 514.
Dahlii v. A. v. R. Bull. Jard. bot. Buit. II. nr. VII. 11. 1912.
ferruginea v. A. v. R. Mal. Ferns 516. 1909 = A. Zippelianum.
Hancockii v. A. v. R. l. c. 518 = A. sumatranum.
labrusca v. A. v. R. Bull. Dépt. agric. Ind. néerl. 18. 16 t. 1. 1908.
lamoensis v. A. v. R. Mal. Ferns 517. 1909 = A. irriguum.
pentaphylla v. A. v. R. Bull. Dépt. agric. Ind. néerl. 18. 16. 1908 = A.
saxicola v. A. v. R. Mal. Ferns 515. 1909.   [quinquefoliolatum.
subdecurrens v. A. v. R. l. c. 514.
vitis v. A. v. R. l. c. 516.
Whitfordi v. A. v. R. l. c. 519 — A. irregulare.
DIELLIA Brackenridge.
Mannii (Eat.) Robinson, Bull. Torr. Cl. 39. 582. 1912 — Ins. Hawaii.
    Microlepia Eat. 1868; Davallia Bak. 1874; C. Chr. Ind. 212 cum syn.
DIPLAZIOPSIS C. Chr.
Cavaleriana (Christ) C. Chr. Ind. Suppl. 25. 1913 — China.
    Allantodia Christ, Bull. Géogr. Bot. Mans 1906. 243. c. fig.
DIPLAZIUM Swartz.
acrocarpum Ros., Fedde Repert. 10. 328. 1912 — N. Guinea.
acrotis Christ, Bull. Boiss. II. 6. 1000. 1906 — Luzon.
alismifolium v. A. v. R. Mal. Ferns 423. 1909 = D. Cumingii.
angelopolitanum Ros. Mém. Soc. neuchâteloise 5. 52 t. 4 f. 5. 1912 — Columbia.
aridum Christ, Journ. de Bot. 21. 232. 263. 1908 — Annam.
atratum Christ, Phil. Journ. Sci. Bot. 2. 163. 1907 — Palawan.
    Athyrium Cop. 1908.
avitaguense Hieron. Hedwigia 47. 216 t. 2 f. 7. 1908 — Ecuador.
Balliviani Ros., Fedde Repert. 6. 311. 1909 — Bolivia.
Bamlerianum Ros., Fedde Repert. 10. 329. 1912 — N. Guinea.
Biolleyi Christ, Bull. Boiss. II. 7. 269. 1907 — Costa Rica.

bogotense (Karst.) Hedwigia **47.** 218. 1908 — Columbia-Ecuador.
     Asplenium Karst. Fl. Col. **2.** 77. t. 139. 1864—69.
Bolsteri Cop. Phil. Journ. Sci. **1.** Suppl. IV. 254 t. 2. 1906 — Mindanao.
     Athyrium Cop. 1908.
bombonasae Ros., Fedde Repert. **7.** 294. 1909 — Ecuador.
Bonapartii Ros., Fedde Repert. **7.** 295. 1909 — Peru.
brachysoroides Cop. Phil. Journ. Sci. Bot. **2.** 127 t. 1 f. A. 1907 — Mindoro.
     Athyrium Cop. 1908.
Bradeorum Ros., Fedde Repert. **9.** 69. 1910 — Costa Rica.
brasiliense Ros. Hedwigia **46.** 107. 1906 — Brasilia austr.
Brausei Ros., Fedde Repert. **9.** 68. 1910 — Costa Rica.
Buchtienii Ros., Fedde Repert. **6.** 312. 1909 — Bolivia.
Burchardi Ros., Fedde Repert. **4.** 293. 1907 — Sumatra.
calogramma Christ, Not. syst. **1.** 45. 1909 — Yunnan. Khasia.
carnosum Christ, Bull. Boiss. II. **6.** 170. 1906 — Costa Rica.
chimboanum (Sod.) C. Chr. Ind. Suppl. 26. 1913 — Ecuador.
     Asplenium Sod. Sert. Fl. Ecuad. II. 25. 1908.
consacense Hieron. Hedwigia **47.** 213 t. 1 f. 3. 1908 — Columbia.
costulisorum (Cop.) C. Chr. Ind. Suppl. 26. 1913 — Mindanao.
     Athyrium Cop. Leaflets Phil. Bot. **3.** 815. 1910.
crassifolium (Sod.) C. Chr. Ind. Suppl. 26. 1913 — Ecuador.
     Asplenium Sod. Sert. Fl. Ecuad. II. 21. 1908.
davaoense Cop. Phil. Journ. Sci. **1.** Suppl. II. 151. 1906 — Mindanao.
     Athyrium Cop. 1908.
decurrenti-alatum (Hk.) C. Chr. Bull. Géogr. Bot. Mans **1911.** 70. —
     Japonia. China.   Gymnogramme Hk. sp. **5.** 142 t. 294. 1864; Dryopteris
     C. Chr. Ind. 261. 1905 cum syn.; Athyrium Cop. 1908.
delitescens Maxon, Contr. U. S. Nat. Herb. **10.** 497. 1908 — Cuba. Amer. centr.
dolichosorum Cop. Phil. Journ. Sci. **1.** Suppl. II. 151. 1906 — Mindanao.
     Athyrium Cop. 1908. — (an D. Smithianum?).
domingense Brause, Urban Symb. Ant. **7.** 156. 1911 — S. Domingo.
Donnell-Smithii Christ, Bull. Boiss. II. **7.** 270. 1907 — Costa Rica.
doodinervium Yabe; Mats. et Hayata, Journ. Coll. Sc. Tokyo **22.** 597. 1906.
     (nomen) — Formosa.
flaccidum Christ, Bull. Géogr. Bot. Mans **1906.** 125. — Thibet orient. (Mt. Omi).
fructuosum Cop. Phil. Journ. Sci. **1.** Suppl. II. 150 t. 8. 1906 — Ins. Philipp.
     Athyrium Cop. 1908. Diplazium affine J. Sm. 1841 (nomen); C. Chr.
     Ind. 227 cum syn.
gachetense Hieron. Hedwigia **47.** 211 t. 1 f. 1. 1908 — Columbia.
gemmiferum Christ, Bull. Boiss. II. **6.** 169. 1906 — Costa Rica.
geophilum (Cop.) v. A. v. R. Bull. Jard. bot. Buit. II. nr. VII. 12. 1912 — Negros.
     Athyrium Cop. Phil. Journ. Sci. Bot. **3.** 296. 1908.
Gilletii Christ, Ann. Mus. Congo V. **3.** 31. 1909 — Congo.
heterolobum (Sod.) C. Chr. Ind. Suppl. 26. 1913 — Ecuador.
     Asplenium Sod. Sert. Fl. Ecuad. II. 21. 1908.
Hewitti (Cop.) C. Chr. Ind. Suppl. 26. 1913 — Sarawak.
     Athyrium Cop. Phil. Journ. Sci. Bot. **7.** 62. 1912.
Hieronymi (Sod.) C. Chr. Ind. Suppl. 26. 1913 — Ecuador.
     Asplenium Sod. Sert. Fl. Ecuad. II. 23. 1908.
inconspicuum Christ, Bull. Boiss. II. **6.** 1000. 1906 — Luzon.

javanicum Mak. Bot. Mag. Tokyo **20**. 85. 1906 = Diplaziopsis.
Makinoi Yabe; Mats. et Hayata, Enum. pl. Formosa 600. 1906 (nomen) —
mapiriense Ros., Fedde Repert. **6**. 310. 1909 — Bolivia. [Formosa.
marattiifolium Christ, Bull. Boiss. II. 6. 171. 1906 — Costa Rica.
matangense C. Chr. Ind. Suppl. 27. 1913 — Sarawak.
    Athyrium carnosum Cop. Phil. Journ. Sci. Bot. **7**. 61. 1912 (non Di-
Matthewi (Cop.) C. Chr. Ind. Suppl. 27. 1913 — China. [plazium Christ 1906).
    Athyrium Cop. Phil. Journ. Sci. Bot. **3**. 278. 1908.
Mayoris Ros. Mém. Soc. neuchâteloise **5**. 52. t. 3 f. 4. 1912 — Columbia.
melanosorum (Sod.) C. Chr. Ind. Suppl. 27. 1913 — Ecuador.
    Asplenium Sod. Sert. Fl. Ecuad. II. 24. 1908.
Merrilli Cop. Phil. Journ. Sci. Bot. **2**. 128 t. 2 f. A. 1907 — Mindoro.
    Athyrium Cop. 1908.
muricatum v. A. v. R. Mal. Ferns 829. 1909 = Athyrium umbrosum var.
muricatum (Cop.) C. Chr. Ind. Suppl. 27. 1913 — Sarawak.
    Athyrium Cop. Phil. Journ. Sci. Bot. **7**. 61. 1912.
nitens Ros., Fedde Repert. **5**. 373. 1908 — N. Guinea.
nudicaule (Cop.) C. Chr. Ind. Suppl. 27. 1913 — China.
    Athyrium Cop. Phil. Journ. Sci. Bot. **3**. 278. 1908; Asplenium Dunn et
obscurum Christ, Bull. Boiss. II. 7. 269. 1907 — Costa Rica. [Tutcher 1912.
Okudairai Mak. Bot. Mag. Tokyo **20**. 84. 1906 — Japonia.
oligosorum Cop. Phil. Journ. Sci. Bot. **2**. 128. 1907 — Mindoro.
    Athyrium Cop. 1908.
opacum (Don) Christ, Bull. Géogr. Bot. Mans **1906**. 242. — China. India bor-
    Java. — Hemionitis Don, Prodr. 13. 1825; Dryopteris C. Chr. Ind. 280
    cum syn.; Athyrium Cop. 1908.
oreophilum Und. et Maxon, Contr. U. S. Nat. Herb, **10**. 488. 1908 — Jamaica.
    Asplenium Franconis Jenm. Bull. Dept. Jam. **1**. 91. 1894 (non Diplazium
oxylobum (Sod.) C. Chr. Ind. Suppl. 27. 1913 — Ecuador. [Liebm. 1849).
    Asplenium Sod. Sert. Fl. Ecuad. II. 19. 1908.
palmense Ros., Fedde Repert. **10**. 276. 1912 — Costa Rica.
parallelosorum (Bak.) C. Chr. Ind. 27. 1913 — Yunnan.
    Asplenium Bak. Kew Bull. **1906**. 9.
pastazense Hieron. Hedwigia **47**. 212 t. 1 f. 2. 1908 — Ecuador.
peladense Hieron. Hedwigia **47**. 218 t. 3 f. 8. 1908 — Columbia.
platyphyllum Christ, Bull. Géogr. Bot. Mans **1906**. 148. — China.
polycarpum (Cop.) C. Chr. Ind. Suppl. 27. 1913 — Sarawak.
    Athyrium Cop. Phil. Journ. Sci. Bot. **7**. 61. 1912.
procerum (Sod) C. Chr. Ind. Suppl. 27. 1913 — Ecuador.
    Asplenium Sod. Sert. Fl. Ecuad. II. 19. 1908.
prominulum Maxon, Contr. U. S. Nat. Herb. **13**. 15. 1909 — Guatemala.
purdieanoides Hieron. Hedwigia **47**. 221. 1908 ⎱
Purdieanum Hieron. l. c.   ⎰ = Asplenium Purdieanum.
retusum Ros., Fedde Repert. **10**. 277. 1912 — Costa Rica.
sanctae rosae Christ, Bull. Boiss. II. 7. 268. 1907 — Costa Rica.
sarawakense (Cop.) C. Chr. Ind. Suppl. 27. 1913 — Sarawak.
    Athyrium Cop. Phil. Journ. Sci. Bot. **7**. 62. 1913.
Sodiroanum C. Chr. Ind. Suppl. 27. 1913 — Ecuador.
    Asplenium anomalum Sod. Sert. Fl. Ecuad. II. 18. 1908 (non Desv. 1827).
Stübelii Hieron. Hedwigia **47**. 217 t. 2 f. 5. 1908 — Ecuador.

subobtusum Ros., Fedde Repert. 7. 296. 1909 — Ecuador.
tabacinum Cop. Phil. Journ. Sci. 1. Suppl. II. 149 t. 6. 1906 — Mindanao.
Athyrium Cop. 1908.
tabalosense Hieron. Hedwigia 47. 214 t. 1 f. 4. 1908 — Peru.
tablazianum Christ, Bull. Boiss. II. 7. 270. 1907 — Costa Rica.
Taquetii C. Chr. Bull. Géogr. Bot. Mans 1911. 69. — Corea.
tarapotense Ros., Fedde Repert. 7. 295. 1919 — Peru.
taulahuae C. Chr. Ind. Suppl. 28. 1913 — Ecuador.
Asplenium humile Sod. Sert. Fl. Ecuad. II. 22. 1908 (non Bak. 1867).
tenerifrons Christ, Bull. Boiss. II. 6. 171. 1906 — Costa Rica.
tungurahuae (Sod.) C. Chr. Ind. Suppl. 28. 1913 — Ecuador.
Asplenium Sod. Sert. Fl. Ecuad. II. 20. 1908.
turgidum Ros. Hedwigia 46. 109. 1906 — Brasilia austr.
turubalense Ros., Fedde Repert. 10. 276. 1912 — Costa Rica.
Veitchii Christ, Bull. Géogr. Bot. Mans 1906. 125. — China occ.
vesiculosum (Sod.) C. Chr. Ind. Suppl. 28. 1913 — Ecuador.
Asplenium Sod. Sert. Fl. Ecuad. II. 23. 1908.
viridissimum Christ, Not. syst. 1. 45. 1909 — Yunnan.
Whitfordi Cop. Phil. Journ. Sci. 1. Suppl. II. 150. 1906   Luzon.
Athyrium Cop. 1908.
Williamsi Cop. Phil. Journ. Sci. 1. Suppl. II. 150 t. 7. 1906 — Mindanao.
Athyrium Cop. 1908.
Wolfii Hieron. Hedwigia 47. 220 t. 2 f. 6. 1908 — Ecuador.
Woodii Cop. Phil. Journ. Sci. Bot. 2. 129. 1907 = D. sorzogonense.
yungense Christ et Ros.; Ros. Fedde Repert. 5. 233. 1908 — Bolivia.
Zenkeri Hieron. Engl. Jahrb. 46. 347. 1011 — Africa trop. occ.
DIPLORA Baker.
integrifolia Christ, Nova Guinea 8. 151. 1909 (non Bak.) = Phyllitis intermedia.
DIPTERIS Reinwardt.
Ridleyi Christ, Geogr. d. Farne 3, 164, 213. 1910 = D. Lobbiana var.
DOODIA R. Brown.
aucklandica Field, Tr. N. Zeal. Inst. 38. 496. 1906 — N. Zealand.
DORYOPTERIS J. Smith.
actinophylla Ros. Hedwigia 46. 85. 1906 = D. lomariacea var.
Borbonica Christ, Denkschr. Ak. Wien 79. 28. 1906 (nomen) — Réunion.
Huberi Christ, Geogr. d. Farne 312. 1910 (nomen) — Brasilia.
Mayoris Ros. Mém. Soc. neuchâteloise 5. 51 t. 2 f. 2. 1912 — Columbia.
Michelii Christ, Bull. Géogr. Bot. Mans 1910. 14. — China.
papuana Cop. Phil. Journ. Sci. Bot. 6. 86. 1911; v. A. v. R. Bull. Jard. bot.
Buit. II. nr. VII. 12. 1912 — N. Guinea.
Stierii Ros. Hedwigia 46. 86. 1906 — Brasilia austr.
Veitchii Christ, Bull. Géogr. Bot. Mans 1906. 134. — China occ.
DRYMOGLOSSUM Presl.
cordatum Christ, Not. syst. 1. 375. 1911 — Annam.
crassifolium Brause, Engl. Jahrb. 49. 35. 1912 — N. Guinea.
Underwoodianum (Maxon) C. Chr. Ind. Suppl. 28. 1913 — Costa Rica.
Pteropsis Maxon, Contr. U. S. Nat. Herb. 16. 51 t. 28. 1912.
DRYMOTAENIUM Makino.
Nakaii Hayata. Bull. Soc. Fr. 58. 565 t. 19. 1911; Bot. Mag. Tokyo 26. 107.
1912 — Formosa.

DRYNARIA (Bory) J. Smith.

Bonii Christ, Not. syst. **1**. 186. 1910 — Cochinchina-China.

convoluta v. A. v. R. Bull. Jard. bot. Buit. II. nr. I. 6. 1911 = D. involuta.

cornucopia (Cop.) v. A. v. R. Bull. Dépt. agric. Ind. néerl. **21**. 8. 1908 —
Ins. Philipp. — Thayeria Cop. Phil. Journ. Sci. **1**. Suppl. II. 165. 1906; **7**.
41 t. 1. 1912.

descensa Cop. Phil. Journ. Sci. Bot. **3**. 36. 1908 — Luzon.

involuta v. A. v. R. Bull. Dépt. agric. Ind. néerl. **21**. 8 t. 4. 1908 — Borneo. Java.
D. convoluta v. A. v. R. 1911.

Laurentii (Christ) Hieron. Engl. Veg. d. Erde **9**. 57 f. 54. 1908 — Africa orient.
Polypodium propinquum var. Laurentii Christ; de Wild. Ann. Mus.
Congo V. **1**. 6 t. 2. 1903.

mutilata Christ, Journ. de Bot. **21**. 238. 271. 1908 — Annam.

Volkensii Hieron., Engl. Veg. d. Erde **9**. 57. 1908 (nomen); Engl. Jahrb. **46**.
393. 1911 — Africa trop.

DRYOPTERIS Adanson.

(P) **abundans** Ros. Hedwigia **46**. 133. 1906 — Brasilia austr.

(G) **acanthocarpa** Cop. Phil. Journ. Sci. Bot. **6**. 136 t. 17. 1911 — Borneo.

(G) **acromanes** Christ, Phil. Journ. Sci. Bot. **2**. 200. 1907 — Luzon.
Phegopteris v. A. v. R. 1909.

(D) **adenochlamys** C. Chr. Fedde Repert. **9**. 370. 1911 — Guinea gall.
adnata v. A. v. R. Mal. Ferns 191. 1909 = D. filix mas.

(C) **afra** Christ, Bull. Soc. Fr. **55**. Mém. 8 b. 107. 1908 — Africa occ. trop.

(D) **Alexeenkoana** Fomin, Moniteur Jard. bot. Tiflis, livr. 20. 46.1911 — Caucasus.

(D) **amambayensis** Christ, Fedde Repert. **7**. 374. 1909 — Paraguay.

(D) **amurensis** Christ, Bull. Géogr. Bot. Mans 1909. 35, et mém. XX. 164. —
Sibiria, Sachalin, Japonia. = ? D. amurensis Takeda, Bot. Mag. Tokyo **24**.
113. 1910; Aspidium spinulosum var. Amurense Milde, Fil. Eur. 133. 1867.

(C) **ancyriothrix** Ros., Fedde Repert. **7**. 305. 1909 — Ecuador.

(C) **angustipes** Cop. Phil. Journ. Sci. Bot. **7**. 60. 1912 — Sarawak.

(D) **Anniesii** Ros. Hedwigia **46**. 118. 1906 — Brasilia austr.

(D) **antarctica** (Bak.) C. Chr. Ind. Suppl. 29. 1913 — Ins. Amsterdam!
Nephrodium Bak. Journ. Linn. Soc. **14**. 479. 1875; Aspidium Fourn. 1875.

(C) **aquatilis** Cop. Phil. Journ. Sci. Bot. **6**. 75. 1911 — N. Guinea.
D. caudiculata Ros. 1911 (non v. A. v. R. 1909).

(C) **aquatiloides** Cop. Phil. Journ. Sci. Bot. **7**. 59. 1912 — Sarawak.
aristata Druce, List of Brit. plants 87. 1908 = D. spinulosa *dilatata.

(G) **asterothrix** (Fée) C. Chr. Vid. Selsk. Skr. VII. **10**. 221 f. 29. 1913 — Cuba,
Jamaica. America centr. Venezuela. — Goniopteris Fée, Gen. 253. 1852;
Phegopteris Mett. nr. 40. 1858; Dryopteris reptans *asterothrix C. Chr.
Ind. 288. 1905 — Nephrodium bibrachiatum Jenm. 1894; Dryopteris
C. Chr. Ind. 254. 1905 (Jamaica).
asterothrix Ros., Fedde Repert. **7**. 305. 1909 = D. nephrodioides var. Biolleyi.
asymmetrica Christ, Geogr. d. Farne 226. 1910 = D. diversiloba.

(D) **athyriocarpa** Cop. Phil. Journ. Sci. Bot. **3**. 344. 1909 — Borneo.

(D) **atropurpurea** Hieron. Hedwigia **46**. 342 t. 6 f. 15. 1907 — Columbia.

(L) **atrovirens** C. Chr. apud Christ, Bull. Boiss. II. **7**. 263. 1907; Vid. Selsk.
Skr. VII. **4**. 316 ,f. 39. 1907 — Guatemala-Panama.

(D) **augescens** (Link) C. Chr. Vid. Selsk. Skr. VII. **10**. 182. 1913 — Cuba.
Mexico-Costa Rica. — Aspidium Link, Fil. sp. 103. 1841 — A. puberulum

Fée 1865; Nephrodium Bak. 1874; Dryopteris Feei C. Chr. Ind. 264. 1905
— Aspidium geropogon Fée 1865; Dryopteris C. Chr. Ind. 267. 1905.

(D) **austrosinensis** Christ. Bull. Géogr. Bot. Mans 1907. 145. — China merid.

(D) **Backeri** v. A. v. R. Bull. Dépt. agric. Ind. néerl. 18. 8. 1908; 21. 3. 1908
(var.) — Ins. Krakatau. Java (var. aspera).

(G) **Bakeri** (Harr.) Cop. Phil. Journ. Sci. Bot. 2. 405. 1907 — Ins. Philipp.
Nephrodium Harr. Journ. Linn. Soc. 16. 29. 1877; Dryopteris canescens*
C. Chr. Ind. 256. 1905.

(D) **balabacensis** Christ, Phil. Journ. Sci. Bot. 2. 213. 1907 — Ins. Philipp.

(D) **Bamleriana** Ros., Fedde Repert. 10. 334. 1912 — N. Guinea.

(?) **banajaoensis** C. Chr. Ind. Suppl. 30. 1913 — Luzon.
D. tenerrima Cop. Phil. Journ. Sci. Bot. 4. 111. 1909 (non Ros. 1906).

(D) **Bangii** C. Chr. Vid. Selsk. Skr. VII. 4. 333 f. 52. II. 1907; VII. 10. 190 —
Bolivia. Brasilia austr.
bañiensis Ros., Fedde Repert. 7. 301. 1909 — D. nitens.

(D) **basisora** Christ, Not. syst. 1. 44. 1909 — Yunnan.
basisora Cop. Phil. Journ. Sci. Bot. 6. 73. 1911 = ?D. wariensis.

(C) **Benoitiana** (Gaud.) v. A. v. R. Mal. Ferns 225. 1909 — Ins. Moluccæ.
Polystichum Gaud. Freyc. Voy. 333 t. 11. 1827; Aspidium Gaud. l. c.
sub t. 11; Nephrodium Moore 1858.

(D) **Berroi** C. Chr. Vid. Selskr. Skr. VII. 10. 185 f. 24. 1913 — Uruguay.
Argentina. Paraguay.

(D) **besukiensis** v. A. v. R. Bull. Jard. bot. Buit. II. nr. 1. 7. 1911 — Java.

(C) **biformata** Ros., Fedde Repert. 7. 300. 1909 — Peru.
bifrons Christ, Fedde Repert. 6. 350. 1909 = D. scabra.
biserialis Hieron. Hedwigia 46. 343 1907 = D. cochaensis.

(D) **Blanchetiana** (Kze.) Hieron. Hedwigia 46. 344. 1907 — Brasilia.
Polypodium Kze. msc. P. canescens Kze.; Hk. sp. 4. 262. 1862 (non
Bl. 1828); Phegopteris Mett. nr. 64. 1858. Ph. cana Mett. 1864 (non
Dryopteris cana (J. Sm.) O. Ktze.). Dryopteris subincisa *canescens
C. Chr. Ind. 296. 1905.
Blumei v. A. v. R. Mal. Ferns 231. 1909 = D. canescens var.

(D) **Bonapartii** Ros., Fedde Repert. 7. 303. 1909 — Ecuador.

(D) **boqueronensis** Hieron. Hedwigia 46. 329 t. 4 f. 5. 1907 — Columbia.
Borbasii Litard, Bull. Soc. bot. Deux-Sèvres 1909—10. 85. 1910 = D. dilatata × filix mas.

(C) **Bordenii** Christ, Phil. Journ. Sci. Bot. 2. 204. 1907 — Ins. Philipp.

(D) **brachypus** (Sod.) C. Chr. Vid. Selsk. Skr. VII. 10. 135. 1913 — Ecuador.
Nephrodium Sod. Rec. 43. 1883; Cr. vasc. quit. 228. 1893.

(D) **Bradei** Christ, Bull. Soc. bot. Genève II. 1. 225. 1909 — Costa Rica.

(D) **Brausei** Hieron. Hedwigia 46. 337 t. 6 f. 11. 1907 — Columbia.

(D) **Brooksii** Cop. Phil. Journ. Sci. Bot. 3. 345. 1909 — Borneo.

(D) **bullata** (Christ) C. Chr. Ind. Suppl. 30. 1913 — Costa Rica.
Aspidium Christ, Bull. Boiss. II. 6. 53. 1906.
caeca Ros., Fedde Repert. 7. 302. 1909 = D. rudis.
callipteris Christ, Bull. Géogr. Bot. Mans 1909. Mém. XX. 153. (err.)
= D. callopsis.

(D) **calva** Cop. Leaflets Phil. Bot. 3. 808. 1910 — Mindanao.
cameruniana Christ, Geogr. d. Farne 253. 1910 (nomen) — Kamerun.

(D) **canelensis** Ros., Fedde Repert. 7. 302. 1909 — Ecuador.

caudiculata v. A. v. R. Mal. Ferns 223 pt. 1909 = D. basilaris.
caudiculata v. A. v. R. Mal. Ferns 223 pt., 820. 1909 = D. microloncha.
caudiculata Ros., Fedde Repert. 9. 426. 1911 = D, aquatilis.

(G) **ceramica** v. A. v. R. Bull. Dépt. agric. Ind. néerl. 18. 15. 1908 (syn.) —
Ceram. — Phegopteris v. A. v. R. l. c.
chamaeotaria Christ, Phil. Journ. Sci. Bot. 2. 203. 1907 = Mesochlaena
polycarpa*.

(D) **Christensenii** Christ, Bull. Boiss. II. 7. 263. 1907; C. Chr. Vid. Selsk. Skr.
VII. 4. 322 f. 46. 1907 — Costa Rica. Panama.

(D) **cinerea** (Sod.) C. Chr. Ind. Suppl. 31. 1913 — Ecuador.
Nephrodium Sod. Sert. Fl. Ecuad. II. 26. 1908.

(D) **cinnamomea** (Cav.) C. Chr. Amer. Fern. Journ. 1. 95. 1911; Vid. Selsk.
Skr. VII. 10. 69 — Mexico. — Tectaria Cav. Descr. pl. 252. 1802. Aspidium athyrioides Mart. et Gal. 1842; Dryopteris O. Ktze.; C. Chr. Ind.
253 cum syn. Aspidium agatolepis Fée 1857.

(D) **Clintoniana** (Eat.) Dowell, Proc. Staten Isl. Assoc. Arts and Sci. 1. 64.
1906; Benedict, Torreya 9. 139. 1909 — U. S. A. atlant. — Aspidium
cristatum var. Clintonianum Eat. in Gray, Man. ed. 5. 655. 1867.

(D) **Clintoniana** >< **Goldiana** Dowell, Bull. Torr. Cl. 35. 137. 1908 — U. S. A. atlant.

(D) **Clintoniana** >< **intermedia** Dowell, Bull. Torr. Cl. 35. 136. 1908 — U. S. A. atlant.

(D) **Clintoniana** >< **marginalis** Slosson, Bull. Torr. Cl. 37. 20. 1909 — Vermont.

(D) **Clintoniana** >< **spinulosa** Benedict, Bull. Torr. Cl. 36. 45. 1909 — U. S. A. atlant.

(D) **cnemidaria** Christ, Bull. Géogr. Bot. Mans 1910. 140. — China.

(P) **cochaensis** C. Chr. Vid. Selsk. Skr. VII. 10. 152. 1913 — Columbia.
collina Christ, Bull. Boiss. II. 7. 922. 1907 = D. submarginalis.

(D) **columbiana** C. Chr. Vid. Selsk. Skr. VII. 4. 279 f. 8. 1907 — Columbia-Panama.

(D) **compacta** Cop. Phil. Journ. Sci. Bot. 6. 137 t. 18. 1911 — Borneo.

(D) **conferta** Brause, Engl. Jahrb. 49. 22 f. 1 F. 1912 — N. Guinea.

(D) **confusa** Cop. Phil. Journ. Sci. Bot. 6. 146. 1911 — Luzon.
Lastraea exigua J. Sm. 1841 (nomen).

(D) **consanguinea** (Fée) C. Chr. Vid. Selsk. Skr. VII. 4. 297 f. 21. 1907 —
India occ. Panama. — Aspidium Fée, 11 mém. 76 t. 20 f. 3. 1866.

(L) **consimilis** (Fée) C. Chr. Vid. Selsk. Skr. VII. 4. 314 f. 37. 1907 — India
occ. — Gymnogramme Fée; Jenm. Bull. Dept. Jam. 4. 203. 1897; G.
gracilis β Bak. Syn. 377.

(P) **contracta** (Christ) C. Chr. Ind. Suppl. 31. 1913 — Costa Rica.
Aspidium caudatum var. contractum Christ, Bull. Boiss. II. 6. 162. 1906;
Stigmatopteris contracta C. Chr. 1909.

(P) **Copelandi** Christ, Phil. Journ. Sci. Bot. 2. 216. 1907 — Luzon.
Phegopteris v. A. v. R. 1909.

(P) **crinigera** C. Chr. Ind. Suppl. 31. 1913 — Yunnan.
Polypodium crinitum Bak. Kew Bull. 1906. 12 (non Poir. 1804).

(D) **cristata** >< **Goldiana** Benedict, Bull. Torr. Cl. 36. 47. 1909 — U. S. A. atlant.

(D) **cristata** >< **intermedia** Dowell, Bull. Torr. Cl. 35. 136. 1908 — U. S. A. atlant.
cucullata Christ, Phil. Journ. Sci. Bot. 2. 194. 1907 = D. unita.

(D) **culcita** (Christ) C. Chr. Ind. Suppl. 31. 1913 — Costa Rica.
Aspidium Christ, Bull. Boiss. II. 6. 54. 1906.

(C) **cuneata** C. Chr. Vid. Selsk. Skr. VII. 10. 253 f. 42. 1913 — Brasilia.

(C) **curta** Christ, Bull. Boiss. II. 7. 263. 1907 — Costa Rica.

cuspidata Christ, Phil. Journ. Sci. Bot. **2**. 205. 1907 = D. urophylla*.

(D) **delicatula** (Fée) C. Chr. Vid. Selsk. Skr. VII. **4**. 294. 1907 — Guadeloupe.
Phegopteris Fée, 11 mém. 51 t. 20 f. 1. 1866.

deversa Hieron. Hedwigia **46**. 326. 1907 = D. patens var.

(C) **dichrotricha** Cop. Phil. Journ. Sci. Bot. **6**. 74. 1911; **7**. 54. 1912 — N.
Guinea. Mindanao.

(D) **dilatata** × **filix mas** Litard. Bull. Géogr. Bot. Mans **1911**. 273. —
Europa centr. Caucasus. — Aspidium filix mas × dilatatum Christ,
Farnkr. d. Schweiz 138. 1900. A. subalpinum Handel-Mazzetti 1903.
Dryopteris Borbasii Litard. 1910. — D. dilatata × paleacea Fomin
1911.

dilatata × paleacea Fomin, Moniteur Jard. bot. Tiflis livr. 20. 44, 45. 1911
= D. dilatata × filix mas*.

(D) **dilatata** × **spinulosa** Rosendahl, Svensk Farm. Tidskr. **1911** nr. 5. 3. —
Suecia (Europa tota?).

(C) **dissimulans** Maxon et C. Chr.; C. Chr. Vid. Selsk. Skr. VII. **10**. 215. 1913 — Cuba.

(D) **diversifolia** v. A. v. R. Bull. Dépt. agric. Ind. néerl. **18**. 7. 1908 — Batu
Ins. (Malesia).

(C) **diversiloba** (Pi.) Christ, Phil. Journ. Sci. Bot. **2**. 199. 1907 — Ins. Philipp.
Nephrodium Pr. Epim. 47. 1849. Phegopteris v. A. v. R. 1909. Goniopteris asymetrica Fée 1850—52; Dryopteris Christ 1910; Nephrodium acrostichoides J. Sm. 1841 (nomen); Cyclodium J. Sm. 1842 (nomen);
Pronephrium Pr. 1849. Dryopteris canescens* C. Chr. Ind. 256.

(D) **dominicensis** C. Chr. Smiths. Misc. Coll. **52**. 384. 1909 — India occ.
Dryopteris Christ, Bull. Géogr. Bot. Mans **1909**. mém. XX. 159 = D.
Linnaeana.

(D) **dubia** Cop. Leaflets Philip. Bot. **1**. 235. 1907 — Ins. Philipp.

(D) **Duclouxii** Christ, Bull. Géogr. Bot. Mans **1907**. 139 — Yunnan.

(D) **dura** Cop. Leaflets Philip. Bot. **3**. 805. 1910 — Mindanao.

(D) **Eberhardtii** Christ, Journ. de Bot. **21**. 231, 262. 1908 — Annam. Yunnan.

(D) **Engelii** Hieron. Hedwigia **46**. 339 t. 6 f. 12. 1907 — Venezuela. Columbia.
D. Pittieri C. Chr. 1909.

(D) **Engleriana** Brause, Engl. Jahrb. **49**. 19. 1912 — N. Guinea.

(M) **ensiformis** C. Chr. Vid. Selsk. Skr. VII. **10**. 269 f. 46. 1913 — Costa Rica.

(C) **equitans** (Christ) C. Chr. Vid. Selsk. Skr. VII. **10**. 241 f. 34 b. 1913 —
Costa Rica. — Nephrodium Christ, Bull. Boiss. II. **6**. 163. 1906.

(C) **eriochlamys** Christ, Journ. de Bot. **21**. 230, 261. 1908 — Annam.

(D) **Esquirolii** Christ, Bull. Géogr. Bot. Mans **1907**. 144 — China.

(D) **Etchichuryi** (Hicken) C. Chr. Ind. Suppl. 32. 1913 — Argentina.
Nephrodium Hicken, Trab. Mus. Farm. **19**. 5. 1907.

euspinulosa Fomin, Moniteur Jardin bot. Tiflis livr. 20. 36. 1911 — D. spinulosa.

(M) **falcata** (Liebm.) C. Chr. Vid. Selsk. Skr. VII. **10**. 270. 1913 — Mexico-
Costa Rica. — Meniscium Liebm. Vid. Selsk. Skr. V. **1**. 183. 1849; Phegopteris Mett. 1859. Meniscium Jungersenii Fée 1852.

(D) **falcatipinnula** Cop. Phil. Journ. Sci. Bot. **6**. 74. 1911 — N. Guinea.

(D) **fenestralis** C. Chr. Vid. Selsk. Skr. VII. **10**. 100 f. 8. 1913 — Brasilia.

(D) **filix mas** × **marginalis** Winslow, Amer. Fern Journ. **1**. 22 c. fig. 1910 —
Vermont.

(D) **filix mas** × **oreades** Fomin, Moniteur Jard. bot. Tiflis livr. 20. 13, 14.
1911 — Caucasus.

(D) **finisterrae** Brause, Engl. Jahrb. **49**. 20. 1912 — N. Guinea.

(D) **flavovirens** Ros., Fedde Repert. **10**. 334. 1912 — N. Guinea.

formosa Maxon, Contr. U. S. Nat. Herb. **13**. 17. 1909 = Polystichum denticulatum var.

(D) **Foxii** (Cop.) Christ, Phil. Journ. Sci. Bot. **2**. 208. 1907 — Ins. Philipp. Nephrodium Cop. msc.

(C) **Francoana** (Fourn.) C. Chr. Biolog. Arb. tilegn. Eug. Warming 84. 1911; Vid. Selsk. Skr. VII. **10**. 209 f. 28 a. 1913 — Nicaragua. Costa Rica. Ecuador. — Aspidium Fourn. Bull. Soc. Fr. **19**. 255. 1872. Nephrodium stenophyllum Bak. 1884; N. Harrisoni Bak. 1891; Dryopteris C. Chr. Ind. 269. 1905. Polypodium subintegrum Bak. 1877; Nephrodium Sod. 1883; Dryopteris C. Chr. Ind. 296. 1905.

funesta Hieron. Hedwigia **46**. 347. 1907 = D. protensa*.

fusco-atra Robinson, Bull. Torr. Cl. **39**. 592 t. 42. 1912 = D. filix mas var.

(G) **gemmulifera** Hieron. Hedwigia **46**. 326 t. 4f. 3. 1907 — Venezuela-Columbia.

(D) **glabrior** Cop. Phil. Journ. Sci. Bot. **5**. 283. 1910 — Borneo.

glanduligera Christ, Journ. de Bot. **21**. 231. 1908 = D. gracilescens*.

(G) **glandulosa** (Desv.) C. Chr. Vid. Selsk. Skr. VII. **10**. 171. 1913 — India occ. Demerara. — var. brachyodus: Guatemala-Columbia. — Polypodium Desv. Berl. Mag. **5**. 317. 1811. Goniopteris abbreviata Pr. 1836; Phegopteris Mett. 1858. Ph. Plumieri J. Sm. 1854. Goniopteris rostrata Fée 1866 — Nephrodium dejectum Jenm. 1895; Dryopteris C. Chr. Ind. 261. 1905. — ? Nephrodium Grayii Jenm. 1908. — Polypodium brachyodus Kze. 1834; Phegopteris Mett. 1858; Dryopteris O. Ktze. 1891; C. Chr. Ind. 255 (excl. loc. Malesia). Phegopteris Seemanni J. Sm. 1854.

(D) **glochidiata** (Mett.) C. Chr. Vid. Selsk. Skr. VII. **10**. 247 f. 40 a. 1913 — Brasilia austr. — Aspidium Mett. msc.

(D) **Hoedenii** Ros., Fedde Repert. **4**. 292. 1907 — Brasilia austr.

(G) **Goeldii** C. Chr. Vid. Selsk. Skr. VII. **10**. 256 f. 43 a. 1913 — Brasilia.

(D) **Goldiana × intermedia** Dowell, Bull. Torr. Cl. **35**. 138. 1908 — U. S. A. atlant.

(D) **Goldiana × marginalis** Dowell, Bull. Torr. Cl. **35**. 139. 1908 — U. S. A. atlant.

(D) **Goldiana × spinulosa** Benedict, Bull. Torr. Cl. **36**. 47. 1909 — U. S. A. atlant.

(C) **guadalupensis** (Wikstr.) C. Chr. Biolog. Arb. tilegn. Eug. Warming 84. 1911; Vid. Selsk. Skr. VII. **10**. 213 f. 28 b (non O. Ktze.) — India occ. Polypodium Wikstr. Vet. Akad. Handl. **1825**. 435. 1826. P. scolopendrioides L. sp. ed. II. 1585. 1763 (non ed. I.); Aspidium Mett. 1858 (var. 2. subpinnata); Nephrodium Hk. 1862; Dryopteris C. Chr. Ind. 291. Polypodium domingense Spr. 1827. Goniopteris affinis Fée 1862.

(D) **guineensis** Christ, Journ. de Bot. **22**. 22. 1909 — Guinea gall.

(L) **gymnocarpa** Cop. Leaflets Phil. Bot. **3**. 807. 1910 — Mindanao.

(P) **Hassleri** Christ, Bull. Boiss. II. **7**. 922. 1907 — Paraguay.

(D) **hawaiiensis** (Hill.) Robinson. Bull. Torr. Cl. **39**. 594. 1912 — Ins. Hawaii. Aspidium Hill. Fl. Haw. 575. 1888.

(P) **Heineri** C. Chr., Fedde Repert. **6**. 380. 1909 — Brasilia austr.

(D) **heleopteroides** Christ, Phil. Journ. Sci. Bot. **2**. 212. 1907 — Luzon.

(C) **hemitelioides** Christ, Ann. Mus. Congo V. **3**. 26. 1909 — Congo.

(D) **heterothricha** C. Chr. Vid. Selsk. Skr. VII. **10**. 242 f. 36. 1913 — Ecuador.

(C) **Hewittii** Cop. Phil. Journ. Sci. Bot. **3**. 344. 1909 — Borneo.

(D) **Hieronymusii** C. Chr. Vid. Selsk. Skr. VII. **4**. 307. 1907 — Columbia.

(D) **hirsuto-setosa** Hieron. Hedwigia **46**. 343 t. 6 f. 16. 1907 — Ecuador.

(D) **hirtosparsa** Christ, Bull. Géogr. Bot. Mans 1909. mém. XX. 176. — China.

(C) **Hochreutineri** Christ, Ann. Conserv. Jard. bot. Genève 15—16. 188. 1912 — Samoa.

(D) **horrens** Hieron. Hedwigia 46. 341 t. 6 f. 14. 1907 — Columbia. Ecuador.

(D) **Huberi** (Christ) C. Chr. Ind. Suppl. 34. 1913 — Amazonas. (Congo?).
Aspidium Christ, Hedwigia 45. 192. 1906.

(D) **illicita** Christ, Bull. Soc. bot. Genève II. 1. 225. 1909 — Costa Rica.
indecora Ros. Hedwigia 46. 117. 1906 = D. pedicellata.

(C) **indica** v. A. v. R. Mal. Ferns 224. 1909 — India. Malacca.
Nephrodium pennigerum Bedd. Handb. Suppl. 75. 1892 (non alior.).

(D) **indochinensis** Christ, Journ. de Bot. 21. 231, 263. 1908 — Annam.

(D) **intermedia × marginalis** Benedict, Bull. Torr. Cl. 36. 48. 1909 — U. S. A. atlant.

(C) **Jamesoni** (Hk.) C. Chr. Vid. Selsk. Skr. VII. 10. 227 f. 30 b. 1913 — Ecuador. Peru. — Nephrodium Hk. sp. 4. 66. 1862.
johnstoni Maxon, Contr. U. S. Nat. Herb. 10. 498. 1908 = D. paucijuga.
joinvillensis Ros. Hedwigia 46. 120. 1906 = D. lugubris.

(G) **juruensis** C. Chr. Vid. Selsk. Skr. VII. 10. 256 f. 43 d. 1913 — Amazonas.

(D) **juxtaposita** Christ, Bull. Géogr. Bot. Mans 1907. 138. — Yunnan.

(P) **Karsteniana** (Kl.) Hieron. Hedwigia 46. 348. 1907 — Costa Rica. Columbia.
Polypodium Kl. Linn. 20. 390. 1847; Phegopteris Mett. 1858; Aspidium Christ 1906; Dryopteris subincisa* C. Chr. Ind. 295.

(D) **Karstenii** (A. Br.) C. Chr. Vid. Selsk. Skr. VII. 10. 98 f. 6. 1913 — Venezuela.
Aspidium A. Br. Ind. sem. hort. Berol. app. 1857. 3.

(D) **Keysseriana** Ros., Fedde Repert. 10. 333. 1912 — N. Guinea.
Kingii Cop. Phil. Journ. Sci. Bot. 6. 73. 1911 = D. tamatana.

(P) **Klotzschii** C. Chr. Ind. Suppl. 34. 1913 — Guatemala-Venezuela. — Polypodium nephrodioides Kl. Linn. 20. 384. 847; Stigmatopteris C. Chr. 1909.

(D) **lamprocaulis** (Christ) C. Chr. Ind. Suppl. 34. 1913 — China occ.
Aspidium Christ, Bull. Géogr. Bot. Mans 1906. 117.

(D) **lanipes** C. Chr. Smiths. Misc. Coll. 52. 394. 1909 — Guatemala.

(P) **laokaiensis** C. Chr. Ind. Suppl. 34. 1913 — Tonkin.
Polypodium viscosum C. H. Wright, Kew Bull. 1906. 12 (non Dryopteris viscosa (J. Sm.) O. Ktze.).
lata Hieron. Hedwigia 46. 327. 1907 = D. insignis.
latiuscula Maxon, Contr. U. S. Nat. Herb. 10. 498. 1908 = D. pyramidata.

(D) **Lauterbachii** Brause, Engl. Jahrb. 49. 18. 1912 — N. Guinea.

(D) **lepidula** Hieron. Hedwigia 46. 328 t. 4 f. 4. 1907 — Columbia.

(L) **leptogrammoides** Ros., Fedde Repert. 9. 68. 1910 — Costa Rica.

(D) **leucothrix** C. Chr. Smiths. Misc. Coll. 52. 377. 1909 — Bolivia.

(D) **Leveillei** Christ, Bull. Géogr. Bot. Mans 1909. mém. XX. 176. — China.

(D) **lichiangensis** (Wright) C. Chr. Ind. Suppl. 34. 1913 — Yunnan.
Nephrodium C. H. Wright, Kew Bull. 1909. 267.

(D) **Lilloi** (Hicken) C. Chr. Ind. Suppl. 34. 1913 — Argentina.
Nephrodium Hicken, Anal. Soc. cient. Argentina 63. 8 c. tab. 1907.
Limonensis Christ, Fedde Repert. 8. 18. 1910 = D. mollis.

(D) **Lindmani** C. Chr. Vid. Selsk. Skr. VII. 4. 281 f. 9. 1907 — Brasilia austr.

(M) **lingulata** C. Chr. Vid. Selsk. Skr. VII. 10. 271. 1903 — Costa Rica.
litigiosa C. Chr.; Christ, Bull. Boiss. II. 7. 263. 1907 = D. panamensis.

(M) **liukiuensis** (Christ) C. Chr. Ind. Suppl. 34. 1913 — Liu Kiu.
Meniscium Christ, Bot. Mag. Tokyo 24. 240. 1910.

(D) **lofouensis** Christ, Bull. Géogr. Bot. Mans 1910. 143. — China.

(D) **logavensis** Ros., Fedde Repert. 10. 332. 1912 — N. Guinea.

(P) **longicaudata** (Liebm.) Maxon, Contr. U. S. Nat. Herb. 13. 18. 1909 —
   Mexico-Bolivia. — Polypodium Liebm. Vid. Selsk. Skr. V. 1. 209 (seors 57).
   1849 ; Stigmatopteris C. Chr. Bot. Tids. 29. 300 f. 10. 1909.

(M) **longifolia** (Fée) Hieron. Hedwigia 46. 351. 1907 — Brasilia.
   Meniscium Fée, Cr. vasc. Br. 1. 84 t. 25 f. 2. 1869 (an Desv. Prod.
   223. 1827 ?).

longifrons Christ, Bull. Géogr. Bot. Mans 1907. 146 = D. urophylla.

(D) **longipilosa** (Sod.) C. Chr. Ind. Suppl. 35. 1913 — Ecuador.
   Nephrodium Sod. Sert. Fl. Ecuad. II. 26. 1908.

(D) **lugubriformis** Ros., Fedde Repert. 7. 299. 1909 — Peru.

(D) **lunensis** (Christ) C. Chr. Ind. Suppl. 35. 1913 — Costa Rica.
   Aspidium Christ, Bull. Boiss. II. 6. 55. 1906.

(C) **luzonica** Christ, Phil. Journ. Sci. Bot. 2. 196. 1907 — Ins. Philipp.

(M) **macrophylla** (Kze.) C. Chr. Ind. Suppl. 35. 1913 — Guiana. Bahia.
   Meniscium Kze. Flora 1839[1]. Beibl. 44; Phegopteris Mett. 1859 ;
   Nephrodium Keys. 1873.

(P) **macrotheca** (Fée) C. Chr. Ind. Suppl. 35. 1913 — Guadeloupe.
   Phegopteris Fée, 11 mém. 56. 1866!; Polypodium Mazei Bak. 1891!;
   Dryopteris C. Chr. Ind. 277. 1905.

(D) **magdalenica** Hieron. Hedwigia 46. 325 t. 3 f. 2. 1907 — Columbia.

(C) **malayensis** C. Chr. Vid. Selsk. Skr. VII. 10. 171 nota. 1913 = D. glan-
   gulosa (Bl.) O. Ktze; C. Chr. Ind. 268 cum syn. (non D. glandulosa (Desv.)
   C. Chr. supra).

(P) **mapiriensis** Ros., Fedde Repert. 6. 313. 1909 — Bolivia.

marginata Christ, Phil. Journ. Sci. Bot. 2. 212. 1907 = D. filix mas*.

(D) **marginalis** × **spinulosa** Slosson; Benedict, Bull. Torr. Cl. 36. 49. 1909 —
   Vermont. — D. pittsfordensis Slosson 1904; C. Chr. Ind. 284.

(D) **Marthae** v. A. v. R. Bull. Jard. bot. Buit. II. nr. 1. 7. 1911 -- Java.
   Martiana Ros. Hedwigia 46. 132. 1906 = D. subincisa var.

(D) **Maxoni** Und. et C. Chr.; C. Chr. Amer. Fern. Journ. 1. 96. 1911; Vid.
   Selsk. Skr. VII. 10. 72. 1913 — Mexico.

(D) **melanochlaena** C. Chr. Smiths. Misc. Coll. 52. 384. 1909 — Guatemala.

(C) **melanophlebia** Cop. Phil. Journ. Sci. Bot. 6. 147. 1911 — Ins. Negros.

(M) **membranacea** (Mett.) C. Chr. Ind. Suppl. 35. 1913 — Peru.
   Phegopteris Mett. Phil. Lechl. 2. 22. 1859.

(D) **Mercurii** (A. Br.) Hieron. Hedwigia 46. 335 t. 5 f. 9. 1907. — Mexico-Ecuador.
   Aspidium A. Br. msc.; Christ 1906 (nomen).

(C) **Merrillii** Christ, Phil. Journ. Sci. Bot. 2. 201. 1907 — Ins. Philipp.
   Phegopteris v. A. v. R. 1909.

(D) **mertensioides** C. Chr. Vid. Selsk. Selsk. VII. 4. 328 f. 50. 1907 — Costa
   Rica. Guatemala.

(D) **mesodon** Cop. Phil. Journ. Sci. Bot. 7. 54. 1912 — Mindanao.

(D) **Metteniana** Hieron.; Christ, Phil. Journ. Sci. Bot. 2. 210. 1907 — Ins. Philipp.

(D) **mexicana** (Pr.) C. Chr. Vid. Selsk. Skr. VII. 10. 68 f. 1. 1913 — Mexico.
   Nephrodium Pr. Rel. Haenk. 1. 38. 1825 (non auctt.). Aspidium flac-
   cidum Fourn. 1880; Nephrodium Fournieri Bak. 1891; Dryopteris C.
   Chr. Ind. 266. 1905.

3*

(D) **microchlamys** (de Vriese) v. A. v. R. Mal. Ferns 226. 1909 — Kei Isl.
(?Lastrea de Vriese, Tijdschr. Wis. Amsterdam 1. 155. 1848).
Nephrodium Bak. Journ. Linn. Soc. 15. 107. 1876.

(D) **microlepis** (Bak) C. Chr. Ind. Suppl. 36. 1913 — Yunnan.
Nephrodium Bak. Kew Bull. 1906. 10.

(C) **microloncha** Christ, Phil. Journ. Sci. Bot. 2. 202. 1907 — Ins. Philipp.
D. caudiculata v. A. v. R. 1909.

(D) **Millei** C. Chr. Vid. Selsk. Skr. VII. 10. 138. 1913 — Ecuador.

(C) **mindanaensis** Christ, Phil. Journ. Sci. Bot. 2. 194. 1907 — Mindanao.

(C) **mirabilis** Cop. Phil. Journ. Sci. Bot. 6. 137 t. 19. 1911 — Borneo.

(C) **mollis** (Jacq.) Hieron. Hedwigia 46. 348. 1907 — Trop.
Polypodium Jacq. 1789; Dryopteris parasitica O. Ktze.; C. Chr. Ind.
cum syn. (excl. Polypodium parasiticum L., *Aspidium amboinense
Willd , et *Nephrodium Jamesoni Hk.).
mollis Maxon, Contr. U. S. Nat. Herb. 13. 18. 1909 = D. Ghiesbreghtii.

(D) **monosora** (Pr.) C. Chr. Biol. Arb. tilegn. Eug. Warming 84. 1911; Vid.
Selsk. Skr. VII. 10. 238 f. 33. 1913 — Brasilia austr. — Polypodium Pr.
1836 (nomen); Lastrea Pr. Epim. 36. 1849; Aspidium monostichum
Kze.; Mett. 1858.

(D) **Mosenii** C. Chr. Vid. Selsk. Skr. VII. 4. 300 f. 27. 1907 — Brasilia.

(L) **Moussetii** Ros., Fedde Repert. 8. 278. 1910 — Java.

(P) **multiformis** C. Chr. Vid, Selsk. Skr. VII. 10. 154 f. 17. 1913 — Ecuador.

(D) **muzensis** Hieron. Hedwigia 46. 331 t. 4 f. 6. 1907 — Columbia.
navarrensis Christ, Bull. Boiss. II. 7. 262. 1907 = D. oligocarpa var.

(C) **nephrodioides** (Kl.) Hieron. Hedwigia 46. 327. 1907; C. Chr. Vid. Selsk.
Skr. VII. 10. 247. 1913 — Amer. trop. — Aspidium Kl. Linn. 20. 370.
1847; Lastrea Moore 1858 — Nephrodium guadalupense Fée 1866;
Dryopteris O. Ktze. 1891; C. Chr. Ind. 269. — Aspidium Biolleyi
Christ 1901. Dryopteris asterothrix Ros. 1909.

(P) **nitens** (Desv.) C. Chr. Vid. Selsk. Skr. VII. 10. 142 f. 15 e. 1913 — Peru.
Ecuador. — Polypodium Desv. Prod. 240. 1827. Dryopteris bañiensis
Ros. 1909.

(D) **normalis** C. Chr. Arv. för Bot. 9¹¹. 31. 1910; Vid. Selsk. Skr. VII. 10.
180 — India occ. U. S. A. merid. — Nephrodium patens Jenm. Bull.
Dept. Jam. n. s. 8. 165. 1896 (non Dryopteris patens (Sw.) O. K.).

(D) **novoguineensis** Brause, Engl. Jahrb. 49. 21. 1912 — N. Guinea.
nutans Christ, Bull. Boiss. II. 7. 261. 1907 = D. Eggersii.
obscura Christ, Phil. Journ. Sci. Bot. 2. 214. 1907 = D. sagenioides*.
obscura Christ, Journ. de Bot. 21. 230. 1908 = D. arida.

(G) **obtusifolia** Ros., Fedde Repert. 10. 336. 1912 — N. Guinea.
obtusissima Christ, Journ. de Bot. 21. 231. 1908 = D. oparoa*.

(D) **oligophylla** Maxon, Contr. U. S. Nat. Herb. 10. 489. 1908; C. Chr. Vid.
Selsk. Skr. VII. 10. 187 f. 25. 1913 — Amer. trop. — Polypodium invisum Sw. Prod. 133. 1788 (non Forst. 1786); Dryopteris patens *invisum C. Chr. Ind. 283 cum syn.

(D) **oreades** Fomin, Moniteur Jardin bot. Tiflis livr. 18. 20. 1911 — Caucasus.
oreades × filix mas Fomin, l. c. livr. 20. 23. 1911 = D. filix mas × oreades.

(M) **pachysora** Hieron. Hedwigia 46. 351 t. 7 f. 19. 1907 — Ecuador.

(D) **pacifica** Christ, Ann. Cons. Jard. bot. Genève 15—16. 186. 1912 — Samoa.

paleacea C. Chr. Amer. Fern. Journ. **1**. 94. 1911; Robinson, Bull. Torr.
Cl. **39**. 591. 1912 $=$ D. filix mas*.

paleacea Handel-Mazzetti, Verh. zool. bot. Ges. Wien **58**. (100). 1908; Fomin,
Moniteur Jardin bot. Tiflis livr. 20. 24. 1911 = D. filix mas var. (non
*paleacea Sw.).

pallida Fomin, Moniteur Jard. bot. Tiflis livr. 20. 3. 2. 1910; Janchen,
Mitt. Naturw. Verein. Univ. Wien **10**. 114. 1912 = D. rigida*.

(D) **panamensis** (Pr.) C. Chr. Vid. Selsk. Skr. VII. **4**. 292 f. 19. 1907 — India
occ. Mexico-Ecuador. — Nephrodium Pr. Rel. Haenk. **1**. 35. 1825. Polypodium litigiosum Liebm. 1849; Dryopteris C. Chr. 1907. Lastrea
Leiboldiana Pr. 1849. Aspidium exsudans Fourn. 1872. A. Ghiesbreghtii Fourn. 1872. Nephrodium caribaeum Jenm. 1886; Dryopteris
C. Chr. Ind. 257. 1905.

(C) **paraphysata** Cop. Phil. Journ. Sci. Bot. **6**. 74. 1911 — N. Guinea.

(D) **parvula** Robinson, Bull. Torr. Cl. **39**. 593 t. 44. 1912 — Ins. Hawaii.
Aspidium glabrum var. pusillum Hill. Fl. Haw. 577. 1888.

(D) **paucijuga** (Kl.) C. Chr. Biol. Arb. tilegn. Eug. Warming 84. 1911; Vid.
Selsk. Skr. VII. **10**. 232 f. 31 c. — Mexico-Guiana. Trinidad. — Aspidium
Kl. Linn. **20**. 368. 1847. Nephrodium deflexum J. Sm.; Jenm. 1908.
Dryopteris johnstoni Maxon 1908.

(C) **paucipinnata** (Donn. Smith) Maxon, Contr. U. S. Nat. Herb. **13**. 19. 1909 —
Guatemala. — Nephrodium Fendleri var. paucipinnatum Donn. Smith,
Bot. Gaz. **12**. 134. 1887.

(D) **paucisora** Cop. Phil. Journ. Sci. Bot. **6**. 136. 1911 — Borneo.

pectinata v. A. v. R. Mal. Ferns 183. 1909 = D. orientalis.

(D) **pedicellata** (Christ) C. Chr. Vid. Selsk. Skr. VII. **10**. 88 f. 4. 1913 — Brasilia.
Aspidium Christ, Denkschr. Akad. Wien **79**. 14. 1907. Dryopteris
indecora Ros. Hedwigia **46**. 117. 1906 (non C. Chr. 1905).

(D) **Peekeli** v. A. v. R. Bull. Dépt. agric. Ind. néerl. **18**. 7. 1908 — N. Guinea.

(P) **peruviana** Ros., Fedde Repert. **7**. 298. 1909 — Peru.

(D) **phacelothrix** C. Chr. et Ros., Fedde Repert. **11**. 56. 1912 — Bolivia.

(D) **piedrensis** C. Chr. Smiths. Misc. Coll. **52**. 372. 1909 — Cuba.

(D) **piloso-hispida** (Hk.) C. Chr. Vid. Selsk. Skr. VII. **10**. 148. 1918 — Mexico-
Bolivia. — Nephrodium Hk. sp. **4**. 105. 1862. Alsophila pilosa Mart. et
Gal. 1842. Aspidium pterifolium Mett. 1869; Nephrodium Bak. 1874;
Dryopteris O. Ktze. 1891; C. Chr. Ind. 287; Vid. Selsk. Skr. VII. **4**.
327 f. 49. Nephrodium retrorsum Sod. 1883; Dryopteris C. Chr. Ind.
288. 1905.

(C) **piloso-squamata** v. A. v. R. Bull. Dépt. agric. Ind. néerl. **21**. 4. 1908 —
N. Guinea.

(D) **pilosula** (Kl. et Karst.) Hieron. Hedwigia **46**. 332. 1907 — Mexico-Peru.
Aspidium Kl. et Karst.; Kze. Linn. **23**. 229. 1850; Nephrodium Hk.
1862. Aspidium strigosum Christ 1896 (non Willd.); A. Alfarii Christ
1905; Dryopteris C. Chr. Ind. 251. 1905.

Pittieri C. Chr. Smiths. Misc. Coll. **52**. 393. 1909 = D. Engelii.

(D) **platylepis** Ros., Fedde Repert. **4**. 4. 1907 — Africa orient.

polycarpa Christ, Phil. Journ. Sci. Bot. **2**. 202. 1907 = Mesochlaena.

(P) **polyphlebia** C. Chr. Vid. Selsk. Skr. VII. **10**. 161 f. 19. 1913 — Costa
Rica. Ecuador.

polytricha v. A. v. R. Mal. Ferns 187. 1909 = D. trichopoda.

(C) **porphyricola** Cop. Phil. Journ. Sci. Bot. **7**. 60. 1912 — Sarawak.

(C) **pseusocuspidata** Christ, Bot. Gaz. **51**. 357. 1911 — China.

(D) **pseudosancta** C. Chr. Smiths. Misc. Coll. **52**. 378. 1909 — America centr.
pseudo-totta Christ, Bull. Boiss. II. **7**. 415. 1907 = D. pilosa var.

(D) **pteridiiformis** Christ, Bull. Géogr. Bot. Mans **1907**. 137. — Yunnan.
pulchella Hayek, Flora von Steiermark 39. 1908 = D. Linnaeana.
purpurascens Christ, Phil. Journ. Sci. Bot. **2**. 213. 1907 = D. sparsa var.

(D) **pycnopteroides** (Christ) C. Chr. Ind. Suppl. 38. 1913 — China occ.
Aspidium Christ, Bull. Géogr. Bot. Mans **1906**. 116.

(C) **pyramidata** (Fée) Maxon, Contr. U. S. Nat. Herb. **10**. 489. 1908; C. Chr.
Vid. Selsk. Skr. VII. **10**. 231. 1913 — India occ.-Brasilia septentr. —
Goniopteris Fée, 11 mém. 61 t. 16 f. 2. 1866. Dryopteris latiuscula
Maxon 1908. Nephrodium subcuneatum Bak. 1870; Dryopteris O.
Ktze. 1891; C. Chr. Ind. 295.

(P) **quadriaurita** Christ, Phil. Journ. Sci. Bot. **2**. 209. 1907 — Mindanao.
Phegopteris v. A. v. R. 1909.

(D) **quelpartensis** Christ, Bull. Géogr. Bot. Mans **1910**. 7 — Ins. Quelpaert.

(D) **Raciborskii** v. A. v. R. Mal. Ferns 197. 1909 — Java.

(D) **Raddeana** Fomin, Mon. Jardin bot. Tiflis livr. 20. 33. 1911 — Caucasus.
Nephrodium Fomin, ibid. livr. 12. 10 t. 2. 1908.
radicans Maxon, Contr. U. S. Nat. Herb. **10**. 490. 1908 = D. reptans.

(G) **Ramosii** Christ, Phil. Journ. Sci. Bot. **2**. 203. 1907 — Ins. Philipp.
Phegopteris v. A. v. R. 1909.

(D) **recumbens** Ros. Hedwigia **46**. 123. 1906 — Brasilia austr.

(D) **Regnelliana** C. Chr. Vid. Selsk. Skr. VII. **4**. 284 f. 12. 1907 — Brasilia.
remota Hayek, Fl. Steiermark 56. 1908 — D. filix mas ✕ spinulosa.

(D) **repentula** (Clarke) Christ, Not. syst. **1**. 39. 1909 — China. Ind. bor.
Nephrodium Clarke msc.; Tutcher 1912.

(D) **Ridleyi** (Bedd.) C. Chr. Ind. Suppl. 38. (vix Christ, Geogr. d. Farne 214.
1910) — Malacca. — Lastrea Bedd. Kew Bull. **1909**. 423.

(C) **Riedleana** (Gaud.) v. A. v. R. Mal. Ferns 230. 1909 — Timor.
Polystichum Gaud. Freyc. Voy. Bot. 327. 1827; Aspidium Gaud. l. c.;
Nephrodium Moore 1858.

(D) **Rimbachii** Ros., Fedde Repert. **7**. 147. 1909 — Ecuador.

(D) **riopardensis** Ros. Hedwigia **46**. 121. 1906 — Brasilia austr.

(D) **rioverdensis** C. Chr. Vid. Selsk. Skr. VII. **4**. 284 f. 11. 1907 — Brasilia.

(D) **rivulariformis** Ros., Fedde Repert. **6**. 316. 1909 — Bolivia.
D. stenophylla Ros., Fedde Repert. **5**. 233. 1908 (non C. Chr. 1905).

(D) **rivularioides** (Fée) C. Chr. apud Ros. Hedwigia **46**. 125. 1906; Vid. Selsk.
Skr. VII. **4**. 302 f. 29 — Brasilia austr., Uruguay, Paraguay, Argentina.
Aspidium Fée. Cr. vasc. Br. **1**. 148 t. 50 f. 1. 1869. Nephrodium
pseudothelypteris Ros. 1904; Dryopteris C. Chr. Ind. 286. 1905. —
Aspidium pseudomontanum Hieron. 1896; Nephrodium Ros. 1904;
Dryopteris C. Chr. Ind. 286. 1905. — Aspidium Arechavaletae Hier.
1896; Dryopteris C. Chr. Ind. 252. 1905. Polypodium camporum
Lindm. 1903; Dryopteris C. Chr. Ind. 256. 1905.
rivulorum Hieron. Hedwigia **46**. 334. 1907 = D. opposita var.

(D) **rizalensis** Christ, Bull. Boiss. II. **6**. 1001. 1906; Phil. Journ. Sci. Bot. **2**.
216. 1907 — Ins. Philipp.

(C) **Roemeriana** Ros. Nova Guinea **8**. 723. 1912 — N. Guinea.

(D) **Rojasii** Christ, Fedde Repert. **6**. 349. 1909 — Paraguay.

(G) **Rolandii** C. Chr. Vid. Selsk. Skr. VII. **10**. 258 f. 45. 1913 — Ecuador.

(D) **Rosenstockii** C. Chr. Vid. Selsk. Skr. VII. **4**. 304 f. 30. 1907 — Ecuador.

Rossii C. Chr. Soc. sci. › Antonio Alzate‹ **32**. 178 t. 11. 1912 = D. patula var.

(P) **rubiformis** Robinson, Bull. Torr. Cl. **39**. 596. 1912 — Ins. Hawaii.

Polypodium procerum Brack. U. S. Expl. Exp. **16**. 14 t. 3. 1854 (non Willd. 1810); Phegopteris Mann 1868.

(P) **Ruiziana** (Kl.) C. Chr. Vid. Selsk. Skr. VII. **10**. 152. 1913 — Peru.

Polypodium Kl. Linn. **20**. 385. 1847.

(P) **Rusbyi** C. Chr. Smiths. Misc. Coll. **52**. 390. 1909 — Bolivia.

(D) **Saffordii** C. Chr. Amer. Fern Journ. **1**. 94. 1911; Vid. Selsk. Skr. VII. **10**. 66. 1913 — Peru.

(D) **sanctiformis** C. Chr. Vid. Selskr. Skr. VII. **10**. 130 f. 12 d. 1913 — Panama-Ecuador.

(D) **Santae Catharinae** Ros. Hedwigia **46**. 126. 1906 — Brasilia austr.

(D) **sarawakensis** (Bak.) v. A. v. R. Mal. Ferns 200. 1909 — Borneo.

Nephrodium Bak. Journ. Linn. Soc. **22**. 225. 1886.

(D) **scabra** (Pr.) C. Chr. Biol. Arb. tilegn. Eug. Warming 84. 1911; Vid. Selsk. Skr. VII. **10**. 236 f. 32. 1913 — Brasilia austr. Paraguay. — Polypodium Pr. Del. Prag. **1**. 169. 1822; Lastrea Pr. 1849; Nephrodium tetragonum auctt. quoad pl. brasil. — Aspidium Caesarianum Christ 1907 — Dryopteris bifrons Christ 1909.

(D) **scalaris** (Christ) C. Chr. Vid. Selsk. Skr. VII. **4**. 323 f. 47. 1907 — Amer. centr.

Aspidium Christ, Bull. Boiss. II. **6**. 159. 1906.

(D) **scariosa** Ros. Hedwigia **46**. 127. 1906 — Brasilia.

Schiffneri C. Chr. Vid. Selsk. Skr. VII. **10**. 240. 1913 (syn.) = D. monosora var.

(D) **Schlechteri** Brause, Engl. Jahrb. **49**. 16 f. 1 E. 1912 — N. Guinea.

(D) **Schultzei** Brause, Engl. Jahrb. **49**. 19. 1912 — N. Guinea.

(D) **Schwackeana** Christ; C. Chr. Vid. Selsk. Skr. VII. **10**. 243 f. 37. 1913 — Brasilia.

(C) **sclerophylla** (Kze.) C. Chr. Biol. Arb. tilegn. Eug. Warming 84. 1911; Vid. Selsk. Skr. VII. **10**. 222. 1913 — Cuba. Jamaica. Porto Rico. — Aspidium Kze. in Spr. Syst. **4**. 99. 1827; Linn. **9**. 92. 1834; Nephrodium Pr. 1836; Aspidium scolopendrioides var. 3. pinnata Mett. 1858. Nephrodium jamaicense Bak.; Jenm. 1877; Dryopteris C. Chr. Ind. 272. 1905. Aspidium dissidens Mett. 1858; C. Chr. Ind. 71; Nephrodium Hk. 1862; Dryopteris O. Ktze 1891; Aspidium Sintenisii Kuhn 1891; Nephrodium Bak. 1891; Dryopteris Urban 1903; C. Chr. Ind. 293.

Sellowii Hieron. Hedwigia **46**. 324 t. 3 f. 1. 1907 = D. submarginalis.

(C) **sessilipinna** Cop. Phil. Journ. Sci. Bot. **6**. 145. 1911 — Ins. Philipp.

(D) **silviensis** Hieron. Hedwigia **46**. 330 t. 5 f. 7. 1907 — Columbia.

(C) **simplicifolia** (J. Sm.) Christ, Phil. Journ. Sci. Bot. **2**. 206. 1907 — Ins. Philipp. Fiji. — Nephrodium J. Sm. 1841 (nomen); Abacopteris Fée 1852; Aspidium Hk. Sc. pl. t. 919. 1854; Polypodium Hk. 1863; Goniopteris Carr 1873; Phegopteris v. A. v. R. 1909.

(C) **sinica** Christ, Not. syst. **1**. 38. 1909 — China merid. Formosa.

(P) **Smithii** v. A. v. R. Bull. Dépt. agric. Ind. néerl. **18**. 45. 1908 — Java.

Phegopteris v. A. v. R. l. c.

(M) **sorbifolia** (Jacq.) Hieron. Hedwigia **46**. 350. 1907 — Mexico-Peru.

Asplenium Jacq. Coll. **2**. 106 t. 3 f. 2. 1788; Meniscium Desrouss. 1797; Phegopteris Mett. 1859; Nephrodium Hieron. 1904. Meniscium arbo-

rescens H. B. Willd. 1810. M. Kapplerianum Fée 1852. — Phegopteris mollis Mett. 1864; Meniscium Bak. 1868.

soriloba Christ, Fedde Repert. 6. 350. 1909 = D. submarginalis.

(G) **Spenceri** (Cop.) Christ, Phil. Journ. Sci. Bot. 2. 290. 1907 — Ins. Philipp. Nephrodium Cop. msc.; Phegopteris v. A. v. R. 1909.

stenophylla Ros., Fedde Repert. 5. 233. 1908 = D. rivulariformis.

stipularis Maxon; Und. Bull. Torr. Cl. 33. 198. 1906 = D. patens.

(D) **strigifera** Hieron. Hedwigia 46. 337 t. 5. f. 10. 1907 — Columbia.

(D) **struthiopteroides** C. Chr. Smiths. Misc. Coll. 52. 388. 1909 — Guatemala. Stübelii Hieron. Hedwigia 46. 340 t. 6 f. 13. 1907 = D. Thomsonii.

(D) **subattenuata** Ros., Fedde Repert. 10. 332. 1912 — N. Guinea.

(C?) **subconjuncta** Christ, Not. syst. 1. 185 c. fig. 1910 — Tonkin.

(C) **subelata** (Bak.) C. Chr. Ind. Suppl. 40. 1913 — Yunnan. Nephrodium Bak. Kew Bull. 1906. 11.

(D) **sublacera** Christ, Not. syst. 1. 43. 1909 — China merid.

(D) **subramosa** Christ, Not. syst. 1. 42. 1909 — China (Shen-si).

(D) **subsageniacea** (Christ) C. Chr. Ind. Suppl. 40. 1913 — China. Aspidium Christ, Bull. Géogr. Bot. Mans 1906. 240 c. fig.

(D) **subsagenioides** Christ, Bull. Géogr. Bot Mans 1910. 8 — Ins. Quelpart.

(C) **sumatrana** v. A. v. R. Mal. Ferns 227. 1909 — India. Sumatra.

supralineata Ros., Fedde Repert. 8. 277. 1910 = D. densiloba.

(D) **supranitens** Christ, Fedde Repert. 8. 19. 1910 — Costa Rica. Panama.

(C) **suprastrigosa** Ros., Fedde Repert. 10. 335. 1912 — N. Guinea.

(D) **tablaziensis** Christ, Bull. Boiss. II. 7. 262. 1907; C. Chr. Vid. Selsk. Skr. VII. 4. 278 f. 6. 1907 — Costa Rica. Panama.

(D) **tamatana** C. Chr. Ind. Suppl. 40. 1913 — N. Guinea. D. Kingii Cop. Phil. Journ. Sci. Bot. 6. 73. 1911 (non C. Chr. 1905),

(C) **tamiensis** Brause, Engl. Jahrb. 49. 23. 1912 — N. Guinea.

(D) **Taquetii** Christ, Fedde Repert. 5. 284. 1908 — Corea.

(D) **tenerrima** (Fée) Ros. Hedwigia 46. 122. 1906; C. Chr. Vid. Selsk. Skr. VII. 4. 309 — Brasilia austr. — Aspidium Fée, Cr. vasc. Br. 1. 134 t. 43 f. 1. 1869. A. elatior Fée 1869.

tenerrima Cop. Phil. Journ. Sci. Bot. 4. 111. 1909 = D. banajaoensis.

(D) **tenuicula** Matthew et Christ, Not. syst. 1. 56. 1909 — China. Nephrodium Tutcher 1912.

(D) **Teuscheri** v. A. v. R. Bull. Dépt. agric. Ind. néerl. 18. 6. 1908 — Borneo.

(P) **Thomassetii** (Wright) C. Chr. Ind. Suppl. 40. 1913 — Ins. Sechellae. Polypodium Wright, Kew Bull. 1906. 252.

(C) **todayensis** Christ, Phil. Journ. Sci. Bot. 2. 193. 1907 — Ins. Philipp.

(D) **tremula** Christ, Not. syst. 1. 234. 1910 — Mexico.

triangularis Herter, Bull. Boiss. II. 8. 797. 1908 — D. Linnaeana.

(D) **ulvensis** Hieron. Hedwigia 46. 346 t. 7 f. 18. 1907 — Ecuador.

(L) **uncidens** Ros., Fedde Repert. 10. 337. 1912 — N. Guinea.

(D) **uniformis** Mak. Bot. Mag. Tokyo 23. 145. 1909 — Japonia. Nephrodium lacerum β uniforme l. c. 17. 79. 1903.

(D) **unifurcata** (Bak.) C. Chr. Ind. Suppl. 40. 1913 — Tibet orient. (Mt. Omi). Nephrodium Bak. JoB. 1888. 228.

(C) **urens** Ros., Fedde Repert. 4. 5. 1907; C. Chr. Vid. Selsk. Skr. VII. 4. 332 f. 52 I. 1907 — Uruguay.

(D) **utañagensis** Hieron. Hedwigia 46. 333 t. 5 f. 8. 1907 — Ecuador.

(C) **valida** Christ, Journ. de Bot. 21. 230, 261. 1908 — Annam.

(P) **vasta** (Kze.) Hieron. Hedwigia 46. 347. 1907 — Columbia-Ecuador.
Polypodium Kze. Linn. 9. 50. 1834; Phegopteris Mett. 1859; Nephrodium Hieron. 1904. Nephrodium polylepis Sod. 1893; Dryopteris fusca C. Chr. Ind. 267. 1905.

(P) **wariensis** Cop. Phil. Journ. Sci. Bot. 6. 73. 1911 — N. Guinea.
— ? D. basisora Cop. 1911 (non Christ 1909).

(C) **Warmingii** C. Chr. Vid. Selsk. Skr. VII. 10. 227 f. 30 c. 1913 — Brasilia.

(C) **Wildemani** Christ, Ann. Mus. Congo V. 3. 35. 1909 — Congo.

(D) **Wolfii** Hieron. Hedwigia 46. 344 t. 7 f. 17. 1909 — Ecuador.

(D) **xanthomelas** (Christ) C. Chr. Ind. Suppl. 41. 1913 — Mt. Omi (Tibet).
Aspidium Christ, Bull. Géogr. Bot. Mans 1906. 117.
xanthotrichia Hieron. Hedwigia 46. 348. 1907 = D. effusa var.

(C) **xiphioides** ,Christ, Phil. Journ. Sci. Bot. 2. 201. 1907 — Mindanao.
Phegopteris v. A. v. R. 1909.
xylodes Christ, Not. syst. 1. 41. 1909 = D. ochtodes var.

(P) **yungensis** Christ et Ros., Fedde Repert. 5. 234. 1908 — Bolivia.

(D) **zeylanica** v. A. v. R. Mal. Ferns 203. 1909 — Ceylon. Celebes.
Nephrodium obtusilobum Bak. Syn. 284. 1867; Lastrea Bedd. 1868; Aspidium Prantl 1882; Dryopteris O. Ktze. 1891 (non C. Chr. 1905); D. peranemiformis* C. Chr. Ind. 284.

DRYOSTACHYUM J. Smith.

Hieronymi Brause, Engl. Jahrb. 49. 55. 1912 — N. Guinea.

novoguineense Brause, l. c 56 f. 3 D. 1912 — N. Guinea.

ELAPHOGLOSSUM Schott.

aconiopteroideum Hieron. Hedwigia 48. 283 t. 14 f. 26. 1909 — Peru.

altosianum Christ, Bull. Boiss. II. 7. 924. 1907 — Paraguay.

antisanae (Sod.) C. Chr. Ind. Suppl. 41. 1913 — Ecuador.
Acrostichum Sod. Sert. Fl. Ecuad. II. 30. 1908.

austro-sinicum Matthew et Christ, Not. syst. 1. 57. 1909 — China.
Acrostichum Tutcher 1912.

Biolleyi Christ, Bull. Boiss. II. 7. 273. 1907 — Costa Rica.

Bonapartii Ros., Fedde Repert. 7. 310. 1909 — Ecuador.

Bradeorum Christ, Fedde Repert. 8. 17. 1910 — Costa Rica.

Catharinae Und.; Maxon, Contr. U. S. Nat. Herb. 13. 5. 1909 — Guatemala.

Chevalieri Christ, Journ. de Bot. 22. 23. 1909 — Ins. San Thomé (Afr. occ.).

Chodatii (Sod.) C. Chr. Ind. Suppl. 41. 1913 — Ecuador.
Acrostichum Sod. Sert. Fl. Ecuad. II. 40. 1908.

cinereum (Sod.) C. Chr. Ind. Suppl. 41. 1913 — Ecuador.
Acrostichum Sod. Sert. Fl. Ecuad. II. 38. 1908.

conspersum Christ, Bull. Soc. bot. Genève II. 1. 223. 1909 — Costa Rica.

Copelandi Christ, Phil. Journ. Sci. Bot. 2. 176. 1907 — Mindanao. N. Guinea.

cordigerum Christ, Bull. Soc. bot. Genève II. 1. 224. 1909 — Guatemala-Venezuela. — Acrostichum Klotzschii Moritz msc.; Elaphoglossum lineare var. Klotzschii Hieron. Engl. Jahrb. 34. 552. 1904.

costaricense Christ, Bull. Soc. bot. Genève II. 1. 224. 1909 — Costa Rica.

Damazii Christ, Bull. Boiss. II. 6. 294. 1906 — Brasilia.

demissum Christ, Bull. Soc. bot. Genève II. 1. 222. 1909 — Costa Rica.

diablense Hieron. Hedwigia 48. 280 t. 14 f. 25. 1909 — Columbia.

diversifrons C. Chr. Ind. Suppl. 42. 1913 — Ecuador.
     Acrostichum diversifolium Sod. Sert. Fl. Ecuad. II. 32. 1908 (non Bl. 1828).
Dusenii Christ, Ark. för Bot. **9**[15]. 2. 1910 — Brasilia austr.
elegantulum Ros., Fedde Repert. **10**. 280. 1912 — Costa Rica.
ellipsoideum (Sod.) C. Chr Suppl. 42. 1913 — Ecuador.
     Acrostichum Sod. Sert. Fl. Ecuad. II. 30. 1908.
Elmeri Cop. Leaflets Phil. Bot. **3**. 849. 1910 — Mindanao.
Engleri (Sod.) C. Chr. Ind. Suppl. 42. 1913 — Ecuador.
     Acrostichum Sod. Sert. Fl. Ecuad. II. 33. 1908 — Mexico.
eucraspedum Christ, Bull. Boiss. II. **7**. 415. 1907 — Mexico.
firmulum Ros., Fedde Repert. **10**. 279. 1912 — Costa Rica.
Francii Ros., Fedde Repert. **9**. 76. 1910 — N. Caledonia.
gossypinum (Sod.) C. Chr. Ind. Suppl. 42. 1913 — Ecuador.
     Acrostichum Sod. Sert. Fl. Ecuad. II. 38. 1908.
Guamanianum (Sod.) C. Chr. Ind. Suppl. 42. 1913 — Ecuador.
     Acrostichum Sod. Sert. Fl. Ecuad. II. 35. 1908.
Hassleri Christ, Bull. Boiss. II. **7**. 925. 1907 — Paraguay.
Haynaldianum Christ, Geogr. d. Farne 320. 1910 = E. villosum var. Haynaldii.
Hellwigianum Ros. Nova Guinea **8**. 731. 1912   N. Guinea.
Hikenii (Sod) C. Chr. Ind. Suppl. 42. 1913 — Ecuador.
     Acrostichum Sod. Sert. Fl. Ecuad. 35. 1908.
Hookerianum Und.; Maxon, Contr. U. S. Nat. Herb. **13**. 6. 1909 — Jamaica. Guatemala. Acrostichum muscosum Jenm. Bull. Dept. Jam. **5**. 88. 1898 (non Sw.).
Hornei C. Chr. Tr. Linn. Soc. II. Bot. **7**. 422 t. 45 f. 7. 1912 — Ins. Sechellae.
     Acrostichum viscosum var. glabrescens Bak. Fl. Maur. 512. 1877 (non A. glabrescens Kuhn 1868).
Kuhnii Hieron. Engl. Jahrb. **46**. 399. 1911 — Africa occ. trop.
lagesianum Ros. Hedwigia **46**. 152. 1907 — Brasilia austr.
laxepaleaceum Ros., Fedde Repert. **11**. 59. 1912 — Bolivia.
Lindbergii Ros. Hedwigia **46**. 153. 1907 = E. hybiidum var.
lividum Christ, Geogr. d. Farne 316. 1910 (err.) = E. luridum.
longicrure Christ, Bull. Boiss. II. **7**. 273. 1907 — Costa Rica.
luzonicum Cop. Leaflets Phil. Bot. **1**. 235. 1907 — Ins. Philipp.
macahense (Fée) Ros. Hedwigia **46**. 153. 1907 — Brasilia.
     Acrostichum Fée, Cr. vasc. Br. **2**. 2. t. 79 f. 1. 1872—73.
Merrillii Christ, Phil. Journ. Sci. Bot. **3**. 275. 1908 — Mindoro.
microphyllum v. A. v. R. Bull. Dépt. agric. Ind. néerl. **18**. 25. 1908 — Jam.
micropus Ros., Fedde Repert. **6**. 316. 1909 — Bolivia.
Mildbraedii Hieron. Deutsche Zentralafr. Exp. **2**. 34. 1910 — Africa centr. (Ruwenzori).
molle (Sod.) C. Chr. Ind. Suppl. 42. 1913 — Ecuador.
     Acrostichum Sod. Sert. Fl. Ecuad. II. 37. 1908.
muriculatum (Sod.) C. Chr. Ind. Suppl. 42. 1913 — Ecuador.
     Acrostichum Sod. Sert. Fl. Ecuad. II. 37. 1908.
nitidum Hieron. Hedwigia **48**. 276. 1909 = E. fimbriatum.
novoguineense Ros., Fedde Repert. **10**. 341. 1912 — N. Guinea.
palmense Christ, Bull. Soc. bot. Genève II. **1**. 223. 1909 — Costa Rica.
Palmeri Und. et Maxon, Contr. U. S. Nat. Herb. **10**. 499. 1908 — Cuba.
palorense Ros., Fedde Repert. **7**. 149. 1909 — Ecuador.
paulistanum Ros., Fedde Repert. **4**. 295. 1907 — Brasilia austr.

Picardae Hieron., Urban Symb. Ant. **6**. 53. 1909 — Haïti.
Porteri Hicken, Apunt. Hist. Nat. **1**. 35. 1909 — Argentina.
Preussii Hieron. Engl. Jahrb. **46**. 402. 1911 — Kamerun.
productum Ros., Fedde Repert. **6**. 315. 1909 — Bolivia.
pruinosum (Sod.) C. Chr. Ind. Suppl. 43. 1913 — Ecuador.
　　Acrostichum Sod. Sert. Fl. Ecuad. II. 32. 1908.
Reineckei Hieron. et Laut. Engl. Jahrb. **41**. 221. 1908 — Samoa.
reversum Christ, Geogr. d. Farne 112. (315?). 1910 (err.) = E. inversum.
Rosenstockii Christ; Ros., Fedde Repert. **4**. 6. 1907 — Ecuador.
rupicolum (Sod.) C. Chr. Ind. Suppl. 43. 1913 — Ecuador.
　　Acrostichum Sod. Sert. Fl. Ecuad. II. 41. 1908.
ruwenzorii Pirotta, Ann. di Bot. **7**. 174. 1908 — Africa centr. (Ruwenzori).
Schiffneri Christ, Denkschr. Ak. Wien **79**. 38. 1907 — Brasilia austr.
Schmalzii Ros. Hedwigia **46**. 150. 1907 — Brasilia austr.
sordidum Christ, Nova Guinea **8**. 156. 1909 — N. Guinea.
Spannagelii Ros. Hedwigia **46**. 153. 1907 — Brasilia austr.
spathulinum Christ, Denkschr. Ak. Wien **79**. 40. 1907 = E. spathulatum*.
spectabile (Sod.) C. Chr. Ind. Suppl. 43. 1913 — Ecuador.
　　Acrostichum Sod. Sert. Fl. Ecuad. II. 42. 1908.
Stübelii Hieron. Hedwigia **48**. 277 t. 14 f. 24. 1909 — Columbia.
subandinum C. Chr. Ind. Suppl. 43. 1913 — Ecuador.
　　Acrostichum fulvum Sod. Sert. Fl. Ecuad. II. 34. 1908 (non Mart. et Gal.1842).
subarborescens Ros., Fedde Repert. **4**. 294. 1907 — Brasilia austr.
subcinnamomeum Hieron. Engl. Jahrb. **46**. 401. 1911 — Africa trop.
subcochleare Christ, Bull. Boiss. II. **7**. 925. 1907 — Paraguay.
supracanum Christ, Bull. Boiss. II. **6**. 46. 1906 — Costa Rica.
tenax Ros., Fedde Repert. **8**. 279. 1910 — Brasilia austr.
trichomallum (Rovirosa) C. Chr. Ind. Suppl. 43. 1913 — Mexico.
　　Acrostichum Rovirosa, Pteridogr. Mex. 252. 1909.
Tuerckheimii Brause, Urban Symb. Ant. **7**. 160. 1911 — S. Domingo.
unduaviense Ros., Fedde Repert. **11**. 58. 1912 — Bolivia.
Urbani (Sod.) C. Chr. Ind. Suppl. 43. 1913 — Ecuador.
　　Acrostichum Sod. Sert. Fl. Ecuad. II. 36. 1908.
viscidulum (Sod.) C. Chr. Ind. Suppl. 43. 1913 — Ecuador.
　　Acrostichum Sod. Sert. Fl. Ecuad. II. 31. 1908.
Wacketii Ros. Hedwigia **46**. 151. 1907 — Brasilia austr.
Wettsteinii Christ, Denkschr. Ak. Wien **79**. 38 t. 9 f. 1—2, 7. 1907 — Brasilia austr.
FADYENIA Hooker.
　Hookeri (Sweet) Maxon, Contr. U. S. Nat. Herb. **10**. 484. 1908 — Jamaica.
　　Cuba. Porto Rico. — Aspidium Sweet, Hort. Brit. ed. 2. 579. 1830; Fadyenia Fadyenii C. Chr. Ind. 319. 1905, cum syn.
FILIX Ludwig.
　Douglasii Robinson, Bull. Torr. Club **39**. 587. 1912 = Cystopteris.
　pinnata Gilib. Exerc. Phyt. **2**. 557. 1792 — Dryopteris filix mas.
　pumila Gilib. l. l. 558 = Dryopteris Linnaeana.
GLEICHENIA Smith.
　amboinensis v. A. v. R. Bull. Dépt. agric. Ind. néerl. **18**. 3. 1908 — Amboyna. Buru.
　bicolor Christ, Bull. Boiss. II. **6**. 279. 1906 — Costa Rica.
　　Dicranopteris Und. 1907.

Bradeorum Ros., Fedde Repert. 10. 274. 1912 — Costa Rica.
brevipubis Christ, Bull. Boiss. II. 6. 280. 1906 = D. bifida.
Buchtienii Christ et Ros.; Ros., Fedde Repert. 5. 229. 1908 — Bolivia.
candida Ros., Fedde Repert. 5. 33. 1908 — N. Guinea.
costaricensis (Und.) C. Chr. Ind. Suppl. 44. 1913 — Costa Rica.
   Dicranopteris Und. Bull. Torr. Cl. 34. 253. 1907.
crassifolia (Pr.) Cop. Phil. Journ. Sci. 1. Suppl. VI. 257. 1906 — Ins. Philipp.
   Mertensia Pr. Abh. böhm. Ges. V. 5. 339. 1848; Epim. 23 t. 13; Gleichenia rigida J. Sm. 1841 (nomen); Mertensia J. Sm. (non Kze. 1834).
   An M. Lessonii A. Rich. 1834?
cundinamarcensis Hieron. Hedwigia 48. 286 t. 14 f. 27. 1909 — Columbia.
Elmeri Cop. Leaflets Phil. Bot. 3. 799. 1910 — Mindanao.
glaucina Christ, Bull. Boiss. II. 6. 283. 1906 = G. strictissima.
hastulata Ros., Fedde Repert. 10. 274. 1912 — Costa Rica.
jamaicensis (Und.) C. Chr. Ind. Suppl. 44. 1913 — Jamaica.
   Dicranopteris Und. Bull. Torr. Club 34. 258. 1907.
kiusiana Mak. Bot. Mag. Tokyo 18. 139. 1904 — Japonia.
lanuginosa Moric.; Hieron. Hedwigia 48. 287. 1909 — Amer. trop.
Loheri Christ, Bull. Boiss. II. 6. 1009. 1906 — Luzon.
mellifera Christ, Bull. Boiss. II. 6. 281. 1906 — Costa Rica.
   Dicranopteris Und. 1907.
nitidula Ros., Fedde Repert. 10. 275. 1912 — Costa Rica.
ornamentalis Ros. Nova Guinea 8. 715. 1912 — N. Guinea.
pteridella Christ, Bull. Boiss. II. 6. 284. 1906 — Costa Rica.
punctulata Col. Tr. N. Zeal. Inst. 16. 344. 1884 = G. microphylla.
ruwenzoriensis Brause, Deutsche Zentralafr. Exp. 2. 36. 1910 — Africa centr.
   (Ruwenzori).
sordida Cop. Leaflets Phil. Bot. 3. 798. 1910 — Mindanao.
subflagellaris Christ, Denkschr. Ak. Wien 79. 42 t. 4 f. 2, t. 8 f. 15. 1907
   — Brasilia.
trachyrhizoma Christ, Bull. Boiss. II. 6. 280. 1906. — Costa.
   Dicranopteris Maxon 1909.
Underwoodiana (Maxon) C. Chr. Ind. Suppl. 44. 1913 — Mexico-Guatemala.
   Dicranopteris Maxon, N. Amer. Flora 16. 59. 1909.
Wllliamsii (Maxon) C. Chr. Ind. Suppl. 44. 1913 — Panama.
   Dicranopteris Maxon, Amer. Fern. Journ. 2. 21. 1912.
yungensis Ros., Fedde Repert. 5. 228. 1908 — Bolivia.
GONIOPHLEBIUM (Bl.) Presl. = **Polypodium**.
ampliatum Maxon, Contr. U. S. Nat. Herb. 10. 492. 1908 = P. attenuatum
   var. gladiatum.
eatoni Maxon, Contr. U. S. Nat. Herb. 16. 60 t. 33. 1912.
sanctae-rosae Maxon, Contr. U. S. Nat. Herb. 13. 8. 1909.
GYMNOGRAMMA Desvaux.
antioquiana Ros. Mém. Soc. neuchâteloise 5. 54 t. 5 f. 8. 1912 — Columbia.
aurantiaca Hieron. Engl. Jahrb. 46. 383. 1911 — Africa trop.
?**Balliviani** Ros., Fedde Repert. 6. 314. 1909 — Bolivia. — (an Ceropteris?).
fumarioides Ros. Mém. Soc. neuchâteloise 5. 54 t. 6 f. 10. 1912 — Columbia.
glabra Hieron. Hedwigia 48. 215 t. 9 f. 1. 1909 = Jamesonia.
glandulifera Hieron. Hedwigia 48. 217 t. 9 f. 4. 1909 — Columbia.

Glaziovii C. Chr. Ark. för Bot. 9[11]. 20. 1910 — Brasilia.

Cheilanthes glandulosa Fée, Gen. 158 (non Sw. 1817). Ch. glandulifera Fée, Cr. vasc. Br. 2. 36. t. 88 f. 3. 1872—73 (non Liebm. 1849); Gymnogramme glandulosa Christ 1900.

hirtipes Wright, Kew Bull. 1907. 61 — Columbia.

Mayoris Ros. Mém. Soc. neuchâteloise 5. 55 t. 5 f. 9. 1912 = Jamesonia.

Stübelii Hieron. Hedwigia 48. 219 t. 9 f. 5. 1909 — Peru.

woodsioides Christ, Bull. Boiss. II. 7. 274. 1907 — Columbia.

GYMNOPTERIS Bernhardi.

bipinnata Christ, Not. syst. 1. 55. 1909 — China.

Gymnogramme Delavayi Christ, Nu. Giorn. bot. It. n. s. 4. 17 t. 3 f. 3

Sargentii Christ, Bot. Gaz. 51. 355. 1911 — China.   [(non Bak.).

GYMNOPTERIS Presl = **Leptochilus.**

acrostichoides Engl. Veg. d. Erde 9[2]. 16. 1908.

auriculata Engl. l. c. 16 f. 11.

Boivini Kuhn; Engl. l. c. 16.

Donnell-Smithii Christ, Bull. Boiss. II. 6. 289. 1906.

fluviatilis Engl Veg. d. Erde 9[2]. 16. 1908.

phanerodictyon Engl. l. c. 16.

Preussii Hieron.; Engl. l. c. 16 = L. fluviatilis.

Türckheimii Christ, Bull. Boiss. II. 6. 290. 1916.

HECISTOPTERIS J. Smith.

minima Benedict, Bull. Torr. Cl. 34. 457. 1907 = Vittaria.

Werckleana Christ, Bull. Boiss. II. 7. 265. 1907 = Vittaria minima.

HEMIGRAMMA Christ, Bull. Boiss. II. 6. 1006. 1906 (nota); Phil. Journ. Sci. Bot. 2. 170. 1907 — (Polypodiaceae Gen. 22 a).

grandifolia Cop. Phil. Journ. Sci. Bot. 6. 77. 1911 — N. Guinea.

latifolia (Meyen) Cop. Phil. Journ. Sci. Bot. 2. 406. 1907; 3. 31. 1908 — Malesia. — Polybotrya Meyen hb.; Leptochilus C. Chr. Ind. 386 cum syn. Hemionitis Zollingeri Kurz 1870; Syngramma Diels 1899; C. Chr. Ind. 629 cum syn.; Hemigramma Christ 1907; Hemionitis gymnopteroidea Cop. 1905; C. Chr. Ind. 315.

Zollingeri Christ, Phil. Journ. Sci. Bot. 2. 170. 1907 = H. latifolia.

HEMIPTERIS Rosenstock, Fedde Repert. 5. 38.1908 — (Polypodiaceae Gen. 83 b.).

Werneri Ros. l. c. — N. Guinea.

HEMITELIA R. Brown.

arachnoidea (Und.) Maxon, Contr. U. S. Nat. Herb. 16. 34 t. 21 a, b. 1912 — Costa Rica. — Cnemidaria Und. msc.

caudipinnula v. A. v. R. Bull. Jard. bot. Buit. II. nr. VII. 16. 1912 — Sumatra.

chiricana Maxon, Contr. U. S. Nat. Herb. 16. 33 t. 20. 1912 — Panama.

choricarpa Maxon, Contr. U. S. Nat. Herb. 16. 40 t. 24 d. 1912 — Costa Rica.

contigua (Und.) Maxon, Contr. U. S. Nat. Herb. 16. 32 t. 18. 1912 — Costa Rica. Cnemidaria Und. msc.

glaucophylla v. A. v. R. Bull. Jard. bot. Buit. II. nr. VII. 16. 1912 — Java.

grandis Maxon, Contr. U. S. Nat. Herb. 16. 37 t. 23. 1912 — Costa Rica.

guatemalensis Maxon, Contr. U. S. Nat. Herb. 16. 40 t. 24 d. 1912 — Guatemala.

lucida (Fée) Maxon, Contr. U. S. Nat. Herb. 16. 39 t. 24 c. 1912 — Mexico. Hemistegia Fée, Gen. 351. 1850—52.

mutica Christ, Bull. Soc. bot. Genève II. 1. 233. 1909; Maxon, Contr. U. S. Nat. Herb. 16. 34 t. 21 c. 1912 — Costa Rica.

Pittieri Maxon, Contr. U. S. Nat. Herb. **16**. 32 t. 19 a. 1912 — Costa Rica.

subglabra (Und.) Maxon, Contr. U. S. Nat. Herb. **16**. 36 t. 19 b. 1912 —
Costa Rica. — Cnemidaria Und. msc.

sumatrana v. A. v. R. Bull. Dépt. agric. Ind. néerl. **18**. 2. 1908 ; Bull. Jard.
bot. Buit. II. nr. VII. 15. 1912 — Sumatra. — Cyathea Alderwereltii Cop. 1909.

tonglonensis(Christ)v. A. v. R. Bull. Jard. bot. Buit. II. nr. VII. 14. 1912 — Luzon.
Cyathea Loheri var. tonglonensis Christ, Phil. Journ. Sci. Bot. **2**. 180. 1907.

Histiopteris (Ag.) J. Smith.

integrifolia Cop. Phil. Journ. Sci. Bot. **7**. 63. 1912 — Sarawak.

stipulacea (Hk.) Cop. Phil. Journ. Sci. Bot. **3**. 347. 1909 — Malesia.
Pteris Hk. sp. **2**. 233. 1858.

HOLODICTYUM Maxon, Contr. U. S. Nat. Herb. **10**. 481. 1908 — (Polypodiaceae Gen. 48 a).

Finckii (Bak.) Maxon, l. c. 482 — Mexico.
Asplenium Bak. Ann. Bot. **8**. 126. 1894; C. Chr. Ind. 111.

Ghiesbreghtii (Fourn.) Maxon, l. c. 482 t. 56 f. 4 — Mexico.
Asplenium Fourn. Mex. pl. **1**. 111 t. 5. 1872; C. Chr. Ind. 113.

HUMATA Cav.

Brooksii Cop. Phil. Journ. Sci. Bot. **7**. 64. 1912 — Sarawak.

crassifrons v. A. v. R. Bull. Jard. bot. Buit. II. nr. VII. 18. 1912 — N. Guinea.

Cromwelliana Ros., Fedde Repert. **10**. 324. 1912 — N. Guinea.

dimorpha Cop. Phil. Journ. Sci. Bot. **7**. 68. 1912 — N. Guinea.
Hosei v. A. v. R. Mal. Ferns 293. 1909 = Davallia.

introrsa Christ, Nova Guinea 8. 160. 1909 — N. Guinea.

microsora Cop. Phil. Journ. Sci. Bot. **7**. 55 t. 4. 1912 — Mindanao.

nephrodioides v. A. v. R. Mal. Ferns 295. 1909 = Davallia.

obtusata v. A. v. R. Bull. Jard. bot. Buit. II. nr. I. 8. 1911 — Luzon.

perpusilla v. A. v. R. Bull. Jard. bot. Buit. II. nr. VII. 17. 1912 — Amboyna.

puberula Cop. Phil. Journ. Sci. Bot. **7**. 64. 1912 — Sarawak.

Schlechteri Brause, Engl. Jahrb. **49**. 26 f. 1 G. 1912 — N. Guinea.

subtilis v. A. v. R. Bull. Jard. bot. Buit. II. nr. VII. 18. 1912 — N. Guinea.

tenuis Cop. Phil. Journ. Sci. Bot. **7**. 67. 1912 — N. Guinea.

viscidula v. A. v. R. Mal. Ferns 294. 1909 = Davallia.

HYMENOLEPIS Kaulfuss.

rigidissima Christ, Bull. Boiss. II. **6**. 990. 1906 — Luzon.

HYMENOPHYLLUM Smith.

acanthoides Ros. Bull. Jard. bot. Buit. II. nr. II. 25. 1911 = H. aculeatum var.

angulosum Christ Phil. Journ. Sci. Bot. **3**. 269. 1908 — Mindoro.

Bamlerianum Ros., Fedde Repert. **10**. 323. 1912 — N. Guinea.

batuense Ros. Bull. Jard. bot. Buit. II. nr. II. 22. 1911 — Batu (Malesia).
Boschii Ros. Bull. Jard. bot. Buit. II. nr. II. 24. 1911 = H. holochilum var. affine.

brasilianum (Fée) Ros. Hedwigia **46**. 73. 1906 — Brasilia.
H. crispum var. brasilianum Fée, Cr. vasc. Br. 1 195 t. 71 f. 2. 1869.

brevidens v. A. v. R. Bull. Jard. bot. Buit. II. nr. VII. 20. 1912 — N. Guinea.

Buchtienii Ros., Fedde Repert. **5**. 229. 1908 — Bolivia.

campanulatum Christ, Phil. Journ. Sci. Bot. **2**. 155. 1907 — Negros.

Copelandianum v. A. v. R. Bull. Jard. bot. Buit. II. nr. VII. 19. 1912 — Mindanao.

cristulatum Ros., Fedde Repert. **5**. 14. 1908 — N. Zealand.

dendritis Ros., Fedde Repert. **6**. 308. 1909 — Bolivia.

Elberti Ros. Meded. Rijks Herb. Leiden nr. 14: 31. 1912 — Ins. Lombok.

geluense Ros., Fedde Repert. **5**. 372. 1908 — N. Guinea.

halconeuse Cop. Phil. Journ. Sci. Bot. **2**. 144. 1907 — Mindoro.

Hallierii Ros. Bull. Jard. bot. Buit. II. nr. II. 23. 1911 — Borneo.

laminatum Cop. Phil. Journ. Sci. Bot. **6**. 70. 1911 — N. Guinea.

Le Ratii Ros., Fedde Repert. **9**. 71. 1910 — N. Caledonia.

Marlothii Brause, Fedde Repert. **11**. 112. 1912 — Africa austr. (Cape Colony).

Merrillii Christ, Phil. Journ. Sci. Bot. **2**. 154. 1907 — Luzon.

omeiense Christ, Bull, Géogr. Bot. Mans **1906**. 101 — China occ.

ovatum Cop. Phil. Journ. Sci. Bot. **6**. 70. 1911 — N. Guinea.

pantotactum v. A. v. R. Bull. Jard. bot. Buit. II. nr. VII. 20. 1912 — Java.

penangianum Matthew et Christ, Journ. Linn. Soc. **39**. 214. 1909 — Penang.

Pollenianum Ros. Meded. Rijks Herb. Leiden nr. 11 : 1. 1912 — Madagascar.

Preslii (v. d. B.) Ros. Bull. Jard. bot. Buit. II. nr. II. 25. 1911 — Borneo.

pumilio Ros., Fedde Repert. **9**. 72. 1910 — N. Caledonia.

repens Dulac, Fl. Hautes-Pyrénées 36. 1867 = H. tunbridgense.

Rolandi Principis Ros., Fedde Repert. **9**. 72. 1910 — N. Caledonia.

rubellum Ros. Nova Guinea **8**. 716. 1912 — N. Guinea.

semiglabrum Ros., Fedde Repert. **9**. 67. 1910 — Costa Rica.

Skottsbergii C. Chr. Ark. för Bot. **10²**. 22. fig 1910 — Tierra del Fuego.

spicatum Christ, Bull. Géogr. Bot. Mans **1906**. 235 c. fig. — China.

subdimidiatum Ros. Meded. Rijks Herb. Leiden nr. 11. 1. 1912 — N. Caledonia.

subobtusum Ros., Fedde Repert. **9**. 71. 1910 — N. Caledonia.

tablaziense Christ, Bull. Soc. bot. Genève II. 1 216. 1909 — Costa Rica.

Thomassetii C. H. Wright, Kew Bull. **1906**. 170 — Africa centr. brit.

HYPODERRIS R. Brown.

heteroneuroides Christ, Bull. Boiss. II. **6**. 292. 1906 — Guatemala.

Stübelii Hieron. Hedwigia **46**. 323. 1907 — Ecuador.

HYPOLEPIS Bernhardi.

Bamleriana Ros., Fedde Repert. **10**. 325. 1912 — N. Guinea.

flaccida (Hill.) Robinson, Bull. Torr. Cl. **39**. 579. 1912 — Ins. Hawaii.
Phegopteris punctata var. flaccida Hill. Fl. Haw. 563. 1888.

Haumann-Merckii Hicken, Anal. Soc. Cient. Argentina **63**. (22.) c. tab. 1907 — Argentina.

neocaledonica Ros., Fedde Repert. **10**. 159. 1911 — N. Caledonia.

papuana Bailey, Queensl. Agric. Journ. **23**. 158. 1909 — N. Guinea.

Stübelii Hieron. Hedwigia **48**. 230 t. 10 f. 8. 1909 — Ecuador.

tenerifrons Christ, Phil. Journ. Sci. Bot. **3**. 274. 1908 — Ins. Philipp.

JAMESONIA Hk. et Grev.

glabra (Hieron.) C. Chr. Ind. Suppl. 47. 1913 — Columbia.
Gymnogramme Hieron. Hedwigia **48**. 215 t. 9 f. 1. 1909.

Mayoris (Ros.) C. Chr. Ind. Suppl. 47. 1913 — Columbia.
Gymnogramme Ros. Mém. Soc. neuchâteloise **5**. 55 t. 5 f. 9. 1912.

LASTREA Bory = **Dryopteris**.

aristata Britt. et Rendle, List of Brit. Seed-plants and ferns 39. 1907 = D. spinulosa *dilatata.

Bootii Nieuwl. Midl. Naturalist **2**. 278. 1912 = D. cristata × spinulosa.

Clintoniana × spinulosa Nieuwl. Midl. Naturalist **2**. 277. 1912.

hexagonoptera Nieuwl. Midl. Naturalist **2**. 278. 1912.

officinalis Bubani, Fl. Pyr. **4**. 433. 1901 = D. filix mas.

palustris Bubani, Fl. Pyr. **4**. 432. 1901 = D. thelypteris.

propinqua Wollaston, ex Lowe, Our nat. Ferns 1. 234. 280. 1865 = D. filix mas.
Ridleyi Bedd. Kew Bull. 1909. 423.

LATHYROPTERIS Christ, Bull. Boiss. II. 7. 275. 1907. (Polypodiaceae Gen. 67 a).
madagascariensis Christ, l. c. c. fig. — Madagascar.

LECANOPTERIS Reinwardt.
formosana Hayata, Bot. Mag. Tokyo 26. 111. 1912 — Formosa.
philippinensis v. A. v. R. Bull. Jard. bot. Buit. II. nr. I. 8. 1911 — Mindanao. Borneo.

LEPTOCHILUS Kaulfuss.
bipinnatifidus (Mett.) C. Chr. Tr. Linn. Soc. Bot. II. 7. 414. 1912 — Ins.
Sechellae. — Chrysodium Mett.; Kuhn, Fil. Afr. 50. 1868; Heteroneuron Kuhn 1889.

Bradeorum Ros., Fedde Repert. 9. 70. 1910 — Costa Rica.
crenatus (Pr.) C. Chr. Ind. Suppl. 48. 1913 — Brasilia austr. Paraguay. Bolivia.
Poecilopteris Pr. Epim. 174. 1849. Gymnopteris contaminoides Christ
1899; Leptochilus C. Chr. 1904; Ind. 384. (conf. Und. Bull. Torr. Cl.
33. 604 c. fig. 1907).

Donnell-Smithii (Christ) C. Chr. Ind. Suppl. 48. 1913 — Guatemala.
Gymnopteris Christ, Bull. Boiss. II. 6. 289. 1906; Poikilopteris Maxon 1909.

gemmifer Hieron. Engl. Jahrb. 46. 345. 1911 — Africa trop.
hydrophyllus Cop. Phil. Journ. Sci. 1. Suppl. II. 146. 1906 — Mindanao.
mexicanus Christ, Bull. Boiss. II. 7. 414. 1907 — Mexico.
normalis (J. Sm.) Cop Phil. Journ. Sci. Bot. 3. 31. 1908 — Ins. Philipp.
Gymnopteris J. Sm. 1841 (nomen); Dendroglossa Pr. Epim. 149. 1849.
Leptochilus Rizalianus Christ 1906.

Raapii v. A. v. R Bull. Dépt. agric. Ind. néerl. 18. 27 t. 8. 1908 — Ins. Batu.
Rizalianus Christ, Bull. Boiss. II. 6. 1004. 1906 = L. normalis.
siifolius Ros. Meded. Rijks Herb. Leiden nr. 14. 32. 1912 — Ins. Lombok.
stolonifer Christ, Bull. Boiss. II. 6. 1004. 1906 — Luzon.
trifidus v. A. v. R. Bull. Dépt. agric. Ind. néerl. 18. 26. 1908 — Hort. Bogor.
(? Malesia).

Türckheimii (Christ) C. Chr. Ind. Suppl. 48. 1913 — Guatemala.
Gymnopteris Christ, Bull. Boiss. II. 6. 290. 1906.

LEPTOLEPIA Mettenius.
novae guineae (Ros.) v. A. v. R. Mal. Ferns 283. 1909 — N. Guinea.
Davallia Ros., Fedde Repert. 5. 36. 1908.

LINDSAYA Dryander.
Bonii Christ. Not. syst. 1. 187. 1910 — Tonkin.
Bouillodii Christ, Not. syst. 1. 59. 1909 — Cambodja.
brevipes Cop. Phil. Journ. Sci. Bot. 6. 83. 1911 — N. Guinea.
cambodgensis Christ, Not. syst. 1. 58. 1909 — Cambodja.
Christii Ros., Fedde Repert. 4. 292. 1907 — Brasilia austr.
crassipes Ros., Fedde Repert. 5. 36. 1908 — N. Guinea.
cubensis Und. et Maxon, Smiths. Misc. Coll. 50. 336. 1907 — Cuba.
cyathicola Cop. Phil. Journ. Sci. 1. Suppl. II. 149 t. 5. 1906 — Luzon.
Francii Ros., Fedde Repert. 9. 73 1910. — N. Caledonia.
glandulifera v. A. v. R. Bull. Jard. bot. Buit. II. nr. 1. 9. 1911 — Java.
Havicei Cop. Phil. Journ. Sci. 1. Suppl. II. 149, 1906 — Mindanao.
Hewittii Cop. Phil. Journ. Sci. Bot. 3. 346 t. 5. 1909 — Borneo.

Hornei (Bak.) C. Chr. Ind. 210. 1905 — Ins. Sechellae.
  Davallia Bak. Fl. Maur. 470. 1877. — (vix a L. Kirkii diversa).
Kingii Cop. Phil. Journ. Sci. Bot. 6. 83. 1911 — N. Guinea.
microstegia Cop. Phil. Journ. Sci. Bot. 6. 83. 1911 — N. Guinea.
monocarpa Ros. in C. Chr. Ind. Suppl. 49. 1913 — N. Guinea.
  L. monosora Ros. Nova Guinea 8. 720. 1912 (non Cop. 1908).
monosora Cop. Leaflets Phil. Bot. 2. 398. 1908 — Ins. Negros.
monosora Ros. Nova Guinea 8. 720. 1912 = L. monocarpa.
nitida Cop. Phil. Journ. Sci. Bot. 6. 138 t. 21. 1911 — Borneo.
papuana Cop. Phil. Journ. Sci. Bot. 7. 68. 1912 — N. Guinea.
Pittieri Und. et Maxon, Smiths. Misc. Coll. 50. 335. 1907 — Columbia.
regularis Ros. Meded. Rijks Herb. Leiden nr. 14: 31. 1912 — Ins. Lombok.
Roemeriana Ros. Nova Guinea 8. 719. 1912 — N. Guinea.
schizophylla Christ, Journ. de Bot. 21. 234. 1908 = L. orbiculata var.
Schlechteri Brause, Engl. Jahrb. 49. 28 f. 1 J. 1912 — N. Guinea.
Schultzei Brause, Engl. Jahrb. 49. 29. 1912 — N. Guinea.
sessilis Cop. Phil. Journ. Sci. Bot. 6. 82. 1911 — N. Guinea.
spinulosa Brause, Deutsche Zentralafr. Exp. 2. 6 t. 2 f. C. 1910 — Africa trop.
trichophylla Cop. Phil. Journ. Sci. Bot. 6. 83. 1911 — N. Guinea.
Werneri Ros., Fedde Repert. 5. 37. 1908 — N. Guinea.

LOMAGRAMMA J. Smith.
articulata (J. Sm.) Cop. Phil. Journ. Sci. Bot. 3. 32. 1908 — Celebes. Ins.
  Societatis. — Polybotrya J. Sm. 1841; C. Chr. Ind. 504 cum syn.
Brooksii Cop. Phil. Journ. Sci. Bot. 3. 345. 1909; 7. 60. 1912 — Borneo.
Wilkesiana (Brack.) Cop. Phil. Journ. Sci. Bot. 3, 32. 1908 — Polynesia.
  Polybotrya Brack. Expl. Exp. 16. 80 t.·10. 1854; C. Chr. Ind. 506 cum syn.

LOMARIA Willdenow.
costaricensis hort. Lemoine, Cat. 1909 nr. 173 — Costa Rica.
decurrens Bak. Kew Bull. 1906. 9 = Plagiogyria Henryi.
Matthewii Christ; Dunn et Tutcher, Flora of Kwantung and Hongkong 341.

LONCHITIS L. [1912 = Plagiogyria tenuifolia.
reducta C. Chr., Fedde Repert. 9. 370. 1911 — Guinea gall.

LOPHIDIUM Richard = **Schizaea**.
fluminense Und. N. Am. Flora 16. 38. 1909.
Poeppigianum Und. N. Am. Flora 16. 38. 1909.

LOXOGRAMME (Bl.) Presl = **Polypodium**.
dimorpha Cop. Leaflets Phil. Bot. 2. 407. 1908 — Negros. — (vix Polypodium).
Duclouxii Christ, Bull. Géogr. Bot. Mans 1907. 140 = P. succulentum.
grandis Cop. Phil. Journ. Sci. Bot. 3. 35. 1908 = P. Raciborskii.
iridifolia Cop. Phil. Journ. Sci. 1. Suppl. II. 149. 1906.
paltonioides Cop. Phil. Journ. Sci. Bot. 6. 87. 1911.
salvinii Maxon, Contr. U. S. Nat. Herb. 13. 17. 1909 = P. mexicanum.
suberosa Christ, Ann. Mus. Congo V. 3. 37. 1909.

LOXSOMOPSIS Christ.
notabilis Slosson, Bull. Torr. Cl. 39. 285 t. 23 f. 1—3. 1912 — Bolivia.

LYGODIUM Swartz.
altum v. A. v. R. Mal. Ferns 114. 1909 = L. flexuosum var.
basilanicum Christ, Phil. Journ. Sci. Bot. 2. 179. 1907 — Ins. Philipp.
dimorphum Cop. Phil. Journ. Sci. Bot. 6. 67. 1911 — N. Guinea.
  L. novoguineense Ros. 1911.

Kingii Cop. Phil. Journ. Sci. Bot. **6**. 68. 1911 — N. Guinea.
Matthewii Cop. Phil. Journ. Sci. Bot. **3**. 36. 1908 — Luzon.
Mearnsii Cop. Phil. Journ. Sci. Bot. **3**. 37. 1908 — Ins. Batan.
Merrillii Cop. Phil. Journ. Sci. Bot. **2**. 146 t. 4. 1907 — Mindoro.
Moszkowskii Brause, Engl. Jahrb. **49**. 57. 1912 — N. Guinea.
novoguineense Ros., Fedde Repert. **9**. 427. 1911 = L. dimorphum.
subareolatnm Christ, Bull. Géogr. Bot. Mans **1907**. 151 — China.
Teysmannii v. A. v. R. Bull. Dépt. agric. Ind. néerl. **18**. 5. 1908 — Pulo Pisang.
Versteegii Christ, Nova Guinea **8**. 161. 1909; v. A. v. R. Bull. Jard. bot.
   Buit. II. nr. 1. 10 — N. Guinea.
MACROGLOSSUM Copeland, Phil. Journ. Sci. Bot. **3**. 342. 1909. — (Gen.
Alidae Cop. l. c. t. 1. — Borneo.   [Marattiac.).
MARATTIA Swartz.
   Brooksi Cop. Phil. Journ. Sci. Bot. **7**. 59. 1912 — Sarawak.
   excavata Und. N. Am. Flora **16**. 22. 1909 — Guatemala. Costa Rica.
   grandifolia Cop. Phil. Journ. Sci. Bot. **6**. 66. 1911 — N. Guinea.
   interposita Christ, Bull. Boiss. II. **6**. 285. 1906 — Costa Rica.
   Kingii Cop. Phil. Journ. Sci. Bot. **6**. 66. 1911 — N. Guinea.
   novoguineensis Ros., Fedde Repert. **10**. 342. 1912 — N. Guinea.
   obesa Christ, Nova Guinea **8**. 163. 1909 — N. Guinea.
   odontosora Christ, Journ. de Bot. **22**. 19. 1909 — Africa occ. trop.
   Rolandi Principis Ros., Fedde Repert. **10**. 162. 1911 — N. Caledonia.
   squamosa Christ, Nova Guinea **8**. 163. 1909; v. A. v. R. Bull. Jard. bot. Buit.
      II. nr. 1. 10 — N. Guinea.
   vestita Christ, Phil. Journ. Sci. Bot. **2**. 185. 1907 — Mindanao.
   Werneri Ros., Fedde Repert. **5**. 44. 1908 — N. Guinea. (Mesocarpus nov. subgen.).
MARGINARIA Bory.
   polypodioides Tidestrom, Torreya **5**. (171). f. 1. 1905 = Polypodium.
MARSILEA L.
   Mearnsii Christ, Phil. Journ. Sci. Bot. **3**. 276. 1908 = M. crenata.
   Nashii Und. Bull. N. York Bot. Gard. **4**. 137. 1906 — Ins. Bahama.
   paradoxa Diels, Fedde Repert. **3**. 86. 1906 — Australia occ.
MATONIA R. Brown.
   Foxworthyi Cop. Phil. Journ. Sci. Bot. **3**. 343 t. 2. 1909 — Borneo.
MENISCIUM Schreber.
   liukiuense Christ, Bot. Mag. Tokyo **24**. 240. 1910 = Dryopteris.
MERINTHOSORUS Copeland, Phil. Journ. Sci. Bot. **6**. 92. 1911.
   drynarioides Cop. l. c. = Dryostachyum.
Mesocarpus Rosenstock, Fedde Repert. **5**. 376. 1908 (*Marattia* §) = **Marattia**.
MESOCHLAENA R. Brown.
   larutensis v. A. v. R. Bull. Dépt. agric. Ind. néerl. **18**. 8. 1908 = Dryopteris.
Mesosorus Rosenstock, Fedde Repert. **5**. 44. 1908 (*Marattia* §) (non Hasskarl) =
   Marattia (§ Mesocarpus).
MICROLEPIA Presl.
   dennstaedtioides Cop. Phil. Journ. Sci. **1**. Suppl. II. 148 t. 4. 1906 = Dennstaedtia.
   grammatosora (Cop.) C. Chr. Ind. Suppl. 50. 1913 — Ins. Philipp.
      Davallodes Cop. Phil. Journ. Sci. Bot. **3**. 34 t. 6. 1908.
   gymnocarpa (Cop.) C. Chr. Ind. Suppl. 50. 1913 — Ins. Philipp.
      Davallodes Cop. Phil. Journ. Sci. Bot. **3**. 34 t. 5. 1908.

Matthewii Christ, Not. syst. 1. 54. 1909 — China.
obtusiloba Hayata, Bot. Mag. Tokyo 23. 27. 1909 — Formosa.
pseudohirta Ros., Fedde Repert. 9. 425. 1911 — N. Guinea.
sablanensis Christ, Phil. Journ. Sci. Bot. 2. 168. 1907 — Luzon.
tenera Christ, Not. syst. 1. 53. 1909 — Yunnan.
todayensis Christ, Phil. Journ. Sci. Bot. 3. 272. 1908 — Mindanao.
MONACHOSORUM Kunze.
flagellare Hayata, Bot. Mag. Tokyo 23. 29. 1909 = Polystichum.
Maximowiczii Hayata, l. c. = Polystichum.
nipponicum Mak. Bot. Mag. Tokyo 23. 246. 1909 — Japonia.
MONOGRAMMA Schkuhr.
capillaris Cop. Phil. Journ. Sci. Bot. 6. 147. 1911 — Ins. Negros.
emarginata Brause, Engl. Jahrb. 49. 35. 1912 — N. Guinea.
intermedia Cop. Phil. Journ. Sci. 1. Suppl. IV. 255. 1906 — Ins. Negros.
    Pleurogramme Cop. 1908.
Loheriana v. A. v. R. Mal. Ferns 553. 1909 = Vittaria minor.
NEPHRODIUM Richard = **Dryopteris**.
abbreviatum Lowe, Fern Grow. 6. 161. 1895 = D. filix mas.
achalense Hicken, Anal. Soc. cient. Argentina 63. 7. 1907.
Arechavaletae Hicken, l. c. = D. rivularioides.
argentinum Hicken, l. c.
aureo-viridum Jenm. W. Ind. and Guiana Ferns 238. 1908 = D. tetragona.
cinereum Sod. Sert. Fl. Ecuad. II. 26. 1908.
clavivenum Yabe; Matsum. et Hayata, Enum. pl. Formosa 573. 1906 (nomen ;
    Meniscium) — Liu Kiu.
cyclodioides Bak. Kew Bull. 1906. 10 = D. Bodinieri.
devexum Mak. Bot. Mag. Tokyo 10. 56. 1896 = Aspidium d.
distans Cesati, Pass. et. Gib. Comp. Fl. Ital. (?) 1870 = D. filix mas.
equitans Christ, Bull. Boiss. II. 6. 163. 1906.
Etchichuryi Hicken, Trabajos Mus. Farm. 19. 5. 1907.
fraternum Hieron. Engl. Veg. d. Erde 9². 10. 1908 = D. Vogelii var.
Galanderi Hicken, Anal. soc. cient. Argentina 63. 7. 1907.
gracillimum hort.; Gard. Chr. 43. 258. 1908 = D. decomposita var. hort.
Grayi Jenm. W. Ind. and Guiana Ferns 235. 1908 = D. glandulosa (Desv.)
Hellianum Hieron., Engl. Veg. d. Erde 9². 12. 1908.   [C. Chr.
jaculosum Hayata, Enum. pl. Formosa 575. 1906.
leptophyllum C. H. Wright, Kew Bull. 1906. 11 = Aspidium l.
lichiangense C. H. Wright, Kew Bull. 1909. 267.
Lilloi Hicken, Anal. Soc. cient. Argentina 63. 8 c. tab. 1907.
longipilosum Sod. Sert. Fl. Ecuad. II. 26. 1908.
Lorentzii Hicken. Anal. Soc. cient. Argentina 63. 7. 1907.
microlepis Bak. Kew Bull. 1906. 10.
Morsei Bak. Kew Bull. 1906. 11 = Aspidium M.
Murrayii Jenm. W. Ind. and Guiana Ferns 241. 1908 = Aspidium M.
paleaceum Lowe, Brit. Ferns 133. 1891 = D. filix mas forma.
pennigerum Bedd. Handb. Suppl. 75. 1892 = D. indica.
propinquum Lowe, Brit. Ferns 133. 1891 = D. filix mas.
Purdiæi Jenm. W. Ind. and Guiana Ferns 242. 1908 = Aspidium P.
Raddeanum Fomin, Moniteur Jard. bot. Tiflis livr. 12. 8 t. 2. 1908.
repentulum Clarke msc.; Tutcher, Fl. of Kwantung and Hongkong 348. 1912.

siambonense Hicken, Anal. Soc. cient. Argentina **63**. 7. 1907.
Slossonae Hahne, Allg. Bot. Zeitschr. **10**. 103. 1904 = D. cristata ✕ mar-
subelatum Bak. Kew Bull. **1906**. 11.   [ginalis.
submarginale Hicken, Anal. Soc. cient. Argentina **63**. 7. 1907.
tenuiculum Tutcher, Fl. of Kwantung and Hongkong 348. 1912.
yunnanense Bak. Kew Bull. **1906**. 11 = Aspidium y.
NEPHROLEPIS Schott.
amabilis hort.; Gard. Mag. **1908**. 849, 876 c. fig. — Hort.
Amerpohli hort.; Amer. Florist **24**. 1136, **25**. 759 c. fig. 1905 = N. exaltata
Barrowsii Lemoine, Cat. 1908—09 nr. 170 — Hort.   [var. hort.
bostoniensis hort.; Amer. Florist **24**. 185 c. fig. 1905; conf. Möller's Deutsche
Gärtn. Zeit. **21**. 451 c. fig. 1906 — Hort.
caudata Christ, Ann. Mus. Congo V. **3**. 27. 1909 — Congo.
Clementis Christ, Phil. Journ. Sci. Bot. **3**. 272. 1908 — Mindanao.
davalliae v. A. v. R. Bull. Dépt. agric. Ind. néerl. **21**. 2. 1908 — N. Guinea.
filipes Christ, Ann. Mus. Congo V. **1**³. 213. 1906 — Congo.
Genyi hort.; Amer. Florist **31**. 758. 1908 — Hort.
Giatrasii hort.; Amer. Florist **33**. 631 c. fig. 1909 — Hort.
glabra Cop. Phil. Journ. Sci. **1**. Suppl. II. 146. 1906 — Luzon.
lycopodioides hort.; Gard. Chr. **45**. 301. 1909; Gard. Mag. **1909**. 363 — Hort.
magnifica hort.; Gard. Chr. **46**. 26. 1909; Gard. Mag. **1909**. 539, 558 c. fig. — Hort.
Millsii hort.; Gard. Chr. **52**. 321. 1912 — Hort.
Neuberti hort.; Rev. Hort. **1910**. 442 = N. exaltata var. hort.
ornata hort.; Rev. Hort. Belg. **1909**. 222 — Hort.
persicifolia Christ, Nova Guinea **8**. 159. 1909 — N. Guinea.
Preussneri hort.; Amer. Florist **33**. 117 c. fig. 1909 — Hort.
Rosenstockii Brause, Engl. Jahrb. **49**. 25. 1912 — N. Guinea.
schizolomae v. A. v. R. Bull. Jard. bot. Buit. II. nr. VII. 22. 1912 — N. Guinea.
Schlechteri Brause, Engl. Jahrb. **49**. 24. 1912. — N. Guinea.
Schoelzelii hort.; Rev. Hort. Belg. **1909**. 201 = N. exaltata var. hort.
splendens hort.; Gard. Chr. **46**. 363. 1909 — Hort.
superba hort.; Rev. Hort. Belg. **1909**. 222 — Hort.
superbissima hort.; Amer. Florist **31**. 328. 1908 = N. exaltata var hort.
todeaoides hort.; Gard. Chr. **40**. 265. 1906; Gard. Mag. **1906**. 697, 710 c. fig.
= N. exaltata var hort.
tomentosa v. A. v. R. Bull. Jard. bot. Buit. II. nr. I. 11. 1911 — Java.
verdissima hort.; Amer. Florist **31**. 758. 1908 — Hort.
Whitmani hort.; Amer. Florist **25**. 457 c. fig. 1905 = N. exaltata. var. hort.
Wredei hort.; Møller's Deutsche Gärtn. Zeit. **1912**. 482 f. 1 = N. exaltata var. hort.
Nephrosporopteris Hieron. Hedwigia **48**. 285. 1909 (Gleichenia §) = **Gleichenia**.
NIPHOBOLUS Kaulfuss = **Cyclophorus**.
Mechowii Brause et Hieron. Engl. Veg. d. Erde **9**². 55. 1908.
Stoltzii Hieron. Engl. Veg. d. Erde **9**². 55. 1908.
NOTHOLAENA R. Brown.
Arsenii Christ, Not. syst. **1**. 232. 1910 — Mexico.
Buchtienii Ros., Fedde Repert. **5**. 238. 1908 — Bolivia.
chiapensis Rovirosa, Pteridogr. Mex. 229 t. 48 f. 1—6. 1909 — Chiapas.
cochisensis Goodding, Muhlenbergia **8**. (92—94). 1912 — S. W. U. S. A.
Herzogii Ros., Fedde Repert. **6**. 175. 1908 — Bolivia.
leonina Maxon, Contr. U. S. Nat. Herb. **16**. 58. 1912 — Mexico.

Marlothii Hieron. Engl. Jahrb. 46. 384. 1911 — Africa austr. occ.
Rosei Maxon, Contr. U. S. Nat. Herb. 16. 59. 1912 — Mexico.
ODONTOSORIA (Pr.) Féc.
  decipiens (Ces.) Christ, Nova Guinea 8. 158. 1909 — N. Guinea.
    Davallia Ces. Rend. Ac. Napoli 16. 25, 29. 1877. Odontosoria lindsayae
    v. A. v. R. 1908.
  Eberhardtii Christ, Journ. de Bot. 21. 235, 266. 1908 — Annam.
  guatemalensis Christ, Bull. Soc. bot. Genève II. 1. 229. 1909 — Costa Rica.
  gymnogrammoides, Christ, Bull. Soc. bot. Genève II. 1. 228. 1909 — Costa Rica.
  lindsayae v. A. v. R. Dépt. agric. Ind. néerl. 21. 4. 1908 = O. decipiens.
  Versteegii Christ, Nova Guinea 8. 157. 1909 — N. Guinea.
  virescens Ros. Hedwigia 46. 79. 1906 = Lindsaya.
OLEANDRA Cavanilles.
  Baetae Damazio, Bull. Boiss. II. 6. 892. 1906 — Brasilia (Minas Geraes).
  Bradei Christ, Bull. Soc. bot. Genève II. 1. 231. 1909 — Costa Rica.
  oblanceolata Cop. Phil. Journ. Sci. Bot. 7. 64. 1912 — Sarawak.
  Werneri Ros., Fedde Repert. 5. 40. 1908 — N. Guinea.
ONYCHIUM Kaulfuss.
  ≃ **cryptogrammoides** Christ, Not. syst. 1. 52. 1909 — Yunnan.
OPHIOGLOSSUM Linné.
  gregarium Christ, Nova Guinea 8. 164. 1909 — N. Guinea.
  inconspicuum (Rac.) v. A. v. R. Bull. Dépt. agric. Ind. néerl. 21. 9. 1908 —
    Java. N. Guinea. — O. moluccanum f. inconspicuum Rac. Nat. Tijdschr.
    Ned. Ind. 59. 237 t. 2 f. 5. 1900.
  lineare Schlechter et Brause; Brause, Engl. Jahrb. 49. 59 f. 3 F. 1912 —
    Bismarck's Arch.
  moluccanum f. inconspicuum Rac. Nat. Tijdschr. Ned. Ind. 59. 237 t. 2 f. 5.
    1900 = O. inconspicuum.
  moluccanum f. pumilum Rac. l. c. t. 2 f. 2—3 = O. pumilum.
  pumilum (Rac.) v. A. v. R. Mal. Ferns 774. 1909 — Java.
    O. moluccanum f. pumilum Rac. Nat. Tijdschr. Ned. Ind. 59. 237 t. 2
    f. 2—3. 1900.
  sabulicolum Sauzé et Maillard, Fl. des 2-Sèvres 451. 1880 = O. vulgatum
    var. polyphyllum.
  Schlechteri Brause, Engl. Jahrb. 49. 58 f. 3 E. 1912 — N. Guinea.
OSMUNDA Linné.
  bromeliifolia (Pr.) Cop. Phil. Journ. Sci. Bot. 2. 147. 1907; 4. 16. 1909 —
    Ins. Philipp. — Nephrodium? Pr. Rel. Haenk. 1. 33. 1825; Plenasium Pr.?
    1836; Osmunda Haenkeana Pr. Suppl. 67. 1845.
  rutacea Liljebl. Sv. Flora 303. 1792 = Botrychium matricariae.
  Spicanthus Gmel. Syst. nat. 2². 1293. 1791 = Blechnum spicant.
PAESIA St. Hilaire.
  Elmeri Cop. Leaflets Phil. Bot. 3. 826. 1910 — Mindanao.
  luzonica Christ, Phil. Journ. Sci. Bot. 3. 275. 1908 — Luzon.
PALTONIUM Presl.
  novoguineense Ros. Nova Guinea 8. 729. 1912 — N. Guinea.
  ? **vittariiforme** Ros., Fedde Repert. 10. 341. 1912 — N. Guinea.
Peismapodium Maxon, Contr. U. S. Nat. Herb. 13. 39. 1909 *(Dryopteris §)* =
    Polystichum (apiifolium).

PELLAEA Link.
Arsenii Christ, Not. syst. 1. 233. 1910 — Mexico.
Lilloi Hicken, Anal. Soc. cient. Argentina 63. (20.) c. tab. 1907 — Argentina.
Lozani Maxon, Contr. U. S. Nat. Herb. 10. 500. 1908 — Mexico.
notabilis Maxon, Contr. U. S. Nat. Herb. 10. 500. 1908 — Mexico.
pulcherrima Rovirosa, Pteridogr. Mex. t. 14 (sine descr.). 1909 — Mexico.
timorensis v. A. v. R. Bull. Dépt. agric. Ind. néerl. 18. 11. 1908 — Timor.
truncata Goodding, Muhlenbergia 8. (92—94). 1912 — S. W. U. S. A.
Woodfordii (Wright) C. Chr. Ind. Suppl. 54. 1913 — Ins. Salomonis.
  Cassebeera Wright, Kew Bull. 1908. 183.

PERANEMA Don.
formosana Hayata, Bot. Mag. Tokyo 26. 110. 1912 — Formosa.
luzonica Cop. Phil. Journ. Sci. Bot. 4. 111. 1909 — Luzon.

PESSOPTERIS Underwood et Maxon; Maxon, Contr. U. S. Nat. Herb. 10. 485. 1908.
crassifolia Und. et Maxon l. c. = Polypodium.

PHANEROSORUS Copeland, Phil. Journ. Sci. Bot. 3. 344. 1909 —(Matoniaceae).
sarmentosus (Bak.) Cop. l. c. t. 3 — Borneo.
  Matonia Bak. Journ. Linn. Soc. 24. 256. 1887; C. Chr. Ind. 420.

PHEGOPTERIS Fée = Dryopteris.
acromanes v. A. v. R. Mal. Ferns 505. 1909.
aortisora v. A. v. R. l. c. 501 = D. aoristisora.
appendiculata v. A. v. R. l. c. 489 — ?D. cana.
arfakiana v. A. v. R. l. c. 502.
asperula v. A. v. R. l. c. 495.
Beccariana v. A. v. R. l. c. 509 — D. Cesatiana.
borneensis v. A. v. R. l. c. 500 = D. labuanensis.
ceramica v. A. v. R. Bull. Dépt. agric. Ind. néerl. 18. 15. 1909.
chamaeotaria v. A. v. R. Mal. Ferns 505. 1909 = Mesochlaena polycarpa*.
cheilanthoides v. A. v. R. l. c. 494 = D. brunneo-villosa.
cicutaria Fée, 11. mém. 140. 1866 (Plum. t. 36) —?
connectile Watt, Canad. Naturalist 1870. 29 = D. phegoptèris.
Copelandi v. A. v. R. Mal. Ferns 492. 1909.
diversiloba v. A. v. R. l. c. 503.
firmula v. A. v. R. l. c. 501.
granulosa v. A. v. R. l. c. 503.
holophylla v. A. v. R. l. c. 500.
Hosei v. A. v. R. Bull. Dépt. agric. Ind. néerl. 21. 7. 1908.
imponens v. A. v. R. Mal. Ferns 506. 1909.
loxoscaphoides v. A. v. R. l. c. 493.
Merrillii v. A. v. R. l. c. 505.
oxyodus v. A. v. R. l. c. 491.
pennigera v. A. v. R. l. c. 504.
quadriaurita v. A. v. R. l. c. 489.
Ramosii v. A. v. R. l. c. 502.
rubida v. A. v. R. l. c. 502.
simplicifolia v. A. v. R. l. c. 500.
Smithii v. A. v. R. Bull. Dépt. agric. Ind. néerl. 18. 15. 1908.
Spenceri v. A. v. R. Mal. Ferns 508. 1909.
stenophylla v. A. v. R. l. c. 510 = D. brevipinna.
triangularis St. Lager, Flore Rhône ed. VIII. 964. 1889 = D. Linnaeana.

tuberculata v. A. v. R. Mal. Ferns 491. 1909.

xiphioides v. A. v. R. l. c. 501.

PHYLLITIS Ludwig.

intermedia v. A. v. R. Bull. Dépt. agric. Ind. néerl. **21**. 6. 1908 — N. Guinea.
Diplora integrifolia Christ, Nova Guinea **8**. 151. 1909 (non Bak. 1873).

linza v. A. v. R. Bull. Jard. bot. Buit. II. nr. 1. 12. 1911 = Triphlebia.

mambare (Bail) v. A. v. R. Bull. Dépt. agric. Ind. néerl. **21**. 6. 1908 —
N. Guinea. — Scolopendrium Bailey, Queensl. Agric. Journ. **3**². 162. 1898.

schizocarpa (Cop.) v. A. v. R. Bull. Dépt. agric. Ind. néerl. **21**. 6. 1908 —
Mindanao. N. Guinea. — Scolopendrium Cop. Phil. Journ. Sci. **1**. Suppl.
II. 152 t. 9. 1906.

scolopendropsis (F. Muell.) v. A. v. R. Bull. Dépt. agric. Ind. néerl. **21**. 6.
1908 — N. Guinea. — Asplenium F. Muell. Pap. Plants **3**. 49. 1876.

Virchowii (Kuhn) Christ, Geogr. d. Farne 160 f. 123. 1910 — Madagascar.
Asplenium Kuhn; Bak. 1891; Diplazium Diels 1899; C. Chr. Ind. 241.

PHYMATODES Presl = **Polypodium.**

nematorhizon Und.; Mazon, Contr. U. S. Nat. Herb. **10**. 493. 1908.

prominula Maxon, Contr. U. S. Nat. Herb. **10**. 501. 1908.

PLAGIOGYRIA Mett.

argutissima Christ, Bull. Géogr. Bot. Mans 1910. 141 — China.

Christii Cop. Phil. Journ. Sci. **1**. Suppl. II. 153. 1906 — Mindanao.

Dunnii Cop. Phil. Journ. Sci. Bot. **3**. 281. 1908 — China.

falcata Cop. Phil. Journ. Sci. Bot. **2**. 133 t. 1 f. B. 1907 — Mindoro.

Hayatana Mak. Bot. Mag. Tokyo **23**. 245. 1909 — Formosa.

nana Cop. Phil. Journ. Sci. Bot. **4**. 114. 1909 — Luzon.

tenuifolia Cop. Phil. Journ. Sci. Bot. **3**. 281. 1908 — China.
Lomaria Matthewii Christ 1912.

tuberculata Cop. Phil. Journ. Sci. **1**. Suppl. II. 153. 1906 — Luzon.

PLATYCERIUM Desvaux.

Ridleyi Christ, Ann. Buit. II. Suppl. III. 8 t. 2. 1909 — Malesia.
P. biforme var. erecta Ridley, Journ. Straits Branch R. As. Soc. nr. 50.
56. 1908. P. coronarium var. cucullatum v. A. v. R. Bull. Dépt. agric.
Ind. néerl. **18**. 25. 1908.

Vassei hort.; Rev. Horticole **1910**. 530; Kew Bull. **1910**. app. I. 107 — Mo-
zambique.

Wilhelminae Reginae v. A. v. R. Bull. Dépt. agric. Ind. néerl. **18**. 24 t. 6—7.
1908 — Hort. Bogor. (Aru Ins.?). — Alcicornium v. A. v. R. l. c.

PLEOCNEMIA Presl = **Aspidium.**

Bakeri v. A. v. R. Bull. Dépt. agric. Ind. néerl. **21**. 3. 1908 = A. Trimeni.

devexa v. A. v. R. Mal. Ferns 174, 811. 1909.

excellens v. A. v. R. Mal. Ferns 171. 1909.

heterophylla v. A. v. R. Mal. Ferns 171. 1909 = Dryopteris h.

profereoides v. A. v. R. Mal. Ferns 812. 1909 = A. ambiguum.

PLEOPELTIS Humb. et Bonpl. = **Polypodium.**

albula v. A. v. R. Bull. Dépt. agric. Ind. néerl. **27**. 7. 1909.

Annabellae v. A. v. R. l. c. 5.

anomala v. A. v. R. l. c. 9 = P. heterolobum.

antrophyoides v. A. v. R. l. c. 4.

Bakeri v. A. v. R. l. c. 4 t. 1.

barisanica v. A. v. R. l. c. 3 = Lecanopteris incurvata.
Beccarii v. A. v. R. l. c. 4.
Bolsteri v. A. v. R. l. c. 11.
calophlebia v. A. v. R. 12.
campyloneuroides v. A. v. R. l. c. 7.
carnosa v. A. v. R. l. c. 3 = Lecanopteris c.
commutata v. A. v. R. l. c. 9.
coronans v. A. v. R. l. c. 11.
costulata v. A. v. R. l. c. 6 t. 4.
curtidens v. A. v. R. l. c. 4.
Curtisii v. A. v. R. l. c. 3 = Lecanopteris C.
damunensis v. A. v. R. l. c. 4.
de Kockii v. A. v. R. Bull. Jard. bot. Buit. II. nr. I. 28. 1911.
deparioides v. A. v. R. Bull. Dépt. agric. Ind. néerl. **27**. 3. 1909 = Lecano-
dolichoptera v. A. v. R. l. c. 9.   [pteris d.
dulitensis v. A. v. R. l. c. 7.
elliptica v. A. v. R. l. c. 12.
Elmeri v. A. v. R. l. c. 12.
Feel v. A. v. R. l. c. 12.
flaccida v. A. v. R. l. c. 9.
Forbesii v. A. v. R. l. c. 5.
glossipes v. A. v. R. l. c. 0.
grandidentata v. A. v. R. l. c. 9.
hammatisora v. A. v. R. l. c. 4 = P. pyrolifolium.
Helwigii v. A. v. R. l. c. 6 = P. Hellwigii.
heraclea v. A. v. R. l. c. 11.
heterocarpa v A. v. R. l. c. 12.
holophylla v. A. v. R. l. c. 3.
Hosei v. A. v. R. l. c. 12.
imbricata v. A. v. R. l. c. 3 = P. mirabile.
indurata v. A. v. R. l. c. 5.
interrupta v. A. v. R. l. c. 11.
lagunensis v. A. v. R. l. c. 10.
leucophora v. A. v. R. l. c. 7.
linguaeformis v. A. v. R. l. c. 6.
luzonica v. A. v. R. l. c. 7.
Macleayi v. A. v. R. l. c. 3 = Lecanopteris M.
macrophylla v. A. v. R. l. c. 12.
Maingayi v. A. v. R. l. c. 12.
Meyeniana v. A. v. R. l. c 11.
millisora v. A. v. R. l. c. 8.
monstrosa v. A. v. R. l. c. 8.
Moseleyi v. A. v. R. l. c. 10.
Nieuwenhuisii v. A. v. R. l. c. 3 = Lecanopteris N.
papuana v. A. v. R. l. c. 5.
paucijuga v. A. v. R. l. c. 8.
pedunculata v. A. v. R. l. c. 12.
peltata Scort.; v. A. v. R. l. c. 4 = P. superficiale var.
pentaphylla v. A. v. R. l. c. 9.
phanerophlebia v. A. v. R. l. c. 10.

plebiscopa v. A. v. R. l. c. 7.
proteus v. A. v. R. l. c. 11.
quinquefida v. A. v. R. l. c. 9.
Raapii v. A. v. R. l. c. 5.
regularis v. A. v. R l. c. 11.
revoluta v. A. v. R. l. c. 5.
rivularis v. A. v. R. l c. 9 = P. dolichopterum.
rudimenta v. A. v. R· l. c. 5 = P. ovdes.
sablaniana v. A. v. R. l. c. 6.
sarawakensis v. A. v. R. l. c. 4.
sarcopus v. A. v. R. l. c. 3.
Sauvinieri v. A. v. R. l. c. 10.
Schneideri v. A. v. R. l. c. 10.
Schouteni v. A. v. R. Bull. Jard. bot. Buit. II. nr. VII. 24. 1912.
sculpturata v. A. v. R. Bull. Dépt. agric. Ind. néerl. 27. 10. 1909.
selliguea v. A. v. R. l. c. 11.
soridens v. A. v. R. l. c. 4 t. 3.
spuria v. A. v. R. l. c. 12.
stenopteris v. A. v. R. l· c. 4.
subaquatilis v. A. v. R. l. c. 10.
subecostata v. A. v. R. l. c. 5.
subgeminata v. A. v. R. l. c. 5.
subopposita v. A. v. R. l. c. 8.
subsparsa v. A. v. R. l. c. 3.
sumatrana v. A. v. R. l. c. 8 = P. sundense.
temenimborensis v. A. v. R. Bull. Jard. bot. Buit. II. nr. VII. 23. 1912.
Treubii v. A. v. R. Bull. Dépt. agric. Ind. néerl. 27. 6. 1909.
triquetra v. A. v. R. l. c. 7.
Valetoniana v. A. v. R. l. c. 6.
valida v. A. v. R. l. c. 8.
violascens v. A. v. R. l. c. 10.
Weinlandii v. A. v. R. l. c. 8.
Werneri v. A. v. R. l. c. 7.
Whitfordi v. A. v. R. l. c. 6.
Zollingeriana v. A. v. R. l. c. 8.
PLEUROGRRAMME Presl.
  intermedia Cop. Leaflets Phil. Bot. 2. 408. 1908 = Monogramma.
  Loheriana Christ, Bull. Boiss. II. 6. 1006. 1906 = Vittaria pusilla.
  minor Cop. Phil. Journ. Sci. Bot. 7 53. 1912 = Vittaria pusilla.
  pusilla Christ, Phil. Journ. Sci. Bot. 2. 175. 1907 = Vittaria.
POECILOPTERIS Presl. (Poikilopteris).
  donnell-smithii Maxon, Contr. U. S. Nat. Herb. 13. 20. 1909 = Leptochilus.
POLYBOTRYA Humb. et Bonpl.
  aucuparia Christ, Bull. Boiss. II. 6. 166. 1906 — Costa Rica.
  Nieuwenhuisii v. A. v. R. Mal. Ferns 724. 1909 = P. Nieuwenhuisenii.
  sinensis (Bak.) C. Chr. Ind. Suppl. 57. 1913 — Yunnan.
      Acrostichum Bak. Kew Bull. 1906. 14.
  villosula Christ, Bull. Boiss. II. 6. 168. 1906 — Costa Rica. Guatemala.
POLYPODIUM L.
(Pl) acutifolium Brause, Engl. Jahrb. 49. 49. 1912 — N. Guinea.

(Pl) **albicaulum** Cop. Phil. Journ. Sci. Bot. 6. 90. 1911 — N. Guinea.

(Pl) **albidoglaucum** C. Chr. Ind. Suppl. 58. 1912 — China occ.

    P. austrosinicum Christ, Bull. Géogr. Bot. Mans 1906. 107 (non Christ 1906).

(P) **Alderwereltii** Ros. in C. Chr. Ind. Suppl. 58. 1913 — N. Guinea.

    P. Koningsbergeri Ros. Novà Guinea 726. 1912 (non v. A. v. R. 1908).

(P) **alsophilicolum** Christ, Bull. Soc. bot. Genève II. 1. 219. 1909 — Costa Rica.

(Pl) **amplexifolium** Christ, Journ. de Bot. 21. 237, 269. 1908 — Annam.

(C?) **anetioides** Christ, Bull. Soc. bot. Genève II. 1. 219. 1909 — Costa Rica.

(Pl) **antrophyoides** v. A. v. R. Bull. Dépt. agric. Ind. néerl. 18. 22. 1908 —

    Pleopeltis v. A. v. R. 1909.   [Sumatra.

    appendiculatum Hoffm. Deutsch. Fl. 2. 8. 1796 = Polystichum aculeatum?

(Pl) **aquaticum** Christ, Nova Guinea 8. 153. 1909 — N. Guinea.

(Pl) **astrosorum** Christ, Journ. de Bot. 22. 22. 1909 — Ins. S. Thomé (Afr. occ.).

    austro-sinicum Christ, Bull. Géogr. Bot. Mans 1906. 107 = P. albidoglaucum.

(P) **Balliviani** Ros., Fedde Repert. 9. 344. 1911 — Bolivia.

(Pl) **Bamlerianum** Ros., Fedde Repert. 8. 163. 1910 — N. Guinea.

    barisanicum v. A. v. R. Mal. Ferns 627. 1909 — Lecanopteris incurvata.

(Pl) **Beccarii** v. A. v. R. Bull. Dépt. agric. Ind. néerl. 18. 22. 1908 — Sumatra.

    Pleopeltis v. A. v. R. 1909.

(G) **benguetense** Cop. Phil. Journ. Sci. 1. Suppl. IV. 256. 1906 — Luzon.

(P) **biauritum** Maxon, Contr. U. S. Nat. Herb. 13. 9. 1909 — Guatemala.

(M?) **blandulum** Christ, Bull. Boiss. II. 7. 250. 1907   Costa Rica.

(P) **blepharolepis** C. Chr. Ind. Suppl. 58. 1913 — Ecuador.

    P. gracillimum Hieron. Hedwigia 48. 250 t. 12 f. 18. 1909 (non Cop. 1905).

(P) **bolivianum** Ros., Fedde Repert. 5. 236. 1908 — Bolivia.

(P) **bolobense** Drause, Engl. Jahr. 49. 38 f. 2 E. 1912 — N. Guinea.

(S) **Bolsteri** Cop. Phil. Journ. Sci. 1. Suppl. IV. 257 t. 4 A. 1906 — Mindanao.

    Pleopeltis v. A. v. R. 1909.

(Pl) **Bonapartii** Ros., Fedde Repert. 7. 309. 1909 — Ecuador.

(S) **Bradeorum** Ros., Fedde Repert. 10. 279. 1912 — Costa Rica.

    brevifrons Scort.; v. A. v. R. Mal. Ferns 600. 1909 = P. repandulum var.

(My) **Brooksii** (Cop.) C. Chr. Ind. Suppl. 58. 1913 — Sarawak.

    Aglaomorpha Cop. Phil. Journ. Sci. Bot. 6. 141 t. 25. 1911.

(?) *Brunei* Wercklé; Christ, Bull. Soc. bot. Genève II. 1. 221. 1909 — Costa Rica.

(M) **Buchtienii** Christ et Ros.; Ros., Fedde Repert. 5. 237. 1908 — Bolivia.

(P) **callophyllum** C. H. Wright, Kew Bull. 1909. 362 — Perak.

(S) **calophlebium** Cop. Phil. Journ. Sci. Bot. 2. 140 t. 3 f. A. 1907 — Mindoro.

    Pleopeltis v. A. v. R. 1909.

(P) **capillatum** Brause, Engl. Jahrb. 49. 39 f. 2 G. 1912 — N. Guinea.

(Pl) **ceratophyllum** Cop. Phil. Journ. Sci. Bot. 3. 348 t. 7. 1909 — Borneo.

(P) **Christensenii** Maxon, Contr. U. S. Nat. Herb. 13. 10. 1909 — Guatemala.

(C) **cocheuse** Hieron. Hedwigia 48. 269 t. 13 f. 23. 1909 — Columbia.

(Pl) **cochleare** Brause, Engl. Jahrb. 49. 48. 1912 — N. Guinea.

(G) **coloratum** Cop. Phil. Journ. Sci. Bot. 3. 347 t. 6. 1909 — Borneo.

(P) **conduplicatum** Brause, Engl. Jahrb. 41 f. 2 J. 1912 — N. Guinea.

(Pl) **connatum** Christ, Bull. Géogr. Bot. Mans 1907. 141 — China.

(P) **consociatum** v. A. v. R. Bull. Jard. bot. Buit. II. nr. VII. 41 t. 4 f. 1. 1912.

    contortum Christ, Bot. Gaz. 51. 347. 1911 = P. lineare var. [— Ins. Philipp.

(P) **convolutum** Bak. Kew Bull. 1906. 12 — Yunnan.

    coraiense Christ, Fedde Repert. 5. 285. 1908 = P. lineare var ussuriense.

crinitum Bak. Kew Bull. **1906.** 12 = Dryopteris crinigera.

(Pl) **Cromwellii** Ros., Fedde Repert. **10.** 340. 1912 — N. Guinea.

cryptocarpum v. A. v. R. Mal. Ferns 616. 1909 = Davallia.

(G) **crystalloneuron** Ros., Fedde Repert. **11.** 57. 1912 — Bolivia.

(P) **Curranii** Cop. Phil. Journ. Sci. Bot. **4.** 114. 1909 — Luzon.

(Pl) **damunense** Ros., Fedde Repert. **5.** 42. 1907 — N. Guinea.

Pleopeltis v. A. v. R. 1909.

(Pl) **de Kockii** v. A. v. R. Bull. Jard. bot. Buit. II. nr. l. 28. 1911 (syn.) — N. Guinea.

Pleopeltis v. A. v. R. l. c. Polypodium prolixum Ros. 1912.

(G) **demersum** Brause, Engl. Jahrb. **49.** 44. 1912 — N. Guinea.

(P) **diaphanum** Brause, Engl. Jahrb. **49.** 42. 1912 — N. Guinea.

(Gr) **diplosoroides** Ros., Nova Guinea 8. 724. 1912 — N. Guinea.

(P) **dissimulans** Maxon, Contr. U. S. Nat. Herb. **10.** 502. 1908 — Guatemala.

distans Mak. Bot. Mag. Tokyo **20.** 31. 1906 = P. lineare var.

divaricatum Hayata, Bot. Mag. Tokyo **23.** 78. 1909 = P. Morianum.

(Pl) **dolichopterum** Cop. Pkil. Journ. Sci. **1.** Suppl. II. 162 1906 — Ins. Philipp.

Pleopeltis v. A. v. R. 1909. — Polypodium rivulare Cop. 1906 (non
Vahl 1807); Pleopeltis v. A. v. R. 1909.

(Gr) **dolichosorum** Cop. Phil. Journ. Sci. **1.** Suppl. II. 159 t. 16. 1906 — Mindanao.

(P) **domingense** Brause, Urban Symb. Ant. **7.** 159. 1911 (non Spr. 1827) —
S. Domingo.

Donnell-Smithii Christ, Bull. Boiss. II. **6.** 291. 1906 = P. rhachipterygium.

duale Maxon, Contr. U. S. Nat. Herb. **16.** 61. 1912 = P. serrulatum.

(G) **Duclouxii** Christ, Not. syst. **1.** 34. 1909 — Yunnan.

(Gr) **durum** Cop. Leaflets Phil. Bot. **3.** 837. 1910 — Mindanao.

Eliasii Sennen et Pau, Pl. d'Esp. 907. 1909; Bull. Géogr. Bot. Mans **1910.**
94—95; **1911.** 134 = Dryopteris africana.

(P) **enterosoroides** Christ, Bull. Boiss. II. **7.** 260. 1907 — Costa Rica.

erythrotrichum Cop. Phil. Journ. Sci. **1.** Suppl. II. 160 t. 20. 1906 = P.

exaltatum v. A. v. R. Mal. Ferns 614. 1909 = Davallia.   [venulosum.

(S) **Faurianum** Nakai, Fl. Koreana 416. 1911 — Corea. China.

Selliguea coraiensis Christ, Fedde Repert. **5.** 11. 1908 (non Pol. coraiense Christ 1908).

(Pl) **flaccidum** Christ, Phil. Journ. Sci. Bot. **2.** 178. 1907 — Luzon.

Pleopeltis v. A. v. R. 1909.

(S) **fluviatile** Lauterb. Engl. Jahrb. **44.** 507. 1910 — Borneo.

(Pl) **Forbesii** v. A. v. R. Bull. Dépt. agric. Ind. néerl. **18.** 23. 1908 — Sumatra.

Pleopeltis v. A. v. R. 1909.

(P) **fuciforme** Ros. Nova Guinea 8. 726. 1912 — N. Guinea.

(C) **fulgens** Hieron. Hedwigia **48.** 268. 1909 — America trop.

P. lucidum Beyr.; Hk. sp. **5.** 41. 1863. HB. 348 (non Roxb. 1844);
Campyloneurum Moore 1861; Pol. angustifolium* C. Chr. Ind. 509.

(P) **geluense** Ros., Fedde Repert. **5.** 374. 1908 — N. Guinea.

(P) **govidjoaense** Brause, Engl. Jahrb. **49.** 41. 1912 — N. Guinea.

gracillimum Hieron. Hedwigia **48.** 250 t. 12 f. 18. 1909 = P. blepharolepis.

(P) **halconense** Cop. Phil. Journ. Sci. Bot. **2.** 138 t. 2 f. B. 1907 — Mindoro.

(G) **Hassleri** Christ, Bull. Boiss. II. **7.** 923. 1907 — Paraguay.

(P) **Herzogii** Ros., Fedde Repert. **6.** 176. 1908 — Bolivia.

(P) **hispido-setosum** Ros., Fedde Repert. **10.** 162. 1911 — N. Caledonia.

(G) **hispidulum** Bartlett, Proc. Amer. Acad. **43.** 48. 1907 — Guatemala.

(Pl) **holosericeum** Ros., Fedde Repert. **5**. 375. 1908 — N. Guinea.
(Pl) **iboense** Brause, Engl. Jahrb. **49**. 50 f. 3 B. 1912 — N. Guinea.
　　inarticulatum Cop. Phil. Journ. Sci. **1**. Suppl. II. 160. 1906 = P. pediculatum.
(P) **insidiosum** Slosson, Bull. Torr. Cl. **39**. 287 t. 23 f. 4—8. 1912 — Cuba.
(G) **integriore** Cop. Phil. Journ. Sci. Bot. **2**. 139. 1907 — Mindoro.
(P) **integrum** Brause, Engl. Jahrb. **49**. 37. 1912 — N. Guinea.
(P) **Jenmani** Und.; Maxon, Contr. U. S. Nat. Herb. **16**. 62. 1912 — Jamaica.
　　　　P. lasiolepis Jenm. Bull. Dept. Jam. **4**. 118. 1897 (non Mett. 1869).
(P) **kaniense** Brause, Engl. Jahrb. **49**. 40 f. 2 H. 1912 — N. Guinea.
(Pl) **Kawakamii** Hayata, Bot. Mag. Tokyo **23**. 77. 1909 — Formosa.
(Pl) **Kingii** Cop. Phil. Journ. Sci. Bot. **6**. 89. 1911 — N. Guinea.
(G) **Koningsbergeri** v. A. v. R. Bull. Dépt. agric. Ind. néerl. 18. 21. 1908 — Java.
　　　　an P. cyathoides Sw.? conf. C. Chr. Ark. för Bot. 9[11]. 38. 1910.
　　　　Koningsbergeri Ros. Nova Guinea **8**. 726. 1912 = P. Alderwereltii.
(P) **lancifolium** v. A. v. R. Bull. Dépt. agric. Ind. néerl. **18**. 21. 1908 — Sumatra.
　　　　lasiolepis Jenm. Bull. Dept. Jam. **4**. 118. 1897 = P. Jenmani.
(Pl) **Lauterbachii** Brause, Engl. Jahrb. **49**. 52. 1912 — N. Guinea.
(S) **Leveillei** (Christ) C. Chr. Ind. Suppl. 60. 1913　　China.
　　　　Selliguea Christ, Bull. Géogr. Bot. Mans 1906. 236; 1907. 143.
(Pl) **limaeforme** Brause, Engl. Jahrb. **49**. 49. 1912 — N. Guinea.
(P) **limula** Christ, Bull. Soc. bot. Genève II. **1**, 218. 1909 — Guatemala. Costa
(S) **linealifolium** Ros. Nova Guinea **8**. 728. 1912 — N. Guinea.　　　[Rica.
(Pl) **loxogrammoides** Cop. Phil. Journ. Sci. Bot. **7**. 65. 1912 — Sarawak.
(Pl) **luzonicum** Cop. Phil. Journ. Sci. **1**. Suppl. II. 162 t. 23. 1906 — Luzon.
　　　　Pleopeltis v. A. v. R. 1909.
　　　　Macleayi v. A. v. R. Mal. Ferns 626. 1909 = Lecanopteris.
(Gr) **malaicum** v. A. v. R. Mal. Ferns 577. 1909 — Malaya.
　　　　P. sessilifolium Hk. sp. **4**. 168 t. 268 A. 1863. HB. 322 (non Liebm.
　　　　1849); Grammitis J. Sm. 1875; Pol. subevenosum var. C. Chr. Ind. 567.
　　　　Mandaianum hort.; Journ. of Hortic. **63**. 299. 1911 = P. aureum var. hort.
(M) **Margallii** Rovirosa, Pteridogr. Mex. 206 t. 38 A. f. 1—5. 1909 — Mexico.
(P) **Mayoris** Ros. Mém. Soc. neuchâteloise **5**. 53 t. 4 f. 6. 1912 — Columbia.
(Pl) **mengtzeanum** Bak. Kew Bull. 1906. 14 — Yunnan.
(P) **Merritti** Cop. Phil. Journ. Sci. **1**. Suppl. IV. 255. 1906 — Mindoro. Sarawak.
　　　　mesetae Christ, Bull. Boiss. II. **6**. 49. 1906 = P. polypodioides.
(G) **Meyi** Christ, Not. syst. **1**. 33. 1909 — Yunnan.
(Pl) **micropteris** Bak. Kew Bull. 1906. 14 (non C. Chr. Ind. 545) — Yunnan.
(Pl) **Mildbraedii** Hier. Engl. Jahrb. **46**. 391. 1911 — Africa orient. germ.
(Pl) **mindanense** Christ, Bull. Boiss. II. **6**. 994. 1906 — Mindanao.
　　　　(P. punctatum*).
(P) **minusculum** Maxon, Contr. U. S. Nat. Herb. **13**. 11. 1909 — Guatemala.
　　　　mollissimum Bergeret, Fl. Basses-Pyrénées, éd. nouv. 757. 1909 – ?
(S) **mon-changense** C. Chr. Ind. Suppl. 60. 1913 — China.
　　　　Selliguea cochlearis Christ, Bull. Géogr. Bot. Mans 1907. 142 (non Pol.
　　　　cochleare Brause 1912).
(Pl) **monstrosum** Cop. Leaflets Phil. Bot. **1**. 78. 1906 — Ins. Philipp.
　　　　Pleopeltis v. A. v. R. 1909.
(Pl) **Morianum** C. Chr. Ind. Suppl. 60. 1913 — Formosa.
　　　　P. divaricatum Hayata, Bot. Mag. Tokyo **23**. 78. 1909 (non Fourn. 1872).
(Pl) **morrisonense** Hayata, Bot. Mag. Tokyo **23**. 77. 1909 — Formosa.

(P) **multicaudatum** Cop. Phil. Journ. Sci. 1. Suppl. II. 160. t. 19. 1906 — Mindanao.

(Pl) **multijugatum** Cop. Phil. Journ. Sci. Bot. 6. 90. 1911 — N. Guinea.

(C) **multipunctatum** Christ, Bull. Boiss. II. 6. 51. 1906 — Costa Rica.

(P) **muscoides** Cop. Leaflets Phil. Bot. 3. 839. 1910; v. A. v. R. Bull. Jard.
bot. Buit. II. nr. VII. 41 t. 3 f. 3. 1912 — Mindanao.

naviculare v. A. v. R. Mal. Ferns 627. 1909 = Lecanopteris Curtisii.

(P) **negrosense** Cop. Leaflets Phil. Bot. 2. 409. 1908 — Negros.

(Pl) **neo-guineense** Cop. Phil. Journ. Sci. Bot. 6. 89. 1911 — N. Guinea.

(P) **nephrolepioides** Christ, Bull. Soc. bot. Genève II. 1. 220. 1909 — Costa Rica.
Nieuwenhuisii v. A. v. R. Mal. Ferns 626. 1909 = Lecanopteris.

obtusifolium Schrank, Naturhist. Briefe 2. 296. 1785 = Dryopteris Robertiana?

(P) **ornatissimum** Ros., Fedde Repert. 5. 41. 1908 — N. Guinea.

(P) **pachyrhizon** Christ. Not. syst. 1. 231. 1910 — Mexico.

(Lox)**paltonioides** (Cop.) C. Chr. Ind. Suppl. 61. 1913 — N. Guinea.
Loxogramme Cop. Phil. Journ. Sci. Bot. 6. 87. 1911.

(Pl) **papyraceum** Cop. Phil. Journ. Sci. Bot. 6. 90. 1911 — N. Guinea.

(Gr) **parvum** Brause, Engl. Jahrb. 49. 36 f. 2 C. 1912 — N. Guinea.

(P) **pastazense** Hieron. Hedwigia 48. 257 t. 13 f. 22. 1909 — Ecuador.

(Gr) **patagonicum** C. Chr. Ark. för Bot. 10². 15. 1910 — Patagonia.

(Pl) **paucijugum** v. A. v. R. Bull. Dépt. agric. Ind. néerl. 18. 24. 1908 — Borneo.
Pleopeltis v. A. v. R. 1909.

(P) **paucisorum** Cop. Phil. Journ. Sci. Bot. 2. 137 t. 3 f. B. 1907 — Mindoro.
peltatum Scort.; v. A. v. R. Mal. Ferns 632. 1909 = P. superficiale var.

(Pl) **phanerophlebium** Cop. Phil. Journ. Sci. 1. Suppl. II. 163 t. 24. 1906 —
Pleopeltis v. A. v. R. 1909.   [Mindanao.

(Pl) **pinnatum** Hayata, Bot. Mag. Tokyo 23. 79. 1909 — Formosa.

(G) **plectolepidioides** Ros., Fedde Repert. 10. 278. 1912 — Costa Rica.

(Gr) **pleurogrammoides** Ros., Fedde Repert. 5. 42. 1908 — N. Guinea.

(P) **podocarpum** Maxon, Smiths. Misc. Coll. 56²⁴. 2 t. 1—3. 1911 — Panama.
polymorphum v. A. v. R. Mal. Ferns 615. 1909 — Davallia.

(Pl) **Preussii** Hier. Engl. Jahrb. 46. 386. 1911 — Kamerun.

(G) **prionodes** C. H. Wright, Kew Bull. 1906. 253 — Uganda.

(G) **proavitum** Cop. Phil. Journ. Sci. Bot. 3. 347. 1909 — Borneo.
productum Christ. Phil. Journ. Sci. Bot. 2. 178. 1907 = P. revolutum.
productum Maxon, Contr. U. S. Nat. Herb. 13. 11. 1909 = P. leptostomum.
prolixum Ros. Nova Guinea 8. 727. 1912 = P. de Kockii.

(P) **prolongilobum** Clute, Fern Bull. 18. 97 cum t. 1910 — Arizona.

(Pl) **prominulum** (Maxon) C. Chr. Ind. Suppl. 61. 1913 — Venezuela. Trinidad.
Phymatodes Maxon, Contr. U. S. Nat. Herb. 10. 501. 1908.

(Pl) **proteus** Cop. Phil. Journ. Sci. 1. Suppl. II. 164 t. 25. 1906 — Luzon.
Pleopeltis v. A. v. R. 1909.

(P) **pseudoarticulatum** Cop. Phil. Journ. Sci. 1. Suppl. II. 160 t. 18. 1906 — Luzon.

(G) **pseudoconnatum** Cop. Phil. Journ. Sci. 1. Suppl. II. 161 t. 22. 1906 — Luzon.

(P) **pseudonutans** Christ et Ros., Fedde Repert. 5. 15. 1908 — Ecuador.

(P) **pseudo-spirale** v. A. v. R. Bull. Jard. bot. Buit. II. nr. I. 29. 1911 —
P. Roemerianum Ros. 1912.   [N. Guinea.

(P) **pulcherrimum** Cop. Leaflets Phil. Bot. 3. 841. 1910 — Mindanao.

(P) **pulogense** Cop. Phil. Journ. Sci. Bot. 6. 148. 1911 — Luzon.

(P) **pumilum** Brause, Engl. Jahrb. 49. 38 f. 2 F. 1912 — N. Guinea.

(M) **Purpusii** Christ, Bull. Boiss. II. 7. 416. 1907 — Mexico.

(P) **pyxidiforme** v. A. v. R. Bull. Jard. bot. Buit. II. nr. I. 28. 1911 — N. Guinea.
(Pl) **Raapii** v. A. v. R. Bull. Dépt. agric. Ind. néerl. 18. 23 t. 4. 1908 — Batu Ins.
    Pleopeltis v. A. v. R. 1909.
(P) **rachisorum** Christ, Nova Guinea 8. 154. 1909 — N. Guinea.
(P) **repletum** Christ, Bull. Boiss. II. 7. 260. 1907 — Costa Rica.
    Rheedei Kostel. Med. Fl. 1. 58. 1831 (Rheede t. 12, 13) — ?
(Pl) **rhomboideum** Brause, Engl. Jahrb. 49. 46. 1912 (non Bl. 128) — N. Guinea.
    rivulare Cop. Phil. Journ. Sci. 1. Suppl. II. 163. 1906 = P. dolichopterum.
    Roemerianum Ros. Nova Guinea 8. 725. 1912 = P. pseudo-spirale.
(P) **Rossii** Christ apud H. Ross, Soc. sci. ›Antonio Alzate‹ 32. 191. 1912 — Mexico.
(P) **rufescens** Brause, Engl. Jahrb. 49. 43. 1912 (non Bl. 1829) — N. Guinea.
(Pl) **sablanianum** Christ, Phil. Journ. Sci. Bot. 2. 177. 1907 — Luzon. Borneo.
    Pleopeltis v. A. v. R. 1909.
(P) **Saffordii** Maxon, Amer. Fern Journ. 2. 19 c. fig. 1912 — Ins. Hawaii.
    P. minimum Brack. Expl. Exp. 16. 5 t. 1 f. 3. 1854 (non Aubl. 1775).
(G) **sanctae-rosae** (Maxon) C. Chr. Ind. Suppl. 62. 1913 — Guatemala.
    Goniophlebium Maxon, Contr. U. S. Nat. Herb. 13. 8. 1909.
    Sarasinorum v. A. v. R, Mal. Ferns 615. 1909 = Davallia Friderici et Pauli.
(P) **Schefferi** v. A. v. R. Bull. Dépt. agric Ind. néerl. 18. 21. 1908 — Java.
(P) **Schiffneri** Christ, Denkschr. Akad. Wien 79. 33. 1907 — Brasilia austr.
(Pl) **Schlechteri** Brause, Engl. Jahrb. 49. 54 f. 3 C. 1912 — N. Guinea.
    Schlechteri v. A. v. R. Mal. Ferns 614. 1909 = Davallia.
(Pl) **Schouteni** v. A. v. R. Bull. Jard. bot. Buit. II. nr. VII. 24. 1912 — Java.
    Pleopeltis v. A. v. R. l. c.
(Pl) **Schultzei** Brause, Engl. Jahrb. 49. 53. 1912 — N. Guinea.
(G) **scutulatum** Sod. Sert. Fl. Ecuad. II. 29. 1908 — Ecuador.
(Pl) **senescens** Cop. Phil. Journ. Sci. Bot. 6. 88. 1911 — N. Guinea.
(C) **serpentinum** Christ, Bull. Boiss. II. 6. 51. 1906 — Costa Rica.
(P) **serraeforme** Brause, Engl. Jahrb. 49. 36 f. 2 D. 1912 — N. Guinea.
(P) **serrato-dentatum** v. A. v. R. Bull. Dépt. agric. Ind. néerl. 18. 20. 1908 — Java?
    sessile ›Fée‹; Christ, Bull. Boiss. II. 7. 259. 1907 (err.) = P. senile.
(P) **setaceum** Cop. Phil. Journ. Sci. Bot. 6. 139 t. 24. 1911 — Borneo.
(P) **setulosum** Ros., Fedde Repert. 10. 277. 1912 — Costa Rica.
(Pl) **sibomense** Ros., Fedde Repert. 10. 340. 1912 — N. Guinea.
(G) **Silvestrii** Christ, Not. syst. 1. 58. 1909 — China.
(P) **simulans** Bak. Kew Bull. 1906. 13 — Yunnan.
(P) **Sodiroi** Christ et Ros., Fedde Repert. 5. 14. 1908 — Ecuador.
(Pl) **soromanes** Christ, Nova Guinea 8. 152. 1909 — N. Guinea.
(P) **sparsipilum** Cop. Phil. Journ. Sci. Bot. 6. 139 t. 23 B. 1911 — Borneo.
(Pl) **Stolzii** Hier. Engl. Jahrb. 46. 389. 1911 — Africa orient. germ.
(P) **Stübelii** Hieron. Hedwigia 48. 252 t. 12 f. 19. 1909 — Columbia.
(G) **subareolatum** Christ, Bull. Soc. bot. Genève II. 1. 220. 1909 — Costa Rica.
(P) **subdichotomum** v. A. v. R. Bull. Dépt. agric. Ind. néerl. 18. 20. 1908,
    21 t. 3 — Sumatra.
(Pl) **subdrynariaceum** Christ, Bull. Boiss. II. 6. 994. 1906 — Singapore.
    P. punctatum*.
(Lox)**suberosum** (Christ) C. Chr. Ind. Suppl. 62. 1913 — Congo.
    Loxogramme Christ, Ann. Mus. Congo V. 3. 37. 1909.
(Gr) **subfasciatum** Ros., Fedde Repert. 5. 41. 1908 — N. Guinea.
(P) **subflabelliforme** Ros., Fedde Repert. 7. 306. 1909 — Ecuador.

(P) **subgracillimum** v. A. v. R. Bull. Jard. bot. Buit. II. nr. VII. 40 t. 3 f. 2. 1912 — Java. Sumatra.

(P) **subiuaequale** Christ, Ark. för Bot. 9¹⁵. 2. 1910 — Brasilia austr.

(Pl) **subirideum** Christ, Bull. Boiss. II. 6. 994. 1906 — Ins. Philipp. — (P. punctatum*).

(P) **sublongipes** Christ, Bull. Soc. bot. Genève II. 1. 218. 1909 — Costa Rica.

(C) **sublucidum** Christ, Bull. Boiss. II. 7. 261. 1907 — Costa Rica. — (P. sphenoides*).

(P) **subminutum** v. A. v. R. Mal. Ferns 598. 1909 — Java.

(Pl) **suboppositum** Christ, Bull. Boiss. II. 6. 995. 1906 — Luzon.
　　Pleopeltis v. A. v. R. 1909.

subpubescens Bergeret, Fl. Basses-Pyrénées nouv. éd. 757. 1909 = Dryopteris sp.

(P) **subrepandum** Brause, Engl. Jahrb. 49. 37. 1912 — N. Guinea.

(P) **subtriangulare** v. A. v. R. Bull. Dépt. agric. Ind. néerl. 18. 20. 1908 — Amboyna.

subtriquetrum Christ, Journ. de Bot. 21. 237, 267. 1908 = P. triquetrum v. rupestre.

(Lox) **succulentum** C. Chr. Ind. Suppl. 63. 1913 — Yunnan.
　　Loxogramme Duclouxii Christ, Bull. Géogr. Bot. Mans 1907. 140 (non Pol. Duclouxii Christ 1909).

(P) **taeniophyllum** Cop. Phil. Journ. Sci. Bot. 7. 65. 1912 — Sarawak.

(G) **taiwanianum** Hayata, Bot. Mag. Tokyo 20. 80. 1909 — Formosa.

(P) **tamiense** Brause, Engl. Jahrb. 49. 43. 1912 — N. Guinea.

(Pl) **temenimborense** v. A. v. R. Bull. Jard. bot. Buit. II. nr. VII. 23. 1912
　　Pleopeltis v. A. v. R. l. c.　　　　　　　　　　　[— N. Guinea.

(C) **tenuipes** (Maxon) C. Chr. Ind. Suppl. 63. 1913 — Guatemala.
　　Campyloneurum Maxon, Contr. U. S. Nat. Herb. 13. 7. 1909.

Thomassetii C. H. Wright, Kew Bull. 1906. 252 = Dryopteris.

Toppingii v. A. v. R. Mal. Ferns 616. 1909 = Davallia.

tortile v. A. v. R. Mal. Ferns 614. 1909 = Davallia Merrillii.

(Phl?) **torricellanum** Brause, Engl. Jahrb. 49. 45 f. 3 A. 1912 — N. Guinea.

(Pl) **trabeculatum** Cop. Phil. Journ. Sci. Bot. 3. 283. 1908 — China.

triangulare Dulac, Fl. Hautes-Pyrénées 31. 1867 = Dryopteris Linnaeana.

(C) **trichiatum** Ros., Fedde Repert. 7. 148. 1909 — Ecuador.

(P) **trichophyllum** Bak. Kew Bull. 1906. 13 — Yunnan.

(P) **truncatulum** Ros., Fedde Repert. 9. 343. 1911 — Bolivia.

(P) **tunguraguae** Ros., Fedde Repert. 7. 307. 1909 — Ecuador.

(Pl) **Uchiyamae** Mak. Bot. Mag. Tokyo 20. 30. 1906 — Japonia.

(Pl) **udum** Christ, Bull. Géogr. Bot. Mans 1910. 140 — China.

(Pl) **Valetonianum** v. A. v. R. Bull. Dépt agric. Ind. néerl. 18. 23 t. 5. 1908 — Java.
　　Pleopeltis v. A. v. R. 1909.

(Pl) **Versteegii** Christ, Nova Guinea 8. 154. 1909 — N. Guinea.

(Pl) **vesiculari-paleaceum** Hieron. Engl. Jahrb. 46. 390. 1911 — Africa orient. germ.

Vidgeni hort.; Gard. Chr. 51. 387 f. 185. 1912 — Hort. (Queensland).

villosum Dulac, Fl. Hautes-Pyrénées 31. 1867 = Dryopteris phegopteris.

viscosum C. H. Wright, Kew Bull. 1906. 12 = Dryopteris laokaiensis.

(P) **vittariiforme** Ros., Fedde Repert. 5. 235. 1908 — Bolivia.

(Pl) **Werneri** Ros., Fedde Repert. 5. 43. 1908 — N. Guinea.
　　Pleopeltis v. A. v. R. 1909.

(Pl) **Whitfordi** Cop. Phil. Journ. Sci. 1. Suppl. IV. 256 t. 4 B. 1906 — Luzon.
　　Pleopeltis v. A. v. R. 1909.

(G) **Wilsoni** Christ, Bull. Géogr. Bot. Mans 1906. 104 — China occ.
(Pl) **wobbense** Brause, Engl. Jahrb. 49. 51. 1912 — N. Guinea.
(P) **Wolfli** Hieron. Hedwigia 48. 249 t. 12 f. 17. 1909 — Ecuador.
(Pl) **xiphiopteris** Bak. Kew Bull. 1906. 13 — Yunnan.
(P) **Yoderi** Cop. Phil. Journ. Sci. 1. Suppl. II. 161. 1906 — Ins. Philipp. N. Guinea.
(P) **yungense** Ros., Fedde Repert. 5. 236. 1908 — Bolivia.
(P) **Zenkeri** Hieron. Engl. Jahrb. 46. 385. 1911 — Kamerun.

POLYSTICHUM Roth.

acrostichoides $\times$ *angulare* Hans, Fern Bull. 16. 14. 1908 — Hort.

aculeatum $\times$ **Braunii** — Europa centr. Caucasus. — Aspidium [Christ,
 Farnkr. d. Schweiz 14, 130. 1900] Aschers. u. Graebn. Syn. Mitteleur. Fl.
 ed. 2. 1. 64. 1912 part.; $\times$ P. Wirtgeni Hahne 1904. — P. Braunii var.
 Marcowiczi $\times$ angulare Fomin 1909.

ambiguum Maxon, Contr. U. S. Nat. Herb. 16. 49 t. 27. 1912 — Jamaica.

asperum Bubani, Fl. Pyr. 4. 435. 1901 = P. lonchitis.

Balansae Christ, Acta Hort. Petrop. 28. 193. 1908 = Cyrtomium.

Bamlerianum Ros., Fedde Repert. 10. 330. 1912 — N. Guinea.

Bicknellii Hahne, Allg. Bot. Zeitschr. 10. 103. 1904 = P. aculeatum $\times$ lobatum.

bissectum C. Chr. Ind. Suppl. 64. 1913 — Tibet orient. (Mt. Omi).
 P. omeiense Christ, Bull. Géogr. Bot. Mans 1906. 114 (non C. Chr. 1905).

blepharistegium Cop. Phil. Journ. Sci. 1. Suppl. II. 145. 1906 — Luzon.

boboense Hieron. Hedwigia 46. 358 t. 8 f. 25, 26. 1907 = P. Sodiroi.

Bonapartii Ros., Fedde Repert. 7. 297. 1909 — Ecuador.

Braunii var. Marcowiczi $\times$ angulare Fomin, Moniteur Jard. bot. Tiflis livr.
 15. 39. 1909 = P. aculeatum $\times$ Braunii.

Christiannae (Jenm.) Und. et Maxon; Maxon, Contr. U. S. Nat. Herb. 13.
 30 t. 2. 1909 — Jamaica. — Aspidium Jenm. Bull. Dept. Jam. 2. 285. 1895.

convolutum Dulac, Fl. Hautes-Pyrénées 32. 1867 = Dryopteris thelypteris.

Copelandi Christ, Phil. Journ. Sci. Bot. 2. 157. 1907 — Luzon.

decoratum Maxon, Contr. U. S. Nat. Herb. 13. 20 t. 3. 1909 — China.

deversum Christ, Bot. Gaz. 51. 353. 1911 — China.

Dielsii Christ, Bull. Géogr. Bot. Mans 1906. 238 — China.
 P. hecatopterum var. marginale Christ, l. c. 1904. 114 c. fig.; P. Pinfaense Christ 1906.

dissimulans Maxon, Contr. U. S. Nat. Herb. 13. 31 t. 4 A. 1909 — Jamaica.

distans Trevis. Syll. Sporoph. It. 19. 1874 = Dryopteris filix mas.

Faberi Christ, Not. syst. 1. 37. 1909 = P. omeiense.

fimbriatum Christ, Bull. Géogr. Bot. Mans 1906. 237 — China.

glandulosum Dulac, Fl. Hautes-Pyrénées 32. 1867 = Dryopteris oreopteris.

Harrisii Maxon, Contr. U. S. Nat. Herb. 13. 32 t. 4 B. 1909 — Jamaica.
 Aspidium caudatum Jenm. JoB. 1879. 260 (non Sw. 1806); A. viviparum
 var. caudatum Jenm. Bull. Dept. Jam. 2. 268. 1895.

Hartwigii Hieron. Hedwigia 46. 355. 1907 = P. aculeatum var. 4.

hecatopterum var. marginale Christ, Bull. Géogr. Bot. Mans 1904. 114 = P.

Henry Christ, Not. syst. 1. 36. 1909 — Yunnan. Khasia. [Dielsii.
 $\times$ illyricum Hahne, Allg. Bot. Zeitschr. 10. 103. 1904 = P. lobatum $\times$ lonchitis.

Keysserianum Ros., Fedde Repert. 10. 331. 1912 — N. Guinea.

Kingii Watts, Proc. Linn. Soc. N. S. Wales 1912? — Ins. Lord Howe.

lacerum Christ, Bot. Gaz. 51. 352. 1911 — China.

laniceps Ros. Hedwigia 46. 112. 1907 — Brasilia austr. (P. aculeatum*).

lastreoides Ros., Fedde Repert. **9**. 425. 1911 — N. Guinea.

leucochlamys Christ, Bot. Gaz. **51**. 351. 1911 — China.

lobatum × angulare Fomin, Moniteur Jard. bot. Tiflis livr. **15**. 23. 1909 = P. aculateum × lobatum.

lobatum × Braunii Fomin, Moniteur Jard. bot. Tiflis livr. **15**. 26. 1909 = P. Braunii × lobatum.

lobatum × **munitum** (Christ) — Hort.
Aspidium Christ, Allg. Bot. Zeitschr. **12**. 4. 1906; A. Arendsii Wirtg. 1906.

longipaleatum Christ, Not. syst. **1**. 35. 1909 — Yunnan.

longipes Maxon, Contr. U. S. Nat. Herb. **13**. 34 t. 6. 1909 = P. Wrightii.

× Luerssenii Hahne, Allg. Bot. Zeitschr. **10**. 103. 1904 = P. Braunii × lobatum.

meridionale Lojac. Fl. sicula **3**. 405. 1909 = Dryopteris rigida.

Michelii Christ, Bull. Géogr. Bot. Mans **1910**. 16 — China.

molliculum Christ, Bot. Gaz. **51**. 354. 1911 — China.

montevidense Ros. Hedwigia **46**. 111. 1906; Hieron. Hedwigia **46**. 356. 1907 = P. aculeatum var. 9.

Moritzianum Hieron. Hedwigia **46**. 354 t. 8 f. 20. 1907 = P. aculeatum var. **4**.

munitum solitarium Maxon, Fern Bull. **11**. 39. 1903 = P. solitarium.

nanum Christ, Bull. Géogr. Bot. Mans **1906**. 238 — China.

niitakayamense Hayata, Journ. Coll. Sc. Tokyo **22**. 243. 1906 (nomen); Bot. Mag. Tokyo **21**. 14. 1907; Fl. mont. Formosa 243 t. 41. 1908 — Formosa.

nudicaule Ros., Fedde Repert. **11**. 56. 1912 — N. Guinea.

nudum Cop. Phil. Journ. Sci. **1**. Suppl. II. 145. 1906 — Mindanao.

obtusum Dulac, Fl. Hautes-Pyrénées 33. 1867 = Dryopteris filix mas.

Omeiense Christ, Bull. Géogr. Bot. Mans **1906**. 114 = P. bissectum.

opacum Ros. Hedwigia **46**. 112. 1906 — Brasilia austr. (P. aculeatum*).

patentissimum Trevis Syll. Sporoph. It. 18. 1874 = Dryopteris filix mas.

perangulare × lobatum Fomin, Monteur Jard. bot. Tiflis livr. **15**. 32. 1909 = P. aculeatum × lobatum.

Pinfaënse Christ, Bull. Géogr. Bot. Mans **1906**. 110. = P. Dielsii.

polysorum Todaro, Giorn. sci. nat. Palermo **1**. 240. 1866 = Dryopteris filix mas.

polystichiforme (Fée) Maxon, Contr. U. S. Nat. Herb. **13**. 35. 1909 — Cuba. Jamaica. Porto Rico. — Phegopteris Fée, Gen. 243. 1850—52. — Polystichum tenue Gilb. 1909; C. Chr. Ind. 588.

rhizophorum (Jenm.) Maxon, Contr. U. S. Nat. Herb. **13**. 36 t. 7. 1909 — Jamaica. — Aspidium viviparum sub-sp. rhizophorum Jenm. Bull. Dept. Jam. **2**. 268. 1895.

shensiense Christ, Bull. Géogr. Bot. Mans **1906**. 113 — China.

solitarium (Maxon) Und.; Maxon, Contr. U. S. Nat. Herb. **10**. 493. 1908 — California inf. — P. munitum solitarium Maxon, Fern Bull. **11**. 39. 1903.

struthionis Maxon, Contr. U. S. Nat. Herb. **13**. 37 t. 8. 1909 = P. echinatum.

Stübelii Hieron. Hedwigia **46**. 355 t. 8 f. 21. 1907 — Columbia.

tenggerense Ros., Fedde Repert. **8**. 164. 1910 — Java.

tosaense Mak. Bot. Mag. Tokyo **23**. 144. 1909 — Japonia.
Aspidium Mak. l. c. **6**. 46. 1892 (nomen); **13**. 61. 1899.

turrialbae Christ, Bull. Boiss. Il. **6**. 163. 1906 — Costa Rica.

Underwoodii Maxon, Contr. U. S. Nat. Herb. **13**. 38 t. 9. 1909 — Jamaica.

Wilsoni Christ, Bot. Gaz. **51**. 353. 1911 — China.

Wirtgeni Hahne, Allg. Bot. Zeitschr. **10**. 103. 1904 = P. aculeatum × Braunii.

Index Filicum Supplementum. 5

Wolfii Hieron. Hedwigia **46**. 356 t. 8 f. 23, 24. 1907 — Bolivia. Peru.

woodsioides Christ, Bot. Gaz. **51**. 354. 1911 — China.

Woronowii Fomin, Moniteur Jard. bot. Tiflis livr. 18. 21. c. tab. 1911 — Caucasus.

Wrightii (Bak.) C. Chr. apud Maxon, Contr. U. S. Nat. Herb. **16**. 50. 1912 — Cuba.
Polypodium Bak. Syn. 304. 1867; Nephrodium Diels 1899; Dryopteris Sauvallei C. Chr. Ind. 291. 1905; Polystichum longipes Maxon 1909.

yaeyamense Mak. Bot. Mag. Tokyo **23**. 144. 1909 — Liu Kiu.
Aspidium Mak. Bot. Mag. Tokyo **11**. 18. 1897; Dryopteris C. Chr. Ind.

Yoshinagae Mak. Bot. Mag. Tokyo **23**. 144. 1909 — Japonia. [301. 1905.
Aspidium Mak. Bot. Mag. Tokyo **6**. 46. 1892 (nomen); **13**. 57. 1899; C. Chr. Ind. 301. 1905.

yungense Ros., Fedde Repert. **11**. 55. 1912 — Bolivia.

yunnanense Christ, Not. syst. **1**. 34. 1909 — Yunnan. Himalaya.

POLYTAENIUM Desvaux = **Antrophyum**.

anetioides — brasilianum — cayennense — discoideum — Dussianum — ensiforme — Jenmani — lanceolatum Benedict, Bull. Torr. Cl. **38**. 169. 1911 = A. sp. homonym.

quadriseriatum Benedict l. c. 170.

PROSAPTIA Presl = **Davallia**. (potius genus).

ancestralis Cop. Leaflets Phil. Bot. **3**. 385. 1910.

cryptocarpa Cop. Phil. Journ. Sci. **1**. Suppl. II. 158 t. 14 a, d. 1906.

linearis Cop. Phil. Journ. Sci. Bot. **4**. 115. 1909.

polymorpha Cop. Phil. Journ. Sci. Bot. **2**. 136. 1907.

toppingii Cop. Phil. Journ. Sci. **1**. Suppl. II. 158 t. 14 c. 1906.

PROTOLINDSAYA Copeland, Phil. Journ. Sci. Bot. **5**. 283. 1910 — (Poly-
Brooksii Cop. l. c. — Borneo. [podiaceae Gen. 39 a).

PSOMIOCARPA Presl = **Polybotrya**.

aspidioides Christ, Geogr. d. Farne 224. 1910; Smiths. Misc. Coll. **56**²³. 1. 1911.
Maxoni Christ, Smiths. Misc. Coll. **56**²³. 2 f. 1, t. 1. 1911 = P. aspidioides var.

PTERIS L.

(L) **aethiopica** Christ, Journ. de Bot. **22**. 21. 1909 — Africa occ. trop.

(L) **aspidioides** Sod. Sert. Fl. Ecuad. II. 14. 1908 — Ecuador.

(L) **biternata** Sod. Sert. Fl. Ecuad. II. 17. 1908 — Ecuador.

(L) **Brausei** Ros. in C. Chr. Ind. Suppl. 66. 1913 — N. Guinea.
Taenitis Ros. Nova Guinea **8**. 730. 1912.

(P) **Buchtienii** Ros., Fedde Repert. **6**. 309. 1909 — Bolivia.

(P) **caesia** Cop. Phil. Journ. Sci. **1**. Suppl. II. 156. 1909 — Mindanao.

(P) **cheilanthoides** Hayata, Enum. Pl. Formosa 619. 1906 — Formosa.

(L) **congensis** Christ, Ann. Mus. Congo V. **3**. 29. 1909 — Congo.

(P) **decrescens** Christ, Bull. Géogr. Bot. Mans **1906**. 244 — China.
Degoesi hort.; La Tribune Hort. **1910**. 9.; **1911**. 35 c. fig. — Hort. (Hybr.).

(P) **deltoidea** Cop. Phil. Journ. Sci. Bot. **6**. 85. 1911 — N. Guinea.
P. glabella Ros. 1911.
De Smedti hort.; La Tribune Hort. **1911**. 499, 502 c. fig. = P. cretica f. hort.

(P) **dimorpha** Cop. Phil. Journ. Sci. Bot. **3**. 282. 1908 — China.

(L) **esmeraldensis** Sod. Sert. Fl. Ecuad. II. 15. 1908 — Ecuador.

(P) **Esquirolii** Christ, Not. syst. **1**. 50. 1909 — China.

(L) **falcata** Sod. Sert. Fl. Ecuad. II. 16. 1908 (non R. Br. 1910) — Ecuador.
Finisterrae Ros., Fedde Repert. **5**. 37. 1909 = P. Warburgii.

Gauthieri hort.; Gartenflora **1912.** 312 f. 34 = P. cretica var. hort.
glabella Ros., Fedde Repert. **9.** 423. 1911 = P. deltoidea.

(L) **Goeldii** Christ, Denkschr. Akad. Wien **79.** 31. 1907 — Amazonas. Brasilia
austr. Paraguay. — P. Goeldiana Christ 1905 (nomen); C. Chr. Ind. 598.
gracillima Ros., Fedde Repert. **9.** 424. 1911 = P. Beccariana.

(P) **grossiloba** Christ, Ann. Mus. Congo V. **3.** 29. 1909 — Congo.

(P) **hamulosa** Christ, Ann. Mus. Congo V. **3.** 30. 1909 — Congo.

P. quadriaurita var. hamulosa Christ, Ann. Mus. Congo V. **1.** 4, 91. 1903.

(P) **heterogena** v. A. v. R. Bull. Jard. bot. Buit. II. nr. VII. 26 t. 2. 1912 — N. Guinea.

(P) **indochinensis** Christ, Journ. de Bot. **21.** 234, 266. 1908 — Tonkin.

(P) **intricata** Wright, Kew Bull. **1906.** 252 — Uganda.

(P) **intromissa** Christ, Phil. Journ. Sci. Bot. **2.** 173. 1907 — Ins. Philipp. China.
Lauwaerti La Tribune Horticole **1908.** 467 — Hort.

(L) **litoralis** Rechinger, Denkschr. Akad. Wien **84.** 423, f. 7. 1908, Fedde Repert. **5.** 130. 1908 — Samoa.
macrodictya Christ, Bull. Boiss. II. **7.** 267. 1907 = Acrostichum praestantissimum.

(L) **morrisonicola** Hayata, Bot. Mag. Tokyo **23.** 33. 1909 — Formosa.

(L) **navarrensis** Christ, Bull. Soc. bot. Genève II. **1.** 227. 1909 — Costa Rica.

(P) **novae-zelandiae** Field, Tr. N. Zeal. Inst. **38.** 497. 1906 — N. Zealand.

(P) **orientalis** v. A. v. R. Dépt. agric. Ind. néerl. **18.** 12. 1908 — Ins. Banda.
Parkeri hort.; Gard. Chr. **51.** 160. 1912 — Hort.
parviloba Christ, Bull. Géogr. Bot. Mans **1907.** 149 = P. biaurita* var.

(L) **paulistana** Ros., Hedwigia **46.** 89. 1906 — Brasilia austr.

(P) **paupercula** Christ, Bull. Géogr. Bot. Mans **1906.** 131 — China occ.

(P) **plumbea** Christ, Not. syst. **1.** 49. 1909 — China. Ins. Philipp.

(P) **pluricaudata** Cop. Phil. Journ. Sci. **1.** Suppl. II. 156. 1906 — Mindanao.

(L) **procera** Sod. Sert. Fl. Ecuad. II. 17. 1908 — Ecuador.

(P) **Purdoniana** Maxon, Contr. U. S. Nat. Herb. **13.** 41 c. fig. 1909 — Jamaica.

(L) **reticulato-venosa** Hedwigia **48.** 243. 1909 — Columbia. Peru.
P. reticulata Mett.; Kuhn, Linn. **36.** 91. 1869 (non Desv. 1911).

(L) **rigida** Sod. Sert. Fl. Ecuad. II. 15. 1908 (non Sw. 1806) — Ecuador.

(L) **Rimbachii** Sod. Sert. Fl. Ecuad. II. 14. 1908 — Ecuador.

(L) **robusta** Sod. Sert. Fl. Ecuad. II. 16. 1908 — Ecuador.

(P) **salakensis** v. A. v. R. Bull. Jard. bot. II. nr. VII. 26. 1912 — Java.

(P) **Schlechteri** Brause, Engl. Jahrb. **49.** 33 f. 2 B. 1912 — N. Guinea.

(L) **Sprucei** Ros., Fedde Repert. **7.** 292. 1909 — Ecuador.

(L) **Stübelii** Hieron. Hedwigia **48.** 244 t. 12 f. 16. 1909 — Ecuador.

(L) **subundulata** Ros., Fedde Repert. **9.** 73. 1910 — N. Caledonia.

(P) **taenitis** Cop. Phil. Journ. Sci. Bot. **7.** 53 t. 3. 1912 — Mindanao.

(P) **Treubii** v. A. v. R. Bull. Dépt. agric. Ind. néerl. **18.** 12. 1908 — Wahay (Ceram).

(P) **Whitfordii** Cop. Phil. Journ. Sci. **1.** Suppl. IV. 255. 1906 — Negros.

PTEROPSIS Desvaux; Maxon, Contr. U. S. Nat. Herb. **16.** 51. 1912 = **Dry-**
martinicensis Maxon l. c. **[moglossum.**
underwoodiana Maxon l. c. t. 28.
wiesbaurii Maxon l. c.

RAMONDIA Mirbel.
palmata Bosc, Bull. Soc. Philom. **2.** 179. 1801 = Lygodium.

SAGENIA Presl = **Aspidium.**
angustior Christ, Bull. Boiss. II. **6.** 165. 1906.

Esquirolii Christ, Bull. Géogr. Bot. Mans 1906. 249.
gigantea Bedd. Ferns S. Ind. t. 80. 1863 = A. Trimeni.
longicruris Christ, Bull. Géogr. Bot. Mans 1906. 250.
Orosiensis Christ, Bull. Boiss. II. 6. 164. 1906.
SCHIZOLOMA Gaudichaud.
angustum Cop. Phil. Journ. Sci. 1. Suppl. IV. 252 t. 1 B. 1906 — Palawan.
coriaceum v. A. v. R. Bull. Dépt. agric. Ind. néerl. 18. 10. 1908 — Borneo.
fuligineum Cop. Phil. Journ. Sci. 1. Suppl. IV. 252 t. 1 A. 1906 — Mindanao.
jamesonioides (Bak.) Cop. Phil. Journ. Sci. 1. Suppl. IV. 252. 1906 — Bor-
    neo. Celebes. — Lindsaea Bak. JoB. 1879. 39; Ic. pl. t. 1626; C. Chr. Ind. 394.
ovatum Cop. Phil. Journ. Sci. 1. Suppl. IV. 252. 1906 = S. Guerinianum var.
trilobatum (Bak.) v. A. v. R. Mal. Ferns 280. 1909 — Borneo.
    Lindsaea Bak. JoB. 1891. 107 (non Col. 1884); L. Hosei C. Chr. Ind. 394.
SCHIZOSTEGE Hillebrand, Fl. Hawaii. 631. 1888.
calocarpa Cop. Phil. Journ. Sci. 1. Suppl. II. 155 t. 12. 1906 — Mindanao.
Lydgatei Hill., Fl. Haw. 632. 1888 — Ins. Hawaii.
    Cheilanthes (Lidgatii) Bak. Syn. 475. 1874; Pteris Christ 1897; C. Chr.
    Ind. 601.
pachysora Cop. Phil. Journ. Sci. 1. Suppl. II. 155. 1906 — Mindanao.
SCLEROGLOSSUM v. A. v. R. Bull. Jard. bot. Buit. II. nr. VII. 37 t. 5. 1912
debile (Bl.) v. A. v. R. l. c.   [= **Vittaria**.
pusillum (Bl.) v. A. v. R. l. c. t. 5 f. 1—2.
sulcatum (Mett.) v. A. v. R l. c. t. 5 f. 3—4.
SCOLOPENDRIUM Adanson.
schizocarpum Cop. Phil. Journ. Sci. 1. Suppl. II. 152 t. 9. 1906 = Phyllitis.
SCYPHULARIA Fée.
simplicifolia Cop. Phil. Journ. Sci. Bot. 7. 64. 1912 = Davallia.
SELLIGUEA Bory = **Polypodium**.
cochlearis Christ, Bull. Géogr. Bot. Mans 1907. 142 = P. mon-changense.
coraiensis Christ, Fedde Repert. 5. 11. 1908 = P. Faurianum.
flexiloba Christ, Bull. Boiss. II. 6. 992. 1906.
Leveillei Christ, Bull. Géogr. Bot. Mans 1906. 236; 1907. 143.
pentaphylla Christ, Bull. Géogr. Bot. Mans 1906. 248 = P. ellipticum var.
Selliguea Christ, Bull. Boiss. II. 6. 992. 1906.
SERPYLLOPSIS v. d. Bosch.
caespitosa (Gaud.) C. Chr. Ark. för Bot. 10². 29. 1910 = Trichomanes.
SOROLEPIDIUM Christ, Bot. Gazette 51. 350. 1911. — (Polypodiac. genus).
glaciale Christ, Bot. Gaz. 51. 350 f. 1. 1911 — China.
    Polystichum Christ, Bull. Soc. Fr. 52. Mém. I. 28. 1905; C. Chr. Ind. 582.
Sphaerosporopteris Hieron. Hedwigia 48. 280. 1909 (*Gleichenia* §) = **Gleichenia.**
SPHEROIDIA Dulac, Fl. Dépt. Hautes-Pyrénées 39. 1867 = **Marsilea.**
quadrifoliata Dulac, l. c. = M. quadrifolia.
Steiropteris C. Chr. Biol. Arb. tilegn. Eug. Warming 81. 1911 (*Dryopteris* §)
STENOCHLAENA J. Smith.   [= **Dryopteris.**
angusta Und. Bull. Torr. Cl. 33. 594 f. 6. 1907 — Andes.
areolaris (Harr.) Cop. Phil. Journ. Sci. Bot. 2. 406. 1908 — Luzon.
    Lomaria Harr. Journ. Linn. Soc. 16. 28. 1877; Blechnum Cop. 1905;
    C. Chr. Ind. 150.
arthropteroides Christ, Bull. Boiss. II. 6. 998. 1906 — Luzon.

Brackenridgei (Carr.) Und. Bull. Torr. Cl. 33. 45 f. 4. 1906 — Fiji.
Lomariopsis Carr. Fl. Vit. 373. 1873.
buxifolia (Kze.) Und. Bull. Torr. Cl. 33. 45. 1906 — Madagascar.
Acrostichum Kze. Farnkr. 1. 171 t. 72. 1845; Lomariopsis Fée 1845.
(an Polypodium orbiculatum Poir. 1804?).
cochinchinensis (Fée) Und. Bull. Torr. Cl. 33. 46, 1906 — Cochinchina.
Lomariopsis Fée, Acrost. 66 t. 26. 1845.
? **dubia** v. A. v. R. Bull. Dépt. agric. Ind. néerl. 18. 26. 1908 — Amboyna.
erythrodes (Kze.) Und. Bull. Torr. Cl. 33. 595. 1907 — Brasilia.
Acrostichum Kze. Flora 22[1]. Beibl. 46. 1839; Lomariopsis Fée 1845.
Fendleri (Eat.) Und. Bull. Torr. Cl. 33. 595. 1907 — Venezuela.
Lomariopsis Eat. Mem. Amer. Acad. II. 8. 195. 1860.
guineensis (Kuhn) Und. Bull. Torr. Cl. 33. 46 f. 3. 1906 — Africa occ.
Lomariopsis Kuhn, Fil. Afr. 53. 1868; Acrostichum Carr. 1901.
Henryi Christ, Not. syst. 1. 48. 1909 — Yunnan.
Hügelii (Pr.) Fée; Und. Bull. Torr. Cl. 33. 46 f. 9. 1906 — New Zealand.
Queensland. — Lomariopsis Pr. Epim. 263. 1849.
intermedia Cop. Phil. Journ. Sci. Bot. 7. 67. 1912 — N. Guinea.
jamaicensis Und. Bull. Torr. Cl. 33. 595 f. 13—14. 1907 — Jamaica.
Kingii Cop. Phil. Journ. Sci. Bot. 6. 80. 1911 — N. Guinea.
Kunzeana (Pr.) Und. Bull. Torr. Cl. 33. 196. 1906 — Florida. Cuba. Haiti.
— Olfersia Pr. 1836 (nomen).
latiuscula Maxon, Contr. U. S. Nat. Herb. 10. 502. 1908 — Amer. centr.
leptocarpa (Fée) Und. Bull. Torr. Cl. 33. 47. 1906 — Java. Ins. Philipp. —
Lomariopsis Fée, Acrost. 69 t. 29. 1845 — Lomaria spectabilis Kze. 1848;
Lomariopsis Mett. 1856; Acrostichum Racib. 1898.
lomarioides (Bory) Und. Bull. Torr. Cl. 33. 47 f. 6. 1906 — Ins. Mascar. —
Acrostichum Bory, Bél. Voy. 21 t. 2. 1833; Lomariopsis Boryana Fée 1845.
Mannii Und. Bull. Torr. Cl. 33. 47 f. 2. 1906 — Africa occ.
Maxoni Und. Bull. Torr. Cl. 33. 599 f. 11—12. 1907 — Costa Rica.
Milnei Und. Bull. Torr. Cl. 33. 38. 1906 — Melanesia.
novae-caledoniae (Mett.) Und. Bull. Torr. Cl. 33. 49 f. 7. 1906 — N. Cale-
donia. — Lomariopsis Mett. Ann. sc. nat. IV. 15. 58. 1861.
Pervillei (Mett.) Und. Bull. Torr. Cl. 33. 49 f. 1. 1906 — Ins. Sechellae.
Lomariopsis Mett.; Kuhn, Fil. Afr. 53. 1868.
Prieuriana (Fée) Und. Bull. Torr. Cl. 33. 599. 1907 — Guiana.
Lomariopsis Fée, Acrost. 66 t. 25 f. 1. 1845.
recurvata (Fée) Und. Bull. Torr. Cl. 33. 600. 1907 — Mexico.
Lomariopsis Fée, Acrost. 68. t. 28. 1845.
Seemannii (Carr.) Und. Bull. Torr. Cl. 33. 49. 1906 — Fiji. N. Hebridae.
Lomariopsis Carr. in Seemann, Fl. Vit. 373. 1873.
Smithii (Fée) Und. Bull. Torr. Cl. 33. 50. 1906 — Ins. Philipp.
Lomariopsis Fée, Acrost. 71 t. 33 f. 2 g t. 53. 1845; Stenochlaena longi-
folia J. Sm. 1841 (nomen); Lomariopsis J. Sm. 1857.
Smithii v. A. v. R. Mal. Ferns 720. 1909 = S. Raciborskii.
subtrifoliata Cop. Phil. Journ. Sci. 1. Suppl. II. 152. 1906 — Mindanao.
an Gymnogramme subtrifoliata Hk. sp. 5. 152 t. 298. 1864 (Fiji)?
variabilis (Willd.) Und. Bull. Torr. Cl. 33. 50. 1906 — Mauritius.
Lomaria Willd. sp. 5. 294. 1810 etc. (v. Ind. Fil. S. sorbifolia var. 1).
Lomariopsis cuspidata Fée 1845.

vestita (Fourn.) Und. Bull. Torr. Cl. **33**. 600 f. 7—8. 1907 — Amer. centr. Lomariopsis Fourn. Bull. Soc. Fr. **19**. 250. 1872. Acrostichum Pittieri Christ 1896; Stenochlaena Diels 1899; C. Chr. Ind. 625; Lomariopsis Christ 1901.

Warneckii Hieron. Engl. Jahrb. **46**. 383. 1911 — Africa orient. germ.

Williamsii Und. Bull. Torr. Cl. **33**. 41. 1906 — Luzon.

Species inquirendae:

Lomaria longifolia Klf. Enum. 153. 1824 — Amer. trop.

Acrostichum alatum Roxb. Calc. Journ. **4**. 480. 1844 — Malesia.

Lomariopsis elongata Fée, Acrost. 67. 1845 — Brasilia.

Acrostichum Brightiae F. Muell. Fragm. **7**. 119. 1870 — Queensland.

Lomariopsis Balansae Fourn. Ann. sc. nat. V. **18**. 271. 1873 — N. Caledonia.

STENOLEPIA v. A. v. R. Bull. Dépt. agric. Ind. néerl. **27**. 45. 1909 — (Polypodiaceae Gen. 5a).

tristis (Bl.) v. A. v. l. c. 46 t. 7. — Java.

Alsophila Bl.; C. Chr. Ind. 48, cum syn.

STENOLOMA Fée.

Plumieri Fée, 11. mém. 144. 1866 (Plum. t. 98). — ?

STENOSEMIA Presl.

pinnata Cop. Phil. Journ. Sci. **1**. Suppl. II. 146. 1906 — Mindanao.

STIGMATOPTERIS C. Chr. Bot. Tidsskrift **29**. 292. 1909 = **Dryopteris**.

alloëoptera C. Chr. Bot. Tidsskr. **29**. 300. f. 11. 1909.

Carrii C. Chr. l. c. 298 f. 3.

caudata C. Chr. l. c. 302 f. 12.

contracta C. Chr. l. c. 304 f. 14.

ichtiosma C. Chr. l. c. 302 f. 13.

longicaudata C. Chr. l. c. 300 f. 10.

Michaëlis C. Chr. l. c. 300 f. 9.

nephrodioides C. Chr. l. c. 299 f. 8 = D. Klotzschii.

opaca C. Chr. Vid. Selsk. Skr. VII. **10**. 78. 1913 = D. Christii.

pellucido-punctata C. Chr. Bot. Tidsskr. **29**. 304 f. 15.

prasina C. Chr. Vid. Selsk. Skr. VII. **10**. 79. 1913.

prionites C. Chr. Bot. Tidsskr. **29**. 298 f. 5.

rotundata C. Chr. l. c. 297 f. 2.

tijuccana C. Chr. l. c. 298 f. 4.

STRUTHIOPTERIS Willd. = **Matteuccia**.

Cordi Nieuwland, Midl. Naturalist **2**. 275. 1912 = M. struthiopteris.

heterophylla Opiz, Kratos **2**[1]. 20. 1820 = M. struthiopteris.

STRUTHIOPTERIS Weis = **Blechnum**.

(Conf. Broadhurst, Bull. Torr. Club **39**. 257 ff. 1910).

chiriquana Broadh. Bull. Torr. Cl. **39**. 361 t. 26. 1912.

Christii Broadh. l. c. 362.

costaricensis Broadh. l. c. 363.

danaeacea Broadh. l. c. 364.

ensiformis Broadh.; Maxon, Contr. U. S. Nat. Herb. **13**. 17. 1909.

exaltata Broadh. Bull. Torr. Cl. **39**. 264 = B. divergens.

falciformis Broadh. l. c. 365.

jamaicensis Broadh. l. c. 266 t. 21.

L'Herminieri Broadh. l. c. 267.

lineata Broadh. l. c. 366 = ? B. striatum.

Maxonii Broadh. l. c 268 t. 29.

Plumieri Broadh. l. c. 269.

rufa Broadh. l. c. 369 t. 28.

Schiedeana Broadh. l. c. 370.

sessilifolia Broadh. l. c 373.

Shaferi Broadh. l. c. 374 t. 27.

stolonifera Broadh. l. c. 277.

striata Broadh. l. c. 375.

Underwoodiana Broadh. l. c. 377.

varians Broadh. l. c. 379.

violacea Broadh. l. c. 379.

vivipara Broadh. l. c. 381 t. 29.

Werckleana Broadh. l. c. 382.

SYNGRAMMA J. Smith.

angusta Cop. Journ. Sci. Bot. **3**. 348. 1909 — Borneo.

Boerlageana v. A. v. R. Bull. Dépt. agric. Ind. néerl. **18**. 19 t. 3. 1908 —
Amboyna.

Francii Ros., Fedde Repert. **9**. 75. 1910 — N. Caledonia.

grandis (Cop.) C. Chr. Ind. Suppl. 71. 1913 — N. Guinea.
Craspedodictyon Cop. Phil. Journ. Sci. Bot. **6**. 84. 1911.

Schlechteri Brause, Engl. Jahrb. **49**. 32. 1912 — N. Guinea.

TAENITIS Willd.

Brausei Ros. Nova Guinea 8. 730. 1912 = Pteris.

Brooksii Cap. Phil. Journ. Sci. Bot. **6**. 138 t. 23. A. 1911 — Borneo.

drymoglossoides Cop. Phil. Journ. Sci. Bot. **3**. 349 t. 8. 1909. — Borneo.

TAPEINIDIUM (Presl.) C. Chr.

gracile v. A. v. R. Mal. Ferns 315. 1909 = T. pinnatum var.

marginale Cop. Phil. Journ. Sci. Bot. **6**. 82. 1911 — N. Guinea.

TECTARIA Cav. = **Aspidium.**

adenophora Cop. Leaflets Phil. Bot. **4**. 1151. 1911 = A. cicutarium *coadunatum?

ambigua Cop. Phil. Journ. Sci. Bot. **2**. 415. 1907.

Amesiana A. A. Eat. Bull. Torr. Cl. **33**. 479. 1906.

angelicifolia Cop. l. c. 410.

angustius Cop. l. c. 410.

apiifolia Cop. l. c. 410 = A. cicutarium*.

Bakeri v. A. v. R. Bull. Dépt. agric. Ind. néerl. **21**. 8. 1808 = A. Trimeni.

Barberi Cop. Phil. Journ. Sci. Bot. **2**. 414. 1907.

Brooksii Cop. l. c. **6**. 137 t. 20 A. 1911.

Bryanti Cop. l. c. **2**. 412. 1907.

calcarea Cop. l. c. 415.

cesatiana Cop. l. c. **6**. 76. 1911.

Christii Cop. l. c. **2**. 416. 1907.

cicutaria Cop. l. c. 410.

coriandrifolia Und. Bull. Torr. Cl. **33**. 200. 1906.

decurrens Cop. Phil. Journ. Sci. Bot. **2**. 412. 1907.

devexa Cop. l. c. 415.

draconoptera Cop. l. c. 410.

ferruginea Cop. l. c. **6**. 76. 1911 = A. Zippelianum.

gigantea Cop. l. c. **2**. 410.

grandifolia Cop. l. c. **2**. 413. 1907.

heracleifolia Und. Bull. Torr. Cl. **33**. 200. 1906.
Hippocrepis Cop. Phil. Journ. Sci. Bot. **2**. 410. 1907.
irregularis Cop. 1. c. 416.
irrigua Cop. 1. c. 413.
Labrusca Cop. 1. c. 410; **6**. 137. t. 20a.
latifolia Cop. 1. c. 410.
leuzeana Cop. 1. c. 417.
malayensis Cop. 1. c. 416.
martinicensis Cop. 1. c. 410.
melanocaulon Cop. 1. c. 416.
Menyanthidis Cop. 1. c. 414.
minima Und. Bull. Torr. Cl. **33**. 199. 1906.
papuana Cop. Phil. Journ. Sci. Bot. **6**. 76. 1911.
pentaphylla v. A. v. R. Bull. Dépt. agric. Ind. néerl. **18**. 16. 1908 = A.
    quinquefoliolatum.
plantaginea Maxon, Contr. U. S. Nat. Herb. **10**. 494. 1908.
Plumierii Cop. Phil. Journ. Sci. Bot. **2**. 410. 1907.
polymorpha Cop. 1. c. 413.
purdiaei Maxon, Contr. U. S. Nat. Herb. **10**. 494. 1908.
siifolia Cop. 1. c. 414.
subcaudata v. A. v. R. Bull. Dépt. agric. Ind. néerl. **18**. 9. 1908.
subtriphylla Cop. Phil. Journ. Sci. Bot. **2**. 410. 1907.
ternatensis v. A. v. R. Bull. Dépt. agric. Ind. néerl. **18**. 9. 1908.
vasta Cop. Phil. Journ. Sci. Bot. **2**. 411. 1907.
Weberi Cop. 1. c. 7. 54. 1912.

TETRALASMA Phillppl, Linnaea **30**. 208. 1860 = **Hymenophyllum** (quadrifidum).
THAYERIA Copeland, Phil. Journ. Sci. **1**. Suppl. II. 165. 1906 = **Drynaria**.
cornucopia Cop. 1. c. t. 28. 1906.
nectarifera Cop. 1. c. 166. 1906.
THELYPTERIS Schmidel, Icon. plant. ed. J. C. Keller 45 t. 11. 1762.
    Nieuwland, Midland Naturalist **1**. 224—226. 1910 = **Dryopteris**.
    Bootii Nieuwl. 1. c. 226. = D. cristata × spinulosa.
    cristata, Filix mas, fragrans, Goldiana, marginalis, noveboracensis, simulata,
    spinulosa, Thelypteris Nieuwl. 1. e. 226 = D. sp. homonym.
TRICHOCYCLUS Dulac, Fl. Dépt. Hautes-Pyrénées 31. 1867 = **Woodsia**.
hyperboreus Dulac, 1. c. = W. alpina.

TRICHOMANES L.
(Ceph.) **acrosorum** Cop. Phil. Journ. Sci. Bot. **6**. 72. 1911 — N. Guinea.
 (T) **africanum** Christ, Journ. de Bot. **22**. 21. 1909 — Africa occ. trop.
 (G) **alagense** Christ, Phil. Journ. Sci. Bot. **3**. 270. 1908 — Mindoro.
    Aswijkii v. A. v. R. Mal. Ferns 88. 1909 (nom. melius) = T. Asnykii.
 (T) **Bradei** Christ, Bull. Soc. bot. Genève II. **1**. 217. 1909 — Costa Rica.
 (T) **Chevalieri** Christ, Bull. Soc. Fr. **55**. Mém. 8b. 106. 1908 — Africa occ.
    trop. (Obangi).
 (T) **Christii** Cop. Phil. Journ. Sci. **1**. Suppl. IV. 251. 1906; Christ, Bull. Boiss.
    II. **6**. 988. 1906 — Luzon.
    Christii Ros. Bull. Jard. bot. Buit. II. nr. 11. 27. 1911 = T. Rosenstockii.
 (H) **craspedoneurum** Cop. Phil. Journ. Sci. Bot. **7**. 53. 1912 — Ins. Philipp.
 (G) **cuneatum** Christ, Bull. Boiss. II. **7**. 649. c. fig. 1907 — N. Caledonia.
(Ceph.) **densinervium** Cop. Phil. Journ. Sci. Bot. **6**. 71. 1911 — N. Guinea.

ecuadorense Hieron. Hedwigia **45**. 219. 1906 = T. trigonum*.

(?) **fallax** Christ, Ann. Mus. Congo V. **8**. 24. 1909 — Congo.

(G) **Francii** Christ, Bull. Boiss. II. **7**. 648 c. fig. 1907 — N. Caledonia.

(T) **grande** Cop. Phil. Journ. Sci. Bot. **6**. 70. 1911. — N. Guinea.

(T) **Hieronymi** Brause, Engl. Jahrb. **49**. 6 f. 1 A. 1912 — N. Guinea.

(Ceph.) **Kingii** Cop. Phil. Journ. Sci. Bot. **6**. 72. 1911. — N. Guinea.

(T) **latipinnum** Cop. Phil. Journ. Bot. **6**. 71. 1911. — N. Guinea.

(T) **latisectum** Christ, Journ. de Bot. **22**. 20. 1909. — Africa occ. trop.

(T) **liukiuense** Christ, Bot. Mag. Tokyo **24**. 239. 1910 — Liu Kiu.

(T) **Martinezi** Rovirosa, Pteridogr. Mexico 106 t. 7 A f. 1—3. 1909. — Chiapas.

(G) **Matthewii** Christ, Not. syst. **1**. 56. 1909 — China.

(Ceph.) **Merrillii** Cop. Phil. Journ. Sci. **1**. Suppl. II. 144 t. 1. 1906 — Ins. Palawan.

(H) **mindorense** Christ, Phil. Journ. Sci. Bot. **8**. 270. 1908 — Mindoro.

(T) **novo-guineense** Brause, Engl. Jahrb. **49**. 7. 1912. — N. Guinea.

(T) **recedens** Ros. Meded. Rijks Herb. Leiden nr. 11. 2. 1912 — Borneo.
rhomboidale Christ, Bull. Boiss. II. **6**. 989. 1906. (err.) = T. rhomboideum J. Sm.

(T) **Roemeriannum** Ros. Nova Guinea 8. 717. 1912 — N. Guinea.

(Ceph.) **Rosenstockii** v. A. v. R. Bull. Jard. bot. Buit. II. nr. VII. 27. 1912 — Borneo.
T. Christii Ros. Bull. Jard. bot. Buit. II. nr. II. 27. 1911 (non Cop. 1906).

(T) **Rothertii** v. A. v. R. Bull. Jard. bot. Boit. II. nr. I. 13. 1911 — Java.

(T) **savaiense** Lauterb. Engl. Jahrb. **41**. 218. 1908 — Samoa.

(T) **Schlechteri** Brause; Ros. Nova Guinea 8. 718. 1912 (nomen); Brause, Engl. Jahrb. **49**. 10. 1912 — N. Guinea.

(T) **Schultzei** Brause, Engl. Jahrb. **49**. 8. 1912 — N. Guinea.

(T) **serratifolium** Ros. Hedwigia **46**. 77. 1906 — Brasilia merid.

(T) **stenosiphon** Christ, Fedde Repert. **5**. 10. 1908 — Corea.

(T) **subtrifidum** Matthew et Christ, Journ. Linn. Soc. **89**. 214. 1909 — Luzon.

(Ceph.) **sumatranum** v. A. v. R. Bull. Dépt. agric. Ind. néerl. **18**. 4. 1908 — Sumatra.

(T) **tosae** Christ, Bot. Mag. Tokyo **24**. 240. 1910 — Japonia.

(P) **Ujhelyii** Kümmerle, Ann. Mus. Nat. Hung. **10**. 540. 1912 — Columbia.

(T) **Werneri** Ros., Fedde Repert. **5**. 35. 1908 — N. Guinea.

TRICHOMANES Bubani, Fl. Pyrenaea **4**. 424. 1901 = **Asplenium**.

acrostichoides Nieuwl. Midl. Nat. **2**. 279. 1912 = Athyrium a.

Breynii Bubani, Fl. Pyr. **4**. 428. 1901 = A. germanicum.

Callitriche Bubani l. c. 426 = A. trichomanes.

ebeneum Nieuwl. Midl. Nat. **2**. 279. 1912 = A. platyneuron.

glandulosum Bubani, Fl. Pyr. **4**. 427. 1901.

lanceolatum Bubani l. c. 424.

maritimum Bubani l. c. 425 = A. marinum.

melanocaulon Bubani l. c. 426 = A. trichomanes var.

nigrum Bubani l. c. 425 = A. adiantum nigrum.

petraeum Bubani l. c. 430 = A. septentrionale.

Ruta muraria Bubani l. c. 428.

viride Bubani l. c. 426.

TRICHOPTERIS Presl. = **Alsophila**.

Alberti hort., Rev. Hort. Belg. **1905**. 275 — Hort. (Congo).

VITTARIA J. Smith.
alternans Cop. Phil. Journ. Sci. 1. Suppl. II. 157. 1906 — Mindanao.
Bensei v. A. v. R. Bull. Dépt. agric. Ind. néerl. 18. 19. 1908; 21. t. 2 f. 1. — Java.
Copelandii v. A. v. R. Bull. Jard. bot. Buit. II. nr. VII. 28. 1912 — Negros.
crispomarginata Christ, Bull. Boiss. II. 6. 1007. 1907 — Luzon.
ensata Christ, Journ. de Bot. 21. 240, 274. 1908 — Annam.
filipes Christ, Bull. Géogr. Bot. Mans 1907. 150 — China.
Loheriana v. A. v. R. Bull. Jard. bot. Buit. II. nr. I. 13. 1911 = V. pusilla.
Merrillii Christ, Phil. Journ. Sci. Bot. 2. 174. 1907 — Ins. Philipp.
minima (Bak.) Benedict, Bull. Torr. Cl. 38. 164 t. 2 f. 3—5. 1911 — Costa Rica.
    Antrophyum Bak. Ann. Bot. 5. 488. 1891; C. Chr. Ind. 61; Hecistopteris
    Benedict 1907. Antrophyum Werckleanum Christ 1905; C. Chr. Ind. 61;
    Hecistopteris Benedict 1907.
nervosa Christ, Nova Guinea 8. 156. 1909 — N. Guinea.
pachystemma Christ, Phil. Journ. Sci. Bot. 2. 174. 1907 — Mindanao.
philippinensis Christ, Bull. Boiss. II. 6. 1007. 1906 — Luzon.
scabricoma Cop. Phil. Journ. Sci. Bot. 6. 87. 1911 — N. Gninea.
setacea Christ, Bull. Boiss. II. 6. 47. 1906 — Costa Rica.
subcoriacea Christ, Phil. Journ. Sci. Bot. 2. 175. 1907 — Palawan.
taeniophylla Cop. Phil. Journ. Sci. 1. Suppl. II. 157. 1906 — Luzon.
WOODSIA R. Brown.
Catheartiana Robinson, Rhodora 10. 30. 1908 — Minnesota, Michigan.
cinnamomea Christ, Bull. Géogr. Bot. Mans 1906. 122. — China occ.
eriosora Christ, Fedde Repert. 5. 12. 1908 — Corea.
frondosa Christ, Fedde Repert. 5. 12. 1908 — Corea.
indusiosa Christ, Not. syst. 1. 44. 1000 — Yunnan.
nivalis Pirotta, Annali di Bot. 7. 173. 1908 — Mt. Ruwenzori.
Veitchii Christ, Bull. Géogr. Bot. Mans 1906. 121 — China occ.
WOODWARDIA Smith.
Kempii Cop. Phil. Journ. Sci. Bot. 3. 280. 1908 — China.
paradoxa Wright, Gard. Chr. III. 41. 98. 1907 = W. spinulosa.

CATALOGUS LITERATURAE.

SUPPLEMENTUM

v. A. v. R. Bull. Dépt. agric.
— Ind. néerl. 18 1908,
21. 1908.
— Mal. Ferns 1909.

— Bull. Dépt. agric. Ind.
néerl. 27. 1909.

— Bull. Jard. bot. Buit.
II. no. I. 1911.
— — II. no. VII. 1912.
Bak. Kew Bull. 1906.

Bartlett Proc. Amer.
Acad. 43. 1907.
Beauverd: Bull. Soc. bot.
Genève II. 8. 1911.
Bedd. *Journ. Bomb. Nat.
Hist. Soc. 18. 1908.
— Kew Bull. 1909.
Benedict: Bull. Torr. Cl.
84. 1907.

— ——— 86. 1909.
— ——— — —

C. R. W. K. van Alderwerelt van Rosenburgh:
— 1. New or interesting Malayan Ferns. 1. 2. —
8 + 4 pl.
— 2. Malayan Ferns. Handbook to the determination of the Ferns of the Malayan Islands (incl. those of the Malay Peninsula, the Philippines and New Guinea). Batavia. 8⁰. (with correcting sheet).
— 3a. Pleopeltidis specierum Malaiarum Enumeratio. An enumerative revision of the Malayan Species of the ferngenus Pleopeltis.
— 3b. Filices Horti Bogoriensis, a list of the ferns cultivated in the Bnitenzorg Botanical Gardens. Division II. K.
— 3c. A new Malayan Fern Genus [Stenolepia]. — 46 pp., 7 pl.
— 4. New or interesting Malayan Ferns 3. — 4 pl.
— 5. — — 4. — 5. pl.
J. G. Baker: 88. Filices chinenses, in Decades Kewenses XXXVI—XL. — pag. 8—15.
B. L. Robinson and H. H. Bartlett: New plants from Guatemala and Mexico. — pag. 48.
G. Beauverd: Plantes nouvelles ou critiques de la flore du bassin supérieur du Rhone. — pag. 292. fig.
R. H. Beddome: 12. Notes on Indian Ferns. — pag. 338.
— 13. Malayan Ferns. — pag. 423.
R. C. Benedict: 1. The genus Antrophyum. I. Synopsis of subgenera, and the American species. — pag. 445.
— 2. New Hybrids in Dryopteris. — pag. 41.
— 3. The genus Ceratopteris: a preliminary report. — pag. 463, 3 fig.

Benedict: Torreya 9. 1909. **R. C. Benedict**: 4. The type and identity of Dryopteris Clintoniana (D. C. Eaton) Dowell. — pag. 133.

— N. Am. Flora 16.1909. — 5. Ophioglossaceae, Osmundaceae, Ceratopteridaceae. — North American Flora 16 part I.

—Amer.FernJourn.1.1911. — 6. A new Cuban fern. — pag, 40, tab. 2.

— ———————— — — — 7. A new Antrophyum from Luzon. — pag. 71, tab. 4.

— Bull. Torr. Club 38. 1911. — 8. The genera of the fern tribe Vittarieae, their external morphology, venation and relationships. — pag. 153, pl. 2—8.

Brause: Deutsche Zentralafr. Exp. 2. 1910. **G. Brause** und **G Hieronymus**: 1. Pteridophyta — Wiss. Ergebnisse der Deutschen Zentral-Afrika-Expedition 1907—1908. Band. II. Botanik. Leipzig. 8⁰. — pag. 1—140.

—UrbanSymb.Ant.7.1911. — 2. Filices novae. — pag. 151.

— Engl. Jahrb. 49. 1912. — 3. Neue Farne Papuasiens. — pag. 6.

— Fedde Repert. 11. 1912. — 4. Ein neues Hymenophyllum (H. Marlothii) vom Kaplande. — pag. 112.

Broadh. Bull. Torr. Cl. 39. 1912. **Jean Broadhurst**: The genus Struthiopteris and its representatives in North America. — pag 257, 357, 6 pl.

Rudm. Brown: Journ. Linn. Soc. 37. 1905. **R. N. Rudmose Brown**: The Botany of Gough Island. I. Phanerogams and Ferns. — pag. 238, c, fig.

Bubani: *Fl. Pyr.4. 1901. **P. Bubani**: Flora Pyrenaea. Mediolani. 4⁰. (t. H. Woynar).

Chatenier: Bull. Soc. Fr. 58. 1911; 59. 1912. **C. Chatenier**: Plantes nouvelles, rares ou critiques du bassin moyen du Rhône. 58. pag. 344; 59. pag. XXXIX.

Cheesem. Man. 1906. **T. F. Cheeseman**: 4. Manual of the New Zealand Flora. Wellington 8⁰.

Christ: Allg. Bot. Zeitschr. 9. 1903. **H. Christ**: 45 a. Die Asplenien des Heuflerschen Herbars. — pag. 1, 28.

— Bull. Boiss. II. 6. 1906. — 62. Primitiæ Floræ Costaricensis. Filices IV. — pag. 45, 159, 173, 279.

— ———————— — — — 63. Filices Guatemalenses ab H. von Türckheim 1904 lectæ. — pag. 289.

— ———————— — — — 64. Filices Brasiliæ australis l. Leonidas Damazio. — pag. 294.

— ———————— — — — 65. Filices Insularum Philippinarum. Collections de M. A. Loher. Deuxième Partie. — pag. 987. (v. nr. 15).

— Bull. Géogr. Bot. Mans. 1906. — 66. Filices Chinæ occidentalis auspiciis James Veitch et Sons a E. H. Wilson 1903 et 1904 collectæ. — pag. 97.

— ———————— — — 67. Filices Cavalerianæ II., et Filices Esquirolianæ. — pag. 233.

— Hedwigia 45. 1906. — 68. Filices Brasilienses, auspiciis Musaei Goeldiani Paraensis secus fluminis Purus ripas Brasiliæ interioris ab. ill. Dom. A. Goeldi et J. Huber lectæ. — pag. 190.

Christ: Allg. Bot. Zeitschr. **H. Christ:** 69. Aspidium (Polystichum) lobato ✕
           12. 1906.   munitum nov. hybr. A. Arendsii F. Wirtg. msc.
                                — pag. 4.

— Ark. för Bot. 6³. 1906. — 70. Die Botrychium-Arten des australen Amerikas.

— Moniteur Jard bot. — 71. Deux fougères nouvelles du Caucase.
     Tiflis fasc. I. 1906.

— Deekschr. Ak. Wien — 72. Pteridophyta, in R. v. Wettstein: Ergebnisse
           79. 1907.   der botanichen Expedition der Kaiserlichen Aka-
                            demie der Wissenschaften nach Südbrasilien
                            1901. I. Band (Pteridophyta und Anthophyta). —
                            pag. 1—53, tab. I—IX. [1906; publ. Jan. 1907.].

— Verhdl. Schweiz. Na- — 73. Biologische und systematische Bedeutung des
     turf. Ges. 1906. 1907.   Dimorphismus und der Missbildung bei epiphy-
                            tischen Farnkräutern, besonders Stenochlaena.
                            — pag. 1—11, 12 tab.

— Bull. Boiss. II. 7. 1907. — 74. Primitiæ Floræ Costarieensis. Filices V. —
                            Filices Columbianæ leg. C. Werckle. — pag.
                            257. Appendix pag. 585.

— —————— — — — 75. Filices Madagascarienses leg. D. Alleizette. —
                            pag. 275, fig.

— —————— — — — 76. Filices Mexicanæ. 1. Filices a G. Munch collectæ.
                            2. Filices a C. A. Purpus lectæ. — pag. 413.

— —————— — — — 77. Filices, in Bonati et Petitmengin: Sur quel-
                            ques plantes de la Nouvelle-Calédonie. — pag.
                            648—650, fig.

— —————— — — — 78. Sertum Aneimiarum novarum aut minus cogni-
                            tarum. = pag. 789.

— —————— — — — 79. Fougères nouvelles ou peu connues; in E.
                            Hassler: Plantæ Paraguarienses. — pag. 922.

— Phil. Journ. Sci. Bot. — 80. Cibotium Baranetz J. Sm. and related forms.
           2. 1907.   — pag. 117.

— —————— — — — 81. Spicilegium Filicum Philippinensium novarum
                            aut imperfecte cognitarum. — pag 153.

— —————— — — — 82. The Philippine species of Dryopteris. — pag. 189.

— Bull. Géogr. Bot. Mans — 83. Filices yunnanenses Duclouxianæ. — pag.
           1907.   129.

— —————— — — 84. Filices chinenses, leg. P. Esquirol et P. Ca-
                            valerie 1905—1906. — pag. 140.

— —————— — — 85. Filices Azoricae, leg. Dr. Bruno Carreiro. —
                            pag 152.

— Fedde Repert. 5. 1908. — 86. Filices in H. Léveillé: Decades plantarum
                            novarum IV—V. — pag. 10—12.

— —————— — — 87. Filices coreanae novae. — pag. 284.

— Phil. Journ. Sci. Bot. — 88. Spicilegium Filicum Philippinensium novarum
           3. 1908.   aut imperfecte cognitarum. II. — pag. 269. (v.
                            nr. 81).

— Bull. Soc. Fr. 55. Mém. — 89. Novitates floræ africanæ. Plantes nouvelles de
           8 b. 1908.   l'Afrique tropicale française décrites d'après les
                            collections de M. Auguste Chevalier. Filices.
                            — pag. 106.

Christ: Acta Hort. Petr. 18. 1908.

— Journ. de Bot. 21. 1908.

— ———— 22. 1909.

— Bull .Géogr. Bot. Mans 1909.

— ——— — Mém. XX.

— Fedde Repert. 6. 1909.

— Bull. Soc. bot. Genève II. 1. 1909.

— Not. syst. 1. 1909.

— Nova Guinea 8. 1909.

— Journ. Linn. Soc. 39. 1909.

— Ann. Buit. II. Suppl. III. 1909.

— Ann. Mus. Congo V. 3. 1909.

— Geogr. d. Farne 1910.

— Fedde Repert. 8. 1910.

— Bull. Géogr. Bot. Mans 1910.

— ———— —

— ———— —

— Nu. Giorn. bot. It. n. s. 17. 1910.

— Ark. för Bot. 9¹⁵. 1910.

— Not. syst. 1. 1910.

— ———— — —

— Bot. Mag. Tokyo 24. 1910.

H. Christ: 90. Polystichum (Cyrtomium) Balansae n. sp. — pag. 191.

— 91. Fougères d'Annam français recueillies par M. Eberhardt. — pag. 228, 261.

— 92. Diagnoses plantarum Africae. Plantes nouvelles de l'Afrique tropicale française décrites d'aprés les collections de M. Auguste Chevalier. Filices. — pag. 19.

— 93. Filices Sachalinenses novæ, a R. P. Faurie collectæ. — pag. 35—36.

— 94. Fougères d'Extrème-Orient. (1. Filices Faurieanæ Coreanæ. 2. Filices Insulæ Sagalien. 3. Filices Cavalerianæ. III.). — pag. 147.

— 95. Filices, in Ex herbario Hasslerianae. Novitates paraguarienses. I. — pag. 348—351.

— 96. Primitiæ Floræ costaricensis VI. — pag. 216.

— 97. Filices novæ chinenses. Filices novæ cambodgenses. — Notulæ systematicæ, ed. H. Lecomte. — pag. 33.

— 98. Pteridophyta. — in Nova Guinea. Résultats de l'expédition scientifique néerlandaise á la Nouvelle Guinéc. vol. VIII. Botanique. Leiden. 4°. — pag. 149—164.

— 99. Some new species of Malesian and Philippine Ferns. — pag. 213.

—100. Deux espèces de Platycerium Desv. — pag. 712, 2 pl.

—101. Filices in de Wildeman: Études de systématique et de géographie botanique sur la flore du Bas- et du Moyen-Congo. — pag. 24. (Conf. nr. 46.).

—102. Die Geographie der Farne. Jena. 8°.

—103. Filices costaricenses. — pag. 17.

—104. Plantæ Taquetianæ Coreanæ. — pag. 4.

—105. Filices Michelianæ a R. P. Michel circa Gan-Chouen (Kouy-Tchéou) lectæ, a R. P. Esquirol missæ. — pag. 12.

—106. Filices novae Cavalerianae. IV. — pag. 136.

—107. Filices, in R. Pampanini: De piante vascolari raccolte dal Rev. P. C. Silvestri nell' Hu-peh durante gli anni 1904—1907. — pag. 225.

—108. Filices, apud P. Dusén: Neue Gefässpflanzen aus Paraná (Südbrasilien).

—109. Reliquiæ Bonianæ. — pag. 185.

—110. Filices novæ mexicanæ a G. Arséne lectæ — pag. 231.

—111. Filices Japonicae novae a cl. H. Christ determinatæ. Edited by H. Matsumura. — pag. 239.

Christ: Smiths. Misc. Coll. **H. Christ**: 112. On Psomiocarpa, a neglected genus
    53[23]. 1911.   of ferns. — 1. pl.
— Not. syst. **1**. 1911.   —113. Fougère nouvelle de l'Annam. — pag. 375.
— Bot. Gag. **51**. 1911.   —114. Filices Wilsonianæ. — pag. 345.
— Ann. Cons. Jard. bot.   —115. Plantæ Hochreutineranae. Filices. — pag. 178.
    Genève **15—16**. 1912.
C. **Chr**. Ind. 1905—06.   **Carl Christensen**: 4. Index Filicum ... Hafniæ 8⁰.
— Vid. Selsk. Skr. VII.   — 5. Revision of the American Species of Dryopteris
    4. 1907.   of the group of D. opposita. — pag. 247, figg.
— Fedde Repert. **6**. 1909.   — 6. Dryopteris nova brasiliensis. — pag. 380.
— Bot. Tids. **29**. 1909.   — 7. On Stigmatopteris, a new genus of ferns with
     a review of its species. — pag. 291, figg.
— Smiths. Misc. Coll. **52**.   — 8. The American ferns of the group of Dryo-
    1909.   pteris opposita contained in the U. S. National
     Museum. — pag. 365.
— Ark. för Bot. **9**[11]. 1910.   — 9. Ueber einige Farne in O. Swartz' Herbarium.
     — 5 pl.
— —— **10**². 1910.   — 10. On some species of ferns collected by Dr. Carl
     Skottsberg in temperate South-America. — 1 pl.
— Fedde Repert. **9**. 1911.   — 11. Four new ferns. — pag. 370.
— Bull. Géogr. Bot. Mans   — 12. Pteridophyta in insula Quelpaert a cl. P.
    1911.   Taquet anno 1910 lectæ. — pag. 69.
— Amer. Fern Journ. **1**.   — 13. The tropical American species of Dryopteris
    1911.   subgenus Eudryopteris. — pag. 93.
— Biol. Arb. tilegn. Eug.   — 14. On a natural classification of the species of
    Warming 1911.   Dryopteris. — Biologiske Arbejder tilegnede Eug.
     Warming, København. 8⁰. — pag. 73.
— Fedde Repert. **10**. 1911.   — 15. Two new bipinnatifid species of Alsophila. —
     pag. 213.
— Tr. Linn. Soc. II. Bot.   — 16. On the ferns of the Seychelles and the Al-
    7. 1912.   dabra Group. — pag. 409, 1 pl.
— Soc. sci. ›Antonio Al-   — 17. Filices Mexicanae. — vide H. Ross.
    zate‹ **32**. 1912.
— Vid. Selsk. Skr. VII.   — 18. A monograph of the genus Dryopteris. Part I.
    10. 1913.   The tropical American pinnatifid-bipinnatifid
     species. — pag. 54, 46 figg.
Clute: *Fern Bull. **16**.   **W. N. Clute**: 4. A new fern from the United States.
    1908.   — pag. 1, pl.
— * —— **18**. 1910.   — 5. Two new Polypodies from Arizona. — pag.
     97, pl.
Cop. Phil. Journ. Sci. **1**.   **E. B. Copeland**: 3. New Philippine Ferns. — pag.
    Suppl. II. 1906.   143, 28 pl.
— — **1**. Suppl. IV. 1906.   — 4. New Philippine Ferns. II. — pag. 251, 4 pl.
— *Leaflets Phil. Bot. **1**.   — 5. A new Polypodium and two varieties. —
    1906.   pag. 28.
— Phil. Journ. Sci. Bot.   — 6. The comparative ecology of San Ramon Poly-
    2. 1907.   podiaceæ. — pag. 1.
— ——————— — —   — 7. Pteridophyta Halconenses; a list of the ferns
     and fern-allies collected by Elmer D. Merrill on
     Mount Halcon, Mindoro. — pag. 119, 4 pl.

Cop. Phil. Journ. Sci. Bot.
2. 1907.

— ——————— — —

— *Leaflets Phil. Bot. 1.
1907.

— Phil. Journ. Sci. Bot.
8. 1908.

— ——————— — —

— ——————— — —

— Leaflets Phil. Bot. 2.
1908.

— Phil. Journ. Sci. Bot.
8. 1909.

— ——————— — —

— —————— 4. 1909.

— ——————— — —

— —————— 5. 1910.

— Leaflets Phil. Bot. 8.
1910.

— Phil. Journ. Sci. Bot.
6. 1911.

— ——————— — —

— ——————— — —

— ——————— — —

— Leaflets Phil. Bot. 4.
1911.

— Phil. Journ. Sci. Bot.
7. 1912.

— ——————— — —

— ——————— — —

— ——————— — —

— ——————— — —

Damazio: Bull. Boiss. II.
6. 1906.

Dav. Rhodora 8. 1906.

Diels: Fedde Repert. 8.
1906.

Dowell: Proc. Staten Isl.
Assoc. Arts & Sci. 1. 1906.

E. B. Copeland: 8. Notes on the Steere collection of Philippine Ferns. — pag. 405.

— 9. A revision of Tectaria with especial regard to the Philippine species. — pag 409.

— 10. Dryopteris dubia. — pag. 235

— 11. New or interesting Philippine ferns. III. — pag. 31, 6 pl.

— 12. Ferns of southern China. — pag. 277.

— 13. A revision of the Philippine species of Athyrium. — pag. 284.

— 14. Fern Genera new to the Philippines. — pag. 301.

— 15. Pteridophytes of the Horn of Negros. — pag. 377.

— 16. New Genera and Species of Bornean Ferns. — pag. 343, 8 pl.

— 17. New Species of Cyathea. — pag. 353.

— 18. The Ferns of the Malay-Asiatic Region. Part I. — pag. 1, 21 pl.

— 19. New or interesting Philippine Ferns. IV. — pag. 111.

— 20. Additions to the Bornean Fern Flora. — pag. 283.

— 21. The ferns of Mount Apo. — pag. 791.

— 22. Papuan Ferns collected by the Reverend Copland King. — pag. 65.

— 23. Bornean Ferns collected by C. J. Brooks. — pag. 133, 14 pl.

— 24. New or interesting Philippine Ferns. V. — pag. 145.

— 25. Cyatheae species novae orientales. — pag. 359.

— 26. New Ferns from Sibuyan. — pag. 1149.

— 27. The Genus Thayeria. — pag. 1, pl.

— 28. The origin and relationship of Taenitis. — pag. 47, pl.

— 29. New or interesting Philippine Ferns VI. — pag. 53, 3 pl.

— 30. New Sarawak ferns. — pag. 59.

— 31. New Papuan ferns. — pag. 67.

Leonidas Damazio: Une nouvelle fougère du Brésil. — pag. 892.

G. E. Davenport; 12. A hybrid Asplenium new to the flora of Vermont. — pag. 13.

L. Diels: 4. Marsilia paradoxa n. sp. — pag. 86.

Philip Dowell: 1. Distribution of Ferns on Staten Island. — pag. 61.

Dowell: Bull. Torr. Cl.
85. 1908.

Philip Dowell: 2. New ferns described as hybrids in the genus Dryopteris. — pag. 135.

Dulac. *Fl. Hautes-Pyrénées 1867.

T. Dulac: Flore du Département des Hautes-Pyrénées. Paris. 8º min. (t. H. Woynar).

Dunn et Tutcher: Fl. Kwantung and Hongkong 1912.

Stephen Troyte Dunn and **William James Tutcher**: Flora of Kwantung and Hongkong (China). — Bull. of Misc. Inform. Kew. Additional Series X. London 8º.

A. A. Eat. Bull. Torr. Cl. 83. 1906.

A. A. Eaton: 3. Pteridophytes observed during three excursions into southern Florida. — pag. 455.

Engler: Veg. der Erde 9². 1908.

A. Engler: Die Pflanzenwelt Afrikas insbesondere seiner tropischen Gebiete. — Engler u. Drude: Die Vegetation der Erde. 9. II. Band.Leipzig 8º.

Field: Tr. N. Zeal. Inst. 88. 1906.

H. C. Field: 3. Two new ferns. — pag. 495.

Fomin: Moniteur Jard. bot. Tiflis livr. 12.1908.

A. Fomin: 1. [Neue Arten von Farnen aus dem Kaukasus] (Russisch). — pag. 8, 2 pl.

— —————livr. 15. 1909.

— 2. Übersicht der Polystichumarten im Kaukasus. — pag. 1.

— —————livr. 18. 1911.

— 3. Übersicht der Arten der Gattung Cystopteris im Kaukasus. — pag. 1.

— ————— — — — —

— 4. [Zwei neue Farne aus dem Kaukasus] (Russ.). — pag. 20, pl.

— —————livr. 20. 1911.

— 5. Übersicht der Dryopteris-Arten im Kaukasus. — pag. 1.

Goodd. *Muhlenbergia 8. 1912.

L. N. Goodding: 2. New Southwestern Ferns. — pag. 92.

Hahne: Allg. Bot. Zeitschr. 10. 1904.

Hahne: Ueber Farnhybriden. — pag. 102.

Hayata: Enum. Pl. Formosa 1906.

B. Hayata. 1. — vide Matsumura.

— Bot. Mag. Tokyo 21. 1907.

— 2. Supplements to the Enumeratio Plantarum Formosanarum. — pag. 12.

— ————— 28.1909.

— 3. Some Ferns from the mountainous region of Formosa. — pag. 1, 25, 77.

— Bull. Soc. Fr. 58.1911.

— 4. Sur une espèce nouvelle de Fougère du genre Drymotaenium de Formose. — pag. 563, pl.

— Bot. Mag. Tokyo 26. 1912.

— 5. On some interesting plants from Formosa. — pag. 106.

Herter: Bull. Boiss. II. 8. 1908.

Wilh. Herter: Les Pteridophytes du bassin français de la Méditerranée. — pag. 794.

Hicken: Anal. Soc. Cient. Argentina 63. 1907.

Cristóbal M. Hicken: 1. Observations sur quelques fougères Argentines nouvelles on peu connues. — pag. 161 (seors. pag 1—28), 8 pl.

— Trabaj. Mus. Farm. 19. 1907.

— 2. Nouvelles contributions aux fougères Argentines. — Trabajos del Museo de Farmacología de la Facultad de Ciencias medicas de Buenos Aires. Nr. 19.

— Revista Mus. La Plata 5. 1908.

— 3. Polypodiacearum Argentinarum Catalogus. — pag. 226.

Hicken: Apuntes Hist. **Cristóbal M. Hicken**: 4. Un nuevo sistema de las
        Nat. **1**. 1909.   Polipodiáceas. — Apuntes de Historia Natural.
                                    Buenos Aires. — pag. 5.

— ——————— — —   — 5. Clave artificial de las Acrostíqueas Argentinas.
                                    — pag. 17.

— ——————— — —   — 6. Un nuevo Elafogloso. — pag. 34.

— ——————— — —   — 7. Una nueva variedad de Helecho. — pag. 51.

Hieron. Hedwigia **45.** **G. Hieronymus**: 9. Plantae Stübelianae. Pteridophyta.
    1906; **46**. 1907; **47.**   Von Dr. Alphons Stübel auf seinen Reisen nach
        1908; **48**. 1909.   Südamerika in Columbien, Ecuador, Peru und
                                    Bolivien gesammelte Pteridophyten (Gefäss-
                                    kryptogamen). Erster Teil: **45**: 215—238, t.
                                    XII—XV; Zweiter Teil: **46**: 322—364, t. III—
                                    VIII; Dritter Teil: **47**: 204—249, t. I—V;
                                    Vierter Teil: **48**: 215—503, t. IX—XIV.

— Urban Symb. Ant. **6.**   — 10. Novæ species. — pag. 52.
        1909.

— Deutsche Zentralafr.   — 11. vide G. Brause.
        Exp. **2**. 1910.

— Engl. Jahrb. **46**. 1911.   — 12. Polypodiacearum species novae vel non satis
                                    cognitae africanae. — pag. 345.

Janchen: Mitt. Naturw. **E. Janchen**: Zur Benennung der europäischen Farne.
    Ver. Univ. Wien **10.**   — pag. 113.
        1912.

Jeanpert: Bull. Mus.   **E. Jeanpert**: 1. Fougères récoltées par M. Pobéguin au
    d'Hist. nat. Paris **16.**   Fouta Djallon (côte occidentale d'Afrique). —
        1910.   pag. 403.

— ————— **17**. 1911.   — 2. Fougères recueillies en Nouvelle-Calédonie par
                                    M. et Mme Le Rat et aux Nouvelles-Hébrides
                                    par Mme Le Rat. — pag. 571.

— ————— **18**. 1912.   — 3. Fougères de Nouvelle-Calédonie récoltées par
                                    M. Cribs. — pag. 102.

Jenm. W. Ind. and Guiana **G. S. Jenman**: 12. [Continuatio. — pag. 205—244:
    Ferns 1908.   Nephrodium].

Klf. *Berl. Jahrb. Pharm. **G. F. Kaulfuss**: 1*. Kurze Anleitung zum Selbststu-
    20. 1819; **21**. 1820.   dium der kryptogamischen Gewächse. — Ber-
                                    linisches Jahrbuch für die Pharmacie **20** (=
                                    Deutsches Jahrb. f. d. Pharm. 5) pag. 21—43,
                                    21 (Deutsches Jahrb. 6): pag. 20—25. 16mo.
                                    (t. H. Woynar).

Krieger: Hedwigia **46.** **W. Krieger**: Neue oder interessante Pteridophyten-
        1907.   formen aus Deutschland, namentlich aus
                                    Sachsen. — pag. 246.

Kümmerle: Bot. Közl.   **J. B. Kümmerle**: 1. A Ceterach génusj új faja. Species
        1909.   nova generis Ceterach. — Botanikai Közle-
                                    mények, Budapest. — pag. 286.

— Ann. Mus. Nat. Hung.   — 2. Species nova filicum neotropica. — pag. 540.
        10. 1912.

Lachm. et **Vidal**: Bull. **P. Lachmann** et **L. Vidal**: Sur la valeur spécifique
    Soc. Fr. **53**. 1906.   des caractères distinctifs des Polystichum Lon-
                                    chitis et P. aculeatum. — pag. 103.

Laut. Engl. Jahrb. 41. 1908.

— —————— 44. 1910.

Litard. *Bull. Soc. bot. Deux-Sèvres 1909—10. 1910.

— Bull .Géogr. Bot. Mans 1910.

— Bull. Géogr. Bot. Mans 1911.

— ————— —

— ————— —

— ————— —

Lojac. Fl. sicula 3. 1909.

Mak. Bot. Mag. Tokyo 26. 1906, 23. 1909.

Matsum. et Hayata: Enum. Pl. Formosa 1906.

Matthew: Journ. Linn. Soc. 39. 1911.

Maxon: Proc. Biol. Soc. Wash. 19. 1906.

— Contr. U. S. Nat. Herb. 10. 1908.

— ————— 12. 1909.

— ————— 13. 1909.

— N. Am. Flora 16. 1909.

— Smiths. Misc. Coll. 56²⁴. 1911

— Bull. Torr. Cl. 38. 1911.

— ————— 39. 1912.

— Contr. U. S. Nat. Herb. 16. 1912.

— ————— —

— Amer. Fern Journ. 2. 1912.

— ————— —

C. Lauterbach: 1. Beiträge zur Flora der Samoa-Inseln. — pag. 215.

— 2. Filices in H. Winkler: Beiträge zur Kenntnis der Flora und Pflanzengeographie von Borneo I. — pag. 497.

R. de Litardière: 1. Les fougères de Deux-Sèvres. — pag. 68, 3 pl. (t. H. Woynar).

— 2. Un nouvel Asplenium hybride. — pag. 204.

— 3. Contribution à l'étude de la Flore ptéridologique de la péninsule ibérique. — pag. 12.

— 4. Un nouvel hybride des Asplenium foresiacum et trichomanes, × A. Guichardii = A. perforesiacum × trichomanes. — pag. 75.

— 5. Notes ptéridologiques. — pag. 150.

— 6. Sur quelques fougères françaises. — pag. 272.

M. Lojacano Pojero: Flora sicula. Palermo. 4⁰.

T. Makino: 10. Observations on the Flora of Japan. — 20, pag. 30, 84; 23, pag. 144, 244.

J. Matsumura and B. Hayata: Enumeratio Plantarum in Insula Formosa sponte crescentium hucusque rite cognitarum, adjectis descriptionibus ac figuris specierum pro regione novarum. — *Journ. of the Coll of Sci. Imp. Univ. of Tokyo 22.

C. G. Matthew: Enumeration of Chinese Ferns. — pag. 339.

W. R. Maxon: 19. A new Botrychium from Alabama. — pag. 23.

— 20. Studies of Tropical American Ferns. No. 1. — pag. 473, 2 pl.

— 21. A new Spleenwort from China. — pag. 411, pl.

— 22. Studies of Tropical American Ferns. No. 2. — pag. 1, 9 pl.

— 23. Schizaeaceae, Gleicheniaceae, Cyatheaceae (pars). — North American Flora 16 part I.

— 24. A remarkable new fern from Panama. — 3 pl.

— 25. On the identity of Cyathea multiflora, type of the genus Hemitelia R. Br. — pag. 545, pl.

— 26. Notes on the North American species of Phanerophlebia. — pag. 23.

— 27. The relationship of Asplenium Andrewsii. — pag. 1, 2 pl.

— 28. Studies on tropical American Ferns. No. 3. — pag. 25, 17 pl.

— 29. A new name for a Hawaiian fern. — pag. 19, fig.

— 30. A new fern from Panama. — pag. 11.

Nakai: Fl. Koreana. 1911. **T. Nakai**: Flora Koreana. — Journ. Coll. Soc. Imp. Univ. Tokyo **31**.

Nazor: *Progr. Gymn. Pisino. 1903—04. **Vladimir Nazor**: Anatomski prinosi k poznavanju paprati Asplenium adulterinum Milde i njezinik srodnika. — Program c. k. velike državne gimnazije u Pazinu 1903—1904, pag. 3—30. [Beiträge zur Kenntnis des Farnes A. a. und seiner Verwandten. Progr. k. k. Staats-Gymnasium Pisino. Mitterburg 1904]. (t. H. Woynar).

Nieuwland 1. Naturalist **1**. 1910. **J. A. Nieuwland**: 1. Dryopteris a Synonym. — pag. 224, 2 pl.

— ——— **2**. 1912. — 2. Notes on our local plants. — pag. 273.

Oliver: Tr. N. Zeal. Inst. **42**. 1910. **Reginald B. Oliver**: The vegetation of the Kermadec Islands. — pag. 118.

Pirotta: Ann. di Bot. 7. 1908. **R. Pirotta**: 2. Species novae in excelsis Ruwenzori in expeditione Ducis Aprutis lectae. VIII. Filices. — pag. 173.

Poyser: *Fern Bull. 19. 1911. **W. A. Poyser**: The identity of Asplenium Ferrissi with A. alternans. — pag. 33.

Raimann: *Wien. ill. Gartenzeit. **16**. 1891. **R. Raimann**: Die Bastarde der Farne. — pag. 417. (t. H. Woynar).

Rechinger: Denkschr. Ak. Wien **84**. 1908. **Karl Rechinger**: Botanische und zoologische Ergebnisse einer wissenschaftlichen Forschungsreise nach den Samoa-Inseln, dem Neuguinea-Archipel und dem Salomonsinseln. II. Teil. — pag. 385.

Ridley: *Journ. Strait Branch R. As. Soc. 1908. **H. N. Ridley**: A list of the ferns of the Malay Peninsula. — nr. 50, pag. 1—59.

B. L. Robinson: Rhodora **10**. 1908. **B. L. Robinson**: Notes on the vascular plants of the north-eastern United States. — pag. 29.

W. J. Robinson: Bull. Torr. Cl. **39**. 1912. **W. J. Robinson**: A taxonomic study of the Pteridophyta of the Hawaiian Islands. — pag. 227, 567, 8 pl.

Rosendahl: Svensk Farm. Tidskr. **1911**. **H. V. Rosendahl**: Undersökninger öfver antelmintiskt verksamma ormbunkar samt af dem beredda droger och eterextrakter.

Ros. Hedwigia **46**. 1906 —07. **E. Rosenstock**: 4. Beiträge zur Pteridophytenflora Südbrasiliens II. pag. 57—144: 1906, 145—167: 1907, 2 pl.

— Fedde Repert. **4**. 1907, **5**. 1908, **6**. 1908, **7**. 1909, **8**. 1910. — 5. Filices novae. I. **4**, pag. 2 — II. **4**. pag. 292. — III. **5**, pag. 13 — IV. **6**, pag. 175 — V. **7**, pag. 146 — VI. **8**. 163 — VII. **8**, pag. 277.

— ——— **5**. 1908. — 6. Filices novo-guineenses novae. I. **5**, pag. 33 — II. **5**, pag. 370.

— ——— **5**. 1908, **6**, 1909, **9**. 1911, **11**. 1912. — 7. Filices novae a Dre. O. Buchtien in Bolivia collectae. I. **5**, pag. 228 — II. **6**, pag. 308 — III. **9**, pag. 342 — IV. **11**, pag. 53.

— ——— **7**. 1909. — 8. Filices Spruceanae adhuc nondum descriptae, in Herbario Rolandi Bonapartii Principis asservatae. — pag. 289.

Ros. Fedde Repert. 9. E. Rosenstock: 9. Filices costaricenses. I. 9, pag.
1910, 10. 1912.   67 — II. 10, pag. 274.
— ————— 9. 1910, — 10. Filices novae annis 1909 et 1910 a M. Frank
10. 1911.   et Le Rat in Nova Caledonia lectae. I. 9, pag. 71
— II. 10, pag. 158.
— ————— 9. 1911. — 11. Filices novo-guineenses Kingianae. — pag. 422.
— Bull. Jard. bot. Buit. II. — 12. Hymenophyllaceae Malayanae. — pag. 21.
nr. II. 1911.
— Nova Guinea 8. 1912. — 13. Filices. — pag. 715. (confer Christ nr. 98).
— Fedde Repert. 10. 1912. — 14. Filices novo-guineenses Bamlerianae et Keys-
serianae. — pag. 321.
— Mém. Soc. neuchâte- — 15. Contribution à l'étude des Ptéridophytes de
loise 5. 1912.   Colombie. — Mém. de la Soc. neuchâteloise
des sci. nat. — pag. 34, 5 pl.
— Meded. Rijks Herb. — 16. Beschreibung neuer Hymenophyllaceae aus dem
Leiden nr. 11. 1912.   Rijks Herbarium zu Leiden. — pag. 7.
— ——— nr. 14. 1912. — 17. Neue Farne der Insel Lombok. — pag. 31.
Ross: Soc. sci. »Antonio H. Ross: Contributions à la flore du Mexique avec
Alzate« 32. 1912.   la collaboration de spécialistes. — pag. 155,
3 pl. — Mexico. 8⁰. (Filices a Carl Christensen
et H. Christ determinatae.)

Rovirosa: Pteridogr. Mex. J. N. Rovirosa: 2. Pteridografía del sur de México
1909.   ó sea clasificación y descripción de los helechos
de esta región. — Mexico. 4⁰. — 70 pl.

Rupr. Beitr. Pflanzenk. F. J. Ruprecht: 2. Bemerkungen über einige Arten
Russ. Reiches Lief. XI.   der Gattung Botrychium. — pag. 31. tab.
1859.
Sennen: Bull. Géogr. Bot. Sennen: Une nouvelle fougère pour l'Europe. —
Mans 1910.   pag. 94.
Seymann: Oest. Bot. Zeit. Willy Seymann: Zur Kenntniss der Hybride Asple-
60. 1910.   nium Adiantum nigrum × Ruta muraria. —
pag. 278, 2 figg.
Sim: Trans. S. Afr. Phil. T. R. Sim: 3. Recent information concerning South
Soc. 16. 1906.   African Ferns and their Distribution. — pag.
267, 2 pl.
Slosson: Bull. Torr. Cl. M. Slosson: 2. One of the hybrids in Dryopteris. —
37. 1910.   pag. 201.
— ————— 39. 1912. — 3. New ferns from Tropical America. — pag. 285,
1 pl.
Sod. Sert. Fl. Ecuad. II. A. Sodiro: 5. Sertula Florae Ecuadorensis. Series II.
1908.   Quiti. 8⁰. (Extracto de los »Anales« de la
Universidad de Quito, Febrero 1908).
Takeda: Bot. Mag. Tokyo H. Takeda: 1. Notulæ ad plantas novas vel minus
21. 1910.   cognitas Japoniæ. — pag. 107.
— ——————— — — 2. Beiträge zur Kenntnis der Flora von Hokkaido.
— pag. 312.
Tidestrom: *Torreya 5. Ivar Tidestrom: 1. Notes on the gray polypody. —
1905.   pag. 171.
— *Elysium Marianum — 2. Elysium Marianum. Washington.
1906.

Tutcher v. Dunn.

Und. Bull. Torr. Cl. 33. 1906.

L. M. Underwood: 16. The genus Stenochlaena. — pag. 35.

— ———— — — 17. American Ferns VI. Species added to the Flora of the United States from 1900 to 1905. — pag. 189.

— *Bull. N. York Bot. Gard. 4. 1906.
— Bull. Torr. Cl. 33.1907.

— 18. Pteridophyta, in N. L. Britton: Contributions to the flora of the Bahama Islands III. — pag. 137.
— 19. American Ferns VII. A. The American species of Stenochlaena. B. The status of Poecilopteris crenata Presl. — pag. 591, figg.

— ———— 34. 1907.

— 20. American Ferns VIII. A preliminary review of the North American Gleicheniaceæ. — pag. 243.

— Torreya 7. 1907.

— 21. Concerning Woodwardia paradoxa, a supposedly new fern from British Columbia. — pag. 73.

— ———— —

— 22. The names of some of our native Ferns. — pag. 193.

— North Am. Flora 16. 1909.

— 23. Ophioglossaceae, Marattiaceae. — North American Flora 16 part I.

Und. et Maxon: Smiths. Misc. Coll. 50. 1907.

— and W. R. Maxon: Two new ferns of the genus Lindsaea. — pag. 335.

Watts: *Proc. Linn. Soc. N. S. Wales 1912.

W. W. Watts: The ferns of Lord Howe Island.

de Wild. Ann. Mus. Congo Bot. V. 1, 2. 1903-1907.

E. de Wildeman: Études de systématique et de géographie botaniques sur la flore du Bas- et du Moyen-Congo. 1^1. 1903, pag. 1—8, t. 3—4; 1^3. 1904, pag. 90—94; 1^3. 1906, pag. 213—216; 2^1. 1907, pag. 8—9; 2^2. 1907, pag. 106—116.

de Wild. et Durand: I. 1. 1898—99.

— et Th. Durand: Illustrations de la flore du Congo. 1^2. 1898, pag. 33, t. 17; 1^3. 1899, pag. 53, t. 27.

Winslow: Amer. Fern Journ. 1. 1910.

E. J. Winslow: A new hybrid fern. — pag. 22, fig.

Wright: Kew Bull. 1906, 1907, 1908, 1909.

C. H. Wright: 2. Filices, in Decades Kewenses. 1906, pag. 11—12. — 1906, pag. 61. — 1908, pag. 182. — 1909, pag. 267, 362.

— ——— 1906, 1908.

— 2. Filices, in Diagnoses Africanae. XVII 1906, pag. 170; XVIII. 1906, pag. 252; 1908, pag. 262.

II.

CORRIGENDA

CORRIGENDA

ACROPHORUS Presl.

stipellatus (Wall.) Moore — Adde loc. Ins. Philipp. Formosa; et syn. Cystopteris stipellata v. A. v. R. 1911.

ACROSTICHUM L.

Borneense Burck 1884 = Syngramma cartilagidens.

ferrugineum L. Syst. ed. XII. **2**. 686. 1767 } = Polypodium polypodioides.
ferruginosum L. sp. ed. II. **2**. 1525. 1763. }

fimbriatum Cav. 1799 — Quito (non Peru).

guineense Carr. 1901 = Stenochlaena.

hyperboreum Liljebl. Sv. Flora 307. 1792 = Woodsia alpina.

Macahense Fée 1872—73 = Elaphoglossum.

mexicanum Fourn. 1872 = Elaphoglossum fimbriatum.

nitidum Liebm. 1849 = Elaphoglossum fimbriatum.

? **praestantissimum** Bory — Potius genus proprius: Neurocallis. — Adde loc.
Costa Rica, et syn. Pteris dominicensis Bak. 1886; C. Chr. Ind. 597; Pteris
macrodictya Christ 1907. (Conf. Christ, Bull. Boiss. II. **7**. 585. 1907).

tripinatum Blanco 1837 = ? Polybotrya apiifolia.

ACTINOPHLEBIA Presl.

obtusa Pr. 1848 = Hemitelia spectabilis.

ADIANTOPSIS Fée.

Fordii (Bak.) C. Chr. Ind. 22 = Cheilanthes.

ADIANTUM L.

aneitense Carr. — Adde loc. N. Caledonia.

decorum Moore, Gard. Chr. 1869. 582; Hieron. Hedwigia **48**. 240 — Colum-
A. Wagneri Bak. Syn. 473. 1874 (non Mett.).   [bia. Peru.

Diogoanum Glaziou (= A. dioganum C. Chr. Ind. 26, err.),

falcatum Blanco 1837 = ? Odontosoria retusa.

humile Kze. 1834 = A. latifolium var. (conf. Hieron. Hedwigia **48**. 234).

intermedium Sw.; conf. C. Chr. Ark. för Bot. 9[11]. 9. f. 1. 1910.

nervosum Sw. 1806. sp. dub. — Australia.

nigrescens Fée 1850—52, C. Chr. Ind. 30 = A. striatum.

phyllitidis J. Sm. — Dele syn. A. Poeppigianum Pr.

Poeppigianum Pr. Tent. 157. 1836 (nomen); Hieron. Hedwigia **48**. 231. 1909
— Peru. — A. lucidum var. Poeppigiana Mett.; Kuhn, Jahrb. Bot. Gart.
Berlin **1**. 340. 1881.

pullum Col. 1893; C. Chr. Ind. 32 = A. Cunninghami (f. Cheesem. Man. 963).

pusillum Willd. ex Bernh. Schrad. neu. Journ. 1². 36. 1806 = Cheilanthes
pteridioides.
tinctum Moore — Dele syn. A. decorum Moore 1869, A. Wagneri HB. 473
tomentellum Fée 1869 = A. intermedium.   [(non Mett.).
viridescens Col. 1895; C. Chr. Ind. 35 = A. fulvum (f. Cheesem. Man. 964).
Wagneri Bak. Syn. 473. 1874 (non Mett.) = A. decorum.

ALSOPHILA R. Brown.
albosetacea Bedd. — Adde syn. Cyathea albosetacea Cop. 1909.
Andersonii Scott — Adde syn. Cyathea andersoni Cop. 1909.
aquilina Christ — Adde syn. A. Maxoni Ros. 1908.
batjanensis Christ — Adde syn. Cyathea batjanensis Cop. 1909.
Burbidgei Bak. — Adde syn. Cyathea burbidgei Cop. 1909.
caudata J. Sm. 1841; C. Chr. Ind. 41 = Cyathea.
chimborazensis Hk. 1866; C. Chr. Ind. 41 = Cyathea.
commutata Mett. — Adde syn. Cyathea recommutata Cop. 1909.
crinita Hk. — Adde syn. Cyathea crinita Cop. 1909.
cyclodonta Christ 1905; C. Chr. Ind. 661 = Cyathea.
decussata Christ 1901; C. Chr. Ind. 42 = Hemitelia multiflora.
denticulata Bak. — Adde syn. Cyathea hancockii Cop. 1909.
dimorpha Christ — Adde syn. Cyathea dimorpha Cop. 1909.
Elliottii Bak. 1892; C. Chr. Ind. 42 = Hemitelia Wilsoni.
Fauriei Christ — Adde syn. Cyathea fauriei Cop. 1909.
formosana Bak. — Adde syn. Cyathea formosana Cop. 1909.
fuliginosa Christ — Adde syn. Cyathea fuliginosa Cop. 1909.
glabra (Bl.) Hk. — Adde syn. Cyathea glabra Cop. 1909.
glauca (Bl.) J. Sm. — Adde syn. Cyathea contaminans Cop. 1909.
Henryi Bak. — Adde syn. Cyathea henryi Cop. 1909.
hirsutissima Fée, 11 mém. 95. 1866 — S. Domingo (non Guadeloupe).
Kalbreyeri Bak. Ann. Bot. 5. 189. 1892; C. Chr. Ind. 44 — Adde loc. Peru.
Kingi Clarke — Adde syn. Cyathea kingii Cop. 1909.
lasiosora Mett. — Adde syn. A. tarapotensis Ros. 1909.
latebrosa Wall. — Adde syn. Cyathea latebrosa Cop. 1909.
Leichhardtiana F. Muell. — Adde syn. Cyathea leichardtiana Cop. 1911.
lepifera J. Sm. 1841; Hk. sp. 1. 54. 1844 — Luzon.
      Cyathea Cop. Phil. Journ. Sci. Bot. 4. 40. 1909.
lurida (Bl.) Hk. — Adde syn. Cyathea lurida Cop. 1909.
Margarethae Schroeter — Adde syn. Cyathea margarethae Cop. 1909.
melanopus Hassk. — Adde syn. Cyathea melanopus Cop. 1909.
Mertensiana Kze. — Adde syn. Cyathea mertensiana Cop. 1909.
mindanensis Christ — Adde syn. Cyathea mindanaensis Cop. 1909.
modesta Bak. — Adde syn. Cyathea modesta Cop. 1909.
obscura Scort. — Adde syn. Cyathea obscura Cop. 1909.
ornata Scott — Adde syn. Cyathea ornata Cop. 1909.
pilosa Mart. et Gal. 1842 = Dryopteris piloso-hispida.
podophylla Hk. — Adde syn. Cyathea podophylla Cop. 1909.
pustulosa Christ — Adde syn. Cyathea pustulosa Cop. 1909.
quadripinnata (Gmel.) C. Chr. — t. F. O. B o w e r (Ann. of Bot. 26. 269—
      323. 1912) species typicalis generis optimi: L o p h o s o r i a.
radens Klf. — dele Mett. Fil. Lips. 109. 1856:

radens Mett. l. c. = A. verruculosa.

ramispina Hk. — Adde syn. Cyathea ramispina Cop. 1909.

rheosora Bak. — Adde syn. Cyathea rheosora Cop. 1909.

Ridleyi Bak. Ann. Bot. 8. 122. 1894 (non 5. 1892). — Adde syn. Cyathea ridleyi Cop. 1909.

sangirensis Christ — Adde syn. Cyathea sangirensis Cop. 1909.

squamulata (Bl.) Hk. — Adde syn. Cyathea squamulata Cop. 1909.

subglandulosa Hance — Adde syn. Cyathea subglandulosa Cop. 1909.

tomentosa (Bl.) Hk. — Dele loc. Ins. Camarinae et syn.
A. lepifera J. Sm. 1841. — Adde loc. N. Guinea.

trichodesma Scort. — Adde syn. Cyathea trichodesma Cop. 1909.

tristis Bl.; C. Chr. Ind. 48 = Stenolepia.

truncata Brack. — Adde syn. Cyathea truncata Cop. 1909.

Wallacei Mett. — Adde syn. Cyathea wallacei Cop. 1909.

ANEIMIA Sw.

flexuosa × phyllitidis Ros. Festschr. Alb. v. Bamberg. 66 t. 2. 1905; C. Chr. Ind. 661 — Brasilia austr. — (I). A. Ulbrichtii Ros. l. c. — (II). A. Spannagelii Ros. 1907 — (III). A. grossilobata Christ 1907; A. Phyllitidis × flexuosa Christ, l. c.

humilis (Cav.) Sw. — Adde loc. Mexico et syn. A. pilosa Mart. et Gal. 1842; C. Chr. Ind. 54.

longistipes (Liebm.) C. Chr. Ind. 53 = A. pastinacaria.

mexicana Kl. — Dele syn. A. speciosa Pr.

pastinacaria Prantl, Schiz. 110. 1881 — Mexico.
A. longistipes (Liebm.) C. Chr. Ind. 58 cum syn.

pilosa Mart. et Gal. 1842; C. Chr. Ind. 54 = A. humilis.

speciosa Pr. Suppl. 89. 1845; Maxon, N. Am. Fl. 16. 50. 1909 — Mexico.

ANOGRAMMA Link.

chaerophylla (Desv.) Link — Dele syn. A. villosa Fée.

leptophylla (L.) Link — Adde loc. Java.

Makinoi (Maxim.) Christ — Adde loc. Corea. China.

villosa Fée, Gen. 184. 1852 = Gymnogramma myriophylla.

ANTROPHYUM Kaulfuss. (conf. Benedict, Bull. Torr. Cl. 84. 455—458. 1907; 88: 153—190. 1911).

anetioides Christ — Adde syn. Polytaenium anetioides Benedict 1911.

brasilianum (Desv.) C. Chr. — Guatemala-Bolivia. Brasilia. — Adde syn. Polytaenium brasilianum Benedict 1911.

callifolium Bl. — Adde loc. Ins. Sechellae.

cayennense (Desv.) Spr. — Adde syn. Polytaenium cayennense Benedict 1911.

discoideum Kze. Bot. Zeit. 1848. 702; Benedict, Bull. Torr. Cl. 84. 455. 1907 — Venezuela-Bolivia. — Polytaenium Benedict 1911.

ensiforme Hk. — Mexico-Costa Rica. — Adde syn. Polytaenium ensiforme Feei Schaffn.; C. Chr. Ind. 60 = A. lanceolatum.   [Benedict 1911.

lanceolatum (L.) Klf. — Adde syn. Polytaenium lanceolatum Benedict 1911 — Antrophyum Feei Schaffn.; Fée 1857; C. Chr. Ind. 60.

minimum Bak. 1891; C. Chr. Ind. 61 = Vittaria.

petiolatum Bak. (Christ 1902, nomen) Kew Bull. 1906. 14 — China.

Werckleanum Christ 1905; C. Chr. Ind. 61 = Vittaria minima.

ASPIDIUM Swartz.

agatolepis Fée 1857 = Dryopteris cinnamomea.

Alfarii Christ 1905 = Dryopteris pilosula.

alsophilaceum Kze. } = Dryopteris.
alsophileum Kze.

amaurolepis Fée 1869 = Dryopteris ctenitis.

ambiguum (Pr.) Diels — Adde syn. Tectaria ambigua Cop. 1907; Dictyopteris v. A. v. R. 1909. — Aspidium profereoides Christ 1907; Pleocnemia
amboinense Willd. 1910 = Dryopteris.   [v. A. v. R. 1909.

andaiense (Bak.) C.[Chr. — Adde syn. Dictyopteris andaiensis v. A. v. R. 1909.

angelicifolium (Schum.) C. Chr. — Adde syn. Tectaria angelicifolia Cop. 1907.

antarcticum Fourn. 1875 = Dryopteris.

apertum Fée 1857 = Dryopteris patula.

Arechavaletae Hieron. 1896 = Dryopteris rivularioides.

athyrioides Mart. et Gal. 1842 = Dryopteris cinnamomea.

augescens Link 1841 = Dryopteris.

Barberi (Hk.) C. Chr. — Adde syn. Tectaria Barberi Cop. 1907.

basilare Fée 1869 = Dryopteris deflexa.

Beccarianum (Ces.) Diels — Adde syn. Dictyopteris Beccariana v. A. v. R.
Berteroanum Fée 1866 = Dryopteris Sprengelii.   [1909.

Bicknellii Christ in Burnat. Matér. fl. Alp. marit. 20. 1900 = Polystichum
Biolleyi Christ 1901 = Dryopteris nephrodioides. [aculeatum ✕ lobatum.

brachynevron Fée 1869 = Dryopteris Carrii?

Brongniartii (Bory) Diels 1999; C. Chr. Iud. 67 = A. irregulare.

Bryanti Cop. 1905 — Adde syn. Tectaria Bryanti Cop. 1907.

calcareum (J. Sm.) Pr. — Adde syn. Tectaria calcarea Cop. 1907.

Capitaiuii Fée 1866 = Dryopteris L'Herminieri.

catacolobum Kze.; Ett. 1865 = Dryopteris lugubris.

caudatum Jenm. 1879 = Polystichum Harrisii.

Cesatianum C. Chr. — Adde syn. Tectaria Cesatiana Cop. 1911.

Christianae Jenm. 1895 = Polystichum.

chrysolobum Klf.; Link 1833 = Dryopteris falciculata.

(S) **chrysotrichum** (Bak.) Christ, Engl. Jahrb. 23. 352. 1896 — Samoa.
Nephrodium Bak. Ann. Bot. 5. 328. 1891; Dryopteris C. Chr. Ind. 257.

cicutarium (L.) Sw. — Adde syn. Tectaria cicutaria Cop. 1907. — *T. apiifolia Cop. 1907. — ?T. adenophora Cop. 1911 (*coadunatum). — Aspidium rufescens Klf.; Hieron. 1907.

coadunatum Klf. 1824 = Dryopteris lugubris?

consanguineum Fée 1866 = Dryopteris.

Copelandii C. Chr. Ind. 661 = A. decurrens.

(S) **coriandrifolium** Sw. Schrad. Journ. 1800². 36. 1801; C. Chr. Ark. för Bot.
9¹¹ t. 5 f. 2. — India occ. Florida. — Polypodium Sw. Fl. Ind. occ.
1675, 1806; Nephrodium? Desv. 1827; Tectaria Und. 1906.

Dahlii (Hier.) Diels 1901 — Adde syn. Dictyopteris Dahlii v. A. v. R. 1912.

decrescens Kze.; Mett. 1858 = Dryopteris cheilanthoides.

decurrens Pr. 1825 — Adde syn. Tectaria decurrens Cop. 1907. —
Aspidium heterodon Cop. 1905; A. Copelandii C. Chr. 661. 1906.

devexum Kze. 1848 — Adde syn. Nephrodium devexum Mak. 1896; Tectaria Cop. 1907; Pleocnemia v. A. v. R. 1909.

dissidens Mett. 1858; C. Chr. Ind. 71 = Dryopteris sclerophylla var.

distans Viv. 1825 = Dryopteris filix mas (t. Woynar).

draconopterum Eat. 1860 — Adde syn. Tectaria draconoptera Cop. 1907.

elatior Fée 1869 = Dryopteris pachyrachis.
excellens Bl. 1828 — Adde syn. Pleocnemia excellens v. A. v. R. 1909.
exsudans Fourn. 1872 = Dryopteris panamensis.
flaccidum Fourn. 1880 = Dryopteris mexicana.
Francoanum Fourn. 1872 = Dryopteris.
Germani L'Herm.; Fée 1866 = Dryopteris patens?
geropogon Fée 1865 = Dryopteris augescens.
Ghiesbreghtii Fourn. 1872 = Dryopteris panamensis.
giganteum Bl. 1828 — Adde syn. Tectaria gigantea Cop. 1907. — dele
    syn. Nephrodium Bak. 1874 et Pleocnemia Trimeni Bedd. 1883.
gleichenioides Christ 1904 = Dryopteris rudis.
grandifolium Pr. 1849 — Adde loc. N. Guinea, et syn. Tectaria grandi-
Hawaiiense Hill. 1888 = Dryopteris.   [folia Cop. 1907.
helveolum Fée 1869 = Dryopteris pachyrachis.
(T) **heracleifolium** Willd. sp. **5**. 217. 1810 — Florida. India occ. Mexico.
    Bathmium Fée 1850—52; Tectaria Und. 1906.
heterodon Cop. 1905 = A. decurrens.
heterophyllum Hk. 1854 = Dryopteris.
hippocrepis (Jacq.) Sw. 1806 — Adde syn. Tectaria Cop. 1907.
imbricatum Fourn. 1872 = Dryopteris Schaffneri.
incisum Gris. 1864 = Dryopteris scolopendrioides.
invisum Sw. 1801 = Dryopteris oligophylla.
irregulare (Pr.) C. Chr. — Adde syn. Tectaria Cop. 1907. — f. Cop. Phil.
    Journ. Sci. Bot. **2**. 416—17. 1907 adhuc: Aspidium macrodon (Reinw.)
    Keys. 1873; C. Chr. Ind. 81 cum syn. — A. Brongniartii (Bory) Diels
    1899; C. Chr. Ind. 67 cum syn. — A. Whitfordi Cop. 1905; C. Chr.
    Ind. 662; Dictyopteris v. A. v. R. 1909.
irriguum J. Sm. 1841 — Adde syn. Tectaria Cop. 1907. Aspidium lamao-
    ense Cop. 1905; C. Chr. Ind. 661; Dictyopteris v. A. v. R. 1909.
isabellinum Fée 1869 = Dryopteris ctenitis.
Karstenii A. Br. Ind. sem. ht. Berol. app. **1857**. 3 = Dryopteris.
Kunzei Fée 1865 = Dryopteris cheilanthoides.
labrusca (Hk.) Christ — Adde syn. Tectaria labrusca Cop. 1907; Dictyo-
    pteris v. A. v. R. 1908.
lamaoense Cop. 1905; C. Chr. Ind. 661 = A. irriguum.
lasiesthes Kze. 1850 = Dryopteris oligocarpa.
latifolium (Forst.) J. Sm. — Adde syn. Tectaria latifolia Cop. 1907.
latipinna Hance 1873 = Dryopteris.
macrophyllum Rudolphi, Bemerk. **a**. d. Geb. d. Naturg. **2**. 103. 1805 =
maranguense Hieron. 1895 = Dryopteris obtusiloba.   [A. martinicence.
martinicense Spr. — Adde syn. Tectaria martinicensis Cop. 1907.
melanocaulon Bl. — Adde syn. Tectaria melanocaulon Cop. 1907.
membranifolium (Pr.) Kze.; C. Chr. Ind. 82 = Dryopteris dissecta.
menyanthidis Pr. — Adde syn. Tectaria menyanthidis Cop. 1907.
mexicanum Kze. 1839 = Dryopteris cinnamomea.
monostichum Kze.; Mett. 1838 = Dryopteris monosora.
mucronulatum Opiz, Böh. ph. et cr. Gew. 116. 1823 — Bohemia.
Murrayi Bak. — Adde syn. Nephrodium Murrrayi Jenm. 1908.
nephrodioides Kl. 1847 = Dryopteris.
nitidulum Kze.; Ett. t. 123 (non 133) = ? Dryopteris lugubris.

paucijugum Kl. 1847 = Dryopteris.
perelegans Col. 1897 = Polystichum vestitum.
persoriferum Cop. 1905; C. Chr. Ind. 662 = A. repandum?
pilosulum Kl. et Karst.; Kze. 1850 = Dryopteris.
plantagineum (Jacq.) Gris. — Adde syn. Tectaria plantaginea Maxon 1908.
platyrachis Fée 1872—73 = Dryopteris pachyrachis.
Plumierii Pr. 1825 — Adde syn. Tectaria Plumierii Cop. 1907.
polymorphum Wall. 1828 — Adde loc. Ins. Philipp. et syn.
     Sagenia polymorpha Christ 1905; Tectaria Cop. 1907.
psammiosorum C. Chr. Ind. 89 = A. Purdiaei.
pseudomontanum Hier. 1896 = Dryopteris rivularioides.
puberulum Fée 1865 = Dryopteris augescens var.
Purdiaei Jenm. 1897 — Adde loc. Guiana et syn. Nephrodium Purdiaei
     Jenm. 1908; Tectaria Maxon 1908 — Nephrodium Sherringiae Jenm. 1887;
     Aspidium psammiosorum C. Chr. Ind. 89.
quadrangulare Fée 1869 = Dryopteris lugubris.
repandum Willd. 1810 — Adde syn. A. persoriferum Cop. 1905; C. Chr.
Rivoirei Fée 1866 = Dryopteris opposita.   [Ind. 662.
rivularioides Fée 1869 = Dryopteris.
saxicola Bl. 1828 — Adde syn. Dictyopteris saxicola v. A. v. R. 1909.
Schomburgkii Kl. 1847 = Dryopteris falciculata.
sclerophyllum Kze. 1827 = Dryopteris.
scolopendrioides Mett. 1858 var. 1. incisa = Dryopteris scolopendrioides;
     var. 2. subpinnata = Dryopteris guadalupensis; var. 3. pinnata = Dryo-
     sericeum Fée 1869 = Dryopteris falciculata.   [pteris sclerophylla.
setosum Kl. 1847 = Dryopteris nigrovenia.
siifolium (Willd.) Mett. 1864 — Adde syn. Tectaria siifolia Cop. 1907. —
     Aspidium biseriatum Christ 1906.
simplicissimum Christ 1904 = Dryopteris Lindigii.
simplicifolium Hk. 1854 = Dryopteris.
Sintenisii Kuhn = Dryopteris sclerophylla var.
Sprengelii Klf. 1839 = Dryopteris.
stenopteris Kze. 1849 = Dryopteris scolopendrioides.
strigosum Christ 1896 = Dryopteris pilosula.
subdecurrens (Luerss.) C. Chr. 1905 — Adde syn. Dictyopteris subdecurrens
subdecussatum Christ 1904 = Dryopteris rudis.   [v. A. v. R. 1909.
subtriphyllum (Hk. et Arn.) Hk. 1862 — Adde syn. Tectaria subtriphylla
     Cop. 1907.
sumatranum C. Chr. 1905 — Adde syn. Dictyopteris Hancockii v. A. v. R. 1909.
tanacetifolium Opiz, Kratos 2. 10. 1820; Rupr. 1845 = Dryopteris spinulosa
tenerrimum Fée 1869 = Dryopteris.   [*dilatata.
tijucense Fée 1872—73 = Dryopteris alsophilacea.
trapezoides Sw. 1801 = Polystichum triangulum.
trichophorum Fée 1866 = Dryopteris L'Herminieri.
trifoliatum (L.) Sw. — Dele syn. A. heracleifolium Willd. 1810.
Trimeni (Bedd.) Diels, Nat. Pfl. 1⁴. 185. 1899 — India austr. Malesia.
     Pleocnemia Bedd. Handb. 223. 1883; Sagenia gigantea Bedd. 1863;
     Nephrodium Bak. 1874. HB. 503 (non Aspidium Bl. 1828). Pleocnemia
     Bakeri v. A. v. R. 1908; Aspidium v. A. v. R. 1908; Tectaria v. A. v. R. 1908.
varians Mett. 1869 = Dryopteris Schaffneri.
vastum Bl. 1828 — Adde syn. Tectaria vasta Cop. 1907.

vitis (Racib.) C. Chr. — Adde syn. Dictyopteris vitis v. A. v. R. 1909.

Whitfordi Cop. 1905; C. Chr. Ind. 662 = A. irregulare.

Yaeyamense Mak. 1897 = Polystichum.

Yoshinagae Mak. 1892 = Polystichum.

zerophyllum Col. 1897 = Polystichum vestitum.

Zippelianum C. Chr. — Adde syn. Dictyopteris ferruginea v. A. v. R. 1909;

ASPLENIUM L. [Tectaria Cop. 1911.

achilleifolium (Lam.) C. Chr. Ind. 99 = A. bipinnatum.

adiantum nigrum L. — Adde loc. Colorado, et syn. A. Andrewsii Nelson 1904;
C. Chr. Ind. 662. (v. Maxon, Contr. U. S. Nat. Herb. **16**. 1—3, t. 1—2. 1912.

adulterinum Milde — Adde syn. A. viride fallax Heufler, Verh. zool. bot.
Ges. Wien **6**. 347. 1856; A. fallax Dörfler 1898 (non Mett. 1859).

adulterinum × **viride** Aschers. — Adde syn. A. Poscharskyanum (A. fallax
× viride) Dörfler 1898. A. zoeblitzianum Nazor 1904.

amboinense Willd. — Adde loc. Annam.

Andrewsii Nelson 1904; C. Chr. Ind. 662 = A. adiantum nigrum.

arcuatum Liebm. 1849; C. Chr. Ind. 101 = A. monanthes.

Baumgartneri Dörfler 1895 = A. germanicum.

bifurcatum Opiz, Kratos 2^1. 15. 1820.
bifurcum Opiz, Böh. phan. cr. Gew. 116. 1823 } = A. septentrionale.

bogotense Karst. 1864—69 = Diplazium bogotense.

brachypteron Kze. Linn. **23**. 232. 1850; Hieron. Deutsche Zentralafr. Exp.
2. 8. 1910 — Africa trop.

castaneum Schlecht. et Cham. — Adde syn. A. rubinum Dav. 1894; C. Chr.
Ind. 129.

chlaenopteron Fée, Gen. 194. 1850—52; 7. mém. 47 t. 16 f. 1; Hieron.
Deutsche Zentralafr. Exp. **2**. 8. 1910 — Réunion. Africa trop.

chlorophyllum Bak. 1885 = Diplazium Pullingeri.

coenobiale Hance — Adde loc. Yunnan, et syn. Davallia pulcherrima Bak.
1895; C. Chr. Ind. 213; Humata Diels 1899.

contiguum Klf. — Dele syn. A. lepturus J. Sm. 1841.

decrescens Kze. — Adde loc. Africa trop.

dimidiatum Sw. — Veris. = A. erosum L. — (conf. C. Chr. Ark. för Bot. 9^{11}.

Dregeanum Kze. — Dele syn. A. brachypteron Kze. 1850. [14. 1910).

elatum Mett. 1859 = Diplazium elatum.

exiguum Bedd. — Adde loc. Luzon.

Finckii Bak. 1894; C. Chr. Ind. 111 = Holodictyum.

fontanum (L.) Bernh. — Adde *Jahandiezii Litard. Bull. Géogr. Bot. Mans
1911. 273 f. 1—6 — Gallia.

fontanum × **viride** Christ — Adde syn. A. viride × fontanum Christ 1900;
A. Gastoni-Gautieri Litard. 1811 (= A. Gautieri Christ 1900, non Hk. 1860).

foresiacum (Le Grand) Christ — Adde loc. Hispania.

germanicum Weis.
Ob ex orig. hybr. = **A. septentrionale** × **trichomanes** Murbeck, Lunds
Univ. Årsskr. **27**. 35. 1892; A. trichomanes × septentrionale Aschers.
1896, formae hybridae sequentes adhuc pertinentes (conf. Aschers. u.
Graebner, Syn. ed. II. **1**. 117—122. 1912): *A. Heufleri Reich. 1859; A.
germanicum × trichomanes C. Chr. Ind. 113; A. per-trichomanes ×
septentrionale Aschers. 1896. — A. Baumgartneri Dörfler 1895; A. septentrionale × trichomanes C. Chr. Ind. 131 (excl. syn. A. Hansii Aschers.

1896). *A. Hansii Aschers. 1896; A. trichomanes X per-septentrionale
Aschers. 1896. A. intercedens Waisb. 1899; A. germanicum X septen
trionale Waisb. 1899; C. Chr. Ind. 662. — A. Luerssenii Waisb. 1903;
A. septentrionale X germanicum Waisb. 1903. — A. germanicum X
perseptentrionale Christ, Farnkr. Schweiz 101 f. 19, 20. 1900; A. Dresdense Krieger 1906?

germanicum X ruta muraria Waisb. 1899; C. Chr. Ind. 662 = ? A. adiantum
nigrum *cuneifolium X ruta muraria.

germanicum X septentrionale Waisb. 1899; C. Chr. Ind. 662 = v. A. germanicum *Hansii.

germanicum X trichomanes C. Chr. Ind. 113 — v. A. germanicum *Heufleri.

Ghiesbreghtii Fourn. 1872; C. Chr. Ind. 113 = Holodictyum.

gracillimum Col. 1890; C. Chr. Ind. 114 = A. bulbiferum var. (t. Cheesem.

Hansii Aschers. 1896 = A. germanicum*. [Man. 993).

hemionitis L. — Adde loc. Italia merid.

heterochroum Kze. Linn. 9. 67. 1834 — Cuba. Florida. Bermuda.
A. muticum Gilb. 1903; C. Chr. Ind. 122.

insiticum Brack. — Adde loc. Polynesia-Luzon.

integerrimum Spr. Nova Acta 10. 231. 1821; Maxon, Contr. U. S. Nat. Herb.
10. 477 t. 56 f. 2. 1908 — India occ.

juglandifolium Lam. — Dele syn. omnia.

Kapplerianum Kze. Linn. 21. 216. 1848; Maxon, Contr. U. S. Nat. Herb. 10.
481. 1908 — Guiana.

Lauterbachii Christ — Polynesia-Celebes. — Adde syn. A. obtusilobum Hk.
1854 (non Desv. 1811); A. oceanicum C. Chr. Ind. 124. 1905.

lepidum Pr. — Adde *pulverulentum Christ et Chatenier, Bull. Soc. Fr. 58.
348 t. 11. 1910; 59. XXXIX t. 1. 1912 — Gallia.

lepturus J. Sm. JoB. 3. 408. 1841; Pr. Epim. 72. 1849; Christ, Bull. Boiss.
II. 6. 998. 1906 — Luzon.

Lindeni Hk. sp. 3. 185 t. 209. 1860; Hieron. Hedwigia 47. 230. 1908 —
Columbia.

longissimum Bl. — Dele loc. Juan Fernandez (v. Blechnum longicauda).

macropterum Sod. Cr. vasc. quit. 637. 1893 = Diplazium caryifolium.

monanthes L. — Adde syn. A. arcuatum Liebm. 1849; C. Chr. Ind. 101;
A. polyphyllum Bertol. 1840; C. Chr. Ind. 126; A. polymeris Moore 1859;
A. Bertolonii Donn.-Smith 1895.

murariaeforme Waisb. 1899 = ? A. adiantum nigrum *cuneifolium X ruta
muraria.

muticum Gilb. 1903; C. Chr. Ind. 122 = A. heterochroum.

neogranatense Fée, 7 mém. 47 t. 14 f. 1. 1857; Maxon, Contr. U. S. Nat.
Herb. 10. 480. 1808 — Columbia.

nidus L. — Adde syn. A. ellipticum (Fée) Cop. 1910; conf. Cop. Leaflets
Phil. Bot. 3. 819.

obtusifolium L. — conf. Maxon, Contr. U. S. Nat. Herb. 10. 479. 1908.

obtusilobum Hk. 1854 = A. Lauterbachii.

ocanniense Karst. 1861; C. Chr. Ind. 124 = Diplazium Roemerianum var.

oceanicum C. Chr. Ind. 124 = A. Lauterbachii.

ornatum Col. 1890; C. Chr. Ind. 124 = A. Hookerianum (t. Cheesem. Man. 992).

ovalescens Fée, Cr. vasc. Br. 1. 72 t. 18 f. 2. 1869; (conf. Hieron. Hedwigia
47. 230) — Brasilia. — A. pseudonitidum β erenatifolium Hk. sp. 3. 185. 1860.

polyphyllum Bertol. 1840; C. Chr. Ind. 126 = A. monanthes.

pseudo-nitidum Raddi — Dele syn. A. Lindeni Hk. 1860 et A. ovalescens Fée 1869.

Purdieanum Hk. — Adde syn. Diplazium Purdieanum Hieron. 1908 et D. purdieanoides (Karst.) Hieron. 1908. (an potius Diplazium?).

pusillum Bl. — Adde syn. Athyrium pusillum v. A. v. R. 1908. (an Athyrium?).

pygmeum L. 1759 = A. dentatum juv.

ramosum Spr.; Bernh. 1802 = A. bulbiferum.

repandulum Kze. Linn. 9. 65. 1834; Hieron. Hedwigia 47. 225. 1908 — Amer.

rubinum Dav. 1894; C. Chr. Ind. 129 = A. castaneum. [austr. trop.

ruta muraria × **trichomanes** C. Chr. — Adde loc. Vermont et *Hauche-cornei Aschers. Syn. 1. 80. 1896.

Sampsoni Hance 1866; C. Chr. Ind. 130 = A. tenerum *Belangeri.

Sanderi C. Chr. Ind. 130. 1905 = A. Sanderi Bak. Kew Bull. 1906. 15.

Schoggersii v. A. v. R. 1908; C. Chr. Ind. Suppl. 13 = A. caudatum.

scolopendropsis F. Muell. 1876; C. Chr. Ind. 131 = Phyllitis.

Seelosii Leybold — Adde loc. Hispania.

septentrionale × trichomanes Murbeck, Lunds Univ. Årsskr. 27. 35. 1892; C. Chr. Ind. 131 = A. germanicum.

Spicant Ehrh. Beitr. 2. 95. 1788; Bernh. 1800 = Blechnum.

Steerei Harr. — Adde syn. A. laxivenum Cop. 1907.

symmetricum Col. 1899; C. Chr. Ind. 134 = A. Richardi (t. Cheesem. Man. 991).

tenerum *Belangeri Bory — Adde syn. A. Sampsoni Hance 1866; C. Chr.

tenuifolium Don — Adde loc. Luzon. [Ind. 130.

trichomanoides L. Syst. Nat. ed. XII. 2. 690. 1767; Houtt. 1786 = A. trichomanes.

truncatilobum (Pr.) Fée, Gen. 191. 1850—52; Cop. Phil. Journ. Sci. Bot. 2. 164. 1907 — Luzon. — Tarachia Pr. Epim. 37. 1849.

verecundum Chapm.; Und. Bull. Torr. Cl. 33. 193. 1906 — Florida.

Virchowii Kuhn = Phyllitis.

ATHYRIUM Roth. — (Copeland cum hoc genere *Diplazium* conjunxit, Phil. Journ. Sci. Bot. 3. 284. 1908).

angustifolium (Michx.) Milde — Adde syn. Asplenium pycnocarpon Spr. 1804; Athyrium Tidestrom 1906.

anisopterum Christ 1898; Bull. Géogr. Bot. Mans 1907 133. (descr.) — Adde

assimile (Endl.) Pr. — Adde loc. N. Guinea. [loc. Luzon.

cordatum Opiz, Kratos 2¹. 13. 1820 = A. filix femina.

dentatum Gray; C. Chr. Ind. 662 = Cystopteris fragilis.

drepanopterum (Kze.) A. Br. — Adde loc. Luzon.

Haenkeanum Pr. Tent. 98. 1836; Epim. 66 = Asplenium.

macrocarpum (Bl.) Bedd. — Adde syn. A. halconense Christ 1908.

umbrosum (Ait.) Pr. var. muricatum (Mett.) — Adde syn. Diplazium muri-
BLECHNUM Linné. [catum v. A. v. R. 1909.

acrodontum (Fée) C. Chr. Ind. 150 = ? B. Schiedeanum.

angustifolium Hieron. 1904 = B. Kunthianum.

appendiculatum Willd. 1810; C. Chr. Ind. 150 = B. occidentale var.

areolare (Harr.) Cop. Polyp. Phil. 90. 1905; C. Chr. Ind. 150 = Stenochlaena.

attenuatum (Sw.) Mett. — Dele loc. Chile. Juan Fernandez, et syn. Lomaria bella Phil. 1857.

auriculatum Cav. — Adde syn. B. parvulum Phil. 1873: C. Chr. Ind. 158.

cartilagineum Sw. — Ad *Obs.* Ind. 152 vide C. Chr. Ark. för Bot. 9¹¹. 17.

Index Filicum Supplementum 7

chilense (Klf.) Mett. — Adde loc. Ins. Falklandicae.

Christii C. Chr. — Adde syn. Struthiopteris Christii Broadh. 1912.

costaricense (Christ) C. Chr. — Adde syn. Struthiopteris costaricensis Broadh. 1912.

cycadifolium (Colla) Sturm — A B. tabulare v. magellanicum vix diversum.

danaeaceum (Kze.) Christ — Adde syn. Struthiopteris danaeacea Broadh. 1912.

divergens (Kze.) Mett., Hk. sp. 3. 8. 1860 (syn.); Ann. sc. nat. V. 2. 225. 1864 — India occ. Costa Rica— Ecuador. — Lomaria Kze. Linn. 9. 57. 1834. L. exaltata Fée 1866; Struthiopteris Broadh. Bull. Torr. Cl. 39. 264. 1912.

ensiforme (Liebm.) C. Chr. Ind. — Adde loc. Mexico—Panama, et syn. Struthiopteris Broadh. 1909; Bull. Torr. Cl. 39. 262. 1912.

falciforme (Liebm.) C. Chr. — Adde loc. Guatemala, et syn. Struthiopteris Broadh. Bull. Torr. Cl. 39. 365. 1912.

Feei (Jenm.) C. Chr. Ind. 154 = B. polypodioides.

Ghiesbreghtii (Bak.) C. Chr. Ind. 154 = B. stoloniferum.

Hamiltonii C. Chr. Ind. 155 = B. membranaceum.

heterophyllum Opiz, Kratos 2¹. 18. 1820 = B. spicant.

Lechleri Mett. — Adde loc. Columbia.

L'Herminieri (Bory) Mett. — India occ. Venezuela — Adde syn. Struthiopteris Broadh. 1912. Dele syn. Lomaria exaltata Fée 1866.

lineatum C. Chr. Ind. 156 = B. striatum (excl. syn.; conf. C. Chr. Ark. för Bot. 9¹¹. 21).

membranaceum (Col.) Mett. — Adde syn. Lomaria intermedia Col. 1887 (non Link 1833); Blechnum Hamiltonii C. Chr. Ind. 155. 1905 — Lomaria pygmaea Col. 1893; Blechnum C. Chr. Ind. 158. 1905 (t. Cheesem. Man. 984).

occidentale L. — Adde syn. B. appendiculatum Willd. 1810; C. Chr. Ind. 150 cum syn.

ornifolium (Pr.) Ett. 1864; C. Chr. Ind. 157 (excl. syn.) = B. cordatum.

parvifolium (Col.) C. Chr. Ind. 157 — t. Cheesem. Man. 980 a B. penna marina non diversum.

parvulum Phil. 1873; C. Chr. Ind. 158 = B. auriculatum.

penna marina (Poir.) Kuhn — Adde syn. Lomaria uliginosa Phil. 1857; Blechnum C. Chr. Ind. 160. 1905.

Plumieri (Desv.) Mett. — India occ. — Dele syn. Lomaria divergens Kze. 1834.

polypodioides (Sw.) Kuhn — Mexico-Panama. India occ. — Dele syn. Lomaria angustifolia HBK. 1815. — Adde syn. Lomaria Feei Jenm. 1893; Blechnum C. Chr. Ind. 154. 1905.

pygmaeum (Col.) C. Chr. Ind. 158 = B. membranaceum.

Schomburgkii (Kl.) C. Chr. — Amer. austr. bor. — Dele syn. Lomaria Moritziana Kl. 1847 — L. rufa Spr. 1821. L. Ryani Klf. 1824.

sessilifolium (Kl.) C. Chr. — Adde syn. Struthiopteris sessilifolia Broadh. Bull. Torr. Cl. 39. 373. 1912.

sociale Sod. 1883; C. Chr. Ind. 159 = B. loxense.

spicant (L.) Roth, Usteri Ann. 10. 56. 1794; Wither. 1796 — Dele syn. Lomaria niponica Kze. 1848.

squamulosum (Desv.) Mett.; C. Chr. Ind. 160 = B. loxense.

stenophyllum Mett. 1856; C. Chr. Ind. 160 (excl. syn.) = B. Stübelii.

stoloniferum Mett. — Adde syn. Struthiopteris stolonifera Broadh. 1912. Lomaria Ghiesbreghtii Bak. 1874; Blechnum C. Chr. Ind. 154. 1905.

striatum (Sw.) C. Chr. — India occ. — (? Amer. austr.) — Adde syn. Struthiopteris striata Broadh. Bnll. Torr. Cl. **39**. 375. 1912. — Lomaria Ryani Klf. 1824; Blechnum Hieron. 1908 — Struthiopteris lineata Broadh. l. c. 366. 1912 (non Osmunda Sw. 1788); ? Blechnum Hieron. 1904; C. Chr. Ind. 156 (excl. syn.).

uliginosum (Phil.) C. Chr. Ind. 160 = B. penna marina.

valdiviense C. Chr. — Adde loc. Ecuador.

varians (Fourn.) C. Chr. — Adde syn. Struthiopteris varians Broadh. 1912.

violaceum (Fée) Hieron. — Adde syn. Struthiopteris violacea Broadh. 1912.

Werckleanum (Christ) C. Chr. — Adde syn. Struthiopteris Werckleana Broadh.

BOTRYCHIUM Swartz. [Bull. Torr. Cl. **39**. 382. 1912.

brevifolium Ångstr. 1866 = B. boreale.

crassinervium Rupr.; Milde 1858; Rupr. Beitr. fasc. XI. 42 c. tab. 1859 = dichronum Und. 1903; C. Chr. Ind. 162 = B. virginianum. [B. boreale var.

matricariae (Schrank) Spr. — t. Woynar Mitt. naturw. Ver. Steiermark **49**: 139—141. 1913 nomen optimum hujus speciei est B. multifidum Rupr. 1859; Osmunda Gmel. 1768.

neglectum Wood, Class Book ed. II. 816 (?). 1847 (non 1860).

obliquum Mühl — Adde loc. Jamaica, Costa Rica; et syn. B. tenuifolium Und. 1903; C. Chr. Ind. 163.

occidentale Und. 1898; C. Chr. Ind. 163 = B. silaifolium.

ramosum (Roth) Aschers. — f. Woynar l. c. 122—132 haec species non Osmunda ramosa Roth 1788 est, ergo nomen optimum B. matricariifolium A. Br. — Adde loc. Patagonia.

Reuteri Payot 1860 = B. simplex. (f. Woynar l. c. 145).

robustum (Rupr.) Und. 1903 = B. silaifolium.

silaifolium Pr. — Alaska-California-Wisconsin-Maine — Adde syn. B. occidentale Und. 1898; C. Chr. Ind. 163 — B. robustum (Rupr.) Und. 1903; C. Chr. Ind. 163.

silesiacum Kirschleger, Fl. d'Alsace **2**. 401. 1857 = B. matricariae.

ternatum (Thbg.) Sw. — Adde loc. Formosa.

virginianum (L.) Sw. — Adde syn. B. dichronum Und. 1903; C. Chr. Ind. 162.

BRAINEA J. Smith.

insignis (Hk.) J. Sm. — Adde loc. Mindoro (Ins. Phil.).

CERATOPTERIS Brongniart.

Lockharti (Hk. et Grev.) Kze. Linn. **13**. 241. 1850; Benedict, Bull. Torr. Cl. **36**. 469 f. 2. 1909 — Trinidad. Guiana. — Parkeria Hk. et Grev. Ic. fil. Parkeri J. Sm. 1841 = C. pteridoides. [t. 97 (nota). 1828.

thalictroides (L.) Brongn. — Trop. (excl. America?) — Dele syn. Parkeria pteridioides Hk. 1825; Ceratopteris Parkeri J. Sm. 1841.

CEROPTERIS Link.

tartarea (Klf.) Und. — Dele syn. Gymnogramme ornithopteris Kl. 1847 et G. adiantoides Karst.; Mett. 1864.

CHEILANTHES Swartz.

acrostica Todaro, Giorn. Sci. nat. Palermo **1**. 215 (seors. 10). 1866 = C.

dubia Hope — Adde loc. Yunnan. [pteridioides.

erecta Col. 1896; C. Chr. Ind. 174 = C. Sieberi (t. Cheesem. Man. **968**).

Fordii Bak. JoB. **1879**. 304 — Canton.

Adiantopsis C. Chr. Ind. 22. 1905.

glandulifera Fée 1872—73 }
glandulosa Fée 1852   } = Gymnogramma Glaziovii.

hispanica Mett. — Dele loc. Sicilia et syn. C. Tinaei Todaro 1866.

lutea (Cav.) Moore 1861 = C. aurantiaca.

obtusata Pr. 1825; C. Chr. Ind. 177 = Hypolepis.

pilosa Goldm. — Adde loc. Bolivia, Argentina.

Tinaei Todaro, Giorn. Sci. nat. Palermo **1**. 217 (seors. 12). 1866; Lojac. Fl. sicula **3**. 394. 1909 — Sicilia.

Tweediana Hk. 1852; Christ, Bull. Boiss. II. **7**. 923. 1907 — Adde loc. Paraguay.

venosa Col. 1893; C. Chr. Ind. 180 = C. tenuifolia (t. Cheesem. Man. 967).

CHRYSODIUM Fée.

bipinnatifidum Mett.; Kuhn 1868 = Leptochilus.

lomarioides Jenm. 1885 = Acrostichum excelsum.

CIBOTIUM Kaulfuss, Jahrb. ffir die Pharmacie **21**. (= Deutsch. Jahrb. f. d. Pharm. **6**). 53. 1820. — Conf. Christ, Phil. Journ. Sci. Bot. **2**. 117. 1907, et Maxon, Contr. U. S. Nat. Herb. **16**. 54. 1912.

assamicum Hk. sp. **1**. 83 t. 19 B. 1844; Christ, l. c. 117 — Assam. Tonkin. Dicksonia Griff. 1849.

barometz (L.) J. Sm. — Dele syn. C. assamicum Hk. 1844 et C. Cumingii Kze. 1841. — f. Christ nomen specificum »baranetz«, sed f. H. Woynar »borometz« appellandum est.

Chamissoi Klf. Jahrb. d. Pharmacie **21**. 53. 1820; Enum. 230. 1824.

Cumingii Kze. Farnkr. **1**. 64. 1841; Christ, l. c. 118 — Ins. Philipp.

guatemalense Reichb. — Dele loc. Costa Rica.

horridum Liebm. 1849; C. Chr. Ind. 183 = Cyathea princeps. juv.? (f. Maxon).

regale Versch. et Lem. Ill. Hort. **15** sub t. 548. 1868.

Schiedei Schlecht. et Cham. — Dele loc. Guatemala.

Wendlandi Mett. — Dele loc. Mexico.

CNEMIDARIA Presl = **Hemitelia**.

Kohautiana Pr. 1836 = H. Kohautiana.

obtusa Pr. 1836 = H. obtusa.

COSENTINIA Todaro, Giorn. Sci. nat. Palermo **1**. **219** (seors. 14). 1866.

catanensis Tod. l. c. 221 (seors. 16) }
vellea Tod. l. c. 220 (seors. 15)   } = Notholaena vellea.

CRASPEDARIA Link.

Plumierii Fée, 11 mém. 71. 1866 = Polypodium heterophyllum L.

CRYPTOGRAMMA R. Br. — Allosorus Bernh. certe nomen optimum.

crispa (L.) R. Br. — Dele loc. Chile et syn. Pellaea fumariaefolia Phil.; Bak. 1891.

CYATHEA Smith.

arachnoidea Hk. 1865 — Adde loc. Java.

articulata Fée 1857; C. Chr. Ind. 189 = C. mexicana.

barbata Bory; C. Chr. Ind. 189 = C. tenera.

basilaris Christ — Adde syn. C. reticulata Wercklé, Christ 1905; C. Chr. Bourgaei Fourn. 1872 = C. princeps.   [Ind. 195.

Brunei Christ — Adde syn. C. caesia Christ 1907.

conspersa Christ — Adde syn. C. Underwoodii Christ 1906. (conf. C. caduca Christ 1907).

divergens Kze. — Adde syn. C. pelliculosa Christ 1904; C. Chr. Ind. 194, et Alsophila subaspera Christ 1901; C. Chr. Ind. 48.

fusca Bak. — Adde syn. C. Kingii Ros. 1911 (non Cop. 1909).

glauca Fourn. 1872 = C. mexicana.

hypotricha Christ 1904; C. Chr. Ind. 192 = C. tenera.

insignis Eat. — Dele loc. Mexico et syn. C. Bourgaei Fourn. 1872.

mexicana Schlecht. et Cham. — Adde loc. Guatemala, Costa Rica, et syn.
C. articulata Fée 1857; C. Chr. Ind. 189. C. glauca Fourn. 1872 (non Bory
1804). C. arida Christ 1906.

onusta Christ — Adde syn. C. membranulosa Christ 1907.

pelliculosa Christ 1904; C. Chr. Ind. 194 = C. divergens.

percussa Cav. 1903 = Polypodium cyathoides.

princeps (Linden) E. Mayer, Gartenflora 17. 10. 1868; Maxon, N. Am. Flora
16. 78. 1909 — Mexico. Guatemala. — Cibotium Linden ms.; Cyathea
Bourgaei Fourn. 1872. C. Munchii Christ 1907.

purpurascens Sod. 1893; Sod. Sert. Fl. Ecuad. II. 5. 1908 (descr. emend.) —
reticulata Wercklé; C. Chr. Ind. 195 = C. basilaris. [Ecuador.

suluensis Bak. — Adde loc. Mindanao.

tenera (J. Sm.) Moore — India occ. Costa Rica. — Adde syn. C. barbata
Bory; Kuhn 1869; C. Chr. Ind. 189 — C. hypotricha Christ 1904; C. Chr.

CYCLOPHORUS Desvaux. [Ind. 192.

nummularifolius (Sw.) C. Chr. — Adde syn. C. obovatus v. A. v. R. 1909.

Schimperianus (Mett.) C. Chr. — Abyssinia. — Dele syn. Niphobolus Gies.

CYRTOMIUM Presl. — potius genus propr. (vide ante p. 23). [Niph. 111.

falcatum (L. fil.) Pr. Tent. 86. 1836.
Polystichum (L. fil.) Diels 1899; C. Chr. Ind. 581 cum syn.

fraxinellum Christ, Bull. Géogr. Bot. Mans 1902. 264.
Polystichum Diels 1899; C. Chr. Ind. 582 cum syn.

Hookerianum (Pr.) C. Chr. Ind. Suppl. 1913.
Polystichum C. Chr. Ind. 582 cum syn.

lonchitoides Christ, Bull. Géogr. Bot. Mans 1902. 264 — Polystichum Diels
1899; C. Chr. Ind. 584.

vittatum Christ, Bull. Soc. Fr. 52. Mém. I. 33. 1905 — Yunnan.
Polystichum C. Chr. Ind. 588. 1906.

CYSTEA Smith, Engl. Flora ed. I. 4. 275, 297. 1828.

alpina Sm. l. c, (304). — angustata Sm. l. c. 301.

dentata Sm. l. c. 300 — fragilis Sm. l. c. 298.

regia Sm. l. c. 302.

CYSTOPTERIS Bernhardi.

bulbifera (L.) Bernh. — Adde loc. Amer. bor. orient. temp. Alaska.

Douglasii Hk. — Adde syn. Filix Douglasii Robinson 1912.

fragilis × montana Christ — Adde syn. C. Christii Hahne 1904.

laciniata Col. 1899; C. Chr. Ind. 204 = ? C. fragilis (f. Cheesem. Man. 957.

novae-zealandicae Armstr. 1881; C. Chr. Ind. 204 = C. fragilis (f. Cheesem.

DANAEA Smith. [Man. 957).

elliptica Sm. in Rees, Cycl. Danaea nr. 2. 1808 — Adde syn. D. oligosora
Fourn.; C. Chr. Ind. 205 et D. polymorpha Leprieur; C. Chr. Ind. 205.

Mazeana Und. 1902; C. Chr. Ind. 205 = D. stenophylla.

oligosora Fourn.; C. Chr. Ind. 205 = D. elliptica.

polymorpha Leprieur; C. Chr. Ind. 205 = D. elliptica.

stenophylla Kze. — Adde syn. D. Mazeana Und. 1902; C. Chr. Ind. 205.

DAVALLIA Smith.

borneensis (Hk.) J. Sm.; Kuhn, Ann. Lugd. Bat. 4. 286. 1869 — Borneo. N. Guinea.
Lastrea Hk. Ic. pl. t. 993. 1854 ; Dryopteris? O. Ktze. C. Chr. Ind. 255
Brasiliensis Hk. 1846 = Saccoloma. cum syn.

Clarkei Bak. — Adde loc. Formosa.

decipiens Ces. 1877 = Odontosoria decipiens.

dubia R. Br.; C. Chr. Ind. 209 = Balantium.

exaltata Cop. 1905; C. Chr. Ind. 663 — Adde syn. Acrosorus exaltatus Cop.
1906; Polypodium v. A. v. R. 1909 (non L. 1759).

Friderici et Pauli Christ — Adde syn. Prosaptia Christ 1905; Acrosorus
Cop. 1906; Polypodium Sarasinorum v. A. v. R. 1909.

Hosei Bak. — Adde syn. Humata Hosei v. A. v. R. 1909.

Kingii Bak. — Adde syn. Davallodes Kingii Cop. 1911.

Mannii (Eat.) Bak. 1874; C. Chr. Ind. 212 = Diellia.

nephrodioides Bak. — Adde syn. Humata nephrodioides v. A. v. R. 1909.

nigrescens Kze. 1850 = Saccoloma brasiliense.

pallida Mett. — Adde loc. Ins. Philipp.

pulcherrima Bak. 1895; C. Chr. Ind. 213 = Asplenium coenobiale.

Reineckei Christ — Adde syn. Prosaptia Reineckei Christ 1905; Acrosorus
Cop. 1907.

Schlechteri (Christ) C. Chr. Ind. 663 — Adde syn. Polypodium Schlechteri
v. A. v. R. 1909; Acrosorus Christ 1910.

Tasmani Cheesem. apud Field etc.

viscidula Mett. — Adde syn. Humata viscidula v. A. v. R. 1909; Davallodes
DENDROGLOSSA Presl. [v. A. v. R. 1911.

normalis Pr. 1849 = Leptochilus normalis.

DENNSTAEDTIA Bernhardi.

erythrorachis (Christ) Diels — Adde loc. Mindanao. N. Guinea.

flaccida (Forst.) Bernh. — Adde loc. Java.

formosae Christ 1904; C. Chr. Ind. 217 = Balantium.

pilosella (Hk.) Moore — Adde syn. Dennstaedtia pilosella Christ 1910.

rubicaulis Christ 1905; C. Chr. Ind. 218 = Hypolepis nigrescens.

scandens (Bl.) Moore — Adde loc. Formosa.

Wilfordii Moore — Adde syn. Dennstaedtia Wilfordi Christ 1910.

DICKSONIA L'Héritier.

gigantea Karst, Fl. Col. 2. 177 t. 193. 1869 — Columbia-Costa Rica. — D.
javanica Bl. 1828; C. Chr. Ind. 222 = Balantium. [navarrensis Christ 1906.
Karsteniana (Kl.) Moore — Dele syn. D. gigantea Karst 1869.

DICRANOPTERIS Bernhardi.

dolosa Cop. 1905 = Gleichenia hirta.

DIPLAZIOPSIS C. Chr.

javanica (Bl.) C. Chr. — Adde loc. Japonia, et syn. Diplazium javanicum
DIPLAZIUM Swartz. [Mak. 1906.

(Copeland Diplazium cum Athyrio conjunxit, Phil. Journ. Sci. Bot. 3.
affine J. Sm. 1841 = D. fructuosum. [285—300. 1908).

bulbiferum Brack. 1854; C. Chr. Ind. 229 = D. silvatica.

caryifolium (Bak.) C. Chr. — Adde loc. Ecuador, et syn. Asplenium macropterum Sod. 1893; Diplazium C. Chr. Ind. 235. 1905.

caudatum J. Sm. 1841 = D. Meyenianum.

chlorophyllum (Bak.) Bedd.; C. Chr. Ind. 229 = D. Pullingeri.

Christii C. Chr. — Adde syn. Athyrium Christii Cop. 1912.

confertum (Bak.) C. Chr. — Adde loc. Sarawak, et syn. Athyrium confertum Cop. 1912.

cordifolium Bl. — Adde syn. Callipteris cordifolia Cop. 1905; Athyrium Cop. 1908.

Cumingii (Pr.) C. Chr. — Adde loc. Sarawak, et syn. D. alismifolium v. A. v. R. 1909 (non Pr. 1825).

cyatheifolium (Rich.) Pr. — Dele syn. D. caudatum J. Sm. 1841.

elatum Fée, Gen. 214. 1850—52 — Ceylon. Borneo. Asplenium Mett. Aspl. n. 203. 1859; Athyrium Cop. 1912.

esculentum (Retz.) Sw. — Adde syn. Athyrium esculentum Cop. 1908.

grammitoides Pr. — Adde syn. Asplenium brachypodum Bak. 1874; Diplazium Cop. 1905. Asplenium toppingianum Cop. 1905; Athyrium Cop. 1907. A. nanum Christ 1907.

hians Kze. — Dele syn. Asplenium bogotense Karst. 1864—69.

japonicum (Thbg.) Bedd. — Adde syn. Athyrium japonicum Cop. 1908. — A. Copelandi Christ 1907.

lanceum (Thbg.) Pr. — Adde loc. Luzon.

leptophyllum (Bak.) Christ, Bull. Géogr. Bot. Mans 1902. 245 (nomen) — Asplenium Bak. Kew Bull. 1906. 10 (non alior.) [Yunnan.

macropterum (Sod.) C. Chr. Ind. 235 = D. caryifolium.

maximum (Don) C. Chr. — Adde syn. Athyrium maximum Cop. 1908.

melanopodium Fée 1857 = D. Meyenianum.

palauanense Cop. — Adde syn. Athyrium palauanense Cop. 1908.

pariens Cop. — Adde syn. Athyrium pariens Cop. 1908.

petiolare Pr. 1849; C. Chr. Ind. 237 = D. silvatica.

polypodioides Bl. — Adde syn. Athyrium Blumei Cop. 1908.

porphyrorachis (Bak.) Diels — Adde syn. Athyrium porphyrorachis Cop. 1908.

Pullingeri (Bak.) J. Sm. China. Formosa. ? Penang. — Adde syn. Asplenium bireme Wright 1908. A. chlorophyllum Bak. 1885. Diplazium Bedd. 1892; Athyrium Cop. 1908.

silvaticum (Bory) Sw. — Adde syn. Allantodia pinnata Blanco 1845; Athyrium Cop. 1908 — Dele syn. D. elatum Fée 1850—52; Asplenium Mett. 1859 — Adde syn. Diplazium bulbiferum Brack. 1854; C. Chr. Ind. 229 cum syn., et D petiolare Pr. 1849; C. Chr. Ind. 237 cum syn.

Smithianum (Bak.) Diels — Adde loc. Ins. Philipp. N. Guinea. — conf. D.

sorzogonense Pr. — Adde syn. D. Woodii Cop. 1907. [dolichosorum Cop.

subserratum (Bl.) Moore — Adde loc. Borneo.

tenue Desv. 1827; Hieron. Hedwigia 47. 213. 1908 = D. striatum.

ternatum Liebm. — Adde loc. Guatemala.

vestitum Pr. — Adde loc. Celebes.

Virchowii (Kuhn) Diels 1899; C. Chr. Ind. 241 = Phyllitis.

DORYOPTERIS J. Smith.

lomariacea (Kze.) Kl. — Adde syn. D. actinophylla Ros. 1907.

nobilis (Moore) J. Sm.; C. Chr. Ind. 244 = D. palmata.

palmata (Willd.) J. Sm. JoB. 4. 163. 1841; Ros. Hedwigia 46. 87. 1906 — Columbia. Brasilia. — Pteris Willd. sp. 5. 357. 1810; Litobrochia Moore 1862. L. nobilis Moore 1862; Doryopteris J. Sm.; C. Chr. Ind. 244 cum syn. — D. patula Fée 1872—73; C. Chr. Ind. 245 cum syn.

patula Fée 1872—73; C. Chr. Ind. 245 = D. palmata.

squamosa (Hope et Wright) C. Chr. Ind. 245. 1905 = Cheilanthes Hopeana.

DRYMOGLOSSUM Presl — (f. Maxon Pteropsis Desvaux 1827 nom. optimum).
martinicense Christ — Adde syn. Pteropsis martinicensis Maxon 1912.
Wiesbaurii Sod. — Adde syn. Pteropsis Wiesbaurii Maxon 1912.
DRYNARIA (Bory) J. Smith.
nectarifera (Becc.) Diels — Adde syn. Thayeria nectarifera Cop. 1906.
DRYOPTERIS Adanson.
achalensis (Hier.) C. Chr. — Adde syn. Nephrodium achalense Hicken 1907.
africana (Desv.) C. Chr. — Adde loc. Hispania (Santander), et syn. Aspidium africanum Aschers. u. Graebn. 1912. Polypodium Eliasii Sennen et Alfarii Christ; C. Chr. Ind. 251 = D. pilosula.   [Pau 1909.
alloëoptera (Kze.) C. Chr. Ind. 251 — Costa Rica. Peru.
    Adde syn. Stigmatopteris alloëoptera C. Chr. 1909. Polypodium oligophlebium Bak. 1874; Dryopteris paucinervata C. Chr. Ind. 383. 1905. Polypodium heterophlebium Bak. 1884; Dryopteris C. Chr. Ind. 270. 1905. —? Polypodium coalescens Bak. 1877; Dryopteris C. Chr. Ind. 258. 1905.
(D) **alsophilacea** (Kze.) O.Ktze. Rev. Gen. Pl. 2. 812. 1891 — Brasilia austr. D. tenuifolia C. Chr. Ind. 297, excl. Lastrea tenuifolla Pr. Epim. 37. 1849. —ʼAdde syn. Aspidium tijucense Fée 1872—73; Dryopteris itatiaiensis C. Chr. Ind. 272. 1905.
(C) **amboinensis** (Willd.) O.Ktze. Rev. Gen. Pl. 2. 812. 1891 — Asia trop. Aspidium Willd. sp. 5. 228. 1810; Nephrodium Pr. 1836. HB. 292.
amphioxypteris (Sod.) C. Chr. Ind. 251 = D. opposita.
anoptera (Kze.) C. Chr. — Dele syn. Aspidium nitidulum Kze,; Ettingsh. 1865 et A. oatacolobum Kze., Ettingsh. 1865. — Adde syn. Goniopteris hastata Fée 1869; G. Bahiensis Fée 1872—73.
aoristisora (Harr.) C. Chr. — Adde syn. Phegopteris aortisora v. A. v. R. 1909.
aperta (Fée) C. Chr. Ind. 252 = D. patula.
aquilonaris Maxon 1900; C. Chr. Ind. 252 = D. fragrans.
Arechavaletae (Hier.) C. Chr. Ind. 252 = D. rivularioides.
arfakiana (Bak.) C. Chr. — Adde syn. Phegopteris arfakiana v. A. v. R. 1909.
argentina (Hier.) C. Chr. — Argentina, Chila-Bolivia-Peru.
    Adde syn. Nephrodium argentinum Hicken 1907.
arida (Don) O.Ktze. — Adde syn. D. obscura (Bl.) Christ 1908.
asperula (J. Sm.) C. Chr. — Adde syn. Phegopteris asperula v. A. v. R. 1909.
aspidioides (Willd.) C. Chr. — Costa Rica-Peru.
    Dele syn. Gymnogramma asplenioides Sw. 1817, etc.
asplenioides (Sw.) O.Ktze. — Dele syn. Aspidium scolopendrioides var. 3 Mett. 1858; A. sclerophyllum Kze. 1827. — Adde syn. Apidium reptans var. 4 Mett. nr. 237. 1858. Woodsia pubescens Spr. 1821.
athyrioides (Mart. et Gal.) O.Ktze. C. Chr. Ind. 253 = D. cinnamomea.
Balbisii (Spr.) Urban; C. Chr. Ind. 253 = D. Sprengelii.
basilaris (Pr.) C. Chr.; v. Christ, Phil. Journ. Sci. Bot. 2. 196. 1907 (descr.) — Adde syn. Dryopteris caudiculata v. A. v. R. 1909.
Beddomei (Bak.) O.Ktze. — Adde loc. Formosa.
bibrachiata (Jenm.) C. Chr. Ind. 254. 1905 = D. asterothrix.
biserialis (Bak.) C. Chr. — Adde syn. Nephrodium subglabrum Sod. 1893; Dryopteris C. Chr. Ind. 295. 1905.
blanda (Fée) C. Chr. — Mexico-Guatemala. — Adde syn. Phegopteris caespitosa Fourn. 1872; Polypodium Bak. 1874; Dryopteris C. Chr. Ind. 256. 1905.

Bodinieri (Christ) C. Chr. — Adde syn. Nephrodium cyclodioides Bak. 1906.
borneensis (Hk.) O.Ktze.; C. Chr. Ind. 255 = Davallia.
brachyodus (Kze.) O.Ktze. (excl. loc. Malesia) = D. glandulosa (Desv.) C. Chr. var.
brevipinna C. Chr. — Adde syn. Phegopteris stenophylla v. A. v. R. 1909.
brunneo-villosa C. Chr. — Adde syn. Phegopteris cheilanthoides v. A. v. R. 1909.
caespitosa (Fourn.) C. Chr. Ind. 256 = D. blanda.
camporum (Lindm.) C. Chr. Ind. 256 = D. rivularioides.
cana (J. Sm.) O.Ktze. — Adde loc. China.
canescens (Bl.) C. Chr. — Adde syn. Dryopteris Blumei v. A. v. R. 1909 —
Dele omnes subspecies.
caribaea (Jenm.) C. Chr. Ind. 257 = D. panamensis.
Carrii (Bak.) C. Chr. — Adde syn. Stigmatopteris Carrii C. Chr. 1909.
caucaensis (Hieron.) C. Chr. — Costa Rica-Columbia. Bolivia. — Adde syn.
Aspidium frigidum Christ 1906.
caudata (Raddi) C. Chr. — Dele loc. Cuba. — Adde syn. Aspidium caudatum
Christ 1906 (non alior.); Stigmatopteris C. Chr. 1909.
Cesatiana C. Chr. — Adde syn. Phegopteris Beccariana v. A. v. R. 1909.
chartacea C. Chr. Ind. 257. 1905 = Nephrodium paucijugum Jenm. (sp. dub.).
cheilanthoides (Kze.) C. Chr. Ind. 257.; conf. C. Chr. Vid. Selsk. Skr. VII.
4. 329 f. 51. 1907; VII. 10. 153. 1913 — Brasilia austr. Jamaica. Mexico-
Peru. — Aspidium Kze. Linn. 22. 5. 78. 1849; Lastrea Moore 1858. —
Nephrodium resinoso-foetidum Hk. 1862; Dryopteris resinofoetida O.Ktze.;
C. Chr. Ind. 288 cum syn. — Lastrea grossa Pr. 1851; Aspidium Kunzei
Fée 1865; Dryopteris oochlamys C. Chr. Ind. 280 (Mexico). — Aspidium
decrescens Kze.; Mett. 1858; Dryopteris O.Ktze.; C. Chr. Ind. 261 cum
syn. — Nephrodium atomiferum Sod. 1883.
Christii C. Chr. — Adde syn. Stigmatopteris opaca C. Chr. Ind. 1913.
chrysoloba (Klf.) O.Ktze.; C. Chr. Ind. 257 = D. falciculata.
chrysotricha (Bak.) C. Chr. Ind. 257 = Aspidium.
coalescens (Bak.) C. Chr. Ind. 258 = ? D. alloëoptera.
coarctata (Kze.) C. Chr.; conf. C. Chr. Vid. Selsk. Skr. VII. 4. 290 f. 18.
1907 — Venezuela-Columbia. Cuba.
concinna (Willd.) O.Ktze.; conf. C. Chr. Vid. Selsk. Skr. VII. 4. 271 f. 2.
1907 — Ind. occ. Mexico-Ecuador. — Adde syn. Polypodium molliculum
Kze., Link 1841; Dryopteris C. Chr. Ind. 278. 1905 (excl. syn. Aspidium
pilosulum Kl. et Karst., A. lasiesthes Kze.). Phegopteris adenochrysa
Fée 1852. Nephrodium stenophyllum Sod. 1883; Dryopteris C. Chr. Ind.
294. 1905. — Phegopteris elongata Fourn. 1872.
connexa (Klf.) C. Chr. — Adde syn. Aspidium connexum Christ 1906.
crassipes (Sod.) C. Chr. Ind. 258 = D. pachyrachis.
crenata (Forsk.) O.Ktze. — Adde loc. Africa austr.
cristata × marginalis — Adde syn. Nephrodium Slossonae Hahne 1904.
ctenitis (Link) O.Ktze.; conf. C. Chr. Vid. Selsk. Skr. VII. 10. 93. 1913 —
Adde syn. Lastrea distans Brack. 1854; Aspidium amaurolepis Fée 1869
— A. isabellinum Fée 1869; Dryopteris C. Chr. Ind. 272. 1905.
ctenoides (Fée) C. Chr. Ind. 260 = D. rudis.
cystolepidota (Miq.) C. Chr. Ind. 260. 1905 = D. erythrosora var.
decrescens (Kze.) O.Ktze; C. Chr. Ind. 261 = D. cheilanthoides.
decumbens C. Chr. Ind. 261 = D. L'Herminieri.

decurrenti-alata (Hk.) C. Chr. Ind. 261 = Diplazium.

decussata (L.) Urban — Adde syn. Aspidium decussatum Christ 1906. Polypodium Percivalii Jenm. 1891; Dryopteris C. Chr. Ind. 284. 1905.

deflexa (Klf.) C. Chr. — Adde syn. Aspidium basilare Fée 1869.

dejecta (Jenm.) C. Chr. Ind. 261 = D. glandulosa.

densiloba C. Chr. — Adde syn. D. supralineata Ros. 1910.

densisora C. Chr. — Adde loc. Costa Rica.

devolvens (Bak.) C. Chr. Ind. 261 = D. lugubris var.

didymosora (Parish) C. Chr. Ind. 262 = D. parasitica.

diplazioides (Desv.) Urban — Adde syn. Aspidium diplazioides Christ 1906 — Leptogramme rupestris Kl. 1847; Dryopteris C. Chr. Ind. 290. 1905, cum syn. — Gymnogramme oppositans Fée 1869.

dissecta (Forst.) O.Ktze. — Adde syn. Aspidium membranifolium (Pr.) Kze.; C. Chr. Ind. 82 cum syn. — Dryopteris Raciborskii v. A. v. R. 1909.

dissidens O.Ktze. Rev. Gen. Pl. 2. 812. 1891 = D. sclerophylla.

effusa (Sw.) Urban — Adde syn. D. xanthotrichia Hieron. 1907.

Eggersii (Hier.) C. Chr. — Costa Rica-Ecuador. — Adde syn. Aspidium nutans Christ 1906; Dryopteris Christ 1907.

eriocaulis (Fée) O.Ktze. — A. D. cirrhosa vix diversa.

erythrosora (Eat.) O.Ktze. — Adde syn. Aspidium cystolepidotum Miq. 1867; Dryopteris C. Chr. Ind. 260. 1905.

euchlora (Sod.) C. Chr. — Adde loc. Nicaragua-Panama (var. inaequans C. Chr. Vid. Selsk. Skr. VII. **10**. 150 f. 16).

falciculata (Raddi) O.Ktze. — Adde loc. Guiana. — Adde syn. Aspidium chrysolobum Klf.; Link 1833; Dryopteris O.Ktze. 1891; C. Chr. Ind. 257 cum syn. Aspidium Schomburgkii Kl. 1847. — Aspidium sericeum Fée 1869. — (conf. C. Chr. Vid. Selsk. Skr. VII. **10**. 91. 1913).

Feei C. Chr. Ind. 264 = D. augescens.

fibrillosa (Bak.) C. Chr. Ind. 264 = D. honesta.

filix mas (L.) Schott — Dele *Asp. Hawaiiense Hill. et *Nephrodium antarcticum Bak.

— *A. paleaceum Sw. — Adde syn. D. paleacea C. Chr. 1911.

— *A. marginatum Wall. — Adde syn. D. marginata Christ 1907, et loc. Luzon.

— *A. adnatum Bl. — Adde syn. Dryopteris adnata v. A. v. R. 1909.

— Adde *Aspidium filix mas Hill. Fl. Haw. 575. 1888; Dryopteris fusco-atra Robinson 1912 — Ins. Haw.

filix mas × spinulosa — Adde syn. D. remota Hayek 1908.

firmula (Bak.) C. Chr. — Adde syn. Phegopteris firmula v. A. v. R. 1909.

Fournieri (Bak.) C. Chr. Ind. 266 = D. mexicana.

fragrans (L.) Schott — Adde syn. D. aquilonaris Maxon 1900; C. Chr. Ind. 252.

Funckii (Mett.) O.Ktze. — Adde loc. Costa Rica-Peru.

fusca (Sod.) C. Chr. Ind. 267 = D. vasta.

Galanderi (Hier.) C. Chr. — Adde loc. Brasilia, et syn. Nephrodium Galanderi geropogon (Fée) C. Chr. Ind. 267 = D. augescens. [Hicken 1907.

Germaniana (Fée) C. Chr. — Adde loc. Porto Rico. Cuba.

Ghiesbreghtii (Linden) C. Chr. — Adde loc. Mexico-Costa Rica, et syn. Dryopteris mollis (Fée) Maxon 1909 (non Hieron. 1907).

glandulosa (Bl.) O.Ktze.; C. Chr. Ind. 268 = D. malayensis.

Glaziovii (Christ) C. Chr. Ind. 268; Vid. Selsk. Skr. VII. **4**. 62 f. 40. 1907;

VII. **10.** 151 — Adde syn. Gymnogramme patula Fée 1869 (non Dryopteris
    patula (Sw.) O.Ktze.) — G. expansa Fée 1869.

gleichenioides (Christ) C. Chr. Ind. 268 = D. rudis.

gracilescens (Bl.) O.Ktze. — Adde syn. Athyrium Benguetense Christ 1907
    — *Dryopteris glanduligera Christ 1908.

granulosa (Pr.) C. Chr. — Adde loc. Annam, et syn. Phegopteris granulosa
    v. A. v. R. 1909.

guadalupensis (Fée) O.Ktze.; C. Chr. Ind. 269 = D. nephrodioides.

guatemalensis (Bak.) O.Ktze. — Adde loc. Costa Rica, et syn. Aspidium
    guatemalense Christ 1906.

gymnogrammoides (Bak.) C. Chr. — Adde syn. Aspidium gymnogrammoides
Harrisoni (Bak.) C. Chr. Ind. 269 = D. Francoana.   [Christ 1906.

Hasseltii (Bl.) C. Chr. — Adde loc. Annam.

hastata (Fée) Urb.; conf. C. Chr. Vid. Selsk. Skr. VII. **10.** 229 — Adde syn.
    Goniopteris leptocladia Fée 1866.

Helliana (Fée) C. Chr. — Adde syn. Nephrodium Hellianum Hieron. 1908.

Hemsleyana (Bak.) C. Chr. — Adde loc. Guatemala-Panama, et syn. Aspidium
    Hemsleyanum Christ 1906.

heteroclita (Desv.) C. Chr. — Dele syn. Gymnogramme consimilis Fée.

heterophlebia (Bak.) C. Chr. Ind. 270 = D. alloëoptera.

(?) heterophylla (Pr.) O.Ktze. Rev. Gen. Pl. **2.** 813. 1891 — Ins. Philipp.
    Haplodictyum Pr. Epim. 51. 1849; Aspidium Hk. 1854; Nephrodium Hk.
    1862. HB. 295; Pleocnemia v. A. v. R. 1909.

Holmei (Bak.) C. Chr. Ind. 271 = D. L'Herminieri.

holophylla (Bak.) C. Chr. — Adde syn. Phegopteris holophylla v. A. v. R. 1909.

honesta (Kze.) C. Chr.; conf. C. Chr. Vid. Selsk. Skr. VII. **10.** 908 f. 11 b.
    — Adde loc. Bolivia, et syn. Polypodium fibrillosum Bak. 1867; Dryopteris
    C. Chr. Ind. 264. 1905.

Hosei (Bak.) C. Chr. — Adde loe. Ins. Sumba, et syn. Phegopteris Hosei
    v. A. v. R. 1908.

ichtiosma (Sod.) C. Chr. — Adde loc. Columbia. Jamaica. ? Cuba.
    Adde syn. Stigmatopteris ichtiosma C. Chr. 1909. — Polypodium den-
    tatum Bak. 1891; Dryopteris longipetiolata C. Chr. Ind. 275. 1905.

imbricata C. Chr. Ind. 271 = D. Schaffneri.

imponens (Ces.) C. Chr. — Adde syn. Phegopteris imponens v. A. v. R. 1909.

incisa (Sw.) O.Ktze.; C Chr. Ind. 272 = D. scolopendrioides.

invisa (Forst.) O.Ktze. — Adde loc. Ins. Philipp.

isabellina (Fée) C. Chr. Ind. 272 = D. ctenitis.

itatiaiensis C. Chr. Ind. 272 = D. alsophilacea.

jaculosa (Christ) C. Chr. — Adde syn. Nephrodium jaculosum Hayata 1906.

jamaicensis (Bak.) C. Chr. Ind. 272 = D. sclerophylla.

Karwinskyana (Mett.) O.Ktze. — Adde loc. Nicaragua.

Keraudreniana (Gaud.) C. Chr. — Dele syn. Polypodium procerum Brack.

Kuhnii (Hier.) C. Chr. Ind. 273 = Alsophila Kuhnii.

labuanensis C. Chr. — Adde syn. Phegopteris borneensis v. A. v. R. 1909.

Lagerheimii (Sod.) C. Chr. Ind. 273 = D. submarginalis var.

lanceolata (Bak.) O.Ktze. — Adde syn. Nephrodium tricholepis Bak. 1885;
    Dryopteris C. Chr. Ind. 298. 1905.

larutensis (Bedd.) C. Chr. — Adde syn. Mesochlaena larutensis v. A. v. R. 1908.

lasiopteris (Sod.) C. Chr. Ind. 274 = D. rudis.

(C) **latipinna** (Hk.) O.Ktze. Rev. Gen. Pl. 2. 813. 1891 — China. — Nephrodium Hk. Syn. 292. 1867; Aspidium Hance 1873.

Leprieurii (Hk.) O.Ktze. — Guiana. Ecuador-Bolivia. Brasilia. Adde syn. Aspidium Leprieurii Christ 1906.

L'Herminieri (Kze.) C. Chr. — India occ. (Ins. minor.).
— Adde syn. Aspidium trichophorum Fée 1866; Dryopteris O.Ktze. 1891; C. Chr. Ind. 298 cum syn. Aspidium asperulum Fée 1866; Dryopteris decumbens C. Chr. Ind. 261. 1905. Nephrodium Holmei Bak. 1891; Dryopteris C. Chr. Ind. 271. 1905. — an Nephrodium clypeolutatum Desv. 1827?

Lindeni (Kuhn) O.Ktze. — Adde syn. Aspidium Lindeni Fourn. 1872; Dryopteris Moreletii C. Chr. Ind. 278. 1905.

Lindigii C. Chr. — Adde syn. Aspidium simplicissimum Christ 1904; Dryopteris C. Chr. Ind. 293. 1905.

Linnaeana C. Chr. — Adde syn. Polypodium pulchellum Salisb. 1796: Dryopteris Hayek 1908 (nom. opt. ?); Polypodium triangulare Dulac 1867; Phegopteris St. Lager 1889; Dryopteris Herter 1908.

longipetiolata C. Chr. Ind. 275 = D. ichtiosma.

Lorentzii (Hier.) C. Chr. — Adde syn. Nephrodium Lorentzii Hicken 1907.

loxoscaphoides (Bak.) C. Chr. — Adde syn. Phegopteris loxoscaphoides v. A. v. R. 1909.

lugubris (Kze.) C. Chr.; conf. C. Chr. Vid. Selsk. Skr. VII. 10 f. 38—39. 1913.— Dele loc. Mexico. — Adde syn. Aspidium quadrangulare Fée 1869 — Dryopteris joinvillensis Ros. 1907 — Nephrodium devolvens Bak. 1885; Dryopteris C. Chr. Ind. 261. 1905. — (an Aspidium coadunatum Klf. 1824? Nephrodium inaequale Schrad. 1824?).

maranguensis (Hier.) C. Chr. Ind. 276 = D. obtusiloba.

Mazei (Fourn.) C. Chr. Ind. 277 = D. macrotheca.

megalodus (Schkuhr.) Urb. — India occ. Andes.

(D) **melanochlamys** (Fée) O.Ktze. Rev. Gen. Pl. 2. 813. 1891 — Cuba. Guatemala. Aspidium Fée, Gen. 294. 1852; Polystichum Diels 1899; C. Chr. Ind. 584.

(D) **melanosticta** (Kze.) O.Ktze. Rev. Gen. Pl. 2. 813. 1891 — Mexico. Aspidium Kze. Linn. 13. 148. 1839; Polystichum Liebm. 1849; C. Chr. Ind. 584.

Michaelis (Bak.) C. Chr. — Ecuador. Columbia. — Adde syn. Stigmatopteris Michaelis C. Chr. 1909. Polypodium sylvicolum Bak. 1881; Dryopteris C. Chr. Ind. 297. 1905.

microchlaena (Fée) C. Chr. Ind. 278 = D. submarginalis.

mollicula (Kze.) C. Chr. Ind. 278 (excl. syn. Aspidium pilosulum Kl. et Karst. et A. lasiesthes Kze.) = D. concinna.

Moreletii C. Chr. Ind. 278 = D. Lindeni.

Motleyana (Hk.) C. Chr. — Adde loc. Malesia. Ins. Philipp.

multiseta (Bak.) C. Chr. — Adde loc. Java.

nervosa (Kl.) Hieron. — Adde loc. Panama. Costa Rica, et syn. Aspidium nervosum Christ 1906.

nigrovenia (Christ) C. Chr.; conf. C. Chr. Vid. Selsk. Skr. VII. 10. 102 f. 9 a. 1913 — Mexico-Ecuador. — Adde syn. Aspidium nigrovenium Christ 1906. A. setosum Kl. 1847 (non Sw. 1801).

nimbata (Jenm.) C. Chr. Ind. 279 = D. rustica.

obtusiloba (Desv.) C. Chr. Adde syn. Aspidium maranguense Hieron. 1895; Dryopteris C. Chr. Ind. 276. 1905.

ochthodes (Kze.) C. Chr. — Adde syn. Dryopteris xylodes Christ 1909.

oligocarpa (H.B.W.) O.Ktze.; conf. C. Chr. Vid. Selsk. Skr. VII. 4. 274 f. 5. 1907. — Adde syn. Aspidium lasiesthes Kze. 1850. — Polypodium retusum Sw. 1817; Aspidium Mett. 1870; Dryopteris C. Chr. Ind. 288. 1905 — Aspidium navarrense Christ 1906; Dryopteris Christ 1907.

oochlamys C. Chr. Ind. 280 = D. cheilanthoides var.

opaca (Don) C. Chr. Ind. 280 = Diplazium.

opposita (Vahl) Urban; conf. C. Chr. Vid. Selsk. Skr. VII. 4. 288 f. 15—16. 1907 — Adde syn. Dryopteris rivulorum Hieron. 1907. — Nephrodium amphioxypteris Sod. 1883; Dryopteris C. Chr. 251. 1905.

orientalis (Gmel.) C. Chr. — Adde syn. Dryopteris pectinata v. A. v. R. 1909.

oxyodus (Bak.) C. Chr. — Adde syn. Phegopteris oxyodus v. A. v. R. 1909.

oyamensis (Bak.) C. Chr. — Adde syn. Currania oyamensis Cop. 1911.

pachyrachis (Kze.) O.Ktze.; conf. C. Chr. Vid. Selsk. Skr. VII. 4. 305 f. 31. 1907; VII. 10. 140 — Panama-Ecuador. Brasilia austr. — Adde syn. Aspidium helveolum Fée 1869. A. platyrachis Fée 1872—73; Dryopteris C. Chr. Ind. 285. 1905 — Nephrodium Sprucei Bak. 1867; Dryopteris O.Ktze. 1891; C. Chr. Ind. 294 — Nephrodium crassipes Sod. 1893; Dryopteris C. Chr. Ind. 258. 1905 — Nephrodium stramineum Sod. 1883.

(C) **parasitica** (L.) O.Ktze.; C. Chr. Ind. 282 part.; conf. C. Chr. Ark. för Bot. 9¹¹. 26 f. 4. 1910 — China. Birma. — Polypodium L. sp. 2. 1090. 1753; Aspidium Sw. 1801; Nephrodium Desv. 1827. Nephrodium didymosorum Parish; Bedd. 1866; Dryopteris C. Chr. Ind. 262. — (conf. D. mollis).

patens (Sw.) O.Ktze.; C. Chr. Ind. 283 (dele *Polypodium invisum Sw. etc.); conf. C. Chr. Ark. för Bot. 9¹¹. 28 f. 6. 1910; Vid. Selsk. Skr. VII. 10. 176 — Amer. trop. et subtrop.

patula (Sw.) Und. — Dele syn. Nephrodium mexicanum Pr. etc. — Adde syn. Aspidium apertum Fée 1857; Dryopteris C. Chr. Ind. 252. 1905 — D. Rossii C. Chr. 1912.

paucinervata C. Chr. Ind. 283 = D. alloëoptera.

pellucido-punctata C. Chr. — Adde syn. Stigmatopteris pellucido-punctata C. Chr. 1909.

pennigera (Forst.) C. Chr. — Adde syn. Phegopteris pennigera v. A. v. R. 1909.

peranemiformis C. Chr. — Dele *Nephrodium obtusilobum Bak. (= D. Percivalii (Jenm.) C. Chr. Ind. 284 = D decussata.   [zeylanica).

philippina (Pr.) C. Chr. — conf. Cop. Phil. Journ. Sci. Bot. 6. 146; dele syn. Lastrea exigua J. Sm. 1841 (nomen).

pilosa (Mart. et Gal.) C. Chr. — Adde syn. Dryopteris pseudo-totta Christ 1907.

platyloba (Bak.) C. Chr.; conf. C. Chr. Vid. Selsk. Skr. VII. 10. 110 f. 11 c — Peru. — Adde syn. Polypodium tarapotense Bak. 1874; Dryopteris C. Chr. Ind. 297. 1905.

platyrachis (Fée) C. Chr. Ind. 285 = D. pachyrachis var.

prasina (Bak.) C. Chr. — Adde syn. Stigmatopteris prasina C. Chr. 1913.

prionites (Kze.) C. Chr. — Adde syn. Stigmatopteris prionites C. Chr. 1909 — Phegopteris denticulata Fée 1869 — Ph. brevinervis Fée 1869.

protensa (Afz.) C. Chr. *funesta — Adde syn. Dryopteris funesta Hieron.

pseudomontana (Hier.) C. Chr. Ind. 286 = D. rivularioides.   [1907.

pseudotetragona Urban; C. Chr. Ind. 286 = D. gemmulifera, D. scabra, D. lugubris.

pseudothelypteris (Ros.) C. Chr. Ind. 286 = D. rivularioides.

ptarmica (Kze.) O.Ktze. — Adde syn. Gymnogramma asplenioides Sw. 1817; Grammitis Pr. 1822; Leptogramma J. Sm. 1841; Phegopteris Mett. 1856; Nephrodium Diels 1899; Aspidium Christ 1906. — Polypodium saxicola Sw. 1817. — (conf. C. Chr. Vid. Selsk. Skr. VII. **4**. 287).

pterifolia (Mett.) O.Ktze.; C. Chr. Ind. 287 = D. piloso-hispida.

pteroidea (Kl.) C. Chr. — Dele loc. Brasilia et syn. Gymnogramme patula punctata (Thbg.) C. Chr. — potius Hypolepis. [Fée 1869.

Raciborskii v. A. v. R. 1909; C. Chr. Ind. Suppl. 38 = D. dissecta.

refracta (Fisch. et Mey.) O.Ktze. — Hort. (Dele loc.).

refracta C. Chr. Ind. 288 pt.; Ros. Hedwigia **46**. 131 = D. riograndensis.

refulgens (Kl.) C. Chr. — Guiana. Panama-Peru. — Adde syn. Phegopteris tricholepis Fée 1869.

reptans (Gmel.) C. Chr.; conf. C. Chr. Vid. Selsk. Skr. VII. **10**. 217 — Florida-India occ., Mexico-Venezuela. — Adde syn. Dryopteris radicans Maxon 1908. — Goniopteris tenera Fée 1866. — Dele syn. Goniopteris gracilis Moore et Houlst. et *G. asterothrix Fée.

resinofoetida (Hk.) O.Ktze.; C. Chr. Ind. 288 = D. cheilanthoides var.

reticulata (L.) Urban — India occ. America centr. — Dele omn. subspecies.

retrorsa (Sod.) C. Chr. Ind. 288 = D. piloso-hispida.

retusa (Sw.) C. Chr. Ind. 288 = D. oligocarpa var.

rhodolepis (Clarke) C. Chr. — Dele syn. Nephrodium sarawakense Bak. 1886.

rigida (Hoffm.) Und. var. australe. — Adde syn. Dryopteris pallida Fomin 1911.

riograndensis (Lindm.) C. Chr. — Brasilia austr.-Argentina.

D. refracta C. Chr. Ind. 288 pt.; Ros. 1907 et auctt. quoad pl. brasil.

rotundata (Willd.) C. Chr. — India occ. Brasilia. — Adde syn. Stigmatopteris rotundata C. Chr. 1909. — Phegopteris heterocarpa Fée 1869.

rubida (J. Sm.) C. Chr. — Adde syn. Phegopteris rubida v. A. v. R. 1909.

rudis (Kze.) C. Chr.; conf. C. Chr. Vid. Selsk. Skr. VII. **4**. 324 f. 48, 7. 147 — Mexico-Bolivia. Jamaica. — Adde syn. Polypodium ctenoides (Fée 1866?) Jenm. 1897; Dryopteris C. Chr. Ind. 260. 1905. — Nephrodium lasiopteris Sod. 1883; Dryopteris C. Chr. Ind. 274. 1905 — Aspidium subdecussatum Christ 1904; Dryopteris C. Chr. Ind. 295. 1905 — Aspidium gleichenioides Christ 1904; Dryopteris C. Chr. Ind. 268. 1905 — D. caeca Ros. 1909. — (Nephrodium tetragonum Pr. 1825?).

rufa (Poir.) C. Chr.; conf. C. Chr. Vid. Selsk. Skr. VII. **10**. 133 — Peru.

rupestris (Kl.) C. Chr. Ind. 290 = D. diplazioides.

(D) **rustica** (Fée) C. Chr. — Guadeloupe. St. Vincent. Jamaica. — Adde syn. Nephrodium nimbatum Jenm. 1894; Dryopteris C. Chr. 279. 1905.

sagenioides (Mett.) O.Ktze. *obscura. — Adde syn. Dryopteris obscura Christ 1907.

sagittata (Sw.) C. Chr. — Adde syn. Aspidium hastifolium Gris. 1864. — Nephrodium tenebricum Jenm. 1882; Dryopteris C. Chr. Ind. 297. 1905.

sancti-gabrieli (Hk.) O.Ktze. — Amazonas. Venezuela. Trinidad. Sauvallei C. Chr. Ind. 291 = Polystichum Wrightii.

Schaffneri (Fée) C. Chr. — Adde syn. Aspidium varians Mett. 1869; A. imbricatum Fourn. 1872; Dyopteris C. Chr. 271. 1905.

scolopendrioides (L.) O.Ktze.; C. Chr. Vid. Selsk. Skr. VII. **10**. 211. (non C. Chr. Ind. 291) — Haïti. Cuba. Jamaica.

Polypodium L. sp. **2**. 1085. 1753 (non ed. II. 1585. 1763); Aspidium Mett. 1858 (var. 1. incisa). Polypodium incisum Sw. 1788; Dryopteris

O.Ktze.; C. Chr. Ind. 272 cum syn. Goniopteris strigosa Fée 1866; Nephrodium Jenm. 1896.

scolopendrioides C. Chr. Ind. 291 = D. guadalupensis.

serra (Sw.) O.Ktze. — Dele syn. Aspidium augescens Link etc.

siambonensis (Hier.) C. Chr. — Adde syn. Nephrodium siambonense Hicken

simplicissima (Christ) C. Chr. Ind. 293 = D. Lindigii. [1907.

Sintenisii (Kuhn) Urban; C. Chr. Ind. 293 = D. sclerophylla var.

Skinneri (Hk.) O.Ktze. — Dele syn. Aspidium Francoanum Fourn.

Sloanei (Bak.) O.Ktze. = D. oligophylla.

sparsa (Ham.) O.Ktze.* — Adde syn. Dryopteris purpurascens Christ 1907 et D. obtusissima Christ 1908.

sphaeropteroides (Bak.) C. Chr. — Adde syn. Apidium sphaeropteroides Christ 1906.

(D) **Sprengelii** (Klf.) O.Ktze. Rev. Gen. Pl. **2**. 813. 1891; conf. Chr. Vid. Selsk. Skr. VII. **4**. 318 f. 42. 1907 — India occ. Mexico-Ecuador.

Aspidium Klf. Flora 1823. 365; Dryopteris Balbisii Urban; C. Chr. Ind. 253 cum syn. (excl. Polypodium Balbisii Spr.). Aspidium Berteroanum Fée 1866. — Nephrodium Sherringii Jenm. 1879.

Sprucei (Bak.) O.Ktze.; C. Chr. Iud. 294 = D. pachyrachis.

stenophylla (Sod.) C. Chr. Ind. 294 = D. concinna.

strigilosa Dav. — Adde loc. Guatemala.

subcuneata (Bak.) O.Ktze.; C. Chr. Ind. 295 = D. pyramidata.

subdecussata (Christ) C. Chr. Ind. 295 = D. rudis.

subglabra (Sod.) C. Chr. Ind. 295 = D. biserialis.

subincisa (Willd.) Urban — Adde syn. Aspidium subincisum Christ 1906 — Dryopteris Martiana Ros. 1906 (= Mart. Ic. Cr. t. 64), dele subsp. Pol. vastum Kze., Pol. Karstenianum Kl., Pheg. canescens Mett.

subincisa *vasta (Kze.) = D. vasta.

subincisa *Karsteniana (Kl.) = D. Karsteniana.

subincisa *canescens (Mett.) = D. Blanchetiana.

subintegra (Bak.) C. Chr. Ind. 296 = D. Francoana.

submarginalis (Langsd. et Fisch.) C. Chr.; conf. C. Chr. Vid. Selsk. Skr. VII. **10**. 95. — Adde syn. Nephrodium submarginale Hicken 1907. Dryopteris Sellowii Hieron. 1907. D. soriloba Christ 1909. ? D. collina Christ 1909. — Lastrea tenuifolia Pr. 1849. Phegopteris Oreopteridastrum Fée 1869. Aspidium Sancti Pauli Christ 1907 — A. microchlaena Fée 1857; Dryopteris C. Chr. Ind. 278. 1905. — Nephrodium crinitum Sod. 1893 — N. Lagerheimii Sod. 1893; Dryopteris C. Chr. Ind. 273. 1905.

sylvicola (Bak.) C. Chr. Ind. 297 = D. Michaëlis.

tarapotensis (Bak.) C. Chr. Ind. 297 = D. platyloba.

tenebrica (Jenm.) C. Chr. Ind. 297 = D. sagittata var.

tenuifolia C. Chr. Ind. 297 = D. alsophilacea.

(G) **tetragona** (Sw.) Urban; conf. C. Chr. Vid. Selsk. Skr. VII. **10**. 260 — India occ. Florida. Mexico-Venezuela-Ecuador.

Thomsonii (Jenm.) C. Chr. — Jamaica. Columbia-Ecuador. — Adde syn. D. Stübelii Hieron. 1907.

tijuccana (Raddi) C. Chr. — Adde syn. Stigmatopteris tijuccana C. Chr. 1909. Phegopteris tenuis Fée 1869.

Tonduzii (Christ) C. Chr. Ind. 664 — Adde loc. Guatemala.

tricholepis (Bak.) C. Chr. Ind. 298 = D. lanceolata var.

trichophora (Fée) O.Ktze.; C. Chr. Ind. 298 = D L'Herminieri.

trichopoda C. Chr. — Adde syn. Dryopteris polytricha v. A. v. R. 1909.

tristis (Kze.) O.Ktze. — Dele loc. Brasilia et syn. Polypodium monosorum Pr.; Aspidium monostichum Kze.

tuberculata (Ces.) C. Chr. — Adde syn. Phegopteris tuberculata v. A. v. R.

Ulei (Christ) C. Chr. — Verisimiliter = D. prionites. [1909.

unita (L.) O.Ktze. — Adde syn. D. cucullata Christ 1907.

urophylla (Wall.) C. Chr. — Adde syn. Meniscium longifrons Wall. 1828; Dryopteris Christ 1907 — D. cuspidata (Bl.) Christ 1907.

varians (Fée) O.Ktze. — Lege Guiana loco Amazonas.

vivipara (Raddi) C. Chr. — Adde loc. Costa Rica, et syn. Aspidium diversi folium Christ 1906. Goniopteris platypes Fée 1869.

Vogelii (Hk.) C. Chr. — Adde syn. Nephrodium fraternum Hieron. 1908.

yaeyamensis (Mak.) C. Chr. Ind. 301 = Polystichum.

DRYOSTACHYUM J. Smith.

drynarioides (Hk.) Kuhn — Adde syn. Merinthosorus drynarioides Cop. 1911.

splendens J. Sm. — Adde syn. Aglaomorpha splendens Cop. 1911 et A.

ELAPHOGLOSSUM Schott. [pilosa Cop. 1911.

Aubertii (Desv.) Moore — Dele syn. A. Macahense Fée 1872—73.

borneense (Burck.) C. Chr. Ind. 303 = Syngramma cartilagidens.

fimbriatum Moore, Ind. 356. 1862 — Mexico. Ecuador.
   Acrostichum nitidum Liebm. Vid. Selsk. Skr. V. 1. 168. 1849 (non Elaphoglossum Brack. 1854); Elaphoglossum Hieron. 1909; Acrostichum mexicanum Fourn. 1872.

hybridum (Bory) Moore — Dele syn. Acrostichum nitidum Liebm. 1849 etc. (v. E. fimbriatum). — Adde syn. Elaphoglossum Lindbergii (Mett.) Ros. 1907.

pichinchae Christ — Adde syn. Acrostichum Pichinchae Sod. 1908.

siliquoides (Jenm.) C. Chr. — Adde loc. Guatemala.

spathulatum (Bory) Moore — Adde syn. E. spathulinum (Raddi) Christ 1906.

FADYENIA Hooker.

Fadyenii C. Chr. Ind. 319. 1905 = F. Hookeri.

FILIX Ludwig.

fragilis Gilib. Exerc. Phyt. 2. 558. 1792 (t. Woynar) = Cystopteris.

GLEICHENIA Smith.

arachnoides Mett. 1863 = G. bullata.

axialis Christ 1905; C. Chr. Ind. 320 = G. intermedia.

Bancroftii Hk. — Adde syn. Dicranopteris Bancroftii Und. 1907 — Gleichenia Brunei Christ 1905; C. Chr. Ind. 320; Dicranopteris Und. 1907. (t. Maxon).

bifida (Willd.) Spr. — Adde syn. Dicranopteris bifida Maxon 1909. Mertensia fulva Desv. 1827; Dicranopteris Und. 1907 — D. cubensis Und. 1907 — Gleichenia brevipubis Christ 1906 (t. Maxon). — Mertensia pubescens HBW. 1810; Gleichenia HBK. 1815 (t. Hieron.).

Brunei Christ 1905; C. Chr. Ind. 320 = G. Bancroftii.

bullata Moore, Ind. 374 c. diagn. 1862 — Java. Borneo.
   Mertensia arachnoides Hassk. JoB. 7. 322. 1855; Mesosorus Hassk. 1856; Gleichenia Mett. 1863 (non G. arachnoidea A. Cunn.; Col. 1844); Dicranopteris Und. 1907.

ciliata Col. 1897; C. Chr. Ind. 320 = G. Cunninghamii (t. Cheesem. Man. 1019).

circinnata Sw. Schrad. Journ. 1800². 107. 1801; Mett. 1863 (non HB 11 etc.; nec C. Chr. Ind. 320) — Australia. Tasmania. N. Caledonia. — Mertensia

Poir. 1813. Gleichenia dicarpa R.Br. 1810; C. Chr. Ind. 321 cum syn.
(conf. C. Chr. Ark. för Bot. 9[11]. 33).

circinnata auctt. plur. C. Chr. Ind. 320 = G. microphylla.

dicarpa R.Br. 1810; C. Chr. Ind. 321 = G. circinnata.

dolosa (Cop.) C. Chr. Ind. 664 = G. hirta.

farinosa (Klf.) Hk. sp. 1. 9. 1844 (pt.) — India occ. (Guadeloupe).
Mertensia Klf. Wes. d. Farrenkr. 37. 1827; Kze. Anal. 6 t. 3; Dicranopteris
Und. 1907. Mertensia subtrisperma Fée 1866; Gleichenia Krug 1897 ;
C. Chr. Ind. 324.

flexuosa (Schrad.) Mett. — Adde syn. Dicranopteris flexuosa Und. 1907.

furcata (L.) Spr. — India occ. — Adde syn. Dicranopteris furcata Und. 1907.
— Dele syn. Mertensia pubescens HBW. 1810; Gleichenia HBK. 1815.

glabra (Brack.) Mann, Proc. Amer. Ac. 7. 211. 1868 — Ins. Hawaii.
Mertensia Brack. Expl. Exp. 16. 292. 1854; Dicranopteris Und. 1907.

glauca (Thbg.) Hk. — Japonia. China. — Adde syn. Dicranopteris glauca,
longissima, gigantea Und. 1907. — Dele syn. Mertensia glabra Brack. 1854;
Gleichenia Mann 1868. Mertensia arachnoides Hassk. 1855 etc.|

hirta Bl. — Adde syn. Dicranopteris dolosa Cop. 1905; Gleichenia C. Chr.

hispida Bl. — Adde loc. Luzon.   [Ind. 664. 1906.

intermedia Bak. — Adde syn. Dicranopteris intermedia Und. 1907. Gleichenia axialis Christ 1905; C. Chr. Ind. 320.

laevissima Christ — Adde loc. Luzon.

Liebmanni Moore — conf. Maxon, Contr. U. S. Nat. Herb. 16. 52. 1912.

linearis (Burm.) Clarke — Trop. et subtrop. (excl. Amer.) — Adde syn.
Dicranopteris Und. 1907 et D. emarginata (Brack.) Robinson 1912. — Dele
syn. Gleichenia rigida J. Sm. 1841; Mertensia crassifolia Pr. 1848.

microphylla R.Br. Prod. 161. 1810 — N. Zealand-Australia-Malesia-Malacca.
— G. circinnata auctt.; C. Chr. Ind. 320 cum syn. (non Sw.).

nitida Pr. 1825 = G. pectinata.

orthoclada Christ 1905; Bull. Boiss. II. 6. 282. 1906 — Adde syn. Dicranopteris orthoclada Und. 1907.

owhyhensis Hk. — Adde syn. Dicranopteris owhyhensis Robinson 1912.

palmata (Schaffn.) Moore — Mexico-Guatemala. Cuba. Jamaica. — Adde syn.
Dicranopteris palmata Und. 1907.

pectinata (Willd.) Pr. — Adde syn. Dicranopteris pectinata Und. 1907.

pubescens HBK. 1815 = G. bifida.

retroflexa Bomm. — Adde syn. Dicranopteris retroflexa Und. 1907.

rigida J. Sm. 1841 = G. crassifolia.

strictissima Christ 1905 — Adde syn. Dicranopteris strictissima Und. 1907.
— Gleichenia glaucina Christ 1906.

subtrisperma (Fée) Krug 1897; C. Chr. Ind. 324 = G. farinosa.

GONIOPHLEBIUM (Bl.) Presl = **Polypodium.**

pringlei Maxon 1904 = P. Eatoni.

rhachipterygium Moore 1862 = P. rhachipterygium.

GONIOPTERIS Presl = **Dryopteris.**

abbreviata Pr. 1836 = D. glandulosa.

affinis Fée 1850—52 = D. guadalupensis.

asterothrix Fée 1850—52 = D. asterothrix.

asymetrica Fée 1850—52 = D. diversiloba.

bahiensis Fée 1872—73 = D. anoptera.

ferax Fée 1850—52 = D. guadalupensis.
gracilis Moore et Houlst. 1856 = D. guadalupensis var.
hastata Fée 1869 (non 1866) = D. anoptera.
leptocladia Fée 1866 = D. hastata var.
platypes Fée 1869 = D. vivipara.
pyramidata Fée 1866 = D. pyramidata.
quadrangularis Fée 1866 = D. megalodus.
rostrata Fée 1866 = D. glandulosa.
tenera Fée 1866 = D. reptans var.

GYMNOGRAMMA Desvaux.
adiantoides Karst.; Mett. 1864 = Ceropteris.
Asplenioides Sw. 1817 = Dryopteris ptarmica var.
chrysosora Bak. 1887; C. Chr. Ind. 335 = Ceropteris.
consimilis Fée = Dryopteris consimilis.
expansa Fée 1869 = Dryopteris Glaziovii var.
glandulosa (Sw.) C. Chr. Ind. 336 (non Christ 1900) — conf. C. Chr. Ark.
      för Bot. 9¹¹. 18 — verisim. Paesia sp.
glandulosa Christ 1900 = G. Glaziovii.
guianensis Kl. 1847 = Ceropteris guianensis.
Hookeri J. Sm. — f. Hieron. verisim. = Ceropteris adiantoides.
Martensii Bory, Compt. Ac. Sc. Paris 5. 127. 1837; Kze. 1850 = Ceropteris
Ornithopteris Kl. 1847 = Ceropteris guianensis var.   [calomelanos var.
patula Fée 1869 = Dryopteris Glaziovii var.
rupestris Kze. 1850 = Dryopteris diplazioides.

GYMNOPTERIS Bernhardi.
Delavayi (Bak.) Und. — Adde syn. Notholaena Bureaui Christ 1905; C. Chr.
GYMNOPTERIS Presl.   [Ind. 460.
contaminoides Christ 1899 = Leptochilus crenatus.
inconstans Cop. 1905 = Leptochilus heteroclitus var.
latifolia Pr. 1836 = Hemigramma.
normalis J. Sm. 1841 = Leptochilus.
taccaefolia J. Sm. 1841 = Hemigramma latifolia.

HEMIONITIS L.
gymnopteroidea Cop. 1905; C. Chr. Ind. 345 = Hemigramma latifolia.
Zollingeri Kurz 1870 = Hemigramma latifolia.

HEMISTEGIA Presl = **Hemitelia**.
insignis Fée, 11 mém. 99 t. 26. 1866 = H. grandifolia.
Kohautiana Pr. 1848 = H. Kohautiana.
lucida Fée 1850—52 = H. lucida.
mexicana Fourn. 1872 = H. mexicana.
obtusa Pr. 1848 = H. obtusa.
repanda Fée 1850—52 = H. horrida.
speciosa Fée 1850—52 = H. subincisa.
spectabilis Fée 1850—52 = H. spectabilis.

HEMITELIA R. Brown. — conf. Maxon, Contr. U. S. Nat. Herb. 16. 25—49. 1912.
apiculata Hk.; Maxon l. c. 35 t. 22. — Mexico (non Brasilia).
boninsimensis Christ — Adde syn. Cyathea boninsimensis Cop. 1909.
bullata Christ 1897; C. Chr. Ind. 348 = H. obtusa.
crenulata Mett.; v. A. v. R. Bull. Jard. bot. Buit. II. nr. VII. 15. 1912 —
      Adde syn. Cyathea Raciborskii Cop. 1909.
cruciata Desv. 1827; conf. Maxon l. c. 47 = ? H. spectabilis.

decurrens Liebm.; Maxon l. c. 38. — Dele syn. H. mexicana Liebm. 1849 et H. lucida Fée 1850—52.

falciloba Col. — t. Cheesem. Man. 948 verisim. = Cyathea dealbata.

grandifolia (Willd.) Spr.; Maxon l. c. 41 t. 25 — India occ. — Dele syn. H. cruciata Desv. 1827. H. spectabilis Kze. 1848. Cnemidaria Kohautiana Pr. 1836. Hemitelia obtusa Klf. 1824 — Adde syn. Hemistegia insignis Fée 1866; Hemitelia C. Chr. Ind. 349. 1905. H. Imrayana Hk. 1844; **horrida** (L.) R.Br.; Maxon l. c. 43. [C. Chr. Ind. 349.

Imrayana Hk. 1844; C. Chr. Ind. 349 = H. grandifolia.

insignis (Fée) C. Chr. Ind. 349 = H. grandifolia.

integrifolia Kl. Linn. **18**. 539. 1844; Maxon l. c. 31 — Venezuela. Columbia.

Junghuhniana (Kze.) Mett. — Adde syn. Cyathea Junghuhniana Cop. 1909.

Kohautiana (Pr.) Kze. Bot. Zeit. **2**. 298. 1844; Maxon l. c. 45 t. 26 (Plum. t. 26)) — Martinique. Guadeloupe. — Cnemidaria Pr. 1836 (nomen et fig.); Hemistegia Pr. 1848 (nomen).

Lindeni Hk. 1844; C. Chr. Ind. 349 = H. speciosa.

marginalis J. Sm. Lond. JoB. **1**. 662 (non 622).

mexicana Liebm. Vid. Selsk. Skr. V. **1**. 287. 1849; Maxon l. c. 39 t. 246 — Hemistegia Fourn. 1872. [Mexico.

monilifera J. Sm. Lond. JoB. **1**.ʃ662 (non 622).

multiflora (Sm.) R.Br.; conf. Maxon, Bull. Torr. Cl. **88**. 545—550, t. 35. 1911 (non C. Chr. Ind. 350) — Guatemala-Peru. — Dele syn. omnia (excl. Cyathea Sm.; Amphicosmia Gardn.) et adde syn. H. nigricans Pr. 1849; C. Chr. Ind. 350 (excl. syn.). Alsophila decussata Christ 1901; C. Chr. Ind. 42.

multiflora auctt. C. Chr. Ind. 350 = H. surinamensis.

nigricans Pr. 1849; C. Chr. Ind. 350 (excl. syn.) = H. multiflora.

obscura Mett. 1864; Karst — Columbia.

obtusa Klf. Enum. 252. 1824; Maxon l. c. 46 — Grenada. St. Vincent. Cnemidaria Pr. 1836; Hemistegia Pr. 1848. Hemitelia bullosa Christ 1897; serra Desv. Prod. 321 (non 221). [C. Chr. Ind. 348.

speciosa (H.B.W.) Klf. Enum. 252. 1824; C. Chr. Ind. 351; Maxon l. c. 30 — Venezuela. — Dele syn. H. integrifolia Kl. 1844. — Adde syn. H. Lindeni Hk. 1844; C. Chr. Ind. 349.

spectabilis Kze. Linn. **21**. 233. 1848; Maxon l. c. 48 — Trinidad. Guiana-Venezuela. — Hemistegia Fée 1850—52. Actinophlebia obtusa Pr. 1848 (non Hemitelia Klf. 1824).

subincisa Kze. Bot. Zeit. **2**. 296. 1844; Maxon l. c. 49 — Venezuela-Brasilia austr.-Peru. — Cnemidaria speciosa Pr. 1836; Hemistegia Fée 1850—52 (non Hemitelia Klf. 1824).

suprastrigosa Christ 1901; C. Chr. Ind. 351 = Cyathea.

surinamensis Miq. Diar. Inst. Reg. Bot. **1843**. 7. — Amer. austr. trop. H. multiflora auctt.; C. Chr. Ind. 350 cum syn. et ? subsp. (non R.Br. et supra).

Wilsoni Hk. — Adde loc. Grenada et syn. Alsophila Elliottii Bak. 1892; HUGONA Cav., Röm. Arch. **2**⁸. 486. 1801 = Ugena. [C. Chr. Ind. 42.

HUMATA Cav.

pusilla (Mett.) Carr. — Adde loc. Luzon.

HYMENOLEPIS Kaulfuss.

platyrhynchos (J. Sm.) Kze. — Adde loc. Borneo.

HYMENOPHYLLUM Smith.

aculeatum (J. Sm.) Racib. — Adde syn. H. acanthoides (v.d.B.) Ros. 1911.

8*

alpinum Col. 1899; C. Chr. Ind. 356 = H. multifidum (f. Cheesem. Man. 941).
Armstrongii (Bak.) Kirk — f. Cheesem. Man. 938 = H. Cheesemanni.
atrovirens Col. Tasm. Journ. 2. 186. 1844; Cheesem. Man. 933 — N. Zealand.
    H. montanum Kirk 1878; C. Chr. 364.
australe Willd. — Dele syn. H. atrovirens Col. 1844.
bismarckianum Christ 1905; C. Chr. Ind. 357 = H. thuidium.
caespitosum Christ 1899 (non Fée) = H. falklandicum.
discosum Christ 1898; C. Chr. Ind. 360 = H. paniculiflorum.
Dusenii Christ 1899; C. Chr. Ind. 360 = Trichomanes caespitosum.
falklandicum Bak. — Adde loc. Tierra del Fuego et syn. H. glebarium
    Christ, C. Chr. Ind. 362 cum syn.
fuciforme Sw. — lege Chile loco·China.
glebarium Christ; C. Chr. Ind. 362 = H. falklandicum.
holochilum (v.d.B.) C. Chr. — Adde syn. H. Boschii Ros. 1911 = Did.
    Krauseanum Phil. 1860 = H. dichotomum var.   [affine v.d.B.
Kurzii Prantl; v. A. v. R. Bull. Dépt. agric. Ind. néerl. 18. 4. 1908 (descr.) — Java.
lophocarpum Col. 1885; C. Chr. Ind. 364 = H. sanguinolentum (f. Cheesem.
    montanum Kirk 1873; C. Chr. Ind. 364 = H. atrovirens.   [Man. 931).
multifidum (Forst.) Sw. — Adde syn. H. alpinum Col. 1899; C. Chr. Ind. 356
    — H. oligocarpum Col. 1899; C. Chr. Ind. 365 — H. truncatum Col. 1891;
obtusum Hk. et Arn. — Adde loc. Ins. Philipp.   [C. Chr. Ind. 369.
oligocarpum Col. 1899; C. Chr. Ind. 365 = H. multifidum (f. Cheesem. Man. 941).
paniculiflorum Pr. — Adde loc. Luzon, et syn. H. discosum Christ 1898;
    C. Chr. Ind. 360.
polychilum Col. 1892; C. Chr. Ind. 366 = H. demissum (f. Cheesem. Man. 934).
pycnocarpum v.d.B. Pl. Jungh. 1. 564. 1856 — Java. Luzon.
    H. subdemissum Christ 1898; C. Chr. Ind. 368.
serrulatum (Pr.) C. Chr. — Adde loc. Malacca.
subdemissum Christ 1898; C. Chr. Ind. 368 = H. pycnocarpum.
thuidium Harr. — Adde loc. N. Guinea et syn. H. bismarckianum Christ
    1905; C. Chr. Ind. 357.
truncatum Col. 1891; C. Chr. Ind. 369 = H. multifidum (f. Cheesem. Man. 941).
Wilsoni Hk. Brit. Fl. 1. 450. 1830 = H. peltatum.

HYPOLEPIS Bernhardi.
nigrescens Hk. — Adde loc. Mexico-Costa Rica, et syn. Dennstaedtia rubi-
    caulis Christ 1905; C. Chr. Ind. 218.
obtusata (Pr.) Kuhn, Chæt. 347. 1882; Hieron. Hedwigia 48. 228 — Columbia-Peru.
    Cheilanthes Pr. Rel. Haenk. 1. 64 t. 11 f. 1. 1825; C. Chr. Ind. 177.
    Polypodium fulvescens Hk. et Grev. 1831.
punctata (Thbg.) Mett.; Kuhn, Fil. Afr. 120. 1868.
    Dryopteris C. Chr. Ind. 287 cum syn. — potius Hypolepis.
HYPOPELTIS Michaux.
aculeata Todaro, Giorn. Sc. nat. Palermo 1. 238 (seors. 33). 1866.
hastulata Todaro, l. c. 237 (seors. 32).
Lonchitis Todaro, l. c. 237 (seors. 32).
LASTREA Bory = **Dryopteris.**
angustata Pr. Tent. 75. 1836 = D. Sprengelii.
aspidioides Pr. Epim. 41. 1849 = D. alsophilacea.
borneensis Hk. 1854 = Davallia b.
distans Brack. Expl. Exp. 16. 192. 1854 = D. ctenitis.
exigua J. Sm. JoB. 3. 412. 1841 = D. confusa.

grossa Pr. Epim. 41. 1849 = D. cheilanthoides var.

Leiboldiana Pr. Epim. 41. 1849 = D. panamensis.

microchlamys de Vriese, Tijdschr. Wis. en Nat. Wet. Amsterd. 1. 155. 1848 = ? D. microchlamys.

montana Moore (Hdb. br. Ferns. ed. II. 109. 1853 (syn.)); ed. III. 99. 1857.

monosora Pr. Epim. 36. 1849.

Poeppigiana Pr. Epim. 40. 1849 = D. semihastata.

polystichoides Pr. Epim. 38. 1849 = D. patula.

scabra Pr. Epim. 41. 1849 = D. scabra.

tenuifolia Pr. Epim. 37. 1849 = D. submarginalis.

LECANOPTERIS Reinwardt.

carnosa (Reinw.) Bl. — Adde syn. Pleopeltis carnosa v. A. v. R. 1909. Lecanopteris pumila Bl.; C. Chr. Ind. 383.

Curtisii Bak. — Adde loc. Java et syn. Pleopeltis Curtisii v. A. v. R. 1909; Polypodium naviculare v. A. v. R. 1909.

incurvata Bak. — Adde syn. Polypodium barisanicum v. A. v. R. 1908; Pleopeltis v. A. v. R. 1909.

Macleayii Bak. — Adde syn. Polypodium Macleayi v. A. v. R. 1909; Pleopeltis v. A. v. R. 1909.

Nieuwenhuisii Christ — Adde syn. Polypodium Nieuwenhuisii v. A. v. R. 1909;

pumila Bl.; C. Chr. Ind. 383 = L. carnosa var.   [Pleopeltis v. A. v. R. 1909.

LEPTOCHILUS Kaulfuss.

acrostichoides (Afz.) C. Chr. — Adde syn. Gymnopteris acrostichoides Engl. 1908.

auriculatus (Lam.) C. Chr. — Adde syn. Gymnopteris auriculatus Engl. 1908.

Boivini (Mett.) C. Chr. — Adde loc. Africa occ. trop., et syn. Gymnopteris Boivini Kuhn 1908. — Acrostichum Laurentii Christ 1897; de Wild. et Durand, Ann. Mus. Congo I. 1. 33 t. 17. 1898; Leptochilus C. Chr. Ind. 386. 1906 (t. Princ. Rol. Bonaparte in litt.).

contaminoides (Christ) C. Chr. 1909 Ind. 384 = L. crenatus.

cuspidatus (Pr.) C. Chr. — Dele loc. Ins. Sechellae, et syn. Chrysodium bipinnatifidum Mett. 1868.

fluviatilis (Hk.) C. Chr. — Adde syn. Gymnopteris fluviatilis Engl. 1908. G. Preussii Hieron. 1908 (t. Princ. Rol. Bonaparte in litt.).

heteroclitus (Pr.) C. Chr. — Adde syn. Gymnopteris inconstans Cop. 1905; Leptochilus C. Chr. Ind. 386. 1906.

inconstans (Cop.) C. Chr. Ind. 386 = L. heteroclitus var.

lanceolatus Fée — Dele syn. G. normalis J. Sm. 1841; Dendroglossa Pr. 1849.

latifolius (Meyen) C. Chr. Ind. 386 = Hemigramma.

Laurentii (Christ) C. Chr. Ind. 386 = L. Boivini.

lomarioides Bl. 1828 = Lomagramma.

perakensis (Bedd.) C. Chr. Ind. 387 = Lomagramma.

phanerodictyus (Bak.) C. Chr. — Adde syn. Gymnopteris phanerodictyon Engl. 1908.

tricuspis (Hk.) C. Chr. — Adde syn. Christopteris tricuspis Christ 1908.

virens (Wall.) C. Chr. — Adde loc. China. Java.

LEPTOPTERIS Presl.

marginata (Col.) C. Chr. Ind. 390 = L. hymenophylloides (t. Cheesem. Man. 1025).

LINDSAYA Dryander.

azurea Christ — Adde loc. N. Guinea.

capillacea Christ 1898; C. Chr. Ind. 392 = L. pectinata var. (t. Christ, Bull. Boiss. II. 6. 1006).

Copelandi C. Chr. Ind. 392. 1906 = Schizoloma heterophyllum.
Hosei C. Chr. Ind. 394. 1906 = Schizoloma trilobatum.
jamesonioides Bak. 1899; C. Chr. Ind. 394 = Schizoloma.
montana Cop. 1905 = Schizoloma heterophyllum.
orbiculata (Lam.) Mett. — Adde syn. L. schizophylla Christ 1908.
trilobata Bak. 1891 = Schizoloma.
virescens Sw. — Adde syn. Odontosoria virescens Ros. 1907.
LITOBROCHIA Presl.
nobilis Moore 1862 = Doryopteris palmata.
LOMAGRAMMA J. Smith. — (Polypodiaceae Gen. 28 a).
lomarioides (Bl.) J. Sm. Hist. Fil. 143. 1875 — Assam. Malesia-Polynesia.
    Leptochilus Bl. Enum. 206. 1828; C. Chr. Ind. 386 cum syn.
perakensis Bedd. Handb. Suppl. 107. 1892 — Perak.
    Leptochilus C. Chr. Ind. 387. 1906.
polyphylla Brack. Expl. Exp. 16. 83 t. 12 f. 3. 1854 — Polynesia.
    Polybotrya C. Chr. Ind. 505. 1906 cum syn.
LOMARIA Willdenow = **Blechnum.**
acrodonta Fée 1857 = B. Schiedeanum.
angustifolium HBK. 1815 = B. Kunthianum.
arborescens Kl. et Karst. 1844 = Blechnum a.
areolaris Harr. 1877 = Stenochlaena a.
bella Phil. 1857 = B. Schottii.
brasiliensis Raddi 1825 = B. Raddianum.
Bredemeyeriana Kl. 1844 = B. fraxineum.
cordata Desv. 1811 = Blechnum c.
divergens Kze. 1834 = Blechnum d.
exaltata Fée 1866 = B. divergens.
Fauriei Christ 1896 = Plagiogyria Matsumureana.
Feei Jenm. 1893 = B. polypodioides.
fernandeziana Phil. 1873 = B. Schottii.
Gheisbreghtii Bak. 1874 = B. stoloniferum.
intermedia Col. 1887 = B. membranaceum.
longifolia Schlecht. 1842 = B. Schiedeanum.
loxensis HBK. 1815 = Blechnum l.
marginata Schrad. 1824 = Blechnum sp.
martinicensis Spr. 1822 = B. Plumieri.
niponica Kze. 1848 = Blechnum.
ornifolia Pr. 1825 = B. cordatum.
pygmaea Col. 1893 = B. membranaceum.
Regnelliana Kze. 1847 = Blechnum R.
robusta Fée 1852 = B. rufum.
rufa Spr. 1821 = Blechnum r.
Ryani Klf. 1824 = B. striatum.
Schiedeana Pr. 1836 = Blechnum S.
Schottii Colla 1836 = Blechnum S.
socialis Sod. 1893 = B. loxense.
spectabilis Liebm. 1849 = B. Schiedeanum.
squamulosa Desv. 1827 = B. loxense.
stenophylla Kl. 1847 = B. loxense.
uliginosa Phil. 1857 = B. penna marina.

LOMARIOPSIS Fée 1845 = **Stenochlaena**.

Boryana Fée 1845 = S. lomarioides.

Brackenridgei Carr. 1873 = S. Brackenridgei.

cochinchinensis Fée 1845 = S. cochinchinensis.

cuspidata Fée 1845 = S. variabilis.

erythrodes Fée 1845 = S. erythrodes.

Fendleri Eat. 1860 = S. Fendleri.

guineensis Kuhn 1868 = S. guineensis.

Hügelii Pr. 1849 = S. Hügelii.

leptocarpa Fée 1845 = S. leptocarpa.

longifolia J. Sm. 1857 = S. Smithii.

ludens Fée 1845 = S. aculeata.

marginata Kuhn 1879 = S. japurensis.

Novae-Caledoniae Mett. 1861 = S. novae-caledoniae.

oleandraefolia Mett.; Kuhn 1869 = S. oleandrifolia.

Pervillei Mett.; Kuhn 1868 = S. Pervillei.

phlebodes Fée 1845 = S. japurensis.

Pittieri Christ 1901 = S. vestita.

polyphylla Kuhn 1869 (non 1868) = Lomagramma polyphylla.

Prieuriana Fée 1845 = S. Prieuriana.

recurvata Fée 1845 = S. recurvata.

Seemanni Carr. 1873 — S. Seemanni.

Smithii Fée 1845 = S. Smithii.

spectabilis Mett. 1856 = S. leptocarpa.

variabilis Fée 1845 = S. variabilis.

Wrightii Mett.; Eat. 1860 = S. Wrightii.

yapurensis J. Sm. 1875 = S. japurensis.

LYGODIUM Swartz.

gracilescens Col. = L. articulatum (t. Cheesem. Man. 1023).

palmatum (Bernh.) Sw. — Adde syn. Ramondia palmata Bosc. 1801.

semihastatum (Cav.) Desv. Prod. 203. 1827. HB. 437; Christ, Bull. Boiss. II.
    6. 1010. 1906 — Ins. Philipp. et Mariannae. — Ugena Cav. Ic. Descr. Pl.
    6. 74 t. 594 f. 1. 1801. Hydroglossum auriculatum Willd. 1810.

trifurcatum Bak. — Adde loc. Ins. Banka.

Wrightii Eat.; C. Chr. Ind. 414 = L. volubile (t. Maxon, N. Am. Flora 16. 23).

MARATTIA Swartz.

Juergensii Ros., C. Chr. Ind. 414 = M. Raddii var.

Laucheana Blass. = M. weinmanniifolia.

silvatica Bl. — Adde loc. Luzon.

ternatea de Vriese — Adde loc. Luzon.

MARSILEA L.

crenata Pr. Rel. Haenk. 1. 84 t. 12 f. 13. 1825 — Ins. Philipp. N. Guinea. —

minuta L. — Dele syn. M. crenata Pr. 1825.   [M. Mearnsii Christ 1908.

MATONIA R. Brown.

sarmentosa Bak. 1887; C. Chr. Ind. 420 = Phanerosorus.

MATTEUCCIA Todaro, Giorn. sci. nat. Palermo 1. 235 (seors. 30). 1866

MENISCIUM Schreber = **Dryopteris**.

arborescens H.B.Willd. 1910 = D. sorbifolia.

falcatum Liebm. 1849 = D. falcata.

Jungersenii Fée 1850—52 = D. falcata.

macrophyllum Kze. 1839 = D. macrophylla.
molle Bak. 1868 = D. sorbifolia var.
sorbifolium Desr. 1797 = D. sorbifolia.
MERTENSIA Willdenow = **Gleichenia**.
arachnoides Hassk. 1855 = G. bullata.
crassifolia Pr. 1848 = G. crassifolia.
farinosa Klf. 1827 = G. farinosa.
fulva Desv. 1827 = G. bifida.
glabra Brack. 1854 = G. glabra.
grandis Fée 1857 = G. furcata.
nitida Pr. 1836 = G. pectinata.
pubescens H.B.Willd. 1810 = G. bifida.
rigida J. Sm. 1843 = G. crassifolia.
subtrisperma Fée 1866 = G. farinosa.
MESOCHLAENA R. Brown.
polycarpa (Bl.) Bedd. — Adde syn. Dryopteris polycarpa Christ 1907 —
　　*D. chamaeotaria Christ 1907; Phegopteris v. A. v. R. 1909. — Dele syn.
　　Lastrea microchlamys de Vriese 1848.
MICROLEPIA Presl.
brasiliensis Pr. 1836 = Saccoloma brasiliense.
hirsuta (J. Sm.) Pr. — Adde syn. Davallodes hirsutum Cop. 1908; Davallia
Mannii Eat. 1868 = Diellia.　　　　　　　　　[v. A. v. R. 1909.
nigricans Pr. 1849 = Saccoloma brasiliense.
platyphylla (Don) J. Sm. — Adde loc. China.
Pohliana Ett. 1865 = Saccoloma brasiliense.
NEPHRODIUM Richard = **Dryopteris**.
albescens Desv. 1827 = D. patens.
alpinum Opiz, Böh. ph. et cr. Gew. 116. 1823 = Cystopteris fragilis *regia
alsophilaceum Bak. 1870 = D. alsophilacea.
amphioxypteris Sod. 1883 = D. opposita.
antarcticum Bak. 1875 = D. antarctica.
atomiferum Sod. 1883 = D. cheilanthoides.
bibrachiatum Jenm. 1894 = D. asterothrix var.
brachypus Sod. 1883 = D. brachypus.
?bromeliaefolium Pr. 1825 = Osmunda bromeliifolia.
caribaeum Jenm. 1886 = D. panamensis.
chrysotrichum Bak. 1891 = Aspidium c.
crassipes Sod. 1893 = D. pachyrachis.
crinitum Sod. 1893 = D. submarginalis.
decrescens Bak. 1874 = D. cheilanthoides.
dejectum Jenm. 1895 = D. glandulosa.
devolvens Bak. 1885 = D. lugubris var.
didymosorum Bedd. 1866 = D. parasitica.
dissidens Hk. 1862 = D. sclerophylla var.
diversilobum Pr. 1849 = D. diversiloba.
Fournieri Bak. (317) 1891 = D. mexicana.
giganteum Bak. Syn. ed. II. 503. 1874 = Aspidium Trimeni.
guadalupense Fée 1866 = D. nephrodioides.
Harrisoni Bak. 1891 = D. Francoana.
Holmei Bak. 1891 = D. L'Herminieri.

incisum Bak. 1867 = D. scolopendrioides.
jamaicense Bak. 1877 = D. sclerophylla.
Kuhnii Hier., 1904 = Alsophila Kuhnii.
Lagerheimii Sod. 1893 = D. submarginalis var.
lasiopteris Sod. 1883 = D. rudis.
latipinna Hk. 1867 = D. latipinna.
macrophyllum Keys. 1878 = D. macrophylla.
membranifolium Pr. 1825 = D. dissecta.
mexicanum Pr. 1825 = D. mexicana.
meniscioides Clarke 1880 = D. malayensis.
microchlamys Bak. 1876 = D. microchlamys.
nimbatum Jenm. 1894 = D. rustica.
panamense Pr. 1825 = D. panamensis.
piloso-hispidum Hk. 1862 = D. piloso-hispida.
polylepis Sod. 1893 = D. vasta.
polymorphum Opiz, Kratos 2¹. 11. 1820 = Cystopteris fragilis.
pseudothelypteris Ros. 1904 = D. rivularioides.
puberulum Bak. Syn. 495. 1874 = D. augescens var.
quadrangulare Fée 1850—52 = D. mollis.
resinoso-foetidum Hk. 1862 = D. cheilanthoides var.
retrorsum Sod. 1883 = D. piloso-hispida.
Sloanei Bak. 1874 = D. oligophylla.
Sprucei Bak. 1867 = D. pachyrachis.
squamigerum Ros. 1904 = D. ctenitis.
stenophyllum Sod. 1883 = D. concinna.
stenophyllum Bak. 1884 = D. Francoana.
stramineum Sod. 1883 = D. pachyrachis var.
subcuneatum Bak. 1870 = D. pyramidata.
subglabrum Sod. 1893 = D. biserialis.
subintegrum Sod. 1883 = D. Francoana.
tenebricum Jenm. 1882 = D. sagittata var.
tetragonum Pr. 1825 = D. rudis?
tricholepis Bak. 1885 = D. lanceolata var.
trichophorum Bak. 1867 = D. L'Herminieri.

NOTHOLAENA R. Brown.
  Bureaui Christ 1905; C. Chr. Ind. 460 = Gymnopteris Delavayi.

ODONTOSORIA (Pr.) Fée.
  retusa (Cav.) J. Sm. — Dele syn. Davallia decipiens 1877.

ONOCLEA Linné.
  Struthiopteris Roth, Usteri Ann. 10. 54. 1794; Hoffm. 1795.

ONYCHIUM Kaulfuss.
  tenue Christ 1901 — Adde loc. Annam.

OPHIOGLOSSUM Linné.
  alaskanum E. Britt. 1897; C. Chr. Ind. 469 = O. vulgatum.
  arenarium E. Britt. 1897; C. Chr. Ind. 469 = O. vulgatum.
  crotalophoroides Walt. — Adde loc. Ins. Falklandicae.
  intermedium Hk. — Adde loc. Mindoro. N. Guinea.
  ovatum Salisb.; Opiz, Kratos 1⁴. 12. 1819.
  vulgatum L. — Adde syn. O. alaskanum E. Britt. 1897 et O. arenarium E.
    Britt. 1897; C. Chr. Ind. 469.

OSMUNDA Linné.

banksiifolia (Pr.) Kuhn — Dele syn. Nephrodium? bromeliaefolium Pr. 1825; Osmunda Haenkeana Pr. 1845.

Haenkeana Pr. Suppl. 67. 1845 = O. bromeliifolia.

lineata Sw. 1788 $\begin{cases} \text{fol. ster. = Cyclopeltis semicordata.} \\ \text{fol. fert. = Blechnum striatum.} \end{cases}$

trifrons Bory 1804 = Stenochlaena variabilis.

virginica L. Syst. nat. ed. XII. 2. 685. 1767; Houtt.

PAESIA St. Hilaire.

acclivis (Kze.) Kuhn — Adde syn. Cincinalis acclivis Trevis. 1874.

rugosula (Lab.) Kuhn — Dele loc. Luzon. — Adde syn. Cincinalis rugulosa Trevis. 1874.

scaberula (A. Rich.) Kuhn. — Adde syn. Cincinalis scaberula Trevis. 1874.

viscosa St. Hil. — Adde syn. Cincinalis viscosa Trevis. 1874.

PALMA-FILIX Adanson = Zamia (Cycadac.)

PARKERIA Hooker.

pteridoides Hk. 1825 = Ceratopteris.

PELLAEA Link.

Barklyae (Hk.) Bak. 1867; C. Chr. Ind. 478 = Pteris.

fumariaefolia Phil.; Bak. 1891 = Cryptogramma fumariifolia.

hastata (Thbg.) Prantl — Adde loc. Hispania (Gerona).

patula Prantl 1882 = Doryopteris palmata.

squamosa Hope et Wright 1903 = Cheilanthes Hopeana.

PHANEROPHLEBIA Presl.

guatemalensis Und. 1899; C. Chr. Ind. 484 = P. macrosora.

macrosora (Bak.) Und. 1899; Maxon, Bull. Torr. Cl. 39. 36. 1912 -- Adde syn. P. guatemalensis Und. 1899.

PHEGOPTERIS Fée = **Dryopteris**.

abbreviata Mett. 1858 = D. glandulosa.

brevinervis Fée 1869 = D. prionites.

caespitosa Fourn. 1872 = D. blanda.

ctenoides Fée 1866 = D. rudis.

delicatula Fée 1866 = D. delicatula.

denticulata Fée 1869 = D. prionites.

elongata Fourn. 1872 = D. concinna var.

heterocarpa Fée 1869 = D. rotundata.

macrotheca Fée 1866 = D. macrotheca.

membranacea Mett. Fil. Lechl. 2. 22. 1859 = D. membranacea.

mollis Mett. 1864 = D. sorbifolia.

Plumierii J. Sm. 1854 = D. glandulosa.

polystichiformis Fée 1850—52 = Polystichum p.

procera Mann 1868 = D. rubiformis.

tenuis Fée 1869 = D. tijuccana.

tricholepis Fée 1869 = D. refulgens.

PHYLLITIS Ludwig — (Triphlebia Bak. verisimiliter sectionem Phyllitidis Lindeni Maxon, Fernwort Papers 42. 1900.   [format].

PLAGIOGYRIA (Kunze) Mettenius. — (Conf. Bower, Ann. of Bot. 24. 423. 1910).

Fauriei Matsum. Bot. Mag. Tokyo 8. 332. 1894; C. Chr. Ind. 495 = P. Matsumureana.

Henryi Christ 1899 — Adde loc. Annam, et syn. Lomaria decurrens Bak. 1906.

Matsumureana Mak. — Adde syn. Lomaria Fauriei Christ 1896; Plagiogyria Matsum. 1894 (syn. ?); C. Chr. Ind. 495; Blechnum Fauriae Tokubuchi 1905.

PLATYCERIUM Desv.

bifurcatum (Cav.) C. Chr. — Adde loc. N. Guinea.

sumbawense Christ — Adde loc. Timor. ? Java.

PLENASIUM Presl = **Osmunda.**

? bromeliaefolium Pr. 1836 = O. bromeliifolia.

PLEOCNEMIA Presl = **Aspidium.**

membranifolia Bedd. Handb. 225 f. 115. 1883 (non membranacea).

POECILOPTERIS Presl.

crenata Pr. 1849 = Leptochilus crenatus.

POLYBOTRYA Humb. et Bonpl.

articulata J. Sm. 1841; C. Chr. Ind. 504 = Lomagramma.

aspidioides Gris. 1866 — Adde loc. Jamaica, et syn. Psomiocarpa aspidioides Christ 1910 — Ps. Maxoni Christ 1910 (Jamaica).

frondosa Fée, Cr. vasc. Br. 1. 15. 1869 — Brasilia.

nana Fée 1845 = Blechnum nigrum (f. Cheesem. Man. 983).

polyphylla (Brack.) C. Chr. Ind. 505 = Lomagramma.

Wilkesiana Brack. 1854 = Lomagramma.

POLYPODIUM L.

albula Christ — Adde syn. Pleopeltis albula v. A. v. R. 1909.

alpestre Hoppe, Taschb. 1799. 137 (nomen); Spenn. 1825 = Athyrium.

alpinum Wulf. in Jacq. 1788.

andinum Karst. 1861 = P. sessifolium.

anfractuosum Kze. — Adde loc. Venezuela, et syn. P. monticola Kl.; C. Chr.

angustifolium *lucidum C. Chr. Ind. 509 = P. fulgens. [Ind. 546.

Annabellae Forbes — Adde syn. Pleopeltis Annabellae v. A. v. R. 1909;

arcuatum Poir. 1804 = Dryopteris patens. [Dendroconche Cop. 1911.

argutum Wall. — Adde loc. Luzon.

(G) **articulatum** Desv. Prod. 236. 1827; Hier. Hedwigia 48. 265 — Peru. Ecuador.

aspidioides Pr. 1822 = Dryopteris alsophilacea.

astrolepis Liebm. 1849; C. Chr. Ind. 511 = P. lanceolatum *elongatum.

attenuatum H.B.Willd. var. gladiatum Kze. — Adde syn. Goniophlebium ampliatum Maxon 1908.

aureum L. — Dele syn. Polypodium leucatomos Poir. 1804.

Bakeri Luerss. — Adde syn. Pleopeltis Bakeri v. A. v. R. 1909.

Balbisii Spr. 1821 = Dryopteris sancta var.

Bernoullii Bak. 1874; C. Chr. Ind. 513 = P. Skinneri.

brasiliense Poir. 1804. Haec est sine dubio P. triseriale Sw. 1801.

caespitosum Bak. 1874 = Dryopteris blanda.

camporum Lindm. 1903 = Dryopteris rivularioides.

campyloneuroides Bak. — Adde syn. Pleopeltis camp. v. A. v. R. 1909.

cantoniense Bak. — Adde syn. Christopteris cantoniensis Christ 1908.

celebicum Bl. — Adde syn. P. craterisorum Harr. 1877; C. Chr. Ind. 519.

ciliatum Pr. 1822 = Dryopteris falciculata.

coalescens Bak. 1897 = ? Dryopteris alloëoptera.

commutatum Bl. — Adde syn. Pleopeltis commutata v. A. v. R. 1909.

coriandrifolium Sw. 1806 = Aspidium.

coronans Wall. — Adde syn. Pleopeltis coronans v. A. v. R. 1909.

costulatum (Ces.) Bak. — Adde syn. Pleopeltis costulata v. A. v. R. 1909.

crassifolium L. — Adde syn. Pessopteris crassifolia Und. et Maxon 1908.

craterisorum Harr. 1877; C. Chr. Ind. 519 = P. celebicum.

crenato-dentatum Kl. 1847; C. Chr. Ind. 519 = Polystichum aculeatum
ctenoides Jenm. 1897 = Dryopteris rudis.   [*13. orbiculatum.
curtidens Christ — Adde syn. Pleopeltis curtidens v. A. v. R. 1909.
(P) **curvans** Mett. Ann. sc. nat. V. **2**. 253. 1864 — Peru.
          P. curvatum Mett. Pol. nr. 75. HB. 329 (non Sw., vide sec.).
curvatum Sw., C. Chr. Ark. för Bot. 9¹¹. 21 t. 3 f. 2 — Jamaica. Guade-
          P. inaequale Fée 1866 — (dele syn. P. curvans Mett. 1864).   [loupe.
(G) **cyathoides** Sw. Syn. 37. 1806; C. Chr. Ark. för Bot. 9¹¹. 39. 1910 — Ins.
          Mariannæ. Asia trop. Melanesia.
          Cyathea percussa Cav. Descr. 548. 1803 — Polypodium verrucosum
          Wall. 1828; C. Chr. Ind. 573 cum syn.
decrescens Christ — Adde loc. Luzon.
decumanum Willd. 1810; C. Chr. Ind. 521 = P. leucatomos.
dentatum Bak. 1891 = Dryopteris ichtiosma.
distans Klf. 1824 = Dryopteris falciculata.
domingense Spr. 1827 = Dryopteris guadalupensis.
dulitense Bak. — Adde syn. Pleopeltis dulitensis. v. A. v. R. 1909.
Eatoni Bak.; C. Chr. Ind. 524 — Adde syn. Goniophlebium eatoni Maxon
          1912. G. pringlei Maxon 1904; Polypodium Pringlei C. Chr. Ind. 556.
ellipticum Thbg. — Adde syn. Pleopeltis elliptica v. A. v. R. 1909 —
          Selliguea pentaphylla (Bak.) Christ 1906.
Elmeri Cop. — Adde syn. Pleopeltis Elmeri v. A. v. R. 1909.
Feei (Bory) Mett. — Adde syn. Pleopeltis Feei v. A. v. R. 1909.
fibrillosum Bak. 1867 = Dryopteris honesta.
flabellivenium Bak. — Dele syn. P. holophyllum Bak. 1879.
flexilobum Christ — Adde syn. Selliguea flexiloba Christ 1906.
fulvescens Hk. et Grev. 1831 = Hypolepis obtusata.
gedeanum Racib. 1898; C. Chr. Ind. 529 = P. subsecundo-dissectum.
glandulosum Desv. 1811 = Dryopteris.
glaucophyllum Kze. — Dele syn. G. semipinnatifidum Fée.
glossipes Bak. — Lege N. Guinea loco Cambodia; adde syn. Pleopeltis
          glossipes v. A. v. R. 1909.
grandidentatum (Ces.) Bak. — Adde syn. Pleopeltis grandid. v. A. v. R. 1909.
guadalupense Wikstr. 1826 = Dryopteris.
hammatisorum Harr. 1877; C. Chr. Ind. 531 = P. pyrolifolium.
Hellwigii Diels. — Adde syn. Pleopeltis Hellwigii v. A. v. R. 1909.
(Pl) **hemionitis** Cav. Descr. 248. 1802; C. Chr. Ark. för Bot. 9¹¹. 40. 1910 —
          Ins. Mariannæ.
heracleum Kze. — Adde syn. Pleopeltis heraclea v. A. v. R. 1909.
heterocarpum (Bl.) Mett. — Adde loc. N. Guinea, et syn. Pleopeltis hete-
          rocarpa v. A. v. R. 1909.
heterolobum C. Chr. — Adde syn. Pleopeltis anomala v. A. v. R. 1909.
heterophlebium Bak. 1884 = Dryopteris alloëoptera.
heterotrichum Bak. — Adde loc. Mexico.
(Pl) **holophyllum** Bak. JoB. 1879. 43 — Borneo. — Pleopeltis v. A. v. R. 1909.
Hosei C. Chr. — Adde syn. Pleopeltis Hosei v. A. v. R. 1909.
imbricatum Liebm. 1849 = Dryopteris tetragona.
impuber Roxb. 1844 = Cyathea alternans!.
incisum Sw. 1788 = Dryopteris scolopendrioides.
induratum Bak. — Adde syn. Pleopeltis indurata v. A. v. R. 1909.

interruptum C. Chr. — Adde syn. Pleopeltis interrupta v. A. v. R. 1909.

intramarginale Bak. — Adde Bak. Kew Bull. 1906. 13.

invisum Sw. 1788 = Dryopteris oligophylla.

iridifolium (Christ) Diels — Adde loc. Ins. Philipp. et syn. Loxogramme iridifolia Cop. 1906.

(G) **laevigatum** Cav. Descr. 244. 1802; C. Chr. Ark. för Bot. 9^{11}. 41 f. 13. 1910 (non C. Chr. Ind. 537) — Andes. — Goniophlebium semipinnatifidum Fée 1850—52; Polypodium Mett. n. 130. 1857; Hier. Hedwigia 48. 262.

laevigatum auctt. C. Chr. 537 = P. lapathifolium.

lagunense Christ — Adde syn. Pleopeltis lagunensis v. A. v. R. 1909.

(C) **lapathifolium** Poir. Enc. 5. 514. 1804 — Amer. trop. — P. fasciale H.B.Willd. 1810; P. laevigatum auctt. C. Chr. Ind. 537.

leptostomum Fée — Adde loc. Guatemala, et syn. P. productum Maxon 1909 (non Christ 1907).

(Ph)**leucatomos** Poir. Enc. 5. 516. 1804; Hieron. Hedwigia 48. 267 — Amer. trop. P. decumanum Willd. 1810; C. Chr. Ind. 521 cum syn.

leucophorum Bak. — Adde syn. Pleopeltis leucophora v. A. v. R. 1909.

limbospermum All. Auctuarium 49. 1789; Bellardi 1792.

lineare Thbg. — Adde syn. P. distans Mak. 1906? (non alior.).

linguaeforme Mett. — Adde syn. Pleopeltis linguaeformis v. A. v. R. 1909.

litigiosum Liebm. 1849 = Dryopteris panamensis.

longicaudatum Liebm. 1849 = Dryopteris.

lucidum Beyrich; Hk. 1863 = P. fulgens.

luzonicum Cop. — Adde syn. Pleopeltis luzonica v. A. v. R. 1909.

macrophyllum (Bl.) Reinw. — Adde syn. Pleopeltis macrophylla v. A. v. R. 1909.

Maingayi (Bak.) Diels — Adde syn. Pleopeltis Maingayi v. A. v. R. 1909. Mathewii Tutcher 1905; C. Chr. Ind. 543 = P. hastatum f. pygmaea.

mexicanum (Fée) Salom. — Adde syn. Loxogramme Salvinii Maxon 1909.

Meyenianum (Schott) Hk. — Adde syn. Pleopeltis Meyeniana v. A. v. R. 1909.

millisorum Bak. — Adde syn. Pleopeltis millisora v. A. v. R. 1909.

minimum Brack. 1854 = P. Saffordii.

mirabile C. Chr. — Adde syn. Pleopeltis imbricata v. A. v. R. 1909.

miser Hew. 1838 = Dryopteris effusa.

mollicomum Nees et Bl. — Adde loc. Ins. Philipp.

molliculum Kze.; Link 1841 = Dryopteris concinna.

mollissimum Fée, 11 mém. 47 (non 8. mém.).

monosorum Pr. 1836 = Dryopteris.

monticola Kl. 1847; C. Chr. Ind. 546 = P. anfractuosum.

Moseleyi Bak. — Adde syn. Pleopeltis Moseleyi v. A. v. R. 1909.

(M) **myriolepis** Christ, Bull. Boiss. 4. 661. 1896; Bull. Soc. bot. Genève II. 1. 220. 1909 — Costa Rica.

nematorhizon Eat. — Adde loc. Ins. Margarita (Venezuela) et syn. Phymatodes nematorhiza Und. 1908.

nephrodioides Kl. 1847 = Dryopteris Klotzschii.

nitens Desv. 1827 = Dryopteris.

obliquatum Bl. — Adde syn. P. Schenkii Harr. 1877; C. Chr. Ind. 562.

occultum Christ 1905; C. Chr. Ind. 549 = P. costatum.

oligophlebium Bak. 1874 = Dryopteris alloëoptera

oodes Kze. — Adde loc. Luzon et syn. P. rudimentum Cop. 1905; C. Chr. Ind. 560; Pleopeltis rudimenta v. A. v. R. 1909.

palmatum Bl. 1828; C. Chr. Ind. 550 = P. taeniatum.

papuanum Bak. — Adde syn. Pleopeltis papuana v. A. v. R. 1909.

pedicularifolium Hoffm. 1795 = Asplenium fontanum (t. Ascherson).

pediculatum Bak. — Adde loc. Mindanao, et syn. P. inarticulatum Cop. 1906.

pedunculatum (Hk. et Grev.) Mett. — Adde syn. Pleopeltis pedunculata v. A. v. R. 1909.

pentaphyllum Bak. — Adde syn. Pleopeltis pentaphylla v. A. v. R. 1909. Percivalii Jenm.; Bak. 1891 = Dryopteris decussata.

phyllomanes Christ var. ovatum Wall. — Adde loc. Luzon.

Playfairii Bak. — Adde syn. P. Steerei Harr. 1877; C. Chr. Ind. 566.

plebiscopum Bak. — Adde syn. Pleopeltis plebiscopa v. A. v. R. 1909.

polypodioides (L.) Hitchcock — Adde syn. Marginaria polypodioides Tide-praelongum Poir. 1804 = Dryopteris scolopendrioides.   [strom 1909.

Pringlei (Maxon) C. Chr. Ind. 556 = P. Eatoni.

procerum Brack. 1854 = Dryopteris rubiformis.

(P) **ptilodon** (ptiloton) Kze. Linn. 9. 42. 1834; Hier. Hedwigia 48. 257 — Columbia-Peru.

pyrolifolium Goldm. — Adde syn. P. hammatisorum Steere 1877; C. Chr. Ind. 531; Pleopeltis v. A. v. R. 1909.

quinquefidum Bak. — Adde syn. Pleopeltis quinquefida v. A. v. R. 1909.

Raciborskii C. Chr. — Adde syn. Loxogramma grandis (Rac.) Cop. 1908.

regulare Mett. — Adde syn. Pleopeltis regularis v. A. v. R. 1909.

repandulum (Kze.) Mett. — Adde syn. P. brevifrons Scort.; v. A. v. R. 1909.

repandum Sw. 1801 = Dryopteris reptans.

retusum Sw. 1817 = Dryopteris oligocarpa var.

revolutum (J. Sm.) C. Chr. — Adde syn. Pleopeltis revoluta v. A. v. R. 1909 Polypodium productum Christ 1907.

(G) **rhachipterygium** Liebm. Vid. Selsk. Skr. V. 1. 191 (seors. 39). 1849 — Mexico. Guatemala. — Goniophlebium Moore 1862; Maxon, Contr. U. S. Nat. Herb. 16. 61 t. 34. 1912 — Polypdium stenoloma Eat. 1873; C. Chr. Ind. 566 — P. Donnell-Smithii Christ 1906.

Robertianum Hoffm. Deutschl. Flora 2 add. ad 10. 1796.

rostratum Cav. 1802 = P. percussum.

rudimentum Cop. 1905; C. Chr. Ind. 560 = P. oodes.

Ruizianum Kl. 1847 = Dryopteris.

sarawakense Bak. — Adde syn. Pleopeltis sarawakensis v. A. v. R. 1909.

sarcopus de Vriese et Teysm. — Adde syn. Pleopeltis sarcopus v. A. v. R. 1909.

Sauvinieri Bak. — Adde syn. Pleopeltis Sauvinieri v. A. v. R. 1909.

saxicola Sw. 1817 = Dryopteris ptarmica var.

scabrum Pr. 1822 = Dryopteris.

Schenkii Harr. 1877; C. Chr. Ind. 562 = P. obliquatum.

Schneideri Christ — Adde syn. Pleopeltis Schneideri v. A. v. R. 1909.

scolopendrioides L. sp. ed. II. 1585. 1763 (non ed. I) = Dryopteris guada-lupensis.

sculpturatum Bak. — Adde syn. Pleopeltis sculpturata v. A. v. R. 1909.

sechellarum Bak. — Dele loc. Ins. Sechellae.

selliguea Mett. — Adde syn. Selliguea Christ 1906; Pleopeltis selliguea semipinnatifidum Mett. 1857 = P. laevigatum.   [v. A. v. R. 1909.

serratum (Willd.) Sauter, Fl. Austr. Hung. 2. 708. 1882; Futó 1905.

serrulatum (Sw.) Mett. — Adde syn. P. duale Maxon 1912; dele syn. P. minimum Brack. 1854.

(G) **sessifolium** Desv. Prod. 238. 1827; Hieron. Hedwigia 48. 263 — Ind. occ. Costa Rica-Peru. — P. surucuchense Hk. 1837; C. Chr. Ind. 568. P. andinum Karst. 1861.

Skinneri Hk. — Dele syn. P. myriolepis Christ 1896; adde syn. P. Bernoulli Bak. 1874; C. Chr. Ind. 513.

Smithianum Hew. 1838 = ? Dryopteris serrulata.

soridens Hk. — Adde syn. Pleopeltis soridens v. A. v. R. 1909.

spurium Mett. — Adde syn. Pleopeltis spuria v. A. v. R. 1909.

Steerei Harr. 1877; C. Chr. Ind. 566 = P. Playfairii.

stenoloma Eat. 1873; C. Chr. Ind. 566 = P. rhachipterygium.

(Pl) **stenopteris** Bak. — Adde syn. Pleopeltis stenopteris v. A. v. R. 1909.

subaquatile Christ — Adde syn. Pleopeltis subaquatilis v. A. v. R. 1909.

subauriculatum Bl. — Adde loc. Formosa.

subecostatum Hk. — Adde syn. Pleopeltis subecostata v. A. v. R. 1909.

subevenosum Bak. — Dele syn. P. sessilifolium Hk. 1863.

subgeminatum Christ — Adde syn. Pleopeltis subgeminata v. A. v. R. 1909.

subintegrum Bak. 1877 = Dryopteris Francoana.

subpinnatifidum Bl. — Adde loc. Luzon.

subpleiosorum Racib. 1898; C. Chr. Ind. 567 = P. sumatranum.

subsecundo-dissectum Zoll. — Adde loc. N. Guinea, et syn. P. gedeanum Rac. 1898; C. Chr. Ind. 529.

subsparsum Bak. — Adde syn. Pleopeltis subsparsa v. A. v. R. 1909.

sumatranum Bak. — Adde loc. Java, et syn. P. subpleiosorum Rac. 1898; C. Chr. Ind. 567.

sundense C. Chr. Ind. 568. — Adde syn. Pleopeltis sumatrana v. A. v. R. 1909.

surucuchense Hk. 1837; C. Chr. Ind. 568 = P. sessifolium.

sylvicolum Bak. 1881 = Dryopteris Michaëlis.

(Pl) **taeniatum** Sw. Schrad. Journ. 1800². 26. 1801; C. Chr. Ark. för Bot. 9¹¹. 32 — Malesia. Ins. Philipp. — P. palmatum Bl. 1828; C. Chr. Ind. 550

tarapotense Bak. Syn. 505. 1874 = Dryopteris platyloba. [cum syn.

Treubii Christ — Adde syn. Pleopeltis Treubii v. A. v. R. 1909.

triangulare L. Syst. Nat. ed. XIII. 787. 1774; Gmelin 1791 = Polystichum trian-**triangulare** Scort. — Adde syn. Acrosorus triangularis Cop. 1909. [gulum.

triquetrum Bl. — Adde syn. Pleopeltis triquetra v. A. v. R. 1909 — Polypodium subtriquetrum Christ 1908 (= rupestre Bl.).

triseriale Sw. = P. brasiliense.

validum Cop. — Adde syn. Pleopeltis valida v. A. v. R. 1909.

verrucosum Wall. 1828; C. Chr. Ind. 573 = P. cyathoides.

violascens Mett. — Adde syn. Pleopeltis violascens v. A. v. R. 1909.

Weinlandii Christ — Adde syn. Pleopeltis Weinlandii v. A. v. R. 1909.

Wrayi Bedd. — Adde loc. Sumatra. Sarawak.

Wrightii Bak. 1867 = Polystichum.

Zollingerianum Kze. — Adde syn. Pleopeltis Zollingeriana v. A. v. R. 1909.

POLYSTICHUM Roth.

aculeatum (L.) Schott.

var. 4. muricatum (L.) conf. Maxon, Contr. U. S. Nat. Herb. 13. 34. 1909
— Adde syn. Polystichum Moritzianum (Kl.) Hieron. 1907
P. Hartwegii (Kl.) Hieron. 1907.

var. 9. montevidense (Spr.) — Adde syn. Polystichum montevidense Ros. 1907.

var. 14. chilense Christ, Ber. Schw. bot. Ges. 3. 39. 1893.

var. 34. batjanense (Christ) — Adde loc. N. Caledonia et syn. Aspidium Batjanense Christ 1906.

var. 39. nigropaleaceum Christ, Ber. Schw. bot. Ges. 3. 38. 1893.

var. 40. japonicum Christ, ibid. 38. 1893.

aculeatum × lobatum C. Chr. — Adde syn. × P. Bicknellii Hahne 1904; P. lobatum × angulare Fomin 1909.

adiantiforme (Forst.) J. Sm. — Adde syn. Aspidium adiantiforme Cheesem.
andinum Phil. 1857; C. Chr. Ind. 578 = P. mohrioides.   [1908.
apiifolium (Sw.) C. Chr. — an Dryopteris? (§ Peismapodium Maxon).
aquifolium Und. et Maxon, Bull. Torr. Cl. 29. 584. 1902 — Cuba.

P. ilicifolium Fée, Gen. 279. 1850—52; 6 mém. 21 t. 6 f. 4. 1853 (non Benoitianum Gaud. 1827 = Dryopteris.   [Moore 1858).

Braunii × lobatum C. Chr. — Adde loc. Caucasus et syn. × P. Luerssenii Hahne 1904. P. lobatum × Braunii Formin 1909.

capillipes (Bak.) Diels — Adde syn. P. minusculum Christ 1905; C. Chr. Ind. 584.

denticulatum (Sw.) J. Sm. — potius Dryopteris. — Adde syn. Aspidium formosum Fée 1850—52; Dryopteris Maxon 1909.

echinatum (Gmel.) C. Chr. — Adde syn. P. struthionis Maxon 1909.

falcatum (L.fil.) Diels 1899; C. Chr. Ind. 581 = Cyrtomium.

flagellare (Maxim.) C. Chr. — Adde syn. Monachosorum flagellare Hayata 1909.

fraxinellum (Christ) Diels 1899; C. Chr. Ind. 582 = Cyrtomium.

glaciale Christ 1905; C. Chr. Ind. 582 = Sorolepidium.

heterolepis Fée, Gen. 279. 1850—52; Maxon, Contr. U. S. Nat. Herb. 18. 32 t. 5.
P. viviparum Fée 1850—52; C. Chr. Ind. 588 (excl. syn.).   [1909 — Cuba.

ilicifolium Fée 1850—52 = P. aquifolium.

Krugii Maxon 1905; C. Chr. Ind. 583 = P. rhizophyllum.

lobatum (Huds.) Pr. — conf. H. Woynar Mitt. naturwiss. Ver. f. Steiermark 49. 171 ff. 1913.

lobatum × lonchitis (Murbeck) — Adde loc. Suecia, et syn. × P. illyricum Hahne 1904; Aspidium Murbeckii Raimann 1891.

lonchitoides (Christ) Diels 1899; C. Chr. Ind. 584 = Cyrtomium.

Maximowiczii (Bak.) Diels — Adde syn. Monachosorum Maximowiczii Hayata
melanochlamys (Fée) Diels 1899; C. Chr. Ind. 584 = Dryopteris.   [1909.
melanostictum (Kze.) Liebm. 1849; C. Chr. Ind. 584 = Dryopteris.

minusculum Christ 1905; C. Chr. Ind. 584 = P. capillipes.

mohrioides (Bory) Pr. — conf. C. Chr. Ark. för Bot. 10². 17. — Adde syn. P. andinum Phil. 1857; C. Chr. Ind. 578.

obliquum (Don) Moore — Adde loc. Luzon.

omeiense C. Chr. Ind. 585 — Adde syn. P. Faberi Christ 1906.

pallidum Todaro, Giorn. sci. nat. Palermo 1. 240 (seors. 35). 1866.

perelegans (Col.) C. Chr. Ind. 586 = P. vestitum.

rhizophyllum (Sw.) Pr. — Adde syn. P. Krugii Maxon 1905; C. Chr. Ind. 583.
Riedleanum Gaud. 1827 = Dryopteris.

Sodiroi Christ — Ecuador-Bolivia. — Adde syn. P. boboense Hieron. 1907.

tenue Gilb. 1900; C. Chr. Ind. 588 = P. polystichiforme.

triangulum (L.) Fée — Adde loc. Guatemala; dele *P. ilicifolium Fée 1850—52.

tripteron (Kze.) Pr. — Adde loc. China.

vestitum (Forst.) Pr. — Adde syn. Aspidium perelegans Col. 1897; Polystichum C. Chr. Ind. 586. Aspidium zerophyllum Col. 1897; Polystichum C. Chr. Ind. 589 (t. Cheesem. Man. 998).

viviparum Fée 1850—52; C. Chr. Ind. 588 (excl. syn.) = P. heterolepis.

zerophyllum (Col.) C. Chr. Ind. 589 = P. vestitum.

PRESLIA paleacea Opiz, Kratos 2^1. 5. 1820, (Syn.).

PRONEPHRIUM Presl.

acrostichoides Pr. 1849 = Dryopteris diversiloba.

PTERIDIUM Gled.

aquilinum (L.) Kuhn — Adde syn. Cincinalis arachnoidea (Klf.), caudata (L.) esculenta (Forst.), lanuginosa (Bory) Trevis. 1874.

PTERIS L.

Barkleyae (Hk.) Mett.; Kuhn, Fil. Afr. 77. 1868 (Barkleyae) — Ins. Sechellae. Cheilanthes Hk. msc.; Pellaea Bak. Syn. 151. 1867; C. Chr. Ind. 478.

Beccariana C. Chr. Ind. 593 — Adde syn. P. gracillima Ros. 1911.

biaurita L. *quadriaurita Retz. — Adde syn. P. parviloba Christ 1907.

Blumeana Ag. sp. t. Christ, Phil. Journ. Sci. Bot. 2. 172. 1907.

Dalhousiae Hk.; C. Chr. Ind. 596 — Dele loc. Java et syn. P. rangiferina Pr.

dominicensis Bak. 1886; C. Chr. Ind. 597 = Acrostichum praestantissimum.

elegans Vell. 1827 = Doryopteris palmata.

Goeldiana Christ 1905; C. Chr. Ind. 598 = P. Goeldii.

heterogena v. A. v. R. 1912; C. Chr. Ind. Suppl. 67 = P. mixta.

Lydgatei (Hill.) Christ, Farnkr. 167. 1897 = Schizostege.

mixta Christ — Adde syn. P. heterogena v. A. v. R. 1912.

palmata Willd. 1810 = Doryopteris palmata.

(P) **rangiferina** Pr.; Miq. Ann. Lugd. Bot. 4. 95. 1868—69; v. A. v. R. Bull. Dépt. agric. Ind. néerl. 18. 12. 1908 — Java.

reticulata Mett.; Kuhn 1869 = P. reticulato-venosa.

spinosa (L.) Desv.; C. Chr. Ind. 607 — Dele syn. P. reticulata Mett.

stipulacea Hk. 1858 = Histiopteris.

tripartita Sw. — Adde syn. P. yunnanensis Christ 1908; C. Chr. Ind. 610.

varia Sw. 1801 = Pellaea auriculata.

Warburgii Christ; C. Chr. Ind. 609 — Adde syn. P. Finisterrae Ros. 1909.

yunnanensis Christ 1898; C. Chr. Ind. 610 = P. tripartita.

SACCOLOMA Kaulfuss.

brasiliense (Pr.) Mett. Ann. sc. nat. IV. 15. 80. 1861; Hieron. Hedwigia 47. 207 — Amer. austr. trop. — Microlepia Pr. Tent. 125. 1836; Epim. 95. 1849; Davallia Hk. 1846. D. nigrescens Kze. 1850; Microlepia nigricans Pr. 1849. M. Pohliana Ettingsh. 1865.

inaequale (Kze.) Mett. — Dele syn. Microlepia brasiliensis Pr. et Davallia

SCHIZAEA Smith. [nigrescens Kze.

fluminensis Miers — Adde syn. Lophidium fluminense Und. 1909.

Poeppigiana Sturm — Adde syn. Lophidium Poeppigianum Und. 1909.

SCHIZOLOMA Gaudichaud.

Guerinianum Gaud. — Adde syn. Schizoloma ovatum Cop. 1908.

heterophyllum (Dry.) J. Sm. — Adde syn. Lindsaya montana Cop. 1905; L. Copelandi C. Chr. Ind. 392.

SCOLOPENDRIUM Adanson.

mambare Bailey, Queensl. Agric. Journ. 3^2. 162. 1898 = Phyllitis.

STENOCHLAENA J. Smith.

aculeata (Bl.) Kze. — Adde syn. Lomariopsis ludens Fée,| Acrost. 70 t. 30. 1845.

japurensis (Mart.) Gris. Fl. br. W. Ind. 676. 1864 — Amer. trop. Acrostichum Mart. Ic. Pl. crypt. Bras. 86 t. 24. 1834; Olfersia Pr. 1836; Lomariopsis J. Sm. 1875. Acrostichum phlebodes Kze. 1834; Lomariopsis Fée 1845. Stenochlaena marginata (Schrad.) C. Chr. Ind. 624. 1906 (pt.).

marginata (Schrad.) C. Chr. Ind. 624. 1906 = S. japurensis, S. erythrodes, S. Prieuriana.

oleandrifolia Brack. Expl. Exp. 16. 75. 1854; Und. Bull. Torr. Cl. 33. 49 f. 10. 1906 — Fiji. N. Hebridae. — Lomariopsis Mett. 1869.

Pittieri (Christ) Diels; C. Chr. Ind. 625 = S. vestita.

pollicina (Willem.) C. Chr. Ind. 625 — Dele syn. Osmunda trifrons Bory, Acrostichum lomarioides Bory, Acrostichum buxifolium Kze.

Raciborskii C. Chr. Ind. 625 — Adde syn. Stenochlaena Smithii v. A. v. R.

sorbifolia (L.) J. Sm. — India occ. — Dele syn. omnia. [1909.

Wrightii (Mett.) Gris. Cat. Pl. Cub. 277. 1866; Und. Bull. Torr. Cl. 33. 601 f. 1—3. 1907 — Cuba. — Lomariopsis Wrightii Mett.; Eat. Mem. Amer. Acad. n. s. 8. 195. 1860.

STRUTHOPTERIS Bernh. 1801 (non Struthiopteris) = **Osmunda.**

SYNGRAMMA J. Smith.

cartilagidens (Bak.) Diels — Adde syn. Acrostichum Borneense Burck 1884; Elaphoglossum C. Chr. Ind. 303 (f. v. A. v. R.).

quinata (Hk.) Carr. — Adde syn. Craspedodictyum quinatum Cop. 1911. Zollingeri (Kurz) Diels; C. Chr. Ind. 629 — Hemigramma latifolia.

TAENITIS Willdenow.

pterioides Willd. in Spr. Anleit. 8. 374. 1804; Schkuhr = T. blechnoides.

TAPEINIDIUM (Presl) C. Chr.

pinnatum (Cav.) C. Chr. — Adde syn. T. gracile v. A. v. R. 1909.

TECTARIA Cav.

cinnamomea Cav. 1802 = Dryopteris.

THELYPTERIS Adanson 1763 = **Pteridium.**

TODEA Willd.

africana Willd.; Bernh. Schrad. Journ. 1800². 126. 1801; Willd. 1802. marginata Col. 1897 = Leptopteris hymenophylloides.

TRACHYPTERIS André (dele: Rev. hort. 1899).

pinnata (Hk.fil.) C. Chr. — Adde loc. Argentina.

TRICHOMANES L.

(H) Beccarianum Ces. Atti Ac. Napoli 7⁸. 8 t. 1 f. 2. 1876; v. A. v. R. Mal. Ferns 86 — Borneo.

Beckeri Krause. — Potius sp. Hymenophylli; conf. C. Chr. Ark. för Bot. bilingue Hk. 1841; conf. v. A. v. R. Mal. Ferns 102. [10². 27. 1910.

diffusum Bl. — Adde loc. Ins. Philipp.

millefolium Pr.; conf. Christ, Bull. Boiss. II. 6. 989. 1906.

Motleyi v.d.B.; C. Chr. Ind. 645 — Dele syn. T. Beccarianum Ces. 1876 et T. pannosum Ces. 1877.

nitidulum v.d.B. — Adde loc. Luzon.

(H) pannosum Ces. Rend. Ac. Napoli 16. 24, 28. 1877; v. A. v. R. Mal. Ferns 86 — N. Guinea.

polyodon Col. 1896; C. Chr. Ind. 647 = T. elongatum (t. Cheesem. Man. 946).
pulchellum Salisb. Prod. 404. 1796.
pyxidiferum Huds. 1762 = T. radicans.

TRIPHLEBIA Baker. — (Genus a Phyllitide vix diversum).

linza (Pr.) Bak. — Adde syn. Phyllitis linza v. A. v. R. 1911. (vide Phyllitis intermedia, mambare, schizocarpa, scolopendropsis).

TRISMERIA Fée.

longipes (Bak.) Diels; C. Chr. Ind. 652 = Ceropteris.

VITTARIA J. Smith.

angustifolia (Sw.) Bak. — Adde syn. Ananthacorus angustifolius Und. et Maxon 1908.

debilis (Mett.) Kuhn — Adde syn. Scleroglossum debile v A. v. R. 1912.

pusilla Bl. — Adde syn. Pleurogramme pusilla Christ 1907; Scleroglossum v. A. v. R. 1912. Pleurogramme Loheriana Christ 1906; Monogramma v. A. v. R. 1909; Vittaria v. A. v. R. 1911. Pleurogramme minor (Fée) Cop. 1912.

sulcata (Mett.) Kuhn. — Adde syn. Scleroglossum sulcatum v. A. v. R. 1912.

WOODSIA R. Brown.

paleacea Opiz, Kratos 2^1. 5. 1820 = W. ilvensis.
pubescens Opiz, Kratos 2^1. 4. 1820 = W. alpina.

WOODWARDIA Smith.

spinulosa Mart. et Gal. — Adde syn. W. paradoxa Wright 1907.

ZALUZIANSKIA Necker (Zalusianskya O.Ktze.).

marsiloides Necker.

CATALOGUS LITERATURAE

CORRIGENDA

(t. H. Woynar in litt.)

Davenport nr. 4. Bull. Torr. Cl. 8. 1881 (non Amer. Natur. 8).

Gandoger nr. 1. Oest. Bot. Zeit. 30. 1880 p. 326, 371, 397, 31. 1881, p. 18. (»species« in Indice non enumeravi).

Kunze nr. 9. Lief. 1—3. pag. 1—62, t. 1—30: 1840.
— 4. pag. 63—84, t. 31—40: 1841.
— 5. pag. 85—108, t. 41—50: 1842.

Necker nr. 1. Eclairsissemens sur la propagation des filicées en général.
— pag. 275—318, tab. XXI—XXIII.

Opiz: *Kratos 1[4]. 1819 **P. M. Opiz**: 2. Tentamen Florae cryptogamicae Boëmiae. 2[1]. 1820. Versuch einer cryptogamischen Flora Böheims. I. Abheilung. Farrnkräuter. Kratos (Zeitschr. f. Gymnasien. Prag). 1. Heft 4: 1—19. II. Heft 1: 1—21. 4[0].

Newman nr. 6. Phytol. nr. 153. 1854.
— nr. 7. — - 156. 1854, pag. 129 (non 134).

Schkuhr Fasc. I = pag. 1—20, tab. 1—25, 1804 fasc. II. 1805. — 222 (non 219) Tab. col.

M. Tenore nr. 3 = nr. 2 seorsim impressum.

CARL CHRISTENSEN

INDEX FILICUM.

SUPPLÉMENT PRÉLIMINAIRE

POUR LES ANNÉES 1913. 1914. 1915. 1916

PUBLIÉ AUX FRAIS DE

S. A. I. LE PRINCE BONAPARTE
MEMBRE DE L'INSTITUT

HAFNIAE 1917
TYPIS TRIERS BOGTRYKKERI

LE présent supplément préliminaire a été rédigé sur le même plan que le supplément pour les années 1907—13. Il contient un peu plus de 700 espèces de fougères décrites pendant ces quatre dernières années. Le nombre total des espèces de fougères décrites s'élève donc à 8000 approximativement, chiffre selon toute apparence considérablement inférieur au nombre des bonnes espèces réellement existantes.

Copenhague, Octobre 1917.

CARL CHRISTENSEN.

I.

SUPPLEMENTUM

1913—1916.

SUPPLEMENTUM 1913—1916.

ADIANTUM L.
  Bonatianum Brause, Hedwigia **54**. 206 t. 4 f. K. 1914 — Yunnan.
  Christii Ros. Fedde Repert. **12**. 166. 1913 — N. Guinea.
  Doctersii v. A. v. R. Bull. Jard. bot. Buit. II. nr. XI. 1 t. 1. 1913. — Java.
  fragiliforme C. Chr. Bot. Tids. **32**. 347. 1916 — Siam.
  Kingii Cop. Phil. Journ. Sci. Bot. **9**. 5. 1914 — N. Guinea.
  madagascariense Rosendahl, Ark. för Bot. **14**[18]. 1 t. 1 f. 1—2. 1916 —
    Madagascar.
  rimicola Slosson, Bull. Torr. Cl. **41**. 308 t. 7 f. 1. 1914 — California. Utah.
  Robinsonii v. A. v. R. Phil. Journ. Sci. Bot. **11**. 110. 1916 — Amboina.
  Rollandiae hort.; Rev. Hort. **1913**. 391 — Hort.
  Siebertianum hort. Sander; Gard. Chr. **51**. Suppl. p. XV. 1912 — Hort.
  Stolzii Brause, Engl. Jahrb. **53**. 387. 1915 — Africa orient. trop.   [(Australia).
  tenue Domin, Bibl. Bot. **85**. 152 f. 29 b, c. 1913 —Queensland.
AGLAOMORPHA Schott, Gen. Fil. t. 20. 1834; Copeland, Phil. Journ. Sci.
    Bot. **6**. 140. 1911; **9**. 8. 1914 — (Polypodiaceae Gen. **104**a.) (*Subgenera*
    Copelandii: *Hemistachyum* Cop., *Dryostachyum* (J. Sm.) Cop., *Psygmium*
    (Pr.) Cop., *Holostachyum* Cop.)
  Brooksii Cop. Phil. Journ. Sci. Bot. **6**. 140 t. 25. 1911 — Sarawak.
    Polypodium C. Chr. Ind. Suppl. 58. 1913.
  Buchanani Cop. Phil. Journ. Sci. Bot. **9**. 8. 1914 — N. Guinea.
  Hieronymi (Brause) Cop. Phil. Journ. Sci. Bot. **9**. 9. 1914 — N. Guinea.
    Dryostachyum Brause, Engl. Jahrb. **49**. 55. 1912; C. Chr. Ind. Suppl. 41.
  Meyeniana Schott, Gen. Fil. t. 20 — Luzon. Formosa.   [Rechinger 1913.
    Polypodium Hk. 1863; C. Chr. Ind. cum syn.
  novoguineensis (Brause) — N. Guinea. Ins. Salom. — Dryostachyum Brause,
    Engl. Jahrb. **49**. 56 f. 3 D. 1912; C. Chr. Ind. Suppl. 41. D. mollepilosum
  pilosa (J. Sm.) Cop. Phil. Journ. Sci. Bot. **6**. 141. 1911 — Ins. Philipp.
    Dryostachyum J. Sm. JoB. **8**. 399. 1841 (nomen); Kze. Farnkr. **1**. 139 t.
    61. 1844; D. splendens var. C. Chr. Ind. 301.
  Schlechteri (Brause) Cop. Phil. Journ. Sci. Bot. **9**. 9. 1914 — N. Guinea.
    Polypodium Brause, Engl. Jahrb. **49**. 54 f. 3 c. 1912; C. Chr. Ind. Fil.
    Suppl. 62 — N. Guinea.
  splendens (J. Sm.) Cop. Phil. Journ. Sci. Bot. **6**. 141. 1911 — Malesia.
    Dryostachyum J. Sm. 1841; C. Chr. Ind. 301 (excl. var. D. pilosum).

1*

ALSOPHILA R. Brown.

acaulis Mak. Bot. Mag. Tokyo **28**. 335. 1914 — Japonia.

alpina v. A. v. R. Bull. Jard. bot. Buit. II. nr. XX. 4. 1915 — Sumatra.

amboinensis v. A. v. R. Phil. Journ. Sci. Bot. **11**. 103. 1916 — Amboina.

apiculata Ros. Fedde Repert. **13**. 213. 1914 — Sumatra.

Baileyana Domin, Bibl. Bot. **85**. 29. 1913 — Queensland.

> A. Rebeccae var. commutata Bail. Queensl. Fl. Suppl. III. 91. 1890; Lithogr. t. **33**. 1892.

brevifoliolata v. A. v. R. Bull. Jard. bot. Buit. II. nr. XX. 3. 1915 — Sumatra.

dimorphotricha (Cop.) — Mindanao.

> Cyathea Cop. Leaflets Phil. Bot. **5**. 1681. 1913.

heteromorpha v. A. v. R. Bull. Jard. bot. Buit. II nr. XVI. 1. 1914 — Sumatra.

heterophylla v. A. v. R. Bull. Jard. bot. Buit. II nr. XVI. 2. 1914 — Sumatra.

Iheringii Ros. Hedwigia **56**. 358. 1915 — Brasilia austr.

indrapurae v. A. v. R. Bull. Jard. bot. Buit. IX nr. XX. 2. 1915 — Sumatra.

kohchangensis C. Chr. Bot. Tids. **32**. 341. 1916 — Siam.

pallida Ros. Hedwigia **56**. 356. 1915 — Brasilia austr.

?polypodioides Hook. in Nightingale Oceanic sketches 131. 1835 = Dryopteris ornata (t. C. H. Wright in litt.)

proceroides Ros. Hedwigia **56**. 356. 1915 — Brasilia austr.

punctulata v. A. v. R. Bull. Jard. bot. Buit. II nr. XX. 5. 1915 — Sumatra.

> Rebeccae var. commutata Bail. Queensl. Fl. Suppl. III. 91. 1890 = A. Baileyana.

robusta C. Moore, Handb. Fl. N. S. Wales 521 (nomen). 1893 — Ins. Lord Howe. Ins. Norfolk (var. norfolkiana Laing, Trans. Proc. N. Zeal. Inst. **47**.

Rumphiana v. A. v. R. Phil. Journ. Sci. Bot. **11**. 104. 1916 — Amboina. [1. 1915).

scabriseta (Cop.) — N. Guinea. — Cyathea Cop. Phil. Journ. Sci. Bot. **9**. 2. 1914.

subdimorpha (Cop.) v. A. v. R. Bull. Jard. bot. Buit. II nr. XVI. 2. 1914 —

> Cyathea Cop. Phil. Journ. Sci. Bot. **8**. 140 t. 2. 1913.   [Java.

subdubia v. A. v. R. Bull. Jard. bot. Buit. II nr. XX. 3. 1915 — Sumatra.

subobscura v. A. v. R. Bull. Jard. bot. Buit. II nr. XX. 1 t. 1. 1915 — Sumatra.

warihon (Cop.) — Mindanao. — Cyathea Cop. Leaflets Phil. Bot. **5**. 1680. 1913.

woodlarkensis (Cop.) — N. Guinea. — Cyathea Cop. Phil. Journ. Sci. Bot.

ANEIMIA Swartz.   [9. 1. 1914.

Herzogii Ros. Meded. Rijks Herb. Leiden nr. 19. 24. 1913 — Bolivia.

ANGIOPTERIS Hoffmann.

Brooksii Cop. Phil. Journ. Sci. Bot. **10**. 145 t. 1. 1915 — Borneo.

Elmeriana Cop. Leaflets Phil. Bot. **5**. 1679. 1914 — Mindanao.

siamensis C. Chr. Bot. Tids. **32**. 350. 1916 — Siam.

subfurfuracea v. A. v. R. Bull. Jard. bot. Buit. II nr. XI. 1. 1913. — Culta in Hort. Bogor.

subintegerrima v. A. v. R. Bull. Jard. bot. Buit. II nr. XX. 5. 1915 — Borneo.

ANTROPHYUM Kaulfuss..

formosanum Hieron. Hedwigia **57**. 210. 1915 — Formosa.

guayanense Hieron. Hedwigia **57**. 212. 1915 — Guiana. Trinidad.

Henryi Hieron. Hedwigia **57**. 208. 1915 — Yunnan.

novae caledoniae Hieron. Hedwigia **57**. 207. 1915 — N. Caledonia.

simulans v. A. v. R. Bull. Jard. bot. Buit. II nr. XI. 2. 1913 — Java,

Urbani Brause, Urban Symb. Ant. 7. 487. 1913 — S. Domingo.

ARCHANGIOPTERIS Christ et Giesenhagen.

Somai Hayata, Ic. Fl. Formosa **5**. 256. 1915 — Formosa.

ARTHROPTERIS J. Smith.

oblanceolata v. A. v. R. Bull. Jard. bot. Buit. II nr. XX. 6. 1915 — Ins. Obi

prorepens Domin, Bibl. Bot. **85.** 64 f. 13. 1913 — Queensland. [(Malesia).

submarginalis Domin, Bibl. Bot. **85.** 62 f. 12. 1913 — Queensland.

ASPIDIUM Swartz.

acuminatum var. villosum Bailey, Report. Gov. Sci. Exp. Bell. Ker 78. 1889 = Dryogteris Baileyana.

(S) **amplifolium** v. A. v. R. Bull. Jard. bot. Buit. II nr. XI. 2. 1913 — Perak.

(S) **anastomosans** Hayata, Journ. Coll. Sci. Univ. Tokyo **30.** 450. 1911 — Formosa. Dryopteris Hayata, l. c. 414.

Blinii Léveillé, Fl. Kouy-tschéou 456. 1915 = Polystichum.

(S) **ebeninum** C. Chr. Bull. Ac. int. Géogr. Bot. **1918.** 138 — China.

(S) **ellipticum** (Cop.) C. Chr. — Sumatra. Tectaria Cop. Phil. Journ Sci. Bot. **9.** 228. 1914.

(Pl) **fimbrilliferum** v. A. v. R. Bull. Jard. bot. Buit. II nr. XVI. 28. (syn.). 1914 — Sumatra. — Pleocnemia v. A. v. R. l. c.

(S) **gymnocarpa** (Cop.) — N. Guinea. — Tectaria Cop. Phil. Journ. Sci. Bot. **9.** 4. 1914.

(Ar) **hemiteliiforme** (Rac.) v. A. v. R. Bull. Jard. bot. Buit. II nr. XI. 7. (syn.). 1913 — Java. — Dictyopteris v. A. v. R. l. c.; Pleocnemia Leuzeana var. hemiteliiformis Racib. Pterid. Buit. 194. 1898.

(T) **hokutense** Hayata, Journ. Coll. Sci. Univ. Tokyo **30.** 424. 1911 — Formosa. integripinnum Hayata, Ic. Fl. Formosa **4.** 196. 1914 = Polystichum.

(Pl) **Kingii** (Cop.) C. Chr. — N. Guinea. — Tectaria Cop. Phil. Journ. Sci. Bot. **9.** 4. 1914.

(S?) **novo-pommeranicum** Rechinger, Denkschr. Akad. Wien **89.** 471 t. 3 f. 8 b. 1913 — N. Pommern.

(Pl?) **olivaceum** (Cop.) C. Chr. — Sumatra. — Tectaria Cop. Phil. Journ. Sci.

(S) **phaeocaulon** Ros. Hedwigia **56.** 345. 1915 — Formosa. [Bot. **9.** 228. 1914.

(S) **polysorum** Ros. Fedde Repert. **13.** 133. 1914 — China.

(S) **prominens** v. A. v. R. Bull. Jard. bot. Buit. II nr. XVI. 56. 1914 — Sumatra. pteroides var. terminans Bailey, Queensl. Bull. nr. 18. 27. 1891 = Dryopteris incerta.

(Pl?) **rufinerve** Hayata, Journ. Coll. Sci. Univ. Tokyo **30.** 450. 1911 — Formosa. Dryopteris Hayata, l. c. 420.

(Pl) **subaequale** Ros. Fedde Repert. **12.** 176. 1913 — N. Guinea. Tectaria Cop. 1914.

(Ar) **submembranaceum** Hayata, Ic. Fl. Formosa **4.** 188 f. 126. 1914 — Formosa.

(S?) **ternifolium** v. A. v. R. Bull. Jard. bot. Buit. II nr. XI. 3. 1913 — Perak.

ASPLENIUM L.

Afzelii Rosendahl, Arkiv f. Bot. **14**[18]. 3 t. 2 f. 3—4. 1916 — Madagascar.

arboreum Hill. Fl. Haw. 609. 1888 = Diplazium molokaiense.

bicuspe Hayata, Ic. Fl. Formosa **4.** 214 (syn.). 1914 — Formosa. Diplazium Hayata, l. c. f. 146.

carolinum Maxon, Contr. U. S. Nat. Herb. **17.** 148. 1913 — Galapagos.

cataractarum Ros. Hedwigia **56.** 334. 1915 — Formosa.

caudatum var. sectum Hill. Fl. Haw. 603. 1888 = A. sectum.

Cookii Cop. Phil. Journ. Sci. Bot. **9.** 439. 1914. — Ins. Hawaii.

Corbariense Rouy, Fl. France **14.** 453. 1913 = A. fontanum × trichomanes.

cuspidifolium v. A. v. R. Bull. Jard. bot. Buit. II nr. XX. 7. 1915 — Borneo.

discrepans Ros. Fedde Repert. 12. 469. 1913 — Bolivia.
dissectum var. kauaiense Hill. Fl. Haw. 606. 1888 = A. nephelephyllum.
Eylesii Sim, Ferns S. Afr. ed. II. 147 t. 61 f. 2. 1915 — Rhodesia.
Foersteri Ros. Fedde Repert. 12. 168. 1913 — N. Guinea.
fontanum × **trichomanes** — Gallia. — A. Halleri × Trichomanes Rouy
    1888; A. Trichomanes × fontanum Rouy, Fl. France 14. 453. 1913 (an
    Christ? conf. A. majoricum); A. Corbariense Rouy 1913.
furcatum Hill. Fl. Haw. 604. 1888 = A. rhipidoneuron.
glabratum Robinson, Bull. Torr. Cl. 40. 214. 1913 — Ins. Hawaii.
glaucostipes v. A. v. R. Bull. Jard. bot. Buit. II nr. XVI. 2. 1914 — Sumatra.
Goldmanni Und.; Robinson, Bull. Torr. Cl. 40. 216. 1913 — Ins. Hawaii.
    — A. polyphyllum Pr. Tent. 108. 1836 (nomen); Goldm. Nova Acta 19.
    Suppl. I. 462. 1843; Hill. Fl. Haw. (non Bert. 1840); Tarachia Pr. 1849.
Grashoffii Ros. Fedde Repert. 13. 215. 1914 — Sumatra.
Halleri × trichomanes Rouy, Bull. Soc. Fr. 1888. CXI = A. fontanum ×
hapalophyllum Ros. Fedde Repert. 12. 167. 1913 — N. Guinea. [trichomanes.
Herzogii Ros. Med. Rijks Herb. Leiden nr. 19. 12. 1913 — Bolivia.
heteromorphum v. A. v. R. Bull. Jard. bot. Buit. II nr. XX. 7. 1915 — Java.
impressivenium v. A. v. R. Bull. Jard. bot. Buit. II nr. XX. 8. 1915 — N. Guinea.
inciso-dentatum Ros. Fedde Repert. 12. 167. 1913 — N. Guinea.
iridiphyllum Hayata, Ic. Fl. Formosa 4. 223. f. 152. 1914 — Formosa.
    Diplazium Hayata 1915.
isabelense Brause, Engl. Jahrb. 53. 382. 1915 — Fernando Po.
    (an A. nidus var.?)
Jahandiczi Rouy, Fl. France 14. 437. 1913 = A. fontanum × (Ind. Suppl. 95)
kauaiense (Hill.) Robinson, Bull. Torr. Cl. 40. 212. 1913. — Ins. Hawaii.
    A. Mannii var. kauaiense Hill. Fl. Haw. 595. 1888.
Kellermanii Maxon, Contr. U. S. Nat. Herb. 17. 152. 1913 — Guatemala.
laserpitiifolium var. morrisonense Hayata, Bot. Mag. Tokyo 23. 29. 1909 =
longkaënse Ros. Fedde Repert. 13. 123. 1913 — China. [A. morrisonense.
macedonicum Kümmerle, Bot. Közl. 15. 145. 1916 — Macedonia.
Makinoi (Yabe) Hayata, Ic. Fl. Formosa 4. 224 f. 154. 1914 — Formosa.
    Diplazium Yabe msc.
Mannii var. kauaiense Hill. Fl. Hawaii 595. 1888 = A. kauaiense.
mirabile Cop. Phil. Journ. Sci. Bot. 9. 440. 1914 — Ins. Hawaii.
morrisonense Hayata, Ic. Fl. Formosa 4. 225. 1914 — Formosa.
    A. laserpitiifolium var. morrisonense Hayata, Bot. Mag. Tokyo 23. 29. 1909.
Nakanoanum Mak. Bot. Mag. Tokyo 28. 176. 1914 — Japonia.
nephelephyllum Cop. Phil. Journ. Sci. Bot. 9. 440. 1914 — Ins. Hawaii.
    A. dissectum var. kauaiense Hill. Fl. Haw. 606. 1888.
nesioticum Maxon, Contr. U. S. Nat. Herb. 17. 142 f. 4. 1913 — Jamaica.
nutans Ros. Fedde Repert. 12. 168. 1913 — N. Guinea.
oblanceolatum Cop. Phil. Journ. Sci. Bot. 9. 229. 1914 — Sumatra.
parvulum grandidentatum Goodding, Muhlenbergia 8. 92. 1912 = A. Palmeri.
poloënse Ros. Fedde, Repert. 12. 469. 1913 — Bolivia.
prolificans v. A. v. R. Bull. Jard. bot. Buit. II nr. XI. 4. 1913 — Borneo, Labang.
rhipidoneuron Robinson, Bull. Torr. Cl. 40. 217. 1913 — Ins. Hawaii.
    A. furcatum Hill. Fl. Haw. 604. 1888 (non Thbg. 1800).
ritoënse Hayata, Ic. Fl. Formosa 4. 226 f. 156. 1914 — Formosa.
Rosendahlii C. Chr. Ark. för Bot. 14[19]. 6 t. 2 f. 7. 1916 — Madagascar.

Russelii Ros. Hedwigia 56. 362. 1915 — Brasilia austr.

saxicola Ros. Fedde Repert. 13. 122. 1913 — China.

scalare Ros. Fedde Repert. 13. 214. 1914 — Sumatra.

Schmidtii C. Chr. Bot. Tids. 32. 346. 1916 — Siam.

scolopendrifrons Hayata, Ic. Fl. Formosa 4. 227 f. 157. 1914 — Formosa.

sectum (Hill.) Cop. Phil. Journ. Sci. 9. 439. 1914 — Ins. Hawaii.

   A. caudatum var. sectum Hill. Fl. Haw. 603. 1888.

stenochlaenioides v. A. v. R. Bull. Jard. bot. Buit. II nr. XI. 4. 1913; nr.
   XVI t. 1—2 — Ins. Sula (Malesia).

subhemitomum Brause, Engl. Jahrb. 53. 383. 1915 — Fernando Po.

subscalare v. A. v. R. Bull. Jard. bot. Buit. II nr. XX. 6. 1915 — Malacca.

subspathulatum Ros. Fedde Repert. 13. 122. 1913 — China.

subspathulatum v. A. v. R. Bull. Jard. bot. Buit. II nr. XX. 7. 1915 (non
   Ros. 1913) — Sumatra. (Nomen malum, non Ros. 1913.)

Tamandarei Ros. Hedwigia 56. 363. 1915 — Brasilia austr.

tenuicaule Hayata, Ic. Fl. Formosa 4. 228 f. 158. 1914 — Formosa.

tenuissimum Hayata, Ic. Fl. Formosa 4. 229 f. 159. 1914 — Formosa.

teratophylloides v. A. v. R. Bull. Jard. bot. Buit. II nr. XVI. 2 t. 3. 1914 —
   Celebes.

tocoraniense Ros. Meded. Rijks Herb. Leiden nr. 19. 11. 1913 — Bolivia.

tozanense Hayata, Journ. Coll. Sci. Univ. Tokyo 30. 440. 1911 = Athyrium.

tricholepis Ros. Fedde Repert. 12. 468. 1913 — Bolivia.

Trichomanes × fontanum Rouy, Fl. France 14. 453. 1913 = A. fontanum ×
   trichomanes.

Underwoodii Maxon, Contr. U. S. Nat. Herb. 17. 138 f. 1. 1913 — Jamaica.

viridissimum Hayata, Ic. Fl. Formosa 4. 231 f. 161. 1914 — Formosa.

ATHYRIUM Roth.

adiantum nigrum Hayata, Ic. Fl. Formosa 4. 221 (syn.). 1914 = Asplenium.

allanticarpum Ros. Hedwigia 56. 335. 1915 — Formosa.

appendiculiferum v. A. v. R. Bull. Jard. bot. Buit. II nr. XVI. 3. 1914 —

Brooksii Cop. Phil. Journ. Sci. Bot. 9. 229. 1914 = Diplazium.   [Sumatra.

deltoidofrons Mak. Bot. Mag. Tokyo 28. 178. 1914 — Japonia.

   A. Filix-foemina var. deltoideum Mak. l. c. 13. 30. 1899.

erythropodum Hayata, Ic. Fl. Formosa 4. 233 f. 163. 1914 — Formosa.

excelsius Nakai, Fedde Repert. 13. 243. 1914 — Korea.

Filix-foemina var. deltoideum Mak. Bot. Mag. Tokyo 13. 30. 1899 = A. del-

fimbristegium Cop. Phil. Journ. Sci. Bot. 9. 5. 1914 — N. Guinea.   [toidofrons.

Forbesii Cop. Phil. Journ. Sci. Bot. 8. 142. 1913 = Diplazium.

iseanum Ros. Fedde Repert. 13. 124. 1913 — Japonia.

kaalaanum Cop. Phil. Journ. Sci. Bot. 9. 438. 1914 = Diplazium.

Mairei Ros. Fedde Repert. 13. 125. 1913 — Yunnan.

majus (major) Mak. Bot. Mag. Tokyo 28. 178. 1914 — Japonia.

   A. Wardii var. major Mak. l. c. 13. 28. 1899.

marginale Cop. Phil. Journ. Sci. Bot. 9. 437. 1914 = Diplazium.

mauianum Cop. Phil. Journ. Sci. Bot. 9. 437. 1914 = Diplazium.

monticola Ros. Fedde Repert. 13. 123. 1913 — Yunnan.

multifidum Ros. Fedde Repert. 13. 125. 1913 — Japonia.

obtusifolium Ros. Hedwigia 56. 335. 1915 — Formosa.

oppositipennum Hayata, Journ. Coll. Sci. Univ. Tokyo 30. 441. 1911 = Dryopteris.

paripinnatum Cop. Phil. Journ. Sci. Bot. 10. 147. 1915 = Diplazium.

Petersenii Cop. Phil. Journ. Sci. Bot. 8. 141. 1913 = Diplazium.

propinquum Cop. Leaflets Phil. Bot. 5. 1683. 1914 — Borneo.

pseudoarboreum Cop. Phil. Journ. Sci. Bot. 11. 171. 1916 = Diplazium.

pulcherrimum Cop. Phil. Journ. Sci. Bot. 8. 141 t. 3. 1913 — Java.

reflexipinnum Hayata, Ic. Fl. Formosa 4. 234 f. 164. 1914 — Formosa.

Ridleyi Cop. Phil. Journ. Sci. Bot. 11. 39. 1916 = Diplazium.

Sargentii C. Chr. Bot. Gazette 56. 334. 1913 — China.

subrigescens Hayata, Ic. Fl. Formosa 4. 219 (syn.). 1914 = Diplazium.

subscabrum Cop. Phil. Journ. Sci. Bot. 8. 141 t. 4. 1913 = Diplazium.

Swartzii Cop. Phil. Journ. Sci. Bot. 9. 229. 1914 = Diplazium.

thysanocarpa Hayata, Ic. Fl. Formosa 4. 160 (syn.). 1914 = Dryopteris.

tozanense Hayata, Journ. Coll. Sci. Univ. Tokyo 30. 451. 1911 — Formosa.
     Asplenium Hayata l. c. 440.

triangulare v. A. v. R. Bull. Jard. bot. Buit. II nr. XX. 8. 1915 — Java.

Wardii var. major Mak. Bot. Mag. Tokyo 13. 28. 1899 = A. majus.

BLECHNUM L.

(L) **Francii** Ros. Fedde Repert. 12. 191. 1913 — N. Caledonia.

homophyllum Merino, Fl. Galicia 3. 488 c. fig. 1909 = B. spicant var.

(L) **integripinnulum** Hayata, Ic. Fl. Formosa 4. 236 f. 165. 1914 — Formosa.

(L) **Keysseri** Ros. Fedde Repert. 12. 527. 1913 — N. Guinea.

(L) **Usterianum** (Christ) C. Chr. — Brasilia austr.
     Lomaria Christ in Usteri, Flora São Paulo 135. 1911.

BOMMERIA Fournier.

     (Genus bonum, conf. Maxon, Contr. U. S. Nat. Herb. 17. 169. 1913, sequentes species, omnes Americanas, includens).

Ehrenbergiana (Kl.) Und. — Gymnopteris C. Chr. Ind. 341, cum syn.

hispida (Mett.) Und. — Gymnopteris Und.; C. Chr. Ind. 341, cum syn.

pedata (Sw.) Fourn. — Gymnopteris C. Chr. Ind. 341, cum syn.

subpaleacea Maxon, Contr. U. S. Nat. Herb. 17. 169 t. 6. 1913 — Mexico.

BOTRYCHIUM Swartz.

angustisegmentum (Pease et Moore) Fernald, Rhodora 17. 87. 1915. — America bor. atlant. — B. lanceolatum var. angustisegmentum Pease et Moore, Rhodora 8. 229. 1906.

leptostachyum Hayata, Ic. Fl. Formosa 4. 134 f. 71. 1914 — Formosa.

CEROPTERIS Link.

ferruginea (Kze.) — Guatemala - Peru. — Gymnogramme Kze. Linn. 9. 34. 1834; Gymnopteris Und. 1902. C. Chr. Ind. 341 cum syn. Gymnogramme Bommeri Christ 1896, C. Chr. Ind. 334.

CETERACH Lam. et DC.

Reichardtii Haracic, Glasnik, Soc. hist. nat. croatica 8. 320. 1892 = Phyllitis.

CHEILANTHES Swartz.   [hybrida.

Balansae, bryopoda, Buchanani, chinensis, cinnamomea, deltoidea, goyazensis, Grayi, Lemmoni, Marantae, Marlothii, Newberryi, Parryi, rigida, sinuata, tricholepis, vellea Domin, Bibl. Bot. 85. 133 nota. 1913 = Notholaenae

Bonatiana Brause, Hedwigia 54. 203 t. 4 E. 1914 — Yunnan.   [sp. homonym.

Brownii Domin, Bibl. Bot. 85. 133 f. 26. 1913 = Notholaena.

Bureaui Domin, Bibl. Bot. 85. 133 nota. 1913 = Gymnopteris Delavayi.

Davenportii Domin, Bibl. Bot. 85. 133 nota. 1913 = Notholaena Greggii.

Dinteri Brause, Engl. Jahrb. **53**. 385. 1915 — Africa austr. occ.

doradilla Domin. Bibl. Bot. **85**. 133 nota. 1913 = Notholaena Brackenridgei.

fragilis Luerss. Bot. Centrabl. 9^1. 443. 1882 = Notholaena.

Hookeri Domin, Bibl. Bot. **85**. 183 nota. 1913 = Notholaena Standleyi.

incarnm Maxon, Smiths. Misc. Goll. 65^8. 5. 1915 — Peru.

lanceolata C. Chr. Bot. Gazette **56**. 334. 1913 — China.

Mairei Brause, Hedwigia **54**. 202 t. 4 D. 1914 — Yunnan.

Nealleyi Domin, Bibl. Bot. **85**. 133 nota. 1913 = Notholaena Schaffneri.

ornatissima Maxon, Smiths. Misc. Coll. 65^8. 3. 1915 — Peru.

    — C. scariosa auctt. (Hk. sp. **2** t. 104 A?); C. Chr. Ind. 179 p. p. (non
      Pr. 1825).   •

queenslandica Domin, Bibl. Bot. **85**. 140 f. 27 a. 1913 (tenuifolia*) — Queens-
rufopunctata Ros. Meded. Rijks Herb. Leiden nr. 19. 9. 1913 — Bolivia.   [land.

sciadioides Domin, Bibl. Bot. **85**. 135. 1913 = Notholaena.

Shirleyana Domin, Bibl. Bot. **85**. 145 f. 27 b. 1913 (tenuifolia*) — Queensland

straminea Brause, Hedwigia **54**. 205 t. 4 H. 1914 — Yunnan.

tenuissima Bailey, Queensl. Agric. Journ. **17**. 28 t. 3. 1906 = C. caudata var.

yunnanensis Brause, Hedwigia **54**. 204 t. 4 F, G. 1914 — Yunnan.

CHRISTELLA Léveillé, Flore Kouy-tschéou 472. 1915 = **Dryopteris**.

brachyodus Lév. l. c. 473 = D. brachyodus quoad pl. asiat. (non amer.).

cana, erubescens, Esquirolii, flaccida, japonica, khasiana, latipinna, mega-
    phylla, mulmeinensis, ochthodes, pandiformis, parasitica, porphyrophlebia,
    sophoroidea, urophylla Lév. l. c. 474 – 476 = D. sp. homonym.

Cavaleriei Lév. l. c. 474 — China. (Dryopteris sp. dubia).

cuspidata Lév. l. c. 474 = D. khasiana.

glanduligera Lév. l. c. 474 = D. gracilescens*.

longifrons Lév. l. c. 475 = D. urophylla.

sadlerioidea Lév. l. c. 475 (nomen) — China.

CHRYSOCHOSMA (J. Sm.) Kümmerle, Mag. bot. lapok **13**. 39. 1914 = **Notho-**
Borsigianum Kümm. l. c. 44 = N. sulphurea var.   [**laena**.

candidum Kümm. l. c. 42 = N. sulphurea var.

Hookeri Kümm. l. c. 41 = N. Standleyi.

pulveraceum Kümm. l. c. 43 = N. sulphureum var.

sulphureum Kümm. l. c. 41.

CONIOGRAMME Fée. Conf. Hieronymus: Hedwigia **57**. 266. 1916.

affinis (Wall.) Hieron. Hedwigia **57**. 297. 1916 — India bor.
    Grammitis affinis Wall. List nr. 11. 1828 (nomen); Gymnogramme
    affinis Pr. 1836 (nomen).

africana Hieron. Hedwigia **57**. 293. 1916 — Africa trop.

americana Maxon, Contr. U. S. Nat. Herb. **17**. 607. 1916 — Mexico.
    Gymnogramme subcordata Eat. et Dav. Contr. U. S. Nat. Herb. **5**. 138 t.
    16. 1897; Gymnopteris Und. 1902; C. Chr. Ind. 342; Coniogramme
    Maxon 1913 (non Cop. 1910).

Fauriei Hieron. Hedwigia **57**. 320. 1916. — Ins. Quelpart. (Korea).

fraxinea (Don) Diels; Hieron. Hedwigia **57**. 286. 1916; cum var. **serrulata**
    (Bl.) — India bor. — Malesia. — Ins. Philipp. — Formosa (t. Hieron.).

indica Fée, 10 mém. 22. 1865; Hieron. Hedwigia **57**. 299. 1916 — Assam.

intermedia Hieron. Hedwigia **57**. 301. 1916 — India bor. — China — Japonia.

japonica (Thbg.) Diels; Hieron. Hedwigia **57**. 323. 1916 — Japonia. China.

macrophylla (Bl.) Hieron. Hedwigia 57. 291. 1916 — Java. var. Ins. Philipp.
Gymnogramme javanica var. macrophylla Bl. Enum. 113. 1828, Fl. Jav. 95.
— var. *Copelandi* (Christ) Hieron. l. c. 292 = C. fraxinea var. Copelandi
Christ, Phil. Journ. Sci. Bot. 2. 171. 1907.

parvipinnula Hayata, Ic. Fl. Formosa 4. 237 f. 166. 1914 — Formosa.

pilosa (Brack.) Hieron. Hedwigia 57. 312. 1916 — Ins. Hawaii.
Gymnogramme Brack. U. S. Expl. Exp: 16. 22 t. 4 f. 1. 1854.

procera (Wall.) Fée, 10 mém. 22. 1865; Hieron. Hedwigia 57. 317. 1916 —
Grammitis Wall. List nr. 3. 1828 (nomen).   [India bor.

pubescens Hieron. Hedwigia 57. 314. 1916 — Ceylon. India bor.

-robusta Christ, Bull. Acad. Géogr. Bot. Le Mans 1909. 175 (nomen); Hieron.
Hedwigia 57. 295. 1916 — China. — Gymnogramme javanica var. robusta
Christ, Bull. Acad. Géogr. Bot. Le Mans 1902. 153.

Rosthorni Hieron. Hedwigia 57. 307. 1916 — China centr.

serra Fée, Gen. 167 t. 14 B f. 1. 1850—52; Hieron. Hedwigia 57. 309. 1916 —

spinulosa (Christ) Hieron. Hedwigia 57. 311. 1916 — China.   [Ceylon
Gymnogramme javanica var. spinulosa Christ, Bull. Soc. Fr. 52 Mém.
I. 55. 1905.

squamulosa Hieron. Hedwigia 57. 318. 1916 — Luzon (an C. subcordata?)

subcordata Cop. Leaflets Phil. Bot. 8. 823. 1910; (Hieron. Hedwigia 57. 326.
1916) — Mindanao.

subcordata Maxon, Contr. U. S. Nat. Herb. 17. 174. 1913 = C. americana.

Wilsoni Hieron. Hedwigia 57. 321. 1916 — China.

CYATHEA Smith.

albidosquamata Ros. Fedde Repert. 12. 525. 1913 — N. Guinea.

asperula Maxon, Contr. U. S. Nat. Herb. 17. 179. 1913 — S. Domingo.

cinerea Cop. Leaflets Phil. Bot. 5. 1681. 1913 — Mindanao.

dimorphotricha Cop. Leaflets Phil. Bot. 5. 1681. 1913 = Alsophila.

frondosa Ros. Fedde Repert. 12. 163. 1913 — N. Guinea.

gemmifera Christ; Jiménez, Bol. Fomento Org. Min. Fomento San José,
Costa Rica 3. 661 c. fig. 1913 — Costa Rica.

Herzogii Ros. Meded. Rijks Herb. Leiden nr. 19. 7. 1913 — Bolivia.

Keysseri Ros. Fedde Repert. 12. 164. 1913 — N. Guinea.

microphylloides Ros. Fedde Repert. 12. 164. 1913 — N. Guinea.

patellifera v. A. v. R. Bull. Jard. bot. Buit. II nr. XVI. 4. 1914 — Sumatra.

pruinosa Ros. Fedde Repert. 12. 163. 1913 — N. Guinea.

rigens Ros. Fedde Repert. 12. 163. 1913 — N. Guinea.

scabriseta Cop. Phil. Journ. Sci. Bot. 9. 2. 1914 = Alsophila.

senex v. A. v. R. Bull. Jard. bot. Buit. II nr. XVI. 4. 1914 — Sumatra.

subdimorpha Cop. Phil. Journ. Sci. Bot. 8. 140 t. 2. 1913 = Alsophila

subuliformis v. A. v. R. Bull. Jard. bot. Buit. II nr. XI. 6. 1913 — Sumatra.

Warihon Cop. Leafl. Phil. Bot. 5. 1680. 1913 = Alsophila.

woodlarkensis Cop. Phil. Journ. Sci. Bot. 9. 1. 1914 = Alsophila

CYCLOPELTIS J. Smith.

latupana v. A. v. R. Bull. Jard. bot. Buit. II nr. XVI. 5. 1914 — Celebes.

CYCLOPHORUS Desvaux.

Bodinieri Léveillé, Fl. Kouy-tschéou 478. 1915 — China.

Esquirolii Léveillé, Fl. Kouy-tschéou 478. 1915 — China.

grandissimus Hayata, Ic. Fl. Formosa 4. 255 f. 179. 1914 — Formosa.

pseudo-lingua v. A. v. R. Bull. Jard. bot. Buit. II nr. XI. 6. 1913 — Ins. Negros
spicatus Domin, Bibl. Bot. 85. 189 t. 8 f. 1—2. 1913 — Queensland. [(Philipp.)
Niphobolus Domin 1913.
subfissus Hayata, Ic. Fl. Formosa 5. 264. 1915 — Formosa (an C. flocciger ?)
transmorrisonensis Hayata, Ic. Fl. Formosa 4. 256 f. 180. 1914 — Formosa.
CYRTOMIUM Presl. [— Niphobolus Hayata 1914.
Boydiae (Eat.) Robinson, Bull. Torr. Cl. 40. 204 t. 10. 1913 — Ins. Hawaii.
Aspidium Eat. Bull. Torr. Cl. 6. 361. 1879 ; Dryopteris cyatheoides var.
C. Chr. Ind. 260.
pachyphyllum (Ros.) C. Chr. — China — Polystichum Ros. Fedde Repert. 13.
CYSTOPTERIS Bernhardi. [130. 1914.
apiiformis Gandoger, Bull. Soc. France 60. 28. 1913 = C. fragilis var. (Ins.
formosana Hayata, lc. Fl. Formosa 4. 143 f. 83. 1914 — Formosa. [Falkl.
grandis C. Chr. in Lév. Cat. Pl. Yun-Nan 100. 1916 — Yunnan.
Mairei Brause, Hedwigia 54. 200 t. 4 A. 1914 — Yunnan.
sphaerocarpa Hayata, Ic. Fl. Formosa 4. 144 f. 84. 1914 — Formosa.
DAVALLIA Smith.
barbata v. A. v. R. Bull. Jard. bot. Buit. II nr. XI. 7. 1913 — Java, Sumatra.
Bornmülleri Gandoger, Bull. Soc. France 60. 28. 1913 = D. canariensis.
chrysanthemifolia Hayata, lc. Fl. Formosa 5. 265 f. 97. 1915 — Humata.
formosana Hayata, Journ. Coll. Sci. Univ. Tokyo 30. 430. 1911 — Formosa.
parvipinnula Hayata, Journ. Coll. Sci. Univ. Tokyo 30. 431. 1911 — Formosa.
Leucostegia Hayata, Ic. Fl. Formosa 4. 205 f. 139. 1914.
proxima Racib. Pterid. Buit. 134. 1898 = Microlepia puberula.
stenolepis Hayata, Ic. Fl. Formosa 4. 204 f. 138. 1914 — Formosa.
subalpina Hayata, Journ. Coll. Sci. Univ. Tokyo 30. 432. 1911 — Formosa.
sumatrana Cop. Phil. Journ. Sci. Bot. 9. 230. 1914 — Sumatra.
DENNSTAEDTIA Bernhardi.
acuminata Ros. Hedwigia 56. 350. 1915. — N. Guinea.
canaliculata v. A. v. R. Bull. Jard. bot. Buit. II nr. XVI. 6. 1914 — Java.
concinna Ros. Hedwigia 56. 349. 1915 — N. Guinea.
leptophylla Hayata, Ic. Fl. Formosa 5. 266 f. 98. 1915 — Formosa.
multifida v. A. v. R. Bull. Jard. bot. Buit. II nr. XX. 10. 1915 — Java.
paraphysata v. A. v. R. Bull. Jard. bot. Buit II nr. XVI. 7. 1914 — Java.
Tamandarei Ros. Hedwigia 56. 359. 1915 — Brasilia austr.
terminalis v. A. v. R. Bull. Jard. bot. Buit. II nr. XVI. 6 t. 4. 1914 — Sumatra.
DICKSONIA L'Héritier.
Ghiesbreghtii Maxon, Contr. U. S. Nat. Herb. 17. 155. 1913 — Mexico.
DICTYOPTERIS Presl.
hemiteliiformis v. A. v. R. Bull. Jard. bot. Buit. II nr. XI. 7. 1913 = Aspidium.
DIPLAZIUM Swartz.
amplifrons v. A. v. R. Bull. Jard. bot. Buit. II nr. XI. 8. 1913 — Java.
arisanense Hayata, Ic. Fl. Formosa 4. 212 f. 144. 1914 — Formosa.
asperulum v. A. v. R. Bull. Jard. bot. Buit. II nr. XVI. 8. 1914 — Celebes.
asperum var. subpolypodioides v. A. v. R. Bull. Jard. bot. Buit. II. nr. XVI.
8. 1914 = D. subpolypodioides.
atropurpureum Ros. Fedde Repert. 12. 528. 1913 — N. Guinea.
bicuspe Hayata, Ic. Fl. Formosa 4. 214 f. 146. 1914 = Asplenium.
Brooksii (Cop.) — Sumatra.
Athyrium Cop. Phil. Journ. Sci. Bot. 9. 229. 1914.

chrysocarpum v. A. v. R. Bull. Jard. bot. Buit. II nr. XVI. 8. 1914. — Sumatra.
Conilii (Franch. et Sav.) Mak. Bot. Mag. Tokyo 27. 253. 1913 — Japonia.
   Asplenium Franch. et Sav. En. pl. Jap. 2. 227. 1876, 625. 1879.
costalisorum Hayata, Ic. Fl. Formosa 4. 213 f. 145. 1914 — Formosa.
cuneifolium Ros. Fedde Repert. 12. 470. 1913 — Bolivia.
divergens Ros. Fedde Repert. 12. 471. 1913 — Bolivia.
formosanum Ros. Hedwigia 56. 337. 1915 — Formosa.
Fuertesii Brause, Urban Symb. Ant. 7. 486. 1913 — S. Domingo.
Grashoffii Ros. Fedde Repert. 13. 215. 1914 — Sumatra.
?Hancockii (Maxim.) Hayata, Ic. Fl. Formosa 5. 268 f. 100. 1915 — Formosa.
   Asplenium Maxim. Mél. Biol. 11. 868. 1883; C. Chr. Ind. 114.
inflatisorum Hayata, Ic. Fl. Formosa 5. 270 f. 101. 1915 — Formosa.
iridiphyllum Hayata, Ic. Fl. Formosa 5. 272. 1915 = Asplenium.
Jaraguae Ros. Hedwigia 56. 363. 1915 — Brasilia austr.
kaalaanum (Cop.) C. Chr. — Ins. Hawaii.
   Athyrium Cop. Phil. Journ. Sci. Bot. 9. 438. 1914.
Kawakamii Hayata, Journ. Coll. Sci. Univ. Tokyo 30. 435. 1911; Ic. Fl.
   Formosa 4. 215 f. 147. 1914 — Formosa.
Kodamai Nakai, Bot. Mag. Tokyo 28. 84. 1914 — Korea (an D. Taquetii var.?)
latisectum Rosendahl, Arkiv för Bot. 14[18]. 3 t. 3 f. 1—2. 1916 — Madagascar.
laxifrons Ros. Hedwigia 56. 337. 1915 — Formosa.
leiopodum Hayata, Ic. Fl. Formosa 4. 217 f. 148. 1914 — Formosa.
?leptogramma v. A. v. R. Bull. Jard. bot. Buit. II nr. XX. 21 (syn.). 1915 — Java.
   Phegopteris v. A. v. R. l. c.
mauianum (Cop.) — Ins. Hawaii.
   Athyrium Cop. Phil. Journ. Sci. Bot. 9. 437. 1914.
Meeboldii C. Chr. — India austr. — D. travancoricum Ros. Fedde Repert. 12.
   245. 1913 (non Bedd 1883).
melanolepis v. A. v. R. Bull. Jard. bot. Buit. II nr. XI. 8. 1913 — Sumatra.
Mildbraedii Brause, Engl. Jahrb. 53. 380. 1915 — Africa occ. trop.
molokaiense Robinson, Bull. Torr. Cl. 40. 223. 1913 — Ins. Hawaii.
   Asplenium arboreum Hill. Fl. Haw. 609. 1888 (non Willd. 1810).
Morii Hayata, Journ. Coll. Sci. Univ. Tokyo 30. 437. 1911 = D. Döderleinii.
odoratissimum Hayata, Ic. Fl. Formosa 5. 273 f. 103. 1915 — Formosa.
orientale Ros. Fedde Repert 13. 129. 1914 — China.
paripinnatum (Cop.) C. Chr. — Borneo.
   Athyrium Cop. Phil. Journ. Sci. Bot. 10. 147. 1915.
porphyrolepium v. A. v. R. Bull. Jard. bot. Buit. II nr. XX. 11. 1915 — Celebes.
prolixum Ros. Fedde Repert. 13. 126. 1913 — China.
protensum Ros. Fedde Repert. 12. 169. 1913 — N. Guinea.
pseudoarboreum (Cop.) C. Chr. — Ins. Hawaii. — Athyrium Cop. Phil.
   Journ. Sci. Bot. 11. 171. 1916.
   an Asplenium arboreum Hill. Fl. Haw. 609. 1888 (non Willd.)?
Ridleyi (Cop.) C. Chr. — Pahang. — Athyrium Cop. Phil. Journ. Sci. 11. 39. 1916.
scotinum Ros. Fedde Repert. 12. 169. 1913 — N. Guinea.
Stolzii Brause, Engl. Jahrb. 53. 381. 1915 — Africa occ. trop.
subpolypodioides v. A. v. R. Bull. Jard. bot. Buit. II nr. XX. 11. 1915 — Sumatra.
   D. asperum var. subpolypodioides v. A. v. R. l. c. nr. XVI. 8. 1914.
subrigescens Hayata, Ic. Fl. Formosa 4. 219 f. 149. 1914 — Formosa.
   Athyrium Hayata, l. c.

subscabrum (Cop.) C. Chr. — Java.

Athyrium Cop. Phil. Journ. Sci. Bot. **8.** 141 t. 4. 1913.

Tamandarei Ros. Hedwigia **56.** 364. 1915 — Brasilia austr.

tenuicaule Hayata, Ic. Fl. Formosa **4.** 220 f. 150. 1914 — Formosa.

travancoricum Ros. Fedde Repert. **12.** 245. 1913 = D. Meeboldii.

uralense Ros. Hedwigia **56.** 336. 1915 — Formosa.

Vanvuureni v. A. v. R. Bull. Jard. bot. Buit. II nr. XVI. 7. 1914 — Celebes.

DOODIA R. Brown.

heterophylla (Bail.) [Wedd. et White, Queensl. Naturalist **1.** 120. 1910?]

Domin, Bibl. Bot. **85.** 121. 1913 — Queensland. — D. aspera var. heterophylla Bailey, Fern World Austr. 51. 1881, Lithogr. t. 94. 1892.

DORYOPTERIS J. Smith.

Bradei Ros. Hedwigia **56.** 360. 1915 — Brasilia austr.

Kitchingii (Bak.) Bonaparte in litt. — Madagascar.

Pellaea Bak. JoB. **1880.** 327; Ic. pl. t. 1639; C. Chr. Ind. 481; Allosorus O.Ktze. 1891.

Mairei Brause, Hedwigia **54.** 206 t. 4 J. 1914 = D. Duclouxii.

DRYMOGLOSSUM Presl.

fallax v. A. v. R. Phil. Journ. Sci. Bot. **11.** 111 t. 6. 1916 — Amboina.

DRYNARIA (Bory) J. Smith.

Esquirolii C. Chr. Bull. Acad. int. Géogr. Bot. **1913.** 139 — China.

Meeboldii Ros. Fedde Repert. **12.** 248. 1913 — Manipur. — (Thayeria).

propinqua var. sumatrana v. A. v. R. Handb. 698. 1908 = D. pleuridioides.

DRYOPTERIS Adanson.

(P?) **adaucta** Ros. Hedwigia **56.** 341. 1915 — Formosa.

(D) **adenorachis** C. Chr.! — China.

D. Cavalerii Lév. Fl. Kouy-tschéou 490. 1915; C. Chr. in Lév. Cat. Pl.
Yun-Nan 104. 1916 (non C. Chr. 1905).

(D) **Afzelii** C. Chr. Ark. f. Bot. 14[19]. 2 t. 1 f. 3. 1916 — Madagascar.

(D) **alpina** Ros. Fedde Repert **12.** 173. 1913 — N. Guinea.

anastomosans Hayata, Journ. Coll. Sci. Univ. Tokyo **30.** 414. 1911 = Aspidium.

(C) **angusta** Cop. Phil. Journ. Sci. Bot. **9.** 3. 1914 — N. Guinea.

(D) **angustodissecta** Hayata, Ic. Fl. Formosa **4.** 146 f. 85. 1914 — Formosa.

(P) **arborea** Brause, Fedde Repert. **13.** 294. 1914; C. Chr. Amer. Fern Journ.
4. 80. 1914 — Brit. Guiana. — D. roraimensis Brause, Notizbl. bot. Gart.
u. Mus. Berlin Dahlem **6.** 109. 1914 (non C. Chr. 1905).

(D) **arisanensis** Ros. Hedwigia **56.** 340. 1915 — Formosa.

(P) **aristulata** Ros. Fedde Repert. **13.** 132. 1914 — China.

(G) **armata** Ros. Hedwigia **56.** 351. 1915 — N. Guinea.

(P) **athyriiformis** Ros. Hedwigia **56.** 344. 1915 — Formosa.

(D) **atrosetosa** Ros. Hedwigia **56.** 342. 1915 — Formosa.

(P) **atroviridis** v. A. v. R. Bull. Jard. bot. Buit. II nr. XVI. 26 (syn.). 1914 —
Sumatra. — Phegopteris v. A. v. R. l. c.

(D) **aureo-vestita** Ros. Hedwigia **56.** 343. 1915 — Formosa.

(D) **aureo-viridis** Ros. Fedde Repert. **13.** 216. 1914 — Formosa.

austriaca Woynar, Schinz et Thellung, Vierteljahrsschr. d. Zürich. Naturf.
Ges. **60.** 339. 1915 = D. spinulosa.

(D) **badia** v. A. v. R. Bull. Jard. bot. Buit. II nr. XVI. 9. 1914 — Sumatra.

(D) **Baileyana** Domin, Bibl. Bot. **85.** 37. 1913 — Queensland.

Nephrodium Domin, l. c.; Aspidium acuminatum var. villosum Bailey,
Rep. Gov. Sci. Exp. Bellenden-Ker 78. 1889; Lithogr. t. 138. 1892.

(C) **Batacorum** Ros. Fedde Repert. 13. 217. 1914 — Sumatra.

(D) **bipinnata** Cop. Phil. Journ. Sci. Bot. 9. 2. 1914 — N. Guinea.

bipinnata C. Chr. in. Lév. Cat. Pl. Yun-Nan 102, 1916 = D. fuscipes.

(D) **blepharolepis** C. Chr. in Lév. Cat. Pl. Yun-Nan 103. 1916 — China.

(D) **blepharorachis** C. Chr. Ark. för Bot. 14^{19}. 3 t. 1 f. 1—2. 1916 — Madagascar (an eadem ac D. Poolii?).

(D) **Blinii** Léveillé, Fl. Kouy-tschéou 490. 1915 — China.

(D) Burnatii Christ et Wilczek, Ann. Cons. Jard. bot. Genève 15—16. 345 t. 2, 3. 1913 = D. dilatata $\times$ rigida.

Cavalerii Léveillé, Fl. Kouy-tschéou 490. 1915 = D. adenorachis.

(Cavalerii vide Christella Cavalerii Lév.).

Christii Léveillé, Fl. Kouy-tschéou 491. 1915 = D. hirtirachis.

constantissima Hayata, Ic. Fl. Formosa 4. 191 (syn.). 1914 = Polystichum.

(D) **conversa** v. A. v. R. Bull. Jard. bot. Buit. II nr. XX. 13. 1915 — Sumatra.

(M) **cordifolia** v. A. v. R. Bull. Jard. bot. Buit. II nr. XI. 19. t. 5. 1913 — Borneo.

Phegopteris v. A. v. R. l. c.

(C) **cylindrothrix** Ros. Fedde Repert. 12. 246. 1913 — Sikkim.

(D) **cyrtolepis** Hayata, Ic. Fl. Formosa 4. 149 f. 89. 1914 — Formosa.

(G) **Danešiana** Domin, Bibl. Bot. 85. 51 t. 4 f. 1, 2. 1913 — Queensland.

Nephrodium Domin, l. c.

(C) **decora** Domin, Bibl. Bot. 85. 48. 1913 — Queensland.

Nephrodium Domin, l. c.

(D) **dilatata** $\times$ **rigida** Christ et Wilczek, Ann. Cons. Jard. bot. Genève 15—16. 345 t. 2, 3. 1913 — Alpes marit. — D. Burnatii Christ et Wilczek, l. c.

(D) **discophora** Ros. Fedde Repert. 12. 172. 1913 — N. Guinea.

(D) **divergens** Ros. Fedde Repert.. 13. 218. 1914 — Sumatra.

Dryopteris Britton in Britton et Brown Ill. Fl. N. U. St. ed. II. 1. 23. 1913 = D. Linnæana.

elongata Sim, Ferns S. Afr. ed. II. 104. 1915 = D. filix mas.*

(D) **Espinosai** Hicken, Revista Chilena Hist. Nat. 17. 93 t. 9. 1913 — Ins. Pascua (Easter Island).

Esquirolii Léveillé Fl. Kouy-tschéou 492. 1915 (non Christ 1907) — China — Polystichum sp. dub.

(P) **fluvialis** Hayata, Ic. Fl. Formosa 4. 152 f. 94. 1914 — Formosa.

(?) **Friesii** Brause in Fries, Wiss. Erg. d. Schwed. Rhodesia-Kongo Exp. 1911 —12. Bot. 1. 1. 1914 — Rhodesia.

(C) **Fuertesii** Brause, Urban Symb. Ant. 7. 485. 1913 — S. Domingo.

(D) **fuscipes** C. Chr. — China. — D. bipinnata C. Chr. in Lév. Cat. Pl. Yun-Nan 102. 1916 (non Cop. 1914).

(L?) **genuflexa** Ros. Fedde Repert. 12. 175. 1913 — N. Guinea.
(t. Ros. l. c. 530 = D. oyamensis; an jure?)

(C) **gladiata** C. Chr. Ark. f. Bot. 14^{19}. 4 t. 1 f. 4,8. 1916 — Madagascar.

(D) Grosii Bonaparte, Notes ptér. 1. 94. 1915 (nomen) — Guinea.

(C) **hamifera** v. A. v. R. Bull. Jard. bot. Buit. II nr. XVI. 12. 1914 — Sumatra.

(D) **herbacea** v. A. v. R. Bull. Jard. bot. Buit. II nr. XX. 13. 1915 — Java.

(P) **Herzogii** Ros. Meded. Rijks Herb. Leiden nr. 19. 15. 1913 — Bolivia.

(P) **heterolepia** v. A. v. R. Bull. Jard. bot. Buit. II nr. XVI. 23 (syn.). 1914 — Java. Sumatra. — Phegopteris v. A. v. R. l. c.

(D) **hirsutisquama** Hayata, Ic. Fl. Formosa 5. 277 f. 105. 1915 — Formosa.

(D) **hirtirachis** C. Chr. — China.

D. Christii Léveillé, Fl. du Kouy-tschéou 491. 1915; C. Chr. in Lév. Cat. Pl. Yun-Nan 104. 1916 (non C. Chr. 1905).

(C) **hispidifolia** v. A. v. R. Bull. Jard. bot. Buit. II nr. XX. 15. 1915 — Borneo.

(D) **horizontalis** (Ros.) v. A. v. R. Bull. Jard. bot. Buit. II nr. XI. 10. 1913 — N. Guinea. — Athyrium Ros. Nova Guinea 8. 722. 1912; C. Chr. Ind. Suppl. 15. Hudsoniana Ros. Fedde Repert. 12. 525. 1913 = D. truncata var.

(P) **hypolepioides** Ros. Fedde Repert. 12. 175. 1913 — N. Guinea.

(D) **hypophlebia** Hayata, Ic. Fl. Formosa 4. 154 f. 95. 1914 — Formosa.

(C) **incerta** Domin (D. sp. n.) Bibl. Bot. 85. 49. 1913 — Queensland.

Aspidium pteroides var. terminans Bail. Queensl. Bull. nr. 18 (Bot. Bull. 5.) 27. 1891; Lithogr. t. 129. 1892.

(C) **iridescens** v. A. v. R. Bull. Jard. bot. Buit. II nr. XI. 11. 1913 — Sumatra.

(D) **janeirensis** Ros. Hedwigia 56. 367. 1915 — Brasilia austr.

(D) **Jimenezii** Maxon et C. Chr. Amer. Fern Journ. 4. 79. 1914 — Costa Rica.

(D) **kamtshatica** Komarov, Fedde Repert. 13. 84. 1914 — Kamtshatka.

(D) **Kawakamii** Hayata, Journ. Coll. Sci. Univ. Tokyo 30. 416. 1911; Ic. Fl. Formosa 4. 155 f. 96. 1914 — Formosa.

(D) **Kodamai** Hayata, Ic. Fl. Formosa 4. 156 f. 97. 1914 — Formosa.

(C) **kotoensis** Hayata, Ic. Fl. Formosa 5. 279 f. 107. 1915 — Formosa.

(D) **kusukusensis** Hayata, Ic. Fl. Formosa 4. 157 f. 98. 1915 — Formosa.

(C) **kwashotensis** Hayata, Ic. Fl. Formosa 5. 278 f. 106. 1915 — Formosa.

(D) **laetevirens** Ros. Hedwigia 56. 368. 1915 — Brasilia austr.

(C) **laevifrons** Hayata, Ic. Fl. Formosa 4. 158 f. 99. 1914 — Formosa.

(D) **lasiocarpa** Hayata, Journ. Coll. Sci. Univ. Tokyo 30. 417. 1911 — Formosa.

(D) **lepidopoda** Hayata, Ic. Fl. Formosa 4. 161 f. 101. 1914 — Formosa.

(D) **leptorhachia** Hayata, Ic. Fl. Formosa 4. 162 f. 102. 1914 — Formosa. leucochaete Slosson, Bull. Torr. Cl. 40. 184 t. 3 f. 2. 1913 = D. lurida. lobata Schinz et Thellung, Vierteljahrsschr. d. Zürich. Naturf. Ges. 60. 340. 1915 = Polystichum.

(D) **lurida** (Jenm.) Und. et Maxon; Slosson, Bull. Torr. Cl. 40. 183 t. 3 f. 1. 1913 — Jamaica. — Nephrodium Jenm. msc. — Dryopteris leucochaete

(D) **mariformis** Ros. Fedde Repert. 13. 131. 1914 — China.   [Slosson 1913.

(D) **media** v. A. v. R. Bull. Jard. bot. Buit. II nr. XI. 9. 1913 — Sumatra.

(C) **Meeboldii** Ros. Fedde Repert. 12. 247. 1913 — India austr.

(C) **megaphylloides** Ros. Fedde Repert. 12. 174. 1913 — N. Guinea.

(C) **megaphylloides** v. A. v. R. Bull. Jard. bot. Buit. II nr. XX. 16. 1915 — Sumatra. (non Ros. 1913).

(D) **melanocarpa** Hayata, Ic. Fl. Formosa 4. 163 f. 104. 1914 — Formosa.

(P) **melanolepis** v. A. v. R. Bull. Jard. bot. Buit. II nr. XVI. 25. (syn.) 1914 — Sumatra. — Phegopteris v. A. v. R. l. c.

(D) **membranoides** Hayata, Ic. Fl. Formosa 4. 165 f. 105. 1914 — Formosa. Michelii Léveillé, Fl. Kouy-tschéou 493. 1915 — China.

(D) **microthecia** (Fée) C. Chr. — Ins. Philip. Celebes.

Aspidium Fée, 10 mém. 37 t. 41 f. 2 A. 1865; Dryopteris Metteniana Hieron.; Christ 1907; C. Chr. Ind. Suppl. 35 (Cuming nr. 13).

(D) **mingetsuensis** Hayata, Ic. Fl. Formosa 5. 281 f. 109. 1915 — Formosa.

(D) **mixta** Ros. Fedde Repert. 12. 172. 1913 — N. Guinea.

(C) **molundensis** Brause, Engl. Jahrb. 53. 378. 1915 — Africa occ. trop.

(D) **morrisonensis** Hayata, Journ. Coll. Sci. Univ. Tokyo 30. 450. 1911; Ic. Fl. Formosa 5. 281 f. 108. 1915 — Formosa. — D. spinulosa var. morrisonensis Hayata, Journ. Coll. Sci. Univ. Tokyo 30. 422. 1911.

(D) **nigrisquama** Hayata, Ic. Fl. Formosa 4. 167 f. 106. 1914 — Formosa.

(M) **oblanceolata** Cop. Phil. Journ. Sci. Bot. 9. 3. 1914 — N. Guinea.

(D) **olivacea** Ros. Hedwigia 56. 352. 1915 — N. Guinea.

(D) **oppositipenna** Hayata, Journ. Coll. Sci. Univ. Tokyo 30. 450. 1911 — Formosa. Athyrium Hayata l. c. 441.

(P) **oppositipinna** v. A. v. R. Bull. Jard. bot. Buit. II nr. XVI. 24 (syn.) 1914 — Sumatra. — Phegopteris v. A. v. R. l. c. (nomen malum).

(D) **pachyphylla** Hayata, Ic. Fl. Formosa 4. 168 f. 108. 1914 — Formosa.

(D) **paleata** Cop. Phil. Journ. Sci. Bot. 9. 228. 1914 — Sumatra.

(D) **Palmii** C. Chr. Ark. f. Bot. 14¹⁹. 1 t. 2 f. 6. 1916 — Madagascar.

(D) **parvisora** C. Chr. Ark. f. Bot. 14¹⁹. 5 t. 1 f. 5. 1916 — Madagascar.

(G) **paucijuga** v. A. v. R. Bull. Jard. bot. Buit. II nr. XVI 26 (syn.). 1914; l. c. nr. XX. 17 t. 2. 1915 — Java. — Phegopteris v. A. v. R. l. c. nr. XVI. 26. 1914.

(C) **peltata** v. A. v. R. Bull. Jard. bot. Buit. II nr. XVI. 12. 1914 — Sumatra.

(G) **pentaphylla** Ros. Fedde Repert. 12. 529. 1913 — N. Guinea.

(C) **perpillifera** v. A. v. R. Bull. Jard. bot. Buit. II nr. XI. 12. 1913 — N. Guinea.

(G) **perrigida** v. A. v. R. Bull. Jard. bot. Buit. II. nr. XVI. 27 (syn.). 1914 — Phegopteris v A. v. R. l. c. [Sumatra.

(D) **persquamifera** v. A. v. R. Bull. Jard. bot. Buit. II nr. XVI. 10. 1914 — Celebes.

(D) **phaeolepis** Hayata, Ic. Fl. Formosa 4. 169 f. 109. 1914 — Formosa.

(P) **polita** Ros. Fedde Repert. 13. 218. 1914 — Sumatra.

(D) **propria** v. A. v. R. Bull. Jard. bot. Buit. II nr. XVI. 10. 1914 — Celebes.

(C) **pseudo-arbuscula** v. A. v. R. Phil. Journ. Sci. Bot. 11. 106. 1916 — Amboina.

(C) **pseudogueintziana** Bonaparte, Bull. Jard. bot. Bruxelles 4. 4. 1913; Notes ptér. 1. 111. 1915 — Congo.

(D) **pseudo-Sabaei** Hayata, Ic. Fl. Formosa 5. 283 f. 110. 1915 — Formosa.

(D) **pseudosieboldii** Hayata, Ic. Fl. Formosa 4. 171 f. 111. 1914 — Formosa.

(D) **ptarmiciformis** C. Chr. et Ros.; Ros. Fedde Repert. 12. 472. 1913 — Bolivia.

(D) **Purdomii** C. Chr. Bot. Gazette 56. 335. 1913 — China centr.

(D) **quadripinnata** Hayata, Journ. Coll. Sci Univ. Tokyo 30. 451. 1911; Ic. Fl. Formosa 4. 172 f. 112. 1914 — Formosa. — Microlepia Hayata, Journ. Coll. Sci. Univ. Tokyo 30. 434. 1911.

(P) **queenslandica** Domin, Bibl. Bot. 85. 44 f. 7 sin. 1913 — Queensland, N. S. Wales. — Nephrodium Domin 1913; Polypodium aspidioides Bailey, Proc. Linn. Soc. N. S. Wales 5. 32. 1881; Lithogr. t. 45 (non Pr. 1822). Raddii Ros. Hedwigia 56. 367. 1915 = ? D. retusa. (Brasilia).

(D) **reflexipinna** Hayata, Ic. Fl. Formosa 4. 174 f. 113. 1914 — Formosa.

(D) **reflexosquamata** Hayata, Ic. Fl. Formosa 4. 176 f. 114. 1914 — Formosa.

(P) **remota** Hayata, Journ. Coll. Sci. Univ. Tokyo 30. 421. 1911; Ic. Fl. Formosa 4. 177 f. 115. 1914 — Formosa. — (Nomen malum, non Hayek 1908). roraimensis Brause, Notizbl. bot. Gart. Mus. Berlin Dahlem 6. 109. 1914 =

(D) **Rosei** Maxon, Smiths. Misc. Coll. 65⁸. 10. 1915 — Peru. [D. arborea. rufinervis Hayata, Journ. Coll. Sci. Univ. Tokyo 30. 420. 1911 = Aspidium.

(D) **sacholepis** Hayata, Ic. Fl. Formosa 5. 285 f. 111. 1915 — Formosa.

(P) **schizoloma** v. A. v. R. Bull. Jard. bot. Buit. II nr. XVI. 24. (syn.). 1914 — Borneo. — Phegopteris v. A. v. R. l. c.

(D) **sericea** C. Chr. Bot. Gazette 56. 336. 1913 — China centr

serrato-dentata Hayata, Ic. Fl. Formosa **4**. 179 f. 116. 1914 = D. filix mas.*
setifera Woynar; Schinz et Thellung, Vierteljahrsschr. Zürich. Naturf. Ges.
    60. 340. 1915 = Polystichum aculeatum.

(D) **Shaferi** Maxon et C. Chr. Amer. Fern Journ. **4**. 77. 1914 — Cuba.

(L) **Somai** Hayata, Ic. Fl. Formosa **5**. 287 f. 112. 1915 — Formosa.
    spinulosa var. morrisonensis Hayata, Journ. Coll. Sci. Univ. Tokyo **80**.
    422. 1911 = D. morrisonensis.
    spinulosa * dilatata $\times$ rigida Christ et Wilczek, Ann. Cons. Jard. bot.
    Genève **15-16**. 345. 1913 = D. dilatata $\times$ rigida.

(D) **squamulifera** v. A. v. R. Bull. Jard. bot. Buit. II nr. XVI. 9. 1914 — Sumatra.

(D) **subandina** C. Chr. et Ros. Fedde Repert. **12**. 472. 1913 — Bolivia.

(D) **subdecipiens** Hayata, Ic. Fl. Formosa **4**. 181 f. 119. 1914 — Formosa.

(D) **subfluvialis** Hayata, Ic. Fl. Formosa **5**. 288 f. 113. 1915 — Formosa.

(C) **subhispidula** Ros. Hedwigia **56**. 343. 1915 — Formosa.

(D) **sublaxa** Hayata, Ic. Fl. Formosa **4**. 183 f. 121. 1914 — Formosa.

(D) **submarginata** Ros. Fedde Repert. **13**. 132. 1914 — China.

(D) **subsagenioides** v. A. v. R. Bull. Jard. bot. Buit. II nr. XI. 9. 1913 —
    Borneo. — (Nomen malum, non Christ 1910).

(D) **subsparsa** v. A. v. R. Bull. Jard. bot. Buit. II nr. XX. 14. 1915 — Java.

(D) **subviscosa** v. A. v. R. Bull. Jard. bot. Buit. II nr. XX. 14. 1915 — Sumatra.

(D) **superficialis** v. A. v. R. Bull. Jard. bot. Buit. II nr. XX. 12. 1915 — Ins. Obi

(G) **supraspinigera** Ros. Hedwigia **56**. 353. 1915 — N. Guinea.   [(Malesia).

(D) **tabacicoma** v. A. v. R. Bull. Jard. bot. Buit. II nr. XVI. 11. 1914 — Sumatra.

(D) **Takeoi** Hayata, Ic. Fl. Formosa **5**. 289 f. 114. 1915 — Formosa.

(D) **Tamandarei** Ros. Hedwigia **56**. 365. 1915 — Brasilia austr.

(C) **tandikatensis** v. A. v. R. Bull. Jard. bot. Buit. II nr. XI. 11. 1913 — Sumatra.

(D) **tenuifrons** Hayata, Ic. Fl. Formosa **4**. 184 f. 122. 1914 — Formosa. —
    (Nomen malum, non C. Chr. 1905).

(D) **thrichorhachis** Hayata, Ic. Fl. Formosa **4**. 185 f. 123. 1914 — Formosa.

(D?) **thysanocarpa** Hayata, Ic. Fl. Formosa **4**. 160 f. 100. 1914 — Formosa.
    Athyrium Hayata, l. c. (An Cystopteris sp.?)

(D) **transmorrisonensis** Hayata, Ic. Fl. Formosa **4**. 187. 1914; **5**. 291 f. 115. 1915 —
    Formosa. — Polystichum Hayata, Journ. Coll. Sci. Univ. Tokyo **30**. 427. 1911.

(P) **tropica** (Bailey) Domin, Bibl. Bot. **85**. 44 f. 7 dextr. 1913 — Queensland.
    Nephrodium Domin, l. c.; Polypodium aspidioides var. tropica Bailey,
    Fern World Austr. 65. 1881; Lithogr. t. 146.

(C) **uniauriculata** Cop. Phil. Journ. Sci. Bot. **9**. 3. 1914 — N. Guinea.

(D) **uraiensis** Ros. Hedwigia **56**. 341. 1915 — Formosa.

(D) **urdanetensis** Cop. Leafl. Phil. Bot. **5**. 1682. 1913 — Mindanao.

(D) **ursipes** Hayata, Ic. Fl. Formosa **5**. 291 f. 116. 1915 — Formosa.
    Polystichum Hayata, l. c.

(C) **verruculosa** v. A. v. R. Bull. Jard. bot. Buit. II nr. XI. 12. 1913 — Java.
    Villarsii Woynar; Schinz et Thellung, Vierteljahrsschr. Zürich. Naturf. Ges.
    60. 339. 1915 = D. rigida.

(D) **wladiwostokensis** B. Fedtschenko, Acta Hort. Petr. **31**. 4. 1912 — Sibiria
    orient. — Nephrodium B. Fedtsch. l. c. 99.

(P) **wurunuran** Domin, Bibl. Bot. **85**. 45. 1913 — Queensland.
    Nephrodium Domin, l. c.

(D) **Yabei** Hayata, Journ. Coll. Sci. Univ. Tokyo **30**. 424. 1911; Ic. Fl. For-
    mosa **4**. 187 f. 125. 1914 — Formosa.

Index Filicum. Supplementum 1913—16.   2

DRYOSTACHYUM J. Smith.
  mollepilosum Rechinger, Denkschr. Akad. Wien 89. 480. 1913 = Aglaomorpha
ELAPHOGLOSSUM Schott.   [novoguineensis.
  asterolepis (Bak.) C. Chr. Ind. 5. 1905 — Madagascar.
    Achrostichum Bak. JoB. 1880. 371.
  basilanicum Cop. Phil. Journ. Sci. Bot. 11. 41. 1916 — Ins. Philipp.
  Beauverdii Damazio, Bull. Soc. bot. Genève 6. 171 cum fig. 1914 — Brasilia.
  blandum Ros. Fedde Repert. 12. 476. 1913 — Bolivia.
  bolanicum Ros. Fedde Repert. 12. 180. 1913 — N. Guinea.
  Bolliviani Ros. Fedde Repert. 12. 474. 1913 — Bolivia.
  Brausei Ros. Fedde Repert. 12. 475. 1913 — Bolivia.
  Buchtienii Ros. Fedde Repert. 12. 475. 1913 — Bolivia.
  coriaceum Bonaparte, Notes ptérid. 1. 66 1915 — Madagascar.
  crassicaule Cop. Phil. Journ. Sci. Bot. 9. 440. 1914 — Ins. Hawaii.
  Edwallii Ros. Hedwigia 56. 371. 1915 — Brasilia austr.
  Faurei Cop. Phil. Journ. Sci. Bot. 9. 440. 1914 — Ins. Hawaii.
  Fuertesii Brause, Urban Symb. Ant. 7. 487. 1913 — S. Domingo.
  heterolepium v. A. v. R. Bull. Jard. bot. Buit. II nr. XVI. 13. 1014   Celebes.
  interruptum Ros. Fedde Repert. 12. 474. 1913 — Bolivia.
  isabelense Brause, Engl. Jahrb.' 53. 432. 1915 — Fernando Po.
  itatiayense Ros. Hedwigia 56. 370. 1915 — Brasilia austr.
  Macgregori Cop. Phil. Journ. Sci. Bot. 11. 40. 1916 — Luzon.
  multisquamosum Bonaparte, Notes ptérid. 1. 67. 1915 — Madagascar.
  parvum Cop. Phil. Journ. Sci. Bot. 11. 40. 1916 — China
  permutatum v. A. v. R. Bull. Jard. bot. Buit. II nr. XVI. 13. 1914 —
    Sumatra, Celebes.
  pseudohirtum Ros. Meded. Rijks Herb. Leiden nr. 19. 23. 1913 — Bolivia.
  Rockii Cop. Phil. Journ. Sci. Bot. 11. 173. 1916 — Ins. Hawaii.
  subellipticum Ros. Hedwigia 56. 348. 1915 — Formosa.
  Urbani Brause, Urban Symb. Ant. 7. 488. 1913 — S. Domingo.
FILICULA Seguier, Pl. veron. Suppl. 55. 1754 = Cystopteris (t. Woynar,
    Hedwigia 56. 381. 1915).
FILIX Ludwig 1757 = Pteridium. (Conf. Woynar, Hedwigia 56. 381. 1915).
  aquilina Woynar, l. c. 383.
FILIX Adanson, Hist. pl. 1763 = Cystopteris. (Conf. Woynar, l. c.).
FILIX Hill, Family Herbal 171. 1755; Farwell, 18. Ann. Repert. Michigan
    Acad. Sci. 1916. 79 = Dryopteris.
  ampla, aquilonaris, Boothii, cristata, floridana, fragrans, goggilodes (= gongy-
    lodes), Goldiana, marginalis, montana, noveboracensis, opposita, oregana,
    parasitica, patens, patula, rigida, setigera, spinulosa Farwell l. c. 81—83 =
GLEICHENIA Smith.   [D. sp. homonym.
  Bijouxii Koenig, msc.; Bonaparte, Notes ptérid. 2. 114. 1915 = ? G. polypo-
    dioides. (Mauritius).
  bolanica Ros. Fedde Repert. 12. 162. 1913 — N. Guinea.
  chinensis Ros. Fedde Repert. 13. 120. 1913 — China.
  conversa v. A. v. R. Bull. Jard. bot. Buit. II nr. XX. 17. 1915 — Java.
  macloviana Gandoger, Bull. Soc. France 60. 28. 1913 = G. cryptocarpa.
  opposita v. A. v. R. Bull. Jard. bot. Buit. II nr. XI. 13. 1913 — Sumatra.
GYMNOGRAMMA Desvaux.
  arbensis Nikolić, Rassegna Dalmata, Zara 1904 = Phyllitis hybrida.

chiapensis (Maxon) C. Chr. — Mexico. — Psilogramme Maxon, Bull. Torr.

glaberrima (Maxon) C. Chr. — Costa Rica. Nicaragua.   [Cl. 42. 81. 1915.
Psilogramme Maxon, Bull. Torr. Cl. 42. 82. 1915.

Herzogii Ros. Meded. Rijks Herb. Leiden nr. 19. 21. 1913 — Bolivia.

portoricensis (Maxon) C. Chr. — Porto Rico.
Psilogramme Maxon, Contr. U. S. Nat. Herb. 17. 412 t. 15. 1914.

villosula (Maxon) C. Chr. — Costa Rica. — Psilogramme Maxon, Bull. Torr.

GYMNOPTERIS Presl = **Leptochilus.**   [Cl. 42. 83. 1915.

dichotomophlebia Hayata, Ic. Fl. Formosa 4. 201 f. 136. 1914.

HEMESTEUM Léveillé, Flore du Kouy-tschéou 496. 1915 (non Hemestheum
Newman 1851) = **Polystichum**.

craspedosorum, deltodon, Dielsii, hecatopteron, Leveillei, Michelii, nanum,
obliquum, parvulum Léveillé, l. c. 497—498 = Polystichum sp. homonym.

pinfaënse Léveillé, l. c. 498 = P. Dielsii.

rufostramineum Léveillé, l. c. 498 = Dryopteris r.

Hemicyatheon Domin, Bibl. Bot. 85. 20. 1913 *(Hymenophyllum §)* = **Hyme-**
HEMIONITIS L.   [**nophyllum** (H. Baileyanum).

Otonis Maxon, Contr. U. S. Nat. Herb. 17. 171. 1913 — Costa Rica.

HEMITELIA R. Brown.

alsophiliformis v. A. v. R. Bull. Jard. bot. Buit. II nr. XVI. 15. 1914 — Sumatra.

barisanica v. A. v. R. Bull. Jard. bot. Buit. II nr. XX. 17. 1915 — Sumatra.

confluens v. A. v. R. Bull. Jard. bot. Buit. II nr. XVI. 14. 1914 — Sumatra.

Elliottii (Bak.) Und.; Maxon, Contr. U. S. Nat. Herb. 17. 415. 1914 — Grenada.
Alsophila Bak. Ann. of Bot. 6. 96. 1892; C. Chr. Ind. 42; Hemitelia
Wilsoni pt. Jenman, C. Chr. Ind. Suppl. 115.

horridipes v. A. v. R. Bull. Jard. bot. Buit. II nr. XVI. 16. 1914 — Sumatra.

merapiensis v. A. v. R. Bull. Jard. bot. Buit. II nr. XVI. 16. 1914 — Sumatra.

rudis Maxon, Contr. U. S. Nat- Herb. 17. 413 t. 16. 1914 — Panama.

salticola v. A. v. R. Bull. Jard. bot. Buit. II nr. XX. 18. 1915 — Sumatra.

singalanensis v. A. v. R. Bull. Jard. bot. Buit. II nr. XVI. 15. 1914 — Sumatra.

Holostachyum Copeland, Phil. Journ. Sci. Bot. 9. 8. 1914 *(Aglaomorpha §)* =
Aglaomorpha.

HOMOPHYLLUM Merino, Contr. Fl. Galic. Suppl. I. 7—8 = **Blechnum.**

blechnoides Merino, l. c. = B. spicant.

HUMATA Cavanilles.

chrysanthemifolia (Hayata) — Formosa.
Davallia Hayata, Ic. Fl. Formosa 5. 265 f. 97. 1915.

grandissima Hayata, Ic. Fl. Formosa 4. 209 (syn.). 1914 = Microlepia.

HYMENOPHYLLUM Smith.

assamense Gandoger, Bull. Soc. France 60. 29. 1913 — Assam. (= H. australe?)

Baileyanum Domin, Bibl. Bot. 85. 21 t. 2 f. 2—3. 1913 — Queensland.
(§ Hemicyatheon Domin). H. trichomanoides Bailey, Rep. Govt. Sci. Exp.
Bellenden-Ker 74. 1889; Queensl. Fl. Suppl. III. 90. 1890. Lithogr. t. 31
(non v. d. B. 1863).

constrictum Hayata, Ic. Fl. Formosa 4. 140 f. 80. 1914 — Formosa.

crispato-alatum Hayata, Ic. Fl. Formosa 5. 256. 1915 — Formosa.

Foersteri Ros. Fedde Repert. 12. 165. 1913 — N. Guinea.

Fuertesii Brause, Urban Symb. Ant. 7. 484. 1913 — S. Domingo.

gracilescens Domin, Bibl. Bot. 85. 23 t. 1 f. 2-3. 1913 — Queensland.

2*

Herzogii Ros. Meded. Rijks Herb. Leiden nr. 19. 5. 1913 — Bolivia.

longifolium v. A. v. R. Bull. Jard. bot. Buit. II nr. XVI. 17. 1914 — Celebes.

macrosorum v. A. v. R. Bull. Jard. bot. Buit. II nr. XVI. 18. 1914 — Sumatra.

malaccense Gandoger, Bull. Soc. France 60. 29. 1913 — Malacca. (= H. australe?)

mentitum Gandoger, Bull. Soc. France 60. 29. 1913 — Australia. (= H. australe?)

multiflorum Ros. Meded. Rijks Herb. Leiden nr. 19. 3. 1913 — Bolivia.

neo-zelandicum Gandoger, Bull. Soc. France 60. 29. 1913 — N. Zealand.
(= H. australe?)

parallelocarpum Hayata, Ic. Fl. Formosa 4. 141 f. 82. 1914 — Formosa.

patagonicum Gandoger, Bull. Soc. France 60. 28. 1913 = H. caudiculatum.

perparvulum v. A. v. R. Bull. Jard. bot. Buit. II nr. XVI. 18. 1914 — Sumatra.

pilosum v. A. v. R. Bull. Jard. bot. Buit. II nr. XVI. 57. 1914 — Sumatra.

punctisorum Ros. Hedwigia 56. 333. 1915 — Formosa.

Raapii Gandoger, Bull. Soc. France 60. 29. 1913 — Java. (= H. Junghuhnii?)

semifissum Cop. Phil. Journ. Sci. Bot. 10. 145. 1915 — Borneo.

Shirleyanum Domin, Bibl. Bot. 85. 22 t. 1 f. 1, t. 2 f. 1. 1913 — Queensland.

Skottsbergii Gandoger, Bull. Soc. France 60. 29. 1913 (non C. Chr. 1910) =
H. tortuosum.

subrotundum v. A. v. R. Bull. Jard. bot. Buit. II nr. XX. 19. 1915 — Sumatra.

taliabense v. A. v. R. Bull. Jard. bot. Buit. II nr. XVI. 18. 1914 — Ins.
Sula (Malesia).

torricellianum v. A. v. R. Bull. Jard. bot. Buit. II nr. XI. 14. 1913 — N. Guinea.

tunbridgense var. exsertum Bailey, Rep. Govt. Sci. Exp. Bellenden-Ker. 74.
1889; Lithogr. t. 30 = H. prætervisum v. australiense.

uncinatum Sim, Ferns S. Afr. ed. II. 81 t. 5 f. 1. 1915 — Prom. bonæ spel.

Urbani Brause, Urban Symb. Ant. 7. 484. 1913 — S. Domingo.

Walleri Maiden et Betche, Proc. Linn. Soc. N. S. Wales 35. 802. 1810 —
HYPOLEPIS R. Brown.   [Queensland.

alte-gracillima Hayata, Ic. Fl. Formosa 5. 295 f. 118. 1915 — Formosa.

bivalvis v. A. v. R. Bull. Jard. bot. Buit. II nr. XVI. 19 t. 5. 1914 — Sumatra.
(an Dennstaedtia?)

Urbani Brause, Urban Symb. Ant. 7. 486. 1913 — S. Domingo.

LEPTOCHILUS Kaulfuss.

abscondita v. A. v. R. Bull. Jard. bot. Buit. II nr. XI. 16 (syn.). 1913 =
Lomagramma.

angustipinnus Hayata, Ic. Fl. Formosa 5. 297 f. 119. 1915 — Formosa.

costatus (Wall.) C. Chr. Bot. Tids. 32. 344. 1916 — India bor. — L. scalpturatus C. Chr. Ind. 387 excl. syn., Heteronevron Fée 1845.

decurrens var. rasamalae v. A. v. R. Mal. Ferns 736. 1908 = L. diversifolius
f. simplex.

dichotomophlebia Hayata, Ic. Fl. Formosa 4. 202 (syn.) 1914 — Formosa.
Gymnopteris Hayata, l. c. 201 f. 136.

Kanashiroi Hayata, Ic. Fl. Formosa 5. 298 f. 120. 1915 — Formosa.

ovatus Cop. Phil. Journ. Sci. Bot. 9. 229. 1914 — Sumatra.

LEPTOLEPIA Mettenius.

maxima (Fourn.) C. Chr. — N. Caledonia.
> Leucostegia Fourn. Ann. sc. nat. V. 18. 344. 1873; Davallia Bak. 1891;
> C. Chr. Ind. 212. Leptolepia aspidioides Mett.; Kuhn 1882; C. Chr. Ind.
> 390; Davallia Bak. 1891. — Leucostegia Mac Gillivrayi Fourn. 1873;
> Davallia Bak. 1891; C. Chr. Ind. 211.

LEUCOSTEGIA Presl = **Davallia.**

parvipinnula Hayata, Ic. Fl. Formosa **4**. 205. 1914.

LINDSAYA Smith.

bullata v. A. v. R. Bull. Jard. bot. Buit. II nr. XVI. 20. 1914 — Java.

diplosora v. A. v. R. Bull. Jard. bot. Buit. II nr. XVI. 21. 1914 — Sumatra.

Foersteri Ros. Fedde Repert. **12**. 527. 1913 — N. Guinea.

kusukusensis Hayata, Ic. Fl. Formosa **4**. 211 f. 143. 1914 — Formosa.

lunulata v. A. v. R. Bull. Jard. bot. Buit. II nr. XI. 15. 1913 — Ins. Batu
Macraeana Cop. Phil. Journ. Sci. Bot. **9**. 441. 1914 = L. repens var.   [(Malesia).

multisora v. A. v. R. Bull. Jard. bot. Buit. II nr. XVI. 21. 1914 — Celebes.

napaea v. A. v. R. Bull. Jard. bot. Buit. II nr. XX. 19 t. 3. 1915 — Ins.
Lingga (Malesia).

propria v. A. v. R. Bull. Jard. bot. Buit. II nr. XVI. 20. 1914 — Java.

triplosora v. A. v. R. Bull. Jard. bot. Buit. II nr. XVI. 21. 1914 — Sumatra.

LOMAGRAMMA J. Smith.

abscondita v. A. v. R. Bull. Jard. bot. Buit. II nr. XI. 16. 1913 — Java.
Leptochilus v. A. v. R. l. c.

bipinnata Cop. Phil. Journ. Sci. Bot. **11**. 41. 1916 — Ins. Philipp. (Samar).

LOMARIA Willdenow = **Blechnum.**

lanceolata Sim, Handb. Ferns Kaffraria **34**. 1891 (non Spr.) = B. inflexum.
Usteriana Christ apud Usteri, Fl. São Paulo 135. 1911.

LONCHITIS L. (Vide Monogr. generis, Kümmerle, Bot. Közl. **14**. 166—188. 1915).

Currori × natalensis Kümmerle, Bot. Közl. **14**. 174. 1915 = L. Hieronymi.

Friesii Brause, in Fries, Wiss. Ergebn. d. Schwed. Rhodesia-Kongo Exp. 1911
—12. Bot. **1**. 6. 1914 — Rhodesia.

Hieronymi Kümmerle, Bot. Közl. **14**. 174. 1915 — Africa trop.
L. Currori × natalensis Kümmerle, l. c.

Zahlbruckneri Kümmerle, Mag. Bot. Lapok **13**. 49 t. 2. 1914 — Ad flumen
Amazonas.

LOXOGRAMME (Bl.) Presl. — Conf. Copeland, Phil. Journ. Sci. Bot. **11**.
43. 1916. — Mihi etiam genus bonum, ad quod sequentes species refero:

africana Cop. Phil. Journ. Sci. Bot. **11**. 45 t. 1 f. 4. 1916 — Angola.

Blumeanum Pr. 1836; Polypodium C. Chr. Ind. 513 — Malesia. Japonia.

Brooksii Cop. Phil. Journ. Sci. Bot. **9**. 232. 1914 — Sumatra.

Büttneri (Kuhn) C. Chr.; Polypodium Kuhn 1889; C. Chr. Ind. 515 — Africa
occ. trop.

conferta Cop. 1905; Polypodium Copelandii C. Chr. Ind. 518 — Ins. Philipp.

dimorpha Cop. 1908; C. Chr. Ind. Suppl. 49 — Negros.

Duclouxii Christ 1907; Polypodium succulentum C. Chr. Ind. Suppl. 63 —
Yunnan.

ensifrons v. A. v. R. Bull. Jard. bot. Buit. II nr. XI. 16 t. 4. 1913 — Borneo.

Fauriei Cop. Phil. Journ. Sci. Bot. **11**. 45 t. 3 f. 12. 1916. — Japonia. Formosa.

Forbesii Cop. Phil. Journ. Sci. Bot. **9**. 232. 1914 — Sumatra.

grammitoides (Bak.) C. Chr.; Polypodium (Bak.) Diels 1900; C. Chr. Ind.
530 — China.

involuta (Don) Pr. 1836; Polypodium scolopendrinum (Bory) C. Chr. Ind.
562 — Asia trop. et subtrop. Melanesia.

iridifolia (Christ) Cop. 1906; Polypodium Diels 1900; C. Chr. Ind. 535 —
Malesia.

lanceolata (Sw.) Pr. 1836; Polypodium loxogramme Mett. 1857; C. Chr. Ind. 541 — Asia et Polynesia trop. et subtrop. Africa orient. cum ins.

linearis Cop. Phil. Journ. Sci. Bot. 11. 45 t. 2 f. 8. 1916 — Formosa.

Makinoi C. Chr.; Polypodium C. Chr. Ind. 543 — Japonia.

malayana Cop. Phil. Journ. Sci. Bot. 11. 46 1916; Antrophyum lanceolatum Bl. 1828; Fl. Jav. 84 t. 36 — Malesia (Java).

paltonioides Cop. 1911; Polypodium C. Chr. Ind. Suppl. 61 — N. Guinea.

parallela Cop. 1905; Polypodium C. Chr. Ind. 551 — Luzon. Java.

Raciborskii C. Chr.; Polypodium C. Chr. Ind. 558; Lox. grandis (Rac.) Cop. 1908 — Java.

remote-frondigera Hayata, Ic. Fl. Formosa 5, 323 (syn.) 1915; Polypodium Hayata, l. c. f. 135 — Formosa.

Salvinii (Hk.) Maxon 1909; Polypodium mexicanum C. Chr. Ind. 544 p. p. America centr.

suberosa Christ 1909; Polypodium C. Chr. Ind. Suppl. 62 — Congo.

Yakushimae (Christ) C. Chr.; Polypodium Christ, C. Chr. Ind. 575 — Liu Kiu.

LYGODIUM Swartz.

borneense v. A. v. R. Bull. Jard. bot. Buit. II nr. XX. 29. 1915 — Borneo.

MACROGLOSSUM Copeland.

Smithii (Rac.) Campbell, Phil. Journ. Sci. 9. 209 t. 1 f. B. C. 1914; Ann. of Bot. 28. 652 — Hort. Bogor. — Angiopteris Rac. Bull. int. Acad. Cracovie 1902. 54; C. Chr. Ind. 57.

Macrophyllidium Rosenstock, Fedde Repert. 13. 216. 1914 *(Phyllitis §)* = **Phyllitis** (Ph. Grashoffii).

MARATTIA Swartz.

caudata Cop. Phil. Journ. Sci. Bot. 9. 227. 1914 — Sumatra.

chiricana Maxon, Contr. U. S. Nat. Herb. 17. 421. 1914 — Panama.

oreades Domin, Bibl. Bot. 85. 219 f. 52, t. 5 f. 6, 7. 1913 — Queensland.

Pittieri Maxon, Contr. U. S. Nat. Herb. 17. 421. 1914 — Panama.

MAXONIA Christensen, Smiths. Misc. Coll. 66⁹. 3. 1916. (Polypodiaceae Gen. 17a).

apiifolium (Sw.) C. Chr. l. c. — Jamaica, Cuba. Guatemala (var.). Dicksonia Sw. 1801; Polystichum C. Chr. Ind. 578 c. syn.

MATTEUCCIA Todaro.

intermedia C. Chr. Bot. Gazette 56. 337. 1913 — China. Sikkim.

nodulosa Fernald, Rhodora 17. 164. 1915 = M. struthiopteris var.

MICROLEPIA Presl.

Brooksii Cop. Phil. Journ. Sci. Bot. 9. 230. 1914 — Sumatra.

grandissima Hayata, Ic. Fl. Formosa 4. 207 f. 140. 1914 — Formosa. Humata Hayata, l. c.

hirsutissima Hayata, Ic. Fl. Formosa 5. 301 f. 121. 1915 — Formosa.

melanorhachis Ros. Fedde Repert. 12. 526. 1913 — N. Guinea.

proxima v. A. v. R. Mal. Ferns 312. 1908 = M. puberula.

pseudo-strigosa Mak. Bot. Mag. Tokyo 28. 337. 1914 — Japonia.

puberula v. A. v. R. Bull. Jard. bot. Buit. II nr. XI. 17. 1913 — Java. Davallia proxima Racib. Pterid. Buit. 134. 1898 (non Bl. 1828); Microlepia v. A. v. R. 1908 (non Pr. 1849).

puberula Lacaita, Journ. Linn. Soc. 43. 485. 1916 = Microlepia hirta var.

pyramidata Lacaita, Journ. Linn. Soc. 43. 486. 1916 = Microlepia hirta var.

quadripinnata Hayata, Journ. Coll. Sci. Univ. Tokyo 30. 434. 1911 = Dryopteris.

Ridleyi Cop. Phil. Journ. Sci. Bot. 11. 39. 1916 — Perak.

subpinnata Hayata, Ic. Fl. Formosa **4**. 209 f. 141. 1914 — Formosa.
trichocarpa Hayata, Ic. Fl. Formosa **4**. 210 f. 142. 1914 — Formosa.

NEPHRODIUM Richard = **Dryopteris**.
amurense B. Fedtschenko, Acta Hort. Petr. **31**. 99. 1912.
Baileyanum Domin, Bibl. Bot. **85**. 37 (syn.). 1913.
Borreri Rouy, Fl. France **14**. 408. 1913 = D. filix mas var.
cristatum ╳ spinulosum Rouy, Fl. France **14**. 414. 1913.
Danesianum Domin, Bibl. Bot. **85**. 51 (syn.). 1913.
decorum Domin, Bibl. Bot. **85**. 48 (syn.). 1913.
Filix-mas ╳ dilatatum Rouy, Fl. France **14**. 415. 1913 = D. dilatata ╳
Filix-mas ╳ spinulosum Rouy, Fl. France **14**. 411. 1913.   [filix mas.
Jordani Rouy, Fl. France **14**. 411. 1913 = D. spinulosa var.
Libanoticum Bornmüller, Beihefte z. Bot. Centralbl. **36**. II. 279. 1914.
meridionale Rouy, Fl. France **14**. 409. 1913 = D. rigida.
queenslandicum Domin, Bibl. Bot. **85**. 44 (syn.). 1913.
rigidoforme Rouy, Fl. France **14**. 408. 1913 = D. filix mas var.
subalpinum Rouy, Fl. France **14**. 415. 1913 = D. dilatata ╳ filix mas.
tanacetifolium Rouy, Fl. France **14**. 413. 1913 = D. spinulosa* dilatata.
tropicum Domin, Bibl. Bot. **85**. 44 (syn.). 1913.
uliginosum Rouy, Fl. France **14**. 414. 1913 = D. cristata ╳ spinulosa.
wurunuran Domin, Bibl. Bot. **85**. 45 (syn.). 1913.

NEPHROLEPIS Schott.
Dreyeri hort.; Möller's Deutsch. Gärtner-Zeit. **1913**. 259 = N. exaltata var. hort.
iridescens v. A. v. R. Bull. Jard. bot. Buit. II nr. XX. 21. 1915 — Ins. Kei.
niphoboloides v. A. v. R. Bull. Jard. bot. Buit. II nr. XI. 18. 1913 — Ins.
   Karimon Java (Malesia).
pilosula v. A. v. R. Bull. Jard. bot. Buit. II nr. XI. 18. 1913 — Borneo.
tenuissima Hayata, Ic. Fl. Formosa **4**. 202 f. 137. 1914 — Formosa.
viridissima hort. Manda, Gard. Chr. **51**. suppl. p. XX. 1912 — Hort.

NIPHOBOLUS Kaulfuss = **Cyclophorus**.
spicatus Domin, Bibl. Bot. **85**. 189 (syn). 1913.
transmorrisonensis Hayata, Ic. Fl. Formosa **4**. 257 (syn.). 1914.

NOTHOLAENA R. Brown.
aliena Maxon, Contr. U. S. Nat. Herb. **17**. 605. 1916 — Mexico.
arequipensis Maxon, Smiths. Misc. Coll. **65**⁸. 9. 1915 — Peru.
bipinnata Sim, Ferns S. Afr. ed. II. 224 t. 109 f. 2. 1915 — Rhodesia.
   (Nomen malum, non Liebm. 1849).
Filarszkyi Kümmerle, Mag. Bot. Lapok **13**. 38. 1914 — Columbia—Ecuador.
Greggii (Mett.) Maxon, Contr. U. S. Nat. Herb. **17**. 606. 1916 — Mexico.
   Pellaea Mett.; Kuhn, Linn. **36**. 86. 1869. HB. 477. C. Chr. Ind. **480**;
   Allosorus O.Ktze. 1891. Notholaena Pringlei Dav. 1886; C. Chr. Ind. 462;
   Cheilanthes Davenportii Domin 1913.
hyalina Maxon, Amer. Fern Journ. **5**. 4. 1915 = N. Galeottii.
hypoleuca Goodding, Muhlenbergia 8. 94. 1912 (non Kze. 1834) = N. Grayi.
neglecta Maxon, Contr. U. S. Nat. Herb. **17**. 602. 1916 — Mexico bor.—Arizona.
sciadioides Domin, Bibl. Bot. **85**. 135 (syn.). 1913 — Queensland.
   Cheilanthes Domin, l. c.
Standleyi Maxon, Amer. Fern Journ. **5**. 1. 1915 — California—Mexico.
   N. Hookeri Eat. U. S. Geogr. Surv. W. 100 Merid. **6**. 308 t. 30. 1878;
   C. Chr. Ind. 461 cum syn. (non Lowe 1856); Cheilanthes Domin 1913;
   Chrysochosma Kümmerle 1914.

ODONTOSORIA (Pr.) Fée.

colombiana Maxon, Contr. U. S. Nat. Herb. **17**. 165. 1913 — Columbia.

flexuosa (Spr.) Maxon, Contr. U. S. Nat. Herb. **17**. 163. 1913 — India occ. Davallia Spr.; Kze. Bot. Zeit. **1850**. 213; C. Chr. Ind. 210 cum syn.

Jenmanii Maxon, Contr. U. S. Nat. Herb. **17**. 162 t. 2. 1913 — Jamaica.

Palmii Rosendahl, Arkiv för Bot. 14[18]. 4 t. 3 f. 1—2. 1916 — Madagascar.

Wrightiana Maxon, Contr. U. S. Nat. Herb. **17**. 164 t. 3. 1913 — Cuba.

OLEANDRA Cavanilles.

costaricensis Maxon, Contr. U. S. Nat. Herb. **17**. 397. 1914 — Costa Rica.

decurrens Maxon, Contr. U. S. Nat. Herb. **17**. 396. 1914 — Costa Rica.

geniculata v. A. v. R. Bull. Jard. bot. Buit. II nr. XVI. 23. 1913; nr. XX. 21 t. 4. 1915 — Java.

guatemalensis Maxon, Contr. U. S. Nat. Herb. **17**, 395. 1914 — Guatemala.

Lehmannii Maxon, Contr. U. S. Nat. Herb. **17**. 395. 1914 — Columbia.

panamensis Maxon, Contr. U. S. Nat. Herb. **17**. 396. 1914 — Panama.

trinitensis Maxon, Contr. U. S. Nat. Herb. **17**. 397. 1914 — Trinidad.

OPHIOGLOSSUM L.

thermale Komarov, Fedde Repert. **13**. 85. 1914 — Kamtshatka. (Verisimiliter O. vulgatum var.).

Usterianum Christ apud Usteri, Fl. São Paulo 137. 1911 — Brasilia austr.

OSMUNDA L.

nipponica Mak. Bot. Mag. Tokyo **26**. 385. 1912 — Japonia.

PELLAEA Link.

Mairei Brause, Hedwigia **54**. 201 t. 4 C. 1914 — Yunnan.

rafaelensis Moxley, Amer. Fern Journ. **5** 107 t. 8. 1915 = P. andromedifolia (t. Maxon).

Swynnertoniana Sim, Ferns S. Afr. ed. II. 213 t. 101. 1915 — Rhodesia.

PHEGOPTERIS (Pr.) Fée = **Dryopteris**.

atroviridis v. A. v. R. Bull. Jard. bot. Buit. II nr. XVI. 26. 1914.

cordifolia v. A. v. R. l. c. nr. XI. 19 t. 5. 1913.

leptogramma v. A. v. R. l. c. nr. XX. 21. 1915 = Diplazium l.

heterolepia v. A. v. R. l. c. nr. XVI. 23. 1914.

melanolepis v. A. v. R. l. c. nr. XVI. 25. 1914.

oppositipinna v. A. v. R. l. c. nr. XVI. 24. 1914.

paucijuga v. A. v. R. l. c. nr. XVI. 26. 1914.

perrigida v. A. v. R. l. c. nr. XVI. 27. 1914.

schizoloma v. A. v. R. i. c. nr. XVI. 24. 1914.

PHYLLITIS Ludwig. Conf. Copeland, Phil. Journ. Sci. **8**. 153. 1913.

Grashoffii Ros. Fedde Repert. **13**. 216. 1914 — Sumatra.

PITYROGRAMMA Link, Handb. Gewächse **3**. 19. 1833; Maxon, Contr. U. S. Nat. Herb. **17**. 173. 1913 = **Ceropteris**.

calomela Link, l. c. = C. calomelanos.

chrysophylla Link, l. c. = C. calomelanos var.

ferruginea, peruviana, sulphurea, tartarea, triangularis, triangulata, viscosa Maxon, l. c. = Ceropteris sp. homonym.

PLAGIOGYRIA (Kze.) Mettenius.

minuta Cop. Phil. Journ. Sci. Bot. **10**. 148. 1915 — Borneo.

sumatrana Ros. Fedde Repert. **13**. 214. 1914 — Sumatra.

PLEOCNEMIA Presl = **Aspidium**.

fimbrillifera v. A. v. R. Bull. Jard. bot. Buit. II nr. XVI. 28. 1914.

Leuzeana var. hemiteliiformis Racib. Pterid. Buit. 194. 1898 = A. hemiteliiforme.

PLEOPELTIS Humb. et Bonpl. = **Polypodium**.
crenulata v. A. v. R. Bull. Jard. bot. Buit. II. nr. XVI. 59 c. fig. 1914.
insperata v. A. v. R. l. c. nr. XVI. 28. 1914.
lucidula v. A. v. R. l. c. nr. XVI. 58. 1914.
Matthewi v. A. v. R. l. c. nr. XVI. 30. 1914.
melanocaulos v. A. v. R. l. c. nr. XI. 19. 1913.
nigricans v. A. v. R. l. c. nr. XX. 22. 1915.
rupestris var. nigricans (+ var. parallela) v. A. v. R. l. c. nr. VII. 24. 1912
Smithii v. A. v. R. l. c. nr. XVI. 29. 1914.   [= P. nigricans.
subrostrata Lacaita, Journ. Linn. Soc. 43. 490. 1916.
subtaeniata v. A. v. R. l. c. nr. XVI. 30. 1914.
taeniata v. A. v. R. l. c. nr. XVI. 30. 1914.
taenifrons v. A. v. R. l. c. nr. XVI. 31. 1914.
taenitidis v. A. v. R. l. c. nr. XVI. 31. 1914.
POLYBOTRYA Humb. et Bonpl.
duplicato-serrata Hayata, Ic. Fl. Formosa 5. 305 f. 123. 1915 — Formosa
POLYPODIUM L. (incl. *Acrosorus* Cop. (A.) et *Prosaptia* Presl (Pr.).
(Pl) **abbreviatum** (Fée) C. Chr. — Cochinchina. Annam.
    Drymoglossum Fée, 7 mém. 26 t. 10 f. 2. 1857; Hymenolepis Fée
    1865. Polypodium hymenolepioides Christ 1905; C. Chr. Ind. 534.
(Pr) **acrosoroides** v. A. v. R. Bull. Jard. bot. Buit. II nr. XI. 21. 1913 — Luzon.
    Prosaptia linearis Cop. Phil. Journ. Sci. Bot. 4. 115. 1909; Davallia
    C. Chr. Ind. Suppl. 23. 1913 (non Polypodium Thbg. 1784).
(P) **allosuroides** Ros. Meded. Rijks Herb. Leiden nr. 19. 16. 1913 — Bolivia.
    amplum Domin, Bibl. Bot. 85. 182. 1913 = P. queenslandicum.
(Pr) **ancestrale** (Cop.) C. Chr. — Mindanao.
    -Prosaptia Cop. Leafl. Phil. Bot. 3. 835. 1910; Davallia C. Chr. Ind.
    Suppl. 23. 1913.
(Pl) **angustato-decurrens** Ros. Fedde Repert. 13. 221. 1914 — Sumatra.
(M) **argentinum** Maxon, Contr. U. S. Nat. Herb. 17. 588. 1916 — Argentina.
(G) **arisanense** Hayata, Ic. Fl. Formosa 4. 243 f. 170. 1914 — Formosa.
(Pl) **arisanense** Ros. Hedwigia 56. 347. 1915 — Formosa.
    (nomen malum, non Hayata 1914).
(Pl) **aspidistrifrons** Hayata, Ic. Fl. Formosa 5. 308 f. 123. 1915 — Formosa.
(Pl) **Batacorum** Ros. Fedde Repert. 13. 220. 1914 — Sumatra.
(P) **blepharodes** Maxon, Contr. U. S. Nat. Herb. 17, 407. 1914 — Costa Rica.
    Guatemala.
(M) **bombycinum** Maxon, Contr. U. S. Nat. Herb. 17. 592. 1916 — Columbia.
(G) **Bonatianum** Brause, Hedwigia 54. 207 t. 4 L. 1914 — Yunnan.
    (vix a P. yunnanense Franch. diversa).
(Pr) **Brausei** C. Chr. — N. Guinea.
    Davallia Engleriana Brause, Engl. Jahrb. 49. 27 f. 1 H. 1912; C. Chr.
    Ind. Suppl. 23. (non P. Engleri Luerss. 1883).
(P) **bryophyllum** v. A. v. R. Bull. Jard. bot. Buit. II nr. XVI. 35. 1914 — Penang.
(M) **bryopodum** Maxon, Contr. U. S. Nat. Herb. 17. 568. 1916 — Bolivia.
(S) **Cavaleriei** Ros. Fedde Repert. 13. 134. 1914 — China.
(P) **chiricanum** Maxon, Contr. U. S. Nat. Herb. 17. 597 t. 43. 1916 — Panama.
(P) **choquetangense** Ros. Meded. Rijks Herb. Leiden nr. 19. 18. 1913 — Bolivia.
(P) **ciliiferum** v. A. v. R. Bull. Jard. bot. Buit. II nr. XVI. 32. 1914 — Sumatra.
(P) **circumvallum** Ros. Fedde Repert. 12. 178. 1913 — N. Guinea.

(M) **Collinsii** Maxon, Contr. U. S. Nat. Herb. **17**. 583 t. 41. 1916 — Mexico.
(P) **Cookii** Und. et Maxon, Contr. U. S. Nat. Herb. **17**. 408. 1914 — Guatemala.
(Pl) **craspedosorum** Cop. Phil. Journ. Sci. Bot. **9**. 233. 1914 — Sumatra.
(P) **crassulum** Maxon, Contr. U. S. Nat. Herb. **17**. 598. 1916 — Costa Rica.
(P) **cretatum** Maxon, Amer. Fern Journ. **5**. 51. 1915 — Jamaica.
  P. albopunctatum Bak. JoB. 1877. 265 (non Raddi 1819); P. subtile
  var. C. Chr. Ind. 568.
(Pl) **decurrenti-adnatum** Ros. · Fedde Repert. **12**. 248. 1913 — Manipur.
(Pl) **diversum** Ros. Hedwigia **56**. 346. 1915 — Formosa.
(Gr) **ebeninum** Maxon, Bull. Torr. Cl. **42**. 224. 1915 — St. Helena.? Ins. Canar.
  P. marginellum auctt. quoad pl. St. Helenae. —? Grammitis quaerenda
  Bolle 1863.
(Pl) **ensato-sessilifrons** Hayata, Ic. Fl. Formosa **5**. 312 f. 126. 1915 — Formosa.
  ensifrons v. A. v. R. Bull. Jard. bot. Buit. II nr. XI. 1916 (syn.). 1913 =
  Loxogramme.
(Pl) **falcatopinnatum** Hayata, Ic. Fl. Formosa **4**. 247 f. 172. 1914 — Formosa.
(M) **fallacissimum** Maxon, Contr. U. S. Nat. Herb. **17**. 567. 1916 — Mexico.
(M) **fimbriatum** Maxon, Contr. U. S. Nat. Herb. **17**. 596. 1916 — Columbia. Peru?
  P. villosum Karst. Fl. Col. **2**. 87 t. 144. 1865—69; C. Chr. Ind. 573
  (non L. 1753).
(P) **flexuosum** Maxon, Contr. U. S. Nat. Herb. **17**. 597 t. 42. 1916 — Cuba.
(Pl) **Fuentesii** Hicken, Revista Chilena Hist. Nat. **17**. 91 t. 8. 1913 — Ins.
  Pascua. (Easter Island).
(P) **gedeense** v. A. v. R. Bull. Jard. bot. Buit. II XVI. 33. 1914 — Java.
(Pl) **glossophyllum** Cop. Phil. Journ. Sci. Bot. **9**. 7. 1914 — N. Guinea.
(M) **guttatum** Maxon, Contr. U. S. Nat. Herb. **17**. 575 t. 40. 1916 — Mexico.
(Gr) **Hessii** Maxon, Bull. Torr. Cl. **42**. 223. 1915 — Porto Rico.
(P) **hirtiforme** Ros. Fedde Repert. **12**. 176. 1913 — N. Guinea.
(P) **hyalinum** Maxon, Contr. U. S. Nat. Herb. **17**. 406. 1914 — Costa Rica.
(Pl) **hypochrysum** Hayata, Ic. Fl. Formosa **5**. 314 f. 127. 1915 — Formosa.
(Pl) **infra-planicostale** Hayata, Ic. Fl. Formosa **5**. 315 f. 128. 1915 — Formosa.
(Pl) **insperatum** v. A. v. R. Bull. Jard. bot. Buit. II nr. XVI. 28 (syn.). 1914 —
  Pleopeltis v. A. v. R. l. c. [Sumatra.
(P) **itatiayense** Ros. Hedwigia **56**. 369. 1915 — Brasilia austr.
(P) **javanicum** Cop. Phil. Journ. Sci. Bot. **8**. 142. 1913 — Java.
(Pr) **Kanashiroi** Hayata, Ic. Fl. Formosa **5**. 317 f. 129. 1915 — Formosa.
(Pl) **kusukusense** Hayata, Ic. Fl. Formosa **5**. 319 f. 131. 1915 — Formosa.
(P) **kyimbilense** Brause, Engl. Jahrb. **53**. 431. 1915 — Africa occ. trop.
(M) **lepidotrichum** (Fée) Maxon, Contr. U. S. Nat. Herb. **17**. 591. 1916 —
  Goniophlebium Fée, 8 mém. 93. 1857. [Mexico.
(Gr) **limbatum** (Fée) Maxon, Bull. Torr. Cl. **42**. 222. 1915 — Guadeloupe.
  Grammitis Fée, Gen. 233. 1850 - 52; 6 mém. 6 t. 5 f. 1. 1853.
  lineare var. caudatum Mak. Bot. Mag. Tokyo **17**. 78. 1903 = P. tosaense.
(G) **longkyënse** Ros. Fedde Repert. **13**. 134. 1914 — Yunnan.
(P) **longiceps** Ros. Fedde Repert. **12**. 177. 1913 — N. Guinea.
(Pl) **lucidulum** v. A. v. R. Bull. Jard. bot. Buit. II nr. XVI. 58 (syn.). 1914 —
  Pleopeltis v. A. v. R. l. c. [Borneo.
(P) **Luerssenianum** Domin, Bibl. Bot. **85**. 168 t. 8 f. 4—5. 1913 — Queensland.
(M) **macrolepis** Maxon, Contr. U. S. Nat. Herb. **17**. 584. 1916 — Panama.
  Costa Rica.

magellanicum Cop. Phil. Journ. Sci. Bot. **11**. 44. 1916 = P. Billardierii.

(Pl) **Mairei** Brause, Hedwigia **54**. 208 t. 4 M. 1914 — Yunnan.

(Pl) **majoense** C. Chr. in Lév. Cat. Pl. Yun-Nan 108. 1916 — China.

(P) **Marthae** v. A. v. R. Bull. Jard. bot. Buit. II nr. XVI. 33. 1914 — Celebes.

(Pl) **Matthewi** v. A. v. R. Bull. Jard. bot. Buit. II nr. XVI. 30 (syn.). 1914 — Sumatra.
Pleopeltis v. A. v. R. l. c. (nomen malum, non Tutcher 1905, v. seq.).

(P) **Matthewianum** v. A. v. R. Bull. Jard. bot. Buit. II nr. XVI. 34 t. 6. 1914 — Java.

(Pl) **melanocaulon** v. A. v. R. Bull. Jard. bot. Buit. II nr. XI. 19. 1913 — Borneo.
Pleopeltis v. A. v. R. l. c.

(P) **mollendense** Maxon, Smiths. Misc. Coll. **65**8. 1. 1915 — Peru.

(P) **monocarpum** Ros. Fedde Repert. **12**. 178. 1913 — N. Guinea.

(P) **Moultoni** Cop. Phil. Journ. Sci. Bot. **10**. 149. 1915 — Borneo.

(Pl) **nigricans** v. A. v. R. Bull. Jard. bot. Buit. II nr. XX. 22. 1915 — Java.
Pleopeltis v. A. v. R. l. c.; Pl. rupestris var. nigricans et var parallela
v. A. v. R. l. c. nr. VII. 24. 1912.

normale var. madagascariensis Bak. Journ. Linn. Soc. **15**. 420. 1877 =
P. Fortunii (t. Takeda).

normale var. sumatranum Bak. JoB. **1880**. 215 = P. superficiale (t. Takeda).

(P) **nubigenum** Maxon, Contr. U. S. Nat. Herb. **17**. 599. 1916 — Jamaica.

(Pl) ~~obscure-venulosum~~ Hayata, Ic. Fl. Formosa **5**. 322 f. 134. 1915 — Formosa.

(Pl) **obtusifrons** Hayata, Ic. Fl. Formosa **4**. 250 f. 175. 1914 — Formosa.
palmatum var. obtusum v. A. v. R. Mal. Ferns 669. 1908 = P. subtaeniatum.

(Pl) **Palmeri** Maxon, Contr. U. S. Nat. Herb. **17**. 600. 1916 — Mexico—Panama.

(P) **papillatum** v. A. v. R. Bull. Jard. bot. Buit. II nr. XVI. 35 t. 7. 1914 — Sumatra.

(Pl) **papilligerum** Ros. Fedde Repert. **13**. 220. 1914 — Sumatra.

(Pl) **pellucidifolium** Hayata, Ic. Fl. Formosa **4**. 250 f. 174. 1914 — Formosa.

(P) **pendens** Ros. Fedde Repert. **12**. 177. 1913 — N. Guinea.

(P) ~~pergracillimum~~ v. A. v. R. Bull. Jard. bot. Buit. II nr. XX. 23. 1915 — N. Guinea.
P. gracillimum Ros. Nova Guinea Bot. **8**. 725. 1912 (non Cop. 1905).

(P) **perpusillum** Maxon, Contr. U. S. Nat. Herb. **17**. 409 t. 13 A. 1914 — Brasilia.

(P) **pilistipes** v. A. v. R. Bull. Jard. bot. Buit. II nr. XI. 20. 1913 — Malesia.

(P) **planum** v. A. v. R. Bull. Jard. bot. Buit. II nr. XVI. 32. 1914 — Sumatra.

(C) **poloënse** Ros. Fedde Repert. **12**. 473. 1913 — Bolivia.

(P?G?) **pressum** Brause, Fedde Repert. **13**. 294. 1914 — Guiana.
P. roraimense Brause, Notizbl. bot. Gart. Mus. Berlin-Dahlem **6**. 110.
1914 (non Bak. 1887).

(P) **pseudocapillare** Ros. Meded. Rijks Herb. Leiden nr. 19. 17. 1913 — Bolivia.

(P) **pseudocucullatum** Ros. Hedwigia **56**. 345. 1915 — Formosa.

(P) **pseudotrichomanoides** Hayata, Ic. Fl. Formosa **4**. 251 f. 176. 1914 —
Formosa.

(P) **pumilum** Robinson, Bull. Torr. Cl. **40**. 195 c. fig. 1913 — Ins. Hawaii.
(Nomen malum, non Brause 1912).

(M) **pyrrholepis** (Fée) Maxon, Contr. U. S. Nat. Herb. **17**. 593. 1916 — Mexico.
Goniophlebium Fée, 8 mém. 94. 1857.

(Pl) **quasidivaricatum** Hayata, Journ. Coll. Sci. Univ. Tokyo **30**. 446. 1911 —
Formosa. — P. divaricatum Hayata, Bot. Mag. Tokyo **23**. 78. 1909 (non
Fourn. 1872); P. Morianum C. Chr. Ind. Suppl. 60. 1913.

quasipinnatum Hayata, Journ. Coll. Sci. Univ. Tokyo **30**. 447. 1911 = P.
pinnatum.

(S) **queenslandicum** C. Chr. — Queensland.
Grammitis ampla, F. Muell. Fragm. **5**. 188. 1866 (nomen); Benth. Fl.
austr. **7**. 777. 1878; Bail. Lithogr. t. 176; Gymnogramme Bak. 1891;
Polypodium Domin, Bibl. Bot. **85**. 182 f. 41. 1913 (non Willd. 1810,
nec Colenso 1892).

(G) **raishaënse** Ros. Hedwigia **56**. 346. 1915 — Formosa.

(Pr) **ramonense** C. Chr. — Mindanao. — Prosaptia cryptocarpa Cop. Phil. Journ.
Sci. **1**. Suppl. II. 158 t. 14 a, d. 1906; Polypodium v. A. v. R. 1909
(non Fée 1857); Davallia C. Chr. Ind. Suppl. 23. 1913.

(A) **Reineckei** (Christ) C. Chr. — Samoa. — Davallia Christ, Engl. Jahrb. **23**.
341 t. 5 f. 1. 1896; C. Chr. Ind. 214; Prosaptia Christ 1905; Acrosorus
Cop. 1907.
remote-frondigerum Hayata, Ic. Fl. Formosa **5**. 323 f. 135. 1915 = Loxogramme.

(P) **rigidifrons** v. A. v. R. Ros. Fedde Repert. **12**. 525. 1913 (nomen); v. A.
v. R. Bull. Jard. bot. Buit. II nr. XX. 23. 1915 — N. Guinea. Java.

(P) **Rockii** Cop. Phil. Journ. Sci. Bot. **11**. 173. 1916 — Ins. Hawaii.
roraimense Brause, Notizbl. bot. Gart. Mus. Berlin-Dahlem **6**. 110. 1914
= P. pressum.

(M) **Rosei** Maxon; Contr. U. S. Nat. Herb. **17**. 594. 1916 — Mexico.

(P) **Rosenstockii** Maxon, Contr. U. S Nat. Herb. **17**. 411. 1914 — Brasilia.

(M) **Rusbyi** Maxon, Contr. U. S. Nat. Herb. **17**. 570. 1916 — Bolivia.
Schrittplinianum Annit?; Hayata, Journ. Coll. Sci. Univ. Tokyo 447. 1911 — ?

(Pr) **semicryptum** (Cop.) C. Chr. — Sumatra.
Prosaptia Cop. Phil. Journ. Sci. Bot. **9**. 231. 1914.

(P) **setuliferum** v. A. v. R. Bull. Jard. bot. Buit. II nr. XVI. 32. 1914 —
Malacca. Sumatra.

(P) **Shaferi** Maxon, Contr. U. S. Nat. Herb. **17**. 410 t. 13 B. 1914 — Cuba.

(P) **Shawii** Cop. Phil. Journ. Sci. Bot. **9**. 6. 1914. — N. Guinea.

(Pl) **Smithii** v. A. v. R. Bull. Jard. bot. Buit. II nr. XVI. 29 (syn.) 1914 — Celebes.
Pleopeltis v. A. v. R. l. c.

(Pl) **sublineare** Bak., Takeda, Notes R. Bot. Gard. Edinb. **8**. 276. 1915 — Yunnan.

(P) **subreticulatum** Cop. Phil. Journ. Sci. Bot. **9**. 6. 1914 — N. Guinea.

(Pl) **subundulatum** Ros. Fedde Repert. **12**. 180. 1913 — N. Guinea.

(Pl) **subtaeniatum** v. A. v. R. Bull. Jard. bot. Buit. II nr. XVI. 30 (syn.). 1914
— Sumatra. — Pleopeltis v. A. v. R. l. c.; Polypodium palmatum var.
obtusum v. A. v. R. Mal. Ferns 669. 1908.

(M) **subvestitum** Maxon, Contr. U. S. Nat. Herb. **17**. 566. 1916 — Bolivia.

(Pl) **taenifrons** v. A. v. R. Bull. Jard. bot. Buit. II nr. XVI. 31 (syn.). 1914 — Celebes.
Pleopeltis v. A. v. R. l. c. cum fig.

(Pl) **taenitidis** v. A. v. R. Bull. Jard. Bot. Buit. II nr. XVI. 31 (syn.). 1914 — Sumatra.
Pleopeltis v. A. v. R. l. c.

(P) **Tamandarei** Ros. Hedwigia **56**. 369. 1915 — Brasilia austr.

(Pl) **tenuinerve** Cop. Phil. Journ. Sci. Bot. **9**. 7. 1914 — N. Guinea.

(G) **tenuissimum** Cop. Phil. Jorn. Sci. Bot. **9**. 6. 1914 (Febr.) — N. Guinea.

(P) **tenuissimum** Hayata, Ic. Fl. Formosa **4**. 254 f. 178. 1914 (Sept.) — Formosa.
(Nomen malum, non Cop. Febr. 1914).

(Pl) **tosaense** Mak. Bot. Mag. Tokyo **27**. 127. 1913 — Japonia.
P. lineare var. caudatum Mak. l. c. **17**. 78. 1903.

(Pl) **tuanense** Cop. Phil. Journ. Sci. Bot. **9**. 8. 1914 — N. Guinea.
(Pl) **undulato-sinuatum** Ros. Fedde Repert. **12**. 179. 1913 — N. Guinea.
(Pr) **urceolare** Hayata, Ic. Fl. Formosa **5**. 324 f. 136, 137. 1915 = Formosa.
　? *Vidgenii* hort. Gard. Chr. **51**. 387 f. 185, suppl. p. XVI. 1912 — Hort.
　　(Queensland).
(P) **Walleri** Maiden et Betche, Proc. Linn. Soc. N. S. Wales **85**. 799. 1910
　　(1911) — Queensland.
(P) **Williamsii** Maxon, Contr. U. S. Nat. Herb. **17**. 547 t. 34. 1916 — Bolivia.
(P) **Wiukleri** Ros. Fedde Repert. **13**. 219. 1914 — Sumatra.
POLYSTICHUM Roth.
acrostichoides × **Dryopteris cristata** Greene, Amer. Fern Journ. **3**. 83 c.
　　fig. 1913 — Virginia.
alpinum Ros. Fedde Repert. **12**. 171. 1913 — N. Guinea.
Andersoni Hopkins, Amer. Fern Journ. **3**. 116 t. 9. 1913 — Brit. Columbia.
　　(P. aculeatum*).
arisanicum Ros. Hedwigia **56**. 339. 1915 — Formosa.
atroviridissimum Hayata, Ic. Fl. Formosa **4**. 190 f. 128. 1914 — Formosa.
Blinii Lév. et C. Chr. Cat. Pl. Yun-Nan 110. 1916 — China!.
　　Aspidium Léveillé, Fl. Kouy-tschéou 456. 1915.
bolanicum Ros. Fedde Repert. **12**. 170. 1913 — N. Guinea.
?**Bonatianum** Brause, Hedwigia **54**. 200 t. 4 B. 1914 — Yunnan. (potius Dryo-
Bradei Ros. Hedwigia **56**. 365. 1915 — Brasilia austr.　　　　　[pteris).
constantissimum Hayata, Ic. Fl. Formosa **4**. 191 f. 129. 1914 — Formosa.
　　Dryopteris Hayata, l. c.
cyclolobum C. Chr. in Lév. Cat. Pl. Yun-Nan 111. 1916 — Yunnan.
dimorphophyllum Hayata, Journ. Coll. Sci. Univ. Tokyo **30**. 428. 1911 —
　　(Esquirolii vide Dryopteris Esquirolii Lév.).　　　　　[Formosa.
falcatipinnum Hayata, Ic. Fl. Formosa **4**. 192 f. 130. 1914 — Formosa.
formosanum Ros. Hodwigia **56**. 338. 1915 — Formosa.
globisorum Hayata, Ic. Fl. Formosa **4**. 193 f. 131. 1914 — Formosa.
gracilipes C. Chr. Bot. Gazette **56**. 338. 1913 — China.
hololepis Hayata, Ic. Fl. Formosa **5**. 332. 1915 — Formosa.
horridipinnum Hayata, Ic. Fl. Formosa **4**. 195 f. 132. 1914 — Formosa.
integripinnum Hayata, Ic. Fl. Formosa **4**. 196 f. 133. 1914 — Formosa.
　　Aspidium Hayata, l. c.
leptopteron Hayata, Ic. Fl. Formosa **5**. 340 f. 137 a, 141. 1915 — Formosa.
Leveillei C. Chr. Bull. Acad. int. Géogr. Bot. **1913**. 143 — China.
　　Hemesteum Léveillé 1915.
longistipes Hayata, Ic. Fl. Formosa **5**. 341 f. 137 b, 142. 1915 — Formosa.
machaerophyllum Slosson, Bull. Torr. Cl. **40**. 688 t. 26 f. 4—5, 1913 — Cuba.
Meeboldii Ros. Fedde Repert. **12**. 246. 1913 — Manipur.
nipponicum Ros. Fedde Repert. **13**. 130. 1914 — Japonia.
obtuso-auriculatum Hayata, Ic. Fl. Formosa **5**. 337 f. 137 e—f., 144. 1915 —
pachyphyllum Ros. Fedde Repert. **13**. 130. 1914 = Cyrtomium.　　[Formosa.
Pflanzii Hieron. Engl. Jahrb. **49**. 179. 1912 — Bolivia.
prionolepis Hayata, Ic. Fl. Formosa **4**. 197 f. 134. 1914 — Formosa.
pseudo-Maximowiczii Hayata, Ic. Fl. Formosa **5**. 334 f. 137 f—h., 139. 1915
　　— Formosa.
rectipinnum Hayata, Ic. Fl. Formosa **4**. 199 f. 135. 1914 — Formosa.
setiferum Rosendahl, Ark. f. Bot. **14**[14]. 1 c. tab. 1916 = P. aculeatum.

simplicipinnum Hayata, Ic. Fl. Formosa **5**. 343 f. 137 j. 146. 1915 — Formosa.

subapiciflorum Hayata, Ic. Fl. Formosa **5**. 335 f. 140. 1915 — Formosa.

transmorrisonense Hayata, Journ. Coll. Sci. Univ. Tokyo **30**. 427. 1911 — Formosa.

truncatulum v. A. v. R. Bull. Jard. bot. Buit. II nr. XVI. 60 t. 8. 1914 — Java.

ursipes Hayata, Ic. Fl. Formosa **5**. 291 (syn.). 1915 = Dryopteris.

Whiteleggei Watts, Proc. Linn. Soc. N. S. Wales **39**. p. 257—62. 1914 —

PROSAPTIA Presl = **Polypodium**. [Ins. Lord Howe.

semicrypta Cop. Phil. Journ. Sci. Bot. **9**. 231. 1914.

PSILOGRAMME Kuhn = **Gymnogramma**.

chiapensis Maxon, Bull. Torr. Cl. **42**. 81. 1915.

congesta Maxon, l. c. 81.

glaberrima Maxon, l. c. 82.

haematodes Maxon, l. c. 84.

portoricensis Maxon, Contr. U. S. Nat. Herb. **17**. 412 t. 15. 1914.

refracta Maxon, Bull. Torr. Cl. **42**. 85. 1915 = G. flexuosa var.

villosula Maxon, l. c. 83.

PTERETIS Rafinesque, Amer. Month. Mag. **2**. 268. 1818 = **Matteuccia**.

nodulosa Nieuwl. Amer. Midl. Nat. **4**. 334. 1915 = M. struthiopteris var.

Struthiopteris Nieuwl. l. c. **3**. 197. 1914.

PTERIDIUM Gleditsch.

aquilinum *centrali-africanum Hieron. Wiss. Erg. Schwed. Rhodesia-Kongo Exp. 1911—12. Bot. l. 7. 1914 — Africa centr.

latiusculum Hieron. l. c. 7 = P. aquilinum* var.

PTERIS L. — (Conf. Corrigenda sub P. biaurita* quadriaurita).

(P) **Abrahami** Hieron. Engl. Jahrb. **53**. 409. 1915 — Natal.

(P) **abyssinica** Hieron. Engl. Jahrb. **53**. 404. 1915 — Abyssinia.

adaucta Ros. Fedde Repert. **12**. 468 (syn.). 1913 = P. Haenkeana var.

(P) **Albersii** Hieron. Engl. Jahrb. **53**. 389. 1915 — Africa orient. trop.

(P) **angolensis** Hieron. Engl. Jahrb. **53**. 395. 1915 — Angola.

(C) **barombiensis** Hieron. Engl. Jahrb. **53**. 413. 1915 — Kamerun.

(P) **Brooksii** Cop. Phil. Journ. Sci. Bot. **9**. 231. 1914 — Sumatra.

Codinae Cadevall et Pau; Bonaparte, Notes ptérid. II. 31. 1915 (syn.) =

(P) **Cumingii** Hieron. Hedwigia **55**. 358. 1914 — Luzon. [Pellaea hastata.

(P) **Deistelii** Hieron. Engl. Jahrb. **53**. 400. 1915 — Kamerun.

(P) **excelsissima** Hayata, Ic. Fl. Formosa **4**. 239 f. 167. 1914 — Formosa.

(P) **Fauriei** Hieron. Hedwigia **55**. 345. 1914 — Japonia. Formosa. China.

(P) **flavicaulis** Hayata, Journ. Coll. Sci. Univ. Tokyo **30**. 443. 1911 — Formosa.

(P) **Friesii** Hieron. in Fries, Wiss. Erg. Schwed. Rhodesia-Kongo Exp. 1911—12. Bot. l. 5. 1914 — Rhodesia.

(P) **Hildebrandtii** Hieron. Engl. Jahrb. **53**. 407. 1915 — Madagascar.

(P) **Hillebrandii** Cop. Phil. Journ. Sci. Bot. **11**. 172. 1916 — Ins. Hawaii.

(P) **Hossei** Hieron. Hedwigia **53**. 372. 1914 — Siam.

inaequilateralis Poir. Enc. Suppl. **4**. 601. 1816 = P. vittata.

(P) **Jungneri** Brause et Hieron. Engl. Jahrb. **53**. 388. 1915 — Kamerun.

(P) **kameruniensis** Hieron. Engl. Jahrb. **53**. 393. 1915 — Kamerun.

(P) **Keysseri** Ros. Fedde Repert. **12**. 167. 1913 — N. Guinea.

(P) **khasiana** (Clarke) Hieron. Hedwigia **55**. 364. 1914 — Khasia.

P. quadriaurita var. khasiana Clarke, Tr. Linn. Soc. II. l. 466 t. 53. 1880.

(P) **kiuschiuensis** Hieron. Hedwigia **55**. 341. 1914 — Japonia.

(P) **longipinna** Hayata, Journ. Coll. Sci. Univ. Tokyo 30. 444. 1911 — Formosa.
(L) **Lüderwaldtii** Ros. Hedwigia 56. 361. 1915 — Brasilia austr.
(P) **luzonensis** Hieron. Hedwigia 55. 370. 1914 — Luzon.
(C) **Mildbraedii** Hieron. Engl. Jahrb. 53. 415. 1915 — Kamerun.
(P) **mohasiensis** Hieron. Engl. Jahrb. 53. 391. 1915 — Africa orient. trop.
(L) **molunduensis** Hieron. Engl. Jahrb. 53. 417. 1915 — Kamerun.
  nobilis hort Veitch, Regel, Ind. sem. ht. Petr. 1866. 77 = Doryopteris pal-
(P) **oshimensis** Hieron. Hedwigia 55. 367. 1914 — Japonia.   [mata.
(P) **pacifica** Hieron. Hedwigia 55. 355. 1914 — Samoa — Celebes.
(P) **Perrotteti** Hieron. Hedwigia 55. 374. 1914 — Mt. Nilgiri.
(P) **Preussii** Hieron. Engl. Jahrb. 53. 399. 1915 — Kamerun.
(P) **prolifera** Hieron. Engl. Jahrb. 53. 397. 1915 — Africa occ. trop.
(P) **roseo-lilacina** Hieron. Hedwigia 55. 350. 1914 — Yunnan.
(P) **setuloso-costulata** Hayata, Ic. Fl. Formosa 4. 241 f. 168. 1914 — Formosa.
(P) **Stolzii** Hieron. Engl. Jahrb. 53. 410. 1915 — Africa orient. trop.
(P) **Takeoi** Hayata, Ic. Fl. Formosa 5. 344 f. 148. 1915 — Formosa.
(P) **togoënsis** Hieron. Engl. Jahrb. 53. 402. 1915 — Togo.
(P) **Vaupelii** Hieron. Hedwigia 55 364. 1914 — Samoa.

SADLERIA Kaulfuss.
  Fauriei Cop. Phil. Journ. Sci. Bot. 9. 438. 1914 — Ins. Hawaii.
  Hillebrandii Robinson, Bull. Torr. Cl. 40. 266 t. 11. 1913 — Ins. Hawaii.
    S. pallida Hill. Fl. Haw. 582. 1888; C. Chr. Ind. 613 (non Hk. et Arn. 1832).
  rigida Cop. Phil. Journ. Sci. Bot. 11. 171. 1916 — Ins. Hawaii.
  unisora (Bak.) Robinson, Bull. Torr. Cl. 40. 227 t. 12. 1913 — Ins. Hawaii.
    Polypodium Bak. Syn. 307. 1867; Gymnogramme sadlerioides Und. 1897.
SAFFORDIA Maxon, Smiths. Misc. Coll. 61⁴. 1. 1913 — (Polypodiaceæ Gen. 68a).
  induta Maxon, l. c. 2 t. 1—2. 1913 — Peru.
SCHIZAEA Smith.
  Biroi Richter, Math. Termeszet. Ertesitö 29. 1074 t. 10. 1915 — N. Guinea.
  copelandica Richter, l. c. 1074 c. f. 1915 — Borneo.
  Hallieri Richter, Meded. Rijks Herb. Leiden nr. 28. 24 t. 24 f. 21. 1916 — Borneo.
SCHIZOLOMA Gaudichaud.
  Stortii v. A. v. R. Bull. Jard. bot. Buit. II nr. XVI. 36. 1914 — Borneo.
SCLEROGLOSSUM v. A. v. R. = **Vittaria.**
  pyxidatum v. A. v. R. Bull. Jard. bot. Buit. II nr. XVI. 37 t. 9. 1914.
SCOLOPENDRIUM Adanson = **Phyllitis.**
  rumicifolium Regel, Ind. sem. ht. Petr. 1857. 25 = P. plantaginea.
SPHENOMERIS Maxon, Journ. Wash. Acad. Sci. 3. 144. 1913 = subgenus
    Odontosoriae (vel potius genus).
  chinensis Maxon, l. c. = Odontosoria.
  clavata Maxon, l. c. = Odontosoria.
  retusa Maxon, l. c. = Odontosoria.
STENOCHLAENA J. Smith.
  abrupta v. A. v. R. Bull. Jard. bot. Buit. II nr. XX. 24. 1915 — Borneo.
  Mildbraedii Brause, Engl. Jahrb. 53. 384. 1915 — Africa occ. trop.
STIGMATOPTERIS C. Chr. = **Dryopteris.**
  cyclocolpa C. Chr. Amer. Fern Journ. 4. 82. 1914.
TECTARIA Cavanilles = **Aspidium.**
  elliptica Cop. Phil. Journ. Sci. Bot. 9. 228. 1914.
  gymnocarpa Cop. Phil. Journ. Sci. Bot. 9. 4. 1914.

Kingii Cop. Phil. Journ. Sci. Bot. 9. 4. 1914.
Lobbii Cop. Phil. Journ. Sci. Bot. 10. 146. 1915.
olivacea Cop. Phil. Journ. Sci. Bot. 9. 228. 1914.
subaequale Cop. Phil. Journ. Sci. Bot. 9. 5. 1914.

TRICHOMANES L.

(T) acuto-obtusum Hayata, Ic. Fl. Formosa 4. 135 f. 72. 1914 — Formosa.
(T) amabile Nakai, Bot. Mag. Tokyo 28. 65. 1914 — Korea.
(T) bilabiatum v. A. v. R. Bull. Jard. bot. Buit. II nr. XX. 24. 1915 — Java.
(L) borneense v. A. v. R. Bull. Jard. bot. Buit. II nr. XX. 25. 1915 — Borneo.
     (T. javanicum *).
.(T) cupressifolium Hayata, Ic. Fl. Formosa 4. 136 f. 73. 1914 — Formosa.
(L) Foersteri Ros. Fedde Repert 13. 213. 1914 — Sumatra.
     (T. javanicum *)·
(T) Herzogii Ros. Meded. Rijks Herb. Leiden nr. 19. 5. 1913 — Bolivia.
     inerme v. d. B.; Goddijn, Meded. Rijks Herb. Leiden nr. 17. 23 (nomen)
     f. 12. 1913 = T. nitidulum var.
(T) kalamocarpum Hayata, Ic. Fl. Formosa 5. 260 f. 93. 1915 — Formosa.
     T. orientale Hayata, l. c. 4. 138 f. 77. 1914 (non C. Chr. 1906).
(T) microlirion Cop. Phil. Journ. Sci. Bot. 10. 146. 1915 — Borneo.
(T) Mildbraedii Brause, Engl. Jahrb. 53. 376. 1915 — Africa occ. trop.
(H) minutissimum v. A. v. R. Phil. Journ. Sci. Bot. 11. 102 t. 5 f. 1. 1916 —
     Amboina.
(T) musolense Brause, Engl. Jahrb. 53. 377. 1915 — Africa occ. trop.
(H) palmicola v. d. B.; Goddijn, Meded. Rijks Herb. Leiden nr. 17. 32 f. 19.
     1913 — Guinea.
(T) palmifolium Hayata, Ic. Fl. Formosa 4. 138 f. 78. 1914 — Formosa.
(T) paniculatum v. A v. R. Bull. Jard. bot. Buit. II nr. XVI. 38. 1914 — Java.
(H) paradoxum Domin, Bibl. Bot. 85. 10 t. 2 f. 4. 1913 — Queensland.
(P) perpusillum v. A. v. R. Bull. Jard. bot. Buit. II nr. XVI. 37. 1914 — N. Guinea.
(G) pervenulosum v. A. v. R. Phil. Journ. Sci. Bot. 11. 103 t. 5 f. 2. 1916 — Amboina.
(T) pulcherrimum Cop. Phil. Journ. Sci. Bot. 9. 227. 1914 — Sumatra.
(T) quelpaertense Nakai, Bot. Mag. Tokyo 28. 66. 1914 — Ins. Quelpaert (Korea).
(H) rhipidophyllum Slosson, Bull. Torr. Cl. 40. 687 c. fig., t. 26 f. 1—3. 1913
     — Columbia.
     singaporianum v. A. v. R. Bull. Jard. bot. Buit. II nr. XX. 25. 1915 = T.

VITTARIA Smith.   [javanicum var.

arisanensis Hayata, Ic. Fl. Formosa 4. 243 f. 169. 1914; 5. 346 f. 149 b-c.
     1915 — Formosa.
Doniana Mett.; Hieron. Hedwigia 57. 204. 1915 — India.
flaccida (Mett.) Hieron. Hedwigia 57. 200. 1915 — Java. Ins. Nicobar.
     V. zosterifolia var. flaccida Mett. msc.
Hildebrandtii Hieron. Engl. Jahrb. 53. 419. 1915 — Ins. Comorae. Mada-
Humblotii Hieron. Engl. Jahrb. 53. 427. 1915 — Ins. Comorae.   [gascar.
latifolia Benedict, Bull. Torr. Cl. 41. 403 t. 17. 1014 — Bolivia.
mediosora Hayata, Ic. Fl. Formosa 5. 346 f. 149 g—i. 1915 — Formosa.
microlepis Hieron. Hedwigia 47. 202. 1915 — Ceylon.
pyxidata v. A. v. R. Bull. Jard. bot. Buit. II nr. XVI. 37 (syn.). 1914 — Borneo.
     Scleroglossum v. A. v. R. l. c. t. 9.
Schaeferi Hieron. Engl. Jahrb. 53. 430. 1915 — Kamerun.

sessilis Cop. Phil. Journ. Sci. Bot. **9**. 231. 1914 — Sumatra.
Stuhlmanni Hieron. Engl. Jahrb. **53**. 421. 1915 — Africa or trop.
Volkensii Hieron. Engl. Jahrb. **53**. 428. 1915 — Africa or. trop.
Williamsii Benedict, Bull. Torr. Cl. **41**. 407 t. 20. 1914 — Bolivia.
WOODSIA R. Brown.
  alpina × **ilvensis** Rosendahl, Svensk Bot. Tids. **9**. 408 f. 1, 3. 1915 — Suecia.
  tsurugi-anensis Mak. Bot. Mag. Tokyo **28**. 177. 1914 — Japonia.
WOODWARDIA Smith.
  Tak·oi Hayata, Ic. Fl. Formosa **5**. 348. 1915 — Formosa.

CATALOGUS LITERATURAE

SUPPLEMENTUM 1913—1916

v. A. v. R. Bull. Jard. bot. Buit. II nr. XI. 1913. — — II nr. XVI. 1914. — — II nr. XX. 1915. — Phil. Journ. Sci. Bot. 11. 1916.

C. R. W. K. van Alderwerelt van Rosenburgh:
— 6. New or interesting Malayan Ferns. 5. 6 pl.
— 7. — — 6. — 10 pl.
— 8. — — 7. — 4 pl.
— 9. The Amboina Pteridophyta collected by C. B. Robinson. — pag. 101—121, t. 5—6.

Bail. *Queensl. Agric. Journ. 17. 1906. 31. 1913.

F. M. Bailey: 11. Contributions to the Flora of Queensland. 17. p. 28 c. tab., 31. p. 115.

Benedict: Bull. Torr. Cl. 41. 1914.

R. C. Benedict: 9. A revision of the genus Vittaria J. E. Smith. I. The species of the subgenus Radiovittaria. — pag. 391—410, t. 15—20.

Bonaparte: Bull. Mus. d'Hist. nat. 1913[6].
— Bull. Jard. bot. Bruxelles 4. 1913.
— Notes ptérid. I—II. 1915.

Roland Bonaparte: 1. Fougères d'Afrique du l'Herbier du Muséum. pag. 383—391.
— 2. Filices apud de Wildeman: Additions à la flore du Congo. pag. 31—36. 1914 (seorsim 1913).
— Notes ptéridologiques. Fasc. I—II. Paris. 8⁰. 230 et 219 pag.

Brause: Urban Symb. Ant. 7. 1913.
— Notizbl. bot. Gard. Mus. Berlin-Dahlem 6. 1914.
— Fedde Repert. 13. 1914.
— Hedwigia 54. 1914.
— Engl. Jahrb. 53. 1915.

G. Brause: 5. Filices [Domingenses]. — p. 484—486.
— 6. Polypodiaceae in R. Pilger: Plantae Uleanae novae vel minus cognitae. — pag. 109.
— Berichtigung betr. zwei Farne. — pag. 294.
— 7. Neue Farne von Yunnan. — pag. 199—209, t. IV.
— et **G. Hieronymus:** 8. Pteridophyta africana nova vel non satis cognita. — pag. 356—433.

Brooks: Sarawak Mus. Journ. 1. 1912.

Cecil J. Brooks: The ferns of Mt. Penrissen. — pag. 39—51.

Campbell: Ann. of Bot. 28. 1914.

D. H. Campbell: The structure and affinities of Macroglossum Alidae, Copeland. — pag. 651—669, pl. 46—48. — Extractus in

Campbell: Phil. Journ.
  Sci. Bot. 9. 1914.
Christ: Ann. Cons. Jard.
  bot. Genève 15-16. 1913.
C. Chr. Bull. Géogr. Bot.
  Mans 1913.
— Bot. Gaz. 56. 1913.
— Ind. Suppl. 1913.

— Amer. Fern Journ. 4.
  1914.
— Bot. Tidsskr. 32. 1916.

— Ark. för Bot. 14¹⁹.
  1916.
— Lév. Cat. Pl. Yun-Nan.
  1916.

— Smiths. Misc. Coll.
  66⁹. 1916.
Cop. Leaflets Phil. Bot.
  5. 1913.
— Phil. Journ. Sci. Bot.
  8. 1913.

— ——————— — —

— —————— 9. 1914.
— —————— — —
— —————— — —

— —————— 10. 1915.
— —————— 11. 1916.
— —————— — —
— —————— — —

Damazio: Bull. Soc. bot.
  Genève 6. 1914.
Farwell: 18. Ann. Report
  Michigan Acad. Sci. 1916.
Fedtschenko: Acta Hort.
  Petr. 31. 1912.
Fernald: Rhodora 17.
  1915.
Fries: Wiss. Erg. d.
  Schwed. Rhodesia-Kongo
  Exp. 1911—1912. 1. Bot.
  1914.

D. H. Campbell. The genus Macroglossum Copeland.
  — pag. 218—223, t. 1.
H. Christ et **E. Wilczek:** 116. Une nouvelle fougère
  hybride. — pag. 345—346, pl. II—III.
Carl Christensen: 19. Filices Esquirolianae 1910—
  1911. — pag. 137—143.
— 20. Filices Purdomianae. — pag. 331—338.
— 21. Index Filicum. Supplementum 1906—1912.
  Hafniae. 8⁰. 132 pag.
— 22. Some new American species of Dryopteris. —
  pag. 77 - 83.
— 23. Filices in Johs. Schmidt: Flora of Koh Chang.
  Part X. — pag. 340—350. (Conf. Christ nr. 29).
— 24. New Ferns from Madagascar. — pag. 1—8, 2 t.

— 25. Filices novae in H. Léveillé: Catalogue des
  plantes du Yun-Nan. — pag. 98—112. — Le
  Mans. 8⁰.
— 26. Maxonia, a new genus of ferns. — pag. 1—4.

E. B. Copeland: 32. Some ferns of north-eastern
  Mindanao. — pag. 1679—1684.
— 33. Notes on some Javan Ferns. — pag. 139—143, 3 pl.

— 34. On Phyllitis in Malaya and the supposed Genera Diplora and Triphlebia. — pag. 147—
  153, 3 pl.
— 35. New Papuan Ferns. — pag. 1—9.
— 36. New Sumatran Ferns. — pag. 227—233.
— 37. Hawaiian Ferns collected by l'Abbé U. Faurie.
  — pag. 435—441.
— 38. Notes on Bornean Ferns. — pag. 145—149.
— 39. Miscellaneous new Ferns. — pag. 39—41.
— 40. The genus Loxogramme. — pag. 43—46, 4 pl.
— 41. Hawaiian Ferns collected by J. F. Rock, —
  pag. 171—173.

L. Damazio: 2. Une nouvelle fougère du Brésil. —
  pag. 171—172.
O. A. Farwell: Fern Notes. — pag. 78—94.

B. A. Fedtschenko: [Matériaux pour la flore du Dalny
  oriental]. — pag. 1—195.
M. L. Fernald: The American Ostrich Fern. — pag.
  161—164.
Rob. E. Fries: Wissenschaftliche Ergebnisse der
  Schwedischen Rhodesia-Kongo-Expedition 1911
  —1912 unter Leitung von Eric Graf von Rosen.
  Band I. Botanische Untersuchungen. Heft. I.
  Pteridophyta und Choripetalae von Rob. E.
  Fries. Stockholm 1914. 4⁰.

3*

Gandoger: Bull. Soc. Fr. 60. 1913.

M. Gandoger: 3. Manipulus plantarum novarum praecipue Americae australioris. — pag. 22—29.

Goddijn: Meded. Rijks Herb. Leiden nr. 17. 1913.

W. A. Goddijn: Synopsis Hymenophyllacearum. Monographiae hujus ordinis prodromus, auctore R. B. van den Bosch. Mit zahlreichen Zusätzen und Abbildungen aus dem Nachlass des Verfassers neu herausgegeben. - pag. 1—36 (pars prima).

Greene: Amer. Fern Journ. 3. 1913.

F. C. Greene: A new hybrid fern. — pag. 83—85.

Hayata: Journ. Coll. Sci. Univ. Tokyo 30. 1911.

B. Hayata: 6. Materials for a flora of Formosa. Supplementary notes to the Enumeratio Plantarum Formosanarum and Flora Montana Formosæ. Pteridophyta. — pag. 413—448.

— Ic. Fl. Formosa 4. 1914.

— 7. Icones Plantarum Formosanarum nec non et contributiones ad floram Formosanam IV. Tokyo. 4⁰. — Pteridophyta. pag. 129—257, fig. 68—180.

— ———5. 1915.

— 8.   V. Tokyo. 4⁰. — Pteridophyta. pag. 256—349, fig. 92—149

— Bot. Mag. Tokyo 29. 1915.

— 9. Can Prosaptia properly be placed under Davallia? i. e. is it really distinct from Polypodium? — pag. 161—168.

Hicken: Revista Chilena Hist. Nat. 17. 1913.

Cristóbal M. Hicken: 8. Contribucion al estudio de las Pteridofltas de la isla de Pascua y descripcion de dos nuevas especies. — pag. 89—97, 2 pl.

Hieron. Engl. Jahrb. 49. 1912.

G. Hieronymus: 13. Filices apud J. Perkins: Beiträge zur Flora von Bolivia. — pag. 179—180.

— Hedwigia 54. 1914.

— 14. Beiträge zur Kenntnis der Gattung Pteris. I. Über Pteris longifolia L und verwandte Arten. - pag. 283—294.

— ———55. 1914.

— 15. ——— II. Über Pteris quadriaurita Retz. und einige asiatische, malesische und polynesische Arten aus der Gruppe und Verwandschaft dieser Art. — pag. 325—375.

— ———57. 1915.

— 16. Neue Arten von Vittarieen aus der Gattungen Vittaria Sm. und Antrophyum Kaulf. — pag. 200—214.

— Engl. Jahrb.58.1915.

— 17. vide Brause nr. 8.

— Hedwigia 57. 1916.

— 18. Über die Gattung Coniogramme und ihre Arten. — pag. 265—328.

Hopkins: Amer. Fern Journ. 3. 1913.

L. S. Hopkins: A new Polystichum from British Columbia. — pag. 116—118, pl. 9.

Jiménez: *Bol. Fomento 3. 1913.

O. Jiménez: Un helecho arborescente nuevo para la ciencia: Cyathea gemmifera Christ, n. sp. — Bol. Fomento Org. Min. Fomento, San José, Costa Rica. — pag. 661—667.

Komarov: Fedde Repert. 13. 1914.

V. L. Komarov: 2. Novitates Asiae orientalis. Decas secunda. — pag. 84—87.

Kümmerle: Mag. bot.   **J. B. Kümmerle:** 3. Über die von Joseph von Warsce-
lapok **13.** 1914.   wicz gesammelten Pteridophyten des Wiener
                          Hofmuseums.   pag. 35—52 t. 2.
— Bot. Közl. **14.** 1915.   — 4. Elömunkálat a Lonchitis-génusz monografiá-
                          jához (Monographiae generis Lonchitidis pro-
                          dromus) — pag. 166—168.
— ———— **15.** 1916.   — 5. Adatok a Balkánfélsziget Pteridophytáinak is-
                          meretéhez. — pag. 143—148 c. tab. — (Beiträge
                          zur Kenntnis der Pteridophyten der Balkan-
                          halbinsel. — Res. p. (51)—(52).

Lacaita: Journ. Linn.   **C. C. Lacaita:** Plants collected in Sikkim, including
Soc. **43.** 1916.   the Kolimpong District, April 8th to May 9th
                          1913. — pag. 457—492.

Laing: Trans. Proc. N.   **Robert M. Laing:** A revised list of the Norfolk Island
Zeal. Inst. **47.** 1915.   Flora, with some Notes on the species. — pag. 1.
Léveillé: Fl. Kouy-   **H. Léveillé:** 1. Flore du Kouy-Tchéou. — Le Mans.
Tchéou 1915.   4⁰. (autogr.).
— Cat. Fl. Yun-Nan   — 2. Catalogue des plantes du Yun-Nan. Le Mans.
1916.   8⁰. (conf. C. Chr. nr. 25).

Litard. Bull. Soc. Fr. **60.**   **R. de Litardière:** 7. Note sur les fougères récoltées
1913.   à Çefrou par M. le lieutenant Mouret et quel-
                          ques considérations sur la flore ptéridologique
                          du Maroc.   pag. 249—253.

Maiden et Betche: Proc.   **J. H. Maiden** et **E. Betche:** Notes from the Botanic
Linn. Soc. N. S. Wales   Gardens, Sydney, nr. XVI. — pag. 799—802.
85. 1910.

Mak. Bot. Mag. Tokyo **26.**   **T. Makino:** 10. Observations on the Flora of Japan.
1912;**27.** 1913;**28.** 1914.   **26** pag. 384; **27** pag. 124; **28** pag. 170, 335.
Maxon: Journ. Wash.   **W. R. Maxon:** 31. A new genus of davallioid ferns.
Acad. Sci **3.** 1913.   — pag 143—144.
— Smiths. Misc. Coll.   — 32. Saffordia, a new genus of ferns from Peru. —
61⁴. 1913.   5 pag., 2 pl.
— Amer. Fern Journ.   — 33. Some recently described ferns from the South-
3. 1913.   west. — pag. 109—116.
— Contr. U. S. Nat. Herb.   — 34. Studies of tropical American Ferns. No. 4 —
17. 1913.   **17²:** 125—179, t. 1—10.
— ———— 1914.   — 35. ———— No. 5. **17⁴:** 383—425, t. 11—23.
— Smiths. Misc. Coll.   — 36. Report upon a collection of ferns from Western
65⁸. 1915.   South America. — 12 pag.
— Bull. Torr. Cl. **42.**   — 37. The North American species of Psilogramme.
1915.   — pag. 79—86.
— ———————— — ∸   — 38. Polypodium marginellum and its immediate
                          allies. — pag. 219—225.
— Amer. Fern Journ.   — 39. Notes on American Ferns IX. **5:** 1—4. — X.
5. 1915; **6.** 1916.   **6:** 66—68.
— ———————— **5.** 1915.   — 40. Notholaena Aschenborniana and a related new
                          species. — pag. 4—7.
— ———————— — —   — 41. Note upon Polypodium subtile and a related
                          species. — pag. 50—52.
— Contr. U. S. Nat. Herb.   — 42. Studies of tropical American Ferns. No. **6. 17⁷:**
17. 1916.   541—608, t. 32—43.

Menezes: *Madeiran Ferns 1906.

C. A. Menezes: Madeira Ferns, translated from the Portuguese by Herbert Guilbert. Funchal. 8⁰. 22 pag. (t. R. Bonaparte).

Merino: Fl. Galicia 3. 1909.

R. P, B. Merino: Flora descriptiva é ilustrada de Galicia. — Santiago. 8⁰. — Filicáceas: 3: 450 —491.

Morton: Oest. Bot. Zeit. 1914.

Friedrich Morton: Beiträge zur Kenntnis der Pteridophytengattung Phyllitis. — pag. 19—36, c. ill.

Moxley: Amer. Fern Journ. 5. 1915.

G. L. Moxley: Pellaea Rafaelensis sp nov. — pag. 107 t. 8.

Nakai: Bot. Mag. Tokyo 28. 1914.

T. Nakai: 2. Enumeratio specierum Filicum in insula Quelpaert adhuc lectarum. — pag. 65—104.

— Fedde Repert. 13. 1914.

— 3. Plantae novae Coreanae et Japonicae. I. — pag. 243.

Nieuwl. Amer. Midl. Nat. 3 1914; 4. 1915.

J. A. Nieuwland: 3. Why Matteuccia? 3: 194—198. — Pteretis again. 4: 333—334.

Rechinger: Denkschr. Ak. Wien 89. 1913

Karl Rechinger: Botanische und zoologische Ergebnisse einer wissenschaftlichen Forschungsreise nach den Samoa-Inseln, dem Neuguinea-Archipel und den Salomoninseln. — Pteridophyten und Siphonogamen des Neuguinea-Archipels. — Filices. — pag. 468—483.

Regel: Ind. Sem. ht. Petr. 1866.

E. Regel: 5 a. Index Seminum horti botanici Imperialis Petropolitani. — [Enumeratio Filicum cultivarum pag. 6—23].

Al. Richter: Math. Termesz. 29. 1915.

Aladar Richter: 1. Über zwei neue Schizaea-Arten und über die morphologischen und phylogenetischen Verhältnisse einiger Arten der Untergattung Lophidium [Magyarisch]. — Mathemse-Termeszettud. Ertesitö. 29. (1911): 1074—1108, t. 10—13.

— Meded. Rijks Herb. Leiden nr. 28. 1916.

— 2. Eine neue Schizaea aus Borneo (Schizaea Hallieri Al. Richt.) und die physiologisch-taxonomische Anatomie ihrer Stammesgenossen. — p. 1—38, t. 1—5.

Robinson: Bull. Torr. Cl. 40. 1913.

W. J. Robinson: A taxonomic study of the Pteridophyta of the Hawaiian Islands. III. — pag. 193—228, t. 9—12.

Rosendahl: Svensk Bot. Tids 9 1915.

H. v. Rosendahl: 2. Om Woodsia alpina och en sydlig lulandsform af denna samt Woodsia alpina × ilvensis nov. hybr. — pag. 414—420.

— Arkiv för Bot. 14¹⁴. 1916.

— 3. Ett ej beaktadt fynd af en för Skandinaviens flora ny ormbunke. — pag. 1—3, c. tab.

— — — 14¹⁸. —

— 4. Filices novae. — pag. 1—5. 3 tab.

Ros. Meded. Rijks Herb. Leiden nr. 19. 1913.

E. Rosenstock: 18. Die von Dr. Th. Herzog auf seiner zweiten Reise durch Bolivien in den Jahren 1910 und 1911 gesammelten Pflanzen. Teil. I. Filicales.

— Fedde Repert. 12. 1913.

— 19. Filices novoguineenses Keysserianae. II. — pag. 162—181. — III. — pag. 524—530.

Ros. Fedde Repert. 12. 1913.

E. Rosenstock: 20. Blechnum Francii Rosenst., ein neuer Wasserfarn. — pag. 191.

— — — — — — 21. Filices novae in India orientali a cl. Meeboldio collectae. — pag. 245—249.

— — — — — — 22. Filices novae a cl. Dr. O. Buchtien in Bolivia collectae. V. — pag. 468—477. (conf. nr. 7).

— — — — 13. — 1914.

— 23. Filices extremi ·orientis novae — pag. 120—127: 1913, 129 —135: 1914.

— — — — — 1914.

— 24. Filices sumatranae novae. — pag. 212—221.

— Hedwigia 56. 1915.

— 25. Filices formosanae novae, a cl. Pe U. Faurie anno 1914 collectae. — pag. 333—348.

— — — — — — 26. Filices novoguineenses novae, a cl. G. Bamler anno 1914 collectae. — pag. 349—354.

— — — — — — 27. Filices brasilienses novae. — pag. 355—371.

Rouy: Fl. France 14. 1913.

G. Rouy: 3. Flore de France. v. 14. Paris. 8⁰. — Pteridophyta. pag. 379—508.

Schinz et Thellung: Vierteljahrsschr. Zürich. Naturf. Ges. 60. 1915; 61. 1916.

Hans Schinz und Albert Thellung: Weitere Beiträge zur Nomenklatur der Schweizerflora. V. 60: 337. — VI. 61: 414.

Schumann: Flora 108. 1915.

Eva Schumann: Die Acrosticheen und ihre Stellung im System der Farne. — pag. 201—260. (Gliederung des Genus Leptochilus, pag. 250—252).

Sim: Ferns S. Afr. ed. II. 1915.

Thomas R. Sim: 4. The Ferns of South Africa, containing descriptions and figures of the ferns and fern-allies of South Africa. Second Edition. Cambridge. 8⁰. — XII + 384 pag., 186 pl.

Slosson: Bull. Torr. Cl. 40. 1913.

Marg. Slosson: 3. New ferns from tropical America. II. — pag. 183—185, 1 pl. — III. — pag. 687 —690, 1 pl.

— — — — 41. 1914.

— 4. Notes on two North American ferns. — pag. 307—309, 1 pl.

— — — — 42. 1915.

— 5. Notes on Trichomanes. I. The identily of Trichomanes pyxidiferum. — pag. 651—658, 2 pl.

Straszewski: Flora 108. 1915.

H. von Straszewski: Die Farngattung Platycerium. — pag. 271—310.

Takeda: Notes Bot. Gard. Edinb. 8. 1915.

H. Takeda: 3. Contributions to the knowledge of the Asiatic Polypodiums with special reference to the Chinese Species. — pag. 265—312.

Usteri: Fl. São Paulo 1911.

A. Usteri: Flora der Umgebung der Stadt São Paulo in Brasilien. Jena. 8⁰.

Watts: Proc. Linn. Soc. N. S. Wales 37. 1912.

W. Walter Watts: 1. The ferns of Lord Howe Island. — pag. 395—403.

— *— — — 39. 1914.

— 2. Additional notes on the ferns of Lord Howe Island. — pag. 257—262.

Woynar: Mitt. Naturw. Ver. Steiermark 49. 1913.

H. Woynar: 1. Bemerkungen über Farnpflanzen Steiermarks. — pag. 120—200.

— Hedwigia 55. 1914.

— 2. Zur Nomenklatur einiger Farngattungen. I. Gymnopteris. — pag. 376—377.

— — — — 56. 1915.

— 3. — — — II. Filix. — pag. 381—387.

II.

CORRIGENDA

CORRIGENDA

ACROSORUS Copeland = **Polypodium.**
exaltata Cop.
frederici et pauli Cop. = P. Sarasinorum.
Merrilli Cop. = P. tortile.
Reineckei Cop.
Schlechteri Christ = P. Schlechteri v. A. v. R.
triangularis Cop.
ADIANTUM L.
Bonii Christ — Dele loc. Siam.
decorum Moore — Costa Rica—Bolivia.
Grönewegii Regel, Ind. sem. ht. Petr. 1866. 73 (p. 6: Groenewegianum, nomen)
modestum Und. 1901; C. Chr. Ind. 30 = A. capillus veneris. — Hort.
parvilobum Sw. Schrad. Journ. 1800^2. 85. 1801 = Cheilanthes parviloba.
AGLAOMORPHA Schott. vide ante p. 3.
ALLOSORUS Bernh.
crispus Röhling, Deutschl. Fl. ed. II. 8^1. 31. 1813 = Cryptogramma.
ALSOPHILA R. Brown.
Cooperi F. Muell. 1866; C. Chr. Ind. 41 = A. excelsa var. (conf. Domin,
Bibl. Bot. 85. 31. 1913).
Elliottii Bak. 1892; C. Chr. Ind. 42, Suppl. 90 = Hemitelia.
excelsa R. Br. 1810; C. Chr. Ind. 42 — Adde Syn. A. Cooperi F. Muell. 1866.
sessilifolia Jenm. 1882; C. Chr. Ind. 47 = Hemitelia.
Woolsiana F. Muell. 1874. t. Domin = A. Leichhardtiana var.
ANGIOPTERIS Hoffmann.
Smithii Rac. 1902; C. Chr. Ind. 57 = Macroglossum.
ANTROPHYUM Kaulfuss.
vittarioides Bak. 1890; ?v. A. v. R. Bull. Jard. bot. Buit. II nr. XI. 2 t. 2.
ARTHROPTERIS J. Smith.   [1913 — adde Borneo.
Beckleri (Hk.) Mett. Novara Exp. Bot. 1. 213. 1870; Domin, Bibl. Bot. 85.
62 f. 11. 1913 — Queensland. N. S. Wales. — Polypodium? Hk. sp. 4. 224.
1862. Aspidium eumundi Bailey 1892.
obliterata (R. Br.) J. Sm. — Dele Syn. Polypodium Beckleri Hk. 1862.
ASPIDIUM Swartz.
Boydiae Eat. 1879 = Cyrtomium.
eumundi Bailey 1892 = Arthropteris Beckleri.

(S)**giganteum** Bl. 1828 (non Pl.).

intermedium Bl. 1828 = Dryopteris sarawakensis.

Lobbii Hk. — Adde syn. Tectaria Cop. 1915.

microthecium Fée 1865 = Dryopteris microthecia.

trifolium v. A. v. R. 1912 — Adde loc. Ins. Obi (var. *compitale* v. A. v. R. Bull. Jard. bot. Buit. II nr. XX. 6. 1915).

ASPLENIUM L.

acuminatum Hk. et Arn. — Dele syn. A. polyphyllum Pr. 1836.

adiantum nigrum L. — Adde loc. Formosa et syn. Athyrium Hayata 1914.

amoenum Pr. 1836, Mett. 1859. t. Maiden et Betche, Proc. Linn. Soc. N. S. Wales **35**. 800. 1910 sp. bona. — Queensland. N. Caledonia.

amoenum Wright in Johnston, The Uganda Protectorate **1**. 326, 350. 1902 (t. R. Bonaparte), C. Chr. Ind. Suppl. 10 — Uganda. (Nomen malum, non Conilii Franch. et Sav. 1876 = Diplazium Conilii.   [Pr. 1836, Mett. 1859).

cristatum Brack. 1854 = A. insiticum.

dentatum Pappe et Raws. Syn. Fil. Afr. austr. 19. 1858 (an Krauss 1846?) = A. Sandersoni. (t. Sim).

deparioides Brack. 1854 = Athyrium deparioides.

Ferrissii Clute 1908; C. Chr. Ind. Suppl. 11 = Ceterach Dalhousiae.

foresiacum (Le Grand) Christ — Adde loc. Algeria.

fragile Pr. -- Dele loc. Hawaii et syn.

fragile auctt. quoad pl. Hawaii. = A. rhomboideum.

Hancockii Maxim. 1883; C. Chr. Ind. 114 = Diplazium.

heterochroum Kze. Linn. **9**. 67. 1834; Maxon, Contr. U. S. Nat. Herb. **17**. 140 f. 2. 1913 — Cuba. Florida. Bermuda. — A. muticum Gilbert 1903; C. Chr. Ind. 122.

Kraussii Moore — Dele A. dentatum Pappe et Raws. 1858.

multiforme Krasser 1900; C. Chr. Ind. 122 = A. cuneatum.

muticum Gilbert 1903; C. Chr. Ind. 122 = A. heterochroum.

normale Don. — Adde loc. Queensland. Africa orient. Dele loc. Hawaii et Syn. A. pavonicum Brack. 1854.

Palmeri Maxon 1909 — Adde loc. Arizona.

pavonicum Brack. Expl. Exp. **16**. 150 t. 20 f. 1. 1854 — Ins. Hawaii.

polyphyllum Pr. 1836; Goldm. 1843 = A Goldmanni.

pseudofalcatum Hill. — Adde loc. N. Guinea (?; t. Ros Fedde **12**. 525).

rhomboideum Brack. Expl. Exp. **16**. 156 t. 21 f. 2. 1854 — Ins. Hawaii. A. stolonifernm Pr. Rel. Haenk. **1**. 44 t. 6 f. 4. 1825 (non Bory 1804); A. fragile auctt. quoad pl. Hawaii.

Robinsonii F. Muell. conf. Laing, Proc. Linn. Soc. N. S. Wales **47** 11. 1015.

rupium Goodding Muhlenbergia 8. 92. 1912; C. Chr. Ind. Suppl. 13 = Ceterach Dalhousiae.

salignum Bl. — t. v. A. v. R. Bull. Buit. II. nr. XX. 7 = A. vulcanicum.

Schoggersii v. A. v. R. 1908; C. Chr. Ind. Suppl. 13 = A. caudatum.

spathulinum Hill. 1888 = A. caudatum.

stoloniferum Pr. 1825 = A. rhomboideum.

varians Wall. — Adde loc. N. Guinea (var. squamuligera Ros. Fedde Repert.

vulcanicum Bl. — An adhuc A. salignum Bl. 1828?   [**12**. 528. 1913).

ATHYRIUM Roth.

demissum Christ 1908; C. Chr. Ind. Suppl. 14 = A. yokoscense.

deparioides (Brack.) Christ, Farnkr. 223 1897 — Ins. Hawaii.
     Asplenium Brack. Expl. Exp. **16**. 172. 1854.

gedeanum (Rac.) Christ — Adde loc. Sumatra.

horizontale Ros. 1912; C. Chr. Ind. Suppl. 15 = Dryopteris.

proliferum (Klf.) C. Chr. — Dele syn. Asplenium deparioides Brack. 1854; adde syn. Deparia triangularis Und.; Heller 1897; C. Chr. Ind. 219.

yokoscense (Franch. et Sav. Christ — Adde syn. A. demissum Christ 1908;
BLECHNUM L. [C. Chr. Ind. Suppl. 14.

andinum (Bak.) C. Chr. — Adde loc. Brasilia austr. et syn. B. subtile Ros. 1912; C. Chr. Ind. Suppl. 17.

Fraseri (A. Cunn.) Luerss. — Adde loc. Sumatra.

occidentale L. · Adde loc. Florida.

subtile Ros. 1912; C. Chr. Ind. Suppl. 17 = B. andinum.

BOTRYCHIUM Swartz.

lanuginosum Wall. · - Adde loc. Java. Luzon. (var. *nanum* v. A. v. R. Mal.
CEROPTERIS Link 1841. [Ferns 778).

calomelanos (L.) Und. — Adde syn. Pityrogramma calomela Link 1833 et P. chrysophylla Link 1833.

peruviana (Desv.) Link — Adde syn. Pityrogramma Maxon 1913.

sulphurea (Sw.) Fée, Gen. 183. 1850—52 (sulfurea) — India occ.
Acrostichum Sw. Prod. 129. 1788; Gymnogramma Desv. 1811; C. Chr. Ind. 340; Pityrogramma Maxon 1913.

tartarea (Cav.) Link   Adde syn. Pityrogramma Maxon 1913.

triangularis (Klf.) Und.   Adde syn. Pityrogramma Maxon 1913.

triangulata (Jenm.) Und. — Adde syn. Pityrogramma Maxon 1913.

viscosa (Eat.) Und. — Adde syn. Pityrogramma Maxon 1913.

CETERACH Lam. et DC.

Dalhousiae (Hk.) C. Chr. — Adde loc. Arizona et syn. Asplenium Ferrissii Clute 1908; C. Chr. Ind. Suppl. 11; A. rupium Goodding 1912; C. Chr. Ind. Suppl. 13. (Conf. Maxon, Amer. Fern Journ. **3**. 110).

CHEILANTHES Swartz.

caudata R. Br. — Conf. Domin, Bibl. Bot. **85**. 144. — Adde syn. C. tenuissima
contigua Bak. Syn. 476. 1874 — Australia trop. [Bailey 1906.
hirta Sw. — Dele syn. Adiantum parvilobum Sw. 1801; Cheilanthes Sw. 1806.
hispanica Mett. — Adde loc. Algeria.

nudiuscula (R. Br.) Moore, Ind. 249. 1861 — Australia.
Pteris R. Br. Prod. 155. 1810; Notholaena Desv. 1827; Pellaea? Hk. 1858.
— Conf. Domin, Bibl. Bot. **85**. 141—143; an adhuc Notholaena pumilio R. Br. 1810; C. Chr. Ind. 462.

parviloba Sw. Syn. 128, 331. 1806; Sim, Ferns S. Afr. ed. II. 230 t. 111 f. 2. 1915 — Africa austr. — Adiantum Sw. 1801.

Pringlei Dav. — Adde loc. Mexico bor. et Syn. C. sonorensis Goodding 1912; C. Chr. Ind. Suppl. 18.

scariosa Pr. 1825; C. Chr. Ind. 179 p. p. = C. myriophylla.

scariosa auctt. (Hk. sp. **2** t. 104 A.?) = C. ornatissima.

sonorensis Goodding, Muhlenbergia **8**. 93. 1912; C. Chr. Ind. Suppl. 18 = C.

tenuifolia (Burm.) Sw. — Dele syn. C. contigua Bak. 1874. [Pringlei.
CINCINALIS Gleditsch, Verm. Abh. **1**. 24. 1765 (non Syst. 1764, t. Woynar).
Compteria Brazzaiana Linden 1901; C. Chr. Ind. 185 = ? Lonchitis pubescens var. (t. Kümmerle, Bot. Közl. **14**. 179).

CRYPTOGRAMMA R. Br. — nomen melius est Allosorus Bernh.

crispa (L.) Bernh. — lege Allosorus crispus Röhling 1813; Spr. 1827.

CYATHEA Smith.

crenulata Bl. — Adde loc. Sumatra. (v. A. v. R. Bull. Buit. II nr. XX. 9 , descr.).

hypocrateriformis v. A. v. R. 1912; C. Chr. Ind. Suppl. 20 = C. integra var., t. Cop. Leafl. Phil. Bot. 5. 1680.

muricata Willd. 1810; C. Chr. Ind. 194 = Hemitelia.

CYSTOPTERIS Bernhardi.

Syn. *Filix* Adanson 1763 (non Ludwig 1757). *Filicula* Seguier 1754 (nomen optimum?).

moupinensis Franch. Nouv. Arch. Mus. II. 10. 111. 1887 — Thibet. China. — ? Davallia triangularis Bak. 1891.

sudetica A. Br. et Milde — Dele loc. Thibet. Yunnan, et syn. C. moupinensis Franch. 1887 et Davallia triangularis Bak. 1891.

DAVALLIA Smith. — Dele subgenus P = **Prosaptia.**

alata Bl. 1828; C. Chr. Ind. 207 = Polypodium serræforme.

ancestralis (Cop.) C. Chr. Ind. Suppl. 23. 1913 = Polypodium.

contigua (Forst.) Spr.; C. Chr. Ind. 208 = Polypodium.

cryptocarpa (Cop.) C. Chr. Ind. Suppl. 23. 1913 = Polypodium ramonense.

dissecta J. Sm. — Adde loc. N. Guinea.

Engleriana Brause 1912; C. Chr. Ind. Suppl. 23 = Polypodium Brausei.

flexuosa Spr.; C. Chr. Ind. 210 = Odontosoria.

Friderici et Pauli Christ 1895; C. Chr. Ind. 210 = Polypodium Sarasinorum.

linearis (Cop.) C. Chr. Ind. Suppl. 23. 1913 = Polypodium acrosoroides.

Mac Gillivrayi (Fourn.) Bak. 1891; C. Chr. Ind. 211 = Leptolepia maxima var.

maxima (Fourn.) Bak. 1891; C. Chr. Ind. 212 = Leptolepia.

polymorpha (Cop.) C. Chr. Ind. Suppl. 23. 1913 = Polypodium.

Toppingii (Cop.) C. Chr. Ind. Suppl. 23. 1913 = Polypodium.

triangularis Bak. 1891 = Cystopteris moupinensis.

viscidula Mett. — Adde loc. N. Guinea (var. *novoguineensis* Ros. Fedde Rep. [12. 526. 1913).

DEPARIA Hk. et Grev.

triangularis Und. 1797; C. Chr. Ind. 219 = Athyrium proliferum.

DICKSONIA L'Héritier.

Blumei (Kze.) Moore. — Adde loc. Sumatra.

DIPLAZIUM Swartz.

Döderleinii Luerss. — Adde loc. Formosa et syn. D. Morii Hayata 1911.

Forbesii (Bak.) C. Chr. — Adde loc. Sumatra, Ins. Philipp.

Callipteris pariens Cop. 1905; Diplazium C. Chr. Ind. 663 1906; Athyrium Cop. 1908.

japonicum (Thbg.) Bedd. — Adde loc. Queensland. Dele Syn. A. Conilii Fr. et Sav. 1876.

leptophyllum (Bak.) Christ, Bull. Ac. int. Géogr. Bot. 1902. 245 (nomen) — Asplenium Bak. Kew Bull. 1906. 10   [China.

Makinoi Yabe; Hayata, Ic. Fl. Formosa 5. 272 f. 102. 1915 (var. *karapinense*)

marginale (Hill.) C. Chr. — Adde syn. Athyrium Cop. 1914.   [— Formosa.

pariens (Cop.) C. Chr. Ind. 663 = ? D. Forbesii.

Petersenii (Kze.) Christ — Adde syn. Athyrium Cop. 1913.

proliferum (Lam.) Thouars — Dele syn. D. Swartzii Bl. 1828, etc.

Swartzii Bl. Enum. 191. 1828 — Malesia.

Callipteris Pr. 1849; Asplenium Mett. 1856; Athyrium Cop. 1914.

DIPLORA Baker = **Phyllitis.** (Conf. Cop. Phil. Journ. Sci. 8. 147 ff.).

Cadieri Christ; C. Chr. Ind. 242 = Stenochlaena sp.

integrifolia Bak. 1873; C. Chr. Ind. 242 = P. Durvillei.

DOODIA R. Brown.

lunulata C. Chr. Ind. 243 — Dele lineam totam.

media R. Br. — Dele syn. D. lunulata R. Br. 1810.

DRYMOGLOSSUM Presl.

abbreviatum Fée 1857; C. Chr. Ind. 246 = Polypodium.

DRYNARIA (Bory) J. Sm.

Fortunii Moore 1855 = Polypodium Fortunii.

zeylanica Fée 1850—52 = Polypodium nudum.

DRYOPTERIS Adanson.

Backeri v. A. v. R. 1908; C. Chr. Ind. Suppl. 30 = D. setigera.

calcarata (Bl.) O.Ktze. — Adde syn. D. Marthae v. A. v. R. 1911; C. Chr. Ind.

callopsis (Fr. et Sav.) C. Chr. — t. Nakai = D. Maximowiczii.   [Suppl. 35.

cana (J. Sm.) O.Ktze. — Adde syn. Christella Lév. 1915.

Clarkei (Bak.) O.Ktze. — Adde loc. Formosa (t. Hayata).

cristata × spinulosa (Milde) C. Chr. — Adde syn. Nephrodium uliginosum
Rouy 1913.

cyatheoides (Klf) O.Ktze. — Dele syn. Aspidium Boydiae Eat. 1879.

cyclocolpa (Christ) C. Chr. — Adde syn. Stigmatopteris C. Chr. 1914.

decomposita (R. Br.) O.Ktze. — Adde loc. N. Guinea (t. Ros.).

dilatata × filix mas Litard. — Adde syn. Nephrodium Filix mas × dilatatum Rouy 1913; N. subalpinum Rouy 1913.

erubescens (Wall.) C. Chr. — Adde loc. Formosa et syn. Christella Lév. 1915.

Esquirolii Christ — Adde syn. Christella Lév. 1915.

filix mas *elongata — Adde syn. Dryopteris elongata Sim 1915.
Nephrodium Pentheri Krasser 1910; Dryopteris C. Chr. Ind. 284. 1905.

— *serrato-dentata (Bedd.) — Adde loc. Formosa et syn. Dryopteris serrato-
dentata Hayata 1914.

filix mas × spinulosa (A. Br.) C. Chr. — Adde syn. Nephrodium Rouy 1913;
N. remotum Hk. 1861 (non Moore).

flaccida (Bl.) O.Ktze. — Adde syn. Christella Lév. 1915.

gracilescens (Bl.) O.Ktze.* — Adde syn. Christella glanduligera Lév. 1915.

japonica (Bak.) C. Chr. — Adde loc. Korea, China et syn. Christella Lév. 1915.

khasiana C. Chr. — Adde syn. Christella Lév. 1915 et C. cuspidata Lév. 1915.

latipinna (Hk.) O.Ktze. — Adde loc. Christella Lév. 1915.

Linnaeana C. Chr. — Adde syn. D. dryopteris Christ 1909, Britton 1913.

longissima (Brack.) C. Chr. — Adde loc. N. Guinea (var. novoguineensis
Ros. Hedwigia 56. 351. 1915.

Marthae v. A. v. R. 1911; C. Chr. Ind. Suppl. 35 = D. calcarata.

Maximowiczii (Bak.) O.Ktze. — An adhuc D. callopsis (Fr. et Sav.) C. Chr.?

megaphylla (Mett.) C. Chr. — Adde syn. Christella Lév. 1915.

Metteniana Hieron. 1907; C. Chr. Ind. Suppl. 35. = D. microthecia.

moulmeinensis (Bedd.) C. Chr. — Adde syn. Christella mulmeinensis Lév. 1915.

ochthodes (Kze.) C. Chr. — Adde syn. Christella Lév. 1915.

pandiformis (Christ) C. Chr. — Adde syn. Christella Lév. 1915.

parasitica (L.) O.Ktze. — Adde syn. Christella Lév. 1915.

Pentheri (Krasser) C. Chr. Ind. 284 = D. filix mas *elongata.

perakensis (Bedd.) C. Chr. — Adde loc. Sumatra (var. sumatrensis v. A. v. R.
Bull. Buit. nr. XI. 13. 1913).

porphyrophlebia (Christ) C. Chr. — Adde syn. Christella Lév. 1915.

quadriaurita Christ — Adde loc. N. Guinea (t. Ros.).

Raciborskii v. A. v. R. 1908; C. Chr. Ind. Suppl. 38 = D. dissecta.

rhodolepis (Clarke) C Chr. — Japonia. China. India bor. Dele loc. Asia trop. et syn. Aspidium intermedium Bl. 1828 et Nephrodium sarawakense Bak. 1886. (Conf. D. sarawakensis).

rigida (Hoffm.) Und. — An nomen optimum: D. Villarsii (Bell.) Woynar 1915; Polypodium Bellardi 1792?

rufostraminea (Christ) C. Chr. — Adde syn. Hemesteum Lév. 1915.

salicifolia (Wall.) C. Chr. — Adde loc. Borneo.

(D) **sarawakensis** (Bak.) v. A. v. R. Mal. Ferns 200. 1909; Cop. Phil. Journ. Sci. 8. 140. 1913 — Asia trop. — Nephrodium Bak. Journ. Linn. Soc. 22. 225. 1886. Aspidium intermedium Enum. 161. 1828 (non Willd. 1810); Dryopteris rhodolepis pro parte C Chr. Ind. 288 (ubi syn.); Lastrea Blumei Moore 1858 (non Nephrodium J. Sm. 1841).

sophoroides (Thbg.) O.Ktze. — Adde syn. Christella sophoroidea Lév. 1915.

spinulosa (Müll.) O.Ktze. — An nomen melius: D. austriaca (Jacq.) Woynar 1915; Polypodium Jacq. 1764?

subsagenioides Christ 1910; C. Chr. Ind. Suppl. 40 = D. polypodiformis (t. Nakai).

urophylla (Wall.) C. Chr. — Adde syn. Christella Lév. 1915. C. longifrons [Lév. 1915.

DRYOSTACHYUM J. Smith.

drynarioides Kuhn 1869; C. Chr. Ind. 301 = Merinthosorus.

Hieronymi Brause 1912; C. Chr. Ind. Suppl. 41 = Aglaomorpha.

novoguineense Brause 1912; C. Chr. Ind. Suppl. 41 = Aglaomorpha.

pilosum J. Sm. 1841 = Aglaomorpha.

splendens J. Sm. 1841; C. Chr. Ind. 361 = Aglaomorpha.

Thomsoni (Bak.) Diels 1800; C. Chr. Ind. 301 =. Merinthosorus? Photino-

ELAPHOGLOSSUM Schott. [pteris?

Bellermannianum (Kl.) Moore — Adde loc. Jamaica (t. Bonaparte).

laurifolium (Thouars) Moore — Adde loc. Formosa (Hayata, Ic. Fl. Formosa

GLEICHENIA Smith. [5. 293 f. 117. 1915)

polypodioides (L.) Sm — Adde loc. Madagascar? Mauritius.

subpectinata Christ, C. Chr Ind. 324 = G. linearis var.

GONIOPHLEBIUM (Bl.) Presl = **Polypodium.**

lepidotrichum Fée, 8 mém. 93 1857 = P. lepidotrichum.

pyrrholepis Fée, 8 mém. 94. 1857 = P. pyrrholepis.

GRAMMITIS Swartz.

affinis Wall. 1828 = Coniogramme affinis.

ampla F. Muell. 1866: Benth. 1878 = Polypodium queenslandicum.

fluminensis Fée 1869 = Polypodium nigrolimbatum.

limbata Fée 1850—52 = Polypodium.

procera Wall. 1828 = Coniogramme procera.

quaerenda Bolle 1863 = ? Polypodium ebeninum.

GYMNOGRAMMA Desvaux.

Bommeri Christ 1896; C. Chr. Ind. 334 = Ceropteris ferruginea.

congesta Christ — Adde syn. Psilogramme Maxon 1915.

flexuosa (H. B.) Desv. — Adde syn. Psilogramme refracta Maxon 1915. (An G. refracta Kze. sp. bona?).

haematodes Christ — Adde syn. Psilogramme Maxon 1915.

pilosa Brack. 1854 = Coniogramme pilosa.

sadlerioides Und. 1897 = Sadleria unisora.

subcordata Eat. et Dav. 1897 = Coniogramme americana.

sulphurea (Sw.) Desv. 1811; C. Chr. Ind. 340 = Ceropteris.

GYMNOPTERIS Bernhardi. Conf. Woynar, Hedwigia **55**. 376. 1914.
Ehrenbergiana (Kl.) C. Chr. Ind. 341 = Bommeria.
ferruginea (Kze.) Und. 1902; C. Chr. Ind. 341 = Ceropteris.
hispida (Mett.) Und. 1900; C. Chr. Ind. 341 = Bommeria.
pedata (Sw.) C. Chr. Ind. 341 = Bommeria.
subcordata (Eat. et Dav.) Und. 1902; C. Chr. Ind. 342 = Coniogramme.
HEMITELIA R. Brown.
muricata (Willd.) Fée, Gen. 330. 1850—52; Maxon, Contr. U. S. Nat. Herb.
17. 419 t. 22. 1914 — Martinique. Guadeloupe. — Cyathea Willd. sp. **5**.
497. 1810; C. Chr. Ind. 194 cum syn. (excl. loc. Costa Rica).
sessilifolia Jenm. W. Ind. and Guiana Ferns 44. 1898; Maxon, Contr. U. S.
Nat. Herb. 17. 416 t. 17. 1914 — Jamaica. — Alsophila Jenm. JoB. **1882**.
325; C. Chr. Ind. 47.
Wilsoni Hk. 1865; C. Chr. Ind. 351 (dele lineam 8 infra, Ind. Suppl. 115);
Maxon, Contr. U. S. Nat. Herb. 17. 416 t. 18. 1914 — Jamaica.
HUMATA Cav.
intermedia C. Chr. — Adde loc. Sumatra.
sessilifolia (Bl.) Mett. — Adde loc. N. Guinea.
HYMENOPHYLLUM Smith.
blandum Rac. — Adde loc. Sumatra, Ins. Philipp.
multifidum (Forst.) Sw. — Adde loc. N. Guinea (var. *novoguineensis* Ros.
Fedde Repert. **12**. 166. 1913).
Reinwardtii v. d. B. — Adde loc. N. Guinea (t. Ros.).
praetervisum Christ — ? var. *australiense* Domin, Bibl. Bot. **85**. 21. 1913;
H. tunbridgense var. exsertum Bailey, Report. Govt. Sci. Exp. Bell. Ker
74. 1889; Lithogr. t. 30 — Queensland.
Simonsianum Hk. — Adde loc. Formosa (Hayata, Ic. Fl. Form. **5**. 258 f. 92. 1915).
Treubii Rac. — Adde loc. N. Guinea (var. *novoguineensis* Ros. Fedde Repert.
LECANOPTERIS Reinwardt. [**12**. 526. 1913.
formosana Hayata 1912; C. Chr. Ind. Suppl. 48 = Polypodium contiguum.
LEPTOCHILUS Kaulfuss. Conf. E. Schumann, Flora **108**: 250—252. 1915.
axillaris (Cav.) Klf. — Adde loc. China. [(Clavis specierum).
Humblotii (Bak.) C. Chr. — Acrostichum Bak. JoB. **1884**. 144 (non 114).
minutulus Fée 1865; C. Chr. Ind. 386 — India bor. (non Ceylon) = L. minor.
scalpturatus (Fée) C. Chr. Ind. 387 (excl. syn. omnibus Heteronevron Fée
exceptum); Bot. Tids. **32**. 344. 1916 — Ins. Philipp. Malesia. Siam.
scalpturatus C. Chr. Ind. 387 pro max. parte = L. costatus.
virens (Wall.) C. Chr. — Adde loc. China. Formosa.
zeylanicus (Houtt.) C. Chr. — Adde loc. China.
LEPTOLEPIA Mett.
aspidioides Mett.; Kuhn 1882; C. Chr. Ind. 390 = L. maxima.
LINDSAYA Dryander.
brevipes Cop. — Adde loc. Amboina.
repens (Bory) Bedd. — Adde syn. L. Macraeana Cop. 1914 (an sp.?).
rigida J. Sm. — Adde loc. Sumatra.
LOMARIA Willdenow.
Dregeana Fée 1865 = Blechnum australe.
LONCHITIS L.
aurita L. 1753 ?; C. Chr. Ind. 408 = L. Lindeniana.

Lindeniana Hk. sp. **2**. 56 t. 89 A. 1851; Kümmerle, Bot. Közl. **14**. 179. 1915
— Amer. trop. — L. aurita C. Chr. Ind. 408 (vix L. 1753).

pubescens Willd. — Dele syn. L. tomentosa Fée 1850—52.

tomentosa Fée, Gen. 153. 1850—52, 7 mém. 32 t. 23 f. 3; Kümmerle Bot.
Közl. **14**. 173. 1915 — Ins. Afr. orient. — An adhuc L. polypus Bak. 1876?

LYGODIUM Swartz.

Versteegei Christ — Adde loc. Luzon.

MARATTIA Swartz.

Brooksii Cop. — Adde loc. Java.

microcarpa Mett. Ett. t. 177 (non 117).

novoguineensis Ros. 1912; Ros. Hedwigia **56**. 354. 1915, descr. aucta.

silvatica Bl. — Adde loc. Sumatra.

ternatea de Vriese — Adde loc. Java. Japonia.

MATONIA R. Brown.

Foxworthyi Cop. — Adde loc. Amboina.

MATTEUCCIA Todaro.

struthiopteris (L.) Todaro — Adde syn. Pteretis Nieuwl. 1914. M. nodulosa
(Schkuhr) Fernald 1915; Pteretis Nieuwl. 1915 (f. americana)l

MERINTHOSORUS Copeland, Phil. Journ. Sci. Bot. **6**. 92. 1911. — (Polypodiaceae Gen. **104 b**).

drynarioides (Hk.) Cop. l. c. — Malesia—Ins. Salomonis.
Acrostichum Hk. sp. **5**. 282. 1864; Dryostachyum Kuhn 1869; C. Chr.
(conf. Dryostachyum Thomsoni).   [Ind. 301 cum syn.

MICROLEPIA Presl.

hirta (Klf.) Pr. — Adde Microlepia puberula et pyramidata Lacaita 1916
Hookeriana (Wall.) Pr. — Adde loc. Java.   [(an sp. bonae?).

MONOGRAMMA Schkuhr.

dareicarpa Hk. — Adde loc. Queensland.

intermedia Cop. — Adde loc. Sumatra.

trichoidea J. Sm. — Adde loc. Java. Sumatra. N. Guinea.

NEPHRODIUM Rich. = **Dryopteris**.

insculptum Desv. 1827 = D. unita (cucullata)!

Pentheri Krasser 1900 = D. filix mas * elongata.

remotum Hk. 1861 = D. filix mas × spinulosa.

NEPHROLEPIS Schott.

radicans (Burm.) Kuhn — Adde loc. Queensland (var. *cavernicola* Domin,

NOTHOLAENA R. Brown.   [Bibl. Bot. **85**. 66. 1913).

Arsenii Christ 1910; C. Chr. Ind. Suppl. 52 = N. Galeottii.

Balansae Bak. — Adde syn. Cheilanthes Domin 1913.

Brackenridgei Bak. Syn. ed. I. 371. 1868, Maxon, Smiths. Misc. Coll. **65**⁸.
7. 1915 — Peru. — N. doradilla Bak. Syn. ed. II. 371. 1874 (non Colla
1836); Cheilanthes Domin 1913.

Brownii Desv. — Adde syn. Cheilanthes Domin 1913.

bryopoda Maxon — Adde syn. Cheilanthes Domin 1913.

Buchanani Bak. — Adde syn. Cheilanthes Domin 1913.

californica Eat. Bull. Torr. Cl. **10**. 27. 1883; Maxon, Contr. U. S. Nat. Herb.
17. 603. 1916. — California—Arizona.

chinensis Bak. — Adde syn. Cheilanthes Domin 1913.

cinnamomea Bak. — Adde syn. Cheilanthes Domin 1913.

cochisensis Goodding, Muhlenbergia **8**. 93. 1912; C. Chr. Ind. Suppl. **52** =
N. sinuata var.

cretacea Liebm. — Dele loc. California —. et syn. N. californica Eat. 1883.

deltoidea Bak. — Adde syn. Cheilanthes Domin 1913.

doradilla Colla 1836 = N. mollis (t. Maxon).

fragilis Hk. — Adde syn. Cheilanthes Luerss. 1882.

Galeottii Fée, Gen. 159. 1850—52 — Mexico.

    N. Arsenii Christ 1910; C. Chr. Ind. Suppl. 52. N. hyalina Maxon 1915.

goyazensis Taubert — Adde syn. Cheilanthes 1913.

Grayi Dav. — Adde syn. Cheilanthes Domin 1913. Notholaena hypoleuca Goodding 1912 (non Kze. 1834).

hirsuta (Poir.) Desv. — Adde loc. Formosa (Hayata, Ic. Fl. Formosa **5**. 303 f. 122. 1915). Dele syn. Pteris nudiuscula R. Br. 1810 cum syn.

Hookeri Eat.; C. Chr. Ind. 461 = N. Standleyi.

Lemmoni Eat. — Adde syn. Cheilanthes Domin 1913.

Marantae (L.) R. Br. — Adde syn. Cheilanthes Domin 1913.

Marlothii Hieron. — Adde syn. Cheilanthes Domin 1913.

Newberryi Eat. — Adde syn. Cheilanthes Domin 1913.

Parryi Eat. — Adde syn. Cheilanthes Domin 1913.

Pringlei Dav. 1886; C. Chr. Ind. 462 = N. Greggii.

pumilio R. Br. — t. Domin, Bibl. Bot. **85**. 142 = Cheilanthes nudiuscula var.

rigida Dav. — Adde syn. Cheilanthes Domin 1913.

Schaffneri (Fourn.) Und. — Adde syn. Cheilanthes Nealleyi Domin 1913.

sinuata (Lag.) Klf. — Adde syn. Cheilanthes Domin 1913.

    Notholaena cochisensis Goodding 1912; C. Chr. Ind. Suppl. 52.

sulphurea (Cav.) J. Sm. — Adde syn. Chrysochosma Kümmerle 1914 — C. candidum (Mart. et Gal.) Kümm. 1914 — C. pulveraceum (Pr.) Kümm. 1914 — C. Borsigianum (Rchb. f. et Warz.) Kümm. 1914. (An omnes species? conf. Kümmerle, Mag. bot. lapok. **13**. 39—43. 1914).

tricholepis Bak. — Adde syn. Cheilanthes Domin 1913.

vellea (Ait.) Desv. — Adde loc. Madagascar et syn. Cheilanthes Domin 1913.

ODONTOSORIA (Pr.) Fée. Conf. Maxon, Contr. U. S. Nat. Herb. **17**. 157 ff.

chinensis (L.) J. Sm. — Adde syn. Sphenomeris Maxon 1913.   [1913.

clavata (L.) J. Sm. — Adde syn. Sphenomeris Maxon 1913.

retusa (Cav.) J. Sm. — Adde syn. Sphenomeris Maxon 1913.

OLEANDRA Cav. — Conf. Maxon, Contr. U. S. Nat. Herb. **17**. 392 ff. 1913.

articulata (Sw.) Pr. t. Maxon l. c. 394 eadem ac O. nodosa (Willd.) Pr.; C. Chr. Ind. 467 — Hab. Ind. occ. — Plantae africanae adhuc O. articulata nominatae ita sine nomine.

colubrina (Blanco) Cop. — Adde loc. Celebes.

Cumingii J. Sm. — Adde loc. Queensland.

hirta Brack. Expl. Exp. **16**. 214 t. 29. 1854 — Brasilia austr.

neriiformis Cav. — Dele loc. Amer. austr. et syn. O. pilosa Hk. 1842 —

nodosa (Willd.) Pr. — v. supra sub O. articulata.   [O. hirta Brack. 1854.

pilosa Hk. Gen. t. 45 B. 1840 — Guiana. Columbia.

trujillensis Karst. Fl. Col. **1**. 147 t. 73. 1860 — Columbia.

Wallichii (Hk.) Pr. — Adde loc. Formosa (t. Hayata).

Whitmeei Bak. — Adde loc. N. Guinea.

PAESIA St. Hilaire.

scaberula (A. Rich.) Kuhn — Adde loc. N. Guinea (t. Ros. Fedde Rep. **12**. 162. 1913).

Peismapodium Maxon 1909; C. Chr. Ind. Suppl. 53 = **Maxonia**.

PELLAEA Link.

Fauriei Christ — Adde syn. Pteris cheilanthoides Hayata 1906; C. Chr. Ind.
Greggii Mett.; Kuhn 1869; C. Chr. Ind. 480 = Notholaena.   [Suppl. 66.
Kitchingii Bak. 1880; C. Chr. Ind. 481 = Doryopteris.
truncata Goodding, Muhlenbergia 8. 94. 1912; C. Chr. Ind. Suppl. 54 = P.
mucronata.

PHYLLITIS Ludwig. — Incl. Triphlebia Bak. et Diplora Bak. (Conf. Copeland, Phil. Journ. Sci. 8. 153 ff. t. 5—7).

Durvillei (Bory) O.Ktze. Rev. Gen. Pl. 2. 818. 1891 — Melanesia. Borneo.
Scolopendrium Bory, Dup. Voy. 1. 273 t. 37 f. 1. 1828. HB. 247; Micro-
podium Mett. 1866; Stenochlaena sorbifolia var. 16 C. Chr. Ind. 626. —
Adhuc t. Copeland: Asplenium Linza Cesati 1877; Triphlebia Bak. 1886;
C. Chr. Ind. 652; Phyllitis v. A. v. R. 1911 — Triphlebia dimorphophylla
Bak. 1886; Stenochlaena sorbifolia var. 19 C. Chr. Ind. 626 — Diplora
integrifolia Bak. 1873; C. Chr. Ind. 242 — Scolopendrium mambare Bail.
1898; Phyllitis v. A. v. R. 1908; C. Chr. Ind. Suppl. 55 — Ph. intermedia
v. A. v. R. 1908; C. Chr. Ind. Suppl. 55 —? Asplenium scolopendropsis
F. Muell. 1876; Phyllitis v. A. v. R. 1908; C. Chr. Ind. Suppl. 55.

hybrida (Milde) C. Chr. — Conf. Morton, Oest. Bot. Zeit. 1914: 19—36.
intermedia v. A. v. R. 1908; C. Chr. Ind. Suppl. 55 = P. Durvillei.
linza v. A. v. R. 1911 = P. Durvillei.

longifolia (Pr.) O.Ktze. Rev. Gen. Pl. 2. 818. 1891 — Ins. Philipp.
Scolopendrium Pr. Rel. Haenk. 1. 48 t. 9 f. 1. 1825; Micropodium Mett.
1866; Triphlebia Bak. 1886; C. Chr. Ind. 652 — Scolopendrium pinnatum
J. Sm. 1841; Micropodium Mett. 1866; Triphlebia Bak 1886; C. Chr. Ind.
652; Phyllitis O.Ktze. 1891.
mambare (Bail.) v. A. v. R. 1908; C. Chr. Ind. Suppl. 55 = P. Durvillei.
pinnata O.Ktze. 1891 = P. longifolia var.
scolopendropsis v. A. v. R. 1908; C. Chr. Ind. Suppl. 55 =? P. Durvilei.

PHYMATODES Presl = **Polypodium**.
crenulata Pr. 1836 = P. crenulatum.

PLEOPELTIS Humb. et Bonp. = **Polypodium**.
nuda Hk. 1823 = P. nudum.
trifida Bedd. 1870 = P. oxylobum.
Wightiana Bedd. 1863—65 = P. nudum.

PLEUROSORUS Fée.
Pozoi (Lag.) Diels. — Adde loc. Mauritania.

POLYPODIUM L.
Alberti Regel 1881 = P. clathratum.
albidoglaucum C. Chr. Ind. Suppl. 58 = P. malacodon.
albopunctatum Bak. 1877 = P. cretatum.
aquaticum Christ — t. Takeda = P. pteropus.
arenarium Bak. — t. Takeda = P. hastatum f. simplex.
aspidioides Bailey 1881 = Dryopteris queenslandica.
aspidioides var. tropica Bailey, Fern World Austr. 65. 1881 = Dryopteris
aspidiolepis Bak. 1887; C. Chr. Ind. 511 = P. thyssanolepis.   [tropica.
asterolepis Bak. JoB. 1888. 230 = P. macrosphaerum.
aureum L. — Adde loc. Ins. Hawaii.
austrosinicum Christ in C. Chr. Ind. 512 = P. Fortunii.
austrosinicum Christ, Bull. Géogr. Bot. Mans 1906. 107 = P. malacodon.

Beckleri Hk. 1862 = Arthropteris Beckleri.

Bernoullii Bak. 1874; C. Chr. Ind. 513 = P. cryptocarpon.

Billardierii (Willd.) C. Chr. — Adde syn. P. magellanicum (Desv.) Cop. 1916. Blanchetii C. Chr. 1902, Ind. 513 = P. nanum.

Blumeanum (Pr.) C. Chr. — Adde loc. Formosa (Hayata, Ic. Fl. Formosa 5.

Bolsteri Cop. — Adde loc. Borneo. [309 f. 124. 1915

brachylepis Bak. 1880 = P. superficiale.

Brooksii (Cop.) C. Chr. Ind. Suppl. 58 = Aglaomorpha.

Buergerianum Miq. — Dele syn. P. brachylepis Bak. 1880. adde P. ning-poense Bak. 1891; C. Chr. Ind. 548 (t. Takeda) et loc. Formosa. Tonkin.

bullatum Bak. 1876 — t. Takeda = P. excavatum.

chenopus Christ 1905 — t. Takeda = P. hastatum var.

chinense Mett.; Kuhn 1868; C. Chr. Ind. 516 = P. Fortunii.

clathratum Clarke 1880 — China bor.—Himalaya—Afghanistan—Turkestan. Japonia. Liu Kiu. — Adde syn. P. Alberti Regel 1881. P. Uchiyamae Mak. 1906; C. Chr. Ind. Suppl. 63.

commutatum Bl. — Adde loc. N. Guinea.

comorense Bak. — t. Bonaparte, Notes pter. II. 69 verisimiliter = P. villo-sissimum Hk. f. glabrescens.

(Pr) **contiguum** (Forst.) J. Sm. JoB. 3. 394. 1841 — Formosa. Malesia. Polynesia. Trichomanes Forst. Prod. 84. 1786; Davallia Spr. 1799; C. Chr. Ind. 208 cum syn. Lecanopteris formosana Hayata 1812; C. Chr. Ind. Suppl. 48.

crenato-pinnatum Clarke. — Adde syn. P. griseo-nigrum Bak. 1895; C. Chr. Ind. 531. P. pseudoserratum Christ 1898; C. Chr. Ind. 556. (t. Takeda).

(Pl) **crenulatum** (Pr.) Kze.; Mett. Pol. 110 nr. 210 b. 1857 (nomen) — Celebes (Malesia?). — Phymatodes Pr. 1836 (nomen); Pleopeltis v. A. v. R. Bull. Jard. bot. Buit. II nr. XVI. 59 c. descr. et fig. 1914.

crispulum Christ 1904; C. Chr. Ind. 519 = P. laxum.

(M) **cryptocarpon** Fée, 8 mém. 88. 1857 — Mexico. Guatemala. — P. Skinneri Hk. 1862; C. Chr. Ind. 564. P. Bernoullii Bak. 1874; C. Chr. Ind. 513.

cryptocarpum v. A. v. R. 1909 = P. ramonense.

cyclophyllum Bak. 1891; C. Chr. Ind. 520 = P. drymoglossoides.

dactylinum Christ 1905; C. Chr. Ind. 520 — t. Takeda = P. hastatum var.

decrescens Christ — Adde loc. Formosa (var. *blechnifrons* Hayata, Ic. Fl. Formosa 4. 245 f. 171. 1914.

denticulatum (Bl.) Pr. — Adde loc. Celebes.

diplosorum Christ — Adde loc. N. Guinea.

dolichopodum Diels 1900; C. Chr. Ind. 523 = P. hastatum.

drymoglossoides Bak. 1887 — Adde syn. P. moupinense Franch. 1887; C. Chr. Ind. 546. P. cyclophyllum Bak. 1891; C. Chr. Ind. 520 (t. Takeda).

ellipticum Thbg. — Dele loc. Queensland et syn. Grammitis ampla F. Muell. 1866 etc. (v. P. queenslandicum).

Engleri Luerss. — Adde loc. Korea. Formosa.

(A) **exaltatum** (Cop.) v. A. v. R. Mal. Ferns 614. 1909 — Mindanao. Celebes. Davallia Cop. in Perkins, Fragm. 180. 1905; C. Chr. Ind. 663; Acro-sorus Cop. 1906.

excavatum Bory — Adde loc. China. — Dele syn. P. loriforme Wall. 1828 etc. et P. asterolepis Bak. 1888 etc. — t. Takeda adhuc P. bullatum Bak. 1876 et P. maculosum Christ 1896.

fallax Schlecht. et Cham. — Adde syn. P. margaritiferum Christ 1905; C. Chr. Ind. 543.

(P̶l̶) **Fortunii** (Moore) Lowe, Ferns I t. 42 B. 1856; Takeda, Notes Bot. Gard.
Edinb. **8.** 285. 1915 — Formosa. China. —? Madagascar. — Drynaria
Moore, Gard. Chr. 1855. 708 — P. chinense Mett.; Kuhn 1868; C. Chr.
Ind. 516. P. Henryi Christ 1898 (non Diels 1899); P. austrosinicum
Christ; C. Chr. Ind. 512. 1906. — P. normale v. madagascariensis Bak.
1877. (t. Takeda, qui etiam adhuc refert P. Pappei Mett.; Kuhn 1868;
C. Chr. Ind. 551, Africa austr.).

furfuraceum Schlecht. et Cham. — Adde syn. P. Macbridense Shimek
1897; C. Chr. Ind. 542 et P. Margallii Rovirosa 1909; C. Chr. Ind. Suppl.
60. — Dele syn. P. cryptocarpon Fée 1857.

glaucopsis Franch. 1885; C. Chr. Ind. 530 = P. Veitchii.

gracillimum Cop. — Adde loc. N. Guinea. Sumatra.

griseo-nigrum Bak. 1895; C. Chr. Ind. 531 = P. crenato-pinnatum.

Hancockii Bak. — t. Takeda = P. pteropus.

hastatum Thbg. — Dele syn P. trifidum Don 1825 etc. et P. oxylobum
Wall. 1828 etc. Takeda ad hanc speciem refert: P. arenarium Bak. 1895,
P. chenopus Christ 1905, P. dactylinum Christ 1905, P. dolichopodum
Diels 1900, P. Matthewi Tutcher 1905; P. Melleri Bak. 1868 (Madagascar).

hawaiiense Und. 1897; C. Chr. Ind. 532 = P. pellucidum.

hederaceum Christ 1902; C. Chr. Ind. 532 = P. subhastatum.

Helleri Und. 1897; C. Chr. Ind. 532 = P. pellucidum.

Henryi Christ 1898 = P. Fortunii.

heterolobum C. Chr. — t. Takeda = P. hymenodes var.

hymenolepioides Christ 1905; C. Chr. Ind. 534 = P. abbreviatum.

(Pl) **hymenodes** Kzc. Linn. **23.** 279, 319. 1850; Mett. Fil. Lips. 37 t. 25 f. 40
—41. 1856; Takeda, Notes Bot. Gard. Edinb. **8.** 287. 1915 — China —
India bor. Formosa. N. Guinea — P. subhemionitideum Christ 1899;
C. Chr. Ind. 567. — Conf. P. heterolobum C. Chr.

(P) **inarticulatum** Cop. Phil. Journ. Sci. **1.** Suppl. II. 160. 1906 (nomen) —
Ins. Philipp.

intramarginale Bak. 1906; C. Chr. Ind. 535 = P. macrosphaerum.

Kawakamii Hayata 1909; Ic. Fl. Formosa **5.** 318 f. 130. 1915.

Lastii Bak. — t. Takeda = P. ovatum Wall.

laxum Pr. — Adde loc. Costa Rica et syn. P. crispulum Christ 1904; C.
leiopteris Kze. 1850 = P. nudum.   [Chr. Ind. 519.

Lindenianum Kze. — Adde syn. P. verapax Christ 1905; C. Chr. Ind. 573.

lineare Thbg. — Dele syn. P. Alberti Regel 1881 et P. oligolepidum Bak. 1880;
Pleopeltis nuda Hk. 1825 etc.; Pol. Wightianum Wall. 1829. P. leiopteris
Kze. 1850. (omnia = P. nudum).

— * Drynaria subspathulata Hk. 1857; Pleopeltis Moore 1862. Polypodium Onoei Fr. et Sav. 1879.

— * Pleopeltis ussuriensis Regel et Maack 1861; Polypodium Regel 1881.
P. distans Mak. 1906. P. coraiense Christ 1908.

— * Polypodium loriforme Wall. 1828, Mett. Pol. 92 n. 164. 1857.

loriforme Wall. 1828 = P. lineare var.

Macbridense Shimek 1897; C. Chr. Ind. 542 = P. furfuraceum.

macrophyllum (Bl.) Reinw. — t. v. A. v. R. adhuc P. selliguea Mett.

macrosphaerum Bak. — China. Khasia. — Adde syn. P. asterolepis Bak.
Bak. 1888; Takeda, Notes Bot. Gard. Edinb. **8.** 283. 1915 (non Liebm.
1849); P. aspidiolepis Bak. 1891 (ex errore). P. intramarginale Bak. 1903,
1906; C. Chr. Ind. 535. (t. Takeda).

maculosum Christ 1896 — t. Takeda = P. excavatum.
(M) **madrense** J. Sm. 1854 — Mexico. — P. oulolepis Fée 1857.
malacodon Hk. — Adde syn. P. austrosinicum Christ 1906 (non in C. Chr.
   Ind. 512. 1906); P. albidoglaucum C. Chr. Ind. Suppl. 58 (t. Takeda).
Margallii Rovirosa 1909; C. Chr. Ind. Suppl. 60 = P. furfuraceum.
marginellum Sw. — Jamaica. — Dele omnia loc. et syn. Grammitis limbata Fée, G. quaerenda Bolle, G. fluminensis Fée.
marginellum auctt. quoad pl. St. Helenae =: P. ebeninum.
margaritiferum Christ 1905; C. Chr. Ind. 543 = P. fallax.
Mathewii Tutcher — t. Takeda = P. hastatum.
Melleri Bak. — t. Takeda = P. hastatum.
mengtzeanum Bak. 1906; C. Chr. Ind. Suppl. 60 = P. subimmersum.
Meyenianum (Schott) Hk. = Aglaomorpha.
micropteris Bak. 1906; C. Chr. Ind. Suppl. 60 = P. pteropus.
Morianum C. Chr. Ind. Suppl. 60 = P. quasidivaricatum.
morrisonense Hayata 1909; Ic. Fl. Formosa **5**. 321 f. 133. 1915.
moupinense Franch. 1887; C. Chr. Ind. 546 = P. drymoglossoides.
myriolepis Christ; C. Chr. Ind. Suppl. 125 — Adde syn. P. costaricanum
   Hieron. 1904; P. Wendlandii Hieron. 1905; C. Chr. Ind. 574.
nanum Fée 1850—52 — Adde loc. Brasilia, et syn. P. exiguum Fée 1869;
   P. Blanchetii C. Chr. 1902; Ind. 513.
nigrocinctum Christ 1906; C. Chr. Ind. 548 = P. superficiale.
nigrolimbatum (Spruce) Jenm. — Jamaica. Guiana. Brasilia. Bolivia.
   Grammitis fluminensis Fée 1869 (non Vell. 1827).
ningpoense Bak. 1891; C. Chr. Ind. 548 = P. Buergerianum.
nitidissimum Mett. — Adde loc. Bolivia (var. *latior* Ros. Fedde Repert. **12**.
nudiusculum Kze. 1851 = P. nudum.   [474. 1913.
(Pi) **nudum** (Hk.) Kze. Linn. **23**. 281. 1850; Takeda, Notes Bot. Gard. Edinb.
   8. 277. 1915 — Yunnan. India. Ceylon. Sumatra — Pleopeltis Hk. Exot.
   Fl. **1**. t. 63. 1823; Drynaria Fée 1850—52. Phymatodes J. Sm. 1857;
   Lepisorus J. Sm. 1857. Polypodium leiopteris Kze. 1850; P. sesquipedale
   Mett. Pol. nr. 91. 1857 (non Wall.). P. nudiusculum Kze. 1851. P. Wigh-
   tianum Wall. 1829; Pleopeltis Bedd. 1863. Drynaria Zeylanica Fée 1850—52.
(Pl) **oligolepidum** Bak. Gard. Chr. n. s. **14**. 494. 1880; Takeda, Notes Bot.
   Gard. Edinb. **8**. 276. 1915 — China.
oulolepis Fée 1857 = P. madrense.
(Pl) **oxylobum** Wall. List nr. 294. 1828 (nomen); Mett. Pol. nr. 202. 1857;
   Takeda, Notes Bot. Gard. Edinb. **8**. 299. 1915 — India bor.—China—
   Formosa. — Phymatodes Pr. 1836; Pleopeltis Bedd. 1863; Pleuridium
   J. Sm. 1836. Polypodium trifidum Don 1825. HB. 363 (non Hoffm. 1790
   nec. With. 1796); Pleopeltis Bedd. 1870; Phymatopsis J. Sm. 1875.
pallidum Bail. Proc. Linn. N. S. Wales **5**. 31. 1881 = Dryopteris setigera.
Pappei Mett. — t. Takeda = P. Fortunii.
pediculatum Bak. — Dele lineam totam C. Chr. Ind. Suppl. 126 lin. 4.
pellucidum Klf. — Adde syn. P. Helleri Und. 1897; C. Chr. Ind. 532 et
   P. hawaiiense Und. 1897: C. Chr. Ind. 532.
pinnatum Hayata 1909 — Adde syn. P. quasipinnatum Hayata 1911.
Playfairii Bak. 1891; C. Chr. Ind. 554 = P. Steerei.
plebejum Schlecht. et Cham. — Dele syn. P. Madrense J. Sm. et P oulo-
podobasis Christ 1902; C. Chr. Ind. 555 = P. trisectum.   [lepis Fée 1857.

(Pr) **polymorphum** (Cop.) v. A. v. R. Mal. Ferns 615. 1919, non Vill. 1786 — Mindoro. — Prosaptia Cop. Phil. Journ. Sci. Bot. 2. 136. 1907; Davallia C. Chr. Ind. Suppl. 23. 1913.

Powellii Bak. — Adde loc. N. Guinea.

pseudoserratum Christ 1898; C. Chr. Ind. 556 = P. crenato-pinnatum.

pteropus Bl. — Adde syn. P. micropteris Bak. 1906; C. Chr. Ind. Suppl. 60 (non Ind. 515). — t. Takeda adhuc P. Hancockii Bak. 1885 et P. aquaticum Christ 1909.

Purpusii Christ 1907; C. Chr. Ind. Suppl. 61 = P. thyssanolepis.

pyrolifolium Goldm. — Adde loc. Sumatra (var. *sumatran*a Ros. Fedde Rep. 13. 220. 1914).

(A) **Reineckei** (Christ) C. Chr. — Samoa. — Davallia Christ Engl. Jahrb. 23. 341 t. 5 f. 1. 1896; C. Chr. Ind. 214; Prosaptia Christ 1905; Acrosorus **Rosthornii** Diels — t. Takeda veris. P. phyllomanes var.   [Cop. 1907.

(A) **Sarasinorum** v. A. v. R. Mal. Ferns 615. 1909 — Celebes. Davallia Friederici et Pauli Christ, Verh. Nat. Ges. Basel 11. 202 t. 2 f. 1—4. 1895; Ann. Jard. Buit. 15. 94 t. 14 f. 10. 1897; C. Chr. Ind. 210; Polypodium Christ 1904 (non 1896); Prosaptia Christ 1905; Acro-**Schefferi** v. A. v. R. — Adde loc. Sumatra.   [sorus Cop. 1906.

(A) **Schlechteri** (Christ) v. A. v. R. Mal. Ferns 614. 1909 — N. Guinea. — Prosaptia Christ in Schum. et Laut. Nachtr. Fl. deutsch. Südsee 41 t. 1 B. 1905; Davallia C. Chr. Ind. 663. 1906; Acrosorus Christ 1910.

Schlechteri Brause 1912; C. Chr. Ind. Suppl. 62 = Aglaomorpha.

selliguea Mett. — t. v. A. v. R. a P. macrophyllo vix diversum.

senanense Maxim. 1886; C. Chr. Ind. 563 = P. Veitchii.

senile Fée — Costa Rica—Bolivia.

(Pr) **serraeforme** (Wall.) J. Sm. JoB. 3. 394. 1841 — Asia trop.—Samoa. Davallia Wall. 1828 (nomen); Prosaptia Christ 1898. Davallia alata Bl. 1828; C. Chr. Ind. 207 (non Polypodium L. 1753 nec Hk. 1863); Prosaptia Christ 1905. Davallia Emersoni Hk. et Grev. 1829; Prosaptia Pr. 1836.

(P) **serricula** Fée, Gen. 238. 1850—52; 6 mém. 9 t. 7 f. 1. 1853 — India occ.

sesquipedale Mett. Pol. nr. 91. 1857 (non Wall.) = P. nudum.   [(Ins. min.).

shensiense Christ 1897; C. Chr. Ind. 564 = P. Veitchii.

Sintenisii Hieron. 1905; C. Chr. Ind. 564 = P. taenifolium.

Skinneri Hk. 1862; C. Chr. Ind. 564; Suppl. 127 = P. cryptocarpon.

spurium Mett. — Adde loc. N. Guinea.

Steerei Harr. — Adde loc. Luzon. Tonkin et syn. P. tonkinense Bak. 1890; C. Chr. Ind. 570. P. Playfairii Bak. 1891; C. Chr. Ind. 554. (t. Takeda).

squamatum L. — lege loc. Jamaica, Porto Rico loco India orient. Mexico-Peru. Dele syn. Goniophlebium lepidotrichum Fée 1857.

subhastatum Bak. — Adde loc. Japonia, et syn. P. Buergerianum auctt. Japon. non Miq., P. hederaceum Christ 1902; C. Chr. Ind. 532. (Conf. Takeda, Notes Bot. Gard. Edinb. 8. 291. 1915).

subhemionitideum Christ 1899; C. Chr. Ind. 567 = P. hymenodes.

subimmersum Bak. — Adde syn. P. mengtzeanum Bak. 1906; C. Chr. Ind. Suppl. 60 et P. xiphiopteris Bak. 1906; C. Chr. Ind. Suppl. 64 (t. Takeda, Notes 8. 276.

subminutum v. A. v. R. 1909; C. Chr. Ind. Suppl. 63 = P. repandulum.

subpinnatifidum Bl. — Adde loc. N. Guinea.

subrostratum C. Chr. — Adde syn. Pleopeltis Lacaita 1916.

subtile Kze. — Dele loc. Jamaica et syn. P. albopunctatum Bak.

taenifolium Jenm. — Ind. occ. — Adde syn. P. Sintenisii Hieron. 1905; C. Chr. Ind. 564.

tenuiculum Fée. — Adde loc. Brasilia austr. (var. *brasiliensis* Ros. Hedwigia 56. 370. 1915).

thyssanolepis A. Br. — Adde syn. P. aspidiolepis Bak. 1887; C. Chr. Ind. 511 et P. Purpusii Christ 1907; C. Chr. Ind. Suppl. 61.

tonkinense Bak. 1890; C. Chr. Ind. 570 = P. Steerei.

(Pr) **Toppingii** (Cop.) v. A. v. R. Mal. Ferns 616. 1909 — Luzon.
Prosaptia Cop. Phil. Journ. Sci. 1. Suppl. II. 158 t. 14 c. 1906; Davallia C. Chr. Ind. Suppl. 24. 1913.

(A) **tortile** v. A. v. R. Mal. Ferns 616. 1909 — Mindoro.
Acrosorus Merrillii Cop. Phil. Journ. Sci. Bot. 2. 136. 1907 (non Polypodium Cop. 1905); Davallia C. Chr. Ind. Suppl. 23. 1913.

trichomanoides Sw. — Jamaica. Guatemala. — Dele syn. P. serricula Fée.

trifidum Don 1825 = P. oxylobum.

trisectum Bak. — Adde syn. P. podobasis Christ 1902; C. Chr. Ind. 555 (t. Takeda, Notes 8. 295).

Uchiyamae Mak. 1906; C. Chr. Ind. Suppl. 63 = P. clathratum.

unisorum Bak. 1867 = Sadleria unisora.

(Pl) **Veitchii** Bak. 1880; Takeda, Notes Bot. Gard. Edinb. 8. 296. 1915. — Adde loc Korea. China, et syn. P. glaucopsis Franch. 1885; C. Chr. Ind. 530. P. senanense Maxim. 1886; C. Chr. Ind. 563. P. shensiense Christ 1898; C. Chr. Ind. 564.

verapax Christ 1905; C. Chr. Ind. 573 = P. Lindenianum.

villosissimum Hk. — An adhuc P. comorense Bak. ?

villosum Karst. 1865—69; C. Chr. Ind. 573 = P. fimbriatum.

vittariiforme Ros. 1908; C. Chr. Ind. Suppl. 63 = Elaphoglossum Eatoni-Wendlandii Hieron. 1905; C. Chr. Ind. 574 = P. myriolepis. [anum.

xiphiopteris Bak. 1906; C. Chr. Ind. Suppl. 64 = P. subimmersum.

POLYSTICHUM Roth.

aculeatum (L.) Schott. — Adde syn. Polypodium setiferum Forsk. 1775 Dryopteris Woynar 1915; Polystichum Rosendahl 1916. (certe nomen opapiifolium (Sw.) C. Chr. Ind. 578 = Maxonia apiifolia. [timum!

craspedosorum (Maxim.) Diels — Adde syn. Hemesteum Lév. 1915.

deltodon (Bak.) Diels — Adde syn. Hemesteum Lév. 1915.

Dielsii Christ — Adde syn. Hemesteum Lév. 1915. H. pinfaënse Lév. 1915.

hecatopterum Diels — Adde syn. Hemesteum Lév. 1915.

Kingii Watts, Proc. Linn. Soc. N. S. Wales 37. 40. 1912 — Ins. Lord Howe.

lobatum (Huds.) Pr. — Adde syn. Dryopteris Schinz et Thellung 1915.

Michelii Christ — Adde syn. Hemesteum Lév. 1915.

nanum Christ — Adde syn. Hemesteum Lév. 1915.

obliquum (Don) Moore — Adde syn. Hemesteum Lév. 1915.

parvulum Christ — Adde syn. Hemesteum Lév. 1915.

tridens (Hk.) Fée — Adde loc. S. Domingo.

PROSAPTIA Presl = **Polypodium.**

alata Christ = P. serraefŏrme.

ancestralis Cop.

contigua Pr.

cryptocarpa Cop. = P. ramonense.
? Emersoni Pr. = P. serraeforme.
Friederici et Pauli Christ = P. Sarasinorum.
linearis Cop.
pectinata Moore = P. contiguum.
pinnatifida Pr. = P. contiguum.
polymorpha Cop.
Preslii Fée = P. contiguum.
Reineckei Christ.
Schlechteri Christ.
serraeformis Christ.
Toppingii Cop.

PTERIS L.
acuminatissima Bl. 1828 = P. vittata.
aequalis Pr. 1825 = P. vittata.
aethiopica Christ 1909; C. Chr. Ind. Suppl. 66 = P. atrovirens.
Alcyonis Lind.; Regel, Ind. sem. ht. Petr. 1866. 20 = Doryopteris sagitti-
Alpinii Desv. 1827 = P. vittata.   [folia.
amplectens Wall. 1828 = P. vittata.
(P) **argyraea** Moore 1859; Hieron. Hedwigia 55. 342. 1914 — Java.
(P) **armata** Pr. 1825; Hieron. Hedwigia 55. 334. 1914 — Ins. Philipp.
(P) **aspericaulis** Wall. 1828 (nomen); Hieron. Hedwigia 55. 348. 1914 — Nepal.
         P. pectinata Don, Prod. 15. 1825 (non Cav. 1802 nec Desv. 1811).
     aspericaulis var. tricolor Moore apud Lowe, New Ferns 19 t. 9 = P. tricolor.
(P) **asperula** J. Sm. JoB. 8. 405. 1841 (nomen); Hieron. Hedwigia 55. 302.
         1914 — Ins. Philipp. — P. quadriaurita var. setigera Hk. sp. 2. 181 t.
         135 A. 1858. — An P. caesia Cop. 1906?
     atrovirens Willd. — Adde syn. P. aethiopica Christ 1909; C. Chr. Ind.
         Suppl. 66 (t. Bonaparte, Notes 1. 82, 97).
     biaurita L. *quadriaurita Retz. — Spec. collect. t. cl. Hieronymus se-
         quentes species Orbis veteris distinguendae sunt:
         I. *Asiaticae et Polynesicae* (conf. Hieron. Hedwigia 55: 325—375. 1914);
            P. argyraea Moore, armata Pr., aspericaulis Wall., asperula J. Sm.,
            Blumeana Ag., Cumingii Hieron., Fauriei Hieron., flava Goldm.; glau-
            covirens Goldm., Hossei Hieron., khasiana (Clarke) Hieron., kiuschiu-
            ensis Hieron., luzonensis Hieron., oshimensis Hieron., pacifica Hieron.,
            Perrotteti Hieron. quadriaurita Retz, roseo-lilacina Hieron., spinescens
            Pr., tricolor Linden, Vaupelii Hieron.
         II. *Afrianae* (conf. Hieron. Engl. Jahrb. 53. 391—412. 1915): P. Abra-
            hami Hieron., abyssinica Hieron, angolensis Hieron., Delstelli Hieron.,
            Friesii Hieron., Hildebrandtii Hieron., kamerunensis Hieron., moha-
            siensis Hieron., Preussii Hieron., prolifera Hieron., Stolzii Hieron.,
            togoënsis Hieron.
(P) **Blumeana** Ag. 1839; Hieron. Hedwigia 55. 360. 1914 — India. Malesia.
         Ins. Philipp.
     cheilanthoides Hayata 1906; C. Chr. Ind. Suppl. 66 = Pellaea Fauriei.
     costata Bory = P. vittata.
     dispar Kze. 1848 — t. Ros. Fedde Rep. 13. 121. 1913 sp. bona.
     diversifolia Sw. 1806 = P. vittata.
(C) **dubia** Kuhn (non (P) t. Bonaparte in litt.).

Enderi Regel, Ind. sem. hort. Petr. 1866. 21, 76 — Hort.
   (? P. macroptera × leptophylla).
ensifolia Poir. 1804 = P. vittata.
(P) **flava** Goldm. 1843; Hieron. Hedwigia 55. 337. 1914 — Ins. Philipp.
   P. sulcata Meyen; J. Sm. 1846 (non Roxb. 1844).
furcans Bak. — Adde loc. Sumatra.
(P) **glaucovirens** Goldm. 1843; Hieron. Hedwigia 55. 339. 1914 — Luzon.
heterogena v. A. v. R. 1912; C. Chr. Ind. Suppl. 67 = P. mixta.
Guichenotiana Gaud. 1827 = P. vittata.
lanceolata Desf. 1800 = P. vittata.
longifolia L. Conf. Hieron. Hedwigia 54. 284. 1914 — Amer. trop.
   Dele syn. omnia. — Adde syn. P. Purdoniana Maxon 1909; C. Chr.
   Ind. Suppl. 67. (Conf. P. vittata).
longifolia auctt. quoad pl. orbis veteris = P. vittata.
microdonta Gaud. 1827 = P. vittata.
mixta Christ — Adde syn. P. heterogena v. A. v. R. 1912; C. Chr. Ind.
nudiuscula R. Br. 1810 = Cheilanthes.   [Suppl. 67.
obliqua Forsk. 1775 = P. vittata.
pectinata Don 1825 = P. aspericaulis.
pellucida Pr. — Adde loc. Formosa. Dele syn.
Purdoniana Maxon 1909; C. Chr. Ind. Suppl. 67 = P. longifolia.
(P) **quadriaurita** Retz.; Hieron. Hedwigia 55. 328. 1914 — Ceylon. India.
(P) **spinescens** Pr. 1825; Hieron. Hedwigia 55. 368. 1914 — Ins. Mariannæ.
sulcata Meyen; J. Sm. 1846 = P. flava.
taenitis Cop. — t. Cop. (Leafl. Phil. Bot. 5. 1684) veris. = P. opaca.
tenuifolia Brack. 1854 = P. vittata.
(P) **tricolor** Linden 1860; Hieron. Hedwigia 55. 352. 1914 — Malacca. Sikkim.
   Yunnhn. — P. aspericaulis v. tricolor Moore apud Lowe, New Ferns
   19 t. 9; Bot. Mag. t. 5183 f. 4.
(P) **venulosa** Bl. 1828 — Java. — ? P. venusta Kze. 1848.
(P) **vittata** L. 1753; Hieron. Hedwigia 54. 290. 1914 — Africa, Asia, Europa
   trop. et subtrop., Australia, Polynesia trop. — P. longifolia auctt. quoad
   vulcanica Bertol. 1857 = P. vittata.   [pl. orbis veteris.
SADLERIA Kaulfuss.
pallida Hill. Fl. Haw. 581. 1888; C. Chr. Ind. 613 = S. Hillebrandii.
polystichoides (Brack.) Heller. — Dele syn. Polypodium unisorum Bak.
   et Gymnogramme sadlerioides Und.
SCHIZOLOMA Gaudichaud.
fuligineum Cop. 1906 — Adde loc. Borneo. — t. Copeland forte = S. in-
STENOCHLAENA J. Smith.   [duratum (Bak.) C. Chr.
sorbifolia (L.) J. Sm. — Dele * 16 et * 19; conf. Phyllitis Durvillei.
TAENITIS Willdenow.
stenophylla Christ — Adde loc. Celebes.
TRACHYPTERIS André. — Potius Polypodiaceae Gen. 68 b.
TRICHOMANES L.
(T) **Barnardianum** Bailey, Queensl. Flora Suppl. III. 89 c. fig. 1890; Lithogr.
   t. 27 — Queensland.
calvescens v. d. B. 1863 et ap. Goddijn, Meded. Rijks Herb. Leiden nr. 17.
   22 f. 11. 1913 — t. Domin, Bibl. Bot. 85. 13 = T. digitatum.
cupressoides Desv. — Adde loc. Queensland.

(T) **guineense** Afz.; Sw. 1801 — Africa occ. trop. — T. latisectum Christ
1909; C. Chr. Ind. 73 (t. Bonaparte, Notes I. 101).

hymenophylloides v. d. B. 1862, t. Slosson, Bull. Torr. Cl. 42. 655 t. 31.
1915 species bona, a T. pyxidifero diversa, (India occ. Mexico-Ecuador).

javanicum Bl. — Conf. Goddijn, Meded. Rijks Herb. Leiden nr. 17. 12—16.
1913, ubi Cephalomanes australicum v. d. B., C. Wilkesii v. d. B., C. singaporianum v. d. B. (Adde syn. Trichomanes v. A. v. R. 1915), C. madagascariense v. d. B., illustratae sunt.

junceum Christ 1904; C. Chr. Ind. 642 = T. pyxidiferum.

Kurzii Bedd. — Adde loc. Queensland (T. nanum var. *australiense* Domin,
Bibl. Bot. 85. 13. 1913.

latisectum Christ 1909; C. Chr. Ind. 73 = T. guineense.

maximum Bl. — Adde loc. Formosa.

minutum Bl. — Adde loc. Ins. Philipp. (Negros).

Motleyi v. d. B. — Adde loc. Africa occ. trop. (t. Bonaparte, Notes I. 47).

pyxidiferum L. — Adde syn. T. junceum Christ 1904; C. Chr. Ind. 642;
dele syn. T. Barnardianum Bailey 1890. — t. Slosson, Bull. Torr. Cl. 42.
651. 1915 est T. hymenophylloides v. d. B. 1863 (T. leptophyllum v. d. B.
1859, non A. Cunn. 1836) a P. pyxidifero qua specie diversa.

serratulum Bak. — Adde loc. Queensland.

TRIPHLEBIA Baker = **Phyllitis.**

dimorphophylla Bak. 1886 = P. Durvillei.

linza Bak. 1886; C. Chr. Ind. 652 = P. Durvillei.

longifolia Bak. 1886; C. Chr. Ind. 652 = P. longifolia.

pinnata Bak. 1886 = P. longifolia.

VITTARIA Smith.

costata Kze. — Dele syn. V. Gardneriana Fée.

Gardneriana Fée, 3 mém. 15 t. 3 f. 1. 1851—52; Benedict, Bull. Torr. Cl.
41. 400. 1914 — Amer. trop. — V. gracilis Moritz; Kuhn 1869; C. Chr.
Ind. 654 — V. Karsteniana Mett. 1864; C. Chr. Ind. 654.

gracilis Moritz; Kuhn. 1869; C. Chr. Ind. 654 = V. Gardneriana.

guineensis Desv. Conf. Hieron. Engl. Jahrb. 53. 423. 1915 — Africa trop. occ.

Karsteniana Mett. 1864; C. Chr. Ind. 654 = V. Gardneriana.   [et centr.

longipes Sod. 1893; C. Chr. Ind. 654 = V. Ruiziana.

Moritziana Mett. 1864; C. Chr. Ind. 654 = V. Ruiziana.

Orbignyana Mett. 1864; C. Chr. Ind. 654 = V. Ruiziana..

Ruiziana Fée, 3 mém. 20. 1851—52; Benedict, Bull. Torr. Cl. 41. 405 t. 19.
1914 — Columbia-Ecuador. — V. Moritziana Mett. 1864; C. Chr. Ind. 654;
— V. Orbignyana Mett. 1869; C. Chr. Ind. 654; — V. longipes Sod. 1893;
C. Chr. Ind. 654. (t. Benedict; conf. Hieron Hedwigia 57. (34). 1915; t.
Hieron. V. Ruiziana Fée est V. Gardneriana).

stipitata Kze. — Dele syn. V. Ruiziana Fée.

wooroonooran Bailey; t. Domin, Bibl. Bot. 85. 164 t. 7 f. 1. 1913 = V.
pusilla var.

CARL CHRISTENSEN

INDEX FILICUM

SUPPLEMENTUM TERTIUM

PRO ANNIS 1917—1933

APUD H. HAGERUP

HAFNIAE OCT. 1934

TYPIS TRIERS BOGTRYKKERI

THIS third supplement to INDEX FILICUM contains names of new genera and species and new combinations of names published during the years 1917—1933, together with a few older names omitted from the Index and from the two earlier supplements. I dare scarcely hope that the list is complete. Botanical literature is much more scattered since the war than formerly and a considerable number of new periodicals, several of which I have not seen, have been issued during the last fifteen years, especially in extraeuropean countries. Nevertheless I hope that the overlooked names are only few, thanks to the many writers who have kindly sent me separate copies of their papers and to some colleagues who have furnished me with names from those papers to which I have not had access. For this service I render my heartiest thanks, to Mr. A. H. G. ALSTON, British Museum (Natural History), London, who has helped me in different ways and lent me his manuscript list of new species, and to Mr. R. C. CHING, Peiping, who sent me a long list of corrections, Professor E. B. COPELAND, Berkeley (California), Mr. R. E. HOLTTUM, Singapore, Señor G. LOOSER, Santiago de Chile, Dr. W. R. MAXON, Washington, Professor E. D. MERRILL, New York and Mr. C. A. WEATHERBY, Gray Herbarium.

Besides the enumeration of new names this supplement — like the two earlier ones — contains a considerable number of corrections and changes of names. While such corrections were enumerated separately in the first two supplements they are here incorporated in the list of new names. This arrangement is probably more convenient, as separate lists of *Corrigenda* are liable to be overlooked.

The corrections and changes are essentially of four kinds:

1). Simple corrections of wrong citations or of spellings of names in the Index.
2). Restoration of varieties to specific rank and reduction to synonyms of species adopted as valid in the Index. Such changes are very numerous and are due in part to the extensive taxonomic study of ferns during recent years by competent pteridologists, but chiefly to my own studies in the larger European herbaria. Such changes, as a rule, are listed only for the chief entries in the Index and supplements, and not for changes in the synonymy.
3). Changes of generic names. These are few, the most important being the choice of *Tectaria* for *Aspidium*, which is warranted because most new species of this genus have been decribed under that name, which is no doubt the earlier one. On the other hand I cannot follow some American writers in using *Thelypteris* for *Dryopteris* sens. lat. If the former name is to be used at all it must replace *Lastrea* only, a single subgenus of *Dryopteris* sens. Ind., which I regard as a most natural genus, and cannot be used for the hundreds of other species of *Dryopteris*.

4). Changes in the conception of genera. We are still far from a thoroughly natural classification of the genera of ferns on a real genetical basis, but during recent years there have been several valuable contributions to a much better classification and delimitation of really natural groups of species and in many cases such groups have been raised to generic rank. I am in agreement with these authors in most cases but I regret that I cannot always follow them in this supplement. Since the Index has become the standard work for the arrangement of ferns in most herbaria and the splitting of big genera such as *Dryopteris* and *Polypodium* is hardly possible in the present state of our knowledge, I have confined myself in this supplement to segregating from the larger groups such smaller natural groups as are widely accepted and can be segregated easily in herbaria. Even so, until these large genera are monographed, there will remain a considerable number of species of which the taxonomic position will be uncertain to all but trained pteridologists.

In the *Enumeratio generum systematica* I follow as a whole the classification of Diels, repeated in Index, in spite of it does not correspond to our present knowledge of the natural relationship of the fern-genera. I find it, however, less appropriate to publish in this supplement, which is a »supplement« only, a thorough revision of the classification which is under preparation for another work, and I confine myself, therefore, to insert the new genera listed in the three supplements and to replace some genera, the former position of which was too unnatural. The generic number quoted in the alphabetical Index refer to the systematical enumeration in this supplement.

Copenhagen, March 1. 1934.

CARL CHRISTENSEN.

Postscript. About a year before the printing of this supplement began (April 1st 1934) I had finished my part of the paper on the ferns of Mount Kinabalu (see Cat. Litt., C. Chr. no. 61), in which several new species were described and new combinations made. The paper was however first issued in June and copies received in August and I could not therefore refer to it in the supplement, in which most of the same new combinations are listed as new ones, before the tenth sheet (pag. 160) was printed. The combinations are thus first published in the said paper, but I have added the right citations in an appendix to the supplement (v. pag. 196), in which also the new species, though published in 1934, are listed. In the appendix are also included a number of new species and new combinations overlooked by me, for references to which I am indebted to Mr. F. BALLARD, Kew.

October 1934.

ENUMERATIO GENERUM SYSTEMATICA
(HINC INDE EMENDATA)

Columna numerorum sinistra numeros generum Indicis
pag. XIII—LX indicat.

Numeri Romani (I), (II), (III) ad Supplementa I: 1906—12,˙ II: Suppl.
préliminaire 1913—16, III: 1917—33, ubi species enumerantur, referunt.

Species typica generum (excl. monotypicorum) subgenerumque in ().

HYMENOPHYLLACEAE.

Species

1. **Trichomanes L.** Index excl. § 1, 4.   330
2. **Cardiomanes Presl** 1843 (III).   1
   Trichomanes § 4 Index.
3. **Serpyllopsis v. d. Bosch** 1861 (III).   1
   Trichomanes § 1 Index.
4. **Hymenophyllum Smith.**   320
   § 1. **Sphaerocionium** (Presl 1843) = Euhymenophyllum Index. — § Hemicyatheon Domin 1913 (II) (H. Baileyanum). — § Buesia Morton
   1932 (III) (H. mirificum).
   § 2. **Leptocionium** (Pr.). — ? Tetralasma Philippi 1860 (I). — § Acanthotheca Nakai 1926 (III) (H. acanthoides).

GENERA INCERTAE SEDIS.

1. **Loxsoma R. Brown.**   1
2. **Loxsomopsis Christ.**   3
3. **Hymenophyllopsis Goebel** 1929 (III) (H. dejectum).   2

CYATHEACEAE.

1. **Culcita** Presl 1836, Maxon 1922 (III) (C. macrocarpa).   9
   Balantium Index (non Kaulfuss).—§ Calochlaena Maxon 1922 (III) (C. dubia).
2. **Dicksonia L'Héritier.**   22
   Balantium Kaulfuss 1824 (non Index).
3. **Cibotium Kaulfuss.**   12
   § Microcibotium Hayata 1929 (III) (C. barometz).
4. **Thyrsopteris Kunze.**   1

POLYPODIACEAE.

Species

§ 7. **Goniopteris** (Pr.) Index emend. C. Chr. (D. vivipara).
sect. Asterochlaena C. Chr. (III) et Eugoniopteris.

§ 8. **Meniscium** (Schreb.) Index (D. reticulata).

§ 9. **Eudryopteris**(D. filix mas) — 1. Eudryopteris sect. b, f, g, h. Index.

§ 10. **Hypodematium** (Kunze) (D. crenata) — Eudryopteris sect. k.
Index.

§ 11. **Ctenitis** C. Chr. 1911 (I) (D. falciculata). — Eudryopteris
sect. i. et Phegopteris part. Index.
Sect. 1. Euctenitis (D. submarginalis).
 — 2. Hirtae (D. hirta)
 — 3. Amplae (D. ampla).
 — 4. Subincisae (D. subincisa). — Melagastrum J. Sm.
 — 5. Protensae (D. protensa).

§ 12. **Parapolystichum** Keys. (D. effusa).

§ 13. **Polystichopsis** (J. Sm.) (D. pubescens). — Eudryopteris sect.
j. Index.

10. = **35.**

11. = **22.**

12. = **16.**

13. **Monachosorella Hayata** 1927 (III) (M. Maximowiczii).   2
Ptilopteris Hance part. 1884.

37. 14. **Monachosorum Kunze.**   3

15. **Stigmatopteris C. Chr.** 1909 (III) (S. rotundata).   26
§ Dryopteris § Phegopteris p. rt. Index.

12. 16. **Sphaerostephanos J. Sm.** 1839 (III) (S. polycarpa).   5
Mesochlaena R. Br., Index.

17. **Dictyocline Moore** 1855 (III).   1

18. **Atalopteris Maxon et C. Chr.** 1922 (III) (A. aspidioides).   3

19. **Psomiocarpa Presl** 1849 (III) (P. apiifolia).   1

20. **Heterogonium Presl** 1849 (III) (H. aspidioides).   4

19. 21. **Plecosorus Fée.**   1

11. 22. **Fadyenia Hook.**   1

13. 23. **Didymochlaena Desv.**   2

14. 24. **Cyclopeltis J. Sm.**   6

15. = **33.**

16. = **166.**

16a. = **31.**

17. 25. **Polystichum Roth.** Index excl. § 2—3.   ca. 225
Aetopteron Ehrhart 1789, House 1920 (III). — Sorolepidium
Christ 1911 (I). — Hemesteum Lév. 1915 (II).

26. **Maxonia C. Chr.** 1916 (II).   1
Dryopteris § Peismapodium Maxon 1909 (I).

27. **Cyrtomium Presl** 1836 (I) (C. falcatum).   11
Polystichum § 3. Index excl. a b.

18. 28. **Phanerophlebia Pr.**   9

Species

19. = 21.

20. **29. Cyclodium Pr.** 2

21. **30. Polybotrya H. B. W.,** Index 3, 5, 6. 24

16a. **31. Adenoderris J. Sm.** 2

32. Camptodium Fée 1852 (III). 1

15. **33. Tectaria Cav.** 1802 (III) — Aspidium Index — Palma-Filix Adanson
1763. — Grammatosorus Regel 1866 — Campylogramma v. A. v. R.
part. 1917, Goebel 1931 (III). 209

34. Tectaridium Copeland 1926 (III). 2

10. **35. Luerssenia Kuhn.** 1

36. Hemigramma Christ 1906 (I) (H. latifolia). 6
Anapausia Nakai 1933. 6

37. Quercifilix Copeland 1928 (II). 1

22. **38. Stenosemia Presl.** 3

23. **39. Bolbitis Schott** 1834, Ching 1934 (B. serratifolia). 83
Leptochilus § 2, 3 Index. — Campium § Heteroneurum Copeland 1928.

24. = 164.

40. Egenolfia Schott 1834, Ching (III) (E. Hamiltoniana). 10
Polybotrya § 1 Index.

25. **41. Oleandra Cav.** 35

26. **42. Arthropteris J. Sm.** 17

43. Psammiosorus C. Chr. 1932 (III). 1

27. **44. Nephrolepis Schott.** 35

45. Cystodium J. Sm. (III). 1
Saccoloma § 3. Index.

28. = 50.

29. **46. Saccoloma Kaulf.** Index § 1. 1

30. = 76.

47. Ormoloma Maxon 1933 (III) (O. Imrayanum). 2

31. = 59.

48. Ithycaulon Copeland 1929 (III) (I. moluccanum). 9
Saccoloma § 2 Index.

49. Orthiopteris Copeland 1929 (III). 1

28. **50. Humata Cav.** 43

51. Leucostegia Presl 1886 (III) (L. immersa). 20
Davallia § 3 Index. — Araiostegia Copeland 1927 (A. hymenophylloides).

32. **52. Davallia Smith,** Index § 3. 36

53. Scyphularia Fée 1852 (III) (S. pentaphylla). 7
Davallia § 2 Index.

54. Parasorus v. A. v. R. 1922 (III). 1

55. Davallodes Copeland 1908 (III) (D. hirsutum). 12

56. Trogostolon Copeland 1927 (III). 1

Species

36. 57. **Dennstaedtia** Bernh. 70

33. 58. **Microlepia Presl.** 45

31. 59. **Leptolepia Mett.** 1

60. **Oenotrichia Copeland** 1929 (III) (O. maxima). 3

61. **Stenoloma Fée** 1852 (III) (S. clavatum). 18
Odontosoria § 1 Euodontosoria Index. — Sphenomeris Maxon 1913 (S. clavata).

34. 62. **Odontosoria (Pr.) Fée** (O. aculeata). 12
O. § 2. Stenoloma Index.

35. 63. **Tapeinidium (Pr.) C. Chr.** 12
Protolindsaya Cop. 1910 (I).

36. = 57.

37. = 14.

38. 64. **Schizoloma Gaud.** 24

96. 65. **Taenitis Willd.** incl. Platytaenia Kuhn Index Gen. 97. 4

39. 66. **Dictyoxiphium Hooker.** 1

40. 67. **Lindsaya Dryander.** 159

41. 68. **Athyrium Roth.** 185
Anisocampium Presl 1849. — Cornopteris Nakai 1930 (C. decurrenti-alata). — Lunathyrium Koidzumi 1932 (III).

42. 69. **Diplazium Sw.** 381
Athyrium sp. Milde, Copeland. — Monomelangium Hayata 1928 (III).

43. 70. **Diplaziopsis C. Chr.** 2

44. = 71.

45. 71. **Diplora Bak.** (III). 4
Triphlebia Bak. 1886, Index. — Phyllitis sp. v. A. v. R. 1908 (I). — Phyllitis § Macrophyllidium Ros. 1914 (II) (Ph. Grashoffii).

46. 72. **Phyllitis Ludwig.** 8
? Biropteris Kümmerle 1922 (III).

47. 73. **Camptosorus Link.** 2

48. 74. **Asplenium L.** Index excl. § 6 Loxoscaphe. 664
Chamaefilix Hill 1756, Farwell 1931 (III). — Trichomanes Bubani 1901, Nieuwland 1912 (II). — Hymenasplenium Hayata 1927 (III). — Boniniella Hayata 1927 (III).

75. **Loxoscaphe Moore** 1853 (III) (L. thecifera). 8
Asplenium § 6 Index.

30. 76. **Diellia Brack.** 6

77. **Holodictyum Maxon** 1908 (I) (H. Ghiesbreghtii). 2

49. 78. **Ceterach Garsault.** 6

50. 79. **Pleurosorus Fée.** 3

80. **Pleurosoriopsis Fomin** 1930 (III). 1

51. 81. **Blechnum L.** 180
Lonchitis-aspera Hill 1756, Farwell 1931 (III). — Homophyllum Merino (II). — Diploblechnum Hayata 1922 (III). — Spicantopsis cum § Heterospicanta Nakai 1933 (III).

Species

52. 82. **Sadleria Kaulfuss.**   7

53. 83. **Brainea J. Sm.**   1

54. = 86.

55. 84. **Woodwardia Smith.**   10

56. 85. **Doodia R.Br.**   11

54. 86. **Stenochlaena J. Sm.**, Index excl. Teratophyllum Mett.   47

     87. **Teratophyllum (Bl.) Mett.** 1866, Holttum 1932 (III) (T. aculeatum). 10

     88. **Thysanosoria Gepp** 1917 (III).   1

     89. **Lomagramma J. Smith** 1841 (I) (L. lomarioides).
         Leptochilus § 4 Index.   15

57. 90. **Pterozonium Fée.**   4

58. 91. **Syngramma J. Sm.**   20

     92. **Craspedodictyum Copeland** 1911 (III) (C. grande).   5

59. 93. **Anogramma Link.**   7
     Pityrogramma § Anogramma et § Monosorus (A. microphylla)
     Domin 1928 (III).

60. = 97.

61. = 98.

62. = 104.

63. = 99.

64. = 101.

65. 94. **Pityrogramma Link** 1833, Maxon 1913, Domin 1928 (III) (P.
     calomelanos).   41
     Ceropteris Link 1841, Index. — § Trichophylla Domin 1928 (P.
     ferruginea). — § Oligolepis Domin 1928 (P. sulphurea) = Gym-
     nogramme § Cerogramme Diels 1899, Index.

66. 95. **Trismeria Fée.**   2

     96. **Cerosora (Baker) Domin** 1929 (III).   1
     Gymnogramme § Cerosora Bak. 1887, Index.

60. 97. **Gymnogramme Desv.**, Index § 1—3.   60

61. 98. **Jamesonia Hook. et Grev.**   18
     Gymnogramme sp. Hieron. 1909.

63. 99. **Hemionitis L.**   8

108. 100. **Trachypteris André.**   2

64. 101. **Gymnopteris Bernhardi,** Index excl. § 2.   9

     102. **Bommeria Fournier** 1876 (II) (B. pedata).   4
     Gymnopteris § 2 Index.

70. 103. **Aspleniopsis Mett.**   1

62. 104. **Coniogramme Fée.**   22

67. 105. **Pellaea Link.**   85
     Cassebeera Farwell 1931 (nom. opt.?)

68. 106. **Doryopteris J. Smith.**   41

     107. **Saffordia Maxon** 1913 (II).   1

69. 108. **Adiantopsis Fée.**   16

Species

70. = 103.

71. 109. **Notholaena R.Br.**   64
    Chrysochosma (J. Sm.) Kümmerle 1914 (II).

72. 110. **Cheilanthes Sw.**   131
    Allosorus Farwell 1919 (III). — Aspidotis Nuttall = Hypolepis
    § 2 Index. — Ch. § Hypolepidopsis Hier. 1920 (III) (G. Bergiana).
    — Pomatophytum Jones 1930 (III).

111. **Sinopteris C. Chr. et Ching** 1933 (III) (C. grevilleoides).   2

112. **Cheilanthopsis Hieronymus** 1920 (III).   1

73. 113. **Hypolepis Bernhardi** Index excl. 2.   49

74. 114. **Llavea Lagasca.**   1

75. 115. **Onychium Kaulfuss.**   6
    O. § Cryptogrammopsis Kümmerle 1930 (III) (O. japonicum).

76. 116. **Cryptogramma R.Br.**   7

76a. 117. **Neurosoria Mett.**   1

77. = 1.

78. 118. **Adiantum L.**   226

79. 119. **Actiniopteris Link.**   1

80. 120. **Amphiblestra Presl.**   1

81. 121. **Anopteris (Prantl) Diels.**   1

82. 122. **Ochropteris J. Smith.**   1

83. 123. **Pteris L.** Index excl. Schizostege.   269
    Lathyropteris Christ 1907 (I).

    124. **Hemipteris Rosenstock** 1908 (I).   1

    125. **Schizostege Hillebrand** 1888 (I) (S. Lydgatei).   3

84. = 130.

    126. **Neurocallis** Fée 1845.   1

109. 127. **Acrostichum L.** Index excl. Neurocallis.   4

    128. **Anisosorus Trevisan** 1851 (III) (A. hirsutus).   2
    Lonchitis § 2 Index.

85. 129. **Lonchitis L.** Index § 1.   9

84. 130. **Histiopteris (Ag.) J. Sm.**   8

86. 131. **Pteridium Gleditsch.**   coll. 1
    Filix-foemina Hill 1755, Farwell 1931.

87. 132. **Paesia St. Hilaire.**   12

88. 133. **Monogramma Schkuhr,** Index excl. § 1 sect. a, b, c et § 2.   2

    134. **Vaginularia Fée** 1843 (III) (V. trichoidea).   6
    Monogramma § 1 sect. b, c Index.

89. 135. **Vittaria Smith,** Index excl. § 3.   84

    136. **Ananthocorus Underwood et Maxon 1908** (III).   1
    Vittaria § 3 Index.

90. 137. **Hecistopteris J. Smith.**   1

91. 138. **Antrophyum Kaulfuss.**   48
    Polytaenium Desv. 1827, Benedict 1911 (I) — A. § Antrophyopsis
    Benedict 1911 (A. Boryanum). — A. § Bathia C. Chr. 1925 (III)
    (A. bivittatum).

Species

92. **139. Anetium (Kze.) Splitgerber**.   1

93. = **163**.

94. = **151**.

95. = **147**.

96. = **65**.

97. = **65**.

98. = **148**.

99. = **152**.

99a. = **165**.

140. Cochlidium Kaulfuss 1820. C. Chr. 1929 (III) (C. graminoides). 10
Pleurogramme Presl 1836 — Monogramma § 1 sect. a et § 2, Index.

141. Scleroglossum v. A. v. R. 1912, C. Chr. 1929 (III) (S. pusillum). 7
Vittaria sp. Index.

142. Nematopteris v. A. v. R. 1918, C. Chr. 1929 (III) (N. pyxidata). 2

143. Oreogrammitis Copeland 1917 (III).   1

100. **144. Polypodium L.** Index excl. § 6 sect. q. t et 8.   1127

    Subgenera ad interim:
    1. **Grammitis (Sw.)** — Eupolypodium sect. a, b, c, (e).
    2. **Eupolypodium** sens. lat. Index excl. sect. a—g (d?).
        Micropolypodium Hayata 1928 (III).
    3. **Calymmodon** (Presl, Copeland 1917).
        Eupolypodium sect. f. Index.
    4. **Acrosorus** (Copeland 1905, 1929) (I) (A. exaltatus).
    5. **Cryptosorus** (Fée 1843).
        Eupolypodium sect. g Index.
    6. **Prosaptia** (Presl 1836) (Pr. contigua).
        Davallia § 1 Index.
    7. **Goniophlebium Bl.**
    8. **Phlebodium** (R. Br.)
    9. **Campyloneurum** (Presl).
    10. **Marginaria** (Bory).
    11. **Pleopeltis** (H. et B.) (P. angustum).
        § 6 sect. o et i? Index.
        ? Epidryopteris Rojas 1917 (III).
    12. **Anaxetum** (Schott 1834) (P. crassifolium).
        § 6 sect. e (excl. syn.) Index. — Pessopteris Und. et Maxon 1908 (I).
    13. **Lepisorus** (J. Sm. 1846, Ching 1933) (P. excavatum).
        § 6 sect. f Index. — Sect. Pseudovittaria C. Chr. 1929, Ching
        1933 (III) (P. neurodioides).
    14. **Microsorium** (Link 1833, Copeland 1929, Ching 1933) (III) sens.
        lat. (P. punctatum).
        § 6 Pleopeltis Index excl. sect. c, d, e, f, i, o, q, r, t.
    15. **Arthromeris** Moore 1857, Ching 1933 (III p. 197) (P. juglandifo-
        lium). — § 6 sect. r Index.
    16. **Colysis** (Presl 1849, Ching 1933) (III) (P. hemionitideum).
        § 6 sect. d et § 7. Selliguea part. (Dictyogramme Pr.). Polypo-
        dium § Leptoselliguea C. Chr. 1934 (III p. 199).

Species
17. **Selliguea** (Bory) Index part; v. Colysis.
18. **Myrmecophila** Christ.
19. **Dendroconche** (Copeland 1911) (I) (P. Annabellae).

101. 145. **Enterosora Baker.** (Eupolypodio affinis). 1
102. = 161.
146. **Marginariopsis C. Chr.** 1929 (III). 1
(Polypodium § Marginariae aff.).

95. 147. **Eschatogramme** Trevisan; C. Chr. 1929. 4
(Polypodium § Pleopeltidi aff.).

88. 148. **Paltonium Presl.** 2

149. **Loxogramme (Bl.) Presl** 1836, Copeland 1916 (II). 36
Polypodium § 8, Index.

150. **Lemmaphyllum Presl** 1849, C. Chr. 1929 (L. carnosum) —
(Polypodium § Lepisorus prox. aff.). 5
Drymoglossum sect. a Index.

94. 151. **Drymotaenium Makino.** 2

99. 152. **Hymenolepis Kaulfuss** 1824, C. Chr. 1929 (III). (Polypodium §
Pleopeltis sect. h aff.). 13

(23) 153. **Leptochilus Kaulfuss.** 10
Leptochilus § 1 Index. — Campium § Dendroglossa Cop. 1928. —
Myuropteris C. Chr. 1929 (III) (L. cordatus).

154. **Pycnoloma C. Chr.** 1929 (III) (P. rigidum). (Polypodium §
Pleopeltis sect. k aff.). 3
§ Pleuripteris C. Chr. 1929 (P. murudense).

155. **Grammatopteridium v. A. v. R.** 1924, C. Chr. 1929 (III) (G.
Brooksii). 3
Grammatopteris v. A. v. R. 1922 (III).

156. **Aglaomorpha Schott** 1834, Copeland 1914 (II), 1929 (III) (A.
Meyeniana). 11
a. Drynariopsis Copeland 1929 (III) (A. heraclea).
b. Pseudodrynaria C. Chr. nom. nov. (A. coronans).
c. Psygmium (Pr.) (A. Meyeniana).
d. Dryostachyum (J. Sm. 1841, Index Gen. 104) Copeland 1911
(A. splendens).
e. Hemistachyum Copeland 1911 (III) (A. Brooksii).
f. Holostachyum Copeland 1914 (II) (A. Buchanani).

103. = 160.
104. = 156.
105. = 159.

106. 157. **Drynaria (Bory) J. Sm.** 22
Thayeria Copeland 1906 (I) (T. cornucopia) = Drynaria § Saccopteris v. A. v. R. 1917 (I).

158. **Merinthosorus Copeland** 1911 (I, II p. 50). 1

105. 159. **Photinopteris J. Sm.** 1
103. 160. **Lecanopteris Reinwardt.** 9

Species

102. **161. Cyclophorus Desvaux.** 95
  Neoniphopsis Nakai 1928 (III) (C. linearifolius).

162. Saxiglossum Ching 1933 (III). 1

93. **163. Drymoglossum Presl** 1836, C. Chr. 1929, Index excl. sect. a, b. 6

24. **164. Dipteris Reinwardt.** 8

99a. **165. Christiopteris Copeland.** 3

16. **166. Neocheiropteris Christ.** 2

110. **167. Cheiropleuria Presl.** 1

111. **168. Platycerium Desvaux.** 7

107. **169. Elaphoglossum Schott,** Index excl. Rhipidopteris et Microstaphyla. 419

170. Microstaphyla Presl 1849, Maxon 1923 (III) (M. furcata). 3

171. Rhipidopteris Schott 1834 (III) (R. peltata). 4

Genus valde dubium:
Costaricia Christ 1909 (I).

108. = 100.
109. = 127.
110. = 167.
111. = 168.

CERATOPTERIDACEAE.
(Parkeriaceae Index).

Ceratopteris Brongniart. 4
(Teste Bower inter Polypodiaceas prope Llaveam inserenda).

MATONIACEAE.

1. **Matonia R. Br.** 2
2. **Phanerosorus Copeland** 1909 (I). 2

GLEICHENIACEAE.

1. **Stromatopteris Mett.** 1
2. **Gleichenia Smith.** 119
  §§ Nephrosporopteris et Sphaerosporopteris Hieronymus 1909 (I).

SCHIZAEACEAE.

1. **Schizaea Smith.** 29
2. **Lygodium Sw.** 39
3. **Mohria Sw.** — Colina Greene 1893 (I). 3
4. **Aneimia Sw.** 91

OSMUNDACEAE.

1. **Todea Willd.** 1
2. **Leptopteris** Presl. 6
3. **Osmunda L.** 13

Species

SALVINIACEAE.

1. Azolla Lamarck.   6
2. Salvinia Adanson.   10

MARSILEACEAE.

1. Marsilea L.   67
   Spheroidia Dulac 1867 (I).
2. Regnellidium Lindman.   1
3. Pilularia L.   6

MARATTIACEAE.

1. Macroglossum Copeland 1909 (I) (M. Alidae).   2
2. Archangiopteris Christ et Giesenhagen.   4
   Protangiopteris Hayata 1928 (III) (A. Somai).
3. Angiopteris Hoffmann.   120
4. Protomarattia Hayata 1919 (III).   1
5. Marattia Sw.   56
   § Mesocarpus Rosenstock 1908 = § Mesosorus Rosenstock 1908 (I)
   (M. Werneri).
6. Christensenia Maxon.   2
7. Danaea Smith.   32

OPHIOGLOSSACEAE.

1. Ophioglossum L.   54
2. Botrychium Sw.   36
3. Japanobotrychum Masamune 1931 (III).   1
4. Helminthostachys Kaulfuss.   1

Summa generum specierumque
Jan. 1934.
(Cf. Index p. LX).

Hymenophyllaceae	Gen.	4	Sp.	651
Genera incertae sedis	-	3	-	6
Cyatheaceae	-	7	-	794
Polypodiaceae	-	171	-	7227
Ceratopteridaceae	-	1	-	4
Matoniaceae	-	2	-	4
Gleicheniaceae	-	2	-	120
Schizaeaceae	-	4	-	162
Osmundaceae	-	3	-	20
Salviniaceae	-	2	-	16
Marsileaceae	-	3	-	74
Marattiaceae	-	7	-	217
Ophioglossaceae	-	4	-	92

Summa Gen. 213 Sp. 9387

Nomina et synonyma generum	944
Combinationes binominales specierum ad finem anni 1933 creatae	30304
Nomina in Corrigendis Supplementorum iterum citata	4875

Summa nominum omnium in Indice cum supplementis I—III
enumeratorum:

36.123.

ENUMERATIO
GENERUM SPECIERUMQUE ALPHABETICA
1917—1933
CUM CORRECTIONIBUS AD INDICEM ET
SUPPLEMENTA I—II.

ACANTHEA Lindig, Contr. Colomb. Cienc. 2. 34. 1861 = **Cyathea** sens. lat.

Acanthotheca Nakai, Bot. Mag. Tokyo 40. 242. 1926 *(Hymenophyllum §)* = **Hymenophyllum.**

Acrolysis Nakai, Bot. Mag. Tokyo 39. 176. 1925 *(Woodsia §)* = **Woodsia.**

ACROPHORUS Presl. — (Polypodiaceae Gen. 10).

    raiateensis J. W. Moore, Bishop Mus. Bull. 102 6. 1933 — Raiatea (Ins. Soc.).

ACROPTERIS Link.

    dichotoma Farwell, Amer. Midl. Naturalist 12. 289. 1931 = Actiniopteris australis.

ACROSORUS Copeland 1906, Univ. Calif. Publ. Bot. 16. 108. 1929 = **Polypodium.**

    exaltatus Cop. 1906 = P. streptophyllum.

    frederici et pauli Cop. 1906 = P. streptophyllum.

    Merrillii Cop. 1907 = P. tortile.

    Reineckei Cop. 1907 = P. Reineckei.

    Schlechteri Christ 1910 = P. Schlechteri.

    triangularis Cop. 1909 = P. streptophyllum.

ACROSTICHUM L. — (Polypodiaceae Gen. 127).

    angustissimum Fée 1865 = Elaphoglossum a.

    asplenifolium Bory 1833 = Egenolfia.

    assurgens Bak. 1874 = Elaphoglossum a.

    aureum L. — Dele var. A. speciosum Willd., A. fraxinifolium R. Br. et A.

    chrysoconium Desv. 1827, Index = Pityrogramma.   [daneaefolium L. et F.

    cladorrhizans Spr. 1821 = Bolbitis c.

    costulatum Cesati 1877 = Grammatopteridium.

    daneaefolium Langsd. et Fisch. 1810. — Amer. trop. — A. excelsum Maxon 1905, Index 660 c. syn.

    distans Sm. Rees Cycl. 39. no. 25. 1819 = Notholaena.

    Dombeyanum Fée 1845 = Elaphoglossum D.

    durum Kze. 1849 = Elaphoglossum glabellum.

Index Filicum. Supplementum III.   2

erinaceum Fée 1845 = Elaphoglossum e.

excelsum Maxon 1905, Index 660 = A. daneaefolium.

fraxinifolium R. Br. 1810 = A. speciosum.

gracile Fée 1873 = Elaphoglossum g.

guineense Gandoger, Bull. Soc. Fr. 66. 305. 1919 = A. aureum.

Hamiltonianum Wall. 1828 = Egenolfia vivipara.

hastatum Liebm. 1849 = Bolbitis Liebmanni.

Hayesii Mett. Kuhn 1869 = Elaphoglossum H.

horridulum Klf. 1824 = Elaphoglossum h.

isophyllum Sod. 1893 = Elaphoglossum castaneum.

lanceolatum L. 1753 = Cyclophorus l.

limbellatum Sm. Rees Cycl. 39. no. 3. 1819 — Martinique. — (Elaphoglossum sp.)

lineatum Kuhn, Christ 1899 = Elaphoglossum conforme var.

lonchophorum Kze. 1840 = Bolbitis l.

ludens Wall. 1829 = Egenolfia sinensis.

martinicense Desv. 1811 = Elaphoglossum m.

Orbignyanum Fée 1845 = Elaphoglossum O.

pallidum Beyrich = Elaphoglossum nigrescens.

pellucido-marginatum Christ 1895 = Elaphoglossum p.

piloselloides Pr. 1825 = Elaphoglossum p.

portoricense Spr. 1821 = Bolbitis cladorrhizans.

Raddianum Hk. et Gr. 1827 = Raddii Desv. 1827 = **Elaphoglossum horri-**

repandum Bl. 1828 = Bolbitis Quoyana.   [dulum.

reptans Cav. 1799 = Polypodium ciliatum.

rigidum Fée 1878 = Elaphoglossum glabellum.

spathulinum Raddi 1825 = Elaphoglossum horridulum.

speciosum Willd. 1810, Troll, Flora 128. 310 f. 1933. — Asia, Austr. trop.
    — A. fraxinifolium R. Br. 1810. Leptochilus Raapii v. A. v. R. 1908, Ind. Suppl.

yunnanense Bak. 1898 = Elaphoglossum y.

ACTINOSTACHYS Wallich = **Schizaea.**

penicillata Maxon, Proc. Biol. Soc. Wash. 46. 139. 1933.

ACYSTOPTERIS Nakai, Bot. Mag. Tokyo 47. 180. 1933 = **Cystopteris.**

japonica Nakai, l. c.

ADIANTOPSIS Fée. — (Polypodiaceae Gen. 108).

asplenioides Maxon, Amer. Fern Journ. 22. 14. 1932. — Cuba.

capensis (Thbg.) Fée 1852, Index = Cheilanthes.

dichotoma (Cav.) Moore, 1857, Index = Cheilanthes.

Fordii (Bak.) C. Chr. Index = Cheilanthes chusana.

linearis Bonap. N. Pt. 10. 185. 1920; C. Chr. Dansk Bot. Ark. 7. 119 t. 46 f.
    1—6. 1932. — Madagascar.

Luetzelburgii Ros. Fedde Rep. 20. 91. 1924. — Brasilia.

ADIANTUM L. — (Polypodiaceae Gen. 118).

acrocarpon Christ 1904, Index = A. Mariesii.

adiantoides (J. Sm.) C. Chr. — Dele var. Hewardia diphylla.

alatum A. Peter, Fedde Rep. Beih. 40. 43. 1929 = A. dolabriforme.

aristatum Christ 1911, Ind. Suppl. = A. Davidi.

Balansae Bak. 1890, Index = A. dolabriforme.

borneense Gandoger, Bull. Soc. Fr. 66. 305. 1919 = A. caudatum.

capillus veneris L. — Adde syn. A. Michelii Christ 1910, Ind. Suppl. —
    Dele var. A. Levingei.

Chienii Ching, Sinensia **1**. 50. 1930. — Kwangtung.

cordatum Maxon, Amer. Fern Journ. **21**. 136. 1931. — Panama.

coreanum Tagawa, Acta Phytotax. **1**. 159. 1932. — Korea.

decoratum Maxon et Weatherby, Amer. Journ. Bot. **19**. 165. 1932. — Amer. centr.

diphyllum (Fée) Maxon, Amer. Fern Journ. **21**. 137. 1931. — Bahia. — Hewardia Fée 1869.

Doctersii v. A. v. R. 1913, Ind. Suppl. prél. = A. flabellulatum.

dolabriforme Hk. Ic. Pl. t. 191. 1837. — Asia et Africa trop. — A. Mettenii Kuhn 1868, Index. A. Balansae Bak. 1890, Index. A. alatum Cop. 1905 et A. Peter 1929.

Edgeworthii Hk. — Adde loc. Luzon et syn. A. Guilelmi Hance 1869 (v. infra). A. Spencerianum Cop. 1906, Ind. Suppl.

falcatum Buchoz, Jard. Univ. t. 158. 1785. — ?

flabellum C. Chr. Cat. Pl. Mad. Pter. 50. 1931 (nomen), Dansk Bot. Ark. **7**. 123 t. 48. 1932. — Madagascar. — A. reniforme var. crenatum Bak. JoB. 1890. 4 (non A. crenatum Willd. 1810).

flagellum var. schizaeoides Rosendahl, Ark. för Bot. **14**. no. 18. 2. 1916 = A. delicatulum.

fossarum Roj. Acosta, Bull. Géogr. Bot. **28**. 156. 1918 — Paraguay.

Fournieri Cop. Univ. Calif. Publ. Bot. **14**. 367. 1929. — N. Caledonia. — A. rigidum Fourn. 1873 (non Link 1841).

gingkoides C. Chr. Bull. Mus. Paris II. **6**. 100. 1934. — Indochina.

Gravesii Hance. — Dele syn. A. Mariesii.

Greenii Ching, Sinensia **1**. 8. 1929, Ic. Fil. Sin. t. 31. — Kwangsi.

Guilelmi Hance, JoB. **1869**. 261 = A. Edgeworthii.

Hallieri Ros. Med. Rijks Herb. no. 31. 1. 1917 = A. serratifolium.

hispidulum Sw. — Dele var. A. rigidum Fourn.

induratum Christ 1908, Ind. Suppl. = A. Bonii.

Killipii Maxon et Weatherby, Amer. Journ. Bot. **19**. 166. 1932. — Panama, Guiana, Trinidad.

latedeltoideum (Christ) C. Chr. Acta Hort. Gothob. **1**. 94. 1924. — China centr. — A. monochlamys var. latedeltoidea Christ, Nu. Giorn. Bot. It. n. s. **4**.

Levingei Bak. Ann. Bot. **5**. 207. 1891. — Himalaya. [88. 1897.

lindsaya Cav. Descr. 271. 1802 — Ecuador.

littorale Jenm. 1899, Index = A. tenerum.

lunulatum Burm. 1768, Index = A. philippense.

Mariesii Bak. 1889. — China merid. — A. acrocarpon Christ 1904, Index.

Mettenii Kuhn 1868, Index = A. dolabriforme. [A. nanum Ching 1929.

Michelii Christ 1910, Ind. Suppl. = A. capillus veneris.

monosorum Bak. — Adde loc. Mindanao et syn. A. scabripes Cop. 1912, Ind. Suppl.

multisorum Sampaio, Comm. Linh. telegr. Matto Grosso ao Amazonas Publ. no. 33. 11 t. 1 f. 1. 1916. — Matto Grosso.

nanum Ching, Sinensia **1**. 9. 1929, Ic. Fil. Sin. t. 31 = A. Mariesii.

nigrescens Fée 1852, Index = A. cristatum.

pedatum A. Peter, Fedde Rep. **40**. 45, Descr. 4 t. 5 f. 1. 1929 (non L.). — Afr. or. trop.

phanerophlebium (Bak.) C. Chr. Dansk Bot. Ark. **7**. 123 t. 49. 1932. — Madagascar. — Pteris Bak. 1891; Doryopteris Diels 1899, Index.

philippense L. sp. 1094. 1753. — A. lunulatum Burm. 1768, Index.

reniforme var. crenatum Bak. 1891 = A. flabellum.

rigidum Fourn. 1873 = A. Fournieri.

Rondoni Sampaio, Comm. Linh. telegr. Matto Grosso ao Amazonas Publ. no. 33. 13 t. 1 f. 2. 1916. — Matto Grosso.

scabripes Cop. 1912, Ind. Suppl. = A. monosorum.

Schmalzii Ros. Fedde Rep. 8 277. 1910. — Brasilia.

semiorbiculatum Bonap. N. Pt. 13. 105. 1921. — Annam.

Spencerianum Cop. 1906, Ind. Suppl. = A. Edgeworthii.

striatum Sw. 1788, Index = A. cristatum.

subemarginatum Christ 1903, Index = A. refractum et A. capillus veneris.

Urbanianum Brause, Fedde Rep. 15. 93. 1917 = A. melanoleucum.

AETOPTERON Ehrhart, Beitr. 148. 1789; House, Amer. Fern Journ. 10. 88. 1920 = **Polystichum.**

acrostichoides, aculeatum, braunii, californicum, lemmoni, lonchitis, munitum, scopulinum House, l. c. 88-89 = P. sp. homonym.

AGLAOMORPHA Schott. — Cf. Ind. Suppl. prél.; Copeland, Univ. Calif. Publ. Bot. 16. 117. 1929. — (Polypodiaceae Gen. 156).

coronans (Wall.) Cop. l. c. — Asia trop. — Polypodium Wall. 1828, Index c. syn. Drynaria Esquirolii C. Chr. 1913, Ind. Suppl. prél.

heraclea (Kze.) Cop. l. c. — Malesia, N. Guinea. — Polypodium Kze. 1848, Index.

Ledermanni (Brause) C. Chr. Ind. Suppl. prél. — N. Guinea. — Polypodium Brause, Engl. Jahrb. 56. 202. 1920; P. Schlechteri Brause 1912, Ind. Suppl. (non v. A. v. R. 1909); Aglaomorpha Cop. 1914, Ind. Suppl. prél.; Pleopeltis v. A. v. R. 1917.

Schlechteri (Brause) Cop. 1914, Ind. Suppl. prél. = A. Ledermanni.

ALLOSORUS Farwell, Mich. Acad. Sci. Rep. 21. 345. 1919; Amer. Midl. Naturalist 12. 284. 1931 = **Cheilanthes.**

Alabamensis, albomarginatus (p. 284) — Cooperae (285) — farinosus (286) — fragrans (284) — gracillimus, lendiger, Lindheimeri (285) — myriophyllus (285) — pilosus (284) — Pringlei (285) — pruinatus, subvillosus (284) — vestitus, viscidus (286) — Wrightii (284) Farwell, l. c. 1931 = C. sp. homonym.

farinosus Kze. 1848 = Pityrogramma ornithopteris.

gracilis, lanosus, tomentosus Farwell, l. c. 1919 = C. sp. homonym.

ALSOPHILA R. Brown.

Obs. **Omnes species hujus generis a cl. K. Domin 1930 ad Cyatheam translatae sunt. V. Cyatheam.**

acrostichoides v. A. v. R. Bull. Buit. II no. 28. 2. 1918. — Ceram.

aeneifolia v. A. v. R. Nova Guinea 14. 3. 1924. — N. Guinea.

albidopaleata (Cop.) C. Chr. Ind. Suppl. III. 20. 1934. — Brasilia. — Cyathea Cop. Univ. Calif. Publ. Bot. 17. 25 t. 2. 1932.

alpina v. A. v. R. 1915, Ind. Suppl. prél. = Cyathea alpicola.

allocota v. A. v. R. Bull. Buit. III. 5. 180. 1922. — Sumatra.

amaiambitensis v. A. v. R. l. c. II no. 28. 1. 1918 = A. ramispina.

angiensis Gepp in Gibbs, N. W. N. Guinea 69. 1917. — N. Guinea.

Annae v. A. v. R. Bull. Buit. II no. 23. 3. 1916. — Amboina.

arfakensis Gepp in Gibbs, N. W. N. Guinea 70. 1917. — N. Guinea.

Baroni Bak. 1885, Index = Cyathea segregata.

Bartlettii (Cop.) C. Chr. Ind. Suppl. III. 20. 1934. — Sumatra. — Cyathea Cop. Univ. Calif. Publ. Bot. 14. 371. 1929.

benculensis v. A. v. R. Bull. Buit. II no. 23. 2. 1916 = Cyathea.

biformis Ros. 1911, Ind. Suppl. — Adde syn. Polybotrya arfakensis Gepp 1917; Thysanobotrya v. A. v. R. 1918; Cyathea Gibbsiae Cop. 1929.

Boivini Mett. 1865; C. Chr. Dansk Bot. Ark. 7. 38 t. 8. 1932. — Ins. Comorae, Madagascar. — Cyathea insularis Domin 1929. — Alsophila bullata Bak. 1876, Index; Cyathea Domin 1929.

borinquena Maxon, Amer. Fern Journ. 15. 56. 1925. — Puerto Rico.

brevifoliolata v. A. v. R. 1915, Ind. Suppl. prél. = Cyathea.

brunnea Brause, Engl. Jahrb. 56. 73. 1920. — N. Guinea.

bullata Bak. 1876, Index = A. Boivini.

bulligera Ros. Fedde Rep. 25. 57. 1928. — Bolivia.

buruensis Ros. Med. Rijks Herb. no. 31. 1. 1917. — Buru.

castanea Bak. — Cyathea badia Domin 1929.

chamaedendron (Cop.) C. Chr. Ind. Suppl. III. 21. 1934. -- Brasilia. — Cyathea Cop. Univ. Calif. Publ. Bot. 17. 31 t. 5. 1932.

Christii Sodiro. — Cyathea decora Domin 1930.

concinna Bak. — Cyathea eminens Domin 1929.

Confucii Christ 1906, Index Suppl. = Cyathea spinulosa.

congoensis Bonap. N. Pt. 14. 241. 1924 (non Hort.) — Congo. — Cyathea principis Domin 1930.

costularis Bak. — Cyathea Domin 1929 (non Bonap. 1917); C. yunnanensis denticulata Bak. 1885, Index = Dryopteris Hancockii. [Domin 1930.

Dielsii Brause, Engl. Jahrb. 56. 67. 1920. — N. Guinea.

dryopteroidea Brause, l. c. 70. — N. Guinea. — Cyathea atrispora Domin 1930.

dryopteroides Domin, Kew Bull. 1929. 218 = A. mesocarpa.

dubia Bedd. 1888, Index = A. vexans.

elegans Mart. — Cyathea Sternbergii Domin 1929; C. elegantula Domin 1930.

elegantissima Linden. — Cyathea hortulanea Domin 1930.

elongata Hk. — Cyathea tijuccensis Domin 1929.

excelsa (Forst.) Spr. — Cyathea Brownii Domin 1929.

fallacina Domin, Mem. R. Czech. Soc. Sci. n. s. 2. 89. 1929. — Brasilia. — Cyathea Domin 1930; Alsophila dryopteroides var. fallacina Domin, l. c.

formosana Bak. 1891 = A. Metteniana. [89 t. 9 f. 11, 12. 1929.

Fuijiana Nakai, Bot. Mag. Tokyo 41. 72. 1927. — Botel-Tobago.

furcinervia (Domin) C. Chr. Ind. Suppl. III. 21. 1934. — Brasilia. — Cyathea Domin 1930; Alsophila polyphlebia Domin, Kew Bull. 1929. 218; Mem. R. Czech. Soc. Sci. n. s. 2. 96 t. 10 f. 9, 10. 1929 (non Bak. 1876).

glabrescens v. A. v. R. Bull. Buit. III. 5. 181. 1922. — Lingga Arch. (Malesia).

Gleasoni Maxon, Amer. Fern Journ. 15. 55. 1925. — Guiana.

Godmani Hk. 1866, Index = A. mexicana.

gracilis Und. et Maxon 1902, Index = A. aquilina.

gregaria Brause, Engl. Jahrb. 56. 68. 1920. — N. Guinea.

Guinleorum Brade et Ros. Bol. Mus. Nac. Rio Janeiro 7. 140 t. 2, 4, 6, 1931. — Brasilia.

Haenkei Pr. Rel. Haenk. 1. 68. 1825. — Guam. -- Cyathea Merrill 1919. C. marianna Gaud. 1827.

Hallieri Ros. Med. Rijks Herb. no. 31. 2. 1917. — Borneo.

Hallieri v. A. v. R. Bull. Buit. II no. 28. 2. 1918 = A. ramispina.

Hewittii v. A. v. R. Mal. Ferns Suppl. 55. 1917 = A. commutata.

Hieronymi Brause 1912. — Cyathea Brauseana Domin 1929.

hirta Klf. Enum. 249. 1824. — Brasilia.

Holstii Hier. — C. usambarensis Domin 1929 (non Hier. 1895); C. Opizii
Domin 1930.

hunsteiniana Brause, Engl. Jahrb. 56. 65. 1920. — N. Guinea. — C. albidula
ichtyolepis Christ 1906, Ind. Suppl. = A. stipularis.   [Domin 1930.

incana v. Geert — Cyathea incanescens Domin 1930.

indrapurae v. A. v. R. 1915, Ind. Suppl. prél. = Cyathea.

Janseniana v. A. v. R. Bull. Buit. III. 5. 179. 1922. — Sumatra.

kemberangana (Cop.) C. Chr. Ind. Suppl. III. 22. 1934. — Borneo — Cyathea
Cop. Phil. Journ. Sci. 12 C. 52. 1917.

kenepaiana v. A. v. R. Bull. Buit. III. 2. 129. 1920 = A. ramispina.

lamprocaulis (Christ) Ching, Sinensia 2. 36. 1931. — China occ. — Dryopteris
(Christ) C. Chr. Ind. Suppl.

lastreoides v. A. v. R. Bull. Buit. II no. 23. 5. 1916. — Ins. Batu.

Lechleri Mett. — Cyathea subtropica Domin 1929.

Ledermanni Brause, Engl. Jahrb. 56. 76. 1920. — N. Guinea. — Cyathea
dimorphophylla Domin 1930.

lepidotricha (Fourn.) Diels 1899, Index = A. novae caledoniae.

leucolepis Mart. — Cyathea leucofolis Domin 1929.

madagascarica Bonap. N. Pt. 5. 53. 1917; C. Chr. Dansk Bot. Ark. 7. 39 t.
8. 1932. — Madagascar. — Cyathea malegassica Domin 1930.

mapiriensis Ros. Fedde Rep. 25. 57. 1928. — Bolivia.

marginata Brause, Engl. Jahrb. 56. 63. 1920. — N. Guinea.

melanocaulos v. A. v. R. Nova Guinea 14. 1. 1924. — N. Guinea. — Cyathea
melanoclada Domin 1930.

mesocarpa (Domin) C Chr. Ind. Suppl. III. 22. 1934. — Brasilia. — Cyathea
Domin, Acta Boh. 9. 136. 1930; Alsophila dryopteroides Domin, Kew Bull.
1929. 218, Mem. R Czech. Soc. Sci. n. s. 2. 88 (excl. var.) t. 9 f. 9, 16
f. 2 1929 (non Brause 1920).

Mexiae (Cop.) C. Chr. Ind. Suppl. III. 22. 1934. — Brasilia. — Cyathea Cop.
Univ. Calif. Publ. Bot. 17. 30 t. 4. 1932.

mexicana Mart. 1834; Maxon, Contr. U. S. Nat. Herb. 24. 41. 1922. — Mexico
—Guatemala. — Cyathea valdecrenata Domin 1929. Alsophila Godmani Hk.
1866, Index; Cyathea Domin 1929.

microphylla Kl. — Cyathea microphyllodes Domin 1929; C. squamata Domin
1930.

mindanensis Christ 1900, Index. — Fr. ster. sp. orig. = Dicksonia Blumei,
fr. fert. = Alsophila sp. (latebrosa?).

nesiotica Maxon, Contr. U. S. Nat. Herb. 24. 43. 1922. — Costa Rica.

nigra Mart. — Cyathea primaeva Domin 1929.

nigricans Corda, Beitr. Fl. Vorw. 57, 1845 —?

nitens J. Sm. — Cyathea nitidula Domin 1929.

notabilis Maxon, Contr. U. S. Nat. Herb. 24. 39 t. 12. 1922. — Costa Rica.

novogranadensis Domin, Mem. R Czech. Soc. Sci. n. s. 2. 97 t. 10 f. 13-15.
1929. — Colombia.

obtusa Kl. — Cyathea obtusata Domin 1929 (non Ros. 1917); C. Klotzschiana
Domin 1930.

ochroleuca Christ 1909. — Cyathea subochroleuca Domin 1929.

Ogurae Hayata, Bot. Mag. Tokyo 39. 149. 1925. — Ins. Bonin.

okiana v. A. v. R. Bull. Buit. II no. 23. 4. 1916 = Cyathea.

olivacea Brause, Engl. Jahrb. 56. 74. 1920. — N. Guinea.
palembanica v. A. v. R. Bull. Buit. II no. 23. 4. 1916 = Cyathea.
paleolata Mart — Cyathea alsophilum Domin 1929.
pausamalana Maxon, Contr. U. S. Nat. Herb. 24. 40. 1922. — Guatemala.
papuana Ridley, Tr. Linn. Soc. II. 9. 252. 1916 = Cyathea.
paraphysata (Cop) v. A. v. R. Mal. Ferns Suppl. 58. 1917. — Borneo. —
Cyathea Cop. 1911; Index Suppl. 21.
parvifolia Holttum, Journ. Mal. Br. R. As. Soc. 6. 19. 1928. — Sumatra.
persquamulata v. A. v. R. Bull. Buit. II no. 28. 1. 1918. — Java.
persquamulifera v. A. v. R. l. c. III. 2. 130. 1920. — Java, Sumatra. —
Cyathea contaminans var. persquamulifera v. A. v. R. l. c. II no. 28. 13. 1918.
philippinensis ht. Veitch. — Cyathea Veitchiana Domin 1930.
poiensis (Cop.) v. A. v. R. Mal. Ferns Suppl. 56. 1917. — Borneo. — Cyathea
Cop. 1911, Ind. Suppl. 21.
polyphlebia Bak. — Cyathea aruensis Domin 1929.
polyphlebia Domin, Kew Bull. 1929. 218 = A. furcinervia.
procera (Willd.) Desv. — Cyathea Willdenowiana Domin 1930.
pubescens Bak. — Cyathea pubens Domin 1929.
pulchra (Cop.) C. Chr. Ind. Suppl. III. 23. 1934. — Sumatra. — Cyathea Cop.
Univ. Calif. Publ. Bot. 14. 372. 1929
punctulata v. A. v. R. 1915. Ind. Suppl. prél. = Cyathea.
ramisora Domin, Mem. R. Szech. Soc. Sci. n. s. 2. 97 t. 10 f. 11-12. 1929.
Guiana anglica.
Ramosii (Cop) C. Chr. Ind. Suppl. III. 23. 1933. — Leyte. — Cyathea Cop. Phil.
Journ. Sci. 30. 325. 1926.
recurvata Brause, Engl. Jahrb. 56. 61. 1920. — N. Guinea.
reducta v. A. v. R. Bull. Buit. II no. 28. 1. 1918. — Sumatra.
rheosora Bak. 1890, Index — A. podophylla.
robusta C. Moore, Watts, Pr. Linn. Soc. N. S. Wales 39. 261. 1914. — Ins.
Lord Howe.
Roquettei Brade et Ros. Bol. Mus. Nac. Rio Janeiro 7. 139 t. 2, 3, 5. 1931.
— Brasilia.
Rosenstockii Brause, Engl. Jahrb. 56. 63. 1920. — N. Guinea. — Cyathea
ascendens Domin 1930.
rubiginosa Brause, l. c. 66. — N. Guinea.
rugosula (Cop.) C. Chr. Ind. Suppl. III. 23. 1934. — Tonga. — Cyathea Cop.
Univ. Calif. Publ. Bot. 12. 390. 1931.
samoensis Brack. — Cyathea Wilkesiana Domin 1930.
saparuensis v. A. v. R. 1908, Ind. Suppl. = Cyathea.
sarawakensis C. Chr. — Cyathea deuterobrooksii Cop. 1929.
scaberulipes v. A. v. R. Nova Guinea 14. 2. 1924. — N. Guinea.
scabrinscula Maxon, Pr. Biol. Soc. Wash. 32. 125. 1919. — Mexico - Guatemala.
scandens Brause, Engl. Jahrb. 56. 77. 1920. — N. Guinea.
Schliebenii Reimers, Notizbl. Bot. Gart. Berlin—Dahlem 11. 918. 1933. —
simulans Bak. 1891, Index = Cyathea borbonica var. [Afr. trop.
Sodiroi Bak. — Cyathea ecuadorensis Domin 1929.
Sollyana Griff. Journ. As. Soc. Beng. 5. 808. 1836 etc. (v. Ind.).
spinifera v. A. v. R. Bull. Buit. III. 5. 182. 1922. — Sumatra.
Sprucei Hk. — Cyathea oreites Domin 1929.
straminea Gepp in Gibbs, N. W. N. Guinea 192. 1917 = Cyathea Geppiana.

strigillosa Maxon, Contr. U. S. Nat. Herb. **24**. 37 t. 11. 1922. — Cuba.
Stübelii Hier. 1906. — Cyathea Wolffii Domin 1929.
subglandulosa Hance 1866, Index = Dryopteris Oldhami.
submarginalis Domin, Kew Bull. **1929**. 217, Mem. R. Czech. Soc. Sci. n. s.
    2. 88 t. 9, 17. 1929. — Brasilia.
subulata v. A. v. R. Bull. Buit. II no. 28. 1. 1918. — Sumatra.
tenggerensis Ros. Med. Rijks Herb. no. 31. 1. 1917. — Java.
tenuicaulis de Vr. et Teyssm. ex Scott, Journ. Agr. Hort. Soc. India II. **1**. 212.
    1868 (nomen). — Ceram.
tenuis Brause, Engl. Jahrb. **56**. 71. 1920. — N. Guinea. — Cyathea tenuicaulis
    Domin 1930.
trichiata Maxon, Contr. U. S. Nat. Herb. **24**. 44. 1922. — Costa Rica, Panama.
trichophora (Cop.) v. A. v. R. Mal. Ferns Suppl. 72. 1917. — Luzon. — Cyathea
    ?**tristis** Bl. Moore 1857, Index = Stenolepia.   [Cop. 1911, Ind. Suppl.
vestita Pr. — Cyathea Presliana Domin 1929.
vexans Cesati 1876. — Borneo, Mal. Penins. — A. dubia Bedd. 1888, Index.
vitiensis Carr. 1873. — Fiji, Samoa.
Williamsii Maxon, Contr. U. S. Nat. Herb. **24**. 46. t. 17. 1922. — Panama·
    Wrightii Underw., Maxon, l. c. **23**. 45. 1920 (syn.) = A. myosuroides.
xanthina (Domin) C. Chr. Ind. Suppl. III. 24. 1934. — Sumatra. — Cyathea
    Domin 1930; Alsophila xantholepia v. A. v. R. Bull. Buit. II no. 23. 1. 1916
    (non A. xantholepis Christ 1899, Index).
xantholepia v. A. v. R. 1915 = A. xanthina.
Zenkeri Hier. 1899, Index = Cyathea camerooniana.
AMESIUM Newman — **Asplenium**.
Sasakii Hayata Bot. Mag. Tokyo **42**. 334. 1928 = A. septentrionale var.
ANANTHOCORUS Underwood et Maxon, Contr. U. S. Nat. Herb. **10**. 487.
    1908. — (Polypodiaceae Gen. **136**).
angustifolius (Sw.) Und. et Maxon, l. c. — Amer. trop. — Vittaria (Sw.)
ANAPAUSIA Presl.   [Bak. 1870, Index.
Bonii Nakai, Bot. Mag. Tokyo **47**. 174. 1933 ⎫
Harlandii Nakai, l. c   ⎭ = Hemigramma decurrens.
ANEIMIA Swartz.
    Abbottii Maxon, Proc. Biol. Soc. Wash. **35**. 48. 1922. — Hispaniola.
    lanipes C. Chr. Cat. Pl. Mad. Pter. 65. 1931 (nomen), Dansk Bot. Ark. 7.
        177 t. 71. 1932. — Madagascar.
    Luetzelburgii Ros. Fedde Rep. **20**. 94. 1924. — Brasilia.
    madagascariensis C. Chr. Arch. Bot. (Caen) **2** Bull. mens. 216. 1928, Dansk
        Bot. Ark. 7. 177 t. 72 f. 1—4. 1932 — Madagascar.
    Makrinii Maxon, Journ. Wash. Acad. Sci. **8**. 100. 1918.   Mexico.
    organensis Ros. Fedde Rep. **20**. 95. 1924. — Brasilia.
    Perrieriana C. Chr. Cat. Pl. Mad. Pter. 65. 1931 (nomen), Dansk Bot. Ark.
        7. 178 t. 72 f. 5—6. 1932. — Madagascar.
    Smithii Brade, Bol. Mus. Nac. Rio Janeiro **5**. 95 t. 3. 1929. — Brasilia.
    tripinnata Cop. Univ. Calif. Publ. Bot. **17**. 24 t. 1. 1932. — Brasilia.
ANGIOPTERIS Hoffmann; cf. Hieron. Hedwigia **61**: 242 et v. A. v. R. Bull.
    Jard. Buit. II no. 28: 58 (clavis).
    albido-punctulata Ros. Med. Rijks Herb. no. 31. 3. 1917. — Ins. Phil.
    arborescens (Blanco) Merrill, Sp. Blancoanae 1918 — Ins. Phil. — Myrio-
        theca Blanco, Fl. Filip. 831. 1837.

athroocarpa v. A. v. R. Bull. Buit. III. 5. 183. 1922. — Sumatra.
Boivini Hier. Hedwigia 61. 270. 1919. — Réunion.
boninensis Hier. l. c. 266. — Ins. Bonin.
caudatiformis Hier. l. c. 278. — Yunnan.
ceracea v. A. v. R. Bull. Buit. II no. 28. 4. 1918. — Sumatra.
Cumingii Hier. Hedwigia 61. 258. 1919. — Ins. Phil.
Dahlii Hier. Engl. Jahrb. 56. 215. 1920. — N. Lauenburg.
elliptica v. A. v. R. Bull. Buit. II no. 28. 5. 1918. — Sumatra.
elongata Hier. Hedwigia 61. 261. 1919. — Quensland.
evanidostriata Hier. Engl. Jahrb. 61. 213. 1920. — N. Guinea.
Fauriei Hier. Hedwigia 61. 272. 1919. — Japonia.
fokiensis Hier. l. c. 275. — China austr. or.
Forbesii v. A. v. R. Bull. Buit. II no. 28. 3. 1918. — Java.
glauca v. A. v. R. Mal. Ferns, Suppl. I, Corr. 61. 1917; l. c. 3. — Java.
grisea v. A· v. R. l. c. 5. 1918 = A. pallida.
Hellwigii Hier. Engl. Jahrb. 56. 218. 1920. — N. Guinea.
Henryi Hier. Hedwigia 61. 260. 1919. — Formosa.
inconstans v. A. v. R. Bull. Buit. II. no. 28. 6. 1918. — Amboina.
lancifoliolata v. A. v. R. l. c. III. 5. 183. 1922. — Lingga Arch.
Lauterbachii Hier. Engl. Jahrb. 56. 214. 1920. — N. Guinea.
leytensis v. A. v. R. Bull. Buit. II. no. 28. 4. 1918. — Ins. Phil.
lygodiifolia Ros. Med. Rijks Herb. no. 31. 2. 1917. — Japonia.
Manniana Ros. l. c. 2. — Assam.
marchionica E. Brown, Bishop Mus. Bull. 89. 100 c. f. 1931. — Marquesas.
monstruosa v. A. v. R. Bull. Buit. III. 2. 130. 1920. — Sumatra.
mutata v. A. v. R. Mal. Ferns Suppl. I, Corr. 60. 1917. — Cult. Hort. Bogor.
Naumanni Hier. Hedwigia 61. 251. 1919. — Fiji.
nodosa Ros. Med. Rijks Herb no. 31. 3. 1917. — Sumatra.
Norrisii Ros. l. c. 2. — Malay. Penins.
novocaledonica Hier. Hedwigia 61. 253. 1919. — N. Caledonia.
Oldhami Hier. l. c. 265. — Formosa.
oligotheca Hier. l c. 284. — Java.
olivacea v. A. v. R. Mal. Ferns Suppl. I, Corr. 60. 1917. — Java.
opaca Cop. Bishop Mus. Bull. 59. 8. 1929. — Fiji.
oschimensis Hier. Hedwigia 61. 282. 1919. — Japonia.
palauensis Hier. Hedwigia 61. 268. 1919. — Pelew Ins.
pallida Ros. Med. Rijks Herb. no. 31. 2. 1917. — Java. — A. grisea v. A. v. R.
papandayanensis Hier. Hedwigia 61. 256. 1919. — Java.   [1918.
rapensis E. Brown, Bishop Mus. Bull. 89. 102. 1931. — Ins. Rapa.
Rutteni v. A. v. R. Bull. Buit. II. no. 28. 6. 1918. — Ceram.
Sakuraii Hier. Hedwlgia 61. 280. 1919. — Japonia.
stellatosora C. Chr. Engl. Jahrb. 66. 67. 1933. — Celebes.
subcuspidata Ros. Med. Rijks Herb. no. 31. 3. 1917. — Ins. Phil.
sumatrana v. A. v. R. Bull. Buit. II no. 23. 6. 1916. — Sumatra, Celebes.
undulato-striata Hier. Engl. Jahrb. 56. 216. 1920. — N. Pommerania.
Versteegii v. A. v. R. Bull. Buit. II. no. 28. 6. 1918. — N. Guinea.
Winkleri Ros. Med. Rijks Herb. no. 31. 3. 1917. — Sumatra.
yunnanensis Hier. Hedw. 61. 277. 1919. — China austr. Tonkin.
ANISOCAMPIUM Cumingianum Presl 1849 = Athyrium.

ANISOSORUS Trevisan 1851. (Antiosorus Roemer, Kuhn 1882). — (Polypodiaceae Gen. 128).

hirsutus (L) Und. et Maxon, Pter. Porto Rico. 429. 1926. — Amer. trop. — Lonchitis L. 1753, Index.

occidentalis (Bak.) C. Chr. Cat. Pl. Mad. Pter. 54. 1932, Dansk Bot. Ark. 7. 138 t. 54 f. 10-11. — Afr. trop. Madagascar. — Lonchitis Bak. 1867, Index; Pteris Köhler 1920. — L. Friesii Brause 1914?; Pteris Köhler 1920.

ANOGRAMMA Link. — (Polypodiaceae Gen. 93). Omnes species hujus generis ad Pityrogrammam a cl. K. Domin 1928 translatae sunt.

Eggersii Christ in Index = Pityrogramma.

Fauriei Christ in Index = Asplenium subvarians.

guatemalensis (Domin) C. Chr. Ind. Suppl. III. 26. 1934. — Guatemala. Pityrogramma Domin, Publ. Fac. Sci. Univ. Charles no. 88. 9. 1928.

Makinoi (Maxim.) Christ in Index = Pleurosoriopsis.

Osteniana Dutra, Ostenia 5, fig. 1933. — Brasilia.

schizophylla (Bak.) Diels 1899, Index = Pityrogramma.

ANTIOSORUS Roemer, Kuhn = **Anisosorus**

ANTROPHYUM Kaulfuss. — (Polypodiaceae Gen. 138).

bivittatum C. Chr. in Bonap. N. Pt. 16. 110 t. 1. 1925. — Madagascar.

Brookei Hk. 1861. — Borneo. ? Celebes.

cuneifolium Ros. Med. Rijks Herb. no. 31. 3. 1917 = ? A. obovatum.

Francii Ros. l. c. = A. novae caledoniae.

japonicum Mak. 1899, Index = A. obovatum.

Ledermanni Hier. Engl. Jahrb. 56. 175. 1920. — N. Guinea.

malgassicum C. Chr. Cat. Pl. Mad. Pter. 56. 1931 (nomen), Dansk Bot. Ark. 7. 146 t. 55 f. 9-10. 1932. — Madagascar.

obovatum Bak. Kew Bull. 1898. 233. — India bor. — China—Tonkin—Japonia. — A. japonicum Mak. 1899. — A. petiolatum Bak, Christ 1902. ?A. cuneifolium Ros. 1917. A. latifolium auctt. quoad pl. As. centr. et or.

Perrierianum C. Chr. in Bonap. N. Pt. 16. 112. 1925, Dansk Bot. Ark. 7. 145 t. 55 f 5-8. 1932. — Madagascar.

petiolatum Bak., Christ 1902 = A. obovatum.

subfalcatum Brack. — Dele syn. A. Brookei Hk. et loc. Borneo, Celebes.

trivittatum C. Chr. in Bonap. N. Pt. 16. 111 t. 1. 1925. — Madagascar.

ARAIOSTEGIA Copeland, Phil. Journ. Sci. 34. 240. 1927; Univ. Calif. Publ. Bot. 16. 97. 1929, 12. 399. 1931 (clavis sp.) = **Leucostegia**.

athamantica Cop. l. c. 241. 1927 = L. pseudocystopteris.

Clarkei, hymenophylloides, multidendata, parvipinnula, pseudocystopteris, pulchra, yunnanensis Cop. l. c. 241. 1927 = L. sp. homonym.

dareiformis, gymnocarpa (398) — parva (399) perdurans (400) Cop. l. c. 1931 = L. sp. homonym.

pulcherrima Cop. l. c. 241. 1927 = Asplenium.

ARCHANGIOPTERIS Christ et Giesenhagen.

Somai Hayata 1915, Ind. Suppl. prél. — Protangiopteris Hayata 1928.

subintegra Hayata, Bot. Gaz. 67. 90. 1919. — Tonkin. — Protangiopteris Hayata 1928.

tamdaoensis Hayata, l. c 91. — Tonkin. — Protangiopteris Hayata 1928. (Omnes vix ab A. Henryi distinctae).

ARTHROPTERIS J. Smith. — (Polypodiaceae Gen. 42).

articulata (Brack.) C. Chr. Ind. Suppl. III. 26. 1934. — Fiji. Ins. Phil. ?N. Guinea.

?Amboina. — Lastrea Brack. U. S. Expl. Exp. 16. 191 t. 26 f. 1. 1854. —
?Nephrodium Webbianum Hk. 1862.

dolichopoda v. A. v. R. Nova Guinea 14. 5. 1924. — N. Guinea.

integra Cop. Bishop Mus. Bull. 59. 16 t. 5. 1929. — Fiji.

monocarpa (Cordemoy) C. Chr. Cat. Pl. Mad. Pter. 32. 1931, Dansk Bot. Ark. 7.
72. 1932. — Afr. trop. cum ins. or. — Nephrodium Cordemoy 1891; Dryopteris C. Chr. Index.

orientalis (Gmel.) C. Chr. l. c. — Afr. trop. cum ins. or. Arabia. — Dryopteris C. Chr. Index cum syn. excl. Lastrea articulata. — Nephrodium
Humblotii Bak. 1885; Dryopteris C. Chr. Index.

parallela (Bak.) C. Chr. l. c. 33 et 71 t. 10 f. 8-9. — Madagascar. — Nephrodium Bak. 1876; Dryopteris C. Chr. Index.

trichophlebia (Bak.) C. Chr. l. c. 33 et 72. — Madagascar. — Nephrodium
Bak. 1877; Dryopteris C. Chr. Index.

ASPIDIUM Swartz emend. Index = **Tectaria.**

Obs. **Species validae Aspidii Ind. Fil. cum Suppl. ad genus Tectariam
infra translatae et hic non enumeratae sunt.**

acuminatum Lowe 1857 = Dryopteris acuminata.

adenophorum v. A. v. R. Mal. Ferns Suppl. 196. 1917.

adnatum Bl. 1828 = Dryopteris adnata.

ambiguum Diels 1899, Index = Heterogonium aspidioides.

?*Amoa* Hk. in Nightingale, Oceanic Sketches 129. 1835 —?

angustifrons Miq. 1867 = Dryopteris cystopteroides.

anomophyllum Zenker 1835 = Cyrtomium caryotideum.

argutum Klf. 1824 = Dryopteris arguta.

artinexum (Clarke) C. Chr. Index = T. Clarkei.

asperum Mett. 1864 = Dryopteris Presliana.

atratum Wall. 1828 = Dryopteris atrata.

blechnoides Sm. in Rees Cycl. 39. no. 11. 1818; Alston, Phil. Journ. Sc. 50.
181. (descr. orig) 1933 = Cyclopeltis semicordata.

Bolsteri Cop. 1906, Ind. Suppl. = T. Bryanti.

brachiatum Zoll. et Moritz 1844, Index = T. variolosa?

Braunianum Karst 1859 = Tectaria.

Brongniartii (Bory) Diels 1899, Index = T. irregularis var.

Brooksiae v. A. v. R. Bull. Buit. II no. 23. 9. 1916 = Polypodium hetero-
Buchholzii Kuhn 1879 = Tectaria.   [carpum Bl.

Burchardii Ros. Med. Rijks Herb. no. 31. 3. 1917.

canariense A. Br. 1841 = Dryopteris oligantha.

caudiculatum Sieb. = Dryopteris prismatica.

Championi Benth. 1861 = Dryopteris Championi.

chattagrammicum Diels 1899 = Tectaria.

Christii (Cop.) C. Chr. Ind Suppl. = T. macrodonta.

chrysotrichum Christ 1896 = Dryopteris tenuifrons.

chrysotrichum C. Chr. Ind. Suppl. = Tectaria.

cicutarium (L.) Sw., Index = T. cicutaria, T. dilacerata, T. Gaudichaudii, T.
macrodonta, T. tenuifolia; v. etiam T. malayensis.

ciliatum Wall. 1828 = Dryopteris pseudocalcarata.

coadunatum Wall. 1828 = T. macrodonta.

coniifolium Wall. 1828 = Polystichum himalayense.

consobrinum Fée 1866 = D. meridionalis.

controversum Hance 1862 = Polystichum controversum.
Copelandii C. Chr. Index 661 = T. decurrens.
cordifolium Pr. 1849 = T. variolosa.
cordulatum Ros. Med. Rijks Herb. no. 31. 3. 1917.
costaricanum C. Chr. Index = T. athyrioides.
crenulans Fée 1869 = Dryopteris crenulans.
crinigerum C. Chr. in Bonap. N. Pt. 16. 34. 1925.
cuspidato-pinnatum Hayata, Nakai, Bot. Mag. Tokyo 47. 167, 1933 (syn.)
?Decaryanum C. Chr. Cat. Pt. Mad. Pter. 31. 1932.
depariopsis C. Chr. Index = T. Godeffroyi.
Desvauxii Mett., Kuhn 1868 = Dryopteris crinita var.
dilaceratum Kze. 1850 = T. dilacerata.
dissidens Mett. 1858 = Dryopteris sclerophylla.
divergens Ros. Med. Rijks Herb. no. 31. 3. 1917.
domingense (Bak.) C. Chr. Index = T. trifoliata.
Dryopteris var. longulum Christ Bull Boiss. II. 2. 830. 1902 = Dryopteris
equestre Kze. 1844 = Dryopteris equestris.   [remotipinnata.
Esquirolii (Christ) C. Chr. Ind. Suppl. = T. quinquefida.
evenulosum v. A. v. R. Bull. Buit. II no. 28. 7. 1918.
excultum Mett. 1858 = Dryopteris exculta.
expansum Fée 1865 = Dryopteris melanosticta.
extensum Fée 1852 = Dryopteris melanosticta.
falcipinnum v. A. v. R. Bull. Buit. II no. 28. 7. 1918.
festinum Hance 1883 = Dryopteris festina.
formosum Fée 1852 = Dryopteris formosa.
frondosum Wikstr. 1826 = Dryopteris meridionalis.
fuscipes Wall. 1828 pt., Bedd. 1876 = Tectaria.
Gardnerianum Mett. 1858 = Dryopteris recedens.
Gaudichaudii Mett., Kuhn 1869 = Tectaria.
glanduligerum Kze. 1837 = Dryopteris glanduligera.
Griffithii (Moore) Diels 1899, Index = Dictyocline.
groenlandicum Gandoger, Bull. Soc. Fr. 66. 305. 1919. — Groenlandia. —
gymnocarpa (Cop.) C. Chr. Ind. Suppl. prél. = T. ferruginea.   [Dryopteris sp.
hippocrepis (Jacq.) Sw. 1806, Index = T. cicutaria.
hokutense Hayata 1911, Ind. Suppl. prél. = T. subtriphyllum.
Hosei (Bak) C. Chr. Index = T. Lobbii.
hymenodes Mett., Kuhn 1869 = T. hymenodes.
intermedium Bl. 1828 = Dryopteris vilis.
Johannis Winkleri C. Chr. Mitt. Inst. Hamburg 7. 149. 1928.
jucundum Fée 1865 = Dryopteris denticulata var. (descr.) et D. formosa (ill.)
juglandifolium Christ 1896 = Tectaria.
Kuhnii C. Chr. Index = T. Barberi.
Künstleri Bedd. 1892, Index = T. Barberi.
kwanonense Hayata, Ic. Pl. Formosa 8. 137. f. 61. 1918 = T. macrodonta.
kwarenkoense Hayata, l. c. 138.
lamaoense Cop. 1905, Index 661 = T. irrigua.
Ledermanni Brause, Engl. Jahrb. 56. 114. 1920.
lepidotrichum Desv. 1811 — Dryopteris nemorosa.
longicrure Christ 1909, Ind. Suppl. = T. Simonsii.
Ludovicianum Kze. 1848 = Dryopteris oligantha.

macropus Mett. 1859 = Dryopteris macropoda.
magnificum Bonap. N. Pt. 16. 183. 1925.
Maingayi Holttum, Gardens Bull. S. S. 5. 207. 1931.
mamillosum (Moore) C. Chr. Index = T. decurrens.
Maximowiczianum Miq. 1867 = Dryopteris Matsumurae.
membranifolium C. Chr. Index = T. fuscipes et T. chattagrammica.
microchlamys Christ 1899 = Polystichum microchlamys.
Morsei (Bak.) C. Chr. Ind. Suppl. = T. subpedata.
mucronatum Sw. 1801 = Polystichum mucronatum.
multicaudatum Wall., Bedd. 1883, Index = T. neglecta.
multilineatum Mett. 1858 = Dryopteris m.
nantoense Hayata, Ic. Pl. Formosa 8. 139 f. 63. 1919 = T. polymorpha.
nemorosum Jenm. Gard. Chr. 1894 Febr. 3 = Dryopteris meridionalis.
novae caledoniae C. Chr. Index = T. Vieillardii.
novoguincense Ros. Med. Rijks Herb. no. 31. 4. 1917.
nudum (Bak.) Diels 1901, Index = T. semibipinnata.
obscurum Christ, Journ. de Bot. 19. 62. 1905 = T. fuscipes.
oxyodon Franch. 1883 = Dryopteris laeta.
olivaceum (Cop.) C. Chr. Ind. Suppl. prél. = T. Leuzeana.
pachinense Hayata, Ic. Pl. Formosa 8. 140 f. 65-66. 1918 = T. kwarenkoensis.
pachyphyllum Kze. 1848, Index = T. crenata.
pandurifolium C. Chr. Mitt. Inst. Hamburg 7. 149. 1928.
papyraceum v. A. v. R. Bull. Buit. III. 2. 131. 1920.
Pearcei Philippi, Anal. Univ. Chil. 1881. 385 = Polystichum multifidum.
persoriferum Cop. 1905, Index 662 = T. crenata.
pinfaense Christ 1909, Ind. Suppl. = T. macrodonta.
pistillare Sw. 1801 = Oleandra p.
pleiosorum v. A. v. R. Mal. Ferns Suppl. 199. 1917.
pleocnemioides v. A. v. R. Nova Guinea 14. 6. 1924.
Plumierii Pr. 1849, Index = T. trifoliata.
polysorum Ros. 1914, Ind. Suppl. prél. = T. quinquefida.
Pringleanum Gandoger, Bull. Soc. Fr. 66. 305. 1919. — Canada. — Dryopteris sp.
profereoides Christ 1907 = Heterogonium.
psammiosorum C. Chr. Index = T. trifoliata.
psilopodum C. Chr. Index = T. subdigitata.
pteroides Sw. 1801 = Dryopteris interrupta.
pteroides Ballard, Kew Bull. 1932. 75 = T. fuscipes.
pteropodum Diels 1899 = Polypodium heterocarpum Bl.
Purdiaei Jenm. 1897, Index = T. trifoliata.
radicans Fée 1852, Index = Dryopteris exculta.
rarum v. A. v. R. Bull. Buit. II no. 28. 7. 1918.
repandum Willd. 1810, Index = T. crenata.
Ridleyanum v. A. v. R. Mal. Ferns Suppl. 505. 1917.
rotundilobatum Bonap. N. Pt. 16. 185. 1925.
rufinerve Hayata 1911, Ic. Pl. Formosa 8. 141 f. 67-68. 1919. Ind. Suppl. prél.
rufo-villosum Ros. Fedde Rep. 22. 11. 1925.   [=T. Leuzeana.
sagenioides Mett. 1858 = Dryopteris trichotoma.
setosum Sw. 1801 = Hypolepis punctata.
sorbifolium Willd. 1810 = Lomagramma.
subdecurrens (Luerss.) C. Chr. Index = T. Maingayi.

submembranaceum Hayata 1914, Ind. Suppl. prél. = T. irregularis var. Bron-
subsageniaceum Christ 1906 = T. fuscipes.   [gniartii.
tenericaule Thwait. 1864 = Dryopteris uliginosa?
tenuifolium Mett., Kuhn 1869 = Tectaria.
teratocarpum v. A. v. R. Nova Guinea 14. 6. 1914.
terminale Ros. Med. Rijks Herb. no. 31. 4. 1917.
trichotomum Fée 1852, Index = Dryopteris.
tricuspe Bedd. 1892, Index = T. vasta.
trifolium v. A. v. R. 1812, Ind. Suppl. = T. terminalis.
uliginosum Kze. 1847 = Dryopteris uliginosa.
Veitchianum C. Chr. Index = T. amblyotis.
viridans Mett., Kuhn 1869, Index = T. Milnei.
Whitfordi Cop. 1905, Index 662 = T. irregularis.
Zippelianum C. Chr. Index = T. ferruginea.
xylodes Kze. 1851 = Dryopteris xylodes.
ASPIDOTIS Nuttall = **Cheilanthes.**
ASPLENIUM L.; Index (excl. sect. Loxoscaphe) — (Polypodiaceae Gen. 74).
Abbottii Brause, Fedde Rep. 18. 246, 1922 = A. rectangulare.
achilleifolium (Lam.) C. Chr. — Dele loc. Asia et Polynesia et syn. A. pro-
longatum. — Afr. austr.
°Lonchitis bipinnata Forsk. 1775: Asplenium C. Chr., Hier. 1910, Ind. Suppl.
(part. non alior.); Darea disticha Klf. 1824 etc. D. stans Willd. 1810 etc.
Asplenium loxoscaphoides Bak. 1887, Index. A. linearilobum A. Peter 1929.
— Arabia felix - Afr. or. - Madagascar. — (An potius sp. propria: A. stans
(Willd.) Kze.?).
acrocarpum (Ros.) Hier. Hedwigia 61. 32. 1919. — N. Guinea. — Displazium
Ros. 1912, Ind. Suppl.
actiniopteroides A. Peter, Fedde Rep. Beih. 40. 79, Descr. 7 t. 3 f. 3-4.
1929. — Afr. or. trop.
acutipinnata Bonap. N. Pt. 4. 69. 1917 = A. Gilpinae.
adiantoides Index (an L?) — Nom. opt. A. falcatum Lam.?
affine Sw. — Dele syn. omnia et loc. Ceylon — Polynesia.
affine var. pecten Bak. Journ. Linn. Soc. 16. 199. 1877 = A. Gilpinae.
affine var. tanalense Bak. JoB. 1880. 329 = A. Gilpinae.
alatum Ridley, Tr. Linn. Soc. II. Bot. 9. 256. 1916 (Gen. falsum ex err.) =
Tectaria Ridleyana.
Alfredii Ros. Fedde Rep. 22. 8. 1925. — Costa Rica.
alienum Mett. 1859 — Diplazium a.
amaurolobum Ros. Med. Rijks Herb. no. 31. 4. 1917. — Sumatra. Borneo.
amaurophyllum A. Peter, Fedde Rep. Beih. 10. 73, Descr. 5. t. 1 f. 11-12.
1929. — Afr. or. trop.
amplum Willd.; Kuhn 1868 = Diplazium arborescens.
anisophylloides Bonap. N. Pt. 14. 220. 1924. — Ruwenzori.
anisophyllum Kze. — Dele *A. sanguinolentum.
anisophyllum var. aequilaterale Hier. Engl. Pflanzenwelt Ostafrikas C. 82. 1895
= A. Elliottii.
antiquum Mak. Journ. Jap. Bot. 6. 32. 1929 = A. nidus *(infra).
apertum C. Chr. Cat. Pl. Mad. Pter. 38. 1932 (nomen), Dansk Bot. Ark. 7.
99 t. 34 f. 1-2. 1932. — Madagascar.
argentinum Hier. Hedwigia 60. 249. 1918. — Argentina.

auritum Sw. 1801. — A. sulcatum Index (an Lam.?).

austrochinense Ching, Bull. Fan Mem. Inst. 2. 209. t. 27. 1931. — Kwangtung, avicula Cord. 1891 = A. petiolulatum. [Tonkin.

Baileyanum (Domin) Watts, Pr. Linn. Soc. N. S. Wales 39. 783. 1915. — Queensland. — A. Hookerianum var. Baileyanum Domin. Bibl. Bot. 85. 102. 1913 (Bail. Lith t. 112).

Bakeri C. Chr. Index = Lindsaya.

Bangii Hier. Hedwigia 60. 245. 1918. — Bolivia.

Bangii Gandoger, Bull. Soc. Fr. 66. 305. 1919 = praec.?

barbadense Jenm. 1894 = A. dentatum.

barbaense Hier. Hedwigia 60. 214. 1918. — Costa Rica.

Barteri Hk. 2. Cent. t. 75. 1861. — Africa occ. trop.

belloides v. A. v. R. Bull. Buit. II no. 28. 10. 1918. — Sumatra. — A. subspathulatum v. A. v. R. l. c. II no. 20. 7. 1915, Ind. Suppl. prél. (non Ros.

bellum Clarke 1886 = Athyrium bellum. [1913).

benguetense Hier. Hedwigia 60. 264. 1918. — Ins. Phil.

bicarinatum v. A. v. R. Bull. Buit. III. 2. 131, fig. 1920. — Sumatra.

Billetii Christ 1898, Index = A. pulcherrimum.

bilobulatum Gandoger, Bull. Soc. Fr. 66. 305. 1919 = A. lunulatum sens. lat.

bipinnatum (Forsk.) C. Chr. Ind. Suppl. = A. achilleifolium*.

Bodinieri Christ 1902, Index = A. coenobiale.

Bornmülleri Kümmerle, Bot. Közlem. 19. 81, fig. 1921. — Macedonia.

brachycarpum (Mett.) Kuhn 1869, Index = Loxoscaphe.

brachyotus Kze. 1836 = A. inaequilaterale.

Bradei Ros. Fedde Rep. 21. 347. 1955. — Brasilia.

Bradeorum Hier. Hedwigia 60. 217. 1918. — Costa Rica, Colombia.

brasiliense Raddi 1825 (non Sw. 1817), Hier. Hedwigia 61. 6. 1919 = A. erectum var. an sp. bona? (America trop.).

Breynii Retz. 1779 = A. septentrionale × trichomanes.

brisbaneense Hier. Hedwigia 60. 211. 1918. — Queensland.

Brooksii Cop. 1911, Ind. Suppl. = A. batuense.

bulbiferum Forst. — Dele loc. Ind. bor. et syn. A. bullatum.

bullatum Wall. List no. 215. 1828, Mett. Aspl. no. 51. 1859, Hier. Hedwigia 61. 4. 1919. — India bor. - China austr. - Tonkin — A. grandifrons Christ 1899, Index, A. Cavalerianum Christ 1909, Ind. Suppl. — A. latecuneatum Christ 1909, Ind. Suppl.

camptorachis Kze. Linn. 24. 262. 1851. — India austr. Ceylon. Java. Ins. Hawaii. — A. sphenolobium Zenker ap. Kze. l. c. 264 (syn.), Hier. Hedwigia 60. 226. 1918. — Var. usambarense (Hier.) — Africa trop. — A. usambarense Hier. l. c. 227; A. sphenolobium Hier. 1910; Ind. Suppl.

cardiophyllum (Hance) Bak. 1891. — Adde loc. Ins. Bonin et syn. Phyllitis Ching 1930. Ph. Ikenoi (Mak.) C. Chr. Index; Boniniella Hayata 1928.

carinatum v. A. v. R. Bull. Buit. II no. 28. 9. 1918. — Celebes.

cataractarum Ros. 1915, Ind. Suppl. prél. = A. unilaterale.

Cavalerianum Christ 1909, Ind. Suppl. = A. bullatum.

centripetale Bak. 1874 = Diplazium centripetale.

ceratophyllum Cop. Univ. Calif. Publ. Bot. 14. 364. 1929. — N. Caledonia.

cirrhatum Rich., Index = A. radicans.

Clarkei Atk.; Clarke 1880 = Athyrium Clarkei.

Claussenii Hier. Hedwigia 60. 241. 1918. — Amer. trop.

coenobiale Hance. — China. Japonia. — A. Toramanum Mak. 1892, Index.
Colaniae Tardieu-Blot, Bull. Mus. Paris II. 5. 482, fig. 1933. — Indochina.
contiguum Klf. — Dele loc. Ins. Phil. et syn.
coriaceum Desv. 1827 = A. falx.
Cruegeri Hier. Hedwigia 60. 254. 1918. — Trinidad, Guiana.
curtidens (Christ) Koidzumi, Bot. Mag. Tokyo 43. 388. 1929. — Korea.
A. Wilfordii var. Christ 1896.
cryptolepis Fernald, Rhodora 30. 41. 1928 = A. ruta muraria var. (U. S. A. or.)
Csikii Kümmerle et Andrasovszky, Mag. Bot. Lapok 17. 110. 1919 (nomen),
20. 3, fig. 1923, Addit. ad Fl. Albaniae 209 t. 13. 1926. — Albania.
cuspidifolium v. A. v. R. 1915, Ind. Suppl. prél. = A. filiceps.
dacicum Borbás, Term. Közlem. 46. 71, fig., 1898 = A. cuneifolium.
Daubenbergii Ros. 1907, Ind. Suppl. = A. Linckii.
Dayi Hier. Hedwigia 60. 225. 1918. — Jamaica.
debile Fée 1865, Index = A. fragile.
decipiens Kuhn 1879 = A. pseudopellucidum.
decompositum A. Peter, Fedde Rep. Beih. 40. 79, Descr. 7 t. 2 f. 5-6. 1929.
— Africa or. trop.
dejectum Brause, Ule, Engl. Jahrb. 52. Beibl. 51. 1915 (nomen). — Mt. Roraima.
Delislei Bak. 1891, Index = A. stoloniferum.
depauperatum Fée 1857, Index; cf. Hier. Hedwigia 61. 25. 1919. — Adde
loc. Argentina, Uruguay, et syn. A. Gibertianum Hk. 1860, Index; A. micropteron Bak. 1874 Index; A. Schiffneri Christ 1897, Ind. Suppl.
Desvauxii Mett. 1859 Index = Diplazium macrophyllum.
dicranurum C. Chr. Sv. Bot. Tids. 16. 91 f. 1. 1922. — Celebes.
diplazioides Hk. et Arn. 1832 = Diplazium Meyenianum.
diplosceuum Hier. Hedwigia 60. 232. 1918. — Cuba, Hispaniola.
Donianum Mett. 1859 = Diplazium Donianum.
duale Jenm. 1893, Index = A. falx.
Dusenii Luerss.; Bonap. N. Pt. 14. 276. 1924 (nomen) = A. efulense.
Eatoni Dav. 1896, Index = A. commutatum.
Eberhardtii Tardieu-Blot, Bull. Mus. Paris II. 5. 484, fig. 1933. — Annam.
elaphoglossoides C. Chr. Engl. Jahrb. 66. 55. 1933. — Celebes.
ensiforme Wall. — Formae sunt (t. Ching): A. holosorum Christ 1898, Index.
A. tonkinense C. Chr. Index A. loxogrammoides Christ 1909, Ind. Suppl.
erectum Bory, Willd. 1810. — Afr. austr. (Amer. trop? A. brasiliense Raddi?).
erosum L. 1759. — Jamaica. — (Cf. A. falx; an A. dimidiatum? an A. auritum?,
cf. Hier. Hedwigia 61. 35).
erosum Mett. Aspl. no. 157 et auctt., Index = A. falx.
exiguum Bedd. Adde loc. China merid. - Tonkin. Luzon et syn. A.
yunnanense Franch. 1885, Index. A. Loherianum Christ 1898, Index. A.
woodsoides Christ 1900. Index. A. lushanense C. Chr. 1924.
falx Desv. 1837; Hier. Hedwigia 61. 35. 1919. — India occ. — A. erosum
Mett. et auctt., Index. A. coriaceum Desv. 1827. A. duale Jenm. 1893, Index.
Fauriei Christ 1899, Index = A. oligophlebium.
fernandezianum Kze. 1837, Hier. Hedwigia 61. 11. 1919 = A. stellatum.
ferulaceum Moore 1859, Index = Athyrium.
fibrilliferum v. A. v. R. Bull. Buit. III. 2. 133. 1920. — Ins. Phil.
fluminense (Lindm) Hier. Hedwigia 61. 17. 1919. — Brasilia. Bolivia. —
A. lunulatum var. fluminense Lindm. Ark. för Bot. 1. 218 t. 10 f. 3. 1903.

formosanum Bak. 1891, Index = A. Oldhami.

Friesiorum C. Chr. Notizblatt Bot. Gart. Berlin 9. 181. 1924, Dansk Bot.
Ark. 7. 99 t. 34 f. 6. 1932. — Africa or. trop. et austr. Madagascar. — A.
serra auctt. quoad pl. afr. A. monilisorum Domin 1929 — (cf. A. pseudo-
serra Domin 1929).

fuscopubescens Hk. 1860 = Diplazium fuscopubescens.

germanicum Weis 1770 (non Index) = A. ruta muraria.

germanicum auctt., Index = A. septentrionale × trichomanes.

gibberosum (Forst.) Mett. 1870 = Loxoscaphe.

Gibertianum Hk. 1860, Index = A. depauperatum.

Gilpinae Bak. Journ. Linn. Soc. 16. 260. 1877, C. Chr. Dansk Bot. Ark. 7.
93 t. 34 f. 3. cum syn. — Madagascar. — A. simillimum Kuhn, Hier. 1918.

glaberrimum Mett. 1856 = Diplazium pallidum.

glochidiatum Racib. 1902, Index = A. scolopendrioides.

Goadbyi Cop. et Watts, Phil. Journ. Sci. 26. 330. 1926. — N. Britannia.

gracile A. Peter, Fedde Rep. Beih. 40. 73, Descr. t. 5 f. 2. 1929 (non alior.)
= A. Sandersoni var.?

grandifrons Christ 1899 = A. bullatum.

Gravesii Maxon, Amer. Fern Journ. 8. 1. 1918. — Georgia. — (A. Bradleyi
× pinnatifidum). — A. Stotleri Wherry 1925.

Griffithianum Hk. — India bor. - China - Tonkin - Japonia. — Adhuc t.
Ching: A. holophyllum Bak. 1891 Index. A. pinfaense Christ 1909, Ind.
Suppl. A. Nakanoanum Mak. 1914, Ind. Suppl. prél. A. iridiphyllum et
A. scolopendrifrons Hayata 1914, Ind. Suppl. prél.

Guildingii Jenm. 1894, Index = Diplazium.

Hagenbeckii Hier. Hedwigia 60. 252. 1918. — Gran Chaco.

haplophyllum Domin, Mem. R. Czech. Soc. Sci. n. s. 2. 170 t. 29 f. 1. 1929.
— Guiana angl.

harpeodes Kze. Linn. 18. 329. 1844, Hier. Hedwigia 60. 234. 1918. — Amer.
trop. — A. jucundum Fée 1869, Index.

Hasslerianum Christ 1909, Ind. Suppl. = A. laetum.

Haussknechtii Godet et Reuter. — Adde loc. Persia, Turkestania et syn A.
samarkandense Koss. 1922.

hemionitis L. sp. 1078. 1753, Lam. 1778 = Phyllitis.

hemionitis auctt., Index = A. palmatum.

Hermanni Christi Fomin, Fl. cauc. crit. 1. 229, 1913. — Caucasus.

herpetopteris Bak. Journ. Linn. Soc. 16. 200. 1877, C. Chr. Dansk Bot. Ark.
7. 101 t. 38 f. 1—5. 1932. — Madagascar.

Hoffmanni Hier. Hedwigia 60. 258. 1918. — Costa Rica.

Hollandii (Sim) C. Chr. Ind. Suppl. = Loxoscaphe nigrescens.

holophyllum Bak. 1891, Index = A. Griffithianum.

holosorum Christ 1898, Index = A. ensiforme.

Hookerianum auctt. quoad pl. Queensland. et var. Baileyanum Domin 1913
= A. Baileyanum.

Hostmanni Hier. Hedwigia 60. 256. 1918. — Guiana. Brasilia.

howeanum (Watts) Oliver, Tr. N. Zeal. Inst. 49. 122. 1917. — Ins. Lord Howe.
A. bulbiferum var. howeanum Watts, Pr. Linn. Soc. N. S. Wales 37.
329. 1913.

Humbertii Tardieu-Blot, Aspl. du Tonkin 25 t. 2 f. 1—2. 1932. — Tonkin.

Humblotii Hier. Hedwigia 60. 263. 1918. — Ins. Comorae.

hypomelas Kuhn 1868, Index = Loxoscaphe nigrescens.

iezimaense Tagawa, Acta Phytotax. 2. 200. 1933. — Ins. Riu-Kiu. — A. Fauriei Kodama in Mats. Ic. pl. Koisik. 1 t. 45. 1912 (non Christ 1899).

Imrayanum Domin, Mem. R. Czech. Soc. Sci. n. s. 2. 173. 1929. — Dominica. inaequalidens Fée 1866, Index = A. laetum.

inaequilaterale Willd. sp. 5. 322. 1810, Hier. Hedwigia 61. 22. 1919. — Afr. et Amer. trop. Ind. austr. Ceylon. — A. brachyotus Kze. 1836. A. laetum auctt. part.

integerrimum Spr. 1821, Index Suppl. 96 — Antillae maj. Mexico. — A. juglandifolium auctt. Index (excl. syn., non Lam. 1786).

iridiphyllum Hayata 1914, Ind. Suppl. prél. = A. Griffithianum.

Javorkae Kümm. Bot. Közlem. 20. 108. 1923 (nomen), Mag. Bot. Lapok 21. 1. 1923 = A. lepidum × ruta muraria.

Jensenii C. Chr. Engl. Jahrb. 66. 55. 1933. — Malesia.

jucundum Fée 1869, Index = A. harpeodes var.

juglandifolium Lam. 1786 = Polybotrya cervina.

juglandifolium auctt., Index (excl. syn.) = A. integerrimum.

Karasekii Christ; Bonap. N. Pt. 14. 279. 1924 (nomen). — Afr. aequat.

Keysserianum Ros. 1912, Ind. Suppl. = A. paleaceum.

Kjellbergii C. Chr. Engl. Jahrb. 66. 56. 1933. — Celebes.

Kobayashii Tagawa, Acta Phytotax. 1. 309. 1932. — Manchuria.

laceratum Desv. 1827 = A. affine.

laciniatum Don 1825, Hier. Hedwigia 61. 33 1919, Index excl. syn. A. planicaule Wall. — Ind. bor. - China austr. - Tonkin.

laetum Sw. 1806, Index (excl. loc. Africa austr. et Madagascar et syn. A. brachyotus Kze.), Hier. Hedwigia 61. 21—24. 1919. — Amer. trop.

laetum auctt. quoad pl. afr. = A. inaequilaterale.

lamprophyllum Carse, Tr. N. Zeal. Inst. 56. 81. 1926. — N. Zealand.

lanceolatum Huds. Fl. angl. ed. 2. 2. 454. 1778 (non ed. 1. 1762) = A. obovatum.

lanceolatum A. Peter, Fedde Rep. Beih. 40. 72, Descr. 5 t. 5 f. 3. 1929 = A. Peteri.

lancifolium C. Chr. Engl. Jahrb. 66. 56. 1933. — Celebes.

latecuneatum Christ 1909, Ind. Suppl. = A. bullatum.

Lavanchiei Bonap. N. Pt. 4. 22. 1917, 10. 154. 1920. — Ins. Comorae.

laxifolium v. A. v. R. Nova Guinea 14. 8. 1924. — N. Guinea.

Ledermanni Hier. Engl. Jahrb 56. 150. 1920. — N. Guinea.

lepidum × **ruta muraria** Kümm. Mag. Bot. Lapok 21. 1. 1923. — Albania. A. Javorkae Kümm. l. c.

leucostegioides Bak. 1891, Index = A. pavonicum.

leucothrix Maxon, Proc. Biol. Soc. Wash. 43. 85. 1930. — Guatemala. Athyrium verapax Christ 1906, Ind. Suppl. (non Asplenium Donn. Smith 1888).

linearifolium Bonap. N. Pt. 4. 113. 1917 = A. subaquatile.

linearilobum A. Peter, Fedde Rep. Beih. 40. 80, Descr. 8 t. 2 f. 7—8. 1929 = A. achilleifolium.

linearipinnata Bonap. N. Pt. 5. 90. 1917 = A. Poolii.

lineatum subsp. supraauritum C. Chr. Ark. för Bot. 14 no. 19. 7 t. 2. 1916 = A. Gilpinae.

lobulatum Mett. — Adde loc. N. Guinea, Samoa et syn. A. pseudofalcatum Hill. 1888, Index.

Lofgreni Gandoger, Bull. Soc. Fr. 66. 305. 1919 = A. lunulatum sens. lat.
Loherianum Christ 1898, Index = A. exiguum.
longicarpum (Kodama) Ching in C. Chr. Ind. Suppl. III. 35. 1934. — Japonia.
— Diplazium Kodama in Matsum. Ic. Pl. Koisik. 3. 51 t. 171. 1916.
longicaudata Bonap. N. Pt. 4. 71. 1917 = A. petiolulatum.
longkaense Ros. 1913, Ind. Suppl. prél. = A. interjectum.
longum v. A. v. R. Bull. Buit. II no. 28. 8. 1918. — Banka.
loxocarpum Cop. Univ. Calif. Publ. Bot. 14. 375 t. 59. 1929. — Sumatra.
loxogrammoides Christ 1909, Ind. Suppl. = A. ensiforme.
loxoscaphoides Bak. 1887, Index = A. achilleifolium*.
lunulatum Sw. 1801, Index. excl. syn. plur. cf. Hier. Hedwigia 60. 217—256.
1918, 61. 6—14. 1919.
lushanense C. Chr. Acta Hort. Goth. 1. 80 t. 16. 1924 = A. exiguum.
Macraei Hk. et Grev. Ic. Fil. t. 217. 1831, Hier. Hedwigia 60. 230. 1918. —
Ins. Hawaii. — A. strictum Brack. 1854.
macrodon Fée, 10. mém. 28. 1865, Hier. Hedwigia 61. 10. 1919. — Ecuador.
macrolepis Domin, Mem. R. Czech. Soc. Sci. n. s. 2. 172 t. 28 f. 5—6.
1929. — Brasilia.
macrolobium A. Peter, Fedde Rep. 40. 77. Descr. 6 t. 3 f. 1—2. 1929 = A.
gemmiferum forma?.
macrourum Cop. Univ. Calif. Publ. Bot. 14. 363. 1929. — N. Caledonia.
Mactierii Bedd. 1888, Index = A. vulcanicum f. simplex.
Makinoi (Yabe) Hayata 1914, Ind. Suppl. prél. = A. loriceum.
masoulae Bonap. N. Pt. 10. 182. 1920, C. Chr. Dansk Bot. Ark. 7. 102 t.
33 f. 1—3. 1932. — Madagascar.
Matsumurae Christ 1910, Ind. Suppl. = Diplazium.
Melleri Mett., Kuhn 1868 = A. Sandersonii var.
Matangense Hose, Journ. Str. Br. R. As. Soc. no. 32. 58. 1899 = Diplazium
micropteron Bak. 1874, Index = A. depauperatum.   [falcinellum.
microsorum Mak. Bot. Mag. Tokyo 6. 46. 1892 = Athyrium.
Miersii Gandoger, Bull. Soc. Fr. 66. 305. 1919 = A. lunulatum sens. lat.
miradorense Liebm. 1849, Hier. Hedwigia 61. 19. 1919 — Mexico.
Miyoshianum Mak. Bot. Mag. Tokyo 6. 45. 1892 = A. oligophlebium.
monilisorum Domin, Preslia 8. —. 1929 = A. Friesiorum.
(montanum × pinnatifidum v. A. Trudelii).
Moorei Bak. 1891, Index = A. diplotion.
Mourai Hier. Hedwigia 60. 220. 1918. — Brasilia.
multisectum Brack. 1854 = Athyrium microphyllum.
muricatum Mett. 1866 = Athyrium muricatum.
myriophyllum (Sw.) Pr. — var. A. rhizophyllum (Thbg.) Kze. 1834 (non L.
1753) est sp. bona t. Hier. Hedwigia 61. 15. 1919.
Nakanoanum Mak. 1914, Ind. Suppl. prél. = A. Griffithianum.
natunae Bak. 1896, Index = A. squamulatum.
Nesii Christ 1897, Index = A. moupinense (vel A. incisum var.) (specim.
typ. solum).
nicaraguense Domin, Mem. R. Czech. Sci. n. s. 2. 170 t. 29 f. 3. 1929. —
nidus L. — Dele var. A. Phyllitidis Don etc.   [Nicaragua.
*Neottopteris rigida Fée 1852, Nakai, Bot. Mag. Tokyo 47. 176. 1933. Asplenium
antiquum Mak. 1929; Thamnopteris Mak. 1932; Neottopteris Masamune
1932. — Japonia—Korea—China.

nigritianum Hk. 1860, Hier. Hedwigia 61. 31. 1919. — Afr. occ. trop.
nigrocoloratum Bonap. N. Pt. 16. 188. 1925, C. Chr. Dansk Bot. Ark. 7.
101 t. 37 f. 1—2. 1932. — Madagascar.
nigropaleaceum Bonap. N. Pt. 4. 72. 1917 = A. nigropilosum.
nigropilosum Bonap.; C. Chr. Dansk Bot. Ark. 7. 96 t. 36 f. 11—15. 1932.
Madagascar. — A. nigropaleaceum Bonap. 1917 (non A. Br. 1861).
novoguineense Ros. 1908, Ind. Suppl. = Loxoscaphe.
oblongatum Mett., Kuhn 1869, Index = A. radicans var. cyrtopteron.
oblongipinnum Gandoger, Bull. Soc. Fr. 66. 305. 1919 = A. lunulatum sens. lat.
obovatum Viv. Fl. Lib. 68. 1824. — Eur. occ. et merid. Ins. Atlant. — A.
lanceolatum Huds. 1778 (non 1762) Index (non Forsk. 1775). — Cf. Becherer,
Ber. Schweiz. Bot. Ges. 38. 29. 1929.
otites Link 1833, Hier. Hedwigia 61. 21. 1919. — Cult. (ex Brasilia?). Panama-
Colombia.
paleaceum R. Br. — Adde loc. N. Guinea et syn. A. Keysserianum Ros. 1912.
palmatum Lam. Enc. 2. 302. 1786. — Portugal, Algeria, Marocco. Ins. Atlant.
A. hemionitis auctt., Index (non L 1753); Phyllitis Sampaio 1913.
paraguariense Hier. Hedwigia 60. 261. 1918. — Paraguay.
Parksii Cop. Univ. Calif. Publ. Bot. 12. 380 t. 49 b. 1931. — Rarotonga.
partitum (Kl.) C. Chr. Index = A. radicans.
parvisorum Bonap. N. Pt. 10. 184. 1920, C. Chr. Dansk Bot. Ark. 7. 102 t.
36 f. 7—10. 1932. — Madagascar.
parvum Watts, Pr. Linn. Soc. N. S. Wales 39. 784 t. 87 f. 7. 1915. — Queensland.
paucifolium Bonap. N. Pt. 4. 26. 1917. — Africa aequat.
pedicularifolium St. Hil. — Dele loc. Guinea et syn.
perlongum v. A. v. R. Bull. Buit. II no. 28. 8. 1918. — Banka.
Peteri Becherer, Ber. Schweiz. Bot. Ges. 38. 180. 1929. — Africa or. trop.
A. lanceolatum A. Peter, Fedde Rep. Beih. 40. 72, Descr. 5 t. 5 f. 3. 1929.
Petersenii Kze. 1837 = Diplazium japonicum.
petiolulatum Mett., Kuhn 1868, C. Chr. Dansk Bot. Ark. 7. 98 t. 36 f. 1—6.
1932. — Ins. Mascarenae, Madagascar. — A. avicula Cord. 1891, Index.
— A. longicaudata Bonap. 1917.
phyllitidis Don, Prodr. Fl. Nepal. 7. 125. — Ind. bor.—China austr.—Asia
trop. — Neottopteris J. Sm. 1841; Thamnopteris Pr. 1849.
pinfaënse Christ 1908, Ind. Suppl. = A. Griffithianum.
planicaule Wall. 1828, Mett Aspl. no. 158, Hier. Hedwigia 61. 33. 1919. —
Ind. bor.—China—Tonkin. Japonia. (Malesia? Madagascar?). — A. Yoshinagae
Poiretianum Gaud. 1827 = Athyrium microphyllum. [Mak. 1901.
polyphleticum Compton, Journ. Linn. Soc. 45. 447. 1922 — A. pteridoides?
polyrhizon Bak. in G. Wall, Cat. Ceylon Ferns, postscript 1873, Syn. 490.
1874 = Diplazium japonicum.
polytrichum Christ 1909, Ind. Suppl. = A. crinicaule.
potosinum Hier. Hedwigia 60. 247. 1918. — Mexico.
Powellii Bak. Syn. 224. 1867. — Samoa.
praemorsum Sw. 1788. — Nomen opt. hujus sp. sens. lat. A. lanceolatum
Forsk. 1775 est.
Pringleanum Gandoger, Bull. Soc. Fr. 66. 305. 1919 = A. lunulatum sens. lat.
prolificans v. A. v. R. 1913, Ind. Suppl. prél. = A. trifoliatum.
prolongatum Hk. 2. Cent. t. 42. 1860. — Ind. bor.—China—Tonkin.
protractum Tardieu et C. Chr. Bull. Mus. Paris II. 6. 107 f. 1—2. 1934 —
Indochina.

pseudo-caudatum v. A. v. R. Bull. Buit. III. 5. 185. 1922. — Sumatra.
pseuderectum Hier. Hedwigia 60. 239. 1918. — Ind. occ.
pseudofalcatum Hill. 1888, Index = A. lobulatum.
pseudofontanum Koss. Not. Syst. Hort. Bot. Petrop. 3. 122. 1922. — Tur-
    kestan. — (A. varians var.?).
pseudolanceolatum Fomin, Fl. caucas. crit. 1. 137. 1912. — Caucasus.
pseudopellucidum Bonap. N. Pt. 4. 27. 1917. 10. 157. 1920, C. Chr. Dansk
    Bot. Ark. 7. 97 t. 37 f. 3—6. 1932. — Ins. Comorae, Madagascar. — A.
    decipiens Kuhn 1879 (non Mett. 1859).
pseudo-serra Domin, Preslia 8. —. 1929. — Africa or. (An A. Friesiorum?).
pseudovulcanicum v. A. v. R. Nova Guinea 14. 8. 1924. — N. Guinea.
psilacrum Maxon, Amer. Fern Journ. 19. 46. 1929. — Panama.
pteridoides Bak. 1873, C. Chr. Vierteljahrsschr. Nat. Ges. Zürich 74. 57.
    1929. — Adde loc. N. Caledonia et syn. A. polyphleticum Compton 1922.
pulchellum Raddi — Dele syn. A. otites Link.
pulcherrimum (Bak.) Ching apud Blot, Aspl. du Tonkin 52. 1932. — China
    austr.—Tonkin. — Davallia Bak. Kew Bull. 1895. 53, Index; Asplenium
    Billetii Christ 1898, Index.
pyramidatum Desv. Prod. 271. 1827 = A. erectum.
Quaylei E. Brown, Bishop Mus. Bull. 89. 60 t. 12. 1931. — Marquesas. Ins. Rapa.
Quintasii Gandoger, Bull. Soc. Fr. 66. 305. 1919 = A. lunulatum sens. lat.
radicans L. — Adde varr. A. cirrhatum Rich., Index et A. partitum (Kl.)
    C. Chr. Index.
rahaoense Yabe 1906, Ind. Suppl. = A. unilaterale.
rectangulare Bonap. N. Pt. 16. 189. 1925, C. Chr. Dansk Bot. Ark. 7. 96 t.
    37 f. 7—9. 1932 (non Maxon 1908) = A. trichomanes var.? (Madagascar).
recumbens Gandoger, Bull. Soc. Fr. 66. 305. 1919 = A. lunulatum sens. lat.
repente Desv. 1827 = A. monanthes.
rhachidisorum Hand. - Mzt. Symb. Sin. 6. 33 t. 2 f. 2. 1929 = Athyrium.
Rockii C. Chr. Contr. U. S. Nat. Herb. 26. 332. 1931. — Siam bor., Assam.
Rosendahlii C. Chr. 1916, Ind. Suppl. prél. = A. Gregoriæ.
Rusbyanum Domin, Mem. R. Czech. Soc. Sci. n. s. 2. 171. 1929. — Bolivia.
saigonense Matthew et Christ 1909, Ind. Suppl. = A. crinicaule.
Samanae Brause, Fedde Rep. 18. 247. 1922 = A. salicifolium.
Sampsoni Hance 1866. — China austr. or. (sp. bona).
samarkandense Kossinsky, Not. syst. Herb. Hort. bot. Petrop. 3. 67. 1922 =
    A. Haussknechtii.
sanguinolentum Kze, Mett. 1859. — Amer. trop. — A. anisophyllum subsp.
    Index c. syn. A. sarcodes Maxon 1908, Ind. Suppl.
sarcodes Maxon 1908, Ind. Suppl. = A. sanguinolentum.
saxicola Ros. 1913, Ind. Suppl. prél. = A. comptum.
Schiffneri Christ 1907, Ind. Suppl. = A. depauperatum.
schizotrichum Cop. Univ. Calif. Publ. Bot. 12. 379. 1931. — Rarotonga.
Schlechtendahlianum Hier. Hedwigia 60. 218. 1918. — Mexico.
Schultzei Brause 1912, Ind. Suppl. = Loxoscaphe.
scolopendrifrons Hayata 1914, Ind. Suppl. prél. = A. Griffithianum.
Sellowianum Pr. 1836, Hier. Hedwigia 60. 222. 1918 = A. Ulbrichtii.
septentrionale (L.) Hoffm. — Adde var. Amesium Sasakii Hayata 1928 (Japonia).
Shawii Cop. Phil. Journ. Sci. 30. 330. 1926. — N. Guinea.
shikokianum Mak. 1892, Index = A. Wrightii var.
sikkimense Clarke 1880 = Diplazium s.

simillimum Kuhn; Hier. Hedwigia 60. 213. 1918 = A. Gilpinæ.
Sintenisii Hier. 1. c. 251. — Antillae maj.
spathulatum A. Peter, Fedde Rep. 40. 81, Descr. 8. 1929. — Afr. or. trop. (Nomen malum, non Bak. 1894).
spathulinum J. Sm. 1841, Hk. sp. 3. 170. 1860 (pt.). — Asia trop. — Polynesia?. — A. affine part. auctt.
speciosum Mett. 1859 = Diplazium speciosum.
sphenolobium Zenker (1851), Ind. Suppl. = A. camptorachis.
Spruceanum Hier. Hedwigia 60. 260. 1918. — Amazonas.
squamuliferum v. A. v. R. Bull. Buit. II no. 23. 6. 1916. — Sumatra.
squamuligerum Hier. Hedwigia 61. 5. 1919 = Diplazium geophilum var.
Standleyi Maxon, Proc. Biol. Soc. Wash. 43. 85. 1930. — San Salvador.
stellatum Colla 1836. — Juan Fernandez. — A. fernandezianum Kze. 1837,
stenolobum C. Chr. Index = Loxoscaphe foeniculaceum.   [Hier. 1919.
stenopteron A. Peter, Fedde Rep. Beih. 40. 75, Descr. 6 t. 2 f. 3—4. 1929. Afr. or. trop.
stipitiforme Gepp, JoB. 1923 Suppl. 60. — N. Guinea.
stolonlferum Bory 1804, Hier. Hedwigia 61. 28. 1919. — Ins. Mascarenae. A. Delislei Bak. 1891, Index.
Stotleri Wherry, Amer. Fern Journ. 15. 32 t. 4 f. 12. 1919 = A. Gravesii.
strigillosum Lowe 1858 = Athyrium s.
subandinum Gandoger, Bull. Soc. Fr. 66. 305. 1919 = A. lunulatum sens. lat.
subavenium Hk. 1860, Index = A. pellucidum.
subspathulatum Ros. 1913, Ind. Suppl. prél. = A. antrophyoides.
subspathulatum v. A. v. R. 1915, Ind. Suppl. prél. = A. belloides.
subvarians Ching in C. Chr. Ind. Suppl. III. 38. 1934. — Japonia. Anogramma Fauriei Christ in Index; Pityrogramma Domin 1928 (non Asplenium Christ 1899).
sulcatum Lam. 1786; cf. Hier. Hedwigia 61. 37. 1919. — Réunion. — (An
sulcatum C. Chr. Index = A. auritum.   [A. affine?).
tabinense Hier. Hedwigia 60. 224. 1918. — Peru.
Tavoyanum Wall. 1828 = A. macrophyllum.
tenellum Roxb. in Beats. St. Helena 299. 1816, Hier. Hedwigia 61. 12. 1919. — St. Helena. — A. reclinatum Houlst. 1851.
tenuifrons Wall. 1828 = Athyrium Clarkei.
tenuisectifolia Gepp, JoB. 1923 Suppl. 60. — N. Guinea.
theciferum (HB) Mett. 1864 = Loxoscaphe.
tonkinense C. Chr. Index = A. ensiforme.
Toramanum Mak. 1892, Bot. Mag. Tokyo 13. 13. 1899, Index = A. coenobiale.
torrentium Clarke 1880 = Diplazium torrentium.
trapeziforme Wall. 1828, Roxb. 1844?, Bedd. Ferns S. Ind. t. 134. 1863 = A. inaequilaterale.
trapezoideum Ching, Bull. Fan Mem. Inst. 2. 209 t. 26. 1931. — Yunnan. A. sp. Wu, Pol. Yaoshan. t. 91. 1932.
trilobatum C. Chr. Ark. för Bot. 20 A. 15, fig. 1926. — Bolivia.
tripinnatifidum Cop. Phil. Journ. Sci. 46. 215. 1931. — Luzon.
tripteropus Nakai, Bot. Mag. Tokyo 44. 9. 1930 = A. trichomanes var. anceps.
triste Klf. 1824 = A. regulare.
Trudelii Wherry, Amer. Fern Journ. 15. 49 t. 4 f. 4—5. 1925. — U. S. A. or. (A. montanum × pinnatifidum?).

Ulbrichtii Ros. 1904, Index 662. — Adde loc. Uruguay, Argentina et syn.
A. Sellovianum Pr. 1836 (nomen), Hier. 1918.

unilaterale Lam. — Adde syn. Hymenasplenium Hayata.

unilobum Poir. 1811 = Diplazium unilobum.

usambarensc Hier. Hedwigia 60. 227. 1918 = A. camptorachis var.

vagans Bak. 1867, Index = A. Sandersonii var.

verapax Donn. Smith 1888 =: Diplazium verapax.

vexans Und. 1897, Index = Athyrium microphyllum.

Vidalii Franch. et Sav. 1879 = Athyrium.

villosum Bonap. N. Pt. 4. 72. 1917, C. Chr. Dansk Bot. Ark. 7. 95 t. 33 f.
4—5. 1932 (non Pr. 1825) — Madagascar — (Sp. dub.).

viridissimum Bomm. Bull. Soc. Bot. Belg. 35. 195. 1896 (syn.), Hier. Hedwigia
61. 27. 1919 (non Hayata 1914) — Guatemala—Costa Rica. — A. trichomanes var. viridissimum Christ ap. Bomm. l. c. — (t. Maxon = A. trichomanes var. polyphyllum (Bert.), t. Hier. sp. vel A. castaneum var.).

viviparoides Kuhn in Herb., Index; Hier. Hedwigia 60. 216. 1918, C. Chr.
Dansk Bot. Ark. 7. 103 t. 32 f. 6—7. 1932. — Madagascar.

Wallisii Bak. 1901, Index = Diplazium.

Warburgianum Christ 1900, Index = Diplazium.

Warmingii Gandoger, Bull. Soc. Fr. 66. 305. 1919 = A. lunulatum sens. lat.

Weberbaueri Hier. Hedwigia 60. 210. 1918. — Peru.

Wilfordii var. curtidens Christ, Bull. Boiss. 4. 667. 1896 = A. curtidens.

woodsioides Christ 1900, Index = A. exiguum.

wrightioides Christ 1902, Index = A. Wrightii.

Yoshinagae Mak. Phan. Pter. Jap. Ic t. 64. 1901 = A. planicaule.

yunnanense Franch. 1885, Index = A. exiguum.

Asterochlaena C. Chr. Biol. Arb. tilegn. Eng. Warming 84, 1911 *(Dryopteris §)*
= **Dryopteris**.

ATALOPTERIS Maxon et C. Chr. Contr. U. S. Nat. Herb. 24. 55. 1922. —
(Polypodiaceae Gen. 18).

aspidioides (Gris.) Maxon et C. Chr. l. c. 57. — Cuba.
Polybotrya Gris. 1866, Index; Psomiocarpa Christ 1910.

Ekmani Maxon, Proc. Biol. Soc. Wash. 37. 63. 1924. — Hispaniola.

Maxoni (Christ) C. Chr. Contr. U. S. Nat. Herb. 24. 57. 1922. — Jamaica.
Psomiocarpa Christ, Geogr. Farne 224. 1910 (nomen), Smiths. Misc. Coll.
56 no. 23. 2 t. 1. 1911.

ATHYRIUM Roth. — (Polypodiaceae Gen. 68).

acrostichoides (Sw.) Diels. — Formae sunt: A. Giraldii Christ 1897, Index.
A. subsimile Christ 1898, Index. A. pycnosorum Christ 1902 (part.); Lunathy-
rium Koidzumi 1932?. Ath. Sargentii C. Chr. 1913 Ind. Suppl. prél. —
A. Wilsoni Christ 1903, Index.

acrotis Cop. Phil. Journ. Sci. 38. 140. 1929 = Diplazium.

acutissimum Kodama in Matsum. Ic. Pl. Koisik. 3. 127 t. 209. 1917. —
aequibasale Cop. Sarawak Mus. Journ. 2. 379. 1917 = Diplazium.   [Japonia.

allanticarpum Ros. 1915, Ind. Suppl. prél. = A. Kawakamii.

alpestre (Hoppe) Ryl. — Adde loc. Japonia (?). — Cf. A. americanum.

altum Cop. Phil. Journ. Sci. 38. 138. 1929 = Diplazium.

americanum (Butters) Maxon, Amer. Fern Journ. 8. 120. 1918. — Amer.
bor. pacif. Quebec. — A. alpestre americanum Butters, Rhodora 19. 204. 1917.

augustum (Willd.) Pr. 1825; Butters, Rhodora 19. 190. 1917; Hier. Hedwigia
59. 320. 1917. — Amer. bor. — A. filix femina var. Index cum syn.

anisopterum Christ 1898, Index = A. macrocarpum.
arisanense (Hayata) Tagawa, Acta Phytotax. **2**. 195. 1933. — Formosa.
Diplazium Hayata 1914, Ind. Suppl. prél.
asplenioides (Michx.) Desv. 1827; Butters, Rhodora **19**. 190. 1917. — Amer.
bor. — A. filix femina var. Index cum syn.
assimile (Endl.) Pr. 1836, Index (excl. loc. et syn. Diplazium Fedd.), Hier.
Hedwigia **59**. 321. 1917. — Ins. Norfolk.
Atkinsoni Bedd. — Adde loc. China—Japonia et syn. A. lastreoides (Bak.)
Diels 1899, Index. A. microsorum Mak. 1899, Index. A. monticola Ros.
1913, Index Suppl. prél. Dryopteris senanensis (Fr. et Sav.) C. Chr. Index.
D. gracilifrons C. Chr. Index. Davallia athyriifolia Bak. 1891. Cystopteris
grandis C. Chr. 1916, Ind. Suppl. prél.
atropurpureum Cop. Phil. Journ. Sci. **12**C. 59. 1917. — Borneo.
atrosquamosum Cop. 1. c. 59 = Diplazium.
australe (R. Br.) Pr. 1836. — Australia, N. Zealand, N. Caledonia. — A.
umbrosum Index excl. syn. Asplenium muricatum Mett. et A. bellum Clarke.
austro-ussuriense Kom., Fomin, Fl. Sib. et Or. extr **5** **122**, fig. 1930 = A. crenu-
Baldwinii (Hill.) C. Chr. Index = A. microphyllum.   [lato-serrulatum.
banahaoense Cop. Phil. Journ. Sci. **38**. 139. 1929 = Diplazium.
bellum (Clarke) Ching in C. Chr. Ind. Supp. III. 40. 1934. — India. — Asplenium
Biondii Christ 1897, Index — A. niponicum.   [Clarke 1880.
biseriale Cop. Sarawak Mus. Journ. **2**. 376. 1917 = Diplazium grammitoides.
bulbiferum Cop. Bishop Mus. Bull. **59**. 53. 1929 = Diplazium.
Cavalerianum Cop. Phil. Journ. Sci. **38**. 143. 1929 (non Christ 1909) = Diplazi-
Christensenii Tardieu-Blot, Aspl. du Tonkin 80 t. 12. 1932. — Tonkin.   [opsis.
Clarkei Bedd. 1876. — India bor. — Asplenium Atk., Clarke 1880. A. tenuifrons Wall. 1828 (nomen); Athyrium Moore 1857 (nomen).
Clemensiae Cop. Phil. Journ. Sci. **12** C. 58. 1917. — Borneo.
cognatum (Mett.) Hier. Hedwigia **59**. 321. 1917. — Ceylon. — Asplenium
Mett. hb. Diplazium assimile Bedd. Ferns br. Ind. t. 294. 1868.
commixtum Koidzumi, Bot. Mag. Tokyo **39**. 13. 1925. — Japonia.
concinnum Nakai, Bot. Mag. Tokyo **45**. 92. 1931. — Korea.
congruum Cop. Univ. Calif. Publ. Bot. **14**. 359. 1929 = Diplazium.
cordatum Opiz 1820 = A. alpestre.
costale (Desv.) C. Chr. Index = Diplazium pectinatum.
crenulato-serrulatum Mak. 1899. — Japonia. Korea. Reg. Amur.
Phegopteris Mak. 1903; Dryopteris C. Chr. Index; Cornopteris Nakai 1931.
Dryopteris austro-ussuriensis Komarov 1923; Athyrum Kom., Fomin 1930.
crinitum Cop. Brittonia **1**. 73. 1931 = Diplazium.
cryptogrammoides Hayata, Ic. Pl. Formosa **6**. 156. 1916. — Formosa.
Cumingianum (Pr.), Milde 1870?; Ching in C. Chr. Ind. Suppl. III. 1934. —
Ins. Phil.? Ceylon, Ind. austr. — Anisocampium Pr. 1849. Dryopteris
otaria (Kze.) O. Ktze. 1891, Index cum syn.
cyclolepis C. Chr. et Tardieu, Bull. Mus. Paris II. **6**. 109 f. 3—4. 1934. — Annam.
cystopteroides Eat. 1858, Index = Dryopteris.
decurrenti-alatum (Hk.) Cop. 1909. — Japonia. China.
Dryopteris (Hk.) C. Chr. Index cum syn.; Diplazium C. Chr. 1911, Ind.
Suppl.; Cornopteris Nakai 1930; Diplazium Hookerianum Koidzumi 1924.
decursivum Yabe 1903, Index = A. coreanum.

deltoidofrons Mak. Bot. Mag. Tokyo 28. 178. 1914 = A. multifidum.

demissum Christ 1908, Ind. Suppl. = A. yokoscense.

denticulatum J. Sm. 1875 = A. strigillosum.

Dielsii C. Chr. Ind. Suppl. III. 41. 1934. — China. — Dryopteris C. Chr. Index.

dissitifolium (Bak.) C. Chr. Contr. U. S. Nat. Herb. 26. 296 t. 18. 1931. —
China merid. — Dryopteris (Bak.) C. Chr. Index. D. apicidens (Bak.) et
D. incrassata (Christ) C. Chr. Index. Athyrium fasciculatum Hand. - Mzt. 1929.

Dombei Desv. Prodr. 266. 1827 (rectius Dombeyi). — Mexico—Peru. Hispaniola.
Asplenium Mett. 1864.

ebenirachis Cop. Elmer's Leaflets 9. 3110. 1920. — Luzon.

ellipticum Cop. Bishop Mus. Bull. 93. 10 t. 8. 1932 = Diplazium.

Elmeri Cop. 1908, Ind. Suppl. = Diplazium.

enorme Cop. Univ. Calif. Publ. Bot. 12. 372. 1931 = Diplazium.

epirachis (Christ) Ching in C. Chr. Ind. Suppl. III. 41. 1934. — China merid.
Diplazium Christ 1905, Index. Athyrium muticum Christ 1907, Ind. Suppl.

expansum (Willd.) Moore 1860, Index = A. umbrosum. (t. Hier. Hedwigia
59. 322. 1917).

fallaciosum Milde. — Adde loc. Mongolia Reg. Amur. Japonia et syn. A.
mongolicum (Franch.) Diels 1899. Index; Dryopteris (Franch.) C. Chr. Index.
— Athyrium Fauriei (Christ) Mak. 1903, Index cum syn.

fasciculatum Hand. - Mzt. Symb. Sin. 6. 31 t. 2 f. 5. 1929 = A. dissitifolium.

fasciculatum Nakai, Bot. Mag. Tokyo 45. 94. 1931. — Korea. — (Nomen malum).

Fauriei (Christ) Mak. 1903, Index = A. fallaciosum.

ferulaceum (Moore) Christ 1904. — Costa Rica - Ecuador.
Asplenium Moore 1859, Index.

filix femina (L.) Roth. — Plurimae formae sub hoc nomine in Indice enu-
meratae validae species sunt t. auctt. rec. Dubiae mihi sunt: Asplenium
Martensii Kze. et Polypodium axillare Ait.
— — Asplenium pectinatum Wall. = A. pectinatum.
— — Asplenium melanolepis Fr. et Sav. = A. melanolepis.
— — Asplenium angustum Willd. = A. angustum.
— — Nephrodium asplenioides Michx. = A. asplenioides.
— — Athyrium Dombei Desv. = A. Dombei (supra).
— — var. deltoideum Mak. Bot. Mag. Tokyo 13. 30. 1899 = A. multifidum.
— — var. flabellulatum (Clarke) = A. flabellulatum.

fimbristegium Cop. 1914, Ind. Suppl. prél. = Diplazium polypodioides var.

fissum Christ 1909, Ind. Suppl. = A. yunnanense.

flabellulatum (Clarke) Tardieu-Blot, Aspl. du Tonkin 81 t. 12. 1932. —
Ind. bor. - China merid. - Tonkin. — Asplenium filix femina var. flabellulatum
Clarke, Tr. Linn. Soc. II. Bot. 1 t. 60. 1880.

flaccidum Christ 1908, Ind. Suppl. = A. yokoscense.

fluviale (Hayata) C. Chr. Ind. Suppl. III. 41. 1934. — Formosa. — Dryopteris
Hayata 1914, Ind. Suppl. prél.; Cornopteris Tagawa 1932; Dryopteris
athyriiformis Ros. 1915, Ind. Suppl. prél.

formosanum Cop. Phil. Journ. Sci. 38. 141. 1929 = Diplazium heterophlebium.

fragile Tardieu-Blot, Aspl. du Tonkin 85 t. 13. 1932. — Tonkin.

geophilum Cop. 1908. — Ins. Phil. N. Guinea. — Diplazium v. A. v. R. 1912,
Ind. Suppl. — Asplenium squamuligerum Hier. 1919; Athyrium Cop. 1929.
— A. Ramosii Cop. 1929.

Gillespiei Cop. Bishop Mus. Bull. 59. 12. 1929. — Fiji. — (Diplazium?).

Giraldii Christ 1897, Index = A. acrostichoides.
Goeringianum (Kze.) Moore — Adde loc. China or. et syn. A. iseanum Ros. 1913, Ind. Suppl. prél. — (Cf. A. yokoscense).
Goeringianum Hort. plur. = A. niponicum.
Grantii Cop. Bishop Mus. Bull. 59. 12. 1932. — Tahiti.
hahasimense Nakai, Bot. Mag. Tokyo 48. 4. 1933. — Ins. Bonin.
hakonense (Nakai) C. Chr. Ind. Suppl. III. 42. 1934. — Japonia.
   Cornopteris Nakai, Bot. Mag. Tokyo 45. 94. 1931.
heterocarpum Nakai, Bot. Mag. Tokyo 35. 131. 1921. — Korea.
heterophlebium Cop. Phil. Journ. Sci. 38. 142. 1929 = Diplazium.
heterophyllum Nakai, Bot. Mag. Tokyo 45. 92. 1931. — Korea.
humile Watts, Proc. Linn. Soc. N. S. Wales 41. 380 t. 20 f. 2. 1916. —
   N. S. Wales. — (Dryopteris sp.?).
hyalostegium Cop. 1906, Ind. Supl. = Dryopteris cystopteroides.
idoneum Komarov, Bull. Jard. Pierre le Grand 16. 148. 1916. — Asia or.:
imbricatum Christ 1906, Ind. Suppl. = A. strigillosum.   [Reg. Ussur.
iseanum Ros. 1913, Ind. Suppl. prél. = A. Goeringianum.
javanicum Cop. Univ. Calif. Publ. Bot. 16. 70. 1929. = Diplaziopsis.
Kawakamii (Hayata) C. Chr. Ind. Suppl. III. 42. 1934. — Formosa.
   Diplazium Hayata 1911, Ind. Suppl. prél. Athyrium allanticarpum Ros. 1915,
   Ind. Suppl. prél.
kirishimaense Tagawa, Acta Phytotax. 2. 22. 1933. — Japonia.
koryoense C. Chr. Ind. Suppl. III. 42. 1934. — Korea. -- Cornopteris Nakai
   Bot. Mag. Tokyo 45. 96. 1931 (non Athyrium Christ 1902).
lastreoides (Bak.) Diels 1899, Index = A. Atkinsoni.
Ledermanni Hier. Engl. Jahrb. 56. 133. 1920. — N. Guinea.
leiopodum (Hayata) Tagawa, Acta Phytotax. 2. 195. 1933. — Formosa.
   Diplazium Hayata 1914, Ind. Suppl. prél.
longissimum Cop. Phil. Journ. Sci. 38. 139. 1929 = Diplazium.
macrosorum Cop. 1910, Ind. Suppl. = Diplazium viridissimum.
Mairei Ros. 1913, Ind. Suppl. prél. = A. Delavayi.
matangense Cop. Sarawak Mus. Journ. 2. 377. 1917 = Diplazium falcinellum.
Mearnsianum (Cop.) v. A. v. R. Mal. Ferns Suppl. 279. 1917. — Luzon.
   A. nigripes var. Mearnsianum Cop. Phil. Journ. Sci. 3 C. 291. 1908.
melanolepis (Franch. et Sav.) Christ 1896. — Japonia. — Asplenium Franch.
   et Sav. 1879. ? Athyrium filix femina var. nigropaleaceum Mak. Bot. Mag.
   Tokyo 13. 29. 1899.
mengtzeense Hier. Hedwigia 59. 319. 1918. — China merid. — Asplenium sinense Bak. 1906; Athyrium C. Chr. Ind. Suppl. (non Rupr. 1845).
microphyllum (Sm.) Alston, Phil. Journ. Sci. 50. 178 (descr. orig.). 1933. —
   Ins. Hawaii. — Darea Sm. in Rees Cycl. 11. no. 9. 1808. Asplenium
   Poiretianum Gaud. 1827; Athyrium Pr 1836, C. Chr. Bishop Mus. Bull. 25.
   26. 1925. — Asplenium multisectum Brack. 1854. — A. vexans Und. 1827,
   Index. — A. Baldwinii (Hill.) C. Chr. Index (t. Alston).
microsorum Mak. 1899, Index = A. Atkinsoni.
mite Christ 1909, Ind. Suppl. = A. crenatum.
mollifrons C. Chr. Elmer's Leaflets 9. 3153. 1933. — Luzon.
mongolicum (Franch.) Diels 1899, Index = A. fallaciosum.
monticola Ros. 1913, Ind. Suppl. prél. = A. Atkinsoni.
Moultoni Cop. Journ. Straits Br. R. As. Soc. no. 63. 71. 1912. — Borneo.

multifidum Ros. 1913, Ind. Suppl. prél. — Adde syn. A. filix femina var. deltoideum Mak. 1899; A. deltoidofrons Mak. 1914

multijugum Nakai, Bot. Mag. Tokyo 45. 93. 1931. — Korea.

muricatum (Mett.) C. Chr. Ind. Suppl. III. 43. 1934. — Java. Asplenium Mett. 1866; Diplazium v. A. v. R. 1909.

musashiense (Nakai) C. Chr. Ind. Suppl. III. 43. 1934. — Cornopteris Nakai, Bot. Mag. Tokyo 44. 7. 1930. Diplazium Christensenianum Koidzumi 1924; Cornopteris Tagawa 1933 (non Athyrium Christensenii Blot 1932). muticum Christ 1907, Ind. Suppl. = A. epirachis.

Nakaii Tagawa, Acta Phytotax. 2. 195. 1933. — Korea. — A. triangulare Nakai, Bot. Mag. Tokyo 45. 91. 1931 (non v. A. v. R. 1915).

Nakanoi Mak. 1909. — Adde syn. Nephrolepis tenuissima Hayata 1914, Ind. Suppl. prél.; Athyrium Merrill 1918. A. obtusifolium Ros. 1915, Ind.

Newtoni (Bak.) Diels. — Adde loc. Mt. Ruwenzori. [Suppl. prél.

nigripes (Bl.) Moore. — Dele loc. China et Madagascar. Sp. genuina ex Java solum cognita; specim. Asiae centr. et or. sic nominata ad diversas species pertinent: A. Mackinnoni, A. mengtzeense, A. rigescens, A. strigillosum, A. Vidalii aliasque.

niponicum (Mett.) Hance. — Adde syn. A. uropteron (Miq.) C. Chr. Index. A. Biondii Christ 1897, Index. A. Silvestrii Christ 1910, Ind. Suppl. — Cf. A. yunnanense.

obtusifolium Ros. 1915, Ind. Suppl. prél. = A. Nakanoi.

Okuboanum Mak. 1899, Index = A. viridifrons.

opacum (Don) Cop. 1908. — India bor. - China - Tonkin. — Dryopteris (Don) C. Chr. Index cum syn.; Diplazium Christ 1906, Ind. Suppl.

ophiodontum Cop. Phil. Journ. Sci. 46. 214. 1931 == Diplazium.

otophorum (Miq.) Koidzumi, Fl. Symb. Orient. As. 40. 1930. — Japonia. Diplazium (Miq.) C. Chr. Index.

pectinatum (Wall.) Pr. 1836. — India. — A. fllix femina var. Index.

Perrotii Tardieu-Blot, Aspl. du Tonkin 86 t. 15 f. 4—6. 1932. — Tonkin. petiolosum Christ 1907, Ind. Suppl. = A. setiferum.

pinetorum Tagawa, Acta Phytotax. 2. 16. 1933. — Japonia.

pinnatum Cop. 1908 = Diplazium silvaticum.

platyphyllum Cop. 1908, Ind. Suppl. = Diplazium Mearnsii.

Poiretianum Pr. 1836 = A. microphyllum.

polyanthes Cop. Bishop Mus. Bull. 93. 44. 1932 = Diplazium.

polypodiforme Tagawa, Acta Phytotax. 1. 158. 1932 = A. Sheareri.

propinquum Cop. 1914, Ind. Suppl. prél. = Diplazium.

pseudoarboreum Cop. 1916 = Diplazium molokaiense.

pseudo-setigerum Christ 1907. — Adde syn. Diplazium prolixum Ros. 1913 et D. orientale Ros. 1914, Ind. Suppl. prél. Athyrium umbrosum auctt., Blot 1932.

pycnosorum Christ 1902, Index = part. A. acrostichoides part. Diplazium Conilii.

quelpartense (Christ) Ching in C. Chr. Ind. Suppl. III. 43. 1934. — Ins. Quelpart. — Dryopteris Christ 1910, Ind. Suppl.

Ramosii Cop. Phil. Journ. Sci. 38. 140. 1929 = A. geophilum var.

regulare Koidzumi, Bot. Mag. Tokyo 38. 111. 1924. — Japonia.

rhachidisorum (Hand. - Mzt.) Ching in C. Chr. Ind. Suppl. III. 43. 1934. — China merid. — Asplenium Hand. - Mzt. Symb. Sin. 6. 33 t. 2 f. 2. 1929.

Rosenstockii Cop. Univ. Calif. Publ. Bot. **14**. 360. 1929. — Ins. Loyalty.
rubripes Komarov, Bull. Jard. Bot. Kieff no. 13. 145. 1931 = A. felix femina var.
rupestre Kodama in Matsum. Ic. Pl. Koisik. **4**. 63 t. 244. 1919. — Japonia.
Sargentii C. Chr. 1913, Ind. Suppl. prél. = A. acrostichoides.
scandicinum (Willd.) Pr. — Dele loc. Ins. Hawaii et syn. Asplenium Poiretianum
Gaud. etc. A. multisectum Brack. — Cf. A. microphyllum.
sciatraphis (Donn. Smith) Maxon, Proc. Biol. Soc. Wash. **43**. 85. 1930. —
Costa Rica. — Gymnogramme Donn. Smith 1894, Index.
setiferum C. Chr. — Adde loc. China merid. et syn. A. petiolosum Christ
1907, Ind. Suppl.
Sheareri (Bak.) Ching in C. Chr. Ind. Suppl. III. 44. 1934. — China. Japonia.
Dryopteris (Bak.) C. Chr. Index. D. polypodiformis (Mak.) C. Chr. Index;
Athyrium Tagawa 1932. Dryopteris otarioides (Christ) C. Chr. Index. D.
subsagenioides Christ 1910, Ind. Suppl.
sibuyanense Cop. 1911, Ind. Suppl. = Diplazium.
Silvestrii Christ 1910, Ind. Suppl. = A. niponicum.
silvicola Tagawa, Acta Phytotax. **2**. 17. 1933. — Formosa.
sinense (Bak.) C. Chr. Ind. Suppl. = A. mengtzeense.
Soland(e)ri Cop. Bishop Mus. Bull. **93**. 43. 1932 = Diplazium.
sororium Cop. Univ. Calif. Publ. Bot. **14**. 359. 1929 = Diplazium.
?**sphaeropteroides** (Bak.) C. Chr. Acta Hort. Gothob. **1**. 77. 1924. — China
merid. — Dryopteris (Bak.) C. Chr. Index. — (Cornopteris?)
squamuligerum Cop. Journ. Arnold Arb. **10**. 178. 1929 = A. geophilum var.
stramineum Cop. 1908. — Adde loc. Sumatra et syn. Diplazium chrysocarpum
v. A. v. R. 1914, Ind. Suppl. prél. — t. Ching ab A. mesosorum Mak. vix
diversa sp.
strigillosum Moore in Lowe, Ferns Brit. Exot. **5**. t. 36 (syn.) 1858, C. Chr.
Contr. U. S. Nat. Herb. **26**. 299. 1931. — Ind. bor. - China merid. —
Asplenium Lowe, l. c. Athyrium imbricatum Christ 1906, Ind. Suppl. —
(An adhuc A. Clarkei Bedd.?).
subimbricatum Nakai, Bot. Mag. Tokyo **35**. 131. 1921. — Korea.
subsimile Christ 1898, Index = A. acrostichoides.
supraspinescens C. Chr. Contr. U. S. Nat. Herb. **26**. 297 t. 19. 1931. — Yunnan.
Tagawai C. Chr. Ind. Suppl. III. 44. 1934. — Japonia. — Cornopteris Tashiroi
Tagawa, Acta Phytotax. **1**. 159. 1932 (non Athyrium Tagawa l. c).
taiwanense Tagawa, Acta Phytotax. **2**. 18. 1932. — Formosa.
Takeoi (Hayata) Tagawa, l. c. **2**. 195. 1933. — Formosa.
Dryopteris Hayata 1915, Ind. Suppl. prél.
Tashiroi Tagawa, l. c. **2**. 21. 1932. — Japonia.
tenuicaule (Hayata) Tagawa, l. c. **2**. 195. 1933. — Formosa. — Diplazium Hayata
tenuifrons Moore 1857 = A. Clarkei.   [1914, Ind. Suppl. prél.
tenuissimum Merrill, Phil. Journ. Sci. **13**C. 126. 1918 = A. Nakanoi.
thelypteroides var. Henryi Christ, Bull. Boiss. **6**. 961. 1898 = A. mengtzeense.
timetense E. Brown, Bishop Mus. Bull. **89**. 53 f. 12. 1931. — Marquesas. —
(Diplazium?).
triangulare Nakai, Bot. Mag. Tokyo **45**. 91. 1931 = A. Nakaii.
tripinnatifidum Cop. Bishop Mus. Bull. **59**. 13. 1929. — Fiji.
tsusimense Koidzumi, Fl. Symb. Orient. As. 41. 1930 = A. Wardii.
umbrosum (Ait.) Pr. — Dele loc. omn. (Ins. Atlant. exc.) et subsp. A. australe
(R. Br.) Pr.

umbrosum auctt. quoad pl. asiat. centr. part., Tardieu-Blot, Aspl. du Tonkin
87. 1932 = A. pseudo-setigerum.

uncidens Cop. Univ. Calif. Publ. Bot. 12. 394. 1931 = Diplazium.

unifurcatum (Bak.) C. Chr. Acta Hort. Gothob. 1. 75. 1924. — China merid.
— Tonkin. Japonia. — Nephrodium Bak. JoB. 1888. 228; Dryopteris C. Chr.
Ind. Suppl. D. pandiformis (Christ) C. Chr. Index. D. tosensis Kodama 1918
(t. Ching). — Cf. A. viridifrons.

uropteron (Miq.) C. Chr. Index = A. niponicum.

verapax Christ 1906, Ind. Suppl. = Asplenium leucothrix.

Vidalii (Fr. et Sav.) Nakai, Bot. Mag. Tokyo 39. 110. 1925. — Japonia, Korea-
China or. — Asplenium Fr. et Sav. 1879, Index.

viridifrons Mak. 1899. — Adde loc. China et var. A. Okuboanum Mak. 1899,
Index. — (Forte A. unifurcatum var.).

Wattsii Cop. Univ. Calif. Publ. Bot. 14. 360. 1929 = Diplazium.

Wichurae Merrill, Phil. Journ. Sci. 13 C, 126. 1918 = Diplazium.

Wilsoni Christ 1903, Index = A. acrostichoides.

xiphophyllum Cop. Sarawak Mus. Journ. 2. 379. 1917 = Diplazium.

Yamadae Miyabe et Kudo, Tr. Sapporo Nat. Hist. Soc. 8. 61. 1921. — Japonia.

yokoscense (Franch. et Sav.) Christ. — Adde loc. Korea — China or. et syn.
A. demissum et A. flaccidum Christ 1908, Ind. Suppl.

yunnanense Christ. — Adde syn A. fissum Christ 1907, Ind. Suppl. — (Veris.
= A. niponicum f. major).

zanzibaricum (Bak.) C. Chr. Ind. Suppl. III. 45. 1934. — Afr. or. trop.
Diplazium (Bak.) C. Chr. Index. D. Mildbraedii Hier. 1910, Ind. Suppl.

AZOLLA Lamarck.

imbricata (Roxb.) Nakai, Bot. Mag. Tokyo 39. 185. 1925. — Ceylon — China.
Japonia — Salvinia Roxb. Calc. Journ. 4. 470. 1844. A. pinnata auctt. p. p.
japonica Fr. et Sav. est t. Nakai, l. c. sp. bona.

BALANTIUM Kaulfuss 1824 part. Index = **Culcita. Omnes sp. validae ad
Culcitam infra translatae sunt.**

culcita Klf. 1824, Index = C. macrocarpa.

pilosum Cop. Journ. Straits Br. R. As. Soc. no. 63. 71. 1912.

Bathia C. Chr. in Bonaparte, N. Pt. 16. 110. 1925 (*Antrophyum §*) = **Antro-**
BATHMIUM Link = **Tectaria.** **[phyum.**

martinicense Nakai, Bot. Mag. Tokyo 40. 68. 1926.

Seemanni Fourn. 1873 = T. Seemanni.

BIROPTERIS Kümmerle, Mag. Bot. Lapok. 19. 2. 1922.

antri-Jovis Kümm. l. c. 3, fig. — Creta. — (Sp. valde dubia, veris. Phyllitis
BLECHNIDIUM Moore = **Blechnum.** [sp. f. speluncae).

plagiogyriifrons Hayata, Bot. Mag. Tokyo 41. 704. 1927.

BLECHNOPSIS Presl = **Blechnum.**

orientale Nakai, Bot. Mag. Tokyo 47. 181. 1933.

BLECHNUM L — (Polypodiaceae Gen. 81).

(L) acutiusculum (v. A. v. R.) C. Chr. Ind. Suppl. III. 45. 1934. — N. Guinea.
Lomaria v. A. v. R. Nova Guinea 14. 31. 1924.

(L) amabile Mak. — Adde syn. Spicanta Nakai 1928; Spicantopsis Nakai 1933.

(L) binerve (Hk.) C. Chr. Cat. Pl. Mad. Pter. 44. 1932, Dansk Bot. Ark. 7. 106 t.
39. 1932. — Madagascar. — Polypodium? Hk. sp. 4. 175 t. 275 B. 1862.
Blechnum Humblotii C. Chr. Index.

(L) **Brooksii** (v. A. v. R.) C. Chr. Ind. Suppl. III. 46. 1934. — Ceram.
Lomaria v. A. v. R. Bull. Buit. II no. 28. 32. 1918.

(L) **castaneum** Mak. et Nemoto, Cat. Jap. Pl. Herb. Tokyo Imp. Mus. 421. 1914
(nomen), Fl. Jap. 1591. 1925, Ogata, Ic. Fil. Jap. **3** t. 109. 1930. — Japonia.
— Lomaria Mak. 1892 (nomen); Struthiopteris Nakai 1933; Blechnum
spicant Mak. Bot. Mag. Tokyo **11**. 82 1897 (descr.).
castaneum Cop. Univ. Calif. Publ. Bot. **14**. 361. 1929 = B. pseudovulcanicum.

(L) **chauliodontum** Cop. l. c. — N. Caledonia.

(L) **corralense** Espinosa, Revista Chil. Nat. Hist. **36**. 93 f. 14-16. 1932. — Chile.

(L) **decorum** Brause, Engl. Jahrb. **56**. 156. 1920. — N. Guinea.

(L) **deorso-lobatum** Brause l. c., 154. — N. Guinea.

(L) **difforme** Cop. Bishop Mus. Bull. **59**. 13 t. 3. 1929. — Fiji.
egenolfioides (Bak.) C. Chr. Index = Plagiogyria.
Ekmanii Brause, Ark. för Bot. **17** no. 7. 69. 1921 = B. Underwoodianum.
Faberi C. Chr. Index = Plagiogyria assurgens.

(L) **flocculosum** Ros.; C. Chr. Vierteljahrsschr. Nat. Ges. Zürich **70**. 223. 1925.
— N. Caledonia.

(L) **Fraseri** (Cunn.) Luerss. — Adde loc. Borneo, Celebes, N. Guinea.
Hancockii Hance 1883, Index = B. nipponicum var.

(L) **Hieronymi** Brause, Engl. Jahrb. **56**. 155. 1920. — N. Guinea.
Humblotii C. Chr. Index $\doteq$ B. binerve.

(B) **indicum** Burm. Fl. Ind. 231. 1768. — B. serrulatum Rich. 1792, Index c. syn.

(L) **integripinnulum** Hayata 1914, Ind. Suppl. prél. — Adde syn. Diploblechnum
Hayata 1928.

(L) **ivohibense** C. Chr. Arch. Bot. (Caen) **2** Bull. mens. 211. 1928, Dansk Bot.
Ark. **7**. 105. 1932. — Madagascar. Afr. trop. (Uluguru Mts.).
japanense Moore 1860 = B. nipponicum.

(L) **Ledermanni** Brause, Engl. Jahrb. **56**. 153. 1920. — N. Guinea.

(L) **loxense** (HBK.) Hier. 1902, Ind. Suppl. — Adde syn. Pteris pectinata Cav.
Descr. 266. 1802, (patria: Ins. Mariannae, falsa, non Blechnum Pr. 1825).

(L) **Mexiae** Cop. Univ. Calif. Publ. Bot. **17**. 32 t. 7. 1932 — Brasilia.
nigro-squamatum Gilbert 1897, Index = B. brasiliense.

(L) **nipponicum** (Kze.) Mak. 1897, Ind. Suppl. — Adde loc. Formosa et syn.
Spicanta Hayata 1928; Struthiopteris Nakai 1930; Spicantopsis Nakai
1933. — Blechnum Hancockii Hance 1883, Index cum syn.

(L) **nukuhivense** E. Brown, Bishop Mus. Bull. **89**. 69 f. 13. 1931. — Marquesas.

(L) **papuanum** Brause, Engl. Jahrb. **56**. 158. 1920. — N. Guinea.

(L) **pendulum** Brause, l. c. 157. — N. Guinea.

(B) **plagiogyriifrons** Hayata, Ic. Pl. Formosa **6**. 157 t. 20. 1916. — Formosa.
Blechnidium Hayata 1927.

(L) **pseudovulcanicum** C. Chr. Ind. Suppl. III. 46. 1934. — N. Caledonia. — B.
castaneum Cop. Univ. Calif. Publ. Bot. **14**. 361. 1929 (non Mak. 1914, 1925).

(L) **raiateense** J. W. Moore, Bishop Mus. Bull. **102**. 9. 1933. — Raiatea (Ins. Soc.)

(L) **Regnellianum** (Kze.) C. Chr. Ind. Suppl. — Lomaria marginata Schrad. 1824 ?

(L) **revolutum** (v. A. v. R.) C. Chr. Ind. Suppl. III. 46. 1934. — N. Guinea.
Lomaria v. A. v. R. Nova Guinea **14**. 31. 1924.

(L) **Rosenstockii** Cop. Univ. Calif. Publ. Bot. **12**. 394. 1931. — N. Guinea.

(L) **saxatile** Brause, Engl. Jahrb. **56**. 152. 1920. — N. Guinea.
serpentinum Noronha, Verh. Bat. Genootsch **5**. 70 (nomen). 1827? — Java.
serrulatum Rich. 1792. Index = B. indicum.

Tengwallii Kjellberg, Engl. Jahrb. 66. 57. 1933 = B. Fraseri var.

(L) **tenuifolium** Ros. Fedde Rep. 22. 7. 1925. — Costa Rica.

(L) **umbrosum** A. Peter, Fedde Rep. Beih. 40. 82, Descr. 9 t. 3 f. 5—8. 1929. — Afr. or. trop.
Urbani Brause 1911, Ind. Suppl. = Plagiogyria.

BOLBITIS Schott Gen. Fil. t. 14. 1934. — (Polypodiaceae Gen. 39).
Leptochilus § 2—3. Anapausia et Bolbitis Index p. XXVI. — Campium Pr., Copeland, Phil. Journ. Sci. 37. 341—402. 1928 (excl. § Dendroglossa). Cl. R. C. Ching revisionem hujus generis in litt. mecum communicavit.

acrostichoides (Afz.) Ching in C. Chr. Ind. Suppl. III. 47. 1934. — Afr. trop.
Leptochilus (Afz.) C. Chr. Index; Campium Cop. l. c. 394 f. 44, t. 30.

aliena (Sv.) Alston, Kew Bull. 1932. 310. — Amer. trop. — Leptochilus (Sw.) C. Chr. 1904, Index excl. syn. Acr. cladorrhizans et A. portoricense Spr., A. hastatum Liebm., Gymnopteris semipinnatifida Fée etc.

arguta (Fée) Ching in C. Chr. Ind. Suppl. III. 47. 1934.—Luzon. — Heteroneuron Fée, Acrost. 96 t. 25 f. 2. 1945; Campium Cop. l. c. 376 f. 29, t. 22.

auriculata (Lam.) Ching in C. Chr. Ind. Suppl. III. 47. 1934. — Afr. trop.
Leptochilus (Lam.) C. Chr. Index; Campium Cop. l. c. 398 f. 49.

Bernoullii (Kuhn) Ching in C. Chr. Ind. Suppl. III. 47. 1934. — Mexico — Costa Rica. — Leptochilus (Kuhn) C. Chr. 1904, Index. — L. Türckheimii (Christ) C. Chr. Ind. Suppl.

bipinnatifida (Mett) Ching in Ind. Suppl. III. 47. 1934. — Ins. Sechellae.
Leptochilus (Mett.) C. Chr. Ind. Suppl.; Campium Cop. l. c. 377 f. 30.

Boivini (Mett.) Ching in C. Chr. Ind. Suppl. III. 47. 1934. — Afr. trop. Ins. Comorae. — Leptochilus (Mett.) C. Chr. Index; Campium Cop. l. c. 378. Leptochilus Laurentii (Christ) C. Chr. Index.

Bradeorum (Ros.) Ching in C. Chr. Ind. Suppl. III. 47. 1934. — Costa Rica — Panama. — Leptochilus Ros. 1910, Ind. Suppl. L. Killipii Maxon 1931.

Bradfordi (Cop.) Ching in C. Chr. Ind. Suppl. III. 47. 1934. — Ceylon. Campium Cop. l. c. 390 f. 40, t. 28.

Cadieri (Christ) Ching in C. Chr. Ind. Suppl. III. 47. 1934. — Annam.
Leptochilus (Christ) C. Chr. Index.

Christensenii Ching in C. Chr. Ind. Suppl. III. 47. 1934. — China.
Campium Ching, Bull. Fan Mem. Inst. 2. 214 t. 31. 1931.

cladorrhizans (Spr.) Ching in C. Chr. Ind. Suppl. III. 47. 1934. — Ind. occ. Mexico — Colombia. — Acrostichum Spr. 1821; Leptochilus Maxon 1926. Acrostichum portoricense Spr. 1821; Gymnopteris Fée 1845; Anapausia Pr. 1849.

contaminans (Wall) Ching in C. Chr. Ind. Suppl. III. 47. 1934. — Ind. bor. — China—Formosa — Acrostichum Wall. 1828 (nomen); Gymnopteris Bedd. 1876. Leptochilus virens part. Index. L. angustipinnus Hayata 1915, Ind. Suppl. prél.; Campium Cop. l. c. 381 f. 33.

costata (Wall.) Ching in C. Chr. Ind. Suppl. III. 47. 1934. — Ind. bor. — Leptochilus (Wall.) C. Chr. 1916, Ind. Suppl. prél.; Campium Cop. l. c. 386 f. 37.

crenata (Pr.) C. Chr. Ind. Suppl. III. 47. 1934. — Brasilia, Paraguay, Bolivia. Leptochilus (Pr.) C. Chr. Ind. Suppl. cum syn.

crispatula (Wall.) Ching in C. Chr. Ind. Suppl. III. 47. 1934. — Ind. bor. Acrostichum Wall. 1828 etc. (v. Index sub L. virente); Campium Pr. 1849, Cop. l. c. 382 f. 34 t. 26.

curupirae (Lindm.) Ching in C. Chr. Ind. Suppl. III. 48. 1934. — Brasilia austr.
Leptochilus (Lindm.) C. Chr. Index.

cuspidata (Pr.) Ching in C. Chr. Ind. Suppl. III. 48. 1934. — Ins. Phil.
Leptochilus C Chr. Index excl. syn. omn. Preslii excl.; Campium Cop. l. c.
365 f. 19 t. 14.

deltigera (Wall.) C. Chr. Ind. Suppl. III. 48. 1934. — Ind. bor.
Meniscium Wall. 1828, Clarke, Tr. Linn. Soc. II. Bot. 1. 572. 1880; Campium
Cop. l. c. 387 f. 38.

dentata (Fée) Ching in C. Chr. Ind. Suppl. III. 48. 1934. — Guiana.
Gymnopteris Fée, Acrost. 85. 1845.

diversibasis (Bonap) C. Chr. Ind. Suppl. III. 48. 1934. — Gabon.
Leptochilus Bonap. N. Pt. 14. 216. 1924.

diversifolia (Bl.) Schott, Gen. ad t. 14. 1934. — Malesia.
Leptochilus (Bl.) C. Chr. Index; Campium Cop. l. c. 362 f. 15.

Donnell-Smithii (Christ) Ching in C. Chr. Ind. Suppl. III. 48. 1934.—Guatemala.
Leptochilus C. Chr. Ind. Suppl.

flagellifera Schott, Gen. ad t. 14. 1934 = B. heteroclita.

fluviatilis (Hk.) Ching in C. Chr. Ind. Suppl. III. 48. 1934. — Afr. occ. trop.
Leptochilus (Hk.) C. Chr. Index; Campium Cop. l. c. 399 f. 50 t. 32.

Foxworthyi (Cop.) Ching in C. Chr. Ind. Suppl. III. 48. 1934. — Luzon
Campium Cop. l. c, 364 f. 17 t. 12. 1928.

gaboonensis (Hk.) Ching in C. Chr. Ind. Suppl. III. 48. 1934. — Afr. occ. trop.
Leptochilus (Hk.) C. Chr. Index; Campium Cop. l. c. 401 f. 51.

gemmifer (Hier.) C Chr. Ind, Suppl III. 48. 1934. — Afr. trop.
Leptochilus Hier. 1911, Ind. Suppl.; Campium Cop. l. c. 397 f. 48.

grossedentata (Bonap.) C Chr. Ind. Suppl. III. 48. 1934. — Gabon.
Leptochilus Bonap. N. Pt. 14. 217. 1924.

hemiotis (Maxon) Ching in C. Chr. Ind. Suppl. III. 48. 1934. — Trinidad.
Leptochilus Maxon, Amer. Fern Journ. 14. 101. (1924). 1925.

heteroclita (Pr.) Ching in C. Chr. Ind. Suppl. III. 48. 1934. — Asia trop.
Leptochilus (Pr.) C. Chr. Index; Campium Cop. l. c. 359 f. 13.

Heudelotii (Bory) Ching in C. Chr. Ind. Suppl. III. 48. 1934. — Afr. trop.
Leptochilus (Bory) C. Chr. Index; Campium Cop. l. c. 396. — C. angustifolium Cop. 396 f. 47 t. 31.

Humblotii (Bak.) Ching in C. Chr. Ind. Suppl. III. 48. 1934. — Madagascar.
Leptochilus (Bak.) C. Chr. Index; Campium Cop. l. c. 395 f. 45?

hydrophylla (Cop.) Ching in C. Chr. Ind. Suppl. III. 48. 1934. — Mindanao.
Leptochilus Cop. 1906, Ind. Suppl.; Campium Cop. l. c. 358 f. 12 t. 9.

inconstans (Cop.) Ching in C. Chr. Ind. Suppl. III. 48. 1934. — Ins. Phil.
Leptochilus (Cop.) C. Chr. Index (t. Cop. veris. = B. cuspidata). —
Campium tenuissimum Cop. l. c. 364 f. 18 t. 13.

interlineata (Cop.) Ching in C. Chr. Ind. Suppl. III. 48. 1934. — Borneo.
Campium Cop. l. c. 370 f. 24, t. 17. 1928.

labrusca (Christ) Ching in C. Chr. Ind. Suppl. III. 48. 1934. — Congo.
Leptochilus (Christ) C. Chr. Index.

lancea (Cop.) Ching in C. Chr. Ind. Suppl. III. 48. 1934. — India austr.
Campium Cop. l. c. 380 f. 32 t. 25.

Lindigii (Mett.) Ching in C. Chr. Ind. Suppl. III. 48. 1934. — Costa Rica—
Ecuador. — Leptochilus (Mett.) C. Chr. 1904, Index.

Liebmanni (Maxon) C. Chr. Ind. Suppl. III. 49. 1934. — Mexico. — Leptochilus
Maxon 1930; Acrostichum hastatum Liebm. 1849 (non Thbg. 1784).
lonchophora (Kze.) C. Chr. Ind. Suppl. III. 49. 1934. — Polynesia.
Acrostichum Kze. Farnkr. 5 t. 2. 1840; Campium Cop. 1932. Cyrtogonium
palustre Brack. 1854; Campium Cop. l. c. 371 f. 25 t. 18.
longiflagellata (Bonap.) Ching in C. Chr. Ind. Suppl. III. 49. 1934. — Madagascar.
Leptochilus Bonap. N. Pt. 4. 68. 1917; Campium C. Chr. 1932.
malaccensis (C. Chr.) Ching in C. Chr. Ind. Suppl. III. 49. 1934. — Malacca.
Leptochilus C. Chr. Gardens Bull. S. S. 4. 394. 1929.
mexicana (Christ) C. Chr. Ind. Suppl. III. 49. 1934. — Mexico.
Leptochilus Christ 1907, Ind. Suppl.
modesta (Bak.) Ching in C. Chr. Ind. Suppl. III. 49. 1934. — Borneo.
Leptochilus (Bak.) C. Chr. Index; Campium Cop. 1931.
mollis (Cop.) Ching in C. Chr. Ind. Suppl. III. 49. 1934. — Ceylon.
Campium Cop. l. c. 390 f. 41 t. 29. 1928.
Naumanni (Kuhn) Ching in C. Chr. Ind. Suppl. III. 49. 1934. — N. Hannover.
Leptochilus (Kuhn) C. Chr. Index.
nicotianifolia (Sw.) Ching in C. Chr. Ind. Suppl. III. 49. 1934. — Ind. occ.
Guatemala. — Leptochilus (Sw.) C. Chr. Index excl. syn. Heteronevron
meniscioides Fée. — Cf. Maxon, Journ. Wash. Acad. Sci. 14. 145. 1924.
nigra (Cop.) Ching in C. Chr. Ind. Suppl. III. 49. 1934. — Ins. Carolinae.
Campium Cop. l. c. 361 f. 14, t 10.
opaca (Mett.) Ching in C. Chr. Ind. Suppl. III. 49. 1934. — Colombia.
Leptochilus (Mett.) C. Chr. Index.
ovata (Cop.) Ching in C. Chr. Ind. Suppl. III. 49. 1934. — Sumatra. — Leptochilus Cop. 1914, Ind. Suppl. prél.; Campium Cop. l. c. 354 f. 9, t. 6. 1928.
pandurifolia (Hk.) Ching in C. Chr. Ind. Suppl. III. 49. 1934. — Peru, Ecuador.
Leptochilus (Hk.) C. Chr. Index. L. oligogarchicus (Bak.) C. Chr. 1904, Index.
parva (Cop.) Ching in C. Chr. Ind. Suppl. III. 49. 1934. — N. Guinea.
Campium Cop. l. c. 375 f. 28, t. 21. 1928.
pellucens (Mett.) Ching in C. Chr. Ind. Suppl. III. 49. 1934. — Colombia.
Chrysodium Mett. Ann. sc. nat. V. 2. 205. 1864.
pergamentacea (Maxon) Ching in C. Chr Ind. Suppl. III. 49. 1934. — Ind. occ.
Guatemala—Venezuela. — Leptochilus Maxon, Journ. Wash. Acad. Sci. 14.
144. 1924.
phanerodictya (Bak.) Ching in C. Chr. Ind. Suppl. III. 49. 1934. — Afr. occ.
trop. — Leptochilus (Bak.) C. Chr. Index.
Presliana (Fée) Ching in C. Chr. Ind. Suppl. III. 49. 1934. — Ins. Phil. Ind.
austr. — Leptochilus (Fée) C. Chr. Index. Campium Feeianum Cop. l. c.
392 f. 43.
pseudocalpturata (Cop.) Ching in C. Chr. Ind. Suppl. III. 49. 1934. — Ins. Phil.
Campium Cop. l. c. 363 f. 16, t. 11. 1928.
Quoyana (Gaud.) Ching in C. Chr. Ind. Suppl. III. 49. 1934. — Malesia —?.
Acrostichum Gaud. 1827; Campium Cop. l. c. 366 f. 20. Acrostichum
repandum Bl. 1828; Leptochilus cuspidatus C. Chr. Index cum syn.,
Nephrodium cuspidatum Pr. et Chrysodium bipinnatifidum Mett etc.
exceptis.
Rawsoni (Bak.) Ching in C. Chr. Ind. Suppl. III. 49. 1934. — Mauritius.
Leptochilus (Bak.) C. Chr. Index; Campium Cop. l. c. 400.

repanda Schott, Gen. ad t. 14. 1834 = B. Quoyana.

rivularis (Brack.) Ching in C. Chr. Ind. Suppl. III. 50. 1934. — Fiji.
Leptochilus (Brack.) C. Chr. Index; Campium Cop. l. c. 373 f. 27 t. 20.

sagenioides (Kuhn) Ching in C. Chr. Ind. Suppl. III. 50. 1934 — N. Hebridae.
Leptochilus (Kuhn) C. Chr. Index.

salicina (Hk.) Ching in C. Chr. Ind. Suppl. III. 50. 1934. — Afr. occ. trop.
Leptochilus (Hk.) C. Chr. Index; Campium Cop. l. c. 395 f. 46.

samoensis (Cop.) C. Chr. Ind. Suppl. III. 50. 1934. — Samoa.
Campium Cop. l. c. 372 f. 26 t. 19. 1928.

scalpturata (Fée) Ching in C. Chr. Ind. Suppl. III. 50. 1934. — Malesia, Siam.
Leptochilus (Fée) C. Chr. Index emend. Ind. Suppl. 49; Campium Cop.
l. c. 383 f. 35.

semicordata (Moore) Ching in C. Chr. Ind. Suppl. III. 50. 1934. — Ind. austr.
Ceylon. — Acrostichum (Moore) Bak. Syn. 422. 1868; Leptochilus virens
var. cum syn. Index; Campium Cop. l. c. 378 f. 31, t. 23, 24.

semipinnatifida (Fée) Alston, Kew Bull. 1932. 310. — Guiana.
Gymnopteris Fée 1845; Leptochilus alienus var. Index cum syn.

serrata (Kuhn) Ching in C. Chr. Ind. Suppl. III. 50. 1934. — Peru.
Leptochilus (Kuhn) C. Chr. 1904, Index.

serratifolia (Mertens) Schott, Gen. ad t. 14. 1934. — Brasilia. Guiana.
Leptochilus (Mert.) C. Chr. 1904, Index.

simplicifolia (Holttum) Ching in C. Chr. Ind. Suppl. 50. III.   Malacca.
Leptochilus Holttum, Gard. Bull. S. S. 4. 409, fig. 1929.

stenophylla (Kurz) Ching in C. Chr. Ind. Suppl. III. 50. 1934. — Java.
Poecilopteris Kurz, Tijdschr. Ned. Ind. 27. 15. 1864, Cop. l. c. 393 1928.

Stuebelii (Hier.) C. Chr. Ind. Suppl. III. 50. 1934. — Ecuador.
Hypoderris Hier. 1907, Ind. Suppl.; Leptochilus Malon 1933.

subcordata (Cop.) Ching in C. Chr. Ind. Suppl. III. 50. 1934. — Hainan, China
merid. or. — Campium Cop. l. c. 369 f. 23 t. 16. 1928.

subcrenata (Hk. et Grev.) Ching in C. Chr. Ind. Suppl. III. 50. 1934. — Ind.
austr., Ceylon. — Leptochilus (Hk et Gr.) C. Chr. Index; Campium Cop. l. c.
391 f. 42. — Leptochilus prolifer (Bory) C. Chr. Index cum. syn.

subsimplex (Fée) Ching in C. Chr. Ind. Suppl. III. 50.1934. — Malesia.
Gymnopteris Fée, Acrost. 83 t. 40 f. 3. 1845; Campium Cop. l. c. 356 f.
11 t. 8 1928. Leptochilus Zollingeri (Kze.) Fée 1852, Index cum. syn. L.
stolonifer Christ 1906, Ind. Suppl.

Taylori (Bailey) Ching in C. Chr. Ind. Suppl. III. 50. 1934. — Queensland.
Leptochilus (Bailey) C Chr. Index; Campium Cop. l. c. 374.

turrialbae (Ros.) Ching in C. Chr. Ind. Suppl. III. 50. 1934. — Costa Rica.
Leptochilus Ros. Fedde Rep. 22. 22. 1925.

umbrosa (Liebm.) Ching in C. Chr. Ind. Suppl. III. 50. 1934. — Mexico.
Leptochilus (Liebm.) C. Chr. Index.

undulata (Wall.) Ching in C. Chr. Ind. Suppl. III. 50. 1934. — India. Cambodia.
Notholaena Wall. 1828; Jenkinsia Hk. 1842; Campium Pr. 1849, Cop.
l. c. 384 f. 36, t. 27; Lomariopsis Mett. 1856.

valida (Cop.) Ching in C. Chr. Ind. Suppl. III. 50. 1934. — Luzon.
Campium Cop. l. c. 369 f. 22, t. 15.

virens (Wall.) Schott, Gen. ad t. 14. 1934. — Ind. bor. — Leptochilus (Wall.)
C. Chr. Index part.; Campium Pr. 1849, Cop. l. c. 388.

vivipara (Kjellberg) C. Chr. Ind. Suppl. III. 51. 1934. — Celebes.
Campium Kjellberg, Engl. Jahrb. 66. 50. 1933.
BOMMERIA Fournier 1876, Ind. Suppl. — (Polypodiaceae Gen. 102).
BONINIELLA Hayata, Bot. Mag. Tokyo 41. 709. 1927, 42. 337. 1928, Flora 124.
Ikenoi Hayata, l. c. = Asplenium cardiophyllum. [50. 1929.
BOTRYCHIUM Swartz.
boreale ⨯ lunaria? Holmberg, Skandinaviens Flora 33. 1922. — Scandinavia.
— B. intermedium (Ångström) Holmberg, l. c.; B. boreale var. Ångstr. Bot.
brachystachys Kze. 1844 = B. cicutarium. [Notiser 1866. 35 part.
cicutarium (Sav.) Sw. 1806, Tidestrom, Contr. U. S. Nat. Herb. 16. 303 t. 102.
— Jamaica, Hispaniola. Mexico — Ecuador. — Osmunda Sav. 1797. Botrychium brachystachys Kze. 1844. B dichronum Und. 1903, Index.
dichronum Und. 1903, Index = B. cicutarium.
fumarianum Sm. Rees Cycl. 34. no. 4. 1819 = B. biternatum.
intermedium Holmberg 1922 (syn.) = B. boreale ⨯ lunaria.
leptostachyum Hayata 1914, Ind. Suppl. prél. = B. lanuginosum.
matricariae (Schrank) Spr. 1822, Index = B. multifidum.
mingaense Victorin, Tr. R. Soc. Canada III. 21. 338 t. 1—3. 1927. — Amer. bor.
multifidum (Gmel.) Rupr. Beitr. XI. 40. 1859. — Europa, Asia, (Amer.) bor.
Osmunda Gmel. 1768. Botrychium matricariae (Schrank) Spr. 1827, Index
cum syn. — B. robustum Und. 1903 (part.?), Index. — Cf. C. Chr. Sv.
Vet. Acad. Handl. III. 5. 49. 1927.
neglectum Wood 1860, Index = B. ramosum.
pinnatum St. John, Amer. Fern Journ. 19. 11. 1929. — Amer. bor. pacif.
(Washington).
robustum (Rupr.) Und. 1903, Index = B. multifidum.
BRAINEA J. Smith. — (Polypodiaceae Gen. 83).
formosana Hayata, Bot. Mag. Tokyo 42. 237. 1928 = B. insignis.
Buesia Morton, Bot. Gaz. 93. 336. 1932 *(Hymenophyllum §)* = **Hymenophyllum**
(H. mirificum).
Calochlaena Maxon, Journ. Wash. Acad. Sci. 12. 459. 1922 *(Culcita §)* =
Culcita.
CALYMMODON Presl; Copeland, Phil. Journ. Sci. 34. 259—269 t. 1—6. 1927
= **Polypodium**.
asiaticus Cop. l. c. 38. 154. 1929.
conduplicatus (pag. 268) — glabrescens (263 t. 2) — hyalinus (264 t. 3) —
hygroscopicus (265 t. 5) — latealatus (265 t. 4) — mnioides (267 t. 6) --
muscoides (264) — ordinatus (267) — pergracillimus (261 t. 1) Cop. l. c.
34. 1927 = P. sp. homonym.
gracilis Cop. l. c. 266 = P. consociatum.
Grantii Cop. Bishop Mus. Bull. 93. 14 t. 14 B, 15 B, 1932 = P. cucullatum var.
hirtum Brack. 1854 = P. consociatum.
orientalis Cop. Bishop Mus. Bull. 93. 14 t. 14 A, 15 A. 1932 = P. cucullatum var.
CAMPIUM Presl emend. Copeland, Phil. Journ. Sci. 37. 341—402, t. 3–32. 1928,
sect. Dendroglossa = **Leptochilus**, sect. Heteroneuron = **Bolbitis**.
acrostichoides (p. 394 t. 30) — argutum (376 t. 22) — auriculatum (398) —
bipinnatifidum (377) — Boivini (378) — Bradfordi (390 t. 28) — costatum
(386) — cuspidatum (365 t. 14) — deltigerum (387) — diversifolium (362) —
fluviatile (399 t. 32) — Foxworthyi (364 t. 12) — gaboonense (401) —
gemmiferum (397) — heteroclitum (359) — Heudelotii (396) — Humblotii

4*

(395) — hydrophyllum (358 t. 9) — interlineatum (370 t. 17) — lanceum (380 t. 25) — molle (390 t. 29) — nigrum (361 t. 10) — ovatum (354 t. 6) — parvum (375 t. 21) — pseudoscalpturatum (363 t. 11) — Quoyanum (366) — Rawsoni (400) — rivulare (373 t. 20) — salicinum (395) — samoense (372 t. 19) — scalpturatum (383) — semicordatum (378 t. 23, 24) — subcordatum (369 t. 16) — subcrenatum (391) — subsimplex (356 t. 8) — Taylori (374) — validum (369 t. 15) — Cop. l. c. 1928 = Bolbitis sp.

angustifolium Cop. l. c. 396 t. 31 = Bolbitis Heudelotii.   [homonym.

cantoniense Ching, Sinensia 1. 53. 1930 = Leptochilus.

Christensenii Ching, Bull. Fan Mem. Inst. 2. 214 t. 31. 1931 = Bolbitis.

decurrens (351) — laciniatum (354 t. 7) — lanceolatum (348 t. 5) — Linnaeanum (343 t. 3) — minus (345 t. 4) — minutulum (346) — Wallii (348) — zeylanicum (352) Cop. Phil. Journ. Sci. 37. 1928 = Leptochilus sp. homonym.

dilatatum Cop. l. c. 347 t. 4 = Leptochilus cordatus.

Feeianum Cop. l. c. 392 = Bolbitis Presliana.

lonchophorum Cop. Bishop Mus. Bull. 93. 14. 1932 = Bolbitis.

longiflagellatum C. Chr. Cat. Pl. Mad. Pter. 32. 1932 = Bolbitis.

Matthewii Ching, Bull. Fan Mem. Inst. 1. 158 f. 3. 1930 = Lomagramma sorbifolia.

metallicum Cop. Phil. Journ. Sci. 37. 347. 1928 = Leptochilus zeylanicus.

modestum Cop. Brittonia 1. 76. 1931 — Bolbitis.

palustre Cop. Phil. Journ. Sci. 37. 371 t. 18. 1928 = Bolbitis lonchophora.

sinense C. Chr. Contr. U. S. Nat. Herb. 26. 292. 1931 — Egenolfia.

tenuissimum Cop. Phil. Journ. Sci. 37. 364 t. 13. 1928 = Bolbitis inconstans.

viviparum Kjellberg, Engl. Jahrb. 66. 50. 1933 — Bolbitis.

CAMPTODIUM Fée, Gen. Fil. 298. 1852. — (Polypodiaceae Gen. 32).

pedatum (Desv.) Fée, l. c. — Ind. occ. — Dryopteris O. Ktze. Index.

CAMPYLOGRAMMA v. A. v. R. Bull. Buit. II no. 23. 7. 1916. (Cf. Copeland, Phil. Journ. Sci. 38. 149. 1929).

lancifolia v. A. v. R. l. c. 7 t. 1, no. 28. 11 = Polypodium heterocarpum Bl.

pteridiformis v. A. v. R. l. c no. 24. 1. 1917, Mal. Ferns Suppl. 334, Nova Guinea 14 t. 1 f. A. — N. Guinea. (Tectaria sp.?).

Trollii Goebel, Flora N. F. 25. 281 f. 1—4. 1931 = Tectaria Maingayi.

CARDIOMANES Presl, Hymenoph. 12. 1843. — (Hymenophyllaceae Gen. 2).

reniforme (Forst.) Pr. l. c. 13. — N. Zealand.

Trichomanes Forst 1786, Index.

CASSEBEERA Klf., Farwell, Amer. Midl. Naturalist 12. 280. 1931 = **Pellaea.**

Andromedaefolia (p. 280) — Arseni, aspera, atropurpurea, cordata, intermedia, marginata, pulchella, Seemanni, ternifolia (281) — viridis (282) = Pellaea sp. homonym.

CEPHALOMANES Presl = **Trichomanes.**

alatum Pr. 1848 = T. Boryanum.

atrovirens Pr. 1843 = T. atrovirens.

Australicum v. d. B. 1861 = T. Boryanum.

Boryanum v. d. B. 1859 = T. Boryanum.

Singaporianum v. d. B. 1859 = T. singaporianum.

Wilkesii v. d. B. 1861 = T. Boryanum.

Cerogramme Diels 1899, Index = **Pityrogramma.**

CEROPTERIS Link; Index = **Pityrogramma.**

Obs. Omnes (duabus exceptis) species Ceropteridis Indicis c. Suppl. ad Pityrogrammam infra translatae sunt.

calomelanos (L.) Und. 1902, Index (excl. var. omn.)

chrysophylla Link 1861 = P. chrysophylla.

chrysosora v. A. v. R. 1909, Ind. Suppl. = Cerosora.

decomposita Und. et Benedict in Bailey, Stand. Cyclop. Hort. 2. 725. 1917.

distans Link 1841 = P. calomelanos × tartarea.

guianensis (Kl.) Hier. 1909, Ind. Suppl. = P. ornithopteris.

Herminieri Link 1841 = P. chrysophylla var.

intermedia Fée 1866 = P. calomelanos × chrysophylla.

L'Herminieri Fée, 11. mém. 30. 1866 = P. Herminieri.

longipes (Bak.) Christ 1907, Ind. Suppl. = Trismeria.

Martensii Link 1841)
Massonii Link 1841 } = P. calomelanos × chrysophylla.

monosticha Fée 1857 = Cheilanthes farinosa an Notholaena rigida?

pulchella Und. et Benedict in Bailey, Stand. Cyclop. Hort. 2. 726. 1917.

sulfurea Fée 1852 = P. sulphurea.

viscosa (Eat.) Und. 1902, Index = P. triangularis var.

CEROSORA (Baker) Domin Acta Bot. Bohemica 8. 3. 1929. — Gymnogramma § Cerosora Baker, Journ. Linn. Soc. 24. 260. 1887. — (Polypodiaceae Gen. 96).

chrysosora (Bak.) Domin, l. c. c. t. — Borneo. — Gymnogramme Bak. l. c. 1887, Index; Ceropteris v. A. v. R. 1909, Ind. Suppl.

CETERACH Garsault, Explic. abrégée 2. 140 t. 212. 1765, Lam. et DC. 1805. — (Cf. Oest. Bot. Zeit. 1918. 59). — (Polypodiaceae Gen. 78).

paucivenosum Ching, Bull. Fan Mem. Inst. 2. 210. t. 28. 1931. — Himalaya, Yunnan.

CHAMAEFILIX Hill, British Herbal 526. 1756; Farwell, Amer. Midl. Naturalist 12. 268. 1931 = Asplenium.

Adiantum-nigrum (p. 273), alata (270), blepharodes (269), Bradleyi (273), bulbifera (275), cirrhata (270), cristata (275), delicatula (275), enata (271), extensa (270), flabellifolia (269), fontana (274), formosa (271), fragilis (269), fragrans (274), Gibertiana (275), gracilis (274), horrida (272), Kaulfussii (271), lobulata (272), lunulata (270), monanthes (269), montana (273), myriophylla (275), obtusifolia (271), oligophylla (270), pinnatifida (268), platyneuros (269), pseudofalcata (272), resiliens (269), rhizophora (275), rhizophylla (275), Ruta-muraria (273), Salicifolia (271), Scandicina (275), Seelosii (268), septentrionalis (268), Serra (272), serrata (268), Trichomanes (270), unilateralis (271), uniserialis (275). Farwell l. c. = Asplenium sp. homonym.

erosa Farwell, l. c. 272 = A. auritum.

filaris (Forsk.) Farwell, l. c. 274 = A. praemorsum.

parvula Farwell, l. c. 269 = A. varians.

Trichomanes-dentata Farwell, l. c. 269 = A. dentatum.

Trichomanes-ramosa Farwell, l. c. 269 = A. viride.

CHEILANTHES Swartz. — Incl. Aspidotis Nuttall — (Polypodiaceae Gen. 110).

albida Bak. 1891, Index = C. Lindheimeri.

allosuroides Mett. 1859, Index = Pellaea.

Arnottiana J. W. Moore, Bishop Mus. Bull. 102. 9. 1933. — Ins. Societatis. Nothochlaena pilosa Hk. et Arn. 1832 (non Cheilanthes Goldm. 1843).

Bergiana Schlecht., Kze. 1836, Hier. Hedwigia 62. 27. 1920. — Afr. austr. Madagascar. — Hypolepis Hk. 1852, Index. Cheilanthes Streetiae Bak. 1880, Index. (§ Hypolepidopsis).

Belangeri (Bory) C. Chr. — Adde syn. Pellaea cambodioides Bak. 1891, Index. (Cf. G. B[allard], Kew Bull. 1932. 47.

Bockii Diels 1900, Index = C. chusana.

boliviana C. Chr. Ark. för Bot. 20 A no. 7. 19. 1926. — Bolivia.

Boltoni Cop. 1905, Index 663 = C. chusana.

Bonatiana Brause 1914, Ind. Suppl. prél. = C. Hancockii.

Brandtii Fr. et Sav. 1879 = C. Kuhnii.

Cadieri Christ 1905, Index = C. mysurensis.

caesia Christ 1906, Ind. Suppl. = C. Kuhnii.

californica (Nutt.) Mett. 1859, Hier. Hedwigia 62. 25. 1920. — California. Hypolepis (Nutt.) Hk. 1852, Index.

candida Mart. et Gal. 1842 = Notholaena candida.

capensis (Thbg.) Sw. 1806. Hier. l. c. 28. — Afr. austr. Adiantopsis (Sw.) Fée 1852, Index.

castanea Maxon, Proc. Biol. Soc. Wash. 32. 111. 1919. — Mexico.

chusana Hk. sp. 2. 95 t. 106 B. 1852. — China. Luzon. — C. Fordii Bak. 1879; Adiantopsis C. Chr. Index. C. Bockii Diels 1900, Index. C. Boltoni Cop. 1905, Index 663.

contigua Wall. 1828 = Onychium lucidum.

contracta Kze. 1850 = C. involuta.

Covillei Maxon, Proc. Biol. Soc. Wash. 31. 147. 1918. — California—Arizona.

Daenikeri C. Chr. Vierteljahrsschr. Nat. Ges. Zürich 74. 61. 1929.—N. Caledonia.

Dalhousiae Hk. 1852. — Ind. bor. - China merid.

densa St. John, Amer. Fern Journ. 19. 14 1929 = Pellaea.

dichotoma (Cav.) Sw. 1806, Hier. Hedwigia 62. 24. 1920. — Amer. austr. trop.—Adiantopsis (Cav.) Moore 1857, Index cum. syn. Cheilanthes flexuosissima Bak. 1891, Index.

Dicksonii Corda, Beitr. Fl. Vorwelt 74 t. 58. 1845. — ?

Duclouxii (Christ) Ching in C. Chr. Ind. Suppl. III. 54. 1934. — China merid. Doryopteris Christ 1902, Index. D. Mairei Brause 1914.

farinosa (Forsk.) Klf. — Dele var. C. Dalhousiae Hk. et C. Brandtii Fr. et Sav.

flexuosa Kze. 1849; cf. Hier. Hedwigia 62. 22. 1920. — Adde syn. C. recurvata flexuosissima Bak. 1891, Index = C. dichotoma.   [Bak. 1878, Index.

Fordii Bak. 1879, Ind. Suppl. 99 = C. chusana.

Fraseri Mett., Kuhn, Linn. 36. 83. 1869. — Colombia—Peru. Notholaena Bak. 1874, Index.

globuligera Christ 1899, Index = C. Regnelliana.

grevilleoides Christ 1909, Ind. Suppl. = Sinopteris.

Hancockii Bak. 1895. — Adde syn. C. taliensis Christ 1905, Index. C. Henryi et C. Wilsoni Christ 1906, Index Suppl., C. Bonatiana Brause 1914, Index Suppl. prél.

Harrisii Maxon, Contr. U. S. Nat. Herb. 24. 51. 1922. — Jamaica.

Henryi Christ 1906, Index Suppl. = C. Hancockii.

Hieronymi Herter, Anal. Mus. Nac. Montevideo II. 1. 360 t. 27. 1925. — Brasilia, Uruguay, Argentina.

horizontalipinnata Bonap. N. Pt. 16. 87. 1925 = Adiantopsis madagascariensis.

horridula Maxon, Amer. Fern Journ. 8. 94. 1918. — U. S. merid. occ. — Mexico. — C. aspera Hk. 1852 (non Klf. 1831); Pellaea Bak. 1867; P. scabra C. Chr. Index (non Cheilanthes Karst. 1854).

incisa Kze., Mett. Cheil. 44 no. 65 t. 3 f. 28—31. 1859, Hier. Hedwigia 62.
25. 1920. — Brasilia. — Hypolepis C. Chr. Index c. syn.
jamaicensis Maxon, Contr. U. S. Nat. Herb. 24. 51. 1922. — Jamaica.
Jürgensii Ros. 1906, Index Suppl. = C. pilosa.
Kuhnii Milde. — China bor. et occ. Japonia. — Adde syn. C. Brandtii Fr.
et Sav. 1879. — C. caesia Christ 1906; C. lanceolata C. Chr. 1913.
lanceolata C. Chr. 1913, Index Suppl. prél. = C. Kuhnii.
leonardi Maxon, Journ. Wash. Acad. Sci. 14. 87. 1924 = Pellaea intra-
Leveillei Christ 1907, Index Suppl. = C. subrufa.   [marginalis var.
Mairei Brause 1914, Index Suppl. prél. = C albofusca.
meifolia Eat. Proc. Amer. Ac. 18. 185. 1883. — Mexico.
Hypolepis Bak. 1891, Index.
membranacea (Dav.) Maxon, Amer. Fern Journ. 8. 119. 1918. — Mexico.
Pellaea Dav. 1896, Index.
micromera Link, Hort. Berol. 2. 36, 1833. — Mexico, Hispaniola, Jamaica.
niphobola C. Chr. Acta Hort. Gothob. 1. 88 t. 19. 1924. — China occ. et bor.
recurvata Bak. 1878, Index = C. flexuosa.
rosulata C. Chr. Acta Hort. Gothob. 1. 89 t. 20. 1924. — China occ.
rotunda Bonap. N. Pt. 4. 101. 1917. — North Australia.
Schimperi Kze. Farnkr. 52 t. 26. 1840. — Africa or. — Hypolepis Hk. 1852, Index.
siliquosa Maxon, Amer. Fern Journ. 8. 116. 1918 = Pellaea densa.
straminea Brause 1914, Ind. Suppl. prél. = Cheilanthopsis indusiosa.
Streetiae Bak. 1880, Index = C. Bergiana.
taliensis Christ 1905, Index = C. Hancockii.
Thellungii Herter, Anal. Mus. Nac. Montevideo II. 1. 360 t. 26 1925. —
Uruguay, Brasilia austr.
undulata Hope et Wright 1903, Index 663 = C. trichophylla.
Veitchii (Christ) Ching in C. Chr. Ind. Suppl. III. 55. 1934. — China.
Doryopteris Christ 1906, Ind. Suppl.
villosa Dav. Cat. Davenp. Herb. Suppl. 45. 1883; Maxon, Proc. Biol. Soc.
Wash. 31. 142. 1918 (descr.). — U. S. A. merid. occ. — Mexico.
Wilsoni Christ 1906, Ind. Suppl. = C. Hancockii.
Wootoni Maxon, Proc. Biol. Soc. Wash. 31. 146. 1918. — New Mexico, Arizona.
yunnanensis Brause 1914, Ind. Suppl. prél. = C. subvillosa.
CHEILANTHOPSIS Hieronymus, Notizblatt Bot. Gart. Berlin—Dahlem 7.
406 — 409. 1920. — (Polypodiaceae Gen. 112).
elongata Cop. Univ. Calif. Publ. Bot. 12. 395. 1931 = C. indusiosa.
indusiosa (Christ) Ching, Sinensia 3. 154. 1932 (indusiora). — Yunnan.
Woodsia Christ 1909, Ind. Suppl. Cheilanthes straminea Brause 1914, Ind.
Suppl.; Cheilanthopsis ›Hier l. c.‹, Cop. 1929; C. elongata Cop. 1931.
CHONTA Molina, Saggio Storia nat. chil. 182. 1782 (nom. vernac.) = Juania
(Palmae).
CHRISTIOPTERIS Copeland. — Cf. Copeland, Phil. Journ. Sci 12 C. 331.
1917. — (Polypodiaceae Gen. 165).
cantoniensis Christ 1908 = Leptochilus.
Eberhardtii Christ 1908, Ind. Suppl. = C. tricuspis.
tricuspis (Hk.) Christ, Journ. de Bot. 21. 239, 272. 1908. — Sikkim - Annam.
Acrostichum Hk. 1864; Leptochilus C. Chr. Index.
varians (Mett.) Cop. Phil. Journ. Sci. 12 C. 333. 1917. — N. Caledonia.
Acrostichum Mett. 1861; Leptochilus Fourn. 1868, Index.

CIBOTIUM Kaulfuss, Berl. Jahrb. Pharm. **21**. 53. 1820.

crassinerve Ros. Med. Rijks Herb. no. 31. 4. 1917 = C. Cumingii? (Ins Phil.).

Cumingii Kze. Farnkr. 64. 1841. — Ins. Phil. Borneo.

hawaiense Nakai et Ogura, Bot. Mag. Tokyo **44**. 468. 1930. — Ins. Hawaii.

CINCINALIS Desvaux.

tarapacana Philippi, Anal. Mus. Nac. Chil. **1891**. 91 = Pellaea nivea.

COCHLIDIUM Kaulfuss, Berlin Jahrb. Pharm. **21**. 36. 1820; Enum. 86. 1824.
C. Chr. Dansk Bot. Ark. 6³. 17—25. 1929. — (Polypodiaceae Gen. **140**).

attenuatum A. C. Smith, Bull. Torr. Cl. **58**. 309. 1931. — Guiana.

Connellii (Bak.) A. C. Smith, Bull. Torr. Cl. **57**. 179. 1930. — Mt. Roraima.
Polypodium Bak. 1901, Index 518. Pleurogramme Luetzelburgiana Goebel
1929.

furcatum (Hk. et Grev.) C. Chr. Dansk Bot. Ark. 6³. 20. 1929. — Trinidad,
Guiana, Brasilia. — Grammitis Hk. et Grev. 1828; Polypodium dicranophyllum C. Chr. Index 522.

graminoides (Sw.) Klf. Enum. 86. 1824; C. Chr. l. c. 18 t. 1, 3. 1929. —
Jamaica. — Acrostichum Sw. 1788; Monogramma Bak., Index 430.

linearifolium (Desv.) Maxon, C. Chr. l. c. 23 t. 1. 1929. — Guiana—Colombia, Honduras, Ind. occ. — Monogramma Desv. 1811, Index 430.

minus (Jenm.) Maxon, Pter. Porto Rico 407. 1926; C. Chr. l. c. 20 t. 1, 3.
1929. — Ind. occ. — Monogramma Jenm. 1897, Index 430.

paucinervatum (Fée) C. Chr. l. c. 22. 1929. — Brasilia. — Grammitis Fée 1873;
Polypodium C. Chr. Index 551. Monogramma Rudolfii Ros. 1905, Index 431.

pumilum (Massee) C. Chr. l. c. 19 t. 3. 1929 — Ecuador.
Monogramme Massee ms.

pusillum Cop. Univ. Calif. Publ. Bot. **16**. 108. 1929 = Scleroglossum.

rostratum (Hk.) Maxon, C. Chr. l. c. 23 t. 1. 1929. — America centr. Ind.
occ. (var. areolatum C. Chr. l. c. 25). — Monogramma Hk. 1864, Index
431; Pleurogramme Goebel 1924. — M. gyroflexa (Christ) C. Chr. Index 430.

seminudum (Willd.) Maxon, Pter. Porto Rico 407. 1926, C. Chr. l. c. 21 t. 1.
1929. — Ind. occ. Guiana, Venezuela. — Blechnum Willd. 1794; Monogramma Bak., Index 431 (excl. loc. Guinea). Pleurogramme nuda Goebel
1924.

COLYSIS Presl 1849, Ching, Bull. Fan Mem. Inst. **4**. 313. 1933 = **Polypodium.**
Boisii (p. 329) — Bonii (322) — digitata (328) — dissimilialata (330) —
elliptica (333) — flexiloba (330) — fluviatilis (319) — hemionitidea (320)
— hemitoma (326) — Henryi (325) — latiloba (330) — Leveillei (323) —
longisora (331) — Morsei (330) — pedunculata (321) — pentaphylla (322)
— Wrightii (324) — Wui (322) Ching, l. c. = P. sp. homonym.

longipes Ching, 332 l. c. = P. Chunii.

CONIOGRAMME Fée — (Polypodiaceae Gen. **104**).

caudata (Wall.) Ching in C. Chr. Ind. Suppl. III. 56. 1934. — India-China
merid. — Grammitis Wall. 1828 (nomen); Gymnopteris Pr. 1836 (nomen),
Ettingsh. Farnkr. 57 t. 37 f. 7, t. 38 f. 13. 1865, C. pubescens Hier. et
C. spinulosa (Christ) Hier. 1916, Ind. Suppl. prél.

madagascariensis C. Chr. Cat. Pl. Mad. Pter. 45. 1932 (nomen), Dansk
Bot. Ark. 7. 109. 1932. — Madagascar.

Merrilli Ching, Sinensia **1**. 49. 1930 = C. macrophylla var. Copelandi.

parvipinnula Hayata 1914, Ind. Suppl. prél. = C. procera.

Petelotii Tardieu-Blot, Bull. Mus. Paris II. 5. 334. 1933. — Tonkin. Yunnan.
C. subcordata Ching 1931 (non Cop. 1910).
pubescens Hier. 1916, Ind. Suppl. prél. = C. caudata.
spinulosa (Christ) Hier. 1916, Ind. Suppl. prél. = C. caudata.
subcordata Ching, Bull. Fan Mem. Inst. 2. 213. 1931 = C. Petelotii.
CORNOPTERIS Nakai, Bot. Mag. Tokyo 44. 7. 1930 = **Athyrium.**
Christenseniana Tagawa, Acta Phytotax. 2. 195. 1933 = A. musashiense.
coreana Nakai, Bot. Mag. Tokyo 45. 96. 1931 = A. koryoense.
crenulato-serrulata Nakai, l. c. 95.
decurrenti-alata Nakai, l. c. 44. 8. 1930.
fluvialis Tagawa, Acta Phytotax. 1. 158. 1932.
hakonensis Nakai, Bot. Mag. Tokyo 45. 94. 1931.
musashiensis Nakai, l. c. 44. 8. 1930.
Tashiroi Tagawa, Acta Phytotax 1. 159. 1932 = A. Tagawai.
CRASPEDODICTYUM Copeland, Phil. Journ. Sci. 6 C. 84. 1911, 38. 147.
1929 (clavis sp.). — (Polypodiaceae Gen. 92).
coriaceum Cop. Phil. Journ. Sci. 38. 146. 1929. — Sumatra.
grande Cop. l. c. 6 C. 84. 1911. — N. Guinea. — Syngramma C. Chr. Ind. Suppl.
magnificum Cop. l. c. 38. 147. 1929. — N. Caledonia.
quinatum (Hk.) Cop. l. c. 6 C. 85. 1911. — Malesia-Melanesia.
Syngramma (Hk.) Carr., Index c. syn.
Schlechteri (Brause) Cop. l. c. 38. 147. 1929. — N. Guinea.
Syngramma Brause 1912, Index Suppl.
CRYPTOGRAMMA R. Brown. — (Polypodiaceae Gen. 116).
Raddeana Fomin, Bull. Jard. Bot. Kieff no. 10. 3. 1929, Fl. Sib. et Or.
extr. 5. 169, fig. 1930. — Sibiria centr., China centr.
robusta (Kze.) Pappe et Rawson, Syn. Fil. Afr. austr. 32. 1858. — Africa austr.
Doryopteris (Kze.) Diels 1899, Index c. syn.
Cryptogrammopsis Kümmerle, Amer. Fern Journ. 20. 133. 1930 (*Onychium* §)
CRYPTOSORUS Seemanni J. Sm. 1861 = Polypodium. [= **Onychium.**
CULCITA Presl, Tent. Pterid. 135. 1836, Maxon, Journ. Wash. Acad. Sci. 12.
454. 1922. — Balantium auctt. non Kaulfuss 1824.
blepharodes Maxon, l. c. 459. — Fiji.
coniifolia (Hk.) Maxon, Rep. Smiths. Inst. 1911. 488 t. 13. 1912. — Amer. trop.
Balantium (Hk.) J. Sm. 1875, Index.
Copelandii (Christ) Maxon, Journ. Wash. Acad. Sci. 12. 457. 1922. — Luzon, Borneo.
Balantium Christ, Cop. 1908, Index Suppl.
dubia (R. Br.) Maxon, l. c. 458. — Australia.
Davallia R. Br. 1810, Index c. syn. — (§ Calochlaena).
formosae (Christ) Maxon, l. c. 456. — Formosa.
Balantium Christ 1910, Index Suppl.
javanica (Bl.) Maxon, l. c. 456. — Java.
Balantium (Bl.) Cop. 1909, Index Suppl.
macrocarpa Pr. Tent. 135 t. t. f. t. 1836, Maxon, l. c. 455. — Ins. atlant.
Balantium culcita (L.'Hérit.) Klf. 1824, Index.
pilosa (Cop.) C. Chr. Ind. Suppl. III 57. 1933. — Borneo.
Balantium Cop. Journ. Str. Br. As. Soc. no. 63. 71. 1912.
straminea (Labill.) Maxon, l. c. 457 — Polynesia. — Balantium (Labill.)
CURRANIA Copeland 1911 = **Dryopteris.** [Diels 1899, Index c. syn.
gracilipes Cop. 1911, Ind. Suppl.

CYATHEA Smith.

Obs. **Plurimae species asiaticae et polynesicae Alsophilae et Hemiteliae a cl. Copeland et omnes species in Indice cum Suppl. enumeratae et plurimae postea descriptae a cl. K. Domin 1929 et 1930 ad Cyatheam translatae sunt. Combinationes novae Domini sunt:**

acaulis, acutidens, aethiopica, amboinensis, aperta, apiculata, aquilina, arbuscula, aterrima, atrovirens, australis, Baileyana, baroumba, Batesii, bilineata, bipinnatifida, blechnoides, Bongardiana, camerunensis, canelensis, caracasana, chnoodes, Christii, Colensoi, conjugata, contracta, Cooperi, corcovadensis, coriacea, costalis, crassifolia, decomposita, dichromatolepis, dissitifolia, dorsalis, falcata, falciloba, farinosa, Feeana, flexuosa, floribunda, Francii, frigida, furcata, gazellae, gibbosa, Glaziovii, guimaraensis, heteromorpha, heterophylla, hirsutissima, hispida, hypolampra, Iheringii, impressa, jivariensis, Kalbreyeri, khasyana, kohchangensis, Kuhnii, lasiosora, latevagans, latisecta, leptocladia, Loddigesii, Loubetiana (**omnes p. 62**) — Macgillivrayi, macrosora, marginalis, Matthewii, microdonta, Miersii, Mildbraedii, monosticha, mucronata, myosuroides, Naumannii, nigripes, oblonga, obtusiloba, pallescens, pallida, pastazensis, paucifolia, paulistana, peladensis, phalaenolepis, phegopteroides, piligera, pilosissima, pinnula, plagiopteris, Poeppigii, polystichoides, Poolii, praecincta, procera, proceroides, pterorachis, pungens, pycnocarpa, quadripinnata, quitensis, radens, Rebeccae, revoluta, Robertsiana, Rumphiana, sagittifolia, Salvinii, samoensis, sarawakensis, scaberula, Schaffneriana, Schiedeana, Schlechteri, Schlimii, senilis, stipularis, subaspera, subcomosa, subdubia, subobscura, tenerifrons, trichophlebia, Veitchii, vernicosa, verriculosa, Wendlandii, wengiensis, xantholepis (**omnes p. 263**) Domin, Pteridophyta 263—263. 1929 et alphabetice cum synonymia in Acta Bohemica 9. 88—174. 1930 = **Alsophila sp. homonym.**

acrostichoides (p. 88) — aeneifolia (174) — allocota (89) — alutacea, amazonica, angiensis, Annae (90) — armata (93) — Blanchetiana (98) — borinquena (99) — brunnea, bulligera (101) — buruensis (102) — congoensis (106) — Dielsii (111) — Eatonii (112) — fallacina (115) — Fujiiana, furcinervia (117) — glabrescens, Gleasonii (119) — gregaria, guianensis, Hallieri (120) — hirta (122) — infesta (125) — Janseniana (126) — lastreoides (128) — lepidoclada, Leschenaultiana (130) — mapiriensis, marginata, Marshalliana (134) — mesocarpa (136) — Miquelii (137) — nesiotica (140) — notabilis, novogranadensis (141) — Ogurae, Oldhamii, olivacea (143) — pansamalana (145) — persquamulata, persquamuligera (146) — ramisora (152) — recurvata, reducta (153) — rubiginosa (154) — scaberulipes (174) — scabriuscula, scandens (156) — spinifera (160) — strigillosa (161) — submarginalis (163) — subulata (164) — tenggerensis (165) — trichiata (166) — Ulei, Van-Gaerdtii (168) — vitiensis (170) — Williamsii (171) — xanthina (172) Domin, Acta Bohemica 9. 1930 = **Alsophila sp. homonym.**

alsophiliformis, ameristoneura, australiensis, barisanica (barisamica ex err.), bella, Boryana, calolepis, caudipinnula, chiricana, choricarpa, confluens, contigua (**omnes p. 263**) — escuquensis, firma, glaucophylla, Godeffroyi, grandis, guatemalensis, Hartii, horridipes, integrifolia, Joadii, Karsteniana, Kohautiana, Leprieurii, Lindigii, lucida, macrocarpa, manilensis, merapiensis, mutica, obtusa, parvula, Pittieri, platylepis, rudis, rufescens, salticola, sessilifolia, setosa, Sherringii, singalanensis, spectabilis, subcaesia, subglabra, subincisa, surinamemsis, tahitensis, tonglonensis, Traillii, trinitensis, velaminosa, venosa,

Wilsonii (**omnes p. 264**) Domin, Pteridophyta 263—264. 1929 et alphabetice cum synonymia in Acta Bohemica 9. 88—174. 1930 = **Hemitelia sp. homonym.**

abitaguensis (p. 88) — andina (90) — Bakeriana (90) — caudiculata (104) — costaricensis (107) — Elliottii (113) — fallax (115) — leptolepia (130) — paraphysophora (145) — perpunctulata (146) — roraimensis, rudimentaris (154) — squarrosa (161) — subconfluens (162) — superba (164) Domin, Acta Bohemica 9. 1930 = **Hemitelia sp. homonym.**

Abbottii Maxon, Proc. Biol. Soc. Wash. 37. 98. 1924. — Hispaniola.

acanthopoda v. A. v. R. Bull. Buit. III. 5. 190. 1922 — Sumatra.

alata Cop. Univ. Calif. Publ. Bot. 12. 377. 1931 = Alsophila.

albidopaleata Cop. Univ. Calif. Publ. Bot. 17. 25 t. 2. 1932 = Alsophila.

albidula Domin, Acta Boh. 9. 89. 1930 = Alsophila hunsteiniana.

alpicola Domin, Acta Boh. 9. 89. 1930. — Sumatra. — Alsophila alpina v. A. v. R. 1915, Ind. Suppl. prél. Cyathea v. A. v. R. 1918 (non Roth 1800).

alpina v. A. v. R. Bull. Buit. II no. 18. 13. 1918 = C. alpicola.

alsophilum Domin, Pterid. 262. 1929 = Alsophila paleolata.

amaiambitensis Domin, Acta Boh. 9 90. 1930 = Alsophila ramispina.

amphicosmioides v. A. v. R. Bull. Buit. III. 2. 138. 1920. — Sumatra.

andicola Domin, Acta Boh. 9. 91. 1930 = Hemitelia quitensis.

antillana Domin, l. c. 90 = Hemitelia grandifolia.

approximata Bonap. N. Pt. 5. 41. 1917; C. Chr. Dansk Bot. Ark. 7. 23 t. 4. 1932. — Madagascar. — C. sorisquamata Bonap. 1925.

arfakensis Gepp in Gibbs, Dutch N. W. N. Guinea 69. 1917. — N. Guinea.

arguta Cop. Phil. Journ. Sci. 38. 133. 1929 — Luzon.

aristata Domin, Acta Boh. 9. 93. 1930 = Hemitelia apiculata.

arthropterygia v. A. v. R. Bull. Buit. III. 5. 188. 1922. — Sumatra.

aruensis Domin, Pterid. 262. 1929 = Alsophila polyphlebia.

ascendens Domin, Acta Boh. 9. 94. 1930 = Alsophila Rosenstockii.

aspidiiformis Domin, l. c. 94 = C. aspidioides Sod.

atrispora Domin, l. c. 95 = Alsophila dryopteroidea.

austroamericana Domin, Pterid. 263. 1929 = Hemitelia multiflora.

austrosinica Christ 1910, Ind. Suppl. = C. spinulosa.

badia Domin, Pterid. 262. 1929 = Alsophila castanea.

bahiensis Ros. Fedde Rep. 20 90. 1924. — Brasilia.

Baronii Domin, Pterid. 262. 1929 = C. segregata.

Bartlettii Cop. Univ. Calif. Publ. Bot. 14. 371. 1929 = Alsophila.

bellisquamata Bonap. N. Pt. 16. 18. 1925; C. Chr. Dansk Bot. Ark. 7. 25 t. 4. 1932. — Madagascar.

benculensis v. A. v. R. Bull. Buit. II no. 28. 14. 1918. — Sumatra. Alsophila v. A. v. R. l. l. no. 23. 2. 1916

bicolana Cop. Elmer's Leaflets 9. 3108 1920. — Luzon.

binuangensis v. A. v. R. Bull. Buit. III. 2 136. 1920. — Luzon.

bontocensis Cop. Phil. Journ. Sci 46. 209. 1931. — Luzon.

Brassii Cop. Journ. Arnold Arb. 10. 175. 1929. — N. Guinea. — (Alsophila?).

Brauseana Domin, Pterid. 262. 1929 = Alsophila Hieronymi.

brevifoliolata v. A. v. R. Bull. Buit. II no. 28. 13. 1918. — Sumatra. Alsophila v. A. v. R l. c. no. 20. 3. 1915, Ind. Suppl. prél.

Brittoniana Maxon, Journ. Wash. Acad. Sci. 14. 139. 1924. — Ind. occ.

Brownii Domin, Pterid. 262. 1929 = Alsophila excelsa.

Brunoniana (Wall.) Clarke et Bak. — Adde loc. China merid. et syn. Alsophila costularis Bak. 1906, Ind. Suppl.; Cyathea Domin 1929 (non Bonap. 1917); C. yunnanensis Domin 1930. C. chinensis Cop. 1909, Ind. Suppl.

bullata Domin, Pterid. 262. 1929 = Alsophila Boivini.

bulusanensis Cop. Elmer's Leaflets 9. 3109. 1920. — Luzon.

Bünnemeijeri v. A. v. R. Bull. Buit. III. 5. 187. 1922. — Riouw Arch. (Malesia).

Campbellii Cop. Phil. Journ. Sci. 38. 132. 1929. — Luzon. — (Alsophila?)

capensis (L. fil.) Sm. 1793. — Hemitelia Index.

capitata Cop. l. c. 12 C. 49. 1917. — Borneo.

chamaedendron Cop. Univ. Calif. Publ. Bot. 17. 31 t. 5. 1932 = Alsophila.

chinensis Cop. 1909, Ind. Suppl. = C. Brunoniana.

cincinnata Brause, Engl. Jahrb. 56. 52. 1920. — N. Guinea.

columbiana Domin, Pterid. 263. 1929 = Hemitelia obscura.

concava Bonap. N. Pt. 5. 43. 1917 = C. Humblotii.

costularis Bonap. N. Pt. 5. 44. 1917; C. Chr. Dansk Bot. Ark. 7. 25 t. 3. 1932. — Madagascar.

costularis Domin, Pterid. 262. 1929 = C. Brunoniana.

costulisora Domin, Acta Boh. 9. 108. 1930 = Hemitelia montana.

decora Domin, l. c. 109 = Alsophila Christii.

decrescens Mett. — Adde syn. C. hirsutifrons C. Chr. Index. — C. hirsutifolia Bonap. 1920.

decurrens Cop. Univ. Calif. Publ. Bot. 14. 356. 1929 = Alsophila.

decurrentiloba Domin, Acta Boh. 9. 110. 1930 = Hemitelia decurrens.

densisora v. A. v. R. Bull. Buit III. 2. 138. 1920. — Luzon.

deuterobrooksii Cop. Phil. Journ. Sci. 38. 131. 1929 = Alsophila sarawakensis.

dimorphophylla Domin, Acta Boh. 9. 111. 1930 = Alsophila Ledermanni.

distans Ros. Med. Rijks Herb. no. 31. 2. 1917. — Java.

Doctersii v. A. v. R. Bull. Buit. III. 2. 136. 1920. — Sumatra.

domingensis Brause 1911, Ind. Suppl. = C. crassa.

dryopteroides Maxon, Amer. Fern Journ. 14. 99. 1925. — Puerto Rico.

dubia Domin, Pterid. 262. 1929 = Alsophila vexans.

dupaxensis Cop. Phil. Journ. Sci. 46. 211. 1931. — Luzon.

ecuadorensis Domin, Pterid. 262. 1929 = Alsophila Sodiroi.

Edañoi Cop. Phil. Journ. Sci. 46. 211. 1931. — Luzon.

elegans Hew. — Dele syn. C. minor Eat.

elegantissima Domin, Acta Boh. 9. 113. 1930 = Hemistegia Fée.

elegantula Domin, l. c. 113 = Alsophila elegans.

elliptica Cop. Phil. Journ. Sci. 12 C. 51. 1917 = Alsophila squamulata.

eminens Domin, Pterid. 262. 1929 = Alsophila concinna.

Engleri Hier. 1910, Ind. Suppl. = C. Sellae.

Faberiana Domin, Acta Boh. 9. 114. 1930 = C. oligocarpa Jungh.

Feani E. Brown, Bishop Mus. Bull. 89. 14. f. 4. 1931. — Ins. Marquesas.

firmula Domin, Acta Boh. 9. 115. 1930 = Hemitelia firma.

flavovirens Kuhn; Index = C Dregei.

frondosa Ros. 1913, Ind. Suppl. prél. = C. grata.

fuscopaleata Cop. Phil. Journ. Sci. 12 C. 50. 1917 = C. pseudobrunonis.

Geppiana Domin, Acta Boh. 9. 118. 1930. — N. Guinea. — Alsophila straminea Gepp in Gibbs, Dutch N. W. N. Guinea 192. 1917; Cyathea v. A. v. R. 1918 (non Karst. 1856).

Gibbsiae Cop. Phil. Journ. Sci. **38**. 129. 1929 = Alsophila biformis.
glandulosa Domin, Pterid. 264. 1929 = C. Melleri.
Godmanii Domin. l. c. 262 = Alsophila mexicana.
Goudotii Kze. 1844 = C. Humblotii?.
gracilescens Domin, Pterid. 262. 1929 = Alsophila aquilina.
Grantii Cop. Bishop Mus. Bull. **93**. 7 t. 5. 1932. — Tahiti.
grata Domin, Acta Boh. **9**. 120. 1930. N. Guinea.

C. frondosa Ros. 1913, Ind. Suppl. prél. (non Karst. 1860).
Haenkei Merrill, Phil. Journ. Sci. **15**. 540. 1919 = Alsophila.
Hancockii Cop. 1909 = Dryopteris.
heteroloba Cop. Phil. Journ. Sci. **38**. 134. 1929. — Luzon.
Hewittii Cop. 1911, Ind. Suppl. = Alsophila commutata.
hirsutifolia Bonap. N. Pt. **5**. 46. 1917 = C. decrescens.
hirsutifrons C. Chr. Index = C. decrescens.
Hornei Cop. Bishop Mus. Bull. **59**. 38. 1929 = Alsophila.
hortulanea Domin, Acta Boh. **9**. 123. 1930 = Alsophila elegantissima.
Howeana Domin, Pterid. 264. 1929 = Hemitelia Moorei.
Humbertiana (C. Chr.) Domin, Acta Boh. 123. 1930; C. Chr. Dansk Bot. Ark.
7. 30 t. 6. 1932. — Madagascar. — Hemitelia C. Chr. Arch. Bot. (Caen) **2**
Bull. mens. 210. 1928.
Humblotii Bak. — Adde syn. C. concava Bonap. 1920. — (An C. Boivini
var.?, cf. C. Chr. Dansk Bot. Ark. 7. 34).
hunsteiniana Brause, Engl. Jahrb. **56**. 58. 1920. — N. Guinea.
ichtyolepis Domin, Pterid. 262. 1929 = Alsophila stipularis.
imbricata v. A. v. R. Nova Guinea **14**. 11. 1924. — N. Guinea.
Imrayana Hk. 1844 (excl. var.) — Antillae min.
incanescens Domin, Acta Boh. **9**. 124. 1930 = Alsophila incana.
indrapurae v. A. v. R. Bull. Buit. II no. 28. 13. 1918. — Sumatra.
Alsophila v. A. v. R. 1915, Ind. Suppl. prél.
insignis Domin, Pterid. 264. 1929 = Hemitelia grandifolia.
insularis Domin, l. c. 262 = Alsophila Boivini.
intermedia Cop. Univ. Calif. Publ. Bot. **14**. 357. 1929 = Alsophila.
isaloensis C. Chr. Cat. Pl. Mad. Pter. 21. 1932 (nomen), Dansk Bot. Ark. **7**.
35 t. 6. 1932. — Madagascar.
kemberangana Cop. Phil. Journ. Sci. **12** C. 52. 1917 = Alsophila.
kenepaiana Domin, Acta Boh. **9**. 127. 1930 = Alsophila ramispina.
kinabaluensis Cop. Phil. Journ. Sci. **12** C. 51. 1917. — Borneo.
Klossii Ridley, Tr. Linn. Soc. II. **9**. 251. 1916. — N. Guinea.
Klotzschiana Domin, Acta Boh. **9**. 128. 1930 = Alsophila obtusa.
laciniata Cop. Univ. Calif. Publ. Bot. **12**. 389. 1931. — N. Hebridae.
Ledermanni Brause, Engl. Jahrb. **56**. 56. 1920. — N. Guinea.
lepidotricha Domin, Pterid. 262. 1929 = Alsophila novae caledoniae.
leucofolis Domin, l. c. 262 = Alsophila leucolepis.
leucostegia Cop. Phil. Journ. Sci. **38**. 130. 1929. — Mindanao.
leytensis Cop. l. c. 131. — Ins. Leyte.
Liebmanni Domin, Pterid. 264. 1929 = Hemitelia mexicana.
longipes Cop. Phil. Journ. Sci. **12** C. 54. 1917. — Borneo.
longipes v. A. v. R. Bull. Buit. III. **5**. 189. 1922 = C. macropoda.
longipinnata Bonap. N. Pt. **5**. 48. 1917; C. Chr. Dansk Bot. Ark. **7**. 24 t. 5.
1932. — Madagascar.

lunulata Cop. Bishop Mus. Bull. 59. 37. 1929 = Alsophila lunulata (Forst.) R. Br.

macrophylla Domin, Acta Boh. 9. 133. 1930 = Hemitelia Ledermanni.

macropoda Domin, l. c. 133. — Sumatra. — C. longipes v. A. v. R. Bull. Buit. III. 5. 189. 1922 (non Cop. 1917).

madagascarica Bonap. N. Pt. 5. 49. 1917; C. Chr. Dansk Bot. Ark. 7. 23 t. 4. 1932. — Madagascar.

magnifolia v. A. v. R. Bull. Buit. III. 2. 135. 1920. — Sumatra.

malegassica Domin, Acta Boh. 9. 133. 1930 = Alsophila madagascarica.

marianna Gaud. 1827 = Alsophila Haenkei.

megalosora Cop. Phil. Journ. Sci. 12 C. 54. 1917. — Borneo.

melanocaula Desv. Prodr. 322. 1827; C. Chr. Dansk Bot. Ark. 7. 23 t. 4. 1932. — Madagascar.

melanoclada Domin, Acta Boh. 9. 174. 1930 = Alsophila melanocaulos.

melanophlebia Cop. Phil. Journ. Sci. 38. 131. 1929. — Luzon.

Melleri (Bak.) Domin, Pterid. 264. 1929; C. Chr. Dansk Bot. Ark. 7. 36 t. 6, 7. 1932 — Madagascar. — Hemitelia Bak. 1874, Index. H. glandulosa Kuhn, Bak. 1891, Index; Cyathea Domin 1929. — C. virescens C. Chr. 1932.

Merrillii Cop. Phil. Journ. Sci. 46. 212. 1931. — Luzon.

Mexiae Cop. Univ. Calif. Publ. Bot. 17. 30 t. 4. 1932 = Alsophila.

micromera Ros. Fedde Rep. 20. 90. 1924. — Brasilia.

microphyllodes Domin, Pterid. 263. 1929 = Alsophila microphylla.

minor Eat. 1860; Maxon, N. Am. Flora 16. 69. 1909. — Cuba.

mollis Cop. Phil. Journ. Sci. 12 C. 52. 1917 = Alsophila Burbidgei.

mollis Ros. Fedde Rep. 22. 2. 1925 = C. molliuscula.

molliuscula Domin, Acta Boh. 9. 138. 1930. — Costa Rica. C. mollis Ros. Fedde Rep. 22. 2. 1925 (non Cop. 1917).

neocaledonica Compton, Journ. Linn. Soc. 45. 440. 1923. — N. Caledonia.

nigrospinulosa v. A. v. R. Bull. Buit. II. no. 28. 15. 1918. — Amboina.

nitidula Domin, Pterid. 263. 1929 = Alsophila nitens.

Novae-Caledoniae Cop. Univ. Calif. Publ. Bot. 14. 356. 1929 = Alsophila.

Novae-Zelandiae Domin, Pterid. 264. 1929 = Hemitelia microphylla.

obtusata Ros. Med. Rijks Herb. no. 31. 1. 1917. — Perak.

obtusata Domin, Pterid 263. 1929 = Alsophila obtusa.

oinops Hassk. — Dele syn. C. sinops.

okiana v. A. v. R. Bull. Buit. II no. 28, 14. 1918. — Ins. Buru. Alsophila v. A. v. R. l. c. no. 23. 4. 1916.

Opizii Domin, Pterid. 263. 1929 = Alsophila Holstii.

oreites Domin, l. c. 263 = Alsophila Sprucei.

orthogonalis Bonap. N. Pt. 5. 29, 32. 1917; C. Chr. Dansk Bot. Ark. 7. 24 t. 5. 1932. — Madagascar.

pacifica Domin, Pterid. 264. 1929 = Hemitelia denticulata.

paleacea Cop. Phil. Journ. Sci. 12 C. 53. 1917. — Borneo.

paleata Cop. Univ. Calif. Publ. Bot. 14. 372 t. 56. 1929. — Sumatra.

palembanica v. A. v. R. Bull. Buit. II no. 28. 13. 1918. — Sumatra. Alsophila v. A. v. R. l. c. no. 23. 4. 1916.

paleolata Cop. Univ. Calif. Publ. Bot. 17. 30. 1932 = Alsophila.

panamensis Domin, Pterid. 264. 1929 = Hemitelia petiolata.

papuana (Ridley) v. A. v. R. Mal. Ferns Suppl. 487. 1917. — N. Guinea. Alsophila Ridley, Tr. Linn. Soc. II. 9. 252. 1916.

paraphysata Cop. 1911, Ind. Suppl. = Alsophila.

Parksiae Cop. Univ. Calif. Publ. Bot. 12. 377. 1931. — Rarotonga.

patens hort.; Houlst. et Moore, Gard. Mag. Bot. 3. 330. 1851. — Jamaica.

perpelvigera v. A. v. R. Nova Guinea 14. 11. 1924. — N. Guinea.

Perrieriana C. Chr. Cat. Pl. Mad. Pter. 22. 1932 (nomen), Dansk Bot. Ark. 7. 19 t. 3. 1932. — Madagascar.

phanerophlebia Bak. 1894, Index = C. marattioides.

pilosa Fée; Sampaio, Bol. Mus. Nac. Rio 1. 13. 1923 (nomen). — Brasilia.

plagiostegia Cop. Bishop Mus. Bull. 59. 9. 1929. — Fiji.

poiensis Cop. 1911, Ind. Suppl. = Alsophila.

polyodonta Domin, Pterid. 263. 1929 = Dryopteris Hancockii.

polyphlebia Bak. 1883, Index = C. Dregei var.

Presliana Domin, Pterid. 263. 1929 = Alsophila vestita.

primaeva Domin, l. c. 263. = Alsophila nigra.

principis Domin, Acta Boh. 9. 150. 1930 = Alsophila congoensis.

procera Brause, Engl. Jahrb. 56. 50. 1920. — N. Guinea.

producta Maxon, Journ. Wash. Acad, Sci. 12. 438. 1922. — Cuba.

pseudalbizzia Cop. Phil. Journ. Sci. 38. 135. 1929. — Luzon.

pseudobrunonis Cop. l. c. 12 C. 50. 1917. — Borneo. — C. fuscopaleata Cop. 1917.

pubens Domin, Pterid. 263. 1929 = Alsophila pubescens.

pulchra Cop. Univ. Calif. Publ. Bot. 14. 372 t. 55. 1929 = Alsophila.

pumilio v. A. v. R. Bull. Buit. II. no. 28. 14. 1918. — Ceram.

punctulata v. A. v. R. l. c. 13. — Sumatra. — Alsophila v. A. v. R. 1915.

Purdiaei Jenm 1898, Index = C. caribaea. [Ind. Suppl. prél.

Ramosiana v. A. v. R. Bull. Buit. III. 2. 137. 1920. — Luzon.

Ramosii Cop. Phil. Journ. Sci. 30. 325. 1926 = Alsophila.

regularis Bak. 1889, Index = C. serratifolia.

remotifolia Bonap. N. Pt. 5. 51. 1917 = C. borbonica var. simulans (Bak.) C. Chr. Dansk Bot. Ark. 7. 22. 1932.

rigida Cop. Phil. Journ. Sci 12 C. 53. 1917 = C. Havilandii.

rigidula Bak. 1887, Index = C. Boivini.

Rosenstockii Brause, Engl. Jahrb. 56. 49. 1920. — N. Guinea.

rugosula Cop. Univ. Calif. Publ. Bot. 12. 390. 1931 = Alsophila.

Sampaioana Brade et Ros. Bol. Mus. Nac. Rio 7. 137 t. 1, 4. 1931. — Brasilia.

saparuensis v. A. v. R. Bull. Buit. II no. 28. 13. 1918. — Saparua (Malesia). Alsophila v. A. v. R. 1908, Ind. Suppl.

schizolepis Cop. Univ. Calif. Publ. Bot. 17. 27 t. 3. 1932. — Brasilia.

Schliebenii Reimers, Notizbl. Bot. Gart. Berlin—Dahlem 11. 916. 1933. — Afr. or. trop.

segregata Bak. — Adde syn. Alsophila Baroni Bak. 1885, Index; Cyathea Domin 1929. — (An potius C. Dregei var.? cf. C. Chr. Dansk Bot. Ark. 7.

sepikensis Brause, Engl. Jahrb. 56. 54. 1920. — N. Guinea. [31. 1932).

sessilipinnula Cop. Phil. Journ. Sci. 38. 134. 1929. — Basilan.

Setchellii Cop. Univ. Calif. Publ. Bot. 12. 389 t. 50. 1931. — Samoa.

simulans Domin, Pterid. 263. 1929 = C. borbonica var.

sinops Racib. 1898; v. A. v. R. Mal. Ferns Suppl. Corr. 44. 1917. — Java..

sorisquamata Bonap. N. Pt. 16. 21. 1925 = C. approximata.

squamata Domin, Acta Boh. 9. 160. 1930 = Alsophila microphylla.

squamicosta Cop. Phil. Journ. Sci. 46. 212. 1931. — Luzon.

Sternbergii Domin, Pterid. 263. 1929 = Alsophila elegans.

straminea v. A. v. R. Bull. Buit. II no. 28. 14. 1918 = C. Geppiana.

subarachnoidea Domin, Pterid. 264. 1929 = Hemitelia arachnoidea

subarborescens Domin, Acta Boh. 9. 162. 1930 = Hemitelia Maxonii.

subincisa C. Chr. Cat. Pl. Mad. Pter. 22. 1932 = C. tsaratananensis.

subindusiata Domin, Mem. R. Czech. Soc. Sci. n. s. 2. 67 t. 8. 1929. — Colombia.

subochroleuca Domin, Pterid. 263. 1929 = Alsophila ochroleuca.

subspathulata Brause, Engl. Jahrb. 56. 53. 1920. — N. Guinea.

subtropica Domin, Pterid. 263. 1929 = Alsophila Lechleri.

taiwaniana Nakai, Bot. Mag. Tokyo 41. 68. 1927. — Formosa, Liu Kiu.

tenuicaulis Domin, Acta Boh. 9. 185. 1930 = Alsophila tenuis.

ternatea v. A. v. R. Bull. Buit. III. 5. 191. 1932. — Ternate.

tijuccensis Domin, Pterid. 263. 1929 = Alsophila elongata.

Toppingii Cop. Phil. Journ. Sci. 12 C. 51. 1917 = Alsophila commutata.

trachypoda v. A. v. R. Bull. Buit. III. 5 191. 1929. — Sumatra.

trichophora Cop. 1911, Ind. Suppl. = Alsophila.

tristis Domin, Pterid. 263. 1929 = Stenolepia.

tsaratananensis C. Chr. Ind. Suppl. III. 64. 1934. — Madagascar. — C. subincisa C. Chr. Cat. Pl. Mad. Pter. 22. 1931 (nomen), Dansk Bot. Ark. 7. 27 t. 5. 1932 (non Domin 1929).

tuberculata v. A. v. R. Bull. Buit. II no. 28. 11. 1918. — Sumatra.

ulugurensis Hier. Engl. Jahrb. 28. 340. 1899. — Afr. trop. or.

urdanetensis Cop. Phil. Journ. Sci. 38. 132. 1929. — Mindanao.

usambarensis Domin, Pterid. 263. 1929 = Alsophila Holstii.

valdecrenata Domin, l. c. 263 = Alsophila mexicana.

Veitchiana Domin, Acta Boh. 9. 168. 1930 = Alsophila philippinensis.

Veitchii Domin, Pterid. 263. 1929; Cop. Journ. Arnold Arb. 12. 47. 1931 = Alsophila.

Vilhelmii Domin, l. c. 264 = Hemitelia Lechleri.

virescens C. Chr. Cat. Pl. Mad. Pter. 22. 1931 = C. Melleri var.

Wilkesiana Domin, Acta Boh. 9. 171. 1930 = Alsophila samoensis.

Willdenowiana Domin, l. c. 171 = Alsophila procera.

Wolffii Domin, Pterid. 263. 1929 = Alsophila Stübelii.

Woolsiana Domin, l. c. 263 = Alsophila Leichhardtiana var.

yungensis C. Chr. Ark. för Bot. 20 A no. 7. 10. 1926. — Bolivia.

yunnanensis Domin, Acta Boh. 9. 172. 1930 = C. Brunoniana.

zamboangana Cop. Phil. Journ. Sci. 30. 325. 1926. — Mindanao.

Zenkeri Domin, Pterid. 263. 1929 = C. camerooniana.

CYCLOPELTIS J. Smith. — (Polypodiaceae Gen. 24.)

crenata (Fée) C. Chr. Ind. Suppl. III. 64. 1934. — Indochina. Hainan. Hemicardion Fée, Gen. 283 t. 22 A f. 1. 1852.

Fevrellii Kjellberg, Engl. Jahrb. 66. 48. 1933. — Celebes.

Presliana (J. Sm.) Berk. — Dele syn. Hemicardion crenatum.

CYCLOPHORUS Desvaux. — (Polypodiaceae Gen. 161).

acrocarpus (Christ es Gies.) C. Chr. Index = C. porosus.

adnascens (Sw.) Desv. 1811, Index = C. lanceolatus.

aglaophyllus Cop. Journ. Arnold Arb. 10. 179. 1929. — N. Guinea.

annamensis (Christ) C. Chr. Index = C. flocculosus.

Bamlerii Ros. 1912, Ind. Suppl. prél. = Drymoglossum novo-guineae.

Bodinieri Lév. 1915, Ind. Suppl. prél. = C. lingua.

borneensis Cop. Phil. Journ. Sci. 12 C. 64. 1917. — Borneo.

brevipes v. A. v. R. Bul. Buit. III. 2. 139. 1920. — Sumatra.

cinnamomeus v. A. v. R. l. c. III. 5. 192. 1922, — Java.
cornutus Cop. Brittonia 1. 77. 1931. — Borneo.
Davidii Hand. - Mzt. Symb. Sin. 6. 46. 1929 = C. pekinensis.
dimorphus Cop. Journ. Arnold Arb. 10. 180. 1929. — N. Guinea.
elaphoglossoides v. A. v. R. Bull. Buit. III. 2. 139. 1920. — Sumatra.
Esquirolii Lév. 1915, Ind. Suppl. prél. = C. calvatus.
Giesenhagenii (Christ) C. Chr. Index = C. spissus.
grandis Ridley, Journ. Mal. Br. R. As. Soc. 1. 112. 1923 = C. Winkleri.
lanceolatus (L.) Alston, JoB. 1931. 102. — Asia, Polynesia trop. — Acrostichum L. sp. 1067. 1753; Niphobolus Trimen 1886. Cyclophorus adnascens (Sw.) Desv. 1911, Index cum syn. — C. pustulosus Christ 1910, Ind. Suppl.
lancifolius v. A. v. R. Bull. Buit. II no. 23. 8. 1916. — Sumatra.
Ledermanni Brause, Engl. Jahrb. 56. 206. 1920 = Drymoglossum novo-guineae.
linearifolius (Hk.) C. Chr. — Neoniphopsis Hayata 1928.
macrocarpus Cop. Univ. Calif. Publ. Bot. 12. 381. 1931 = C. angustatus var.
macropodus (Bak.) C. Chr. Index = C. acrostichoides.
madagascariensis C. Chr. Dansk Bot. Ark. 7. 161 t. 61 f. 7−10. 1932. —
malacophyllus (Christ) C. Chr. Index = C. porosus. [Madagascar.
Martini (Christ) C. Chr. Index = C. lingua.
Matsudai Hayata, Ic. Fl. Formosa 10. 73 f. 48. 1921. — Formosa.
micraster Cop. Univ. Calif. Publ. Bot. 12. 405. 1931. — N. Guinea.
nigropunctatus Ros. Med. Rijks Herb. no. 31. 4. 1917. — Sumatra.
novo-guinense Nakai, Bot. Mag. Tokyo 40. 386. 1926 = Drymoglossum novo-guineae.
nummularifolius (Sw.) C. Chr. — Dele var. Acrostichum obovatum Bl. 1828 etc.
oblanceolatus C. Chr. Dansk Bot. Ark. 7. 160 t. 61 f. 4−6. 1932. — Madagascar.
obovatus (Bl.) v. A. v. R. Mal. Ferns 685. 1909. — Java—?Assam.
  Acrostichum Bl. 1828 etc. (v. Ind. sub C. nummularifolio).
porosus (Wall.) Pr. 1849 (descr.) — Ceylon, India—China. — Adde syn. et var. C. sticticus (Kze.) C. Chr. Index. C. acrocarpus (Christ) C. Chr. Index. C. malacophyllus (Christ) C. Chr. Index.
pustulosus Christ 1910, Ind. Suppl. = C. lanceolatus.
rhodesianus C. Chr. Dansk Bot. Ark. 7. 161. 1932. — Rhodesia.
rhomboidalis Bonap. N. Pt. 7. 126, 191. 1918. — Annam.
Sasakii Hayata, Ic. Fl. Formosa 6. 158. f. 61. 1916 = Saxoglossum taeniodes.
stellatus Cop. Journ. Arnold Arb. 10. 179. 1929. — N. Guinea.
taeniodes C. Chr. Index = Saxoglossum.
taiwanensis (Christ) C. Chr. Index = C. lingua.
vittarioides Christ 1909, Ind. Suppl. = C. tonkinensis.
xiphioides (Christ) C. Chr. Index = C assimilis.
CYCLOSORUS Link; Farwell, Amer. Midl. Naturalist 12. 258. 1931 = **Dryopteris.**
brachyodus, cyatheoides (p. 258), parasiticus, serra, truncatus (259) Farwell, l. c. = D. sp. homonym.
CYRTOGONIUM J. Smith = **Bolbitis.**
palustre Brack. 1854 = B. lonchophora.
CYRTOMIUM Preal; cf. C. Chr. Amer. Fern Journ. 20. 41—52. 1930. — (Polypodiaceae Gen. 27). — Omnes species hic enumeratae sunt.
acutidens Christ 1910, Ind. Suppl. = C. falcatum.
abbreviatum J. Sm. 1877 = Stigmatopteris guianensis.

Balansae C. Chr. Index Suppl. = C. vittatum.

Boydiae (Eat.) Robinson 1913, Ind. Suppl. prél. = Dryopteris sp. dub.

caryotideum (Wall.) Pr. 1836, C. Chr. Amer. Fern Journ. **20**. 50. 1930 (excl. var. intermedium). — India—Japonia—Tonkin. Ins. Hawaii. — Aspidium Wall. 1828; A. anomophyllum Zenker 1834; Polystichum falcatum subsp. caryotideum C. Chr. Index.

— var. micropteron (Kze.) C. Chr. l. c. 52. 1930. — India austr., Afr. or. et austr. Madagascar. — Aspidium anomophyllum var. micropteron Kze. Linn. **24**. 278. 1851.

falcatum (L. fil.) Pr., C. Chr. l. c. 47. 1930. — Japonia, Korea, China or. — Polystichum Diels 1899, Index 581 cum syn. excl. subsp. — Cyrtomium acutidens Christ 1910, Ind. Suppl.—? Polystichum devexiscapulae Koidzumi 1932. — P. macrophyllum Tagawa 1933.

Fortunei J. Sm. 1866, C. Chr. l. c. 49. 1930. — China—Japonia. Tonkin. Polystichum Nakai 1925.

fraxinellum Christ 1902, Ind. Suppl. 101 = Polystichum.

grossum Christ 1906, Ind. Suppl. — China. — Polystichum pachyphyllum Ros. 1914; Cyrtomium C. Chr. 1917. — C. hemionitis Christ 1910, C. Chr. l. c. 46. 1930 (f. simplex).

hemionitis Christ 1910, Ind. Suppl. = C. grossum.

Hookerianum (Pr.) C. Chr. Ind. Suppl. 101, Amer. Fern Journ. **20**. 44. 1930. — Himalaya—China—Tonkin. — Polystichum C. Chr. Index 582 cum syn. — Cf. C Tachiroanum.

integripinnum Cop. Phil. Journ. Sci. **38**. 136. 1929 = C. Tachiroanum.

kwantungense Ching, Sinensia **1**. 44. 1930. — China or. austr.

lonchitoides Christ 1902, C. Chr. l. c. 50. 1930. — China. Polystichum Diels 1899, Index 584.

muticum (Christ) Ching in C. Chr. Ind. Suppl. III. 66. 1933. — Himalaya—China. C. falcatum var. muticum Christ, Not. Syst. **1**. 37. 1909; C. caryotideum var. intermedium C. Chr. l. c. 51. 1930.

nephrolepioides (Christ) Cop. Phil. Journ. Sci. **38**. 136. 1928; C. Chr. l. c. 47 (excl. syn. C. grossum?) — China. — Polystichum Christ 1902, Index.

pachyphyllum (Ros.) C. Chr. Ind. Suppl. prél. = C. grossum.

Tachiroanum (Luerss.) C. Chr. Amer. Fern Journ. **20**. 45. 1930. — Japonia, Formosa. — Polypodium? Luerss. 1883, Index 569; Polystichum Tagawa 1931. P. integripinnum Hayata 1914, Ind. Suppl. prél.; Cyrtomium Cop. 1929. — ?Polystichum miyasimense Kodama 1914. — (Vix a C. Hookeriano diversa).

vittatum Christ 1905; C. Chr. l. c. 46. — China—Tonkin—Japonia. Polystichum C. Chr. Index. P. Balansae Christ 1908; Cyrtomium C. Chr.

CYSTEA Smith = **Cystopteris**.   [Ind. Suppl.

bulbifera Watt, Canad. Naturalist II. **13**. 160. 1867.

montana Watt, l. c.

CYSTODIUM J. Smith in Hook. Gen. Fil. t. 96. 1841. — (Polypodiaceae Gen. **45**).

sorbifolium (Sm.) J. Sm. l. c. — Malesia. N. Guinea. Saccoloma (Sm.) Christ 1897, Index cum syn.

CYSTOPTERIS Bernhardi. — (Polypodiaceae Gen. **8**).

brevinervis Fée 1852 = Dryopteris crystallina.

formosana Hayata 1914, Ind. Suppl. prél. = C. tenuisecta.

grandis C. Chr. 1916, Ind. Suppl. prél. = Athyrium Atkinsoni.

japonica Luerrs. — Acystopteris Nakai 1933.

kansuana C. Chr. Journ. Wash. Acad. Sci. **17**. 499. 1927. — Kansu.

pellucida (Franch.) Ching in C. Chr. Ind. Suppl. III. 67. 1934. — Dryopteris (Franch.) C. Chr. Index.

setosa Bedd. 1869, Index = C. tenuisecta.

tenuifolia v. A. v. R. Bull. Buit. II no. 28. 16. 1918. — Sumatra.

tenuisecta (Bl.) Mett. — Java, N. Guinea. Ind. bor.—China—Tonkin—Formosa. C. setosa Bedd. 1869, Index. C. formosana Hayata 1914, Ind. Suppl. prél.

DANAEA Smith.

Münchii Christ; Ros. Fedde Rep. **22**. 23. 1925. — Costa Rica.

D. cuspidata Christ, Bull. Boiss. II. 5. 734. 1905 (descr., non Liebm.).

Urbani Maxon, Journ. Wash. Acad. Sci. **14**. 195. 1924. — Hispaniola.

DAREA Jussieu = Asplenium.

heterophylla Sm., Rees Cycl. **11** no. 12. 1809, Alston, Phil. Journ. Sci. **50**. 178 (descr. orig.) 1933 = A. dimorphum.

microphylla Sm. l. c. **11** no. 9. 1908, Alston, l. c. (descr. orig.) = Athyrium m.

obtusa Desv. 1811 = A. affine.

pectinata Sm. l. c. **11** no. 6. 1808, Alston, l. c. 178 (descr. orig.) = A. sp. f. dareoidea. (Hawaii).

DAVALLIA Smith, Ind. Fil. excl. subgenera Leucostegia et Prosaptia; v. genera Davallodes, Leucostegia, Orthiopteris, Polypodium §§ Acrosorus et Prosaptia, Trogostolon. — Cf. Copeland, Phil. Journ. Sci. **34**. 240. 1927 et Univ. Calif. Publ. Bot. **16**. 97—98. 1929. — (Polypodiaceae Gen. **52**).

alata Bl. 1828, Index = Polypodium Emersoni.

Alexandri Hill., Lidgate, Syn. Hawaiian Ferns 14. 1873 = Diellia.

alpina Bl. 1828 = Humata alpina.

ancestralis (Cop.) C. Chr. Ind. Suppl. = Polypodium.

angustata Wall. 1828 = Humata angustata.

arborescens Willd. 1810 = Dennstaedtia arborescens.

asperrima Ces 1877 = Ithycaulon minus.

assamica (Bedd.) Bak. 1868, Index = Humata.

athamantica Christ 1905, Index = Leucostegia pseudocystopteris.

athyriifolia Bak. 1891 = Athyrium Atkinsoni.

Beddomei Hope 1899, Index = Leucostegia Delavayi.

biserrata Bl. 1828 = Tapeinidium biserratum.

borneensis J. Sm., Kuhn 1869, Index Suppl. 102 = Davallodes.

bullata Wall. — Dele loc. Japonia, China, (cf. D. Mariesii).

cicutarioides Bak. 1890, Index = ?Leucostegia.

Clarkei Bak. 1874, Index = Leucostegia.

Clarkei var. Faberiana C. Chr. Acta Hort. Gothob. **1**. 73. 1924 = Leucostegia Faberiana.

contigua (Forst.) Spr. 1799, Index = Polypodium.

cristatella Gandoger, Bull. Soc. Fr. **66**. 306. 1919 = Culcita dubia.

dareiformis Levinge, Clarke 1880 = Leucostegia.

Delavayi Bedd. = Leucostegia.

dissecta J. Sm. 1851, Index = D. trichomanoides.

dryopteridifrons Hayata, Ic. Pl. Formosa **6**. 159. 1916 (syn.) = Humata.

?dubia R. Br. 1810, Index = Culcita.

Elmeri Cop. Elmer's Leaflets **9**. 3107. 1920. — Luzon.

Engleriana Brause 1912, Index Suppl. = Polypodium Brausei.

5*

exaltata Cop. 1905, Index 663 = Polypodium streptophyllum.

falcinella Pr. 1825, Index = Trogostolon.

ferulacea Moore 1861, Index = Orthiopteris.

?Forbesii Gepp, JoB. 1923 Suppl. 59. — N. Guinea.
Genus dubium, forte = Leucostegia loxoscaphoides.

Friderici et Pauli Christ 1895, Index = Polypodium streptophyllum.

fructuosa Christ 1900, Index = D. trichomanoides.

glauca Cav. 1802 = Dennstaedtia.

gracilis Bl. 1828 = Tapeinidium biserratum.

Griffithiana Hk. 1846, Index = Humata.

Hallbergii d'Almeida, Journ. Ind. Bot. Soc. 5. 19 c. t. 1926 = Microlepia.

Henryana Bak. 1906, Ind. Suppl. = Humata Griffithiana.

Hosei Bak. 1888, Index = Tapeinidium biserratum.

hymenophylla (Parish) Bak. 1868, Index = Leucostegia.

hymenophylloides (Bl.) Kuhn 1869, Index = Leucostegia.

intramarginalis Ces. 1877 = Tapeinidium longipinnulum.

immersa Wall. 1828, Index = Leucostegia.

impressa Cop. Univ. Calif. Publ. Bot. 14. 377. 1929. — Sumatra.

Kingii Bak. 1886, Index = Davallodes.

Lapeyrousii Hk. 1861 = Lindsaya L.

Ledermanni Brause, Engl. Jahrb. 56. 123. 1920 = Polypodium subhamato-
longipinnula Ces. 1877 = Tapeinidium longipinnulum.   [pilosum.

luzonica Hk. 1846 = Tapeinidum biserratum.

?Mannii (Eat.) Bak. 1874, Index = Loxoscaphe.

membranulosa Wall. 1828, Index = Davallodes.

Merrillii (Cop.) C. Chr. Ind. Suppl. = Polypodium tortile.

microcarpa Sm. Rees Cycl. 10 no. 24. 1808, Alston, Phil. Journ. Sci. 50. 177
(descr. orig.). 1933 = Stenoloma chinense.

moluccanum Bl. 1828 = Tapeinidum.

Moorei Hk. 1861, Index = Tapeinidium.

Muelleri Gandoger, Bull. Soc. Fr. 66. 306. 1919 = Culcita dubia.

multidentata (Wall.) Hk. 1867, Index = Leucostegia.

nephrodioides Bak. 1887, Index = Davallodes borneense.

oligophlebia Bak. 1888, Index = Tapeinidium.

orientalis C. Chr., Wu, Bull. Dept. Biol. Coll. Sci. Sun Yatsen Univ. no. 3.
104 t. 43. 1932, no. 6. 9. 1933. — China or. merid.—Tonkin.

pallida Mett., Kuhn 1869, Index = Leucostegia.

parvipinnula Hayata 1911, Ind. Suppl. prél. = Leucostegia.

parvula Wall. 1828, Index = Humata.

pentaphylla Bl. 1828, Index = Scyphularia.

perdurans Christ 1898, Index = Leucostegia.

pilosiuscula Sm. Rees Cycl. 11. no. 10. 1808, Alston, Phil. Journ. Sci. 50. 176
(descr. orig.) t. 1 f. 2. 1933 = Microlepia speluncae s. lat. (t. Alston).

platylepis Bak. 1898, Index = Humata Griffithiana.

polymorpha (Cop.) C. Chr. Index Suppl. = Polypodium mindorense.

pseudo-cystopteris Kze. 1850, Index = Leucostegia.

pulcherrima Bak. 1895, Index = Asplenium.

pulchra Don 1825, Index = Leucostegia.

pycnocarpa Brack. 1854 = Scyphularia.

pyramidata Wall. 1828 = Microlepia pyramidata.

Reineckei Christ 1896, Index = Polypodium.

rigidula Bak. 1906, Index Suppl. = Leucostegia yunnanensis.

Robinsonii Cop. Phil. Journ. Sci. **30**. 326 1926. — Mindanao.

Schlechteri (Christ) C Chr. Index 663 = Polypodium.

setosa Sm. Rees Cycl. **10**. no. 18. 1808 = Microlepia.

simplicifolia (Cop.) C. Chr. Ind. Suppl. = Scyphularia.

sinensis (Christ) Ching, Bull. Fan Mem. Inst. **2**. 202 t. 16. 1931. — China merid., Tonkin. — D. solida var. sinensis Christ, Bull. Boiss. **7**. 18. 1899.

stenoloba Bak. 1886, Index = Tapeinidium moluccanum.

subalpina Hayata 1911, Index Suppl. prél. = Leucostegia parvipinnula.

subdissecta v. A. v. R. Bull. Buit. II no. 23. 11. 1916, no. 28. 17. 1918. — Java.

tasmanica Gandoger, Bull. Soc. Fr. **66**. 306. 1919 = Culcita dubia.

Toppingii (Cop.) C. Chr. Ind. Suppl. = Polypodium.

trichomanoides Bl. — Adde syn. D. dissecta J. Sm. 1851, Index. D. fructuosa Christ 1900, Index.

triphylla Hk. 1846, Index = Scyphularia.

Veitchii Bak. 1879, Index = Stenoloma.

villosa Don 1825 = Microlepia pyramidata.

viscidula Mett., Kuhn 1869, Index = Davallodes.

yaklaensis (Bedd.) C. Chr. Index = Leucostegia.

yunnanensis Christ 1898, Index = Leucostegia.

DAVALLODES Copeland, Phil. Journ. Sci. **3**C. 33. 1908, **34**. 242 f. 1927 (monographia) — Polypodiaceae Gen. 55).

borneense (Hk.) Cop. l. c. **34**. 250. 1927. — Borneo. — Lastrea Hk. Ic. Pl. t. 993. 1854; Dryopteris? O. Ktze. 1891, Index c. syn. Davallia nephrodioides Bak. 1887, Index; Leucostegia Cop. 1917; Davallodes Cop. l. c. 248.

congestum Cop. l. c. 247 t. 3 f. 2. — Mindanao.

dolichosorum Cop. l. c. 248. — N. Guinea.

grammatosorum Cop. l. c. **3**. 34 t. 6. 1908, **34**. 248. — Ins. Phil. Microlepia C. Chr. Ind. Suppl.

gymnocarpum Cop. l. c. **3**. 34 t. 5, **34**. 246. — Negros. Microlepia C. Chr. Ind. Suppl.

hirsutum (J. Sm.) Cop. l. c. **3**. 33, **34**. 247. — Luzon, Sumatra . . . . Microlepia (J. Sm.) Pr. 1849, Index c. syn.

Kingii Cop. l. c. **6**C. 147. 1911, **34**. 250 = D. viscidulum.

laxum Cop. l. c. **34**. 246 t. 3 f. 1. — Luzon.

membranulosum (Wall.) Cop. l. c. **34**. 245. — Himalaya, Yunnan, Tonkin. Davallia Wall., Hk. 1846, Index c. syn.

nephrodioides Cop. l. c. **34**. 249 = D. borneense.

novoguineense (Ros.) Cop. Univ. Calif. Publ. Bot. **12**. 400. 1931. — N. Guinea. Davallia viscidula var. novoguineensis Ros. Fedde Rep. **12**. 526. 1913.

urceolatum Cop. Phil. Journ. Sci. **34**. 248. 1927. — Sumatra.

viscidulum (Mett.) v. A. v. R. Bull. Buit. II no. 1. 6. 1911, Cop. l. c. 249. — Java, Celebes. — Davallia Mett., Kuhn 1869, Index. — D. Kingii Bak. 1866, Index; Davallodes Cop. 1911.

DENDROCONCHE Copeland 1911 = **Polypodium**.

Kingii Cop. Univ. Calif. Publ. Bot. **12**. 407. 1931 = P. Annabellae var.?

DENNSTAEDTIA Bernhardi. — (Polypodiaceae Gen. 57).

acuminata Ros. 1915, Index Suppl. prél. = Ithycaulon.

arborescens (Willd.) Maxon, Proc. Biol. Soc. Wash. **43**. 88. 1930. — Hispaniola, Jamaica. — Davallia Willd. sp. **5**. 470. 1810. (Plum. t. 6).

articulata Cop. 1908, Ind. Suppl., atque Ros. 1912 = D. glabrata.

Bradeorum Ros. Fedde Rep. **22**. 3. 1925. — Costa Rica.

Elmeri Cop. Elmer's Leaflets **1**. 233. 1907. — Ins. Phil.

erythrorachis (Christ) Diels, Index = D. glabrata.

exaltata (Kze.) Hier. 1904, Index = D. globulifera.

glabrata (Ces.) C. Chr. Index. — Celebes—Fiji. — Adde syn. D. incurvata (Bak.) C. Chr. Index (Fiji) — D. rhombifolia (Bak.) C. Chr. Index (N. Guinea). — D. erythrorachis (Christ) Diels, Index (Celebes). — D. articulata Cop. 1908 (Negros). — D. articulata Ros. 1912; D. Rosenstockii C. Chr. Index Suppl. prél. (N. Guinea = typ.).

glabrescens Ching, Bull. Dept. Biol. Coll. Sci. Sun Yatsen Univ. no. 6, 24 1933. = D. scabra var.

glauca (Cav.) C. Chr. apud Looser, Revista Hist. Geogr. Chile **69**. 184. 1932. — Chile. Bolivia. — Davallia Cav. Descr. 278. 1802! Dennstaedtia Lambertieana (Remy) Christ 1897, Index

globulifera (Poir.) Hier. Engl. Jahrb. **31**. 455. 1904. — Hispaniola, Cuba. Jamaica. Mexico—Venezuela. — Polypodium Poir. Encycl. **5**. 554. 1804 (Plum. t. 30). Dicksonia altissima Sm. 1808. — D. exaltata Kze. 1850; Dennstaedtia Hier. 1904, Index.

gomphophylla (Bak.) C. Chr. Index = D. cuneata.

Henriettae (Bak.) Diels, Index = Ithycaulon.

incurvata (Bak.) C. Chr. Index = D. glabrata.

Kingii Bedd. 1893, Index = Ithycaulon minus.

Lambertieana (Remy) Christ 1897, Index = D. glauca.

Pearcei (Bak.) C. Chr. Index = Loxsomopsis.

penicillifera v. A. v. R. Bull. Buit. II no. 28. 17 t. 1. 1918. — N. Guinea. Hypolepis grandifrons Gepp in Gibbs, Dutch N. W. N. Guinea 195. 1917 (non Dennstaedtia Christ 1901).

philippinensis Cop. Elmer's Leaflets **9**. 3107. 1920. — Luzon.

rhombifolia (Bak.) C. Chr. Index = D. glabrata.

Shawii Cop. Phil. Journ. Sci. **30**. 326. 1926. — N. Guinea.

villosa Cop. Elmer's Leaflets **3**. 824. 1910 = Microlepia pyramidata.

DICKSONIA L' Héritier.

altissima Sm. 1808 = Dennstaedtia globulifera.

andina Phil. 1896, Index = Polystichum multifidum (t. Espinosa).

Hieronymi Brause, Engl. Jahrb. **56**. 48. 1920. — N. Guinea.

javanica Bl. 1828, Index = Culcita.

Ledermanni Brause, Engl. Jahrb. **50**. 46. 1929. — N. Guinea.

DICLIDOPTERIS Brackenridge 1854 = **Vaginularia**.

angustissima Brack. 1854 = V. angustissima.

paradoxa Carr. 1873 = V. paradoxa? vel potius = V. angustissima.

DICRANOPTERIS Bernhardi = **Gleichenia**

affinis (p. 47), brittonii (47, t. 18), gracilis (48), longipes (48), longipinnata (48), maritima (49), nervosa (49), nuda (49), pennigera (49), pruinosa (49), remota (50), rubiginosa (50), simplex (50), velata (50), yungensis (50), Maxon, Contr. U. S. Nat. Herb. **24**. 47—50. 1922 = G. sp. homonym.

glauca (p. 693), laevissima (692), longissima (692), volubilis (691), Nakai, Bot. Mag. Tokyo **41**. 691—693. 1927 = G. sp. homonym.

lehmannii Maxon, Proc. Biol. Soc. Wash. **43**. 83. 1930.

leonis Maxon, Journ. Wash. Acad. 12. 439. 1922.

pallescens Maxon, Proc. Biol. Soc. Wash. 46. 105. 1933.

seminuda Maxon, l. c. 46. 140. 1933.

Williamsii Maxon 1909 = G. remota.

DICTYMIA J. Smith, Copeland, Univ. Calif. Publ. Bot. 16. 114. 1929 = **Poly-**
Brownii—Mettenii Cop. l. c. = P. sp. homonym.   **[podium.**

DICTYOCLINE Moore 1855. — (Polypodiaceae Gen. 17).

    Griffithii Moore 1857. — Ind. bor. - Tonkin - Japonia.

    Aspidium (Moore) Diels 1899, Index cum syn.

DICTYOPTERIS Presl = **Tectaria.**

    Brongniartii Nakai, Bot. Mag. Tokyo 47. 159. 1933 = T. irregularis var.

    Brooksiae v. A. v. R. Bull. Buit. II no. 23. 9. 1916 = Polopydium hetero-
carpum Bl.

    Brooksii, elliptica, gymnocarpa, subaequalis v. A. v. R. Mal. Ferns Suppl.
322 — 324. 1917 = T. sp. homonym.

    carinata v. A. v. R. Bull. Buit. II no. 28. 18. 1918.

    compitalis v. A. v. R. l. c. III. 5. 194. 1922.

    distincta v. A. v. R. l. c. III. 5. 193. 1922.

    nusakembangana v. A. v. R. Mal. Ferns Suppl. 517. 1917 = T. labrusca.

    olivacea v. A. v. R. l. c. 322 = T. Leuzeana.

DIDYMOCHLAENA Desvaux. — (Polypodiaceae Gen. 23).

    microphylla (Bonap.) C. Chr. Cat. Pl. Mad. Pter. 30. 1932, Dansk Bot. Ark. 7.
64 t. 19 f. 6—8. 1932. — Madagascar. — D. truncatula varr. bipinnatisecta
et microphylla Bonap. N. Pt. 16. 32—33. 1925.

DIDYMOGLOSSUM Desvaux = **Trichomanes.**

    anomalum v. d. B. 1863 = T. brevipes.

    brevipes Pr. 1843 = T. brevipes.

    capillatum Pr. 1843 = T. bilabiatum (t. Cop.).

    cordifolium Fée 1866 = T. cordifolium.

    insigne v. d. B. 1863 = T. insigne.

    laceratum Fée 1866 = T. punctatum.

    latealatum v. d. B. 1863 = T. latealatum.

    longisetum Pr. 1843 = T. obscurum.

    Neesii Pr. 1843 = Hymenophyllum Neesii.

    plicatum v. d. B. 1863 = T. plicatum.

    racemulosum v. d. B. 1863 = T. acutilobum.

    undulatum Pr. 1843 = T. brevipes.

DIELLIA Brackenridge. — (Polypodiaceae Gen. 76).

    Alexandri (Hill.) Diels. — Adde syn. Davallia Hill., Lidgate 1873.

    Brownii E. Brown, Bishop Mus. Bull. 89. 46 t. 7. 1931 = Nephrolepis acutifolia.

    Mannii (Eat.) Robinson, Index Suppl. = Loxoscaphe.

DIGRAMMARIA Presl = **Diplazium.**

    ambigua Pr. 1836 = D. esculentum?

DIPLAZIUM Swartz. — (Polypodiaceae Gen. 69).

    acanthopus C. Chr. Svensk Bot. Tids. 16. 94. 1922. — Celebes.

    accedens Bl. Enum. 192. 1928. — Malesia—Polynesia. — Callipteris J. Sm.
1841; Athyrium Milde 1870. Diplazium Ridleyi (Cop.) C. Chr. Ind. Suppl. prél.

    acrocarpum Ros. 1912, Ind. Suppl. = Asplenium.

    acrostichoides Butters, Rhodora 19. 178. 1917 = Athyrium.

    aculeatum v. A. v. R. Bull. Buit. II no. 28. 20. 1918. — Ceram.

aemulum Und. et Maxon 1902, Index = D. unilobum.

affine J. Sm. 1841, Index = D. fructuosum.

albido-squamatum v. A. v. R. Bull. Buit. II no. 23. 9. 1916. — Sumatra.

alienum (Mett.) Hier. Hedwigia 59. 336. 1917. — Peru.
  Asplenium Mett. Fil. Lechl. II. 18. 1859.

allantodioides Ching, Bull. Fan Mem. Inst. 2. 203. t. 18—19. 1931 = D. virescens.

alsophilum Maxon, Amer. Fern Journ. 14. 75. 1924. — Hispaniola.

altum Cop. C. Chr. Ind. Suppl. III. 72. 1934. — Mindanao.
  Athyrium Cop. Phil. Journ. Sci. 38. 138. 1929.

amplum Liebm. 1849. — Mexico.
  Asplenium Fourn. 1872; Athyrium Milde 1870.

angustifolium Butters, Rhodora 19. 178. 1917 = Athyrium.

Annetii Jeanpert, Bull. Soc. Fr. 68. 326. 1921. — Camerun.

apatelium v. A. v. R. Bull. Buit. III. 5. 195. 1922. — Ternate.

arboreum (Willd.) Pr. — Adde syn. D. Shepherdii (Spr.) Link 1833, Index.

arisanense Hayata 1914, Ind. Suppl. prél. = Athyrium.

aridum Christ 1908, Ind. Suppl. = D. nudicaule.

Arnottii Brack. 1854, Index = D. Meyenianum.

asperum Bl. — Dele syn. Asplenium sikkimense Clarke.

assimile Bedd. 1868 = Athyrium cognatum.

atrosquamosum (Cop.) C. Chr. Ind. Suppl. III. 72. 1931. — Borneo.
  Athyrium Cop. Phil. Journ. Sci. 12 C. 59. 1917.

Bakerianum Domin, Kew Bull. 1929. 219, Mem. R. Czech. Soc. Sci. n. s. 2.
  158, t. 27 f. 2. 1929. — Costa Rica.

Bamlerianum Ros. 1912, Ind. Suppl. = D. Weinlandii.

banahaoense (Cop.) C. Chr. Ind. Suppl. III. 72. 1934. — Luzon.
  Athyrium Cop. Phil. Journ. Sci. 38. 139. 1929.

bantamense Bl. — Dele syn. Asplenium Donianum Mett.

basipinnatifidum Ching, Sinensia 1. 49. 1930. — Kwangtung.

betimusense v. A. v. R Bull. Buit. III. 2. 142. 1920. — Sumatra.

biseriale (Bak.) C. Chr. Index = D. grammitoides.

bittyuense Tagawa, Acta Phytotax. 2. 196. 1933. — Japonia.

Bommeri Christ in Index = D. Sammatii.

bonincola Nakai, ›Rigakkwai 26. April. 10 (nomen)‹ Bot. Mag. Tokyo 43.
  1. 1929. — Ins. Bonin.

boninense Koidzumi, Bot. Mag. Tokyo 38. 104. 1924. — Ins. Bonin.

brachypodum (Bak.) C. Chr. Index = D. grammitoides.

Burchardi Ros. 1907, Ind. Suppl. = D. tomentosum.

cardiomorphum v. A. v. R. Bull. Buit. III. 5. 195. 1922. — Java.

caryifolium (Bak.) C. Chr. Index = D. nervosum.

caudatum J. Sm. 1841 (nomen). — Ins. Phil. — Athyrium Meyenianum
  Cop. Phil. Journ. Sci. 3 C. 295. 1908 (non Diplazium Pr. 1836. — D. me-
Cavalerii Christ 1904, Index = D. Mettenianum.   [lanopodium Fée 1857?

celtidifolium Kze. — Dele syn. Aspl. centripetale.

centripetale (Bak.) Maxon, Pter. Porto Rico 441. 1926. — Ind. occ.
  Asplenium Bak. Syn. 490. 1874. Diplazium domingense Brause 1911, Ind. Suppl.

centrochinense Blot, Aspl. du Tonkin 64 t. 7. 1932 = Asplenium.

chinense (Bak.) C. Chr. — Adde loc. Tonkin-China or. Korea et syn. D.
  Taquetii C. Chr. 1911, Ind. Suppl.

Christensenianum Koidzumi, Bot. Mag. Tokyo 38. 105. 1924 = Athyrium
  musashiense.

Christii C. Chr. Index = D. malaccense.

chrysocarpon v. A. v. R. 1914, Ind. Suppl. prél. = Athyrium stramineum.

confertum (Bak.) C. Chr. Index = D. crenato-serratum var. larutense.

Conilii Nakai, Bot. Mag. Tokyo 39. 111. 1925 = D. japonicum var.

cordovense (Bak.) C. Chr. Index = D. vera-pax.

costale (Sw.) Pr. — Dele loc. Peru et syn. D. macrophyllum Desv., Aspl. Desvauxii.

crenato-serratum (Bl.) Moore. — Adde syn. D. Hosei Christ 1894 et var. D. larutense Bedd. 1892, Index. D. confertum (Bak.) C. Chr. Index.

crinipes Ching, Bull. Fan Mem. Inst. 2. 207 t 23—24. 1931. — Kwangtung.

cyatheifolium (Rich.) Pr. Epim. 88 (non 84), Index (excl. syn. D. caudatum J. Sm.), Hier. Hedwigia 59. 338. 1917. — N. Guinea. — (Cf. D. caudatum).

dilatatum Bl. Enum. 194. 1928, C. Chr. Contr. U. S. Nat. Herb. 26. 302. 1931. — Asia-Polynesia trop. (Sp. coll.) — D. maximum C. Chr. Index (vix Asplenium Don 1825) excl. varr. Asplenium sororium Mett. et Gymn. gigantea Bak.

dimorphophyllum Koidzumi in Mayebara, Fl. Austro-Higoensis 3. 1931, Acta Phytotax. 1. 27. 1932. — Japonia.

divaricatum Ching, Bull. Fan Mem. Inst. 2. 208 t. 25. 1931. — Kwangsi.

dolichosorum Cop. 1908, Ind. Suppl. = D. dilatatum (non = D. Smithianum).

domingense Brause 1911, Ind. Suppl. = D. centripetale.

Donianum (Mett.) Tardieu-Blot, Aspl. du Tonkin 58 t. 5. 1932. — Ind. bor.-China merid.-Tonkin. — Asplenium Mett. Aspl. 177 no. 198 b. 1858. Diplazium splendens Ching 1931.

ebenum J. Sm. 1841 = D. deltoideum (t. Hier.).

elatum Fée, Gen. 214. 1852. — Ceylon. — D Katzeri Regel 1860.

ellipticum (Cop.) C. Chr. Ind. Suppl. III. 73. 1934. — Tahiti. Athyrium Cop. Bishop Mus. Bull. 93. 10 t. 8. 1932.

Elmeri (Cop.) C. Chr. Ind. Suppl. III. 73. 1934. — Ins. Phil. Athyrium Cop. 1908, Ind. Suppl.; Phegopteris v. A. v. R. 1917.

epirachis Christ 1905, Index = Athyrium.

falcinellum C. Chr. Ind. Suppl. III. 73. 1934. — Borneo. Asplenium Matangense Hose, Journ. Str. Br. R. As. Soc. no. 32. 58. 1899; Athyrium Cop. 1917 (non Diplazium C. Chr. Ind. Suppl. 1917).

Fauriei Christ 1901, Index = D. Mettenianum.

fimbristegium v. A. v. R. Mal. Ferns Suppl. 272. 1917 = D. polypodioides.

flaccidum Christ 1906, Ind. Suppl. = D. giganteum.

formosanum Ros. 1915, Ind. Suppl. prél. = D. heterophlebium.

frondosum J. Sm. 1841 = D. giganteum?

furculicolum v. A. v. R. Bull. Buit. II. no. 28. 19. 1918. — Ceram.

fuscopubescens (Hk.) Moore, Ind. 1861. — Peru. Asplenium Hk. sp. 3. 264. 1860. — (An D. alienum?).

geophilum v. A. v. R. 1912, Ind. Suppl. = Athyrium.

giganteum (Bak.) Ching in C. Chr. Ind. Suppl. III. 73. 1934. — Himalaya-China austr.-Tonkin. — Gymnogramme Bak. JoB. 1889. 177. — Diplazium flaccidum Christ 1906, Ind. Suppl. — Asplenium frondosum Wall. 1828 (nomen); Diplazium J. Sm. 1841 (nomen); D. polymorphum Pr. 1836 (nomen); Asplenium Wall. 1828 (nomen); Mett. Aspl. 236 no. 229. 1859 (non Mart. et Gal. 1842). — (Sp. confusa).

glaberrimum Moore 1859 = D. pallidum.

grammatoides Fée 1866 = D. L'Herminieri.

grammitoides Pr. — Adde syn. D. biseriale (Bak.) C. Chr. Index: Athyrium Cop. 1917.

grande (Bak.) C. Chr. Index Suppl. III. 74. 1934. — Venezuela-Ecuador. Gymnogramme Bak. Syn. 377. 1868.

grosselobatum C. Chr.; Wu, Polyp. Yaoshan. t. 69. 1932 = D. stenochlamys.

Guildingii (Jenm.) Hier. Hedwigia **59**. 332. 1917. — Ins. St. Vincent. Asplenium Jenm. 1894, Index. Diplazium vincentis (Christ) C. Chr. Index.

hachijoense Nakai, Bot. Mag. Tokyo **35**. 148. 1921. — Japonia.

hainanense Ching, Bull. Fan Mem. Inst. **2**. 206. 1931. — Hainan. Hancockii (Maxim.) Hayata 1915, Ind. Suppl. prél. = D. Pullingeri.

heterophlebium (Mett.) Diels. — Adde loc. China merid-Tonkin-Formosa et syn. D. rude Christ in Index. D. odoratissimum Hayata 1915 et D. formosanum Ros. 1915, Ind. Suppl. prél.; Athyrium formosanum Cop. 1929. Hookerianum Koidzumi, Bot. Mag. Tokyo **38**. 105. 1924 — Athyrium decur-
Hosei Christ 1894, Index = D. crenato-serratum.   [renti-alatum.

intercalatum Christ 1901, Index = D. arboreum.

isobasis Christ 1904, Index = D. Mettenianum.

japonicum (Thbg.) Bedd. — Adde syn. Asplenium Petersenii Kze. 1837; Diplazium Christ 1902, Index cum syn.

javanicum Ros. Med. Rijks Herb. no. 31. 4. 1917 (non Mak. 1906). — Java.

kappanense Hayata, Ic. Pl. Formosa 8. 143 f. 69—70. 1919. — Formosa. Katzeri Regel 1850 = D. elatum.

Kaulfussii Hier. Hedwigia **59**. 335. 1917. — Brasilia.
D. obtusum Klf., Link 1833 (non Desv. 1827).

Kawakamii Hayata 1911, Ind. Suppl. prél. = Athyrium.

kiusianum Koidzumi in Mayebara, Fl. Austro-Higoensis 3. 1931, Acta Phytotax. **1**. 27. 1932. — Japonia.

larutense Bedd. 1892, Index = D. crenato-serratum var.

Lastii C. Chr. Cat. Pl. Mad. Pter. 36. 1932 (nomen), Dansk Bot. Ark. **7**. 84 t. 30 f. 1—2. 1932. — Madagascar.

latifrons v. A. v. R. Mal. Ferns Suppl. 271. 1917 = D. Mearnsii.

leiopodum Hayata 1914, Ind. Suppl. prél. = Athyrium.

Leonardi Brause, Fedde Rep. **18**. 245. 1922 = D. pectinatum.

lepidorachis (Bak.) C. Chr. Index = D. Pullingeri.

leptogramma v. A. v. R. 1915, Ind. Suppl. prél. = D. polypodioides.

L'Herminieri Fée, Hier. Hedwigia **59**. 331. 1917. — Ind. occ.
D. grammatoides Fée 1866 (non D. grammitoides Pr. 1849).

lohfauense C. Chr., Wu, Polyp. Yaoshan. t. 68. 1932 = D. Mettenianum.

longicarpum Kodama in Matsum. Ic. Pl. Koisik. 3. 51 t. 171. 1916 = Asplenium.

longissimum Cop. C. Chr. Ind. Suppl. III. 74. 1934. — Leyte.
Athyrium Cop. Phil. Journ. Sci. **38**. 132. 1929.

lutchuense Koidzumi Bot. Mag. Tokyo **38**. 106. 1924. — Japonia.

macrophyllum Desv. Prod. 230. 1827, Hier. Hedwigia **59**. 330. 1917. — Colombia—Peru. — Asplenium Desvauxii Mett. no. 205. 1859. Diplazium costale auctt., Index quoad pl. andin.

macrophyllum Ching, Sinensia **1**. 6. 1929, Ic. Fil. Sin. t. 25. 1930 = D. megamacropterum (Sod.) C. Chr. Index = D. venulosum.   [phyllum.

Makinoi Yabe 1906, Ind. Suppl. = Asplenium loriceum.

malaccense Pr. Epim. 86. 1849. — Malesia. — D. Christii C. Chr. Index.

mamberamense v. A. v. R. Mal. Ferns Suppl. Corr. 55. 1917. — N. Guinea.

Matsumurae Kodama in Matsum Ic. Pl. Koisik. **1**. 37 t. 44. 1912 = Asplenium.
Matthewi Cop. C. Chr. Ind. Suppl. = D. stenochlamys.
mattogrossense Sampaio, Comm. Linh. telegr. de Matto Grosso ao Amazonas
Publ. no. 33, 18 t. 2. 1916. — Brasilia.
maximum C. Chr. Index = D. dilatatum, D. giganteum, D. sororium.
Mearnsii Hier. Hedwigia **59**. 338. 1917. — Ins. Phil. — Athyrium platyphyllum Cop. 1908, Ind. Suppl.; Diplazium latifrons v. A. v. R. 1917 (non
D. platyphyllum Christ 1906).
melanopodium Fée 1857 = D. caudatum.
mesocarpum v. A. v. R. Bull. Buit. III. **2**. 142. 1920. — Sumatra.
mesosorum Koidzumi, Bot. Mag. Tokyo **38**. 112. 1924 = Athyrium.
Mettenianum (Miq.) C. Chr. — Adde loc. Tonkin et syn. D. Fauriei Christ
1901, Index. D. Cavalerii Christ 1904, Index. D. isobasis Christ 1904. Index
D. lohfauense C. Chr. 1932.
Meyenianum Pr. 1836, Hier. Hedwigia **59**. 337. 1917. — Ins. Hawaii (non
Ins. Phil.) — Asplenium aspidioides Goldm. 1843, non aliorum). Diplazium
Arnottii Brack. 1854, Index c. syn.
Mildbraedii Hier. 1910, Ind. Suppl. = Athyrium zanzibaricum.
moluccanum Ros. Med. Rijks Herb. no. 31. 4. 1917. — Ceram.
montanum v. A. v. R. Bull. Buit. II no. 28. 19. 1918. — Sumatra.
muricatum v. A. v. R. 1909 = Athyrium muricatum.
muricatum (Cop.) C. Chr. Ind. Suppl. = D. spiniferum.
Naumanni Hier. Engl. Jahrb. **56**. 137. 1920. — N. Guinea.
nipponicum Tagawa, Acta Phytotax. **2**. 197. 1933. — Japonia.
nitidum Cav. Anal. Cienc. **7**. 66 t. 48. 1904 =: Asplenium tenerum.
novoguineense (Ros.) Hier. Hedwigia **59**. 327. 1917. — N. Guinea.
D. silvaticum var. novoguincensis Ros. Hedwigia **56**. 351. 1915.
nudicaule (Cop.) C. Chr. Ind. Suppl. — Adde loc. Tonkin et syn. D. aridum
Christ 1908, Ind. Suppl., Blot, Aspl. du Tonkin. 72. 1932.
Nymani Hier. Engl. Jahrb. **56**. 136. 1920. — N. Guinea.
obtusum Klf., Link 1833 = D. Kaulfussii.
odoratissimum Hayata 1915, Ind. Suppl. prél. = D. heterophlebium.
okinawaense Tagawa, Acta Phytotax. **2**. 199. 1933. — Japonia.
omeiense Ching, Bull. Fan Mem. Inst. **2**. 204 t. 30. 1931. — China occ.
opacifolium v. A. v. R. Nova Guinea **14**. 14. 1924. — N. Guinea.
opacum Christ 1906, Ind. Suppl. =: Athyrium.
ophiodontum (Cop.) C. Chr. Ind. Suppl. III. 75. 1934. — Luzon.
Athyrium Cop. Phil. Journ. Sci. **46**. 214. 1931.
orientale Ros. 1914, Ind. Suppl. prél. = Athyrium pseudosetigerum.
otophorum (Miq.) C. Chr. Index = Athyrium.
palauanense Cop. 1905, Index 663 = D. xiphophyllum.
pallidum (Bl.) Moore. — Adde syn. D. vacillans (Kze.) C. Chr. Index.
Asplenium glaberrimum Mett. 1856.
parallelosorum (Bak.) C. Chr. Ind. Suppl. = D. hirtipes.
pariens Cop. 1905, Index 663 = D. cordifolium var.
paripinnatum (Cop.) C. Chr. Ind. Suppl. prél. = D. Hewitti.
pastazense Hier. 1908, Ind. Suppl. = D. Sprucei.
pectinatum (Fée) C. Chr. in Urban, Symb. Ant. **9**. 324. 1925. — Hispaniola.
Jamaica. — Hypochlamys Fée 1852. Athyrium costale C. Chr. Index c syn.
(an Allantodia costalis Desv. 1827?, non Diplazium Pr. 1836). Dryopteris

Ekmani Brause 1921. Diplazium Leonardi Brause 1922. D. Urbani Brause 1922 (non C. Chr. Index).

pellucidum Ching, Sinensia **1.** 7. 1929, Ic. Fil. Sin. t. 24 = D. hirtipes.

permirabile v. A. v. R. Bull. Buit. III. **5.** 196, fig. 1922. — Sumatra.

Petelotii Tardieu-Blot, Aspl. du Tonkin 66 t. 8 f. 3—6. 1932. — Tonkin.

Petri Tardieu-Blot, l. c. 67 t. 9 f. 1—2. 1932. — Tonkin, China austr.

platychlamys C. Chr. Bull. Mus. Paris II. **6.** 1934. — Annam.

polymorphum Pr. 1836 = D. giganteum.

polypodioides Bl. — Adde syn. Athyrium fimbristegium Cop. 1914, Ind. Suppl. prél.; Diplazium v. A. v. R. 1917. — D. ?leptogramma v. A. v. R. 1915, Ind. Suppl. prél.

porphyrophyllum v. A. v. R. Bull. Buit. II no. 28. 18. 1918. — Sumatra.

proliferum (Lam.) Thouars. — Dele syn. D. accedens Bl. etc.

prolixum Ros. 1913, Ind. Suppl. prél. = Athyrium pseudosetigerum.

prolongatum Ros. Med. Rijks Herb. no. 31. 5. 1917. — N. Guinea.

propinquum (Cop.) v. A. v. R. Mal. Ferns Suppl. 259. 1917. — Ins. Phil. Athyrium Cop. Elmer's Leaflets **5.** 1683. 1914, Ind. Suppl. prél.

pseudoarboreum (Cop.) C. Chr. Ind. Suppl. prél. = D. molokaiense.

pseudocyatheifolium Ros. Med. Rijks Herb. no. 31. 4. 1917. — Ins. Phil.

pseudo-Döderleinii Hayata, Ic. Pl. Formosa. 8. 145 f. 71—72. 1919. — Formosa.

pseudoshepherdioides Hier. Engl. Jahrb. **56.** 134. 1920. — N. Guinea

Pullingeri (Bak.) J. Sm. — Adde loc. Formosa—China—austr.—Tonkin et syn. D. chlorophyllum (Bak.) Bedd. 1892?, Index. D. lepidorachis (Bak.) C. Chr. Index. Asplenium bireme Wright 1908. Diplazium Hancockii (Maxim.) Hayata 1915, Ind Suppl. prél. Monomelangium Hayata 1928.

rapense E. Brown, Bishop Mus. Bull. **89.** 57 t 11. 1931. — Ins. Rapa (Polynesia).

rhoifolium Kxe., Index = D. Schlimense.

Ridleyi (Cop.) C. Chr. Ind. Suppl. prél. = D. accedens.

rubicaule C. Chr. Engl. Jahrb. **66.** 54. 1933. — Celebes.

rude Christ in Index = D. heterophlebium.

sandwichianum (Pr.) Diels. — Dele loc. Peru et syn. A. alienum Mett. et A. fuscopubescens Hk.

sarawakense (Cop.) C. Chr. Ind. Suppl. = D. Hewitti.

Schkuhrii J. Sm. 1841 = D. malaccense.

Schlechteri Hier. Engl. Jahrb. **56.** 138. 1920. — N. Guinea.

Schlimense Fée 1857. — Colombia—Ecuador. — D. rhoifolium Kze., Index.

Schraderi Hier. Engl. Jahrb. **56.** 141. 1920. — N. Guinea.

Schultzei Hier. l. c. 140. — N. Guinea.

semihastatum (Kze.) C. Chr. Index = D. unilobum.

Shepherdii (Spr.) Link 1833, Index = D. arboreum.

siamense C. Chr. Còntr. U. S. Nat. Herb. **26.** 332 t. 26. 1931. — Siam bor.

sibuyanense (Cop.) v. A. v. R. Bull. Buit. II no. 11. 9. 1913. — Ins. Phil. Athyrium Cop. 1911, Ind. Suppl.

sikkimense (Clarke) C. Chr. Contr. U. S. Nat. Herb. **26.** 304. 1931. — Himalaya— China austr.—Tonkin. — Asplenium Clarke 1880.

silvaticum var. novoguineensis Ros. Hedwigia **56.** 351. 1915 = D. novoguineense.

silvestre v. A. v. R. Bull. Buit. II no. 28. 19. 1918. — Ceram.

simplicifolium Kodama in Matsum. Ic. Pl. Koisik. **1.** 135 t. 68. 1913. — Japonia.

siroyamense Tagawa, Acta Phytotax. **2.** 197. 1933. — Japonia.

sorbifolium (Willd.) Pr. 1836, Index = D. silvaticum.

sororium (Mett.) Carr. 1873. — Polynesia. — Asplenium Mett. 1861; Athyrium Cop. 1929.

sorzogonense Pr. — Dele syn. D. speciosum Bl. etc.

speciosum Bl. 1828. — Malesia. — Asplenium Mett. 1859. Athyrium Milde 1870.

spiniferum v. A. v. R. Mal. Ferns Suppl. 265. 1917. — Borneo.
D. muricatum (Cop.) C. Chr. Ind. Suppl. (non v. A. v. R. 1909).

splendens Ching, Bull. Fan Mem. Inst. 2. 205 t. 21. 1931 = D. Donianum.

striatum (L.) Pr. — Ind. occ. Mexico—?. — Dele syn. D. amplum . . . . .
Gymn. attenuata.

subalatum Houlst. et Moore, Gard. Mag. Bot. 3. 231. 1851. — Venezuela. Brasilia.

subobliquatum Ros. Fedde Rep. 22. 9. 1925. — Costa Rica.

subtripinnatum Nakai, Bot. Mag. Tokyo 43. 1. 1929. — Bonin.

sulcinervium (Hier.) C. Chr. Cat. Pl. Mad. Pter. 37. 1932, Dansk Bot. Ark. 7. 84 t. 30 f. 5—10. 1932. — Africa or. trop. Madagascar.

Taquetii C. Chr. 1911, Ind. Suppl. = D. chinense.

Tasiroi Tagawa, Acta Phytotax. 2. 198. 1933. — Japonia.

tenuicaule Hayata 1914, Ind. Suppl. prél. = Athyrium.

Tomitaroanum Masamune, Journ. Soc. Trop. Agric. 2. 33. 1930 = D. lanceum var. crenatum Mak.

torrentium (Clarke) Tardieu-Blot, Aspl. du Tonkin 69. 1932. — Ind. bor.— Tonkin. — Asplenium Clarke 1880.

trinitense Domin, Mem. R. Czech. Soc. Sci. n. s. 2. 155. t. 25 f. 1—3. 1929. — Trinidad, Guadeloupe.

truncatum Pr. 1836 = D. striatum.

Tussacii Fée 1852, an Hier. Hedwigia 59. 329. 1917? — Hispaniola.

uncidens (Ros.) C. Chr. Ind. Suppl. III. 1934. — N. Guinea.
Dryopteris Ros. 1912, Ind. Suppl.; Phegopteris v. A. v. R. 1917; Athyrium Cop. 1931.

unilobum (Poir.) Hier. Hedwigia 59. 332. 1917. — Antillae maj.—Asplenium Poir. 1811. Diplazium semihastatum (Kze.) C. Chr. Index c. syn.; D. aemulum Und. et Maxon 1902, Index.

Urbani (Christ) C. Chr. Index = D. hastile.

Urbani Brause Fedde Rep. 18. 246. 1922 = D. pectinatum.

vacillans (Kze.) C. Chr. Index = D. pallidum.

vera-pax (Donn. Smith) Hier. Hedwigia 59. 322. 1917. — Guatemala—Mexico.
Asplenium Donn. Smith 1888. Diplazium cordovense (Bak.) C. Chr. Index.

vincentis (Christ) C. Chr. Index = D. Guildingii.

Virchowii (Kuhn) Diels 1899 (nomen), C. Chr. Dansk Bot. Ark. 7. 85 t. 31. 1932. — Madagascar. — Asplenium Kuhn (nomen); Phyllitis Christ 1910 (nomen), Ind. Suppl.

viridissimum Christ 1909, Ind. Suppl. — Adde loc. Tonkin. Ins. Phil.
Athyrium macrosorum Cop. 1910, Ind. Suppl.

Wallisii (Bak.) C. Chr. Ind. Suppl. III. 77. 1934. — Colombia.
Asplenium Bak. 1901, Index.

Wattsii (Cop.) C. Chr. Ind. Suppl. III. 77. 1934. — N. Britannia.
Athyrium Cop. Univ. Calif. Publ. Bot. 14. 360. 1929.

Wheeleri (Bak.) C. Chr. Index = D. virescens.

zanzibaricum (Bak.) C. Chr. Index = Athyrium.

DIPLOBLECHNUM Hayata, Bot. Mag. Tokyo 41. 702. 192. 1928 = **Blechnum**. integripinnulum Hayata, l. c.

DIPLORA Baker 1873, incl. Triphlebia Baker 1886. Phyllitis auctt. — **Cf.** Copeland, Phil. Journ. Sci. 8 C. 147 f. 1913. — (Polypodiaceae Gen. 71).
Cadieri Christ 1905, Index = Stenochlaena sp.
d'Urvillaei (Bory) C. Chr. Ind. Suppl. III. 78. 1934. — Melanesia.
Phyllitis (Bory) O. Ktze 1891. Ind. Suppl. prél. 52 cum syn.
?Grashoffii (Ros.) C. Chr. Ind. Suppl. III. 78. 1934. — Sumatra.
Phyllitis Ros. Fedde Rep. 13. 216. 1914; Ind. Suppl. prél.
integrifolia Bak. 1873, Index = D. d'Urvillaei.
longifolia (Pr.) C. Chr. Ind. Suppl. III. 78. 1934. — Ins. Phil.
Phyllitis (Pr.) O. Ktze. 1891, Ind. Suppl. prél. 52 cum syn.
schizocarpa (Cop.) C. Chr. Ind. Suppl. III. 78. 1934. — Ins. Phil. N. Guinea.
Phyllitis (Cop.) v. A. v. R. 1908, Ind. Suppl.

DIPTERIS Reinwardt — (Polypodiaceae Gen. 164).
novoguineensis Posthumus, Rec. Trav. bot. néerl. 25 a. 248 f. 1. 1928. —
N. Guinea.
papilioniformis Kjellberg. Engl. Jahrb 66. 50. 1933. — Celebes.

DOODIA R. Brown. — (Polypodiaceae Gen. 85).
gracilis Cop. Univ. Calif. Publ. Bot. 14. 362. 1929. — N. Caledonia.
marquesensis E. Brown, Bishop Mus. Bull. 89. 73 t. 16. 1931. — Marquesas.
paschalis C. Chr. in Skottsberg, Nat. Hist. Juan Fernandez 2. 48 f. 1. 190.
— Isla de Pascua.

DORYOPTERIS J. Smith — (Polypodiaceae Gen. 106).
australiae Bonap. N. Pt. 4. 100. 1916. — N. Australia
Branneri Cop. Phil. Journ. Sci. 38. 148 t. 4. 1929. — Brasilia.
cuspidata Cop. l c. — Mindanao.
deltoidea (Kze.) Diels 1899, Index. — Potius Cheilanthes vel Pellaea.
Duclouxii Christ 1902, Index = Cheilanthes.
?Fournieri (Bak.) C. Chr. Index = Pellaea.
hybrida Brade et Ros. Fedde Rep. 21. 346. 1925. — Brasilia.
D. hastata × patula l. c.
Kitchingii (Bak.) Bonap. in Ind. Suppl. prél. = Pellaea.
latiloba C. Chr. Arch. Bot. (Caen) 2. Bull. mens. 213. 1928, Dansk Bot.
Ark. 7. 118 t. 43 f. 5. 1932. — Madagascar.
Michelii Christ 1910, Ind. Suppl. = Cheilanthes argentea var.
muralis Christ 1904, Index = Cheilanthes argentea var.
phanerophlebia (Bak.) Diels 1899, Index = Adiantum.
?rigida (Sw.) Diels 1899, Index = Pellaea.
?robusta (Kze.) Diels 1899, Index = Cryptogramma.
Rosenstockii Brade, Bol. Mus. Nac. Rio Janeiro 7. 143 t. 8. 1931. — Brasilia.
rufa Brade, l. c. 5. 94 t. 2. 1929. — Brasilia.
?Skinneri (Hk.) C. Chr. Index = Pellaea.
tijucana Brade et Ros. Bol. Mus. Nac. Rio Janeiro 7. 144 t. 9. 1931. — Brasilia.
Veitchii Christ 1906, Ind. Suppl. = Cheilanthes.

DRYMOGLOSSUM Presl; cf. C. Chr. Dansk Bot. Ark. 6 no. 3. 1929. —
abbreviatum Fée 1857 = Hymenolepis. [(Polypodiaceae Gen. 163).
assamense Gandoger, Bull. Soc. Fr. 66. 306. 1919. — Assam.
Brooksii v. A. v. R. Bull. Buit. II no. 28. 318. 1918 = Grammatopteridium
carnosum (Wall.) J. Sm. 1841, Index = Lemmaphyllum. [costulatum var.

cordatum Christ 1911, Ind. Suppl. = Leptochilus.

?**crassifolium** Brause 1911; C. Chr. 1. c. 88 t. 12. 1929. — N. Guinea. (An ellipticum Moore 1857 = D. heterophyllum. [Cyclophorus?).

fallax v. A. v. R. Phil. Journ. Sci. 11 C. 111 t. 6. 1918; C. Chr. 1. c. 85 t. 12, 13. 1929 — Moluccæ, N. Guinea. — D. Schlechteri Hier. et Brause 1920.

heterophyllum (L.) Trimen, Journ. Linn. Soc. 24. 152. 1887; C. Chr. Index 246 (excl. syn. Pt. piloselloides L. etc.), 1. c. 84 t. 12, 13. 1929. — Ceylon. India austr. — Pteris L. 1753.

martinicense Christ 1897, Index = Cyclophorus lanceolatus.

metacoelum v. A. v. R. Bull. Buit. II no. 28. 21 t. 2. 1918 = Pycnoloma.

microphyllum (Pr.) C. Chr. Index = Lemmaphyllum.

niphoboloides (Luerss.) Bak. 1887, C. Chr. 1. c. 88 t. 12, 13, 1929. — Madagascar.

?**novo-guineae** Christ, C. Chr. 1. c. 89 t. 11. 1929. — N. Guinea. — Cyclophorus novo-guinense Nakai 1926. C. Bamlerii Ros. 1912. C. Ledermanni Brause 1920. (An Cyclophorus?).

obovatum (Harr.) Christ 1905, Index = Lemmaphyllum microphyllum var.

piloselloides (L.) Pr. 1836; C. Chr. 1. c. 86 t. 12, 13. 1929. — Asia trop. Pteris L. 1763; Dr. heterophyllum auctt., Index 246 p. p. max.

rigidum Hk. 1854, Index = Pycnoloma.

rotundifolium Pr. 1848 = D. piloselloides.

Schlechteri Hier. et Brause, Engl. Jahrb. 56. 177. 1920 = D. fallax.

subcordatum Fée 1852 = D. fallax et Lemmaphyllum microphyllum.

tetragocum v. A. v. R. Bull. Buit. II no. 28. 21 t. 3. 1918 = Pycnoloma rigidum.

Underwoodianum (Maxon) C. Chr. Ind. Suppl. = Marginariopsis Wiesbaurii.

Wiesbaurii Sodiro 1893, Index = Marginariopsis.

DRYMOTAENIUM Makino. — Cf. C. Chr. Dansk Bot. Arkiv 6. no. 3. 52-54. 1929. — (Polypodiaceae Gen. 151).

Miyoshianum Mak. — Adde loc. China et syn. Monogramme robusta (Christ)

DRYNARIA (Bory) J. Smith. — (Polypodiaceae Gen. 157). [C. Chr. Index.

acuminata Brack. 1854 (p. 47) = Polypodium vitiense.

acuminata Fée 1873 = Polypodium Thurnii.

alternifolia Brack. 1854 = Polypodium Parksii.

amphilogos v. A. v. R. Nova Guinea 14. 16. 1924. — N. Guinea.

crassinervata Fée 1857 = Polypodium lanceolatum.

Esquirolii C. Chr. 1913, Ind. Suppl. prél. = Aglaomorpha coronans.

leporella Goebel, Ann. Jard. Buit. 39. 145 t. 15, 18. 1928 = Aglaomorpha.

melanococca hort.; Houlst. et Moore, Gard. Mag. Bot. 3. 91. 1851. — ›India‹ reducta Christ in Index = D. sinica.

sylvatica Brack. 1854 = Polypodium vitiense.

Drynariopsis Copeland (Phil. Journ. Sci. 6 C. 140. 1911), Univ. Calif. Publ. Bot. 16. 117. 1929 (*Aglaomorpha §*) = **Aglaomorpha.**

DRYOPTERIS Adanson, Index (excl. Stigmatopteris) — (Polypodiaceae Gen. 12).

Obs. Species plures ab auctt. americanis ad Thelypteridem, aliae ab auctt. (Ridley, v. A. v. R., Handel-Mazzetti aliisque) ad Lastream, Nephrodium, Phegopteridem translatae sunt.

Litterae ante nomina specierum positae subgenera indicant, quae aut in opere meo: Monogr. Dryopteris circumscripta sunt aut Asiatica nondum a me delimitata:

C = Cyclosorus. L = Lastrea (nom. opt. Thelypteris?).
Ct = Ctenitis. Lp = Leptogramma.
Eu = Eudryopteris. M = Meniscium.
G = Goniopteris. Pa = Parapolystichum.
Gl = Glaphyropteris. Po = Polystichopsis.
Gy = Gymnocarpium. S = Stegnogramma.
H = Hypodematium. Sr = Steiropteris.

(L) **Abbottiana** Maxon, Journ. Wash. Acad. Sci. 14. 89. 1924. — Hispaniola.

(L) **abbreviatipinna** Mak. et Ogata, Journ. Jap. Bot. 6. 10. 1929. — Japonia.
D. gracilesens var. abbreviata Kodama in Matsum. Ic. Pl. Koisik. 2. 43 t.
106. 1914.

acrostichoides v. A. v. R. Mal. Ferns Suppl. Corr. 49. 1917 = D. canescens var. (an sp.?)

acuminata (Lowe) Watts, Proc. Linn. Soc. N. S. Wales 41. 380, 392.
1916. — Australia. — Aspidium Lowe 1857 (non Willd. 1810); Lastrea
Moore 1858. — (D. decomposita sens. lat.).

(C) *acuminata* Ros. Med. Rijks Herb. no. 31. 7. 1917. — Java.

acuminata Nakai, Bot. Mag. Tokyo 42. 217. 1928 = D. sophoroides.

(Ct) **adenopteris** C. Chr. Vid. Selsk. Skr. VIII. 6. 85 f. 18. 1920. — Brasilia
austr. Argentina.

adenorachis C. Chr. Ind. Suppl. prél. = D. fructuosa.

(Ct) **adnata** (Bl.) v. A. v. R. Mal. Ferns 191. 1909 et Suppl. 501. 1917 (excl. syn.)
— Java, Borneo. — Aspidium Bl. 1828. Polystichum truncatulum v. A.
v. R. 1914, Ind. Suppl. prél.

aequibasis C. Chr. in Bonap. N. Pt. 16. 162. 1925 = D. prolixa.

(C) **afra** Christ 1908, Ind. Suppl. — Afr. trop.
D. elata (Mett.) C. Chr. Index (non Ktze. 1891).

(Lp) **africana** (Desv.) C. Chr. — Adde syn. (vel varr.) D. Scallanii (Christ) C.
Chr. Index. — D. izuensis Kodama 1914; D. pseudo-africana Mak. et
Ogata 1927. Leptogramma Loveii Nakai, Bot. Mag. Tokyo 45. 103. 1931
(= Lowei J. Sm.?).

(G) **alata** (L.) Maxon, Journ. Wash. Acad. Sci. 14. 92. 1924. — Hispaniola.
Polypodium alatum L. sp. 1086. 1753 (Plum. t. 84).

(C) **albidipilosa** Bonap. N. Pt. 15. 9. 1924. — Afr. or. trop.

(C) **albociliata** Cop. Journ. Arnold Arb. 10. 177. 1929. — N. Guinea.

albovillosa Watts, Proc. Linn. Soc. N. S. Wales 39. 771 t. 88 f. 8. 1915.
— Queensland.

(L) **Alfredii** Ros. Fedde Rep. 22. 10. 1925. — Costa Rica.

alloëoptera (Kze.) C. Chr. Index et Suppl. 104 = Stigmatopteris.

(L) **alta** Brause, Engl. Jahrb. 56. 86. 1920. — N. Guinea.

amaiensis Ros. Med. Rijks Herb. no. 31. 6. 1917 = D. rubida var.

(Eu) **ambigens** (Nakai) Koidzumi, Fl. Symb. Orient. As. 39. 1930. — Japonia.
D. erythrosora var. ambigens Nakai, Bot. Mag. Tokyo 39. 119. 1925.

ameristoneura C. Chr. Index = D. Grisebachii.

(Ct) **ampla** (H. B. Willd.) O. Ktze. — Cf. C. Chr. Vid. Selsk. Skr. VIII. 6. 49.
anateinophlebia (Bak.) C. Chr. Index = D. Bergiana.   [1920 ubi syn.

(M) **anceps** Maxon, Contr. U. S. Nat. Herb. 24. 62. 1922. — Trinidad, Tobago.
Bahia?. — Leptochilus Fendleri (Bak.) C. Chr. Index (non Dryopteris
O. Ktze.). — ?Heteroneuron meniscioides Fée 1845 (non Dryopteris C.
Chr. Index).

(Ct) **andicola** C. Chr. Vid. Selsk. Skr. VIII. 6. 88. 1920. — Colombia—Ecuador.

(Eu) **antarctica** (Bak.) C. Chr. Ind. Suppl. III. 81. 1934. — Ins. Amsterdam. Nephrodium Bak. Journ. Linn. Soc. 14. 479. 1875; Aspidium Fourn. 1875.

apicidens (Bak.) C. Chr. Index = Athyrium dissitifolium.

arborea v. A. v. R. Bull. Buit II no. 28. 24. 1918 = D. Rosenburghii.

(Eu) **arguta** (Klf.) Watt, Canadian Naturalist II. 13. 159. 1867. — Alaska—California. — Aspidium argutum Klf. Enum. 212. 1824; Thelypteris Moxley 1920; Dryopteris rigida subsp. Index cum syn.

(Ct) **aripensis** C. Chr. et Maxon, Journ. Wash. Acad. Sci. 14. 143. 1924. —

arisanensis Ros. 1915, Ind. Suppl. prél. = D. sublaxa. [Trinidad.

armata Ros. 1915, Ind. Suppl. prél. = D. imponens.

(Eu) **assamensis** (Hope) C. Chr. et Ching, Bull. Dept. Biol. Coll. Sci. Sun Yatsen Univ. no. 6. 4. 1933. — Assam - China - merid. - Tonkin. — Nephrodium Hope, JoB. 1890. 326.

assamica Ros. Med. Rijks Herb. no. 31. 6. 1917 = Polystichum.

asterothrix (Fée) C. Chr. Ind. Suppl. = D. malacothrix.

(C) **Atasripii** Ros. Med. Rijks Herb. no. 31. 6. 1917. — N. Guinea.

athyriiformis Ros. 1915, Ind. Suppl. prél. = Athyrium fluviale.

athyriocarpa Cop. 1909, Ind. Suppl. = D. viscosa.

(Eu) **atrata** (Wall) Ching, Sinensia 3. 326. 1933. — Ind. bor. - China. — Aspidium Wall. 1828, Kze. Linn. 24. 279. 1851, Mett. Asp. no. 126. Dryopteris Gamblei (Hope) C. Chr. Index.

(Ct) **atrogrisea** C. Chr. Vid. Selsk. Skr. VIII. 6. 71 f. 15. 1920. — Costa Rica.

(C) **atrospinosa** C. Chr. Engl. Jahrb. 66. 43. 1933. — Celebes.

aureo-viridis Ros. 1914. Ind. Suppl. prél. = D. singalanensis.

auriculata Ching, Bull. Fan Mem. Inst. 2. 196. 1931 = D. himalayensis.

(L) **auriculifera** v. A. v. R. Bull. Buit. III. 5. 197. 1922. — Lingga Ins. (Malesia).

(C) **austera** Brause, Engl. Jahrb. 56. 108. 1920. — N. Guinea.

austriaca × spinulosa Holmberg, Skandinaviens Flora 11. 1922 = D. dilatata × spinulosa.

austrosinensis Christ 1907, Ind. Suppl. = Tectaria.

austro-ussuriensis Komarov, Bull. Jard. Pierre le Grand 16. 147. 1916. — Athyrium crenulato-serrulatum.

(L) **badia** v. A. v. R. 1914, Ind. Suppl. prél. — Adde loc. Borneo et sýn D. linearis Cop. 1917.

bankinsinensis Hayata, Ic. Pl. Formosa 8. 146 f. 73—74. 1919. — Formosa. — (Diplazium?).

(Eu) **barbellata** Fomin, Fl. Sib. et Or. Extr. 5. 59, fig. 1930. — Reg. Amur. Sachalin, China bor.

Baroni (Bak.) C. Chr. Index = D. magna.

(C) **Bartlettii** Cop. Univ. Calif. Publ. Bot. 14. 374 t. 58. 1929. — Sumatra.

basisora Christ 1909, Ind. Suppl. = D. fructuosa.

(C) **batjanensis** Ros Med. Rijks Herb. no. 31. 5. 1917. — Ins. Batjan.

(Po) **bella** C. Chr. in Bonap. N. Pt. 16. 164 t. 8. 1925. — Madagascar.

(L) **Bergiana** (Schlecht.) O. Ktze. Cf. C. Chr. Dansk Bot. Ark. 7. 44. 1932. — Africa trop. et austr. Madagascar. — Adde syn. D. anateinophlebia (Bak.) C. Chr. Index. D. maranguensis (Hier.) C. Chr. Index. D. obtusiloba C. Chr. Index (excl. Polypodium Desv. 1811; Aspidium Desvauxii Mett.). D. Palmii C. Chr. 1916, Ind. Suppl. prél. D. Sewellii (Bak) C. Chr.

(Lp) **bicolor** Bonap. N. Pt. 14. 204. 1924. — Gabon. [Index.

Index Filicum. Supplementum III. 6

(Po) **Bissetiana** (Bak.) C. Chr. — Adde syn. D. sacrosancta Koidzumi 1924; Polystichum Koidzumi 1929. P. pacificum Nakai 1925. Blanfordii Christ, Not. Syst. **1**. 42. 1909 = D. Championi.

(Ct) **blepharochlamys** C. Chr. Cat. Pl. Mad. Pter. 28. 1932 (nomen), Dansk Bot. Ark. **7**. 60 t. 15 f. 1—5. 1932. — Madagascar.

blepharolepis C. Chr. 1916, Ind. Suppl. prél. = D. sublacera.

blepharorachis C. Chr. 1916, Ind. Suppl. prél. = D. Poolii.

Bojeri O. Ktze. 1891 = D. aquilinoides.

(C) **boninensis** Kodama; Koidzumi, Bot. Mag. Tokyo **38**. 109. 1924. — Bonin.

borneensis (Hk.) O. Ktze., Index = Davallodes.

Bourgaei (Fourn.) C. Chr. Index = D. equestris.

Brauniana (Karst.) O. Ktze., Index = Tectaria.

Braunii × lobata G. Beck, Oest. Bot. Zeit. **67**. 114. 1918 = Polystichum.

brevipinna C. Chr. Index = D. exsculpta.

(G) **Brittonae** Slosson; Maxon, Pter. Porto Rico 475. 1926. — Puerto Rico.

brunneo-villosa C. Chr. Index = D. leucolepis.   [Hispaniola.

(C) **brunnescens** C. Chr. Engl. Jahrb. **66**. 44. 1933. — Celebes.

Buchanani (Bak.) O. Ktze., Index = D. squamiseta.

Buchholzii (Kuhn) C. Chr. Index = Tectaria.

(Lp) **bukoensis** Tagawa, Acta Phytotax. **1**. 89. 1932. — Japonia.

bullata (Christ) C. Chr. Ind. Suppl. = D. melanosticta.

(Eu) **Buschiana** Fomin, Fl. Sib. et Or. extr. **5**. 52, fig. 1930. — Reg. Amur. — (= D. polylepis?).

(L) **calcarata** (Bl.) O. Ktze. — Malesia. — Dele loc. cet. et syn. Lastrea falciloba Hk. et Aspidium ciliatum Wall. etc.

(C) **calcicola** C. Chr. Engl. Jahrb. **66**. 44. 1933. — Celebes.

(Po) **callipteris** C. Chr. Bull. Mus. Paris II. **6**. 101. 1934. — Annam.

(Eu) **callolepis** C. Chr. Notizblatt Bot. Gart. Berlin **9**. 177. 1924. — Africa or. trop.

callopsis (Franch. et Sav.) C. Chr. Index = D. Maximowiczii et D. Miqueliana (t. Koidzumi 1930).

(C) **callosa** (Bl.) C. Chr. — Adde loc. Borneo et syn. Pneumatopteris Nakai 1933.

calva Cop. 1910, Ind. Suppl. = D. gracilescens var.

camptocaulis (Fée) C. Chr. Index = D. flexuosa.

campyloptera (Kze.) Clarkson, Amer. Fern Journ. **20**. 118. 1930 = D. spinulosa var.

Carrii (Bak.) C. Chr. Index = Stigmatopteris.

(Po) **carvifolia** C. Chr. Acta Hort. Goth. **1**. 64. 1924 = Polystichum himalayense.

catocarpa (Kze.) O. Ktze., Index = D. nemophila.

caudata (Raddi) C. Chr. Index = Stigmatopteris.

caudiculata C. Chr. Cat. Pl. Mad. Pter. 25. 1932 = D. prismatica.

caudipinna Nakai, Bot. Mag. Tokyo **45**. 96. 1931. — Japonia.

(C) **celebica** (Bak.) Cop. Phil. Journ. Sci. **37**. 410. 1928. — Celebes.

Leptochilus (Bak.) C. Chr. Index.

(M) **Cesatiana** C. Chr. Index. — Adde loc. Ceram(?). Fiji et syn. D. oblanceolata Cop., Ind. Suppl. prél., Phegopteris v. A. v. R. 1917. — Ph. Rutteniana v. A. v. R. 1918?.

(Po) **chaerophylloides** (Poir.) C. Chr. Vid. Selsk. Skr. VIII. **6**. 105 f. 22. 1920. — Antillae maj. — Polypodium Poir. Enc. **8**. 542. 1804. P. portoricense Spr. 1821; Phegopteris Fée 1852. — Ph. sericea Mett. 1860.

(Eu) **Championi** (Benth.) C. Chr. apud Ching Sinensia 3. 327. 1933. — China austr. — Aspidium Benth. Fl. Hongkong 436. 1851. Dryopteris lepido-rachis C. Chr. Index; Nephrodium rheosorum (Bak.) Hand.-Mzt. 1929 c. syn. chinensis Koidzumi, Fl. Symb. Or. Asiat. 39. 1930 = D. subtripinnata.

(Ct) **chiriquiana** C. Chr. Vid. Selsk. Skr. VIII. 6. 36. 1920. — Panama.

(L) **chlamydophora** Ros. Med. Rijks Herb no. 31. 5. 1917 (nomen), C. Chr. Gardens Bull. S. S. 4. 384. 1929. — Sumatra, Borneo, Celebes, Malacca. Burma. — Lastrea nephrodioides Bedd. 1866 (non Moore 1858).

Christiana Kodama; Koidzumi, Bot. Mag. Tokyo 38. 107. 1924 = D. oreopteris var. Fauriei.

Christii C. Chr. Index = Stigmatopteris opaca.

chrysotricha (Bak.) C. Chr. Index = Tectaria.

chrysotrichoides Ros. Med. Rijks Herb. no. 31. 5. 1917 = D. tenuifrons.

(Po?) **chupengensis** (Ridley) C. Chr. Ind. Suppl. III. 83. 1934. — Malacca. — Lastrea ›Hook.‹, Ridley Journ. Straits Br. R. As. Soc. no. 59. 232. 1911.

ciliata C. Chr. ap. Wu, Polyp. Yaoshan. t. 30. 1932 = D. pseudocalcarata.

(Ct) **cirrhosa** (Schum.) O. Ktze. — Dele syn. N. crinibulbon Hk.

(C) **Clemensiae** Cop. Phil. Journ. Sci. 46. 213. 1931. — Luzon.

commixta Tagawa, Acta Phytotax. 2. 190. 1933. — Japonia.

confinis Maxon in C. Chr. Vid. Selsk. Skr. VIII. 6. 101. 1920 (syn.) = D. effusa var.

(Ct) **connexa** (Klf.) C. Chr. Index. — Cf. Vid. Selsk. Skr. VIII. 6. 79. 1920, ubi syn. — Adde loc. Uruguay, Paraguay.

(L) consanguinea × sancta Domin, Mem. R. Czech. Soc. Sci. n. s. 2. 194. 1929. — Dominica.

consimilis (Fée) C. Chr. 1907, Ind. Suppl. = D. gracilis.

(C) **contigua** Ros. Med. Rijks Herb. no. 31. 8. 1917. — Borneo.

(Gy) **continentalis** Petrov. Fl. Jakutiae 15. c. ic. 1930 — Sibiria. (Cf. D. conterminoides C. Chr. Index = D. Macgregori. [remoti-pinnata.

contracta (Christ) C. Chr. Ind. Suppl. = Stigmatopteris

cordifolia v. A. v. R. 1913, Ind. Suppl. prél. = D. holophylla.

(Fu) **cordipinnula** C. Chr. Cat. Pl. Mad. Pter. 27. 1932 (nomen), Dansk Bot. Ark. 7. 55 t. 11 f. 10-12. 1932. — Madagascar.

(Eu) **coreano-montana** Nakai, Bot. Mag. Tokyo 35. 132. 1921. — Korea.

(L) **coriacea** Brause, Engl. Jahrb. 56. 83. 1920. — N. Guinea.

(L) **cornuta** Maxon, Journ. Wash. Acad. Sci. 19. 245, fig. 1929. — Colombia.

(C) **costata** (Brack.) Maxon, Univ. Calif. Publ. Bot. 12. 26. 1924. — Tahiti. (Samoa, Fiji). — Goniopteris Brack. 1854, Polypodium Hk. 1863, Nephro-costularis (Bak.) C. Chr. Index = D. silvatica. [dium Diels 1899.

(L) **crassifolia** (Bl.) O.Ktze. — Dele loc. Birma et syn. Lastrea nephro-dioides Bedd.

(Eu) **crassirhizoma** Nakai. Cat. Sem. Hort. Bot. Univ. Imp. Tokyo 32. 1920. — Japonia. — (D. filix mas*).

(Sr) **crassiuscula** Maxon, Amer. Fern Journ. 23. 75. 1933. — Costa Rica. Creaghii (Bak.) C. Chr. Index = D singalanensis.

(Ct) **crenulans** (Fée) C. Chr. Vid. Selsk. Skr. VIII. 6. 90. 1920. — Brasilia. Paraguay. — Aspidium Fée 1869.

(M) **crenulata** Bonap. N. Pt. 7. 147. 1918. — Annam.

crenulato-serrulata (Mak.) C. Chr. Index = Athyrium.

6*

(Ct) **crinibulbon** (Hk.) C. Chr. Ind. Suppl. III. 84. 1934. — Africa occ. trop. Nephrodium Hk. sp. 4. 92 t. 244. 1862; Lastrea J. Sm. 1875; Nephrodium cirrhosum Bak. 1874 (part.?, non Aspidium Schum.).

(Ct) **crinita** (Poir.) O.Ktze. — Adde var Polypodium obtusilobum Desv. 1811 (non HB. Syn.); Dryopteris C. Chr. Index part.; Aspidium Desvauxii Mett., Kuhn 1868.

(G) **crypta** (Und. et Maxon) C. Chr. Amer. Fern Journ. 11. 44. 1921. — Cuba. — Polypodium Und. et Maxon 1902, Index

cubensis (Kuhn) O. Ktze., Index = D. formosa.

culcita (Christ) C. Chr. Ind. Suppl. = D. ampla.

cyclocolpa (Christ) C. Chr. Index = Stigmatopteris.

(?) **cyclosorus** v. A. v. R. Nova Guinea 14. 21. 1924. — N. Guinea. — (D. syrmaticae aff.).

(C) **cyrtocaulos** v. A. v. R. Bull. Buit. III 5. 201. 1922. — Sumatra.

(L) **cystopteroides** (Eat.) C. Chr. Ind. Suppl. III. 84. 1934. — Japonia-China or. — Luzon. — Athyrium Eat. 1858, Index c. syn. Dryopteris thysanocarpa Hayata 1914, Ind. Suppl. prél. — Aspidium angustifrons Miq. 1867. — Dryopteris grammitoides (Christ) C. Chr. Index. — Athyrium hyalostegium Cop. 1906, Ind. Suppl.

Davenportii C. Chr. Index = D. equestris.

Dayi (Bedd.) C. Chr. Index = D. singalanensis.

(Eu) **decipiens** (Hk.) O.Ktze. — Adde syn. Polystichum diplazioides Christ 1902, Index.

(Ct) **decurrenti-pinnata** Ching, Bull. Fan Mem. Inst. 2. 195 t. 9. 1931. — Hainan.

(C) **dentata** (Forsk.) C. Chr. Vid. Selsk. Skr. VIII. 6. 24. 1920. — Arabia felix — Africa trop. et austr. cum ins. Ins. Atlant. America trop. (Asia trop.?, v. D. subpubescens). — Polypodium Forsk. 1775, Nephrodium Kümm. 1933, Dryopteris mollis (Jacq.) Hier. 1907, Ind. Suppl.

(Po) **denticulata** (Sw.) O.Ktze. 1891, C. Chr. Vid. Selsk. Skr. VIII. 6. 112 f. 25. 1920. — Jamaica, Hispaniola. Mexico-Bolivia (varr.) — Polystichum (Sw.) J. Sm. 1841. Index c. syn.

— *Aspidium laetum Sw. 1817; Dryopteris C. Chr. l. c. 1920 (non Index) — Brasilia. — Polystichum tenerum Fée 1852. Aspidium Klotzschii Hk. 1854. — A. gracilipes Fée 1869.

denticulata Hayata, Gen. Ind. Fl. Formosa 101. 1917. = D. Hancockii.

(Eu) **dentipalea** Nakai, Bot. Mag. Tokyo 34. 36. 1920. — Korea.

(Eu) **deparioides** (Moore) O.Ktze *concinna Index. — Adde syn. Dryopteris emigrans Cop. 1931.

de Vriesei Ros. Med. Rijks Herb. no. 31. 1. 1917. — Java.

Dewevrei Christ; Bonap. N. Pt. 14. 207. 1924 = D. afra.

(L) **diaphana** Brause, Engl. Jahrb. 56. 80. 1920. — N. Guinea.

dichrotricha Cop. Phil. Journ. Sci. 7 C. 54. 1912 (non l. c. 6 C. 74. 1911) = D. dichrotrichoides.

(C) **dichrotrichoides** v. A. v. R. Mal. Ferns Suppl. Corr. 48. 1917. — N. Guinea. D. dichrotricha Cop. 1912 (non 1911); D. Weberi Cop. 1929.

(L) **dicksonioides** (Mett.) Cop. Bishop Mus. Bull. 93. 35. 1932. — Phegopteris Mett., Kuhn, Linn. 36. 118. 1869. ? Dryopteris Vescoi (Drake) C. Chr. Index.

(C) **dicranogramma** v. A. v. R. Bull. Buit. III. 5. 202. 1922 — Sumatra. Dielsii C. Chr. Index = Athyrium.

(C) **dimorpha** Brause, Engl. Jahrb. 56. 100. 1920. — N. Guinea.

C) **dissecta** (Forst.) O.Ktze. — Dele loc. Ind. bor. et var. N. ingens Atk. et Aspidium Gardnerianum Mett.

dissitifolia (Bak.) C. Chr. Index = Athyrium.

(L) **diversivenosa** v. A. v. R. Bull Buit. II no. 28. 23. 1918. — Sumatra.

(G) **domingensis** (Spr.) Maxon, Pter. Porto Rico 474. 1926. — Ind. occ. — D. guadalupensis (Wikstr.) C. Chr. 1911, Ind. Suppl. (non Index 269). Eberhardtii Christ 1908, Ind. Suppl. = D. ochthodes.

(C) **echinospora** v. A. v. R. Bull. Buit. III. 2. 149. 1920. — Sumatra.

ecuadorensis C. Chr. Vid. Selsk. Skr. VIII. 6. 29. 1920 (syn.) = Stigma-

(Pa) **effusa** (Sw.) Urban. — Dele *exculta. [topteris.

Ekmanii Brause, Ark. för Bot. 17. no. 7. 67. 1922 = Diplazium pectinatum.

elata (Mett.) C. Chr. Index = D afra.

elegans Koidzumi, Bot. Mag. Tokyo 38 108. 1924. — Japonia.

(C) *elliptica* Ros. Med. Rijks Herb. no. 31. 6. 1917. — Ins. Phil. — (D. cane- scens forma?).

Elmeri v. A. v. R. Mal. Ferns Suppl. 314. 1917 (syn) = Diplazium.

emigrans Cop. Univ. Calif. Publ. Bot. 12. 392. 1931 = D. deparioides *con- enneaphylla (Bak.) C. Chr. Index = D. Sieboldii. [cinna.

(L) **ensipinna** Brause, Engl. Jahrb. 56. 84. 1920. — N. Guinea.

(C) **epaleata** C. Chr. Ind. Suppl. III. 85. 1934. — N. Caledonia. — D. Francii Cop. Univ. Calif. Publ. Bot. 14. 357. 1929 (non C. Chr. 1925).

(Ct) **equestris** (Kze.) C. Chr. Vid. Selsk. Skr. VIII. 6. 54. 1920. — Mexico— Costa Rica. — Polypodium Kze. 1844. Dryopteris Bourgaei (Fourn.) C. Chr. et D. Davenportii C. Chr. Index.

erythrosora var. ambigens Nakai, Bot. Mag. Tokyo 39. 119. 1925 = D. ambigens.

erythrosora subsp. chiliolepis Hand.-Mzt. Akad. Anz. Akad. Wiss. Wien 1922 no. 7 = D. Championi.

erythrostemma (Christ) C. Chr. Index = D. pulverulenta.

Escritorii v. A. v. R. Bull. Buit. II no. 23. 10. 1916. — Luzon.

(C) **enaensis** Cop. Univ. Calif. Publ. Bot. 12. 391. 1931. — Tonga.

eurostotricha (Bak.) C. Chr. Index = D. distans.

euryphylla Ros. Med. Rijks Herb. no. 31. 7. 1917. — Sumatra.

(Ct) **exaggerata** (Bak.) C. Chr. Dansk Bot. Ark. 7 60 t. 16 f. 4—7. 1932. — Madagascar. — Nephrodium crinitum var. exaggeratum Bak. Ann. Bot. 5. 319. 1892.

(Ct) **excelsa** (Desv.) C. Chr. Index excl. syn., Vid. Selsk. Skr. VIII. 6. 54. 1920. — Martinique—Guadeloupe.

excrescens Cop. Univ. Calif. Publ. Bot. 14. 374. 1929 = D. iridescens.

(Pa) **exculta** (Mett.) C. Chr. Vid. Selsk. Skr. VIII. 6. 95 f. 20. 1920. — Mexico— Ecuador. — Aspidium Mett. 1858; Dryopteris effusa subsp. Index. — D. guatemalensis (Bak.) O.Ktze., Index.

(C) **exsculpta** (Bak.) C. Chr. apud Cop. Phil. Journ. Sci. 37. 410. 1928. — Borneo. — Leptochilus exculptus (err. typ.) (Bak.) C. Chr. Index. Dryop- teris brevipinna C. Chr. Index.

(C) **extensa** (Bl.) O. Ktze. — Adde loc. Africa or. et syn. D. Wakefieldii (Bak.) C. Chr. Index.

Faberi (Bak.) C. Chr. Index = Polypostichum lepidocaulon.

(L) **falciloba** (Hk.) C. Chr. Contr. U. S. Nat. Herb. 26 274. 1931. — Ind. bor. - China austr. - Tonkin. — Lastrea Hk. JoB. 9. 337. 1857; Aspidium Benth. 1861; Nephrodium Hk. 1862.

Fargesii (Christ) C. Chr. Index = D. Miqueliana.

(C) **farinosa** Brause, Engl. Jahrb. **56**. 111. 1920. — N. Guinea.

(L) **fatuhivensis** E. Brown, Bishop Mus. Bull. **89**. 27 f. 8. 1931. — Marquesas.

Fauriei Kodama in Matsum. Ic. Pl. Koisik. **2**. 11 t. 90. 1914. — Japonia.

(Po) **festina** (Hance) C. Chr. Ind. Suppl. III. 86. 1934. — China merid.

Aspidium Hance, JoB. 1883. 269.

fibrillosa Hand.-Mzt, Akad. Anz. Akad. Wien 1922 no. 7. 2 = D. Rosthornii.

(Eu) **filix mas** (L.) Schott. — Reg. temp. bor. et subtrop.

— — *elongata (Ait.). — dele loc. Ins. Mascar. et syn. Nephrodium Bojeri.

— Subspecies ceterae Indicis mihi nunc sp. validae sunt:

— A. oligodonton Desv. = D. oligantha.

— A. paleaceum Sw. = D. paleacea.

— A. Ludovicianum Kze. (loc. falsa) = D. oligantha.

— A. Hawaiiense Hill. = D. hawaiiensis.

— N. antarcticum Bak. = D. antarctica.

— A. patentissimum Wall. (excl. var. fibrillosa Clarke) = D. paleacea.

— — var. fibrillosa (Clarke) = D. Rosthornii.

— var. khasiana (Clarke) = D. paleacea var.

— N. Kingii Hope = D. serrato-dentata?

— N. nidus Clarke = D. apiciflora vel D. Clarkei.

— N. pandum (Clarke) Hope = D. panda.

— N. serrato-dentatum (Bedd.) Hope = D. serrato-dentata.

— L. odontoloma Moore = D. odontoloma.

— N. Schimperianum (Clarke) Hope = D. cochleata var.

— A. marginatum Wall. = D. marginata.

— N. assamense Hope = D. assamensis.

— A. oxyodon Franch. = D. laeta.

— A. adnatum Bl. = D. adnata.

(Cf. D. Buschiana Fomin, D. crassirhizoma Nakai, D. monticola (Mak.) C. Chr., D. polylepis (Fr. et Sav) C. Chr.).

firmifolia (Bak.) O. Ktze., Index = D. Trianae.

Fischeri (Mett.) O. Ktze., Index = D. ptarmica!

Fordii Ching, Sinensia **3**. 330. 1933 = D. crenata var.

fluvialis Hayata 1914, Ind. Suppl. prél. = Athyrium.

(Po) **formosa** (Féc) Maxon, C. Chr. Vid. Selsk. Skr. VIII. **6**. 119. 1920. — Cuba.

Aspidium Fée 1852; Dryopteris cubensis (Kuhn) O. Ktze., Index.

formosa Maxon 1909 = D. denticulata var. jucunda.

formosa Nakai, Bot. Mag. Tokyo **45**. 97. 1931 = D. japonica var.

(Eu) **formosana** (Christ) C. Chr. Index — Adde syn. Polystichum constantissimum Hayata 1914, Ind. Suppl. prél.

(?) **Forsythii Majoris** C. Chr. Cat. Pl. Mad. Pter. 29. 1932 (nomen), Dansk Bot. Ark. **7**. 63 t. 16 f. 1—3. 1932. — Madagascar.

(Pa) **Francii** (Ros.) C. Chr. Vierteljahrsschr. Nat. Ges. Zürich **70**. 222. 1925. — N. Caledonia. — Microlepia Ros. herb.

Francii Cop. Univ. Calif. Publ. Bot. **14**. 357. 1929 = D. epaleata.

(Eu) **fructuosa** (Christ) C. Chr. Index. — Adde syn. Nephrodium Hand.-Mzt. 1929. Dryopteris pseudovaria (Christ) C. Chr. Index. D. basisora Christ 1909, Ind. Suppl. D. adenorachis C. Chr. Ind. Suppl. prél.

(L) **fulgens** Brause, Engl. Jahrb. **56**. 89. 1920. — N. Guinea.

fuliginosa C. Chr. Vid. Selsk. Skr. VIII. **6**. 120 f. 29. 1920. (loc. falsa, specim. typ. certe e St. Helena) = D. cognata.

furcata (Kl.) O. Ktze., Index, err. typ. = fuscata.

fuscata Hier. Hedwigia 46. 347. 1907 = D. nemophila.

fusco-atra Robinson 1912 = D. paleacea.

Galeottii (Mart.) C. Chr. Index = D. subincisa.

Gamblei (Hope) C. Chr. Index = D. atrata.

genuflexa Ros. 1913, Ind. Suppl. prél. = D. gracilipes.

Gilberti Clute 1900, Index = D. subincisa.

Gillespiei Cop. Bishop Mus. Bull. 59. 10. 1929. — Fiji.

Giraldii C. Chr. Journ. Wash. Acad. Sci. 17. 500. 1927 = D. laeta.

(L) **glabra** (Brack.) O. Ktze. — Dele loc. Tahiti et var. Phegopteris dicksonioides Mett.

(L) **glanduligera** (Kze.) Christ, Journ. de Bot. 21. 231. 1908. — Japonia. Korea—China or.—Tonkin. — Aspidium Kze. 1837: Dryopteris gracilescens Index (excl. syn. A. angustifrons).

(L) **glaucescens** Brause, Engl. Jahrb. 56. 85. 1920. — N. Guinea.

glaucostipes (Bedd.) C. Chr. Index = D. heterocarpa.

Goeringianum Koidzumi, Bot. Mag. Tokyo 43. 382. 1929 = Athyrium.

(L) **gracilescens** (Bl.) O. Ktze. — Dele subsp.

gracilifrons C. Chr. Index = Athyrium Atkinsoni.

(Cu) **gracilipes** (Cop.) C. Chr. Ind. Suppl. III. 87. 1934. — Luzon. N. Guinea. Currania Cop. 1909, Ind. Suppl.; Gymnocarpium Ching 1933. — Dryopteris genuflexa Ros. 1913, Ind. Suppl. prél. — (An D. oyamensis forma?).

(L) **gracilis** (Hew.) Domin, Mem. R. Czech. Soc. Sci. n. s. 2. 210. 1929. — Jamaica, Cuba, Guadeloupe. — Gymnogramme Hew. 1838. Dryopteris consimilis (Fée) C. Chr. 1907, Ind. Suppl.

grammitoides (Christ) C. Chr. Index = D. cystopteroides.

grenadensis (Jenm.) C. Chr. Index = D. dentata.

(L) **Grantii** Cop. Bishop Mus. Bull. 93. 8. pl. 7C. 1932. — Tahiti.

(Ct) **Grisebachii** (Bak.) O. Ktze. 1891, C. Chr. Vid. Selsk. Skr. VIII. 6. 44 f. 7. 1930. — Cuba, Jamaica, Hispaniola. — D. ameristoneura C. Chr. Index.

grossa (Christ) C. Chr. Index = D. Scottii.

guadalupensis (Wikstr.) C. Chr. Ind. Suppl. = D. domingensis.

guatemalensis (Bak.) O. Ktze., Index = D. exculta var.

Gueintziana (Mett.) C. Chr. Index = D. prolixa.

(L) **Guentheri** Ros. Fedde Rep. 25. 59. 1928. — Bolivia.

guianensis Posthumus, Ferns Surinam 51. 1928 = Stigmatopteris.

(?) **gurupahensis** C. Chr. Engl. Jahrb. 66. 45. 1932. — Celebes. — D. sagenioides var. gurupahensis C. Chr. Svensk Bot. Tids. 16. 95 f. 2. 1922.

gymnogrammoides (Bak.) C. Chr. Index = D. oyamensis var.

gymnopoda (Bak.) C. Chr. Index = D. viscosa.

(C) **gymnopteridifrons** Hayata, Ic. Pl Formosa 8. 148 f. 75—76. 1919. — Formosa.

(C) **Haenkeana** (Pr.) O. Ktze., Index. — Dele HB 290 et syn. N. multilineatum Pr., adde syn. Tectaria serrata Cav. 1802. — (An D. unita?).

haitiensis Maxon, Journ. Wash. Acad. Sci. 14. 91. 1924 = D. macrotheca.

Hancockii (Cop.) Nakai, Bot. Mag. Tokyo 41. 74. 1927. — Formosa. — Alsophila denticulata Bak. 1885, Index; Dryopteris Hayata 1917 (non supra); Cyathea Hancockii Cop. 1909; C. polyodonta Domin 1929.

(L) **Harcourtii** Domin, Kew Bull. 1929. 219. Mem. R. Czech. Soc. Sci. n. s. 2. 198 t. 34 f. 1. 1929. — Dominica. — (Cf. D. concinna).

(Po) **Hasseltii** (Bl.) C. Chr. Index. — Adde loc. Malacca, Borneo et syn. D. laserpitiifolia (Scort.) C. Chr. Index.

(G) **hastata** (Fée) Urban 1903, Ind. Suppl. 107. — Dele syn. Goniopteris leptocladia.

(C) **hastato-pinnata** Brause, Engl. Jahrb. **56**. 112. 1920. — N. Guinea.

(Eu) **Hayatai** Tagawa, Acta Phytotax. **1**. 156. 1932. — Japonia.
hemiptera Maxon, Contr. U. S. Nat. Herb. **24**. 59. 1932 = Stigmatopteris.
Henryi C. Chr. Contr. U. S. Nat. Herb. **26**. 282. 1931 = Polystichum.

(L) **heteroclita** (Desv.) C. Chr. — Dele syn. Gymn. gracilis Hew.

(Eu) **heterolaena** C. Chr. Acta Hort. Gothob. **1**. 62 t. 17. 1924. — China occ.

(A) **heterophylla** (Pr.) O. Ktze. 1891. — Ins. Phil. — Haplodictyum Pr. 1849; Dryopteris canescens* Index c. syn. — Haplodictyum majus Cop. 1920.

(L) **himalayensis** C. Chr. Ind. Suppl. III. 88. 1934. — Ind. bor. - China merid. Polypodium auriculatum Wall. 1828, Hk. 1862 (non alior.); Dryopteris Ching 1931; D. squamaestipes C. Chr. Index (excl. var. squamaestipes Clarke).

(L) **hirsutipes** (Clarke) C. Chr. Bull. Dept. Biol. Coll. Sci. Sun Yatsen Univ. no. 6. 14. 1933. — Khasia - China merid. — Nephrodium gracilescens var. hirsutipes Clarke, Tr. Linn. Soc. II. Bot. **1**. 514 t. 67 f. 1. 1880; Dryopteris sp. Wu, Polyp. Yaoshan. t. 7. 1932.

(C) **hirticarpa** Ching, Bull. Fan Mem. Inst. **2**. 197 t. 11. 1931. — Yunnan.

(Eu) **hirtipes** (Bl.) O. Ktze. — Dele syn. Asp. atratum Wall., loc. China-India et var. Polypodium Scottii Bedd.

(C) **hirtisora** C. Chr. Contr. U. S. Nat. Herb. **26**. 277. 1926. — Yunnan, Siam bor.

(C) *hirto-pilosa* Ros. Med. Rijks Herb. no. 31. 7. 1917. — Ins. Phil. — (D. subpubescens?).

(Eu) **hirtosparsa** Christ 1909, Ind. Suppl. — Cf. D. squamiseta.

(Po) **hispida** (Sw.) O. Ktze. 1891. — N. Zealand. Australia. — Polystichum (Sw.) J. Sm. 1841, Index cum syn.
hispida Brause Engl. Jahrb. **56**. 102. 1920 = D. hispiduliformis.

(C) **hispiduliformis** C. Chr. Ind. Suppl. III. 88. 1934. — N. Guinea.
D. hispida Brause 1920 (non O. Ktze.)
(Cf. Nephrodium hispidulum A. Peter).

(C) **holophylla** (Bak.) C. Chr. — Adde loc. Malacca et syn. D. cordifolia v. A. v. R. 1913, Ind. Suppl. prél. — D. mirabilis Cop. 1911, Ind. Suppl.

(Eu) **hondoensis** Koidzumi, Acta Phytotax. **1**. 31. 1932. — Japonia.

(C) **horridipes** v. A. v. R. Bull. Buit. II no. 28. 23. 1918.

(C) **Hudsoniana** (Brack.) Ros. Fedde Rep. **12**. 525. 1913. — Ins. Hawaii. — (Polynesia?). — Nephrodium Brack. 1854; Aspidium Mann 1868.
Humblotii (Bak.) C. Chr. Index = Arthropteris orientalis.

(?) **huusteiniana** Brause, Engl. Jahrb. **56**. 79. 1920. — N. Guinea.
ichtiosma (Sod.) C. Chr. Index et Suppl. 107 = Stigmatopteris.
illyrica G. Beck, Oest. Bot. Zeit. **67**. 113. 1918 = Polystichum lobatum × lonchitis.

(L) **immersa** (Bl.) O. Ktze. — Cf. D. verrucosa.
Imrayana Domin, Mem. R. Czech. Soc. Sci. n. s. **2**. 191 t. 38 f. 1—2. 1929 = Stigmatopteris rotundata var.

(Ct) **inaequalifolia** (Colla) C. Chr. Vid. Selsk. Skr. VIII. **6**. 73. 1920. — Juan Fernandez. — Polypodium Colla 1836; P. Berteroanum Hk. 1862; Dryopteris subincisa *Berteriana C. Chr. Index.

(Eu) **inaequalis** (Schl.) O. Ktze. — Cf. D. oligantha. — An Polypodium umbilicatum Poir. 1804?. — V. et D. marginata.

(C) **inclusa** Cop. Univ. Calif. Publ. Bot. **14.** 373 t. 57. 1929. — Sumatra.

(L) **inconspicua** Cop. Phil. Journ. Sci. **12**C. 55. 1917. — Borneo.

incrassata (Christ) C. Chr. Index = Athyrium dissitifolium.

indusiata Mak. et Yamamoto, Suppl. Ic. Pl. Formos. V. 2. 1932 = D. gymnosora var.

(Ct) **ingens** (Atk.) Ching, Sinensia **2.** 15. 1931. — Ind. bor. — Nephrodium Atk., Clarke, Tr. Linn. Soc. II. Bot. **I.** 526 t. 73. 1880.

insularis Kodama in Matsum. Ic. Pl. Koisik. **2.** 49 t. 109. 1913. — Ins. Bonin.

(Eu) **integriloba** C. Chr. Bull. Dept. Biol. Coll. Sci. Sun Yatsen Univ. no. 6. 5. 1933. — China merid. Tonkin.

(Ct) **interjecta** C. Chr. Vid. Selsk. Skr. VIII. **6**. 43. 1920. — Amer. centr.

intermedia O. Ktze. 1891; v. A. v. R. Bull. Buit. III. **2.** 144. 1920 = D. vilis.

(C) **interrupta** (Willd.) Ching, Lingnan Sci. Journ. **12.** 566. 1933. — Asia, Austr., Polynesia trop. — Pteris Willd. Phytogr. **1.** 13 t. 10 f. 1. 1794. Aspidium pteroides Sw. 1801; Dryopteris O. Ktze. 1891, Index c. syn. (excl. Polypodium pteroides Retz.)

izuensis Kodama in Matsum. Ic. Pl. Koisik. **2.** 7 t. 88. 1913 = D. africana var.

jessoensis Koidzumi, Bot. Mag. Tokyo **38.** 104. 1924 = D. Linnaeana var. (an D. remoti-pinnata?).

juxtaposita Christ 1907, Ind. Suppl. = D. odontoloma.

kamtschatica Komarov 1914, Ind. Suppl. prél. = D. oreopteris.

Karsteniana (Kl.) Hier. 1907, Ind. Suppl. = D. pulverulenta.

(Pa) **Killipii** C. Chr. et Maxon, Amer. Fern Journ. **18.** 4. 1928. — Panama, Costa Rica.

kinabaluensis Cop. Phil. Journ. Sci. **12**C. 55. 1917 = D. viscosa.

Kingii (Bedd.) C. Chr. Index = D. Boryana.

kinkiensis Koidzumi; Tagawa, Acta Phytotax. **2.** 200. 1933. — Japonia.

(Ct) **Kjellbergii** C. Chr. Engl. Jahrb. **66.** 44. 1933. — Celebes.

(L) **Klossii** (Ridley) v. A. v. R Mal. Ferns Suppl. 501. 1917. — N. Guinea. Lastraea Ridley, Tr. Linn. Soc. II Bot. **9.** 257. 1916.

Koidzumiana Tagawa, Acta Phytotax. **2.** 190. 1933. — Japonia.

Klotzschii C. Chr. Ind. Suppl. = Stigmatopteris nephrodioides.

(Eu) **Komarovii** Kossinsky, Not. syst. Hort. Petr. **2.** 1. 1921. — Turkestan. Afghanistan.

Korthalsii Ros. Med. Rijks Herb. no. 31. 5. 1917 = D. peltata.

(C) **labuanensis** C. Chr. Index. — Adde loc. Java et var. Gymnogramme macrotis Kze. 1848 (non Dryopteris (Hk.) O. Ktze); D. oxyotis Ros. 1917.

(Eu) **laeta** (Komarov) C. Chr. Ind. — Adde loc. Asia ross. extr. orient. — China bor. et occ. et syn. Aspidium oxyodon Franch. 1883 (non Dryopteris (Bak.) C. Chr. Index). Dryopteris wladiwostokensis B. Fedtschenko 1912, Ind. Suppl. prél. D. Giraldii C. Chr. 1927. D. subramosa Christ 1909, Ind. Suppl.

laeta C. Chr. Vid. Selsk. Skr. VIII. **6.** 117. 1920 = D. denticulata*.

(M) *lakhimpurensis* Ros. Med. Rijks Herb no. 31. 7. 1917. — Assam.

lamprocaulis (Christ) C. Chr. Ind. Suppl. = Alsophila.

larutensis (Bedd.) C. Chr. Index = Sphaerostephanos.

laserpitiifolia (Scort.) C. Chr. Index = D. Hasseltii.

lasiocarpa Hayata 1911, Ind. Suppl. prél. = D. uliginosa var. oligophlebia.

Lastii (Bak.) C. Chr. Index = D. kilemensis.
(Cf. Phegopteris lastreoides v. A. v. R. 1920).
latealata (Christ) C. Chr. (err. typ. recte lateadnata) = D. connexa.
Ledermanni Brause, Engl. Jahrb. 56. 90. 1920 = D. phaeostigma.
lepidorachis C. Chr. Index = D. Championi.
(G) leptocladia (Fée) Maxon, Pter. Porto Rico 476. 1926. — Ind. occ.
 Goniopteris Fée 1866.
(L) leucolepis (Pr.) Maxon, Proc. Biol. Soc. Wash 36. 172. 1923. — Malesia—
 Polynesia. — Lastrea Pr. 1849. Polypodium pallidum Brack. 1854. Dry-
 opteris brunneo-villosa C. Chr. Index cum syn.
 leuconeura Nakai, Bot. Mag. Tokyo 47. 180. 1933 = D. unita?
(Po) leucostegioides C. Chr. Vid. Selsk. Skr. VIII. 6. 118. f. 28. 1920. —
 Colombia—Panama.
 Leveillei Christ 1909, Ind. Suppl. = D. omeiensis.
(L) Levingii (Clarke) C. Chr. Index. — Adde loc. China occ. et centr. et
 syn. D. Purdomii C. Chr. 1913 Ind. Suppl. prél.
 lichiangensis (Wright) C. Chr. Ind. Suppl. = Polystichum moupinense.
 linearis Cop. Phil. Journ. Sci. 12 C. 56. 1917 = D. badia.
(Eu) Liliana Golicin, Fedde Rep. 31. 388. 1933. — Turkestania.
 linkiana Maxon, Journ. Wash. Acad. Sci. 14. 199. 1924 = D. diplazioides.
(C) lithophylla Cop. Phil. Journ. Sci. 12C. 57. 1917. — Borneo.
 lobata G. Beck, Oest. Bot. Zeitschr. 67. 113. 1918 = Polystichum.
 lobata × lonchitis C. Beck, l. c. = Polystichum.
 lomatopelta (Kze.) C. Chr. Index = D. melanochlamys.
 longicaudata (Liebm.) C. Chr. Ind. Suppl. = Stigmatopteris.
 longifolia Bonap. N. Pt. 5. 55. 1917 = D sambiranensis.
 Lorentzii (Hier.) C. Chr. Index = D. argentina.
 loxoscaphoides (Bak.) C. Chr. Index = Leucostegia.
 Macarthyi (Bak.) C. Chr. Index = D. laxa.
(L) Macgregori (Bak.) C. Chr. Ind. Suppl. III. 90. 1934. — N. Guinea.
 Nephrodium Bak. Ann. Bot. 5. 320. 1891. Lastraea Ridley 1916; Dryopteris conterminoides C. Chr. Index.
(?) macrolepidota Cop. Bishop Mus. Bull. 93. 8 t. 7 B. 1932. — Tahiti.
(G) macropoda (Mett.) C. Chr. apud Cop. Univ. Calif. Publ. Bot. 17. 31. 1932.
 — Brasilia. — Aspidium macropus Mett. Fil. Lechl. II. 20. 1859.
(C) macroptera Cop. Univ. Calif. Publ. Bot. 12. 392. 1931. — Tonga.
(Ct) macrosora (Fée) C. Chr. Vid. Selsk. Skr. VIII. 6. 82. 1920. — Phegop-
 teris Fée 1852 (nomen); Polypodium subincisum Mart. Ic. Cr. Bras.
 89 t. 64. 1834 (non Willd. 1810). P. inaequale Klf., Link 1833 (non Dry-
 opteris Index).
(Ct) macrotheca (Fée) C. Chr. Ind. Suppl. — Adde loc. Hispaniola et syn. D.
 haitiensis Maxon 1924.
(C) magnifica Cop. Bishop Mus. Bull. 59. 11. 1929. — Fiji.
 Makinoi Koidzumi, Acta Phytotax. 1. 26. 1932 = D. obtusissima.
(G) malacothrix Maxon, Proc. Biol. Soc. Wash. 43. 87. 1930. — Ind. occ.
 Amer., centr. Venezuela. — D. asterothrix (Fée) C. Chr. 1914, Ind. Suppl.
 (non Ros. 1909).
(?) mamberamensis v. A. v. R. Bull. Buit. II no. 24. 3. 1917 (syn.) — N. Guinea.
 Phegopteris v. A. v. R. l. c.

(Ct) **Mannii** (Hope) v. A. v. R. Bull. Buit. III. **2**. 145. 1920. — Assam.
Nephrodium Hope, JoB. **1890**. 145. (Nomen malum, non D. Manniana
C. Chr. Index).
maranguensis (Hier.) C. Chr. Index = D. Bergiana.

(L) **Margaretae** E. Brown, Bishop Mus. Bull. **89**. 29 t. 3. 1931. — Ins. Rapa
(Polynesia).

(Eu) **marginata** (Wall.) Christ 1901. — Ind. bor.-China austr. — D. filix mas
*Aspidium marginatum Wall., Index c. syn. — Cf. D. inaequalis et D.
Marthae v. A. v. R. 1911, Ind. Suppl. = D. calcarata.   [oligantha.
Martiana Ros. 1906 = D. abundans.
Mataanae Brause, Notizblatt Bot. Gart. Berlin **8**. 139. 1922 = D. pubirachis.

(Ct) **Matsumurae** (Mak.) C. Chr. — Adde loc. China et syn. Aspidium Maximowiczianum Miq. 1867 (t. Rosenstock in litt.); Dryopteris Koidzumi
1930 (non D. Maximowiczii Index). — (Aspidium subtripinnatum est
t. Koidzumi eadem sp.?).

(Eu) **Matsuzoana** Koidzumi. Bot. Mag. Tokyo **39**. 15. 1925. — Japonia.
Maximowicziana Koidzumi, Fl. Symb. Orient. As. 21. 1931 = D. Matsumurae.
Mazei (Fourn. C. Chr. Index = D. macrotheca.

(Eu) **medioxima** Koidzumi, Acta Phytotax. **1**. 32. 1932. — Korea.

(L) **megalocarpa** v. A. v. R. Bull. Buit. III. **5**. 199. 1922. — Sumatra.
megaphylloides v. A. v. R. 1915, Ind. Suppl. prél. = D. pseudomegaphylla.

(Eu) **melanocarpa** Hayata 1914. — An D. sparsa var.?

(Ct) **melanochlamys** (Fée) O. Ktze., Ind. Suppl. 108. — Cuba. — Adde syn.
D. lomatopelta (Kze.) C. Chr. Index. — An D. nemorosa var.? (v. Vid.
Selsk. Skr. III. **6**. 41. 1920).

(Ct) **melanosticta** (Kze.) O. Ktze. 1891, Ind. Suppl. 108. C. Chr. Vid. Selsk.
Skr. VIII. **6**. 42. 1920. — Mexico—Costa Rica. — Adde var. D. bullata
(Christ) C. Chr. Ind. Suppl.

(C) **membranifera** C. Chr. in Bonap. N. Pt. **16**. 170 t. 2. 1925. — Madagascar.

(Ct) **meridionalis** (Poir.) C. Chr. Vid. Selsk. Skr. VIII. **6**. 46 f. 8. 1920. —
Guadeloupe—Grenada. Bermuda (var. speluncae C. Chr. l. c.) — Polypodium Poir. Enc. **5**. 553. 1804. Aspidium frondosum Wikstr. 1826. A.
nemorosum Jenm. 1894; Nephrodium Jenm. 1908, non Desv. 1827).

(C) **mesocarpa** Cop. Bishop Mus. Bull. **93**. 9 t. 7 A. 1932. — Ins. Societatis.

(L) **Mexiae** C. Chr. apud Cop. Univ. Calif. Publ. Bot. **17**. 32 t. 6. 1932. —

(?) **micans** Brause, Engl. Jahrb **56**. 98. 1920. — N. Guinea.   [Brasilia
Michaelis (Bak.) C. Chr. Ind. et Suppl. 108 = Stigmatopteris.

(L) **microcarpa** v. A. v. R. Bull. Buit. III. **2**. 146. 1920. — Sumatra.

(Ct) **microlepigera** Nakai, Bot. Mag. Tokyo **43**. 5. 1929. — Ins. Bonin.

(L) **microlepioides** C. Chr. Bull. Mus. Paris II. **6**. 102. 1934. — Tonkin.
microlepis (Bak.) C. Chr. Ind. Suppl. = D. thibetica.

(C) **microsora** Cop. Bishop Mus. Bull. **59**. 12. 1929. — Fiji.
microstegia Ros. Fedde Rep. **10**. 334. 1912 = D. brunnea.

(Pa) **microtricha** Cop. Bishop Mus. Bull. **59**. 10. 1929. — Fiji. — (An D. daval-
Milletii C. Chr. Index = D. vilis.   lioides var.?).

(M) **minuscula** Maxon, Kew Bull. **1932**. 135. — Colombia.

(?) **Miqueliana** (Maxim.) C. Chr. — Adde loc. China et syn. D. Fargesii
(Christ) C. Chr. Index.
mirabilis Cop. 1911, Ind. Suppl. = D. holophylla f. pinnata.

(Ct) **modesta** C. Chr. in Bonap. N. Pt. 16. 171 t. 5. 1925. — Madagascar.

(L) **mollicella** Maxon, Proc. Biol. Soc. Wash. 36. 49. 1923. — Dominica.

(Ct) **mollicoma** C. Chr. Vid. Selsk. Skr. VIII. 6. 75. 1920. — Ecuador.

mollis (Jacq.) Hier. 1907, Ind. Suppl. = D. dentata.

mollissima (Christ) C. Chr. Index = D. flaccida.

mongolica (Franch.) C. Chr. Index = Athyrium fallaciosum.

monocarpa (Cordem.) C. Chr. Index = Arthropteris.

Morlae (Sod.) C. Chr. Index = Tectaria.

Moussetii Ros. Fedde Rep. 8. 278. 1910 = D. brunnea.

(L) **multifrons** C. Chr. in Bonap. N. Pt. 16 172 t. 2 b. 1925. — Madagascar.

(C) **multijuga** (Bak.) O. Ktze. 1891. — Ind. bor. Siam.

Nephrodium Bak. Syn. 291. 1867.

(C) **multilineata** (Pr.) C. Chr. Svensk Bot. Tids. 16. 95. 1922 (non O. Ktze. 1891). — Malesia. — Nephrodium Pr. 1836 (non Bak. 1867); Aspidium Mett. Pheg. et Asp. 108 no. 258. 1858. Nephrodium Haenkeanum Bak. 1867 (non Pr. 1849).

(L) **munda** Ros. Med. Rijks Herb. no. 31. 5. 1917. — N. Guinea.

(C) **muricata** Brause, Engl. Jahrb. 56. 106. 1920. — N. Guinea.

(C) **mutabilis** Brause, l. c. 97. — N. Guinea.

myriolepis (Bak.) C. Chr. Index = D. nemorosa.

(L) **neglecta** Brade et Ros. Bol. Mus. Nac. Rio Janeiro 7. 142 t. 7. 1931. — Brasilia.

(Ct) **nemophila** (Kze.) C. Chr. Vid. Selsk. Skr. VIII. 6. 57 f. 11. 1920. — Venezuela—Peru. Argentina. — Aspidium Kze. Linn. 9. 95. 1834. — A. catocarpum Kze. 1834; Dryopteris O. Ktze. 1891, Index. D. furcata (Kl.) O. Ktze. 1891, Index.

nemoralis (Sod.) C. Chr. Index = D. nephrodioides var. C. Chr. Vid. Selsk. Skr. VIII. 6. 25. 1920.

(Ct) **nemorosa** (Willd.) Urban 1903, C. Chr. l. c. 40. — Adde syn. D. myriolepis (Bak.) C. Chr. Index. — Cf. D. melanochlamys supra.

(L) **neo-auriculata** Ching, Bull. Fan Mem. Inst. 2. 196 t. 10. 1931. — Yunnan.

(Eu) **nigrosquamosa** Ching, l. c. 194. — Kansu.

(Eu) **nipponensis** Koidzumi in Mayebara, Fl. Austro-Higoensis 5. 1931, Acta Phytotax. 1. 28. 1932. — Japonia.

(C?) **Norrisii** Ros. Med. Rijks Herb. no. 31. 8. 1917. — Malacca.

Lastraea Ridley 1926.

(L) **notabilis** Brause, Engl. Jahrb. 56. 91. 1920. —· N. Guinea.

nothochlaena Maxon, Contr. U. S. Nat. Herb. 24. 58. 1922 = Stigmatonuda Und. 1897, Index = D. glabra.   [pteris.

(L) **nuna** J. W. Moore, Bishop Mus. Bull. 102. 7. 1933. — Raiatea (Ins. Soc.)

(C) **nymphalis** (Forst.) Cop. Bishop Mus. Bull. 59. 46. 1929. — N. Zealand. Polynesia. — Polypodium Forst. 1786; Dryopteris parasitica var. Index oblanceolata Cop. 1914, Ind. Suppl. prél. = D. Cesatiana.   [c. syn.

(L) **obliquata** (Mett.) O. Ktze. — Adde syn. D. Richardsi (Bak.) C. Chr. Index. D. Sangnelli (Bak.) C. Chr. Index.

(C) **oblonga** Brause, Engl. Jahrb. 56. 109. 1920. — N. Guinea.

(?) **obscura** (Fée) Christ, Phil. Journ. Sci. 2 C. 214. 1907. — Asia trop. — D. sagenioides *obscura C. Chr. Index c. syn. D. schizoloma v. A. v. R. 1914, Ind. Suppl. prél. — Nephrodium melanopus Hk. 1862; N. sagenioides Bak. 1867, HB. 271; Dryopteris O. Ktze., Index part., auctt. rec·

(non Aspidium Mett., v. D. trichotoma). —? Aspidium ferrugineum et
A. nigricaule Fée 1852 (vix A. zeylanicum Fée 1852).

(C) **obstructa** Cop. Univ. Calif. Publ. Bot. 12. 378. 1931. — Rarotonga.

(L) **obtusata** v. A. v. R. Bull. Buit. II no. 28. 22. 1918. — Sumatra.
obtusata Ballard, Kew Bull. 1932. 75 = D. interrupta.
obtusiloba (Desv.) C. Chr. Index c. syn. Polypodium Desv. (non HB); Aspidium Desvauxii Mett. = D. crinita var.? an D. bivestita? (Cf. Dansk
Bot. Ark. 7. 203).
obtusiloba C. Chr. pro max. parte c. syn. Polypodium HB. Syn. 305 (non
Desv.); Phegopteris Christ 1897 = D. Bergiana.

(Eu) **obtusissima** Mak. Journ. Jap. Bot. 2. 47. 1918. — Japonia. — Nephrodium
erythrosorum var. obtusum Mak. Bot. Mag. Tokyo 13. 79 1899. Dryopteris Makinoi Koidzumi 1932.

(Po) **ochropteroides** (Bak.) C. Chr. Index; Vid. Selsk. Skr. VIII. 6. 108 f. 24.
1920. — Jamaica. Panama — Colombia. — Adde syn. D. popayanensis
(Hier.) C. Chr. Index.

(L) **ochthodes** (Kze.) C. Chr. Index. — Dele syn. Aspidium xylodes Kze. etc.
et Nephrodium multijugum Bak. — (An D. prolixa?).

(Eu) **odontoloma** (Moore) C. Chr. Acta Hort. Gothob. 1. 59. 1924. — India—China
austr.—Tonkin. — D. filix mas Index 265 c. syn. D. juxtaposita Christ

(L) **odontosora** Bonap. N. Pt. 4. 17. 1917. — Guiana.   [1907, Ind. Suppl.

(L) **ogasawariensis** Nakai, Rigakkwai 26. Apr. 10. 1928 (nomen), Bot. Mag.
Tokyo 43. 2. 1929. — Ins. Bonin.
Ogatana Koidzumi, Bot. Mag. Tokyo 39. 10. 1925 = D. sophoroides var.
Okuboana Koidzumi, Bot. Mag. Tokyo 38. 112. 1924 = Athyrium viridifrons.
okushirensis Miyabe et Kudo, Tr. Sapporo Nat. Hist. Soc. 7. 23. 1918 =
D. Dickinsii.

(Ct) **Oldhami** (Bak.) C. Chr. Ind. — Adde syn. Alsophila subglandulosa Hance
1866, Index; Dryopteris Hayata 1917 (non O. Ktze. 1891).

(Eu) **oligantha** (Desv.) C. Chr. Ind. Suppl. III. 93. 1934. — Ins. Atlant. - Afr.
trop. et austr.? — Aspidium Desv. 1811; Dryopteris filix mas subsp.
oligodonton et Ludovicianum Index c. syn. (t. Kuhn D. inaequalis et
D. marginata formae hujus sp. sunt).

(C) **oligodictya** (Bak.) C. Chr. Mitt. Inst. Hamburg 7. 148. 1928. — Borneo.
Leptochilus (Bak.) C. Chr. Index. Syngramma angusta Cop. 1909,
Ind. Suppl.

(L) **oligolepia** v. A. v. R. Nova Guinea 14. 17. 1924. — N. Guinea.
oligophlebia (Bak.) C. Chr. Index = D. uliginosa.

(Ct) **oophylla** C. Chr. Vid. Selsk. Skr. 6. 39. 1920. — Jamaica. Hispaniola.
opaca (Don) C. Chr. Index = Athyrium.

(L) **oppositiformis** C. Chr. in Bonap. N. Pt. 16. 173 t. 2. 1925. — Madagascar.
oppositipinna v. A. v. R. 1914, Ind. Suppl. prél. = D. brunnea.

(L) **oreopteris** (Ehrh.) Maxon. — Adde loc. Kamtschatka et var. D. kamtschatica Komarov 1914, Ind. Suppl. prél.

(L) **organensis** Ros. Fedde Rep. 20. 91. 1924. — Brasilia.
orientalis (Gmel.) C. Chr. Index = Arthropteris.
ornata (Wall.) C Chr. Index (excl. syn. Polypodium pallidum Brack.) =
oshimensis (Christ) C. Chr. Index = D. sophoroides.   [D. setigera.
otaria (Kze.) O. Ktze. 1891, Index = Athyrium Cumingianum.
otarioides (Christ) C. Chr. Index = Athyrium Sheareri.
oxyodus (Bak.) C Chr. Index = D. syrmatica.

oxyotis Ros. Med. Rijks Herb. no. 31. 5. 1917 = D. labuanensis.

(Cu) **oyamensis** (Bak.) C. Chr. Index. — Adde syn. Phegopteris v. A. v. R. 1917. — Dryopteris gymnogrammoides (Bak.) C. Chr. Index. — Adhuc forte D. gracilipes (Cop.) C. Chr. supra (Luzon, N. Guinea).
padangensis (Bedd.) C. Chr. Index = D. vilis.

(Ct) **palatangana** (Hk.) C. Chr. Vid. Selsk. Skr. VIII. 6. 56. 1920. — Ecuador. Nephrodium Hk. sp. 4. 260. 1862.

(Eu) **paleacea** (Sw.) C. Chr. Amer. Fern Journ. 1. 94. 1911. — Jamaica, Hispaniola. Mexico — Peru—Argentina—Brasilia. Ind. bor. - China austr. Borneo. Ins. Hawaii. Madagascar. — D. filix mas *Aspidium paleaceum Sw. 1805 c. syn. et *A. patentissimum Wall. 1828 c. syn. (excl. var. fibrillosa Clarke). — Dryopteris fusco-atra Robinson 1912, Ind. Suppl. (Hawaii). -- var. madagascariensis C. Chr. Dansk Bot. Ark. 7. 53 t. 11 f. 5—9. 1932.

(L) **pallescens** Brause, Engl. Jahrb. 56. 88. 1920. — N. Guinea.
Palmii C. Chr. 1916, Ind. Suppl. prél. = D. Bergiana.

(Eu) **panda** (Clarke) C. Chr. Ind. Suppl. III. 94. 1934. — Ind. bor. - China austr. et occ. — Nephrodium filix mas var. panda Clarke 1880; Nephrodium Hope 1899; Dryopteris filix mas Index. Polystichum Bonatianum Brause 1914, Ind. Suppl. prél.
pandiformis (Christ) C. Chr. Index = Athyrium unifurcatum.

(Ct) **pansamalensis** C. Chr. Vid. Selsk. Skr. VIII. 6. 72. 1920. — Guatemala.
paraguayensis (Christ) C Chr. Index = Alsophila sp.
parallela (Bak.) C. Chr. Index = Arthropteris.
paraphysophora v. A. v. R. Bull. Buit. III. 2. 143. 1920. — Sumatra.

(C) **parasitica** (L) O. Ktze., Index reduct. — China—Asia trop. — D. didymosora (Parish) C. Chr. Index c. syn. — Dele syn. Polypodium nymphale Forst. et syn. et subsp. seq. Ind. 282. Cf. D. dentata, nymphalis, subpubescens et D. amboinensis, Jamesonii, latipinna.

(C) **pauciflora** (Hk.) C. Chr. — Africa trop. — Adde syn. Polypodium prionodes C. H. Wright 1906, Ind. Suppl.
paucivenia C. Chr. Index = Psammiosorus.

(L) **pectiniformis** C. Chr. Gardens Bull. S. S. 4. 379. 1919. — Perak.
pedata (Desv.) O. Ktze., Index = Camptodium.
pellucida (Franch.) C. Chr. Index = Cystopteris.
pellucido-punctata C. Chr. Index = Stigmatopteris.

(C) **penangiana** (Hk.) C. Chr. Index. — Malacca. Borneo. — Dele loc. China, Ind. bor. et syn. Pol. lineatum Colebr. et P. costatum Wall. etc. — v. D. rampans.

(C) **pennigera** (Forst.) C. Chr. Index. — Dele loc. Polynesia. Ins. Philipp. et *Goniopteris costata Brack.

(Ct) **pentagona** Bonap. N. Pt. 4. 64. 1917, C. Chr. Dansk Bot. Ark. 7. 62 t. 15 f 9—10. 1032. — Madagascar.
peregrina C. Chr. Index = Matteuccia orientalis.

(C) **perglandulifera** v. A. v. R. Bull. Buit. III. 2. 150. 1920. — Sumatra.

(Eu) **Perrieriana** C. Chr. in Bonap. N. Pt. 16. 176 t. 4. 1925. — Madagascar.

(L) **perstrigosa** Maxon, Kew Bull. 1932. 135. — Colombia.

(G) **petiolata** Maxon, Journ. Wash. Acad. Sci. 14. 142. 1924. — Hispaniola.

(?) **phaeostigma** (Ces.) C. Chr. Index. — Adde syn. Polystichum lastreoides Ros. 1911, Ind. Suppl. Dryopteris tamatana. C. Chr. Ind. Suppl. D. Ledermanni Brause 1920.

(L) **pinnata** Cop. Univ. Calif. Publ. Bot. **14**. 373. 1929. — Sumatra.
(C) **plurifolia** v. A. v. R. Bull. Buit. III. **5**. 201. 1922. — Sumatra.
(Eu) **polita** Ros. 1914, Ind. Suppl. prél. — Adde loc. Borneo. Tonkin et syn.
    Phegopteris v. A. v. R. 1917.
(C) **polyotis** C. Chr. Engl. Jahrb. **66**. 46. 1933. — Celebes.
    polypodiformis (Mak.) C. Chr. Index = Athyrium Sheareri.
    popayanensis (Hier.) C. Chr. Index = D. ochropteroides.
    porphyrophlebia (Christ) C. Chr. Index = D. rampans.
    prasina (Bak.) C. Chr. Index = Stigmatopteris Lechleri..
    prionites (Kze.) C. Chr. Index = Stigmatopteris.
(C) **Presliana** Ching in C. Chr. Ind. Suppl. III. 95. 1934. — Asia trop.
    Polypodium asperum Pr. Rel. Haenk. **1**. 24 t. 3 f. 4. 1825 (non L. 1753);
    D. urophylla part. Index.
(C) **prismatica** (Desv.) C. Chr. Dansk Bot. Ark. **7**. 202. 1932. — Ins. Masca-
    renae, Madagascar. — Nephrodium Desv. Prod. 256. 1827. Aspidium
    caudiculatum Sieb., Kze. 1850 Mett. no. 250. Nephrodium Pr. 1836;
    Dryopteris C. Chr. 1932.
(L) **prolixa** (Willd.) O. Ktze. — Dele loc. India? et syn. Aspidium appendi-
    culatum Wall. etc. (cf. D. Wallichii). — Adde syn. D. Gueintziana (Mett.)
    C. Chr. Index.
    pseudo-africana Mak. et Ogata, Journ. Jap. Bot. **4**. 140. 1927 = D. africana var.
    pseudoamboinensis Ros. Med. Rijks Herb. no. 31. 7. 1917 = D. subpube-
    scens?.
(L) **pseudocalcarata** C. Chr. Ind. Suppl. III. 95. 1934. — Ind. bor. - China
    austr. - Tonkin. — Lastrea sericea Scott, Bedd. Ferns br. Ind. t. 308.
    1869 (non Dryopteris C. Chr. 1913). Aspidium ciliatum Wall. 1828 (nomen);
    Nephrodium Clarke 1880 (non Desv. 1827); Dryopteris C. Chr. 1932.
    pseudocuspidata Christ 1911, Ind. Suppl. = D. rampans.
(Eu) **pseudo-erythrosora** Kodama in Matsumura, Ic. Pl. Koisik. **1**. 165 t. 83.
    1913, Fedde Rep. **15**. 174. 1913. — Japonia.
(C) **pseudohirsuta** Ros. Med. Rijks Herb. no. 31. 7. 1917. — Ins. Phil.
(C) **pseudomegaphylla** v. A. v. R. Mal. Ferns Suppl. 180. 1917. — Sumatra.
    D. megaphylloides v. A. v. R. 1915, Ind. Suppl. prél. (non Ros. 1913).
    pseudoparasitica v. A. v. R. Nova Guinea **14**. 19. 1924. — N. Guinea.
    pseudoreptans C. Chr. Index = D. pilosiuscula.
(C) **pseudostenobasis** Cop. Journ. Arnold Arb. **10**. 176. 1929. — N. Guinea.
    pseudovaria (Christ) C. Chr. Index = D. fructuosa.
    psilosora Tagawa, Acta Phytotax. **2**. 191. 1932. — Riu-Kiu Ins.
(C) **pterospora** v. A. v. R. Bull. Buit. III. **2**. 148. 1920. — Sumatra.
    pteroides O. Ktze., Index (excl. syn. Retzii) = D. interrupta.
(Po) **pubescens** (L.) O. Ktze. — Dele syn. P. chaerophylloides et P. portoricense.
(Ct) **pulverulenta** (Poir.) C. Chr. in Urban, Symb. Ant. **9**. 305. 1925. —
    Hispaniola, Jamaica. Guatemala—Ecuador. — Polypodium Poir. Enc. **5**.
    555. 180 (Plum. t. 34); Aspidium Desv. 1827; A. lutescens Willd. 1810;
    Lastrea Moore 1858. Dryopteris Karsteniana (Kl.) Hier. 1907, Ind. Suppl.
    c. syn., C. Chr. Vid. Selsk. Skr. VIII. **6**. 76. 1920. D. erythrostemma
    (Christ) C. Chr. Index.
(Ct) **pulvinata** C. Chr. in Bonap. N. Pt. **16**. 177 t. 6. 1925. — Madagascar.
    punctata (Thbg.) C. Chr. Index = Hypolepis punctata et H. rugosula.
    Purdomii C. Chr. 1913, Ind. Suppl. prél. = D. Levingii.

(Eu) **purpurella** Tagawa, Acta Phytotax. **1.** 307. 1932. — Japonia.

(L) **quadriquetra** v. A. v. R. Nova Guinea **14.** 16. 1924.

(L) **Quaylei** E. Brown, Bishop Mus. Bull. **89.** 28 f. 9 — Marquesas.
quelpartensis Christ 1910, Ind. Suppl. = Athyrium.

(C) **rampans** (Bak.) C. Chr. Index. — Ind. bor. - China. — Adde syn. Polypodium lineatum Colebr. Wall. 1828, Hk. 1863; Goniopteris Pr. 1836;
Phegopteris Mett. (non Dryopteris C. Chr. Index). Dryopteris porphyrophlebia (Christ) C. Chr. Index. D. pseudocuspidata Christ 1911, Ind. Suppl.

(L) **reflexa** Ching, Bull. Fan Mem. Inst. **2.** 193. t. 8. 1931. — Yunnan.
remota Hayata 1911, Ind. Suppl. prél. = D. remoti-pinnata.

(C) **remotipinna** Bonap. N. Pt. **5.** 57. 1917, C. Chr. Dansk Bot. Ark. **7.** 50 t.
12 f. 10. 1932. — Madagascar.

(Gy) **remoti-pinnata** Hayata, Gen. Ind. Fl. Formosa 108. 1917. — Sachalin—
Manchuria—Mongolia- China bor. et occ. — Turkestan chin.—Kasch-
mir. Formosa. — D. remota Hayata 1911, Ind. Suppl. prél. (non Hayek
1908); Gymnocarpium Ching 1933. Aspidium Dryopteris var. longulum
Christ, Bull. Boiss. II. **2.** 830. 1902. — (An potius D. Robertiana var.?
Cf. D. continentalis).

(Eu) *remotipinnulata* Bonap. N. Pt. **16.** 178. 1925. — Madagascar.
(An D. inaequalis var.?).

(Eu) **remotissima** (Christ) Koidzumi, Bot. Mag. Tokyo **43.** 386. 1929. — Japonia.
Aspidium spinulosum var. remotissimum Christ, Bot. Mag. Tokyo **24.**

(C) **repandula** v. A. v. R. Nova Guinea **14.** 20. 1924. — N. Guinea. [240. 1910.
repentula (Clarke) Christ 1909, Ind. Suppl. = D. glanduligera.

(Ct) **rhodolepis** (Clarke) C. Chr. Index. — Ind. bor.-China austr.-Tonkin-
Japonia? — Dele syn. Aspidium intermedium et seq.
Richardsi (Bak.) O.Ktze., Index = D. obliquata.
Ridleyana Brause, Engl. Jahrb. **56.** 112. 1920 = D. Wollastonii.
Ridleyi (Bedd.) C. Chr. Ind. Suppl. = D. viscosa.
rigida (Hoffm.) Und., Index = D. Villarsii.
rigida *arguta (Klf.) Index = D. arguta.

(L) **rigidifolia** v. A. v. R. Nova Guinea **14.** 18. 1924. — N. Guinea.

(Po) **rigidissima** (Hk.) C. Chr. Vid. Selsk. Skr. VIII. **6.** 118 f. 27. 1920. —
Jamaica, Hispaniola. — Nephrodium denticulatum var. rigidissimum
Hk. sp. **4.** 148. 1860.

(L) **Robinsonii** (Ridley) C. Chr. Gardens Bull. S. S. **4.** 381. 1929. — Malacca.
Lastraea Ridley, Journ. Fed. Mal. Stat. Mus. **10.** (128—156) 1920, Journ.
Mal. Br. R. As. Soc. **4.** 65. 1926.

(C?) **Rosenburghii** C. Chr. Ind. Suppl. III. 96. 1934. — Ceram. — D. arborea
v. A. v. R. Bull. Buit. II no. 28. 24. 1018 (non Brause 1914).

(Eu) **Rosthornii** (Diels) C. Chr. Index. — Ind. bor.-China. — Adde syn.
Nephrodium filix mas var. fibrillosa et var. khasiana Clarke, Tr. Linn.
Soc. II Bot. **1.** 520 et 519, t. 70 et 69 f. 1. 1880. Dryopteris fibrillosa
Hand.-Mzt. 1922. D. xanthomelas (Christ) C. Chr. Ind. Suppl. — (Cf.
rotundata (Willd.) C. Chr. Index = Stigmatopteris. [D. polylepis).

rubicunda (v. A. v. R.) C. Chr. Ind. Suppl. III. 96. 1934. — Sumatra.
Phegopteris v. A. v. R. Bull. Buit. III. **2.** 162. 1920.

rubra Ching, Bull. Fan Mem. Inst. **2.** 198 t. 12. 1931. — Ind. bor.-China austr.

rufo-pilosa Brause, Engl. Jahrb. **56.** 106. 1920. — N. Guinea. — Goniopteris rudis Ridley, Tr. Linn. Soc. II. Bot. **9.** 259. 1916 (non Dry-

opteris C. Chr. Ind.); Phegopteris Ridleyana v. A. v. R. 1917 (non Dryopteris Brause 1920).

(L) **rupicola** C. Chr. Fedde Rep. 15. 24. 1917. — Hispaniola.

sacrosancta Koidzumi, Bot. Mag. Tokyo 38. 108 = D. Bissetiana.

sagenioides (Mett.) O.Ktze., Index part. = D. trichotoma.

sagenioides auctt. rec., Index part. cum subsp. obscura = D. obscura.

sagenioides var. gurupahensis C. Chr. Svensk Bot. Tids. 16. 95. 1922 = D. gurupahensis.

(C) **sambiranensis** C. Chr. Cat. Pl. Mad. Pter. 26. 1932 (nomen), Dansk Bot. Ark. 7. 50 t. 12 f. 11. 1932. — Madagascar. — D. longifolia Bonap. N. Pt. 5. 55. 1917 (non Hier. 1907).

sancti gabrieli (Hk.) O. Ktze., Index = Stigmatopteris.

Sangnellii (Bak.) C Chr. Index = D. obliquata.

(Ct) **santae clarae** C. Chr. Journ. Wash. Acad. Sci. 22. 166. 1932. — Cuba.

sarawakensis (Bak.) v. A. v. R. 1909, Ind. Suppl. prél. 48 = D. vilis.

(Ct) **Sasakii** Hayata, Ic. Pl. Formosa 6. 158. 1917. — Formosa. — D. tenuifrons Hayata, l. c. 4. 184 f. 122. 1914 (non C. Chr. Index).

Scallanii (Christ) C. Chr. Index = D. africana.

schizoloma v. A. v. R. 1914, Ind. Suppl. prél. = D. obscura.

schizophylla v. A. v. R. Nova Guinea 14. 19. 1924 = D. tuberculata.

Schlechteri Brause 1912, Ind. Suppl. = D. tuberculata.

Schneideriana Hand.-Mzt. Akad. Anz. Akad. Wiss. Wien 1922 no. 7. 1 = D. sublacera.

(Ct) **sciaphila** Maxon, Univ. Calif. Publ. Bot. 12. 24. 1924. — Tahiti, Ins. Rapa.

(Eu) **Scottii** (Bedd.) Ching, Bull. Dept. Biol. Coll. Sci. Sun Yatsen Univ. no. 6. 3. 1933. — Ind. bor.—China austr.—Tonkin—Formosa. — Polypodium Bedd. Ferns br. Ind. t. 345. 1870; Phegopteris Bedd. 1876. Dryopteris grossa (Christ) C. Chr. Index. D. subdecipiens Hayata 1914, Ind. Suppl. prél.

Seemanni (Bak.) C. Chr. Index = D. globulifera.

senanensis (Fr. et Sav.) C. Chr. Index = Athyrium Atkinsoni.

sepikensis Brause, Engl. Jahrb. 56. 101. 1920 = D. arfakiana.

(Eu) **serrato-dentata** (Bedd.) Hayata, Ic. Pl. Formosa 4. 179 f. 116. 1914. — Ind. bor.—China austr.—Formosa. — D. filix mas *Lastrea filix mas var. serrato-dentata Bedd. 1892, Index c. syn. — Woodsia Veitchii Christ 1906, Ind. Suppl.

(L) **setigera** (Bl.) O. Ktze., Index reduct. — Asia trop. — Cheilanthes Bl. 1828; Hypolepis Hk. 1858. (Aspidium Kuhn 1869 etc. pt.). Dryopteris ornata (Wall.) C. Chr. Index c. syn. (excl. Polypodium pallidum Brack.) (t. Ros. Med. Rijks Herb. no. 31. 6. 1917). Cheilanthes rudis Kze. 1848. — ?Ch. stenophylla Kze. 1848.

setigera C. Chr. Index et auctt. part. = D. leucolepis et D. uliginosa.

setosa Kudo, *Medical Fl. Hokkaido no. 1 *? = D. crassirhizoma.

setulosa (Bak.) C. Chr. Index = D. trichotoma.

Sewellii (Bak.) C. Chr. Index = D. Bergiana.

Sharpiana (Bak.) C. Chr. Index = D. uliginosa.

Sheareri (Bak.) C. Chr. Index = Athyrium.

(Eu) **shikokiana** (Mak.) C. Chr. Index. — Cf. D. squamiseta.

(Eu) **sichotensis** Komarov, Bull. Jard. bot. Pierre le Grand Petrop. 16. 146. 1916. — Reg. Austro—Ussur.

(C) **silvatica** (Pappe et Raws.) C. Chr. Index. — Africa trop.– Natal. Madagascar. — Adde syn. D. costularis (Bak.) C. Chr. Index.

(L) **singalanensis** (Bak.) C. Chr. Index. — Adde loc. Malacca—Borneo et syn. D. Creaghii (Bak.) C. Chr. Index, D. Dayi (Bedd.) C. Chr. Index. D. aureo-viridis Ros. 1914, Ind. Suppl. prél.

simplex (Hk.) C. Chr. Index = D. triphylla.

Skottsbergii C. Chr. Vid. Selsk. VIII. 6. 15. 1920 = D. inaequalifolia.

Smithii v. A. v. R. 1908, Ind. Suppl. = D. Beddomei.

(C) **sogerensis** Gepp, JoB. 1923 Suppl. 61. — N. Guinea.

(C) **sophoroides** (Thbg.) O. Ktze. — Adde syn. Polypodium acuminatum Houtt. 1783 (v. infra); Dryopteris Nakai 1928 (non Watts 1916).

sordida Maxon, Contr. U. S. Nat. Herb. 24. 60. 1922 = Stigmatopteris.

(Eu) **sparsa** (Ham.) O. Ktze. — Adde syn. D. viridescens (Bak.) O. Ktze. 1891, Index. — D. subexaltata (Christ) C. Chr. Index et infra, D. melanocarpa Hayata 1914, Ind. Suppl. prél. veris. formae hujus sp. sunt.

speciosa C. Chr. Acta Hort. Gothob. 1. 63. 1924 = Polystichum.

(Ct) **spectabilis** (Klf.) C. Chr. Vid. Selsk. Skr. VIII. 6. 69 f. 14. 1920. — Chile. Polypodium Klf. Enum. 121. 1824; Phegopteris Fée 1852. — var. Philippiana C. Chr. l. c. 70. — Phegopteris vestita Phil. 1857, Polypodium sphaeropteroides (Bak) C. Chr. Index = Athyrium.   [Hk. 1862.

(Eu) **spinulosa** (Müll.) Watt, Canadian Naturalist II 13. 159. 1867, O. Ktze. 1891. — Nomen opt subspeciei Polypodium dilatatum Hoffm. est D. austriaca (Jacq.) Woynar 1915; Polypodium Jacq. 1764.

(L) **squamaestipes** (Clarke) C. Chr. Index excl. syn. — Ind. bor. squamaestipes C. Chr. Index pro max. parte = D. himalayensis.

(Eu) **squamiseta** (Hk.) O. Ktze., Index. — Adde loc. Madagascar. India. — Adde syn. D. Buchanani (Bak.) O. Ktze, Index. — Adhuc veris. pertinent D. hirtosparsa Christ 1909, Ind. Suppl. (China) et D. shikokiana (Mak.) C. Chr. Index (Japonia)?.

(Po) **Standishii** (Moore) C. Chr. Ind. Suppl. III. 98. 1934. — Japonia—China or.—Tonkin. — Polystichum (Moore) C. Chr. Index excl. syn. A. festinum Hance.

stellato-pilosa Brause, Engl. Jahrb. 56. 96. 1920. — N. Guinea.

stenosemioides Cop. Brittonia 1. 71. 1931 = Psomiocarpa.

(L) **stereophylla** v. A. v. R. Nova Guinea 14. 17. 1924. — N. Guinea.

(C) **Stokesii** E. Brown, Bishop Mus. Bull. 89. 20 f. 6. 1931. — Ins. Rapa (Polynesia).

Sturmii (Phil.) C. Chr. Index = Hypolepis rugosula var. Poeppigii.

(C) **subalpina** v. A. v. R. Bull. Buit III. 5. 200. 1922. — Ternate.

(L) **subaurita** Tagawa, Acta Phytotax. 1. 157. 1932. — Japonia.

(C) **subconformis** C. Chr. Engl. Jahrb. 66. 47. 1933. — Celebes.

(C) **subcuspidata** Ros. Med. Rijks Herb. no. 31. 7. 1917. — N. Guinea.

subdecipiens Hayata 1914, Ind. Suppl. prél. = D. Scottii.

subdigitata Brause, Engl. Jahrb. 56. 94. 1920 = Leucostegia.

subdryopteris (Christ) C Chr. Index = D. ampla.

(Eu) **subexaltata** (Christ) C. Chr. Index. — Adde loc. China austr. or. et syn. D. tenuicula Matthew et Christ 1909, Ind. Suppl. — (An D. sparsa var.?)

(C) **subfalcinella** v. A. v. R. Bull. Buit III. 2. 151. 1920. — Sumatra.

subglandulosa Hayata, Gen. Ind. 101. 1917. Ic. Pl. Formosa 6. 101. 1917 = D. Oldhami.

subgranulosa C Chr. Index = D. Boivini.

subhispidula Ros. 1915, Ind. Suppl. prél. = D. taiwanensis.

(Ct) subincisa (Willd.) Urban 1903, Index excl. syn. Polypodium spectabile Klf. et subsp. omn. Alsophila martinicensis excepta. — Cf. C. Chr. Vid. Selsk. Skr. VIII. 6. 65 f. 13. 1929. — Amer. trop.

— *Polypodium vastum Kze. 1834, Index = D. vasta.

— *Polypodium Karstenianum Kl. 1847, Index = D. pulverulenta.

— *Phegopteris Lechleri Mett. 1859, Index = Stigmatopteris Lechleri.

— *Phegopteris canescens Mett. 1858, Index = D. Blanchetiana.

— *Phegopteris vestita Phil. 1857, Index = D. spectabilis var. Philippiana.

— *Polypodium Berteroanum Hk. 1862, Index = D. inaequalifolia.

submarginata Ros. 1914, Ind. Suppl. prél. = D. Labordii.

(C) submollis v. A. v. R. Bull. Buit. III. 2. 152. 1920. — Sumatra — (= D. subpubescens?)

(Eu) submonticola Nakai, Bot. Mag. Tokyo 45. 98. 1931. — Korea.

(L) subnigra Brause, Engl. Jahrb. 56. 82. 1920. — N. Guinea. — (= D. viscosa var. ?).

subobliquata (Bak.) O. Ktze., Index = Stigmatopteris guianensis.

(C) subpectinata Cop. Bishop Mus. Bull. 93 t. 7 D. 1932. — Tahiti.

(C) subpennigera C. Chr. Cat. Pl. Mad. Pter. 26. 1932, (nomen), Dansk Bot. Ark. 7. 52 t. 12 f. 1—2. 1932. — Madagascar.

(C) subpubescens (Bl.) C. Chr. Gardens Bull. S. S. 4. 390. 1929. — China— Asia trop. — Aspidium Bl. Enum. 149. 1828. Dryopteris parasitica et D. amboinensis auctt. part. — D. sumatrana v. A. v. R. 1909.

subramosa Christ 1909, Ind. Suppl. = D. laeta.

subsageniacea (Christ) C. Chr. Ind. Suppl. = Tectaria fuscipes.

subsagenioides Christ 1910, Ind. Suppl. = Athyrium Sheareri.

subsagenioides v. A. v. R. 1913, Ind. Suppl. prél. = D. microthecia.

subtetragona Maxon, Pter. Porto Rico 473. 1926 = D. tetragona.

subthelypteris (Christ) C. Chr. Index = D. flexilis.

(Eu) subtripinnata (Miq.) O. Ktze.? — Cf. D. Matsumurae supra.

(L) subulifolia v. A. v. R. Bull. Buit. II no. 28. 22. 1918. — Sumatra.

succulentipes Hayata, Ic. Pl. Formosa 8. 149 f. 77—78. 1919. — Formosa. — (Diplazium?)

sulcinervia (Hier.) C. Chr. Index = Diplazium.

(C) sulfurea E. Brown, Bishop Mus. Bull. 89. 23 t. 2. 1931. — Marquesas.

sumatrana v. A. v. R. 1909, Ind. Suppl. = D. subpubescens.

(C) superba Brause, Engl. Jahrb. 56. 105 1920. — N. Guinea.

sylvicola (Bak.) C. Chr Index = Stigmatopteris Michaelis.

tabacicoma v. A. v. R. 1914, Ind. Suppl. prél. = D. subarborea.

(Ct) tabacifera v. A. v. R. Bull. Buit. III. 2. 147. 1920. — Ceram.

taitunensis Koidzumi, Bot. Mag. Tokyo 38. 197. 1924. — Formosa.

Takeoi Hayata 1915, Ind. Suppl. prél. = Athyrium.

Takeuchiana Koidzumi, Acta Phytotax. 1. 30. 1932. — Japonia.

tamatana C. Chr. Ind. Suppl. = D. phaeostigma.

tenericaulis Ching, Sinensia 3 325. 1933 = D. uliginosa.

(L) tenerifrons (Christ) C. Chr. Ind. Suppl. III. 99. 1934. — Ins. Philip. Hypolepis Christ 1908, Ind. Suppl.

tenuicula Matthew et Christ 1909, Ind. Suppl. = D. subexaltata.

(Ct) **tenuifrons** C. Chr. Index. — Adde loc. Samoa. Rarotonga et syn. D. chrysotrichoides Ros. 1917.

tenuissima Tagawa, Acta Phytotax. 1. 308. 1932. — Manchuria.

Thomassetii (Wright) C. Chr. Ind. Suppl. = Polystichum adiantiforme.

thysanocarpa Hayata 1914, Ind. Suppl. prél. = D. cystopteroides.

tijuccana (Raddi) C. Chr. Index = Stigmatopteris.

(L) **tonkinensis** C. Chr. Bull. Mus. Paris II. 6. 102. 1934. — Tonkin. Kwangsi.

(C) **Toppingii** Cop. Phil. Journ. Sci. 12 C. 56. 1917. — Borneo. Malacca.
Nephrodium indicum Ridley 1926.

tosensis Kodama in Matsum. Ic. Pl. Koisik. 4. 5 t. 220. 1918 = Athyrium unifurcatum.

(C) **transversaria** (Brack.) Brause, Engl. Jahrb. 56. 104. 1920, Maxon, Proc. Biol. Soc. Wash. 36. 170. 1923. — Samoa. N. Guinea?. — Nephrodium Brack. Expl. Exp. 16. 187. 1854.

(Po) **Trianae** (Mett.) O. Ktze. Cf. C. Chr. Vid. Selsk. Skr. VIII. 6. 109. 1920. — Venezuela—Peru. — Dele in Ind. loc. Mexico et syn. Aspidium extensum Fée, adde syn. D. firmifolia (Bak.) O. Ktze., Index.

trichodes Ros. Med. Rijks Herb. no. 31. 6. 1917 = D. uliginosa.

trichophlebia (Bak.) C. Chr. Index = Arthropteris.

(?) **trichotoma** (Fée) C. Chr. Ind. Suppl. III. 100. 1934. — China austr. or. Annam. — Aspidium Fée, Gen. 193. 1852; Lastrea Moore 1858. Aspidium sagenioides Mett. 1858, no 269; Dryopteris C. Chr. Index excl. syn. omn. D. setulosa (Bak) C. Chr. Index.

trinidadensis (Jenm.) C. Chr. Index = D. straminea.

(M) **triphylla** (Sw.) C. Chr. Index. — Adde syn D simplex (Hk.) C. Chr. Index cum syn. — Cf. Ching, Sinensia 1. 45 t. 1—7. 1930.

(C) **truncata** (Poir.?) O. Ktze. — Dele loc. Madagascar. Ins. Mascarenae et syn. Aspidium caudiculatum Sieb. — (v. D. prismatica).

(Ct) **truncicola** C. Chr. in Bonap. N. Pt. 16. 181 t. 5. 1925. — Madagascar.

(L) **tsaratananensis** C. Chr. Cat. Pl. Mad. Pter. 45. 1932 (nomen), Dansk Bot. Ark. 7. 45 t. 9 f. 1—5. 1932. — Madagascar.

(L) **tuberculata** (Ces.) C. Chr. Index. — Adde syn. D. Schlechteri Brause 1912, Ind. Suppl., Phegopteris v. A. v. R. 1917. Dryopteris schizophylla v. A. v. R. 1924.

(L) **tuberculifera** C. Chr. Contr. U. S. Nat. Herb. 26. 275. 1931. — Ind. bor.

(M) **turrialbae** Ros. Fedde Rep. 22. 10. 1925. — Costa Rica. [—Tonkin.

(L) **uliginosa** (Kze.) C. Chr. Ind. Suppl. III. 100. 1934. — Japonia—China—Asia—Polynesia trop. Madagascar—Brasilia—Argentina (introducta). — Aspidium Kze. Linn. 20. 6. 1847; Dryopteris setigera auctt. Index pro maxima parte c. syn. Polypodium tenericaule Wall. etc.; D. tenericaulis Ching 1933. — D. oligophlebia (Bak.) C. Chr. Index (China or.) — D. lasiocarpa Hayata 1911. — Polypodium trichodes Reiw., J. Sm. 1841 (nomen), Dryopteris Ros. 1917 (Malesia). — D. Sharpiana (Bak.) C. Chr. Index (Madagascar).

ulvensis Hier. 1907, Ind. Suppl. = D. effusa var.

(Ct) **umbrina** C. Chr. Vid. Selsk. Skr. VIII. 6. 81. 1920. — Brasilia austr. Para-uncidens Ros. 1912, Ind. Suppl. = Diplazium. [guay.

(L) **Underwoodiana** Maxon, Amer. Fern Journ. 18. 49. 1928. — Jamaica.

unifurcata (Bak.) C. Chr. Ind. Suppl. = Athyrium.

urens Ros. 1907, Ind. Suppl. = D. dentata var.

(C) **urophylla** (Wall.) C. Chr. — Dele syn. Polypodium asperum Pr. etc

Vangenderenstortii v. A. v. R. Bull. Buit. II no. 23. 11. 1916 = D.
microthecia.

(Po) **varia** (L.) O. Ktze. — Polystichum (L.) Pr. 1849 Index c loc. et syn.
excl. Polypodium setosum Thbg. etc.

(L) **verrucosa** (J. Sm.) Cop. Brittonia 1. 68. 1931. — Ins. Phil. Borneo.
Malacca. Loyalty Ins. — Lastrea J. Sm. 1841, Pr. Epim. 36. 1849. L.
caudiculata Pr. 1849.
Vescoi (Drake) C. Chr. Index = D. dicksonioides?

(Ct) **vilis** (Kze.) O. Ktze., Index. — Asia trop. — Adde syn. Aspidium inter-
medium Bl. 1828 (non Willd. 1810 et alior.); Dryopteris rhodolepis
C. Chr. Index pro max. parte. D. sarawakensis (Bak.) v. A. v. R. 1909,
Ind. Suppl. D. padangensis (Bedd.) C. Chr. Index. D. Millettii C. Chr.
Index.

(Eu) **Villarsii** (Bellardi) Woynar 1915, Ind. Suppl. prél. — Polypodium Bellardi, Mém. Ac. Turin 5. 255 (49). 1792. Nephrodium G. Beck 1918.
Polypodium rigidum Hoffm. 1795; Dryopteris Und. 1893, Index c. loc.
et syn. excl. Alaska—California et Aspidium argutum Klf.

(Ct) **villosa** (L.) O. Ktze., Index, C. Chr. Vid. Selsk. Skr. VIII. 6. 87 f. 19. 1920.
— Jamaica, Hispaniola.

(L) **villosipes** Gepp in Gibbs, Dutch N. W. N. Guinea 70. 1917. — N. Guinea.

(Ct) **villosula** C. Chr. Vid. Selsk. Skr. VIII. 6. 89. 1922. — Bolivia.

(L) **vinosicarpa** v. A. v. R. III. 5. 198. 1922. — Sumatra.
viridescens (Bak.) O. Ktze. 1891, Index = D. sparsa forma.

(L) **viscosa** (J. Sm.) O. Ktze., Index. — Asia trop. — Adhuc refero: D. gymnopoda (Bak.) C. Chr. Index, D. Ridleyi (Bedd.) C. Chr. Ind. Suppl.
D. athyriocarpa Cop. 1909, Ind. Suppl. D. kinabaluensis Cop. 1917.

(G) **vivipara** (Raddi) C. Chr. — Dele var. A. macropus Mett.

(Ct) **Vogelii** (Hk.) C. Chr. Index. — Potius D. protensa var.

(Ct) **Wacketii** Ros., C. Chr. Vid. Selsk. Skr. VIII. 6. 84 f. 17. 1920. — Bra-
Wakefieldii (Bak.) C. Chr. Index = D. extensa.   [silia austr.

(L) **Wallichii** Ros. Med. Rijks Herb. no. 31. 6. 1917. — Ind bor.
Aspidium appendiculatum Wall. 1828. Mett. Aspid. no. 196. 1858; Dryopteris prolixa var. Index cum syn.

(C) **Warburgii** (Kuhn et Christ) C. Chr. (Index 98), v. A. v. R. Mal. Ferns
180. 1909. — N. Guinea. — Aspidium Kuhn et Christ in Warb. Mon-
sunia 1. 81. 1900.

(Ct) **Warburii** C. Chr. Cat. Pl. Mad. Pter. 29. 1932 (nomen), Dansk Bot. Ark.
7. 58 t. 14. 1932. — Madagascar.

(Po) **Webbiana** (A. Br.) C. Chr. Ind. Suppl. III. 101. 1934. — Madeira.
Polystichum (A. Br.) C. Chr. Index cum syn.
Weberi Cop. Phil. Journ. Sci. 38. 135. 1929 = D. dichrotrichoides.

(L) **Williamsii** Cop. Brittonia 1. 67 t. 1. 1931. — Mindanao.
Willsii (Bak.) C. Chr. Index = D. connexa.
wladiwostokensis B. Fedtschenko 1912. Ind. Suppl. prél. = D. laeta.
Wolfii Hier. 1997, Ind. Suppl. = D. biserialis.
Wollastonii (v. A. v. R.) C. Chr. Ind. Suppl. III. 101. 1934. — N. Guinea.
Phegopteris v. A. v. R. 1917; Goniopteris rigida Ridley, Tr. Linn. Soc. II
Bot. 9. 258. 1916; Dryopteris Ridleyana Brause 1920 (non Dryopteris Und.)
woodsiisora Hayata, Ic. Pl. Formosa 6. 158. 1916. — Formosa.
xanthomelas (Christ) C. Chr. Ind. Suppl. = D. Rosthornii.

(L) **xylodes** (Kze) Christ, Not. syst. **1**. 41. 1909. — India—China.
Aspidium Kze. 1851; Dryopteris ochthodes var. Index.
yaku-montana Masamune, Journ. Soc. Trop. Agric. Formosa **4**. 76. 1932. —
(C) *Zippelii* Ros. Med. Rijks Herb. no. 31. 6. 1917. — Java. [Formosa.

DRYOSTACHYUM J. Smith, Index = **Aglaomorpha** et **Merinthosorus**. — v.
Ind. Suppl. prél. 48.

EGENOLFIA Schott, Gen. Fil. tab. 16. 1834. — Polybotrya sp. Index. — Cf.
Ching, Bull. Fan Mem. Inst. Biol. **2**. 297—310. 1931. — (Polypodiaceae
Gen. **40**).

appendiculata (Willd.) J. Sm. 1866, Ching l. c. 308. — Malaya—China austr.
Acrostichum Willd. 1810; Polybotrya J. Sm. 1841, Index 503 (excl. syn.
plur.). P. marginata Bl. 1828. Egenolfia Hamiltoniana Schott 1834. E. montana (Gaud.) Fée 1852. E. Schottii Fée 1852. E. Gaudichaudiana Fée 1852.

asplenifolia (Bory) Fée, Gen. 358. 1852; Ching l. c. 309. — India, Ceylon.
Acrostichum Bory. Bél. Voy. **2**. 21 t. 3. 1833; Polybotrya Pr. 1836.

bipinnatifida J. Sm. Hist. Fil. 132. 1875; Ching l. c. 305. — India bor.
Acrostichum appendiculatum var. costulata Hk. sp. **5**. 252. 1864.

fluviatilis Cop. Phil. Journ. Sci. **38** 152 t. 5. 1929. — Luzon.
Gaudichaudiana Fée, Gen. 358. 1852 = E. appendiculata.
Hamiltoniana Schott, Gen. Fil. t. 16. 1834 = E. appendiculata.
Hamiltoniana (Wall.) Fée, Gen. 48. 1852 = E. vivipara

Helferiana (Kze.) C. Chr. Contr. U. S. Nat. Herb. **26**. 292. 1931; Ching l. c.
303. — Assam. Burma. — Polybotrya Kze. Farrnkr. **2**. 35 t. 114. 1848.

intermedia (J. Sm.) Fée, Gen. 308. 1852; Ching l. c. 308. — Luzon.
Polybotrya J. Sm. 1841 (nomen), Fée Acrost. 76 t. 40 f. 1. 1845.
montana Fée. Gen. 358. 1852 = E. appendiculata.
neglecta Fée, Gen. 48. 1852 = E. serrulata.
nodiflora Fée, Gen. 48. 1852; Ching l. c. 304 = E. vivipara.
Schottii Fée, Gen. 48. 1852. — E. appendiculata.

serrulata (J. Sm), Fée, Gen. 358. 1852; Ching l. c. 307. — Ins. Phil.—Formosa. — Polybotrya J. Sm. 1841 (nomen), Fée, Acrost. 76 t. 43. 1845.
Lacaussadea rhizophylla Gaud. 1846 (an Gymnogramme Klf. 1824?). Polybotrya neglecta Fée 1845, Egenolfia Fée 1852. Polybotrya exaltata Brack.
1854. P. duplicato-serrata Hayata 1915.

sinensis (Bak.) Maxon, Proc. Biol. Soc. Wash. **36**. 173. 1923; Ching l. c. 305.
— Himalaya—China austr. — Acrostichum Bak. Kew Bull. **1906**. 14; Polybotrya C. Chr. Ind. Suppl.; Campium C. Chr. 1931.

tonkinensis C. Chr. apud Ching, l. c. 306. 1931. — Tonkin.

vivipara (Ham.) C. Chr. Ind. Suppl. III. 102. 1934. — India. Cambodja. —
Polybotrya Ham., Hk. Exot. Fl. t. 107. 1825. P. nodiflora Bory 1833; Egenolfia Fée 1852, Ching, l c. 304.

ELAPHOGLOSSUM Schott. — (Excl. Microstaphyla et Rhipidopteris) —
(Polypodiaceae Gen. **169**).

acutifolium Ros. Fedde Rep. **25**. 60. 1928. — Bolivia.

Alfredii Ros. Fedde Rep. **22**. 20. 1925. — Costa Rica.

angustissimum (Fée) C. Chr. Ark. för Bot. **20 A**. 25. 1926. — Bolivia.
Acrostichum Fée, 10. mém. 6 t. 29 f. 3. 1865.

assurgens (Bak.) C. Chr. Ind. Suppl. III. 102. 1934. — Ecuador.
Acrostichum Bak. Syn. 408. 1874.

bahiense Ros. Fedde Rep. **20**. 92. 1924. — Brasilia.

barbae Ros. Fedde Rep. 22. 19. 1925. — Costa Rica.

callifolium (Bl.) Moore. — Asia trop.

carillense Ros. Fedde Rep. 22. 19. 1925. — Costa Rica.

casanense Ros. Fedde Rep. 25. 64. 1928. — Bolivia.

castaneum (Bak.) Diels. — Cf. Hier. Hedwigia 62. 31. 1920. — Adde loc. Costa-Rica—Ecuador et syn. E. isophyllum (Sod.) C. Chr. Index.

cinctum Ros. Fedde Rep. 25. 63. 1928 — Bolivia.

cismense Ros. Fedde Rep. 22. 18. 1925. — Costa Rica.

commutatum v. A. v. R. Mal. Ferns Suppl. 427. 1917 = E. conforme var.?

conforme (Sw.) Schott. — Plurimae var. vel subsp. americanae in Indice enumeratae veris. sp. bonae sunt.

cordifolium Ros. Fedde Rep. 25. 62. 1928. — Bolivia.

Curtii Ros. Fedde Rep. 22. 21. 1925. — Costa Rica.

dolichaulon v. A. v. R. Bull. Buit. III. 5. 203. 1922. — Java.

Dombeyanum (Fée) Hier. Hedwigia 62. 35. 1920. — Venezuela—Ecuador. Acrostichum Fée, Acrost. 59 t. 17 f. 2. 1845.

Dombeyanum Moore et Houlst. 1851 = E perelegans.

Dussii Underw., Maxon, Pter. Porto Rico 398. 1926. — Ind. occ.

Eggersii (Bak.) Christ 1899, Index = E. muscosum.

erinaceum (Fée) Moore 1857. — Amer. trop.—Acrostichum Fée, Acrost 41.

filipes Ros. Fedde Rep. 25. 62. 1928. — Bolivia. [1845.

flabellatum (H. B. Willd.) Christ 1899, Index = Rhipidopteris.

flaccidum (Fée) Moore 1862, Index = E. rigidum.

foeniculaceum (Hk. et Grev.) C. Chr. Index = Rhipidopteris.

furcatum (L. fil.) Christ 1899, Index = Microstaphyla.

Gillespiei Cop. Bishop Mus. Bull. 59. 17. 1929. — Fiji.

glabellum J. Sm. — Adde syn. Acrostichum durum Kze. 1849. A. rigidum

glaucescens Ros. Fedde Rep. 25. 61. 1928. — Bolivia. [Fée 1872—73.

gorgoneum (Klf.) Brack. — Dele loc. Malesia et syn. Acr. pellucido-marginatum Christ.

gracile (Fée) Christ 1900. — Brasilia. Acrostichum Fée, Cr. vasc. Br. 2. 8 t. 83 f. 2. 1872—73.

Guentheri Ros. Fedde Rep. 25. 61. 1928. — Bolivia.

Hayesii (Mett.) Maxon, Proc. Biol. Soc. Wash. 46. 105. 1933. — Panama. Acrostichum Mett., Kuhn, Linn. 36. 43. 1869.

hispaniolicum Maxon, Amer. Fern Journ. 14. 74. 1924. — Hispaniola.

horridulum (Klf.) J. Sm. 1854. — Brasilia. E. spathulatum var. Index cum syn.

Humbertii C. Chr. Cat. Pl. Mad. Pter. 62. 1932 (nomen) Dansk Bot. Ark. 7. 166 t. 66 f. 4—5. 1932. — Madagascar.

ignambiense Compton, Journ. Linn. Soc. 45. 452. 1922. — N. Caledonia.

isophyllum (Sod.) Christ 1899, Index = E. castaneum.

juruense Sampaio, Comm. Linh. telegr. Matto Grosso ao Amazonas Publ. no. 33. 20 t. 3. 1916. — Brasilia (Matto Grosso).

laminarioides (Bory) Moore. — Dele syn. A. Orbignyanum Fée.

lineare (Fée) Moore. — Dele syn. A. gracile Fée.

Lisboae Ros. Fedde Rep. 20. 92. 1924. — Brasilia.

Lloydii Und., Domin, Mem. R. Czech. Soc. Sci. n. s. 2. 106 (nomen) t 20 f. 2. 1929. — Dominica.

madagascariense (Kuhn) C. Chr. Index = E. subsessile.
marqnisearum Bonap. N. Pt. 7. 413. 1918. — Marquesas.
martinicense (Desv.) Moore 1857. — Ind. occ.
Acrostichum Desv. 1811 (non auctt.). Elaphoglossum Underwoodianum
Matthewii (Fée) Moore. — Dele syn. Acr. assurgens Bak. [Maxon 1920.
Mcclurei Ching, Sinensia 1. 55. 1930. — Hainan.
minahasae v. A. v. R. Bull. Buit. II. no. 28. 24. 1918. — Celebes.
Moorei (E. Britt.) Christ 1903, Index = Microstaphyla.
multisquamosum Bonap. 1915, Ind. Suppl. prél. = E. Poolii.
muscosum (Sw.) Moore. — Adde syn. E. Eggersii (Bak.) Christ 1899, Index.
— Dele syn. Acr. Dombeyanum Fée.
nematorhizon Maxon, Amer. Fern Journ. 22. 11. 1932. — Jamaica.
neocaledonicum Compton, Journ. Linn. Soc. 45. 452. 1922. — N. Caledonia.
nigrescens (Hk.) Diels. — Guiana—Amazonas. — Cf. C. Chr. Dansk Bot.
Ark. 6 no. 3. 99. 1929. — E. pallidum Hier. 1920 (non C. Chr. Index).
obtusum A. Peter, Fedde Rep. Beih. 40. 23, Descr. 2 t. 1 f. 5—6. 1929. —
Orbignyanum (Fée) Moore, Ind. XVI. 1857. — Bolivia. [Africa or. trop.
Acrostichum Fée, Acrost. 56 t. 13 f. 2. 1845.
ovalilimbatum Bonap. N. Pt. 16. 129. 1925, C. Chr. Dansk Bot. Ark. 7. 165 t.
63 f. 1. 1932. — Madagascar.
pallidum Hier. Hedwigia 62. 36. 1920 = D. nigrescens.
palustre (Hk.) J. Sm. 1877, Index = Stenochlaena elaphoglossoides.
pellucido-marginatum (Christ) C. Chr. Engl. Jahrb 66. 65. 1933. — Celebes.
Acrostichum Christ 1895.
peltatum (Sw.) Urban 1903, Index — Rhipidopteris.
Perrierianum C. Chr. Cat. Pl. Mad. Pter. 62 (nomen), Dansk Bot. Ark. 7.
171 t. 67 f. 1—3. 1932. — Madagascar.
petiolatum (Sw.) Urban. — Dele syn. Acr. angustissimum Fée.
phanerophlebium C. Chr. Cat. Pl. Mad. Pter. 62 (nomen), Dansk Bot. Ark. 7.
169 t. 68 f. 1—2. 1932. — Madagascar.
piloselloides (Pr.) Moore 1857. — Amer. trop. — Acrostichum Pr. 1825.
plicatum (Cav.) C. Chr. — Cf. E. lepidotum Hier. Hedwigia 62. 34. 1920.
pseudovillosum Bonap. N. Pt. 16. 131. 1925, C. Chr. Dansk Bot. Ark. 7. 169 t.
68 f. 5. 1932. — Madagascar. Afr. or.
rampans (Bak.) Christ 1899, Index = E. revolutum.
reptans (Cav.) Moore 1862, Index = Polypodium ciliatnm.
rigidum (Aubl.) Alston, Kew Bull. 1932. 316. — Amer. trop. — Polypodium
Aublet, Pl. Guian. 2. 963. 1775. Elaph. flaccidum (Fée) Moore. 1862,
Index cum syn.
rigidum (›Aubl.‹) Urban, Symb. Ant. 9. 374. 1925 = E. longifolium et E.
rigidum Maxon, Pter. Porto Rico 398. 1926 = E. longifolium. [latifolium.
rosillense Urban, Symb. Ant. 9. 374. 1925. — Hispaniola.
E. Urbani Brause 1913, Ind. Suppl. prél. (non Ind. Suppl. 1913).
Rudolphi Espinosa, Rev. Chil. Hist. Nat. 36. 239. 1932. — Chile.
rufidulum (Willd.) C. Chr. Index = E. hirtum var.
sclerophyllum v. A. v. R. Nova Guinea 14. 22. 1924. — N. Guinea.
simplex (Sw.) Schott. — Jamaica (Dele loc. cet. et syn.)
Sinii C. Chr., Wu, Bull. Dept. Biol. Coll. Sci. Sun Yatsen Univ. no 3. 346 t.
164. 1932, no. 6. 18. 1933. — Kwangsi.
societarum Cop. Bishop Mus. Bull. 93. 12 t. 13. 1932. — Ins. Societatis.

spathulatum (Bory) Moore. — Varr. americanae melius ut sp. validae con-
siderandae. — v. E. Hayesii, E. horridulum, E. piloselloides supra.
subciliatum Ros. Fedde Rep. 22. 19. 1925. — Costa Rica.
subcuspidatum Ros. Fedde Rep. 22. 21. 1925. — Costa Rica.
tovii E. Brown, Bishop Mus. Bull. 89. 95 t. 18, 19 A. 1931. — Marquesas.
tricholepis (Bak.) C. Chr. Index = E. hybridum.
Underwoodianum Maxon, Pter. Porto Rico 397. 1926 = E. martinicense.
Urbani Brause 1913, Ind. Suppl. prél. = E. rosillense.
viridifolium (Jenm.) C. Chr. Index = F. firmum.
yunnanense (Bak.) C. Chr. Contr. U. S. Nat. Herb. 26. 327. 1931. — Yunnan.
Acrostichum Bak. Kew Bull. 1898. 233.
EPIDRYOPTERIS Rojas Acosta, Bull. Géogr. Bot. 28. 156. 1918.
lycopodiomus Rojas, l. c. — Paraguay. — (Polypodium sp.?).
ESCHATOGRAMME Trevisan. — Cf. C. Chr. Dansk Bot. Ark. 7. no. 3.
34—38. 1929. — (Polypodiaceae Gen. 147).
Desvauxii (Kl) C. Chr. l. c. 37. — Trinidad—Guiana—Amazonas. Bolivia.
Taenitis Kl. 1847 (= T. furcata Hk. et Grev. Ic. Fil. t. 7). Cuspidaria sub-
pinnatifida Fée 1852; Dicranoglossum Moore 1857.
furcata (L.) C. Chr. Index reduct., l. c. 35. — Hispaniola, Cuba. — varr.
panamensis C. Chr. l. c. 37. — Honduras—Colombia. [Amer. merid.
polypodioides (Hk.) C. Chr. l. c. 38. — Ecuador.
Taenitis furcata var. polypodioides Hk. sp. 5. 188. 1864.
FILICULA Seguier 1754, Farwell, Amer. Midl. Naturalist 12. 234. 251. 1931 =
Cystopteris.
bulbifera, Douglasii (p. 251) — montana (252) Farwell, l. c. = C. sp. homonym.
Filix-fragilis Farwell, l. c. 251 = C. fragilis.
FILIX Farwell 1916 (v. Ind. Suppl. prél.) = **Dryopteris.**
Benedictii Farwell, Papers Michigan Acad. Sci. 2. 15. 1922 = D. Clinto-
niana × spinulosa.
Dowellii Farwell, l. c. 14 = D. Clintoniana × intermedia.
FILIX-FOEMINA Hill, Family Herbal 1755, British Herbal 528 t. 74. 1756,
Farwell, Amer. Midl. Naturalist 12. 244, 290. 1931 = **Pteridium.**
aquilina Farwell, l. c. 290.
vulgaris Hill, l. c. 1756 = P. aquilinum.
FILIX-MAS Hill, British Herbal 527. 1756, Farwell, Amer. Midl. Naturalist 12.
235, 253. 1931 = **Dryopteris.**
amplissima, augescens, Boottii, cristata (p. 253), decomposita, effusa, Filix-
mas, fragrans, Goldiana, immersa, lanceolata (254), latifrons, lugubris, marginalis, montana, Noveboracensis, opposita (255), patens, patula, rigida
(256), spinulosa (257), squamigera, Thelypteris, villosa (258), Farwell, l. c.
= D. sp. homonym.
Benedictii Farwell, l. c. 253 = D. Clintoniana × spinulosa.
Dowellii Farwell, l. c. 254 = D. Clintoniana × intermedia.
vulgaris Hill, Br. Herbal 527 t. 74. 1756 = D. filix mas.
GLEICHENIA Smith.
Obs. Sp. plures ad Dicranopteridem (v. supra) recentius translatae sunt.
abscida Rodway, Tasmanian Flora 289. 1903. — Tasmania.
amboinensis v. A. v. R. 1908, Ind. Suppl. — Adde loc. N. Guinea et syn.
G. ornamentalis Ros. 1912, Ind. Suppl.
amoena v. A. v. R. Bull. Buit. II no. 23. 12. 1916. — Lingga ins. (Malesia).

Blotiana C. Chr. Bull. Mus. Paris II. 6. 103. 1934. — Indochina.

borneensis (Bak.) C. Chr. Ind. Suppl. III. 106. 1934. — Borneo.
G. circinnata var. borneensis Bak. JoB. 1879. 39.

Brittonii (Maxon) C. Chr. Ind. Suppl. III. 106. 1934. — Trinidad.
Dicranopteris Maxon, Contr. U. S. Nat. Herb. 24. 47 t. 18. 1922.

candida Ros. 1908, Ind. Suppl. = G. hirta.

caudata Cop. Bishop Mus. Bull. 59. 9 t. 2. 1929. — Fiji.

emarginata Moore 1862 = G. hawaiensis.

gigantea Wall. 1828; Hk. sp. 1. 5 t. 3 A. 1844. — Ind. bor. —?.
G. glauca var. Index cum syn.

glauca (Thbg.) Hk. — Dicranopteris Nakai 1927. — Japonia, China. ?Ins.
Hawaii. — Dele varr. G. gigantea et G. longissima.

Hallieri Christ 1905, Index = G. hirta.

hawaiensis (Nakai) C. Chr. Ind. Suppl. III. 106. 1934. — Ins. Hawaii.
Mertensia Nakai 1925; M. emarginata Brack. 1854 (non Raddi 1825); Gleichenia Moore 1862; Dicranopteris Robinson 1912.

hirta Bl. — Adde syn. G. Hallieri Christ 1905, Index. G. candida Ros. 1908,
kiusiana Mak. 1904, Ind. Suppl. = G. laevissima.   [Ind. Suppl.

Leonis (Maxon) C. Chr. Ind. Suppl. III. 106. 1934. — Cuba.
Dicranopteris Maxon, Journ. Wash. Acad. Sci. 12. 439. 1922.

linearis (Burm.) Clarke. — Cf. Nakai, Bot. Mag. Tokyo 41. 695. 1927.
Dele var. M. emarginata Brack.

longissima Bl. Enum. 250. 1828. — Malesia, Austr., Polynesia trop.
G. glauca var. Index cum syn.

madagascariensis C. Chr. Cat. Pl. Mad. Pter. 64. 1932 (nomen), Dansk Bot.
Ark. 7. 173 t. 69. 1932. — Madagascar.

Montaguei Compton, Journ. Linn. Soc. 45. 453. 1922. — N. Caledonia.

monticola Ridley, Tr. Linn. Soc. II Bot. 9. 252. 1916. — N. Guinea.

novoguineensis Brause, Engl. Jahrb. 56. 210. 1920. — N. Guinea.

nuda (Moritz) Moore. — Venezuela. — Adde syn. Dicranopteris Maxon 1922

parallela Ridley, Journ. Mal. Br. R. As. Soc. 4. 3. 1926 = D. opposita.

paulistana Ros. Fedde Rep. 21. 343. 1925. — Brasilia.

peninsularis Cop. Univ. Calif. Publ. Bot. 12. 387. 1931. — Malacca. — (An
G. hirta var.?).

pseudoscandens v. A. v. R. Nova Guinea 14. 24. 1924. — N. Guinea.

ruwenzoriensis Brause 1910, Ind. Suppl. = G. elongata.

splendida Hand.-Mzt. Akad. Anz. Akad. Wien 1924. 81, Symb. Sin. 6. 16.
1929. — China austr. Tonkin.

subflabellata Christ, Bonap. N. Pt. 10. 215. 1920 (nomen) — Colombia.

subulata v. A. v. R. Nova Guinea 14. 23. 1924. — N. Guinea.

tahitensis Cop. Bishop Mus. Bull. 93. 7 t. 4. 1932. — Tahiti.

volubilis Jungh. 1845. — An sp.? cf. G. bullata.

Williamsii (Moore) C. Chr. Ind. Suppl. = G. remota.

GONIOPHLEBIUM Presl = **Polypodium**.

acuminatum Fée 1866 = P. antillense.

ampliatum Maxon 1908 = P. gladiatum.

brasiliense Farwell, Amer. Midl. Naturalist 12. 295. 1931 = P. triseriale.

cambricum Farwell, l. c. = P. vulgare var.

pectinatum J. Sm. 1854 = P. Wagneri.

GONIOPTERIS Presl = **Dryopteris.**
aspera Pr. 1836 = D. Presliana.
costata Brack. 1854 = D. costata.
Danesiana W. W. Watts, Proc. Linn. Soc. N. S. Wales **41**. 380. 1916.
Hillii W. W. Watts, l. c.
leptocladia Fée 1866 = D. leptocladia.
Plumieri Fée, 11. mém. 59. 1866 = D. alata.
radicans Farwell, Amer. Midl. Naturalist **12**. 292. 1931 = D. reptans.
rigida Ridley, Tr. Linn. Soc. II Bot. **9**. 258. 1916 = D. Wollastonii
rudis Ridley, l. c. 259 = D. rufo-pilosa.
GRAMMATOPTERIDIUM v. A. v. R. Nova Guinea **14**. 24. 1924. C. Chr.
Dansk Bot. Ark. **6**. no. 3. 80. 1929. — (Polypodiaceae Gen. **155**).
Brooksii v. A. v. R. Nova Guinea **14**. 24. 1924 = G. costulatum var.
costulatum (Cesati) C. Chr. Dansk Bot. Ark. **6** no. 3. 80. — N. Guinea. —
Acrostichum Cesati, Rend. Acad. Napoli **16**. 27, 30. 1877. Polypodium
iboense Brause 1912. — var. **Brooksii** (v. A. v. R.) C. Chr. l. c. 81 t.
11 f. 1. — Sumatra. — Drymoglossum Brooksii v. A. v. R. 1918; Grammatopteridium v. A v. R. 1924. — var. **Beguinii** (v. A. v. R.) C. Chr. l. c.
t. 4 f. 13. — Ternate. — Grammatopteris Brooksii var. Beguinii v. A. v. R. 1918.
ferreum (Brause) C. Chr. l. c. 81. — N. Guinea.
Polypodium Brause, Engl. Jahrb. **56**. 197. 1920.
?pseudodrymoglossum v. A. v. R. Nova Guinea **14**. 24. 1924, C. Chr. l. c.
82. — N. Guinea. — Grammatopteris v. A. v. R. 1925.
GRAMMATOPTERIS v. A. v. R. Bull. Buit. III. **4**. 318. 1922 = **Grammatop-**
Brooksii v. A. v. R. l. c. 318 t. 15 = G. costulatum.   **[teridium.**
pseudodrymoglossum v. A. v. R. l. c. 318.
GRAMMATOSORUS Blumeanus Regel. — Cf. Tectaria Maingayi (Campylogramma
Trollei Goebel).
GRAMMITIS Swartz 1801, Copeland, Univ. Calif. Publ. Bot. **16**. 106. 1929 =
brevipila Cop. Brittonia **1**. 69 t. 2. 1931.   **[Polypodium.**
duplopilosa Cop. l. c. t. 3.
limapes Cop. Phil. Journ. Sci. **46**. 218. 1931.
multifolia Cop. l. c. 219.
obscura Bl. 1828 = P. obscurum.
pusilla var. lasiosora Bl. Fl. Jav. Fil. 110 t. 46 f. 2. 1828 = P. lasiosorum.
setosa Bl. 1828 = P. sundaicum.
stenocrypta Cop. Phil. Journ. Sci. **46**. 220. 1931.
GYMNOCARPIUM Newman 1851, Ching, Contr. Biol. Lab. Sci. Soc. China **9**.
38. 1933 = **Dryopteris.**
Dryopteris Ching, l. c. 40 = D. Linnaeana.
gracilipes (p. 39) — oyamense (40, t.) — Robertianum (42) Ching l. c. = D.
remotum Ching, l. c. 41 = D. remoti-pinnata.   [sp. homonym.
GYMNOGRAMMA Desvaux — (Psilogramme Kuhn. Maxon). — (Polypodiaceae
Gen. **97**).
acrocladon Mapplebeck, Hort. = Pityrogramma pulchella var. Wetenhalliana.
adiantoides Karst. 1864 = Pityrogramma.
Alstoni Hort. 1896, Index = Pityrogramma chrysophylla var.
argentea (Willd) Mett. 1868, Index = Pityrogramma argentea et P. aurea.
attenuata Fée 1869 = Diplazium Lindbergii.
aurantiaca Hier. 1911, Ind. Suppl. = Pityrogramma.

? Balliviani Ros. 1909, Ind. Suppl. = Pityrogramma.

Bernhardii Hort. (1858) = Pityrogramma calomelanos × chrysophylla.

? Bommeri Christ 1896, Index = Pityrogramma ferruginea.

Boucheana A. Br. 1854 = Pityrogramma chrysophylla × ferruginea.

Brackenridgei Carr. 1873 = Pityrogramma.

Chelsoni Moore, Hort. = Pityrogramma chrysophylla × pulchella.

chrysophyllum Klf. 1824 = Pityrogramma.

chrysosora Bak. 1887, Index = Cerosora.

consanguinea A. Br. 1854 = Pityrogramma chrysophylla × ferruginea.

Cordreyi Hort Pynaert 1906 = Pityrogramma chrysophylla var. hort.

cubensis (Maxon) C. Chr. Ind. Suppl. III. 108. 1934. Cuba. — Psilogramme
    Maxon, Journ. Wash. Acad. Sci. 12. 441. 1922.

davallioides Hort. Stelzner = Pityrogramma sulphurea.

dealbata Pr. 1825 = Pityrogramma calomelanos.

decomposita Bak. 1872, Index = Pityrogramma.

depauperata Hort. Bull. 1866 = Pityrogramma chrysophylla × ferruginea.

dissecta Hort. = Pityrogramma pulchella var. hort.

distans Link 1833 = Pityrogramma calomelanos × tartarea.

elegantissima Bull 1889, Index = Pityrogramma schizophylla.

elegantissima Pynaert, Rev. Hort. 15. 211. 1898 = P. decomposita var. hort.

farinifera Lind. et Rod. 1886, Index = Pityrogramma chrysophylla.

Felipponei Herter, Anal. Mus. Nac. Montevideo II. 1. 356. t. 25. 1925 = G.

ferruginea Kze. 1834 = Pityrogramma.   [Glaziovii.

flexilis Kl. 1847 = Pityrogramma.

flexuosa Desv. — Dele syn. G. refracta.

Gaerdtiana Koch 1858, Index = Pityrogramma chrysophylla × pulchella.

gigantea Bak. 1889 = Diplazium giganteum.

gloriosa Hort. = Pityrogramma schizophylla var. hort.

gracilis Hew. 1838 = Dryopteris gracilis.

gracilis Linden, Hort. = Pityrogramma pulchella.

grandis Bak. 1868 = Diplazium grandis.

guianensis Kl. 1847 = Pityrogramma ornithopteris.

Heyderi Lauche 1877, Index = Pityrogramma chrysophylla var. hort.

Hookeri J. Sm. 1868, Index = Pityrogramma adiantoides.

hybrida Martens 1837 = Pityrogramma calomelanos × chrysophylla.

Jamesonii Bak. 1874, Index = Pityrogramma.

Jimenezii (Maxon) C. Chr. Ind. Suppl. III. 108. 1934. — Costa Rica.
    Psilogramma Maxon, Amer. Fern Journ. 18. 3. 1928.

lanata Kl. 1854 = Pityrogramma ferruginea.

Lathamiae Moore 1884. Index = Pityrogramma.

Laucheana Koch 1858, Index = Pityrogramma chrysophylla var. hort.

L'Herminieri Bory, Kze. 1850 = Pityrogramma chrysophylla.

luteo-alba Lauche, Hort. = Pityrogramma.

macrotis Kze. 1848 = Dryopteris labuanensis.

magnifica Hort. = Pityrogramma calomelanos var. hort.

Maingayi Bak. 1874 = Tectaria.

Martensii Bory, Kze. 1850 }
Massoni Loud., Kze. 1850 } = Pityrogramma calomelanos × chrysophylla.

Mayeriana A. Br. 1857, Index = Pityrogramma calomelanos × ferruginea.

Mayi Hort. = Pityrogramma peruviana var. hort.

Mertensii hort : Houlst. et Moore, Gard. Mag. Bot. **3**. 22. 1851 = G. Martensii?
ochracea Pr. 1825 = Pityrogramma
ochracea Hort. = Pityrogramma calomelanos × chrysophylla.
Parsonsii Hort. Veitch 1889 = Pityrogramma chrysophylla var. hort.
paucifolia (A. C. Smith) C. Chr. Ind. Suppl. III. 109. 1934. — Guiana.
  Psilogramme A. C. Smith, Bull. Torr. Cl. **58**. 305. 1931.
Pearcei Moore 1864, Index = Pityrogramma.
?pulchella Linden, Moore 1856 = Pityrogramma.
refracta Kze., Kl. Linn. **20**. 410. 1847. — Colombia—Costa Rica.
  Anogramma Fée 1852; Psilogramme Maxon 1915.
sciatraphis Donn. Smith 1894, Index = Athyrium.
spectabilis Hort. Stelzner 1869 = Pityrogramma chrysophylla var. hort.
Stelzneri Koch 1859 = Pityrogramma chrysophylla × ferruginea.
?subtrifoliata Hk. 1864 = Stenochlaena oleandrifolia.
sulphurea Desv. 1811, Index = Pityrogramma.
Wetenhalliana Moore 1860 = Pityrogramma pulchella var. hort.
GYMNOGRAMMITIS Griffith 1849 = **Leucostegia** dareiformis.
GYMNOPREMNON Lindig, Contr. Colomb. Cienc. **2**. 34. 1861 — **Cyathea** sens. lat.
GYMNOPTERIS Bernhardi; Index excl. Bommeria (v. Ind. Suppl. prél. 8).
  — (Polypodiaceae Gen. **101**).
Delavayi (Bak.) Und 1902, Index = Notholaena.
ferruginea (Kze.) Und. 1902, Index = Pityrogramma.
GYMNOPTERIS Presl = **Leptochilus** et **Bolbitis**.
auriculata A. Peter, Fedde Rep. Beih. **40**. 61. 1929 = Bolbitis.
Feei varr. Bedd. Ferns S. Ind. t. 211. 1864, Ferns br. Ind. t. 273. 1868 =
minor Hk. 1861 = L. minutulus.   [L. laciniatus.
subsimplex Fée 1845 = Bolbitis.
taccaefolia J. Sm. 1841 = Hemigramma.
HAPLODICTYUM Presl 1849, Copeland, Univ. Calif. Publ. Bot. **16**. 60. 1929
  = **Dryopteris**.
majus Cop. Elmer's Leaflets **9**. 3110. 1920 = D. heterophylla var.
HEMIGRAMMA Christ 1906, Ind. Suppl., Copeland Phil. Journ. Sci. **37**. 402.
  1928. — (Polypodiaceae Gen. **36**).
decurrens (Hk.) Cop. l. c. 404, Ching, Bull. Fan Mem. Inst **1**. 155. 1930. —
  Tonkin—China merid.—Liu Kiu. — Gymnopteris Hk. 1857; Leptochilus
  Harlandii (Hk.) C. Chr. Index cum syn.; Anapausia Nakai 1933. Leptochilus Kanashiroi Hayata 1915, Ind. Suppl. prél. — L. Bonii (Christ)
  C. Chr. Index; Anapausia Nakai 1933. — Polypodium hainanense C. Chr.
  Index (f. simplex). — Tectaria dictyosora Cop. 1929. — Hemigramma
  distinctipetiolata Ching 1930.
distinctipetiolata Ching, Bull. Fan Mem. Inst. **1**. 156. 1930 = H. decurrens.
grandifolia Cop. 1911, Ind. Suppl. = H. Hollrungii.
Hollrungii (Kuhn) Cop. Phil. Journ. Sci. **37**. 406. 1928. — N. Guinea. N. Pommern. — Leptochilus (Kuhn) C. Chr. Index. Hemigramma grandifolia Cop.
  1911, Ind. Suppl.
?pentagonalis (Bonap.) C. Chr. Ind. Suppl. III. 109. 1934. — Annam.
  Leptochilus Bonap. N. Pt. **7**. 158. 1918.
siifolia (Ros.) Cop. Phil. Journ. Sci. **37**. 407. 1926. — Ins. Lombok.
  Leptochilus Ros. 1912, Ind. Suppl.

lacceifolia (J. Sm.) Cop. l. c. 406. — Ins. Phil. — Gymnopteris J. Sm. 1841;
Leptochilus Fée, Acrost. 89 t. 50, 1845.

HEMIONITIS Linné. — (Polypodiaceae Gen. 99).

acrosticha Noronha, Verh. Bat. Genootsch. 5. 78. 1827? —?

elongata Cav. 1802 = Antrophyum lanceolatum.

Maingayi Ridley, Journ. Mal. Br. R. As. Soc. 4. 106. 1926 = Tectaria.

polypodioides Sm. Rees Cycl. 17. no. 11. 1811, Alston, Phil. Journ. Sci. 50.
179 (descr. orig.). 1933 = Diplazium sp.

stipitata Sm l. c. no. 8, Alston, l. c. (descr. orig.) = Antrophyum planta-
trifida Noronha, Verh. Bat. Genootsch. 5 77. 1827? —?   [gineum.

triloba Sm. l. c. no. 9, Alston, l. c. (descr. orig.) = Gymnopteris tomentosa.

Zollingeri Kurz, Nat. Tijdschr. Ned. Ind. 27. 16. 1864, 34. 104 t. 5. 1874 =
Hemigramma latifolia.

HEMIPTERIS Rosenstock 1908, Ind. Suppl. — (Polypodiaceae Gen. 124).

Hemistachyum Copeland, Phil. Journ. Sci. 6 C. 141. 1911 *(Aglaomorpha §)*

HEMITELIA R. Brown.   [= **Aglaomorpha**.

> *Obs.* **Omnes species hujus generis ad Cyatheam a cl. K. Domin 1929—
> 1930 translatae sunt. Ex sentantia mea omnes species orbis veteris
> aut ad Cyatheam aut ad Alsophilam pertinent, sive omnes in Cyatheam
> potius includendae sunt.**

abitaguensis Domin, Kew Bull. 1929. 215; Mem. R. Czech. Soc. Sci. n. s. 2.
74 t. 7, 15. 1929. — Ecuador.

apiculata Hk. — Cyathea aristata Domin 1930.

arachnoidea (Und.) Maxon 1912. — Cyathea subarachnoidea Domin 1929.

arfakensis v. A. v. R. Bull. Buit. II no. 28. 26. 1918 = Alsophila.

australis Pr. — Cyathea australiensis Domin 1929.

Bakeriana (Domin) C. Chr. Ind. Suppl. III. 110. 1934. — Brasilia.
Cyathea Domin, Acta Boh. 9. 96; 1930; Hemitelia multiflora var. Sprucei
Bak. Fl. Bras. 1². 313. 1870.

bicolor v. A. v. R Mal. Ferns Suppl. 44. 1917 = Cyathea.

Caesariana Sampaio, Bol. Mus. Nac. Rio Janeiro 1. 19. 1923 = Cyathea.

capensis (L. fil) Klf. 1824, Index = Cyathea.

caudiculata Ros. Med. Rijks Herb. no. 31. 2. 1917. — Ins. Phil.

decurrens Liebm. — Cyathea decurrentiloba Domin 1930.

decurrens J. W. Moore, Bishop Mus. Bull. 102. 6. 1933 = Alsophila.

denticulata Hk. — Cyathea pacifica Domin 1929.

fallax v. A. v. R. Bull. Buit. III. 2. 153. 1920. — Sumatra.

firma Bak. — Cyathea firmula Domin 1930.

glandulosa Kuhn 1891, Index = Cyathea Melleri.

grandifolia (Willd.) Spr.   Cyathea antillana Domin 1930.

Hartii Bak 1886, Index = H. multiflora.

hemichlamydea v. A. v. R. Mal. Ferns Suppl. 47. 1917 = Cyathea.

heterochlamydea v. A. v. R. l. c. 53 = Cyathea.

Humbertiana C. Chr. Arch. Bot. (Caen) 2 Bull. mens. 210. 1928 = Cyathea.

Imrayana Hk. — Cyathea antillana pt. Domin 1930.

latipinnula v. A. v. R. Mal. Ferns Suppl. 52. 1917 = Cyathea

Lechleri Mett. — Cyathea Vilhelmii Domin 1929.

Ledermanni Brause, Engl. Jahrb. 56. 60 1920. — N. Guinea.
Cyathea macrophylla Domin 1930.

leptolepia v. A. v. R. Bull. Buit. II no. 23. 12. 1916. — Sumatra.

Maxonii Ros. Fedde Rep. **21**. 344. 1925. — Brasilia. — Cyathea subarbore-
Melleri Bak. 1874, Index = Cyathea.   [scens Domin 1930.
mexicana Liebm. — Cyathea Liebmannii Domin 1929.
microphylla Col. — Cyathea Novae-Zelandiae Domin 1929.
minuscula Maxon, Journ. Wash. Acad. Sci. **18**. 316. 1928. — Haiti.
montana v. A. v R. Bull. Buit. III. **2**. 153. 1920. — Sumatra.
  Cyathea costulisora Domin 1930.
Moorei Bak. — Cyathea Howeana Domin 1929..
obscura Mett. 1864, Ind. Suppl. 115. — Cyathea columbiana Domin 1929.
paraphysophora v. A. v. R. Bull. Buit. III. **2**. 154. 1920. — Sumatra.
perpunctulata v. A. v. R. l. c. II no. 28. 25. 1918. — Sumatra.
petiolata Hk. — Cyathea panamensis Domin 1929.
quitensis Domin, Kew Bull. **1929**. 215; Mcm. R. Czech. Soc. Sci. n. s. **2**.
  74 t. 8 f. 3. 1929. — Ecuador. — Cyathea andicola Domin 1930.
raiateensis J. W. Moore, Bishop Mus. Bull. **102**. 6. 1933. — Raiatea (Ins. Soc.)
roraimensis Domin, l. c. 216 et **2**. 75 t 8, 15. — Guiana.
rudimentaris v. A. v. R. Bull. Buit. III. **5**. 205. 1922.
squarrosa Ros. Fedde Rep. **22**. 2. 1925. — Costa Rica.
Stokesii E. Brown, Bishop Mus. Bull. **89**. 16 f. 5. 1931. — Ins. Rapa (Mare pacif.)
strigosa Alston, Kew Bull. **1932**. 308 = H. surinamensis *Parkeri.
subconfluens v. A. v. R. Bull. Buit. II no. 28. 25. 1918. — Sumatra.
superba (Jenm.) Maxon, Amer. Fern Journ. **19** 44. 1929. — Guiana anglica.
  H. multiflora var. superba Jenm. Ferns Br. W. Ind. and Guiana 49. 1898.
Uleana Sampaio, Bol. Mus. Nac. Rio Janeiro **1**. 65, fig. 1923. — Brasilia.
warihon v. A. v. R. Mal. Ferns Suppl. 43. 1917 = Alsophila Cop., Ind.
  Suppl. prél. 4.
HETEROGONIUM Presl 1849; Copeland, Univ. Calif. Publ. Bot. **16**. 61. 1929.
  — (Polypodiaceae Gen. **20**).
aspidioides Pr. 1849. — Ins. Phil. Borneo. — Tectaria Cop. 1929. Aspidium
  ambiguum Diels 1899, Index cum syn. (non Digrammaria Pr.)
Nieuwenhuisenii (Racib.) C. Chr. Ind. Suppl. III. 111. 1934. — Borneo.
  Polybotrya Racib. 1902, Index.
profereoides (Christ) Cop. l. c. 1929. — Ins. Phil. Borneo.
  Aspidium Christ, Phil. Journ. Sci. **2**C. 158 1907.
stenosemioides (Bak.) C. Chr. Ind. Suppl. III. 111. 1934. — Borneo, Ins. Phil.
  Polybotrya (Bak.) Cop. 1905, Index.
HETERONEVRON Fée = **Bolbitis**.
argutum Fée 1845 = Bolbitis arguta.
meniscioides Fée 1845 = Dryopteris anceps?.
sinuosum Fée 1845; Cop. Phil. Journ. Sci. **37**. 368 f. 31. 1928. — Ins. Phil.
Heterospicanta Nakai, Bot. Mag. Tokyo **47**. 184. 1933. *(Spicantopsis §)* =
HEWARDIA J. Smith = **Adiantum**.   [**Blechnum**.
diphylla Fée 1869 = A. diphyllum.
HISTIOPTERIS J. Smith. — (Polypodiaceae Gen. **130**).
alte-alpina v. A. v. R. Bull. Buit. II no. 23. 13. 1916. — Sumatra.
conspicua v. A. v. R. l. c. III. **2**. 155. 1920. — Sumatra.
estipulata v. A. v. R. Nova Guinea **14**. 25. 1924. — N. Guinea.
reniformis v. A. v. R. Bull. Buit. II no. 28. 26. 1918. — Sumatra.
sinuata (Brack.) J. Sm. 1875. — Polynesia. — Litobrochia Brack. 1854.

HOLODICTYUM Maxon 1908, Ind. Suppl. — (Polypodiaceae Gen. 77).

HUMATA Cavanilles. — (Polypodiaceae Gen. 50).

alpina (Bl.) Moore 1857. — Malesia—Polynesia? — Davallia Bl. 1828.

angustata (Wall.) J. Sm. 1841. — Malesia. — H. heterophylla *angustata Index c. syn. — H. microsora Cop. 1912, Ind. Suppl. H. attenuata v. A. v. R. 1922. — Cf. H. mutata v. A. v. R.

assamica (Bedd.) C. Chr. Contr. U. S. Nat. Herb. 26. 293. 1931. — Ind. bor. — Yunnan. — Davallia (Bedd.) Bak. 1868, Index c. syn.

attenuata v. A. v. R. Bull. Buit. III. 5. 205. 1922 = H. angustata var. microsora.

Banksii Alston, Phil. Journ. Sci. 50. 176. 1933. — Polynesia. Davallia pectinata Hk. et Gr. Ic. t. 139 (non Sm.); Humata auctt.

dryopteridifrons Hayata, Ic. Pl. Formosa 6 159. 1916. — Formosa. — Da-Gaimardiana (Gaud.) J. Sm. 1842, Index = D. pectinata. [vallia Hayata l. c.

Griffithiana (Hk.) C. Chr. Contr. U. S. Nat. Herb. 26. 293. 1931. — Ind. bor.-China—Formosa. — Davallia Hk. 1846, Index. D. platylepis Bak. 1898, Index; D. Henryana Bak. 1906, Ind. Suppl. — Cf. H. Tyermanni.

heterophylla (Sm.) Desv. — Dele syn. H. ophioglossa et *angustata.

huahinensis Cop. Bishop Mus. Bull. 93. 11 t. 12 B. 1932 — Ins. Societatis. Kaudernii C. Chr. Svensk Bot. Tids. 16. 96 f. 3. 1922 = H. pusilloides.

kinabaluensis Cop. Phil. Journ. Sci. 12 C. 48. 1917. — Borneo. Malacca.

lanuginosa v. A, v. R. Bull. Buit. III. 2. 155. 1920. — Sumatra.

Ledermanni Brause, Engl. Jahrb. 56. 120. 1920. — N. Guinea.

melanophlebia Cop. Bishop Mus. Bull. 93. 11 t. 12 A 1932 = Ins. Societatis.

minuscula (Christ) v. A. v. R. Mal. Ferns Suppl. 216. 1917. — Luzon. — H, repens var. minuscula Christ, Phil. Journ. Sci. 8 C. 272. 1908.

mutata v. A. v. R. Bull. Buit. III. 5. 206. 1922. — Lingga Ins. (Malesia) — (An H. angustata var?).

ophioglossa Cav. 1802, C. Chr. Elmer's Leaflets 9. 3161. 1933. — Ins. Phil., Mariannae et Carolinae.

parvula (Wall.) Mett. 1856. — Malesia. — Davallia Wall. 1828, Index cum syn.

pectinata (Sm.) Desv. 1827; cf. Alston, Phil. Journ. Sci. 50. 175 t. 1 f. 1. 1933. — Malesia—Polynesia. — H. Gaimardiana (Gaud.) J. Sm. 1842, Index perdurans Hier. Hedwigia 62. 12. 1920 = Leucostegia. [cum syn.

perpusilla v. A. v. R. 1912, Ind. Suppl. = H. pusilla.

pusilla (Mett) Carr. — Adde syn. H. perpusilla et H. subtilis v. A. v. R. 1912, Ind. Suppl.

pusilloides Cop. Sarawak Mus. Journ. 2. 338. 1917 (nomen), v. A. v. R. Bull. Buit. II no. 28. 26. 1918. — Mindanao, Borneo, Celebes. — H. Kau-repens (L. fil.) Diels. — Dele var. Dav. alpina Bl. [dernii C. Chr. 1922.

serrata Brack. 1854 (non Desv. 1827). — Polynesia. (An H. multifida Carr. 1873?). — Cf. C. Chr. Vierteljahrsschr. Nat. Ges. Zürich 74. 59. 1929.

squarrosa v. A. v. R. Bull. Buit. III. 2. 156. 1920. — Sumatra.

subtilis v. A. v. R. 1912, Ind. Suppl. = H. pusilla.

Tyermanni Moore. — An H. Griffithiana var.?

Werneri Cop. Univ. Calif. Publ. 12. 400. t. 53 b. 1931. — N. Guinea.

HYMENASPLENIUM Hayata, Bot. Mag. Tokyo 41. 712. 1927 = **Asplenium.** unilaterale Hayata, l. c.

HYMENOLEPIS Kaulfuss; cf. C. Chr. Dansk Bot. Ark. 6. 54—70. 1929. (Polypodiaceae Gen. 152).

abbreviata Fée 1865. — Arnam. — Polypodium (Fée) C. Chr. Ind. Suppl.
prél. c. syn; Lemmaphyllum C. Chr. 1929.
annamensis C. Chr. 1. c. 68. 1929. — Indochina.
brachystachys (Hk.) J. Sm. 1866, Index = H. validinervis.
callifolia Christ 1905; C. Chr. 1. c. 66. 1929. — Malaya.
glauca (Cop.) C. Chr. 1. c. 62. 1929. — Ins. Phil. — H. platyrhynchos var.
glauca Cop. Elmer's Leaflets 3. 487. 1910.
Henryi Hier., C. Chr. 1. c. 67. 1929. — India bor., Yunnan, Siam.
mucronata Fée, Gen. 82 t. 6. 1852; C. Chr. 1. c. 62. 1929. — Asia, Australia,
Polynesia trop.
?novoguineensis (Ros.) C. Chr. Ind. Suppl. III. 113. 1934. — N. Guinea.
Paltonium Ros. 1912, Ind. Suppl.; Lemmaphyllum C. Chr. 1929.
ophioglossoides Kze. Farrnkr. 99 t. 47 f. 1. 1842 (non Klf.) = H. mucronata.
platyrhynchos (J. Sm.) Kze. 1842, C. Chr. 1. c. 68. 1929. — Luzon.
platyrhynchos var. glauca Cop. 1910 = H. glauca.
revoluta Bl. Enum. 201. 1828; C. Chr. 1. c. 58. 1929. — Malaya, Polynesia.
H. rigidissima Christ 1906.
rigidissima Christ 1906, Ind. Suppl. = H. revoluta.
spicata (L. fil.) Pr. 1819, C. Chr. 1. c. 57. 1929. — Ins. afr. or., Afr. or. et occ.
squamata Hier., C. Chr. 1. c. 59. 1929. — Ins. Phil., Borneo.
validinervis Kze. Bot. Zeit. 6. 132. 1848; C. Chr. 1. c. 60. 1929. — Malaya.
Taenitis Mett. 1856. — Hym. brachystachys J. Sm. 1866, Index 355.
Vaupelii Hier., C. Chr. 1. c. 65. 1929. — Samoa.
HYMENOPHYLLOPSIS Goebel, Flora 124. 3. 1929. — (Genus incertae sedis 3).
asplenioides A. C. Smith, Bull. Torr. Cl. 58. 302 t. 22. 1931. — Guiana.
dejecta (Bak.) Goebel, Flora 124. 21, fig. 1929. — Guiana.
Hymenophyllum Bak. in Hk. Ic. Pl. t. 1610. 1886, Index.
HYMENOPHYLLUM Smith.
Alfredii Ros. Fedde Rep. 22. 4. 1925. — Costa Rica.
amabile Morton, Journ. Wash. Acad. Sci. 22. 63 f. 1. 1932. — Peru.
angustum v. d. B. Ned. kr. Arch. 5³. 183. 1863. — Amazonas.
anisopterum A. Peter, Fedde Rep. Beih. 40. 15, Descr. 1 t. 1 f. 2. 1929. —
Africa or.
Babindae Watts, Pr. Linn. Soc. N. S. Wales 39. 766 t. 87 f. 5. 1915. — Queens-
Bakeri Cop. Sarawak Mus. Journ. 2. 309. 1917. — Borneo.   [land.
Trichomanes denticulatum Bak. Syn. 82. 1867 (non Hymenophyllum Sw.
Baldwinii Eat. 1879, Index = Trichomanes.   [1801).
borneense Hk. 1866, Index = Trichomanes palmatifidum.
Blumeanum Spr. — Plurimae sp. v. d. Boschii mihi validae sunt.
breve Ros. Fedde Rep. 20. 89. 1924. — Brasilia.
cardunculus C. Chr. Mitt. Inst. Hamburg 7. 144. 1928. — Borneo.
cernuum Gepp in Gibbs, Dutch N. W. N. Guinea 68. 1917. — N. Guinea.
cincinnatum Gepp, 1. c. 68. — N. Guinea.
Clemensiae Cop. Phil. Journ. Sci. 12 C. 46. 1917 = H. pachydermicum.
compactum Bonap. N. Pt. 16. 16. 1925. — Madagascar.
constrictum Hayata 1914, Ind. Suppl. prél. = H. punctisorum.
contextum Ros. Fedde Rep. 22. 3. 1925. — Costa Rica.
coreanum Nakai, Bot. Mag. Tokyo 40. 246. 1926. — Korea.
Crügeri Müll. Bot. Zeit. 1854. 722. — Ind. occ. Brasilia.
H. delicatissimum Fée 1872—73.

dejectum Bak. 1886, Index = Hymenophyllopsis.
Delavayi Christ 1905, Index = H. exsertum.
delicatissimum Fée 1872—73 = H. Crügeri.
deltoideum C. Chr. Cat. Pl. Mad. Pter. 18. 1932 (nomen), Dansk Bot. Ark. 7.
    10 t. 2 f. 4—5. 1932. — Madagascar.
demissum (Forst.) Sw. — Dele loc. Malesia et var. H. productum Kze.
dichotomum Cav. 1802 (non auctt. et Index); Loc. Chile falsa, veris. ex Ins.
    Phil. = H. Neesii?
dichotomum auctt. et Index = H. plicatum.
dilatatum (Forst.) Sw. — Dele var. H. eximium Kze.
ellipticosorum v. A. v. R. Nova Guinea 14. 27. 1924. — N. Guinea.
epiphyticum J. W. Moore, Bishop Mus. Bull. 102. 5. 1933. — Raiatea (Ins. Soc.)
eximium Kze. Bot. Zeit. 1846. 478. — Malesia.
fastigiosum Christ 1899, Index = H. khasianum.
firmum v. A. v. R. Nova Guinea 14. 28. 1924. — N. Guinea.
Foxworthyi Cop. Phil. Journ. Sci. 12 C. 45. 1917 = Trichomanes.
fujisanense Nakai, Bot. Mag. Tokyo 40. 249. 1926. — Japonia.
gracilius Cop. Bishop Mus. Bull. 93. 7 t. 3. 1932. — Tahiti.
hamuliferum v. A. v. R. Bull. Buit. II no. 28. 29. 1918. — Ins. Banca.
hemipteron Ros. Fedde Rep. 22. 4. 1925. — Costa Rica.
Henryi Bak. 1889, Index = H. barbatum.
Herterianum Brause, Engl. Jahrb. 56. 43. 1920. — N. Guinea.
Hieronymi (Brause) C. Chr. Ind. Suppl. III. 114. 1934. — N. Guinea.
    Trichomanes Brause, Engl. Jahrb. 49. 6 f. 1 A. 1912. (§ Leptocionium!).
holotrichum A. Peter, Fedde Rep. Beih. 40. 16, Descr. 1, t. 1 f. 3—4. 1929.
Hosei Cop. Phil. Journ. Sci. 12 C. 46. 1917. — Borneo.   [Africa or.
Humbertii C. Chr. Arch. Bot. (Caen) 2. Bull. mens. 209. 1928, Dansk Bot.
    Ark. 7. 10 t. 2 f. 6—8. 1932. — Madagascar.
involucratum Cop. Univ. Calif. Publ. Bot. 12. 375. 1931. — Rarotonga.
johorense Holttum, Gard. Bull. S. S. 4. 408, fig. 1929. — Malay Penins.,
    Borneo.
kerianum Watts, Pr. Linn. Soc. N. S. Wales 39. 767 t. 87 f. 6. 1915. — Queensland.
khasianum Bak. — Adde syn. H. fastigiosum Christ 1899. — India bor.,
    China austr., Tonkin.
klabatense Christ 1894, v. A. v. R. Mal. Ferns Suppl. Corr. 45. 1917. — Celebes.
latilobum Bonap. N. Pt. 13. 103. 1921 = H. badium.
Ledermanni Brause, Engl. Jahrb 56. 41. 1920. — N. Guinea.
leptocarpum Cop. Brittonia 1. 71. 1931. — Borneo.
lindsaeoides Bak. 1894, Index = Stenoloma odontolabia.
lingganum v. A. v. R. Bull. Buit. III. 5. 208. 1922. — Lingga Arch.
Lobbii Moore 1863. — Adde syn. Trichomanes serratulum Bak. 1867, Index.
    Hym. subflabellatum Cesati 1876, Index.
microchilum (Bak.) C. Chr. Mitt. Inst. Hamburg 7. 143. 1928. — Borneo.
    Trichomanes Bak. 1894, Index.
mirificum Morton, Bot. Gaz. 93. 338, c. t. 1932. — Peru. (Buesia subgen. nov.).
nutantifolium v. A. v. R. Nova Guinea 14. 27. 1924. — N. Guinea.
omeiense Christ 1906, Ind. Suppl. = H. barbatum var.
osmundoides v. d. B. 1863. — India bor. - China - Tonkin.
palmense Ros. Fedde Rep. 22. 5. 1925. — Costa Rica.
parvifolium Bak. 1866, Index = Trichomanes.

parvum C. Chr. Cat. Pl. Mad. Pter. 18. 1932 (nomen), Dansk Bot. Ark. 7. 8 t. 2 f. 1—3. 1932. — Madagascar.

perfissum Cop. Phil. Journ. Sci. 12 C. 47. 1917. — Borneo.

piliferum C. Chr. Vierteljahrsschr. Nat. Ges. Zürich 70. 221. 1925. — N. Cale-
pleiocarpum v. A. v. R. Bull. Buit. III. 5. 208. 1922. — Sumatra. [donia.

plicatum Klf. 1824. — Amer. austr. temp.
H. dichotomum auctt., Index cum syn. (non Cav. 1802).

polyanthum Hk. 1835 = Trichomanes societense.

praetervisum Christ. — Dele loc. Borneo et syn. Trichomanes denticulatum
Bak. (v. H. Bakeri).

praetervisum? var. australiense Domin 1913 et var. exsertum Bailey 1889 =
H. pseudo-tunbridgense.

productoides J. W. Moore, Bishop Mus. Bull. 102. 5. 1933. — Raiatea (Ins.
productum Kze. Bot. Zeit. 1848. 305. — Malesia. [Soc.

pseudo-tunbridgense Watts, Proc. Linn. Soc. N. S. Wales 39. 766. 1915. —
Queensland. — H. praetervisum var. exsertum Bailey, Rep. Gov. Exp. Bel-
lenden-Ker 74. 1889, Lith. t. 30? H.? praetervisum var. australiense Domin,
Bibl. Bot. 85. 21. 1913.

punctisorum Ros. 1915, Ind. Suppl. prél. — Adde syn. H. constrictum
Hayata 1914 (non Christ 1904).

remotipinna Bonap. N. Pt. 16. 17. 1925 = H. veronicoides.

retusilobum Hayata, Ic. Pl. Formosa 10. 72. 1921. — Formosa.

Rosenstockii Brause, Engl. Jahrb. 56. 43. 1920. — N. Guinea.

rufifolium v. A. v. R. Bull. Buit. II no. 28. 28. 1918. — Sumatra.

rufifrons v. A. v. R. l. c. 28. — Sumatra.

rugosum C. Chr. et Skottsberg, Nat. Hist. Juan Fernandez 2. 12 f. 4. 1920.
— Juan Fernandez.

Sampaioanum Brade et Ros. Bol. Mus. Rio Janeiro 7. 136 t. 1 f. 2, t. 3.
1931. — Brasilia.

semifissum Cop. 1915, Ind. Suppl. prél. = H. penangianum.

sibthorpioides (Bory) Mett., Kuhn 1868. — Ins. afric. or. — Trichomanes
Bory, Willd. 1810. (An Tr. parvulum Poir. 1808?, non auctt., cf. C. Chr.
Dansk Bot. Arkiv 7. 3, 11).

Skottsbergii C. Chr. 1910, Ind. Suppl. = H. Darwinii.

spicatum Christ 1906, Ind. Suppl. = H. barbatum.

subfirmum v. A. v. R. Nova Guinea 14. 28. 1924. — N. Guinea.

subflabellatum Cesati 1876, Index = H. Lobbii.

todjambuense Kjellberg, Engl. Jahrb. 66. 41. 1933. — Celebes.

veronicoides C. Chr. in Bonap. N. Pt. 12. 20. 1920, Dansk Bot. Ark. 7. 9 t.
2 f. 9—12. 1932. — Madagascar. — H. remotipinna Bonap. 1925.

vincentinum Bak. 1891, Index = H. macrothecium.

HYPODERRIS R. Brown. — (Polypodiaceae Gen. 7).

Stübelli Hier. 1907. Ind. Suppl. = Bolbitis.

Hypolepidopsis Hieronymus, Hedwigia 62. 28. 1920 *(Cheilanthes §)* = Chei-
HYPOLEPIS Bernhardi. — (Polypodiaceae Gen. 113). [lanthes.

aculeata Gepp, JoB. 1923 Suppl. 59. — N. Guinea.

Bergiana (Schlecht.) Hk. 1852, Index = Cheilanthes.

Brooksiae v. A. v. R. Bull. Buit. II no. 28. 29. 1918. — Sumatra, Malacca,
Borneo.

Buchtienii Ros. Fedde Rep. 25. 58. 1928. — Bolivia.

californica (Nutt) Hk. 1852, Index = Cheilanthes.

celebica C. Chr. Engl. Jahrb. **66**. 58. 1933. — Celebes.

distans × **millefolium** Carse, Tr. N. Zeal. Inst. **60**. 305. 1929. — N. Zealand.

distans × **rugosula** Carse, l. c. — N. Zealand.

Ekmani Maxon, Proc. Biol. Soc. Wash. **43**. 84. 1930. — Haiti.

grandifrons Gepp in Gibbs, Dutch N. W. N. Guinea. 195. 1917 = Dennstaedtia penicillifera.

hispaniolica Maxon, Journ. Wash. Acad. Sci. **14**. 88. 1924. — Hispaniola.

incisa (Kze.) C. Chr. Index = Cheilanthes.

meifolia (Eat.) Bak. 1891, Index = Cheilanthes.

Petrieana Carse, Tr. N. Zeal. Inst. **50**. 64. 1918 = H. punctata.

pulcherrima Underw. et Maxon, Proc. Biol. Soc. Wash. **43**. 84. 1930. — Hispaniola, Jamaica.

punctata × **rugosula** Carse, Tr. N. Zeal. Inst **60**. 305. 1929. — N. Zealand.

punctata × **tenuifolia** Carse, l. c. — N. Zealand.

rugosula (Lab.) J. Sm. 1846 (rugulosa). — Reg. austr. temp., Montes trop. — Polypodium Lab. 1806; Dryopteris punctata* Index 287.

rugosula × **tenuifolia** Carse, l. c. — N. Zealand.

Schimperi (Kze.) Hk. 1852, Index = Cheilanthes.

tenerifrons Christ 1908, Ind. Suppl. = Dryopteris.

tenerrima Maxon, Journ. Wash. Acad. Sci. **14**. 196. 1924 — Hispaniola.

ITHYCAULON Copeland, Univ. Calif. Publ. Bot. **16**. 79. 1929. — Saccoloma sp. Index. — (Polypodiaceae Gen. **48**).

acuminatum (Ros.) Cop. Univ. Calif. Publ. Bot. **12**. 395. 1931. — N. Guinea. Dennstaedtia Ros. 1915, Ind. Suppl. prél.

brasiliense (Pr.) C. Chr. Ind. Suppl. III. 116. 1934. — Amer. austr. trop.— Saccoloma (Pr.) Mett. 1861, Ind. Suppl. 129.

caudatum Cop. Univ. Calif. Publ. Bot. **16**. 80. 1929. — N. Guinea. Saccoloma Cop. Phil. Journ. Sci. **30**. 327. 1926.

domingense (Spr) C. Chr. Ind. Suppl. III. 116. 1934. — Ind. occ. Mexico— Venezuela. — Saccoloma (Spr) Prantl 1892, Index.

firmum (Kuhn) C. Chr. Ind. Suppl. III. 116. 1934. — N. Caledonia. N. Hebridae. — Saccoloma moluccanum var. firma Kuhn, Verh. zool. bot. Ges. Wien **19**. 13. 1869, Chaetopt. t. 2 f. 15—16; S. firmum C. Chr. 1925.

Guentheri (Ros.) C. Chr. Ind. Suppl. III. 116. 1934. — Bolivia. Saccoloma Ros. Fedde Rep. **25**. 58. 1928.

Henriettae (Bak.) C. Chr. Ind. Suppl. III. 116. 1934. — Madagascar. Dennstaedtia (Bak.) Diels 1899, Index cum syn.; Saccoloma C. Chr. 1932.

inaequale (Kze.) Cop. Univ. Calif. Publ. Bot. **16**. 80. 1929. — Amer. trop. Saccoloma (Kze.) Mett. 1861, Index cum syn.

minus (Hk.) C. Chr. Ind. Suppl. III. 116. 1934. — Malesia, Polynesia. — Davallia inaequalis var. minor Hk. sp. **1**. 180 t. 58 A. 1846; Saccoloma minus C. Chr. 1929. S. moluccanum Mett., Kuhn 1869, Index (excl. syn. plur.); Ithycaulon Cop. 1929 (non Davallia Bl. 1828). — Davallia campylura Kze. 1850 pt.?. — Microlepia papillosa Brack. 1854 (an sp.?) — Davallia asperrima Ces. 1877. — Dennstaedtia Kingii Bedd. 1893, Index.

moluccanum Cop. Univ. Calif. Publ. Bot. **16**. 80. 1929 = I. minus.

JAMESONIA Hook. et Grev. — (Polypodiaceae Gen. **98**).

brunnea Maxon, Journ. Wash. Acad. Sci. **14**. 72. 1924. — Ecuador.

ceracea Maxon, l. c. 73. — Colombia.

JAPANOBOTRYCHUM Masamune, Journ. Soc. Trop. Agric. Formosa **3**. 246.
  arisanense Masamune, l. c. — Formosa. — (Botrychium sp.?).   [1931.
LACAUSSADEA Gaudichaud = **Egenolfia**.
  rhizophylla Gaud. 1846 = E. serrulata.
LASTREA Bory = **Dryopteris**.
  Africana Ching, Contr. Biol. Lab. Sci. Soc. China **9**. 37. 1933.
  acuminata Houlst. Gard. Mag. Bot. **3**. 317. 1851. — Nepal.
  acuminata Moore 1858 = D. acuminata.
  arborea E. Brongn. Bull. Soc. Fr. **19**. 226. 1872. — Luzon.
  articulata Brack. 1854 = Arthropteris.
  augescens Houlst. Gard. Mag. Bot. **3** 316. 1851; Lowe 1857.
  Beccariana Ridley, Tr. Linn. Soc. II. Bot. **9**. 257. 1916.
  caudiculata Pr. 1849 = D. verrucosa.
  chupengensis Ridley, Journ. Str. Br. R. As. Soc. no. **59**. 232. 1911.
  ciliata Liebm. 1849 = D. equestris.
  elegans hort.; Houlst. et Moore, Gard. Mag. Bot. **3**. 318. 1851; J. Sm. 1856.
  grandifolia Pr. 1849 = D. effusa var.
  hispida Houlst. Gard. Mag. Bot. **3**. 318. 1851.
  Klossii Ridley, Tr. Linn. Soc. II Bot. **9**. 257. 1916.
  lancastriense Houlst. Gard. Mag. Bot. **3**. 318. 1851; J. Sm. 1856.
  leucolepis Pr. 1849 = D. leucolepis.
  Macgregorii Ridley, Tr. Linn. Soc. II Bot. **9**. 257. 1916.
  Norrisii Ridley, Journ. Mal. Br. R. As. Soc. **4**. 69. 1926.
  odorata Wawra, Oest. Bot. Zeit. **13**. 144. 1863. — ex syn. = D. crenata (loc.
    St. Vincent falsa?).
  Robinsonii Ridley, Journ. Fed. Mal. Stat. Mus. **10**. (128—156'. 1920, Journ.
    Mal. Br. R. As. Soc. **4**. 65. 1926.
  sericea Schott, Bedd. 1869 = D. pseudocalcarata.
  Sieberiana Pr. 1836 = D. bivestita.
  spinescens Houlst. et Moore, Gard. Mag. Bot. **3**. 318. 1851. — India.
LATHYROPTERIS Christ 1907, Ind. Suppl. = **Pteris**.
  madagascariensis Christ = P. lathyropteris.
LECANOPTERIS Reinwardt. — (Polypodiaceae Gen. **160**).
  crustacea Cop. Univ. Calif. Publ. Bot. **12**. 406. 1931 = Polypodium.
  davallioides v. A. v. R. Bull. Buit. II no. 23. 14. 1916. — Borneo, Sumatra.
  lomarioides - mirabile - Sarcopus - sinuosa Cop. Univ. Calif. Publ. Bot. **16**. 123.
    1929 = Polypodium sp. homonym.
  saccata v. A. v. R. Bull. Buit. II no. 28. 31. 1918. — Sumatra.
LEMMAPHYLLUM Presl, Epim. 157. 1849, C. Chr. Dansk Bot. Arkiv **6**.
  no. 3. 44 t. 5. 1929 (excl. § Pseudovittaria). — (Polypodiaceae Gen. **150**).
  abbreviatum Kuhn, C. Chr. l. c. 50 t. 6. f. 2 = Hymenolepis.
  adnascens Ching, Bull. Fan Mem. Inst. **4**. 101. 1933 = Polypodium Wangii.
  carnosum (Wall.) Pr. 1849, C. Chr. l. c. 49 t. 5 f. 7. — Ind. bor.—China
    austr.—Tonkin. — Drymoglossum (Wall.) J. Sm. 1841, Index c. syn.
  Christensenii Ching, Bull. Fan Mem. Inst. **4**. 98. 1933 = Polypodium Chingii.
  drymoglossoides Ching, l. c. 100 = Polypodium.
  microphyllum Pr. 1849, C. Chr. l. c. 46 t. 5 f. 1—4. — Japonia—China or.
    —Annam. — Drymoglossum (Pr.) C. Chr. Index c. syn. — D. subcordatum
    part. Fée 1852. — D. obovatum Harr., Christ 1905, Index.
  novoguineense (Ros.) C. Chr. l. c. 51 = Hymenolepis.

pyriforme Ching, Bull. Fan Mem. Inst. 4. 99. 1933 = Polypodium.

sinense (Christ) C. Chr. 1. c. 51 t. 6 f. 1 = Polypodium neurodioides.

spathulatum Pr. 1849, C. Chr. 1. c. 49 t. 5 f. 6. — Ins. Phil.

squamosum C. Chr. 1. c. 48 t. 5 f. 5. — Tonkin.

subrostratum Ching, Bull. Fan Mem. Inst. 4. 97. 1933 = Polypodium.

LEPISORUS (J. Smith) Ching, Bull. Fan Mem. Inst. 4. 47. 1933 = **Polypodium.**

annuifrons (70) — boninensis (p. 76) — clathratus (71) — eilophyllus (65) — excavatus (68) — heterolepis (86) — infraplanicostalus (92) — kuchenensis (69) — Lewisii (65) — loriformis (81) — macrosphaerus (73) — megasorus (79) — nudus (83) — obscure-venulosus (76) — oligolepidus (80) — Onoei (87) — oosphaerus (70) — Perrierianus (51) — phlebodes (72) — pseudonudus (83) — Schraderi (51) — sordidus (78) — subconfluens (85) — sublinearis (78) — suboligolepidus (77) — Thunbergianus (88) — ussuriensis (91) Ching, 1. c. = P. sp. homonym.

angustus Ching, 1. c. 86 = P. caudato-attenuatum.

bicolor Ching, 1. c. 66 = P. excavatum.

contortus Ching, 1. c. 90 = P. Thunbergianum var.

elongatus Ching, 1. c. 89 = P. atropunctatum.

Gueintzii Ching, 1. c. 51 = P. Schraderi.

rotundus Ching, 1. c. 51 = P. vesiculari-paleaceum.

sinensis Ching, 1. c. 63 — P. neurodioides.

vittarioides Ching, 1. c. 64 = P. neurodioides var.

LEPTOCHILUS Kaulfuss 1824, C. Chr. Index p. XXV excl. §§ 2—3: Anapausia et Bolbitis (= Bolbitis) et § 4: Lomagramma (= Lomagramma); Ching, Bull. Fan Mem. Inst. 4. 341. 1933. Campium sect. Dendroglossa Copeland, Phil. Journ. Sci. 37. 343. 1928. — Myuropteris C Chr. 1929. — (Polypodiaceae Gen. 153).

acrostichoides — auriculatus — Bernoulii — bipinnatifidus (Suppl.) — Boivini — Bradeorum (Suppl.) — Cadieri — costatus (Suppl. prél.) — crenatus (Suppl.) — curupirae — diversifolius — Donnell-Smithii (Suppl.) — fluviatilis — gaboonensis — gemmifer (Suppl.) — heteroclita — Heudelotii — Humblotii — hydrophyllus (Suppl.) — inconstans — labrusca — Lindigii — mexicanus (Suppl.) — modestus — Naumanni — nicotianifolius — opacus — ovatus (Suppl. prél.) — pandurifolius — phanerodictyus — Preslianus — Rawsoni — rivularis — sagenioides — salicinus — scalpturatus (Suppl. 49) — serratus — serratifolius — subcrenatus — Taylori C. Chr. Index cum Suppl. = **Bolbitis** sp. homonym.

alienus (Sw.) C. Chr. Index = Bolbitis aliena, B. cladorrhizans, B. Liebmanni, B. semipinnatifida.

angustipinnus Hayata 1915, Ind. Suppl. prél. = Bolbitis contaminans.

antrophyoides (Bak.) C. Chr. Index = Loxogramme.

axillaris (Cav.) Klf. — Adde syn. L. platyphyllus Cop. 1928. L. dichotomophlebia Hayata 1914, Ind. Suppl. prél. (part.).

Bonii (Christ) C. Chr. Index = Hemigramma decurrens.

cantoniensis (Bak.) Ching, Bull. Fan Mem. Inst. 4. 343. 1933. — Kwangtung. Polypodium (Bak.) C. Chr. Index; Christiopteris Christ 1908; Campium

celebicus (Bak.) C. Chr. Index = Dryopteris. [Ching 1930.

cladorrhizans Maxon, Pter. Porto Rico 460. 1926 = Bolbitis.

cordatus (Christ) Ching, Bull. Fan Mem. Inst. 4. 343. 1933. — Annam. Hainan. — Drymoglossum Christ 1911, Ind. Suppl.; Myuropteris C. Chr. 1929. Campium dilatatum Cop. 1928. — (Veris. L. cantoniensis f.).

cuneatus Bonap. N. Pt. **14**. 453. 1924 = **Lomagramma sumatrana**.

cuspidatus C. Chr. Index = Bolbitis cuspidata, B. bipinnatifida, B. lonchopora, B. Quoyana (Acr. repandum Bl.).

decurrens Bl. — Adde loc. China et syn. Campium Cop. 1928.

dichotomophlebia Hayata 1914, Ind. Suppl. prél. = L. axillaris et L. lancediversibasis Bonap. N. Pt. **14**. 216. 1924 = Bolbitis. [olatus? (t. Nakai).

exsculptus (Bak.) C. Chr. Index (exculptus ex err. typ.) = Dryopteris.

Fendleri (Bak.) C. Chr. Index = Dryopteris anceps.

grossedentatus Bonap. N. Pt. **14**. 217. 1924 = Bolbitis.

guianensis (Aubl) C. Chr. Index = Lomagramma.

Harlandii (Hk.) C. Chr. Index = Hemigramma decurrens.

hemiotis Maxon, Amer. Fern Journ. **14**. 101. 1925 = Bolbitis.

Hollrungii (Kuhn) C. Chr. Index = Hemigramma.

·Kanashiroi Hayata 1915, Ind. Suppl. prél. = Hemigramma decurrens.

Killipii Maxon, Amer. Fern Journ. **21**. 138. 1931 = Bolbitis Bradeorum.

laciniatus (Hk.) Ching, Bull. Fan Mem. Inst. **4**. 344. 1933. — Ceylon.
Campium Cop. Phil. Journ. Sci. **37**. 354 t. 1928; Acrostichum variabile var. laciniatum Hk. sp. **5**. 255. 1864; Gymnopteris Feei var. pinnatifida Bedd. 1864; G. Feei var. triloba Bedd. 1868.

lanceolatus Fée 1845, Index (excl. var. G. normalis) — India austr.
Campium Cop. 1928.

latifolius (Meyen) C. Chr. Index = Hemigramma latifolia et H. taccifolia.

Laurentii (Christ) C. Chr. Index = Bolbitis Boivini.

Liebmanni Maxon, Proc. Biol. Soc. Wash. **43**. 86. 1930 = Bolbitis.

Linnaeanus Fée. — Campium Cop. 1928.

Listeri (Bak.) C. Chr. Index. — Mihi L. decurrens f.

lomarioides Bl. 1828, Index = Lomagramma.

longiflagellatus Bonap. N. Pt. **4**. 68. 1917 = Bolbitis.

malaccensis C. Chr. Gardens Bull. S. S **4**. 394. 1929 = Bolbitis.

metallicus (Bedd.) C. Chr. Index = L. zeylanicus.

minor Fée 1845, Index. — Dele loc. Ind. bor. et syn. Gymnopteris Hk. (non alior.). — Campium Cop. 1928. Leptochilus normalis (J. Sm.) Cop. 1908, Ind. Suppl. cum syn.

minutulus Fée 1865. — Assam. — Campium Cop. 1928; Gymnopteris minor Hk. Sec. Cent. t. 86. 1861.

?*neglectus* (Bailey) C. Chr. — Genus valde dubium, Blechno affine.

normalis (J. Sm.) Cop. 1908, Ind. Suppl. = L. minor.

novoguineensis Brause, Engl. Jahrb. **56**. 117. 1920 = Lomagramma.

oligodictyus (Bak) C. Chr. Index = Dryopteris.

pentagonalis Bonap. N. Pt. **7**. 158. 1918 = ? Hemigramma.

pergamentaceus Maxon, Journ. Wash. Acad. Sci. **14**. 144. 1924 = Bolbitis.

platyphyllus Cop. Phil. Journ. Sci. **37**. 340 t. 2. 1928 = L. axillaris.

prolifer (Bory) C. Chr. Index = Bolbitis subcrenata.

Raapii v. A. v. R. 1908, Ind. Suppl. = Acrostichum speciosum.

Rizalianus Christ 1906 = L. minor.

rumicifolius Ridley, Journ. Mal. Br. R. As. Soc. **4**. 116. 1926 = Tectaria.

siifolius Ros. 1912, Ind. Suppl. = Hemigramma.

·simplicifolius Holttum, Gardens Bull. S. S. **4**. 409. 1929 = Bolbitis.

·stolonifer Christ 1906, Ind. Suppl. = Bolbitis subsimplex.

Stuebelii Maxon, Proc. Biol. Soc. Wash. **46**. 142. 1933 = Bolbitis.

sumatranus v. A. v. R. Bull. Buit. II. no. 23 t. 2. f. 1. 1916 = L. Linnaeanus.
tricuspis (Hk.) C. Chr. Index = Christiopteris.
trifidus v. A. v. R. 1908, Ind. Suppl. — Hort. Bogor.
Türckheimii (Christ) C. Chr. Ind. Suppl. = Bolbitis Bernoullii.
turrialbae Ros. Fedde Rep. 22. 22. 1925 = Bolbitis.
varians (Mett.) Fourn. 1868, Index = Christiopteris.
virens C. Chr. Index = Bolbitis virens, B. contaminans, B. crispatula, B.
    semicordata.
zeylanicus Fée 1865. — Ceylon. — Campium Cop. 1928. Leptochilus metal
    licus (Bedd.) C. Chr. Index.
zeylanicus (Houtt.) C. Chr. Index = Quercifilix.
Zollingeri (Kze.) Fée 1852, Index = Bolbitis subsimplex.
LEPTOLEPIA Mettenius. — (Polypodiaceae Gen. 59).
maxima (Fourn.) C. Chr. Ind. Suppl. prél. = Oenotrichia.
novae guineae (Ros.) v. A. v. R. Ind. Suppl. = Oenotrichia.
tripinnata (Muell.) Kuhn 1882, Index = Oenotrichia.
LEUCOSTEGIA Presl 1836. — Davallia sp. Index. — (Polypodiaceae Gen. 51).
    Leucostegia et Araiostegia Copeland, Phil. Journ. Sci. 34. 252. 240. 1927.
affinis J. Sm. 1841 = L. hymenophylloides.
assamica J. Sm. 1875 = Humata.
borneensis J. Sm. 1866 = Davallodes.
chaerophylla J. Sm. 1842 = L. pulchra.
? cicutarioides (Bak.) C. Chr. Ind. Suppl. III. 120. 1934. — N. Guinea.
    Davallia Bak. 1890, Index. — (An Orthiopteris?).
Clarkei (Bak.) C. Chr. Contr. U. S. Nat. Herb. 26. 294. 1931. — Ind. bor.-China
    austr. — Davallia Bak. 1874. Index c. syn. excl. D. Delavayi); Araiostegia
Clarkei var. Faberiana C. Chr. l. c. = D. Faberiana.   [Cop. 1927.
dareiformis (Hk.) Bedd. 1876. — Ind. bor.-China austr.-Tonkin.
    Polypodium Hk. 1860, Index cum syn.; Araiostegia Cop. 1931.
Delavayi (Bedd.) Ching in C. Chr. Ind. Suppl. III. 120. 1934. — Ind. bor.-
    China austr. — Davallia Bedd. 1888. D. Beddomei Hope 1899, Index.
Faberiana (C. Chr.) Ching in C. Chr. Ind. Suppl. III. 120. 1934. — China
    austr. Burma. — Davallia Clarkei var. Faberiana C. Chr. Acta Hort.
    Gothob. 1. 73. 1924; Leucostegia C. Chr. 1931.
falcinella J. Sm. 1841 = Trogostolon.
Griffithiana J. Sm. 1875 = Humata.
gymnocarpa (Cop.) C. Chr. Ind. Suppl. III. 120. 1934. — Siam.
    Araiostegia Cop. Univ. Calif. Publ. Bot. 12. 398. 1931.
hirsuta J. Sm. 1841 = Davallodes.
Hookeri Bedd. 1883 = L. Clarkei.
Hosei Cop. Sarawak Mus. Journ. 2. 336. 1917 = Tapeinidium biserratum.
hymenophylla (Parish) Bedd 1876. — Burma.
    Davallia (Parish) Bak. 1868, Index cum syn.
hymenophylloides (Bl.) Bedd. 1876. — Malesia—Polynesia.
    Davallia (Bl.) Kuhn 1869, Index cum syn.; Araiostegia Cop. 1927.
immersa (Wall.) Pr. 1836. — Asia trop. — Davallia Wall., Index cum syn.
loxoscaphoides (Bak.) C. Chr. Ind. Suppl. III. 120. 1934. — N. Guinea. —
    Dryopteris (Bak.) C. Chr. Index. — (Cf. L. subdigitata et Davallia For-
Mac Gillivrayi Fourn. 1873 = Oenotrichia maxima.   besii Gepp).
maxima Fourn. 1873 = Oenotrichia.

membranulosa J. Sm. 1875 = Davallodes.
multidentata (Wall.) Bedd. 1876. — Ind. bor.-China austr.
Davallia (Wall.) Hk. 1867, Index cum syn.; Araiostegia Cop. 1927.
nephrodioides Cop. Sarawak Mus. Journ. 2. 336. 1917 = Davallodes borneense.
pallida (Mett.) Cop. Phil. Journ. Sci. 34. 252. 1927. — Malacca, Borneo,
Ins. Phil., N. Guinea, N. Hebridae, Samoa, Tahiti. — Davallia Mett., Kuhn
1869, Index c. syn.
parva (Cop.) C. Chr. Ind. Suppl. III. 121. 1934. — Sikkim.
Araiostegia Cop. Univ. Calif. Publ. Bot. 12. 399. 1931.
parvipinnula Hayata, Ic. Pl. Formosa 4. 205 f. 139. 1914. — Formosa.
Davallia Hayata 1911, Ind. Suppl. prél.; Araiostegia Cop. 1927. Davallia
subalpina Hayata 1911, Ind. Suppl. prél.
parvula J. Sm. 1842 = Humata.
perdurans (Christ) C. Chr. Contr. U. S. Nat. Herb. 26. 294. 1931 (·Hier.·
ex err.). — China austr. — Davallia Christ 1898, Index; Humata Hier.
1920; Araiostegia Cop. 1931.
pseudocystopteris (Kze.) Bedd. 1876. — Ind. bor.-China austr. — Davallia
Kze. 1850, Index; Araiostegia Cop. 1927. — Davallia athamantica Christ
1905, Index; Araiostegia Cop. 1927.
pulchra (Don) J. Sm. 1842. — India—China austr.
Davallia Don 1825, Index cum syn.; Araiostegia Cop. 1927.
subdigitata (Brause) C. Chr. Ind. Suppl. III. 121. 1934. — N. Guinea.
Dryopteris Brause, Engl. Jahrb. 56. 94. 1920. — (An L. loxoscaphoides?).
yaklaensis Bedd. 1892. — Sikkim. — Davallia C. Chr. Index.
yunnanensis (Christ) C. Chr. Ind. Suppl. III. 121. 1934. — China austr.
Davallia Christ 1898, Index; Araiostegia Cop. 1927. Davallia rigidula Bak.
LINDSAYA Dryander. — (Polypodiaceae Gen. 67). [1906, Ind. Suppl.
Abbottii Brause, Fedde Rep. 18. 245. 1922 = L. lancea.
alpestris v. A. v. R. Bull. Buit. III. 5. 210. 1922. — Sumatra.
alutacea Mett. 1861, Index = Stenoloma.
anogrammoides C. Chr. Vierteljahrsschr. Nat. Ges. Zürich 70. 223. 1925. —
N. Caledonia. — L. minima Cop. 1929(?). — (Veris. = L. dimorpha Bailey).
arcuata Kze. 1834, Farrnkr. t. 119. — Amer. trop. — L. horizontalis Hk. 1846.
Bakeri C. Chr. Ind. Suppl. III. 121. 1934. — N. Guinea.
Asplenium C. Chr. Index. Lindsaya Ledermanni Brause 1920.
Balansae Fourn. 1873. — Veris. Tapeinidium sp.
binervata C. Chr. Engl. Jahrb. 66. 52. 1933. — Celebes.
canaliculatipes v. A. v. R. Bull. Buit. III. 5. 211. 1922 = L. natunae.
caudata Hk. 1846 = L. scandens var.?
ceramica v. A. v. R. l. c. II no. 28. 32. 1918. — Ceram.
Changii C. Chr. Ind. Suppl. III. 121. 1934. — China.
L. minima Ching, Sinensia 1. 52. 1930 (non Cop. 1929).
Chienii Ching, Sinensia 1. 4. 1929, Ic. Fil. Sin. t. 19. — China austr.—Tonkin.
chinensis Ching 1929 = L. Chingii.
Chingii C. Chr. Ind. Suppl. prél. III. 121. 1934. — Kwangsi. — L. chinensis
Ching, Sinensia 1. 5. 1929, Ic. Fil. Sin. t. 20 (non Mett., Kuhn 1868).
concinna J. Sm. 1841, Hk. 1846. — Malesia.
crenata Kl. 1844, Hier. Hedwigia 62. 16. 1920. — Guiana—Brasilia—Uruguay.
crenulata Fée 1852 = L. Lobbiana. [— L. curvans Fée 1852.
crispa Bak. — Adde loc. Lingga Ins. et syn. L. impressa Christ 1905, Index.

curvans Fée 1852 = L. crenata.

decomposita Willd. — Sp. coll. cf. Holttum, Gard. Bull. S. S. **5** 66 f. 1930. — Dele varr. L. recurvata Wall. et Schizoloma malabaricum Bedd.

deltoidea C. Chr. Index = Stenoloma.

dimorpha Bailey. — V. L. anogrammoides.

dissectiformis Ching, Sinensia **1**. 52. 1930 = Stenoloma Eberhardtii.

exilis Fourn. 1873, Index = Tapeinidium flavicans.

Feei C. Chr. Index. — Cf. Hier. Hedwigia **62**. 16. 1920. — Adde syn. L. Klotzschiana Moritz 1854 (nomen), Ettingsh. 1865 (nomen, fig.).

fissa Cop. Phil. Journ. Sci. **38**. 143 t. 1. 1929. — Palawan.

flavicans Mett. 1864, Index = Tapeinidium.

gigantea (Hk.) C. Chr. Engl. Jahrb. **66**. 53. 1933. — Malesia. L. flabellulata var. gigantea Hk. sp. **1**. 211 t. 63 C. 1846.

gracilis Bl. — Dele loc. N. Caledonia (?) et syn. omn.

grandifolia Sm. Rees Cycl **21**. no. 12. 1812; Alston, Phil. Journ. Sci. **50**. 180 (descr. orig.). 1933 = Taenitis blechnoides.

heterophylloides Ros., Bonap. N. Pt. **13**. 260. 1921 (nomen) — N. Caledonia.

horizontalis Hk. 1846 = L. arcuata. [= ? Schizoloma heterophyllum ?

Hosei C. Chr. Index = Schizoloma.

hymenophylloides Bl. — Dele loc. Polynesia (?) et syn. Davallia Lapeyrousii Hk.

impressa Christ 1905, Index = L. crispa.

incisa Prentice 1873, Index = L. linearis.

integra Holttum, Gardens Bull. S. S. **5** 67. 1930. — Malacca.

Kajewskii Cop. Journ. Arnold Arb. **12** 48. 1931. — Vanikoro.

Kjellbergii C. Chr. Engl. Jahrb. **66** 53. 1933. — Celebes.

Klotzschiana Moritz 1854 = L. Feei.

lancea (L.) Bedd. — Dele loc. Ceylon, Malesia et syn. omn. L. trapezi- lancea auctt. quoad pl. asiat. = L. scandens. [formis exc.

Lapeyrousii (Hk.) Bak. Syn. 107 1867. — Fiji. — Davallia Hk. 2. Cent. t. laxa Kze. = L. Feei. [56. 1861.

Ledermanni Brause, Engl. Jahrb. **56**. 130. 1920 = L. Bakeri.

Lobbiana Hk. 1846, C. Chr. Gardens Bull. S. S. **4**. 396. 1929. — Malesia. L. crenulata Fée 1852. L. propria v. A. v. R. 1914, Ind. Suppl. prél. — (An L. lucida Bl. 1828?).

longa Cop. Phil. Journ. Sci. **46**. 216. 1931. — Palawan.

longifolia Cop. l. c. **38** 145 t. 3. 1929. — Ins. Phil.

longipetiolata Ching, Sinensia **1** 51. 1930. — China.

lucida Bl. 1828. — Forte = L. Lobbiana.

Macraeana Cop. Bishop Mus. Bull. **59**. 70. 1929 = L. repens.

malabarica (Bedd.) Bak. 1874. — India austr. Schizoloma Bedd. Ferns br. Ind. t. 268. 1868.

malayensis Holttum, Gardens Bull. S. S. **5**. 69 f. 8. 1930. — Malacca, Borneo.

marginata Brause, Engl. Jahrb. **56**. 126. 1920. — N. Guinea.

mediocris Fourn. 1873, Index = Tapeinidium Moorei var.

minima Cop. Univ. Calif. Publ. Bot. **14**. 365. 1929 = L. anogrammoides.

minima Ching, Sinensia **1**. 52. 1930 = L. Changii.

montana Fée 1866. — Ind. occ.

neocaledonica Compton, Journ. Linn. Soc. **45**. 443. 1922. — N. Caledonia.

oblanceolata v. A. v. R. Bull. Buit. II no. 23. 15. 1916. — Sumatra.

obscura Brause, Engl. Jahrb. **56**. 132. 1920. — N. Guinea.

orbiculata (Lam.) Mett. — Dele var. L. tenera Dry.

pallida Kl. 1844, Hier. Hedwigia 62. 17. 1920. — Guiana. Brasilia.

paralellogramma v. A. v. R. Bull. Buit. III. 5. 212. 1922, Holttum, Gardens Bull. S. S. 5. 70. 1930. — Malacca. Sumatra.

parasitica Wall. 1929, Hier. Hedwigia 62. 14. 1920 = L. scandens.

plumula Ridley, Journ. Mal. Br. R. As. Soc. 4. 22. 1926. Holttum l. c. 62. 1930. — Malacca.

pratensis Maxon, Amer. Fern Journ. 23. 73. 1933. — Costa Rica.

propria v. A. v. R. 1914, Ind. Suppl. prél. = L. Lobbiana.

protracta Cop. Bishop Mus. Bull. 59. 14. t. 3. 1929. — Fiji.

pumila Kl. 1844, C. Chr. Dansk Bot. Ark. 6 no. 3. 97. 1929. — Guiana— Amazonas.

raiateensis J. W. Moore, Bishop Mus. Bull. 102. 8. 1933. — Raiatea (Ins. Soc.).

Ramosii Cop. Phil. Journ. Sci. 48. 144 t. 2. 1929. — Luzon.

recurvata Wall. 1828, Hk. sp. 1. 222 t. 70 A. 1846, Holttum, Gardens Bull. 5. 66. 1930. — Malacca. Sumatra, Borneo. — L. trapezoidea Cop. 1929.

repens (Bory) Mett. — Nomen dubium quia Davallia repens Bory ex Ins. Mascar. veris. L. cultrata forma sit. Nomen proprium sp. malesicae et polynesicae L. Macraeana (Hk. et Arn.) Cop. est?

rhombifoliolata v. A. v. R. Nova Guinea 14. 29. 1929 — N. Guinea.

Rosenstockii Brause, Engl. Jahrb. 56. 128. 1920. — N. Guinea.

scandens Hk. 1846. — Adde syn. L. parasitica Wall. 1829, Hier. 1920. L. lancea auctt. quoad pl. asiat. — ? L. caudata Hk. 1846 (Ceylon).

securidifolia Pr. 1836, Kze. 1846 = L. concinna?

semilunata C. Chr. Index = L. Ulei.

sepikensis Brause, Engl. Jahrb. 56. 131. 1920. — N. Guinea.

sinuato-crenata v. A. v. R. Nova Guinea 14. 30. 1924. — N. Guinea.

societatis J. W. Moore, Bishop Mus. Bull. 102. 7. 1933. — Ins. Societatis.

spinulosa Brause 1910, Ind. Suppl. = Didymochlaena sp. ster.

subalpina v. A. v. R. Bull. Buit. II no. 23. 15. 1916, Holttum, Gardens Bull. S. S. 5. 71. 1930 — Sumatra. Malacca.

subsemilunularis v. A. v. R. Bull. Buit. II no. 28. 31. 1918. — Borneo. — (= L. Lobbiana?).

surinamensis Posthumus, Rec. Trav. Bot. néerl. 23. 401 f. 1. 1927, Ferns

tenera Dry. 1797. — Malesia. [Surinam 72. — Surinam.

trapezoidea Cop. Univ. Calif. Publ. Bot. 14. 376 t. 64. 1929 = L. recurvata.

tropidorachis v. A. v. R. Bull. Buit. III. 5. 211. 1922. — Luzon.

Versteegii (Christ) v. A. v. R. Mal. Ferns Suppl. 206. 1917. — N. Guinea. Odontosoria Christ 1909, Ind. Suppl.

virescens Sw. 1817, Index = Stenoloma.

viridis Col. 1844, Index = Stenoloma.

vrieseana Ros. Med. Rijks Herb. no. 31. 4. 1917 = Schizoloma ovatum.

Wollastonii v. A. v. R. Mal. Ferns Suppl. 505. 1917. — N. Guinea. Odontosoria Ridley, Tr. Linn. Soc. II Bot. 9. 254. 1916.

LITOBROCHIA Presl = **Pteris**.

nemoralis J. Sm. Cat. Kew Ferns 4. 1856 = P. biaurita.

LITHOSTEGIA Ching, Sinensia 4. 2. 1933. — (Polypodiaceae Gen. 11).

foeniculacea (Hk.) Ching, l. c. — Ind. bor. - China merid. Polystichum (Hk.) J. Sm. 1875, Index.

LOMAGRAMMA J. Smith. Ind. Suppl. 118. — (Polypodiaceae Gen. 89).
abscondita v. A. v. R. Bull. Buit. III. 2. 159. 1920. — Java.
guianensis (Aublet) Ching, Amer. Fern Journ. 22. 17. 1932. — Guiana—
Brasilia. Puerto Rico, Hispaniola. — Leptochilus (Aublet) C. Chr. 1904,.
Index cum syn.
lomarioides (Bl.) J. Sm. 1875, Ind. Suppl. 118 = L. sorbifolia.
melanolepis v. A. v. R. Bull. Buit. III. 5. 212. 1922. — Ternate.
novoguineensis (Brause) C. Chr. Ind. Suppl. III. 124. 1934. — N. Guinea.
Leptochilus Brause, Engl. Jahrb. 56. 117. 1920.
pteroides J. Sm. 1841, Hk. Gen. t. 98. 1842, Cop. Elmer's Leaflets 2. 393.
1908, v. A. v. R. Bull. Buit. III. 2. 158. 1920. — Ins. Phil. — Polybotrya
sinuata C. Chr. Svensk Bot. Tids. 16. 98 f. 1922. — Celebes. [Kuhn 1869.
sorbifolia (Willd.) Ching, Lingnan Sci. Journ. 120. 566. 1933. — China
merid.—Malesia. — Aspidium Willd. sp. 5. 223. 1810. Lomagrama lomarioides (Bl.) J. Sm. 1875, Ind. Suppl. 118. Campium Matthewii Ching 1930.
sumatrana v. A. v. R. Bull. Buit. III. 2. 158. 1920. — Sumatra.
? Leptochilus cuneatus Bonap. 1924. — (Vix a L. perakensi diversa).
LOMARIA Willdenow = **Blechnum**.
acutiuscula v. A. v. R. Nova Guinea 14. 31. 1924.
alta Hew; Houlst. et Moore Gard. Mag. Bot. 3. 226. 1851. — N. Zealand.
articulata F. Muell. 1866 = Plagiogyria.
aurea Wall. 1828 = Onychium chrysocarpum.
Bamleriana v. A. v. R. Mal. Ferns Suppl. 254. 1917.
Brooksii v. A. v. R. Bull. Buit. II no. 28. 32. 1918.
glandulifera Hew.; Houlst. et Moore, Gard. Mag. Bot. 3. 227. 1851. — Java.
Keysseri v. A. v. R. Mal. Ferns Suppl. 254. 1917.
marginata Schrad. 1824 = ?B. Regnellianum.
Regnelliana Kze. Linn. 22. 576. 1849 (non 20. 1847).
revoluta v. A. v. R. Nova Guinea 14. 31. 1924.
salicifolia Kze. 1834 = Stenochlaena sp.
LOMARIOPSIS Fée. — Holttum, Gardens Bull. S. S. 5. 264. 1932 = **Stenochlaena.** — (Cf. Obs. sub Stenochlaena).
Balansae Fourn. 1873 = S. Balansae.
boninensis Nakai, Bot. Mag. Tokyo 47. 171. 1933.
intermedia (p. 270) — Kingii (273) — Raciborskii (272) — Setchellii (276) —
subtrifoliata (274) Holttum, l. c. = S. sp. homonym.
LONCHITIS L. — (Polypodiaceae Gen. 129).
Friesii Brause 1914, Ind. Suppl. prél. = Anisosorus occidentalis var.?
hirsuta L. 1753, Index = Anisosorus.
occidentalis Bak. 1867, Index = Anisosorus.
polypus Bak. 1876, Index = L. tomentosa var.
LONCHITIS-ASPERA Hill, British Herbal 526 t. 74. 1756, Farwell, Amer. Midland Naturalist 12. 276. 1931 = **Blechnum.**
capensis (p. 276) — discolor, Feei, L'Herminieri, Meridensis, Penna-marina,
Plumieri, Polypodioides, Spicant, tabularis (277) Farwell, l. c. = B. sp.
LOPHIDIUM Richard = **Schizaea.** [homonym.
dichotomum Maxon, Proc. Biol. Soc. Wash. 36. 170. 1923.
LOPHOSORIA Presl = **Alsophila.** (Potius genus proprium).
quadripinnata C. Chr. in Skottsb. Nat. Hist. Juan Fernandez 2. 16. 1920.

LOXOGRAMME (Bl.) Presl 1836, Ind. Suppl. prél. — (Polypodiaceae Gen. 149).
acroscopa (Christ) C. Chr. Dansk Bot. Ark. 6 no. 3. 48 t. e. f. 4. 1929. —
Annam. — Polypodium Christ 1905, Index.
africana Cop. 1916, Ind. Suppl. prél. = L. lanceolata.
antrophyoides (Bak.) C. Chr. Mitt. Inst. Hamburg 7. 163. 1928. — Borneo.
Celebes. — Leptochilus (Bak.) C. Chr. Index. — Loxogramme iridifolia
(Christ) Cop. 1906, Ind. Suppl. prél.
assimilis Ching, Bull. Dept. Biol. Coll. Sci. Sun Yatsen Univ. no. 6. 31. 1933. —
China merid. — Polypodium succulentum Wu, l. c. no. 3 t. 154. 1932.
avenia (Bl.) Pr. 1836. — Malesia. — Grammitis Bl. 1828. L. Blumeana Pr.
1836, Ind. Suppl. prél.; Polypodium C. Chr. Index cum syn.
Blumeana Pr. 1836, Ind. Suppl. prél. = L. avenia.
boninensis Nakai, Bot. Mag. Tokyo 43. 10. 1929. — Ins. Bonin.
Brooksii Cop. 1914, Ind. Suppl. prél. = L. subecostata.
chinensis Ching, Sinensia 1. 13. 1929, Ic. Fil. Sin. t. 47. — China.
dictyopteris (Mett.) Cop. Univ. Calif. Publ. Bot. 14. 369. 1929. — N. Zealand.
Polypodium Mett. 1861, Index.
formosana Nakai, Bot. Mag. Tokyo 43. 8. 1929. — Formosa.
grammitoides (Bak.) C. Chr. Ind. Suppl. prél. — China, Japonia. — Adde
syn. L. minor Mak. 1905. L. Yakushimae (Christ) C. Chr. Ind. Suppl. prél.
L. spatulata Cop. 1926.
Humblotii C. Chr. Cat. Pl. Mad. Pter. 60. 1932, Dansk Bot. Ark. 7. 159 t.
60 f. 8. 1932. — Madagascar. — Polypodium C. Chr. Index.
iridifolia (Christ) Cop. 1908, Ind. Suppl. prél. = L. antrophyoides.
lankokiensis (Ros.) C. Chr. Ind. Suppl. III. 125. 1934. — Tonkin.
Polypodium Ros. Med. Rijks Herb. no. 31. 5. 1917; Loxogramme micro-
latifolia Bonap. N. Pt. 14. 334. 1924. — Congo. [phylla C. Chr. 1929.
linearis Cop. 1916, Ind. Suppl. prél. = L. remote-frondigera.
Makinoi C. Chr. Ind. Suppl. prél. = L. salicifolia.
mexicana (Fée) C. Chr. Ind. Suppl. III. 125. 1934. — Mexico.
Polypodium (Fée) Salomon 1883, Index excl. syn. Grammitis Salvinii.
microphylla C. Chr. Dansk Bot. Ark. 6 no. 3. 48 t. 3. f. 6. 1929 = L. lanko-
minor Mak. Bot. Mag. Tokyo 19. 139. 1905 = L. grammitoides. [kiensis.
Parksii Cop. Bishop Mus. Bull. 59. 18. 1929. — Polynesia.
prominens v. A. v. R. Bull. Buit. III. 2. 159. 1920. — Sumatra.
salicifolia Mak. Bot. Mag. Tokyo 19. 138. 1905. — Japonia—(China?).
L. Makinoi C. Chr. Ind. Suppl. prél.
spatulata Cop. Phil. Journ. Sci. 30. 331. 1926 = L. grammitoides.
subecostata (Hk.) C. Chr. Gardens Bull. S. S. 4. 405. 1929. — Malacca, Sumatra, Borneo. — Polypodium Hk. 1863, Index. Loxogramme Brooksii
Cop. 1914, Ind. Suppl. prél.
Toyoshimae Nakai, Bot. Mag. Tokyo 43. 9. 1929. — Iwoto Arch. (Japonia).
vittariifolia v. A. v. R. Bull. Buit. III. 2. 159. 1920. — Sumatra.
Yakushimae (Christ) C. Chr. Ind. Suppl. prél. = L. grammitoides.
LOXOSCAPHE Moore 1853. — Asplenium sp. Index. — (Polypodiaceae Gen. 75).
brachycarpum (Mett.) Kuhn 1879. — N. Hebridae.
Asplenium (Mett.) Kuhn 1869, Index.
foeniculaceum (Hk.) Moore 1861. — Fiji. — Davallia Hk. 1861; Asplenium
gibberosum (Forst.) Moore 1853. — Polynesia. [stenolobum C. Chr. Index.
Asplenium (Forst.) Mett. 1870, Index c. syn.

Mannii (Eat.) Kuhn 1879. — Ins. Hawaii. — Davallia (Eat.) Bak. 1874,
Index cum syn ; Diellia Robinson 1912, Ind. Suppl.

nigresens (Hk.) Moore 1861. — Africa trop. — Davallia Hk. 1861; Asplenium
hypomelas Kuhn 1868, Index. A. Hollandii (Sim) C. Chr. Ind. Suppl.

novo-guineense (Ros.) C. Chr. Ind. Suppl. III. 126. 1934. — N. Guinea.
Asplenium Ros. 1908, Ind. Suppl.

Schultzei (Brause) C Chr. Ind. Suppl. III. 126. 1934. — N. Guinea.
Asplenium Brause 1912, Ind. Suppl.

theeiferum (HBK) Moore 1861. — Amer. trop. — Asplenium (HBK) Mett.
— var. concinna (Schrad.). — Africa trop. cum ins. [1864, Index.

LOXSOMOPSIS Christ.

Lehmannii Hier. 1904, Index = L. Pearcei.

Pearcei (Bak.) Maxon, Proc. Biol. Soc. Wash. 46. 105. 1933. — Ecuador.
Dennstaedtia (Bak.) C. Chr. Index. Loxsomopsis Lehmannii Hier. 1904, Index.

LUNATHYRIUM Koidzumi, Acta Phytotax. 1. 30. 1932 = **Athyrium**.
pycnosorum Koidzumi, l. c.

LYGODIUM Swartz.

conforme C. Chr. Bull. Mus. Paris II. 6. 104. 1934. — Tonkin. Hongkong.

derivatum v. A. v. R. Bull. Buit. III. 5. 213. 1922. — Lingga Ins. (Malesia).

flexuosum (L.) Sw. — Dele syn. Ugena semihastata Cav. et L. microstachyum.
microstachyum Desv. 1811, Nakai, Bot. Mag. Tokyo 39. 182. 1925 = L.
(japonicum var. (an sp. propr.?).

Macrophyllidium Rosenstock 1914, Ind. Suppl. prél. *(Phyllitis §)* = **Diplora**.

MARATTIA Swartz.

andaiensis v. A. v. R. Bull. Buit. II. no. 23. 16. 1916. — N. Guinea.

caudiformis v. A. v. R. l. c. no. 28. 33. 1918 — Sumatra.

cincta Cop. Bishop Mus. Bull. 93. 6 t. 1C. 1932. — Ins. Societatis.

dolichocarpa v. A. v. R. Bull. Buit. no. 28. 33. 1918. — Ceram.

Grantii Cop. Bishop Mus. Bull. 93. 6 t. 1D. 1932. — Ins. Societatis.

Koordersii v. A. v. R. Mal. Ferns Suppl. 529. 1917. — Celebes.

paleolata v. A. v. R. Bull. Buit. II no. 23. 16. 1916. — Sumatra.

papuana v. A. v. R. l. c. 17. — N. Guinea.

platybasis Cop. Journ. Arnold Arb. 10. 174. 1929. — N. Guinea.

rigida v. A. v. R. Nova Guinea 14. 32. 1924. — N. Guinea.

rugulosa v. A. v. R. Bull. Buit. II no. 23. 17. 1916. — Borneo.

Stokesii E. Brown, Bishop Mus. Bull. 89. 103 f. 8. 1931. — Rapa Ins. (Polynesia).

Teysmanniana v. A. v. R. Bull. Buit. II. no. 23. 18. 1916. — Sumatra.

MARGINARIA Bory = **Polypodium**.

angusta Kümmerle, Mag. Bot. Lapok 32. 62. 1933.

ciliata Alston, Kew Bull. 1932. 315.

lepidopteris, leucosticta (p. 299) — Lindeniana (300) — plebeja, subvestita,
thysanolepis (299) Farwell, Amer. Midland Naturalist 12. 299—300. 1931

tecta Alston, Kew Bull. 1932. 316. [= P. sp. homonym.

MARGINARIOPSIS C. Chr. Dansk Bot. Ark. 6. no. 3. 42. 1029. — (Polypodiaceae Gen. 146).

Wiesbaurii (Sod.) C. Chr. l. c. 43 t. 6 f. 3. — Ecuador. Costa Rica. —
Drymoglossum Sod. 1893, Index. — D. Underwoodianum (Maxon) C. Chr.

MARSILEA L. [Ind. Suppl.

auriculata Vitm. Summa Pl. 6. 143. 1792 = Salvinia.

Hickenii Herter, Anal. Mus. Nac. Montevideo II. 1. 376 t. 29. 1925. — Uruguay.

leiocarpa C. Chr. Cat. Pl. Mad. Pter. 66. 1932 (nomen), Dansk Bot. Ark. 7. 180 t. 73 f. 10—12. 1932. — Madagascar.

longipes Austin, Bull. Torr. Cl. 3. 23. 1872. — M. vestita (t. Maxon).

microphylla C. Chr. Dansk Bot. Ark. 7. 180 t. 73 f. 8—9. 1932. — Madagascar.

Perrieriana C. Chr. l. c. 179 t. 73 f. 15—16. — Madagascar.

pumila Drège, Flora 1843. 2. Beigabe 58 (nomen) = M. Burchellii.

sinensis Hand.-Mzt. Symb. Sin. 6. 47. 1929. — China.

striata Ernst, Vargasia (Bol. Soc. Cienc. Caracas) no. 7. 181. 1868 = M. Ernesti.

tenax A. Peter, Abh. Ges. Wiss. Göttingen III. 2. 38. 1928, Fedde Rep. Beih. 40. 91, Descr. 2. 1929. — Afr. or. trop

trichocarpa Bremekamp, Ann. Transvaal Mus. 15. 234. 1933. — Transvaal.

MATTEUCCIA Todaro — (Polypodiaceae Gen. 2).

Cavaleriana (Christ) C. Chr. Index = M. orientalis (fol. fert.) et Dryopteris sp. (fol. ster.) (t. Ching).

japonica (Hayata) C. Chr. Ind. Suppl. III. 127. 1934. — Japonia.

Pentharizidium Hayata, Bot. Mag. Tokyo 42. 345. 1928.

MAXONIA C. Chr. 1916, Ind. Suppl. prél. — (Polypodiaceae Gen. 26).

MERINTHOSORUS Copeland 1911, Ind. Suppl. prél. 50. — (Polypodiaceae

MERTENSIA Willdenow = **Gleichenia.** [Gen. 158).

emarginata Brack. 1854 = G. hawaiensis.

hawaiensis Nakai, Bot. Mag. Tokyo 39 181. 1925.

laevissima Nakai. l. c. 182.

pumila Mart. 1834 = G. flexuosa.

MESOCHLAENA R. Brown 1838, Index = **Sphaerostephanos.**

larutensis v. A. v. R. 1908.

polycarpa (Bl.) Bedd. 1876, Index.

sumatrensis v. A. v. R. Bull. Buit. III 2. 160. 1920.

talamauensis v. A. v. R. l. c. II no. 28 34. 1918.

Toppingii Cop. Phil. Journ. Sci. 12 C. 57. 1917.

Microcibotium Hayata, Bot. Mag. Tokyo 43. 316. 1929 *(Cibotium §)* = **Cibo-**
MICROLEPIA Presl. — (Polypodiaceae Gen. 58). [tium (barometz).

Blumei Moore 1861 = Tapeinidium moluccanum.

Brooksii Cop. 1914, Ind. Suppl. prél. = M. puberula.

? caudata Fée 1852 = Ithycaulon inaequale?

chrysocarpa Ching, Sinensia 1. 3. 1929, Ic. Fil. Sin. t. 18. — China austr.

firmula (Bak.) C. Chr. Index = Tapeinidium.

grammatosora (Cop.) C. Chr. Ind. Suppl. = Davallodes.

gymnocarpa (Cop.) C. Chr. Ind. Suppl. = Davallodes.

Hallbergii (d'Almeida) C. Chr. Ind. Suppl. III. 127. 1934. — India.

Davallia d'Almeida, Journ. Ind. Bot. Soc. 5. 19. c. t. 1926.

hirsuta (J. Sm.) Pr. 1849, Index = Davallodes.

hirta (Klf.) Pr. 1836, Index (excl. loc. Asia trop. et syn. D. villosa Don) =

hirta auctt. et Index quoad pl. asiat. = M. pyramidata. [M. setosa.

hispida C. Chr. Bull. Mus. Paris II. 6. 104. 1934. — Tonkin.

hispidula v. A. v. R. Mal. Ferns Suppl. 233. 1917 = M. pyramidata.

Hookeriana (Wall.) Pr. — Adde loc. Tonkin. Java, Sumatra, Borneo et syn.

M. phanerophlebia (Bak.) C. Chr. Index. — Nephrolepis (?) marginalis Cop.

jamaicensis Fée 1866. — Antillae majores. [1917.

madagascariensis (Kze.) Pr. — An potius Dennstaedtia?

pallida Ching, Bull. Dept. Biol. Coll. Sci. Sun Yatsen Univ. no. 6, 23. 1933.
phanerophlebia (Bak.) C. Chr. Index = Tapeinidium.   [— Kwangsi.
philippinensis (Harr.) Cop. 1905, Index = Tapeinidium.
puberula v. A. v. R. 1913, Ind. Suppl. prél. — Adde loc. Sumatra, Borneo
  et syn. M. Brooksii Cop. 1914.
puberula Lacaita 1916 = M. pyramidata var.?
pyramidata (Wall.) Lacaita, Journ. Linn. Soc. 43. 486. 1916. — Asia trop.—
  China. — M. hirta auctt., Index quoad pl. asiat. — Davallia Wall. 1828
  (nomen). — D. villosa Don 1825; Dennstaedtia Cop. 1910; (non Microlepia
  Pr. 1849); M. hispidula v. A. v. R. 1917. — M. puberula Lacaita 1916?
setosa (Sm.) Alston, Phil. Journ. Sci. 50. 177 (descr. orig.) t. 1 f. 3. 1933. —
  Ins. Hawaii. — Davallia Sm. Rees Cycl. 10 no. 18. 1808. D. hirta Klf.
  1824; Microlepia Pr. 1836, Index part.
tenuis Brack. 1834 = Tapeinidium tenue.
Wilfordii Moore. — An potius Dennstaedtia?
MICROPOLYPODIUM Hayata, Bot. Mag. Tokyo 42. 302, 341. 1928, Flora 124.
  Okuboi Hayata, l. c. 341.   [55 = **Polypodium.**
pseudotrichomanoides Hayata, l. c. 341 = P. Okuboi.
MICROSORIUM Link 1833, Copeland, Univ. Calif. Publ. Bot. 16. 111. 1929 =
  Polypodium.
accedens (p. 12) — diversifolium (114) — hemionitideum insigne, lineare
  (112) — linguaeforme (116) — musifolium, neglectum, pteropus (112), —
  punctatum (111) — Scolopendria, taeniatum (112) — tenuilore (113) —
  Wallichianum Cop. l. c. = P. sp. homonym.
Brassii Cop. Journ. Arnold Arb. 10. 181. 1929.
Buergerianum (p. 302) — Fortuni (304) — Hancockii (309) — heterocarpum
  (295) — hymenodes (295) — insignis (311) — membranaceum (309) —
  normale (299) — Pappei (295) — sarawakense (295) — Steerei (306) —
  subhastatum (298) — suboppositum (295) — superficiale (299) — validum
  (295) — Zippelii (308) — zosteriforme (311) Ching Bull. Fan Mem. Inst. 4.
  1933. — P. sp. homonym.
longifolium Cop. Univ. Calif. Publ. Bot. 16. 112. 1929 = P. revolutum.
persicariaefolium Alston, Kew Bull. 1932. 315.
surinamense Alston, l. c. = P. lycopodioides var.
Thurnii Alston, l. c.
MICROSTAPHYLA Presl 1849, Maxon, Journ. Wash. Acad. Sci. 13. 28. 1923.
  Elaphoglossum sp. Index. — (Polypodiaceae Gen. 170).
columbiana Maxon, l. c. 30. — Colombia.
furcata (L. fil.) Fée 1857, Maxon, l. c. 29. — St. Helena.
  Elaphoglossum (L. fil.) Christ 1899, Index c. syn.
Moorei (Britton) Und. 1905, Maxon, l. c. 30. — Bolivia, Peru.
  Elaphoglossum (Britt.) Christ 1903, Index c. syn.
MONACHOSORELLA Hayata, Bot. Mag. Tokyo 41. 573, 642 f. 1927, Flora
  124. 44. 1929. — (Polypodiaceae Gen. 13).
flagellaris (Maxim.) Hayata, l. c. 540. 1927. — Japonia.
  Polystichum (Maxim.) C. Chr. Index c. syn.; Monachosorum Hayata 1909. —
  M. nipponicum Mak. 1909, Ind. Suppl.; Monachosorella Hayata 1927.
Maximowiczii (Bak.) Hayata, l. c. 540. 1927. — Japonia, China or.
  Polystichum (Bak.) Diels 1899, Index c. syn.; Monachosorum Hayata 1909.
nipponica Hayata, l. c. 540. 1927 = M. flagellaris var.

MONACHOSORUM Kunze. — (Polypodiaceae Gen. 14).

flagellare — Maximowiczii Hayata 1909 = Monachosorella sp. homonym.

gracile Cop. Univ. Calif. Publ. 12. 391. 1931. — N. Guinea.

nipponicum Mak. 1909, Ind. Suppl. = Monachosorella flagellaris var.

MONOGRAMMA Schkuhr 1809, Index excl. Cochlidium et Vaginularia — (Polypodiaceae Gen. 133).

capillaris Cop. 1911, Ind. Suppl. = Vaginularia.

emarginata Brause 1912, Ind. Suppl. = Vaginularia.

graminoides (Sw.) Bak. 1868, Index = Cochlidium.

gyroflexa (Christ) C. Chr. Index = Cochlidium rostratum.

intermedia Cop. 1906, Ind. Suppl. = Scleroglossum pusillum.

interrupta Bak. 1891, Index = Nematopteris.

linearifolia Desv. 1811, Index = Cochlidium.

Loheriana v. A. v. R. 1909 = Scleroglossum minus.

minor Jenm. 1897, Index = Cochlidium.

? *myrtillifolia* (Fée) Hk. 1864, Index. — Genus dubium.

paradoxa (Fée) Bedd. 1876, Index = Vaginularia.

robusta (Christ) C. Chr. Index = Drymotaenium Miyoshianum.

rostrata Hk. 1864, Index = Cochlidium.

Rudolfii Ros. 1905, Index = Cochlidium paucinervatum.

seminuda (Willd.) Bak. 1868, Index = Cochlidium.

subfalcata Hk. 1864, Index = Vaginularia.

trichoidea J. Sm. 1841, Index = Vaginularia.

MONOMELANGIUM Hayata, Bot. Mag. Tokyo 42. 343. 1928 = **Diplazium**.

Hancockii Hayata, l. c. = D: Pullingeri (supra).

Monosorus Domin, Publ. Fac. Sci. Univ. Charles no. 88. 10. 1928 *(Pityrogramma §)* = Anogramma (microphylla).

MYRIOTHECA Commerson.

arborescens Blanco 1837 = Angiopteris.

MYUROPTERIS C. Chr. Dansk Bot. Ark. 6 no. 3. 73. 1929 = **Leptochilus**.

cordata C. Chr. l. c. 73 t. 9 f. 1—2, t. 10 f. 3.

NEMATOPTERIS v. A. v. R. Bull. Buit. II no. 28. 65. 1918; C. Chr. Dansk Bot. Ark. 6 no. 3. 31. 1929. — (Polypodiaceae Gen. 142).

interrupta (Bak.) C. Chr. l. c. 31 t. 4 f. 8—12. — N. Guinea.
Monogramme Bak. 1891, Index; Pleurogramme Christ 1897. Polypodium pyxidiforme v. A. v. R. 1911, Index.

pyxidata v. A. v. R. Bull. Buit. II no. 28. 65. 1918; C. Chr. l. c. 31 t. 4 f. 4—7. — Borneo. — Scleroglossum v. A. v. R. l. c. II no. 16. 37 t. 9. 1914; Vittaria v. A. v. R. 1914, Ind. Suppl. prél.

NEOCHEIROPTERIS Christ. — (Polypodiaceae Gen. 166).

ensata (p. 109) — Lastii (111) — phyllomanes (110) — triglossa (108) Ching, Bull. Fan Mem. Inst. 4. 108—112. 1933 = Polypodium sp. homonym.

?**Waltoni** Ching in Hk. Ic. Pl. t. 3158. 1932, l. c. 107 — Tibet.

NEONIPHOPSIS Nakai, Bot. Mag. Tokyo 42. 217. 1928 = **Cyclophorus**.

linearifolia Nakai, l. c.

NEOTTOPTERIS Fée = **Asplenium**.

antiqua Masamune, Tr. Nat. Hist. Soc. Formosa 22. 215. 1932 = A. nidus

NEPHRODIUM Richard = **Dryopteris**. [*rigida.

amabile Hand.-Mzt. Symb. Sin. 6. 26. 1929 = Polystichum.

antarcticum Bak. 1875 = D. antarctica.

aristulatum (22) — auritum (21) — brunneum (21) — chrysocoma (24) —
fructuosum (24) — fuscipes (24) — nipponicum (21) — Sabaei (25) —
sublacerum (24) Hand.-Mzt. Symb. Sin. 6. 21 – 25. 1929 = D. sp. homonym.
articulatum hort.; Houlst. et Moore, Gard. Mag. Bot. 3. 293. 1851; Lowe 1857
    = D. megaphylla. (Ceylon).
assamense Hope 1890 = D. assamensis.
austriacum Fritsch, Mitt. nat. Ver. Steierm. 45. 1908 = D. spinulosa * di-
Bojeri Bak. 1867 = D. aquilinoides.   [lalata.
ciliatum Clarke 1880 = D. pseudocalcarata.
clypeolutatum Desv. 1827 = ?D. L' Herminieri.
costatum Diels 1899 = D. costata.
crinibulbon Hk. 1862 = D. crinibulbon.
crinitum var. exaggeratum Bak. Ann. Bot. 5 319. 1892 = D. exaggerata.
decorum W. W. Watts, Proc. Linn. Soc. N. S. Wales 41. 380. 1916.
dentatum Kümmerle, Mag. Bot. Lapok 32. 60. 1933.
eurylepium A. Peter, Fedde Rep. Beih. 40. 57, Descr. 3. 1929. — Africa or. trop.
glandulosum J. Sm. 1841 = Dr. Presliana
Griffithianum Fée, Gen. 305. 1852. — Ceylon.
Haenkeanum Bak. Syn. 290. 1867 (non Pr.) = D. multilineata.
hispidulum A. Peter, Fedde Rep. Beih. 40. 58. Descr. 4 t. 4. f. 1—2. 1929. —
Hudsonianum Brack. 1854 = D. Hudsoniana.   [Africa or. trop.
indicum Ridley, Journ. Mal. Br. R. As. Soc. 4. 73. 1926 = D. Toppingii.
ingens Atk, Clarke 1880 = D. ingens.
juglandifolium Bak. 1879 = Tectaria.
latifolium Pr. 1849 = D. malayensis var.?
leuconeuron Fée 1852 = D. unita?.
Macgregori Bak. Ann. Bot. 5. 320. 1892 = D. Macgregori (supra).
maritimum Cordemoy, Bull. Soc. sci. et arts Réunion 1891 (seors. 58) = D.
monocarpum Cordemoy, l. c. = Arthropteris.   [crinita var.?
multifidum Rich. 1834 = Nephrolepis.
multijugum Bak. 1867 = D. multijuga.
multilineatum Pr. 1836 = D. multilineata.
nemorosum Jenm. W. Ind. and Guiana Ferns 223. 1908 = D. meridionalis.
Palatanganum Hk. 1862 = D. palatangana.
prismaticum Desv. 1827 = D. prismatica.
rheosorum Hand.-Mzt. Symb. Sin. 6. 24. 1929 = D. Championi.
speciosum Hand.-Mzt. l. c. 26 = Polystichum.
Villarsii G. Beck, Oest. Bot. Zeit. 67. 118. 1918 = D. Villarsii.
transversarium Brack. 1854 = D. transversaria.
viscidum Watson 1891 = Hypolepis rugosula.
Wightii Clarke 1880 = Tectaria.
xanthotrichium Sod. 1883 = D. exculta.
NEPHROLEPIS Schott. — (Polypodiaceae Gen. 44).
acutifolia (Desv.) Christ. — Adde var. Diellia Brownii E. Brown 1931 (Mar-
dayakorum Bonap. N. Pt. 7. 399. 1918. — Borneo.   [quesas.
humatoides v. A. v. R. Nova Guinea 14. 33. 1924. — N. Guinea.
?marginalis Cop. Phil. Journ. Sci. 12 C. 49. 1917 = Microlepia Hookeriana.
mollis Ros. Fedde Rep. 22. 13. 1925. — Costa Rica.
multifida (Rich.) Mett. Fil. Lechl. I. 21. 1856. — Vanikoro. — Nephrodium
Rich. 1834.

paucifrondosa d'Almeida, Journ. Ind. Bot. Soc. **5**. 51 t. 1—4. 1926. — India.
Pickelii Ros.; Sampaio, Arch. Mus. Nac. Rio **32**. 36. 1930. — Brasilia.
schizolomae v. A. v. R. 1912, Ind. Suppl. = Schizoloma Guerinianum.
serrata v. A. v. R. Bull. Buit. II no. 28. 34. 1918. — Ceram.
tenuissima Hayata 1914, Ind. Suppl. prél. = Athyrium Nakanoi.
Thomsoni v. A. v. R. Bull. Buit. II no. 24. 2. 1917, Mal. Ferns Suppl. 499.
   1917. — N. Guinea.
NEUROCALLIS Fée, Acrost. 89. 1845. — (Polypodiaceae Gen. **126**).
praestantissima (Bory) Fée, 1. c. t. 52. — Ind. occ. — Costa Rica.
   Acrostichum Bory; Index et Suppl. 89.
NIPHOBOLUS Kaulfuss = **Cyclophorus**.
lanceolatus Trimen, Journ. Linn. Soc. **24**. 152. 1886 = C. lanceolatus.
Liebuschii A. Peter, Fedde Rep. Beih. **40**. 32. 1929.
NOTHOLAENA R. Brown. — (Polypodiaceae Gen. **109**).
argentea hort.; Houlst. et Moore, Gard. Mag. Bot. **3**. 20. 1851, Lowe etc. =
   Bureaui Christ 1905, Index = N Delavayi.   [N. candida.
candida (Mart. et Gal.) Hk. sp. **5**. 110. 1864. — Mexico. — Cheilanthes Mart.
   et Gal. 1842; Aleuritopteris Fée 1852; Chrysochosma Kümm. 1914.
crassifolia hort.; Houlst et Moore, Gard. Mag. Bot. **3**. 20. 1851; Lowe etc.
Delavayi (Bak.) C. Chr. Contr. U. S. Nat. Herb. **26**. 307. 1931. — Yunnan.
   Gymnopteris (Bak.) Und. 1902, Index. Noth. Bureaui Christ 1905.
Ekmani Maxon, Amer. Fern Journ. **16**. 9. 1926. — Cuba.
Herzogii Ros. 1908, Ind. Suppl. = N. obducta.
Jonesii Maxon, Amer. Fern Journ. **7**. 108. 1917. — California–Utah.
lanceolata Bonap. N. Pt. **5**. 65. 1917; C. Chr. Dansk Bot. Ark. **7**. 120 t. 17 f.
   1—3. 1932. — Madagascar.
limitanea Maxon, Amer. Fern Journ. **9**. 70. 1919 = Pellaea dealbata var.
madagascarica Bonap. N. Pt. **5**. 66. 1917; C. Chr. Dansk Bot. Ark. **7**. 120 t.
   47 f. 4—7. 1932. — Madagascar.
pilosa Hk. et Arn. 1832 = Cheilanthes Arnottiana.
?pteridiformis (Ces.) Bak. 1886, Index = Thysanosoria.
sulphurea (Cav.) J. Sm. — Dele var. C. candida M. et G.
ODONTOSORIA (Pr.) Fée 1852, Index excl. Stenoloma — (Polypodiaceae
   Gen. **62**).
angustifolia (Bernh.) C. Chr. — bifida (Klf.) J. Sm. — biflora (Klf.) C. Chr.
   — chinensis (L.) J. Sm. — clavata (L.) J. Sm. — decomposita (Bak.)
   C. Chr. — Eberhardtii Christ 1908 — flabellifolia (Bak.) C. Chr. — meifolia (HBK) C. Chr. — Melleri (Hk.) C. Chr. — odontolabia (Bak.) Diels
   — retusa (Cav.) J. Sm. — scoparia (Mett.) Diels, Index et Suppl. = Stenoloma sp. homonym.
decipiens (Ces.) Christ 1909, Ind. Suppl. = Stenoloma retusum.
?**Lenormandi** (Bak.) C. Chr. Index. — Genus mihi dubium.
Palmii Rosendahl 1916, Ind. Suppl. prél. = Stenoloma chinense var. tenui-
parvula Fée 1865, Index — Lindsaya sp.?   [folia.
tenera Ridley, Tr. Linn. Soc. II Bot. **9**. 254. 1916 = Lindsaya Wollastonii.
Tsoongii Ching, Bull. Fan Mem. Inst. I. 149. 1930 = Stenoloma biflorum.
OENOTRICHIA Copeland, Univ. Calif. Publ. Bot. **16**. 82. 1929. — (Polypodiaceae Gen. **60**).
maxima (Fourn.) Cop. 1. c. — N. Caledonia.
   Leptolepia (Fourn.) C. Chr. Ind. Suppl. prél. cum syn.

novae guineae (Ros.) Cop. l. c. — N. Guinea.
　Leptolepia (Ros.) C. Chr. Ind. Suppl.
tripinnata (F. Muell.) Cop. l. c. — Queensland. — Leptolepia (F. Muell.) Kuhn
OETOSIS Necker 1790 = **Vittaria.** 　　　　　　　　　　　　　[1882, Index.
　stipitata Farwell, Amer. Midl. Naturalist **12**. 291. 1931.
OLEANDRA Cavanilles. — (Polypodiaceae Gen. **41**).
africana Bonap. N. Pt. **14**. 257. 1924. — Africa trop. cum ins. or. — O. arti-
　culata auctt., Index. — O. Welwitschii Bak. 1867.
angusta Cop. Journ. Arnold Arb. **12**. 48. 1931. — Vanikoro.
articulata (Sw) Pr. 1836, Maxon, Contr. U. S. Nat. Herb. **17**. 394. 1914. —
　Ind. occ. — Aspidium Sw. 1801. — Oleandra nodosa (Willd.) Pr. 1836,
　articulata auctt., Index = O. africana. 　　　　　　　　　　[Index cum syn.
benguetensis Cop. Phil. Journ. Sci. **46**. 217. 1931. — Luzon.
chinensis Hance 1862. — China austr. or.
colubrina (Blanco) Cop. 1905, Index = O. neriiformis (infra).
coriacea Cop. Journ. Straits Br. R. As. Soc. no. 63. 72. 1912. — Borneo.
Cumingii J. Sm. — Dele loc. China, Assam et var. O. chinensis Hance et
　＊O. Sibbaldii Grev.
Cumingii var. longipes Hk. sp. **4**. 159. 1860 = O. undulata.
duidae A. C. Smith, Bull. Torr. Cl. **58**. 301. 1931. — Guiana angl.
geniculata v. A. v. R. 1913, Ind. Suppl. prél. = O. musifolia.
gracilis Cop. Univ. Calif. Publ. **12**. 397 t. 52 b. 1931. — N. Guinea.
guatemalensis Maxon 1914, Ind. Suppl. prél. — Adde loc. Hispaniola et syn.
　O. Urbani Brause 1922.
intermedia Ching, Bull. Fan Mem. Inst. **2**. 187 t. 2. 1931. — China merid.
longipes Ching, Lingnan Sci. Journ. **12**. 565 (syn.). 1933 = O. undulata.
madagascarica Bonap. N. Pt. **14**. 371. 1924; C. Chr. Dansk Bot. Ark. **7**. 70 t.
　23. 1932. — Madagascar. Mauritius.
neriiformis Cav. 1799 (non auctt. et Index) — Ins. Mariannae. Ins. Phil.
　Celebes, Borneo, Malacca. — O. colubrina (Blanco) Cop. 1905, Index. —
　?O. tricholepis Kze. 1851.
neriiformis auctt., Index = O. pistillaris.
nodosa (Willd.) Pr. 1836, Index = O. articulata supra.
Parksii Cop. Bishop Mus. Bull. **59**. 15 t. 4. 1929. — Fiji.
pistillaris (Sw.) C. Chr. Ind. Suppl. III. 132. 1934. — Malesia.
　Aspidium Sw. Schrad. Journ. 1800². 30. 1801. Oleandra neriiformis auctt.,
　Index excl. varr. O. pilosa Hk. et O. hirta Brack. (non Cav.) — Est sp.
　col. O. hirtella Miq., O. mollis Pr. et aliae veris. sp. validae sunt.
platybasis Cop. Bishop Mus. Bull. **59**. 15 t. 4. 1920. — Fiji.
pubescens Cop. Univ. Calif. Publ. Bot. **12**. 397 t. 52a. 1931 = O. undulata.
samoensis Gandoger, Bull. Soc. Fr. **66**. 306. 1919 = O. Whitmeei?
scandens Cop. Phil. Journ. Sci. **46**. 218. 1931. — Ins. Phil.
Sibbaldii Grev. 1848. — Tahiti.
tricholepis Kze. 1851, Index = O. neriiformis (supra).
undulata (Willd.) Ching, Lingnan Sci. Journ. **12**. 565. 1933. — Formosa—
　Hainan—India—Siam—Malacca. — Polypodium Willd. sp. **5**. 155. 1810.
　Oleandra Cumingii var. longipes Hk. 1860. O. longipes Ching 1933. O.
　pubescens Cop. 1931.
Urbani Brause, Ark. för Bot. **17** no. 7. 68. 1922 = O. guatemalensis.

Whangii Ching, Bull. Dept. Biol. Coll. Sci. Sun Yatsen Univ. no. 6. 23. 1923.
O. musifolia Wu, 1. c. 40. 3. t. 39. 1932. [— Kwangsi.
OLIGOCAMPIA microcarpa Trevisan 1851 = **Athyrium** Cumingianum.
Oligolepis Domin, Publ. Fac. Sci. Univ. Charles no. 88. 8. 1928 *(Pityrogramma §)*
= **Pityrogramma.**
ONOCLEA L. — (Polypodiaceae Gen. 3).
pensylvatica Sm. Rees Cycl. 25 no. 3. 1813 = Matteuccia struthiopteris var.
ONYCHIUM Kaulfuss. — Kümmerle, Amer. Fern Journ. 20. 129. 1930. —
aureum Kümm. 1. c. 131 = O. chrysocarpum. [(Polypodiaceae Gen. 115).
chrysocarpum (Hk. et Grev.) C. Chr. Ind. Suppl. III. 133. 1934. — Ind. bor.
Pteris Hk. et Grev. Ic. Fil. ad t. 107. 1829 (chrysosperma sub t. 107).
Lomaria aurea Wall. 1828 (nomen); Onychium Kümm. 1930.
contiguum Hope 1901 = O. lucidum.
cryptogrammoides Christ 1909, Ind. Suppl. = O. lucidum.
japonicum (Thbg.) Kze. 1848, Index (excl. var. L. lucida Don etc.), Kümm.
1. c. 134 (excl. varr.).
lucidum (Don) Spr. 1827. — Ind. bor. China. — Leptostegia Don, Prod. Fl.
Nepal. 14. 1825; Cheilanthes Wall. 1828. C. contigua Wall. 1828; Onychium
Hope 1901. O. cryptogrammoides Christ 1909, Ind. Suppl. O. japonicum
var. lucidum Kümm. 1. c. 135 t. 8 et var. Delavayi Christ 1905, Kümm.
1. c. 137? (an sp. bona?).
multifidum Fée 1857, Index = O. strictum.
siliculosum (Desv.) C. Chr. — Malesia. N. Guinea. — Dele syn. Pteris chrysocarpa Hk. et Grev. — Adde syn. O. viviparum (Cav.) Kümm. 1. c. 131 t. 7
(Acrostichum Cav. 1802! non L. fil. 1781, loc. Peru falsa). O. tenue Christ
tenue Christ 1901, Index = O. siliculosum. [1901, Index.
viviparum Kümm. 1. c. 131 t. 7 = O. siliculosum.
OPHIODERMA (Bl.) Endlicher = **Ophioglossum.**
palmata Nakai, Bot. Mag. Tokyo 39. 193. 1925.
OPHIOGLOSSUM L.
Aitchisoni (Clarke) d'Almeida, Journ. Ind. Bot. 3. 63. f. 12. 1922. — India
bor. Abyssinia. — O. vulgare var. Aitchisoni Clarke, Tr. Linn. Soc. II. 1.
586. 1880.
angustatum Maxon, Proc. Biol. Soc. Wash. 36. 169. 1923. — Japonia, China
or. Buchara. — O. japonicum Prantl 1883, Index (non Thbg. 1784); O.
nipponicum Nakai 1925 (non Miyabe et Kudo 1916); O. Savatieri Nakai
1926. — O. bucharicum Fedtschenko 1923.
bucharicum O. A. & B. A. Fedtschenko, Not. syst. Herb. Hort. Bot. Petrop.
4. 8. 1923 = O. angustatum.
fernandezianum C. Chr. in Skottsberg. Nat. Hist. Juan Fernandez 2. 44 f.
7. 1920. — Juan Fernandez.
gregarium Christ 1909, Ind. Suppl. = O. inconspicuum.
Harrisii Und. N. Am. Fl. 16. 11. 1909. — Jamaica.
japonicum Prantl 1883, Index = O. angustatum.
littorale Mak. Journ. Jap. Bot. 6. 27. 1929. — Japonia.
Moultoni Cop. Journ. Straits Br. R. As. Soc. no. 63. 72. 1912. — Borneo.
nipponicum Miyabe et Kudo, Trans. Sapporo Nat. Hist. Soc. 6. 122. 1916 =
O. vulgatum.
nipponicum Nakai, Bot. Mag. Tokyo 39. 193. 1925 = O. angustatum.
nudicaule L. fil. Suppl. 443. 1781; C. Chr. Dansk Bot. Ark. 7. 184 t. 74 f.
2. 1932. — Afr. austr. Madagascar.

pedunculatum ›Desvaux‹, Nakai, Bot. Mag. Tokyo **40**. 373. 1926 (err.) = O. pedunculosum.

pusillum Raf., Desv. Journ. de Bot. **4**. 273. 1814 (Pennsylvania). — (Eadem ac O. pusillum Nutt. 1818?).

Raciborskii v. A. v. R. Bull. Buit. II. no. 28. 35. 1918. — Java.

Savatieri Nakai, Bot. Mag. Tokyo **40**. 374. 1926 = O. angustatum.

tapiuum A. Peter, Fedde Rep. Beih. **40**. 86, Descr. 2 t. 4 f. 1929. — Afr. or.

thermale Komarov 1914, Ind. Suppl. prél. = O. vulgatum.

OREOGRAMMITIS Copeland, Phil. Journ. Sci. **12** C. 64. 1917. — (Polypodiaceae Gen. **143**).

Clemensiae Cop. l. c.; C. Chr. Dansk Bot. Ark. **6**. no. 3. 30 t. 3 f. 7. 1929. — Borneo.

ORMOLOMA Maxon, Proc. Biol. Soc. Wash. **46**. 143. 1933. — (Polypodiaceae Gen. **47**).

Imrayanum (Hk.) Maxon, l. c. 144. — Dominica, Guadeloupe, Haiti. Guiana. Saccoloma Hk. 1839, Index.

Standleyi Maxon, l. c. 157. — Costa Rica—Panama.

ORTHIOPTERIS Copeland, Bishop Mus. Bull. **59**. 1⅘. 1929, Univ. Calif. Publ. Bot. **16**. 79. 1929. — (Polypodiaceae Gen. **49**).

ferulacea (Moore) Cop. l. c. — Fiji. — Davallia Moore 1861, Index.

OSMUNDA L.

biformis Mak. Journ. Jap. Bot. **4**. 4. 1927 = O. japonica.

bromeliifolia (Pr.) Cop. 1909, Ind. Suppl. — Adde loc. — Japonia—China.

cicutaria Sav. 1797 = Botrychium cicutarium.

cinnamomea L. — (Nomen optimum : O. bipinnata L.?)

japonica Thbg. 1784. — Japonia—China. — O. biformis Mak. 1927.

laciniata Noronha, Verh. Bat. Genootsch. **5**. 81. 1827(?) = Helminthostachys oxyodon Miq. 1867 = O. bromeliifolia.

regalis L. — Dele var. O. japonica.

PAESIA St. Hilaire. — (Polypodiaceae Gen. **132**).

divaricatissima (Dry.) Cop. Bishop Mus. Bull. **93**. 56. 1932. — Tahiti. Pteris Dry., Bak. 1874.

Lamiana v. A. v. R. Nova Guinea **14**. 35. 1924. — N. Guinea.

tahitensis Cop. Bishop Mus. Bull. **93**. 10 t. 11. 1932. — Tahiti.

PALMA FILIX Adanson 1763; Nakai, Bot. Mag. Tokyo **40**. 68. 1926 = Tec-

PALTONIUM Presl. — (Polypodiaceae Gen. **148**).　　　[taria (martinicensis).

?*dubium* Ros. Med. Rijks Herb. no. 31. 5. 1917. — Ins. Phil.

novoguineense Ros. 1912, Ind. Suppl. = Hymenolepis.

sinense (Christ) C. Chr. Index = Polypodium neurodioides.

?**vittariiforme** Ros. 1912, Ind. Suppl.; C. Chr. Dansk Bot. Ark. **6**. no. 3. 52 t. 7 f. 1—2. 1929. — N. Guinea. — (Genus valde dubium).

PARASORUS (v. A. v. R.) Bull. Buit. III. **4**. 317. 1922. — (Polypodiaceae

undulatus v. A. v. R. l. c. t. 14. — Ternate.　　　　　　　[Gen. **54**).

PELLAEA Link. — (Polypodiaceae Gen. **105**).

allosuroides (Mett.) Hier. Hedwigia **62**. 18. 1920. — Mexico. Cheilanthes Mett. 1859, Index. Pellaea Arsenii Christ 1910, Ind. Suppl.

Arsenii Christ 1910, Ind. Suppl. = P. allosuroides.

atropurpurea (L.) Link. — Dele var. P. glabella Mett. Bojeri Hk. 1858 = P. cambodiensis Bak. 1891, Index = Cheilanthes Belangeri.　　　[involuta.

compacta (Dav.) Maxon, Proc. Biol. Soc. Wash. **30**. 183. 1917. — California. P. Wrightiana compacta Dav. Cat. Davenp. Herb. Suppl. 46. 1883.

connectens C. Chr. Acta Hort. Gothob. 1. 84 t. 18, 19. 1924. — China occ.

dealbata (Pursh) Prantl. — Adde var. Notholaena limitanea Maxon 1919.

densa (Brack.) Hk. — Adde syn. Cheilanthes densa St. John 1929; Ch. sili-Fauriei Christ 1904, Index = Histiopteris incisa. [quosa Maxon 1918.

formosa (Liebm.) Maxon, Contr. U. S. Nat. Herb. 24. 61. 1922. — Allosorus Liebm. 1849. A. pulchellus Mart. et Gal. 1842 (non Pr. 1836); Pellaea Fée 1852, Index.

Fournieri Bak. 1874. — Mexico. — Doryopteris (Bak.) C. Chr. Index.

glabella Mett., Kuhn 1869; Butters, Amer. Fern Journ. 7. 77. 1917. — U. S. A. Henryi Christ 1899, Index = P. nitidula var.

hirtula C. Chr. in Bonap. N. Pt. 16. 190. 1925 = Doryopteris pilosa.

intramarginalis (Klf.) J. Sm. — Adde loc. Haiti et var. Cheilanthes leonardi Maxon 1924. — (An potius Cheilanthes (Mildella) sp.?).

Kitchiugii Bak. 1880. — Adde syn. Doryopteris Bonap., Ind. Suppl. prél.

longimucronata Hk. 1858; Maxon, Proc. Biol. Soc. 30. 182. 1917. — U. S. A. occ. merid. — P. truncata Goodding.

longipilosa Bonap. N. Pt. 15. 33. 1924. — Sudan.

Mairei Brause 1914, Ind. Suppl. prél. = P. nitidula.

maxima Bonap. N. Pt. 14. 226. 1924. — Gabon.

membranacea Dav. 1896, Index = Cheilanthes.

mucronata Eat. 1859; Maxon, Proc. Biol. Soc. Wash. 30. 180. 1917. — California. — P. ornithopus Hk. 1858, Index. — Dele syn. P. Wrightiana Hk. et var. P. longimucronata Hk

nitidula (Wall.) Bak. — Adde syn. P. Henryi Christ 1899, Index. P. Mairei Brause 1914, Ind. Suppl. prél. — (An potius Cheilanthes (Mildella) sp.?).

ornithopus Hk. 1858, Index = P. mucronata.

ovalifolia Bonap. N. Pt. 5. 62. 1917 = P. tripinnata.

paupercula (Christ) Ching, Bull. Fan Mem. Inst. 2. 203. 1931. — China occ. Pteris Christ 1906, Ind. Suppl.

pulchella (Mart. et Gal.) Fée 1852, Index = P. formosa.

quadripinnata (Forsk) Prantl. — Dele var. C. contracta Kze., Pellaea Bojeri Hk.

rigida (Sw.) Hk. 1858. — Mexico—Guatemala.

Doryopteris (Sw.) Diels 1899, Index cum syn.

scabra C. Chr. Index = Cheilanthes horridula.

Skinneri Hk. 1858. — Guatemala. — Doryopteris (Hk.) C. Chr. Index.

Smithii C. Chr. Acta Hort. Gothob. 1. 84 t. 18. 1924. — China occ. — (An potius Cheilanthes (Mildella) sp.?).

straminea Ching, Bull. Fan Mem. Inst. 2. 203 t. 17. 1931. — Tibet.

striata (Desv.) C. Chr. Dansk Bot. Ark. 7. 117 t. 44 f. 12—15 1932. — Madagascar. — Pteris Desv. Prod. 300. 1827. Pellaea sulcata Bonap. 1917.

Suksdorfiana Butters, Amer. Fern Journ. 11. 40, 75—82. 1921. — U. S. A. occ.

sulcata Bonap. N. Pt. 5. 63. 1917 = P. striata.

tomentosa Bonap. N. Pt. 5. 64. 1917; C. Chr. Dansk Bot. Ark. 7. 114 t. 44 f. 1—5. 1932. — Madagascar.

Wrightiana Hk. 1858; Maxon, Proc. Biol. Soc. Wash. 30. 181. 1917. — U. S. A. occ. merid.

PENTARHIZIDIUM Hayata, Bot. Mag. Tokyo 41. 715. 1927, 42. 345, 1928, Flora intermedium Hayata, l. c. 42. 346. 1928. [124. 52. 1929 = **Matteuccia.** japonicum Hayata, l. c. 345.

orientale Hayata, l. c. 345.

PERANEMA Don. — (Polypodiaceae Gen. 5).
    formosana Hayata 1912 et luzonica Cop. 1908, Ind. Suppl. = P. cyathoides
    formae (t. Ching).
PHANEROSORUS Copeland 1909, Ind. Suppl. — (Matoniaceae Gen. 2).
    major Diels, Notizbl. Bot. Gart. Berlin—Dahlem 11. 311. 1932. — N. Guinea.
PHEGOPTERIS Fée = **Dryopteris**.
    acanthocarpa v. A. v. R. Mal. Ferns Suppl. 315. 1917.
    adenochrysa Fée 1852 = D. opposita?
    adnata Fée 1869 = D. connexa.
    armata v. A. v. R. Mal. Ferns Suppl. 318. 1917.
    banajaoensis v. A. v. R. l. c. 310.
    cana Mett. 1864 = canescens Mett. 1858 = D. Blanchetiana.
    Carrii Farwell, Amer. Midl. Naturalist 12. 292. 1931 = Stigmatopteris.
    connectile Watt, Canadian Naturalist II. 13. 159. 1867 = D. phegopteris.
    denticulata Fée 1869 = Stigmatopteris prionites.
    dicksonioides Mett., Kuhn 1869 = D. dicksonioides.
    Elmeri v. A. v. R. Mal. Ferns Suppl. 314. 1917 = Diplazium.
    Engleriana v. A. v. R. l. c. 309.
    epierioides Fée 1852 = D. subincisa.
    eriopodia Fée 1869 = D. connexa. ·
    fallax v. A. v. R. Bull. Buit. III. 2. 162. 1920. — Java. — (Diplazium sp.?).
    finisterrae v. A. v. R. Mal. Ferns Suppl. 308. 1917.
    flagellaris Mak. Bot. Mag. Tokyo 9. 181. 1895 = Monachosorella.
    fulgens Mett., Schenck 1896 = D. macrosora.
    gymnocarpa v. A. v. R. Mal. Ferns Suppl. 313. 1917.
    gymnogrammoides v. A. v. R. l. c. 312 = D. oyamensis.
    heterocarpa Fée 1869 = Stigmatopteris.
    hirsuta Fée 1852 = D. pulverulenta.
    Hosei var. sumbensis v. A. v. R. Bull. Dépt. agric. Ind. néerl. no. 21. 7. 1908
        = Campium semicordatum (t. Posthumus).
    hypolepioides v. A. v. R. Mal. Ferns Suppl. 309. 1917.
    lastreoides v. A. v. R. Bull. Buit. III. 2. 161. 1920.—Java. — (Diplazium sp.?).
    late-adnata Christ 1899 (latealata Index ex err. typ.) = D. connexa.
    Lechleri Mett. 1859 = Stigmatopteris.
    longissima v. A. v. R. Mal. Ferns Suppl. 318. 1917.
    macrosora Fée 1852 = D. macrosora.
    mamberamensis v. A. v. R. Bull. Buit. II no. 24. 3. 1917.
    marginans Fée 1869 = D. macrosora.
    melanophlebia v. A. v. R. Mal. Ferns Suppl. 319. 1917.
    mollivillosa Fée 1865 = D. Blanchetiana.
    montana Watt, Canadian Naturalist II. 13. 159. 1867 = D. oreopteris.
    Moussetii v. A. v. R. Mal. Ferns Suppl. 306. 1917 = D. brunnea var.
    oblanceolata v. A. v. R. l. c. 320 = D Cesatiana.
    obtusifolia v. A. v. R. l. c. 315.
    oyamensis v. A. v. R. l. c. 312.
    pentaphylla v. A. v. R. l. c. 317.
    perforata Fée 1852 = Stigmatopteris sp.
    polita v. A. v. R. Mal. Ferns Suppl. 309. 1917.
    propinqua Fée 1869 = D. connexa.

rhaetica Watt, Canadian Naturalist II. 13. 159. 1867 = Athyrium americanum.

Ridleyana v. A. v. R. Mal. Ferns Suppl. 515. 1917 = D. rufo-pilosa.

rubicunda v. A. v. R. Bull. Buit. III. 2. 162. 1920.

Rutteniana v. A. v. R. Bull. Buit. II no. 28. 36. 1918 = D. Cesatiana?.

Schlechteri v. A. v. R. Mal. Ferns Suppl. 308. 1917 = D. tuberculata.

Scottii Bedd. 1876 = D. Scottii.

scrobiculata Fée 1869 = D. connexa.

sericea Mett. 1860 = D. chaerophylloides var.

sparsiflora Sadebeck, Ber. Deutsch. Bot. Ges. 21. 31 t. 3. 1895 = Tectaria.

spectabilis Fée 1852 = D. spectabilis.

straminea Fée 1852 — an D. cruciata?.

supraspinigera v. A. v. R. Mal. Ferns Suppl. 317. 1917.

uncidens v. A. v. R. l. c. 313 = Diplazium.

vestita Phil. 1857 = D. spectabilis var. Philippiana.

Wagneri Mett., Fourn. Bull. Soc. Fr. 19. 252. 1872. — Nicaragua.
    (D. subincisa?).

Wollastonii v. A. v. R. Mal. Ferns Suppl. 515. 1917.

wurunuran W. W. Watts, Proc. Linn. Soc. N. S. Wales 41. 380. 1916.

PHOROLOBUS Desvaux.

chinensis Desv. 1827 = Onychium japonicum.

PHYLLITIS Ludwig. — Cf. Biropteris Kümmerle. — (Polypodiaceae Gen. 72).

cardiophylla Ching, Ic. Fil. Sin. t. 27. 1930 = Asplenium.

Durvillei (Bory) O. Ktze. 1891, Ind. Suppl. prél. 52. cum syn. = Diplora.

Grashoffii Ros. 1914, Ind. Suppl. prél. = Diplora.

Ikenoi (Mak.) C. Chr. Index = Asplenium cardiophyllum.

longifolia (Pr.) O. Ktze. 1891, Ind. Suppl. prél. = Diplora.

palmata Sampaio, Lista 10. 1913 = Asplenium.

schizocarpa (Cop.) v. A. v. R. 1908, Ind. Suppl. = Diplora.

Virchowii (Kuhn) Christ 1910, Ind. Suppl. = Diplazium.

PHYMATODES Presl = **Polypodium.**

albopes (p. 87) — chrysotricha (69) — crenato-pinnata (80) — cruciformis (77)
— dactylina (79) — ebenipes (86) — Engleri (72) — erythrocarpa (80) —
falcatopinnata (66) — Griffithiana (71) — kwantungensis (66) — lucida (61)
— malacodon (83) — quasidivaricata (87) — rhynchophylla (69) — scolopendria (63) — Stewartii (81) — Stracheyi (83) — trisecta (65) — Veitchii
(84) Ching, Contr. Inst. Bot. Nat. Acad. Peiping 2. 1933 = P. sp. homo-
digitata Ching, l. c. 77 f. 1. = P. Koi.   [nym.

hainanensis Ching, l. c. 68 = P. echinosporum.

hastata Ching, Sinensia 3. 344. 1933.

Masaskei Nakai, Bot. Mag. Tokyo 43. 4. 1929 = P. superficiale.

nigrovenia Ching, l. c. 79 = P. Veitchii var.

subnormalis Nakai, l. c. 3 = P. Bandoi.

Takedai Nakai, l. c. 2.

variabilis Ching, l. c. 64 t. 3 = P. subnigresens.

PHYSEMATIUM Kaulfuss = **Woodsia.**

manchuriense Nakai, Bot. Mag. Tokyo 39. 176. 1925.

PITYROGRAMMA Link, Handbuch d. Gewächse 3. 19. 1833; Domin, Publ.
    Fac. Sci. Univ. Charles no. 88. 1928 (excl. sect. Anogramma et Monosorus
    — clavis spec. — infra cit. *Domin 1928*), idem, Rozpr. Ceské Akad. II. 38

no. 4. 1929 (revisio formarum hortulanorum — infra cit. *Domin 1929*) —
Ceropteris Link 1841, Index. — (Polypodiaceae Gen. 94).

adiantoides (Karst.) Domin 1928. 8, 1929. 40. — Colombia—Bolivia.
Ceropteris (Karst.) Hier. 1909, Ind. Suppl. Gymnogramma Hookeri J. Sm.,
Bak. 1868, Index.

albicans Domin 1929. 58 = P. calomelanos × chrysophylla.

argentea (Willd.) Domin 1928. 6, 1929. 20. — Africa trop. et austr. c. ins.
Gymnogramma (Willd.) Mett., Kuhn 1868, Index (excl. var. H. aurea Willd.).

ascensionis Domin 1928, 9, 1929. 48 = Anogramma.

aurantiaca (Hier.) C. Chr. Ind. Suppl. III. 138. 1934. — Africa trop.
Gymnogramma Hier. 1911, Ind. Suppl.

aurea (Willd.) C. Chr. Cat. Pl. Mad. Pter. 46. 1932, Dansk Bot. Ark. 7. 112 t.
43 f. 5. 1032. — Ins. Mascarenae, Madagascar. — Hemionitis Willd. sp. 5.
131. 1810; Gymnogramma Desv. 1811.

aureo-villosa Domin 1929. 69 = P. chrysophylla × ferruginea.

austroamericana Domin 1928. 7, Kew Bull. 1929. 221. — Brasilia, Bolivia,

Balliviani (Ros.) Domin 1928. 10. — Bolivia.   [Paraguay.
Gymnogramma Ros. 1909, Ind. Suppl.

berolinensis Domin 1929. 68 = P. chrysophylla × ferruginea.

Boucheana Domin 1929. 65 = P. chrysophylla × ferruginea.

Brackenridgei (Carr.) Maxon, Dept. Marine Biology Carnegie Inst. 20. 124.
1924. — Samoa. — Gymnogramme Carr. in Seem. Fl. Vit. 370. 1873.

calomelanos (L.) Link, Handb. Gew. 3. 20. 1833. — Amer. trop. Reg. trop.
et subtrop. orbis vet. introducta et saepe spontanea. — Ceropteris (L.)
Und. 1902, Index (excl. varr.).

calomelanos × chrysophylla Domin 1929. 53 t. 8. — Ind. occ. Hort.
Pityrogramma hybrida Domin 1928. — Ceropteris intermedia Fée 1866;
Pityrogramma Domin 1929.
Formae cult. Gymnogramme hybrida Martens 1837. G. ochracea Hort. Ce-
ropteris Massoni et Martensii Link 1841. Pityrogramma albicans, consimilis,
mira Domin 1929.

calomelanos × ferruginea Domin 1929, 62. — Hort.
P. Mayeriana Domin 1929.

calomelanos × peruviana Domin 1929. 61. — Nicaragua.
P. nicaraguensis Domin 1929.

calomelanos × tartarea Domin 1929. 49 t. 7. — Amer. trop. Hort.
Gymnogramme distans Link 1833; Ceropteris Link 1841; Pityrogramma
Domin 1929. — P. Mac Gillivrayi Domin 1929. — P. Fendleriana Domin 1929.

caribaea Domin 1928. 6, Mem. R. Czech. Soc. Sci. n. s. 2. 149. 1929. — Do-
chaerophylla Domin 1928. 9, 1929. 48 = Anogramma.   [minica.

chamaesorbus Domin 1928. 6. — Guiana.

Chelsonii Domin 1929. 72 = P. chrysophylla × pulchella.

chrysoconia (Desv.) Maxon; Domin 1928. 10 (nomen). — Peru.
Acrostichum Desv. Prod. 212. 1827; Gymnogramme Moore 1857.

chrysophylla (Sw.) Link, Handb. Gew. 3. 19. 1833, Domin 1928. 6, 1929.
20. — Amer. trop. — Acrostichum Sw. 1801; Gymnogramme Klf. 1824;
Ceropteris Link 1841. — C. Herminieri Link 1841, Domin 1929. 29 t. 3;
Gymnogramme L'Herminieri Bory, Kze. 1850.
Formae cult. Gymnogramme Laucheana C. Koch 1858. G. spectabilis Stelzner

1869. G. Heyderi Lauche 1877. G. Alstoni Hort. 1877. G. fariniferum Linden et Rodigas 1886. G. Parsonsii Hort. Veitch 1889. G. Cordreyi Hort. 1906.
chrysophylla × *ferruginea* Domin 1929. 65 t. 11. — Hort. — Gymnogramme Boucheana A. Br. 1854. — G. consanguinea A. Br. 1854. — G. Stelzneri C. Koch 1859. Pityrogramma aureo-villosa, berolinensis, Boucheana, consanguinea, depauperata, intercedens, Stelzneri Domin 1929.
chrysophylla × *pulchella* Domin 1929. 72. — Hort.
P. Chelsonii (Moore) Domin 1929. P. Gaerdtiana Domin 1929.
chrysophylla × **sulphurea** Domin 1929. 64. — Cuba.
P. cubensis Domin 1929.
consanguinea Domin 1929. 66 t. 8 = P. chrysophylla × ferruginea.
consimilis Domin 1929. 58 = P. calomelanos × chrysophylla.
cubensis Domin 1929. 64 = P. chrysophylla × sulphurea.
decomposita (Bak.) Domin 1928. 7, 1929. 36. — Andes?. — Hort.
Gymnogramme Bak. 1872, Index; Ceropteris Und. et Benedict 1917.
Gymnogramma elegantissima Pynaert 1898.
depauperata Domin 1929. 68 = P. chrysophylla × ferruginea.
distans Domin 1929. 49 = P. calomelanos × tartarea.
dualis Domin 1929. 72 == P. peruviana × tartarea.
Eggersii (Christ) Maxon, Contr. U. S. Nat. Herb. **24.** 62. 1922. — Cuba, Hispaniola. — Gymnogramme Christ 1891; Anogramma Christ in Index.
Fauriei Domin 1928. 70 = Asplenium subvarians.
ferruginea (Kze.) Maxon, Contr. U. S. Nat. Herb. **17.** 173. 1913; Domin 1928. 8, 1929. 39. — Guatemala—Peru. — Ceropteris (Kze.) C. Chr. Ind. Suppl. prél.
? ferruginea × hybrida Domin 1929. 62 = P. Rollinsonii. [c. syn.
flexilis (Kl.) Domin 1928. 5. — Colombia. — Gymnogramme Kl. Linn. **20.**
Gaerdtiana Domin 1929. 72 = P. chrysophylla × pulchella. [414. 1847.
guatemalensis Domin 1928. 9 = Anogramma.
Humbertii C. Chr. Cat. Pl. Mad. Pter. 46. 1932 (nomen), Dansk Bot. Ark. 7. 112 t. 43 f. 1—2. 1932. — Madagascar. Afr. centr.
hybrida Domin 1928. 10, 1929. 53 (t. 8) = P. calomelanos × chrysophylla.
insularis Domin 1928. 6. — Fernando Po, Ins. Principe.
intercedens Domin 1929. 68 t. 3 = P. chrysophylla × ferruginea.
intermedia Domin 1929. 59 t. 9 = P. calomelanos × chrysophylla.
Jamesonii (Bak.) Domin 1928. 8. — Colombia—Ecuador.
Gymnogramme Bak. Syn. 516. 1874, Index.
Lathamiae (Moore) Domin 1929. 39. — Hort. — Gymnogramme Moore 1884,
leptophylla Domin 1928. 9, 1929. 47 = Anogramma. [Index.
Lorentzii Domin 1928. 9 = Anogramma.
luteo-alba (Lauche) Domin 1929. 60. — Hort. — Gymnogramme Lauche, Hort.
Mac Gillivrayi Domin 1929. 52 = P. calomelanos × tartarea. [1877.
Mayeriana Domin 1929. 62 = P. calomelanos × ferrugina.
microphylla Domin 1928. 10 = Anogramma.
mira Domin 1929. 59 = P. calomelanos × chrysophylla.
nicaraguensis Domin 1929. 61 = P. calomelanos × peruviana.
obtusa (Fée) Domin 1928. 10 (nomen). — Colombia.
Ceropteris Fée 1857, Index.
ochracea (Pr.) Domin 1928. 8. — Amer. trop.
Gymnogramme Pr. Rel. Haenk. **1.** 17. 1825; Ceropteris Hier. 1909.

ornithopteris (Kl.) Domin 1928. 5. — Guiana—Peru.
Gymnogramme Kl. Linn. 20. 413. 1847. — G. guianensis Kl. 1847; Ceropteris Hier. 1909, Ind. Suppl. — Allosorus farinosus Kze. 1848 (non Pr. 1836).

Pearcei (Moore) Domin 1928. 9, 1929. 45. — Peru. Chile. Hort.
Gymnogramme Moore 1884, Index.

perelegans Domin 1928. 8. — Peru.

peruviana (Desv.) Maxon, Contr. U. S. Nat. Herb. 17. 173. 1913. — Mexico—Amer. centr.—Peru?. — Ceropteris (Desv.) Link 1841, Index cum syn.
Gymnogramme Mayi Hort.

peruviana × tartarea Domin 1929. 72. — Mexico. — P. dualis Domin 1929.

praestantissima Domin 1928. 6. — Colombia.

Presliana Domin 1928. 6. 1929. 19 t. 1. — Peru.

pulchella (Moore) Domin 1928. 9, 1929. 41 t. 6. — Venezuela. Hort.
Gymnogramme Moore 1856, Index; Ceropteris Und. et Benedict 1917. — G. acrocladon, dissecta, gracilis Hort. G. Wetenhalliana Moore 1860.

Rollissonii (Moore) Domin 1929. 62 t. 10. — Hort.
Gymnogramme Moore, Hort. — (?P. ferruginea × hybrida Domin).

schizophylla (Bak.) Maxon, Contr. U. S. Nat. Herb. 24. 61. 1922; Domin 1928. 9, 1929. 46. — Jamaica. Hispaniola. — Anogramma (Bak.) Diels 1899, Index.
speciosissima Domin 1929. 38 t. 5. — Hort.

Stelzneri Domin 1929. 69 = P. chrysophylla × ferruginea.

Stuebelii (Hier.) Domin 1928. 7. — Colombia.
Ceropteris Hier 1909, Ind. Suppl.

subflexuosa Domin 1928. 7. — Montserrat.

subnivalis Domin 1928. 5, Kew Bull. 1929. 220. — Colombia.

sulphurea (Sw.) Maxon, Contr. U. S. Nat. Herb. 17. 173. 1913. Domin 1928. 9, 1929. 40. — Antillae majores. — Gymnogramme (Sw.) Desv. 1811, Index.

tartarea (Cav.) Maxon, l. c., Domin 1928. 5, 1929. 18. — Amer. trop.
Ceropteris (Cav.) Link 1841, Index (excl. varr.).

triangularis (Klf.) Maxon, l. c., Domin 1928. 5, 1929. 16. — Alaska—Mexico.
Ceropteris (Klf.) Und. 1902, Index cum syn. — C. viscosa (Eat.) Und. 1902, Index; Pityrogramma Maxon 1913.

triangulata (Jenm.) Maxon, l. c., Domin 1928. 7. — Jamaica,
Ceropteris (Jenm.) Und. 1902, Index.

tripinnata Domin 1928. 7. — Mexico.

viscosa Maxon, Contr. U. S. Nat. Herb. 17. 173. 1913 = P. triangularis var.

xerophila (Bak.) Domin 1928. 8. — Colombia. — Gymnogramme Bak. 1881, Index.

PLAGIOGYRIA Mett. Cf. Copeland, Phil. Journ. Sci. 38. 377 f. 1929. —

anisodonta Cop. l. c. 409 t. 9. — Costa Rica.   [(Polypodiaceae Gen. 1).

arguta Cop. l. c. 407 t. 8 = P. semicordata.

articulata (F. Muell.) Ching in C. Chr. Ind. Suppl. III. 140. 1934. — Queens-Lomaria Muell. Fragm. 5. 187. 1866.   [land.

Christii Cop. 1906, l. c. 388. — Adde loc. Kwantung.

Clemensiae Cop. l. c. 395 t. 4. — Borneo.

denticulata Cop. l. c. 412 t. 12. — Bolivia. Peru.

distinctissima Ching, Bull. Fan Mem. Inst. 1. 145. 1930 = P. adnata (f. reducta).

egenolfioides (Bak.) Cop. Journ. Straits Br. R. As. Soc. no. 63. 72. 1912. — Borneo. — Blechnum (Bak.) C. Chr. Index.

euphlebia (Kze.) Mett. — Dele loc. Australia et syn. Lomaria articulata
Fauriei (Christ) C. Chr. Index = P. Matsumureana.   [F. Muell.

formosana Nakai, Bot. Mag. Tokyo **42**. 205. 1928. — Formosa. — (P. glauca var.?).

grandis Cop. Phil. Journ. Sci. **38**. 389 t. 1. 1929. — China austr.
Henryi Christ 1899, Index = P. stenoptera.

integripinnata Bonap. N. Pt. **14**. 60. 1924. — Malacca.

intermedia Cop. Phil. Journ. Sci. **38**. 390 t. 2. 1929 = P. japonica.

japonica Nakai, Bot. Mag. Tokyo **42**. 206 1928. — Japonia—Korea—China.
Lomaria euphlebia Hk. Sec. Cent. t. 89. (non Kze.). Pl. adnata var. distans
Ros. Fedde Rep. **13**. 12. 2. 1913. P. intermedia Cop. 1929.

Koidzumii Tagawa, Acta Phytotax. **2**. 189. 1933. — Riu-Kiu Ins.

latifolia Cop. Phil. Journ. Sci. **38**. 411 t. 11. 1929. — Peru.

maxima C. Chr. Bull. Mus. Paris II. **6**. 105. 1934. — Tonkin.
Maxonii Cop. l. c. 410 t. 10 = P. Urbani.

nana Cop. 1909, Ind. Suppl. = P. glauca.

novoguineensis v. A. v. R. Nova Guinea **14**. 36. 1924. — N. Guinea.

obtusa Cop. l. c. 413 t. 13. — Cuba.

Petelotii Cop. l. c. 399 t. 6 = P. stenoptera.

rankanensis Hayata, Ic. Pl. Formosa **8**. 151 f. 80. 1919 = P. adnata.

rotundipinnata Bonap. N. Pt. **14**. 484. 1924 = B. tuberculata.

stenoptera (Hance) Diels 1899, Index. — Adde loc. China austr.—Tonkin et
syn. P. Henryi Christ 1899, Index, Cop. l. c. 399 t. 5. P. Petelotii Cop.
1929. — (Cf. P. tenuifolia).

subrigida v. A. v. R. Bull. Buit. III. **2**. 163. 1920 = P. tuberculata.

sumatrana Ros. 1914, Ind. Suppl. prél. = P. tuberculata.

tuberculata Cop. 1908, Ind. Suppl. — Adde loc. Borneo, Sumatra . . . . et
varr. P. sumatrana Ros. 1914, Ind. Suppl. — P. subrigida v. A. v. R. 1920.
— P. rotundipinnata Bonap. 1924.

Urbani (Brause) Cop. Phil. Journ. Sci. **38**. 413 t. 14. 1929. — Hispaniola.
Jamaica. — Blechnum Brause 1911, Ind. Suppl. — Pl. Maxoni Cop. 1929.

yunnanensis Ching, Bull. Fan Mem. Inst. **2**. 186 t. 1. 1931. — Yunnan.

PLATYCERIUM Desvaux. — (Polypodiaceae Gen. **168**).
bifurcatum (Cav.) C. Chr. — Dele loc. Africa or.? — Pl. afric. mihi P. ste-
diversifolium Bonap. N. Pt. **4**. 84. 1917 = P. Ellisii var. [maria.

PLATYTAENIA Requiniana (Gaud.) Kuhn 1882, Index = **Taenitis** R.

PLECTOPTERIS Fée = **Polypodium** (§ Calymmodon).
gracilis Fée 1852 = P. consociatum.

PLEOCNEMIA Presl = **Tectaria**.
fibrillifera v. A. v. R. Mal. Ferns Suppl. 146. 1917 = P. fimbrillifera id. 1914.
Kingii v. A. v. R. l. c. 147.
malayensis v. A. v. R. l. c. 146.
membranifolia Bedd. Handb. 225. 1883 (membranacea Index ex err.) = T.
porphyrocaulos v. A. v. R. Bull. Buit. III. **5**. 215. 1922. [fuscipes.
profereoides v. A. v. R. 1909 = Heterogonium.
rufinervis Nakai, Bot. Mag. Tokyo **47**. 163. 1933 = T. Leuzeana var.
stenosemioides v. A. v. R. l. c. III. **2**. 164. 1920.

PLEOPELTIS v. A. v. R. (non Humb. et Bonpl.) = **Polypodium**.
albicaula (p. 383) — angustato-decurrens (388) — aquatica (397) — argyropus (524) — Bamleriana (381) — batacorum (385) — ceratophylla (395)
— cochlearis (387) — craspedosora (378) — Cromwellii (392) — Curranii
(398) — flexiloba (406) — fluviatilis (403) — glossophylla (391) — holose-
ricea (392) — Kingii (396) — Lauterbachii (383) — limaeformis (389) —

linealifolia (405) — loxogrammoides (405) — multijugata (394) — neo-gui-
neensis (390) — papilligera (385) — papyracea (393) — rhomboidea (389)
— senescens (376) — sibomensis (393) — soromanes (377) — subundulata
(379) — taeniophylla (378) — tenuinervis (399) — tuanensis (398) — un-
dulato-sinuata (388) — wobbensis (382) v. A. v. R. Mal. Ferns Suppl. 1917
= Polypodium sp. homonym.

acutifolia v. A. v. R. l. c 380 = P. papuanum.

Beccarii v. A. v. R. 1909 = P. subsparsum.

brevidecurrens v. A. v. R. Bull. Buit. III. 5. 216. 1922 = P. Werneri var.?

Buchanani v. A. v. R. Mal. Ferns Suppl. 396. 1917 = Aglaomorpha.

congregatifolia v. A. v. R. l. c., Bull. Buit. III. 2. 166. 1920 = P. congregata.

contingens v. A. v. R. l. c. 167.

crenulata v. A. v. R. 1914 = P. taenifrons.

cretifera v. A. v. R. Nova Guinea 14. 40. 1924.

dendroconchoides v. A. v. R. Bull. Buit. III. 2. 165. 1920.

elongata Klf. 1824 = P. atropunctatum.

Gibbsiae v. A. v. R. l. c. II no. 28. 37. 1918.

gracilipes v. A. v. R. Nova Guinea 14. 37. 1924.

iboensis v. A. v. R. Mal. Ferns Suppl. 386. 1917 = Grammatopteridium
costulatum.

lima v. A. v. R. Bull. Buit. II no. 28. 38. 1918 = P. Mettenianum.

megalosoroides v. A. v. R. Nova Guinea 14. 39. 1924.

moulmeinensis Bedd. 1867 = P. Wallichianum.

murkeleana v. A. v. R. Bull. Buit. III. 2. 166. 1920.

obolophylla v. A. v. R. Nova Guinea 14. 38. 1924.

pampylocarpa v. A. v. R. l. c. 37.

parvifrons v. A. v. R. Bull. Buit. III. 2. 165. 1920.

peltata Scort., v. A. v. R. 1909 = P. sarawakense.

pseudo-acrostichum v. A. v. R. Bull. Buit. II no. 28. 36 t. 5. 1918.

pseudo-laciniata v. A. v. R. l. c. 38.

pseudo-lateralis v. A. v. R. 36 t. 6 = P. Bakeri.

pseudo-loxogramma v. A. v. R. l. c. III. 5. 218. 1922.

remigera v. A. v. R. Nova Guinea 14. 38. 1924.

renifera Ridley, Tr. Linn. Soc. II. Bot. 9. 263. 1916 = P. remigerum.

Schlechteri v. A. v. R. Mal. Ferns Suppl. 395. 1917 = Aglaomorpha Leder-
Schultzei v. A. v. R. l. c. 399 = Tectaria Beccariana.   [manni.

selligueoides v. A. v. R. Bull. Buit. II no. 23. 18. 1916 = P. macrophyllum var.

subcaudiformis v. A. v. R. Mal. Ferns Suppl. 384. 1917 = P. Mettenianum var.

subnormalis v. A. v. R. Bull. Buit. III. 2. 165. 1920.

subopposita v. A. v. R. Mal. Ferns Suppl. 390. 1917.

Versteegii v. A. v. R. Mal. Ferns Suppl. 377. 1917 = P. papuanum.

viridis ›Moore‹, Ridley, Journ. Mal. Br. R. As. Soc. 4. 93. 1926 = P. punctatum.

Pleuripteris C. Chr. Dansk Bot. Ark. 6 no. 3. 76. 1929 *(Pycnoloma §)* = **Pyc-**
PLEUROGRAMME Presl = **Cochlidium.**   [noloma.

Luetzelburgiana Goebel, Flora 124. 21 f. 11—13. 1929 = C. Connellii.

nuda Goebel, Flora 117. 119, fig. 1924 = C. seminuda.

rostrata Goebel. l. c. 124.

PLEUROSORIOPSIS Fomin, Bull. Jard. Bot. Kieff XI. 8. 1939. Fl. Sib. et.
Or. Extr. 5. 215. 1930. — (Polypodiaceae Gen. 80).

Makinoi (Maxim.) Fomin, l. c., fig. — Japonia—Reg. Amur.—Korea—China
bor. — Anogramma (Maxim.) Christ in Index.

PNEUMATOPTERIS Nakai, Bot. Mag. Tokyo **47**. 179. 1933 = **Dryopteris?**
callosa Nakai, l. c.
POECILOPTERIS Presl = **Bolbitis.**
stenophylla Kurz, Nat. Tijdschr. Ned. Ind. **27**. 15. 1864; Cop. Phil. Journ.
subrepanda Pr. 1849 = B. subsimplex. [Sci. **37**. 393. 1828.
POLYBOTRYA Humb. et Bonpl. — Index valde reduct. (Excl. Atalopteris,
Egenolfia, Lomagramma, Psomiocarpa) — (Polypodiaceae Gen. **30**).
apiifolia J. Sm. 1841, Index = Psomiocarpa.
appendiculata (Willd.) J. Sm. 1841, Index (excl. fere syn. omn.) = Egenolfia.
arfakensis Gepp in Gibbs, Dutch N. W. N. Guinea 71. 1917 = Alsophila bi-
articulata J. Sm. 1841, Index = Lomagramma. [formis.
aspidioides Gris. 1866, Index = Atalopteris.
asplenifolia Pr. 1836 = Egenolfia.
duplicato-serrata Hayata 1915, Ind. Suppl. prél. = Egenolfia serrulata.
exaltata Brack. 1854 = Egenolfia serrulata.
filiculifolia Farwell, Amer. Midl. Naturalist **12**. 303. 1931 = P. osmundacea.
Hamiltoniana Pr. 1836 = Egenolfia vivipara.
Helferiana Kze. 1848 = Egenolfia.
intermedia J. Sm. 1841 = Egenolfia.
neglecta Fée 1845 = Egenolfia serrulata.
Nieuwenhuisenii Racib. 1902, Index = Heterogonium.
nodiflora Bory 1833 = Egenolfia vivipara.
polyphylla (Brack.) C. Chr. Index = Lomogramma.
serrulata J. Sm. 1841 = Egenolfia.
sinensis (Bak.) C. Chr. Ind. Suppl. = Egenolfia.
stenosemioides (Bak.) Cop. 1905, Index = Heterogonium.
Teysmannianum Posthumus, Rec. Trav. bot. néerl. **33**. 872. 1930 = Steno-
vivipara Hk. 1825 = Egenolfia. [semia.
POLYPODIUM L. sens. Ind. Fil. excl. Loxogramme et Aglaomorpha Gaud.
emend. Copeland; incl. Acrosorus Copeland et Prosaptia Presl. — (Polypodiaceae Gen. **144**).
Obs. Numerosae species ab auctt. rec. e Polypodio segregatae et ad genera
restaurata translatae sunt; v. Calymmodon, Dictymia, Grammitis, Lepisorus, Microsorium, Pleopeltis supra ubi comb. nov. plurimae solum
enumeratae sunt.
Subgenera:

A = **Acrosorus.**   M = **Marginaria.**
Ar = **Arthromeris.**   Mi = **Microsorium** (incl. Phymatodes Pr.,
C = **Campyloneurum.**   Pleopeltis v. A. v. R. part.)
Co = **Colysis.**   My = **Myrmecophila** (Lecanopteris part.
Cr = **Cryptosorus.**   Cop.)
Cy = **Calymmodon.**   P = **Eupolypodium** (sens. Ind.)
D = **Dendroconche.**   Ph = **Phlebodium.**
G = **Goniophlebium.**   Pl = **Pleopeltis** (sp. americanae).
Gr = **Grammitis.**   Pr = **Prosaptia.**
Lp = **Lepisorus.**   S = **Selliguea** (Index excl. Colysis.)

(P) abebaion v. A. v. R. Nova Guinea **14**. 45. 1924. — N. Guinea.
abbreviatum (Fée) C. Chr. Ind. Suppl. prél. = Hypolepis.
acroscopum Christ 1905, Index = Loxogramme.

acrosoroides v. A. v. R. 1913, Index Suppl. prél. = P. davalliaceum.
acuminatum Houtt. Nat. Hist. **14.** 191 t. 99 f. 2. 1783 = Dryopteris so-
acutifolium Brause 1912, Ind. Suppl. = P. papuanum.   [phoroides.
alatum L. 1753 = Dryopteris alata.
(S) **albarum** Gepp, JoB. **1923** Suppl. 61. — N. Guinea.
(Mi) **albido-paleatum** Cop. Phil. Journ. Sci. **12**C. 63. 1917. — Borneo.
(P) **alboglandulosum** Bonap. N. Pt. **10.** 186. 1920; C. Chr. Dansk Bot. Ark. **7.**
     153 t. 58 f. 7—9. 1932. — Madagascar.
(Mi) **albopes** C. Chr. et Ching, Bull. Dept. Biol. Coll. Sci. Sun Yatsen Univ.
     no. 6. 15. 1933. — Kwangsi. — P. sp. Wu, Polyp. Yaoshan t. 141. 1932;
     albulum Christ, Index = P. enerve.   [Phymatodes Ching 1933.
     alcicorne Ridley, Tr. Linn. Soc. II. Bot. **9.** 261. 1916 = P. fuciforme?
(P) **Alfredii** Ros. Fedde Rep. **22.** 15. 1925. — Costa Rica.
(P) **allocotum** v. A. v. R. Nova Guinea **14.** 47. 1924. — N. Guinea.
(S) **alloiosorum** Brause, Engl. Jahrb. **56.** 202. 1920. — N. Guinea.
     alsophiloides Liebm. **1849** = Dryopteris equestris.
     ampelideum Christ 1905, Index = P. digitatum.
(Ar) **amplexifolium** Christ 1908, Ind. Suppl. — Arthromeris Ching, Contr. Inst.
     Bot. Nat. Acad. Peiping **2.** 94. 1933.
     anceps (Christ) C. Chr. Index = P. Hancockii.
(Lp?) **anguinum** A. Peter, Fedde Rep. Beih. **40.** 29, Descr. 3 t. 1 f, 10. 1929. —
(C) **angustialatum** Bonap. N. Pt. **14.** 151. 1924. — Tonkin.   [Africa or. trop.
(Pl) **angustum** (H. B. W.) Liebm. — Dele var. P. sectifrons.
(D) **Annabellae** Forbes. — Dendroconche Cop. 1911. — D. Kingii Cop. 1931.
     Polypodium cyclobasis Baker 1896, Index.
     annamense Christ 1905, Index = P. digitatum var.
(G) **antillense** Maxon, Proc. Biol. Soc. Wash. **43.** 83. 1930 — Ind. occ.
     Goniophlebium acuminatum Fée 11. mém. 68 t. 19 f. 1. 1866 (non
(P) *arcuatum* Moritz—Colombia, Jamaica, Hispaniola.   [Polypodium auctt.)
     arenarium Bak. 1895, Index = P. hastatum.
(G) **argutum** Wall. — Adde loc. China merid. Ins. Phil. et syn. P. mengtze-
     ense Christ 1898, Index c. syn. P. pseudoconnatum Cop. 1906, Ind. Suppl.
(Mi) **argyropus** Ridley, Tr. Linn. Soc. II. Bot. **9.** 262. 1916. — N. Guinea.
     Pleopeltis v. A. v. R. 1917.
     arisanense Ros. 1915, Ind. Suppl. prel. = P. Kawakamii.
     Asahinae Ogata, Journ. Jap. Bot. **9.** 266. 1933. — Japonia.
(Cy) **asiaticum** (Cop.) C. Chr. Ind. Suppl. III. 144. 1934. — Annam.
     Calymmodon Cop. Phil. Journ. Sci. **38.** 154. 1929.
     asperum Pr. 1825 — Dryopteris Presliana.
     aspidistrifrons Hayata 1915, Ind. Suppl. prél. = P. Steerei.
(P) **asplenifolium** L. 1753, Maxon, Pter. Porto Rico 410. 1926. — Amer. trop.
     P. suspensum L. 1753?, auctt., Index. P. laxifrons Liebm. 1849.
(C) **Asplundii** C. Chr. Ark. för Bot. **20** A. 24. 1926. — Bolivia
(M) **astrolepis** Liebm. 1849, Weatherby, Contr. Gray Herb. n. s. no. 65. **6.**
     1922. — Amer. trop. — P. lanceolatum *elongatum (Sw.) C. Chr. Index
     c. syn. (excl. Drynaria crassinervata Fée etc. et Grammitis robusta Phil.).
     atacamense Bak. 1887, Index = P. pycnocarpum.
(Lp) **atropunctatum** Gaud. 1827. — Ins. Hawaii. — Pleopeltis elongata Klf.
     1824; Phymatodes Pr. 1836; Polypodium Goldm. 1843 (non Ait. 1789);
     Drynaria Brack. 1854; Lepisorus Ching 1933.

(Ph) **aureum** L. *P. pseudoaureum Cav. 1802. — P. areolatum H. B. Willd. 1810, Index.

(Mi) **balteiforme** Brause, Engl. Jahrb. 56. 194. 1920. — N. Guinea.

(Mi) **banaense** C. Chr. Bull. Mus. Paris II. 6. 105. 1934. — Indochina.

(Mi) **Bandoi** C. Chr. Ind. Suppl. III. 145. 1934. — Ins. Bonin. — Phymatodes subnormalis Nakai, Bot. Mag. Tokyo 43. 3. 1929 (non Polypodium infra).

Bangii Bak. 1901, Index = P. chrysolepis.

barbatum Desv. 1827 = Dryopteris pulverulenta.

Beccarii v. A. v. R. 1908, Ind. Suppl. = P. subsparsum.

(Gr) **Beddomeanum** v. A. v. R. Bull. Buit. II no. 28. 39. 1918. — Ceylon.
P. lasiosorum Bedd. Ferns br. Ind. t. 172 (non Hk.); P. hirtellum Bedd. l. c. t. 212, Handb. 305 (non Bl.).

Berteroanum Hk. 1862 = Dryopteris inaequalifolia.

(G) **Beyerianum** Ros. Fedde Rep. 22. 17. 1925. — Costa Rica.

?binerve Hk. 1862 = Blechnum binerve.

biseriale Ridley, Tr. Linn. Soc. II Bot. 9. 260. 1916. — N. Guinea. (Nomen malum, non Bak. 1867).

(P) **blechnoides** (Grev.) Hk. — Adde syn. P. decorum Brack. 1954, Index part. — Dele syn. C. Seemanni et Polypodium contiguum Brack. 1854.

Blumeanum (Pr.) C. Chr. Index = Loxogramme avenia.

Bodinieri Christ 1902, Index = P. niponicum.

(Co) **Boisii** Christ 1905, Index. — Colysis Ching 1933.

(P) **bolanicum** (Ros.) Cop. Univ. Calif. Publ. Bot. 12. 403. 1931. — N. Guinea.
P. solidum var. bolanica Ros. Fedde Rep. 12. 177. 1913.

Bonatianum Brause 1914, Ind. Suppl. prél. = P. amoenum var.

(Gr) **bongoense** Cop. Phil. Journ. Sci. 38. 153. 1929. — Borneo.
P. Brooksii Cop. l. c. 12 C. 60. 1917 (non C. Chr. 1913).

(Co) **Bonii** Christ apud Ching Bull. Fan Mem. Inst. 4. 322. 1933 (syn.) — Hainan. — Colysis Ching, l. c.

(Lp) **boninense** Christ 1900. — Lepisorus Ching 1933.

(G?) **brachypodium** Cop. Phil. Journ. Sci. 12 C. 62. 1917. — Borneo.

brasiliense Poir. 1804, Index (excl. var. Goniophlebium acuminatum Fée) = P. triseriale.

(Mi) **Brassii** (Cop.) C. Chr. Ind. Suppl. III. 145. 1934. — N. Guinea.

Microsorium Cop. Journ. Arnold Arb. 10. 181. 1929.

(P) **Brauseanum** v. A. v. R. Mal. Ferns Suppl. 521. 1917. — N. Guinea.
P. serraeforme Brause 1912, Ind. Suppl. (non J. Sm., v. A. v. R. 1909).

(Gr) **brevipilum** (Cop.) C. Chr. Ind. Suppl. III. 145. 1934. — Luzon.

Grammitis Cop. Brittonia 1. 69 t. 2. 1931.

(P) **brevivenosum** v. A. v. R. Bull. Buit. II no. 28. 40. 1918. — Sumatra, Borneo, Malacca.

(P) **Brooksiae** v. A. v. R. Bull. Buit. II no. 23. 19 t. 2 f. 2. 1916. — Sumatra.

Brooksii Cop. Phil. Journ. Sci. 12 C. 60. 1917 = P. bongoense.

(Gr) **bryophilum** Maxon, Amer. Fern Journ. 16. 7. 1926. — Costa Rica.

bullatum Bak. 1876, Index = P. excavatum.

Büttneri Kuhn 1889, Index = Loxogramme.

Cadieri Christ 1905, Index = P. digitatum.

(P) **calcipunctatum** Cop. Phil. Journ. Sci. 12 C. 61. 1917. — Borneo.

callophyllum C. H. Wright 1909, Ind. Suppl. = P. minutum.

(P) **calvum** Maxon, Journ. Wash. Acad. Sci. 12. 440. 1922. — Cuba. Hispaniola.

calymmodon ›Fée‹, v. A. v. R. Mal. Ferns Suppl. 351. 1917 = P. cucullatum sens. lat. (Cf. Cop. Phil. Journ. Sci. 34. 266. 1927).

campyloneuroides Bak. 1883, Index = P. regulare.

(P) **canaliculatum** v. A. v. R., l. c. 522. — N. Guinea.
P. petiolatum Ridley, Tr. Linn. Soc. II. Bot. 9. 260. 1916 (non Dav. 1894).

canescens Kze., Hk. 1862 = Dryopteris Blanchetiana.

cantoniense Bak. 1879, Index = Leptochilus.

caribaeum Desv. 1811 = Dryopteris subincisa.

(P) **carpinterae** Ros. Fedde Rep. 22. 16. 1925. — Costa Rica.

(P) **Carstenszense** Ridley, Tr. Linn. Soc. II. Bot. 9. 260. 1916. — N. Guinea.

(Lp) **caudato-attenuatum** (Takeda) C. Chr. Ind. Suppl. III. 146. 1934. —
China. — P. lineare var. Thunbergiana f. caudato-attenuata Takeda,
Notes Bot. Gard. Edinb. 8. 269. 1915; Lepisorus angustus Ching, Bull.
Fan Mem. Inst. 4. 86. 1933 (non Polypodium Liebm. 1849).

(G) **caudiceps** Moore. — Loc. Formosa sine dubio falsa; Amer. trop.? vel
Afr. occ.? (= P. Irvingii?).

Cavaleriei Ros. 1914, Ind. Suppl. prél. = P. Leveillei.

(Gr) **ceramicum** v. A. v. R. Bull. Buit. III. 2. 168. 1920. — Ceram.

(P) **cervicorne** v. A. v. R. Bull. Buit. II no. 28. 39. 1918. — Sumatra.

(G?) **Cesatianum** Bak. — Adde syn. P. coloratum Cop. 1909, Ind. Suppl.

chaerophylloides Poir. 1804 = Dryopteris ch.

chenopus Christ 1905, Index = P. dactylinum.

(Lp) **Chingii** C. Chr. apud Ching, Bull. Fan Mem. Inst. 4. 98. 1933 (syn.) —
China. — Lemmaphyllum Christensenlanum Ching, l. c. (non Poly-

(G) **chnoodes** Spr. (non P. dissimile L.)   [podium Maxon 1909).

(Mi) **chrysotrichum** C. Chr. Contr. U. S. Nat. Herb. 26. 320 t. 23. 1931. —
Yunnan. — Phymatodes Ching 1933.

(Co) **Chunii** C. Chr. Ind. Suppl. III. 146. 1934. — Hainan. — Colysis longipes Ching, Bull. Fan Mem. Inst. 4. 332. 1933 (non Polypodium auctt.).

ciliiferum v. A. v. R. 1914, Ind. Suppl. prél. = P. padangense.

(Gr) **ciliolatum** v. A. v. R. Nova Guinea 14. 43. 1924. — N. Guinea.

(P) **ciliolepis** C. Chr. Ark. för Bot. 20 A. 21. 1926. — Bolivia. Brasilia.

Clemensiae Cop. Brittonia 1. 76 t. 2. 1931 = P. subsparsum.

coloratum Cop. 1909, Ind. Suppl. = P. Cesatianum.

(Cy) **conduplicatum** Brause 1912, Ind. Suppl. — Adde syn. Calymmodon Cop.

(Gr) **conforme** Brack. 1854. — Fiji, Samoa.   [1927.

(P) **congregatifolium** v. A. v. R. Nova Guinea 14. 47. 1924. — N. Guinea.

(Mi) **congregatum** C. Chr. Ind. Suppl. III. 146. 1934. — Sumatra.
Pleopeltis congregatifolia v. A v. R. Bull. Buit. III. 2. 166. 1020 (non
Polypodium v. A. v. R. 1924).

connatum Christ 1907, Ind. Suppl. = P. crenato-pinnatum.

Connellii Bak., Wright 1901, Index =. Cochlidium.

(Cy) **consociatum** v. A. v. R. 1912, Index Suppl. — Ins. Phil. Borneo ... —
Plectopteris gracilis Fée 1852; Calymmodon Cop. 1927 (non Polypodium Hk. 1831). C. hirtus Brack. 1854 (non Polypodium Sw. 1801).

(Pr) **contiguum** (Forst.) J. Sm. 1841, Ind. Suppl. prél. — Adde var. Prosaptia
pubipes Cop. 1932 (Fiji).

contiguum Brack 1854 = P. Seemanni.

(Mi) **contingens** (v. A. v. R.) C. Chr. Ind. Suppl. III. 146. 1934. — Sumatra.
Pleopeltis v. A. v. R. Bull. Buit. III. 2. 167. 1920.

convolutum Bak. 1906, Ind. Suppl. = P. subfalcatum var. sinicum.

(M) **Conzattii** Weatherby, Contr. Gray Herb. n. s. no. 65. 11. 1922. — Mexico.

(Gr) **coredrosorum** v. A. v. R. Nova Guinea 14. 44. 1924. — N. Guinea.

(P) **cornigerum** Bak. in Wall, Cat. Ceylon Ferns 11. 1873, Syn. 508. 1874. — Ceylon. — (An P. denticulatum?).

coronans Wall. 1828, Index = Aglaomorpha.

costaricense Christ 1996 = P. Wagneri var.

costatum Hk. 1863 = Dryopteris costata.

crassulum Maxon 1916, Ind. Suppl. prél. = P. fucoides.

crenulatum Kze., Mett. 1857, Ind. Suppl. prél. = P. taeniatum var.

(S) **cretiferum** (v. A. v. R.) C. Chr. Ind. Suppl. III. 147. 1934. — N. Guinea. Pleopeltis v. A. v. R. Nova Guinea 14. 40. 1924.

cruciatum Klf. 1824 = Dryopteris phegopteris var.

(Mi) **cruciforme** Ching, Sinensia 1. 47. 1930. — Kwantung. Tonkin. Phymatodes Ching 1933.

(Gr) **cryptophlebium** Bak. 1880. — P. Rutenbergii Luerss. 1882, Index, C. Chr. Dansk Bot. Ark. 7. 150.

cryptum Und. et Maxon 1902, Index = Dryopteris.

(Cr) **ctenoideum** Brause, Engl. Jahrb. 56. 188. 1920. — N. Guinea.

(Cy) **cucullatum** Nees et Bl. — Dele syn. Plectopteris gracilis Fée. — Adde syn. Pol. gracillimum Cop. 1905, Index. P. subgracillimum v. A. v. R. 1912, Ind. Suppl. et varr. Calymmodon Grantii et C. orientalis Cop. 1932 (Ins. Soc.).

Curranii Cop. 1909, Ind. Suppl. = P. pentaphyllum.

(P) **Curtisii** Bak. — Sumatra, Borneo, Celebes, Ins. Phil. N. Guinea. P. decrescens Christ 1904, Index (et Suppl. prél. 53 — var. blechnifrons Hayata 1914. — Formosa?).

(Mi) **cyathisorum** Brause, Engl. Jahrb. 56. 198. 1920. — N. Guinea.

cyclobasis Bak. 1896, Index = P. Annabellae.

cyrtolobum Clarke 1880, Index = P. Stewartii.

dareaeformioides Ching, Sinensia 1. 12. 1929, Ic. Fil. Sin. t. 41 = Leucodareiforme Hk. 1860, Index = Leucostegia.   [stegia dareiformis.

(Pr) **davalliaceum** F. Muell. et Bak. — Adde loc. Ins. Phil. Borneo et syn. Prosaptia Cop. 1931. Polypodium monocarpum Ros. 1913, Ind. Suppl. prél. — P. acrosoroides v. A. v. R. 1913, Ind. Suppl. prél. cum syn.

decorum Brack. 1854, Index = P. blechnoides et P. Moultoni (pl. malay.).

decorum var. excaudata Bonap. N. Pt. 4. 79. 1917 = P. excaudatum.

decrescens Christ 1904, Index = P. Curtisii.

deltoideum Bak. 1888 = P. phyllomanes.

(D?) **dendrochonchoides** (v. A. v. R.) C. Chr. Ind. Suppl. III. 147. 1934. — Sumatra. — Pleopeltis v. A. v. R. Bull. Buit. III. 2. 165. 1920.

dentatum Forsk. 1775 = Dryopteris dentata.

(G) **deorsipinnatum** Cop. Phil. Journ. Sci. 38. 152. 1929. — Formosa.

dichotomum Brause, Engl. Jahrb. 56. 190. 1920 = P. fuciforme.

dicranophyllum C. Chr. Index = Cochlidium furcatum.

dictyopteris Mett. 1861, Index = Loxogramme.

(Co) **digitatum** (Bak.) C. Chr. — Colysis Ching 1933. — Formae sunt: P. ampelideum, P. annamense, P. Cadieri, P. podopterum Christ 1905, Index.

diplosorum Christ 1896?, Index (excl. var. Grammitis setosa Bl.) = P. sumatranum? (cf. v. A. v. R. Bull. Buit. III. 5. 219. 1922).

(P) **dissimile** L. 1759. — Ind. occ. Mexico—Peru. — P. sororium H. B. Willd. 1310, Index (t. Maxon).

(Co) **dissimilialatum** Bonap. N. Pt. 14. 155. 1924. — Tonkin. — Colysis distans Mak. 1906 = P. ussuriense.   [Ching 1933.
domingense Brause 1911, Ind. Suppl. = P. rigens.

(P) **duale** Maxon 1912. — P. serrulatum (Sw.) Mett. 1856. Index excl. var. P. minimum Brack. (non P. serrulatum Sw. 1801).
Duclouxii Christ 1909, Ind. Suppl. = P. amoenum var.
dulitense Bak. 1893, Index = P. oodes.

(Gr) **duplopilosum** (Cop.) C. Chr. Ind. Suppl. III. 148. 1934. — Luzon. Grammitis Cop. Brittonia 1. 69 t. 3. 1931.
durum Cop. 1910, Ind. Suppl. = P. padangense.

(Mi) **ebenipes** Hk. — Dele loc. Borneo.

(Mi) **echinosporum** C. Chr. Ind. Suppl. III. 148. 1934. — Hainan. Phymatodes hainanensis Ching, Contr. Inst. bot. Nat. Acad. Peiping 2.

(Mi) **egregium** Brause, Engl. Jahrb. 56. 199. 1920. — N. Guinea.   [68. 1933.
ellipsoideum Fée 1857, Index = P. Hartwegianum.

(Co) **ellipticum** Thbg. 1784. — Japonia—China—Tonkin. — Colysis Ching 1933. P. Faurianum Nakai 1911, Ind. Suppl. P. neoellipticum Koidzumi 1929. P. flavescens Ching 1931.
ellipticum auctt., Index part. = P. mediosorum, P. queenslandicum.
ellipticum var. undulato-crenatum C. Chr. Bull. Geogr. Bot. Mans 1904. 107 = P. flexilobum.

(Pr) **Emersoni** (Hk. et Grev.) C. Chr. Gard. Bull. S. S. 7. 303. 1934. — Asia trop. — Samoa. — Davallia Hk. et Grev. 1829. P. serraeforme (Wall.) J. Sm. 1841, Ind. Suppl. prél. 56 cum syn.

(Mi) **enerve** Cav. Descr. 245. 1802. — Malesia—Ins. Mariannae. — P. evenium Spr. 1827. — P. rupestre Bl. 1828; P. triquetrum var. Index c. syn. — P. taeniopsis Christ 1896. — P. albulum Christ in Index; Pleopeltis v. A. v. R. 1909. — ? P. leucolepis Ros. 1913 (non Gilbert 1897). — P. subtriquetrum Christ 1908.
Englerianum v. A. v. R. Mal. Ferns Suppl. 371. 1917 = P. Brausei C. Chr. Ind. Suppl. prél.

(Mi) **ensatum** Thbg. — Adde syn. Neocheiropteris Ching 1933. Polypodium oligolepis Bak. 1898, Index.

(M) **erythrolepis** Weatherby, Contr. Gray Herb. n. s. no. 65. 11. 1922. — Mexico.

(G) **Espinosae** Weatherby, Contr. Gray Herb. 85. 15 t. 2. 1929. — Chile. euryphyllum C. Chr. Index = P. Hancockii (pl. asiat) et P. vitiense (pl. polynes.).
exaltatum v. A. v. R. 1909, Ind. Suppl. prél. = P. streptophyllum.

(P) **excaudatum** (Bonap.) C. Chr. Arch. Bot. (Caen) 2. Bull. mens. 215. 1928, Dansk Bot. Ark. 7. 154 t. 58 f. 5—6. 1932. — Madagascar.
P. decorum var. excaudata Bonap. N. Pt. 4. 79. 1917.

(Lp) **excavatum** Bory. — Dele syn. P. loriforme, P. phlebodes, P. astrolepis. — Adde syn. Lepisorus excavatus et L. bicolor Ching 1933. Polypodium morrisonense Hayata 1909, Ind. Suppl.

(P) **eximium** Brause, Engl. Jahrb. 56. 186. 1920. — N. Guinea.

(P) **exornans** Maxon, Amer. Fern Journ. 18. 47. 1928. — Jamaica.

expansum Bak. 1876 = P. vitiense.

Faberi Christ 1905, Index = Drynaria propinqua.

Faurianum Nakai 1911, Ind. Suppl. = P. ellipticum.

(S) **Feei** (Bory) Mett. — Dele loc. Polynesia? (v. seq.). — Adde loc. China austr. et syn. P. pedunculatioides Ching 1930.

(S) **feeioides** Cop. Bishop Mus. Bull. 59. 2929. — Fiji. Samoa. Tahiti. Rarotonga. Marquesas. N. Hebridae.

ferreum Brause, Engl. Jahrb. 56. 197. 1920 = Grammatopteridium.

(G) **Feuillei** Bertero, Mercurio Chileno, Julio 1829. 745; Looser, Revista Universitaria 15. 700. 1930. — Chile. — P. synammia (Fée) C. Chr. Index cum syn. P. glaucescens Bory Nov. 1829.

(P) **flabelliforme** Poir. — Dele var. P. oligosorum.

flabellivenium Bak. 1867, Index = Taenitis obtusa.

(G) **flagellare** Christ. — P. patens Hk. 1863, Index (non Sw. 1788).

(P) **flagelliforme** Brause, Engl. Jahrb. 56. 187. 1920. — N. Guinea.

flavescens Ching, Bull. Fan Mem. Inst. 2. 22 t. 8. 1931 = P. ellipticum.

(Co) **flexilobum** Christ. — Colysis Ching 1933.

Forbesii v. A. v. R. 1908, Ind. Suppl. = P. scolopendria.

(Mi) **Fortunei** (Moore) Lowe 1856, Ind. Suppl. prél. 54. — Dele loc. Madagascar et var. madagascariensis.

frigidum Ridley, Tr. Linn. Soc. II. Bot. 9. 259. 1916. — N. Guinea.

(M) **fructuosum** Maxon et Weatherby, Contr. Gray Herb. n. s. no. 65. 1922. — Panama.

(P) **fuciforme** Ros. 1912, Ind. Suppl. — Adhuc veris. P. alcicorne Ridley 1916 (non Bak. 1888) et P. dichotomum Brause 1920 (non Houtt. 1783).

Fuentesii Hicken 1913, Ind. Suppl. prél. = P. scolopendria.

fusco-nigrum »Bak.«, Matthew, Journ. Linn. Soc. 39. 379. 1911, err. script. pro griseo-nigrum.

(G) **Garrettii** C. H. Wright; Ching, Contr. Inst. Bot. Nat. Acad. Peiping 2. 49. 1933. — Siam.

gedeense v. A. v. R. 1914, Ind. Suppl. prél. = P. inconspicuum.

(Mi) **Gibbsiae** (v. A. v. R.) C. Chr. Ind. Suppl. III. 149. 1934. — N. Guinea.

Pleopeltis v. A. v. R. Bull. Buit. II no. 28. 37. 1918.

giganteum Noronha, Verh. Bat. Genootsch. 5. 83. 1927? = Asplenium nidus.

(Cy) **glabrescens** (Cop.) C. Chr. Ind. Suppl. III. 149. 1934. — Ceylon.

Calymmodon Cop. Phil. Journ. Sci. 34. 263 t. 2. 1927.

(G) **gladiatum** Kze. 1834. — Cuba, Hispaniola, Jamaica. »Amer. trop.«

Marginaria Pr. 1836; Goniophlebium Fée 1852; G. ampliatum Maxon 1908.

(P) **glanduloso-pilosum** Brause, Engl. Jahrb. 56. 181. 1920. — N. Guinea.

(P) **Gordoni** Watts, Pr. Linn. Soc. N. S. Wales 39. 792 t. 89 f. 12. 1915. — Queensland.

(Mi) **gracilipes** (v. A. v. R.) C. Chr. Ind. Suppl. III. 149. 1934. — N. Guinea.

Pleopeltis v. A. v. R. Nova Guinea 14. 37. 1924.

gracillimum Cop. 1905, Index = P. cucullatum.

grammitoides (Bak.) Diels 1900, Index = Loxogramme.

grenadense Jenm. 1894 = P. tenuiculum.

Gueintzii Mett. 1857 = P. Schraderi.

(Mi) **Hagerupii** C. Chr. Dansk Bot. Ark. 6 no. 3. 78 t. 9. 1929. — Sumatra.
   hainanense C. Chr. Index = Hemigramma decurrens.
   haitiense Urban, Symb. Ant. 9. 370. 1925. — Haiti.
   Aspidium cuspidatum Desv. 1827 (Plum. t. 153).

(Mi) **Hancockii** Bak. 1885. — Formosa—Ind. bor.—Malacca. — Microsorium
   Ching 1933. Polypodium anceps (Christ) C. Chr. Index. P. euryphyllum
   C. Chr. Index (excl. loc. Samoa et var. Drynaria acuminata Brack. etc.).

(P) **haplophlebium** A. C. Smith, Bull. Torr. Cl. 58. 307. 1931. — Guiana.
   harpophyllum Zenker, Kze. 1851, Index = Polystichum auriculatum.

(P) **Hayatai** Masamune, Journ. Soc. Trop. Agric. Formosa 2. 31. 1930. — Formosa. — P. tenuissimum Hayata, Ic. Pl. Formosa 4. 254 f. 178. 1914
   (non Cop. 1914) (t. Ching = P. subfalcatum).
   hemionitis Cav. 1802, Index Suppl. 124. — Potius P. scolopendria.

(Co) **hemitomum** Hance. — Colysis Ching 1933. — Dele syn. P. deltoideum.
   Henchmannii J. Sm.; Houlst et Moore, Gard. Mag. Bot. 3. 18. 1851 (corr.).

(Co) **Henryi** (Christ) C. Chr. — Colysis Ching 1933. Polypodium mon-changense C. Chr. Ind. Suppl. prél.
   heracleum Kze. 1848, Index = Aglaomorpha.

(S) **heterocarpoides** (Cop.) C. Chr. Ind. Suppl. III. 150. 1934. — N. Caledonia.
   Selliguea Cop. Univ. Calif. Publ. Bot. 14. 367. 1929.

(Mi) **heterocarpum** Bl. 1829. — Malesia. — P. Zollingerianum Kze. 1846,
   Index. Polypodium Scortechinii Bak. 1891, Index. Aspidium pteropodum
   Diels 1899, Index. Campylogramma lancifolia v. A. v. R. 1916.
   heterocarpum (Bl.) Mett. 1856, Index = P. Mettenianum.

(Lp) **heterolepis** (Ros.) C. Chr. Ind. Suppl. III. 150. 1934. — China merid.
   P. lineare var. heterolepis Ros. Fedde Rep. 12. 247. 1913; Lepisorus
   heterolepis Ching 1933.

(Mi) **heterophyllum** L. 1753. — P. Swartzii Bak. 1868, Index cum syn.
   heterosorum Bak. 1874 = Tectaria Maingayi.

(Ar) **himalayense** Hk. — Arthromeris Ching, Contr. Inst. Bot. Nat. Acad.
   Peiping 2. 99. 1933.

(Gr) **hirtelloides** Cop. Bishop Mus. Bull. 59. 17. 1929. — Fiji.

(Gr) **hirtellum** Bl. — Dele var. P. lasiosorum Hk.

(P) **Hombersleyi** Maxon, Amer. Fern Journ. 20. 1. 1930 — Trinidad.
   Hoehnei Sampaio, Comm. Linh. telegr. Matto grosso ao Amazonas Publ.
   no. 33. 26. t. 4. 1916. — Brasilia (Matto Grosso).

(Gr) **Hookeri** Brack. — Ins. Hawaii. — Dele var P. conforme Brack.

(Mi) **hoozanense** Hayata, Ic. Pl. Formosa 8. 152 f. 81—82. 1919. — Formosa.
   Hosei C. Chr. Index = P. regulare.
   howeanum W. W. Watts, Journ. R. Soc. N. S. Wales 49. 388. 1916 =
   P. diminutum.

(P) **Humbertii** C. Chr. Arch. Bot. (Caen) 2. Bull. mens. 215. 1928, Dansk
   Bot. Ark. 7. 155 t. 58 f. 1—2. 1932. — Madagascar.
   Humblotii C. Chr. Index = Loxogramme.

(Cy) **hyalinum** (Cop.) C. Chr. Ind. Suppl. III. 150. 1934. — Borneo.
   Calymmodon Cop. Phil. Journ. Sci. 34. 264 t. 3. 1927.

(Cy) **hygroscopicum** (Cop.) C. Chr. Ind. Suppl. III. 150. 1934. — N. Guinea.
   Calymmodon Cop. Phil. Journ. Sci. 34. 265 t. 5. 1927.
   hypochrysum Hayata 1915, Ind. Suppl. prél. = P. megasorum.

iboense Brause 1912, Ind. Suppl. prél. = Grammatopteridium costulatum.
(P) **imbeanum** Brade, Arch. Mus. Nac. Rio **34**. 115 t. 1 f. 1. 1932. — Brasilia.
inaequale Klf., Link 1833 = Dryopteris macrosora.
inaequalifolium Colla 1836 = Dryopteris.
(Gr) **inconstaus** v. A. v. R. Nova Guinea **14**. 43. 1924. — N. Guinea.
incurvatum Bl. 1828, Index = P. triphyllum.
ingens Brause, Engl. Jahrb. **56**. 200. 1920 = Tectaria Beccariana.
(G) **integriore** Cop. 1917. — Adde loc. Borneo et var. P. rajaense C. Chr. 1928.
(G) **intermedium** Colla 1836. — P. translucens Kze. 1837, Index.
iridifolium (Christ) Diels 1899, Index = Loxogramme antrophyoides.
(P) **itatimense** C. Chr. Ind. Suppl. III. 151. 1934. — Brasilia.
P. saxicola Ros. Fedde Rep. **21**. 348. 1925 (non Sw. 1817).
(Mi) **ithyearpum** Cop. Phil. Journ. Sci. **12**C. 64. 1917. — Borneo.
javanicum Cop. 1913, Ind. Suppl. prél. = P. cryptosorum.
(Lp) **Kawakamii** Hayata 1909, Ind. Suppl. — Adde syn. P. arisanense Hayata
1914, Ind. Suppl. prél. — (t. Merrill = P. oligolepidum, mihi potius
P. megasorum forma).
(Gr) **kinabaluense** Cop. Phil. Journ. Sci. **12**C 60. 1917. — Borneo.
(Gr) **Kjellbergii** C. Chr. Engl. Jahrb. **66**. 63. 1933. — Celebes.
Knudsenii Hier. 1905, Index = P. Baldwinii.
(Mi) **Koi** C. Chr. Ind. Suppl. III. 151. 1934. — Kwantung. — Phymatodes
digitata Ching, Contr. Inst. Bot. Nat. Acad. Peiping **2**. 77 f. 1. 1933
(non Polypodium C. Chr. Index).
Koningsbergeri v. A. v. R. 1908, Ind. Suppl. = P. cyathoides.
(Lp) **kuchenense** Wu, Polyp. Yaoshan. 276 t. 129. 1932, Ching, Bull. Dept. Biol.
Coll. Sun Yatsen Univ. no. 6. 1933. — Kwangsi. — Lepisorus Ching 1933
Kuhlmannii Sampaio, Comm. Linh. telegr. Matto Grosso ao Amazonas
Publ. 33. 27 t. 5. 1916. — Matto Grosso.
kusukusense Hayata 1915, Ind. Suppl. prél. = P. Wrightii.
(Mi) **kwantungense** Ching in C. Chr. Ind. Suppl. III. 151. 1934. — Kwantung.
Phymatodes Ching 1933; Polypodium longipes Ching, Bull. Fan Mem.
Inst. **2**. 212 t 30. 1931 (non alior.).
(M) **lanceolatum** L. — Cf. Weatherby, Contr. Gray Herb. no. 65. 1922. —
Dele Grammitis elongata Sw. 1801, Index cum syn. (excl. Drynaria
crassinervata Féc).
lanceolatum *Grammitis elongata Sw., Index = P. astrolepis.
lankokiense Ros. Med. Rijks Herb. no. 31. 5. 1917 = Loxogramme.
(Gr) **lasiosorum** (Bl.) Hk. 1862. — Malesia. — Grammitis pusilla var. lasio-
sora Bl. Fl. Jav. Fil. 110. t. 46 f. 2. 1828. — (Cf. P. Beddomeanum).
(Cy) **latealatum** (Cop.) C. Chr. Ind. Suppl. III. 151. 1934. — Samoa, Fiji. —
Calymmodon Cop. Phil. Journ. Sci. **34**. 265 t. 4. 1927.
lateritium Bak. 1891, Index = P. Mettenianum.
(Co **latilobum** Ching, Bull. Fan Mem. Inst. **2**. 21 t. 7. 1931. — Ind. bor.
Colysis Ching 1933.
Ledermanni Brause, Engl. Jahrb. **56**. 202. 1920 = Aglaomorpha.
(Ar) **Lehmanni** Mett. — Adde loc. China merid.—Siam—Tonkin et syn. Ar-
thromeris Ching, Contr. Inst. Bot. Nat. Acad. Peiping **2**. 96. 1933.
Polypodium Mairei Brause 1914, Ind. Suppl. prél. — Dele var. P. moul-
leiorhizum Wall. 1828, Index = P. lucidum.   [meinensis Bedd.

Lenormandi Bak. 1874, Index = P. Vieillardii.
(M) **lepidopteris** (Langsd. et Fisch.) Martius, Reise 2. 554. 1828, Kzé. 1836.
(Mi) **lepidosorum** C. Chr. Elmer's Leaflets 9. 3166. 1933. — Luzon.
(P) **lepidum** Brause, Notizbl. Bot. Gart. Berlin—Dahlem 8. 139. 1922. — Samoa.
leptochiloides Kuhn 1869, Index = Leptochilus axillaris (t. Brause).
leucolepis Gilbert 1897, Index = P. semihirsutum.
leucolepis Ros. Fedde Rep. 12. 180. 1913 = P. enerve var.
(Pr) **Leysii** Bak. 1879. — Adde loc. Malacca, Sumatra et syn. P. semicryptum
(Cop.) C. Chr. Ind. Suppl. prél.
L'Herminieri Fée 1852, Index = P. taxifolium.
(Gr) **limapes** (Cop.) C. Chr. Ind. Suppl. III. 152. 1934. — Java.
Grammitis Cop. Phil. Journ. Sci. 46. 218. 1931.
lineare Thbg. 1784 (typ.), Index part. = P. Thunbergianum.
lineare C. Chr. Index part. = P. atropunctatum, P. nudum, P. oligolepidum, P. Onoei, P. ussuriense.
lineare var. heterolepis Ros. Fedde Rep. 12. 247. 1913 = P. heterolepis.
lineare var. steniste Clarke, Tr. Linn. Soc. II. Bot. 1. 559. 1880 = P.
loriforme var.
(Gr) **loculosum** v. A. v. R. Nova Guinea 14. 42. 1924. — N. Guinea.
(My) **lomarioides** (J. Sm.) Kze. — Lecanopteris Cop. 1929.
(Mi) **longicuspe** C. Chr. Elmer's Leaflets 9. 3167. 1933. — Luzon.
longifolium Cav. 1802 = Cyclophorus longifolius.
longipes Ching, Bull. Fan Mem. Inst. 2. 212 t. 30. 1931 = P. kwan-
(Co) **longisorum** (Bak.) C. Chr. — Colysis Ching 1933. [tungense.
longkyense Ros. 1914, Ind. Suppl. prél. = P. niponicum.
(Pl) **loretense** Maxon Amer. Fern Journ. 23. 105. (1933). 1934. — Peru. Brasilia.
(G) **loriceum** L. — Dele var. G. pectinatum J. Sm.
(G) **loriciforme** Ros. Fedde Rep. 22. 17. 1925. — Costa Rica.
(Lp) **loriforme** Wall. 1828, Mett. 1857. — Ind. bor.-China austr. — Drynaria
J. Sm. 1841; Phymatodes Pr. 1836; Pleopeltis Moore 1862; Lepisorus
Ching 1933. P. subimmersum Bak. 1895, Index et Suppl. prél. 56. c.
syn. — P. lineare var. steniste Clarke 1880. P. oblongisorum C. Chr.
loxogramme Mett. 1857, Index = Loxogramme lanceolata. [Index.
lucidulum v. A. v. R. 1914, Ind. Suppl. prél. = P. Zippelii.
(Mi) **lucidum** Roxb. Calc. Journ. 4. 486. 1844. — India bor.—China merid.
Tonkin. — Phymatodes Ching 1933. Polypodium leiorhizum Wall.
1828 (nomen), Index cum syn.
ludens Bak. 1891, Index = P. obscurum.
(P) **Luetzelburgii** Ros. Fedde Rep. 20. 93. 1924. — Brasilia.
(Ar) **lungtauense** Ching in C. Chr. Ind. Suppl. III. 152. 1934. — Kwantung.
Tonkin. — Arthromeris Ching, Contr. Inst. Bot. Nat. Acad. Peiping 2.
Macgregori Bak. 1894, Index = P. decorum. [98. 1933.
Mackenii Bak. 1868, Index = P. lycopodioides.
(Co) **macrophyllum** (Bl.) Reinw. — Formae veris. sunt: P. campyloneuroides
Bak., P. regulare Mett. (= P. Hosei C. Chr.), P. selliguea Mett. (cf.
v. A. v. R. Mal. Ferns Suppl. 404). — ? Pleopeltis selligueoides v. A.
v. R. 1916; Polypodium v. A. v. R. 1916 (non Bak. 1874).
(Lp) **macrosphaerum** Bak. 1895, Ind. Suppl. prél. 54. — Lepisorus Ching 1933.
macrourum Bak. 1886, Index = P. maximum (loc. veris. falsa).
maculosum Christ 1896, Index = P. normale.

(Cr) **Maideni** Watts, Pr. Linn. N. S. Wales **39**. 793 t. 89 f. 11. 1915. —
Maingayi (Bak.) Diels 1899, Index = Tectaria. [Queensland.
Mairei Brause 1914, Ind. Suppl. prél. = P. Lehmanni var.
majoense C. Chr. 1916, Ind. Suppl. prél. = P. Griffithianum.
Makinoi C. Chr. Index = Loxogramma salicifolia.
malaccanum Bak. 1894, Index = P. mollicomum.
(G) **manmeiense** Christ. — Formae sunt: P. scalare Christ 1905, Index, P.
pseudodimidiatum Christ 1905, P. simulans Bak. 1906, Ind. Suppl.
marginatum Bak. 1874, Index = P. Mettenii.
(Gr) **marginelloides** J. W. Moore, Bishop Mus. Bull. **102**. 10. 1933 — Raiatea
masafuerae Phil. 1857, Index = P. pycnocarpum. [(Ins. Soc.).
Masaskei (Nakai) Ogata, Ic. Fil. Jap. **3** t. 138. 1930 = P. superficiale
Mathewii Tutcher 1905, Index = P. hastatum. [(t. Ching).
Matthewii v. A. v. R. 1914, Ind. Suppl. prél. = P. taeniatum var.
Maxwellii Bak. 1893, Index = P. subevenosum.
(Gr) **mediale** Bak. in G. Wall, Cat. Ceylon Ferns postscr. 1873, Syn. 507. 1874.
medicinale R. Acosta, Bull. Géogr. bot. **28**. 156. 1918. — Argentina.
(Co) **mediosorum** Ching, Bull. Fan Mem. Inst. **2**. 19 t. 4. 1931. — Yunnan,
Tonkin. — Gymnogramme pentaphylla Bak. Kew Bull. **1898**. 233 (non
Polypodium Bak. 1891); Colysis Ching 1933.
(Mi) **megalosoroides** (v. A. v. R.) C. Chr. Ind. Suppl. III. 152. 1914.— N. Guinea.
Pleopeltis v. A. v. R. Nova Guinea **14**. 39. 1924.
(Lp) **megasorum** C. Chr. — Adde syn. Lepisorus Ching 1933. Polypodium
hypochrysum Hayata 1915, Ind. Suppl. prél. — Cf. P. Kawakamii.
(G) **mehipitense** C. Chr. Mitt. Inst. Hamburg **7**. 159. 1928. — Borneo.
melanocaulon v. A. v. R. 1913, Ind. Suppl. prél. = P. leucophorum.
(P) **melanorhachis** v. A. v. R. Bull. Buit. II no. 24. 3. 1917. — Sumatra.
(Mi) **membranifolium** R. Br. 1810. — Australia.
mengtzeanum Bak. 1906, Ind. Suppl. = P. loriforme.
mengtzeense Christ 1898, Index = P. argutum.
meridionale Poir. 1804 = Dryopteris.
(Gr) **mesocarpum** v. A. v. R. Nova Guinea **14**. 42. 1924. — N. Guinea.
(S) **Mettenianum** Cesati 1876. — Malesia. Annam. — P. heterocarpum Mett.
1856, Index (non Bl. 1828) — Formae sunt: P. lateritium Bak. 1891,
Index, Pleopeltis subcaudiformis v. A. v. R. 1917; Selliguea Ridley 1926.
Pl. lima v. A. v. R. 1914. — P. Schouteni v. A. v. R. 1912, Ind. Suppl.
— Etiam P. Treubii Christ 1905, Index?
(Mi) **Mettenii** Cop. Univ. Calif. Publ. Bot. **14**. 368. 1929 (sp. nov.). — N. Cale-
donia. — Dictymia Cop. 1929. Polypodium marginatum Bak. 1874.
Index (non Houtt. 1786).
(G) **Mexiae** Cop. Univ. Calif. Publ. Bot. **17**. 33 t. 8. 1932. — Brasilia.
mexicanum (Fée) Salomon, Index = Loxogramme mexicana et L. Salvinii.
Michaelis Bak. 1877 = Stigmatopteris.
microchasmum Bak. 1887, Index = P. plebejum.
(Gr) **microglossum** C. Chr. Cat. Pl. Mad. Pter. 58. 1932 (nomen), Dansk Bot.
Ark. **7**. 149 t. 56 f. 1—2. 1932. — Madagascar.
microphyllum Bak. 1887, Index = P. Poolii.
(Pr) **mindorense** C. Chr. Ind. Suppl. III. 153. 1934. — Mindoro. — P. poly-
morphum (Cop.) v. A. v. R. 1909, Ind. Suppl. prél. 56 (non Vill. 1786).

minimum Herter, Anal. Mus. Nac. Montevideo II. **1**. 368 t. 28. 1925 =
P. polypodioides var.
(P) **minutissimum** J. W. Moore, Bishop Mus. Bull. **102**. 11. 1933. — Ins. Raiatea
(My) **mirabile** C. Chr. — Lecanopteris Cop. 1929. [(Ins. Soc.)
(Cy) **mnioides** (Cop.) C. Chr. Ind. Suppl. III. 154. 1934. — N. Guinea.
Calymmodon Cop. Phil. Journ. Sci. **34**. 267 t. 6. 1927.
mollendense Maxon 1915, Ind. Suppl. prél. = P. pycnocarpum var.
mon-changense C. Chr. Ind. Suppl. = P. Henryi.
monocarpum Ros. 1913, Ind. Suppl. prél. = P. davalliaceum.
(Mi) **Morei** Hayata, Ic. Pl. Formosa **8**. 153 f. 83—84. 1919. — Formosa.
Morlae Sod. 1893 = Tectaria.
morrisonense Hayata 1909, Ind. Suppl. = P. excavatum.
(Co) **Morsei** Ching, Bull. Fan Mem. Inst. **2**. 17 t. 1. 1931. — China merid.
Colysis Ching 1933.
Moseleyi Bak. 1876, Index = P. taeniatum.
mucronatum Sw. 1806 = Polystichum mucronatum.
(Gr) **multifolium** (Cop.) C. Chr. Ind. Suppl. III. 154. 1934. — Java.
Grammitis Cop. Phil. Journ. Sci. **46**. 219. 1931.
multisorum Cop. Phil. Journ. Sci. **12** C. 61. 1917 = P. Havilandii.
(Mi) **murkeleanum** (v. A. v. R.) C. Chr. Ind. Suppl. III. 154. 1934. — Ceram.
Pleopeltis v. A. v. R. Bull. Buit. III. **2**. 166. 1920.
(P) **murudense** Cop. Phil. Journ. Sci. **12** C. 61. 1917. — Borneo.
(Cy) **muscoides** Cop. 1910, Ind. Suppl. — Adde syn. Calymmodon Cop. 1927.
(D?) **musifolium** Bl. — Dele var. P. Schumannianum.
(P) **mutatum** v. A. v. R. Bull. Buit. III. **2**. 169. 1920. — Ceram.
(Gr) **nanodes** A. Peter, Fedde Rep. Beih. **40**. 27, Descr. 3 t. 1 f. 7—9. 1929. —
neglectum Bl. 1828, Index = P. stenophyllum. [Africa or. trop.
neoellipticum Koidzumi, Bot. Mag. Tokyo **43**. 388. 1929 = P. ellipticum.
(Lp) **neurodioides** C. Chr. Contr. U. S. Nat. Herb. **26**. 318. 1931. — Yunnan,
Burma. — Paltonium sinense (Christ) C. Chr. Index; Lemmaphyllum
C. Chr. 1929; Lepisorus Ching 1933. — L. vittarioides Ching 1923.
nigricans v. A. v. R. 1915, Ind. Suppl. prél. = P. superficiale.
nigripes Hassk. 1844 = Tectaria sp. (gigantea?).
nigripes Hk. 1863 = P. steirolepis.
nigrovenium Ching, Bull. Fan Mem. Inst. **1**. 150. 1930 = P. Veitchii var.
(G) **niponicum** Mett. — Formae: P. Bodinieri Christ 1902, Index. P. Silvestrii Christ 1909, Ind. Suppl. P. longkyense Ros. 1914, Ind. Suppl. prél.
normale var. madagascariensis Bak. Journ. Linn. Soc. **15**. 420. 1877 =
oblongisorum C. Chr. Index = P. loriforme var. [P. Pappei.
(Mi) **obolophyllum** (v. A. v. R.) C. Chr. Ind. Suppl. III. 154. 1934. — N. Guinea.
Pleopeltis v. A. v. R. Nova Guinea **14**. 38. 1924.
(Lp) **obscure-venulosum** Hayata 1915, Ind. Suppl. prél. — Adde loc. China
austr. Tonkin. — Lepisorus Ching 1933.
(Gr) **obscurum** (Bl.) Mett. 1847. — Java. — Grammitis Bl. Enum. 115. 1828,
Fl. Jav. Fil. 113 t. 50 f. 1—2. — Polypodium ludens Bak. 1894, Index
obscurum Hk. 1862 = Dryopteris. [(f. irreg. lobata).
obtusilobum Desv. 1811 = Dryopteris crinita var.?
obtusilobum Bak. Syn. 305. 1867 = Dryopteris Bergiana.
(Mi) **occultivenium** Cop. Phil. Journ. Sci. **12** C. 63. 1917. — Borneo.
ochrophyllum Brause, Engl. Jahrb. **56**. 195. 1920 = P. papuanum.

(P) **Okuboi** Yatabe. — Micropolypodium Hayata 1928. M. pseudotrichomanoides Hayata 1928; Polypodium Hayata 1914, Ind. Suppl. prél. P. pseudocucullatum Ros. 1915 Ind. Suppl. prél.

oligolepis Bak. 1898, Index = P. ensatum.

(Lp) **oligolepidum** Bak. 1880, Ind. Suppl. prél. 55. — Lepisorus Ching 1933. Polypodium trabeculatum Cop. 1908, Ind. Suppl. — Cf. P. Kawakamii.

oligosorum Moritz, Kuhn 1869 = P. Alfarii.

(Lp) **Onoei** Franch. et Sav. 1879. — Japonia. — Lepisorus Ching 1933.

(Mi) **oodes** Kze. — Adde syn. P. dulitense Bak. 1893, Index. P. rhomboideum Brause 1912, Ind. Suppl. (N. Guinea). Pleopeltis v. A. v. R. 1917. —

(Lp) **oosphaerum** C. Chr. Contr. U. S. Nat. Herb. 26. 334 t. 29. 1931. — Siam bor. — Lepisorus Ching 1933.

(Cy) **ordinatum** (Cop.) C. Chr. Ind. Suppl. III. 155. 1934. — Luzon. Calymmodon Cop. Phil. Journ. Sci. 34. 267. 1927.

(P) **otites** L. 1753. — P. tenuifolium H. B. Willd. 1810, Index.

(C) **oxypholis** Maxon, Journ. Wash. Acad. Sci. 14. 140. 1924. — Hispaniola.

(Gr) **padangense** Bak. — Malesia. — Adde syn. P. durum Cop. 1910, Ind. Suppl. P. ciliiferum v. A. v. R. 1914; Ind. Suppl. prél.

paleaceum Hk. fil. 1847 = Dryopteris ampla.

(G) **pallens** Bl. 1829. — Java, Borneo. — Goniophlebium Pr. 1836; Schellopallidum Brack. 1854 = Dryopteris leucolepis. [lepis J. Sm. 1875.

paltonioides (Cop.) C. Chr. Ind. Suppl. = Loxogramme.

(Mi) **pampolycarpum** (v. A. v. R.) C. Chr. Ind. Suppl. III. 1934. — N. Guinea. Pleopeltis v. A. v. R. Nova Guinea 14. 37. 1924.

(M) **panamense** Weatherby, Contr. Gray Herb. n. s. no. 65. 13. 1922. — Panama.

(G) **panorense** C. Chr. Dansk Bot. Ark. 6 no. 3. 97. 1929. — Amazonas.

(G) **papilliferum** Holttum, Journ. Mal. Br. R. As. Soc. 6. 22. 1928. — Sumatra. (Ins. Sipora).

(Mi) **papuanum** Bak. 1886. — P. Versteegii Christ 1909, Ind. Suppl.; Pleopeltis v. A. v. R. 1917. P. acutifolium Brause 1912, Ind. Suppl.; Pleopeltis v. A. v. R. 1917. Polypodium ochrophyllum Brause 1920.

papuanum Ridley, Tr. Linn. Soc. II. Bot. 9. 260. 1916 = P. papuense.

(P) **papuense** v. A. v. R. Mal. Ferns Suppl. 521. 1917. — N. Guinea. P. papuanum Ridley 1916 (non Bak.).

parallelinerve Desv. 1827 (loc. falsa) = P. phyllitidis.

parallelum (Cop.) C. Chr. Index = Loxogramme.

(Mi) **Parksii** Cop. Bishop Mus. Bull. 59. 16 t. 5. 1929. — Fiji.

(Mi) **parvifrons** (v. A. v. R.) C. Chr. Ind. Suppl. III. 155. 1934. — Sumatra. Pleopeltis v. A v. R. Bull. Buit. III. 2. 165. 1920.

patens (J. Sm.) Hk. 1863, Index = P. flagellare.

paucinervatum (Fée) C. Chr. Index = Cochlidium.

pedunculatioides Ching, Sinensia 1. 48. 1930 = P. Feei.

(Gr) **pellucidovenosum** Bonap. N. Pt. 10. 189. 1920; C. Chr. Dansk Bot. Ark. 7. 150 t. 56 f. 5—6. 1932. — Madagascar.

(M) **peltatum** Cav. Descr. 244. 1802. — Mexico—Ecuador. P. polylepis Roem., Kze. 1839, Index cum syn.

peltatum Scort., v. A. v. R. 1909 = P. sarawakense.

(Cr) **pensile** Ridley, Tr. Linn. Soc. II. Bot. 9. 262. 1916. — N. Guinea.

(Cy) **pergracillimum** v. A. v. R. 1915, Ind. Suppl. prél. — N. Guinea. Calymmodon Cop. 1927.

(Lp) **Perrierianum** C. Chr. in Bonap. N. Pt. **16**. 193. 1925, Dansk Bot. Ark. **7**.
　　　158 t. 60 f. 2—4. 1932. — Madagascar. — Lepisorus Ching 1933.
　　　petiolatum Ridley, Tr. Linn. Soc. II. Bot. **9**. 260. 1916 = P. canaliculatum.
　　　petraefolium Jenm. 1897, Index = P. sectifrons.

(Lp) **phlebodes** Kze., Mett. 1857. — Abyssinia ...
　　　Drynaria Fée 1852; Lepisorus Ching 1933.

(Mi) **phyllomanes** Christ. — Neocheiropteris Ching 1933.
　　　Polypodium deltoideum Bak. 1888. P. Rosthornii Diels 1900.
　　　phymatodes L. 1771, Index = P. scolopendria.
　　　phymatodioides Kurz, Nat. Tijdschr. Ned. Ind. **27**. 16. 1864 = P. sinuosum.?

(Ar) **pinnatum** Hayata 1909, Ind. Suppl. — Arthromeris Ching, Contr. Inst.
　　　Bot. Nat. Acad. Peiping **2**. 95. 1933.

(P) **pityrolepis** Ros. Fedde Rep. **22**. 16. 1925. — Costa Rica.

(M) **plebejum** Schl. et Cham. — Adde loc. Jamaica et syn. P. microchasmum
　　　Bak. 1887, Index. — Dele syn. omn.

(M) **pleopeltidis** Fée 1869, C. Chr. Amer. Fern Journ. **7**. 34. 1917. — Brasilia.
　　　P. typicum Fée 1873, Index.
　　　Pohlianum Pr. 1836 = Dryopteris grandis.

(P) **politum** Brause, Engl. Jahrb. **56**. 185. 1920. — N. Guinea.

(M) **polypodioides** (L.) Watt, Canadian Naturalist II. **13**. 158. 1867, Hitch-
　　　cook 1893. — Adde var. P. minimum (Bory) Herter 1925 (non alior.).
　　　P. microlepis Fée 1852 (Brasilia, Uruguay, an sp.?).

(S) **polysorum** Brause, Engl. Jahrb. **56**. 203. 1920. — N. Guinea. Borneo.
　　　portoricense Spr. 1821 = Dryopteris chaerophylloides.
　　　prionodes C. H. Wright 1906, Ind. Suppl. = Dryopteris pauciflora.

(Mi) **pseudo-acrostichum** (v. A. v. R.) C. Chr. Ind. Suppl. III. 156. 1934. —
　　　Sumatra. — Pleopeltis v. A. v. R. Bull. Buit. II no. 28. 36 t. 5. 1918.
　　　pseudoconnatum Cop. 1906, Ind. Suppl. = P. argutum.
　　　pseudocucullatum Ros. 1914, Ind. Suppl. prél. = P. Okuboi.
　　　pseudo-dimidiatum Christ 1905, Index = P. manmeiense var.

(G) **pseudo-fraternum** A. C. Smith, Bull. Torr. Cl. **58**. 307. 1931 — Guiana.

(Mi) **pseudo-laciniatum** (v. A. v. R.) C. Chr. Ind. Suppl. III. 156. 1934. —
　　　Sumatra. — Pleopeltis v. A. v. R. Bull. Buit. II. no. 28. 38. 1918.

(S) **pseudoloxogramma** (v. A. v. R.) C. Chr. Ind. Suppl. III. 156. 1934. —
　　　Ceram. — Pleopeltis v. A. v. R. Bull. Buit. III. 5. 218. 1922.

(Gr) **pseudomarginellum** Bonap. N. Pt. **10**. 190. 1920; C. Chr. Dansk Bot.
　　　Ark. **7**. 150 t. 56 f. 3—4. 1932. — Madagascar.
　　　(Veris. = P. kyimbilense).

(Lp) **pseudonudum** Ching, Bull. Fan Mem. Inst. **4**. 83 (syn.) 1933. — China
　　　occ.—Burma. — Lepisorus Ching, l. c.

(Gr) **pseudo-Poolii** Reimers, Notizbl. Bot. Gart. Berlin **11**.934.1933.—Afr.trop.or.

(P) pseudorevolvens v. A. v. R. Bull. Buit. III. 5. 219. 1922 = P. Moultoni.
　　　pseudotrichomanoides Hayata 1914, Ind. Suppl. prél. = P. Okuboi.
　　　pteroides Retz. 1786 = Tectaria fuscipes?

(Gr) **pulchellum** W. W. Watts, Journ. R. Soc. N. S. Wales **49**. 386. 1916. —
　　　Ins. Lord Howe.
　　　pulcherrimum Cop. 1910, Ind. Suppl. = P. taxodioides.
　　　pulverulentum Poir. 1804 = Dryopteris.
　　　pumilio Hier. 1904, Index = P. pseudaustrale.

(P) **purpurascens** Nadeaud, Enum. 26. 1873. — Tahiti.

(M) **pycnocarpum** C. Chr. — Formae mihi sunt P. masafuerae Phil. 1857, Index
syn. P. atacamense Bak. 1887, Index et P. mollendense Maxon 1915,
Ind. Suppl. prél.

(Lp) **pyriforme** Ching, Bull. Fan Mem. Inst. 2. 212 t. 29. 1931. — China occ.
Lemmaphyllum Ching 1933.

pyxidiforme v. A. v. R. 1911, Ind. Suppl. = Nematopteris interrupta.

quinquefidum Bak. 1880, Index = P. taeniatum.

(Gr) **raiateense** J. W. Moore, Bishop Mus. Bull. 102. 10. 1933. — Raiatea.
(Ins. Soc.).

raishaense Ros. 1915, Ind. Suppl. prél. = P. formosanum.

rajaense C. Chr. Mitt. Inst. Hamburg 7. 159. 1928 = P. integriore var.

(P) **Randalli** Maxon, Amer. Fern Journ. 18. 46. 1928. — Trinidad.

(Mi) **redimiens** Brause, Engl. Jahrb. 56. 193. 1920. — N. Guinea.

(Gr) **reductum** v. A. v. R. Nova Guinea 14. 41. 1920. — N. Guinea.

(Co) **regulare** Mett. — Adde loc. Malacca. — P. campyloneuroides Bak. 1883,
Index. — P. Hosei C. Chr. Index. — (Omnes veris. formae P. macro-

(Gr) **Reinwardtii** (Bl.) — Dele var. Gr. obscura Bl.   [phylli).

(Mi) **remigerum** Ridley, Gepp in Gibbs, Dutch N. W. N. Guinea 75. 1917. —
N. Guinea. — Pleopeltis renifera Ridley, Tr. Linn. Soc. II. Bot. 9. 263.
1916 (nom. spec. false impressum).

revolvens v. A. v. R. Bull. Buit. III. 2. 170. 1920 = P. Moultoni.

rhomboideum Brause 1912, Ind. Suppl. = P. oodes.

(P) **rigens** Maxon. — Adde loc. Hispaniola et syn. P. domingense Brause
rigidum Aublet 1775 = Elaphoglossum rigidum.   [1911, Ind. Suppl.
Rosenstockii Maxon 1914, Ind. Suppl. prél. = P. subinaequale.

Rosthornii Diels 1900, Index = P. phyllomanes var. deltoideum.

rotundum Bonap. N. Pt. 15. 47. 1924 = P. vesiculari-paleaceum.

rufescens Brause 1912, Ind. Suppl. = P. rufidulum.

(P) **rufidulum** C. Chr. Ind. Suppl. III. 157. 1934. — N. Guinea.
P. rufescens Brause 1912 (non Bl. 1829).

rupestre Bl. 1828 = P. enerve.

Rutenbergii Luerrs. 1882, Index = P. cryptophlebium.

(P) **Sakaguchianum** Koidzumi, Acta Phytotax. 1. 29. 1932. — Japonia.

Sampsoni Bak. 1891, Index = Dryopteris sp. (D. urophylla?).

Sarasinorum v. A. v. R. 1909, Ind. Suppl. prél. 56 = P. streptophyllum.

(Mi) **sarawakense** Bak. 1886. — Adde loc. Malacca et syn. P. peltatum Scort.,
v. A. v. R. 1909.

(My) **sarcopum** Teijsm. et Binn. Tijdschr. Ned. Ind. 29. 241. 1867. — Celebes.
P. sarcopus de Vriese et Teijsm., Bak. 1874, Index (excl. loc. China).
Pleopeltis v. A. v. R. 1909; Lecanopteris Cop. 1929. Polypodium Sauvi-
nieri Bak. 1891, Index; Pleopeltis v. A. v. R. 1909.

Sauvinieri Bak. 1891, Index = P. sarcopum.

savaiense Poweii, Bak. 1876, Index = P. samoense.

saxicola Ros. Fedde Rep. 21. 348. 1925 = P. itatimense.

scalare Christ 1905, Index = P. manmeiense.

(P) **scalpturatum** C. Chr. Svensk Bot. Tids. 16. 100 f. 6. 1922. — Celebes.

Schlechteri Brause 1912, Ind. Suppl. = Aglaomorpha Ledermanni.

Schouteni v. A. v. R. 1912, Ind. Suppl. = P. Mettenianum.

Schraderi Milde 1867 = P. ussuriense.

Schultzei Brause 1912, Ind. Suppl. = Tectaria Beccariana.

Schumannianum Diels 1901 = P. linguaeforme.

(Cy) **sclerophyllum** v. A. v. R. Nova Guinea **14**. 45. 1924. — N. Guinea.

(Mi) **scolopendria** Burm. Fl. Ind. 232. 1768. — Trop. orb. vet. — Phymatodes Ching 1933. — Polypodium phymatodes L. 1771, Index c. syn. — P. hemionitis Cav. 1802. — P. Forbesii v. A. v. R. 1908, Ind. Suppl.

scolopendrinum (Bory) C. Chr. Index = Loxogramme involuta.

Scortechinii Bak. 1891, Index = P. heterocarpum Bl.

Scottii Bedd. 1870 = Dryopteris Scottii.

(Pl) **sectifrons** Kze., Mett. 1857. — Ind. occ. Costa Rica.

P. petraefolium Jenm. 1897, Index.

(P) **secundum** Ridley, Tr. Linn. Soc. II. **9**. 262. 1916. — N. Guinea.

(Co) **selliguea** Mett. 1857. — Veris. P. macrophyllum var.

selligueoides v. A. v. R. Bull. Buit. II no. 23. 1916 (syn.) = P. macrophyllum var.?

(P) **Seemanni** (J. Sm.) Cop. Bishop Mus. Bull. **93**. 69. 1933. — Fiji.

Cryptosorus J. Sm. 1861; Polypodium contiguum Brack. 1854 (non alior.).

semicryptum (Cop.) C. Chr. Ind. Suppl. prél. = P. Leysii.

(P) **sepikense** Brause, Engl. Jahrb. **56**. 182. 1920. — N. Guinea.

serraeforme J. Sm. 1841, Ind. Suppl. prél. 56 = P. Emersoni.

serraeforme Brause 1912, Ind. Suppl. = P. Brauseanum.

serrato-dentatum v. A. v. R. 1908, Ind. Suppl. = P. solidum.

serrulatum (Sw.) Mett. 1856, Index = P. duale.

sessilifolium Hk. 1862 = P. malaicum.

setosum Thbg. 1784 = Hypolepis punctata. — V. Polystichum Thunbergianum.

setosum Pr. 1836 = P. sundaicum.

shintenense Hayata, Ic. Pl. Formosa **8**. 154 f. 85—86. 1919 = P. diversum.

Silvestrii Christ 1909, Ind. Suppl. = P. niponicum.

(P) **simaense** Ros. Fedde Rep. **25**. 60. 1928. — Bolivia.

simplex Burm. 1768 = Blechnum orientale.

simulans Bak. 1906, Ind. Suppl. = P. manmeiense.

(My) **sinuosum** Wall. — Lecanopteris Cop. 1929.

societense J. W. Moore, Bishop Mus. Bull. **102**. 9. 1933 = P. vitiense.

solidum var. bolanica Ros. Fedde Rep. **12**. 177. 1913 = P. bolanicum.

(G) **Somayae** Yatabe, Bot. Mag. Tokyo **5**. 245 t. 27. 1891. — Japonia.

(M) **sordidulum** Maxon et Weatherby, Amer. Fern Journ. **17**. 91 t. 5. 1927. — Mexico.

(Lp) **sordidum** C. Chr. Contr. U. S. Nat. Herb. **26**. 320. 1931. — China merid. Lepisorus Ching 1933.

sororium H. B. Willd. 1810, Index = P. dissimile.

Soulieanum Christ 1905, Index = P. clathratum.

spectabile Klf. 1824 = Dryopteris spectabilis.

spinulosum Burm. 1768 = Synaphea spinulosa Merrill (Proteaceae). (Cf. Merrill, Proc. Linn. Scc. N. S. Wales **44**. 353. 1919).

(P) **Stahelianum** Posthumus, Rec. Trav. bot. néerl. **23**. 401 f. 2. 1924, Ferns Surinam 130. — Surinam.

(M) **steirolepis** C. Chr. Amer. Fern Journ. **7**. 33. 1917. — Venezuela.

P. nigripes Hk. 1863 (non Hassk. 1844).

(Gr) **stenocryptum** (Cop.) C. Chr. Ind. Suppl. III. 159. 1934. — Java.

Grammitis Cop. Phil. Journ. Sci. **46**. 220. 1931.

(Mi) **stenophyllum** Bl. — Forma est P. neglectum Bl. 1828, Index (t. Post-

(Mi) **stenurum** C. Chr. Engl. Jahrb. **66**. 64. 1933. — Celebes. [humus).

(Mi) **Stewartii** (Bedd.) C. Chr. Index 566. 1906 (non Clarke 1880). — India
bor. Yunnan. — Pleopeltis Bedd. 1866; Phymatodes Ching 1933. Polypodium cyrtolobum J. Sm., Clarke 1880, Index.
Stewartii Clarke 1880 = P. Stracheyi.

(Mi) **Stracheyi** Ching in C. Chr. Ind. Suppl. III. 159. 1934. — India bor.—
China occ. — Phymatodes Ching, Contr. Inst. Bot. Nat. Acad. Peiping
2. 83. 1933. Polypodium Stewartii Clarke 1880 (non supra).

(A) **streptophyllum** Bak. — Malacca, Borneo, Celebes, Ins. Phil. — P. tri-
angulare Sxort., Bedd. 1887, Index; Acrophorus Cop. 1909. A exaltatus
Cop. 1906; Davallia Cop. 1095, Index; Polypodium v. A. v. R. 1909,
Ind. Suppl. prél. 53. — Davallia Friderici et Pauli Christ 1895, Index;
Acrosorus Cop. 1906; Polypodium Sarasinorum v. A. v. R. 1909, Ind.

(G) **subauriculatum** Bl. — Dele var. P. pallens Bl. [Suppl. prél. 56.

(Lp) **subconfluens** (Ching) C. Chr. Ind. Suppl. III. 159. 1934. — Yunnan.
Lepisorus Ching, Bull. Fan Mem. Inst. **4**. 85. 1933.

(P) **subcoriaceum** Cop. Bishop Mus. Bull. **93**. 12 t. 16. 1932. — Tahiti.
subecostatum Hk. 1863, Index = Loxogramme.
suberosum (Christ) C. Chr. Ind. Suppl. = Loxogramme.

(P) **subfalcatum** Bl. — Adde syn. P. convolutum et P. trichophyllum Bak.,
Ind. Suppl. (= P. sinicum Christ) — Cf. P. Hayatai.

(Mi) **subgeminatum** Christ 1905. — Adde loc. Celebes.
subgracillimum v. A. v. R. 1912, Ind. Suppl. = P. cucullatum.

(Pr) **subhamato-pilosum** v. A. v. R. Bull. Buit. III. **5**. 220. 1922. — N. Guinea.
Davallia Ledermanni Brause, Engl. Jahrb. **56**. 123. 1920 (non Poly-
subimmersum Bak. 1895, Index = P. loriforme. [podium Brause 1920).

(P) **subinaequale** Christ 1910. — Adde syn. P. Rosenstockii Maxon 1914,
Ind. Suppl. prél. — (Mihi P. curvatum forma).
subincisum Mart. Ic. Cr. Bras. 89 t. 64. 1834 = Dryopteris macrosora.

(Lp) **sublineare** Bak., Takeda 1915, Ind. Suppl. prél.; C. Chr. Contr. U. S. Nat.
Herb. **26**. 320 t. 22. 1931. — Yunnan, Burma. — Lepisorus Ching 1933.

(Mi) **subnigrescens** C. Chr. Ind. Suppl. III. 159. 1934. — Hainan.
Phymatodes variabilis Ching, Contr. Inst. Bot. Nat. Acad. Peiping **2**.
64 t. 3. 1933 (non Polypodium Mett. 1869).

(Mi) **subnormale** (v. A. v. R.) C. Chr. Ind. Suppl. III. 159. 1934. — Sumatra.
Pleopeltis v. A. v. R. Bull. Buit. III. **2**. 165. 1920.

(Lp) **suboligolepidum** (Ching) C. Chr. Ind. Suppl. III. 159. 1934. — Yunnan.
Lepisorus Ching, Bull. Fan Mem. Inst. **4**. 77. 1933.

(Lp) **subrostratum** C. Chr. — Lemmaphyllum Ching 1933.

(Mi) **subsparsum** Bak. 1880. — Adde loc. Borneo et syn. P. Beccarii v. A. v. R.
1908, Ind. Suppl. P. Clemensiae Cop. 1931.
subtaeniatum v. A. v. R. 1914, Ind. Suppl. prél. = P. taeniatum.
subtriquetrum Christ 1908 = P. enerve.

(P) **subulatipinnum** v. A. v. R. Nova Guinea **14**. 46. 1924. — N. Guinea.
succulentum C. Chr. Ind. Suppl. = Loxogramme.
suisha-stagnale Hayata, Ic. Pl. Formosa **6**. 160. 1916, **8**. 155. 1919. —

(Gr) **sumatranum** Bak. — Sumatra, Java, Borneo, N. Guinea. [Formosa.
? Grammitis hirta Bl. 1828; Polypodium diplosorum C. Chr. Index (an
Christ?) — (t. v. A. v. R.).

(Gr) **sundaicum** C. Chr. Ind. Suppl. III. 160. 1934. — Malesia. — Grammitis
　　　setosa Bl. Enum. 116. 1828, Fl. Jav. Fil. t. 48 f. 3; Polypodium Pr.
　　　1836, v. A. v. R. (non alior.).
　　sundense C. Chr. Index = P. commutatum.
(Mi) **superficiale** Bl. — Dele syn. P. hymenodes Kze. — Adde syn. P. nigri-
　　　cans v. A. v. R. 1915, Ind. Suppl. prél.
　　suprapunctatum Ching, Bull. Fan Mem. Inst. 4. 76. 1933 (syn.) = P.
　　　obscure-venulosum.
　　suspensum L. 1753?, auctt. Index = P. asplenifolium.
　　Swartzii Bak. 1868, Index = P. heterophyllum.
　　sylvaticum Mett. 1870 = P. vitiense.
　　synammia (Fée) C. Chr. Index = P. Feuillei.
(P) **tablazianum** Ros. Fedde Rep. 22. 14. 1925. — Costa Rica.
　　Tachiroanum Luerss. 1883, Index = Cyrtomium.
(Mi) **taeniatum** Sw. — Formae: P. quinquefidum Bak. 1880, Index. P. taeni-
　　　tidis et P. subtaeniatum v. A. v. R. 1914, Ind. Suppl. prél. (Sumatra).
　　　P. taenifrons v. A. v. R. 1914, Ind. Suppl. prél. P. crenulatum Kze.,
　　　Mett. 1857 (non Gmel. 1791) (Celebes). — P. Moseleyi Bak. 1876, Index
　　　(Ternate).
　　taenifrons v. A. v. R. 1914, Ind. Suppl. prél. = P. taeniatum var.
　　taenitidis v. A. v. R 1914, Ind. Suppl. prél. = P. taeniatum.
　　Takedai (Nakai) C. Chr. Ind. Suppl. III. 160. 1934. — Formosa.
　　Phymatodes Nakai, Bot. Mag. Tokyo 43. 2. 1929.
　　taliense Christ 1905, Index = P. microrhizoma.
(Ar) **tatsienense** Franch. et Bur. — Adde syn. Arthromeris tatsiensis Ching,
　　　Contr. Inst. Bot. Nat. Acad. Peiping 2. 93. 1933.
(P) **taxodioides** Bak. — Adde loc. Celebes, Ins. Phil. N. Guinea et syn. P.
　　　pulcherrimum Cop. 1910, Ind. Suppl.
　　tenericaule Wall. 1828 = Dryopteris uliginosa.
(Ar) **tenuicauda** Hk. sp. 5. 90. 1863. — Ind. bor. Yunnan.
　　Arthromeris Ching, Contr. Inst. Bot. Nat. Acad. Peiping 2. 91. 1933.
　　tenuifolium H. B. Willd. 1810, Index = P. otites.
　　tenuissimum Hayata 1914, Ind. Suppl. prél. = P. Hayatai.
(Lp) **Thunbergianum** (Klf.) C. Chr. Ind. Suppl. III. 160. 1934. — Japonia—
　　　Korea—China. Ins. Phil. — Pleopeltis Klf. 1827; Lepisorus Ching 1933;
　　　Polypodium lineare Thbg. 1784, Index excl. varr., Ind. Suppl. prél. 54
　　　excl. subsp. (non Burm. 1768).
(Pl) **Thurnii** Bak. 1891. — Adde loc. Amazonas et syn. Microsorium Alston
　　　1932. Drynaria acuminata Fée 1869 (non Brack. 1854).
(M) **tobagense** C. Chr. Amer. Fern Journ. 7. 35. 1917. — Ins. Tobago. —
　　　(An P. piloselloides var.?).
　　tomentosum Noronha, Verh. Bat. Genootsch. 5. 83. 1827? = P. scolo-
　　　trabeculatum Cop. 1908, Ind. Suppl. = P. oligolepidum.　　　[pendria?
　　transiens Lindm. 1903, Index = P. Kalbreyeri.
　　translucens Kze. 1837, Index = P. intermedium.
(G) **transpiananense** Yamamoto, Journ. Soc. Trop. Agric. Formosa 3. 236. 1931.
(S) **Treubii** Christ. — Potius P. Mettenianum f. minor.　　　[— Formosa.
　　triangulare Scort., Bedd. 1887, Index = P. streptophyllum.
(Gr) **trichocarpum** v. A. v. R. Nova Guinea 14. 41. 1924. — N. Guinea.
　　trichodes Reinw. = Dryopteris uliginosa.

trichophyllum Bak. 1906, Ind. Suppl. = P. subfalcatum var. sinicum.

(Mi) **triglossum** Bak. 1898. — Neocheiropteris Ching 1933.

(Mi) **triphyllum** Jacq. 1788. — Malesia. — P. incurvatum Bl. 1828, Index. — P. Valetonianum v. A. v. R. 1908, Ind. Suppl.

(Mi) **triquetrum** Bl. — Dele var. P. rupestre Bl.

(G) **triseriale** Sw. 1801. — P. brasiliense Poir. 1804, Index.

(G) **truncato-sagittatum** Brause, Engl. Jahrb. 56. 192. 1920. — N. Guinea. typicum Fée 1873, Index = P. pleopeltidis.
udum Christ 1910, Ind. Suppl. = P. pteropus.

(My) **ulotheca** Brause, Engl. Jahrb. 56. 204. 1920. — N. Guinea.

(P) **uluguruense** Reimers, Notizbl. Bot. Gart. Berlin 11. 932. 1933. — Africa undulatum Willd. 1810 = Oleandra. [trop. or.

(Lp) **ussuriense** Regel 1881. — Reg. ussur. — Manchuria—Korea—Japonia.
Pleopeltis Regel et Maack 1861; Lepisorus Ching 1933; Polypodium Schraderi Milde 1867; P. distans Mak. 1906.
valdealatum Christ 1897, Index = P. amoenum.
Valetonianum v. A. v. R. 1908, Ind. Suppl. = P. triphyllum f. simplex.
vastum Kze. 1834 = Dryopteris vasta.

(Gr) **Vaupelii** Brause, Notizbl. Bot. Gart. Berlin 8. 140. 1922. — Samoa.

(Mi) **Veitchii** Bak, Ind. Suppl. prél. 57. — Adde var. P. nigrovenium Ching 1930 (non Christ 1896); Phymatodes Ching 1933.

(P) **vernicosum** v. A. v. R. Nova Guinea 14. 46. 1924. — N. Guinea.
Versteegii Christ 1909, Ind. Suppl. = P. papuanum.

(Gr) **viridulum** v. A. v. R. Nova Guinea 14. 41. 1924. — N. Guinea.

(Mi) **vitiense** Bak. — Adde loc. Samoa, Tahiti, Rarotonga et syn. (var.?) Drynaria acuminata Brack. 1854 etc.; Polypodium euryphyllum var. Index cum syn; P. societense J. W. Moore 1933.

(P) **vulgare** L. — *P. virginianum L. 1753, Fernald, Rhodora 24. 125. 1922. (Amer. bor.).

(G) **Wagneri** Mett. 1864. — Mexico—Colombia. Cuba? — Adde syn. Goniophlebium pectinatum J. Sm. 1841. Polypodium costaricense Christ 1896, Index. — (Cf. C. Chr. Dansk Bot. Arkiv 6 no. 3. 98. 1929).

(Ar) **Wallichianum** Spr. — Adde loc. Yunnan et syn. Arthromeris Ching, Contr. Inst. Bot. Nat. Acad. Peiping 2. 92. 1933. — Dele var. Pol. tenuicauda Hk.

(Lp) **Wangii** C. Chr. Ind. Suppl. III. 161. 1934. — China occ. — Lemmaphyllum adnascens Ching, Bull. Fan Mem. Inst. 4. 101. 1933 (non Polypodium Sw. 1806).

(Ar) **Wardii** Clarke. — Adde loc. Birma, Yunnan et syn. Arthromeris Ching, Contr. Inst. Bot. Nat. Acad. Peiping 2. 94. 1933.
wawoense Brause, Engl. Jahrb. 56. 184. 1920 = P. Friderici et Pauli.

(Mi) **Werneri** Ros. 1908, Ind. Suppl. — ? Pleopeltis brevidecurrens v. A. v. R. 1922 (Ternate).
Whitfordii Cop. 1906, Ind. Suppl. = P. rhynchophyllum (t. Ching).
Wilsoni Christ 1906, Ind. Suppl. = P. Dielseanum.

(P) **Wollastonii** Ridley, Tr. Linn. Soc. II. Bot. 9. 262. 1916. — N. Guinea.

(Co) **Wui** C. Chr. Bull. Dept. Biol. Coll. Sci. Sun Yatsen Univ. no. 6. 17. 1933. — China austr. — Colysis Ching 1933; Polypodium sp. nov. Wu, Polyp. Yaoshan. t. 150. 1932.
xiphiopteris Bak. 1906, Ind. Suppl. = P. loriforme.
xiphopteroidifolium Jenm. 1895, Index = P. funiculum.

Index Filicum. Supplementum III.   11

(Mi) **yakuinsulare** Masamune, Journ. Soc. Trop. Agric. Formosa **2**. 35. 1930. —
   yunnanense Franch. 1885, Index = P. amoenum var.   [Japonia.
   Zollingerianum Kze. 1846, Index = P. heterocarpum Bl.
Polystichopsis J. Sm. emend. C. Chr. Vid. Selsk. Skr. VIII. **6**. 101. 1920
   (Dryopteris §) = **Dryopteris.**
POLYSTICHUM Roth. — (Polypodiaceae Gen. **25**).
   abbreviatum (Schrad.) Pr. 1849, Index = Stigmatopteris guianensis.
   aculeatum (L.) Schott. — T. auctt. nonnullis rec. Polypodium aculeatum L.
   melius cum P. lobato Huds. = Polystichum Pr., Index convenit, si jure
   Polyst. aculeatum Index (Aspidium angulare Kit.) **P. setiferum** (Forsk.)
   Rosendahl (Polypodium setiferum Forsk. 1775) nominandum esse.
   Fere omnes varietates sub P. aculeato enumeratae sp. validae sunt, sed
   nomenclatura et synonymia valde confusae sunt.
   — var. 30. — Dele var. Phegopteris eximia.
   aculeatum × Lonchitis Holmberg, Skandinaviens Flora 17. 1922 = P. lobatum × lonchitis.
   alaskense Maxon, Amer. Fern Journ. **8**. 35. 1918. — Alaska.
   ammifolium C. Chr. Cat. Pl. Mad. Pter. 31. 1932 = P. aculeatum var. 1.
   anomophyllum Nakai, Bot. Mag. Tokyo **39**. 115. 1925 = Cyrtomium caryotideum.
   aristatum (Forst.) Pr. — Dele var. Aspidium assamicum Kuhn. — Adde syn.
   A. carvifolium Kze. (1848) 1851; Polystichum C. Chr. Index part.
   assamicum (Kuhn) Ching in C. Chr. Ind. Suppl. III. 162. 1934. — Assam—
   Yunnan. — Aspidium Kuhn 1869; Dryopteris Ros. 1917.
   Atkinsoni Bedd. — Adde syn. P. Franchetii Christ 1905, Index. P. gracilipes
   C. Chr. 1913, Ind. Suppl. prél.
   Bakerianum (Atk.) Diels. — Dele loc. Japonia et var. A. microchlamys Christ.
   barbatum C. Chr. Notizbl. Bot. Gart. Berlin **9**. 178 1924. = P. Volkensii.
   Bissetianum Nakai, Bot. Mag. Tokyo **45**. 102. 1931 = Dryopteris.
   Blinii Lév. et C. Chr. 1916, Ind. Suppl. prél. = P. Yoshinagae.
   Bonatianum Brause 1914, Ind. Suppl. prél. = Dryopteris panda.
   Braunii (Spenn.) Fée. — Dele var. P. Haleakalense Brack. — Adde var.
   kamtschaticum C Chr. et Hultén Sv. Vet. Akad. Handl. III. **5**. 38. t. 2.
   1927; P. kamtschaticum Fomin 1930.
   carvifolium C. Chr. Index = P. himalayense.
   Christii Ching, Bull. Fan Mem. Inst. **2**. 192 t. 7. 1931. — China.
   Chunii Ching, Sinensia **1**. 2. 1929, Ic. Fil. Sin. t. 13. — China merid.-Tonkin.
   coniifolium Pr. 1836 = P. himalayense.
   constantissimum Hayata 1914, Ind. Suppl. prél. = Dryopteris formosana.
   controversum (Hance) Ching, Bull. Dept. Biol. Coll. Sci. Sun Yatsen Univ.
   no. 6. 7. 1933. — China or. merid. — Aspidium Hance, Ann. sc. nat. IV.
   18. 235. 1862.
   craspedosorum (Maxim) Diels. — Ptilopteris Hayata 1928. — Polystichum
   lacerum et leucochlamys Christ 1911, Ind. Suppl.
   cyphochlamys Fée 1852 = P. echinatum.
   decoratum Maxon 1909, Ind. Suppl. — Cuba (non China).
   deminuens Maxon, Contr. U. S. Nat. Herb. **24**. 53 t. 19. 1922. — Cuba.
   dendrophilum v. A. v. R. Bull. Buit. III. **5**. 221. 1922. — Ternate.
   denticulatum (Sw.) J. Sm. 1841, Index = Dryopteris.
   deversum Christ 1911, Ind. Suppl. = P. stenophyllum.
   devexiscapulae Koidzumi, Acta Phytotax. **1**. 33. 1932 = Cyrtomium falcatum var.

Dielsii Christ 1906, Ind. Suppl. — An potius P. deltodon var.?

diplazioides Christ 1902, Index = Dryopteris decipiens.

discretum (Don) Diels. — Ind. bor. China. — P. lobatum var. 3 Index.

Dudleyi Maxon, Journ. Wash. Acad. Sci. 8. 620. 1918. — California.

Duthiei (Hope) C. Chr. — Adde syn. China occ. et syn. P. glaciale Christ 1905, Index; Sorolepidium Christ 1911, Ind. Suppl.

echinatum (Gmel.) C. Chr. Index, Maxon, Journ. Wash. Acad. Sci. 18. 584. 1928. — Antillae majores. — Dele syn. omn. — Adde P. falcatum Fée 1852.

Ekmani Maxon, Proc. Biol. Soc. Wash. 46. 108. 1933. — Hispaniola.

eriorachis v. A. v. R. Bull. Buit. III. 5. 220. 1922. — Sumatra.

eximium (Mett.) C. Chr. Bull. Dept. Biol. Coll. Sci. Sun Yatsen Univ. no. 6. 8. 1933. — Ceylon-China merid. Tonkin. — Phegopteris Mett., Kuhn, Linn. 36. 107. 1869. Polystichum fibrillosum Ching 1931.

fibrillosum Ching, Bull. Fan Mem. Inst. 2. 189 t. 4. 1931 = P. eximium.

flaccidum v. A. v. R. Bull. Buit. III. 5. 220. 1922. — Sumatra.

flagellare (Maxim) C. Chr. Index = Monachosorella.

flavidum Ros. Fedde Rep. 22. 9. 1925. — Costa Rica. — (P. aculeatum *).

foeniculaceum (Hk) J. Sm. 1875, Index = Lithostegia.

formosanum Ros. 1915, Ind. Suppl. prél. = P. obtuso-auriculatum.

Fortunei Nakai, Bot. Mag. Tokyo 39 116. 1925 = Cyrtomium.

?fragile Watts, Tr. Linn. Soc. N. S. Wales 39. 775 t. 88 f. 9. 1915. — Queens-Franchetii Christ 1905, Index = P. Atkinsoni. [land.

Fuentesi Espinosa, Rev. Chil. Nat. Hist. 36. 239. 1932. — Chile.

gemmiparum C. Chr. Gardens' Bull. S. S. 7. 256 t. 54. 1934. — Borneo.

glaciale Christ 1905, Index = P. Duthiei.

gracilipes C. Chr. 1913, Ind. Suppl. prél. = P. Atkinsoni.

grande Ching, Bull. Fan Mem. Inst. 2. 189 t. 5. 1931 = P. grandifrons.

grandifrons C. Chr. Ind. Suppl. III. 163. 1934. — Yunnan.
P. grande Ching 1931 (non Fée 1857).

haleakalense Brack. 1854. — Ins. Hawaii.

Hillebrandii Carr. 1873. — Ins. Hawaii. — P. lobatum var. 6 Index.

himalayense Ching in C. Chr. Ind. Suppl. III. 163. 1934. — India—China—?. Aspidium coniifolium Wall. 1828; Mett. Aspid. no. 157; Polystichum Pr. 1836 (non Schum. 1803); P. carvifolium C. Chr. Index (excl. syn. Aspidium Kze.); Dryopteris C. Chr. 1924. — (Mihi potius Dryopteris § Poly-hispidum (Sw.) J. Sm. 1841, Index = Dryopteris. [stichopsis).

Holttumii C. Chr. Gardens' Bull. S. S. 7. 256 t. 53. 1934. — Borneo.

Hookeriauum (Pr.) C. Chr. Index = Cyrtomium.

ilicifolium Fée 1852. — Cuba. — P. aquifolium Und. et Maxon 1902, Ind.

ilicifolium (Don) Moore 1858, Index = P. stimulans. [Suppl.

inerme Fée 1852 = Stigmatopteris guianensis.

integripinnum Hayata 1914, Ind. Suppl. prél. = Cyrtomium Tachiroanum.

Jenningsi Hopkins, Ann. Carnegie Mus. 11. 362 t. 37. 1917, Maxon, Amer. Fern Journ. 8. 36. 1918 = P. Andersoni.

kamtschaticum Fomin, Fl. Sib. et Or. Extr. 5. 94. 1930 = P. Braunii var.

Killipii Maxon, Contr. U. S. Nat. Herb. 24. 53 t. 20. 1922. — Jamaica.

kinabaluense C. Chr. Gardens' Bull. S. S. 7. 255 t. 52. 1934. — Borneo.

Kingii Watts, Proc. Linn. Soc. N. S. Wales 37. 401. 1913 = P. Moorei.

lacerum Christ 1911, Ind. Suppl. = P. craspedosorum.

lanceolatum Bak. — Adde syn. P. parvulum Christ 1904, Index. P. nanum Christ 1906, Ind. Suppl.

lastreoides Ros. 1911, Ind. Suppl. = Dryopteris phaeostigma.

leucochlamys Christ 1911, Ind. Suppl. = P. craspedosorum.

Levingei Hope = P. stenophyllum.

lindseaefolium Scort., Ridley, Journ. Mal. Br. R. As. Soc. 4. 61. 1926. —

lobatum var. 1 Index = P. luctuosum. [Malacca.

— - 2 — = P. tsus-simense.

— - 3 — = P. discretum.

— - 4 — = P. squarrosum.

— - 6 — = P. Hillebrandii.

— - chinense Christ 1897 = P. neo-lobatum.

lonchitoides (Christ) Diels 1899, Index = Cyrtomium.

luctuosum (Kze.) Moore. — Afr. austr. Madagascar. — P. lobatum var. 1 Index.

macrophyllum Tagawa, Acta Phytotax. 2. 194. 1933. — Japonia.

marquesense E. Brown, Bishop Mus. Bull. 89. 40 t. 6. 1931. — Marquesas.

Maximowiczii (Bak.) Diels 1899, Index = Monachosorella.

microchlamys (Christ) Kodama in Matsum. Ic. Pl. Koisik. 3. t. 147. 1915. —
Japonia. — Aspidium Christ 1899.

miyasimense Kodama in Matsum. Ic. Pl. Koisik. 2. 51 t. 110. 1914 = Cyrtomium Tachiroanum?

monotis Christ 1901, Index = P. tsus-simense.

Morii Hayata, Ic. Pl. Formosa 7. 95 f. 1918. — Formosa. — (An P. lanceolatum?).

mucronatum (Sw.) Pr. Tent. 83. 1936, Maxon, Journ. Wash. Acad. Sci. 18.
585. 1928. — Jamaica. — Aspidium Sw. 1801; Polypodium Sw. 1806; Polystichum struthionis Maxon 1909.

nanum Christ 1906, Ind. Suppl. = P. lanceolatum.

neo-lobatum Nakai, Bot. Mag. Tokyo 39. 118. 1925. — China.
P. lobatum var. chinense Christ, Nu. Giorn. Bot. It. n. s. 4. 92. 1897.

nephrolepioides Christ 1902, Index = Cyrtomium.

nigrospinosum Ching, Bull. Fan Mem. Inst. 2. 191. t. 6. 1931. — Kwantung.

niitakayamense Hayata 1906, Ind. Suppl. = P. stenophyllum.

Obai Tagawa, Acta Phytotax. 2. 194. 1933. — Japonia.

pachyphyllum Ros. 1914 = Cyrtomium grossum.

pacificum Nakai, Bot. Mag. Tokyo 39. 119. 1925 = Dryopteris Bissetiana.

papyrifolium v. A. v. R. Bull. Buit. II no. 28. 41. 1918. — Ceram.

parvulum Christ 1904, Index = P. lanceolatum.

pauciaculeatum Bonap. N. Pt. 7. 206. 1918. — Madagascar.

polyblepharum Nakai, Bot. Mag. Tokyo 39. 117. 1925 (non Pr. 1849) = P. praelongum Christ 1902, Index = P. xiphophyllum. [tsus-simense.

prolificans v. A. v. R. Bull. Buit. III. 2. 170. 1920. — Sumatra.

pseudo-aristatum Tagawa, Acta Phytotax. 1. 91. 1932. — Japonia.

pseudotsus-simense Ching, Bull. Fan Mem. Inst. 2. 190. 1931. — Burma.

pumilio Maxon, Journ. Wash. Acad. Sci. 19. 197, f. 1929. — Ecuador.

puncticulatum v. A. v. R. Bull. Buit. III. 2. 171. 1920. — Sumatra. Borneo.

punctiferum C. Chr. Contr. U. S. Nat. Herb. 26. 288 t. 17. — Burma, Yunnan.

rapense E. Brown, Bishop Mus. Bull. 89. 39 t. 4 A. 1931. — Ins Rapa (Polyrigidum C. Chr. Ark. för Bot. 20 A. 13. 1926 = P. aculeatum* 24. [nesia.

Rochefordii Hort. = Cyrtomium falcatum var.

sacrosanctum Koidzumi, Bot. Mag. Tokyo 43. 388. 1929 = Dryopteris Bissetiana.

setillosum Ching. Bull. Fan Mem. Inst. 2. 188 t. 3. 1931. — China occ.

simplicius (Mak.) Tagawa, Acta Phytotax. 1. 90. 1932. — Japonia.
Aspidium aristatum var. simplicius Mak. Bot. Mag. Tokyo 15. 61. 1901.

spongiosum Maxon, Amer. Fern Journ. 19. 47. 1929. — Haiti.

squarrosum (Don) Fée. — India—China. — P. lobatum var. 4 Index c. syn.
Standishii (Moore) C. Chr. Index = Dryopteris.

stenophyllum Christ. — Adde loc. Formosa. Ind. bor. et syn. P. niitakayamense Hayata 1906, Ind. Suppl. P. deversum Christ 1911, Ind. Suppl. P.
Levingei Hope 1902.

stimulans Pr. 1836. — Ind. bor.-China merid. —' P. ilicifolium (Don) Moore
1858, Index (non Fée 1852).

Stokesii E. Brown, Bishop Mus. Bull. 89. 40 t. 5. 1931. — Ins. Rapa (Polynesia).
struthionis Maxon 1909 = P. mucronatum.

Tachiroanum Tagawa in Mayebara, Fl. Austro-Higoensis 9. 1931, Koidzumi
Acta Phytotax. 9. 29. 1932. Mak. Journ. Jap. Bot. 8. 43. 1933 = Cyrtomium.

Thunbergii Koidzumi, Bot. Mag. Tokyo 38. 106. 1924. — Japonia.
Polypodium setosum Thbg. 1784. — (Mihi confusa: specim. auth. in Herb.
Sw. est Hypolepis punctata).

triangulum (L.) Fée 1852, Maxon, Journ. Wash. Acad. Sci. 18. 582 f. 1. 1928.
triangulum auctt. = P. echinatum. [— Haiti.

tripteron (Kze.) Pr. — Ptilopteris Hayata 1928.
truncatulum v. A. v. R. 1914, Ind. Fil. Suppl. = Dryopteris adnata.

tsus-simense (Hk.) J. Sm. 1875. — Japonia—China. — P. lobatum var. 2
varium (L.) Pr. 1849, Index =: Dryopteris. [Index.
vittatum (Christ) C. Chr. Index = Cyrtomium.

Wattii (Bedd.) C. Chr. — (An P. alcicorne?).
Webbianum (A. Br.) C. Chr. Index = Dryopteris.
woodsioides Christ 1911, Ind. Suppl. = P. moupinense.

xiphophyllum Bak. — Adde syn. P. praelongum Christ 1902, Index.

Yoshinagae Mak. 1909, Ind. Suppl. — Adde loc. China et syn. P. Blinii Lév.
et C. Chr. 1916, Ind. Suppl. prél.

POLYTAENIUM Desvaux. = **Antrophyum**.
Feei Maxon, Pter. Porto Rico 405. 1926 = A. lanceolatum.
guyanense Alston, Kew Bull. 1932. 314.

POMATOPHYTUM M. E. Jones, Contr. to Western Bot. no. 16. 12. 1930 =
pocillatum Jones, l. c. = C. lendigera. [**Cheilanthes**.

PROSAPTIA Presl = **Polypodium**.
davalliacea Cop. Univ. Calif. Publ. Bot. 12. 404. 1931.
Engleriana Cop. l. c. = P. Brausei.
Kanashiroi Nakai, Yamamoto, Suppl. Ic. Pl. Formosan. V. 6. 1932.
linearis Cop. 1909 = P. davalliaceum.
pubipes Cop. Bishop Mus. Bull. 93. 13. 1932 =: P. contiguum var.
Rosenstockii Cop. Univ. Calif. Publ. Bot. 12. 404. 1931 = P. contiguum var.
subnuda Cop. Bishop Mus. Bull. 93. 69. 1932.

PROTANGIOPTERIS Hayata, Bot. Mag. Tokyo 42. 305, 346. 1928 = **Archangi**-
Somai-subintegra-tamdaoensis Hayata, l. c. 309 =: A. sp. homonym. [**opteris**.

PROTOLINDSAYA Brooksii Cop. 1910, Index = **Tapeinidium**

PROTOMARATTIA Hayata, Bot. Gazette 67. 88. 1919. — (Marattiaceae Gen. 43).
tonkinensis Hayata, l. c. t. 1. — Tonkin.

PSAMMIOSORUS C. Chr. Cat. Pl. Mad. Pter. 33 et Dansk Bot. Ark. **7.** 73 t. 24. 1932. — (Polypodiaceae Gen. **43**).

paucivenius C. Chr. l. c. — Madagascar. — Dryopteris C. Chr. Index.

Pseudodrynaria C. Chr. Ind. Suppl. III. 165. 1934 *(Aglaomorpha §)* = **Aglaomorpha.**

Pseudovittaria C. Chr. Dansk Bot. Ark. **6.** no. 3. 45. 1929 *(Lemmaphyllum §)*; Ching, Bull. Fan Mem. Inst. **4.** 58. 1933 *(Lepisorus §)* = **Polypodium.**

PSILOGRAMME Kuhn = **Gymnogramma.**

cubensis Maxon, Journ. Wash. Acad. Sci. **12.** 441. 1922.

Jimenezii Maxon, Amer. Fern Journ. **18.** 3. 1928.

paucifolia A. C. Smith, Bull. Torr. Cl. **58.** 305. 1931.

PSOMIOCARPA Presl. — (Polypodiaceae Gen. **19**).

apiifolia (J. Sm.) Pr. 1849. — Ins. Phil. — Polybotrya J. Sm. 1841, Index.

aspidioides Christ 1910 = Atalopteris.

Maxoni Christ 1911 = Atalopteris.

PTERIDIUM Gleditsch. — (Polypodiaceae Gen. **131**).

> *Sp. sequentes (pleraeque mihi validae) subspecies P. aquilini sensu latissimo Indicis sunt.*

arachnoideum (Klf.) Maxon, Journ. Wash. Acad. Sci. **14.** 89. 1924 (Amer. trop.).

esculentum (Forst.) Nakai, Bot. Mag. Tokyo **39.** 108. 1825.

latiusculum (Dcsv.) Maxon, Amer. Fern Journ. **9.** 43. 1919 = P. aquilinum var. (Amer. bor.)

psittacinum (Pr.) Maxon, Proc. Biol. Soc. Wash. **46.** 141. 1933 (Amer. trop.).

revolutum (Bl.) Nakai, Bot. Mag. Tokyo **39.** 100. 1925 (Malesia).

PTERIS L. — (Polypodiaceae Gen. **123**).

(P) **aberrans** v. A. v. R. Bull. Buit. III. **2.** 173, fig. 1920. — Sumatra.

(L) **altissima** Poir. — Adde syn. P. Kunzeana Ag. 1839, Index.

(P) **appendiculifera** v. A. v. R. Bull. Buit. III. **2.** 172. 1920. — Sumatra.

(L) **atrovirens** Willd. — Dele var. P. spinulifera Schum.

(P) **Balansae** Fourn. — Adde f. P. Pancheri Bak. 1874, Index. P. Fournieri C. Chr. Index.

(P) **bambusoides** Gepp in Gibbs, Dutch N. W. N. Guinea 195. 1917. — N. Guinea. Beccariana C. Chr. Index = P. ligulata.

(L) **Berteroana** Ag. Rec. 66. 1839. — Juan Fernandez. — Litobrochia Féc 1852.

(C) **biaurita** L. — Dele var. P. nemoralis W.

biaurita var. intermittens C. Chr. Contr. U. S. Nat. Herb. **26.** 312. 1931 = P. linearis.

(P) **Bonapartei** C. Chr. Cat. Pl. Mad. Pter. 52. 1932 (nomen), Dansk Bot. Ark. **7.** 129. 1932. — Madagascar.

Brausei Ros. in Ind. Suppl. 66 = P. papuana.

(P) **Brooksiana** v. A. v. R. Bull. Buit. II no. 23. 19. 1916. — Sumatra. Brooksii Cop. 1914, Ind. Suppl. prél. = P. asperula.

(P) **catoptera** Kze. 1844. — Africa austr. Madagascar.

cheilanthoides Hayata 1906, Ind. Suppl. = Doryopteris concolor (t. Hayata).

(C) **Christensenii** Kjellberg, Engl. Jahrb. **66.** 60. 1933. — Celebes.

chrysocarpa Hk. et Grev. 1829 ⎫
　　　　　　　　　　　　　　　⎬ = Onychium chrysocarpum.
chrysosperma Hk. et Grev. 1829 ⎭

(P) **Clemensiae** Cop. Phil. Journ. Sci. **12** C. 47. 1917. — Borneo. Sumatra.

(L) **comans** Forst. — Dele loc. Juan Fernandez et var. P. Berteroana.

(P) **coriacea** Desv. — Dele var. P. muricata Hk.

(L) **costaricensis** Ros. Fedde Rep. 22. 7. 1925. — Costa Rica.

(L) **crassipes** Ag. Rec. 59. 1839. — Ind. occ. — Litobrochia Fée 1852.

(P) **cretica** L. — Dele var. P. melanocaulon Fée.
Curtisii C. Chr. Index = P. laurea.

(P) **dactylina** Hk. — Adde loc. Celebes.

(P) **dayakorum** Bonap. N. Pt. 7. 401. 1918; v. A. v. R. Bull. Buit. III. 2. 172. 1920.—
decurrentipinnulata Bonap. N. Pt. 7. 65. 1918 = P. formosana.   [Borneo.
decussata J. Sm. 1841, Index = P. mertensioides.

(P) **deltea** Ag. Rec. 33. 1839. — Tahiti.

(P) **deltodon** Bak. — Adde loc. Tonkin et syn. P. nana Christ in Index.

(P) **dissitifolia** Bak. — Adde loc. Yunnan. — Cf. P. formosana.
divaricatissima Bak. 1874 = Paesia d.

(P) **elongatiloba** Bonap. N. Pt. 5. 69. 1917; C. Chr. Dansk Bot. Ark. 7. 129 t.
50 f. 1—3. 1932. — Madagascar.
excelsissima Hayata 1914, Ind. Suppl. prél. = P. excelsa.

(P) **formosana** Bak. — Adde syn. P. Takeoi Hayata 1915, Ind. Suppl. prél.
P. decurrentipinnulata Bonap. 1918. — (Vix a P. dissitifolia diversa).
Fournieri C. Chr. Index = P. Balansae.
Friesii Köhler, Flora 113. 322. 1920 = Anisosorus occidentalis var.
furcans Bak. 1888, Index = P. ligulata.
Gardneri (Fée) Hk. 1852, Index = P. mertensioides.

(C) **geminata** Wall. — Dele Ins. Comor. et var. P. maxima Bak.

(L) **gigantea** Willd. — Dele var. P. crassipes Ag.

(P) **griseo-viridis** C. Chr. Cat. Pl. Mad. Pter. 53. 1932 (nomen), Dansk Bot.
Ark. 7. 131 t. 52 f. 2—3. 1932. — Madagascar.
Henryi Christ 1898, Index = P. actiniopteroides var.
heterogena v. A. v. R. 1912, Ind. Suppl. = P. ligulata.

(P) **hispaniolica** Maxon, Journ. Wash. Acad. Sci. 14. 197. 1924. — Hispaniola.

(L) **Holttumii** C. Chr. Gardens' Bull. S. S. 7. 287, fig. 1934. — Borneo.

(P) **Hui** Ching, Sinensia 1. 9. 1929, Ic. Fil. Sin. t. 33. — Kwangsi.

(P) **Humbertii** C. Chr. Cat. Pl. Mad. Pter. 52. 1932 (nomen), Dansk Bot. Ark. 7.
137 t. 52 f. 5—8. 1932. — Madagascar.
indochinensis Christ 1908, Icd. Suppl. = P. insignis.
intermedia ›Christ‹, Matthew, Journ. Linn. Soc. 39. 389. 1911 = P. cre-
interrupta Willd. 1794 = Dryopteris interrupta.   [tica var.

(P) **Johannis Winkleri** C. Chr. Mitt. Inst. Hamburg 7. 154. 1928. — Borneo.
Johnstoni Bak. 1891, Index = P. Burtoni.
kilimensis Ros., Bonap. N. Pt. 7. 297. 1918 (nomen). — Africa or. trop.

(L) **Killipii** Maxon, Amer. Fern Journ. 23. 107. (1933). 1934. — Peru.

(P) **kinabaluensis** C. Chr. Gardens' Bull. S. S. 7. 286. 1934. — Borneo.
Kuhnii Fourn. Ann. sc. nat. V. 18. 322. 1973 = P. excelsa?
Kunzeana Ag. 1839, Index = P. altissima.

(L) **lanceaefolia** Ag. 1839, C. Chr. Dansk Bot. Ark. 7. 130 t. 50 f. 14—18.
1932. — Adde var. P. platyodon Bak. 1876, Index.

(L) **Lastii** C. Chr. Index, l. c. t. 50 f. 12—13.

(P) **lathyropteris** C. Chr. l. c. 137 t. 53 f. 6—7. 1932. — Madagascar.
Lathyropteris madagascariensis Christ 1902, Ind. Suppl. (non Pt. madagascarica Ag. 1839).

(C) **laurea** Desv. 1827; C. Chr. l. c. 129 t. 50 f. 7—11. — Adde syn. P. Curtisii C. Chr. Index.

(P) **ligulata** Gaud. — Adde syn. P. mixta Christ 1905, Index. P. Beccariana
C. Chr. Index. P. heterogena v. A. v. R. 1912, Ind. Suppl. — P. Walkeri
Bak. 1888, Index. — P. furcans Bak. 1888, Index.

(L) **Limae** Brade, Arch. Mus. Nac. Rio 34. 114 t. 1 f. 2. 1932. — Brasilia.

(C) **linearis** Poir. 1804, Ching, Lingnan Sci. Journ. 12. 568, t. 43. 1933. —
Africa, Asia trop. — P. nemoralis Willd. 1809; Campteria J. Sm. 1846.
longicauda Christ 1901, Index = P. pungens.
macilenta var. saxatilis Carse, Tr. N. Zeal. Inst. 51. 95. 1919 = P. saxa-

(C) **maxima** Bak. Syn. 165. 1867. — Ins. Comor.   [tilis.

(C) **McClurei** Ching, Bull. Dept. Biol. Coll. Sci. Sun Yatsen Univ. no. 6. 28.
1933. — China merid. — P. biaurita Wu, l. c. no. 3. t. 114. 1932.

(P) **melanocaulon** Fée 1852. — Malesia. — P. Treacheriana Bak. 1879.
mixta Christ 1905, Index = P. ligulata.

(P) **mertensioides** Willd. — Malesia. Polynesia. — P. decussata J. Sm. 1841.
Index, P. Gardneri (Fée) Hk. 1852, Index.

(P) **muricata** Hk. 1858. — Costa Rica—Bolivia.
nana Christ in Index = P. deltodon.
nemoralis Willd. 1809 — P. linearis.
normalis Don 1825 = P. linearis.
occidentalis Köhler, Flora 113. 322. 1920 = Anisosorus.
Pancheri Bak. 1874, Index = P. Balansae.
paupercula Christ 1906, Ind. Suppl. = Pellaea.
pectinata Cav. 1802, Index (loc. Ins. Mascarenae falsa; loc. Cav. Ins. Mariannae etiam falsa est, certe planta andina) = Blechnum loxense.

(P) **Perrieriana** C. Chr. Dansk Bot. Ark. 7. 132 t. 51 f. 1. 1932. — Mada-
platyodon Bak. 1876, Index = P. lanceaefolia var.   [gascar.

(P) **pseudocretica** Bonap. N. Pt. 14. 313. 1924. — Congo.

(C) **pseudolonchitis** Bory; Willd. 1810; C. Chr. Dansk Bot. Ark. 7. 135 t.
51 f. 10. 1932. — Ins. Mascarenae. Madagascar.

(P) **pungens** Willd. — Adde loc. Mexico—Bolivia et syn P. longicauda Christ
1901, Index.

(P) **purpureorachis** Cop. Phil. Journ. Sci. 12 C. 48. 1917. — Borneo. Ins. Phil.

(P) **radicans** Christ. — Adde loc. Java, Ins. Phil.   [Tonkin.

(P) **rangiferina** Pr., Miq. 1869, Ind. Suppl. 129. — Malesia.

(P) **reducta** Bak. JoB. 1880. 211, v. A. v. R. Bull. III. 2. 171. 1920. — Java,
Sumatra. — P. salakensis v. A. v. R. 1912, Ind. Suppl.

(P) **remotifolia** Bak. 1877, C. Chr. Dansk Bot. Ark. 7. 136 t. 53 f. 1—2.
1932. — Madagascar.

(P) **remotipinna** Bonap. N. Pt. 5. 72. 1917, C. Chr. l. c. t. 53 f. 3—5. 1932. —
Madagascar.
roseo-lilacina Hier. 1914, Ind. Suppl. prél. = P. aspericaulis (Ind. Suppl.
salakensis v. A. v. R. 1912, Ind. Suppl. = P. reducta.   [prél. 58).

(L) **saxatilis** Carse, Tr. N. Zeal. Inst. 59. 315. 1928. — N. Zealand.
P. macilenta var. saxatilis Carse l. c. 51. 95. 1919.
siliquosa Pal. Beauv. Fl. d'Oware 1. 63. 1804 = Ceratopteris thalictroides.

(P) **silvatica** v. A. v. R. Mal. Ferns Suppl. Corr. 53. 1917, Bull. Buit. II no. 28.
42. 1918. — Sumatra, Java.
sinuata Thbg. Fl. Jap. 332. 1784 = Matteuccia struthiopteris.

(L) **spinulifera** Schum. 1827. — Africa occ. trop. — Litobrochia J. Sm. 1866.

(P) **straminea** Mett. — Hort. ex Mexico (non Chile).

Takeoi Hayata 1915, Ind. Suppl. prél. = P. formosana.

(P) **talamauana** v. A. v. R. Bull. Buit. II no. 28. 42. 1918. — Sumatra.

tomentella Hand.-Mzt. Akad. Anz. Akad. Wien 1923. no. 19; Symb. Sin. 6.
41. 1929 = P. Wallichiana.

Toppingii Cop. Phil. Journ. Sci. 12C. 47. 1917 = P. longipinnula.

(C) **trachyrachis** C. Chr. Cat. Pl. Mad. Pter. 54. 1932 (nomen), Dansk Bot.
Ark. 7. 133 t. 52 f. 1. 1932. — Madagascar.

Treacheriana Bak. 1879 = P. melanocaulon.

trialata Sod. 1893, Index = P. podophylla.

yunnanensis Christ 1908, Index = P. Wallichiana.

Walkeri Bak. 1888, Index = P. ligulata.

PTERIS Gleditsch, Syst. Pl. 289. 1764, Verm. Abh. 1. 24. 1765 = **Dryopteris**

PTEROZONIUM Fée. — (Polypodiaceae Gen. 90).   [et **Polystichum**.

cyclosorum A. C. Smith, Bull. Torr. Cl. 58. 303. 1931. — Guiana.

Tatei A. C. Smith, l. c. 304 t. 23. — Guiana.

PTILOPTERIS Hance 1884 part., Hayata Bot. Mag. Tokyo 41. 706. 1927 =
craspedosora Hayata, l. c. 708.   [**Polystichum**.

flagellaris Mak. 1899 = Monachosorella.

Maximowiczii Hance 1884 = Monachosorella.

triptera Hayata, l. c. 706.

PYCNODORIA Presl.

pinetorum Small, Ferns trop. Florida 31, fig. 1918 = Pteris longifolia var.
bahamensis (Ag.).

·**PYCNOLOMA** C. Chr. Dansk Bot. Ark. 6 no. 3. 75. 1929. — Drymoglossum
sp. Index. — (Polypodiaceae Gen. 154).

metacoelum (v. A. v. R.) C. Chr. l. c. 77 t. 8—10. — Borneo. Malacca.
Drymoglossum v. A. v. R. Bull. Buit. II no. 28. 21 t. 2. 1918.

murudense C. Chr. l. c. 78 t. 8, 10. — Borneo.

rigidum (Hk.) C. Chr. l. c. 76 t. 7, 10. — Borneo. — Drymoglossum Hk. 1854,
Index c. syn.; Taenitis Cop. 1917. Drymoglossum tetragonum v. A. v. R. 1918.

PYRRHOSIA Mirbel 1803, Farwell, Amer. Midl. Naturalist 12. 245. 1931 =
Cyclophorus.

lanceolatus (245) — Lingua (302) — varia (302) Farwell, l. c. = C. sp. homonym.

QUERCIFILIX Copeland, Phil. Journ. Sci. 37. 408. 1928 (Polypodiaceae Gen. 37).

zeylanica (Houtt.) Cop. l. c. 409. — Asia trop. — Leptochilus C. Chr. Index.

RHIPIDOPTERIS Schott. — (Polypodiaceae Gen. 171).

flabellata (H. B. Willd.) Fée 1845. — Elaphoglossum Christ 1899, Index c. syn.

foeniculacea (Hk. et Grev.) Schott 1834. — Elaphoglossum C. Chr. Index c. syn.

peltata (Sw.) Schott 1834. — Elaphoglossum Urban 1903, Index c. syn.

Standleyi Maxon, Amer. Fern Journ. 18. 1. 1928. — Costa Rica.

SACCOLOMA Kaulfuss. — (Polypodiaceae Gen. 46). — Species unica: **S.** ele-
brasiliense Mett. 1861, Ind. Suppl. 129 = Ithycaulon.   [**gans** Klf.

caudatum Cop. Phil. Journ. Sci. 30. 327. 1926 = Ithycaulon.

domingense (Spr.) Prantl 1892, Index = Ithycaulon.

firmum C. Chr. Vierteljahresschr. Nat. Ges. Zürich 70. 221. 1925 = Ithy-
Guentheri Ros. Fedde Rep. 25. 58. 1928 = Ithycaulon.   [caulon.

Henriettae C. Chr. Dansk Bot. Ark. 7. 75 t. 25 f. 12—13. 1932 = Ithycaulon.

Imrayanum Hk. 1839, Index = Ormoloma.

inaequale (Kze.) Mett. 1861, Index = Ithycaulon.

minus C. Chr. Gardens' Bull. S. S. 4. 399. 1929 = Ithycaulon.

moluccanum Mett. 1869, Index = Ithycaulon minus.

Sloanei (Jenm.) C. Chr. Index = ?

sorbifolium (Sm.) Christ 1897, Index = Cystodium.

Wercklei Christ 1904 = ? (Ormoloma?).

Saccopteris v. A. v. R. Mal. Ferns Suppl. 415. 1917 *(Drynaria §)* = **Drynaria.**

SAFFORDIA Maxon 1913, Ind. Suppl. prél. — (Polypodiaceae Gen. 107).

SAGENIA Presl = **Tectaria.**

anastomosans (166) — cuspidato-pinnata (167) — subpedata (166) Nakai, Bot. Mag. Tokyo **47**. 166—167. 1933 = T. sp. homonym.

decurrens Houlst. Gard. Mag. Bot. **3** 291. 1851.

dilacerata Moore 1857 = T. dilacerata.

gemmifera Fée 1852 = T. macrodonta var.

macrodonta Fée 1852 = T. macrodonta.

martinicensis Farwell, Amer. Midl. Naturalist **12**. 259. 1931.

SALPICHLAENA J. Smith = Blechnum.

Hookeriana Alston, Kew Bull. **1932**. 312 = B. volubile var.

SALVINIA (Micheli) Guettard, Hist. Acad. R. Sci.? 546. 1762, Adanson 1763.

adnata Desv. 1827, Index (loc. falsa) = S. auriculata.

cyathiformis Maxon, Journ. Wash. Acad. Sci. **12**. 401. 1922. — Trinidad.

hastata Desv. 1827, C. Chr. Dansk Bot. Ark. **7**. 182 t. 73 f. 1—7. — Madagascar. — S. mollis Mett. 1868, Index. — S. Hildebrandtii Bak 1886, Index.

Hildebrandtii Bak. 1886, Index = S. hastata.

imbricata Roxb. 1844 = Azolla imbricata.

mollis Mett., Kuhn 1868, Index = S. hastata.

nigropunctata A. Br. 1868, Index = S. nymphellula.

SAXIGLOSSUM Ching, Contr. Inst. Bot. Nat. Acad. Peiping **2**. 1. 1933. — (Polypodiaceae Gen. 162).

taeniodes (C. Chr.) Ching (taenoides) l. c. 2. — China. — Cyclophorus

SCHIZAEA J. E. Smith.   [C. Chr. Index.

papuana Brause, Engl. Jahrb. **56**. 211. 1920 = S. malaccana.

spirophylla Troll, Flora **128**. 343, fig. 1933. — Amboina.

SCHIZOLOMA Gaudichaud. — (Polypodiaceae Gen. 64).

auriculatum v. A. v. R. Bull. Buit. III. **5**. 224. 1922 = S. ovatum var.

coriaceum v. A. v. R. 1908, Ind. Suppl. = S. ensifolium.

Decaryanum C. Chr. Cat. Pl. Mad. Pter. 35. 1932 (nomen), Dansk Bot. Ark. **7**. 79 t. 28 f. 1—2. 1932. — Madagascar.

fuligineum Cop. 1906, Ind. Suppl. = S. ovatum.

grandiareolatum Bonap. N. Pt. **16**. 50. 1925, C. Chr. l. c. t. 28 f. 3—4. — Madagascar.

Guerinianum Gaud. — Dele var. L. ovata J. Sm. — Adde var. Nephrolepis schizolomae v. A. v. R. 1912; Schizoloma v. A. v. R. 1917.

malabaricum Bedd. 1868 = Lindsaya malabarica.

Hosei (C. Chr.) Cop. Sarawak Mus. Journ. **2**. 327. 1917. — Borneo.

Lindsaya C. Chr. Index cum syn.

ovatum (J. Sm.) Cop. Phil. Journ. Sci. **1**. Suppl. IV. 252. 1906. — Malesia. Lindsaya J. Sm., Hk. Sp. **1**. 204 t. 64A. 1846. Schizoloma fuligineum Cop. 1906, Ind. Suppl. — S. auriculatum v. A. v. R. 1922.

pluriforme Bonap. N. Pt. **16**. 51. 1925, C. Chr. Dansk Bot. Ark. **7**. 79 t. 28 f. 5—6. 1932. — Madagascar.

reniforme (Dry.) Diels 1899, Index = S. sagittatum f.

schizolomae v. A. v. R. Mal. Ferns Suppl. 214. 1917 = S. Guerinianum var.

SCHIZOSTEGE Hillebrand 1888, Ind. Suppl. — (Polypodiaceae Gen. **125**).

SCLEROGLOSSUM v. A. v. R. Bull. Jard. Buit. II no. 7. 37. 1912; C. Chr. Dansk Bot. Ark. 6³. 25—30. 1929. — (Polypodiaceae Gen. **141**).

angustissimum Cop. Phil. Journ. Sci. 12C. 65. 1917 = S. pusilum var.

crassifolium (Bak.) C. Chr. Gard. Bull. S. S. **4**. 407. 1929; l. c. 30 t. 2. 1929. — Borneo, Mal. Penins. — Vittaria Bak. 1893, Index 653.

debile (Kuhn) v. A. v. R. Bull. Buit. II no. 7. 39. 1912; C. Chr. l. c. 26 t. 2, 4. 1929. — Mal. Penins., Borneo, N. Guinea. — Vittaria Kuhn 1869, Index 653.

mauruense (Nadeaud) J. W. Moore, Bishop Mus. Bull. **102**. 1933. — Ins. Societatis. — Vittaria (Nadeaud) C. Chr. Index.

minus (Fée) C. Chr. l. c. 29 t. 2. 1929. — Ins. Phil. Amboina. — Vittaria Fée 1852; Pleurogramme Cop. 1912. P. Loheriana Christ 1907; Monogramma v. A. v. R. 1908.

pusillum (Bl.) v. A. v. R. Bull. Buit. II no. 7. 39. 1912; C. Chr. l. c. 27 t. 2. 1929. — Malaya. — Vittaria Bl. 1828, Index 655 (excl. syn. V. minor); Cochlidium Cop. 1929, Monogramma intermedia Cop. 1906; Pleurogramme Cop. 1908. — Scleroglossum angustissimum Cop. 1917 (an sp.?).

pyxidatum v. A. v. R. Bull. Buit. II no. 16. 37 t. 9. 1914 = Nematopteris.

sulcatum (Kuhn) v. A. v. R. l. c. II no. 7. 39. 1912; C. Chr. l. c. 28 t. 2. 1929. — Ceylon. Malaya. Polynesia. — Vittaria Kuhn 1869, Index.

wooroonooran (Bailey) C. Chr. l. c. 29 t. 2, 4. 1929. — Vittaria Bailey 1889, Index.

SCYPHOFILIX Thouars = **Microlepia?** [Index 655.

Speluncae—strigosa (trrigosa ex err.) Farwell, Amer. Midl. Naturalist **12**. 263. 1931 = M. sp. homonym.

SCYPHULARIA Fée, Gen. 324. 1852, Copeland, Phil. Journ. Sci. **34**. 254. 1927. — Davallia sp. Index. — (Polypodiaceae Gen. **53**).

dorsalis Cop. Univ. Calif. Publ. **12**. 401 t. 54 a. 1931. — N. Guinea.

pentaphylla (Bl.) Fée 1852. — Malesia. — Davallia Bl. 1828, Index c. syn. excl. D. pycnocarpa Brack. et loc. Polynesia.

pycnocarpa (Brack.) Cop. Phil. Journ. Sci. **34**. 255. 1927. — Fiji. Davallia Brack. 1854.

simplicifolia Cop. l. c. 7 C. 64. 1912. — Borneo. — Davallia C. Chr. Ind. Suppl.

sinusora Cop. l. c. **34**. 255 t. 5. 1927. — N. Guinea.

tannensis Cop. Univ. Calif. Publ. Bot. **12**. 401 t. 54 b. 1931. — Ins. Tanna

triphylla (Hk.) Fée 1852. — Malacca. ([N. Hebridae). Davallia Hk. 1846, Index.

SELLIGUEA Bory = **Polypodium.**

feeioides Cop. Bishop Mus. Bull. **59**. 17. 1929.

subcaudiformis Ridley, Journ. Mal. Br. R. As. Soc. **4**. 90. 1926 = P. Mette-

SERPYLLOPSIS v. d. Bosch. — (Hymenophyllaceae Gen. **2**). [nianum var.

antarctica v. d. B. 1861 = S. caespitosa.

caespitosa (Gaud.) C. Chr. Ark. för Bot. **10** no. 2. 29, f. 4. 1910. — America antarct. Juan Fernandez. — Trichomanes (Gaud.) Hk. 1846, Index c. syn., Hymenophyllum Dusenii Christ 1899, Index.

SINOPTERIS C. Chr. et Ching Bull. Fan Mem. Inst. **4**. 359. 1933. — (Polypodiaceae Gen. **111**).

grevilleoides (Christ) C. Chr. et Ching, l. c. 360 t. 1. — China merid. Cheilanthes Christ 1909, Ind. Suppl.

hopeiensis C. Chr. et Ching, l. c. 361 t. 2. — China bor. (Hopei).

SOROLEPIDIUM Christ 1911, Ind. Suppl. = **Polystichum.**
   glaciale Christ 1911, Ind. Suppl. = P. Duthiei.
SPHAEROSTEPHANOS J. Smith 1839, Copeland, Univ. Calif. Publ. Bot.
   16. 60. 1929. — Mesochlaena R. Br. 1838 (nomen nudissimum), J. Smith
   1840, Index. — (Polypodiaceae Gen. 16).
   larutensis (Bedd.) C. Chr. Ind. Suppl. III. 172. 1934. — Malacca, Sumatra,
      Borneo. — Dryopteris (Bedd.) C. Chr. Index; Mesochlaena v. A. v. R. 1908.
   polycarpa (Bl.) Cop. Univ. Calif. Publ. Bot. **16**. 60. 1929. — Malesia.
      Mesochlaena (Bl.) Bedd. 1876, Index.
   sumatrensis (v. A. v. R.) C. Chr. Ind. Suppl. III. 172. 1934. — Sumatra.
      Mesochlaena v. A. v. R. Bull. Buit. III. **2**. 160. 1920.
   talamauensis (v. A. v. R.) C. Chr. Ind. Suppl. III. 172. 1934. — Sumatra.
      Mesochlaena v. A. v. R. l. c. II no. 28. 34. 1918.
   Toppingii (Cop.) C. Chr. Ind. Suppl. III. 172. 1934. — Borneo.
      Mesochlaena Cop. Phil. Journ. Sci. **12**C. 57. 1917.
SPHENOMERIS Maxon 1913, Ind. Suppl. prél. = **Stenoloma.**
   alutacea (p. 365) — deltoidea, scoparia (366) Cop. Univ. Calif. Publ. Bot. **14**.
      1929 = St. sp. homonym.
   chinensis Maxon 1913 = St. chusanum.
   chusana Cop. Bishop Mus. Bull. **59**. 69. 1929 = St. chusanum.
   decomposita (78 t. 26)   flabellifolia (78 t. 27 f. 7—8) — Melleri (78 t. 27 f.
      1—3) — odontolabia (77 t. 26 f. 6—10) C. Chr. Dansk Bot. Ark. **7**. 77—78 t.
      26—27. 1932 = St. sp. homonym.
   Moorei Cop. Univ. Calif. Publ. Bot. **14**. 366. 1929 = Tapeinidium.
   Veitchii C. Chr. Gardens' Bull. S. S. **7**. 234. 1934.
SPICANTA Presl = **Blechnum.**
   amabilis Nakai, Report. Veget. Kamikochi 13. 1928.
   nipponica Hayata, Bot. Mag. Tokyo **41**. 700. 1927.
SPICANTOPSIS Nakai, Bot. Mag. Tokyo **47**. 180. 1933 = **Blechnum.**
   amabilis (184) — niponica (181) Nakai, l. c. = B. sp. homonym.
•STEGNOGRAMME‹ Lobbiana Ridley, Journ. Mal. Br. R. As. Soc. **4**. 56. 1926
   (ex err.) = Syngramma Lobbiana.
STENOCHLAENA J. Smith. — (Polypodiaceae Gen. 86).
   Obs. Cl. Holttum 1932 (Gardens' Bull. S. S. **5**. 245 f.) sp. males. hujus generis
      sensu Indicis recte in tria genera dividit: Stenochlaena (S. palustris et aff.),
      Lomariopsis Fée, Teratophyllum Mett. In hoc supplemento Teratophyllum
      ex Stenochlaena segregatum est.
   abrupta v. A. v. R. 1915, Ind. Suppl. prél. = S. cochinchinensis.
   aculeata (Bl.) Kze. 1848, Index = Teratophyllum.
   amydrophlebia Slosson, Maxon, Journ. Wash. Acad. Sci. **14**. 141. 1924. —
      Puerto Rico. Hispaniola.
   arthropteroides Christ 1906, Ind. Suppl. = Teratophyllum.
   Balansae (Fourn.) C. Chr. Vierteljahrsschr. Nat. Ges. Zürich **74**. 59. 1929. —
      N. Caledonia. — Lomariopsis Fourn. Ann. sc. nat. V. **18**. 271. 1873.
   boninensis (Nakai) C. Chr. Ind. Suppl. III. 172. 1934. — Ins. Bonin.
      Lomariopsis Nakai, Bot. Mag. Tokyo **47**. 171. 1933.
   cordata Bonap. N. Pt. **4**. 73. 1917. — Madagascar.
   ?dubia v. A. v. R. 1908, Ind. Suppl. — Alsophila sp.?
   elaphoglossoides C. Chr. Ind. Suppl. III. 172. 1934. — Afr. occ. trop.
      Elaphoglossum palustre (Hk) J. Sm. 1877, Index c. syn. (non Stenochlaena
      gracilis (Bl.) Kze. 1848, Index = Teratophyllum.   [Bedd.

limonifolia J. Sm. 1841 = Teratophyllum ludens.
longicaudata Bonap. N. Pt. **5.** 93. 1917 = S. pollicina.
madagascarica Bonap. N. Pt. **4.** 74, **5.** 84. 1917, C. Chr. Dansk Bot. Ark. 7.
109 t. 41 f. 3—7. 1932. — Madagascar.
oleandrifolia Brack. 1854, Ind. Suppl. 130. — Adde syn. S. Seemannii (Carr.)
Und. 1906, Ind. Suppl. Gymnogramme? subtrifoliata Hk. 1864.
Raciborskii C. Chr. — Lomariopsis Holttum 1932.
rotundifoliata Bonap. N. Pt. **14.** 58. 1924 = Teratophyllum.
Seemanni (Carr.) Und. 1906, Ind. Suppl. = S. oleandrifolia.
Setchellii Maxon, Univ. Calif. Publ. Bot. **12.** 23 t. 1. 1924. — Tahiti. Samoa.
Lomariopsis Holttum 1932.
spondiaefolia Pr. 1849
spondicifolia J. Sm. 1841 } = S. cochinchinensis.
subtrifoliata Cop. 1906, Ind. Suppl. — Lomariopsis Holttum 1932.
Williamsii Und. 1906, Ind. Suppl. = Teratophyllum.
STENOLOMA Fée, Gen. Fil. 330. 1852 reduct. — Sphenomeris Maxon 1913.
Odontosoria part. Index. — (Polypodiaceae Gen. **61**).
alutaceum (Mett.) C. Chr. Ind. Suppl. III. 173. 1934. — N. Caledonia.
Lindsaya Mett. 1861, Index; Sphenomeris Cop. 1929.
angustifolium (Bernh.) C. Chr. Ind. Suppl. III. 173. 1934. — N. Zealand.
Odontosoria (Bernh.) C. Chr. Index.
bifidum (Klf.) C. Chr. Ind. Suppl. III. 173. 1934. — Brasilia.
Odontosoria (Klf.) J. Sm. 1875, Index.
biflorum (Klf.) Ching, Sinensia **3.** 338. 1933. — Ins. Phil. Hongkong.
Odontosoria (Klf.) C. Chr. Index. O. Tsoongii Ching 1930.
chusanum (L.) Ching, l. c. 337. — Asia—Polynesia trop.—Japonia. Ins. Mascar.
Madagascar. — Adiantum L. sp. 1095. 1753; Sphenomeris Cop. 1929; Odontosoria chinensis (L.) J. Sm. 1857, Index cum syn.; Sphenomeris Maxon 1913.
clavatum (L.) Fée 1852. — Ind. occ. Florida. — Odontosoria (L.) J. Sm.
1857, Index; Sphenomeris Maxon 1913.
decompositum (Bak.) C. Chr. Ind. Suppl. III. 173. 1934. — Madagascar.
Odontosoria (Bak.) C. Chr. Index; Sphenomeris C. Chr. 1932.
deltoideum C. Chr. Ind. Suppl. III. 173. 1934. — N. Caledonia, Ins. Pinorum,
N. Hebridae. — Lindsaya C. Chr. Index cum syn.; Sphenomeris Cop. 1929.
Eberhardtii (Christ) Ching, Sinensia **3.** 338. 1933. — Annam. Hainan.
Odontosoria Christ 1908, Ind. Suppl. Lindsaya dissectiformis Ching 1930.
?flabellifolium (Bak.) C. Chr. Ind. Suppl. III. 173. 1934. — Madagascar.
Odontosoria (Bak.) C. Chr. Index; Sphenomeris C. Chr. 1932.
meifolium (HBK) C. Chr. Ind. Suppl. III. 173. 1934. — Panama—Brasilia.
Odontosoria (HBK) C. Chr. Index cum syn.
Melleri (Hk.) C. Chr. Ind. Suppl. III. 173. 1934. — Madagascar. Réunion.
Odontosoria (Hk.) C. Chr. Index; Sphenomeris C. Chr. 1932.
?odontolabium (Bak.) C. Chr. Ind. Suppl. III. 173. 1934. — Madagascar.
Odontosoria (Bak.) C. Chr. Index; Sphenomeris C. Chr. 1932; Hymenophyllum lindsaeoides Bak. 1894, Index.
retusum (Cav.) Fée 1852. — Malesia, Melanesia. — Odontosoria (Cav.) J. Sm.
1857, Index. O. decipiens (Ces.) Christ 1909, Ind. Suppl. cum syn.
scoparium (Mett.) C. Chr. Ind. Suppl. III. 173. 1934. — N. Caledonia.
Odontosoria (Mett.) Diels 1899, Index; Sphenomeris Cop. 1929.

Veitchii (Bak.) C. Chr. Ind. Suppl. III. 174. 1934. — Borneo.
Davallia Bak. 1879, Index; Sphenomeris C. Chr. 1934.
virescens (Sw.) C. Chr. Ind. Suppl. III. 174. 1934. — Brasilia.
Lindsaya Sw. 1817, Index; Odontosoria Ros. 1906.
viride (Col.) C. Chr. Ind. Suppl. III. 174. 1934. — N. Zealand.
Lindsaya Col. 1844, Index.
STIGMATOPTERIS C. Chr. 1909, Index Suppl. 70. — (Polypodiaceae Gen. **15**).
alloëoptera (Kze.) C. Chr. 1909, Index Suppl. 70. — Costa Rica. Peru.
Dryopteris (Kze.) C. Chr. Ind. Suppl. 70 cum syn.
Bradei Ros. Fedde Rep. **21**. 347. 1925. — Brasilia.
Carrii (Bak.) C. Chr. 1909. — Brasilia austr. Surinam (t. Posthumus).
Dryopteris (Bak.) C. Chr. Index; Phegopteris Farwell 1931.
caudata (Raddi) C. Chr. 1909. — Brasilia.
Dryopteris (Raddi) C. Chr. Index cum syn.
contracta (Christ) C. Chr. 1909. — Costa Rica.
Dryopteris (Christ) C. Chr. Ind. Suppl.
cyclocolpa (Christ) C. Chr. Vid. Selsk. Skr. VIII. 6. 29 f. 5 a. 1920. — Costa
Rica. — Dryopteris (Christ) C. Chr. Index.
ecuadorensis C. Chr. l. c. 29 f. 5 c. — Ecuador. — Dryopteris C. Chr. l. c.
guianensis (Kl.) C. Chr. Ind. Suppl. III. 174. 1934. — Guiana—Brasilia. Colombia. — Aspidium Kl. Linn. **20**. 364. 1847; Polystichum Pr. 1849; Dryopteris Posthumus 1928. Aspidium abbreviatum Schrad. 1824 (non Poir.
1816); Polystichum J. Sm. 1842, Index cum syn. — Dryopteris subobliquata (Hk.) O. Ktze., Index.
hemiptera (Maxon) C. Chr. Ind. Suppl. III. 174. 1934. — Cuba.
Dryopteris Maxon, Contr. U. S. Nat. Herb. **24**. 59. 1922.
heterocarpa (Fée) Ros. Fedde Rep. **21**. 347. 1925. — Brasilia.
Phegopteris Fée 1869.
ichtiosma (Sod.) C. Chr. 1909. — Ecuador—Colombia.
Dryopteris (Sod.) C. Chr. Index. D. longipetiolata C. Chr. Index.
Lechleri (Mett) C. Chr. Vid. Selsk. Skr. VIII. 6. 28 f. 5 b. 1920. — Peru.
Phegopteris Mett. Fil. Lechl. **2**. 25. 1859. Dryopteris prasina (Bak.) C. Chr.
Index; Stigmatopteris C. Chr. 1913.
litoralis Ros. Fedde Rep. **22**. 12. 1925. — Costa Rica.
longicaudata (Liebm.) C. Chr. 1909. — Mexico—Peru.
Dryopteris (Liebm.) C. Chr. Ind. Suppl.
Michaelis (Bak.) C. Chr. 1909. — Ecuador—Colombia.
Dryopteris (Bak.) C. Chr. Index et Ind. Suppl. 108 cum syn.
nephrodioides (Kl.) C. Chr. 1909. — Venezuela—Colombia—Guatemala.
Dryopteris Klotzschii C. Chr. Ind. Suppl.
nothochlaena (Maxon) C. Chr. Ind. Suppl. III. 174. 1934. — Jamaica.
Dryopteris Maxon, Contr. U. S. Nat. Herb. **24**. 58. 1922.
opaca (Bak.) C. Chr. 1913. — Ecuador. — Dryopteris Christii C. Chr. Index.
palmensis Ros. Fedde Rep. **22**. 12. 1925. — Costa Rica.
pellucido-punctata C. Chr. 1909. — Ecuador. — Dryopteris C. Chr. Index.
prasina C. Chr. 1913 = S. Lechleri.
prionites (Kze.) C. Chr. 1909. — Brasilia. — Dryopteris (Kze.) C. Chr. Index
et Ind. Suppl. 109 cum syn.
rotundata (Willd.) C. Chr. 1909. — Antillae min. — Brasilia. — Dryopteris
(Willd.) C. Chr. Index et Ind. Suppl. cum syn. — Nephrodium Imrayanum
Hk. 1862; Dryopteris Domin 1929.

sancti-gabrieli (Hk.) C. Chr. Ind. Suppl. III. 175. 1934. — Trinidad. Venezuela. — Dryopteris (Hk.) Ktze., Index.

sordida (Maxon) C. Chr. Ind. Suppl. III. 175. 1934. — Guatemala. Dryopteris Maxon, Contr. U. S. Nat. Herb. **24**. 60. 1922.

tijuccana (Raddi) C. Chr. 1909. — Brasilia. — Dryopteris (Raddi) C. Chr. Index et Ind. Suppl. 111 cum syn.

varians (Fée) Alston, Kew Bull. 19**32**. 309. — Trinidad. Guiana. — Dryop-
STRUTHIOPTERIS Weis = **Blechnum.** [teris (Fée) O. Ktze., Index.

castanea Nakai, Bot. Mag. Tokyo **47**. 186. 1933.

caudata Maxon, Proc. Biol. Soc. Wash. **43**. 86. 1930.

nipponica Nakai, Report Veg. Daisetsusan 15. 1930.

tuerckheimii Maxon, Journ. Wash. Acad. Sci. **14**. 89. 1924.

STRUTHIOPTERIS Willd. = **Matteuccia.**

struthiopteris Farwell. Amer. Midl. Naturalist **12**. 252. 1931.

SYNGRAMMA J. Smith. — (Polypodiaceae Gen. **91**).

alta Copeland, Brittonia **1**. 74. 1931. — Borneo.

angusta Cop. 1909, Ind. Suppl. = Dryopteris oligodictya.

brevifrons A. C Smith, Bull. Torr. Cl. **57**. 178 t. 8. 1930. — Guiana (Roraima).

campyloneuroides ›Baker‹ Ridley, Journ. Mal. Br. R. As. Soc. **4**. 105. 1926 (gen. falsum) = Polypodium.

grandis (Cop.) C. Chr. Ind. Suppl. = Craspedodictyum.

luzonica v. A. v. R. Bull. Buit. III. **2**. 174. 1920. — Luzon.

minima Holttum, Gardens' Bull. S. S. **4**. 56. 1927. — Johore.

paraphysata A. C. Smith, Bull. Torr. Cl. **58**. 304. 1931. — Guiana.

quinata (Hk.) Carr. 1873, Index = Craspedodictyum.

Schlechteri Brause 1912, Ind. Suppl. = Craspedodictyum.

scolopendrioides (Bak.) C. Chr. Index = Stenochlaena sp. (sterilis).

TAENITIS Willdenow. — (Polypodiaceae Gen. **65**).

blechnoides (Willd.) Sw. — Dele var. T. obtusa et T. interrupta.

Brooksii Cop. 1911, Ind. Suppl. = T. obtusa.

Desvauxii Kl. 1847 = Eschatogramme Desvauxii.

drymoglossoides Cop. 1909, Ind. Suppl. = T. obtusa.

furcata Hk. et Grev. Ic. Fil. t. 7. 1827 (non Willd.) = Eschatogramme Desvauxii.

interrupta Hk. et Grev. 1828. — Malesia. — T. stenophylla Christ 1905, Index.

obtusa Hk. Ic. Pl. t. 994. 1854. — Borneo. — T. drymoglossoides Cop. 1909 et T. Brooksii Cop. 1911, Ind. Suppl. Polypodium flabellivenium Bak. 1867 Index cum syn.

Requiniana (Gaud.) Cop. Univ. Calif. Publ. Bot. **16**. 85. 1929. — Malesia— Melanesia. — Platytaenia (Gaud.) Kuhn 1882, Index.

rigida Cop. Sarawak Mus. Journ. **2**. 329. 1917 = Pycnoloma.

simplicivenia Ces. 1877 = Scleroglossum pusillum.

stenophylla Christ 1905, Index = T. interrupta.

TAPEINIDIUM (Presl) C. Chr. — (Polypodiaceae Gen. **63**).

amboynense (Hk.) C. Chr. Index = T. moluccanum.

Bartlettii Cop. Univ. Calif. Publ. Bot. **14**. 376 t. 60. 1929. — Sumatra.

biserratum (Bl.) v. A. v. R. Mal. Ferns Suppl. 509. 1917. — Malesia. Davallia Bl. 1828; Microlepia Pr. 1849. — Davallia gracilis Bl. 1828; Microlepia J. Sm. 1842; Wibelia Christ 1905; Tapeinidium v. A. v. R. 1909. Wibelia bipinnata Fée 1852. Davallia luzonica Hk. 1846. — Davallia Hosei Bak. 1888, Index; Leucostegia Cop. 1017. — Tapeinidium oligophlebium (Bak.) C. Chr. Index.

Brooksii (Cop.) C. Chr. Ind. Suppl. III. 176. 1934. — Borneo. — Protolindsaya
Denhami (Hk.) C. Chr. Index = T. tenue. [Cop. 1910, Ind. Suppl.

firmulum (Bak.) C. Chr. Ind. Suppl. III. 176. 1934. — Sumatra.
Microlepia (Bak.) C. Chr. Index.

flavicans (Fourn.) Hier. Hedwigia 62. 13. 1920. — N. Caledonia.
Lindsaya Mett. 1864, Index. — L. exilis Fourn. 1873, Index. — (Cf. L.
Balansae Fourn.).

longipinnulum (Cesati) C. Chr. Ind. Suppl. III. 176. 1934. — N. Guinea.
Davallia Ces. 1877. D. intramarginalis Cesati 1877. Tapeinidium marginale
Cop. 1911, Ind. Suppl.

marginale Cop. 1911, Ind. Suppl. = T. longipinnulum.

moluccanum (Bl.) C. Chr. Gardens' Bull. S. S. 4. 399. 1929. — Moluccae.
N. Guinea.... Davallia Bl. 1828; Microlepia Pr. 1849. Tapeinidium amboy-
nense (Hk.) C. Chr. Index cum syn. — Davallia stenoloba Bak. 1886, Index.
Tapeinidium stenocarpum v. A. v. R. 1924.

Moorei (Hk.) Hier. Hedwigia 62. 13. 1920. — N. Caledonia.
Davallia Hk. 1861, Index; Sphenomeris Cop. 1929. — Lindsay amediocris
Fourn. 1873, Index.

obtusatum v. A. v. R. Nova Guinea 14. 52. 1924. — N. Guinea.

oligophlebium (Bak.) C. Chr. Index = T. biserratum var.

philippinense (Harr.) C. Chr. Ind. Suppl. III. 176. 1934. — Ins. Phil.
Microlepia (Harr.) Cop. 1905, Index.

pinnatum (Cav.) C. Chr. — Dele syn. plur., v. T. biserratum et T. longipinnulum.

stenocarpum v. A. v. R. Nova Guinea 14. 52. 1924 = T. moluccanum var.
stenolobum.

sumatranum v. A. v. R. Bull. Buit. III. 2. 174. 1920. — Sumatra.

tenue (Brack.) Cop. Bishop Mus. Bull. 59. 63. 1929. — Polynesia.
Microlepia Brack. 1854. Tapeinidium Denhami (Hk.) C. Chr. Index.

TECTARIA Cavanilles, Anal. Hist. Nat. 1. 115. 1799. — Aspidium Sw. 1801
part. Index. — (Polypodiaceae Gen. 33).
Obs. Omnes species Aspidii Ind. Fil. cum Suppl. ad Tectariam hic translatae sunt. — Cf. Copeland Phil. Journ. Sci. 2 C. 409 ff. 1907 (Revisio sp.
phil.) et Ching, Sinensia 2. 9 ff. 1931 (Revisio sp himal. et chin.).

acutiloba (Hier.) Maxon, Proc. Biol. Soc. Wash. 43. 88. 1930. — Colombia.
Aspidium Hier. 1904, Index.

adenophora Cop. Elmer's Leaflets 4. 1151. 1907. — Ins. Phil.
Aspidium v. A. v. R. 1917.

aequatoriensis (Hier.) C. Chr. Ind. Suppl. III. 176. 1934. — Ecuador.
Aspidium Hier. 1907, Index Suppl.

ambigua Cop. Phil. Journ. Sci. 2 C. 415. 1907 = Heterogonium aspidioides.

amblyotis (Bak.) C. Chr. Ind. Suppl. III. 176. 1934. — ›Polynesia‹.
Nephrodium Bak. 1891, Aspidium Veitchianum C. Chr. Index.

Amesiana A. A. Eaton, Bull. Torr. Cl. 33. 479. 1906. — Florida.
Aspidium Christ 1910, Ind. Suppl.

amplifolia (v. A. v. R.) C. Chr. Ind. Suppl. III. 176. 1934. — Malacca.
Aspidium v. A. v. R. Bull. Buit. II no. 11. 2. 1913, Ind. Suppl. prél.

anastomosans (Hayata) C. Chr. Ind. Suppl. III. 176. 1934. — Formosa.
Aspidium Hayata, Journ. Coll. Sci. Univ. Tokyo 30. 450. 1911, Ind. Suppl.
prél.; Sagenia Nakai 1933.

andaiensis (Bak.) C. Chr. Ind. Suppl. III. 176. 1934. — N. Guinea.
  Aspidium (Bak.) C. Chr. Index.
andina (Bak.) C. Chr. Ind. Suppl. III. 177. 1934. — Peru.
  Aspidium (Bak.) C. Chr. Index.
angelicifolia (Schum.) Cop Phil. Journ. Sci. 2C. 410. 1907. — Africa trop. occ.
  Aspidium (Schum.) C. Chr. Index.
angulata (Willd.) C. Chr. Ind. Suppl. III. 177. 1934. — Malesia. N. Guinea.
  Aspidium (Willd.) J. Sm., Mett. 1864, Index.
angustior (Christ) Cop. Phil. Journ. Sci. 2C. 410. 1907. — Costa Rica.
  Aspidium (Christ) C. Chr. Ind. Suppl.
antioquiana (Bak.) C. Chr. Ind. Suppl. III. 177. 1934. — Colombia.
  Aspidium (Bak.) C. Chr. Index.
apiifolia Cop. Phil. Journ. Sci. 2C. 410. 1907 = T. cicutaria?
artinexa Ching, Sinensia 2. 15. 1931 = T. Clarkei.
aspidioides Cop. Phil. Journ. Sci. 38. 137. 1929 = Heterogonium.
athyrioides (Bak.) C. Chr. Ind. Suppl. III. 177. 1934. — Costa Rica.
  Nephrodium Bak. 1884; Aspidium costaricanum C. Chr. Index.
austrosinensis (Christ) C. Chr. Ind. Suppl. III. 177. 1934. — China austr.,
  Tonkin. — Dryopteris Christ 1907, Ind. Suppl.
Bakeri v. A. v. R. Bull. Dépt. agric. Ind. néerl. 21. 8. 1908 = T. Trimeni.
Balansae C. Chr. Ind. Suppl. III. 177. 1934. — Tonkin. — Aspidium C. Chr.
  Index; Nephrodium stenopteron Bak. 1890 (non N. stenopteris Eat. 1859);
  Tectaria Ching 1931.
Bamleriana (Ros.) C. Chr. Ind. Suppl. III. 177. 1934. — N. Guinea.
  Aspidium Ros. Fedde Rep. 10. 330. 1912, Ind. Suppl. — (An T. Beccariana?)
Barberi (Hk.) Cop. Phil. Journ. Sci. 2 C. 414. 1907. — Malacca, Borneo, Ins.
  Phil. — Aspidium (Hk.) C. Chr. Index cum syn. — A. Kuhnii C. Chr.
  Index. — A. Künstleri Bedd. 1892, Index.
Barclayi (Carr.) C. Chr. Ind. Suppl. III. 177. 1934. — N. Ireland (non Fiji).
  Aspidium (Carr.) C. Chr. Index.
Barteri (J. Sm.) C. Chr. Ind. Suppl. III. 177. 1934. — Africa occ. trop.
  Aspidium J. Sm. 1866, Index.
Beccariana (Cesati) C. Chr. Ind. Suppl. III. 177. 1934. — N. Guinea.
  Aspidium (Ces.) Diels 1899, Index. Polypodium ingens Brause 1920. —
  P. Schultzei Brause 1912; Pleopeltis v. A. v. R. 1917.
Brauniana (Karst.) C. Chr. Ind. Suppl. III. 177. 1934. — Colombia.
  Aspidium Karst. Fl. Col. 1. 63 t. 31. 1859; Dryopteris O. Ktze. 1891, Index.
Brooksii Cop. Phil. Journ. Sci. 6 C. 137 t. 20 b. 1911. — Borneo.
  Aspidium (Cop.) C. Chr. Ind. Suppl.; Dictyopteris v. A. v. R. 1917.
Bryanti Cop. l. c. 2C. 412. 1907. — Ins. Phil. — Aspidium Cop. 1905, Index.
  661. — A. Bolsteri Cop. 1906, Ind. Suppl.; Dictyopteris v. A. v. R. 1909.
Buchholzii (Kuhn) Cop. l. c. 38. 138. 1929 (Buckholzii). — Africa occ. trop.
  Aspidium Kuhn 1879; Dryopteris C. Chr. Index.
Buchtienii (Ros.) Maxon, Proc. Biol. Soc. Wash. 46. 143. 1933. — Bolivia.
  Brasilia. — Aspidium Ros. 1912, Ind. Suppl.
Burchardii (Ros.) C. Chr. Ind. Suppl. III. 177. 1934. — Sumatra.
  Aspidium Ros. Med. Rijks Herb. no. 38. 3. 1917.
burmanica Ching, Sinensia 2. 31. 1931 = T. Rockii.
Cadieri (Christ) C. Chr. Ind. Suppl. III. 177. 1934. — Annam.
  Aspidium Christ 1905, Index.

calcarea (J. Sm.) Cop. Phil. Journ. Sci. 2C. 415. 1907. — Ins. Phil.
calcicola Cop. Brittonia 1. 72 t. 1. 1931. — Borneo.
carinata (v. A. v. R.) C. Chr. Ind. Suppl. III. 178. 1934. — Sumatra.
Dictyopteris v. A. v. R. Bull. Buit. II no. 28. 18. 1918.
celebica C. Chr. Engl. Jahrb. 66. 49. 1933. — Celebes.
Cesatiana (C. Chr.) Cop. Phil. Journ. Sci. 6C. 76. 1911. — N. Guinea.
Aspidium C. Chr. Index.
chattagrammica (Clarka) Ching, Sinensia 2. 35, fig. 1931. — Sikkim-Burma.
Polypodium Clarke, Tr. Linn. Soc. II. Bot. 1. 548 t. 81. 1880; Dictyopteris Bedd. 1883; Aspidium Diels 1899.
chimborazensis C. Chr. Ind. Suppl. III. 178. 1934. — Ecuador.
Aspidium C. Chr. Index.
Christii Cop. Phil. Journ. Sci. 2C. 416. 1907 = T. macrodonta.
chrysotricha (Bak C. Chr. Ind. Suppl. III. 178. 1934. — Samoa.
Nephrodium Bak. Ann. Bot. 5. 328. 1891; Dryopteris C. Chr. Index; Aspidium C. Chr. Ind. Suppl. 92 (non Christ 1896).
cicutaria (L.) Cop. Phil. Journ. Sci. 2C. 410. 1907. — Antillae maj.
Aspidium Sw. 1801, Index (excl. varr. et subsp. A. tenuifolium Mett., A. Gaudichaudii Mett., A. coadunatum Wall.) — A. hippocrepis (Jacq.) Sw., Index (t. Maxon).
Clarkei (Bedd.) C. Chr. Ind. Suppl. III. 178. 1934. — Sikkim.
Pleocnemia Bedd. Ferns br. Ind. Suppl. 15 t. 368. 1876; Nephrodium artinexum Clarke 1880. Aspidium C. Chr. Index; Tectaria Ching 1931.
Clemensiae Cop. Brittonia 1. 73. 1931. — Borneo.
coadunata C. Chr. Contr. U. S. Nat. Herb. 26. 331. 1931 — T. macrodonta.
compitalis (v. A. v. R.) C. Chr. Ind. Suppl. III. 178. 1934. — Sumatra.
Dictyopteris v. A. v. R. Bull. Buit. III. 5. 194. 1922.
cordulata (Ros.) C. Chr. Ind. Suppl. III. 178. 1934. — Java.
Aspidium Ros. Med. Rijks Herb. no. 31. 3. 1917.
coriandrifolia (Sw.) Underw. Bull. Torr. Cl. 33. 200. 1906. — India occ.
Florida. — Aspidium Sw. 1801, Ind. Suppl. 92.
craspedocarpa Cop. Journ. Arnold Arb. 10. 178. 1929. — N. Guinea.
crenata Cav. Descr. 250. 1802. — Malesia—Polynesia. — Aspidium repandum Willd. 1810, Index. A. pachyphyllum Kze. 1848, Index. A. platyphyllum Pr. 1848. — A. persoriferum Cop. 1905.
erinigera C. Chr. Dansk Bot. Ark. 7. 66 t. 18. 1932. — Madagascar.
Aspidium C. Chr. in Bonap. N. Pt. 16. 34. 1925.
cuspidato-pinnata (Hayata) C. Chr. Ind. Suppl. III. 1934. — Formosa.
Aspidium subtriphyllum var. cuspidato-pinnatum Hayata, Ic. Pl. Formosa 4. 189 f. 127. 1914; Sagenia cuspidato-pinnata Nakai 1933.
Dahlii (Hier.) C. Chr. Ind. Suppl. III. 178. 1934. — N. Lauenburg.
Aspidium (Hier.) Diels 1801, Index; Dictyopteris v. A. v. R. 1912.
Decaryana C. Chr. Dansk Bot. Ark. 7. 66 t. 19. 1932. — Madagascar.
Aspidium C. Chr. 1932.
de Castroi (v. A. v. R.) C. Chr. Ind. Suppl. III. 178. 1934. — Timor.
Aspidium v. A. v. R. 1912, Ind. Suppl.
decurrens (Pr.) Cop. Elmer's Leaflets 1. 234. 1907. — Asia trop.—Himalaya
—Formosa—Polynesia. — Aspidium Pr. 1925, Index. A. pteropus Kze. 1846. A. heterodon Cop. 1905; A. Copelandii C. Chr. Index 661. — A. mamillosum (Moore) C. Chr. Index.

devexa (Kze.) Cop. Phil. Journ. Sci. 2 C. 415. 1907. — Asia trop.—China austr.— Formosa. — Aspidium Kze. 1848, Index.

dictyosora Cop. Phil. Journ. Sci. 38. 137. 1929 = Hemigramma decurrens.

dilacerata (Kze.) Maxon, Proc. Biol. Soc. Wash. 43. 176. 1930. — America centr. — Aspidium Kze. Linn. 23. 226, 300. 1850, Mett. Fil. Lips. 94 t. 22 f. 14—16. 1856; Sagenia Moore 1857.

distincta (v. A. v. R.) C. Chr. Ind. Suppl. III. 179. 1934. — Sumatra. Dictyopteris v. A. v. R. Bull. Buit. III. 5. 193. 1922.

divergens (Ros.) C. Chr. Ind. Suppl. III. 179. 1934. — Hort. Bogor. (Malesia?). — Aspidium Ros. Med. Rijks Herb. no. 31. 3. 1917.

diversisora Cop. Phil. Journ. Sci. 30. 328. 1926. — N. Guinea.

dolichosora Cop. 1. c. 38. 136. 1929. — Luzon.

draconoptera (Eat.) Cop. 1. c. 2 C. 410. 1907. — Colombia—Ecuador. Aspidium Eat. 1860, Index.

dubia (Bedd.) Ching, Sinensia 2. 23 f. 5. 1931. — Assam. Aspidium Bedd. 1892, Index.

ebenina (C. Chr.) Ching, 1. c. 18. — China austr. — Aspidium C. Chr. Bull. Ac. Géogr. Bot. Mans 1913. 138, Ind. Suppl. prél.

elliptica Cop. Phil. Journ. Sci. 9 C. 228. 1914. — Sumatra. — Aspidium C. Chr. Ind. Suppl. prél.; Dictyopteris v. A. v. R. 1917.

Endresi (Bak.) C. Chr. Ind. Suppl. III. 179. 1934. — Costa Rica. Aspidium (Bak.) C. Chr. Index.

euryloba (Christ) Maxon, Amer. Fern Journ. 17. 6. 1927. — Costa Rica—Ecuador. — Aspidium Christ 1896, Index.

evenulosa (v. A. v. R.) C. Chr. Ind. Suppl. III. 179. 1934. — Ceram. Aspidium v. A. v. R. Bull. Buit. II no. 28. 7. 1918.

Everettii (Bak.) C. Chr. Ind. Suppl. III. 179. 1934. — Ins. Natuna, Borneo. Aspidium (Bak.) C. Chr. Index.

cxcellens (Bl.) C. Chr. Ind. Suppl. III. 179. 1934. — Java. Aspidium Bl. 1828, Index cum syn.

falcipinna (v. A. v. R.) C. Chr. Ind. Suppl. III. 179. 1934. — Sumatra. Aspidium v. A. v. R. Bull. Buit. II no. 28. 7. 1918.

fernandensis (Bak.) C. Chr. Ind. Suppl. III. 179. 1934. — Fernando Po. Aspidium (Bak.) Diels 1899, Index.

ferruginea (Mett.) Cop. Phil. Journ. Sci. 6. 76. 1911. — N. Guinea. Phegopteris Mett. 1864; Aspidium Zippelianum C. Chr. Index cum syn. — Tectaria gymnocarpa Cop. 1914; Aspidium C. Chr. Ind. Suppl. prél.; Dictyopteris v. A. v. R. 1917.

fimbrillifera (v. A. v. R.) C. Chr. Ind. Suppl. III. 179. 1934. — Sumatra. Pleocnemia v. A. v. R. Bull. Buit. II no. 16. 28. 1914; Aspidium v. A. v. R. 1914, Ind. Suppl. prél.

fuscipes (Wall.) C. Chr. Contr. U. S. Nat. Herb. 26. 290. 1931. — India—China austr.—Tonkin.— Aspidium Wall. 1828 part., Bedd. Ferns br. Ind. Suppl. 15 t. 366. 1876; Nephrodium Clarke 1880; N. membranifolium Hk. 1862 (non Pr. 1825); Aspidium C. Chr. Index part. A. subsageniaceum Christ 1906; Dryopteris C. Chr. Ind. Suppl. — Polypodium pteroides Retz. 1783?; Aspidium Ballard 1932.

gaboonensis (Kuhn) C. Chr. Ind. Suppl. III. 179. 1934. — Africa occ. trop. Aspidium Kuhn 1868, Index.

Gaudichaudii (Mett.) Maxon, Proc. Biol. Soc. Wash. 36. 173. 1923. — Ins.
Hawaii. — Aspidium Mett., Kuhn, Linn. 36. 123. 1869. A. cicutarium part.
auct., Index.
gigantea (Bl.) Cop. Phil. Journ. Sci. 2C. 410. 1907. — Java . . . (Malesia)
China. — Aspidium Bl. 1828, Index excl. loc. India et Ceylon et syn.
Pleocnemia Trimeni Bedd. etc.
Godeffroyi (Luerss.) Cop. Bishop Mus. Bull. 59. 29. 1929. — Fiji.
Aspidium (Luerss.) Christ 1897, Index. A. depariopsis C. Chr. Index cum syn.
grandifolia (Pr.) Cop. Phil. Journ. Sci. 2C. 413. 1907. — Ins. Phil. N. Guinea.
Aspidium Pr. 1849, Index cum syn.
Griffithii (Bak.) C. Chr. Ind. Suppl. III. 180. 1934. — Ind. bor.—China austr.
Nephrodium Bak. 1867. Aspidium multicaudatum Wall., Bedd. 1883, Index
cum syn.; Tectaria Ching 1931. — A. neglectum Mett., Kuhn 1869, Index.
gymnocarpa Cop. Phil. Journ. Sci. 9C. 4. 1914 = T. ferruginea.
Haenkei (Pr.) Cop. Bishop Mus. Bull. 59. 50. 1929. — Ins. Mariannae, Fiji.
(Timor). — Aspidium Pr. 1825, Index.
Haynaldii (Sod.) C. Chr. Ind. Suppl. III. 180. 1934. — Ecuador.
Aspidium (Sod.) C. Chr. Index.
hederifolia (Bak.) C. Chr. Ind. Suppl. III. 180. 1934. — Ins. Salomonis.
Aspidium (Bak.) Diels 1899, Index.
hemitelliformis (v. A. v. R.) C. Chr. Ind. Suppl. III. 180. 1934. — Java.
Dictyopteris v. A. v. R. Bull. Buit. II no. 11. 7. 1913; Aspidium v. A. v. R.
1913, Ind. Suppl. prél.
heptaphylla (Bak.) C. Chr. Ind. Suppl. III. 180. 1934. — Samoa.
Aspidium (Bak.) C. Chr. Index.
heracleifolia (Willd.) Underw. Bull. Torr. Cl. 33. 200. 1906.
Aspidium Willd. 1810, Ind. Suppl. 93 cum syn.
heterosora (Bak.) Ching, Sinensia 2. 29 f. 9. 1931. — India bor. Burma.
Aspidium (Bak.) Bedd. 1892, Index cum syn.
Hippocrepis Cop. Phil. Journ. Sci. 2C. 410. 1907 = T. cicutaria.
Holttumii C. Chr. Gardens' Bull. 7. 259 t. 55. 1934. — Borneo.
hymenodes (Mett.) J. W. Moore, Bishop Mus. Bull. 102. 7. 1933. — Ins. Soc.
Aspidium Mett., Kuhn, Linn. 36. 123. 1869.
irregularis (Pr.) Cop. Phil. Journ. Sci. 2C. 416. 1907. — Malesia.
Aspidium (Pr.) C. Chr. Index cum syn. — A. Brongniartii (Bory) Diels
1899, Index cum syn.; Dictyopteris Nakai 1933. Aspidium Whitfordi Cop.
1905, Index 662; Dictyopteris v. A. v. R. 1909. — Aspidium submembranaceum Hayata 1914, Ind. Suppl. prél.
irrigua (J. Sm.) Cop. l. c. 413. — Ins. Phil. — Aspidium J. Sm. 1841, Index
cum syn. A. lamaoense Cop. 1905, Index 661; Dictyopteris v. A. v. R. 1909.
Jardini (Mett.) E. Brown, Bishop Mus. Bull. 89. 36 f. 11. 1931. — Marquesas.
Aspidium Mett., Kuhn 1869, Index.
Johannis Winkleri C. Chr. Ind. Suppl. III. 180. 1934. — Borneo.
Aspidium C. Chr. Mitt. Inst. Hamburg 7. 149. 1928.
juglandifolia (Bak.) C. Chr. Ind. Suppl. III. 180. 1934. — Fiji.
Nephrodium Bak. JoB. 1879. 296, Index. (an Aspidium Christ 1896, Samoa?).
kanakorum (Fourn.) Maxon, Proc. Biol. Soc. Wash. 36. 176. 1923. — N. Cale-
donia. — Aspidium (Fourn.) C. Chr. Index.
Kawakamii (v. A. v. R.) C. Chr. Ind. Suppl. III. 180. 1934. — Celebes.
Aspidium v. A. v. R. 1912, Ind. Suppl.

Keckii (Luerss.) C. Chr. Ind. Suppl. III. 181. 1934. — Sumatra.
Aspidium Luerss. 1882, Index.

Kingii Cop. Phil. Journ. Sci. 9 C. 4. 1914. — N. Guinea.
Aspidium C. Chr. Ind. Suppl. prél; Pleocnemia v. A. v. R 1917.

Kunzei (Hier.) C. Chr. Ind. Suppl. III. 181. 1934. — Ecuador.
Aspidium Hier. 1907. Ind. Suppl.

kwangtungensis Ching, Bull. Fan Mem. Inst. 2. 199. t. 14. 1931. — Kwangtung.

kwarenkoensis (Hayata) C. Chr. Ind. Suppl. III. 181. 1934. — Formosa.
Aspidium Hayata, Ic. Pl. Formosa 8. 138. 1918; Dryomenis Nakai 1933.
Aspidium pachinense Hayata 1918.

labrusca (Hk.) Cop. Phil. Journ. Sci. 2 C. 410. 1907. — Malesia.
Aspidium (Hk.) Christ 1897, Index. A. vitis (Racib.) C. Chr. Index; Dictyopteris v. A. v. R. 1909. — D. nusakembangana v. A. v. R. 1917. — (Cf. C. Chr. Sv. Bot. Tids. 16. 90. 1922).

laciniata Ching, Bull. Fan Mem. Inst. 2. 200 t. 15. 1931. — China austr. Tonkin.

latifolia (Forst.) Cop. Phil. Journ. Sci. 2 C. 410. 1907. — Polynesia.
Aspidium (Forst.) J. Sm. 1841, Index (excl. syn. Aspidium hymenodes Mett. et Bathmium Seemanni Fourn.).

Lawrenceana (Moore) C. Chr. Dansk. Bot Ark. 7. 66 t. 17. 1932. — Madagascar. — Aspidium (Moore) Diels 1899, Index.

Ledermanni (Brause) C. Chr. Ind. Suppl. III. 181. 1934. — N. Guinea.
Aspidium Brause, Engl. Jahrb. 56. 114. 1920.

Leprieurii (Mett.) C. Chr. Ind. Suppl. III. 181. 1934. — Panama—Guiana.
Aspidium Mett., Kuhn 1869, Index.

leptophylla (C. H. Wright) Ching, Sinensia 2. 22. 1931. — Tonkin.
Aspidium (Wright) C. Chr. Ind. Suppl.

Leuzeana (Gaud.) Cop. Phil. Journ. Sci. 2 C. 417. 1907. — China merid. — Asia et Polynesia trop. — Aspidium (Gaud.) Kze. 1846, Index. — Tectaria olivacea Cop. 1914; Aspidium C. Chr. Ind. Suppl. prél.; Dictyopteris v. A. v. R. 1917. — Aspidium rufinerve Hayata 1911, Ind. Suppl. prél.; Pleocnemia Nakai 1933.

lifuensis (Fourn.) C. Chr. Ind. Suppl. III. 181. 1934. — N. Caledonia, Loyalty Ins. — Aspidium (Fourn.) C Chr. Index.

Lizarzaburui (Sod.) C. Chr. Ind. Suppl. III. 181. 1934. — Ecuador.
Aspidium (Sod.) C. Chr. Index.

Lobbii (Hk.) Cop Phil. Journ. Sci. 10 C. 146. 1913. — Borneo.
Aspidium Hk. 1862, Index. — A. Hosei (Bak.) C. Chr. Index.

longicruris C. Chr. Contr. U. S. Nat. Herb. 26. 331. 1931 = T. Simonsii.

macrodonta (Fée) C. Chr. Ind. Suppl. III. 181. 1934. — China—austr.— Malesia (?). Africa pr. trop. Madagascar. — Sagenia Fée, Gen. 313 (nomen) t. 24 A f. 1. 1852; Aspidium coadunatum Wall. 1828, Hk. et Grev. Ic. t. 202. 1831 (non Klf. 1824); A. cicutarium C. Chr. Index cum syn. — A. pinfaense Christ 1909, Ind. Suppl. — Tectaria Christii Cop. 1907. Aspid. C. Chr. Ind. Suppl. Aspid. kwanonense Hayata 1918. — Sagenia gemmifera Fée 1852 (Madagascar, an sp. bona ?). — (An Sagenia repanda Pr. 1849?, nom. opt.?).

macrodus (Reinw.) C. Chr. Ind. Suppl. III. 181. 1934. — Malesia....
Aspidium (Reinw.) Keys. 1873, Index cum syn.

macrosora (Bak.) C. Chr. Ind. Suppl. III. 181. 1934. — Ins. Salomonis.
Aspidium (Bak.) Diels 1901, Index.

magnifica (Bonap.) C. Chr. Dansk Bot. Ark. 7. 67 t. 20, 21. 1932. — Madagascar. — Aspidium Bonap. N. Pt. 16. 183. 1925.

Maingayi (Bak.) C. Chr. Ind. Suppl. III. 182. 1934. — Malacca, Sumatra.
Gymnogramme Bak. Syn. 517. 1874; Selliguea Bedd. 1876; Polypodium
Diels 1899, Index; Hemionitis Ridley 1926. Aspidium subdecurrens (Luerss.)
C. Chr. Index. Campylogramme Trollii Goebel 1931. — (Cf. Holttum,
Gard. Bull. S. S. 5. 207. 1931.
malayensis (Christ) Cop. Phil. Journ. Sci. 2 C. 416. 1907. — Malesia.
Aspidium Christ 1907, Ind. Suppl.; Pleocnemia v. A. v. R. 1917.
marchionica E. Brown, Bishop Mus. Bull. 89. 33 f. 10. 1931. — Marquesas.
martinicensis (Spr.) Cop. Phil. Journ. Sci. 2 C. 410. 1907. — America trop.
Aspidium Spr. 1804, Index cum syn.; Bathmium Nakai 1926.
Matthewii Ching, Bull. Fan Mem. Inst. 2. 199 t. 13. 1931. — Kwantung.
(Dryopteris sp. ?).
megalocarpa (Hk.) C. Chr. Ind. Suppl. III. 182. 1934. — Java.
Aspidium (Hk.) C. Chr. Index.
melanocaulis (Bl.) Cop. Phil. Journ. Sci. 2 C. 416. 1907. — Asia trop. N.
Guinea. — Aspidium Bl. 1828, Index.
melanorachis (Bak.) C. Chr. Ind. Suppl. III. 182. 1934. — Borneo.
Aspidium (Bak.) C. Chr. Index.
menyanthidis (Pr.) Cop. Phil. Journ. Sci. 2 C. 414. 1907. — Ins. Phil. Mela-
nesia. — Aspidium Pr. 1825, Index.
Milnei (Hk.) Cop. Univ. Calif. Publ. Bot. 14. 358. 1929. — N. Caledonia.
Polypodium Hk. sp. 4. 254. 1862. Aspidium viridans Mett., Kuhn 1869, Index.
minima Underw. Bull. Torr. Cl. 33. 199. 1906. — Florida, Bahamae, Cuba,
Hispaniola. — Aspidium Christ 1910, Index Suppl.
minuta Cop. Phil. Journ. Sci. 30. 328. 1926. — N. Guinea.
Moorei (Hk.) C. Chr. Ind. Suppl. III. 182. 1934. — N. Caledonia.
Aspidium (Hk.) Diels 1899, Index.
Morlae (Sod.) C. Chr. Ind. Suppl. III. 182. 1934. — Ecuador.
Polypodium Sod. Cr. vasc. quit. 461. 1893; Dryopteris C. Chr. Index.
Mülleri C. Chr. Ind. Suppl. III. 182. 1934. — Queensland.
Aspidium C. Chr. Index cum syn.
multicaudata Ching, Sinensia 2. 20. 1931 = T. Griffithii.
Murrayi (Bak.) C. Chr. Ind. Suppl. III. 182. 1934. — Ins. St. Lucia.
Aspidium Bak. 1891, Index; Nephrodium Jenm. 1898.
murudensis Cop. Phil. Journ. Sci. 12 C. 58. 1917 = T. ternata.
myriosora (Christ) C. Chr. Ind. Suppl. III. 182. 1934. — Costa Rica.
Aspidium Christ 1905, Index.
nebulosa (Bak.) C. Chr. Ind. Suppl. III. 182. 1934. — Sumatra.
Aspidium (Bak.) C. Chr. Index.
neglecta (Mett.) C. Chr. supra 29 = T. Griffithii.
nicaraguensis (Fourn.) C. Chr. Ind. Suppl. III. 182. 1934. — Nicaragua.
Aspidium (Fourn.) Bak. 1874, Index.
nicotianifolia (Bak.) C. Chr. Ind. Suppl. III. 182. 1934. — Ecuador.
Aspidium (Bak.) Diels 1899, Index.
nigrescens (Mett.) C. Chr. Ind. Suppl. III. 182. 1934. — Africa occ. trop.
Aspidium Mett., Kuhn 1868, Index.
novoguineensis (Ros.) C. Chr. Ind. Suppl. III. 182. 1934. — N. Guinea.
Aspidium Ros. Med. Rijks Herb. no. 31. 4. 1917.
novo-pommeranica (Rechinger) C. Chr. Ind. Suppl. III. 182. 1934. — N. Pommern. — Aspidium Rechinger 1913, Ind. Suppl. prél.

oligophylla (Ros.) C. Chr. Ind. Suppl. III. 183. 1934. — Sumatra.
Aspidium Ros. 1908, Ind. Suppl.

olivacea Cop. Phil. Journ. Sci. 9 C. 228. 1914 = T. Leuzeana.

organensis C. Chr. Ind. Suppl. III. 183. 1934. — Brasilia.
Aspidium C. Chr. Index cum syn.

orosiensis (Christ) C. Chr. Ind. Suppl. III. 183. 1934. — Costa Rica.
Aspidium Christ 1906, Ind. Suppl.

palmata (Mett.) C. Chr. Ind. Suppl. III. 183. 1934. — Borneo, Sumatra.
Aspidium Mett. 1864, Index.

pandurifolia C. Chr. Ind. Suppl. III. 183. 1934. — Borneo.
Aspidium C. Chr. Mitt. Inst. Hamburg 7. 149. 1928.

papuana Cop. Phil. Journ. Sci. 6 C. 76. 1911. — N. Guinea.
Aspidium v. A. v. R. 1912, Ind. Suppl.

papyracea (v. A. v. R.) C. Chr. Ind. Suppl. III. 183. 1934. — Sumatra.
Aspidium v. A. v. R. Bull. Buit. III. 2. 131. 1920.

pentaphylla v. A. v. R. Bull. Dépt agric. Ind. néerl. 18. 16. 1908 (syn.). — N.
Guinea. — Dictyopteris v. A. v. R. l. c.; Aspidium v. A. v. R. l. c.; A.
quinquefoliolatum C. Chr. Ind. Suppl.

phaeocaulis (Ros.) C. Chr. Ind. Suppl. III. 183. 1934. — Formosa.
Aspidium Ros. Hedwigia 56. 345. 1915, Ind. Suppl. prél.

pica (L. fil.) C. Chr. Dansk Bot. Ark. 7. 65. 1932. — Ins. Mascarenae, Madagascar. — Aspidium (L. fil.) Desv. 1811, Index cum syn.

plantaginea (Jacq.) Maxon, Contr. U. S. Nat. Herb. 10. 494. 1908. — Ind.
occ.—Brasilia. — Aspidium (Jacq.) Gris. 1857, Index cum syn.

platanifolia (Mett.) C. Chr. Ind. Suppl. III. 183. 1934. — Malesia.
Aspidium Mett. 1864, Index.

pleiosora (v. A. v. R.) C. Chr. Gardens' Bull. S. S. 7. 260. 1934. — Malacca,
Sumatra, Borneo, N. Guinea. — Aspidium v. A. v. R. Mal. Ferns Suppl.
199. 1917, Bull. Buit. III. 2. 131. 1918.

pleiotoma (Bak.) C. Chr. Dansk Bot. Ark. 7. 65. 1932. — Ins. Seychellae,
Réunion. — Aspidium (Bak.) Kuhn 1879, Index.

pleocnemioides (v. A. v. R.) C. Chr. Ind. Suppl. III. 183. 1934. — N. Guinea.
Aspidium v. A. v. R. Nova Guinea 14. 6. 1924.

Plumierii Cop. Phil. Journ. Sci. 2 C. 410. 1907 = T. trifoliata.

Poeppigii (Pr.) C. Chr. Ind. Suppl. III. 183. 1934. — Peru. Nicaragua.
Aspidium Pr. 1849, Index.

polymorpha (Wall.) Cop. Phil. Journ. Sci. 2 C. 413. 1907. — China austr.—
Malesia. — Aspidium Wall. 1828, Index (excl. syn. Nephrodium Wightii
Cl.); Dryomenis Nakai 1933. — Aspidium nantoense Hayata 1918.

porphyrocaulis (v. A. v. R.) C. Chr. Ind. Suppl. III. 183. 1934. — Ternate.
Pleocnemia v. A. v. R. Bull. Buit. III. 5. 215. 1922.

prominens (v. A. v. R.) C. Chr. Ind. Suppl. III. 183. 1934. — Sumatra.
Aspidium v. A. v. R. Bull. Buit. II no. 16. 56. 1914, Ind. Suppl. prél.

puberula (Desv.) C. Chr. Dansk Bot. Ark. 7. 67. 1932. — Ins. Mascarenae,
Madagascar. — Aspidium Desv. 1827, Index cum syn.

purdiaei Maxon, Contr. U. S. Nat. Herb. 10. 494. 1908 = T. trifoliata.

quinquefida (Bak.) Ching, Sinensia 2. 26 f. 7. 1931. — Tonkin, China austr.
Aspidium (Bak.) Diels 1899, Index. A. Esquirolii (Christ) C. Chr. Ind. Suppl.
A. polysorum Ros. 1914, Ind. Suppl. prél.

quitensis C. Chr. Ind Suppl. III. 184. 1934. — Ecuador.
Aspidium C. Chr. Index.

rara (v. A. v. R.) C. Chr. Ind. Suppl. III. 184. 1934. — Banka.
Aspidium v. A. v. R. Bull. Buit. II no. 28. 7. 1918.

rheosora (Bak.) C. Chr. Ind. Suppl. III. 184. 1934. — Costa Rica.
Aspidium (Bak.) C. Chr. Index.

Ridleyana (v. A. v. R.) C. Chr. Ind. Suppl. III. 184. 1934. — N. Guinea.
Aspidium v. A. v. R. Mal. Ferns Suppl. 505. 1917. Asplenium alatum
Ridley, Tr. Linn. Soc. II Bot. 9. 256. 1916.

rivalis (Mett.) C. Chr. Ind. Suppl. III. 184. 1934. — Panama—Ecuador.
Aspidium Mett., Kuhn 1869, Index.

Rockii C. Chr. Contr. U. S. Nat. Herb. 26. 331. 1931. — Burma.
T. burmanica Ching 1931.

rotundilobata (Bonap.) C. Chr. Dansk Bot. Ark. 7. 67 t. 21 f. 3—7. 1932.
Aspidium Bonap. N. Pt. 16. 185. 1925.

rufo-villosa (Ros.) C. Chr. Ind. Suppl. III. 184. 1934. — Costa Rica.
Aspidium Ros. Fedde Rep. 22. 11. 1925.

rumicifolia (Ridley) C. Chr. Ind. Suppl. III. 184. 1934. — Malacca (Selangor).
Leptochilus Ridley, Journ. Mal. Br. R. As. Soc. 4. 116. 1926.

saxicola (Bl.) Cop. Brittonia 1. 72. 1931. — Java.
Aspidium Bl. 1828, Index.

Seemanni (Fourn.) Cop. Univ. Calif. Publ. Bot. 14. 358. 1929. — N. Caledonia. (Fiji?). — Bathmium Fourn. Ann. sci. nat. V. 18. 301. 1873.

semibipinnata (Wall.) C. Chr. Ind. Suppl. III. 184. 1934. — Malacca, Borneo.
Aspidium Wall. 1828, Index. A. nudum (Bak.) Diels 1901, Index.

serrata Cav. 1802 = Dryopteris Haenkeana.

Setchellii Maxon, Proc. Biol. Soc. Wash. 36. 174. 1923. — Samoa.

siifolia (Willd.) Cop. Phil. Journ. Sci. 2 C. 414. 1907. — Malesia, N. Guinea.
Aspidium (Willd.) Mett. 1864, Index cum syn.

Simonsii (Bak.) Ching, Sinensia 2. 32 f. 13. 1931. — Ind. bor.—China austr.
Aspidium (Bak.) Bedd. 1876; Index. A. longicrure Christ 1909, Ind. Suppl.;
Tectaria C. Chr. 1931.

singaporiana (Wall.) Ching, Sinensia 2. 25. 1931. — Siam, Malacca, Borneo.
Aspidium Wall., Hk. et Grev. 1827, Index (excl. loc. China).

sinuata (Labill.) C. Chr. Ind. Suppl. III. 184. 1934. — N. Caledonia.
Aspidium Labill. 1824, Index.

Sinii Ching, Bull. Dept. Biol. Coll. Sci. Sun Yatsen Univ. no. 6. 22. 1933. —
Kwangsi. — Aspidium sp. Wu, Polypod. Yaoshan. t. 22. 1932.

Sodiroi (Bak.) Maxon, Proc. Biol. Soc. Wash. 43. 88. 1930. — Colombia
—Ecuador. — Aspidium (Bak.) Hier. 1904, Index.

sparsiflora (Hk.) Alston, JoB. 1934. 3. — Africa occ. trop.
Aspidium (Hk.) Diels 1899, Index; Phegopteris Sadebeck 1895.

Stearnsii Maxon, Proc. Biol. Soc. Wash. 36. 175. 1923. — Samoa.

stenoptera Ching, Sinensia 2. 27 f. 9. 1931 = T. Balansae.

stenosemioides (v. A. v. R.) C. Chr. Ind. Suppl. III. 184. 1934. — Sumatra.
Pleocnemia v. A. v. R. Bull. Buit. III. 2. 164. 1920.

subaequalis (Ros.) Cop. Phil. Journ. Sci. 9 C. 5. 1914. — N. Guinea. — Aspidium
Ros. Fedde Rep. 12. 176, 1913, Ind. Suppl. prél.; Dictyopteris v. A. v. R. 1917.

subcaudata v. A. v. R. Bull. Dépt. agric. Ind. néerl. 18. 9. 1908 (syn.). —
Borneo. — Aspidium v. A. v. R. l. c., Ind. Suppl.

subconfluens (Bedd.) Ching, Sinensia **2**. 27 f. 8. 1931. — India bor.
Aspidium Bedd. 1876, Index.

subdigitata (Bak) C. Chr. Ind. Suppl. III. 185. 1934. — Borneo.
Nephrodium Bak. 1887; Aspidium psilopodum C. Chr. Index.

subebenea (Christ) C. Chr. Ind. Suppl. III. 185. 1934. — Costa Rica.
Aspidium Christ 1905, index.

subpedata (Harr.) Ching, Sinensia **2**. 23 f. 4. 1931. — Formosa, China austr.,
Tonkin, Burma. — Aspidium (Harr.) Diels 1899, Index; Sagenia Nakai 1933.
Aspidium Morsei (Bak.) C. Chr. Ind. Suppl.

subrepanda (Bak.) C. Chr. Ind. Suppl. III. 185. 1934. — Ecuador.
Aspidium Bak. 1891, Index.

subtriphylla (Hk. et Arn.) Cop. Phil. Journ. Sci. **2**. 410. 1907. — India—
Formosa. — (Malesia—Polynesia?). — Aspidium (Hk. et Arn.) Hk. 1862,
Index cum syn. A. hokutense Hayata 1911, Ind. Suppl. prél.

sumatrana C. Chr. Ind. Suppl. III. 185. 1934. — Sumatra.
Aspidium C. Chr. Index.

tahitensis Maxon, Univ. Calif. Publ. Bot. **12**. 29. 1924. — Tahiti.

Tatei (Bak.) C. Chr. Ind. Suppl. III. 185. 1934. — Nicaragua.
Aspidium (Bak.) Diels 1899, Index.

tenerifrons (Hk.) Ching, Sinensia **2**. 34. 1931. — Burma. — Polypodium
Hk. sp. **5**. 104. 1864 (non **4**. 1862); Aspidium Diels 1899, Index.

tenuifolia (Mett.) Maxon, Proc. Biol. Soc. Wash. **36**. 174. 1923. — Tahiti.
Aspidium Mett. 1869.

teratocarpa (v. A. v. R.) C. Chr. Ind. Suppl. III. 185. 1934. — N. Guinea.
Aspidium v. A. v. R. Nova Guinea **14**. 6. 1924.

terminalis (Ros.) C. Chr. Ind. Suppl. III. 185. 1934. — Borneo, Luzon, Siam.
Aspidium Ros. Med. Rijks. Herb. no. 31. 4. 1917, C. Chr. Gardens' Bull.
S. S. **4**. 393. 1929 (descr.). A. trifolium v. A. v. R. 1912, Ind. Suppl. (non
A. trifoliatum Sw. 1801); Tectaria C. Chr. 1933.

ternata (Bak.) Cop. Phil. Journ. Sci. **12** C. 58. 1917. — Borneo, Malacca.
Aspidium (Bak.) Diels 1899, Index. — Tectaria murudensis Cop. 1917.

ternatensis v. A. v. R. Bull. Dépt. agric. Ind. néerl. **18**. 9. 1908 (syn.). —
Ternate. — Aspidium v. A. v. R. l. c., Ind. Suppl. prél.

ternifolia (v. A. v. R.) C. Chr. Ind. Suppl. III. 185. 1934. — Perak.
Aspidium v. A. v. R. Bull. Buit. II no. 11. 3. 1913, Ind. Suppl. prél.

Thwaitesii (Bedd.) Ching, Sinensia **2**. 18. 1931. — Ceylon.
Aspidium Bedd. 1876, Index cum syn.

trifolia C. Chr. Engl. Jahrb. **66**. 49. 1933 = T. terminalis.

trifoliata (L.) Cav. Descr. 249. 1802. — Amer. trop.
Aspidium (L.) Sw. 1801, Index (excl. syn. A. heracleifolium Willd.). — A.
psammiosorum C. Chr. Index cum syn. — A. Purdiaei Jenm. 1897, Index;
Tectaria Maxon 1908. A. Plumierii Pr. 1825, Index. Tectaria Cop. 1907. —
A. domingense (Bak.) C. Chr. Ind. (loc. err.).

triloba (Sod.) C. Chr. Ind. Suppl. III. 185. 1934. — Ecuador.
Aspidium Sod. 1893, Index.

Trimeni (Bedd.) C. Chr. Ind. Suppl. III. 1934. — India austr., Malesia.
Aspidium (Bedd.) Diels 1899, Ind. Suppl. 94 cum syn.

trinitensis Maxon, Amer. Fern Journ. **20**. 3. 1930. — Trinidad.

tripartita (Bak.) Cop. Bishop Mus. Bull. **59**. 50. 1929. — Fiji.
Aspidium (Bak.) Diels 1899, Index.

tripinnata (Ros.) Cop. Univ. Calif. Publ. Bot. **14**. 358. 1929. — Loyalty Ins.
Aspidium latifolium var. tripinnata Ros. Fedde Rep. **9**. 162. 1910.

varians (Moore) C. Chr. Ind. Suppl. III. 186. 1934. — Africa occ. trop.
Aspidium (Moore) C. Chr. Index cum syn.

variolosa (Wall.) C. Chr. Contr. U. S. Nat. Herb. **26**. 289. 1931. — Ind. bor.
—Formosa—Siam. — Aspidium Wall. 1828, Index. — t. Ching adhuc: A.
brachiatum Zoll. et Moritz 1844, Index c. syn. (Java), an nom. optimum?.

vasta (Bl.) Cop. Phil. Journ. Sci. **2**C. 411. 1907. — Asia trop.
Aspidium Bl. 1828, Index. — A. tricuspe Bedd. 1892, Index.

Weberi Cop. Phil. Journ. Sci. **7**C. 54. 1912. — Mindanao.
Aspidium C. Chr. Ind. Suppl.

Weinlandii (Christ) Cop. Journ. Arnold Arb. **10**. 177. 1929. — N. Guinea.
Aspidium Christ 1901, Index.

Wightii (Clarke) Ching, Sinensia **2**. 28 f. 10. 1931. — India austr. Sikkim.
Nephrodium Clarke, Tr. Linn. Soc. II. Bot. **1**. 538 t. 76. 1880.

yunnanensis (Bak.) Ching, Sinensia **2**. 24 f. 6. 1931. — China austr. Tonkin.
Aspidium (Bak.) Christ 1909, Ind. Suppl.

TECTARIDIUM Copeland, Phil. Journ. Sci. **30**. 329. 1926. — (Polypodiaceae
MacLeanii Cop. l. c. t. 1. — Luzon. [Gen. **34**).
primitivum Cop. l. c. — Leyte.

TERATOPHYLLUM Mettenius, Kuhn 1869, Holttum, Gardens' Bull. S. S. **5**.
277. 1932. — Stenochlaena sp. Index. — (Polypodiaceae Gen. **87**).

aculeatum (Bl.) Mett. 1869; Holttum, l. c. 284 f. 38—40, t. 2—3: — Malesia.
N. Guinea. — Stenochlaena (Bl.) Kze. 1848, Index cum syn.

arthropteroides (Christ) Holttum, l. c. 303 t. 12. — Ins. Phil.
Stenochlaena Christ 1906, Index.

Clemensiae Holttum, Gardens' Bull. S. S. **7**. 262 fig. 1934. — Borneo.

gracile (Bl.) Holttum, l. c. **7**. 291 t. 5. — Java. — Stenochlaena (Bl.) Kze. 1848,
Koordersii Holttum, l. c. 301 f. 48—49, t. 11. — Celebes. [Index.

ludens (Fée) Holttum, l. c. 298 t. 10. — Malesia. — Lomariopsis Fée 1845.
Stenochlaena sorbifolia var. 20 cum syn.

luzonicum Holttum, l. c. 297 t. 9. — Luzon.

rotundifoliatum (Bonap.) Holttum, l. c. 294 t. 7—8. — Malesia.
Stenochlaena Bonap. N. Pt. **14**. 58. 1924.

Williamsii (Und.) Holttum, l. c. 292 t. 6. — Ins. Phil. — Stenochlaena Und.

THAMNOPTERIS Presl. = **Asplenium**. [1906, Ind. Suppl.
antiquum Makino, Journ. Jap. Bot. **8**. 7. 1932 = A. nidus *rigidum.

THELYPTERIS Schmidel = **Dryopteris**.
arguta Moxley, Bull. South. Calif. Acad. Sci. **19**. 57. 1920.
augescens Munz et Johnston, Amer. Fern Journ. **12**. 75. 1922.
Clintoniana House, N. Y. State Mus. Bull. no. 233—234. 69. 1920.
dilatata House, l. c. = D. spinulosa*.
Dryopteris Slosson in Rydberg, Fl. Rocky Mts. 1044. 1917 = D. Linnaeana.
Feei Moxley, Bull. South. Calif. Acad. Sci. **20**. 35. 1921 = D. augescens.
funesta Alston, Kew Bull. **1932**. 309 = D. protensa*.
hexagonoptera Weatherby, Rhodora **21**. 179. 1919.
intermedia House, N. Y. State Mus. no. 233—234. 1920 = D. spinulosa*.
normalis Moxley, Bull. South. Calif. Acad. Sci. **19**. 57. 1920 = D. augescens.
Oreopteris Slosson in Rydberg, Fl. Rocky Mts. 1043. 1917.
Phegopteris Slosson, l. c.

Robertiana Slosson, l. c. 1044.
serrata Alston, Kew Bull. **1932**. 309.
THYSANOBOTRYA v. A. v. R. Bull. Buit. II no. 28. 66. 1918 = **Alsophila**.
arfakensis v. A. v. R. l. c. t. 10 = A. biformis.
THYSANOSORIA Gepp in Gibbs, Dutch N. W. N. Guinea 193. 1917. — (Poly-
podiaceae Gen. 88).
dimorphophylla Gepp. l. c. t. 4 = T. pteridiformis.
pteridiformis (Cesati) C. Chr. Ind. Suppl. III. 187. 1934. — N. Guinea.
Notholaena? (Ces.) Bak. 1876, Index.
TRACHYPREMNON Lindig, Contr. Colomb. Cienc. **2**. 34. 1861 = **Cyathea** sens. lat.
TRACHYPTERIS André. — (Polypodiaceae Gen. 100).
Drakeana C. Chr. in Bonap. N. Pt. **16**. 194. 1925, Dansk Bot. Ark. **7**. 111 t.
42. 1932. — Madagascar.
TRICHOMANES L.

C = **Cephalomanes**.	M = **Microtrichomanes**.
Cr = **Crepidium**.	N = **Neuromanes**.
F = **Feea**.	P = **Ptilophyllum**.
G = **Gonocormus**.	Pl = **Pleuromanes**.
H = **Hemiphlebium**.	Ta = **Taschneria**.

sine litt. = **Eutrichomanes** sens. lat.
Cop. l. c. = Copeland: Trichomanes. Phil. Journ. Sci. 51. 1933.
(Ta) **acutilobum** Ching in C. Chr. Ind. Suppl. III. 187. 1934. — India—China
merid.—Tonkin. — Didymoglossum racemulosum v. d. B. Ned. kr. Arch.
5³. 145. 1863 (non Trichomanes v. d. B. 1863).
acuto-obtusum Hayata 1914, Ind. Suppl. prél. = T. Makinoi.
(Pl) **acutum** Pr. Hym. 134. 1843; Cop. l. c. 140. — Ins. Phil. — Pleuromanes
alatum Bory 1828 = T. Boryanum.   [Pr. 1849.
ambongoense Bonap. N. Pt. **9**. 13. 1920 = T. Mannii.
(P) **anadromum** Ros. Fedde Rep. **21**. 344. 1925. — Brasilia.
angustilaciniatum Bonap. N. Pt. **16**. 11. 1925 = T. Mannii.
angustimarginatum Bonap. l. c. 12; C. Chr. Dansk Bot. Ark. **7**. 7 t.
1 f. 14—17. 1932. — Madagascar.
apiifolium Pr. 1843, v. d. B. Hym. Jav. 26 t. 19; Cop. l. c. 227 t. 42 f.
1. — Malesia—Polynesia. — T. Bauerianum part. Index. — T. meifolium Bl. 1828 (non Bory 1810). — T. eminens Pr. 1843. — T. myrioplasium Kze. 1846. — T. exaltatum Brack. 1854.
Asae-Grayi v. d. B. 1861, Cop. l. c. 264 t. 61 f. 1. — Fiji, Samoa, Tahiti.
asplenioides Pr. 1843, Cop. l. c. 249 t. 52 f. 2, t. 55 f. 1 (non Sw. 1788)
= T. javanicum var. (an sp.?).
(C) **atrovirens** (Pr.) Kze. Bot. Zeit **1847**. 371, Cop. l. c. 251 t. 52 f. 3, t. 55 f.
2. — Ins. Phil. N. Guinea. — Cephalomanes Pr. Hym. 18 t. 5. 1843.
Trichomanes rhomboideum J. Sm. 1841 (nomen).
Baileyanum Watts, Pr. Linn. Soc. N. S. Wales **39**. 758 t. 86 f. 1. 1915
= T. sublimbatum.
Baldwinii (Eat.) Cop. Phil. Journ. Sci. **51**. 230 t. 42 f. 4—8. 1933. —
Ins. Hawaii. — Hymenophyllum Eat. 1879, Index.
batrachoglossum Cop. l. c. 244 t. 50, 51 f. 1—2. — Liberia.
Bauerianum Endl. 1833, Index excl. syn. omn.; Cop. l. c. 229 t. 42 f. 2.
Ins. Norfolk et Lord Howe ....?
Bauerianum auctt., Index pro max. parte = T. apiifolium.

(H) **Beccarianum** Cesati 1876, Ind. Suppl. 130; Cop. l. c. 200 t. 29. — Malesia.
N. Guinea. — T. cognatum Ces. 1877. T. minutissimum v. A. v. R. 1916,
Ind. Suppl. prél.
bifidum Vent.; Willd. 1810. — India or.?

(Ta) **bilabiatum** Nees et Bl.; Cop. l. c. 179 t. 18 f. 4—5. — Dele syn. D. brevipes Pr. etc. — Adhuc t. Cop. T. capillatum Taschn. 1843; Didymoglossum Pr. 1843. Trichomanes bilobatum v. A. v. R. 1915 (T. bilabiatum Ind. Suppl. prél. ex err.). T. minimum v. A. v. R. 1920.
bilabiatum Ind. Suppl. prél. (err.) = bilobatum.
bilingue Hk. 1841 = T. brevipes.
bilobatum v. A. v. R. Bull. Buit. II no. 20. 24. 1915 = T. bilabiatum.

(Ta) **bipunctatum** Poir., Cop. l. c. 177 t. 18 f. 1—4. — Dele syn. plur. Cf. T.
acutilobum, insigne, latealatum, latifrons, plicatum. Sp. ceterae Boschii
mihi dubiae sunt.
bipunctatum var. venulosa Ros. Hedwigia **56**. 350. 1915 = T. venulosum.
birmanicum Bedd. 1876. — Birma, Tonkin, China merid. Liu Kiu.
T. liu-kiuense Yabe 1905, Index.
blepharistomum Cop. Phil. Journ. Sci. **51**. 225 t. 41. 1933. — Ins. Phil.
Boivini v. d. B. 1859. — Madagascar. — T. latipinnulata Bonap. 1920;
T. cornutum C. Chr. 1920. (Cf. T. madagascariense).

(M) **Bonapartei** C. Chr. in Bonap. N. Pt. **12**. 15, fig. 1920. — Madagascar.

(G) **bonincolum** Nakai, Bot. Mag. Tokyo **40**. 262. 1926. — Ins. Bonin.
boninense Koidzumi, Bot. Mag. Tokyo **38** 104. — Ins. Bonin.
borneense v. A. v. R. 1915, Ind. Suppl. prél. = T. singaporianum.

(C) **Doryanum** Kze. Farrnkr. **1**. 237 t. 97. 1847; Cop. l. c. 254 t. 52 f. 4. —
Polynesia. — T. alatum Bory, Dup. Voy. **1**. 282 t. 38 f. 2. 1828 (non
Sw. 1801). — Cephalomanes australicum et C. Wilkesii v. d. B. 1861.

(Ta) **brevipes** (Pr.) Bak. Syn. 84. 1867; Cop. l. c. 182 t. 20. — Ins. Phil.
Borneo . . . . — Didymoglossum Pr. Hym. 23, 47. 1843; Trichomanes
melanorhizon Hk. 1845. Didymoglossum anomalum v. d. B. 1863.
brevipes C. Chr. Gard. Bull. S. S. **4**. 377. 1929 = T. Christii.

(G) **Brooksii** Cop. Phil. Journ. Sci. **12** C. 45. 1917. — Borneo.
caespitosum (Gaud.) Hk. 1846, Index = Serpyllopsis.
calvescens v. d. B 1863, Index et Suppl. prél. 59 = T. Lyallii.
capillatum Taschner 1843 = T. bilabiatum (t. Cop.).
cartilagineum Vieill. et Panch., Index = T. dentatum.
caudatum Brack. 1854; Cop. l. c. 262 t. 57 f. 3—5, t. 58 f. 1. — Polynesia. — Dele syn. T. flavofuscum v. d. B. 1861. — Adde syn. T. Milnei
v. d. B. 1861, Index.

(Ta) **Christii** Cop. 1906, l. c. 185 t. 21, Ind. Suppl. — Malesia. — T. recedens
Ros. 1912, Ind. Suppl. T. microlirion Cop. 1915, Ind. Suppl. prél.
cognatum Ces. 1877 = T. Beccarianum.
compactum v. A. v. R. Nova Guinea **14**. 57. 1924; Cop. l. c. 265 t. 59. —
N. Guinea.

(H) **cordifolium** (Fée) Alston, Kew Bull. **1932**. 306. — Ind. occ. Guiana.
Didymoglossum Fée, 11 mém. 113 t. 28 f. 4. 1866.
cornutum C. Chr. in Bonap. N. Pt. **12**. 18 f. 6. 1920 = T. Boivini.
corticola Bedd. 1863—65 = T. nitidulum (t. Cop.).

(P) **crassipilis** Weatherby, Contr. Gray Herb. no. 95. 39 t. 8. 1931. — Hispaniola.

(C) **crassum** Cop. Phil. Journ. Sci. **51**. 256 t. 54, 55 f. 3. 1933. — Ins. Phil.

cuneatum Christ 1907, Ind. Suppl. = T. Francii.

cupressifolium Hayata 1914, Ind. Suppl. prél. = T. latifrons.

cupressoides Desv.; Cop. l. c. 242 t. 49. — Dele loc. Asia trop. et syn. omn. — V. T. obscurum.

(P) **Curranii** Weatherby, Contr. Gray Herb. no. 95. 39 t. 8. 1931. — Venezuela.

(H) **Curtii** Ros. Fedde Rep. 22. 5. 1925. — Costa Rica.

(P) **daguense** Weatherby, Contr. Gray Herb. no. 95. 36 t. 8. 1931. — Colombia.

dentatum v. d. B. 1861; Cop. l. c. 237 t. 45, 46. — Adde syn. T. cartilagineum Vieill. et Panch. 1861, Index. T. Seemanni Carr. 1873.

denticulatum Bak. 1867 = Hymenophyllum Bakeri.

Dregei v. d. B. 1859. — Afr. austr.

elatum v. d. B. 1861 = T. grande.

eminens Pr. 1843 = T. apiifolium.

(Cr) **Endlicherianum** Pr. 1848; Cop. l. c. 168 t. 14, 15. — Polynesia. N. Zealand. — T. erectum Brack. 1854. T. tenue Brack. 1854, Index. — T. Naumanni Kuhn et Luerss. 1896, Index. — (Cf. T. alternans Carr.).

Englerianum Brause, Engl. Jahrb. 56. 37. 1920. — N. Guinea.

erectum Brack. 1854 = T. Endlicherianum.

exaltatum Brack. 1854 = T. apiifolium.

extravagans Cop. Phil. Journ. Sci. 51. 240 t. 48. 1933. — Luzon.

fallax Christ 1909, Ind. Suppl., C. Chr. Dansk Bot. Ark. 7. 5 t. 1 f. 1—2. 1932. — Congo. Madagascar.

flavo-fuscum v. d. B. 1861; Cop. l. c. 264 t. 58 f. 2. — N. Caledonia.

formosanum Yabe 1902, Index = T. latemarginale.

Foxworthyi (Cop.) C. Chr. Ind. Suppl. III. 189. 1934. — Borneo. Hymenophyllum Cop. Phil. Journ. Sci. 12 C. 45. 1917.

(H) **fulgens** C. Chr. in Bonap. N. Pt. 12. 9 f. 1. 1920. — Ins. Sechellae.

fusco-glaucescens Hk. 1841 = T. acutum.

(Cr) **gracillimum** Cop. Phil. Journ. Sci. 51. 168 t. 13. 1933. — Luzon.

grande Cop. Phil. Journ. Sci. 6 C. 70. 1911, 51. 224 t. 40 f. 1—4. 1933. — Ins. Phil. Borneo. — T. millefolium Pr. 1843?, v. d. B. Hym. Jav. 27 t. 20 (non Desv. 1827). T. elatum v. d. B. 1861 (non Forst. 1786). T. Preslianum Nakai 1926. — Cf. T. uniflorum Cav.

Hartii Bak. 1882, Index = T. guineense.

Harveyi Carr. 1873 — = T. intermedium.

Hieronymi Brause 1912, Ind. Suppl. = Hymenophyllum.

hispidulum Mett. 1868, Index = T. superbum.

(Cr) **humile** Forst.; Cop. l. c. 164 t. 12. — Dele var. T. Endlicherianum Pr. et T. erectum Brack. — Adde syn. T. Lauterbachii Christ 1901, Index. — Cf. T. filiculoides Christ. — (T. concinnum Mett. est sp. diversa).

hymenophylloides v. d. B. 1863; Slosson, Bull. Torr. Cl. 42. 651. 1915. — Amer. trop. Africa? — T. pyxidiferum Hk. et Gr. Ic. t. 206 (non L.); T. leptophyllum v. d. B. 1859 (non A. Cunn. 1836).

ignobile Cesati 1876, Index = T. superbum.

(C) **infundibulare** v. A. v. R. Nova Guinea 14. 55. 1924. — N. Guinea.

Ingae C. Chr. in Skottsberg, Nat. Hist. Juan Fernandez 2. 3 f. 2. 1920. — Juan Fernandez.

(Ta) **insigne** (v. d. B.) Bedd. 1868. — Ind. bor. — China—Tonkin. Didymoglossum v. d. B. Ned. kr. Arch. 5³. 143. 1863. — Cf. T. Makinoi.

intermedium v. d. B. 1861; Cop. l. c. 226 t. 40 f. 5. — Fiji... N. Guinea. — T. Harveyi Carr. 1873.

(C) **javanicum** Bl.; Cop. 1. c. 246 t. 52 f. 1. — Dele loc. Polynesia. Austr.
trop. et varr. Ceph. atrovirens Pr. etc. C. Singaporianum, Wilkesii,
australicum v. d. B. Tr. alatum Bory etc.
jungermannioides Fourn. 1873, Index = T. Vieillardii.
kalamocarpum Hayata 1915, Ind. Suppl. prél. = T. orientale.

(P) **Killipii** Weatherby, Contr. Gray Herb. no. 95. 36. t. 8. 1931. — Colombia.
Krugii Christ 1897, Index = T. rigidum.

(Ta) **Kurzii** Bedd.; t. Cop. 1. c. 189 = T. latemarginale (?)
laetum v. d. B. 1861; Cop. 1. c. 261 t. 57 f. 2. — N. Caledonia. N. Hebridae. — T. Luerssenii F. Muell. 1882, Index.

(?) **lasiophyllum** v. A. v. R. Nova Guinea 14. 54. 1924. — N. Guinea.

(Ta) **latealatum** (v. d. B.) Christ 1896? — India—China merid. — Indochina.
Didymoglossum v. d. B. Ned. kr. Arch. 5³. 138. 1863; Cop. 1. c. 192 t. 25, 26.

(Ta) **latemarginale** Eat.; Cop. 1. c. 189 t. 24 (excl. syn. T. Kurzii et T. viridans
(et T. palmifolium?). — China merid.—Tonkin—Formosa. — T. formo-
sanum Yabe 1902. Index.

(H) **latilabiatum** E. Brown, Bishop Mus. Bull. 89. 8 f. 3. 1931. — Marquesas.
latifrons v. d. B. 1863: Cop. 1. c. 139 t. 4. — Ind. bor. Formosa.
T. cupressifolium Hayata 1914, Ind. Suppl. prél.
latipinnulata Bonap. N. Pt. 9. 28. 1920 = T. Boivini.
latipinnum Cop. 1911, Ind. Suppl. = T. obscurum.
Lauterbachii Christ 1901, Index = T. humile.

(C) **Ledermanni** Brause, Engl. Jahrb. 56. 35. 1920. — N. Guinea.
leptophyllum A. Cunn. 1836, Index (excl. syn.) = T. strictum.
leptophyllum v. d. B. 1859 = T. hymenophylloides.

(M) **liberiense** Cop. Phil. Journ. Sci. 51. 160 t. 9 f. 3—6. 1933. — Liberia.
liu-kiuense Yabe 1905, Index = T. birmanicum.
longifrons Nakai, Bot. Mag. Tokyo 40. 266. 1926. — Formosa.

(M) **longilabiatum** Bonap. N. Pt. 16. 13. 1925; C. Chr. Dansk Bot. Ark. 7.
4 t. 2 f. 30—31. 1932. — Madagascar.

(P) **Ludovicianum** Ros. Fedde Rep. 22. 6. 1925. — Costa Rica.
Luerssenii F. Muell. 1882, Index = T. laetum.

(M) **Lyallii** (Hk. f.) Hk.; Cop. 1. c. 163 t. 7 f. 7, t. 11 f. 4. — Adde loc. N. S.
Wales et syn. T. calvescens v. d. B. 1863, Index.
madagascariense (v. d. B.) Moore. — Veris. = T. Boivini.

(Ta) **Majorae** Watts, Pr. Linn. Soc. N. S. Wales 39. 759 t. 46 f. 2. 1915. —
Queensland.

(Ta) **Makinoi** C. Chr.; Cop. 1. c. 195 t. 27. — t. Ching = T. insigne. — Adde
syn. T. tosae Christ 1910, Index. T. acuto-obtusum Hayata 1914, Ind.
Suppl. prél. et (t. Nakai) T. palmifolium Hayata 1914 (vix).

(C) **maluense** Brause, Engl. Jahrb. 56. 36. 1920. — N. Guinea.
mandioccanum Raddi 1825. — Brasilia. Africa trop.
T. rigidum auctt. quoad pl. afr.

(M) **Mannii** Hk. — Africa trop. — Ins. Mascarenae. — T. trinerve Bak. 1877.
T. ambongoense Bonap. 1020. T. angustilaciniatum Bonap. 1925. — Cf.
C. Chr. Dansk Bot. Ark. 7. 4 t. 2 f. 23—29.
Marierii Vieill. (Bak. Syn. 466, syn.) = T. laetum.

(P) **Martiusii** Pr. Hym. 36. 1843. — Amazonas. — T. pilosum Mart. Ic. Cr.
Bras. 104 t. 68 1834 (non Raddi 1819). T. plumula Pr. 1843.
maximum Bl.; Cop. 1. c. 217 t. 38 f. 1—4. — Dele syn. omn. — Adde T.
Miyakei Yabe 1905, Index (t. Nakai).

maximum var. grandiflora Ros. Fedde Rep. 5. 371. 1908 = T. intermedium.

(Ta) **megistostomum** Cop. Phil. Journ. Sci. 51. 191 t. 23 f. 4—6. 1933. — Siam.

meifolium Bory; Index excl. loc. et cit. v. d. B. — Madagascar. Réunion. Cf. T. pluma et C. Chr. Dansk Bot. Ark. 7. 7. 1932.

meifolium Bl. 1828 = T. apiifolium.

meifolium part. auctt., Cop. l. c. 265 = T. pluma.

melanorhizon Hk. 1846 = T. brevipes.

Merrillii Cop. 1906, Ind. Suppl. = T. setaceum.

microchilum Bak. 1894, Index = Hymenophyllum.

microlirion Cop. 1915, Ind. Suppl. prél. = T. Christii.

millefolium Pr. 1843 = T. grande.

Milnei v. d. B. 1861, Index = T. caudatum.

minimum v. A. v. R. Bull. Buit. III. 2. 175. 1920 = T. bilabiatum.

minutissimum v. A. v. R. 1916, Ind. Suppl. prél. = T. Beccarianum.

Miyakei Yabe 1905, Index = T. maximum.

(H) **Motleyi** v. d. B.; Cop. l. c. 201 t. 30 f. 1—4. — Dele varr. omn.

myrioplasium Kze. 1846 = T. apiifolium.

Naseanum Christ. — Veris. T. radicans f.

Naumanni Kuhn et Luerss. 1896, Index = T. Endlicherianum.

nipponicum Nakai, Bot. Mag. Tokyo 40. 270. 1926. — Japonia.

(Cr) **Nymani** Christ; Cop. l. c. 187 t. 19 f. 4. — (Mihi potius T. alternans f.).

obscurum Bl. 1828; Cop. l. c. 233 t. 43, 44. — Malesia—Indochina—N. Guinea. — Adhuc t. Cop. T. papillatum K. Müll. 1854. T. saxatile Moore 1862, Index. T. racemulosum v. d. B. 1863, Index. T. latipinnum Cop. 1911, Ind. Suppl. (T. siamense Christ et T. Euglerianum Brause diversae sp. sunt).

(H) **omphalodes** (Vieill.) C. Chr.; Cop. l. c. 203 t. 31 f. 1—6. — Adde syn. T. pannosum Cesati 1877, Ind. Suppl. 130 (an nom. opt.?).

pachyphlebium C. Chr. in Bonap. N. Pt. 12. 16 f. 5. 1920. — Madagascar.

(Pl) **pallidum** Bl.; Cop. l. c. 141. — Dele var. T. acutum Pr. Adde var. T. savaiense Laut. 1908, Ind. Suppl.

palmifolium Hayata 1914, Ind. Suppl. prél. = T. Makinoi (t. Hayata), = T. latemarginale (t. Cop.).

pannosum Cesati 1877, Ind. Suppl. 130 = T. omphalodes.

papillatum K. Müll. 1854 = T. obscurum var.?

(H) **papuanum** Brause, Engl. Jahrb. 56. 32. 1920. — N. Guinea,

parviflorum Poir. — Loc. Perak ... Australia valde dubiae sunt.

(H) **parvifolium** (Bak.) Cop. Phil. Journ. Sci. 51. 211. 1933. — Birma. Hymenophyllum Bak. 1866, Index cum syn.

parvulum Poir. — Dele loc. Asia, Polynesia, Australia (Valde dubia sp., veris. eadem ac Hymenophyllum sibthorpioides; cf. C. Chr. Dansk Bot. Ark. 7. 3. 1932).

parvulum auctt. quoad Pl. asiat. etc. = T. saxifragoides.

parvulum Cop. Phil. Journ. Sci. 51. 145 t. 5. 1933 = ?.

parvum Cop. l. c. 134 t. 1 f. 3. — Formosa.

pennatum Klf. 1824, Index = T. pinnatum.

(G) **piliferum** v. A. v. R. Bull. Buit. III. 5. 225. 1922. — Java.

(N) **pinnatum** Hedw. — Adde varr. T. pennatum Klf., Index cum syn. et T. Schomburgkianum Sturm 1859, Index.

(F) **platyrachis** Domin, Mem. R. Czech Soc. Sci. n. s. 2. 45 t. t f. 1—3. 1929. — Jamaica.

(Ta) **plicatum** (v. d. B.) Bedd. 1868. — India—Indochina.
Didymoglossum v. d. B. Ned. kr. Arch. 5³. 139. 1863.
pluma Hk. 1854, Index excl. syn. — T. longisetum v. d. B. Hym. Javae
28 t. 21 (vix Bory 1810); T. meifolium part. auctt., Index, Cop. l. c.
265 (vix Bory 1810, cf. C. Chr. Dansk Bot. Ark. 7. 7 t. 18—20). T.
trichophyllum Moore 1862, Index.
polyanthos Hk. 1844 = T. societense.
Preslianum Nakai, Bot. Mag. Tokyo 40. 261. 1926 = T. grande.
pseudo-arbuscula v. A. v. R. Nova Guinea 14. 57. 1924. — N. Guinea.
pseudocapillatum v. A. v. R. l. c. 54. — N. Guinea.
pulcherrimum Cop. 1914, Ind. Suppl. prél. = T. aphlebioides.
punctatum Christ, Engl. Jahrb. 23. 336. 1896 = T. bipunctatum.
(H) **pygmaeum** C. Chr. in Bonap. N. Pt. 12. 10, fig. 1920. — Madagascar.
pyxidiferum L. Cf. Slosson, Bull. Torr. Cl. 42. 652 t. 30. 1915, Cop. l. c.
132 t. 1 f. 1. — Amer. trop. Afr. trop.?; deest in Asia-Polynesia. —
Dele fere syn. omn; plurimae formae in Indice nominatae veris. sp.
validae sunt. Cf. T. hymenophylloides et T. Schmidianum.
racemulosum v. d. B. 1863, Index = T. obscurum.
radicans Sw. — Cop. l. c. 213 t. 35 f. 1—2 hic refert T. birmanicum
Bedd. (v. supra), T. orientale C. Chr. Index, T. Naseanum Christ, Index,
T. amabile Nakai, Ind. Suppl. prél., T. quelpaertense Nakai, Ind. Suppl.
recedens Ros. 1912, Ind. Suppl. = T. Christii.   [prél. (an jure?).
reniforme Forst. 1786, Index = Cardiomanes.
rhomboideum J. Sm. 1841 = T. atrovirens.
(M) **Ridleyi** Cop. Phil. Journ. Sci. 51. 162 t. 11 f. 2—3. 1933. — Malacca.
rigidum Sw. — Amer. trop. — Dele syn. T. mandioccanum Raddi et var.
T. Dregei v. d. B., T. papillatum K. Müll., T. Harveyi et T. Seemanni Carr.
rigidum auctt. quoad. pl. asiat. = T. obscurum.
Rosenstockii v. A. v. R. 1912, Ind. Suppl. = T. singaporianum.
rotundifolium Bonap. N. Pt. 9. 23. 1920 = T. cuspidatum.
savaiense Lauterb. 1908, Ind. Suppl. = T. pallidum.
saxatile Moore 1862, Index = T. obscurum.
Schmidianum Zenker; Taschner, Dissert. 34 t. 1 f. 1. 1843; Cop. l. c. 135 t.
Schomburgkianum Sturm 1859, Index = T. pinnatum.   [2 f. 1. — India.
Seemanni Carr. 1873 = T. dentatum.
serratulum Bak. 1867, Index = Hymenophyllum Lobbii.
setaceum v. d. B. 1861; Cop. l. c. 260 t. 57 f. 1. — Malacca. Borneo.
Ins. Phil. — T. setigerum Backh. 1861. T. Merrillii Cop. 1906, Ind. Suppl.
setigerum Backh. 1861, Moore 1862 = T. setaceum.
sibthorpioides Bory, Willd. 1810, Index, Cop. l. c. 154 t. 8 = Hymenophyllum.
(C) **singaporianum** (v. d. B.) v. A. v. R. Bull. Buit. II no. 20. 25. 1925; Cop.
l. c. 247 t. 52 f. 2. — Malacca. Borneo. — Cephalomanes v. d. B. Ned. kr.
Arch. 4. 350. 1859; Lacostea Prantl 1875; Trichomanes javanicum Hk.
et Grev. Ic. t. 249. T. Rosenstockii v. A. v. R 1912, Ind. Suppl. T. borneense v. A. v. R. 1915, Ind. Suppl. prél.
sinuatum Bonap. N. Pt. 9. 25. 1920; C. Chr. Dansk Bot. Ark. 7. 4 t. 2 f.
19—22. 1932. — Madagascar.
societense J. W. Moore, Bishop Mus. Bull. 102. 5. 1933. — Ins. Societatis.
Hymenophyllum polyanthum Hk. in Nightingale, Oceanic Sketch. 132.
1835 (non Sw. 1801); Trichomanes (polyanthos) Hk. 1844; Cop. l. c.
[230 t. 42 f. 3.

solitarium Jenm. 1894, Index = T. punctatum.

Somai Nakai, Bot. Mag. Tokyo 40. 267. 1926. — Formosa.

spinulosum Philippi 1860, Index = Hymenophyllum dicranotrichum.

stenosiphon Christ: Cop. l. c. 133 t. 1 f. 2. — Sp. dubia t. Nakai = T. orientale.

strictum Menzies; Cop. l. c. 259 t. 56 f. 3—4. — Adde syn. T. leptophyllum A. Cunn. 1836, Index excl. syn. et loc.

(H) sublimbatum K. Müll., Cop. l. c. 198 t. 28 f. 1—2. — Asia trop. N. Guinea. Queensland. — Adde syn. T. Baileyanum Watts 1915.

(G) subtilissimum Brause, Engl. Jahrb. 56. 33. 1920. — N. Guinea.

subtrifidum Matthew et Christ 1909. Ind. Suppl. = T. Teysmanni.

(C) suffrutex v. A. v. R. Nova Guinea 14. 56. 1924. — N. Guinea (= T. densinervium Cop.?).

(C) sumatranum v. A. v. R. 1908, Ind. Suppl.; Cop. l. c. 249 t. 53 f. 4. — Malesia. Annam.

superbum Backh., Moore, Gard. Chr. 1862. 44; Cop. l. c. 221 t. 39. — Borneo. Sumatra. Malacca. — T. hispidulum Mett 1868, Index. T. ignobile Cesati 1876, Index.

(M) taeniatum Cop. Bishop Mus. Bull. 93. 6 t. 2. 1932, Phil. Journ. Sci. 51. 161 t. 10. — Tahiti.

tenue Brack. 1954, Index = T. Endlicherianum.

tereticaulum Ching, Sinensia 1. 2. 1929, Ic. Fil. Sin. t. 3; Cop. l. c. 241.

tosae Christ 1910, Index = T. Makinoi. [— Kwangsi.

trichophorum v. A. v. R. Nova Guinea 14. 53. 1924. — N. Guinea.

trichophyllum Moore 1862, Index (excl. loc. N. Caledonia) = T. pluma.

trinerve Bak. 1877, Index = T. Mannii.

trinitense Domin, Mem. R. Czech Soc. Sci. n. s. 2. t. 5 f. 4—5. 1929 =

(F) Trollii Bergdolt, Flora 127. 264, f. 3. 1933. — Bolivia. [T. accedens.

Ujhelyii Kümmerle 1912, Index = T. polypodioides.

uniflorum Cav. 1802, Index. — Patria Chiloe certe falsa est, veris. in Luzon collectum = T. grande.

(H) varians v. A. v. R. Nova Guinea 14. 53. 1924. — N. Guinea.

Vaupelii Brause, Notizbl. Bot. Gart. Berlin 8. 138. 1922. — Samoa.

(Ta) venulosum (Ros.) Cop. Phil. Journ. Sci. 51. 186 t. 22 f. 1—2. 1933. — N. Guinea. — T. bipunctatum var. venulosa Ros. Hedwigia 56. 350. 1915.

(M) vitiense Bak.; Cop. l. c. 157 t. 9 f. 1—2 (excl. syn.).

(Ta) Walleri Watts, Pr. Linn. Soc. N. S. Wales 39. 761 t. 86 f. 3. 1915. — Queensland.

Trichophylla Domin, Publ. Fac. Sci. Univ. Charles no. 88. 8. 1928 (*Pityrogramma §*) = Pityrogramma.

TRICHOPTERIS Presl.

falcata Llanos, Fragm. Fl. Filip. 111. 1851 = Cyathea integra.

TRIPHLEBIA Baker 1886, Index = Diplora.

dimorphophylla Bak. 1886 = D d'Urvillaei.

linza (Ces.) Bak. 1886, Index = D. d'Urvillaei.

longifolia (Pr.) Bak. 1886 Index = D. longifolia.

pinnata (J. Sm.) Bak. 1886, Index = D. longifolia var.

TROGOSTOLON Copeland, Phil. Journ. Sci. 34 251. 1927. — (Polypodiaceae Gen. 56)

falcinellus (Pr.) Cop. l. c. t. 4. — Ins. Phil. — Davallia Pr. 1825, Index.

VAGINULARIA Fée 1843—1852; Goebel, Flora **117**. 110 f. 1924. — Diclidopteris Brack. 1854. Monogramma sp. Index. — (Polypodiaceae Gen. **134**).

angustissima (Brack.) Mett. 1868—69. — Polynesia. — Diclidopteris Brack. 1854.

capillaris (Cop) C. Chr. Ind. Suppl. III. 193. 1934. — Ins. Negros. Monogramma Cop. 1911, Ind. Suppl.

emarginata (Brause) C. Chr. Ind. Suppl. III. 194. 1934. — N. Guinea. Monogramma Brause 1912, Ind. Suppl.

paradoxa (Fée) Mett. 1868—69. — Malesia—Melanesia—Ceylon. — Monogramma (Fée) Bedd. 1876, Index excl. loc. Polynesia? et var. Dicl. angustissima Brack.

subfalcata (Hk.) C. Chr. Ind. Suppl. III. 194. 1934. — N. Hebridae. Monogramma Hk. 1864, Index.

trichoidea (J. Sm.) Fée 1852. — Ins. Phil. Borneo. Malacca. Monogramma J. Sm. 1841, Index.

VITTARIA J. E. Smith. — (Polypodiaceae Gen. **135**).

amboinensis Fée. — Malesia. Ind. bor. — Tonkin. — Adde syn. V. ensata Christ 1908, Ind. Suppl. — V. loricea Fée 1852.

angustata v. A. v. R. Mal. Ferns Suppl. Corr. 57. 1917 = V. angustifolia Bl.

anguste-elongata Hayata, Ic. Fl. Formosa **6**. 161. 1916. — Formosa.

angustifolia Bl. 1828. — Malesia. — V. Blumei Hier. 1915; V. angustata v. A. angustifolia (Sw.) Bak. 1870, Index = Ananthocorus. [v. R. 1917.

anodontolepis Fée 1852 = V. incurvata.

arisanensis Hayata 1914, Ind. Suppl. prél. = V. taeniophyllum.

Blumei Hier. Hedwigia **57**. 206. 1915 = V. angustifolia.

Bommeri Christ 1905, Index = V. Gardneriana.

boninensis Christ 1900, Index = V. elongata.

Bradeorum Ros. Fedde Rep. **22**. 18. 1925. — Costa Rica.

congoensis Christ 1903, Index = V. guineensis.

costata Kze. — Dele loc. Yunnan.

costularis Ching, Sinensia **1**. 185, fig. 1931. — Kwantung.

crassifolia Bak. 1893, Index = Scleroglossum.

debilis (Mett.) Kuhn 1869, Index = Scleroglossum.

elongata Sw. — Dele syn. — Adde syn. V. boninensis Christ 1900, Index ensata Christ 1908, Ind. Suppl. = V. amboinensis. [(t. Ching).

ensiformis Sw. — Dele syn. V. incurvata.

exigua Hier. Engl. Jahrb. **56**. 172. 1920. — N. Guinea.

flexuosa Fée. — Adde loc China, Japonia et syn. V. revoluta Don 1825 (non Klf. 1824). — V. japonica Miq. 1867, Index. V. lanceola Christ 1896, Index.

formosana Nakai, Bot. Mag. Tokyo **39**. 176. 1925 = V. zosterifolia.

Forrestiana Ching, Sinensia **1**. 191 f. 5. 1931. — Yunnan. Tonkin.

Fudzinoi Mak. 1892 (Fuzinoi Index, err. typ.).

hainanensis C. Chr. apud Ching, Sinensia **1**. 182. f. 1. 1931. — Hainan. Tonkin.

himalayensis Ching, Sinensia **1**. 190 f. 5 B. — 1931. — Himalaya occ.

incurvata Cav. 1802. — Guam. — V. anodontolepis Fée 1852.

japonica Miq. 1867, Index = V. flexuosa var.

lanceola Christ 1896, Index = V. flexuosa.

latissima Hier. Engl. Jahrb. **56**. 171. 1920. — N. Guinea.

Ledermanni Hier. l. c. 166. — N. Guinea.

linearifolia Ching, Sinensia **1**. 183 fig. 1931. — Yunnan, Tibet, Burma.

loricea Fée 1852 = V. amboinensis var.

malayensis Holttum, Gardens' Bull. S. S. **4**. 409. fig. 1929. — Malacca.

mauruensis (Nadeaud) C. Chr. Index = Scleroglossum.

Merrillii Christ 1907, Ind. Suppl. — Asia—Polynesia trop. — V. pauciareminor Fée 1852 = Scleroglossum.   [olata Ching 1929.

modesta Hand.-Mzt., Symb. Sin. 6. 42. 1929. — China. — V. nana Ching 1929.

nana Ching, Sinensia 1. 11. 1929, lc. Fil. Sin. 39 = V. modesta.

Nymani Hier. Engl. Jahrb. 56. 168. 1920. — N. Guinea.

ogasawarensis Kodama in Matsum. Ic. Pl. Koisik. 3. 1 t. 146. 1915. — Ins. Bonin.

ophiopogonoides Ching, Sinensia 1. 186 f. 5 A. 1931. — Yunnan, Himalaya.
    — (V. flexuosa forma ?).

pauciareolata Ching, Sinensia 1. 11. 1929, Ic. Fil. Sin. t. 38 = V. Merrillii.

pluridichotoma Bonap. N. Pt. 13. 223. 1921. — Borneo.

plurisulcata Ching, Sinensia 1. 186 f. 4. 1931. — Yunnan. — (V. flexuosa forma ?).

pumila Mett., Kuhn 1869, Index = V. hirta.

pusilla Bl. 1828, Index = Scleroglossum.

revoluta Don 1825 = V. flexuosa.

rubens Hier. Engl. Jahrb. 56. 164. 1920. — N. Guinea.

Schliebenii Reimers, Notizbl. Bot. Gart. Berlin—Dahlem 11. 924. 1933. — Afr.

semipellucida Hier. Engl. Jahrb. 56. 170. 1920. — N. Guinea.   [trop. or.

squamosipes v. A. v. R. Nova Guinea 14. 58. 1924. — N. Guinea.

suberecta Hayata, Ic. Pl. Formosa 6. 161. 1916. — Formosa.

sulcata (Mett.) Kuhn 1869, Index = Scleroglossum.

tortifrons Hayata, Ic. Pl. Formosa 6. 162. 1916. — Formosa.

wooroonooran Bailey 1889, Index = Scleroglossum.

zosterifolia Willd. — Adde loc. China or. Formosa et syn. V. formosana
    Nakai 1925 (t. Ching).

WOODSIA R. Brown. — (Polypodiaceae Gen. 6). — Cf. Ching, Sinensia 3.
    131. 1932.

Andersonii (Bedd.) Christ 1905, Ching, l. c. 152. — Ind. bor. Yunnan.
    Gymnogramme Bedd. Ferns br. Ind. t. 190. 1866.

Brandtii Franch. et Sav. 1879, Index = W. macrochlaena.

cycloloba Hand.-Mzt. Symb. Sin. 6. 19 t. 1 f. 5. 1929. — Yunnan.

Delavayi Christ 1905, Index = W. Rosthorniana.

eriosora Christ 1908, Ind. Suppl. = W. subcordata.

frondosa Christ 1908, Ind. Suppl. = W. macrochlaena.

gracillima C. Chr. Acta Hort. Gothob. 1. 42 t. 16. 1924. — China bor.

indusiosa Christ 1909, Index = Cheilanthopsis.

japonica Mak. 1897, Index = W. macrochlaena.

kitadakensis Ohwi, Bot. Mag. Tokyo 44. 572. 1930. — Japonia.

lanosa Hk. 1866, Ching, l. c. 150. — Dele syn. Gymn. Andersoni Bedd. et
    adde W. pellaeopsis Hand.-Mzt. 1929.

macrochlaena Mett., Kuhn 1868. — Reg. Amur.—Korea—Shantung. Japonia.
    W. Brandtii Fr. et Sav. 1879; W. japonica Mak. 1897, Index. W. frondosa
    Christ 1908, Ind. Suppl.

macrospora C. Chr. et Maxon, Journ. Wash. Acad. Sci. 17. 499. 1927. — Kansu.

microsora Kodama in Matsum. Ic. Pl. Koisik. 3. 101 t. 196. 1927. — Korea.

nivalis Pirotta 1908, Ind. Suppl. = Cystopteris fragilis.

pellaeopsis Hand.-Mzt. Symb. Sin. 6. 18 t. 1 f. 6. 1929 = W. lanosa.

pilosella Rupr. 1845 = W. subcordata.

rupicola Hoffmannsegg, Preiss-Verz. VII. 60. 1833 = V. ilvensis.

shensiensis Ching, Sinensia 3. 141. 1932. — China (Shensi).

sinica Ching, l. c. 145. — China (Shansi).

stenophylla Cop. Phil. Journ. Sci. **40**. 212. 1929. — Luzon.

subcordata Turcz. 1832, Ching, l. c. 139. — Mongolia—China bor.—Japonia. W. pilosella Rupr. 1845. W. eriosora Christ 1908, Ind. Suppl.

tsurugisanensis Mak. 1914, Ind. Suppl. prél. — T. Ching, l. c. 139 veris. = W. Hancockii.

Veitchii Christ 1906, Ind. Suppl. = Dryopteris serrato-dentata.

viridis Ching, Sinensia **3**. 146. 1932. — China.

xanthosporangia Ching, Bull. Fan Mem. Inst. **1**. 101, c. t. 1929 = Dryopteris fragrans.

WOODWARDIA J. E. Smith. — (Polypodiaceae Gen. **84**). — Cf. Nakai, Bot. Mag. Tokyo **39**. 101. 1925 et Ching, Bull. Fan Mem. Inst. **2**. 1. 1931.

angustiloba Hance 1868 = W. orientalis.

auriculata Bl. 1828. — Malesia.

Chamissoi Brack. 1854 = W. fimbriata.

cochin-chinensis Ching, Bull. Fan Mem. Inst. **2**. 7. 1931. — Indochina.

exaltata Nakai, Bot. Mag. Tokyo **35**. 149. 1921 = W. orientalis var. prolifera.

fimbriata Sm. Rees Cycl. **38** no. 6. 1818, Alston, Phil. Journ. Sci. **50**. 181 (descr. orig.) t. 1 f. 4. 1932. — U. S. A. pacif. — W. Chamissoi Brack. 1854, Maxon, Amer. Fern Journ. **9**. 68. 1919.

Kempii Cop. 1908, Ind. Suppl. = W. Harlandii.

orientalis Sw. 1801. — China—Japonia. — W. angustiloba Hance 1868. — W. prolifera Hk. et Arn. 1840. W. exaltata Nakai 1921.

radicans (L.) Sm. — Dele varr. W. auriculata et W. orientalis.

spinulosa Mart. et Gal. — Mexico—Guatemala. — Dele syn. W. Chamissoi Brack. — (Cf. W. biserrata Pr. 1825).

Takeoi Hayata 1915, Ind. Suppl. prél = W. Harlandii.

unigemmata (Mak.) Nakai, Bot. Mag. Tokyo **39**. 103. 1925, Ching, Bull. Fan Mem. Inst. **2**. — Himalaya—China—Japonia. Ins. Phil.

W. radicans var. unigemmata Mak. Journ. Jap. Bot. **2**. 7. 1918.

ADDENDA ET CORRIGENDA.

(Vide supra pag. 4).

ACROPHORUS Presl.

Blumei Ching apud C. Chr. Gardens' Bull. S. S. **7**. 226. 1934. — Malesia. Aspidium nodosum Bl. 1828 (non Willd. 1810); Acrophorus Pr. 1836; Davallia? Hk. 1846; Cystopteris Mett. 1864.

nodosus Pr. 1836 = A. Blumei.

stipellatus (Wall.) Moore, 1854, Index excl. loc. Malesia et syn. Aspidium nodosum Bl. etc. — India bor.· China merid. — Tonkin.

ADIANTUM L.

alatum A. Peter 1929, supra p. 18 ⎫
Balansae Bak. 1890, supra p. 18 ⎬ = A. soboliferum.
Mettenii Kuhn 1868, supra p. 19 ⎭

dolabriforme Hk. 1837 (non supra p. 19, ubi ex **errore gravissimo** loc. et syn. A. soboliferi citata sunt). — Brasilia.

Klossii Gepp, Journ. Nat. Hist. Siam **4**. 159. 1921. — Annam.

soboliferum Wall. 1828, Hk. sp. 2. 13 t. 74 A. 1851. — Asia et Africa trop
A. Mettenii Kuhn 1868, Index. A. Balansae Bak. 1890, Index. A. alatum
AGLAOMORPHA Schott. [Cop. 1905 et A. Peter 1929.
leporella (Goebel) C. Chr. Ind. Suppl. III. 197. 1934. — Malesia?.
Drynaria Goebel, Ann. Jard. Buit. 39. 145 t. 15, 18. 1928.
ALSOPHILA R. Brown.
costularis Bak. 1906, Ind. Suppl. et supra p. 21 cum syn. = Cyathea Bruno-
glabra (Bl.) Hk. — Dele var. A. Metteniana. [niana.
Metteniana Hance 1868. — China merid.-Indochina—Formosa.
A. formosana Bak. 1891, Index.
Ridleyi Bak. 1894, Index et Suppl. 91 = A. squamulata.
ANGIOPTERIS Hoffmann.
Holttumii C. Chr. Gardens' Bull. S. S. 7. 209. 1934. — Borneo.
ARTHROMERIS (Moore) J. Sm. 1875; Ching, Contr. Inst. Bot. Nat. Acad. Peiping 2. 89. 1933 = **Polypodium.**
amplexifolia (p. 94) — himalayensis (99) — Lehmanni (96) — lungtauensis
(93) — pinnata (95) — tatsiensis (93, err., = tatsienensis) — tenuicauda
(91) — Wallichiana (92) — Wardii (94) Ching, l. c. = P. sp. homonym.
ARTHROPTERIS J. Smith.
orientalis (Gmel.) Posthumus, Rec. Trav. Bot. Néerl 21. 218. 1924, C. Chr.
ASPIDIUM Sw. = **Tectaria.** [1932, supra p. 27.
cuspidatum Desv. 1827, Index = Polypodium haitiense.
multicaudatum Wall., Index = T. Griffithii.
neglectum (Mett.) C. Chr. Index = T. Griffithii.
quinquefoliolatum C. Chr. Ind. Suppl. = T. pentaphylla.
ASPLENIUM L.
brasiliense Larrañaga, Escritos 1. 414. 1922. — Brasilia.
Grashoffii Ros. 1914, Ind. Suppl. prél. = A. batuense.
kinabaluense Holttum, Gardens' Bull. S. S. 7. 281 t. 62. 1934. — Borneo.
Klossii C. Chr. Gardens' Bull. S. S. 7. 278 t. 60. 1934. — Borneo.
lobangense C. Chr. l. c. 279. — Borneo.
malayo-alpinum Holttum, l. c. 280 t. 61. — Borneo.
Matsumurae Christ 1910, Ind. Suppl. — Diplazium Kodama 1912.
pachychlamys C. Chr. Gardens' Bull. S. S. 7. 277. 1934. — Borneo.
porphyrorachis Bak. 1879. — Malesia. — Diplazium Diels 1899, Index cum
ATHYRIUM Roth. [syn.
amoenum C. Chr. Gardens' Bull. S. S. 7. 267 t. 56. 1934. — Borneo.
callophyllum Cop. Phil. Journ. Sci. 40. 303 t. 6. 1929. — Mindanao. — (Di-
gymnocarpum Cop. l. c. 301 t. 4. — Mindanao. — (Diplazium?). [plazium?).
monomachi Komarov, Bull. Jard. bot. Kieff no. 13. 145. 1931 = A. filix fe-
oreopteris Cop. l. c. 302 t. 5. — Luzon. — (Diplazium?). [mina var.
Otaria Posthumus, Proc. Fourth Pacif. Congress Java 137. 1929 = A. Cumin-
tenuifolium Cop. l. c. 302. — Mindanao. — (Diplazium?). [gianum.
BLECHNUM L.
fluviatile (R. Br.) Lowe. — Adde loc. Borneo (Kinabalu).
BOLBITIS Schott.
auriculata (Lam.) Alston, JoB. 1934 Suppl. 3; Ching supra p. 47.
enormis (Cop.) C. Chr. Ind. Suppl. III. 197. 1934. — Mindanao.
Campium Cop. Phil. Journ. Sci. 40. 307 t. 8. 1929.
gaboonensis (Hk.) Alston, Kew Bull. 1934 Suppl. 3; Ching supra p. 48.

198 ADDENDA ET CORRIGENDA

Hendelotii (Bory) Alston, l. c.; Ching, supra p. 48.
Linnaeana (Fée) C. Chr. Ind. Supl. III. 198. 1934. — Malesia. — Leptochilus
Fée 1845, Index et supra p. 119; Campium Cop. 1928. Leptochilus modestus
(Bak) C. Chr. Index; Campium Cop. 1931; Bolbitis Ching supra p. 49.
membranacea (Cop.) C. Chr. Ind. Suppl. III. 198. 1934. — Mindanao.
Campium Cop. Phil. Journ. Sci. 40. 307. 1929.
modesta (Bak.) Ching, supra p. 49 = B. Linnaeana.
nicotianifolia (Sw.) Alston, Kew Bull. 1932. 310; Ching supra p. 49.
BOTRYCHIUM Sw.
oneidense House, Amer. Midl. Naturalist 7. 126. 1921 = B. obliquum var.
CAMPIUM Presl. [(t. Victorin).
angustipinnum Cop. Phil. Journ. Sci. 37. 381. 1928 = Bolbitis contaminans.
enorme Cop. l. c. 40. 307 t. 8. 1929 = Bolbitis.
membranaceum Cop. l. c. 40. 307 = Bolbitis.
modestum Cop. l. c. 1931 = Bolbitis Linnaeana.
neglectum Cop. l. c. 37. 374. 1928 = Leptochilus.
CHAMAEFILIX Hill, Farwell = Asplenium.
Adiantioides Farwell, Amer. Midl. Naturalist 12. 272. 1931.
Hemionitis Farwell, l. c. 268 = A. palmatum.
laxa Farwell, l. c. 272 = A. mucronatum.
CYATHEA Sm.
amboinensis Merrill, Interpr. Rumph. Herb. Amboin. 63. 1917 = Alsophila.
dubia Cop. Sarawak Mus. Journ. 2. 349. 1917, Domin 1929 = Alsophila vexans.
Rumphiana Merrill, l. c. 63 = Alsophila.
vexans C. Chr. Gardens' Bull. S. S. 7. 218. 1934 = Alsophila.
vitiensis Cop. Bull. Bishop Mus. 59. 36. 1929 = Alsophila.
CYCLOPHORUS Desvaux.
micraster Cop. 1931, supra p. 65 (Malacca, non N. Guinea) = C. angustatus
DAVALLODES Copeland. [(t. Holttum).
borneense (Hk.) Cop. Sarawak Mus. Journ. 2. 336. 1917, etc. (v. supra p. 69).
Burbidgei C. Chr. Gardens' Bull. S. S. 7. 230. 1934. — Borneo.
DENNSTAEDTIA Bernh.
rufidula C. Chr. Gardens' Bull. S. S. 7. 226 t. 51. 1934. — Borneo.
DIPLAZIUM Sw.
atrosquamosum (Cop.) C. Chr. Gardens' Bull. 7. 274. 1934 et supra p. 72.
barbatum C. Chr. l. c. 272 t. 59. — Borneo.
falcinellum C. Chr. l. c. 270 et supra p. 73.
laevipes C. Chr. l. c. 271 t. 58. — Borneo.
Petersenii (Kze.) Christ, Index cum syn. = D. japonicum.
poiense C. Chr. l. c. 268. — Borneo.
porphyrorachis (Bak.) Diels 1899, Index = Asplenium.
tricholepis C. Chr. l. c. 270 t. 57. — Borneo.
DRYMOCLOSSUM Presl.
Nobukoanum Mak. Journ. Jap. Bot. 7. 8. 1934 = Lemmaphyllum.
DRYOMENIS Fée 1852; Nakai, Bot. Mag. Tokyo 47. 159. 1933 = Tectaria.
kwarenkoensis Nakai, l. c. 160 — polymorpha Nakai, l. c. 161 = T. sp.
DRYOPTERIS Adanson.
austro-philippina Cop. Phil. Journ. Sci. 40. 300. 1929. — Mindanao.
(C) **baramensis** C. Chr. Gardens' Bull. S. S. 7. 246. 1934. — Borneo.
canlaonensis Cop. Phil. Journ. Sci. 40. 300. 1929. — Ins. Negros.
diminuta Cop. l. c. 298. — Mindanao.

Elmerorum Cop. l. c. 295 t. 2. — Mindanao.

festina (Hance) C. Chr. Bull. Dept. Biol. Coll. Sci. Sun Yatsen Univ. no. 6. 5, 1933 et supra p. 86.

gracilis Cop. Phil. Journ. Sci. 40. 294. 1929. — Mindanao. (Nomen malum?. non Domin 1929).

indusiata H. Itô, Journ. Jap. Bot. 9. 57. 1933. — Japonia. — (An D. indusiata inuyamensis H. Itô, l. c. 54. — Japonia. [Mak. et Yamamoto 1932?).

(C) lobangensis C. Chr. Gardens' Bull. S. S. 7. 245. 1934. — Borneo.

matutumensis Cop. Phil. Journ. Sci. 40. 299 t. 3. 1929. — Mindanao.

(L) multisora C. Chr. Gardens' Bull. S. S. 7. 241. 1934. — Borneo.

rhomboideo-ovata H. Itô, Journ. Jap. Bot. 9. 55. 1933. — Japonia.

spectabilis (Klf.) Macloskie et Dusén, Rep. Princeton Univ. Exp. Patagonia 8. Suppl. 10. 1915; C. Chr. 1920 et supra p. 98.

(L) supravillosa C. Chr. Gardens' Bull. S. S. 7. 241. 1934. — Borneo.

(C) tenompokensis C. Chr. l. c. 248. — Borneo.

tephrophylla Cop. Phil. Journ. Sci. 40. 296. 1929. — Mindanao.

Vattuonei Hicken, Darwiniana 1. 100. 1924. — Argentina.

ELAPHOGLOSSUM Schott.

acuminans C. Chr. in Urban, Symb. Ant. 9. 372. 1926. — Haiti. — (?)

minahasae v. A. v. R. Mal. Ferns Suppl. 527. 1917, etc. (v. supra p. 104).

truncatum Ros. Fedde Rep. 25. 63. 1928 = E. Lindbergii var. Ros. l. c. = E. hybridum var.? (Bolivia).

uluguruense Reimers, Notizbl. Bot. Gart. Berlin 12. 80. 1934. — Afr. or. trop.

GLEICHENIA Sm.

borneensis (Bak.) C. Chr. Gardens' Bull. S. S. 7. 211. 1934 (descr.) et supra peltophora Cop. Phil. Journ. Sci. 40. 291 t. 1. 1929. — Mindanao. [p. 106.

GRAMMITIS subspathulata Farwell, Amer. Midl. Nat. 12. 294. 1931 = **Poly-**

GYMNOGRAMMA Desv. [podium.

Felipponei Herter, Darwiniana 1. 159. 1924 etc. (v. supra p. 108).

HYMENOPHYLLUM Sm.

pachydermicum Cesati. — Adde syn. Trichomanes vestitum Bak. 1894, Index. Hym. Clemensiae Cop. 1917. — Cf H. pilosum v. A. v. R. 1914.

physocarpum Christ 1905, Index = H. thuidium.

pilosissimum C. Chr. Gardens' Bull. S. S. 7. 213. 1934. — Borneo. N. Guinea.

thuidium Harr. — Adde loc. Borneo, N. Guinea et syn. H. physocarpum

LEMMAPHYLLUM Presl. [Christ 1905, Index.

Nobukoanum (Mak.) Ching, Ic. Fil. Sin. ad. t. 80. 1934. — Formosa. Drymoglossum Mak. Journ. Jap. Bot. 7. 8. 1931; Ogata, Ic. Fil. Jap. t. 165.

LEPTOCHILUS Kaulf. [1931.

Linnaeanus Fée 1845, Index et supra p. 119 = Bolbitis. subcordatus Wu, Polyp. Yaoshan. t. 92 = Bolbitis.

Leptoselliguea C. Chr. Gardens' Bull. S. S. 7. 309. 1934 *(Polypodium §)* =

LINDSAYA Dryander. [Polypodium § Colysis.

colombiana Arbeláez Bot. Abh. Goebel H. 14. 55. 1928 = Odontosoria.

gomphophylla Bak. 1891, Index = L. tenera.

kinabaluensis Holttum, Gardens' Bull. S. S. 7. 237. 1934. — Borneo.

LOMAGRAMMA J. Sm.

sorbifolia (Willd.) Ching supra p. 124 lege 12 (non 120).

subcoriacea Cop. Phil. Journ. Sci. 40. 308. 1929. — Ins. Phil.

LOXOGRAMME Presl.

nidiformis C. Chr. Gardens' Bull. S. S. 7. 312. 1934. — Borneo.

MARSILEA L.

    ephippiocarpa Alston, JoB. 1930. 118, fig. — Rhodesia.

MICROLEPIA Presl.

    doniana Cop. Phil. Journ. Sci. 40. 305. 1929 = M. pyramidata.

NEPHRODIUM Rich. = D·yopteris.

    gongylodus Watts, JoB. 1920. 153.

    scabrum Kümm. Mag. Bot. Lapok 32. 60. 1933.

ODONTOSORIA chinensis (L.) Sm., Index = Stenoloma chusanum.

OPHIODERMA Endl. = Ophioglossum.

    falcatum Deg. Fl. Hawaiiensis 1932 = O. pendulum var.(?).

OSMUNDA L.

    herbacea Cop. Phil. Journ. Sci. 40. 291. 1929. — Mindanao.

PHYLLITIS Hill. British Herbal 525 t. 74. 1756. 1929 (t. Farwell), Ludwig 1757.

PITYROGRAMMA Link.

    ornithopteris Maxon ex Knuth, Fedde Rep. Beih. 43. 95. 1926, Domin 1928.

PLAGIOGYRIA Mett.

    integripinnata Bonap. 1924, supra p. 141 = P. tuberculata (t. Holttum).

POLYPODIUM L.

    amorphum Suksdorf, Werdenda 1. 16. 1927 = P. hesperium var.?.

(Gr) bulbotrichum Cop. Phil. Journ. Sci. 40. 309. 1929. — Luzon.

    Copelandii C. Chr. Index = Loxogramme.

    Garrettii C. H. Wright, Kew Bull. 1930. 174, supra p. 149. — Siam.

(Gr) heanophyllum Cop. Phil. Journ. Sci. 40. 310. 1929. — Mindanao.

(Mi) kamboranganum C. Chr. Gardens' Bull. S. S. 7. 306. 1934. — Borneo.

(Mi) pakkaense C. Chr. l. c. 310. — Borneo.

    papilliferum Holttum 1928, supra p. 155 = P. mehipitense (t. Holttum).

    Raciborskii C. Chr. Index = Loxogramme.

    spongiosum Cop. Phil. Journ. Sci. 40. 308 t. 9. 1929. — Mindanao.

PROSAPTIA urceolare Cop. l. c. 311 = Polypodium.

PTERIDIUM Gleditsch.

    esculentum (Forst.) Cockayne in Engler, Veg. d. Erde 14. 71, 308. 1921, Nakai 1925 (non 1825) et supra p. 166, C. Chr. Gardens' Bull S. S. 7. 230. 1934.

Pteridrys C. Chr. Gardens' Bull. S. S. 7. 243. 1934 *(Dryopteris §)* = **Dryopteris**.

PTERIS L.

    qui quepartita Cop. Phil. Journ. Sci. 40. 305 t. 7. 1929. — Mindanao.

    subternata Larrañaga, Escritos 1. 414. 1922. — Brasilia.

PYCNODORIA longifolia Britton, Fl. Bermuda 418. 1918 = Pteris.

SACCOLOMA l' Herminieri Knuth, Fedde Rep. Beih. 43. 30. 1926 = Davallia.

SELLIGUEA Bory = Polypodium.

    heterocarpoides Cop. Univ. Calif. Publ. Bot. 14. 367. 1929 = P. h. supra p. 150.

TECTARIA Cav.

    austrosinensis (Christ) C Chr. Contr. U. S. Nat. Herb.26 290. 1931 et supra p. 177.

    dilacerata (Kze.) Maxon in Standley et Calderon, Lista prel. Pl. El Salvador 24. 1925 et postea 1930 (v. p. 179).

THELYPTERIS Schmidel = Dryopteris.

    oregana St. John, Proc. Biol. Soc. Wash. 41. 192. 1928.

    Pittsfordensis Victorin, Fil. Québec 2. 51. 1933.

TRICHOMANES L.

    australicum Cop. Bishop Mus. Bull. 59. 27. 1929 = T. Boryanum.

CATALOGUS LITTERATURAE
SUPPLEMENTUM 1917—1933.

d'Almeida: Journ. Ind. Bot. Soc. 3. 1922.
— Ferns Bombay. 1922.
— Journ. Ind. Bot. Soc. 5. 1926.

— — — — — —

— — — — — —

J. F. R. d'Almeida: 1. The Indian Ophioglossums.— pag. 58-65.
— 2. Vide Blatter.
— 3. A new species of Nephrolepis. — pag. 51-54, 4 pl.
— 4. A new species of fern from the high Wavy Mountain (Madura District). — pag. 19, pl.
— 5. Ferns of the high Wavy Mountain. — pag. 20-30.

Alston: JoB. 1930.

— Kew Bull. 1932.

— Phil. Journ. Sci. 50. 1933.

A. H. G. Alston: 1. Pteridophyta in A. B. Rendle: African Notes p 118-119.
— 2. Contributions to the flora of tropical America: XIII. Pteridophyta collected by the Oxford Expedition to British Guiana 1929. — pag. 305-317.
— 3. Certain ferns in Sir James Smith's herbarium. — pag. 175-182, 1 pl.

Arbeláez: Bot. Abh. Goebel H. 14. 1928.

Enrique Pérez Arbeláez: Die natürliche Gruppe der Davalliaceen (Sm.) Klfs. Unter Berücksichtigung der Anatomie und Entwicklungsgeschichte ihres Sporophyten. — Botan. Abhandl. herausgeg. von K. Goebel. Heft. 14.— 96 pag. 35 fig.

v. A. v. R. Bull. Buit. II. no. 23. 1916.

— — — II. no. 24. 1917.
— Mal. Ferns Suppl. 1917.

— Bull. Buit. II. no. 28. 1918.
— — — III. 2. 1920.
— — — III. 5. 1922.
— — — III. 4. 1922.
— Nova Guinea 14. 1924.

Backer et Posthumus: Ned. Tijdschr. Ned. Ind. 91. 193.

C. R. W. K. van Alderwerelt van Rosenburgh: 10. New or interesting Malayan Ferns. 8.— 27 pag. 4 t.
—11. — —9.—8 pag.
—12. Malayan Ferns and Fern Allies. Handbook etc. (v. no. 7). Supplement 1. Batavia (1916). 8.—577 pag. — Corrections, Modifications and Additions. — 73 pag.
—13. New or interesting Malayan Ferns. 10.-66 pag. 10 t.
—14. — — 11.— pag. 129-186.
—15. — — 12.— pag. 179-240.
—16. Two new Malayan Fern genera. — pag. 317-319
—17. Pteridophyta. — pag. 1-72, 7 pl.   [2 t.

C. A. Backer en O. Posthumus: De op Java voorkomende Soorten van Polypodium L. sensu latiore. — pag. 223-307.

Becherer: Ber. Schw. Bot. Ges. 38. 1929.

A. Becherer: Pteridologishe Beiträge. — pag. 24-29.

Beck: Oest. Bot. Zeitschr. 1918.

Günther R. v. Beck: Einige Bemerkungen über einheimische Farne. — pag. 53-63, 113-123.

Bergdolt: Flora 127 (N. F. 27). 1933.

Ernst Bergdolt: 1. Pteridophytenstudien. I. Die heterophyllen Trichomanes-Arten. — pag. 251-271, 14 fig.

— Ber. Schw. Bot. Ges. 42. 1933.

— 2. Ueber die Artkonstanz von Trichomanes vittaria DC. — pag. 238—240.

*Blatter & d'Almeida: Blot v. Tardieu-Blot.

B. & d'A.: Ferns of Bombay. 1922.

Bonap. Bull. Mus. d'Hist. Nat. 1916.

Le Prince Bonaparte: 3. Fougères de l'Herbier du Muséum. — pag. 410-416.

— — — — 1917.

— 4. Fougères d'Afrique de l'Herbier du Muséum. pag. 42-48.

— N. Pt. 1-16. 1915-1925.

— 5— Notes Ptéridologiques. Paris 8⁰.

5. Fascicule I. 1915 230 pag.

6.   —   II. 1915. 219 pag.

7.   —   III. Fil. Javae l. M. Fleischer 1916. 27. pag.

8.   —   IV. 1917. 123 pag.

9.   —   V. 1917. 131 pag. — (Fasc.VI. deest).

10.   —   VII. 1918. 414 pag.

11.   — VIII. Les Ptéridophytes de l'Indochine. Première partie. 1919. 197 pag.

12.   —   IX. Les Ptéridophytes de Madagascar. Prémière partie. 1920. 104 pag.

13.   —   X. 1920. 349 pag.

    —   XI. C. Houard: Les Zoocécidies des Ptéridophytes de l'ancien continent. 1920.

    —   XII. 1920. v. C. Chr. no. 31.

14.   —   XIII. 1921. 299 pag.

15.   —   XIV. 1924 (1923). 492 pag. (Cf. de Wildeman.)

16.   —   XV. 1924. 54 pag.

17.   —   XVI. Fougères de Madagascar récoltés de M. H. Perrier de la Bâthie. Oeuvre publiée et augmentée par Carl Christensen. 1925. 221 pag. 2 chartes, 8 pl.

v. d. B.

R. van den Bosch vide Goddijn.

Brade: Zeitschr. Deutsch. Ver. Wiss. (São Paulo). 1. 1920.

A. C. Brade: 1. Die Farnflora der Umgebung der Stadt São Paulo. — pag. 39-61.

— Bol. Mus. Nac. Rio Janeiro 5. 1929.

— 2. Filices novae Brasilianae. — pag. 93-96, 3 pl.

— — — 7. 1931.

— 3. — & Rosenstock: — —. II. pag. 135-147, 9 pl.

— Arch. Mus. Nac. Rio. 34. 1932.

— 4. Especies novas de plantas do Estado do Rio de Janeiro. — pag. 114-115, pl. 1.

Brause: Fedde Rep. 15.
1917.
— Engl. Jahrb. 56. 1920.

G. Brause: 9. Ein neues Adiantum aus Westindien
(A. Urbanianum). — pag. 93.
—10. Bearbeitung der von C. Ledermann von der
Sepik - (Kaiserin - Augusta-) Fluss - Expedition
1912 bis 1913 und von anderen Sammlern
aus dem Papuagebiete früher mitgebrachten
Pteridophyten, nebst Übersicht über alle bis
jetzt aus dem Papuagebiet bekannt gewor-
denen Arten derselben. — pag. 31-250. —
(Hieronymus Asplenieas et Vittarieas descrip-
sit, v Hier. no. 22).

— Hedwigia 61. 1920.

—11. Über die von C. R. W. K. van Alderwerelt van
Rosenburgh neu aufgestellte Gattung Thysanobotrya. — pag. 401.

— Ark. för Bot. 17. no. 7.
1921.
— Fedde Rep. 18. 1922.
— Notizbl. Bot. Gart.
Berlin 8. 1922.

—12. Polypodiaceae. In Urban: Plantae Haitienses.
— pag. 67-69.
—13. Filices novae domingenses. — pag. 245-247.
—14. Einige neue Samoa-Farne. — pag. 138-141.

Bremekamp:*Ann. Trans-
vaal Mus. 15. 1933.

C. E. Bremekamp: New or otherwise noteworthy
plants from the Northern Transvaal. — pag.
233-264.

Britton: Fl. Bermuda
1918.

N. L. Britton: Flora of Bermuda. New York.

E. Brown: Bishop Mus.
Bull. 89. 1931.

Elizabeth D. W. Brown and Forest B. H. Brown:
Flora of Southeastern Polynesia. II. Pteridophytes. — 123 pag., 19 fig., 21 pl.

Burkart: Physis 11. 1933.

Arturo Burkart: Pteridófitas platenses. — pag. 253-
265. (Buenos Aires).

Butters: Rhodora 19.
1917.

Frederic K. Butters: Taxonomic and geographic
studies in North American Ferns. — pag.
169-216, pl. 123.

Carse: Tr. N. Zeal. Inst. 50.
1918.
— — — 51. 1919.
— — — 56-60. 1926-
1929.

H. Carse: 1. A new species of Hypolepis. — pag.
64.
— 2. A new variety of Pteris macilenta. — pag. 95.
— 3. Botanical notes, including descriptions of new
species. 56: 80-86. 1926; 59: 314. 1928: 60:
305. 1929.

Ching: Bull. Fan Mem.
Inst. 1. 1929.
— Sinensia 1. 1929.

R. C. Ching: 1. A new noteworthy Woodsia from
Hopei. — pag. 101-106, pl.
— 2. Some new species of ferns from Kwangsi,
China. — pag. 1-13.

—   1930-1933.
— Sinensia 1. 1930.
— Bull. Fan Mem. Inst.
1. 1930.
— — — — 2. 1931.

— 3-13. The studies of Chinese ferns. I-XI:
— 3. — I. [Species novae]. — pag. 43-56, 7 pl.
— 4. — II. [Species novae et criticae]. — pag. 145-
159. fig.
— 5. —III. Woodwardia of China with notes on
the species in other parts of Asia. —
pag. 1-7, 3 pl.

Ching: Bull. Fan Mem.
   Inst. 2. 1931.

— — — — — — —

— Sinensia 1. 1931.

— —   2. 1931.

— —   3. 1932.

— Bull. Fan Mem. Inst.
   4. 1933.

— — — — — — —

— Contr. Inst. Bot. Nat.
   Acad. Peiping 2 1933.
— Ic. Fil. Sin. 1930, 1934.

— Bull. Fan Mem. Inst.
   2. 1931.
— Amer. Fern Journ.
   22 1932.
— Hk. Ic. Pl. 1932.
— Peking Nat. Hist. Soc.
   Bull. 7. 1933.
— Sinensia 3. 1933.

— Bull Dépt Biol. Coll.
   Sci. Sun Yatsen Univ.
   no 6. 1933.
— Bull. Fan Mem. Inst.
   4. 1933.
— Sinensia 4. 1933.

— Contr. Inst. Bot. Nat.
   Acad. Peiping 2. 1933.
— Contr. Biol. Lab. Sc.
   Soc. China 9. 1933.

— Lingnan Sci. Journ.
   12. 1933.
— Ic. Fil. Sin. 1934.
C. Chr. Ind. Suppl. prél.
   1917.

— 6. — IV. — Polypodium ellipticum Thunberg
   and species confounded with it.
   — pag 15-23, 8 pl.
— 7. — V. — Filices chinenses novae aut minus
   cognitae praecipue in Herbario Re-
   gii horti botanici Kewensis. —
   pag. 185-223. 31 pl.
— 8. — VI. — Genus Vittaria of China & Sikkime
   —Himalaya. — pag. 175-200, 5 fig.
— 9. — VII. — A revision of the genus Tectaria
   from China and Sikkime—Hima-
   laya. — pag. 9-36, 14 fig.
—10. —VIII. — Woodsia. Cheilanthopsis. — pag.
   131-156.
—11. — IX. — Lepisorus. Lemmaphyllum. Neocheiropteris. — pag. 47-113.
—12. — X. — Microsorium. Colysis. Leptochilus.
   Selliguea. — pag 293-352.
—13. — XI. — Polypodium Phymatodes. Arthromeris. — pag. 31-100, 2 pl.
—14. — Hu et Ching: Icones Filicum Sinicarum.
   — Peiping 4⁰. — Fascicle I. pl. 1-50. 1930.
   — Ching: Fascicle II. pl. 51-101. 1934.
—15. On the genus Egenolfia Schott. — pag. 297-
   317.
—16. The genus Lomagramma in America. — pag.
   15-18.
—17. Neocheiropteris Waltoni. — pl. 3158.
—18. The present status of our knowledge of Chinese ferns. — pag. 253-273.
—19. The Pteridophyta of Kiangsu Province. —
   pag. 319-348.
—20. Annotationes et Corrigenda ad Wu, Wong et
   Pong. Polypodiaceae Yaoshanensis. Part II.
   — pag. 19-32. — (Part I v. C. Chr. no. 56).
—21. Sinopteris etc. v. C. Chr. no. 58.

—22. Lithostegia, a new genus of Polypodiaceous
   fern from Sikkim—Yunnan. — pag. 1-13, pl.
—23 Saxiglossum, a new genus of Polypodiaceous
   fern in China. — pag. 1-4, pl.
—24. On the nomenclature and systematic position of Polypodium dryopteris L. and related species. — pag. 30-42, pl.
—25. Notes on the Herbarium Willdenow. — pag.
   565-570, pl. 43.
   vide no. 14.
Carl Christensen. 27. Index Filicum. Supplément
   préliminaire pour les années 1913. 1914
   1915. 1916. Hafniae 8⁰. 60 pag.

C. Chr. Fedde Rep. 15.
1917.

— Amer. Fern Journ. 7.
1917.

— Vid. Selsk. Skr. VIII.
6. 1920.

— Bonap. N. Pt. 12. 1920.

— et Skottsberg, Nat.
Hist. Juan Fern. Fern.
2. 1920.

— — —

— Amer. Fern Journ. 11.
1921.

— Sv. Bot. Tids. 16. 1922.

— Acta. Hort. Gothob. 1.
1924.

— Notizbl. Bot. Gart.
Berlin—Dahlem 9.
1924.

— Bishop Mus. Bull. 25.
1925.

— Vierteljahrsschr. Nat.
Gez. Zürich 70. 1925.

— Bonap. N. Pt. 16. 1925.

— Ark. för Bot. 20 A.
1926.

— Journ. Wash. Acad.
Sci. 17. 1927.

— Sv. Vet. Ak. Handl. III.
5. 1927.

— Mitt. Inst. Hamburg
7. 1928.

— Dansk Bot. Ark. 5
no. 22. 1928.

— Arch Bot. (Caen) 2.
Bull. mens. 1928.

Carl Christensen. 28. Dryopteris species et varietates novae. — pag. 24-26.

—29. New Polypodiums from Tropical America. — pag. 33-35.

—30. A monograph of the genus Dryopteris. Part II. The tropical American bipinnate-decompound species. — pag. 1-132, 29 fig.

—31. New species of Hymenophyllaceae from Madagascar. — In Bonaparte: Notes Ptéridologiques. Fasc. XII. Copenhague. — 20 pag. 6 fig.

—32. and Carl Skottsberg: The Pteridophyta of the Juan Fernandez Islands. — Skottsberg: The Natural History of Juan Fernandez and Easter Island. Upsala. pag. 1-46, 7 fig. 5 pl.

—33. and Carl Skottsberg: The ferns of Easter Island. Ibid. p. 47-53, 3 fig.

—34. An overlooked species of Dryopteris. — pag. 44-46.

—35. On a collection of Pteridophyta from Celebes leg. Dr. W. Kaudern. — pag. 88-102, 7 fig.

—36. Plantae Sinenses a Dre. H. Smith annis 1921-22 lectae. III. Pteridophyta. — Medde'anden från Göteborgs Botaniska Trädgård (Acta Horti bot. Gothoburgensis). — pag. 41-110, t 16 20.

—37. Über die Farne des Kenia und Mt. Aberdare, tropisches Ostafrika. (Rob. E. und Th. C. E. Fries: Beitr. z. Kenntnis d. Flora des Kenia etc. VI). — pag. 173-189.

—58. Revised list of Hawaiian Pteridophyta. — 29 pag.

—39. Filices neocaledoniae. — pag. 221-224.

—40. Supplément (ad Bonaparte: Fougères de Madagascar). — pag. 157-198, 8 pl.

—41. Filices in Erik Asplund: Contributions to the Flora of the Bolivian Andes. — pag. 8-28, 2 fig.

—42. On a small collection of pteridophyta from the province of Kansu, China. — pag. 497-501.

—43. Vide E. Hultén.

—44. Pteridophyta. (Excl. Selaginella) — (In E. Irmscher: Beitr. z. Kenntnis der Flora von Borneo 7). — Mitt. aus d. Institut f. allgem. Bot. Hamburg. — pag. 141-165.

—45. On the systematic position of Polypodium vulgare. — 10 pag., fig.

—46. Fougères nouvelles ou peu connues de Madagascar récoltées par M. H. Humbert en 1924. — pag. 209-216.

C. Chr. Dansk Bot. Ark.
6. no. 3. 1929.

Carl Christensen. 47. Taxonomic Fern-studies. I-II. I. Revision of the polypodioid genera with longitudinal coenosori (Cochlidiinae and ›Drymoglossinae‹); with a discussion of their phylogeny. — II. On a small collection of ferns from the state of Amazonas, made by Mr. A. Roman in 1924. — 102 pag., 13 pl.

— Gardens' Bull. S. S. 4. 1929.

—48. On some ferns from the Malay Peninsula. — The Gardens' Bull. Straits Settlements. — pag. 375-407.

— Vierteljahrsschr. Nat. Ges. Zürich 74. 1929.

—49. On some ferns from New Caledonia. — pag. 55-62.

— Amer. Fern Journ. 20. 1930.

—50. The genus Cyrtomium. pag. 41-52.

— Contr. U. S. Nat. Herb. 26. 1931.

—51. Asiatic Pteridophyta collected by Joseph F. Rock 1920-1924. — pag. 259-337, pl. 13-29.

— Journ. Wash. Acad. Sci. 22. 1932.

—52. A new Dryopteris from Cuba. — pag. 166.

— Cat. Pl. Mad. Pter. 1932.

—53. Catalogue des Plantes de Madagascar, publié par l'Académie Malgache. Pteridophyta. — Tananarive 8⁰. 72 pag.

— Dansk Bot. Ark. 7. 1932.

—54. The Pteridophyta of Madagascar. With contributions of H. Perrier de la Bâthie (Distribution), A. H. G. Alston (Selaginella) and Johs. Iversen (Isoetes). — XVI et 253 pag., 80 pl.

— 1932 v. Däniker.

— Elmer's Leaflets 9. 1933.

—55. Report of Mount Pinatubo Ferns collected in May, 1927 by A. D. E. Elmer. — pag. 3139-3172.

— Bull. Dept. Biol. Coll. Sci. Sun Yatsen Univ. no. 6. 1933.

—56. Annotationes et Corrigenda ad Wu, Wong et Pong: Polypodiaceae Yaoshanensis, Kwangsi. Part. I. — pag. 1-18. — (Part II v. Ching no. 20).

— Engl. Jahrb. 66. 1933.

—57. G. Kjellberg und Carl Christensen: Pteridophyta von Celebes gesammelt von G. Kjellberg 1929. — pag. 39-70.

—58. — and R. C. Ching: Sinopteris, a new fern genus in China. — pag. 355-362, 2 pl.

— Bull. Fan Mem. Inst. 4. 1933.

— Bull. Mus. Paris II. 6. 1934.

— 59. Filices novae indochinenses. — pag. 100-106.

— — — — — —

—60. — et Tardieu-Blot: Deux Aspléniées nouvelles d'Indochine. — pag. 107-109, fig.

— Gardens' Bull. S. S. 7. 1934.

—61. — R. E. Holttum: The Ferns of Mount Kinabalu. — pag. 191-324, 12 pl. — (Species novas in appendice (supra p. 196 f.) enumeravi).

Clarkson: Amer. Fern Journ. 20. 1930.

Edward H. Clarkson: The rootstocks of the broadleaf spinulose ferns. — pag. 117-119.

Compton: Journ. Linn. Soc. 45. 1922.

R. H. Compton: A systematic account of the plants collected in New Caledonia and the Isle of Pines. Part II. Pteridophyta. — pag. 435-462.

Cop. Journ. Str. Br. R. As. Soc. no. 63. 1912.

E. B. Copeland. 42. The ferns of the Batu Lawi Expedition. — pag. 71-72.

Cop. Sarawak Mus. Journ.
2. 1917.

— Phil. Journ. Sci. 12 C.
1917.

— — — — —

— Elmer's Leaflets 9.
1920.

— Phil. Journ. Sci. 30.
1926.

— — — — 34. 1927.

— — — — — —

— — — — 37. 1928.

— — — — 38. 1929.

— — — — — —

*— — — — 40. —

— Univ. Calif. Publ. Bot.
16. 1929.

— — — — — 14. 1929.

— — — — — —

— Bishop Mus. Bull. 59.
1929.

— Journ. Arnold Arb.
10. 1929.

— Phil. Journ. Sci. 46.
1931.

— Univ. Calif. Publ. Bot.
12. 1931.

— — — — — —

— Brittonia 1. 1931.

— — — —

— Journ. Arnold Arb.
12. 1931.

— Univ. Calif. Publ. Bot.
17. 1932.

— Bishop Mus. Bull. 93.
1932.

— Phil. Journ. Sci. 51.
1933.

E. B. Copeland. 43. Keys to the ferns of Borneo. — pag. 287-424.

—44. New species and a new genus of Borneo ferns chiefly from the Kinabalu collections of Mrs. Clemens and Mr. Topping. — pag. 45-65.

—45. The genus Christiopteris. — pag. 331-336.

—46. Few new ferns from Mt. Bulusan. — pag. 3107-3111.

—47. Filices aliquot novae orientales. — pag. 325-331.

—48. Davallodes and related genera. — pag. 239-256, 5 pl.

—49. The genus Calymmodon. — pag. 259-269, 6 pl.

—50. Leptochilus and genera confused with it. — pag. 333-416, 52 fig., 30 pl.

—51. New or interesting ferns. — pag. 129-154, 5 pl.

—52. The fern genus Plagiogyria. — pag. 377-415, 15 pl.

—53. New or interesting Philippine Ferns. VII. — pag. 291-313, 9 pl. (Sp. nov. in Add. citavi).

—54. The oriental genera of Polypodiaceae. — pag. 44-128.

—55. Pteridophyta Novae Caledoniae. — pag. 353-369.

—56. New Pteridophytes of Sumatra. — pag. 371-378, 6 pl.

—57. Ferns of Fiji. — 105 pag., 5 pl.

—58. Papuan Pteridophytes collected for the Arnold Arboretum by L. J. Brass. — pag. 174-182.

—59. New or interesting oriental ferns. — 209-220.

—60. Rarotonga ferns, collected by Harold E. and Susan Thew Parks. — pag. 375-381.

—61. Miscellaneous oriental Pteridophytes. — pag. 383-418, 6 pl.

—62. Philippine ferns collected by R. S. Williams. — pag. 67-70, 3 pl.

—63. Sarawak ferns collected by J. and M. S. Clemens. — pag. 71-78, 3 pl.

—64. Pteridophytes collected for the Arnold Arboretum on Vanikoro, Santa Cruz Islands, by S. F. Kajewski. — pag. 47-49.

—65. Brazilian ferns collected by Ynes Mexia. — pag. 23-50, 8 pl.

—66. Pteridophytes of the Society Islands. — 86 pag., 16 pl.

—67. Trichomanes. — pag. 119-280, 61 pl.

Däniker:Vierteljahrsschr. Nat. Ges. Zürich 77. Beiblatt no. 19. 1932.

A. U. Däniker: Ergebnisse der Reise von Dr. A. U. Däniker nach Neu-Caledonien und der Loyalty-Inseln. 4. Katalog der Pteridophyta. — pag. 8-43. (Plurima specimina C. Chr. desterminavit).

Diels: Notizbl. Bot. Gart. Berlin-Dahlem 11. 1932.

L. Diels: 5. Matoniacea nova papuasica. — pag. 311.

Domin: Bibl. Bot. 85. 1913.

K. Domin: 1. Beiträge zur Flora und Pflanzengeographie Australiens. 1. Abt. Pteridophyta (Prodromus einer Farnflora Queenslands). — Bibliotheca Botanica herausgeg. von Chr. Luerssen. Heft 85. 238 pag., 57 fig., 8 pl. [Sp. nov. in Ind. Suppl. prél. citavi].

— Publ. Fac. Sci. Univ. Charles no. 88. 1928.

— 2. Generis Pityrogramma (Link) species ac sectiones in clavem analyticam dispositae. — 10 pag.

— Preslia 8. 1929.

— 3. Generis Asplenii L. species duo novae africanae. — pag. ?.

— Acta. Bot. Boh. 8. 1929.

— 4. Cerosora, a new genus of ferns. — pag. 1-4,

— Kew Bull. 1929.

— 5. New ferns from tropical America and the West Indies. pag. 215-222.

— Mem. R. Czech Soc. n. s. no. 2. 1929.

— 5. The Pteridophyta of the island of Dominica with notes on various ferns from tropical America. — 259 pag., 40 pl.

— Rozpravy II. Čcské Akad. 38 no. 4. 1929.

— 7. The hybrids and garden forms of the genus Pityrogramma (Link). — 80 pag., 11 pl.

— *Pteridophyta 1929.

— 8. Pteridophyta. — Praha. [Textbook.]

— Acta Bot. Bohemica 9. 1930.

— 9. The species of the genus Cyathea J. E. Sm. A preliminary list. — pag. 85-174.

Dutra: Ostenia 1933.

J. Dutra: Uma Pteridophyta nova do Rio Grande do Sul. — pag. 5, fig. — Ostenia. Colleccion de Trabajos ded. a Don Cornelio Osten. Montevideo.

Espinosa:*Rev.Chil. Hist. Nat. 36. 1932.

M. R. Espinosa: 1. Um helecho nuevo chileno. — pag. 92.

— *— — — — —

— 2. Algunas Pteridófitas de Concón. — pag. 101-

Farwell: Mich. Ac. Sci. Rep. 21. 1919.

O. A. Farwell: 2. Notes on the Michigan Flora II. — pag. 345.

— Papers Mich. Ac. Sci. 2. 1922.

— 3. Notes on the Michigan Flora V. — pag. 11-46.

— Amer. Midl. Naturalist 12. 1931.

— 4. Fern notes II. Ferns in the herbarium of Parke, Davis & Company. — pag. 233-311.

Fedtschenko: Not. syst. Herb. Hort. Petrop. 4. 1923.

O. A. et B. A. Fedtschenko: De generis Ophioglossum specie nova. — pag. 8.

Fernald: Rhodora 24. 1922.

M. L. Fernald: 2. Polypodium virginianum and P. vulgare. — pag. 126-142 = Contr. Gray Herb. n. s. no. LXVI.

— — — 1928. (= Contr. Gray Herb. n. s. LXXIX).

3 —5. The eastern American variety of Polystichum Braunii. — pag 28-30, pl. — The American representative of Asplenium ruta-mura-

ria. — pag. 37-43. — The eastern American occurrence of Athyrium alpestre. — pag. 44-49, 8 pl.

Fernald: Rhodora 32. 1930. (= Contr. no. LXXXVII).

M. L. Fernald: 6. Some varieties of the American species of Osmunda. — 71-76.

Filarszky: Ann. Mus. Nat. Hung. 20. 1923.

Filarszky, Nándor (Ferdinand): A Gleicheniaceák Családjába tartozó tropikus harasztfélék leveiröl. — pag. 1-23. — Résumé:

— — — — 21. 1924.

— Die Blätter der in die Familie der Gleicheniaceen gehörigen tropischen Farnkräuter. — pag. 163-170.

Fomin: *Fl. Cauc. crit.

A. Fomin: 6. Pteridophyta in Kusnezow, Busch et Fomin: Flora Caucasica critica. — pag. 129-248, I-XLVI. — Etiam in Trudi Bot. Tiflis 10. 1913.

— Bull. Jard. Bot. Kieff no. III. 1925.

— 7. De varietatibus atque formis Woodsiarum in Sibiria crescentium. — pag. 3-7, 2 fig.

— — — — no. X. 1929.

— 8. Eine neue Art der Gattung Cryptogramma aus Sibirien. — pag. 3.

— — — — — XI. 1930.

— 9. Über die Anogramma Makinoi H. Christ. — pag. 8.

— Fl. Sib. et Or. Extr. 5. 1930.

—10. Filices. — Flora Sibiriae et Orientis Extremi a Museo Bot. Acad. Sci. edita. Leningrad 8. — pag. 1-218, fig. num.

Gandoger: Bull. Soc. Fr. 66. 1919.

M. Gandoger: 4. Sertum plantarum novarum. Pars secnnda. — pag. 305-306. — [Sp. novae· imperfectissime descriptae].

Gepp: Gibbs, Dutch N. W. N. Guinea 1917.

A. Gepp: 1. Pteridophyta in **L. S. Gibbs:** Dutch N. W. New Guinea. A contribution to the phytogeography and flora of the Arfak Mountains &c.—London 8.—pag. 67-78, 192-197, pl. 4.

— *Journ. Nat. Hist. Soc. Siam 4. 1921.

— 2. ?

— JoB. 1923 Suppl.

— 3. Filices in **A. B. Rendle:** Dr. H. O. Forbes's New Guinea plants. — pag. 59-62.

Goddijn: Meded. Rijks Herb. no. 38. 1919.

W. A. Goddijn: Synopsis Hymenophyllacearum. Monographiae hujus ordinis prodromus auctore **R. B. van den Bosch,** mit zahlreichen Zusätzen und Abbildungen aus dem Nachlass des Verfassers neu herausgegeben. Teil II. — 41 pag., 22 fig.

Goebel: Flora 117 (N. F. 17). 1924.

K. Goebel: 1. Archegoniatenstudien. XVI. Vittariaceen und Pleurogrammaceen. — pag. 91-132.

— Ann. Jard. Buit. 36. 1926.

— 2. Morphologische und Biologische Studien. IX. Beiträge zur Kenntnis einiger javanischer Farne. — pag. 107-160, t. 7-11.

— — — — 39. 1928.

— 3. — — XIII. Weitere Untersuchungen über die Gruppe der Drynariaceen. — pag. 117-169, t. 15-20.

Goebel: Flora (N. F. 24). 1929.

— — **125** (N. F. 25). 1931.

Golicin : Fedde Rep. 31. 1933.

Hand.-Mzt. : Akad. Anz. Akad. Wiss. Wien **1922-24.**

— Symb. Sin. 6. 1929.

Hayata: Ic. Pl. Formosa 6. 1917.

— — — — 7. 1918.

— — — — 8. 1918.

— — — — 10. 1920.

— *Gen. Index 1917.

— Bot. Mag. Tokyo 32. 1918.

— Bot. Gaz. 67. 1919.

— Bot. Mag. Tokyo 39. 1925.

— — — — 41. 1927.

— — — — — —

— — — — — —

— — — — 42. 1928.

— — — — — —

— Flora **124** (N. F. 24). 1929.

— Bot. Mag. Tokyo 43. 1929.

Herter: *Darwiniana 1. Anal. Mus. Nac. Montevideo II. 1925.

K. Goebel: 4. Archegoniatenstudien. XVIII. Roraimafarne. — pag. 1-37, figg.

— 5. Pteridologische Notizen. 1. Campylogramma Trollii. — pag. 281-288, figg.

Sergius Golicin: Dryopteris Liliana sp. nov. — pag. 388-390.

H. Handel-Mazzetti: 1. Plantae novae Sinenses. — 1922 no. 7, 1923 no. 19, 1924 no. 10.

— 2. Symbolae Sinicae. VI. Teil. Pteridophyta. — 52 pag., 2 pl.

B. Hayata: 10. Icones Plantarum Formosanarum etc. Filices pag. 154-163, fig., 2 pl. (1916).

—11. — —. pag. 95.

—12. — —. pag. 136-156, fig.

—13. — —. pag. 72-73, fig.

—14 General Index to the Flora of Formosa, as recorded in all literature up to the publication of Icones Plantarum Formosanarum VI. — Ic. Pl. Formosa. VI. Suppl.

—15. Notes on Archangiopteris and Protomarattia. — pag. 237 (pars jap.).

—16. Protomarattia, a new genus of Marattiaceae, and Archangiopteris. — pag. 84-92, fig., 1 pl.

—17. Alsophila Ogurae, a new species of tree-fern from the Bonin Islands, together with notes on the Cyatheaceae found in the same group. — pag. 147-151.

—18. On Monachosorella, a new genus of ferns. — pag. 570-573.

—19. On the systematic anatomy of Monachosorella Maximowiczii, a species representing a new genus of the Polypodiaceae. — pag. 642-648, figg. (Japonice).

—20. On the systematic importance of the stelar system in the Filicales. I-III. — pag. 697-718.

— — II-III. — pag. 301-311, 334-348, figg. (Japonice, Diagn, gen. nov. latin.) — Cf. no. 22.

—21. On a new species of Bralnea from Formosa. — pag. 236-237, fig.

—22. Über die systematische Bedeutung des stelären Systemes in den Polypodiaceen. — pag. 38-62, 17 fig., 2 pl.

—23. Microcibotium, a new subgenus founded through the consideration of the stelar structure of C. barometz. — pag. 312-316, fig. (Japonice).

Guill. Herter: — ?

— vide Osten.

Hicken: *Darwiniana 1. 1924.

Cristóbal M. Hicken: 8. Plantae Vattuonei. — pag. 100-102.

Hier. Hedwigia 59, 61, 62. 1917-20.

G. Hieronymus: 19. Kleine Mitteilungen über Pteridophyten. I-III. — I. 59. pag. 319-339. 1917. — II. 61. pag. 4-39. 1919. — III. 62. pag. 12-37. 1920.

— — 60. 1918.

—20. Aspleniorum species novae et non satis notae. Beschreibungen von neuen Arten und Bemerkungen zu älteren Arten der Gattung Asplenium. — pag. 210-266.

— — 61. 1919.

—21. Bemerkungen zur Kenntnis der Gattung Angiopteris Hoffm. nebst Beschreibungen neuer Arten und Varietäten derselben.—pag. 242-285.

— Engl. Jahrb. 56. 1920.

—22. Aspleniae et Vittarieae in Brause no. 10.

— Notizbl. Bot. Gart. Berlin—Dahlem 7. 1920.

—23. Über Cheilanthopsis Hieron., eine neue Farngattung. — pag. 406-409.

Holloway: Tr. N. Zeal. Inst. 54, 55. 1923-24.

J. E. Holloway: Studies in the New Zealand Hymenophyllaceae. — 54. pag. 577-618, pl. 56-76. 1923, 55. pag. 67-94, 1924.

Holmberg: Skand. Flora 1922.

Otto R. Holmberg: Hartmans Handbok i Skandinaviens Flora. Häfte I. — Pteridophyta pag. 1-50.

Holttum: Gardens' Bull. S. S. 4. 1927.

R. E. Holttum: 1. A new fern from the Malay Peninsula. — pag. 56-57. — (The Gardens' Bulletin Straits Settlements).

— — — — — —

— 2. Notes on Malayan ferns. — pag. 57-69, pl.

— Journ. Mal. Br. R. As. Soc. 6. 1928.

— 3. Spolia Mentawiensia: Pteridophyta. — pag. 14-23, fig.

— Gardens' Bull. S. S. 4. 1929.

— 4. New species of ferns from the Malay Peninsula. — pag. 408-410, fig.

— — — 5. 1930.

— 5. The genus Lindsaya in the Malay Peninsula. — pag. 58-71, fig.

— — — — 1931.

— 6. Aspidium Maingayi (Baker) Holttum, comb. nov. — pag. 207-211, fig.

— — — — 1932.

— 7. On Stenochlaena, Lomariopsis and Teratophyllum in the Malayan region.—pag. 245-312, fig., 12 pl.

— — — 7. 1934.

— 8. The Ferns of Mount Kinabalu. Cf. C. Chr. no. 61.

Hopkins: *Ann. Carnegie Mus. 11. 1917.

L. S. Hopkins: A new species of fern (Polystichum Jenningsi). — pag. 362, pl. 37.

House: Amer. Fern Journ. 10. 1920.

Homer D. House: The genus Aetopteron Ehrhart. — pag. 88—89.

Hu et Ching: Ic. Fil. Sin. 1930.

Iisen Hsu Hu and Ren Chang Ching: Icones Filicum Sinicarum. Fascicle I. — Peiping 4°. 50 pl.

Hultén: Sv. Vet. Ak. Handl. III. 5. 1927.

Eric Hultén: Flora of Kamtschatka and the adjacent Islands. — Pteridophyta pag. 1-64. — (det. C. Chr.).

14*

Itô: *Journ. Jap. Bot. 9. 1933.

H. Itô: Nuntia ad Filices Japonicae. — pag. 54-59, 9 fig. (T. Ballard).

Jeanpert: Bull. Soc. Fr. 68. 1921.

Ed. Jeanpert: 4. Fougères du Cameroun. — pag. 324-329.

Jones: *Contr. Western Bot. 1930.

Marcus E. Jones: Contributions to Western Botany no. 16.

Kjellberg: Engl. Jahrb. 66. 1933.

G. Kjellberg und Carl Christensen: Pteridophyta von Celebes gesammelt von G. Kjellberg 1929. pag. 39-70.

Knuth: Fedde Rep. Beih. 43. 1926.

R. Knuth: Initia Florae venezuelensis. — Filices pag. 1-90.

Kodama in *Matsum. Ic. Pl. Koisik. 1-4. 1911-1921.

Kodama: Filices in **J. Matsumura:** Icones Plantarum Koisikavensis, or figures with brief descriptive characters of new and rare plants, selected from the University Herbarium, Tokio. — 1. 1911-13, 2. 1914-15, 3. 1915-17, 4. 1918-21.

Köhler: Flora 113 (N. F. 13). 1920.

Erich Köhler: Farnstudien. — pag. 311-336.

Koidzumi: Bot. Mag. Tokyo 38. 1924. 39. 1925. 43. 1929. Acta Phytotax. 1. 1932.
— Fl. Symb. Or. Asiat. 1930.

G. Koidzumi: 1. Contributiones ad cognitionem Asiae orientalis. 38: 104-112. — 39: 13-15. — 43: 386-388. — Acta Phyt. 1: 26-33.

— 2. Florae Symbolae Orientali-Asiaticae, sive Contributions to the Flora of Eastern Asia. — Kyoto 8. 115 pag.

Komarov: Bull. Jard. Pierre Le Grand 16. 1916.
— Bull. Jard. bot. Kieff no. 13. 1931.

V. L. Komarov: 3. Adnotationes ad Floram provinciae Austro-Ussuriensis. — pag. 146-151.

— 4. Zwei neue Athyrien. — pag. 145-146.

Kossinsky: Not. syst. Herb. Hort. Petr. 2. 1921, 3. 1922.

C. Kossinsky: [Descriptiones spec. nov.] — 2: 1, 3: 67, 122.

Kudo v. Miyabe.

Kümmerle: Bot. Közl. 19. (1920) 1921.

J. B. Kümmerle: 6. Asplenium Bornmülleri Kümm. spec. nova. — pag. 81-84; germanice pag. (13)-(14).

— Mag. bot. lapok 19. (1920) 1922, 21. (1922) 1923.

— 7. Pteridologiai közlémenyek. Pteridologische Mitteilungen. — 19: 2-10, 21: 1-5, fig.

— Addit. fl. Albaniae 1926.

— 8. Adatok Albánia flórájához. — Additamenta ad floram Albaniae. — A Magyar Tudományos Akadémia Balkán-kutátásainak tudományos eredményei 3. Budapest. — Pteridophyta pag. 197-218, pl. 13.

— Amer. Fern Journ. 20. 1930.

— 9. Has the genus Onychium any representative in South America? — pag. 129-138, t. 7-8.

— Mag. bot. lapok 32. 1933.

—10. Die paraguayanischen Pteridophytensammlungen Anisits's. — pag. 58-63.

Laing: Tr. N. Zeal. Inst. 48. 1916.

R. M. Laing: 2. The Norfolk Island species of Pteris. — pag. 229-237, fig.

Larrañaga: °Escritos 1922.

Escritos D. A. Larrañaga: Publ. Inst. Hist. Geog. Uruguay. 1.

Looser: Revista Universitaria 15. 1930.

Gualterio Looser: 1. Historia de los helechos chilenos. — pag. 693-718, fig. — Santiago de Chile.

— Anal. Univ. Chile 1931.

— 2. Sinopsis de los helechos chilenos del género Dryopteris. — pag. 191-205.

— Revista Hist. Geogr. 69. 1932.

— 3. Ensayo sobre la distribución geográfica de los helechos chilenos. — pag. 162-198.

— La Farmacia chilena 1933 no. 7.

— 4. Notas sobre helechos chilenos. — pag. 1-5.

Mak. °Journ. Jap. Bot. 2. 1918-22, 4. 1927, 6. 1929, 7. 1930-31, 8. 1932-33.

T. Makino: 11. A contribution to the knowledge of the flora of Japan [in 7-8: Nippon loco Japan]. [Anglice].

— °— — — 6, 7, 8, 9.

—12. Fragmentary notes on plants. [Japonice].

Masamune: Journ. Soc. Trop. Agric. Formosa 2-4. 1930-32.

G. Masamune: Contribution to our knowledge of the flora of the southern part of Japan. I, VI, VIII. — I. 2: 31-54. 1930 (= Contr. from the Herbarium of Taihoku Imp. University no. 2). — VI. 3: 246-247. 1931 (= Contr. no. 13). — VIII. 4: 56-78. 1932 (= Contr. no. 17).

Maxon: Amer. Fern Journ. 7-15. 1917-1925.

William R. Maxon: 43. Notes on American Ferns. XI-XX. XI: 7. 104-106. 1917. — XII. 8: 114-121, pl. 1918. — XIII: 9. 1-5. 1919. — XIV: 9. 67-73. 1919. — XV: 10. 1-4. 1920. — XVI: 11. 1-4. 1921. — XVII: 11. 33-39. 1921. — XVIII: 11. 105-107. 1921. — XIX: 13. 73-75. 1923. — XX: 15. 16-19. 1925.

— — — 7. 1917.

—44. A new Notholaena from the Southwest. — pag. 106-109.

— Proc. Biol. Soc. Wash. 30. 1917.

—45. Notes on western species of Pellaea. — pag. 179-184.

— — — — — 31. 1918.

—46. The Lip-Ferns of the southwestern United States related to Cheilanthes myriophylla. — pag. 139-151.

—47. A new Anemia from Mexico. — pag. 199-200.

— Journ. Wash. Acad. Sci. 8. 1918.

—48. A new Polystichum from California. — pag. 620-622.

— Amer. Fern Journ. 8. 1918.

—49. A new hybrid Asplenium. — pag. 1-3.

— — — — — — —

—50. Polystichum Andersoni and related species. — pag. 33-37.

— — — — — —

—51. Further notes on Pellaea. — pag. 89-94.

— — — — 9. 1919.

—52. Ferns of the District of Columbia. — pag. 38-48.

Maxon: Contr. U. S. Nat. Herb. **16.** 1919.
— Proc. Biol. Soc. Wash. **32.** 1919.
— — — — —
— — — **34.** 1921.
— — — **35.** 1922.
— Contr. U. S. Nat. Herb. **24.** 1922.
— Journ. Wash. Acad. Sci. **12.** 1922.
— — — — — —
— — — — — —
— — — — **13.** 1923.
— JoB. **1923.**
— Proc. Biol. Soc. Wash. **36.** 1923.
— — — — — —
— — — — **37.** 1924.
— — — — — —
— Journ. Wash. Acad. Sci. **14.** 1924.
— — — — — —
— — — — — —
— — — — — —
— Univ. Calif. Publ. Bot. **12.** 1924.
— Dept. Marine Biology Carnegie Inst. **20.** 1924.
— Amer. Fern Journ. **14.** 1924.
— — — — **14-23.** 1925 —1934.
— Pter. Porto Rico 1926.

William R. Maxon: 53. The relationship of Asplenium Andrewsii. — pag. 1- , 2 pl.
—54. A new Cheilanthes from Mexico. — pag. 111-112.
—55. A new Alsophila from Guatemala and Vera-Cruz. — pag. 125-126.
—56. A neglected fern paper. — pag. 111-114.
—57. Notes on a collection of ferns from the Dominican Republic. — pag. 47-51.
—58. Studies of tropical American Ferns. No. 7. — pag. 33-63, 10 pl.
—59. A new Salvinia from Trinidad. — pag. 400-401.
—60. Ferns new to the Cuban Flora. — pag. 437-443.
—61. The genus Culcita. — pag. 454-460.
—62. The genus Microstaphyla. — pag. 28-31.
—63. The type-species of Pteris. — pag. 7-10.
—64. A new Dryopteris from Dominica. — pag. 49-50.
—65. Occasional notes on Old World ferns. I. — pag. 169-178.
—66. A third species of Atalopteris. — pag. 63-64.
—67. New or noteworthy ferns from the Dominican Republic. — pag. 97-104.
—68. Two new species of Jamesonia. — pag. 72-74.
—69. New or critical ferns from Haiti. — pag. 86-92.
—70. New West Indian ferns. — pag. 139-145.
—71. Further notes on Hispaniola ferns. — pag. 195-199.
—72. Report upon a collection of ferns from Tahiti. pag. 17-44, 6 pl.
—73. Pteridophyta in **W. A. Setchell:** American Samoa. Part I. Vegetation of Tutuila Island. — pag. 120-129, pl. 17.
—74. Two new ferns from the Dominican Republic. — pag. 74-76.
—75. New tropical American ferns. I-XI. — I: **14.** 99-102. (1924) 1925. — II: **15:** 54-57. 1925. — III: **16.** 7-9. 1926. — IV: **18.** 1-6. 1928. — V: **18.** 46-51. 1928. — VI: **19.** 44-48. 1929. — VII: **20.** 1-4. 1930. — VIII: **21.** 136-139. 1931. — IX: **22.** 11-15. 1932. — X: **23.** 73-76. 1933. — XI: **23.** 105-108. (1933). 1934.
—76. Pteridophyta of Porto Rico and the Virgin Islands. — Scientific Survey of Porto Rico and the Virgin Islands. **6** part 3. — pag. 373-521.

Maxon: Journ. Wash. Acad. Sci **18.** 1928.

— — — — **19.** 1929.

— — — — — —

— Proc. Biol. Soc. Wash. **43, 46.** 1930, 1933.

— — — — **43.** 1930.

— Kew Bull. **1932.**

— Amer. Journ. Bot. **19.** 1932.

— Proc. Biol. Soc. Wash. **46.** 1933.

Merrill: *Interpr. Rumph. Herb. Amb. 1917.

— *Sp. Blancoanae 1918.

*— Phil. Journ. Sci. **13** C. 1918.

— Proc. Linn. Soc. N. S. Wales **44.** 1919.

— Phil. Journ. Sci. **19.** 1921.

— Lingnan Sci. Journ. **5.** 1927.

Mille: Nova Rec. Cr. vasc. Ecuad. 1927, 1928.

Miyabe et Kudo: *Tr. Sapporo Hist. Soc. **7.** 1918.

— * — Fl. Hokkaido. 1930.

J. W. Moore: Bishop Mus. Bull. **102.** 1933.

C. V. Morton: Journ. Wash. Acad. Sci. **22.** 1932.

— Bot. Gaz. **93.** 1932.

William R. Maxon: 77. The identification of Polypodium triangulum. — pag. 582-586, fig.

—78. A diminutive new hollyfern from Ecuador. — pag. 197-199, fig.

—79. A singular new Dryopteris from Colombia. — pag. 245-247, fig.

—80. Fern Miscellany. I-III. — I : **43.** 81-88. 1930. — II : **46.** 105-108. 1933. — III : **46.** 139-146. 1933.

—81. and **Paul C. Standley:** Ferns of the Republic of San Salvador. — pag. 167-178.

—82. Two new ferns from Colombia. — pag. 134-136.

—83. and **C. A. Weatherby:** Two new American species of Adiantum. — pag. 165-167.

—84. A second species of Ormoloma. — pag. 157-158.

E. D. Merrill: 1. An interpretation of Rumphius's Herbarium Amboinense. — Manila.

— 2. Species Blancoanae. A critical revision of the Philippine species of plants described by Blanco and by Llanos.

— 3. Notes on the Flora of Loh Fau Mountains, Kwangtung Province, China. — pag. 126-129.

— 4. On the identity of Polypodium spinulosum Burm. f. — pag. 353-354.

— 5. A review of the new species of plants proposed by N. L. Burman in his Flora Indica. — pag. 329.

— 6. An Enumeration of Hainan plants. — Filices. — pag. 7-20.

P. Luis Mille: Nova Recensio Cryptogamarum vascularium Ecuadorensium. — Revista del Colegio Nacional Vicente Rocafuerte, Guayaquil, **9** : 191-226. 1927 (Polypodium). **10** : 25-59. 1928 (Elaphoglossum).

K. Miyabe et Y. Kudo: 1. Materials for a flora of Hokkaido. — pag. 23-35.

— 2. Flora of Hokkaido and Saghalien. I. Pteridophyta and Gymnospermae. — Journ. Fac. Agric. Hokkaido Imp. University.

John William Moore: New and critical plants from Raiatea. — 53 pag.

C. V. Morton: 1. A new species of Hymenophyllum from Peru. — pag. 63-65, fig.

— 2. Buesia, a new subgenus of Hymenophyllum from Peru. — pag. 336-339, fig.

Nakai: Bot. Mag. Tokyo
     34, 35, 44, 45.
     1920-1931.

— — — — 39-43, 47.
     1929-1933.

T. Nakai: 4. Notulæ ad Plantas Japoniæ et Koreæ.
XXII-XXIII. 34: 35 f., 141 f. 1920. — XXIV-
XXV. 35: 131 f., 148 f. 1921. — XXXVIII.
44: 7 f. 1930. — XL. 45: 91 f. 1931.
— 5. Notes on Japanese Ferns I-IX:
    I-II. (Critical) Notes on Japanese Ferns, with
      special references to allied species. —
      39: 101-121. 176-203. 1925.
    III. Tentamen Systematis Hymenophyllace-
      arum Japonicarum. — 40: 239-275. 1926.
    IV. Ophioglossaceæ. Drymoglossum. — 40:
      371-396. 1926.
    V. Cyatheaceæ & Danæaceæ Imperii Japo-
      nici. — 41: 64-78. 1927.
    VI. Osmundaceæ, Schizæaceæ & Gleichenia-
      ceæ. — 41: 673-696. 1927.
    VII. Plagiogyriaceœ, Cheiropleuriaceae, Dipte-
      ridaceæ & Polypodiaceæ I. — 42: 203-
      218, 1928.
    VIII. Polypodiaceæ II. — 42: 1-12. 1929.
    IX. 1. A new classification of Japanese Aspi-
      dium, with special view to the spores
      and connective cells. 2. Descriptions
      and amendments for East-Asiatic Ferns.
      — 47: 151-186, pl. 1933.

— — — — 40. 1926.
Ogata: *Ic. Fil. Jap.
     1928-33.

— 6. Filices Adansonianæ. — pag. 59-68.
M. Ogata: Icones Filicum Japoniæ. — 1. t. 1-50.
1928. 2. t. 51-100. 1929. 3. t. 101-150. 1930.
4. t. 151-200. 1931. 5. t. 207-250. 1933.

— *Journ. Jap. Bot. 9.
     1933.

— 2. On Polypodium Asahinae. — pag. 266-268.
(japonice).

Ogura: Bot. Mag. Tykyo
     44. 1930.

Y. Ogura: On the structure of Hawaiian tree-ferns
with notes on the affinity of the genus
Cibotium. — pag. 467-478, fig.

Ohwi: Bot. Mag. Tokyo
     44. 1930.

J. Ohwi: Symbolae ad floram Asiae Orientalis. —
pag. 565-573.

Oliver: Tr. N. Zeal. Inst.
     49. 1917.

W. R. B. Oliver: The vegetation and flora of Lord
Howe Island. — pag. 94-161.

Osten: Anal. Mus. Hist.
     Nat. Montevideo II.
     1. 1925.

Corn. Osten et Guil. Herter: Plantæ Uruguayen-
ses. I. Pteridophyta. — pag. 327-406, 5 pl. —
(Sp. n. ab Herter descriptæ).

A. Peter: Fedde Rep.
     Beih. 40. 1929.

Albert Peter: Flora von Deutsch-Ostafrika. — Pteridophyta. — pag. 9-98, pl. 1-5. (Descr. sp.
nov. pag. 1-45 f.

Petrov: *Fl. Jakutiae.
     1930.
Pong v. Wu.
Posthumus: Rec. Trav.
     bot. néerl. 21. 1924.

V. Petrov: Flora Jakutiae. Pteridophyta-Poaceae. —
pag. 1-221. Acad. Sci. U. S. S. R.

O. Posthumus: 1. On some principles of stelar morphology. — pag. 111-296.

Posthumus: Rec. Trav. bot. néerl. 23. (1926) 1927.

— — — — 25a. 1928.

— Ferns Surinam 1928.

— Pr. Akad. Wet. Amsterdam 31. 1928.

— °Proc. Fourth Pac. Congr. Java. 1929.

— Pr. Akad. Wet. Amsterdam 33. 1930.

— Nat. Tijdschr. Ned. Ind. 21. 1931.

O. Posthumus: 2. Notes on Guiana Ferns. — pag. 296-402.

— 3. Dipteris Novo-Guineensis. Ein ›Lebendes Fossil‹. — pag. 244-249, fig.

— 4. The Ferns of Surinam and of French and British Guiana. — Malang, Java. 8⁰. 196 pag.

— 5. Notes on Pteridophyta from Djambi, Sumatra. — pag. 95-112.

— 6. On some ferns of Eastern Java. — pag. 131-140, map.

— 7. On the Ferns of Sumba (Lesser Sunda Islands). — pag. 871-875.

— 8. vide Backer.

Reimers: Notizbl. Bot. Gart. Berlin—Dahlem 11-12. 1933-34.

H. Reimers: Pteridophyta in J. Mildbraed: Neue und seltene Arten aus Ostafrika (Tanganyika-Territ. Mandat) leg. H. J. Schlieben. IV, VI. 11: 912-943. 1933. 12: 79-82. 1934.

Ridley: °Journ. Mal. Br. R. As. Soc. n. 50. 1911.

— Tr. Linn. Soc. II. Bot. 9. 1916.

— °Journ. Fed. Malay. Stat. Mus. 10. 1920.

— Journ. Mal. Br. R. As. Soc. 4. 1926.

H. N. Ridley: 2. Lastrea chupengensis. — pag. 232.

— 3. Report on the botany of the Wollaston Expedition to Dutch New Guinea, 1912-13. Filices pag. 251-264.

— 4. New and rare plants from the Malay Peninsula. — pag. 128-156.

— 5. The Ferns of the Malay Peninsula. — pag. 1-121.

Rojas: *Bull. Géogr. Bot. 28. 1918.

N. Rojas Acosta: Addenda ad floram regionis Chaco australis, (pars secunda). — pag. 153-165.

Ros. Med. Rijks Herb. no. 31. 1917.

— Fedde Rep. 20. 1924.

— — — 21. 1925.

— — — 22. 1925.

— — — 25. 1928.

— Bull. Mus. Nac. Rio Janeiro 7. 1931.

E. Rosenstock: 28. Filices palaeotropicae novae Herbarii Lugduno-Batavi. — 8 pag.

—29. Neue Arten und Abarten brasilianischer Pteridophyten. — pag. 89-95.

—30. Filices novae a cl. A. C. Brade in Brasilia collectae. — pag. 343-349.

—31. Filices novae a cll. Alfred et Curt Brade in Costarica collectae. — pag. 2-23.

—32. Filices novae a cl. Dr. O. Buchtien in Bolivia collectae. VI. — pag. 56-64. (conf. no. 7 et 22).

—33. Vide Brade.

St. John: Amer. Fern Journ. 19. 1929.

Harold St. John: Notes on northwestern ferns. — pag. 11-16.

Sampaio: °Comm. Linh. Telegr. Matto-Grosso ao Amaxonas. Publ. 33. 1916.

A. J. de Sampaio: Pteridophytas in Annexo 5, Historia Natural, Botanica. — Commisão de Linhas Telegraphicas Estrategicas de Matto-Grosso ao Amazonas. Publicação 33. — Tab.

Sampaio: Bol. Mus. Nac. Rio Janeiro 1. 1923.

A. J. de Sampaio: 2. O valor taxinomico da indusia nas Cyatheaceas. — pag. 14-22.

— — — — — —

— 3. O grupo especifica Grandifolia no Gen. Hemitelia R. Br. (Cyatheaceas). — pag. 61-67, fig.

— Arch. Mus. Nac. Rio Janeiro 25. 1925.

— 4. O Gen. Alsophila R. Br. (1810) na Flora Brasileira (Cyatheaceas). — pag. 35-82, 20 tab.

— *— — — 32. 1930.

— 5. Eufilicineas de Rio Cuminá. — pag. 9-48, tab. 9.

G. Sampaio: *Lista 1913.

Gonçalo de Sampaio: Lista das Espécies representadas no herbário Português. (Ex W. T. Stearn in litt.).

Small: *Ferns Trop. Florida. 1918.

J. K. Small: Ferns of Tropical Florida. New York 80 pag., fig. 5 pl.

A. C. Smith: Bull. Torr. Cl. 57. 1930.

Albert C. Smith: 1. Notes on Pteridophyta from Mount Roraima. — pag. 177-180. t. 8.

— — — — 58. 1931.

— 2. Pteridophyta in Gleason: The Tyler-Duida Expedition. — pag. 299-315. t. 22-23.

Suksdorf: *Werdenda 1. 1927.

W. Suksdorf: Washingtonische Pflanzen IV. — pag. 15-43. (T. Ballard).

Tagawa: Acta Phytotax. 1-2. 1932-33.

M. Tagawa: 1. Spicilegium Pteridographiae Asiae orientalis. — Acta Phytotaxonomica et Geobotanica 1: 88-94, 156-163, 306-313. 1932. — 2: 14-24. 1932.

Tardieu-Blot: Aspl. Tonkin. 1932.

Mme. Tardieu-Blot: 1. Les Aspléniées du Tonkin. Toulouse 8⁰. 190 pag., 50 tab.

— Bull. Mus. Paris II. 5. 1933.

— 2. Contribution à l'étude des fougères de l'Indo-Chine. — pag. 303-335.

— — — — — 5. 1933, 6. 1934.

— 3. Contribution à l'étude des Aspléniées de l'Indo-Chine. I. Asplenium. 5. pag. 480-487, Tab. — II. Diplazium. 6. pag. 112-118.

— — — — — 6. 1934.

— 4. vide C. Chr. no. 60.

Tidestrom: Contr. U. S. Nat. 16. 1913.

Ivar Tidestrom: 3. Botrychium virginianum and its forms. — pag. 299-303, t. 102.

Troll: Flora 128 (N. F. 28. 1933.

W. Troll: Botanische Mitteilungen aus den Tropen (VIII-XII). — pag. 301-360, fig.

Urban: Symb. Antil. 9. 1925.

I. Urban: Pteridophyta domingensia. — pag. 273-397.

Victorin: Contr. Labor. Bot. Univ. Montreal. no. 2. 1923.

Fr. Marie-Victorin: 1. Les Filicinées du Québec. — 98 pag. — (Supplément de la Revue trimestrielle Canadienne 9).

— — — — — 11. 1927.

— 2. Sur un Botrychium nouveau de la flore américaine. — Tr. R. Soc. Canada III. 21: 319-340, 3 pl.

Watt: *Canad. Naturalist II. 13. 1867.

Watt: Catalogue of ferns. — pag. 158-160. — (Conf. Maxon no. 56).

Watts: Pr. Linn. N. S. Wales 39. 1915.

W. W. Watts: 3. Some notes on the ferns of North Queensland. — pag. 755-802, 4 pl.

— — — — 41. 1916.

— 4. Some Cryptogamic notes from the Botanic Gardens, Sydney. — pag. 380, t. 20.

— Journ. R. Soc. N. S. Wales 49. 1916.

— 5. Two Lord Howe Island Polypodia. — pag. 385-388.

Weatherby: Rhodora 21. 1919.

— — 22. 1920.

— Contr. Gray Herb. n. s. 65. 1922.

— Amer. Fern Journ. 17. 1927.

— Contr. Gray Herb. 85. 1929.

— — — — 95. 1931.

— — — — — —

— Amer. Journ. Bot. 19. 1932.

Wherry: Amer. Fern Journ. 15. 1925.

de Wild.: *Pl. Bequaert. 2. 1923.

Wong v. Wu.

Wu: Polyp. Yaoshan. 1932.

Yamamoto: Journ. Soc. Trop. Agric. Formosa 3. 1931.

— Suppl. Ic. Pl. Form. V.

C. A. Weatherby: 1. Changes in tne nomenclature of the Gray's Manual Ferns. — pag. 173-179.

— 2. Varieties of Pityrogramma triangularis. — pag. 113-120.

— 3. The group of Polypodium lanceolatum in North America. — pag. 3-14.

— 4. A new Polypodium from Mexico. — pag. 91-94.

— 5. Filices in J. M. Johnston: Papers on the flora of Northern Chile. — pag. 13-17, t. 2.

— 6. New American species of Trichomanes. — pag. 36-40, t. 8.

— 7. The group of Asplenium fragile in South America. — pag. 49-52.

— 8. vide Maxon no. 83.

Edgar T. Wherry: The Appalachian Aspleniums. — pag. 47-54, t. 1.

E. de Wildeman: Plantae Bequaertianae. — Filices. — pag. 125-191. — Etiam (vel partim?) cum descr. sp. nov. in Bonap. N. Pt. 14).

Y. C. Wu, K. K. Wong and S. M. Pong: Polypodiaceae Yaoshanensis, Kwangsi. — Bull. Dept. Biol. Coll. Sci. Sun Yatsen University No. 3. 372 pag. 165 pl. — Annot. et Corrig. ad hoc opus v. C. Chr. no. 56 et Ching no. 20.

Y. Yamamoto: 1. Observationes ad floram Formosanam. I. — pag. 236. — (= Contr. Herb. Taihoku Imp. Univ. no. 12).

— 2. Supplementa Iconum Plantarum Formosanarum. V. — (= Contr. no. 18).

———————

pag. 155 inserenda est:

Polypodium ovatum Burm. Fl. Ind. 233. 1768 = Coleus scutellarioides (L.) Bth. (Labiatae). — (Fide cl. Dr. van Steenis in litt. Oct. 1934).

Some botanical works of

CARL CHRISTENSEN.

Index Filicum. Hafniae (H. Hagerup). 1906.
— — . Supplementum 1906—12. Hafniae (H. Hagerup). 1913.

— — . Supplementum préliminaire pour les Années
1913—16. Hafniae (H. Hagerup). 1917.

Revision of the American species of Dryopteris of the group
of *D. opposita.* (Vid. Selsk. Skr. VII. 4). København
(Høst & Søn). 1907.

A monograph of the genus Dryopteris. Part I. Ibid. VII.
10. 1913.

— — — — . Part II. Ibid. VIII.
6. 1920.

Taxonomic fern-studies I—II. (Dansk Bot. Arkiv 6 no. 3).
København (H. Hagerup). 1929.

The Pteridophyta of Madagascar. 80 plates. (Dansk Bot. Arkiv 7). København H. Hagerup). 1932.

Den danske botaniske Litteratur 1880—1911. København (H.
Hagerup). 1913.

Den danske Botaniks Historie. 2 vols. København (H. Hagerup). 1924—26.

Naturforskeren Pehr Forsskål, hans Rejse til Ægypten og
Arabien 1761—63 og hans botaniske Arbejder og Sam-
linger. København (H. Hagerup). 1918.

Index to Pehr Forsskål: Flora ægyptiaco-arabica 1775 with a
revision of Herbarium Forsskålei contained in the Botanical Museum of Copenhagen. (Dansk Bot. Arkiv 4
no. 3). København (H. Hagerup). 1922.